U0201691

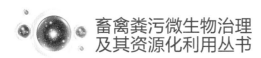

畜禽粪污微生物治理
及其资源化利用丛书

Development and Application of Integrated Microbiome
Agents Made by the Fermentation Bed Padding

发酵垫料整合微生物组菌剂研发与应用

刘　波
王阶平
郑雪芳　　等 编著
肖荣凤

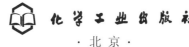

化学工业出版社
·北京·

内 容 简 介

本书是"畜禽粪污微生物治理及其资源化利用丛书"的一个分册，全书共六章，主要介绍了整合微生物菌组剂的提出、研发与应用，菌剂发酵床特征微生物空间分布，整合微生物组菌剂微生物组多样性，整合微生物组菌剂的作用机理，整合微生物组菌剂功能群与同工菌和整合微生物组菌剂的应用。

本书具有较强的技术应用性和针对性，可供从事畜禽养殖、环境保护、生物农药、生物肥料、微生物菌剂和微生物研究科研人员、技术人员和管理人员参考，也可供高等学校环境科学与工程、生物工程、农业工程及相关专业师生参阅。

图书在版编目（CIP）数据

发酵垫料整合微生物组菌剂研发与应用/刘波等编著. —北京：化学工业出版社，2021. 10
（畜禽粪污微生物治理及其资源化利用丛书）
ISBN 978-7-122-40198-4

Ⅰ.①发… Ⅱ.①刘… Ⅲ.①微生物-应用-畜禽-粪便处理 Ⅳ.①X713.05

中国版本图书馆CIP数据核字（2021）第219597号

责任编辑：刘 婧 刘兴春 卢萌萌 林 洁　　文字编辑：朱雪蕊 药欣荣
责任校对：边 涛　　　　　　　　　　　　　装帧设计：王晓宇

出版发行：化学工业出版社(北京市东城区青年湖南街13号 邮政编码100011)
印　　装：北京瑞禾彩色印刷有限公司
787mm×1092mm　1/16　印张60¾　字数1537千字　2022年2月北京第1版第1次印刷
购书咨询：010-64518888　　　　　　　　　　售后服务：010-64518899
网　　址：http://www.cip.com.cn

前言

PREFACE

畜禽粪污是畜禽养殖过程中产生的主要污染物。原农业部印发了《畜禽粪污资源化利用行动方案（2017—2020 年)》，提供了资源化利用的 7 种典型技术模式，包括粪污全量收集还田利用模式、粪污专业化能源利用模式、固体粪便堆肥利用模式、异位发酵床模式、粪便垫料回用模式、污水肥料化利用模式和污水达标排放模式。其中，异位发酵床模式、粪便垫料回用模式等均为农村粪污资源化关键技术。微生物发酵床是利用微生物建立起的一套生态养殖系统，具有绿色低碳、清洁环保、就近收集、实时处理、原位发酵、高质化利用等特点，可为建设美丽乡村提供技术保障。

在科技部 973 前期项目、863 项目、国际合作项目、国家自然科学基金、原农业部行业专项等的支持下，经过 20 多年的研究，作者所在团队结合污染治理、健康养殖、资源化利用的机理，围绕微生物发酵床组织编写了"畜禽粪污微生物治理及其资源化利用丛书"，包括了《畜禽养殖微生物发酵床理论与实践》《畜禽粪污治理微生物菌种研究与应用》《畜禽养殖废弃物资源化利用技术与装备》《畜禽养殖发酵床微生物组多样性》《发酵垫料整合微生物组菌剂研发与应用》5 个分册，系统介绍微生物发酵床理论和应用技术。本丛书主要从微生物发酵床畜禽粪污治理与健康养殖出发，研究畜禽粪污治理微生物菌种，设计畜禽养殖废弃物资源化利用技术与装备，分析畜禽养殖发酵床微生物组多样性，提出了畜禽粪污高质化利用的新方案，为解决我国畜禽养殖污染及畜禽粪污资源化利用、推动微生物农业特征模式之一的微生物发酵床的发展提供了切实可行的理论依据、技术参考和案例借鉴，有助于达到"零排放"养殖、无臭养殖、无抗养殖、有机质还田、智能轻简低成本运行，实现种养结合生态循环农业、资源高效利用，助力农业"双减（减肥减药)"绿色发展。

本丛书反映了作者及其团队在畜禽养殖微生物发酵床综合技术研发和产业应用实践方面所取得的原创性重大科研成果和创新技术。

（1）提出了原位发酵床和异位发酵床养殖污染微生物治理的新思路，研发了微生物发酵床养殖污染治理技术与装备体系，为我国养殖业污染治理提供技术支撑。

（2）创建了畜禽养殖污染治理微生物资源库，成功地筛选出一批粪污降解菌、饲用益生菌，揭示其作用机理，显著提升了微生物发酵床在畜禽养殖业中的应用和效果。

（3）探索了微生物发酵床的功能，研发了环境监控专家系统，阐明了发酵床调温机制，研究了微生物群落动态，揭示了猪病生防机理，建立了发酵床猪群健康指数，制定了微生物发酵床技术规范和地方标准，提升了发酵床养殖的现代化管理水平。

（4）创新了发酵床垫料资源化利用技术与装备，提出整合微生物组菌剂的研发思路，成功研制出机器人堆垛自发热隧道式固体发酵功能性生物基质（菌肥）自动化生产线，创制出一批整合微生物组菌剂和功能性生物基质新产品，实现了畜禽养殖粪污的资源化利用。

本丛书介绍的内容中，畜禽粪污微生物治理及其资源化利用的关键技术——原位发酵床在福建、山东、江苏、湖北、四川、安徽等18个省份的猪、羊、牛、兔、鸡、鸭等污染治理上得到大面积推广应用。据不完全统计结果显示，近年来家畜出栏累计达1323万头，禽类出栏累计达5.6亿羽，产生经济效益达142.9亿元，并实现了畜禽健康无臭养殖、粪污"零排放"。异位发酵床被农业农村部选为"2018年十项重大引领性农业技术"，在全国推广超过5000套，成为养殖粪污资源化利用的重要技术。而且，使用后的发酵垫料等副产物被开发为功能性生物基质、整合微生物组菌剂、生物有机肥等资源化品超过100万吨，取得了良好的社会效益、经济效益和生态效益。发酵床利用微生物技术，转化畜禽粪污，发酵为益生菌，促进动物健康养殖，也能提高发酵产物菌肥的微生物组数量并保存丰富的营养物质，不仅实现污染治理，还提高资源化利用整合微生物组菌剂的肥效；成为生态循环农业的重要技术支撑，推进农业的绿色发展。

本书为"畜禽粪污微生物治理及其资源化利用丛书"的一个分册，以整合微生物菌组剂的研发与应用为主线，共分六章：第一章整合微生物菌组剂的提出、研发与应用，主要介绍了连作障碍与根际微生物组变化的关系，整合微生物组菌剂的生产过程和产品特性；第二章菌剂发酵床特征微生物空间分布，主要介绍了菌剂发酵床芽胞杆菌空间生态位、芽胞杆菌空间分布型、真菌空间分布特性；第三章整合微生物组菌剂微生物组多样性，主要介绍了整合微生物组菌剂微生物含量的估计，菌剂发酵床与堆肥工艺产品微生物组差异，整合微生物组菌剂细菌物种多样性；第四章整合微生物组菌剂的作用机理，主要介绍了整合微生物组菌剂肉汤培养物质组特性、可培养细菌群落变化、宏基因组变化、酶学特性、微生物脂肪酸组；第五章整合微生物组菌剂功能群与同工菌，主要分析了肉汤实验微生物组功能群和芽胞杆菌同工菌；第六章整合微生物组菌剂的应用，主要介绍了整合微生物组菌剂用于生防菌肥二次发酵、植物疫苗二次发酵以及配制育苗基质等。本书理论与实践有效结合，具有较强的技术应用性、可操作性和针对性，可供从事畜禽粪污处理处置及资源综合利用的工程技术人员、科研人员和管理人员参考，也供高等学校环境科学与工程、生物工程、农业工程及相关专业师生参阅。

本书主要由刘波、王阶平、郑雪芳、肖荣凤等编著，邵国青、张海峰、朱育菁、蓝江林、车建美、陈峥、阮传清、陈德局、刘国红、陈梅春、潘志针、陈倩倩、林营志、葛慈斌、黄素芳、史怀、苏明星、刘芸、曹宜、陈燕萍、郑梅霞、刘丹莹、夏江平、戴文霄、刘欣等参与了部分内容的编著，在此表示感谢。本书内容涉及成果在研究过程中得到了农业种质资源圃（库）（XTCXGC2021019）、发酵床除臭复合菌种（2020R1034009、2018J01036）、饲料微生物发酵床（202110035）、整合微生物组菌剂（2020R1034007、2019R1034-2）、微生物研究与应用科技创新团队（CXTD0099）、农业农村部东南区域农业微生物资源利用科学观测实验站（农科教发〔2011〕8 号）、科技部海西农业微生物菌剂国际科技合作基地（国科外函〔2015〕275 号）、发改委微生物菌剂开发与应用国家地方联合工程研究中心（发改高技〔2016〕2203 号）等项目的支持；在图书编著和出版过程中得到了陈剑平院士、李玉院士、沈其荣院士、李玉院士、谢华安院士、赵春江院士、喻子牛教授、李季教授、姜瑞波研究员、张和平教授、李文均教授、朱昌雄研究员、王琦教授等精心指导，在此一并表示衷心的感谢。

限于编著者水平及编著时间，书中不足和疏漏之处在所难免，敬请读者斧正，共勉于发展微生物农业的征程中。

编著者

2021 年 2 月于福州

目录

第一章　整合微生物菌组剂的提出、研发与应用 /001

第一章

整合微生物菌组剂的提出、研发与应用

☑ 连作障碍与根际微生物组

☑ 整合微生物组菌剂的研究方法

☑ 整合微生物组菌剂产品特性

☑ 整合微生物组菌剂特点及生产质量标准化讨论

第一节
连作障碍与根际微生物组

一、连作障碍引起作物产量下降

随着现代农业产业结构调整，作物的专业化、区域化和规模化栽培面积不断增加，但耕地资源有限使得连作和复种指数不断增加，日益严重的作物连作障碍（continuous cropping obstacle）已成为限制农业生产可持续发展的瓶颈之一。连作障碍是指在同一土地上连续多年栽种同一种作物或该作物的近缘作物，会使土壤理化性质等发生改变，因此即便在正常的种植管理下作物仍然会出现生长较差、产量和品质下降的情况。连作障碍发生区域广、涉及的作物种类多，轻则导致减产减收，重则导致绝收，造成严重的经济损失。

国内外学者对作物连作障碍有过许多研究，如三七（曹怡 等，2016）、番茄（Qin et al.，2017；Chellemi et al.，2013）、人参（肖春萍 等，2014）、棉花（Luan et al.，2015）、地黄（茹瑞红 等，2014；张重义 等，2011；尹文佳 等，2009）、黄瓜（吴凤芝，2014）、甜瓜（赵娟 等，2013）、西瓜（陈可，2013）、马铃薯（孟品品 等，2012）、当归（张新慧 等，2010）、大豆（Zhang et al.，2011）、黄连（银福军 等，2009）等。

国内外的相关研究普遍认为，导致作物发生连作障碍的主要因素包括土壤营养元素不平衡、土壤盐渍化、土壤微生物种类失衡、作物的自毒作用和土壤理化性质改变。

① 土壤营养元素不平衡，同一土地上长期栽种同一种作物，由于同一种作物对不同的元素需求的比例不同，这种情况的持续必然使得土壤中各元素含量发生变化，随着时间的推移，元素含量比例差异会逐渐加大，一定时间后无法满足植物的元素比例需求，这便会影响作物的正常生长发育。

② 土壤盐渍化，一方面，长时间种植同一种作物会破坏土壤的缓冲能力，造成土壤轻微酸化；另一方面，人们追求高产大量使用化肥，使得一些元素在土壤中堆积，在高温蒸发作用下大量盐分在土壤表层析出，土壤盐渍化，影响作物的生长。因此，土壤理化性状的恶变，导致酸化、盐渍化和肥力下降，为病原真菌滋长提供了有利的条件，可加重土传病害（Qin et al.，2017；Chellemi et al.，2013）。

③ 土壤微生物种类失衡，在一块土壤上种植一种作物相当于造就了土壤中微生物的特定生存环境，环境对于生物有选择作用，多次淘汰后土壤所含微生物种类必然会单一化，微生物的单一化不仅不利于对病菌与害虫的抑制，使得病菌与害虫的数量上升，还不利于微生物对土壤和作物的调节，造成作物生长的异常（Luan et al.，2015）。

④ 作物的自毒作用，在自然中，生物为了更好地生长争夺资源，它们除了长得更高来获取资源外，还可以分泌一些化学物质来抑制周围其他作物的生长。植物分泌的毒性物质会影响当季植物，土壤中剩余的毒性物质还可影响下一季的作物生长。植物根系自毒物质还会引起根系微生物组异常，弱化根系微生物组对病害的抑制，抑制土壤解磷解钾固氮微生物，引起植物营养缺陷（吴凤芝，2014；张淑香 等，2000）。

⑤ 土壤理化性质改变，机械化作业使得土壤被机械压实，表面孔隙减少，不利于氧气进入土壤，抑制植物根系呼吸发育。而化肥大量使用造成的土壤板结也加剧这一现象，使作物根系发育不良，最终产量和品质下降。

二、作物根际微生物组变化

作物连作过程的农事操作与土壤微生物群落变化关系密切。肖春萍等（2014）研究了连作人参生长过程土壤微生物的变化；Luan 等（2015）分析了健康和发病的棉花根际微生物的变化；孟品品等（2012）揭示了马铃薯连作过程根际土壤真菌种群的生物效应；Zhang 等（2011）分析了长期使用氯嘧磺隆除草剂对连作大豆土壤微生物群落的影响。这些研究均表明土壤微生物平衡的破坏是作物连作障碍的主要因素（图 1-1）：连作障碍起因于植物产生的自毒物质破坏了根系微生物组，使得作物营养转化、病原拮抗、毒素分解的微生物组得到抑制，根系微生物组变化导致根系物质组变化，引起自毒物质对根系毒害、氮磷钾的微生物无法提供养分，拮抗微生物受到抑制，病原微生物（嗜好根系分泌物）得到发展，导致连作障碍（Luan et al.，2015；Qin et al.，2017; Chellemi et al.，2013）。

图1-1 连作障碍发生的现象及其主要原因

连续种植同种作物，在相同的地理气候条件下，相同的品种、耕作管理，植物产生大量分泌物，形成自毒物质，一方面破坏根际微生物组，使抑菌、促进生长、分解矿质元素的微生物受到抑制，形成根际病态微生物组，病原抑制功能微生物组、元素分解功能微生物组、植物促长微生物组含量下降，促进了根际病原的发展；另一方面破坏了物质组转化的微生物，形成植物营养氮磷钾离子化得到抑制，表现出营养元素缺乏、病害菌群发生、自毒物质积累，阻碍了根际物质组的营养转化，形成病态物质组和土壤的盐渍化，伤害植物根系，限制了植物的生长（图 1-2）。

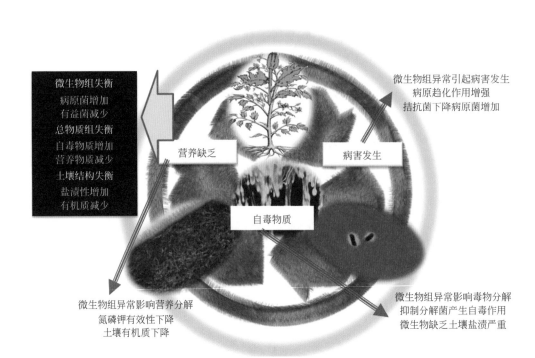

微生物组失衡
病原菌增加
有益菌减少
总物质组失衡
自毒物质增加
营养物质减少
土壤结构失衡
盐渍性增加
有机质减少

营养缺乏

病害发生

自毒物质

微生物组异常引起病害发生
病原趋化作用增强
拮抗菌下降病原菌增加

微生物组异常影响营养分解
氮磷钾有效性下降
土壤有机质下降

微生物组异常影响毒物分解
抑制分解菌产生自毒作用
微生物缺乏土壤盐渍严重

图1-2　连作障碍发生机制

三、作物根际微生物组的重建

目前解决连作障碍的措施主要有轮作和间作（Qin et al.，2017）、抗病品种筛选（赵娟等，2013）、土壤消毒（Li et al.，2017）、增施有机肥增加微生物组实施生物防治（Luan et al.，2015）等。轮作和间作在生产上受到较大的限制，一个作物的生产区域，与田间设施、管理技术、产品销售等关系密切，无法随意地更改种植计划。作物的抗病品种筛选也存在一定的限制性，不是所有的作物都有抗病品种，不同抗病品种的抗性水平、品质指标、管理技术等与选择的生产性品种存在差异，不容易轻易地替代。补充根际微生物组、重建根际健康微生物组及恢复根际功能等成为生产上首选的连作障碍修复方法。

根据特定地理条件的土壤微生物组，补充整合微生物组，建立健康根际微生物菌群，重建土壤微生物组，提升有益菌群，抑制根部病原，分解植物自毒物质；提升植物养分分解的微生物菌群，恢复土壤物质组功能，提供全元植物营养，促进植物根系生长，增加根系吸收功能，进一步促进植物的生长；补充整合微生物组菌剂成为修复土壤连作障碍的关键技术（图1-3）。

四、整合微生物组菌剂概念的提出

整合微生物组（integrated microbiome）影响着土壤功能。整合微生物组是利用宏基因组等方法能分析到的多种微生物的集合，其研究有过许多报道。例如，Yang 等（2017）报

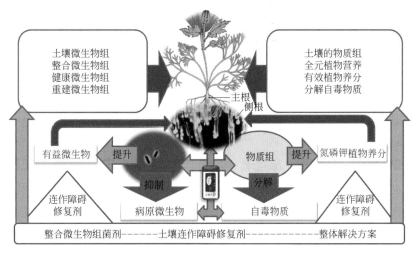

图1-3　土壤连作障碍的微生物组修复技术

道了土壤整合微生物群落变化与烟草青枯病的关系；Novello 等（2017）报道了土壤根际整合微生物组与葡萄病虫综合治理的关系；Kalivas 等（2017）利用宏基因组揭示生菜栽培过程土壤整合微生物组替代氮肥的机制；Chen 等（2017）阐明了能源植物降解镉污染过程的土壤整合微生物组的变化；Lori 等（2017）分析了有机耕作促进土壤整合微生物组的丰度变化；Neilson 等（2017）发现持续干旱严重影响干旱区域微生物组的多样性和稳定性；Elhady 等（2017）探明了土壤整合微生物组与根结线虫侵染的关系；Pfeiffer 等（2017）分析了安第斯山脉马铃薯种植过程土壤根际核心微生物稳定性；Zafra 等（2016）利用整合微生物组降解土壤难分解有机物；Zhang 等（2016）表征了 $90m^3$ 耗氧堆肥装置堆肥过程功能微生物组。环境因素与整合微生物组存在着相互作用，笔者提出了整合微生物组菌剂（integrated microbiome agent，IMA）的概念，试图通过整合微生物组的干预，改变环境中的微生物结构，提升微生物在环境中的功能，如元素转化、病害抑制、毒素分解等，用于作物连作障碍的消除。

五、整合微生物组菌剂的研究

　　植物病害给农业造成巨大的经济损失，目前防治植物病害主要是利用抗病品种和化学防治。抗病品种难以获得并且容易丧失抗性；高效低毒的化学农药种类少、防效差，而且滥用化学农药会造成农药残留污染。利用有益微生物控制病原菌是一种可行的措施。土壤具有众多的微生物菌群，但以往的研究多聚焦于单一的土壤微生物菌剂，其使用也产生了一定的效果。姜旭（2018）根据微生物防治现有研究成果及各种病菌的防治现状对微生物在植物病害的防治成效展开了系统性阐述与分析，以期为深入研究微生物防治植物病害提供参考。吴晓青等（2017）报道了微生物组学对植物病害微生物防治研究的启示，植物病害的微生物防治研究主要集中在植物、病原菌和生防菌三者的互作关系上，相对忽视了植物微生物组 / 群的作用。越来越多的研究表明，植物内生微生物、根围土壤微生物和叶围微生物均不同程度地参与了植物防病的机制。为了更好地了解相关进展，他们选择部分代表性微生物研究，详述了植物微生物组 / 群的构成，并结合案例介绍了植物微生物组 / 群对寄主植物的防 / 致病作用、对植物病原菌致病性的影响，以及施用生防菌对植物微生物组/群的影响。他们认为微生物组学的发展为生防机制研究领域提出了新的思路，有利于发现更加科学的防治手段。

邵天蔚等（2016）从真菌、细菌、放线菌和微生物混合制剂等方面阐述了人参根部病害生物防治的研究现状，介绍了生防微生物防治人参根部病害的作用机理，并就微生物农药在开发过程中存在的问题以及发展前景进行综述。番茄早疫病，又称为"轮纹病"或"夏疫病"，是由茄链格孢菌属导致的一种危害较严重的世界性植物真菌病害。董艳等（2015）综述了近年来国内外利用拮抗微生物(酵母菌、放线菌、细菌)对番茄早疫植物真菌病害的防治机理和防治研究的进展。他们认为随着科学技术的不断进步，具有良好防治效果且对人类健康和环境无害的微生物防治手段将会替代化学防治手段成为番茄早疫植物真菌病害的主要防治手段。但目前拮抗微生物作为生防制剂的大规模开发利用还存在问题，对其防治番茄早疫植物真菌病害的潜在问题及应用前景做了展望。所谓植物病害的生物防治，是对土壤中的有益微生物或其代谢产物加以利用，从而有效防治农作物病害，它是一种安全、不污染环境、可持续发展的方法。基于此，王璇等（2014）从生物防治的概念出发，介绍了生物防治的原理和现状，并分析出目前中国生防所面临的困难以及解决的方法。张业辉（2013）通过对现有的水稻纹枯病防治方法的利弊分析，介绍有益微生物防治水稻纹枯病的作用机理及优势，综述了有益菌防治水稻纹枯病的主要类群及存在的问题。马成涛等（2007）综述了国内外利用土壤有益微生物防治植物病害的研究进展，并探讨了土壤有益微生物的作用机制、存在的问题和今后的研究方向。多菌剂的配合使用，通过基因工程改造产生新型、高效、稳定、适生性强的拮抗菌以及添加生防菌诱导物质将是今后生防菌发展的趋势。

地黄 (*Rehmannia glutinosa* Libosch) 是玄参科 (Scrophulariaceae) 地黄属多年生草本植物，为我国栽培历史最久的药用植物之一，其块根是一种大宗常用中药材。然而地黄连作后病害严重，药材减产，同一块地在8～10年内不能重栽。并且，对这些病害主要是采取物理防治和化学防治，防效差且造成农药残留。因此，马成涛（2009）在前期实验结果的基础上，利用实验室得到的10种有益细菌分别进行了平板拮抗试验和田间小区试验，测定了不同拮抗细菌在大田条件下对连作地黄生长的影响，并探索了10种有益细菌的培养条件和保存条件。同时，从地黄根际土壤中分离得到47种真菌，并利用这47种真菌分别进行试管苗试验和盆栽试验，确定了4种导致连作地黄病害加重的病原真菌；然后通过室内拮抗试验和盆栽试验筛选得到4种对病原真菌具有良好拮抗效果的有益真菌；最后对有益真菌的拮抗机理进行了探索并对4种有益真菌进行了初步的分类鉴定。其主要研究结果如下：

① 通过田间小区试验发现各有益菌剂处理病株率与对照都有极显著的差异，其中以B6、B7、B29防治效果最好，达到了72.73%～78.79%，B24、B28、B45的防效也都在50%以上，防效最差的为B23和B34，仅为24.24%和18.19%。而各菌剂处理后地黄的平均株高与对照均无明显差异，但对其地下鲜重存在着不同程度的影响。B29对地黄增产作用最为明显，增产率达到了44.46%；其次为B7和B6，分别达到了33.06%和31.08%；此外B24和B28增产率也在15%以上。B21、B45虽然对地黄也有不同程度的增产作用，但与对照之间差异不显著；B23、B34、B43增产效果较差，增产率均在5%以下；其中最差的为B34，增产率仅为1.09%。

② 通过对10种有益细菌培养条件和保存条件的探索，明确了各种有益细菌菌株在温度25～35℃、pH 6～9范围、光照条件下采用振荡培养的方式都能够较快较好地生长而且可以适应不同的培养基；以简便易得的河沙为支撑物进行细菌保存可以很好地保持细菌活性。

③ 利用土壤稀释法从地黄根际土壤中分离得到 47 种真菌，对 47 种真菌分别进行试管苗试验和盆栽试验，将 4 号、30 号、31 号、42 号真菌确定为引起地黄连作后病害加重的病原真菌。

④ 通过平板拮抗试验发现 17 号拮抗菌抑菌 R 值都在 0.21～0.59 之间，27 号的抑菌 R 值都在 0.26～0.7 之间，35 号拮抗菌抑菌 R 值都在 0.3～0.71 之间，45 号拮抗菌抑菌 R 值也都在 0.21～0.59 之间。而在盆栽试验中，27 号菌、45 号菌对 4 号病原菌的防治效果与 50% 多菌灵可湿性粉剂相同，达到了 88.9%；17 号菌、27 号菌对 31 号病原菌的防治效果同样与多菌灵处理持平，达到了 66.7%，而 45 号菌对 31 号病原菌的防治效果甚至优于 50% 多菌灵可湿性粉剂，达到了 88.9%；在防治 42 号病原菌的试验中，27 号拮抗菌的防效也等同于多菌灵处理，达到了 88.9%。通过显微镜下连续观察 4 种有益真菌的生长情况，初步确定 17 号真菌为黄绿木霉（*Trichoderma aureoviride*），27 号真菌为绿色木霉（*Trichoderma viride*），35 号真菌为假康氏木霉（*Trichoderma pseudokoningii*），45 号真菌为哈茨木霉（*Trichoderma harzinum*）。

⑤ 通过对拮抗菌拮抗机理的研究发现，有益菌 B6、B7、B21、B28、B29、B45 的拮抗机制主要为发酵产生的代谢物质抑制病原菌的生长，T17、T27、T35、T45 4 种有益真菌主要通过竞争作用来抑制病原菌的生长。综上可知，3 种有益菌 B6、B7、B29 对地黄增产有明显的效果，4 种有益真菌 T17、T27、T35、T45 也对病原菌有良好的防效。

草莓重茬病一直是困扰草莓生产的一个重要问题，赵秀娟（2007）试图从多种作物根际土壤中筛选到能够用于防治草莓重茬病的有益微生物，为草莓重茬病的有效控制提供新线索。其主要研究结果如下：

① 明确了引起草莓重茬病的病原菌之一石楠拟盘多毛孢（*Pestalotiopsis photiniae*）的生物学特性。该病菌在 25℃、pH5、葡萄糖为碳源、尿素为氮源时，菌丝生长最快；在 25℃、pH6、麦芽糖为碳源、尿素为氮源时，分生孢子萌发率最高。

② 从 20 个地块采集的 50 份土样中分离得到菌落形态不同的微生物 488 株。对峙培养后，得到 1 株真菌、26 株放线菌、253 株细菌，其中，对 4 种草莓重茬病致病菌抑制效果最好的菌株分别为：JP50 对茄丝核菌（立枯丝核菌，*Rhizoctonia solani*）抑菌带宽为 20.33mm，JP61 对尖孢镰刀菌（*Fusarium oxysporum*）抑菌带宽为 20.00 mm，JP130 对大丽轮枝菌（*Verticillium dahliae*）抑菌带宽为 18.50 mm，JKX84 对石楠拟盘多毛孢（*Pestalotiopsis photiniae*）抑菌带宽为 13.67 mm；而且，在该病害发生的地块中作物花期时筛选到的拮抗微生物效果较好；同时对这 4 种致病菌均具较好抑制效果的菌株为 JKX78、JKX83、JKX84、JP132，经鉴定均为枯草芽孢杆菌（*Bacillus subtilis*）。

③ 将 4 株拮抗微生物制成发酵液，测定混合和单一拮抗菌发酵液对草莓重茬致病菌菌丝生长和分生孢子萌发的抑制作用，结果表明：对茄丝核菌和尖孢镰刀菌的菌丝生长抑制效果最好的组合为 JKX78+JKX83，抑制率分别为 84.4% 和 78.9%；对石楠拟盘多毛孢和大丽轮枝菌菌丝生长抑制效果最好的组合分别为 JKX78+JP132 和 JKX83+JKX84，抑制率分别为 79.90% 和 84.1%；JKX78+JKX83 对尖孢镰刀菌和大丽轮枝菌孢子萌发抑制率分别为 91.0% 和 79.0%；JKX83+JP132 对石楠拟盘多毛孢孢子萌发抑制率为 83.0%。对茄丝核菌、尖孢镰刀菌、大丽轮枝菌、石楠拟盘多毛孢菌丝抑制效果较好的组合为 JKX83+JKX84、JKX78+JKX83；对尖孢镰刀菌、大丽轮枝菌、石楠拟盘多毛孢分生孢子萌发抑制效果较好的组合为 JKX78+JKX83 和 JKX83+JP132。

④ 对 4 株拮抗微生物液体发酵条件进行了摸索，其中菌株 JKX78 最适培养基为葡萄糖肉汁胨培养基，最适 pH 值为 9.5，最适培养温度为 25℃；JKX83 最适培养基为蔗糖酵母膏培养基，最适 pH 值为 6.5，最适培养温度为 25℃；JKX84 最适培养基为 PD 培养基，最适 pH 值为 8.5，最适培养温度为 25℃；JP132 最适培养基为葡萄糖酵母膏培养基，最适 pH 值为 9.5，最适培养温度为 20℃，最适培养时间均为 24h。通过盆栽防效试验，发现对草莓重茬病防效较好的发酵液处理为 JKX83+JP132、JKX78+JP132 和 JKX83+JKX84，防效均达到 60.00% 以上。

第二节
整合微生物组菌剂的研究方法

为了提供连作障碍生物防控的新途径，笔者围绕整合微生物组菌剂（简称整合菌剂，IMA）产品生产技术、质量指标、整合菌剂功能比较、整合菌剂对土壤微生物组的影响、整合菌剂对连作障碍防控作用等开展研究，分析作为一种新型制剂提出的整合微生物组菌剂的生产和应用的可行性，为连作障碍生物防控、畜禽粪便资源化利用、微生物组菌剂研发与应用提供科学依据。本章节为整合微生物组菌剂研究的一部分，重点介绍整合微生物组菌剂的生产过程，菌剂微生物组结构，对发芽率、出苗率、病害防控的作用等。

一、整合微生物组菌剂的生产过程

整合微生物菌组剂的生产采用微生物发酵床大栏养猪系统进行。地点选在福建省农业科学院福清现代设施农业样本工程示范基地，微生物发酵床大栏养猪舍建筑面积为 2100m^2（长 60m，宽 35m），养殖面积为 1600m^2，发酵床垫料深度为 80cm，发酵床垫料由 33% 椰糠、33% 锯糠和 34% 谷壳组成。发酵床饲养 1600 头育肥猪，猪粪便排泄在垫料上，垫料管理每 1 天旋耕 1 次，垫料发酵下沉时补充新垫料到原来高度；连续使用 1 年养猪发酵床作为基础，在生产整合微生物菌剂时，利用 30% 豆饼粉 +70% 菌糠混合成生产原料，平铺在发酵床上 10cm；进行二次固体耗氧发酵，每天用拖拉机旋耕 1 次，旋耕深度为 20cm，充分混合发酵床原有垫料、添加垫料、猪粪，湿度调整在 55% ～ 65%，连续操作发酵 20d；将表层 20cm 发酵好的垫料收集作为整合微生物菌剂的原料，经过晾干、粉碎、过筛等加工，检验、包装成为高含菌量的整合微生物组菌剂产品，包装规格为 10kg/ 袋。关于整合菌剂生产装备、发酵调控和品管技术将在其他章节介绍。

二、整合微生物组菌剂营养成分分析

从产品中取 7 个样品，记为 g1、g2、…、g7，送福建省农业科学院土壤肥料研究所分析，测定理化性质和营养成分，包括水分（%）、pH 值、有机质（%）、全氮（%）、腐殖酸（%）、粗纤维（%）等，统计平均值。

三、整合微生物组菌剂芽胞杆菌活菌总含量的测定

对采集的 7 个样品进行芽胞杆菌活菌分离，采用 MS 培养基，称量 10g 样品，配制含 10% 样品水悬浮液，加热至 80℃维持 20min，保留芽胞杆菌，消除其他杂菌，通过梯度稀释涂布菌落计数法，标记菌落形态特征，进行菌落归类和统计计数；采用通用细菌 16S rRNA 引物进行扩增、测序、比对、鉴定，确定标记菌落为芽胞杆菌后，统计计算每克产品含芽胞杆菌菌落数（CFU/g），每个样品实验重复 3 次计算平均值（刘波 等，2016a）。

四、基于宏基因组的整合菌剂产品细菌微生物组的测定

从整合微生物组菌剂产品中取样 7 个样品，每个称取 100g 混合均匀后共获得 700g 样品，从中取 50g 利用宏基因组进行细菌微生物组分析。

（1）总 DNA 的提取　按土壤 DNA 提取试剂盒 FastDNA SPIN Kit for Soil 的操作指南，分别提取各垫料样本的总 DNA，于 –80℃冰箱冻存备用。

（2）16S rDNA 和 ITS 测序文库的构建　采用扩增原核生物 16S rDNA 的 V3 ～ V4 区的通用引物 U341F 和 U785R 对各垫料样本的总 DNA 进行 PCR 扩增，并连接上测序接头，从而构建成各垫料样本的真细菌 16S rDNA V3 ～ V4 区测序文库。

（3）高通量测序　使用 Illumina MiSeq 测序平台，采用 PE300 测序策略，每个样本至少获得 10 万条 read；细菌微生物组测定由上海美吉公司完成。

获得的样品细菌微生物组数据后分析：

① 细菌门水平微生物组含量（read）结构；
② 细菌微生物组各分类阶元种类（OTU）数量；
③ 前 10 种高含量细菌种类测定；
④ 细菌微生物组中芽胞杆菌种类丰度（%）（刘波 等，2016b）。

五、整合微生物组菌剂对种子发芽影响的测定

将 0.1 kg 的整合微生物组菌剂产品浸泡在 0.4L 水中，搅拌过夜后，用 4 层纱布过滤，收集滤液，即为 25% 的整合微生物组菌剂浸出液。取上述溶液 20mL，置于 9cm 的培养皿，培养皿底部放置一张滤纸；选饱满、无病虫害的绿豆种子，用浸出液浸种 30min，每平皿中放置 12 颗绿豆种子，重复 5 次，用清水 20mL 作为对照（CK），将其置于 28℃恒温人工气候箱，光照 16h，黑暗 8h。24h（1d）观察绿豆的发芽数量、胚根长度，统计发芽率、发芽指数和活力指数；以对照组为参照，计算处理组与对照组胚根长度和活力指数的比值，分析整合微生物组菌剂 25% 浸出液对绿豆发芽的影响。发芽率、发芽指数与活力指数计算公式如下：

① 发芽率 G（%）：$G =$（发芽种子数 / 供试种子数）× 100%

② 发芽指数 GI： $GI = \sum (G_t / D_t)$

式中，G_t 为第 t 天的发芽种子数；D_t 为相应发芽天数。

③ 活力指数 VI： $VI = GI \times S$

式中，GI 为发芽指数；S 为发芽 t 时间内胚根及胚轴的总长度，cm。

六、整合微生物组菌剂对番茄穴盘育苗壮苗作用的研究方法

配制育苗基质，选择整合微生物组菌剂产品与椰糠配制成不同体积比例的育苗基质，设置高含量组处理 1 和处理 2，整合微生物组菌剂占比分别为 25%、30%；中含量组处理 3 和处理 4，整合微生物组菌剂占比分别为 15%、20%；低含量组处理 5 和处理 6，整合微生物组菌剂占比分别为 5%、10%；育苗基质配制混合后，平铺于穴盘进行番茄育苗，番茄品种为不抗青枯病的"农科 180"，每个处理播种 25 粒种子，重复 2 次，用椰糠做育苗基质对照（CK）；放入 30℃温室，用日光灯为光照，光 / 暗为 16h/8h，每日定期喷水管理；于 10d、20d、30d 定期观察番茄的出苗和生长情况，统计 30d 的番茄出苗率（%）、根长（cm）、株高（cm）、茎粗（mm）等，比较分析不同处理整合微生物组菌剂对番茄穴盘育苗壮苗作用的影响。

七、整合微生物组菌剂对番茄穴盘育苗青枯病防控的研究方法

用以上不同处理组的穴盘育苗 30d 后的番茄穴盘苗（"农科 180"）继续做青枯病防控实验；每个处理灌根接种浓度为 10^6CFU/mL 强致病力青枯雷尔氏菌（*Ralstonia solanacearum*）FJAT-91 发酵液 200mL，对照组浇灌清水为对照；接种后分别在 4d、7d、10d 观察计算番茄苗青枯病发病率，统计整合微生物组菌剂高含量组（25%～30%）、中含量组（15%～20%）、低含量组（5%～10%）、对照组（清水）的平均发病率，计算 10d 校正防效，进行分析比较，校正防效计算方法如下：

$$校正防效 = \frac{对照组发病率 - 处理组发病率}{对照组发病率} \times 100\%$$

第三节
整合微生物组菌剂产品特性

一、整合微生物组菌剂生产工艺简述

利用微生物发酵床生产整合微生物组菌剂。整合微生物组菌剂（简称整合菌剂，IMA）

生产所用的固体发酵槽采用应用 1 年以上的大栏养猪微生物发酵床，面积 1600m²，基础垫料配方 30% 锯糠、20% 谷壳、50% 椰糠，常年饲养育肥猪 1600 头。发酵床提供了丰富的微生物组作为菌剂的接种剂，菌剂生产时，在发酵床的表面覆盖一层 10cm 厚 30% 豆饼粉 +70% 菌糠的垫料，共 180m³，发酵床湿度控制在 50%～60%，每天猪排便作为氮素流加，每天用拖拉机旋耕混合猪粪拉平垫料，进行二次固体耗氧发酵，连续发酵操作 20d；发酵结束讲入产品加工，取出上层 20cm 厚共 320m³ 的发酵产物，进行晾晒干燥 5d，当发酵产物含水量 <30% 时，进入粉碎、分筛、包装，形成整合微生物组菌剂。整合微生物组菌剂生产工艺包括了原料配制→发酵床发酵→发酵控制→产品加工→产品包装等过程（图 1-4、图 1-5）。

图1-4　整合微生物组菌剂的生产工艺

(a) 原料配制

(b) 原料混合

(c) 原料添加

图1-5

(d) 发酵翻耕　　　　　　　　(e) 发酵产品　　　　　　　　(f) 产品粉碎

(g) 产品过筛　　　　　　　　(h) 产品包装　　　　　　　　(i) 菌剂产品

(j) 发酵前原料　　　　　　　(k) 发酵后产物　　　　　　　(l) 加工后产品

图1-5　整合微生物组菌剂加工过程

二、整合微生物组菌剂营养成分分析

整合微生物组菌剂产品营养成分测定结果见表1-1，分析结果表明，整合微生物组菌剂产品水分含量变化范围27.6%～33.6%，平均值29.74%；pH值变化范围6.20～9.50，平均值7.56；有机质含量变化范围38.9%～48.5%，平均值44.46%；全氮含量变化范围2.00%～2.62%，平均值2.23%；腐殖酸含量变化范围9.31%～12.90%，平均值11.20%；粗纤维含量变化范围11.30%～17.80%，平均值14.06%。

表1-1 整合微生物菌组剂理化性质

样品序号	水分/%	pH值	有机质/%	全氮/%	腐殖酸/%	粗纤维/%
g1	31.60	9.20	45.30	2.42	11.10	11.40
g2	27.60	7.10	38.90	2.31	9.31	11.30
g3	27.70	6.30	45.90	2.00	9.88	17.80
g4	33.60	6.20	45.10	2.10	11.40	14.80
g5	31.40	9.50	42.20	2.08	12.70	12.80
g6	28.70	8.10	45.30	2.62	12.90	13.00
g7	27.60	6.50	48.50	2.09	11.10	17.30
平均值	29.74	7.56	44.46	2.23	11.2	14.06

三、整合微生物组菌剂芽胞杆菌总活菌数测定

整合微生物组菌剂产品芽胞杆菌分离鉴定结果见表1-2。从采集的 7 个整合微生物组菌剂产品样品中分离标记的 100 个菌落类型，经过 16S rDNA 鉴定，相似度 >98%，为 25 种（亚种）芽胞杆菌（表 1-2）；芽胞杆菌活菌数测定结果见表 1-3，样品的芽胞杆菌活菌总数平均值范围为（17.67～26.67）×10^7 CFU/g，整合微生物组菌剂产品活菌数平均值达 20.62×10^{7}CFU/g。

表1-2 整合微生物组菌剂产品样品芽胞杆菌种类鉴定

序号	菌株编号	种名及其模式菌株	中文学名	16S rDNA相似度/%
1	FJAT-46225	[1] 'Bacillus vanilla' XY18^T	香草豆芽胞杆菌	97.13
2	FJAT-46301	[2] Bacillus aerophilus 28K^T	嗜气芽胞杆菌	100.00
3	FJAT-46217			100.00
4	FJAT-46253	[3] Bacillus altitudinis 41KF2b^T	高地芽胞杆菌	100.00
5	FJAT-46318	[4] Bacillus amyloliquefaciens FZB42^T	解淀粉芽胞杆菌	99.72
6	FJAT-46213	[5] Bacillus anthracis ATCC 14578^T	炭疽芽胞杆菌	99.69
7	FJAT-46201			99.54
8	FJAT-46307	[6] Bacillus aryabhattai B8W22^T	阿氏芽胞杆菌	100.00
9	FJAT-46281			97.89
10	FJAT-46278			100.00
11	FJAT-46272			100.00
12	FJAT-46223			100.00
13	FJAT-46186			99.86
14	FJAT-46270	[7] Bacillus clausii DSM 8716^T	克劳氏芽胞杆菌	99.50
15	FJAT-46194			99.20
16	FJAT-46263	[8] Bacillus eiseniae A1-2^T	蚯蚓芽胞杆菌	99.58
17	FJAT-46178			99.72
18	FJAT-46289	[9] Bacillus filamentosus SGD-14^T	丝状芽胞杆菌	100.00
19	FJAT-46204			100.00

续表

序号	菌株编号	种名及其模式菌株	中文学名	16S rDNA相似度/%
20	FJAT-46297			99.93
21	FJAT-46258			99.79
22	FJAT-46246			100.00
23	FJAT-46230			99.65
24	FJAT-46221	[10] *Bacillus kochii* WCC 4582ᵀ	柯赫芽胞杆菌	99.65
25	FJAT-46208			99.72
26	FJAT-46202			99.86
27	FJAT-46176			98.86
28	FJAT-46175			99.72
29	FJAT-46313			99.10
30	FJAT-46312			99.30
31	FJAT-46296			99.70
32	FJAT-46271			99.37
33	FJAT-46268			99.23
34	FJAT-46266			99.37
35	FJAT-46260			99.40
36	FJAT-46244			99.72
37	FJAT-46239			99.30
38	FJAT-46237			97.70
39	FJAT-46235	[11] *Bacillus licheniformis* ATCC 14580ᵀ	地衣芽胞杆菌	99.16
40	FJAT-46233			99.37
41	FJAT-46218			98.30
42	FJAT-46215			99.65
43	FJAT-46212			97.50
44	FJAT-46203			99.93
45	FJAT-46200			99.72
46	FJAT-46196			99.79
47	FJAT-46188			99.60
48	FJAT-46182			99.70
49	FJAT-46180			99.60
50	FJAT-46173			99.23
51	FJAT-46197	[12] *Bacillus methylotrophicus* KACC 13105ᵀ	甲基营养型芽胞杆菌	100.00
52	FJAT-46274	[13] *Bacillus rhizosphaerae* SC-N012ᵀ	根际芽胞杆菌	99.09
53	FJAT-46174	[14] *Bacillus safensis* FO-36bᵀ	沙福芽胞杆菌	100.00
54	FJAT-46311			99.44
55	FJAT-46255			99.30
56	FJAT-46199	[15] *Bacillus sonorensis* NBRC 101234ᵀ	索诺拉沙漠芽胞杆菌	99.37
57	FJAT-46177			99.44

续表

序号	菌株编号	种名及其模式菌株	中文学名	16S rDNA相似度/%
58	FJAT-46316			99.72
59	FJAT-46298			99.93
60	FJAT-46295			99.93
61	FJAT-46279			99.93
62	FJAT-46259			99.93
63	FJAT-46252			99.79
64	FJAT-46251			99.72
65	FJAT-46248			99.93
66	FJAT-46247	[16] *Bacillus subtilis* subsp. *inaquosorum* KCTC 13429[T]	枯草芽胞杆菌水生亚种	99.93
67	FJAT-46242			99.79
68	FJAT-46238			99.93
69	FJAT-46231			99.93
70	FJAT-46229			99.93
71	FJAT-46220			99.37
72	FJAT-46211			99.93
73	FJAT-46206			99.93
74	FJAT-46185			99.79
75	FJAT-46184			99.93
76	FJAT-46262			99.93
77	FJAT-46241			99.93
78	FJAT-46234			99.93
79	FJAT-46219	[17] *Bacillus subtilis* subsp. subtilis NCIB 3610[T]	枯草芽胞杆菌枯草亚种	99.93
80	FJAT-46214			99.93
81	FJAT-46190			99.93
82	FJAT-46179			99.93
83	FJAT-46314			100.00
84	FJAT-46257			100.00
85	FJAT-46250	[18] *Bacillus tequilensis* KCTC 13622[T]	特基拉芽胞杆菌	99.79
86	FJAT-46216			100.00
87	FJAT-46191			99.86
88	FJAT-46249			99.79
89	FJAT-46227			99.93
90	FJAT-46224	[19] *Bhargavaea ginsengi* ge14[T]	人参哈格瓦氏菌	99.93
91	FJAT-46192			99.79
92	FJAT-46276	[20] *Lysinibacillus macroides* LMG 18474[T]	长赖氨酸芽胞杆菌	97.76
93	FJAT-46275	[21] *Oceanobacillus caeni* S-11[T]	淤泥大洋芽胞杆菌	99.30
94	FJAT-46254	[22] *Ornithinibacillus scapharcae* TW25[T]	毛蚶鸟氨酸芽胞杆菌	98.47
95	FJAT-46303	[23] *Virgibacillus halodenitrificans* DSM10037[T]	盐反硝化枝芽胞杆菌	99.79
96	FJAT-46195			99.86

序号	菌株编号	种名及其模式菌株	中文学名	16S rDNA相似度/%
97	FJAT-46309			98.70
98	FJAT-46232	[24] *Virgibacillus oceani* MY11^T	海洋枝芽胞杆菌	98.30
99	FJAT-46198			98.29
100	FJAT-46222	[25] *Virgibacillus saLinus* XH-22^T	盐湖枝芽胞杆菌	98.48

表1-3　整合微生物组菌剂芽胞杆菌活菌计数

样本编号	芽胞杆菌活菌计数/（10^{7}CFU/g）			平均值
	重复I	重复II	重复III	/（10^{7}CFU/g）
g1	20	31	29	26.67
g2	23	18	22	21.00
g3	19	16	18	17.67
g4	26	18	21	21.67
g5	18	19	18	18.33
g6	21	15	19	18.33
g7	19	22	21	20.67
平均值	20.85	19.85	21.14	20.62

四、基于宏基因组整合菌剂产品细菌微生物组测定

1. 整合微生物组菌剂产品宏基因组测序

基于宏基因分析整合微生物组菌剂细菌测定结果见表1-4。对采集的样本分析结果表明，样品短序列（read）平均值为99701.75，种类数即分类操作单元（operational taxonomic unit，OTU）平均值为1469.29，代表细菌微生物组的种类；Ace指数和Chao指数代表了物种指数，平均值分别为1726.42和1757.57，指示着细菌物种的数量，是种类（OTU）数量的校正值；测序深度指数（Coverage）平均值为0.9972，表明测序深度已经基本覆盖到样本中所有的物种；香农指数（Shannon）为5.0686，表明细菌物种的多样性较高；辛普森指数（Simpson）为0.0188，表明物种优势度低，无单一物种占有绝对优势。

表1-4　基于宏基因分析整合菌剂细菌微生物组测定

样本	短序列（read）	种类OTU	在0.97的相似度下				
			Ace指数	Chao指数	测序深度指数	香农多样性指数	辛普森优势度指数
g1	102575	1608	1824（1779，1882）①	1879（1809，1973）	0.997114	5.14（5.13，5.15）	0.0212（0.0208，0.0216）
g2	129891	1698	1922（1875，1981）	1973（1902，2068）	0.997721	5.55（5.54，5.55）	0.0101（0.01，0.0103）
g3	83279	1255	1604（1536，1689）	1592（1511，1700）	0.995845	4.68（4.67，4.7）	0.0252（0.0248，0.0255）
g4	137195	1192	1381（1337，1438）	1421（1356，1512）	0.998287	4.85（4.85，4.86）	0.0187（0.0185，0.0189）

续表

样本	短序列 （read）	种类 OTU	在0.97的相似度下				
			Ace指数	Chao指数	测序深度指数	香农多样性指数	辛普森优势度指数
g5	119811	1711	1997 （1942，2067）	2047 （1966，2153）	0.997087	5.11 （5.1，5.12）	0.0255 （0.0251，0.026）
g6	111290	1257	1566 （1503，1646）	1574 （1493，1683）	0.997232	4.96 （4.95，4.97）	0.0153 （0.0151，0.0155）
g7	113573	1564	1791 （1744，1851）	1817 （1752，1904）	0.997383	5.19 （5.17，5.2）	0.0159 （0.0157，0.0161）
平均值	99701.75	1469.29	1726.42	1757.57	0.997239	5.0686	0.0188

①括号中为最小值和最大值。

2. 整合微生物组菌剂门水平细菌含量

分析结果见图1-6。7个样本的整合微生物组菌剂分析结果表明其含有39个门细菌；不同样本差异显著，细菌总量（read）范围在83279～137195之间，平均值为113944.85；前7个细菌门（read）平均值总和为108242.43，占比95%；按大小排序7个细菌门分别为拟杆菌门（Bacteroidetes，read=30783.14）、变形菌门（Proteobacteria，27106.29）、放线菌门（Actinobacteria，19740.00）、厚壁菌门（Firmicutes，10725.29）、糖细菌门（Saccharibacteria，8005.00）、异常球菌-栖热菌门（Deinococcus-Thermus，6360.71）、绿弯菌门（Chloroflexi，5522.00）。

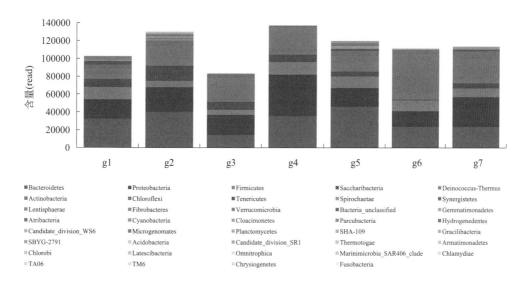

图1-6　整合微生物组菌剂门水平细菌含量结构（read）

3. 整合微生物组菌剂细菌各分类阶元种类数量

分析结果见图1-7。整合微生物组菌剂细菌各分类阶元种类（OTU）数量分别为：细菌门39个，细菌纲96个，细菌目187个，细菌科383个，细菌属786个，细菌种1281个。结果表明整合微生物组菌剂含有丰富的细菌种类，每克菌剂含有细菌1281种。

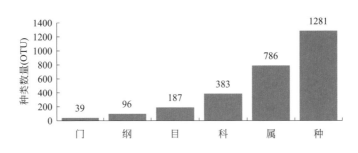

图1-7　整合菌剂细菌微生物组分类阶元种类（OTU）数量

4．整合微生物组菌剂前10种高含量细菌种类

整合微生物组菌剂前 10 种高含量细菌种水平的测定结果见表 1-5。相对含量（read）较高的前 10 种细菌种类分别为：藤黄色杆菌属的 1 种（*Luteibacter* sp.，read=8067.71）、糖细菌门的 1 种（Saccharibacteria sp.，7937.00）、特吕珀菌属的 1 种（*Truepera* sp.，5771.86）、漠河杆菌属的 1 种（*Moheibacter* sp.，5552.14）、黄杆菌科的 1 种（Flavobacteriaceae sp.，4261.14）、热泉绳菌属的 1 种（*Crenotalea* sp.，3443.43）、腐螺旋菌科的 1 种（Saprospiraceae sp.，2718.86）、海杆菌属的 1 种（*Marinobacter* sp.，2324.71）、大洋球菌属的 1 种（*Oceanococcus* sp.，1916.43）、鸟杆菌属的 1 种（*Ornithobacterium* sp.，1665.85），前 10 种细菌相对含量（read）的总和为 43659.14，占整合微生物组菌剂 1281 种细菌总量（read=113944.90）的 38.31%。

表1-5　整合微生物组菌剂前10种高含量细菌的相对含量（read）

细菌名称	前10种高含量细菌相对含量(read)							平均值
	g1	g2	g3	g4	g5	g6	g7	
Luteibacter sp.	23	2993	12267	25910	84	284	14913	8067.71
Saccharibacteria sp.	9016	17103	8899	8349	5376	870	5946	7937.00
Truepera sp.	5138	7500	2091	2976	10091	7029	5578	5771.86
Moheibacter sp.	10443	7740	573	2233	14517	1504	1855	5552.14
Flavobacteriaceae sp.	771	7045	4191	8928	2878	2910	3105	4261.14
Crenotalea sp.	31	3085	5304	11081	127	975	3501	3443.43
Saprospiraceae sp.	2130	3396	413	2103	3673	4807	2510	2718.86
Marinobacter sp.	5277	754	102	2749	850	4461	2080	2324.71
Oceanococcus sp.	16	411	5013	5545	82	346	2002	1916.43
Ornithobacterium sp.	1771	917	345	3123	413	3022	2070	1665.85
前10种高含量细菌总和平均值	34616	50944	39198	72997	38091	26208	43560	43659.14
菌剂中1281种细菌总和平均值	102575	129891	83279	137195	119811	111290	113573	113944.9

5．整合微生物组菌剂芽胞杆菌种类丰度

基于宏基因分析整合微生物组菌剂中芽胞杆菌丰度见表 1-6。分析结果表明从 7 个样本中共检测到 46 种芽胞杆菌，各样本芽胞杆菌种类丰度差异显著，芽胞杆菌丰度总和范围

在 0.4244% ～ 3.5710%；前 10 种高丰度（%）芽胞杆菌分别为芽胞杆菌属种 2（*Bacillus* sp.2，丰度 =0.4698%）、乳杆菌属种 1（*Lactobacillus* sp.1，0.2557%）、食淀粉乳杆菌（*Lactobacillus amylovorus*，0.2144%）、肿块芽胞杆菌（*Tuberibacillus* sp.，0.1364%）、纤细芽胞杆菌（*Gracilibacillus* sp.，0.0570%）、地芽胞杆菌属种 1（*Geobacillus* sp.1，0.0529%）、嗜盐盐乳杆菌（*Halolactibacillus halophilus*，0.0429%）、类芽胞杆菌属种 2（*Paenibacillus* sp.2，0.0310%）、加利福尼亚鸟氨酸芽胞杆菌（*Ornithinibacillus californiensis*，0.0152%）、少盐芽胞杆菌属种 3（*Paucisalibacillus* sp.3，0.0130%）；46 种芽胞杆菌总丰度为 1.4244%（表 1-6）。

在检测到的 46 种芽胞杆菌中，有 8 种芽胞杆菌未见国内研究报道，属于我国新记录种，分别是：①穿琼脂氨芽胞杆菌（*Ammoniibacillus agariperforans*）；②草坪芽胞杆菌（*Bacillus graminis*）；③深层芽胞杆菌（*Bacillus infernus*）；④脱硫芽胞杆菌（*Desulfuribacillus* sp.）；⑤嗜盐盐乳杆菌（*Halolactibacillus halophilus*）；⑥赛马乳杆菌（*Lactobacillus equicursoris*）；⑦加利福尼亚鸟氨酸芽胞杆菌（*Ornithinibacillus californiensis*）；⑧热生肿块芽胞杆菌（*Tuberibacillus calidus*）。

表1-6 整合微生物组菌剂产品中芽胞杆菌种类丰度

芽胞杆菌种名	芽胞杆菌丰度/%							平均值/%
	g1	g2	g3	g4	g5	g6	g7	
[1] *Ammoniibacillus agariperforans*（穿琼脂氨芽胞杆菌*）	0.0000	0.0015	0.0000	0.0000	0.0000	0.0162	0.0000	0.0025
[2] *Amphibacillus* sp.（兼性芽胞杆菌）	0.0000	0.0000	0.0060	0.0160	0.0000	0.0036	0.0018	0.0039
[3] *Aneurinibacillus* sp.（解硫胺素芽胞杆菌）	0.0000	0.0008	0.0048	0.0000	0.0000	0.0009	0.0000	0.0009
[4] *Bacillus azotoformans*（产氮芽胞杆菌）	0.0000	0.0000	0.0000	0.0000	0.0000	0.0000	0.0000	0.0000
[5] *Bacillus graminis*（草坪芽胞杆菌*）	0.0010	0.0023	0.0036	0.0015	0.0008	0.0018	0.0000	0.0016
[6] *Bacillus humi*（土地芽胞杆菌）	0.0010	0.0008	0.0084	0.0015	0.0025	0.0234	0.0009	0.0055
[7] *Bacillus infernus*（深层芽胞杆菌*）	0.0039	0.0054	0.0144	0.0036	0.0025	0.0036	0.0343	0.0097
[8] *Bacillus* sp.1（芽胞杆菌属种1）	0.0000	0.0108	0.0000	0.0000	0.0659	0.0009	0.0009	0.0112
[9] *Bacillus* sp.2（芽胞杆菌属种2）	0.0614	0.2079	1.2836	0.4665	0.1327	0.7332	0.4033	0.4698
[10] *Bacillus thermolactis*（热乳芽胞杆菌）	0.0010	0.0062	0.0120	0.0036	0.0025	0.0108	0.0158	0.0074
[11] *CaldalkaLibacillus* sp.（热碱芽胞杆菌）	0.0000	0.0015	0.0000	0.0000	0.0008	0.0099	0.0018	0.0020
[12] *Desulfuribacillus* sp.（脱硫芽胞杆菌*）	0.0088	0.0000	0.0000	0.0000	0.0008	0.0000	0.0000	0.0014
[13] *Geobacillus* sp.1（地芽胞杆菌属种1）	0.0000	0.0054	0.0012	0.0000	0.0017	0.3603	0.0000	0.0529
[14] *Geobacillus stearothermophilus*（嗜热嗜脂肪地芽胞杆菌）	0.0000	0.0015	0.0012	0.0029	0.0017	0.0018	0.0009	0.0014
[15] *Gracilibacillus* sp.（纤细芽胞杆菌）	0.0029	0.0100	0.0036	0.0058	0.0017	0.3423	0.0326	0.0570
[16] *Halobacillus* sp.（喜盐芽胞杆菌）	0.0000	0.0000	0.0000	0.0000	0.0000	0.0000	0.0000	0.0000
[17] *Halolactibacillus halophilus*（嗜盐盐乳杆菌*）	0.0556	0.0031	0.0108	0.1844	0.0225	0.0117	0.0123	0.0429
[18] *Halothiobacillus* sp.（盐硫杆状芽胞）	0.0010	0.0000	0.0012	0.0146	0.0000	0.0018	0.0044	0.0033
[19] *Lactobacillus amylovorus*（食淀粉乳杆菌）	0.1950	0.0254	0.0588	0.0722	0.0250	1.0145	0.1101	0.2144
[20] *Lactobacillus animalis*（动物乳杆菌）	0.0010	0.0023	0.0000	0.0036	0.0000	0.0036	0.0000	0.0015
[21] *Lactobacillus equicursoris*（赛马乳杆菌*）	0.0010	0.0062	0.0000	0.0007	0.0000	0.0584	0.0044	0.0101
[22] *Lactobacillus mucosae*（黏膜乳杆菌）	0.0000	0.0008	0.0000	0.0015	0.0000	0.0306	0.0000	0.0047

续表

芽胞杆菌种名	芽胞杆菌丰度/%							平均值/%
	g1	g2	g3	g4	g5	g6	g7	
[23] *Lactobacillus sakei*（清酒乳杆菌）	0.0000	0.0008	0.0000	0.0000	0.0000	0.0000	0.0000	0.0001
[24] *Lactobacillus* sp.1（乳杆菌属种1）	0.3246	0.0477	0.1465	0.4497	0.0209	0.6676	0.1330	0.2557
[25] *Oceanobacillus oncorhynchi*（小鳟鱼大洋芽胞杆菌）	0.0000	0.0008	0.0000	0.0000	0.0000	0.0000	0.0000	0.0001
[26] *Oceanobacillus* sp.1（大洋芽胞杆菌属种1）	0.0000	0.0000	0.0000	0.0066	0.0000	0.0045	0.0026	0.0020
[27] *Oceanobacillus* sp.2（大洋芽胞杆菌属种2）	0.0049	0.0023	0.0024	0.0117	0.0000	0.0521	0.0070	0.0115
[28] *Ornithinibacillus californiensis*（加利福尼亚鸟氨酸芽胞杆菌*）	0.0049	0.0154	0.0144	0.0117	0.0008	0.0279	0.0317	0.0152
[29] *Ornithinibacillus* sp.DX-3（鸟氨酸芽胞杆菌DX-3）	0.0019	0.0008	0.0060	0.0022	0.0025	0.0350	0.0352	0.0120
[30] *Ornithinibacillus* sp.GD05（鸟氨酸芽胞杆菌GD05）	0.0000	0.0008	0.0000	0.0000	0.0000	0.0000	0.0026	0.0005
[31] *Ornithinibacillus* sp.HME7715（鸟氨酸芽胞杆菌HME7715）	0.0000	0.0000	0.0000	0.0000	0.0000	0.0180	0.0000	0.0026
[32] *Paenibacillus* sp.1（类芽胞杆菌属种1）	0.0000	0.0000	0.0000	0.0000	0.0000	0.0000	0.0062	0.0009
[33] *Paenibacillus* sp.2（类芽胞杆菌属种2）	0.0078	0.0331	0.0096	0.0204	0.0150	0.0494	0.0819	0.0310
[34] *Paucisalibacillus* sp.1（少盐芽胞杆菌属种1）	0.0000	0.0000	0.0024	0.0000	0.0008	0.0009	0.0009	0.0007
[35] *Paucisalibacillus* sp.2（少盐芽胞杆菌属种2）	0.0029	0.0115	0.0060	0.0087	0.0025	0.0099	0.0123	0.0077
[36] *Paucisalibacillus* sp.3（少盐芽胞杆菌属种3）	0.0049	0.0000	0.0072	0.0095	0.0025	0.0584	0.0088	0.0130
[37] *Rummeliibacillus pycnus*（厚胞鲁梅尔芽胞杆菌）	0.0146	0.0062	0.0048	0.0073	0.0000	0.0045	0.0018	0.0056
[38] *Solibacillus silvestris*（森林土壤芽胞杆菌）	0.0049	0.0000	0.0000	0.0000	0.0000	0.0000	0.0000	0.0008
[39] *Sulfobacillus* sp.（硫化芽胞杆菌）	0.0000	0.0023	0.0024	0.0000	0.0000	0.0000	0.0018	0.0009
[40] *Thermobacillus* sp.1（嗜热芽胞杆菌属种1）	0.0000	0.0000	0.0000	0.0000	0.0008	0.0000	0.0114	0.0018
[41] *Thermobacillus* sp.2（嗜热芽胞杆菌属种2）	0.0000	0.0069	0.0024	0.0000	0.0000	0.0036	0.0018	0.0022
[42] *Thermobacillus* sp.3（热芽胞杆菌属种3）	0.0000	0.0000	0.0000	0.0000	0.0000	0.0000	0.0000	0.0000
[43] *Tuberibacillus calidus*（热生肿块芽胞杆菌*）	0.0000	0.0008	0.0024	0.0029	0.0000	0.0009	0.0106	0.0025
[44] *Tuberibacillus* sp.（肿块芽胞杆菌）	0.0000	0.0000	0.0216	0.8951	0.0000	0.0000	0.0379	0.1364
[45] *Ureibacillus* sp.（尿素芽胞杆菌）	0.0058	0.0023	0.0000	0.0000	0.0008	0.0054	0.0141	0.0041
[46] *Vulcanibacillus* sp.（火山芽胞杆菌）	0.0273	0.0008	0.0000	0.0153	0.0442	0.0027	0.0009	0.0130
总和	0.7381	0.4244	1.6377	2.2195	0.3527	3.5710	1.0278	1.4244

注：＊为我国新记录种。

五、整合微生物组菌剂对种子发芽的影响

实验结果见表1-7、图1-8。结果表明，处理组绿豆发芽率96.67%，与清水对照的98.33%无显著差异（$P > 0.05$）；处理组绿豆根长平均值2.64 cm，与清水对照的1.67 cm有极显著差异（$P < 0.01$），处理组绿豆根长比对照组增加了58.08%；处理组与对照组发芽指数分别为57.67、58.34，无显著差异（$P > 0.05$）；处理组绿豆活力指数152.25，与清水对照的97.43有极显著差异（$P < 0.01$），活力指数处理组比对照组提高了56.26%。整合微生物组菌剂产品浸出液对绿豆发芽率无影响，能促进绿豆根长的生长，提高活力指数。

表1-7　整合微生物组菌剂对绿豆发芽的影响（24h）

处理	发芽率/%	胚根长（RL）/cm		发芽指数（GI）		活力指数（VI）	
		根长	比值	指数	比值	指数	比值
IMA	96.67±2.11ᵃ	2.64±0.77ᴬ	1.5808	57.67ᵃ	0.9885	152.25±13.29ᴬ	1.5626
清水对照（CK）	98.33±1.53ᵃ	1.67±0.23ᴮ	1.0000	58.34ᵃ	1.0000	97.43±10.67ᴮ	1.0000

注：1.同列小写字母 a，b 代表差异显著（$P<0.05$）；同列大写字母 A，B 代表差异极显著（$P<0.01$）；不同字母代表存在差异，后同。

2.RL：胚根长（radical lengt）；GI：发芽指数（germination index）；VI：活力指数（vigor index）；全书下同。

3.IMA：整合微生物组菌剂（integrated microbiome agent）。

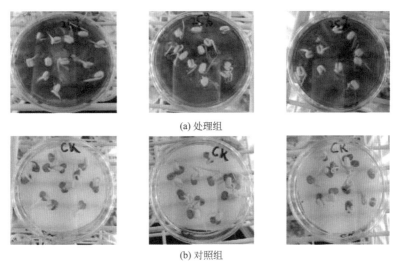

(a) 处理组

(b) 对照组

图1-8　整合微生物组菌剂对绿豆发芽和根长影响照片（24 h）

六、整合微生物组菌剂的壮苗作用

实验结果见表 1-8。育苗基质中混合高浓度（25%～30%）、中浓度（15%～20%）、低浓度（5%～10%）的整合微生物组菌剂，对番茄苗生长影响显著。整合菌剂高浓度添加组时，显著抑制番茄苗的出苗率，与对照出苗率 86.20% 相比，出苗率下降到 9.04%～46.10%；同时抑制了番茄根长（0.70～1.45cm）、株高（1.50～6.23cm）和茎粗（0.70～1.05cm）等指标。整合菌剂中浓度添加组时，番茄的出苗率（85.30%～86.03%）、根长（4.45～4.85cm）、株高（9.67～9.78cm）、茎粗（1.45～1.56cm）与对照相比无显著差异（$P<0.05$）。整合菌剂低浓度添加组时，能显著地提高番茄出苗率 3.5%，增加株高生长 25.1%，而对根长和茎粗影响不大。

表1-8　整合微生物组菌剂对番茄穴盘育苗的影响（30 d）

处理组	处理序号	整合菌剂用量/%	番茄种苗生长状况			
			出苗率/%	根长/cm	株高/cm	茎粗/mm
高浓度组	处理1	30	9.04	0.70	1.50	0.70
	处理2	25	46.10	1.45	6.23	1.05
	平均值	—	27.57ᶜ	1.08ᵇ	3.87ᶜ	0.88ᵇ

处理组	处理序号	整合菌剂用量/%	番茄种苗生长状况			
			出苗率/%	根长/cm	株高/cm	茎粗/mm
中浓度组	处理3	20	85.30	4.45	9.78	1.56
	处理4	15	86.03	4.85	9.67	1.45
	平均值	—	85.67a	4.65a	9.73a	1.51a
低浓度组	处理5	10	89.50	4.73	10.67	1.49
	处理6	5	88.90	4.62	11.92	1.51
	平均值	—	89.20b	4.68a	11.30b	1.50a
空白对照	对照	0	86.20a	4.68a	9.03a	1.40a

注：小写字母代表差异显著（$P<0.05$），不同字母代表存在差异。

七、整合微生物组菌剂对病害防控的作用

实验结果见表1-9。用整合菌剂配制的育苗基质培育番茄种苗，在出苗30 d后继续做接种防病实验，用强致病力青枯雷尔氏菌菌液（10^6 CFU/mL）灌根接种，结果表明，除了高浓度整合菌剂处理1因出苗率低无法统计，其余处理接菌后4 d开始发病，随着时间进程发病率逐渐增加，10 d达到高峰；在发病高峰期（10 d），对照组（CK）发病率达88.89%，高浓度整合菌剂处理组（25%～30%）平均发病率为66.67%，校正防效达17.88%；中浓度整合菌剂处理组（15%～20%）平均发病率为30.45%，校正防效为62.49%，低浓度整合菌剂处理组（5%～10%）平均发病率为16.72%，校正防效为79.41%（图1-9）；高浓度组整合菌剂对青枯病防治效果<中浓度组<低浓度组。

表1-9 整合微生物组菌剂对番茄种苗青枯病防控的影响

处理组	处理序号	整合菌剂用量/%	出苗30d后接种青枯病原菌液			10 d校正防效/%
			4 d后发病率/%	7 d后发病率/%	10 d后发病率/%	
高浓度组	处理1	30	出苗率低	出苗率低	出苗率低	
	处理2	25	6.25	23.00	66.67	
	平均值		6.25	23.00	66.67	17.88
中浓度组	处理3	20	6.47	13.33	32.40	
	处理4	15	8.33	16.57	28.50	
	平均值		7.40	14.95	30.45	62.49
低浓度组	处理5	10	6.67	14.47	18.30	
	处理6	5	6.67	13.33	15.14	
	平均值		6.67	13.90	16.72	79.41
空白对照	对照	0	11.11	33.33	88.89	—

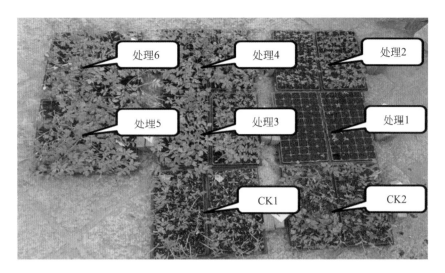

图1-9　整合微生物组菌剂对番茄穴盘育苗及青枯病防控的影响

第四节
整合微生物组菌剂特点及生产质量标准化讨论

一、整合微生物组菌剂提出、研发与应用

农业部 2015 年围绕"稳粮增收调结构，提质增效转方式"的工作主线，大力推进化肥减量提效、农药减量控害，积极探索产出高效、产品安全、资源节约、环境友好的现代农业发展之路，制定了《到 2020 年化肥使用量零增长行动方案》和《到 2020 年农药使用量零增长行动方案》；核心技术就是通过种养结合的有机肥循环和生物肥药生态统筹，提高产量，降低化肥和农业的使用量，实现农业的绿色发展。近年来，畜禽粪便与农业秸秆结合等农业废弃物生产生物有机肥得到极大的发展（张迎颖 等，2017；马鸣超 等，2017；贾乐 等，2017；张一漪，2017；付小猛 等，2017；张波 等，2017）。通过堆肥方式，将农业废弃物通过发酵转化成腐殖质（有机肥）的研究有过大量的报道，廖威等（2017）报道了利用木薯酒糟渣高温好氧堆肥制备生物有机肥；李静等（2017）报道了添加动物源氨基酸水解液研制生物有机肥；高小迪等（2014）研究了黄芪药渣好氧堆肥化进程；张辉等（2014）分析了畜禽常见粪便的营养成分及堆肥技术和影响因素；陈智毅等（2011）研究了金针菇菌糠堆肥生产有机肥；崔青青等（2011）报道了鸡粪堆肥发酵生产技术；匡石滋等（2011）报道了香蕉废弃茎秆与鸡粪堆肥化利用技术；刘秀春和王炳华（2010）报道了生物有机肥发酵参数优化研究；张志红等（2010）报道了堆肥作为微生物菌剂载体的研究；刘献东和牛青（2009）报道了利用农作物秸秆堆制生物

有机肥工艺技术；张发宝等（2008）报道了畜禽粪好氧堆肥产品的理化性质及生物效应；温海祥和陈玉如（2005）报道了生物有机肥优势发酵菌株的筛选；田旸等（2003）报道了秸秆与污泥混合堆肥等。现有研究大都为从堆肥原料、营养添加、通气控制、菌种筛选等角度进行的生物有机肥的研究；然而，农业废弃物经过充分的堆肥腐熟，损失了大量的微生物组，有效微生物活菌数大幅度下降，最终产品有效活菌数虽然满足《生物有机肥》（NY 884—2012）农业行业标准，但是有效活菌数都在 2×10^8 CFU/g 左右。

　　本书提出整合微生物组菌剂（简称整合菌剂）的概念，利用固体耗氧发酵条件控制（培养基和通气量），在保障菌剂产品有机质含量的基础上，使得微生物含量最大化；整合微生物组菌剂的生产，利用使用 1 年以上的养猪原位微生物发酵床作为发酵槽，富含微生物组的猪粪发酵垫料作为接种的微生物来源和有机物原料的基础，生产菌剂时，在发酵床的表面覆盖一层 10cm 厚的 30% 豆饼粉 +70% 菌糠垫料作为培养基，猪每日排便作为氮素流加的营养补充，每天的拖拉机翻耕 20cm 提供通气好氧发酵，使得菌剂培养基、猪粪、发酵垫料菌群充分搅拌混合，发酵床微生物组在充足营养和通气的条件下迅速生长发酵，经过 20d 发酵，取出上层 20cm 厚的发酵垫料作为整合菌剂的原料，其包含了 50% 富含有机质的老发酵垫料，50% 富含微生物组的新添加的菌剂垫料，加工形成整合微生物组菌剂，方法简便易行，结合了发酵床养猪过程，有效地利用猪粪资源好氧发酵生产高值化整合微生物组菌剂；产品形态与生物有机肥类似，满足《生物有机肥》（NY 884—2012）农业行业标准中有机质 > 40%、含水量 < 30%、pH 5.5～7.5 的规定，有效活菌数（仅统计芽胞杆菌）是生物有机肥的 10 倍以上，达到高有机质含量和高活菌数的目的，较少的用量能促进植物发芽生长，防病抗病，同类研究未见报道。同时，整合菌剂添加垫料（培养基）不同的生产配方，如豆饼粉、红糖、玉米粉等，影响着整合微生物组菌剂产品微生物组的组成。

二、整合微生物组菌剂特点

　　生物有机肥是指特定功能微生物与主要以动植物残体（如畜禽粪便、农作物秸秆等）为来源并经无害化处理、腐熟的有机物料复合而成的一类兼具微生物肥料和有机肥效应的肥料（刘艳霞 等，2017）。微生物肥料是指通过微生物的生命活动增加植物营养元素的活性和供应量，进而增加产量，即含有肥料特性的微生物制剂，这类产品虽不具有养分，但却有肥料的功能（闫实 等，2015）。扎史品楚等（2015）综述了生物有机肥的发酵工艺，以及生物有机肥中常见功能微生物的种类（包括芽胞杆菌）和作用原理；隋秀奇等（2011）分析了微生物肥的特点；殷博等（2011）分析了微生物肥料菌种含量问题；张志红等（2010）报道了堆肥作为微生物菌剂载体；张毅民等（2010）报道了生物有机肥中几种功能微生物的作用；张毅民和万先凯（2003）分析了微生物菌群在生物有机肥制备中的作用等。这些研究都提出生物有机肥堆肥发酵过程中添加功能微生物菌剂（芽胞杆菌等），达到丰富生物有机肥中的功能微生物数量的目的；然而，堆肥过程是天然接菌的过程，只要调整好营养和条件，发酵物料会自动地选择微生物组成，添加进去的微生物起到的作用和剩余在产品中的微生物种类和数量没有必然联系，添加进去的微生物对堆肥发酵过程的影响是微小的，培养基成分变化、堆肥发酵条件、堆肥腐熟时间等的变化影响着堆肥产品微生物组的组成，传统堆肥过程后期微生物组含量大幅度下降；笔者实施整合微生物组菌剂生产过程则在微生物组含量最高的时候结束发酵，保持了产品中微生物组最高含量；虽然宏基因组检测可以测定微生物组的种类，但无法测定微生物含菌量；通过估算，整合菌剂产品中芽胞杆菌活菌数为 $2.062×10^8$ CFU/g，宏基因组测定得知芽胞杆菌丰度占产品中细菌微生物组丰度的 1.42%，那么，整合微生物组菌剂的有效细菌含量可达 280 亿/g；整合微生物组菌剂产品很好地结合了生物有机肥和微生物肥料的特点，为整合微生物组菌剂的应用创造了良好的条件。

三、整合微生物组菌剂生产出大量的芽胞杆菌

通过两种方法（即活菌分离和宏基因组检测）检测到整合微生物组菌剂产品中含有大量的芽胞杆菌；由于芽胞杆菌生长培养特性以及分离含量极限等差异，两种方法分离检测到的芽胞杆菌种类数量有较大差异；可培养方法分离到芽胞杆菌 25 个种（亚种），总含量为 $2.062×10^8$ CFU/g；宏基因组测定方法检测到芽胞杆菌 46 个种，总丰度为 1.4244%，即芽胞杆菌占了整个细菌微生物组的 1.42%。还有两个种，其一是盐湖枝芽胞杆菌（*Virgibacillus salinus*），由西班牙学者 Carrasco 等（2009）从中国内蒙古锡林浩特盐湖中分离的新种；其二是香草豆芽胞杆菌（*Bacillus vanilla*），由中国学者 Chen 等（2015）从海南香草豆中分离的新种，尽管在国内的研究未见报道，但它们属于国内环境采集的种类，属于中国分布种。

芽胞杆菌能产生芽胞，具有良好的保存特性，同时芽胞杆菌具有多种多样的功能，能解磷解钾、分解有机物、抗病防病、促进植物生长等，成为生物有机肥生产过程追求的微生物菌种资源，国内学者通过堆肥培养基调配、发酵工艺调控、菌种添加等方法来促进生物有机肥腐熟，增加芽胞杆菌数量，提高生物有机肥的应用效果；李彤阳和杨革（2014）报道了利用芽胞杆菌混合菌群发酵生产生物有机肥；邓开英等（2013）报道了专用生物有机肥对营养钵西瓜苗生长和根际微生物区系的影响；张艳群等（2013）报道了生物肥料多功能芽胞杆菌的筛选及其作用机理；柳芳等（2013）报道了生防枯草芽胞杆菌 SQR9 固体发酵生产生物有机肥的工艺优化；王小慧等（2013）报道了拮抗菌强化的生物有机肥对西瓜枯萎病的防治作用；陈巧玲等（2012）报道了生物有机肥对盆栽烟草根际青枯病原菌和短芽胞杆菌数量的影响；陈谦等（2010）报道了生物有机肥中几种功能微生物的研究及应用概况；整合微生物菌剂的提出，适应了生物有机肥发展的方向，通过二次固体发酵，增加了菌剂中的芽胞杆菌种类和数量，为菌剂应用范围和效果的提升提供了条件。

四、整合微生物组菌剂中猪病原菌的含量

生物有机肥技术指标中有粪大肠菌群数的指标，对于限制动物病原数量具有重要作用。由于整合微生物组菌剂生产过程是好氧发酵的过程，充分利用发酵床猪粪发酵垫料的微生物组和有机质基础，通过好氧高温发酵，为好氧菌的生长创造了较好的条件，从而限制了以厌氧菌为主的畜禽病原的发展。猪重要病原菌大多数营厌氧或兼性好氧生长，通过对整合菌剂产品的宏基因组检测，未发现一些重要猪病原的相关属，如胸膜肺炎放线杆菌

（*Actinobacillus pleuropneumoniae*）、支气管败血波氏杆菌（*Brodetella bronchiseptica*）、猪布氏杆菌（*Brucella suis*）、副猪嗜血杆菌（*Haemophilus parasuis*）、细胞内劳森氏菌（*Lawsonia intracellularis*）、多杀巴斯德氏菌（*Pasteurella multocida*）、霍乱沙门氏菌（*Salmonella cholerae*）等所在的细菌属；能检测到疑似猪病原细菌属，包括梭菌属（*Clostridium*）、丹毒丝菌属（*Erysipelothrix*）、球链菌属（*Globicatella*）、假单胞菌属（*Pseudomonas*）等，但检测不到相应猪病原菌的种的存在，如猪产气荚膜梭菌（*Clostridium perfringens*）、红斑丹毒丝菌（*Erysipelothrix rhusiopathiae*）、猪血球链菌（*Globicatella sanguinis*）、铜绿假单胞菌（*Pseudomonas aeruginosa*）等；甚至连常见的猪大肠杆菌（*Escherichia coli*）也未检测到，这与陈倩倩等（2017）报道的发酵床发酵程度Ⅱ级以上（中等发酵程度）的垫料分离不到猪大肠杆菌的结果是一致的。在整合菌剂中检测不到猪细菌性病原和菌剂的耗氧发酵、营养配方、菌剂加工等操作存在一定的关系，同时与整合菌剂中微生物种群竞争存在关系，整合菌剂的生产过程顺带消除了猪病原携带的风险。

五、整合微生物组菌剂对种子发芽、种苗生长和病害防控的影响

排除整合微生物组菌剂对植物是否有毒害的第一步就是看其对种子发芽的影响，绿豆作为材料进行种子萌发实验，被广泛用于测定制剂对种子发芽的影响，如测定龙血竭制剂（陈星言 等，2016）、苦参碱（查佳雪 等，2016）、肌苷（俞家楠 等，2015）、青霉素（邢亚亮 等，2013）、根际微生物（李辉 等，2012）等对绿豆发芽率的影响。笔者利用整合菌剂 25% 浸出液处理绿豆种子，其发芽率 97.29% 与清水对照相比较无显著差异（$P>0.05$），同时，能够促进绿豆根的生长，整合菌剂处理组绿豆根长比清水对照组增加了 57.57%；表明整合微生物组菌剂不仅对绿豆种子发芽无害，同时能够促进绿豆根系的生长；当然，不同作物的种子对整合微生物组菌剂是否反应不同，有待于进一步研究。

番茄基质育苗是保障壮苗的关键，育苗基质的研究有过许多报道，李晓静等（2016）应用发酵有机物配制基质；李德翠等（2015）利用木薯渣配制基质；李妮等（2015）利用三种生物质炭复合基质；宋志刚等（2013）利用稻草复合基质；王吉庆等（2011）利用水浸泡玉米秸基质；陈世昌等（2011）利用菌糠复合基质；洪春来等（2011）利用不同菇渣复合基质；刘超杰等（2005）利用不同氮源发酵的玉米秸配制基质等，对番茄育苗效果的影响进行实验，取得理想效果。笔者利用基础基质（椰糠），添加不同浓度的整合微生物组菌剂，配制成育苗基质，研究对番茄育苗和青枯病防控的影响，结果表明，整合菌剂高浓度添加组（25%～30%）时，显著抑制番茄苗的出苗率，与对照出苗率相比下降了 46.5%～89.5%；整合菌剂中浓度添加组（15%～20%）时，番茄的出苗率与对照相比无显著差异（$P<0.05$）；整合菌剂低浓度添加组（5%～10%）时，能提高番茄出苗率 3.5%，增加株高生长 25.1%，而对根长和茎粗影响不大。在番茄种苗生长到 30 d 时，用青枯病原菌液（10^6CFU/mL）灌根接种，结果表明，除了处理 1 因出苗率低无法实验统计外，其余处理接种后 4 d 开始发病，10 d 达到高峰。研究表明，整合微生物组菌剂不仅能提高番茄出苗率，促进株高生长，而且有效防控青枯病害；在育苗基质中的整合菌剂用量为 5%～10% 比较合适。

六、整合微生物组菌剂生产工艺和质量标准初步确定

整合微生物组菌剂生产工艺，利用养猪使用1年以上的微生物发酵床，添加一层10cm厚的30%豆饼粉+70%菌糠垫料，进行二次固体好氧发酵，每天翻耕1次，连续好氧发酵20d后，取出上层20cm的垫料，进行晾晒、粉碎、分筛、包装，加工成整合微生物组菌剂。生产工艺为：原料配制→发酵床发酵→好氧发酵控制→产品加工→产品包装等。整合微生物组菌剂的质量标准参考农业部颁布的《生物有机肥》（NY 884—2012），初步确定为：有机质≥40%，含水量≤30%，pH5.5～7.5，粪大肠菌群数≤100CFU/g，蛔虫卵死亡率>95%，有效期>6月；重金属含量满足标准要求：砷<15 mg/kg，镉≤15 mg/kg，铅≤15 mg/kg，铬≤15 mg/kg，汞≤15mg/kg；有效活菌数调整为：芽孢杆菌≥2×10^{8}CFU/g+细菌微生物组≥30×10^{8}CFU/g。

第二章

菌剂发酵床特征微生物空间分布

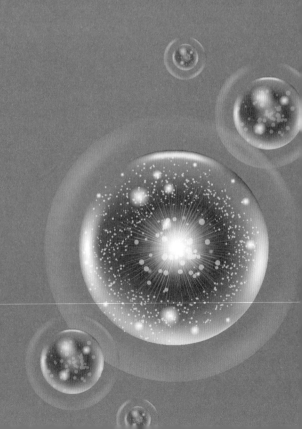

菌剂发酵床芽胞杆菌生态位

一、概述

1. 利用发酵床生产整合微生物组菌剂

微生物发酵床（microbial fermentation bed，MFB）养猪利用植物废弃物如谷壳、秸秆、锯糠、椰糠等材料制作发酵床垫层，接种微生物，猪养殖在垫层上，排出的粪便由微生物分解消纳，原位发酵成有机肥（刘波 等，2008）；大量研究认为，微生物发酵床是基于实现粪污无害化与环境友好型的一种自然健康养殖技术，能明显改善猪舍内的环境卫生，增强猪的免疫力，提高生产性能，降低呼吸道和消化道等疾病的发病率，减少抗生素等药物的使用，提高猪肉品质（武英 等，2009；徐小明 等，2015）。陈倩倩等（2017）分离鉴定了发酵床猪舍不同发酵等级垫料中的大肠杆菌，结果表明，仅在使用时间短、发酵程度低的垫料（发酵程度 1 级）中分离到大肠杆菌，而在发酵程度较高的垫料（发酵程度 2 级以上）中未分离到大肠杆菌。随着发酵的进行，发酵床中大肠杆菌数量逐渐减少。郑雪芳等（2011）报道了发酵床对猪舍大肠杆菌病原的生物防治作用，从不同使用时间和不同层次基质垫层中分离鉴定出大肠杆菌 419 株，并从这些菌株中检测出 59 株携带毒素基因，占分离菌株的 14.08%；随着垫料使用时间的增加，种群数量逐步减少，9 个月后大肠杆菌种群数量和毒素基因种群降低了 96.53%，说明发酵床对猪舍大肠杆菌能起到显著的生物防治作用。养猪发酵床微生物群落研究表明，芽胞杆菌属是垫料中优势菌群。刘国红等（2017）利用培养分离的方法研究了养猪发酵床芽胞杆菌空间分布，从 32 份样品中共获得芽胞杆菌 452 株，分别隶属于芽胞杆菌纲的 2 个科、8 个属、48 个种，总含量高达 4.41×10^8CFU/g。发酵床的芽胞杆菌种类丰富、数量高。发酵床中的芽胞杆菌对猪病防控、臭味分解、有机质降解发挥着重要的作用（李珊珊 等，2012；尹红梅 等，2012；王震 等，2015；张庆宁等，2009；赵国华 等，2015）。利用微生物发酵床作为菌剂发酵床生产整合微生物组菌剂，突破了微生物组的生产技术。

2. 菌剂发酵床空间微环境与微生物空间生态位变化关系

菌剂发酵床空间微环境下的营养条件和生长条件（湿度、pH 值、营养成分）决定了微生物生态位的分布，芽胞杆菌作为优势种类占据着菌剂发酵床垫料空间生态位（刘国红等，2017）。Grinnell（1917）从微生境（microhabitat）、非生物因子（abiotic factor）、资源（resource）和被捕食者（predator）等环境限制性因子，把动物空间生态位定义为"恰好被生物所占据的最后分布单位"。微生物空间生态位的研究较少，贺纪正等（2013）指出微生物群落多样性对于生态过程的稳定性和功能作用是极其重要的，他定义了适应环境的微生物功能群所占据空间为微生物生态位。王子迎等（2000）分析了植物病害系统中病原微生物功能作用的特殊性，提出了一个针对植物病害系统中病原物的生态位定义，即

"在一定的植物病害系统中，某种病原物在其病害循环的每个时间段上的全部生态学过程中所具有的功能地位，称为该病原物在该植物病害系统中的生态位"。Fazion 等（2017）研究了苏云金芽胞杆菌在昆虫幼虫内的芽胞萌发机制，指出带有 Rap-Phr 调节系统的菌体占据了幼虫体内生态位，从而导致昆虫病原菌的扩增；Zhang 等 (2017) 研究婴儿食品被蜡样芽胞杆菌污染时，发现带有肠毒素的菌株占有了婴儿食品污染菌的生态位；Blackburn 等 (2017) 建立了吉尔吉斯斯坦炭疽芽胞杆菌生态位模型，预测了炭疽病发生的风险；Morton 等 (2017) 开发了平衡树分析软件揭示微生物生态位变化；Piché-Choquette 等 (2016) 研究了氢气氧化细菌改变土壤微生物生态位；Hong 和 Cho (2015) 研究了环境差异引起的土壤奇古菌（Thaumarchaeota）生态位的分化；Chikerema 等 (2013) 建立了津巴布韦炭疽芽胞杆菌生态位空间模型。

3. 菌剂发酵床芽胞杆菌空间生态位研究意义

本章节通过对菌剂发酵床不同空间位置的垫料进行采样，分析垫料营养成分，利用宏基因方法组对垫料微生物组测序，进行芽胞杆菌活菌计数，分析垫料芽胞杆菌空间生态位数量分布、亚群落分化、种群空间分布型、生态位宽度与重叠等，以期揭示养猪发酵床芽胞杆菌空间生态位特性，为阐明发酵床猪粪降解、臭味消除、猪病防控、资源化利用提供科学数据。

二、研究方法

1. 菌剂发酵床细菌空间生态位垫料采样方法

采样地点：福建省农业科学院福清现代设施农业样本工程示范基地。采样对象：菌剂发酵床大栏养猪舍，该大栏发酵床猪舍建筑面积为 2100m² （长 60m，宽 35m），养殖面积为 1600m²，发酵床深度为 80cm，发酵床垫料由 33% 椰糠、33% 锯糠和 34% 谷壳组成。

发酵床饲养 1600 头育肥猪，饲养密度为每平方米 1 头，垫料管理每 2 天旋耕 1 次，垫料下沉补充新垫料到原来高度，猪舍连续使用 2 年。将大栏发酵床长度方向划分 8 栏(记为 1、2、3、4、5、6、7 和 8)，宽度方向划分 4 栏（记为 1、2、3、4），共 32 个小栏（表 2-1）。根据随机采样法选择采样点，每个采样点采集 0～20cm 和 40～60cm 深度垫料，用五点取样方法，采集样品均匀混合后取 1000 g 装入无菌聚氯乙烯塑料瓶，带回实验室放入 4℃冰箱内，进行芽胞杆菌的培养分离和宏基因组分析。垫料成分测定(水分、pH 值、有机质、全氮、腐殖酸、粗纤维)由福建省农业科学院土壤肥料研究所完成。

表2-1　菌剂发酵床细菌空间生态位垫料采样格局

宽度方向	长度方向							
	1	2	3	4	5	6	7	8
4	(4,1)			(4,4)			(4,7)	
3		(3,2)			(3,5)			

续表

宽度方向	长度方向							
	1	2	3	4	5	6	7	8
2								
1	(1,1)							(1,8)

2．菌剂发酵床空间生态位细菌宏基因组测序

菌剂发酵床垫料总 DNA 的提取：按土壤 DNA 提取试剂盒 FastDNA SPiN Kit for Soil 的操作指南，称取 500 mg 垫料样本分别进行总 DNA 的提取。采用琼脂糖凝胶电泳检测总 DNA 浓度，稀释至终浓度为 1ng/μL 开展后续试验。微生物组 16S rDNA V3 ～ V4 区测序：采用原核生物 16S rDNA 基因 V3 ～ V4 区通用引物 U341F 和 U785R 对各垫料样本总 DNA 进行 PCR 扩增，PCR 反应重复 3 次。取相同体积混合后进行目的片段回收，采用 AxyPrepDNA 凝胶回收试剂盒（Axygen 公司）。采用 QuantiFluor ™ -ST 蓝色荧光定量系统（Promega 公司）对回收产物进行定量检测。然后构建插入片段为 350 bp 的 paired-end（PE）文库（TruSeq™ DNA Sample Prep Kit 建库试剂盒，illumina 公司），进行 Qubit 定量和文库检测，HiSeq 上机测序，测序分析由上海美吉公司完成。

3．菌剂发酵床空间生态位芽胞杆菌活菌计数

通过梯度稀释涂布法，分离菌剂发酵床样品中的芽胞杆菌，根据菌落形态特征等进行芽胞杆菌种类归类、分子鉴定、统计计数，每个样本重复 3 次，按垫料采样坐标的上层和下层分别统计活菌数，进行检验活菌数的垂直分布差异。分离纯化菌株，采用 –80℃甘油冷冻法进行保存，采用 Tris- 饱和酚法提取芽胞杆菌基因组 DNA，采用通用细菌 16S rRNA 引物进行扩增、测序、鉴定，方法参见 Liu 等（2014）所描述。

4．菌剂发酵床空间生态位芽胞杆菌数量（read）分布

从宏基因组分析结果中提取芽胞杆菌属及其近缘属数量（read）构建矩阵，分析比较垫料上层与下层数量差异、芽胞杆菌优势属的分布。

5．菌剂发酵床空间生态位芽胞杆菌亚群落分化

利用宏基因组分析结果，提取芽胞杆菌属及其近缘属数量（read），按上层和下层分布分别构建矩阵，以属种类为样本，采样点为指标，马氏距离为尺度，可变类平均法进行系统聚类，分析上层和下层芽胞杆菌亚群落分化特征。

6．菌剂发酵床空间生态位芽胞杆菌种群空间分布型

以芽胞杆菌的属种类为样本，以空间样本为指标，构建数据矩阵，统计各属的平均值与方差，计算空间分布型聚集度指标，即拥挤度（m*）、I 指标、m*/m 指标、CA 指标、扩散系数（C）、负二项分布 K 指标。获得的各项指数的数值依据表 2-2 所列的各项指数判别原则，分析发酵床芽胞杆菌不同属的空间分布型。

表2-2　菌剂发酵床芽胞杆菌空间分布型指数

指数类型	方程	注释	判别
拥挤度（m^*）	$m^*=x+\dfrac{s^2}{x}$		
I指标	$I=\dfrac{s^2}{x}-1$		当$I<0$时为均匀分布；当$I=0$时为随机分布；当$I>0$时为聚集分布
m^*/m指标	$\dfrac{m^*}{m}=\dfrac{m^*}{x}$		当$m^*/m<1$时为均匀分布；当$m^*/m=1$时为随机分布；当$m^*/m>1$时为聚集分布
CA指标	$CA=(\dfrac{s^2}{x}-1)/x$	x为平均数 s^2为方差	当$CA<0$时为均匀分布；当$CA=0$时为随机分布；当$CA>0$时为聚集分布
扩散系数（C）	$C=s^2/x$		当$C<1$时为均匀分布；当$C=1$时为随机分布；$C>1$时为聚集分布
负二项分布K指标	$K=x^2/(s^2-x)$		当$K<0$时为均匀分布；当$K=0$时为随机分布；当$K>0$时为聚集分布
Taylor幂法则	$\lg s^2=\lg a+b\lg x$		当$b\to0$时为均匀分布；$b=1$时为随机分布；$b>1$时为聚集分布

7. 菌剂发酵床芽胞杆菌空间生态位宽度与重叠

以芽胞杆菌的属种类为样本，以空间样本为指标，构建数据矩阵，用 Levins 生态位宽度公式和 Pianka 生态位重叠公式分别计算生态位宽度和生态位重叠值（苗莉云 等，2008）。计算公式如下。

（1）Levins 生态位宽度公式　$B=1/\sum(P_i^2)$

式中，P_i 为利用资源 i 的个体比例。

（2）Pianka 生态位重叠公式　$O_{ik}=\sum\limits_{j=1}^{r}(n_{ij}\times n_{kj})\bigg/\sqrt{\sum\limits_{j=1}^{r}(n_{ij})^2\sum\limits_{j=1}^{r}(n_{kj})^2}$

式中，O_{ik} 为芽胞杆菌属种类 i 和种类 k 的生态位重叠值；n_{ij} 和 n_{kj} 为芽胞杆菌属种类 i 和 k 在资源单位 j 中所占的个体比例；r 为芽胞杆菌属种类个体总数。分析软件采用 DPS v16.05 数据处理系统。

三、菌剂发酵床空间生态位垫料营养特性分析

垫料营养特性指标测定实验结果见表 2-3。结果表明菌剂发酵床采样点垫料营养特性差异显著，垫料含水量差异范围为 37.70%～62.60%，pH 值差异范围为 6.20～9.20，有机质差异范围为 37.40%～48.50%，全氮差异范围为 2.00%～3.50%，腐殖酸差异范围为 9.00%～18.10%，粗纤维差异范围为 10.00%～17.80%。上层垫料与下层垫料的成分特性存在显著差异，上层垫料的水分和 pH 值低于下层，有机质和粗纤维含量高于下层，全氮和腐殖酸低于下层。

表2-3　菌剂发酵床采样点垫料营养特性分析

样品编号	深度+坐标	水分/%	pH值	有机质/%	全氮/%	腐殖酸/%	粗纤维/%
1	0～20cm +（4,4）	61.60	9.20	45.30	2.40	11.10	11.40
2	0～20cm +（3,2）	59.60	7.10	38.90	2.30	9.30	11.30
4	0～20cm +（4,1）	37.70	6.30	45.90	2.00	9.90	17.80
6	0～20cm +（1,1）	54.60	7.80	42.50	3.50	9.00	13.00
9	0～20cm +（4,7）	61.40	9.50	42.20	2.10	12.70	12.80
12	0～20cm +（1,8）	28.70	8.10	45.30	2.60	12.90	13.00
14	0～20cm +（3,5）	47.60	6.50	48.50	2.10	11.10	17.30
上层垫料平均值		50.17	7.79	44.09	2.43	10.86	13.80
3	40～60cm +（3,2）	60.20	7.50	42.20	2.20	10.60	11.70
5	40～60cm +（3,5）	43.60	6.20	45.10	2.10	11.40	14.80
7	40～60cm +（4,7）	62.60	9.60	39.30	2.60	9.70	10.00
8	40～60cm +（4,1）	51.90	7.50	38.30	2.50	13.60	11.90
10	40～60cm +（4,4）	60.50	9.10	44.80	2.70	16.50	11.70
11	40～60cm +（1,8）	46.00	8.50	37.40	3.20	12.30	13.60
13	40～60cm +（1,1）	50.80	7.40	38.20	3.20	18.10	16.20
下层垫料平均值		53.66	7.97	40.76	2.64	13.17	12.84

四、菌剂发酵床空间生态位细菌宏基因组测序

测序结果见表2-4。垫料样本短序列（read）范围为83279～137195条，细菌种类（OTU）范围为929～1726个，测序覆盖度（coverage）均在0.99以上；Ace指数、Chao指数、香农（Shannon）指数、辛普森（Simpson）指数见表2-4。样本的稀释曲线（图2-1）和香农指数稀释曲线（图2-2）接近平台，表明测序深度已经基本覆盖样本中的所有细菌物种，覆盖率高（＞0.99）。

表2-4　菌剂发酵床空间生态位细菌宏基因组测序结果

样品编号	短序列	种类OTU	16S rDNA测序（0.97）				
			Ace指数	Chao指数	覆盖度	香农指数	辛普森指数
1	102575	1608	1824（1779,1882）	1879（1809,1973）	0.997114	5.14（5.13,5.15）	0.0212（0.0208,0.0216）
2	129891	1698	1922（1875,1981）	1973（1902,2068）	0.997721	5.55（5.54,5.55）	0.0101（0.0100,0.0103）
3	129077	1726	1928（1885,1983）	1932（1878,2006）	0.997846	5.54（5.53,5.55）	0.0118（0.0116,0.0120）
4	83279	1255	1604（1536,1689）	1592（1511,1700）	0.995845	4.68（4.67,4.7）	0.0252（0.0248,0.0255）
5	137195	1192	1381（1337,1438）	1421（1356,1512）	0.998287	4.85（4.85,4.86）	0.0187（0.0185,0.0189）

续表

样品编号	短序列	种类OTU	16S rDNA测序（0.97）				
			Ace指数	Chao指数	覆盖度	香农指数	辛普森指数
6	120249	1620	1832（1787,1889）	1855（1793,1937）	0.997613	5.37（5.36,5.38）	0.0111（0.0110,0.0112）
7	134760	1624	1886（1834,1951）	1908（1839,2001）	0.997544	4.8（4.79,4.81）	0.0306（0.0301,0.0310）
8	135829	1386	1591（1546,1650）	1597（1539,1676）	0.998115	5.1（5.09,5.11）	0.0166（0.0163,0.0168）
9	119811	1711	1997（1942,2067）	2047（1966,2153）	0.997087	5.11（5.1,5.12）	0.0255（0.0251,0.0260）
10	131818	1714	1950（1902,2010）	1961（1899,2043）	0.997618	5.17（5.16,5.19）	0.0163（0.0161,0.0165）
11	123334	1414	1666（1614,1733）	1692（1621,1789）	0.997584	4.88（4.87,4.89）	0.0263（0.0259,0.0267）
12	111290	1257	1566（1503,1646）	1574（1493,1683）	0.997232	4.96（4.95,4.97）	0.0153（0.0151,0.0155）
13	113781	929	1121（1075,1181）	1098（1048,1169）	0.998137	3.59（3.57,3.6）	0.0943（0.0932,0.0954）
14	113573	1564	1791（1744,1851）	1817（1752,1904）	0.997385	5.19（5.17,5.2）	0.0159（0.0157,0.0161）

注：括号中数据为最小值和最大值，全书同。

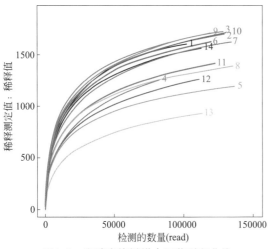

图2-1　发酵床垫料样本细菌稀释曲线

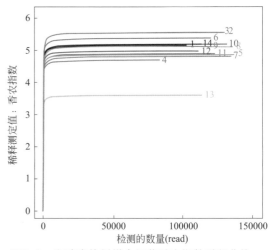

图2-2　发酵床垫料样本细菌香农指数稀释曲线

五、菌剂发酵床空间生态位芽胞杆菌活菌计数

实验结果见表2-5。菌剂发酵床垫料空间采样点芽胞杆菌活菌数量存在显著差异，最小含量平均值为 $4.3×10^6CFU/mL$，最大含量平均值为 $26.7×10^6CFU/mL$；垫料上层（0～20cm）采样单元芽胞杆菌含量平均值为 $15.34×10^6CFU/mL$，下层采样单元平均值为 $11.81×10^6CFU/mL$，两处理方差齐性，均值差异检验 $t=1.1634$，$df=12$，$P=0.2673$。检测结果表明，上层垫料与下层垫料芽胞杆菌数量差异不显著（$P>0.05$）（表2-6）。

表2-5　菌剂发酵床垫料空间生态位芽胞杆菌活菌计数

样品编号	垫料深度+相对坐标	芽胞杆菌活菌数量/(10^6 CFU/mL)			
		重复I	重复II	重复III	平均值
1	0~20cm + （4,4）	20	31	29	26.7
2	0~20cm + （3,2）	10	8	12	10.0
4	0~20cm + （4,1）	19	6	8	11.0
5	0~20cm + （1,1）	26	18	21	21.7
9	0~20cm + （4,7）	18	11	8	12.3
12	0~20cm + （1,8）	11	15	19	15.0
14	0~20cm + （3,5）	9	12	11	10.7
垫料上层芽胞杆菌活菌数平均值		15.34±6.42			
3	40~60cm + （3,2）	10	13	19	14.0
6	40~60cm + （3,5）	13	18	18	16.3
7	40~60cm + （4,7）	17	16	11	14.7
8	40~60cm + （4,1）	5	4	4	4.3
10	40~60cm + （4,4）	19	16	12	15.7
11	40~60cm + （1,8）	3	5	10	6.0
13	40~60cm + （1,1）	10	16	9	11.7
垫料下层芽胞杆菌活菌数平均值		11.81±4.80			

表2-6　菌剂发酵床垫料空间生态位芽胞杆菌活菌计数均数t检验[①]

处理	样本数量	均值	标准差	标准误	95%置信区间	
上层垫料	7	15.3429	6.4257	2.4287	9.4001	21.2856
下层垫料	7	11.8143	4.8064	1.8166	7.3691	16.2595
差值		3.5286	5.6741	3.0329	−3.0796	10.1368

① 两处理方差齐性，均值差异检验，$t=1.1634$，$df=12$，$P=0.2673$。

六、基于宏基因组测序菌剂发酵床空间生态位芽胞杆菌数量（read）分布

1．属水平的芽胞杆菌种类鉴定

利用宏基因组测序，鉴定出芽胞杆菌目21个属（表2-7）和非芽胞杆菌目的3个属，分属于8个芽胞杆菌科中的6个科，即芽胞杆菌科（Bacillaceae Fischer 1895, familia.）、脂环酸芽胞杆菌科（Alicyclobacillaceae da Costa 和 Rainey 2010，fam. nov.）、类芽胞杆菌科（Paenibacillaceae De Vos et al. 2010, fam. nov.）、动球菌科（Planococcaceae Krasil′nikov 1949，familia.）、芽胞乳杆菌科（Sporolactobacillaceae Ludwig et al. 2010，fam. nov.）、待建立新科（Desulfuribaceae）；相对含量最高的前3个属为芽胞杆菌属（*Bacillus*）（read=8020）、乳杆菌属（*Lactobacillus*）（read=4565）、肿块芽胞杆菌属（*Tuberibacillus*）（read=1418）；其中盐硫杆状菌属（*Halothiobacillus**）属于γ-变形菌纲细菌，玫瑰杆菌属（*Roseibacillus*）属于疣微菌纲细菌，乳杆菌属（*Lactobacillus*）属于乳杆菌目细菌。氨芽胞杆菌属

（*Ammoniibacillus*）、脱硫芽胞杆菌属（*Desulfuribacillus*）、玫瑰杆菌属（*Roseibacillus*）、肿块芽胞杆菌属（*Tuberibacillus*）4个属在国内未见研究报道，为国内新记录属。

表2-7 基于宏基因组测序菌剂发酵床垫料属水平芽胞杆菌种类鉴定

物种名称	分类阶元命名人及合格化时间	分类地位	中文学名	含量（read）
Ammoniibacillus#	Sakai et al. 2014	类芽胞杆菌科	氨芽胞杆菌属	39
Aneurinibacillus	Shida et al. 1996	类芽胞杆菌科	解硫胺素芽胞杆菌属	134
Paenibacillus	Ash et al. 1994	类芽胞杆菌科	类芽胞杆菌属	431
Thermobacillus	Touzel et al. 2000	类芽胞杆菌科	嗜热芽胞杆菌属	231
Amphibacillus	Niimura et al. 1990	芽胞杆菌科	兼性芽胞杆菌属	61
Bacillus	Cohn 1872, genus.	芽胞杆菌科	芽胞杆菌属	8020
Caldalkalibacillus	Xue et al. 2006	芽胞杆菌科	热碱芽胞杆菌属	43
Geobacillus	Nazina et al. 2001	芽胞杆菌科	地芽胞杆菌属	796
Gracilibacillus	Wainø et al. 1999	芽胞杆菌科	纤细芽胞杆菌属	661
Halolactibacillus	Ishikawa et al. 2005	芽胞杆菌科	盐乳杆菌属	456
Oceanobacillus	Lu et al. 2002	芽胞杆菌科	大洋芽胞杆菌属	397
Ornithinibacillus	Mayr et al. 2006	芽胞杆菌科	鸟氨酸芽胞杆菌属	305
Paucisalibacillus	Nunes et al. 2006	芽胞杆菌科	少盐芽胞杆菌属	598
Sinibacillus	Yang 和 Zhou, 2014	芽胞杆菌科	中华芽胞杆菌属	34
Vulcanibacillus	L'Haridon et al. 2006	芽胞杆菌科	火山芽胞杆菌属	239
Rummeliibacillus	Vaishampayan et al. 2009	动球菌科	鲁梅尔芽胞杆菌属	51
Solibacillus	Krishnamurthi et al. 2009	动球菌科	土壤芽胞杆菌属	11
Ureibacillus	Fortina et al. 2001	动球菌科	尿素芽胞杆菌属	383
Tuberibacillus#	Hatayama et al. 2006	芽胞乳杆菌科	肿块芽胞杆菌属	1418
Sulfobacillus	Golovacheva和Karavaiko, 1991	脂环酸芽胞杆菌科	硫化芽胞杆菌属	43
Desulfuribacillus#	Sorokin et al. 2014	待建立新科	脱硫芽胞杆菌属	12
Lactobacillus	Beijerinck 1901	乳杆菌科	乳杆菌属	4565
*Halothiobacillus**	Kelly和Wood，2000	γ-变形菌纲盐硫杆状菌科	盐硫杆状菌属	137
Roseibacillus*#	Yoon et al. 2008	疣微菌纲疣微菌科	玫瑰杆菌属	8

注：*为非芽胞杆菌纲种类，#为中国新记录属。

2. 芽胞杆菌数量（read）垂直分布

基于宏基因组测序的芽胞杆菌属水平含量（read）测定结果见表2-8。不同采样点芽胞杆菌数量分布差异显著，数量（read）范围为424～4130。上层数量平均值为1212.13，占细菌总数的1.25%；下层数量平均值为1339.43，占细菌总数的1.06%；两处理方差齐性，均值差异检验 $t = 0.0798$，$df = 12$，$P = 0.9377$，统计学上差异不显著（$P > 0.05$）。检测结果表明，上层垫料与下层垫料芽胞杆菌数量差异不显著（表2-9）。

表2-8　基于宏基因组测序的菌剂发酵床芽胞杆菌属水平含量（read）

芽胞杆菌相关属	上层垫料（0～20cm）芽胞杆菌含量（read）							下层垫料（40～60cm）芽胞杆菌含量（read）						
	1	2	4	6	9	12	14	3	5	7	8	10	11	13
Ammoniibacillus	0	2	0	7	0	18	0	1	0	1	10	0	0	0
Amphibacillus	0	0	5	4	0	4	2	1	22	2	0	3	16	2
Aneurinibacillus	0	1	4	6	0	1	0	3	0	1	84	0	16	18
Bacillus	70	303	1101	630	248	861	517	1237	654	123	697	666	560	353
Caldalkalibacillus	0	2	0	3	1	11	0	1	0	0	17	0	5	0
Desulfuribacillus	9	0	0	0	1	0	0	0	0	1	0	1	0	0
Geobacillus	1	12	3	15	4	579	8	2	19	1	48	13	78	13
Gracilibacillus	3	13	3	51	2	381	37	11	8	3	50	20	63	16
Halolactibacillus	57	4	9	18	27	13	14	2	253	28	4	5	10	12
Halothiobacillus[①]	1	0	1	56	0	2	5	28	20	0	1	7	14	2
Lactobacillus	535	108	171	238	55	1975	281	56	724	182	42	91	88	19
Oceanobacillus	7	5	7	73	3	102	51	22	28	8	12	33	38	8
Ornithinibacillus	5	20	12	28	1	31	36	4	16	0	63	42	30	17
Paenibacillus	8	43	8	61	18	55	93	13	28	3	34	1	62	4
Paucisalibacillus	8	15	13	33	7	77	25	41	25	3	62	243	28	18
Roseibacillus[②]	1	5	0	1	1	0	0	0	0	0	0	0	0	0
Rummeliibacillus	15	8	4	3	0	5	2	3	10	0	0	0	1	0
Sinibacillus	0	1	0	10	0	0	3	1	0	0	2	11	2	4
Solibacillus	5	0	0	0	0	1	0	0	0	0	0	0	0	0
Sulfobacillus	0	3	2	0	0	0	2	1	0	0	12	0	8	15
Thermobacillus	0	9	2	8	2	4	15	1	0	0	124	11	20	35
Tuberibacillus	0	1	20	21	0	1	55	6	1232	2	14	0	4	62
Ureibacillus	6	3	0	24	1	6	16	0	0	1	7	229	0	90
Vulcanibacillus	28	1	0	4	53	3	1	9	21	83	0	20	14	2
小计	759	559	1365	1295	424	4130	1165	1443	3060	443	1283	1396	1061	690
细菌总量	102575	129891	83279	137195	119811	111290	113573	129077	120249	134760	135829	131818	123334	113781
芽胞杆菌占比/%	0.73	0.43	1.63	0.94	0.35	3.71	1.02	1.11	2.54	0.32	0.94	1.05	0.86	0.6

① *Halothiobacillus* 属 γ- 变形菌纲 Gammaproteobacteria 盐硫杆状菌科 Halothiobacillaceae。
② *RoseIbacillus* 属于疣微菌纲 VerrucomicrobIae 疣微菌科 VerrucomicrobIaceae。

表2-9　基于宏基因组测序的菌剂发酵床上层和下层芽胞杆菌属水平含量（read）均数t检验

处理	样本数量	均值	标准差	标准误	95%置信区间	
上层垫料	7	1385.2857	1264.2256	477.8324	216.0722	2554.4993
下层垫料	7	1339.4286	844.6243	319.2380	558.2814	2120.5757
差值		45.8571	1075.0945	574.6622	−1206.2241	1297.9384

注：两处理方差齐性，均值差异检验，$t = 0.0798$，$df = 12$，$P = 0.9377$。

3. 芽胞杆菌优势属分布

从不同芽胞杆菌属及其近缘属数量（read）分布看（图2-3），菌剂发酵床14个垫料样本检测到24个芽胞杆菌属，总量（read）达19073，不同属数量分布差异显著，前5个分布最多的优势属为芽胞杆菌属（*Bacillus*）（8020）、乳杆菌属（*Lactobacillus*）（4565）、肿块芽胞杆菌属（*Tuberibacillus*）（1418）、地芽胞杆菌属（*Geobacillus*）（796）和纤细芽胞杆菌属（*Gracilibacillus*）（661）。

从芽胞杆菌在垫料上层和下层垂直分布上看（图2-4），上层垫料芽胞杆菌各属总量（read）为9697，含量最低的为土壤芽胞杆菌属（*Solibacillus*），仅为7，最高的为芽胞杆菌属（*Bacillus*）达3730；下层垫料芽胞杆菌各属总量（read）为9376，总量与上层差异不显著，含量最低的玫瑰杆菌属（*Roseibacillus*）为0，最高的为芽胞杆菌属（*Bacillus*）达4290。不同芽胞杆菌优势属在垫料上层和下层数量垂直分布差异显著，如芽胞杆菌属（*Bacillus*）上层（3730）分布低于下层（4290），肿块芽胞杆菌属（*Tuberibacillus*）上层（98）低于下层（1320），乳杆菌属（*Lactobacillus*）上层（3363）分布高于下层（1202），地芽胞杆菌属（*Geobacillus*）上层（622）高于下层（174），纤细芽胞杆菌属（*Gracilibacillus*）上层（490）高于下层（171）。

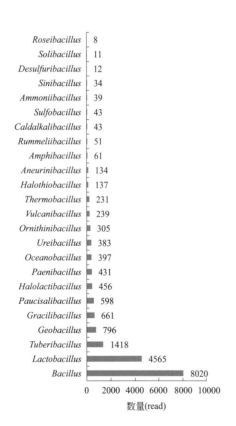

图2-3　菌剂发酵床垫料样本芽胞杆菌
数量（read）分布

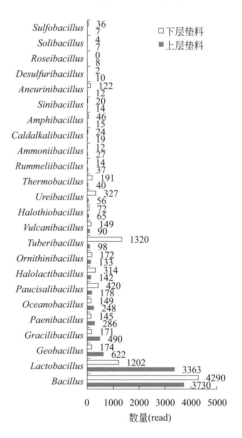

图2-4　菌剂发酵床上层垫料和下层垫料芽胞杆菌
数量（read）分布

七、菌剂发酵床空间生态位芽胞杆菌亚群落分化

分别构建上层和下层垫料不同样本芽胞杆菌数量（read）矩阵，以属为样本，样方为指标，马氏距离为尺度，可变类平均法进行系统聚类。可以看出，垫料上下层芽胞杆菌亚群落分化存在显著差异。垫料上层（图2-5、表2-10），芽胞杆菌亚群落分化为4个组，第1组为微含量组，数量（read）总和为18.67，包含9个属，即氨芽胞杆菌属（*Ammoniibacillus*）、兼性芽胞杆菌属（*Amphibacillus*）、解硫胺素芽胞杆菌属（*Aneurinibacillus*）、热碱芽胞杆菌属（*Caldalkalibacillus*）、脱硫芽胞杆菌属（*Desulfuribacillus*）、玫瑰杆菌属（*Roseibacillus*）、中华芽胞杆菌属（*Sinibacillus*）、土壤芽胞杆菌属（*Solibacillus*）、尿素芽胞杆菌属（*Ureibacillus*）；第2组为高含量组，数量（read）总和为1494.99，包含3个属，即芽胞杆菌属（*Bacillus*）、地芽胞杆菌属（*Geobacillus*）、鸟氨酸芽胞杆菌属（*Ornithinibacillus*）；第3组为中含量组，数量（read）总和为553.48，包含8个属，即纤细芽胞杆菌属（*Gracilibacillus*）、盐硫杆状菌属（*Halothiobacillus*）、乳杆菌属（*Lactobacillus*）、大洋芽胞杆菌属（*Oceanobacillus*）、少盐芽胞杆菌属（*Paucisalibacillus*）、鲁梅尔芽胞杆菌属（*Rummeliibacillus*）、硫化芽胞杆菌属（*Sulfobacillus*）、嗜热芽胞杆菌属（*Thermobacillus*）；第4组为低含量组，数（read）总和为154.00。包含4个属，即盐乳杆菌属（*Halolactibacillus*）、类芽胞杆菌属（*Paenibacillus*）、肿块芽胞杆菌属（*Tuberibacillus*）、火山芽胞杆菌属（*Vulcanibacillus*）。

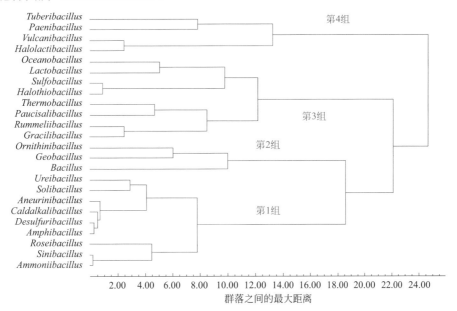

图2-5 上层垫料芽胞杆菌亚群落分化

表2-10 上层垫料芽胞杆菌属亚群落分化

样本编号	第1组9个属	第2组3个属	第3组8个属	第4组4个属
1	2.33	25.33	71.12	23.25
2	1.56	111.67	20.12	12.25
4	1.00	372.00	25.37	9.25

续表

样本编号	第1组9个属	第2组3个属	第3组8个属	第4组4个属
6	6.22	224.33	57.75	26.00
9	0.44	84.33	8.62	24.50
12	4.56	490.33	318.25	18.00
14	2.56	187.00	52.25	40.75
总和	18.67	1494.99	553.48	154.00

垫料下层（图2-6、表2-11），芽胞杆菌亚群落分化为4个组，第1组为微含量组，数量（read）总和为57.27，包含11个属，即氨芽胞杆菌属（*Ammoniibacillus*）、兼性芽胞杆菌属（*Amphibacillus*）、解硫胺素芽胞杆菌属（*Aneurinibacillus*）、热碱芽胞杆菌属（*Caldalkalibacillus*）、脱硫芽胞杆菌属（*Desulfuribacillus*）、盐乳杆菌属（*Halolactibacillus*）、盐硫杆状菌属（*Halothiobacillus*）、玫瑰杆菌属（*Roseibacillus*）、鲁梅尔芽胞杆菌属（*Rummeliibacillus*）、中华芽胞杆菌属（*Sinibacillus*）、土壤芽胞杆菌属（*Solibacillus*）；第2组为中含量组，数量（read）总和为756.00，包含7个属，即芽胞杆菌属（*Bacillus*）、地芽胞杆菌属（*Geobacillus*）、纤细芽胞杆菌属（*Gracilibacillus*）、大洋芽胞杆菌属（*Oceanobacillus*）、鸟氨酸芽胞杆菌属（*Ornithinibacillus*）、类芽胞杆菌属（*Paenibacillus*）、嗜热芽胞杆菌属（*Thermobacillus*）；第3组为低含量组，数量（read）总和为451.75，包含4个属，即乳杆菌属（*Lactobacillus*）、少盐芽胞杆菌属（*Paucisalibacillus*）、硫化芽胞杆菌属（*Sulfobacillus*）、火山芽胞杆菌属（*Vulcanibacillus*）；第4组为高含量组，数量（read）总和为823.50，包含2个属，即肿块芽胞杆菌属（*Tuberibacillus*）和尿素芽胞杆菌属（*Ureibacillus*）。

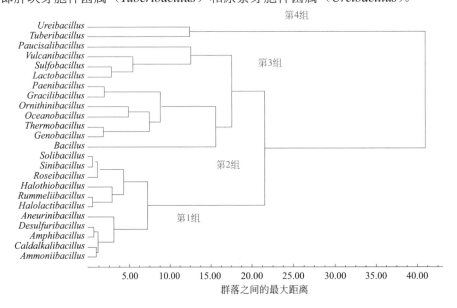

图2-6　下层垫料芽胞杆菌亚群落分化

表2-11　下层垫料芽胞杆菌属亚群落分化

样本编号	第1组11个属	第2组7个属	第3组4个属	第4组2个属
3	3.64	184.29	26.75	3.00

续表

样本编号	第1组11个属	第2组7个属	第3组4个属	第4组2个属
5	27.73	107.57	192.50	616.00
7	3.09	19.71	67.00	1.50
8	10.73	146.86	29.00	10.50
10	2.45	112.29	88.50	114.50
11	6.18	121.57	34.50	2.00
13	3.45	63.71	13.50	76.00
总和	57.27	756.00	451.75	823.50

八、菌剂发酵床空间生态位芽胞杆菌种群空间分布型

不同属芽胞杆菌空间分布型指数分析结果见表2-12。芽胞杆菌属（*Bacillus*）、鸟氨酸芽胞杆菌属（*Ornithinibacillus*）、类芽胞杆菌属（*Paenibacillus*）的空间分布型指数 I 指标＜0、扩散系数 C＜1、K 指标＜0，为均匀分布；其余的属空间分布型指数 I 指标＞0、扩散系数 C＞1、K 指标＞0，为聚集分布。

表2-12 菌剂发酵床芽胞杆菌空间分布型指数

菌属名	平均值	标准差	拥挤度 m^*	I指标	m^*/m指标	CA指标	扩散系数 C	K指标
Bacillus	572.8571	342.1873	572.45	−0.40	1.00	0.00	0.60	−1422.66
Paenibacillus	30.7857	28.2929	30.70	−0.08	1.00	0.00	0.92	−380.20
Ornithinibacillus	21.7857	17.8893	21.61	−0.18	0.99	−0.01	0.82	−121.81
Roseibacillus	0.5714	1.3425	1.92	1.35	3.36	2.36	2.35	0.42
Desulfuribacillus	0.8571	2.3812	2.64	1.78	3.07	2.07	2.78	0.48
Solibacillus	0.7857	1.6257	1.85	1.07	2.36	1.36	2.07	0.73
Ammoniibacillus	2.7857	5.3375	3.70	0.92	1.33	0.33	1.92	3.04
Sinibacillus	2.4286	3.6525	2.93	0.50	1.21	0.21	1.50	4.82
Caldalkalibacillus	3.0714	4.9840	3.69	0.62	1.20	0.20	1.62	4.93
Sulfobacillus	3.0714	4.9531	3.68	0.61	1.20	0.20	1.61	5.01
Aneurinibacillus	9.5714	22.2182	10.89	1.32	1.14	0.14	2.32	7.24
Amphibacillus	4.3571	6.5234	4.85	0.50	1.11	0.11	1.50	8.76
Rummeliibacillus	3.6429	4.5338	3.89	0.24	1.07	0.07	1.24	14.90
Halothiobacillus	9.7857	15.8366	10.40	0.62	1.06	0.06	1.62	15.83
Thermobacillus	16.5000	32.4695	17.47	0.97	1.06	0.06	1.97	17.05
Ureibacillus	27.3571	62.6512	28.65	1.29	1.05	0.05	2.29	21.20
Halolactibacillus	32.5714	65.0405	33.57	1.00	1.03	0.03	2.00	32.67
Geobacillus	56.8571	151.7928	58.53	1.67	1.03	0.03	2.67	34.05
Vulcanibacillus	17.0714	24.1006	17.48	0.41	1.02	0.02	1.41	41.46

菌属名	平均值	标准差	拥挤度m^*	I指标	m^*/m指标	CA指标	扩散系数C	K指标
Gracilibacillus	47.2143	98.2275	48.29	1.08	1.02	0.02	2.08	43.70
Tuberibacillus	101.2857	326.0681	103.50	2.22	1.02	0.02	3.22	45.64
Paucisalibacillus	42.7143	61.3457	43.15	0.44	1.01	0.01	1.44	97.93
Lactobacillus	326.0714	515.6366	326.65	0.58	1.00	0.00	1.58	560.88
Oceanobacillus	28.3571	29.4582	28.40	0.04	1.00	0.00	1.04	730.29

九、菌剂发酵床空间生态位芽胞杆菌数量（read）与垫料营养特性的相关性

1. 菌剂发酵床垫料营养特性主成分分析

基于表2-12数据矩阵，以欧氏距离为尺度，进行聚类分析和主成分分析，结果见表2-13、表2-14、图2-7。垫料营养特性的第1主成分达96.15%，包含了主要信息（表2-13）；由图2-7可以看出，垫料水分、有机质得分较高，为正值，全氮及其他因子得分为负值，形成了3个分支，这与聚类分析结果相符合，形成3个主成分，即水分主成分、有机质主成分、营养主成分。

表2-13　菌剂发酵床垫料营养特性主成分特征值

主成分 PCA	特征值	百分率/%	累计百分率/%
1	13.46	96.15	96.15
2	0.48	3.41	99.56
3	0.03	0.25	99.81
4	0.02	0.17	99.99
5	0.00	0.01	100.00

表2-14　菌剂发酵床垫料营养特性主成分分析得分

因子	$Y(i,1)$	$Y(i,2)$	$Y(i,3)$	$Y(i,4)$	$Y(i,5)$
水分	5.3890	−0.9694	−0.0099	−0.0303	−0.0017
pH值	−2.5162	−0.1922	−0.1292	0.1524	0.0587
有机质	3.8224	1.1277	−0.0538	0.0818	−0.0100
全氮	−3.4830	−0.2375	−0.1550	0.0255	−0.0618
腐殖酸	−1.7325	−0.0178	0.3620	0.0651	−0.0062
粗纤维	−1.4797	0.2892	−0.0142	−0.2945	0.0211

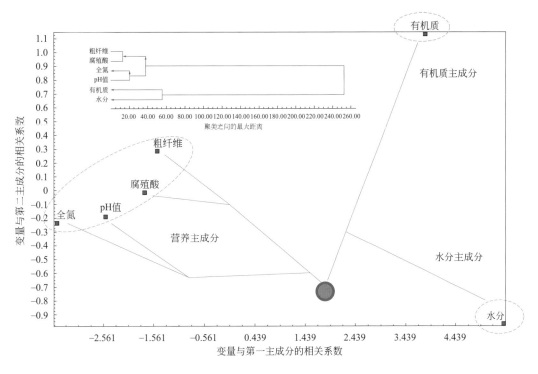

图2-7　菌剂发酵床垫料营养特性聚类分析与主成分分析

2. 芽胞杆菌数量与垫料成分特性相关性分析

以芽胞杆菌数量（read）和垫料营养特性为样本，垫料空间样本为指标，构建矩阵，进行相关性分析，芽胞杆菌与营养条件的相关系数见表2-15。相关系数显著检验的临界值 $a=0.05$ 时，$r=0.5324$（显著）；$a=0.01$ 时，$r=0.6614$（极显著）。结果表明，水分主成分提供了芽胞杆菌生存条件，不同的属存在差异，与地芽胞杆菌属（*Geobacillus*）（-0.6825）、纤细芽胞杆菌属（*Gracilibacillus*）（-0.6804）、乳杆菌属（*Lactobacillus*）（-0.6636）呈显著负相关；基质主成分（有机质）提供了芽胞杆菌生存基质，对所有芽胞杆菌相关系数不显著，都是需要的；营养主成分提供了芽胞杆菌营养条件，不同属存在差异，pH 值与火山芽胞杆菌属（*Vulcanibacillus*）（0.7063）极显著相关，全氮与中华芽胞杆菌属（*Sinibacillus*）（0.6021）显著相关，腐殖酸与尿素芽胞杆菌属（*Ureibacillus*）（0.6898）极显著相关，其余相关性不显著。

表2-15　芽胞杆菌数量（read）与垫料营养条件的相关系数

属名	水分/%	有机质/%	pH值	全氮/%	腐殖酸/%	粗纤维/%
Ammoniibacillus	−0.5119	0.0031	−0.0070	0.2080	0.0084	−0.1900
Amphibacillus	−0.4433	0.0409	−0.3171	0.0805	−0.0457	0.2856
Aneurinibacillus	−0.0460	−0.4850	−0.1108	0.1623	0.2774	−0.0843
Bacillus	−0.4965	0.2611	−0.5171	−0.1632	−0.0584	0.3118
Caldalkalibacillus	−0.3635	−0.2709	−0.0329	0.1395	0.1094	−0.1877
Desulfuribacillus	0.3646	0.2292	0.4569	−0.0978	−0.0655	−0.3102

续表

属名	水分/%	有机质/%	pH值	全氮/%	腐殖酸/%	粗纤维/%
Geobacillus	−0.6825**	0.1615	0.0517	0.1009	0.1228	−0.0390
Gracilibacillus	−0.6804**	0.1705	0.0311	0.1637	0.1075	−0.0222
Halolactibacillus	−0.1635	0.2636	−0.2929	−0.2683	−0.1059	0.1276
Halothiobacillus	0.0561	0.0388	−0.1643	0.4625	−0.3250	−0.0310
Lactobacillus	−0.6636**	0.4257	−0.0396	−0.0688	−0.0372	0.0091
Oceanobacillus	−0.5776*	0.3603	−0.0904	0.3544	−0.0485	0.1048
Ornithinibacillus	−0.2911	−0.0543	−0.2279	0.2608	0.3430	0.0803
Paenibacillus	−0.3984	0.1706	−0.3480	0.1436	−0.2983	0.2823
Paucisalibacillus	0.0405	0.1942	0.2150	0.1463	0.5207	−0.2058
Roseibacillus	0.3363	−0.2423	−0.0506	−0.0955	−0.3635	−0.3112
Rummeliibacillus	−0.0511	0.3706	−0.1736	−0.3029	−0.3868	−0.0823
Sinibacillus	0.2215	0.0376	0.1073	0.6021*	0.3211	−0.0314
Solibacillus	0.0195	−0.0368	0.3755	0.3017	−0.0992	−0.1824
Sulfobacillus	−0.1057	−0.6388*	−0.2052	0.3906	0.5682*	0.2463
Thermobacillus	−0.0306	−0.4414	−0.1335	0.1555	0.3590	−0.0438
Tuberibacillus	−0.2468	0.2253	−0.4478	−0.2551	−0.0469	0.2254
Ureibacillus	0.2179	0.0893	0.2324	0.2911	0.6898**	−0.0464
Vulcanibacillus	0.4947	−0.1413	0.7063**	−0.1112	−0.1374	−0.4899

注：* 为显著（$P < 0.05$）；** 为极显著（$P < 0.01$）。

十、菌剂发酵床芽胞杆菌空间生态位宽度

1．芽胞杆菌生态位宽度

分析结果见表2-16，空间生态位宽度Levins测度范围为10.5159［芽胞杆菌属（*Bacillus*）］～1.3178［肿块芽胞杆菌属（*Tuberibacillus*）］，前6个生态位较宽的属有：芽胞杆菌属（*Bacillus*）（10.5159）、鸟氨酸芽胞杆菌属（*Ornithinibacillus*）（8.6094）、类芽胞杆菌属（*Paenibacillus*）（7.8463）、大洋芽胞杆菌属（*Oceanobacillus*）（6.9927）、鲁梅尔芽胞杆菌属（*Rummeliibacillus*）（5.7417）、火山芽胞杆菌属（*Vulcanibacillus*）（4.9111）。可利用资源数最大的是5［类芽胞杆菌属（*Paenibacillus*）］，最小的是1（玫瑰杆菌属*Roseibacillus*等）；当截断比例为0.10～0.18时，类芽胞杆菌属（*Paenibacillus*）拥有最多的常用资源，分别为S2＝9.98%、S6＝14.15%、S11＝14.39%、S12＝12.76%、S14＝21.58%，玫瑰杆菌属（*Roseibacillus*）的常用资源仅为1个，S2＝62.50%。

表2-16　芽胞杆菌空间生态位宽度

属名	生态位宽度$X1$	可利用资源数$X2$	截断比例$X3$	常用资源种类$X4$				
Bacillus	10.5159	3	0.10	S3=15.42%	S4=13.73%	S12=10.74%		
Ornithinibacillus	8.6094	3	0.10	S7=20.66%	S9=13.77%	S13=11.80%		
Paenibacillus	7.8463	5	0.10	S2=9.98%	S6=14.15%	S11=14.39%	S12=12.76%	S14=21.58%

续表

属名	生态位宽度 $X1$	可利用资源数 $X2$	截断比例 $X3$	常用资源种类 $X4$				
Oceanobacillus	6.9927	3	0.10	S6=18.39%	S12=25.69%	S14=12.85%		
Rummeliibacillus	5.7417	3	0.12	S1=29.41%	S2=15.69%	S5=19.61%		
Vulcanibacillus	4.9111	3	0.11	S1=11.72%	S6=34.73%	S7=22.18%		
Paucisalibacillus	4.8022	3	0.10	S8=10.37%	S10=40.64%	S12=12.88%		
Amphibacillus	4.5433	2	0.12	S3=36.07%	S7=26.23%			
Sinibacillus	4.5156	2	0.13	S3=29.41%	S5=32.35%			
Lactobacillus	4.2142	3	0.10	S1=11.72%	S5=15.86%	S12=43.26%		
Sulfobacillus	4.0998	3	0.14	S4=27.91%	S5=18.60%	S6=34.88%		
Halothiobacillus	4.0793	3	0.11	S2=20.44%	S4=14.60%	S5=40.88%		
Caldalkalibacillus	4.0637	2	0.12	S5=39.53%	S8=25.58%			
Ammoniibacillus	3.1754	3	0.15	S3=17.95%	S5=25.64%	S6=46.15%		
Thermobacillus	3.0462	2	0.11	S5=53.68%	S10=15.15%			
Halolactibacillus	2.9771	2	0.10	S1=12.50%	S5=55.48%			
Solibacillus	2.8140	2	0.18	S1=45.45%	S3=36.36%			
Gracilibacillus	2.7893	1	0.10	S12=57.64%				
Ureibacillus	2.3850	2	0.12	S7=59.79%	S9=23.50%			
Aneurinibacillus	2.3319	2	0.12	S6=62.69%	S9=13.43%			
Roseibacillus	2.2857	1	0.18	S2=62.50%				
Geobacillus	1.8377	1	0.10	S12=72.74%				
Desulfuribacillus	1.7143	1	0.18	S1=75.00%				
Tuberibacillus	1.3178	1	0.11	S4=86.88%				

2．生态位宽度与空间分布型相关性

结合芽胞杆菌空间分布型指数表2-12和生态位宽度表2-16，进行相关分析（表2-17）。结果表明，芽胞杆菌生态位宽度与空间分布型指数存在相关性，生态位宽度与其平均值（0.482*）、拥挤度 m^*（0.478*）呈显著正相关，与 I 指标（-0.928**）、扩散系数 C（-0.928**）、K 指标（-0.473*）呈显著或极显著负相关，与 m^*/m 指标（-0.366）、CA 指标（-0.366）相关性不显著，即芽胞杆菌平均值、拥挤度越高，生态位宽度越大，I 指标、扩散系数 C、K 指标越大，空间分布型越趋向聚集分布，生态位宽度越小。

表2-17　芽胞杆菌空间生态位宽度与空间分布型指的数相关系数

项目	平均值 $X1$	生态位宽度 $X2$	拥挤度 m^* $X3$	I 指标 $X4$	m^*/m 指标 $X5$	CA 指标 $X6$	扩散系数 C $X7$	K 指标 $X8$
平均值	1.000	0.482*	1.000**	-0.310	-0.207	-0.207	-0.310	-0.555**
生态位宽度	0.482*	1.000	0.478*	-0.928**	-0.366	-0.366	-0.928**	-0.473*
拥挤度 m^*	1.000**	0.478*	1.000	-0.305	-0.206	-0.206	-0.305	-0.554**
I 指标	-0.310	-0.928**	-0.305	1.000	0.404	0.404	1.000**	0.287
m^*/m 指标	-0.207	-0.366	-0.206	0.404	1.000	1.000**	0.404	0.017
CA 指标	-0.207	-0.366	-0.206	0.404	1.000**	1.000	0.404	0.017
扩散系数 C	-0.310	-0.928**	-0.305	1.000**	0.404	0.404	1.000	0.287
K 指标	-0.555**	-0.473*	-0.554**	0.287	0.017	0.017	0.287	1.000

注：* 为显著（$P < 0.05$）；** 为极显著（$P < 0.01$）。

3．生态位宽度与垫料营养相关性

结合芽胞杆菌与垫料营养条件相关性（表 2-15）和芽胞杆菌生态位宽度（表 2-16）分析，空间生态位较宽的属，如芽胞杆菌（*Bacillus*）（10.5159）、鸟氨酸芽胞杆菌属（*Ornithinibacillus*）（8.6094）、类芽胞杆菌属（*Paenibacillus*）（7.8463）、大洋芽胞杆菌属（*Oceanobacillus*）（6.9927）、鲁梅尔芽胞杆菌属（*Rummeliibacillus*）（5.7417）等，其与垫料营养因子相关性较弱，与垫料营养因子（水分、pH 值、有机质、全氮、腐殖酸等）之间相关性不显著，即对营养要求不高，适应性更广；空间生态位较窄的属，其与垫料营养因子相关性较强，如纤细芽胞杆菌属（*Gracilibacillus*）（2.7893，与水分呈反比）、地芽胞杆菌属（*Geobacillus*）（1.8377，与水分呈反比）、尿素芽胞杆菌属（*Ureibacillus*）（2.3850，与腐殖酸呈正比）等，与垫料某些营养因子之间相关性显著，即对营养要求较高，适应性窄。

十一、菌剂发酵床芽胞杆菌空间生态位重叠

1．芽胞杆菌生态位重叠

分析结果见表 2-18，分析表明空间生态位重叠 Pianka 测度范围为 0.00～0.99。空间生态位重叠 ≥ 0.90 的属有：纤细芽胞杆菌属（*Gracilibacillus*）和氨芽胞杆菌属（*Ammoniibacillus*），嗜热芽胞杆菌属（*Thermobacillus*）和解硫胺素芽胞杆菌属（*Aneurinibacillus*），纤细芽胞杆菌属（*Gracilibacillus*）和地芽胞杆菌属（*Geobacillus*），乳杆菌属（*Lactobacillus*）和地芽胞杆菌属（*Geobacillus*），乳杆菌属（*Lactobacillus*）和纤细芽胞杆菌属（*Gracilibacillus*），肿块芽胞杆菌属（*Tuberibacillus*）和盐乳杆菌属（*Halolactibacillus*），这些属之间生态位重叠很高；空间生态位重叠 = 0.00 的属有：脱硫芽胞杆菌属（*Desulfuribacillus*）和解硫胺素芽胞杆菌属（*Aneurinibacillus*），肿块芽胞杆菌属（*Tuberibacillus*）和脱硫芽胞杆菌属（*Desulfuribacillus*），肿块芽胞杆菌属（*Tuberibacillus*）和玫瑰杆菌属（*Roseibacillus*），它们之间生态位几乎不重叠。

2．种群数量与生态位重叠关系

结合图 2-3 和表 2-18 分析，前 3 个高含量属包括芽胞杆菌属（*Bacillus*）（8020）、乳杆菌属（*Lactobacillus*）（4565）、肿块芽胞杆菌属（*Tuberibacillus*）（1418）；高含量属与其他属生态位重叠分为 3 种形式，即非极端重叠型、全程重叠型、极端重叠型；芽胞杆菌属除了与脱硫芽胞杆菌属（*Desulfuribacillus*）生态位重叠在 0.07 之外，与其他属生态位重叠范围在 0.19～0.75 之间，生态位重叠没有超过 0.75，低于 0.20 的也少，属于非极端重叠型；乳杆菌属与其他属生态位重叠超过 0.9 的有地芽胞杆菌属（*Geobacillus*）和纤细芽胞杆菌属（*Gracilibacillus*）；低于 0.20 的有解硫胺素芽胞杆菌属（*Aneurinibacillus*）（0.05）、玫瑰杆菌属（*Roseibacillus*）（0.12）、中华芽胞杆菌属（*Sinibacillus*）（0.13）、硫化芽胞杆菌属（*Sulfobacillus*）（0.06）、嗜热芽胞杆菌属（*Thermobacillus*）（0.08）、尿素芽胞杆菌属（*Ureibacillus*）（0.09），大部分在 0.20～0.90 之间，属于全程重叠型；肿块芽胞杆菌属与其

表2-18 芽胞杆菌空间生态位重叠

属名	[1]	[2]	[3]	[4]	[5]	[6]	[7]	[8]	[9]	[10]	[11]	[12]	[13]	[14]	[15]	[16]	[17]	[18]	[19]	[20]	[21]	[22]	[23]	[24]
[1] *Ammoniibacillus*	1.00																							
[2] *Amphibacillus*	0.16	1.00																						
[3] *Aneurinibacillus*	0.47	0.14	1.00																					
[4] *Bacillus*	0.53	0.57	0.40	1.00																				
[5] *Caldalkalibacillus*	0.85	0.23	0.82	0.55	1.00																			
[6] *Desulfuribacillus*	0.01	0.02	0.00	0.07	0.01	1.00																		
[7] *Geobacillus*	0.86	0.25	0.12	0.43	0.61	0.01	1.00																	
[8] *Gracilibacillus*	0.90	0.27	0.18	0.51	0.67	0.01	0.99	1.00																
[9] *Halolactibacillus*	0.08	0.80	0.04	0.37	0.07	0.24	0.09	0.10	1.00															
[10] *Halothiobacillus*	0.31	0.50	0.13	0.61	0.22	0.03	0.09	0.20	0.36	1.00														
[11] *Lactobacillus*	0.78	0.45	0.05	0.54	0.52	0.25	0.90	0.90	0.44	0.25	1.00													
[12] *Oceanobacillus*	0.76	0.52	0.18	0.73	0.59	0.08	0.74	0.82	0.30	0.64	0.81	1.00												
[13] *Ornithinibacillus*	0.63	0.46	0.70	0.75	0.80	0.09	0.42	0.52	0.25	0.44	0.46	0.72	1.00											
[14] *Paenibacillus*	0.55	0.53	0.33	0.67	0.60	0.07	0.46	0.56	0.30	0.56	0.55	0.83	0.77	1.00										
[15] *Paucisalibacillus*	0.39	0.30	0.27	0.62	0.39	0.13	0.34	0.40	0.16	0.32	0.37	0.57	0.72	0.36	1.00									
[16] *Roseibacillus*	0.15	0.03	0.02	0.19	0.12	0.21	0.03	0.06	0.09	0.16	0.12	0.14	0.24	0.37	0.09	1.00								
[17] *Rummeliibacillus*	0.28	0.48	0.04	0.49	0.20	0.69	0.27	0.29	0.64	0.35	0.60	0.43	0.36	0.46	0.21	0.52	1.00							
[18] *Sinibacillus*	0.27	0.26	0.24	0.52	0.24	0.08	0.07	0.18	0.08	0.66	0.13	0.58	0.68	0.47	0.78	0.18	0.14	1.00						
[19] *Solibacillus*	0.17	0.38	0.12	0.25	0.24	0.75	0.24	0.27	0.21	0.27	0.36	0.37	0.30	0.40	0.15	0.17	0.62	0.17	1.00					
[20] *Sulfobacillus*	0.27	0.28	0.76	0.45	0.56	0.00	0.12	0.18	0.07	0.13	0.06	0.23	0.64	0.40	0.24	0.13	0.10	0.32	0.23	1.00				
[21] *Thermobacillus*	0.48	0.14	0.98	0.43	0.82	0.01	0.14	0.21	0.05	0.12	0.08	0.24	0.77	0.40	0.35	0.08	0.06	0.32	0.11	0.80	1.00			
[22] *Tuberibacillus*	0.01	0.78	0.02	0.30	0.02	0.00	0.04	0.03	0.96	0.32	0.34	0.22	0.19	0.22	0.11	0.00	0.48	0.03	0.00	0.05	0.03	1.00		
[23] *Ureibacillus*	0.07	0.14	0.11	0.36	0.06	0.13	0.06	0.11	0.05	0.19	0.09	0.31	0.51	0.11	0.88	0.04	0.05	0.80	0.04	0.28	0.21	0.02	1.00	
[24] *Vulcanibacillus*	0.07	0.31	0.04	0.29	0.11	0.41	0.06	0.08	0.39	0.17	0.25	0.23	0.19	0.22	0.25	0.16	0.31	0.18	0.29	0.07	0.05	0.20	0.19	1.00

他属生态位重叠在 0.32～0.90 之间的只有 3 个属，即氨芽胞杆菌属（*Amphibacillus*）（0.78）、乳杆菌属（*Lactobacillus*）（0.34）和鲁梅尔芽胞杆菌属（*Rummeliibacillus*）（0.48），大部分生态位重叠 < 0.20 或 > 0.90，属于极端重叠型。

3．空间分布型与生态位重叠关系

结合表 2-12 和表 2-18 分析，种群空间分布的集聚度与其生态位重叠存在着相互关系。如类芽胞杆菌属（*Paenibacillus*）空间分布型 K 指标为 –380.20，种群分布远离聚集分布，属均匀分布，它与其他属生态位重叠值大部分分布在 0.22～0.83 之间，部分 < 0.20，属于全程重叠类型；脱硫芽胞杆菌属（*Desulfuribacillus*）空间分布型 K 指标为 0.48，种群分布聚集度较低，属聚集分布，它与其他属生态位重叠值主要分布在 0～0.25 之间，属于低重叠类型；大洋芽胞杆菌属（*Oceanobacillus*）空间分布型 K 指标为 730.29，种群分布趋于高聚集度，属于聚集分布，它与其他属生态位重叠值主要分布在 0.22～0.83 之间，属于非极端重叠类型。

4．生态位宽度与生态位重叠关系

结合表 2-16 和表 2-18 分析，芽胞杆菌空间生态位宽度与生态位重叠存在着相互关系，生态位较宽的属，如芽胞杆菌属（*Bacillus*）、鸟氨酸芽胞杆菌属（*Ornithinibacillus*）和类芽胞杆菌属（*Paenibacillus*），它们与其他属之间的空间生态位重叠集中在 0.30～0.70 之间，较少出现 < 0.30 或 > 0.70 极端重叠；空间生态位较窄的属，如玫瑰杆菌属（*Roseibacillus*）、地芽胞杆菌属（*Geobacillus*）、脱硫芽胞杆菌属（*Desulfuribacillus*）、肿块芽胞杆菌属（*Tuberibacillus*），与其他属之间的空间生态位重叠经常出现极端状况，即生态位重叠主要分布在 < 0.30 或 > 0.70。

十二、讨论与总结

1．菌剂发酵床生产整合微生物组菌剂获得丰富的芽胞杆菌菌群

芽胞杆菌能够产生芽胞，是一类能在多种环境尤其是极端环境下生存的微生物。该菌具有很强的抗逆性，存在于土壤、水体、动植物体以及高温、高盐等不良环境中。芽胞杆菌具有许多特殊功能，在农业、工业、科研和医学等领域具有广泛的应用（Maughan 和 Van der Auwera，2011）。芽胞杆菌在养殖废弃物处理方面具有重要作用，如臭味分解、有机质降解等。本章节采用分离培养及宏基因组技术分析了菌剂发酵床不同的营养条件、空间位置及深度的垫料中芽胞杆菌的分布，发现芽胞杆菌在属水平种类丰富，包含芽胞杆菌目 8 个科中的 6 个科 24 个属（其中 2 个属具有芽胞杆菌种特性，不属于芽胞杆菌），在菌剂发酵床空间生态位中占据优势，其中芽胞杆菌科的属最多；不同属的芽胞杆菌在菌剂发酵床空间生态位分布差异显著，相对含量最高的前 3 个属为芽胞杆菌属（*Bacillus*，芽胞杆菌科）（read = 8020）、乳杆菌属（*Lactobacillus*，芽胞杆菌纲）（read = 4565）、肿块芽胞杆菌属（*Tuberibacillus*，芽胞乳杆菌科）（read = 1418），成为优势。尽管类似研究未见报道，但有报道表明这 3 个芽胞杆菌纲的属也是某些环境中的优势属，Hatayama 等（2006）报道了肿块芽胞杆菌属（*Tuberibacillus*）为堆肥过程的优势属；Mowlick 等（2013）报道了肿

块芽胞杆菌属具有耐酸和耐高温的特性，在温室栽培经过三氯甲烷消毒的土壤中成为优势属；乳杆菌属是猪肠道微生物的优势属（刘宇，2011）。菌剂发酵床空间生态位中芽胞杆菌优势属保持着较高的种群数量，对猪粪降解和除臭消除起着重要作用，这一结果与徐庆贤等（2013）报道的芽胞杆菌属对于发酵猪粪和分解臭味起到重要作用一致。研究发现菌剂发酵床垫料空间生态位中氨芽胞杆菌属（*Ammoniibacillus*，类芽胞杆菌科）、脱硫芽胞杆菌属（*Desulfuribacillus*，待建立新科）、肿块芽胞杆菌属（*Tuberibacillus*，芽胞乳杆菌科），在国内未见报道，为中国新记录属，菌剂发酵床空间生态位中分布着如此多的芽胞杆菌属及其近缘属，未见相关研究报道。

2．菌剂发酵床芽胞杆菌空间生态位差异

采用活菌计数和宏基因测序两种方法研究发现，尽管菌剂发酵床不同空间生态位芽胞杆菌分布的数量差异较大，活菌计数空间样本芽胞杆菌含量范围在 $(4.3 \sim 26.7) \times 10^6$ CFU/mL 之间，宏基因组测序含量（read）范围在 $424 \sim 4130$ 之间；但是，将上层（$0 \sim 20$cm）和下层（$40 \sim 60$cm）不同深度的发酵床作为生态位考察，两种检测方法的芽胞杆菌总量上下层差异不显著；菌剂发酵床上下层垫料空间生态位营养特性差异显著，上层垫料的水分、pH 值、全氮、腐殖酸低于下层，有机质和粗纤维含量高于下层。这种垫料营养特性差异要保持芽胞杆菌总数的平衡，是以发酵床上、下层生态位中芽胞杆菌种类分布变化差异为依据（表 2-8），上层生态位前 5 位高含量优势属（数量平均值）分别为芽胞杆菌属（*Bacillus*，532.86）、乳杆菌属（*Lactobacillus*，480.43）、地芽胞杆菌属（*Geobacillus*，88.86）、纤细芽胞杆菌属（*Gracilibacillus*，70.00）、类芽胞杆菌属（*Paenibacillus*，40.86），而下层为芽胞杆菌属（*Bacillus*，612.86）、肿块芽胞杆菌属（*Tuberibacillus*，188.57）、乳杆菌属（*Lactobacillus*，171.71）、少盐芽胞杆菌属（*Paucisalibacillus*，60.00）、尿素芽胞杆菌属（*Ureibacillus*，46.71），上下层生态位优势属种类发生较大的变化，表明不同种类选择不同营养特性的垫料生态位，维持着数量平衡；从而引起垫料上下层生态位中芽胞杆菌亚群落分化。垫料上下层生态位芽胞杆菌亚群落分化为高含量、中含量、低含量、微含量 4 个组。不同生态位芽胞杆菌亚群落种类和数量组成存在显著差异，如上层垫料高含量组，数量（read）总和为 1494.99，包含 3 个芽胞杆菌优势属，即芽胞杆菌属（*Bacillus*）、地芽胞杆菌属（*Geobacillus*）、鸟氨酸芽胞杆菌属（*Ornithinibacillus*）；下层垫料高含量组，数量（read）总和为 823.5，包含 2 个芽胞杆菌优势属，即肿块芽胞杆菌属（*Tuberibacillus*）、尿素芽胞杆菌属（*Ureibacillus*），不同生态位构建了特异性芽胞杆菌亚群落。

3．菌剂发酵床芽胞杆菌空间生态位宽度

菌剂发酵床芽胞杆菌空间生态位宽度是由发酵床营养、环境条件与芽胞杆菌生物学特性相互作用的结果。那些对发酵床环境条件适应范围较宽、对营养条件要求较低的种类，其空间生态位宽度较宽，可利用的资源数较多，反之亦然。芽胞杆菌空间生态位较宽的属，其与垫料营养和环境因子相关性较弱，如芽胞杆菌属（*Bacillus*，生态位宽度 = 10.5159）、鸟氨酸芽胞杆菌属（*Ornithinibacillus*，8.6094）、类芽胞杆菌属（*Paenibacillus*，7.8463）、大洋芽胞杆菌属（*Oceanobacillus*，6.9927）、鲁梅尔芽胞杆菌属（*Rummeliibacillus*，5.7417）

等，与垫料营养和环境因子（水分、pH 值、有机质、全氮、腐殖酸等）之间相关性不显著（$P > 0.05$），即对营养要求不高，适应性更广；空间生态位较窄的属，其与垫料营养和环境因子相关性较强，如纤细芽胞杆菌属（Gracilibacillus，生态位宽度 = 2.7893，相关系数 = –0.6804，与水分呈反比）、地芽胞杆菌属（Geobacillus，1.8377，–0.6825，与水分呈反比）、尿素芽胞杆菌属（Ureibacillus，2.3850，0.6898，与腐殖酸呈正比）等，这种与垫料某些营养和环境因子之间相关性显著，表明对营养和环境要求较高，适应性窄。由芽胞杆菌生物学特性适应环境条件形成的生态位特征，决定了其生境选择性；如芽胞杆菌属（Bacillus）能很好地适应许多不同类型生境，生态位宽度很广，成为生境内的优势种。芽胞杆菌属这种营养和环境适应性在其他研究中有过报道，张福特等（2014）自佳西热带雨林土壤中分离到 147 株芽胞杆菌，其中芽胞杆菌属（Bacillus）是优势属，形成热带雨林土壤生态位芽胞杆菌特征种群；朱碧春等（2017）自南极土壤中分离到 23 株芽胞杆菌，主要为芽胞杆菌属（Bacillus），形成南极土壤生态位芽胞杆菌特征种群。另一些种类如地芽胞杆菌属（Geobacillus）对生存条件要求比较苛刻，生态位宽度较窄，只能在特定生境下生存。Sung 等（2002）自堆肥系统中分离到一株堆肥地芽胞杆菌（Geobacillus toebii），此后多种耐热的地芽胞杆菌属细菌被分离鉴定，此属细菌在 45℃以上生存，最适生长温度为 60℃，对生长环境要求高，是高温生态位的优势属。

4．芽胞杆菌空间生态位与空间分布型相互关系

芽胞杆菌通过适应菌剂发酵床的营养和生存条件形成不同的生态位宽度，影响着种群的空间分布型。芽胞杆菌种群生态位宽度与其平均值（0.482*）、拥挤度 $m*$（0.478*）呈显著相关，与 I 指标（–0.928**）、扩散系数 C（–0.928**）、K 指标（–0.473*）呈显著或极显著相关，与 $m*/m$ 指标（–0.366）、CA 指标（–0.366）相关性不显著。即芽胞杆菌平均值、拥挤度越高，生态位宽度越大；I 指标（–0.928**）、扩散系数 C（–0.928**）、K 指标（–0.473*）越大，生态位宽度越小，种群空间分布型越趋向聚集分布。微生物生态位宽度与空间分布型相互关系研究未见报道。尽管在昆虫生态位研究中，蒋晓晓（2014）调查了枣树害虫与天敌空间分布型与生态位，张安盛（2002）调查了桃园昆虫群落空间分布型和生态位，童建松（2002）调查了桑树主要害虫空间分布型和生态位，但都未能说明两者的相互关系。

5．芽胞杆菌空间生态位宽度与重叠的相互关系

菌剂发酵床芽胞杆菌空间生态位重叠研究发现，有些属之间的空间生态位重叠度很高（ > 0.90），如纤细芽胞杆菌属（Gracilibacillus）和氨芽胞杆菌属（Ammoniibacillus），嗜热芽胞杆菌属（Thermobacillus）和解硫胺素芽胞杆菌属（Aneurinibacillus），纤细芽胞杆菌属（Gracilibacillus）和地芽胞杆菌属（Geobacillus），乳杆菌属（Lactobacillus）和地芽胞杆菌属（Geobacillus），乳杆菌属（Lactobacillus）和纤细芽胞杆菌属（Gracilibacillus），肿块芽胞杆菌属（Tuberibacillus）和盐乳杆菌属（Halolactibacillus），这些属之间生态位重叠超过 0.90，享有共同的资源，存在竞争关系；有些属之间的空间生态位重叠度很低（0.00），如脱硫芽胞杆菌属（Desulfuribacillus）和解硫胺素芽胞杆菌属（Aneurinibacillus），肿块芽胞杆菌属（Tuberibacillus）和脱硫芽胞杆菌属（Desulfuribacillus），肿块芽胞杆菌属（Tuberibacillus）和玫瑰杆菌属（Roseibacillus），它们之间生态位几乎不重叠，对资源

的要求不同，不存在竞争关系。芽胞杆菌生态位重叠与其生态位宽度存在着相关关系，生态位较宽的属，如芽胞杆菌属（*Bacillus*）、鸟氨酸芽胞杆菌属（*Ornithinibacillus*）、类芽胞杆菌属（*Paenibacillus*），与其他属之间的空间生态位重叠集中在 0.30～0.70 之间，为常规重叠，较少出现 < 0.30 或 > 0.70 的极端重叠；空间生态位较窄的属，如玫瑰杆菌属（*Roseibacillus*）、地芽胞杆菌属（*Geobacillus*）、脱硫芽胞杆菌属（*Desulfuribacillus*）、肿块芽胞杆菌属（*Tuberibacillus*），与其他属之间的空间生态位重叠经常出现极端状况，即生态位重叠主要分布在 < 0.30 或 > 0.70，要么重叠度很低（竞争关系弱），要么重叠度很高（竞争关系强），相关的研究未见报道。

6. 芽胞杆菌空间生态位生态功能

菌剂发酵床中芽胞杆菌种类根据生态位特性天然地形成了多菌株共存的微生物体系，共同完成猪粪消纳和臭味降解过程，这与 EM 菌群人工培养的复合微生物菌剂系统的功能具有相似性（鲁艳英 等，2009）。微生物有各自特定的生活环境，微生物分解功能在其适合的生长环境中得到发挥，因此，菌群生长环境的营养条件和生存条件形成的生态位特征选择了微生物。范瑞娟等（2017）发现受混合烃污染的土壤选择了由芽胞杆菌属、嗜氢菌属及鞘氨醇菌属等组成的复合微生物菌群，其能显著降低土壤中混合烃的含量。李丹红等（2017）揭示了白蚁肠道环境适合于包含沙雷氏菌属（*Serratia*）和类芽胞杆菌属（*Paenibacillus*）的降解纤维素的混合菌群生存，对纤维素实施协同降解。芽胞杆菌是环境中重要的有机物降解菌，王小英等（2017）自青海可可西里土壤特定生态位中分离嗜碱芽胞杆菌，环境胁迫和驯化使之能够产生蛋白酶、纤维素酶及木聚糖酶等多种酶系，在满足自身生长的同时发挥着生态功能。对菌剂发酵床生猪粪污降解系统中的芽胞杆菌生态位的研究，有助于理解养殖粪污形成的生态位环境，选择特定的芽胞杆菌种类，发挥特定的生态功能，为阐明菌剂发酵床猪粪降解、臭味消除、猪病防控、资源化利用等提供科学数据。

第二节
菌剂发酵床芽胞杆菌数量与空间分布研究

一、概述

关于发酵床微生物特性研究报道较少。刘波等（2008）研究了发酵床微生物群落脂肪酸生物标记多样性；郑雪芳等（2009）分析了发酵床垫料微生物亚群落的分化；张学峰等（2013）揭示了不同深度发酵床垫料对稳定期土著微生物菌群的影响；王迪（2012）分离鉴定了发酵床垫料中的芽胞杆菌；林莉莉等（2010）研究了发酵床猪舍环境与猪体表微生物的分布状况；张庆宁（2009）从微生物发酵床分离出分解猪粪的芽胞杆菌菌株；刘让等（2010）筛选芽胞杆菌作为发酵床发酵菌种。

微生物发酵床对猪病生防作用的研究有过报道，郑雪芳等（2011）研究了微生物发酵床对猪舍大肠杆菌病原生物的防治作用，结果表明：经过 3 个月的运行，发酵床垫料中的大肠菌群值均在 10^4 CFU/100g 左右，符合《粪便无害化卫生要求》（GB 7959）中规定的无公害要求。毕小艳（2011）研究了猪用发酵床垫料中微生物动态变化及对猪免疫力的影响。以往的研究表明，芽胞杆菌作为发酵床的优势菌群，生长优势强、耐发酵高热，能够产生多种与猪粪降解相关的酶类（张庆宁，2009），具有降解猪粪（王迪，2012）、清除臭味（张金龙，2009）、抑制病原（卢舒娴，2011）、促进生长（郑雪芳 等，2011）等作用；随着在发酵床饲养时间的延长，从对应猪分离的大肠杆菌的抗药性逐渐降低（张庆宁，2009）。

研究发酵床芽胞杆菌特性，了解发酵床芽胞杆菌空间分布多样性，对于研究发酵床微生物群落功能、猪粪降解机理、猪病生防机理等具有重要意义。关于微生物发酵床芽胞杆菌种类结构、数量分布、空间格局等的研究未见报道。本章节以 2100 m^2 的微生物发酵床大栏养猪为研究对象，通过空间格局采样，用可培养法分离芽胞杆菌，对发酵床芽胞杆菌种类分布、数量分布、空间分布的多样性进行分析，利用空间分布型、多样性指数评估养猪微生物发酵床中芽胞杆菌的空间分布特征，为发酵床管理、猪粪资源化利用、猪病的生防等提供研究基础。

二、研究方法

1. 样品的采集

2015 年 1 月，从福建省农业科学院福清现代设施农业示范基地大栏养猪微生物发酵床采集样品。该大栏发酵床猪场建筑面积为 2100m^2（35m×60m），发酵床槽面积 1910m^2，除两个隔离栏外，养殖面积为 1600m^2，发酵床深度为 80cm，发酵床垫料由 70% 椰糠和 30% 谷壳组成。发酵床饲养 1600 头育肥猪，饲养密度为 1 头 /m^2（图 2-8）。

图2-8 微生物发酵床大栏养猪舍的现场图

采样方法：将大栏发酵床宽度方向划分 4 栏（行），长度方向划分 8 栏（列），每个栏采用五点取样方法采集 0 ～ 20cm 的样品并混合获得栏的垫料样品，共采集 32 个空间的 32 个样品（图 2-9），装入无菌聚氯乙烯塑料瓶，带回实验室，并立即进行芽胞杆菌菌株的分离与保存。

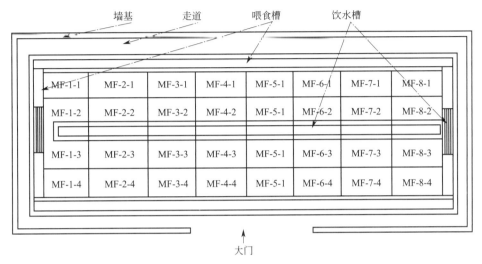

图2-9　发酵床空间采集格局

2．仪器与试剂

PCR 仪和凝胶成像分析仪（Bio-Rad 公司）；恒温培养箱（BI-250AG）购自施都凯仪器设备（上海）有限公司；2×PCR Master Mix 购自上海铂尚生物技术有限公司；引物由上海铂尚生物技术有限公司合成。LB 培养基：胰蛋白胨 10.0g，酵母提取物 5.0g，氯化钠 5.0g，pH 7.2 ～ 7.4，琼脂 15.0g，水 1.0L。

3．微生物发酵床芽胞杆菌分离与鉴定

通过梯度稀释涂布法分离获得微生物发酵床样品中的芽胞杆菌，根据菌落形态特征等进行芽胞杆菌种类归类、统计计数及纯化，采用 –80℃甘油冷冻法进行保存。采用 Tris- 饱和酚法提取芽胞杆菌基因组 DNA。采用通用细菌 16S rRNA 引物进行扩增、测序，主要参考 Liu 等（2014）描述的方法。16S rRNA 基因扩增引物为 27F（5′-AGAGTTTGATCCTGGCTCAG-3′）和 1492R（5′- GGTTACCTTGTTACGACTT-3′）。检测出有条带的菌株 PCR 产物送至上海铂尚生物技术有限公司进行测序。将测序所得 16S rRNA 序列在韩国网站（EZtaxon-e. ezbiocloud.net）上进行序列比对分析（Kim et al., 2012），初步判断得出芽胞杆菌种的分类地位。根据 Tindall 等（2010）提出：当 16S rRNA 相似性＞ 97% 时可定义为同一个分类单元。

4．微生物发酵床芽胞杆菌种类与数量空间分布

微生物发酵床划分成横向 4 个单元，纵向 8 个单元，共取样 32 个空间样本。统计各空

间样本芽胞杆菌种类数、数量总和、最大值、最小值、平均值等，比较发酵床空间样本芽胞杆菌种类与数量的变化，绘制直方图分析芽胞杆菌种类在微生物发酵床空间样本中出现的频次和数量。

5. 微生物发酵床芽胞杆菌空间分布型

基于微生物发酵床4行8列采集方案，构建数据矩阵，统计每行样本芽胞杆菌平均值和方差，利用聚集度指标和回归分析法，分析芽胞杆菌空间分布型。分析指标如表2-19所列。

表2-19　微生物发酵床芽胞杆菌空间分布型指数

聚集度指标	方程	注释	判别
拥挤度（$m*$）	$m*=x+\dfrac{s^2}{x}$		
I指标	$I=\dfrac{s^2}{x}-1$		当$I<0$时为均匀分布；当$I=0$时为随机分布；当$I>0$时为聚集分布
$m*/m$指标	$\dfrac{m*}{m}=\dfrac{m*}{x}$		当$m*/m<1$时为均匀分布；当$m*/m=1$时为随机分布；当$m*/m>1$时为聚集分布
CA指标	$CA=(\dfrac{s^2}{x}-1)/x$		当CA<0时为均匀分布；当CA$=0$时为随机分布；当CA>0时为聚集分布
扩散系数（C）	$C=s^2/x$	x为平均数，s^2为方差	当$C<1$时为均匀分布；当$C=1$时为随机分布；$C>1$时为聚集分布
负二项分布K指标	$K=x^2/(s^2-x)$		当$K<0$时为均匀分布；当$K=0$时为随机分布；当$K>0$时为聚集分布
$m*-m$回归分析法	$m*=\alpha+\beta x$ $b\rightarrow\beta$；$\lg s^2=\lg\alpha+\beta\lg x$		当$b<1$时，为均匀分布；当$b=1$时，为随机分布；当$b>1$时，为聚集分布
Taylor幂法则	$\lg s^2=\lg a+b\lg x$		当$b\rightarrow0$时为均匀分布；$b=1$时为随机分布；$b>1$时为聚集分布

6. 微生物发酵床芽胞杆菌多样性指数

以芽胞杆菌种类为样本，以样本为指标，构建数据矩阵，利用生物统计软件 PRIMER v5进行计算，统计微生物发酵床芽胞杆菌种类出现频次、种类数量、丰富度指数（richness）、均匀度指数（Pielou's evenness index）、优势度指数（Simpson diversity index）、香农指数（Shannon-Wiener index）和 Hill 指数（Hill index）。

以芽胞杆菌为样本，以多样性指数为指标，构建数据矩阵，通过生物统计软件 SPSS16.0，以欧氏距离为尺度，用类平均法进行微生物发酵床芽胞杆菌多样性指数聚类分析。多样性指数公式如下。

（1）丰富度指数（D） $D=(S-1)/\lg(N)$

（2）均匀度指数（J'） $J'=H'/\lg(S)$

（3）优势度指数（λ） $\lambda=\sum(P_i^2)$

$P_i=N_i/N$

（4）香农指数（H'） $H'=\sum(P_i\times\lg P_i)$

（5）Hill 指数（N_1） $N_1=\exp(H')$

式中，N_i 为第 i 种芽胞杆菌的数量；S 为芽胞杆菌占据的单元总数；N 为芽胞杆菌种类个体总数。

三、菌剂发酵床芽胞杆菌种类和数量分布

实验结果见表 2-20。根据菌落形态特征区分，从 32 份微生物发酵床空间样品中分离获得了芽胞杆菌 452 株，通过 16S rRNA 基因序列比对分析，所有芽胞杆菌菌株相似性皆大于 97.0%，鉴定为 48 个种，隶属于芽胞杆菌纲的 2 个科即芽胞杆菌科（Bacillaceae）和类芽胞杆菌科（Paenibacillaceae），其中 8 个属即芽胞杆菌属（*Bacillus*，30 种）、类芽胞杆菌属（*Paenibacillus*，5 种）、赖氨酸芽胞杆菌属（*Lysinibacillus*，6 种）、短芽胞杆菌属（*Brevibacillus*，3 种）、鸟氨酸芽胞杆菌属（*Ornithinibacillus*，1 种）、大洋芽胞杆菌属（*Oceanibacillus*，1 种）、少盐芽胞杆菌属（*Paucisalibacillus*，1 种）和纤细芽胞杆菌属（*Gracilibacillus*，1 种）。

表2-20 微生物发酵床芽胞杆菌分离与鉴定

菌株编号	16S rRNA相似性/%	学名	中文学名	种类数
[1] FJAT-41456	98.1	*Bacillus altitudinis*	高地芽胞杆菌	
[2] FJAT-41678	99.3	*Bacillus amyloliquefaciens*	解淀粉芽胞杆菌	
[3] FJAT-41614	99.5	*Bacillus aryabhattai*	阿氏芽胞杆菌	
[4] FJAT-41708	100	*Bacillus cereus*	蜡样芽胞杆菌	
[5] FJAT-41599	99.5	*Bacillus circulans*	环状芽胞杆菌	
[6] FJAT-41623	99.7	*Bacillus clausii*	克劳氏芽胞杆菌	
[7] FJAT-41407	99.10	*Bacillus eiseniae*	蚯蚓芽胞杆菌	
[8] FJAT-41644	99.0	*Bacillus flexus*	弯曲芽胞杆菌	
[9] FJAT-42923	99.3	*Bacillus haikouensis*	海口芽胞杆菌	
[10] FJAT-41639	99.5	*Bacillus halosaccharovorans*	嗜盐噬糖芽胞杆菌	30
[11] FJAT-41679	99.8	*Bacillus horneckiae*	霍氏芽胞杆菌	
[12] FJAT-41709	97.9	*Bacillus humi*	土地芽胞杆菌	
[13] FJAT-41627	99.3	*Bacillus isronensis*	印空研芽胞杆菌	
[14] FJAT-41629	99.7	*Bacillus kochii*	柯赫芽胞杆菌	
[15] FJAT-41609	99.3	*Bacillus licheniformis*	地衣芽胞杆菌	
[16] FJAT-41224	99.4	*Bacillus marisflavi*	黄海芽胞杆菌	
[17] FJAT-41714	99.8	*Bacillus mesophilum*	嗜常温芽胞杆菌	
[18] FJAT-41604	99.5	*Bacillus methylotrophicus*	甲基营养型芽胞杆菌	

菌株编号	16S rRNA相似性/%	学名	中文学名	种类数
[19] FJAT-41602	98.2	*Bacillus nealsonii*	尼氏芽胞杆菌	
[20] FJAT-41408	99.5	*Bacillus niacini*	烟酸芽胞杆菌	
[21] FJAT-41206	98.8	*Bacillus oceanisediminis*	海床类芽胞杆菌	
[22] FJAT-41638	99.0	*Bacillus oleronius*	蔬菜芽胞杆菌	
[23] FJAT-41641	99.7	*Bacillus rhizosphaerae*	根际芽胞杆菌	
[24] FJAT-41494	99.6	*Bacillus siamensis*	暹罗芽胞杆菌	30
[25] FJAT-41608	99.9	*Bacillus siralis*	青贮窖芽胞杆菌	
[26] FJAT-41518	99.9	*Bacillus subtilis*	枯草芽胞杆菌	
[27] FJAT-41219	99.9	*Bacillus tequilensis*	特基拉芽胞杆菌	
[28] FJAT-41593	98.2	*Bacillus timonensis*	泰门芽胞杆菌	
[29] FJAT-41252	99.5	*Bacillus vietnamensis*	越南芽胞杆菌	
[30] FJAT-41633	99.8	*Bacillus xiamenensis*	厦门芽胞杆菌	
[31] FJAT-41635	99.9	*Brevibacillus borstelensis*	波茨坦短芽胞杆菌	
[32] FJAT-41467	99.2	*Brevibacillus limnophilus*	居湖短芽胞杆菌	3
[33] FJAT-41640	99.6	*Brevibacillus nitrificans*	硝化短芽胞杆菌	
[34] FJAT-41653	99.0	*Gracilibacillus marinus*	海洋纤细芽胞杆菌	1
[35] FJAT-41606	98.5	*Lysinibacillus chungkukjangi*	清国酱赖氨酸芽胞杆菌	
[36] FJAT-41646	97.5	*Lysinibacillus composti*	堆肥赖氨酸芽胞杆菌	
[37] FJAT-41611	99.6	*Lysinibacillus fusiformis*	纺锤形赖氨酸芽胞杆菌	6
[38] FJAT-41610	99.7	*Lysinibacillus halotolerans*	耐盐赖氨酸芽胞杆菌	
[39] FJAT-41612	99.6	*Lysinibacillus macroides*	长赖氨酸芽胞杆菌	
[40] FJAT-41607	99.3	*Lysinibacillus manganicus*	锰矿土赖氨酸芽胞杆菌	
[41] FJAT-42930	99.4	*Oceanobacillus caeni*	淤泥大洋芽胞杆菌	1
[42] FJAT-41619	98.7	*Ornithinibacillus scapharcae*	毛蚶鸟氨酸芽胞杆菌	1
[43] FJAT-41201	99.9	*Paenibacillus barengoltzii*	巴伦氏类芽胞杆菌	
[44] FJAT-41656	99.0	*Paenibacillus ginsengiterrae*	人参土芽胞杆菌	
[45] FJAT-41484	98.3	*Paenibacillus illinoisensis*	伊利诺伊类芽胞杆菌	5
[46] FJAT-41526	99.5	*Paenibacillus lactis*	牛奶类芽胞杆菌	
[47] FJAT-41673	98.4	*Paenibacillus pabuli*	饲料类芽胞杆菌	
[48] FJAT-41371	98.3	*Paucisalibacillus globulus*	小球状少盐芽胞杆菌	1

四、菌剂发酵床芽胞杆菌空间分布

1. 微生物发酵床空间样本芽胞杆菌种类分布

实验结果见表2-21。微生物发酵床划分成横向4个单元、纵向8个单元，共取32个空间样本，分离鉴定统计各空间样本中芽胞杆菌的种类和数量，结果表明：①各空间样本芽胞杆菌种类差异很大，从最多的14种（MF-1-3）到最少的5种（MF-6-3、MF-7-4）；

②芽胞杆菌分布在发酵床空间差异很大，有些芽胞杆菌种类分布在多个空间样本中，如阿氏芽胞杆菌（*Bacillus aryabhattai*）可以分布在空间样本 MF-1-1、MF-1-2、MF-1-3、MF-1-4 等 19 个空间样本中，有些种类只分布在特定的空间样本中，如海口芽胞杆菌（*Bacillus haikouensis*）仅分布在空间样本 MF-5-3 中，居湖短芽胞杆菌（*Brevibacillus limnophilus*）仅分布在空间样本 MF-4-1 中；③芽胞杆菌单个菌株在一个空间样本中的最大含量是环状芽胞杆菌（*Bacillus circulans*），分布数量为 50.0×10^6 CFU/g（MF-1-4）；含量最小的是印空研芽胞杆菌（*Bacillus isronensis*）等，分布数量为 0.01×10^6 CFU/g（MF-4-3）。

表2-21　微生物发酵床空间样本芽胞杆菌种类含量

空间样本	菌株编号	最近菌名	含量/(10^6 CFU/g)
MF-1-1 （12种）	[1]　FJAT-41614	*Bacillus aryabhattai*	0.3
	[2]　FJAT-41599	*Bacillus circulans*	5.0
	[3]　FJAT-41616	*Bacillus altitudinis*	1.0
	[4]　FJAT-41609	*Bacillus licheniformis*	8.0
	[5]　FJAT-41604	*Bacillus methylotrophicus*	1.0
	[6]　FJAT-41602	*Bacillus nealsonii*	2.3
	[7]　FJAT-41608	*Bacillus siralis*	0.2
	[8]　FJAT-41611	*Lysinibacillus fusiformis*	0.1
	[9]　FJAT-41610	*Lysinibacillus halotolerans*	0.1
	[10]　FJAT-41612	*Lysinibacillus macroides*	0.1
	[11]　FJAT-41606	*Lysinibacillus chungkukjangi*	1.0
	[12]　FJAT-41607	*Lysinibacillus manganicus*	0.3
MF-1-2 （11种）	[1]　FJAT-41620	*Bacillus aryabhattai*	3.0
	[2]　FJAT-41622	*Bacillus circulans*	2.0
	[3]　FJAT-41623	*Bacillus clausii*	1.0
	[4]　FJAT-41625	*Bacillus altitudinis*	1.0
	[5]　FJAT-41629	*Bacillus kochii*	2.0
	[6]　FJAT-41630	*Bacillus licheniformis*	1.0
	[7]　FJAT-41621	*Bacillus methylotrophicus*	5.0
	[8]　FJAT-41633	*Bacillus xiamenensis*	0.1
	[9]　FJAT-41627	*Bacillus isronensis*	1.0
	[10]　FJAT-41632	*Lysinibacillus halotolerans*	0.7
	[11]　FJAT-41619	*Ornithinibacillus scapharcae*	0.1
MF-1-3 （14种）	[1]　FJAT-41636	*Bacillus nealsonii*	10.0
	[2]　FJAT-41652	*Bacillus aryabhattai*	5.0
	[3]　FJAT-41642	*Bacillus circulans*	2.0
	[4]　FJAT-41639	*Bacillus halosaccharovorans*	2.0
	[5]　FJAT-41643	*Bacillus licheniformis*	2.0
	[6]　FJAT-41648	*Bacillus methylotrophicus*	2.0
	[7]　FJAT-41638	*Bacillus oleronius*	3.0

发酵垫料整合微生物组菌剂研发与应用

空间样本	菌株编号	最近菌名	含量/(10⁶ CFU/g)
MF-1-3 （14种）	[8]　FJAT-41641	*Bacillus rhizosphaerae*	0.1
	[9]　FJAT-41635	*Brevibacillus borstelensis*	0.1
	[10]　FJAT-41640	*Brevibacillus nitrificans*	0.2
	[11]　FJAT-41644	*Bacillus fiexus*	1.0
	[12]　FJAT-41649	*Lysinibacillus composti*	2.1
	[13]　FJAT-41650	*Lysinibacillus halotolerans*	0.2
	[14]　FJAT-41637	*Ornithinibacillus scapharcae*	0.2
MF-1-4 （12种）	[1]　FJAT-41656	*Paenibacillus ginsengiterrae*	20.0
	[2]　FJAT-41658	*Bacillus aryabhattai*	20.0
	[3]　FJAT-41667	*Bacillus altitudinis*	0.2
	[4]　FJAT-41668	*Bacillus circulans*	50.0
	[5]　FJAT-41662	*Lysinibacillus halotolerans*	1.0
	[6]　FJAT-41663	*Bacillus halosaccharovorans*	4.0
	[7]　FJAT-41654	*Bacillus licheniformis*	0.4
	[8]　FJAT-41660	*Bacillus methylotrophicus*	0.6
	[9]　FJAT-41666	*Bacillus nealsonii*	0.2
	[10]　FJAT-41661	*Bacillus oleronius*	1
	[11]　FJAT-41659	*Bacillus rhizosphaerae*	0.1
	[12]　FJAT-41653	*Gracilibacillus marinus*	0.1
MF-2-1 （8种）	[1]　FJAT-41679	*Bacillus horneckiae*	1.0
	[2]　FJAT-41684	*Bacillus circulans*	4.3
	[3]　FJAT-41682	*Bacillus clausii*	2.0
	[4]　FJAT-41674	*Bacillus halosaccharovorans*	2.0
	[5]　FJAT-41683	*Bacillus altitudinis*	3.0
	[6]　FJAT-41670	*Bacillus licheniformis*	5.0
	[7]　FJAT-41673	*Paenibacillus pabuli*	0.2
	[8]　FJAT-41678	*Bacillus amyloliquefaciens*	2.0
MF-2-2 （8种）	[1]　FJAT-41694	*Bacillus aryabhattai*	2.0
	[2]　FJAT-41689	*Bacillus circulans*	1.0
	[3]　FJAT-41690	*Bacillus clausii*	1.0
	[4]　FJAT-41700	*Bacillus halosaccharovorans*	7.0
	[5]　FJAT-41695	*Bacillus altitudinis*	2.0
	[6]　FJAT-41687	*Bacillus kochii*	0.2
	[7]　FJAT-41699	*Bacillus methylotrophicus*	0.5
	[8]　FJAT-41703	*Ornithinibacillus scapharcae*	0.4
MF-2-3（10种）	[1]　FJAT-41708	*Bacillus cereus*	1.0

续表

空间样本	菌株编号	最近菌名	含量/(10⁶CFU/g)
MF-2-3 （10种）	[2] FJAT-41705	*Bacillus rhizosphaerae*	1.0
	[3] FJAT-41709	*Bacillus humi*	1.0
	[4] FJAT-41712	*Bacillus aryabhattai*	3.0
	[5] FJAT-41713	*Bacillus circulans*	1.0
	[6] FJAT-41718	*Bacillus halosaccharovorans*	1.0
	[7] FJAT-41715	*Bacillus kochii*	2.0
	[8] FJAT-41706	*Bacillus licheniformis*	3.0
	[9] FJAT-41714	*Bacillus mesophilum*	1.0
	[10] FJAT-41707	*Bacillus methylotrophicus*	1.7
MF-2-4 （10种）	[1] FJAT-41729	*Bacillus clausii*	2.0
	[2] FJAT-41728	*Bacillus isronensis*	4.0
	[3] FJAT-41736	*Bacillus rhizosphaerae*	2.0
	[4] FJAT-41739	*Lysinibacillus halotolerans*	1.0
	[5] FJAT-41734	*Bacillus aryabhattai*	3.0
	[6] FJAT-41735	*Bacillus circulans*	2.0
	[7] FJAT-41726	*Bacillus altitudinis*	2.0
	[8] FJAT-41722	*Bacillus kochii*	3.0
	[9] FJAT-41727	*Bacillus licheniformis*	0.7
	[10] FJAT-41731	*Bacillus methylotrophicus*	0.9
MF-3-1 （8种）	[1] FJAT-41752	*Bacillus kochii*	1.0
	[2] FJAT-41754	*Bacillus siralis*	2.0
	[3] FJAT-41742	*Gracilibacillus marinus*	4.0
	[4] FJAT-41746	*Bacillus aryabhattai*	2.0
	[5] FJAT-41750	*Bacillus altitudinis*	2.0
	[6] FJAT-41741	*Bacillus licheniformis*	6.0
	[7] FJAT-41747	*Bacillus methylotrophicus*	0.5
	[8] FJAT-41740	*Ornithinibacillus scapharcae*	0.1
MF-3-2 （8种）	[1] FJAT-41382	*Bacillus aryabhattai*	2.0
	[2] FJAT-41375	*Bacillus circulans*	2.0
	[3] FJAT-41374	*Bacillus halosaccharovorans*	1.0
	[4] FJAT-41386	*Bacillus licheniformis*	15.0
	[5] FJAT-41380	*Bacillus methylotrophicus*	0.6
	[6] FJAT-41372	*Bacillus rhizosphaerae*	0.4
	[7] FJAT-41392	*Lysinibacillus halotolerans*	0.2
	[8] FJAT-41371	*Paucisalibacillus globulus*	0.2
MF-3-3（7种）	[1] FJAT-41399	*Bacillus aryabhattai*	0.2

续表

空间样本	菌株编号	最近菌名	含量/(10^6 CFU/g)
MF-3-3 （7种）	[2] FJAT-41393	*Bacillus clausii*	0.4
	[3] FJAT-41398	*Bacillus halosaccharovorans*	0.1
	[4] FJAT-41395	*Bacillus kochii*	0.1
	[5] FJAT-41396	*Bacillus licheniformis*	3.0
	[6] FJAT-41397	*Bacillus rhizosphaerae*	1.0
	[7] FJAT-41400	*Bacillus circulans*	1.0
MF-3-4 （9种）	[1] FJAT-41410	*Bacillus cereus*	0.2
	[2] FJAT-41409	*Bacillus aryabhattai*	0.2
	[3] FJAT-41412	*Bacillus clausii*	0.4
	[4] FJAT-41407	*Bacillus eiseniae*	0.2
	[5] FJAT-41413	*Bacillus kochii*	0.4
	[6] FJAT-41404	*Bacillus licheniformis*	0.2
	[7] FJAT-41403	*Bacillus methylotrophicus*	0.2
	[8] FJAT-41408	*Bacillus niacini*	0.2
	[9] FJAT-41445	*Lysinibacillus halotolerans*	0.1
MF-4-1 （6种）	[1] FJAT-41458	*Bacillus altitudinis*	0.2
	[2] FJAT-41463	*Bacillus kochii*	0.4
	[3] FJAT-41457	*Bacillus licheniformis*	1.3
	[4] FJAT-41459	*Bacillus methylotrophicus*	0.6
	[5] FJAT-41467	*Brevibacillus limnophilus*	0.2
	[6] FJAT-41455	*Ornithinibacillus scapharcae*	0.3
MF-4-2 （9种）	[1] FJAT-41476	*Bacillus circulans*	0.1
	[2] FJAT-41474	*Bacillus altitudinis*	0.5
	[3] FJAT-41468	*Bacillus kochii*	0.1
	[4] FJAT-41469	*Bacillus licheniformis*	0.8
	[5] FJAT-41473	*Bacillus methylotrophicus*	7.0
	[6] FJAT-41475	*Bacillus siralis*	1.0
	[7] FJAT-41470	*Lysinibacillus halotolerans*	1.0
	[8] FJAT-41484	*Paenibacillus illinoisensis*	10.0
	[9] FJAT-41483	*Paucisalibacillus globulus*	10.0
MF-4-3 （7种）	[1] FJAT-41215	*Bacillus altitudinis*	0.5
	[2] FJAT-41209	*Bacillus isronensis*	0.01
	[3] FJAT-41214	*Bacillus aryabhattai*	0.05
	[4] FJAT-41220	*Bacillus kochii*	2.7
	[5] FJAT-41216	*Bacillus licheniformis*	0.2
	[6] FJAT-41219	*Bacillus tequilensis*	1.3

空间样本	菌株编号	最近菌名	含量/(10^6 CFU/g)
MF-4-3（7种）	[7] FJAT-41213	*Bacillus subtilis*	1.0
MF-4-4 （7种）	[1] FJAT-41495	*Bacillus kochii*	0.1
	[2] FJAT-41488	*Bacillus eiseniae*	0.5
	[3] FJAT-41489	*Bacillus licheniformis*	0.3
	[4] FJAT-41494	*Bacillus siamensis*	0.07
	[5] FJAT-41491	*Bacillus tequilensis*	2.5
	[6] FJAT-41492	*Bacillus subtilis*	0.2
	[7] FJAT-41496	*Gracilibacillus marinus*	0.1
MF-5-1 （7种）	[1] FJAT-41504	*Bacillus altitudinis*	0.3
	[2] FJAT-41498	*Bacillus kochii*	0.8
	[3] FJAT-41499	*Bacillus licheniformis*	1.5
	[4] FJAT-41503	*Bacillus rhizosphaerae*	0.1
	[5] FJAT-41511	*Bacillus tequilensis*	1.8
	[6] FJAT-41506	*Lysinibacillus halotolerans*	0.7
	[7] FJAT-41510	*Ornithinibacillus scapharcae*	1.2
MF-5-2 （11种）	[1] FJAT-41519	*Bacillus altitudinis*	0.02
	[2] FJAT-41512	*Bacillus amyloliquefaciens*	0.3
	[3] FJAT-41513	*Bacillus cereus*	0.04
	[4] FJAT-41515	*Bacillus fiexus*	0.18
	[5] FJAT-41523	*Bacillus clausii*	0.12
	[6] FJAT-41527	*Bacillus kochii*	0.02
	[7] FJAT-41520	*Bacillus licheniformis*	0.48
	[8] FJAT-41524	*Bacillus siamensis*	0.01
	[9] FJAT-41518	*Bacillus subtilis*	0.08
	[10] FJAT-41516	*Bacillus tequilensis*	0.09
	[11] FJAT-41526	*Paenibacillus lactis*	0.15
MF-5-3 （8种）	[1] FJAT-42924	*Bacillus altitudinis*	0.1
	[2] FJAT-42919	*Bacillus aryabhattai*	0.3
	[3] FJAT-42929	*Bacillus clausii*	0.1
	[4] FJAT-42926	*Bacillus kochii*	0.4
	[5] FJAT-42925	*Bacillus licheniformis*	0.5
	[6] FJAT-42923	*Bacillus haikouensis*	1.0
	[7] FJAT-42921	*Bacillus subtilis*	5.0
	[8] FJAT-42930	*Oceanobacillus caeni*	0.2
MF-5-4 （7种）	[1] FJAT-41532	*Bacillus altitudinis*	0.12
	[2] FJAT-41536	*Bacillus clausii*	0.3

续表

空间样本	菌株编号	最近菌名	含量/(10^6 CFU/g)
MF-5-4 （7种）	[3]　FJAT-41542	*Bacillus kochii*	0.1
	[4]　FJAT-41537	*Bacillus licheniformis*	1.1
	[5]　FJAT-41529	*Bacillus rhizosphaerae*	0.1
	[6]　FJAT-41541	*Bacillus tequilensis*	0.1
	[7]　FJAT-41539	*Lysinibacillus halotolerans*	0.6
MF-6-1 （6种）	[1]　FJAT-41223	*Bacillus methylotrophicus*	0.29
	[2]　FJAT-41225	*Bacillus aryabhattai*	9.2
	[3]　FJAT-41236	*Bacillus circulans*	0.3
	[4]　FJAT-41234	*Bacillus kochii*	0.1
	[5]　FJAT-41235	*Bacillus licheniformis*	2.6
	[6]　FJAT-41224	*Bacillus marisflavi*	0.1
MF-6-2 （6种）	[1]　FJAT-41552	*Bacillus altitudinis*	1.0
	[2]　FJAT-41548	*Bacillus clausii*	0.2
	[3]　FJAT-41545	*Bacillus licheniformis*	1.7
	[4]　FJAT-41551	*Bacillus methylotrophicus*	0.1
	[5]　FJAT-41549	*Bacillus tequilensis*	1.7
	[6]　FJAT-41544	*Brevibacillus borstelensis*	0.1
MF-6-3 （5种）	[1]　FJAT-41244	*Bacillus methylotrophicus*	0.57
	[2]　FJAT-41255	*Bacillus aryabhattai*	2.4
	[3]　FJAT-41248	*Bacillus tequilensis*	0.06
	[4]　FJAT-41242	*Bacillus kochii*	1.0
	[5]　FJAT-41252	*Bacillus vietnamensis*	1.0
MF-6-4 （7种）	[1]　FJAT-41143	*Bacillus clausii*	1.4
	[2]　FJAT-41146	*Lysinibacillus macroides*	0.1
	[3]　FJAT-41142	*Bacillus siamensis*	1.0
	[4]　FJAT-41147	*Bacillus licheniformis*	2.6
	[5]　FJAT-41150	*Bacillus tequilensis*	1.0
	[6]　FJAT-41149	*Bacillus cereus*	1.0
	[7]　FJAT-41145	*Bacillus subtilis*	1.0
MF-7-1 （7种）	[1]　FJAT-41167	*Bacillus altitudinis*	3.0
	[2]　FJAT-41175	*Bacillus circulans*	23.0
	[3]　FJAT-41172	*Bacillus kochii*	2.0
	[4]　FJAT-41168	*Bacillus licheniformis*	6.0
	[5]　FJAT-41166	*Bacillus subtilis*	1.0
	[6]　FJAT-41176	*Bacillus tequilensis*	4.0
	[7]　FJAT-41174	*Ornithinibacillus scapharcae*	1.0

续表

空间样本	菌株编号		最近菌名	含量/(10⁶CFU/g)
MF-7-2 （6种）	[1]	FJAT-41295	*Bacillus methylotrophicus*	0.05
	[2]	FJAT-41299	*Bacillus aryabhattai*	0.11
	[3]	FJAT-41305	*Bacillus circulans*	0.01
	[4]	FJAT-41307	*Bacillus kochii*	0.41
	[5]	FJAT-41302	*Bacillus licheniformis*	4.02
	[6]	FJAT-41301	*Lysinibacillus halotolerans*	0.2
MF-7-3 （7种）	[1]	FJAT-41178	*Bacillus circulans*	0.3
	[2]	FJAT-41180	*Bacillus clausii*	0.4
	[3]	FJAT-41181	*Lysinibacillus halotolerans*	0.1
	[4]	FJAT-41182	*Bacillus kochii*	1.6
	[5]	FJAT-41184	*Bacillus licheniformis*	1.5
	[6]	FJAT-41179	*Bacillus methylotrophicus*	0.3
	[7]	FJAT-41190	*Bacillus subtilis*	0.1
MF-7-4 （5种）	[1]	FJAT-41309	*Bacillus kochii*	0.16
	[2]	FJAT-41312	*Bacillus altitudinis*	0.03
	[3]	FJAT-41317	*Bacillus methylotrophicus*	0.21
	[4]	FJAT-41318	*Bacillus aryabhattai*	0.2
	[5]	FJAT-41319	*Bacillus amyloliquefaciens*	0.2
MF-8-1 （7种）	[1]	FJAT-41323	*Bacillus methylotrophicus*	0.18
	[2]	FJAT-41322	*Bacillus aryabhattai*	1.2
	[3]	FJAT-41331	*Bacillus circulans*	0.1
	[4]	FJAT-41328	*Bacillus kochii*	0.1
	[5]	FJAT-41324	*Bacillus licheniformis*	2.9
	[6]	FJAT-41329	*Lysinibacillus halotolerans*	0.3
	[7]	FJAT-41330	*Bacillus amyloliquefaciens*	0.1
MF-8-2 （8种）	[1]	FJAT-41595	*Bacillus methylotrophicus*	0.3
	[2]	FJAT-41598	*Bacillus altitudinis*	0.1
	[3]	FJAT-41596	*Bacillus cereus*	0.2
	[4]	FJAT-41590	*Bacillus clausii*	0.9
	[5]	FJAT-41585	*Bacillus licheniformis*	1.6
	[6]	FJAT-41586	*Bacillus siamensis*	0.1
	[7]	FJAT-41597	*Bacillus tequilensis*	0.1
	[8]	FJAT-41593	*Bacillus timonensis*	0.1
MF-8-3 （6种）	[1]	FJAT-41333	*Bacillus cereus group*	0.01
	[2]	FJAT-41334	*Bacillus kochii*	0.03
	[3]	FJAT-41335	*Bacillus methylotrophicus*	0.11

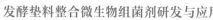
续表

空间样本	菌株编号	最近菌名	含量/(10⁶CFU/g)
MF-8-3 （6种）	[4] FJAT-41336	*Bacillus amyloliquefaciens*	0.01
	[5] FJAT-41338	*Bacillus aryabhattai*	0.06
	[6] FJAT-41343	*Bacillus licheniformis*	1.56
MF-8-4 （11种）	[1] FJAT-41205	*Bacillus amyloliquefaciens*	2.1
	[2] FJAT-41199	*Bacillus clausii*	0.3
	[3] FJAT-41203	*Bacillus eiseniae*	0.1
	[4] FJAT-41191	*Bacillus licheniformis*	0.7
	[5] FJAT-41206	*Bacillus oceanisediminis*	0.1
	[6] FJAT-41195	*Bacillus siamensis*	0.5
	[7] FJAT-41192	*Bacillus subtilis*	1.1
	[8] FJAT-41202	*Brevibacillus borstelensis*	0.1
	[9] FJAT-41198	*Lysinibacillus halotolerans*	2.2
	[10] FJAT-41197	*Ornithinibacillus scapharcae*	0.2
	[11] FJAT-41201	*Paenibacillus barengoltzii*	0.1

2. 微生物发酵床芽胞杆菌空间频次分布

基于表2-21统计，微生物发酵床芽胞杆菌种类空间出现频次分析结果见图2-10。芽胞杆菌种类微生物发酵床32个空间样本中出现频次差异显著，有的种类广泛分布在空间样本中，有的种类分布在少数空间样本中，其分布广泛性可分为3类：第Ⅰ类为广分布种类，有8个种分布在14～29个空间样本中，分别为地衣芽胞杆菌（*Bacillus licheniformis*，29个样本）、柯赫芽胞杆菌（*Bacillus kochii*，23个样本）、甲基营养型芽胞杆菌（*Bacillus methylotrophicus*，21个样本）、阿氏芽胞杆菌（*Bacillus aryabhattai*，19个样本）、高地芽胞杆菌（*Bacillus altitudinis*，18个样本）、环状芽胞杆菌（*Bacillus circulans*，16个样本）、耐盐赖氨酸芽胞杆菌（*Lysinibacillus halotolerans*，14个样本）和克劳氏芽胞杆菌（*Bacillus clausii*，14个样本）；第Ⅱ类为寡分布种类，有8个种分布在5～10个空间样本中，分别是特基拉芽胞杆菌（*Bacillus tequilensis*，10个样本）、毛蚶鸟氨酸芽胞杆菌（*Ornithinibacillus scapharcae*，8个样本）、根际芽胞杆菌（*Bacillus rhizosphaerae*，8个样本）、枯草芽胞杆菌（*Bacillus subtilis*，8个样本）、嗜盐噬糖芽胞杆菌（*Bacillus halosaccharovorans*，7个样本）、解淀粉芽胞杆菌（*Bacillus amyloliquefaciens*，6个样本）、蜡样芽胞杆菌（*Bacillus cereus*，6个样本）和暹罗芽胞杆菌（*Bacillus siamensis*，5个样本）；第Ⅲ类为少分布种类，其余的32个种分布在1～4个空间样本中。特别值得注意的是，类芽胞杆菌和短芽胞杆菌都属于少分布种类，常见的蜡样芽胞杆菌和枯草芽胞杆菌属于寡分布种类。

3. 微生物发酵床芽胞杆菌数量分布

基于表2-21统计，微生物发酵床芽胞杆菌数量分布结果见图2-11。微生物发酵床48种芽胞杆菌数量最大值为94.11×10⁶CFU/g，最小值为0.1×10⁶CFU/g，平均值为8.96×10⁶CFU/g。根据数量分布可将其分为4类：第Ⅰ类为高含量组，优势种群，占比16.7%，数量分布在

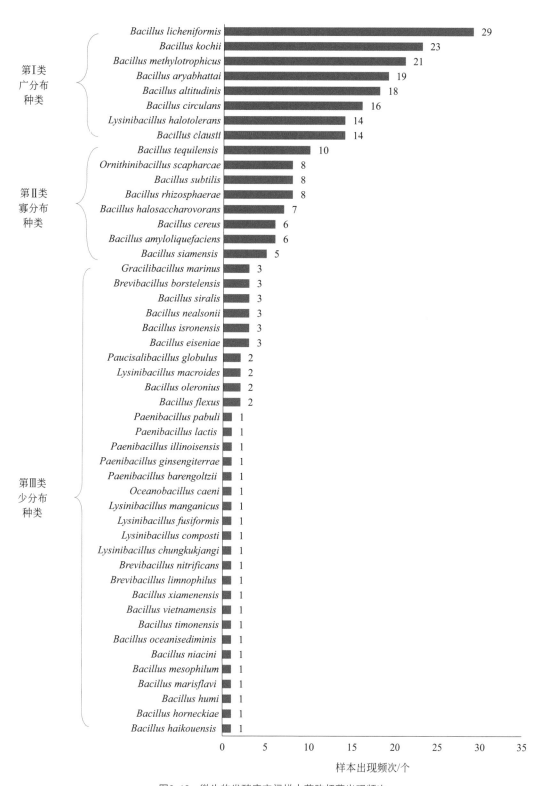

图2-10　微生物发酵床空间样本芽胞杆菌出现频次

$(17 \sim 94) \times 10^6$ CFU/g 之间，属于该类的芽胞杆菌有环状芽胞杆菌（*Bacillus circulans*）、地衣芽胞杆菌（*Bacillus licheniformis*）、阿氏芽胞杆菌（*Bacillus aryabhattai*）、甲基营养型芽胞杆菌（*Bacillus methylotrophicus*）、人参土芽胞杆菌（*Paenibacillus ginsengiterrae*）、柯赫芽胞杆菌（*Bacillus kochii*）、高地芽胞杆菌（*Bacillus altitudinis*）和嗜盐噬糖芽胞杆菌（*Bacillus halosaccharovorans*）；第 II 类为中含量组，常见种群，占比 14.6%，数量分布在 $(8 \sim 13) \times 10^6$ CFU/g 之间，属于该类的芽胞杆菌包含特基拉芽胞杆菌（*Bacillus tequilensis*）、克劳氏芽胞杆菌（*Bacillus clausii*）、尼氏芽胞杆菌（*Bacillus nealsonii*）、小球状少盐芽胞杆菌（*Paucisalibacillus globulus*）、伊利诺伊类芽胞杆菌（*Paenibacillus illinoisensis*）、枯草芽胞杆菌（*Bacillus subtilis*）和耐盐赖氨酸芽胞杆菌（*Lysinibacillus halotolerans*）；第 III 类为寡含量组，寡见种群，占比 18.76%，数量分布在 $(3 \sim 5) \times 10^6$ CFU/g 之间，属于该类的为印空研芽胞杆菌（*Bacillus isronensis*）、根际芽胞杆菌（*Bacillus rhizosphaerae*）、解淀粉芽胞杆菌（*Bacillus amyloliquefaciens*）、海洋纤细芽胞杆菌（*Gracilibacillus marinus*）、蔬菜芽胞杆菌（*Bacillus oleronius*）、毛蚶鸟氨酸芽胞杆菌（*Or.scapharcae*）、青储窖芽胞杆菌（*Bacillus siralis*）、蜡样芽胞杆菌（*Bacillus cereus*）和堆肥赖氨酸芽胞杆菌（*Lysinibacillus composti*）；第 IV 类为低含量组，偶见种群，占比 50%，数量分布在 $0.1 \times 10^6 \sim 2 \times 10^6$ CFU/g 之间，属于该类的芽胞杆菌有暹罗芽胞杆菌（*Bacillus siamensis*）、海口芽胞杆菌（*Bacillus haikouensis*）、霍氏芽胞杆菌（*Bacillus horneckiae*）、土地芽胞杆菌（*Bacillus humi*）、嗜常温芽胞杆菌（*Bacillus mesophilum*）、越南芽胞杆菌（*Bacillus vietnamensis*）、清国酱赖氨酸芽胞杆菌（*Lysinibacillus chungkukjangi*）、波茨坦短芽胞杆菌（*Brevibacillus borstelensis*）、锰矿土赖氨酸芽胞杆菌（*Lysinibacillus manganicus*）、烟酸芽胞杆菌（*Bacillus niacini*）、居湖短芽胞杆菌（*Brevibacillus limnophilus*）、硝化短芽胞杆菌（*Brevibacillus nitrificans*）、长赖氨酸芽胞杆菌（*Lysinibacillus macroides*）、淤泥大洋芽胞杆菌（*Oceanibacillus caeni*）、饲料类芽胞杆菌（*Paenibacillus pabuli*）、牛奶类芽胞杆菌（*Paenibacillus lactis*）、弯曲芽胞杆菌（*Bacillus flexus*）、黄海芽胞杆菌（*Bacillus marisflavi*）、海床类芽胞杆菌（*Bacillus oceanisediminis*）、泰门芽胞杆菌（*Bacillus timonensis*）、厦门芽胞杆菌（*Bacillus xiamenensis*）、纺锤形赖氨酸芽胞杆菌（*Lysinibacillus fusiformis*）和巴伦氏类芽胞杆菌（*Paenibacillus barengoltzii*）。

五、菌剂发酵床芽胞杆菌空间分布型

基于表 2-21，将分割的 32 个空间样本单元内的各芽胞杆菌数量按单元分别作总和统计，考察芽胞杆菌作为一个种群在发酵床的空间分布型，统计结果见表 2-22。结果表明：微生物发酵床空间样本单元芽胞杆菌数量分布差异很大，其中样本中数量最高的是 97.6×10^6 CFU/g，位于空间样本 M-1-4，最低的是 0.800×10^6 CFU/g，位于空间样本 M-7-4，平均值为 13.77×10^6 CFU/g。利用表 2-21 数据统计空间分布型指数见表 2-23。空间分布型的聚集度测定结果表明，芽胞杆菌 I 指标 $=22.6183 > 0$，为聚集分布；m^*/m 指标 $=2.4212 > 1$，为聚集分布；CA 指标 $=1.4212 > 0$，为聚集分布；扩散系数 $C=23.6183 > 1$，为聚集分布；负二项分布 K 指标 $=1.0778 > 0$，为聚集分布，表明芽胞杆菌在发酵床中为聚集分布。

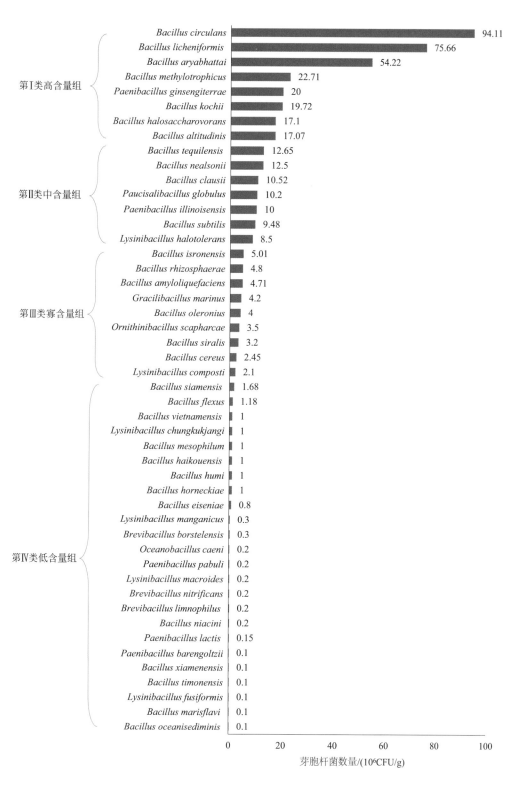

图2-11　微生物发酵床芽胞杆菌数量分布多样性

表2-22 微生物发酵床空间样本芽胞杆菌含量 单位：10^6CFU/g

采样位置		列								平均值	方差
		1	2	3	4	5	6	7	8		
行	1	19.4000	19.5000	18.6000	3.0000	6.4000	12.5900	40.0000	4.8800	15.54625	172.6288
	2	16.9000	14.1000	21.4000	30.5000	1.4900	4.8000	4.8000	3.4000	12.17375	157.3118
	3	29.9000	15.7000	5.8000	5.7600	7.6000	5.0300	4.4000	1.7800	9.49625	85.1001
	4	97.6000	20.6000	2.1000	3.7700	2.4200	8.1000	0.8000	7.5000	17.86125	1142.4909

表2-23 微生物发酵床芽胞杆菌空间分布型指数

样方行	拥挤度m^*	I指标	m^*/m指标	CA指标	扩散系数C	K指标
1	25.8085	9.7499	1.6071	0.6071	10.7499	1.6471
2	24.1162	10.9300	1.8289	0.8289	11.9300	1.2064
3	17.4526	8.0706	1.8602	0.8602	9.0706	1.1625
4	79.9375	61.7225	4.3886	3.3886	62.7225	0.2951
平均值	36.8287	22.6183	2.4212	1.4212	23.6183	1.0778

研究拥挤度（m^*）与平均值（m）之间的关系，用m^*-m回归分析，建立m^*-m回归式$m^*=a+bm$，结果表明，m^*-m回归方程（IWAO）为$m^*=-47.1208+5.9076m$，$r=0.7795$；$a=-47.1208<0$，表明芽胞杆菌微生物个体群之间相互排斥；$b=5.9076>1$，表明芽胞杆菌空间分布型为聚集分布。运用幂法则分析表明，Taylor幂法则方程为$\lg s=-1.2876+3.1966\times\lg x$，$r=0.8233$，$b=3.1966>1$，为聚集分布。综上所述，养猪微生物发酵床芽胞杆菌空间分布为聚集分布。

六、菌剂发酵床芽胞杆菌多样性指数

1. 微生物发酵床芽胞杆菌空间分布多样性

芽胞杆菌总体多样性指数基于表2-22统计，结果见表2-24。芽胞杆菌含量范围为$(0.01\sim9.411)\times10^7$CFU/g；48种芽胞杆菌总含量达$4.41\times10^8$CFU/g；丰富度指数、优势度指数、香农指数、均匀度指数分别为0.4928×10^7 CFU/g、0.2634×10^7 CFU/g、1.3589×10^7CFU/g、0.9803×10^7CFU/g。芽胞杆菌数量达1.5×10^7CFU/g以上的种类有环状芽胞杆菌（*Bacillus circulans*，9.411×10^7CFU/g）、地衣芽胞杆菌（*Bacillus licheniformis*，7.566×10^7CFU/g）、阿氏芽胞杆菌（*Bacillus aryabhattai*，5.422×10^7CFU/g）、甲基营养型芽胞杆菌（*Bacillus methylotrophicus*，2.271×10^7CFU/g）、人参土芽胞杆菌（*Paenibacillus ginsengiterrae*，2.000×10^7CFU/g）、柯赫芽胞杆菌（*Bacillus kochii*，1.972×10^7CFU/g）、嗜盐噬糖芽胞杆菌（*Bacillus halosaccharovorans*，1.710×10^7CFU/g）。

表2-24 微生物发酵床芽胞杆菌群落多样性指数

项目	数量/(10^7CFU/g)
空间样方数	32

续表

项目	数量/(10⁷CFU/g)
芽胞杆菌含量	44.062
丰富度指数（D）	0.4928
优势度指数（λ）	0.2634
香农指数（H'）	1.3589
均匀度指数（J）	0.9803

2. 微生物发酵床芽胞杆菌种类分布多样性

芽胞杆菌种类多样性指数基于表2-21计算，结果见表2-25。芽胞杆菌香农指数范围为0～2.88，最大的种类为地衣芽胞杆菌（*Bacillus licheniformis*）（2.88），最小的种类为海口芽胞杆菌（*Bacillus haikouensis*）、黄海芽胞杆菌（*Bacillus marisflavi*）、海洋芽胞杆菌（*Bacillus oceanisediminis*）等22种芽胞杆菌；优势度指数范围为0.08～1.00，最大的种类是黄海芽胞杆菌（*Bacillus marisflavi*）、海洋芽胞杆菌（*Bacillus oceanisediminis*）等22种芽胞杆菌，最小的种类是地衣芽胞杆菌（*Bacillus licheniformis*）；Hill指数范围为1～17.75，最大的种类是地衣芽胞杆菌（*Bacillus licheniformis*），最小的种类是海口芽胞杆菌（*Bacillus haikouensis*）、黄海芽胞杆菌（*Bacillus marisflavi*）、海洋芽胞杆菌（*Bacillus oceanisediminis*）等22种芽胞杆菌；芽胞杆菌丰富度指数范围为0～7.71，最大的种类是暹罗芽胞杆菌（*Bacillus siamensis*），最小的种类为海口芽胞杆菌（*Bacillus haikouensis*）、黄海芽胞杆菌（*Bacillus marisflavi*）、海洋芽胞杆菌（*Bacillus oceanisediminis*）等22种芽胞杆菌；均匀度指数范围0～1，最大的种类是长赖氨酸芽胞杆菌（*Lysinibacillus macroides*）和波茨坦短芽胞杆菌（*Bacillus borstelensis*），最小的种类是黄海芽胞杆菌（*Bacillus marisflavi*）、海洋芽胞杆菌（*Bacillus oceanisediminis*）等22种芽胞杆菌。

表2-25　发酵床芽胞杆菌种类空间分布多样性

编号	学名	分布频次	含量/(10⁷CFU/g)	丰富度指数（D）	均匀度指数（J'）	香农指数（H'）	优势度指数（λ）	Hill指数（N₁）
[1]	*Bacillus licheniformis*	29	7.566	6.47	0.85	2.88	0.08	17.75
[2]	*Bacillus kochii*	23	1.972	7.38	0.81	2.55	0.10	12.85
[3]	*Bacillus methylotrophicus*	21	2.271	6.40	0.75	2.27	0.16	9.72
[4]	*Bacillus aryabhattai*	19	5.322	4.53	0.70	2.06	0.20	7.84
[5]	*Bacillus altitudinis*	18	1.707	5.99	0.82	2.36	0.12	10.59
[6]	*Bacillus circulans*	16	9.411	3.30	0.54	1.50	0.35	4.49
[7]	*Bacillus clausii*	14	10.52	5.52	0.87	2.30	0.12	10.01
[8]	*Lysinibacillus halotolerans*	14	0.850	6.07	0.86	2.28	0.13	9.77
[9]	*Bacillus tequilensis*	10	12.65	3.55	0.78	1.80	0.19	6.07
[10]	*Bacillus rhizosphaerae*	8	0.480	4.46	0.74	1.55	0.27	4.70
[11]	*Bacillus subtilis*	8	0.948	3.11	0.71	1.47	0.33	4.34
[12]	*Ornithinibacillus scapharcae*	8	0.350	5.59	0.82	1.71	0.23	5.55

续表

编号	学名	分布频次	含量/(10⁷CFU/g)	丰富度指数（D）	均匀度指数（J'）	香农指数（H'）	优势度指数（λ）	Hill指数（N_1）
[13]	*Bacillus halosaccharovorans*	7	1.710	2.11	0.81	1.57	0.26	4.80
[14]	*Bacillus amyloliquefaciens*	6	0.471	3.23	0.63	1.13	0.39	3.09
[15]	*Bacillus cereus*	6	0.245	5.58	0.69	1.23	0.35	3.42
[16]	*Bacillus siamensis*	5	0.168	7.71	0.62	1.00	0.45	2.72
[17]	*Bacillus isronensis*	3	0.501	1.24	0.47	0.51	0.68	1.67
[18]	*Bacillus eiseniae*	3	0.080	0.00	0.82	0.90	0.47	2.46
[19]	*Bacillus nealsonii*	3	1.250	0.79	0.51	0.56	0.67	1.74
[20]	*Brevibacillus borstelensis*	3	0.030	0.00	1.00	1.10	0.33	3.00
[21]	*Bacillus siralis*	3	0.320	1.72	0.76	0.83	0.49	2.29
[22]	*Gracilibacillus marinus*	3	0.420	1.39	0.20	0.22	0.91	1.25
[23]	*Bacillus flexus*	2	0.118	6.04	0.62	0.43	0.74	1.53
[24]	*Lysinibacillus macroides*	2	0.020	0.00	1.00	0.69	0.50	2.00
[25]	*Paucisalibacillus globulus*	2	1.020	0.43	0.14	0.10	0.96	1.10
[26]	*Bacillus oleronius*	2	0.400	0.72	0.81	0.56	0.63	1.75
[27]	*Bacillus haikouensis*	1	0.100	0.00	0.00	0.00	1.00	1.00
[28]	*Bacillus horneckiae*	1	0.100	0.00	0.00	0.00	1.00	1.00
[29]	*Bacillus humi*	1	0.100	0.00	0.00	0.00	1.00	1.00
[30]	*Bacillus marisflavi*	1	0.010	0.00	0.00	0.00	1.00	1.00
[31]	*Bacillus mesophilum*	1	0.100	0.00	0.00	0.00	1.00	1.00
[32]	*Bacillus niacini*	1	0.020	0.00	0.00	0.00	1.00	1.00
[33]	*Bacillus oceanisediminis*	1	0.010	0.00	0.00	0.00	1.00	1.00
[34]	*Bacillus timonensis*	1	0.100	0.00	0.00	0.00	1.00	1.00
[35]	*Bacillus vietnamensis*	1	0.100	0.00	0.00	0.00	1.00	1.00
[36]	*Bacillus xiamenensis*	1	0.010	0.00	0.00	0.00	1.00	1.00
[37]	*Brevibacillus limnophilus*	1	0.020	0.00	0.00	0.00	1.00	1.00
[38]	*Brevibacillus nitrificans*	1	0.020	0.00	0.00	0.00	1.00	1.00
[39]	*Lysinibacillus chungkukjangi*	1	0.100	0.00	0.00	0.00	1.00	1.00
[40]	*Lysinibacillus composti*	1	0.210	0.00	0.00	0.00	1.00	1.00
[41]	*Lysinibacillus fusiformis*	1	0.010	0.00	0.00	0.00	1.00	1.00
[42]	*Lysinibacillus manganicus*	1	0.030	0.00	0.00	0.00	1.00	1.00
[43]	*Oceanobacillus caeni*	1	0.020	0.00	0.00	0.00	1.00	1.00
[44]	*Paenibacillus barengoltzii*	1	0.010	0.00	0.00	0.00	1.00	1.00
[45]	*Paenibacillus ginsengiterrae*	1	2.000	0.00	0.00	0.00	1.00	1.00
[46]	*Paenibacillus illinoisensis*	1	1.000	0.00	0.00	0.00	1.00	1.00
[47]	*Paenibacillus lactis*	1	0.015	0.00	0.00	0.00	1.00	1.00
[48]	*Paenibacillus pabuli*	1	0.020	0.00	0.00	0.00	1.00	1.00

3．微生物发酵床芽胞杆菌多样性指数聚类分析

芽胞杆菌多样性指数聚类分析，根据表 2-25 数据，以欧式距离为尺度，用类平均法进行系统聚类，作图 2-12。当 λ=17 时，可将其分为 2 类。

第 I 类为高丰富度高含量类型，包括 7 个种，即甲基营养型芽胞杆菌（*Bacillus methylotrophicus*）、耐盐赖氨酸芽胞杆菌（*Lysinibacillus halotolerans*）、高地芽胞杆菌（*Bacillus altitudinls*）、克劳氏芽胞杆菌（*Bucillus clausii*）、阿氏芽胞杆菌（*Bacillus aryabhattai*）、科赫芽胞杆菌（*Bacillus. kochii*）、地衣芽胞杆菌（*Bacillus licheniformis*）。

第 II 类为较低丰富度较低含量类型，该类分为两个亚类，第一亚类为中等丰富度中等含量的类型，包括 10 个种，即弯曲芽胞杆菌（*Bacillus flexus*）、蜡样芽胞杆菌（*Bacillus cereus*）、暹罗芽胞杆菌（*Bacillus siamensis*）、环状芽胞杆菌（*Bacillus circulans*）、枯草芽胞杆菌（*Bacillus subtilis*）、嗜盐噬糖芽胞杆菌（*Bacillus halosaccharovorans*）、解淀粉芽胞杆菌（*Bacillus amyloliquefaciens*）、毛蚶鸟氨酸芽胞杆菌（*Ornithinibacillus scapharcae*）、根际芽胞杆菌（*Bacillus rhizosphaerae*）、特基拉芽胞杆菌（*Bacillus tequilensis*）；第二亚类为低丰富度低含量的类型，包括了其余的 31 个种。

七、讨论与总结

微生物发酵床养猪是近几年发展起来的一种现代化生态养猪模式和技术体系，目前，在我国各地得到了广泛应用。微生物发酵床能高效分解猪粪、消除恶臭，并最终将猪粪转化成人工腐殖质，而后者又可以进一步研制成微生物肥料、生物农药、生物育苗与栽培基质等高价值产品，因此，同时实现了养猪污染的原位微生物治理和猪粪的资源化利用。在此过程中，微生物起到了关键作用。前期，笔者所在课题组利用高通量宏基因组学技术分析了发酵床垫料中的微生物多样性，发现发酵床垫料中的微生物多样性极其丰富，而且存在着种类多样的芽胞杆菌。

为了进一步分析发酵床垫料中的可培养芽胞杆菌种群及其空间分布规律，本章节采用稀释涂布平板法分离垫料中的可培养芽胞杆菌，并通过菌落形态和 16S rRNA 基因序列分析法对其进行分类鉴定。研究结果表明：①微生物发酵床垫料中的可培养芽胞杆菌种类极其多样，从 32 份微生物发酵床空间样品中共分离获得了芽胞杆菌 452 株，隶属于芽胞杆菌科和类芽胞杆菌科的 8 个属的 48 个种；②发酵床垫料中的芽胞杆菌呈现出非常高的丰度，其中，丰度最高的达到 94.11×10⁶ CFU/g，最低的也达到了 0.1×10⁶ CFU/g，平均丰度高达 8.96×10⁶CFU/g；③优势芽胞杆菌种群分别为环状芽胞杆菌（*Bacillus circulans*）、地衣芽胞杆菌（*Bacillus licheniformis*）、阿氏芽胞杆菌（*Bacillus aryabhattai*）、甲基营养型芽胞杆菌（*Bacillus methylotrophicus*）、人参土芽胞杆菌（*Paenibacillus ginsengiterrae*）、柯赫芽胞杆菌（*Bacillus kochii*）、高地芽胞杆菌（*Bacillus. altitudinis*）、嗜盐噬糖芽胞杆菌（*Bacillus halosaccharovorans*）；④微生物发酵床不同空间的芽胞杆菌数量分布差异很大，表现为聚集分布型。这些结果表明，芽胞杆菌是发酵床垫料中的重要微生物种群，也提示：猪粪对芽胞杆菌的富集起到了一定作用。

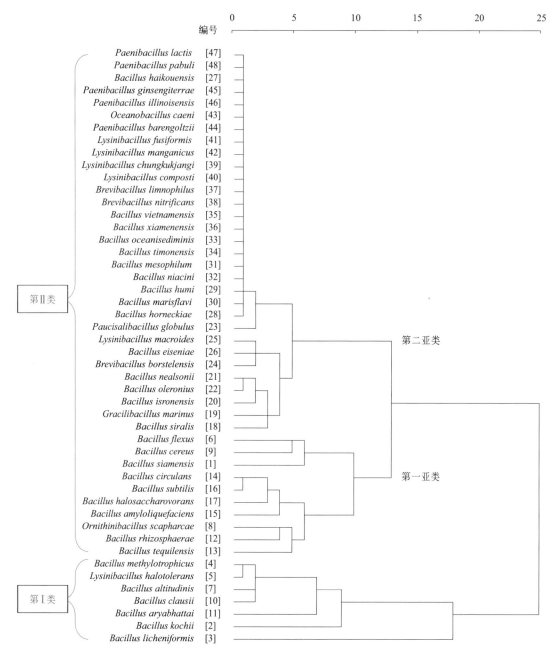

图2-12 芽胞杆菌种类分布聚类分析

微生物发酵床芽胞杆菌种类分布多样性指数不均一，可能与芽胞杆菌种类对发酵床成分的适应性和利用有关。有些芽胞杆菌出现富集成为优势种，几乎存在于整个发酵床，如地衣芽胞杆菌（*Bacillus licheniformis*），但有些适应力弱导致其数量少，仅在某些位置存在。环境对微生物种类的分布有很大的影响，例如，发现连作会造成土壤微生物的选择适应性，出现一些种群富集，而一些种群数量降低的现象（薛超 等，2011），进而导致不同茬次营养基质中微生物对碳源数量的利用能力出现显著差异（邹春娇 等，2016）。微生物发酵床主要成分为椰糠和谷壳等高纤维材料，所构建出的生存环境适于能降解纤维的微生物生存。叶少文等（2016）分析了微生物发酵床垫料不同深度的酶活，发现垫料中纤维素酶和半纤维素酶活性很高，揭示了一类微生物的生存空间。

尽管发酵床垫料芽胞杆菌种群及其空间分布的研究较少报道，但国内外研究者在其他含有猪粪的环境（如猪粪耗氧、厌氧堆肥）开展的相关研究，发现了类似的结果。例如，Yi 等（2012）利用可培养方法以及限制性片段长度多态性（PCR-RFLP）和变性剂梯度凝胶电泳（PCR-DGGE）方法分析了猪粪堆肥过程中的芽胞杆菌种群及其时空分布，发现随着温度的改变，可培养芽胞杆菌的数量和时空分布特性发生了显著变化，在高温阶段堆肥各层的芽胞杆菌含量最高，而在各阶段的堆肥中间层含量均最低；在各阶段，芽胞杆菌的多样性均较低；共分离到芽胞杆菌菌株 540 株，隶属于芽胞杆菌属的枯草芽胞杆菌（*Bacillus subtilis*）、蜡样芽胞杆菌（*Bacillus cereus*）、苏云金芽胞杆菌（*Bacillus thuringiensis*）、炭疽芽胞杆菌（*Bacillus anthracis*）、巨大芽胞杆菌（*Bacillus megaterium*）、地衣芽胞杆菌（*Bacillus licheniformis*）、短小芽胞杆菌（*Bacillus pumilus*）和环状芽胞杆菌（*Bacillus circulans*）8 个种，其中，枯草芽胞杆菌和蜡样芽胞杆菌是优势种。Guo 等（2015）采用限制性片段长度多态性（PCR-RFLP）方法研究了猪粪堆肥降温阶段的细菌分布多样性，发现在堆肥中间层芽胞杆菌属是优势种群，底层的优势种群则为梭菌属。Li 等（2014）分析了牛粪高温堆肥阶段的嗜热细菌及其淀粉、蛋白质和纤维素降解能力，结果表明，在高温堆肥阶段芽胞杆菌属（*Bacillus*）、地芽胞杆菌属（*Geobacillus*）和尿素芽胞杆菌属（*Ureibacillus*）是优势属，热脱氮地芽胞杆菌（*Geobacillus thermodenitrificans*）是优势种；在高温后期，就地堆肥地芽胞杆菌（*Geobacillus toebii*）和领地尿素芽胞杆菌（*Ureibacillus terrenus*）是优势种；在高温前期，芽胞杆菌属贡献了主要的粪便降解能力，而后期粪便的降解主要依靠尿素芽胞杆菌属和地芽胞杆菌属。Guo 等（2013）也发现猪粪的高温堆肥过程中，芽胞杆菌属是各层最常见的种群。He 等（2013）研究表明芽胞杆菌种类在鸡粪堆肥各个阶段均有较高的含量。

大量研究表明，芽胞杆菌具有高效降解猪粪中的有机物、抗生素、药物等物质，以及除臭、减少氨气排放等功能。Maeda 等（2011）指出，许多微生物分子生物学研究结果均表明芽胞杆菌是猪粪堆肥中有机物降解的优势种群，是猪粪有机物降解的主要贡献者。Kuroda 等（2015）研究发现在猪粪堆肥过程中添加芽胞杆菌（*Bacillus* sp.）TAT105 菌剂可以有效减少约 22% 的氨气和氮排放。Islas-Espinoza 等（2013）研究表明，在施用猪粪的土壤中添加由地衣芽胞杆菌（*Bacillus licheniformis*）、恶臭假单胞菌（*Pseudomonas putida*）、产碱菌（*Alcaligenes* sp.）和污水水微菌（*Aquamicrobium defluvium*）组成的混合菌剂，在 20d 可以清除 7.8% 的来源于猪粪的磺胺甲嘧啶（sulfamethazine）药物。Gutarowska 等（2014）研究发现枯草芽胞杆菌斯氏亚种（*Bacillus subtilis* subsp. *spizizenii*）LOCK 0272（已独立为 1 个种，即斯氏芽胞杆菌 *Bacillus spizizenii*，Dunlap et al., 2020）和巨大芽胞杆菌（*Bacillus megaterium*）LOCK 0963 的纯培养物可以高效去除粪便中的挥发性臭味物质（包括氨气、硫化氢、二甲胺、三甲胺和异丁酸等），对半胱氨酸和甲硫氨酸也有很好的清除效果。Hanajima 等（2009）研究了猪粪爆气处理过程中臭味物质去除相关细菌群落，在起始阶段芽胞杆菌（*Bacillus* spp.）迅速发展成为优势细菌群落，并高效降解有机物，消耗氧气，而且在这个阶段挥发性脂肪酸（主要的臭味物质）迅速减少，在第 4 天几乎清除干净，在有机碳含量降低后变形菌门（Proteobacteria）才逐渐成为优势群落，因此他们认为芽胞杆菌是猪粪臭味物质的主要清除者。

在养猪微生物发酵床芽胞杆菌优势种群中，地衣芽胞杆菌能够产生纤维素酶、果胶酶、淀粉酶、蛋白酶等（孙碧玉 等，2014；尹红梅 等，2012），这些酶作用能为地衣芽胞杆菌的生存提供碳源和氮源能量来源，McCarthy 等（2011）发现地衣芽胞杆菌是猪粪固体堆肥过程中的优势可培养微生物，这就印证了本章节中地衣芽胞杆菌是发酵床垫料中的优势种群结果的可靠性。Islas-Espinoza 等（2012）发现地衣芽胞杆菌能降解猪粪中难降解的合成抗生素磺胺类药物，表明地衣芽胞杆菌在养猪微生物发酵床猪粪降解过程扮演着重要角色。阿氏芽胞杆菌具有坚强的生命力，分布范围广，这可能与其自身耐贫瘠的特性相关。Antony 等（2012）在南极冰核中分离获得阿氏芽胞杆菌；Lee 等（2012）发现阿氏芽胞杆菌可以在贫瘠土壤环境中存活并促进意大利苍耳的生长；葛慈斌等（2015）指出阿氏芽胞杆菌是地衣内生和表生芽胞杆菌优势种群，能与地衣共生，促进地衣的生长。优势种高地芽胞杆菌（*Bacillus altitudinis*）是一种多功能芽胞杆菌，能产生碱性蛋白酶（Vijay Kumar et al., 2011），可以用于固体发酵的添加菌剂（Madhuri et al., 2012），也可以降解甲基紫精，用来改善被百草枯污染的水土环境（刘冰花 等，2015）。优势种阿氏芽胞杆菌和高地芽胞杆菌的强大存在可能与发酵床的发酵健康程度密切相关。环状芽胞杆菌在微生物发酵床的广泛存在与发酵床具有生防抗病作用有一定的相关性。环状芽胞杆菌（*Bacillus circulans*）作为发酵床的优势种群，是一种重要的动物益生菌，它能产生抑制猪病原菌的物质和表面活性剂（Mukherjee et al., 2009），同时，它能产生抗肿瘤活性的胞外天冬酰胺酶（Prakasham et al., 2010）、蛋白酶（Venugopal 和 Saramma，2007）、木聚糖酶（Kazuyo et al., 2014）、几丁质酶（Tomita et al., 2013），还可以作为堆肥发酵程度检测指标（Subba Rao et al., 2008）。优势种嗜盐噬糖芽胞杆菌（*Bacillus halosaccharovorans*）源于盐碱土壤分离，关于此菌的报道甚少，属于芽胞杆菌脂肪酸群Ⅲ，特性就是可以在偏盐碱性环境生存（刘波 等，2014）。蓝江林等（2013）发现微生物发酵床垫料含盐量很高，且 pH 值普遍在 8.0～9.0 之间，随着发酵时间的增加，垫料中的盐浓度和 pH 值皆呈上升状态。因此，发酵床垫料的高盐碱度很可能是导致耐（嗜）盐碱芽胞杆菌种类存在的主要原因。优势种科赫芽胞杆菌（*Bacillus kochii*）文献报道较少，该菌最初是从乳制品分离获得，有着非常宽广的生长条件，如温度范围在 10～40℃、pH 6.0～10.5、盐度范围 0～10g/L NaCl（Seiler et al., 2012），该菌的生长特性适应微生物发酵床发酵过程生长条件极端变化而广泛分布。

更重要的是，芽胞杆菌可以产生多种具有抑菌功能的活性物质，因此，对猪群具有抗菌防病功能，有些还可以作为益生菌。例如，解淀粉芽胞杆菌（*Bacillus amyloliquefaciens*）R3 产生的生物表面活性剂（biosurfactin）对多药物抗性的致病性大肠杆菌具有很强的裂解作用（Chi et al., 2015）；枯草芽胞杆菌（*Bacillus subtilis*）AM1 产生的脂肽（lipopeptide）具有很强的抗军团菌（*Legionella* sp.）活性（Loiseau et al., 2015）；枯草芽胞杆菌（*Bacillus subtilis*）URID 12.1 产生的抗菌物质对临床上多药物抗性的葡萄球菌（*Staphylococcus* sp.）、链球菌（*Streptococcus* sp.）和肠球菌（*Enterococcus* sp.）具有明显的抗菌能力（Chalasani et al., 2015）；苏云金芽胞杆菌（*Bacillus thuringiensis*）KL1 产生的蒽类物质具有抗感染功能（Roy et al., 2016）；芽胞杆菌（*Bacillus* sp.）产生的肽 P34 对多种动物病毒的复制具有较强抑制能力（Silva et al., 2014）；此外，很多芽胞杆菌可以产生Ⅰ和Ⅱ类羊毛硫抗生素（lantibiotics）（Barbosa et al., 2015）。Manhar 等（2016）研究了益生菌枯草芽胞杆菌（*Bacillus subtilis*）AMS6 的益生特性，发现该菌株具有耐强酸 (pH2.0) 和胆汁 (0.3%)、高抗菌活性、抗病原菌黏附以及较强的纤维素降解能力等益生菌特性，因此，作为饲料添加剂可以增强动物纤维素消化和肠道健康。Shobharani 等（2015）将多种芽胞杆菌益生菌与嗜热链球菌（*Streptococcus thermophilus*）和保加利亚乳杆菌（*Lactobacillus bulgaricus*）在大豆凝乳中进行共培养，然后分析处理过的大豆凝乳的流变性、感官特性、抗氧化特性及脂肪酸组成的变化，结果发现共培养时这些芽胞杆菌益生菌的细胞活力比单独培养时明显增加了，大豆凝乳的营养价值得到了提高，而且其抗氧化能力明显增强。克劳氏芽胞杆菌（*Bacillus clausii*）益生菌产品已经在临床上得到广泛应用，Lopetuso 等（2016）综述了该益生菌的临床应用效果、益生菌与肠道屏障相互作用、重建肠道平衡的可能作用机理，这些机理包括：抗菌和免疫调节活性、调节细胞生长和分化、细胞-细胞通讯、细胞黏附、信号转导、产生维生素、保护肠道免受遗传毒性物质的侵害等。

微生物发酵床含有丰富的微生物资源，通过微生物发酵床芽胞杆菌种群多样性分析，获得了大量的芽胞杆菌资源，这为进一步挖掘新功能和新物种提供了重要来源。关于芽胞杆菌种群变化与微生物发酵床生态功能的关联有待于进一步探讨和研究。

第三节
菌剂发酵床真菌空间分布

一、概述

1. 利用发酵床生产整合微生物组菌剂

微生物发酵床大栏养猪是一种环保养殖模式，其原理是利用农业废弃物如谷壳、秸秆和椰糠等制作成发酵床垫料，通过接种微生物菌剂，为养猪提供垫料层的同时方便猪尿和粪便被垫料吸收和被微生物分解，达到除臭和除异味的作用（刘波 等，2008）。发酵床是由微生物和垫料共同组成的一个复杂的微生态环境（宦海琳 等，2013）。垫料可提供碳氮源、调节床体基质的孔隙度并维持发酵床体温、湿度等，且含有丰富的有机质，为微生物的繁殖创造了条件，并有利于粪尿发酵与分解（刘克锋 等，2003）。发酵床中的微生物可来源于发酵床垫料基质、动物体、饲料、水源和空气等，微生物及其群落动态变化在垫料发酵和使用过程中起着非常重要的作用（李庆康 等，2000）。通过对发酵床中垫料微生物群落结构分析发现，细菌是优势种群、放线菌次之、真菌数量最少（蓝江林 等，2016；郑雪芳 等，2016）。目前关于垫料微生物的研究也主要集中于优势种群细菌方面，周学利等（2014）分析了发酵床养猪模式中猪肠道与垫料间的菌群相关性，宦海琳等（2013）研究了不同垫料组成对猪用发酵床细菌群落的影响，刘国红等（2017）研究了养猪微生物发酵床芽胞杆菌的空间分布多样性，相关的研究均表明，发酵床细菌对降解猪粪、抑制病原、清除臭味等方面

具有一定的积极作用。

2．整合微生物组菌剂中真菌组分

真菌是生态系统中的重要组成部分，包含有益真菌和病原真菌，它们共同构成了真菌的多样性。许多真菌是有机物的分解者，是转换营养物质和有效成分的主要因素，分布广泛并有效地促进物质循环（Wang et al.，2010）。真菌种类组成和数量不是一成不变的，在自然界中会随着空间结构和时间结构呈现动态变化（邵璐 等，2016；张俊忠 等，2010）。关于微生物发酵床中真菌总量的变化，郑雪芳等（2016）研究表明，在微生物发酵床中真菌脂肪酸总量随着垫料使用时间的延长呈逐渐减少趋势，在垫料由上至下的真菌脂肪酸总量也逐渐减少；龚俊勇等（2012）的研究表明，从水帘端到风机端的水平方面上，垫料中的真菌总量差异显著。关于微生物发酵床中真菌种类的研究，目前仅对垫料中部分真菌的种类进行了分离鉴定，如分离到丝状真菌曲霉、青霉菌等（肖荣凤 等，2016；2017）。关于微生物发酵床真菌空间分布多样性的研究未见报道。

3．菌剂发酵过程真菌空间分布

真菌的多样性、群落结构组成和生态位特征是评价其所在生态系统健康稳定的重要指标（潘好芹 等，2009）。微生物发酵床垫料中不同种类的真菌，其存在着猪粪分解、臭味吸附和猪病生防等功能特性，同时可能存在部分危害猪健康的真菌，如黄曲霉等。因此，本章以 2100m² 的大栏养猪微生物发酵床垫料为研究对象，通过空间格局采样，分离鉴定真菌种类，分析种类与含量的空间分布格局，利用多样性指数、生态位宽度与生态位重叠等指标评估发酵床垫料中真菌的空间分布特征，为养猪发酵床管理、猪粪资源化利用、猪病的生防等提供研究基础。

二、研究方法

1．样品来源

2015 年 2 月，从福建省农业科学院福清现代设施农业样本工程示范基地，采集已使用约 1.5 年的大栏养猪微生物发酵床垫料。该大栏发酵床猪场建筑面积为 2100m²（长 60 m，宽 35m），养殖面积为 1600m²，发酵床深度为 80cm，发酵床垫料由 70% 椰糠和 30% 谷壳组成。发酵床饲养 1600 头育肥猪，饲养密度为 1 头 /m²。

2．样品采集方法

将大栏发酵床长度方向划分 8 栏（记为 1、2、3、4、5、6、7 和 8），宽度方向划分 4 栏（记为 A、B、C、D），共 32 个小栏，采样格局平面见图 2-13。根据前期研究，15～20cm 深度垫层中的真菌数量最多（郑雪芳 等，2016），因此，每个小栏采用五点取样方法，采集 15～20cm 处样品，均匀混合后取 1000 g 装入无菌聚氯乙烯塑料瓶，样品分别标记为 1-A、1-B、1-C、1-D、2-A、……、8-D，带回实验室，并立即进行真菌的分离与保存。

饮水槽							
1-A	2-A	3-A	4-A	5-A	6-A	7-A	8-A
1-B	2-B	3-B	4-B	5-B	6-B	7-B	8-B
1-C	2-C	3-C	4-C	5-C	6-C	7-C	8-C
1-D	2-D	3-D	4-D	5-D	6-D	7-D	8-D
取食槽							

图2-13　微生物发酵床猪舍取样点示意

3．仪器与试剂

PCR 仪和凝胶成像分析仪（Bio-Rad 公司）；恒温培养箱（BI-250AG）购自施都凯仪器设备（上海）有限公司；2×PCR Master Mix 购自上海铂尚生物技术有限公司；引物由上海铂尚生物技术有限公司合成。真菌分离培养基：含 300 μg/mL 硫酸链霉素的马铃薯葡萄糖琼脂培养基（PDA），查氏琼脂培养基（CA）和查氏酵母培养基（CYA）。

4．菌剂发酵床真菌的分离鉴定

分别取 10 g 均匀混合后的垫料样品与 90 mL 无菌水充分振荡，吸取 1 mL 悬浮液梯度稀释后涂布于含 300 μg/mL 硫酸链霉素的 PDA 平板上，设 3 个重复，28℃培养 3 ～ 7 d。根据平板上不同菌落形态的真菌单菌落分别计数统计，并选取每个样品中不同的单菌落，挑取菌落边缘的菌丝接种于 PDA 培养基上进行纯化培养 5 ～ 7 d，根据纯化后的菌落形态和色泽进行初步归类并编号保存。菌株的鉴定采用形态学和分子鉴定相结合的方法，其中该样品的部分曲霉和青霉菌已鉴定并发表（肖荣凤 等，2016；2017），其他菌株的鉴定参考 Landeweert 等（2003）、O′Donnell 等（2010）和肖荣凤等（2016）文献进行。将鉴定为同一属或种的菌株，选择 1 株有代表性的菌株序列提交 GenBank 注册获得登录号。

5．菌剂发酵床真菌种群空间分布格局

根据分离鉴定结果，核对统计每个空间样本的真菌种类与含量，以不同空间样本的菌含量为横行，以真菌的属名或种名为纵行，绘制统计表。对每个空间坐标下的真菌种类与数量做总和统计，划分真菌种类或数量等级，在相应的坐标位置标出真菌种类或数量的空间格局色块，比较不同样本的真菌种类与含量的空间分布特点。

6．菌剂发酵床真菌种群空间分布频次

根据绘制的统计表，以真菌种类为样本，以空间样本为指标，构建数据矩阵，利用生物统计软件 PRIMER v5 进行计算，统计发酵床真菌种类出现频次、种类数量。

7．菌剂发酵床真菌种群的空间分布型

根据绘制的统计表，以真菌种类为样本，以空间样本为指标，构建数据矩阵，分析拥挤度（m^*）、I 指标、m^*/m 指标、CA 指标、扩散系数（C）、负二项分布 K 指标和 Taylor 幂法则等空间分布型指数。获得各项指数的数值依据表 2-26 所列的各项指数判别原则，分析

发酵床真菌的空间分布型。

表2-26　微生物发酵床真菌的空间分布型指数

指数类型	方程	注释	判别
拥挤度（m*）	$m^*=x+\dfrac{s^2}{x}$		
I指标	$I=\dfrac{s^2}{x}-1$		当$I<0$时为均匀分布；当$I=0$时为随机分布；当$I>0$时为聚集分布
m^*/m指标	$\dfrac{m^*}{m}=\dfrac{m^*}{x}$		当$m^*/m<1$时为均匀分布；当$m^*/m=1$时为随机分布；当$m^*/m>1$时为聚集分布
CA指标	$CA=(\dfrac{s^2}{x}-1)/x$	x为平均数 s^2为方差	当$CA<0$时为均匀分布；当$CA=0$时为随机分布；当$CA>0$时为聚集分布
扩散系数C	$C=s^2/x$		当$C<1$时为均匀分布；当$C=1$时为随机分布；$C>1$时为聚集分布
负二项分布K指标	$K=x^2/(s^2-x)$		当$K<0$时为均匀分布；当$K=0$时为随机分布；当$K>0$时为聚集分布
Taylor幂法则	$\lg s^2=\lg a+b\lg x$		当$b\to0$时为均匀分布；$b=1$时为随机分布；$b>1$时为聚集分布

8. 菌剂发酵床真菌种群空间分布多样性指数

多样性指数是反映物种丰富度和均匀度的综合指标，其变化能准确反映微生物多样性总体的动态变化。物种丰富度指数反映了一定空间范围内物种的丰富程度，指数越大，物种丰富度越高；香农指数可用于评估微生物的丰富度和均匀度，指数越大，物种越多，分布越均匀；均匀度反映的是各物种个体数目分配的均匀程度；优势度指数用于评估物种的优势度，指数越大，多样性越高。优势度指数与其他3个多样性指数呈负相关。以真菌种类为样本，以样本为指标，构建数据矩阵，利用生物统计软件 Primer v5 进行计算，统计发酵床真菌丰富度指数、均匀度指数、优势度指数和香农指数（刘国红 等，2017）。多样性指数公式如下：

（1）丰富度指数（D）　　$D=(S-1)/\lg(N)$

（2）均匀度指数（J'）　　$J'=H'/\lg(S)$

（3）香农指数（H'）　　$H'=\sum(P_i\times\lg P_i)$
$P_i=N_i/N$

（4）优势度指数（λ）　　$\lambda=\sum(P_i^2)$

式中，N_i 为第 i 种真菌的数量；S 为真菌占据的单元总数；N 为真菌种类个体总数。

9．菌剂发酵床真菌种群空间分布生态位宽度与生态位重叠

根据绘制的统计表，采用 DPS v16.05 统计分析软件进行数据分析。用 Levins 生态位宽度公式和 Pianka 生态位重叠公式分别计算不同真菌的生态位宽度和生态位重叠值（唐启义，2017）。计算公式如下：

（1）Levins 生态位宽度公式

$$B=1/\sum(P_i^2)$$

式中，P_i 为利用资源 i 的个体比例。

（2）Pianka 生态位重叠公式 (O_{ik})

$$O_{ik}=\sum_{j=1}^{r}(n_{ij}\times n_{kj})\bigg/\sqrt{\sum_{j=1}^{r}(n_{ij})^2\sum_{j=1}^{r}(n_{kj})^2}$$

式中，O_{ik} 为真菌种类 i 和种类 k 的生态位重叠值；n_{ij} 和 n_{kj} 为真菌种类 i 和 k 在资源单位 j 中所占的个体比例；r 为真菌种类个体总数。

三、菌剂发酵床真菌的分离鉴定

根据形态学和分子鉴定相结合的方法，从 32 份空间样本中分离到真菌共计 18 个种类，归于 10 个属（表 2-27）。其中 16 个鉴定到种，分别为亮白曲霉（*Aspergillus candidus*）、薛氏曲霉（*Aspergillus chevalieri*）、黄曲霉（*Aspergillus flavus*）、构巢曲霉（*Aspergillus nidulans*）、匍匐曲霉（*Aspergillus repens*）、聚多曲霉（*Aspergillus sydowii*）、土曲霉（*Aspergillus terreus*）、橘青霉（*Penicillium citrinum*）、爪哇正青霉（*Eupenicllium javanicum*）、短柄帚霉（*Scopulariopsis brevicaulis*）、黄帚霉（*Scopulariopsis flava*）、尖孢枝孢菌（*Cladosporium oxysporum*）、白地霉（*Geotrichum candidum*）、总状毛霉（*Mucor racemosus*）、水贼镰刀菌（*Fusarium equiseti*）和居地衣镰刀菌（*Fusarium lichenicola*，为我国新记录种）。2 个种类鉴定到属，分别为黑孢菌属（*Nigrospora* sp.）和毛壳菌属（*Chaetomium* sp.）。

表2-27　微生物发酵床真菌的分离与鉴定

编号	真菌种类	菌株编号	Genbank登录号
[1]	亮白曲霉（*Aspergillus candidus*）	FJAT-30990	KU737553、KU687804
[2]	薛氏曲霉（*Aspergillus chevalieri*）	FJAT-30995	MF044040
[3]	黄曲霉（*Aspergillus flavus*）	FJAT-30988	KU737556、KU687807
[4]	构巢曲霉（*Aspergillus nidulans*）	FJAT-30987	KU737552、KU687803
[5]	匍匐曲霉（*Aspergillus repens*）	FJAT-31014	MF044049
[6]	聚多曲霉（*Aspergillus sydowii*）	FJAT-30991	KU737554、KU687805
[7]	土曲霉（*Aspergillus terreus*）	FJAT-31011	KU737558、KU687809
[8]	橘青霉（*Penicillium citrinum*）	FJAT-30994	KU737562、KU687813
[9]	爪哇正青霉（*Eupenicllium javanicum*）	FJAT-30996	KU737564、KU687815

续表

编号	真菌种类	菌株编号	Genbank登录号
[10]	短柄帚霉(*Scopulariopsis brevicaulis*)	FJAT-30989	MF044038
[11]	黄帚霉(*Scopulariopsis flava*)	FJAT-31013	MF044048
[12]	尖孢枝孢菌(*Cladosporium oxysporum*)	FJAT-30992	MF044039
[13]	白地霉(*Geotrichum candidum*)	FJAT-31003	MF044044
[14]	总状毛霉(*Mucor racemosus*)	FJAT-31001	MF044043
[15]	水贼镰刀菌(*Fusarium equiseti*)	FJAT-31012	MF044047
[16]	居地衣镰刀菌(*Fusarium lichenicola*)	FJAT-31005	MF979187
[17]	黑孢菌属(*Nigrospora* sp.)	FJAT-30999	MF044042
[18]	毛壳菌属(*Chaetomium* sp.)	FJAT-30997	MF044041

四、菌剂发酵床真菌种群空间分布格局

32个空间样本的真菌种类与数量统计结果见表2-28。每个坐标下的真菌种类与数量的空间格局见图2-14和图2-15。不同空间样本所分离到的真菌种类在1～4种之间，样本2-C和7-A的种类仅为1种，2-B、3-A、3-B、4-A、5-C、6-C、6-D、7-D、8-C和8-D等10个样本的种类为2种，另有17个样本的真菌种类为3种，1-B、2-D和3-C的种菌真类为4种。不同空间样本的真菌数量差异较大，在 $(2 \sim 5.5) \times 10^5$ CFU/g之间，真菌数量≥10^5 CFU/g的样本有3个，分别为1-A、1-B和4-A，其中1-A样本菌数量最大，总计达 5.8×10^5 CFU/g；真菌数量≥10^4 CFU/g且<10^5 CFU/g的样本有9个，由高至低分别为4-C、1-D、8-D、4-D、1-C、5-A、5-B、5-C和8-A；真菌数量≥10^2 CFU/g且<10^3 CFU/g的样本有20个，分别为3-B、2-D、7-D、3-C、3-A、7-B、4-B、2-C、3-D、6-D、6-B、7-A、2-B、6-A、8-B、8-C、5-D、2-A、6-C和7-C样本。总体而言，第1列的真菌种类多且数量大，其次是第4列和第5列，而其他列的种类与数量呈不均匀分布。

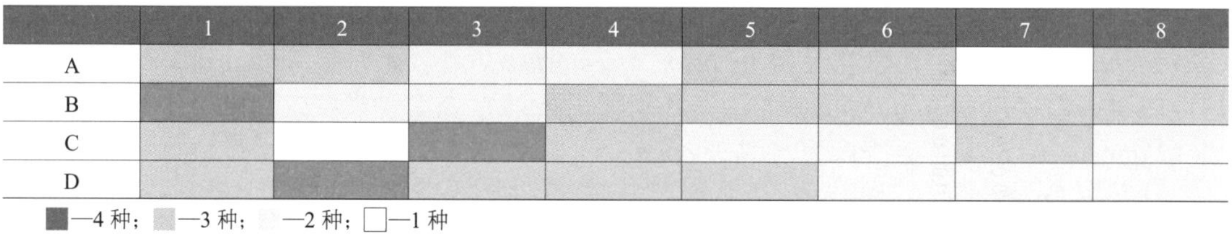

图2-14 微生物发酵床真菌种类的空间格局

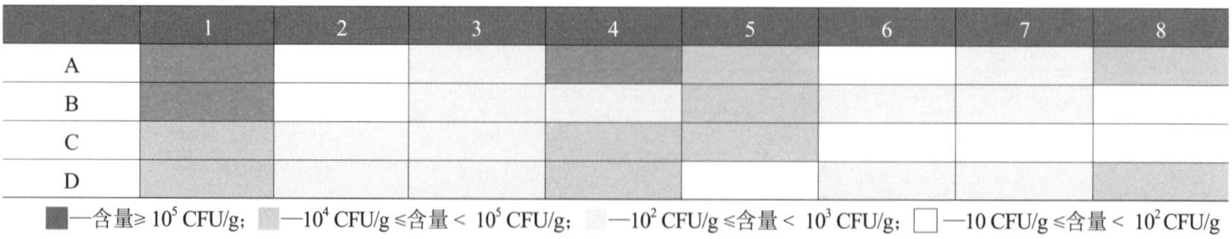

图2-15 微生物发酵床真菌数量的空间格局

表2-28　微生物发酵床不同空间样本的真菌种类与数量统计表

真菌种类	不同空间样本的菌数量/(10³CFU/g)																															
	1-A	1-B	1-C	1-D	2-A	2-B	2-C	2-D	3-A	3-B	3-C	3-D	4-A	4-B	4-C	4-D	5-A	5-B	5-C	5-D	6-A	6-B	6-C	6-D	7-A	7-B	7-C	7-D	8-A	8-B	8-C	8-D
Aspergillus candidus	0.0	200	0.0	0.0	0.0	0.0	0.0	0.0	0.0	0.0	0.0	0.0	0.0	0.0	0.0	0.0	0.0	0.0	0.0	0.0	0.0	0.0	0.0	0.0	0.0	0.0	0.0	0.0	0.0	0.0	0.0	0.0
Aspergillus chevalieri	0.0	0.0	0.0	0.0	0.0	0.0	0.0	0.0	0.0	0.0	0.0	0.0	0.0	0.0	0.0	0.0	0.0	0.0	0.0	0.0	0.0	0.0	0.0	0.0	0.0	0.0	0.0	0.0	0.0	0.0	0.0	0.0
Aspergillus flavus	20	0.0	0.0	0.0	0.0	0.0	0.0	0.0	0.0	0.0	0.0	0.0	0.0	0.0	0.0	0.0	5.0	0.0	0.0	0.0	0.4	0.0	0.0	0.0	0.0	0.0	0.0	0.0	0.0	0.0	0.0	0.0
Aspergillus nidulans	0.0	0.0	6.0	0.0	0.0	0.0	0.0	0.5	0.0	8.0	3.2	0.4	125	0.0	58	6.0	0.0	0.0	0.0	0.4	0.0	0.0	0.0	0.0	0.0	0.0	0.0	0.0	0.0	0.0	0.0	0.0
Aspergillus repens	0.0	0.0	0.0	0.0	0.0	0.0	0.0	0.0	0.0	0.0	0.0	0.0	0.0	0.1	0.0	0.0	0.0	0.0	0.0	0.0	0.0	0.0	0.2	0.0	0.0	0.0	0.2	0.0	0.0	0.0	0.0	0.0
Aspergillus sydowii	0.0	0.0	0.0	43.0	0.0	0.0	0.0	0.0	0.0	0.0	0.0	0.0	0.0	0.0	0.0	23.0	0.0	9.0	9.2	0.0	0.0	0.0	0.0	0.0	0.0	0.0	0.0	0.0	0.0	0.0	0.0	0.0
Aspergillus terreus	0.0	0.0	0.0	0.0	0.0	0.0	0.0	0.0	0.0	0.0	0.0	0.0	0.0	0.0	0.0	0.0	2.0	0.0	0.0	0.0	0.0	0.0	0.0	0.0	0.0	0.0	0.0	0.0	0.0	0.0	0.0	0.0
Penicillium citrinum	0.0	2.0	12.0	0.0	0.0	0.0	0.0	0.0	2.9	0.0	0.4	0.5	0.0	0.0	0.0	3.0	0.0	0.1	0.0	0.0	0.0	0.1	0.0	0.1	0.0	0.7	0.0	0.0	0.0	0.0	0.5	42.0
Eupenicillium javanicum	0.0	0.0	0.0	0.0	0.0	0.0	0.0	0.0	0.0	0.0	0.0	0.0	0.0	0.0	0.0	0.0	0.0	0.0	0.0	0.0	0.0	0.0	0.0	0.0	0.0	0.0	0.0	0.0	0.0	0.0	0.0	0.0
Scopulariopsis brevicaulis	550	1.0	0.0	0.0	0.0	0.0	0.0	0.0	0.0	0.0	0.0	0.0	0.0	0.0	5.0	0.0	0.0	0.0	0.0	0.0	0.2	0.0	0.0	0.0	0.0	0.0	0.0	0.0	0.0	0.0	0.0	0.0
Scopulariopsis flava	0.0	0.0	0.0	0.0	0.0	0.0	1.3	6.2	0.0	0.0	0.0	0.0	0.0	0.0	5.0	0.0	5.0	0.0	0.0	0.0	0.0	0.0	0.0	0.0	0.0	0.0	0.0	0.0	0.0	0.0	0.0	0.0
Cladosporium oxysporum	0.0	0.0	0.0	0.0	0.0	0.0	0.0	0.0	0.0	0.0	0.0	0.0	0.0	1.4	0.0	0.0	0.0	1.2	0.8	0.1	0.0	0.0	0.0	1.1	1.0	0.0	0.1	0.0	0.0	0.0	0.0	0.0
Geotrichum candidum	10.0	0.0	0.0	0.0	0.0	0.0	0.0	0.0	0.0	0.0	0.0	0.0	0.0	0.0	0.0	0.0	0.0	0.0	0.0	0.0	0.0	0.7	0.0	0.0	0.0	0.0	0	0.0	0.0	0.5	0.0	0.0
Mucor racemosus	0.0	3.0	2.0	0.0	0.1	0.0	0.0	0.3	0.0	0.4	0.5	0.4	1.0	0.2	5.0	0.0	5.0	0.0	0.0	0.0	0.2	0.0	0.0	0.0	0.0	0.3	0.1	2.0	1.0	0.0	0.2	2.0
Fusarium equiseti	0.0	0.0	8.0	0.0	0.2	0.0	0.0	0.0	0.0	0.0	0.0	0.0	0.0	0.0	0.0	0.0	0.0	0.0	0.0	0.0	0.0	0.0	0.0	0.0	0.0	0.0	0.0	0.0	0.0	0.0	0.0	0.0
Fusarium lichenicola	0.0	0.0	0.0	0.0	0.0	0.0	0.0	0.3	0.0	0.0	0.5	0.0	0.0	0.0	0.0	0.0	0.0	0.0	0.0	0.1	0.0	0.0	0.0	0.0	0.0	0.8	0.0	4.0	6.0	0.0	0.0	0.0
Nigrospora sp.	0.0	0.0	8.0	0.0	0.0	0.4	0.0	0.6	0.0	0.0	0.0	0.0	0.0	0.0	0.0	0.0	0.0	0.0	0.0	0.0	0.0	0.0	0.0	0.0	0.0	0.0	0.0	0.0	0.0	0.1	0.0	0.0
Chaetomium sp.	0.0	0.0	0.0	0.0	0.0	0.0	0.0	0.0	0.0	0.0	0.0	0.0	0.0	0.0	0.0	0.0	0.0	0.0	0.0	0.0	0.0	0.0	0.0	0.0	0.0	0.0	0.0	0.0	3.0	0.2	0.0	0.0

五、菌剂发酵床真菌种群空间分布频次

真菌种类与数量分布频次差异显著（图2-16和图2-17）。分布频次方面，有的种类仅出现在1个样本中，有的种类可现出在18个样本中。高频次分布的种有2个，分别为橘青霉和总状毛霉，可在10个以上的样本中出现；中频次分布的种有4个，分别为构巢曲霉、尖孢枝孢菌、居地衣镰刀菌和匍匐曲霉，可在6～9个样本中出现；低频次分布的种有12个，分别为黄曲霉、黑孢菌属、白地霉、短柄帚霉、黄帚霉、聚多曲霉、毛壳菌属、爪哇正青霉、亮白曲霉、薛氏曲霉、土曲霉和水贼镰刀菌等，仅在5个及以下样本中出现。曲霉属为优势属，共分离到7个种，分布频次总计达25次。真菌数量分布方面，高含量的种有3个，菌含量为 $(2.00 \sim 5.56) \times 10^5$ CFU/g；分别为亮白曲霉、构巢曲霉和短柄帚霉；中含量的种有7个，菌含量在 $(1.12 \sim 6.60) \times 10^4$ CFU/g，分别为聚多曲霉、橘青霉、黄曲霉、总状毛霉、匍匐曲霉、居地衣镰刀菌和白地霉；低含量的种有8个，菌含量小于 1.00×10^4 CFU/g，分别为黑孢菌属、水贼镰刀菌、黄帚霉、尖孢枝孢菌、毛壳属菌、土曲霉、爪哇正青霉和薛氏曲霉。曲霉属中的构巢曲霉、亮白曲霉和聚多曲霉含量总计达 4.74×10^5 CFU/g。

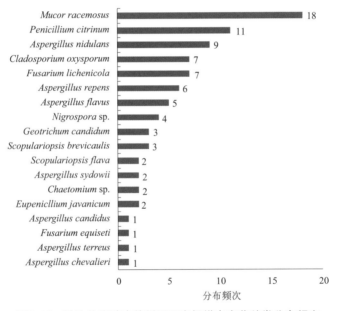

图2-16　微生物发酵床垫料不同空间样本真菌种类分布频次

六、菌剂发酵床真菌种群空间分布型

利用表2-28数据进行空间分布型指数分析的结果表明（表2-29）：I 指标 $=30.99>0$，为聚集分布；平均拥挤度（m^*/m）指标 $=17.09>1$，为聚集分布；CA 指标 $=16.09>0$，为聚集分布；扩散系数 $C=31.99>1$，为聚集分布；负二项分布 K 指标 $=0.09>0$，为聚集分布，表明不同种类真菌在发酵床中分布为聚集分布。同时，运用幂法则分析，Taylor 幂法则方程为 $\lg s=1.1895+1.9658 \times \lg x$，$r=0.9649$，$b=1.9658>1$，为聚集分布。上述空间分布型

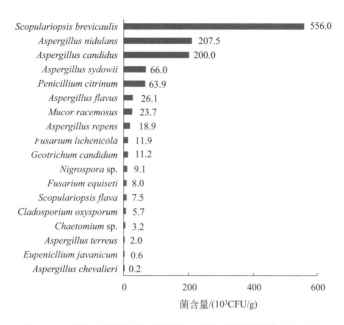

图2-17 微生物发酵床垫料不同空间样本真菌种类含量分布

指标结果均表明，养猪微生物发酵床真菌空间分布型为聚集分布。

表2-29 微生物发酵床真菌空间分布型指数

样方行	拥挤度m^*	I指标	m^*/m指标	CA指标	扩散系数C	K指标
1	34.72	33.27	23.92	22.92	34.27	0.04
2	76.82	73.97	26.99	25.99	74.97	0.04
3	17.48	14.83	6.59	5.59	15.83	0.18
4	2.08	1.89	10.84	9.84	2.89	0.10
平均值	32.78	30.99	17.09	16.09	31.99	0.09

七、菌剂发酵床真菌种群多样性指数

32个不同空间样本的发酵床垫料真菌种类和含量的多样性指数分析结果表明（表2-30），丰富度指数（D）在1.50～5.37之间的种类由大至小依次为总状毛霉、尖孢枝孢菌、居地衣镰刀菌、橘青霉、匍匐曲霉、构巢曲霉。均匀度指数（J'）在0.50～0.93之间的种类由大至小依次为聚多曲霉、爪哇正青霉、尖孢枝孢菌、总状毛霉、黄帚霉、居地衣镰刀菌和构巢曲霉。香农指数（H'）在1.10～2.31之间的种类由大至小依次为总状毛霉、尖孢枝孢菌、居地衣镰刀菌、橘青霉、构巢曲霉。优势度指数（λ）在0.54～0.98之间种类由大至小依次为尖孢枝孢菌、总状毛霉、居地衣镰刀菌、匍匐曲霉、构巢曲霉、橘青霉。由此可见，垫料中真菌种类具有丰富的空间多样性，其中总状毛霉、尖孢枝孢菌、构巢曲霉和居地衣镰刀菌在不同空间含量丰富、分布均匀，且为优势种群。亮白曲霉、薛氏曲霉、土曲霉和水贼镰刀菌4个种类的物种个体数仅为1，故无法进行空间多样性分析。

表2-30 微生物发酵床垫料不同空间样本真菌种类空间分布多样性

真菌种类	丰富度指数（D）	均匀度指数（J'）	香农指数（H'）	优势度指数（λ）
亮白曲霉（Aspergillus candidus）	—	—	—	—
薛氏曲霉（Aspergillus chevalieri）	—	—	—	—
黄曲霉（Aspergillus flavus）	1.23	0.43	0.70	0.39
构巢曲霉（Aspergillus nidulans）	1.50	0.50	1.10	0.56
匍匐曲霉（Aspergillus repens）	1.70	0.49	0.88	0.57
聚多曲霉（Aspergillus sydowii）	0.24	0.93	0.65	0.46
土曲霉（Aspergillus terreus）	—	—	—	—
橘青霉（Penicillium citrinum）	2.41	0.47	1.14	0.54
爪哇正青霉（Eupenicllium javanicum）	0.00	0.92	0.64	0.00
短柄帚霉（Scopulariopsis brevicaulis）	0.32	0.06	0.06	0.02
黄帚霉（Scopulariopsis flava）	0.50	0.67	0.46	0.33
尖孢枝孢菌（Cladosporium oxysporum）	3.45	0.88	1.71	0.98
白地霉（Geotrichum candidum）	0.83	0.38	0.41	0.22
总状毛霉（Mucor racemosus）	5.37	0.80	2.31	0.91
水贼镰刀菌（Fusarium equiseti）	—	—	—	—
居地衣镰刀菌（Fusarium lichenicola）	2.42	0.63	1.23	0.68
黑孢菌属（Nigrospora sp.）	1.36	0.35	0.48	0.25
毛壳菌属（Chaetomium sp.）	0.86	0.34	0.23	0.17

注："—"表示未有相对应数值。

八、菌剂发酵床真菌种群生态位特性

不同真菌种类的空间分布生态位宽度结果表明（表2-31），总状毛霉和尖孢枝孢菌的生态位宽度最大，分别为7.60和5.18；其次由高至低依次是居地衣镰刀菌、构巢曲霉、匍匐曲霉和橘青霉4个种，它们的生态位宽度在2.12～2.67之间，为广适性种；其余12个种的生态位宽度值均在2.0以下，其中亮白曲霉、薛氏曲霉、土曲霉、短柄帚霉、水贼镰刀菌和毛壳属菌属生态位宽度最小，为窄适性种。不同真菌种类的空间分布生态位重叠结果表明（表2-31），短柄帚霉和白地霉的重叠值最高为1.00，其次是黄曲霉和短柄帚霉、黄曲霉和白地霉，两组值均为0.97；再次为聚多曲霉和黑孢菌属、土曲霉和总状毛霉、匍匐曲霉和尖孢枝孢菌，这三组值分别为0.88、0.58和0.57；剩余其他各组的重叠值均低于0.50。生态位宽度和生态位重叠的综合结果表明，总状毛霉的生态位最宽且与其他12个种类存在重叠，说明其在发酵床中的生存适应力最强，但竞争能力较弱或不存在竞争；尖孢枝孢菌的生态位宽度值位居第二位，但仅与其他2个种类存在重叠，说明其生存适应力和竞争能力均较强。居地衣镰刀菌和构巢曲霉的生态位宽度值分别排第三和第四位，与其他种类的重叠个数仅为2种和4种，且重叠值最高仅为0.23。白地霉的生态位宽度仅为1.25，且仅与2个种类（黄曲霉和短柄帚霉）存在重叠，但重叠值在0.97～1.00之间。说明发酵床中真菌种类的生态位宽度与生态位重叠没有明显的相关性。

表2-31　真菌种群空间分布生态位宽度与生态位重叠

种类编号	生态位宽度	生态位重叠Pianka指数																	
		1	2	3	4	5	6	7	8	9	10	11	12	13	14	15	16	17	18
1	1.00	1.00																	
2	1.00	0.00	1.00																
3	1.60	0.00	0.00	1.00															
4	2.25	0.00	0.00	0.00	1.00														
5	2.15	0.00	0.02	0.00	0.00	1.00													
6	1.83	0.00	0.00	0.00	0.06	0.00	1.00												
7	1.00	0.00	0.00	0.24	0.00	0.00	0.00	1.00											
8	2.12	0.05	0.00	0.00	0.00	0.00	0.03	0.00	1.00										
9	1.80	0.00	0.00	0.01	0.02	0.00	0.00	0.00	0.00	1.00									
10	1.02	0.00	0.00	0.97	0.00	0.00	0.00	0.00	0.00	0.00	1.00								
11	1.4	0.00	0.00	0.00	0.00	0.00	0.00	0.00	0.00	0.00	0.00	1.00							
12	5.18	0.00	0.00	0.00	0.00	0.57	0.00	0.00	0.00	0.00	0.00	0.00	1.00						
13	1.25	0.00	0.00	0.00	0.00	0.00	0.00	0.00	0.00	0.00	0.00	0.00	0.00	1.00					
14	7.60	0.35	0.00	0.14	0.35	0.00	0.88	0.58	0.30	0.06	0.01	0.03	0.01	0.00	1.00				
15	1.00	0.00	0.00	0.00	0.00	0.00	0.00	0.00	0.27	0.00	0.00	0.00	0.00	0.00	0.23	1.00			
16	2.67	0.00	0.00	0.00	0.04	0.00	0.00	0.00	0.00	0.06	0.00	0.00	0.00	0.00	0.23	0.00	1.00		
17	1.28	0.00	0.00	0.00	0.00	0.00	0.00	0.00	0.00	0.00	0.00	0.07	0.00	0.00	0.00	0.00	0.00	1.00	
18	1.10	0.00	0.00	0.00	0.00	0.00	0.00	0.00	0.00	0.00	0.00	0.00	0.00	0.00	0.12	0.00	0.82	0.00	1.00

注：1为亮白曲霉；2为薛氏曲霉；3为黄曲霉；4为构巢曲霉；5为居地衣镰刀菌；6为葡匐曲霉；7为土曲霉；8为橘青霉；9为爪哇正青霉；10为短梗霉；11为短梗孢霉；12为尖孢枝孢菌；13为白地霉；14为总状毛霉；15为水疱镰刀菌；16为居平地衣镰刀菌；17为黄骨霉；18为毛壳菌属。

九、讨论与总结

1．真菌在自然界中广泛分布且功能多样

真菌在自然界中广泛分布且功能多样，可作为分解菌、吸附菌和生防菌等。本章节分离到的曲霉属（*Aspergillus*）、青霉属（*Penicillium*）、镰刀菌属（*Fusarium*）、毛壳属（*Chaetomium*）和枝孢属（*Cladosporium*）等真菌是常见的纤维素、木质素分解菌。发酵床垫料中的谷壳、秸秆和椰糠等富含高纤维素和木质素，菌株利用它们产生的纤维素酶、木质素酶对分解动物粪便和除臭具有良好的效果（黄旺洲 等，2016；杨巧丽 等，2015）。此外，曲霉属、青霉属、镰刀菌属、枝孢属和地霉属（*Geotrichum*）等真菌对重金属 Cu、Zn、Pb 和 Cr 等都具有良好的富集作用（Ezzouhri et al., 2009；Siokwu 和 Anyanwu, 2012）。由于饲料的使用、猪的粪尿排泄等，从发酵床垫料中可检测到 As、Zn、Cr 和 Cu 等重金属（张霞 等，2013），本章节中分离到的部分菌株可能参与了重金属的吸附和降解。此外，毛霉属 *Mucor* 的部分种类能分解糖类，如总状毛霉在食品、化工行业中应用广泛，可作为发酵菌种（李顺 等，2016）。本章节分离到的居地衣镰刀菌（*Fusarium lichenicola*），目前已有的报道仅从水及水果柚子中分离获得（Amby et al., 2015；Morales-Barrera et al., 2008），且在我国未见报道，属于新记录种。

2．真菌群落空间分布型

发酵床微生物群落的空间分布型受垫料的种类和疏松度、垫料含水量、环境温度、猪的活动与排泄物等因素影响，由单个或是多个因子共同起作用。宦海琳 等（2013）认为垫料组成是影响发酵床垫料微生物构成的重要因素，疏松的垫料有利于微生物的繁殖；龚俊勇 等（2012）研究表明发酵床水帘端到风机端处的真菌总数较其他位置高，且呈聚集分布；周学利 等（2014）研究发现发酵床垫料和猪肠容物中含有的细菌种类基本相同，但猪的活动与排泄物会引起垫料中的微生物产生差异，且出现聚集分布现象；刘国红 等（2017）研究发现微生物发酵床中芽胞杆菌种类丰富且在不同空间呈现聚集分布。本章节结果表明，微生物发酵床真菌在 32 个空间样本中的种类与数量存在明显差异，且呈现聚集分布型，该结果与前述他人研究结果具有一致性。发酵床垫料不同空间格局的真菌种类和数量存在不均匀性，且分布频次和含量差异显著，总状毛霉和橘青霉为高频次分布种群，短柄帚霉、构巢曲霉和亮白曲霉为高含量分布种群。

3．真菌群落多样性指数

发酵床正常运转主要是依靠猪肠道微生物和垫料本身的土著菌种进行调节，微生物群落呈现明显的多样性（毕泗伟 等，2013；刘国红 等，2017；赵国华 等，2015）。多样性指数如丰富度、均匀度、优势度等分别从微生物群落物种丰富度、均一性及常见物种优势度等方面反映其群落多样性（李忠佩 等，2007）。本章节所分离的总状毛霉、尖孢枝孢菌、构巢曲霉和居地衣镰刀菌，丰富度指数（D）、均匀度指数（J'）、香农指数（H'）和优势度指数（λ）等多样性指数值均较高，说明这 4 个种群在不同空间分布均匀、含量丰富且为优势种群。发酵床能形成以有益微生物为优势种群，有效地抑制环境中有害微生物的生长，从而减少猪病发生的机会（郑雪芳 等，2011）；而且微生物（细菌、真菌和放线菌）与环境之

间具有双向的适应性和选择性，发酵床中虽然含有一定量的潜在致病菌，但是发酵床中微生物种类丰富，群落多样性高，有利于有益微生物形成优势种群。如本章的32个空间样品中仅有5个样本检测到少量的黄曲霉，该菌适合的生长温度在 $20\sim35℃$，而发酵床内部中心发酵层温度可高达 $60\sim80℃$，因此，对于少量存在潜在致病菌的区域，可以通过及时翻耙，将表层垫料翻至里层进行高温深度发酵。

1. 真菌群落生态位

生态位理论被广泛用于研究物种共存机制、群落演替和物种多样性等方面，其中生态位宽度和生态位重叠是两个重要的指标。生态位宽度反映种群对环境的适应状况或对资源的利用程度，生态位重叠则反映2个或多个种群在适用环境和利用资源的实际幅度或潜在能力方面所表现出的共同性或相似性（Weider，1993）。本章节所分离到的真菌种群的生态位宽度和生态位重叠的结果表明，总状毛霉、尖孢枝孢菌、居地衣镰刀菌和构巢曲霉这4个种群的生态位最宽，与前述的多样性指数分析结果具有一致性，为优势种群，说明它们发酵床中的生存适应力最强，可很好地利用发酵床中的资源进行生长繁殖。总状毛霉可与其他12个种类存在重叠，但尖孢枝孢菌仅与其他2个种类存在重叠，说明发酵床中真菌种类的生态位宽度与生态位重叠没有明显的正相关性，不同种类真菌在垫料中呈随机分布，可能与猪的活动、垫料的翻动、不同位置的温湿度等影响因素有关。而潘好芹等（2009）对太白山土壤淡色丝孢真菌群落多样性及生态位研究表明，生态位宽度大的属，与其他各属的生态位重叠也较高，反之亦然。两者研究结果差异的原因，可能与两种环境类型有关，发酵床因猪的运动及垫料的人为翻动，处于动态环境；而森林土壤相对来说偏向于静态环境。在森林植被生态位的研究方面，程中秋等（2010）对宁夏盐池不同封育措施下的植物生态位研究表明，较大的生态位宽度常常伴随着较高的生态位重叠；而邓贤兰等（2016）对井冈山山顶矮林乔木层优势种的生态位研究表明，生态位宽度与生态位重叠无明显的正相关性，该结果与本章节结果具有相似性。

本章节从供试猪场的发酵床样品中分离到的优势真菌多为有益微生物，且大部分种类可作为发酵菌种，有利于垫料中的椰糠、谷壳以及猪排泄物等的发酵，在发酵床除臭、除异味、调节发酵床垫料微生物群落结构方面具有重要的作用，也可为养猪发酵床管理、猪粪资源化利用、猪病生防等提供理论依据。

第三章

整合微生物组菌剂
微生物组多样性

第一节
整合微生物组菌剂微生物含量估计

一、概述

利用农副产品的废弃物（秸秆、谷壳、菌糠、锯末等）组成发酵床垫料，作为微生物菌种添加材料之一，在上面养殖生猪，猪每日排出的粪便作为发酵床氮素添加原料和微生物添加接种，通过猪尿湿度调整和翻耕通气等措施，使得菌剂发酵床垫料的碳氮比和发酵条件趋近微生物组的生长，从而将养猪微生物发酵床转化成微生物组生产的菌剂发酵床。垫料培养基通过添加不同的原料，如玉米粉、红糖、豆饼粉、菌糠等，改变垫料培养的营养属性，改变微生物组，生产出不同类型的整合微生物菌剂。以往的研究表明，菌剂发酵床生产的整合微生物组菌剂至少含有 1200 种 /g 的细菌和 400 种 /g 的真菌。这些种类的微生物含量可以通过对照菌剂发酵床垫料的活菌分离进行估算。不考虑微生物种类的特异性和细胞的大小，可以通过垫料计数微生物含量，从而估计整合微生物菌剂的微生物含量。

整合微生物组菌剂通过宏基因组测序，可以了解分类阶元物种的组成（OTU）、相对含量（read）及其物种丰度（%），但是，无法知道整合菌剂的微生物含量。通过芽胞杆菌的活菌计数，可以了解整合菌剂中芽胞杆菌含量。利用活菌计数的芽胞杆菌含量建立与基因测序的芽胞杆菌相对含量（read）的关系，可以知道同一个样本中芽胞杆菌测序的相对含量相当于活菌计数的含菌量；以芽胞杆菌为标准，进一步统计芽胞杆菌在整合菌剂中的占比，换算成样本细菌活菌数，估计出整合菌剂微生物含量。尽管芽胞杆菌活菌分离种类有限，培养基有限，以芽胞杆菌估计细菌种群存在着不合理的方面，但其为整合菌剂微生物活菌数的估计，提供了一个数量概念。

二、整合微生物组菌剂样本芽胞杆菌属活菌计数

1. 菌剂发酵床垫料芽胞杆菌分离鉴定

选择 14 个整合微生物组菌剂样本，用 MS 培养基和菌落稀释计数法，进行活菌培养计数，而后标记菌落，统计数量，将标记的菌落用 16S rDNA 进行鉴定，对鉴定出的芽胞杆菌菌落进行数量统计；共分离了 114 个菌落，鉴定出 6 个属 25 个种芽胞杆菌（表 3-1）。表 3-1 中的 5 个种的分类地位于 2020 年年底发生了变动（Gupta et al., 2020；Patel et al., 2020）：a. 蚯蚓芽胞杆菌（*Bacillus eiseniae* Hong et al., 2012, sp. nov.）→蚯蚓细胞芽胞杆菌[*Cytobacillus eiseniae* (Hong et al., 2012) Patel and Gupta 2020]；b. 丝状芽胞杆菌（*Bacillus filamentosus* Sonalkar et al., 2015, sp. nov.）→丝状普里斯特氏菌[*Priestia filamentosa* (Sonalkar et al., 2015) Gupta et al. 2020]；c. 柯赫芽胞杆菌（*Bacillus kochii* Seiler et al., 2012, sp. nov.）→柯赫细胞芽胞杆菌[*Cytobacillus kochii* (Seiler et al., 2012) Patel and Gupta 2020]；d. 根际芽胞杆菌

（*Bacillus rhizosphaerae* Madhaiyan et al., 2013, sp. nov.）→根际碱盐芽胞杆菌[*Alkalihalobacillus rhizosphaerae* (Madhaiyan et al., 2013) Patel and Gupta 2020]；e. 克劳氏芽胞杆菌［*Bacillus clausii* (Nielsen et al., 1995)］→克劳氏碱盐芽胞杆菌 [*Alkalihalobacillus clausii* (Nielsen et al., 1995) Patel and Gupta 2020]。

表3-1　整合微生物组菌剂样本芽胞杆菌种类分离与鉴定

样本编号	菌株编号		种名及其模式菌株	中文学名	相似度/%
4	[1]	FJAT-46225	1.　"*Bacillus vanilla*" XY18ᵀ	香草芽胞杆菌	97.13
1	[2]	FJAT-46178	2.　*Bacillus eiseniae* A1-2ᵀ	蚯蚓芽胞杆菌	99.72
8	[3]	FJAT-46263			99.58
3	[4]	FJAT-46204	3.　*Bacillus filamentosus* SGD-14ᵀ	丝状芽胞杆菌	100.00
10	[5]	FJAT-46289			100.00
1	[6]	FJAT-46175	4.　*Bacillus kochii* WCC 4582ᵀ	柯赫芽胞杆菌	99.72
1	[7]	FJAT-46176			98.86
2	[8]	FJAT-46202			99.86
3	[9]	FJAT-46208			99.72
4	[10]	FJAT-46221			99.65
5	[11]	FJAT-46230			99.65
6	[12]	FJAT-46246			100.00
7	[13]	FJAT-46258			99.79
10	[14]	FJAT-46297			99.93
8	[15]	FJAT-46274	5.　*Bacillus rhizosphaerae* SC-N012ᵀ	根际芽胞杆菌	99.09
2	[16]	FJAT-46192	6.　*Bhargavaea ginsengige* 14ᵀ	人参哈格瓦氏菌	99.79
4	[17]	FJAT-46224			99.93
5	[18]	FJAT-46227			99.93
6	[19]	FJAT-46249			99.79
9	[20]	FJAT-46276	7.　*Lysinibacillus macroides* LMG 18474ᵀ	长赖氨酸芽胞杆菌	97.76
7	[21]	FJAT-46254	8.　*Ornithinibacillus scapharcae* TW25ᵀ	毛蚶鸟氨酸芽胞杆菌	98.47
2	[22]	FJAT-46195	9.　*Virgibacillus halodenitrificans* DSM10037ᵀ	盐反硝化枝芽胞杆菌	99.86
11	[23]	FJAT-46303			99.79
2	[24]	FJAT-46198	10.　*Virgibacillus oceani* MY11ᵀ	海洋枝芽胞杆菌	98.29
5	[25]	FJAT-46232			98.30
11	[26]	FJAT-46309			98.70
13	[27]	FJAT-46327			98.30
14	[28]	FJAT-46346			98.20
4	[29]	FJAT-46222	11.　*Virgibacillus salinus* XH-22ᵀ	盐湖枝芽胞杆菌	98.48
13	[30]	FJAT-46326	12.　*Bacillus toyonensis* BCT-7112ᵀ	图瓦永芽胞杆菌	100.00
1	[31]	FJAT-46186	13.　*Bacillus aryabhattai* B8W22ᵀ	阿氏芽胞杆菌	99.86

续表

样本编号	菌株编号		种名及其模式菌株	中文学名	相似度/%
4	[32]	FJAT-46223			100.00
8	[33]	FJAT-46272			100.00
9	[34]	FJAT-46278	13. *Bacillus aryabhattai* B8W22ᵀ	阿氏芽胞杆菌	100.00
9	[35]	FJAT-46281			97.89
11	[36]	FJAT-46307			100.00
1	[37]	FJAT-46173			99.23
1	[38]	FJAT-46180			99.60
1	[39]	FJAT-46182			99.70
1	[40]	FJAT-46188			99.60
2	[41]	FJAT-46196			99.79
2	[42]	FJAT-46200			99.72
3	[43]	FJAT-46203			99.93
3	[44]	FJAT-46212			97.50
3	[45]	FJAT-46215			99.65
4	[46]	FJAT-46218			98.30
5	[47]	FJAT-46233			99.37
5	[48]	FJAT-46235			99.16
5	[49]	FJAT-46237	14. *Bacillus licheniformis* ATCC 14580ᵀ	地衣芽胞杆菌	97.70
6	[50]	FJAT-46239			99.30
6	[51]	FJAT-46244			99.72
7	[52]	FJAT-46260			99.40
8	[53]	FJAT-46266			99.37
8	[54]	FJAT-46268			99.23
8	[55]	FJAT-46271			99.37
10	[56]	FJAT-46296			99.70
12	[57]	FJAT-46312			99.30
12	[58]	FJAT-46313			99.10
13	[59]	FJAT-46328			99.23
13	[60]	FJAT-46332			99.79
14	[61]	FJAT-46340			98.99
14	[62]	FJAT-46345			99.30
7	[63]	FJAT-46253	15. *Bacillus altitudinis* 41KF2bᵀ	高地芽胞杆菌	100.00
2	[64]	FJAT-46197	16. *Bacillus methylotrophicus* KACC 13105ᵀ	甲基营养型芽胞杆菌	100.00
14	[65]	FJAT-46339			99.80
12	[66]	FJAT-46318	17. *Bacillus amyloliquefaciens* subsp. *plantarum* FZB42ᵀ	解淀粉芽胞杆菌 植物亚种	99.72
2	[67]	FJAT-46194	18. *Bacillus clausii* DSM 8716ᵀ	克劳氏芽胞杆菌	99.20
8	[68]	FJAT-46270			99.50
1	[69]	FJAT-46184	19. *Bacillus subtilis* KCTC 13429ᵀ	枯草芽胞杆菌	99.93

续表

样本编号	菌株编号	种名及其模式菌株	中文学名	相似度/%
1	[70] FJAT-46185			99.79
3	[71] FJAT-46206			99.93
3	[72] FJAT-46211			99.93
4	[73] FJAT-46220			99.37
5	[74] FJAT-46229			99.93
5	[75] FJAT-46231			99.93
6	[76] FJAT-46238			99.93
6	[77] FJAT-46242			99.79
6	[78] FJAT-46247			99.93
6	[79] FJAT-46248			99.93
7	[80] FJAT-46251			99.72
7	[81] FJAT-46252			99.79
7	[82] FJAT-46259			99.93
9	[83] FJAT-46279	19. *Bacillus subtilis* KCTC 13429[T]	枯草芽胞杆菌	99.93
10	[84] FJAT-46295			99.93
10	[85] FJAT-46298			99.93
12	[86] FJAT-46316			99.72
13	[87] FJAT-46331			99.93
14	[88] FJAT-46343			99.86
1	[89] FJAT-46179			99.93
2	[90] FJAT-46190			99.93
3	[91] FJAT-46214			99.93
4	[92] FJAT-46219			99.93
5	[93] FJAT-46234			99.93
6	[94] FJAT-46241			99.93
7	[95] FJAT-46262			99.93
14	[96] FJAT-46337			99.93
1	[97] FJAT-46174	20. *Bacillus safensis* FO-36b[T]	沙福芽胞杆菌	100.00
14	[98] FJAT-46341			100.00
4	[99] FJAT-46217	21. *Bacillus aerophilus* 28K[T]	嗜气杆菌	100.00
11	[100] FJAT-46301			100.00
1	[101] FJAT-46177			99.44
2	[102] FJAT-46199			99.37
7	[103] FJAT-46255	22. *Bacillus sonorensis* NBRC 101234[T]	索诺拉沙漠芽胞杆菌	99.30
12	[104] FJAT-46311			99.44
14	[105] FJAT-46342			99.44
2	[106] FJAT-46201	23. *Bacillus anthracis* ATCC 14578[T]	炭疽芽胞杆菌	99.54
3	[107] FJAT-46213			99.69
2	[108] FJAT-46191	24. *Bacillus tequilensis* KCTC 13622[T]	特基拉芽胞杆菌	99.86

样本编号	菌株编号	种名及其模式菌株	中文学名	相似度/%
4	[109] FJAT-46216			100.00
7	[110] FJAT-46250			99.79
7	[111] FJAT-46257	24. *Bacillus tequilensis* KCTC 13622^T	特基拉芽胞杆菌	100.00
12	[112] FJAT-46314			100.00
14	[113] FJAT-46344			100.00
9	[114] FJAT-46275	25. *Oceanobacillus caeni* S-11^T	淤泥大洋芽胞杆菌	99.30

2. 菌剂发酵床垫料芽胞杆菌活菌数

整合微生物组菌剂样本芽胞杆菌活菌计数见表 3-2，实验重复 3 次，统计结果表明不同样本芽胞杆菌活菌数量存在差异，范围为（27 ~ 71）×10^6 CFU/g，平均值为 41.57×10^6 CFU/g。

表3-2　整合微生物组菌剂样本芽胞杆菌活菌计数

样本编号	计数/（10^6 CFU/g）			3次平均值/（10^6 CFU/g）
1	48	24	27	33
2	30	24	36	30
3	30	36	57	41
4	57	18	24	33
5	78	54	63	65
6	45	51	54	50
7	52	46	34	44
8	30	33	48	37
9	54	33	24	37
10	57	48	36	47
11	27	24	30	27
12	63	60	90	71
13	30	48	27	35
14	27	36	33	32
每次实验的平均值	44.86	38.21	41.64	41.57

3. 菌剂发酵床垫料芽胞杆菌测序相对含量

对 14 个整合菌剂样本进行宏基因组测定，芽胞杆菌属相对含量（read）见表 3-3，结果表明从整合菌剂中鉴定出 22 个属，比活菌培养方法分离的 6 个属多近 3 倍，不同属在不同样本中分布差异显著，芽胞杆菌近缘属含量（read）总和范围为 424 ~ 4130，样本细菌属总含量（read）范围为 83279 ~ 137195。

表3-3　菌剂发酵床垫料芽胞杆菌属相对含量（read）测定

属名	菌剂发酵床垫料芽胞杆菌属相对含量（read）													
	1	2	3	4	5	6	7	8	9	10	11	12	13	14
1. *Ammoniibacillus*	0	2	1	0	0	7	1	10	0	0	0	18	0	0
2. *Amphibacillus*	0	0	1	5	22	4	2	0	0	3	16	4	2	2
3. *Aneurinibacillus*	0	1	3	4	0	6	1	84	0	0	16	1	18	0
4. *Bacillus*	70	303	1237	1101	654	630	123	697	248	666	560	861	353	517
5. *Caldalkalibacillus*	0	2	1	0	0	3	1	17	1	0	5	11	0	2
6. *Desulfuribacillus*	9	0	0	0	0	0	1	0	1	1	0	0	0	0
7. *Geobacillus*	1	12	2	3	19	15	1	48	4	13	78	579	13	8
8. *Gracilibacillus*	3	13	11	3	8	51	3	50	2	20	63	381	16	37
9. *Halolactibacillus*	57	4	2	9	253	18	28	4	27	5	10	13	12	14
10. *Lactobacillus*	535	108	56	171	724	238	182	42	55	91	88	1975	19	281
11. *Oceanobacillus*	7	5	22	7	28	73	8	12	3	33	38	102	8	51
12. *Ornithinibacillus*	5	20	4	12	16	28	0	63	1	42	30	31	17	36
13. *Paenibacillus*	8	43	13	8	28	61	3	34	18	1	62	55	4	93
14. *Paucisalibacillus*	8	15	41	13	25	33	3	62	7	243	28	77	18	25
15. *Rummeliibacillus*	15	8	3	4	10	3	0	0	0	0	1	5	0	2
16. *Sinibacillus*	0	1	1	0	0	10	0	2	0	11	2	0	4	3
17. *Solibacillus*	5	0	0	0	0	1	0	0	0	0	4	1	0	0
18. *Sulfobacillus*	0	3	1	2	0	0	0	12	0	0	8	0	15	2
19. *Thermobacillus*	0	9	1	2	0	8	0	124	2	11	20	4	35	15
20. *Tuberibacillus*	0	1	6	20	1232	21	2	14	0	0	4	1	62	55
21. *Ureibacillus*	6	3	0	0	0	24	1	7	1	229	0	6	90	16
22. *Vulcanibacillus*	28	1	9	0	21	4	83	0	53	20	14	3	2	1
芽胞杆菌属总和（read）	759	559	1443	1365	3060	1295	443	1283	424	1396	1061	4130	690	1165
细菌属含量总和（read）	102575	129891	129077	83279	137195	120249	134760	135829	119811	131818	123334	111290	113781	113573

三、整合微生物组菌剂细菌含量的估算

1. 细菌属测序含量及其芽胞杆菌属占比统计

　　整合微生物组菌剂样本细菌属测序含量（read）、芽胞杆菌属测序含量（read）、芽胞杆菌属占比、芽胞杆菌属活菌计数含量（10^7 CFU/g）见表3-4，细菌属测序平均含量（read）为120461.57、芽胞杆菌属测序平均含量（read）为1362.36、芽胞杆菌属在细菌属的比例为1.15%、芽胞杆菌属活菌含量平均值为41.57×10^7 CFU/g；不同样本芽胞杆菌测序含量和活菌含量见图3-1，从图中可以看出两者存在一定的关系。

表3-4　整合微生物组菌剂样本细菌含量检测总汇

样本编号	细菌属测序含量（read）	芽胞杆菌属测序含量（read）	芽胞杆菌占比/%	芽胞杆菌属活菌计数含量/(10^7 CFU/g)
1	102575	759	0.74	33
2	129891	559	0.43	30
3	129077	1443	1.11	41
4	83279	1365	1.63	33
5	137195	3060	2.23	65
6	120249	1295	1.07	50
7	134760	443	0.32	44
8	135829	1283	0.94	37
9	119811	424	0.35	37
10	131818	1396	1.05	47
11	123334	1061	0.86	27
12	111290	4130	3.71	71
13	113781	690	0.60	35
14	113573	1165	1.02	32
平均值	120461.57	1362.36	1.15	41.57

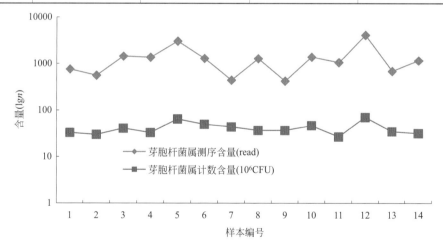

图3-1　不同样本芽胞杆菌测序含量和活菌计数含量

2. 整合微生物组菌剂中芽胞杆菌属含量估计

芽胞杆菌属测序含量（read）从测序中得到，芽胞杆菌活菌数从样本分离计数中得到，以芽胞杆菌活菌计数为纵坐标，芽胞杆菌测序含量为横坐标，建立活菌计数与测序含量的方程：$y = 0.0107x + 27.007$（$R^2 = 0.7237$），测序含量（read）越高活菌数就越多（图3-2）；将测序含量值代入方程可计算出活菌数量，如芽胞杆菌测序含量的 read 值为3145，则活菌

数为 $y=0.0107\times3145+27.007=60.6585$（$10^7$CFU/g），即该样本含有芽胞杆菌活菌数量的估值为 30.3721×10^7CFU/g。

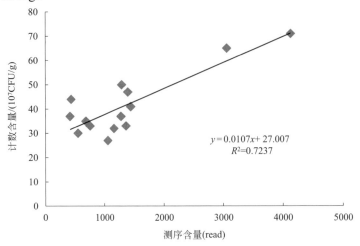

图3-2　芽胞杆菌计数含量与测序含量的关系

3．整合微生物组菌剂芽胞杆菌占比的估计

菌剂发酵床用于生产整合微生物菌剂，通过生猪发酵床原位饲养，实现垫料菌剂发酵的标准管理。整个菌剂发酵床微生物群落相对稳定，发酵床细菌属总量、芽胞杆菌属含量以及占比存在一定的函数关系。通过活菌计数和测序计数的关系，建立芽胞杆菌属测序含量相对应的活菌含量方程，估计芽胞杆菌属的占比，计算整合微生物组菌剂中细菌属的总量，进而计算细菌属测序含量的活菌数量（图3-3）。

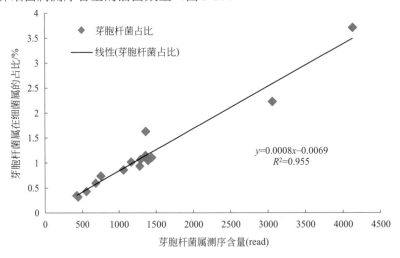

图3-3　芽胞杆菌属在细菌中占比与芽胞杆菌测序含量关系

整合菌剂芽胞杆菌属占比与芽胞杆菌属测序含量（read）模型见图3-3。分析结果表明芽胞杆菌属占比与测序含量的方程为：$y=0.0008x-0.0069$（$R^2=0.955$）。如已知芽胞杆菌测

序含量为 3145，则 $y=0.0008×3145-0.0069=2.5091\%$，即 read 值 =3145 的芽胞杆菌属占该样本细菌属总含量的 2.5%。通过这个占比可以计算出细菌测序总量（read），即 y(细菌总量)=x(芽胞杆菌含量)/ 芽胞杆菌占比，如 y =3145/0.025=125800，即 read 值 =3145 的芽胞杆菌属，占细菌属总量的 2.5%，则细菌总量（read）为 125800。

4. 整合微生物组菌剂样本细菌活菌含量的估计

整合菌剂样本通过活菌计数芽胞杆菌属数量，标定芽胞杆菌属测序含量（read）的活菌数，通过芽胞杆菌属测序含量，计算在细菌属的占比，进而推算样本细菌属的活菌数。用芽胞杆菌属活菌数来推算样本细菌属活菌含量存在一定的误差，然而，这种误差表现在不同种类 read 的长短和 16S rDNA 的拷贝数等，尽管差异显著，但是它们同在一个数量级，对于估计细菌活菌数是有利的。那么，样本细菌属总估计活菌数：

$$\frac{x_1(\text{细菌属测序含量})}{x_2(\text{芽胞杆菌属测序含量})}=\frac{y_1(\text{细菌属总活菌数})}{y_2(\text{芽胞杆菌属活菌数})}$$

则：y_1 = 细菌属测序含量 / 芽胞杆菌属测序含量 × 芽胞杆菌属估计活菌数 =120461.57/1362.36×30.3721=2685.54（10^7CFU/g），即样本细菌估计活菌数为 268.55×10^8CFU/g。

四、讨论与总结

整合微生物组菌剂活菌数是菌剂重要的质量指标；宏基因组测序测定的每个物种的 read 是个相对含量，通过它可以了解特定类群的细菌占整体细菌的比例，但无法了解其活菌数（绝对值）。通过整合微生物组菌剂特定物种，如芽胞杆菌活菌数的检测，了解特定物种活菌数；而后，通过宏基因组鉴定的微生物组总量（read）和特定物种的含量（read，如芽胞杆菌），假设细菌细胞大小范围的一致性，建立细菌微生物组含量 (read)/ 芽胞杆菌微生物组含量 (read)= 细菌活菌数 (CFU/g)/ 芽胞杆菌活菌数 (CFU/g)，这样可以计算出细菌微生物组活菌数 (CFU/g)=［细菌微生物组含量 (read)/ 芽胞杆菌微生物组含量 (read)］× 芽胞杆菌活菌数（CFU/g）；用于微生物组活菌数的估计，具有实用性。

第二节
菌剂发酵床与堆肥工艺产品微生物组差异

一、不同工艺细菌属种类差异

菌剂发酵床工艺生产的整合微生物组菌剂细菌属的相对含量（read）为 111524.00，比堆肥工艺生产的有机肥相对含量 66849 高 1.6 倍；发酵床工艺产品细菌属的数量为 766，堆肥工艺产品细菌属的数量为 76 个，堆肥工艺是发酵床工艺细菌属数量的 1/10；发酵床工艺含量（read）千级以上的细菌有 25 个属，堆肥工艺的细菌只有 3 个属，相差 8.3 倍（表 3-5）。

表3-5　发酵床和堆肥工艺产品细菌属水平微生物组差异

发酵床猪粪细菌-整合微生物菌剂	read	发酵床猪粪细菌-整合微生物菌剂	read
糖杆菌门分类地位未定的1属Saccharibacteria_norank	7217.71	短杆菌属Brevibacterium	657.00
特吕珀菌属Truepera	6638.43	嗜蛋白菌属Proteiniphilum	642.86
藤黄色杆菌属Luteibacter	5851.57	古根海姆氏菌属Guggenheimella	641.14
漠河杆菌属Moheibacter	5556.43	欧文威克斯菌属Owenweeksia	636.86
厌氧绳菌科未培养的1属Anaerolineaceae_uncultured	4105.86	陆生菌群S0134分类地位未定的1属S0134_terrestrial_group_norank	625.14
黄杆菌科未分类的1属Flavobacteriaceae_unclassified	3365.00	克里斯滕森菌科R-7群的1属Christensenellaceae_R-7_group	588.71
腐螺旋菌科未培养的1属Saprospiraceae_uncultured	3210.00	狭义梭菌属1 Clostridium_sensu_stricto_1	580.43
OPB54分类地位未定的1属OPB54_norank	2913.71	芽胞杆菌属Bacillus	532.86
热泉绳菌属Crenotalea	2381.29	海滑菌科分类地位未定的1属Marinilabiaceae_norank	526.14
海杆菌属Marinobacter	2127.00	海面菌属Aequorivita	494.43
OM1进化枝分类地位未定的1属OM1_clade_norank	1805.29	乳杆菌属Lactobacillus	480.43
阮氏菌属Ruania	1556.14	海胞菌属Marinicella	479.29
鸟氨酸微菌属Ornithinimicrobium	1461.71	棒杆菌属1 Corynebacterium_1	475.14
鸟杆菌属Ornithobacterium	1418.14	NB1-n分类地位未定的1属NB1-n_norank	453.29
大洋球菌属Oceanococcus	1394.29	太白山菌属Taibaiella	451.00
间孢囊菌科未分类的1属Intrasporangiaceae_unclassified	1354.00	酸微菌目未分类的1属Acidimicrobiales_unclassified	433.71
拟杆菌纲VC2.1_Bac22分类地位未定的1属Bacteroidetes_VC2.1_Bac22_norank	1347.00	γ-变形菌纲未分类的1属Gammaproteobacteria_unclassified	427.14
目JG30-KF-CM45分类地位未定的1属JG30-KF-CM45_norank	1297.71	vadinBC27废水污泥菌群的1属vadinBC27_wastewater-sludge_group	421.14
冬微菌属Brumimicrobium	1226.86	马杜拉放线菌属Actinomadura	419.43
棒杆菌属Corynebacterium	1187.57	石单胞菌属Petrimonas	416.71
红螺菌科未培养的1属Rhodospirillaceae_uncultured	1168.57	类诺卡氏菌科未分类的1属Nocardioidaceae_unclassified	416.29
苛求球形菌属Fastidiosipila	1109.43	科XI未培养的1属Family_XI_uncultured	416.14
龙杆菌科未培养的1属Draconibacteriaceae_uncultured	1038.71	中村氏菌属Nakamurella	412.86
皮生球菌科未分类的1属Dermacoccaceae_unclassified	1016.29	乔根菌属Georgenia	408.00
假单胞菌属Pseudomonas	1001.29	副球菌属Paracoccus	406.86
水稻土壤菌属Oryzihumus	911.14	未分类的1个细菌属Bacteria_unclassified	402.71
盐单胞菌属Halomonas	884.43	球胞发菌属Sphaerochaeta	397.57
寡源菌属Oligella	873.00	叶杆菌科未培养的1属Phyllobacteriaceae_uncultured	395.29
长孢菌属Longispora	793.71	短状杆菌属Brachybacterium	386.57
无胆甾原体属Acholeplasma	766.14	黄杆菌属Flavobacterium	376.00
纤细单胞菌属Gracilimonas	743.29	分枝杆菌属Mycobacterium	359.14
黄色杆菌属Galbibacter	673.00	红嗜热菌科未培养的1属Rhodothermaceae_uncultured	349.14

续表

发酵床猪粪细菌-整合微生物菌剂	read	发酵床猪粪细菌-整合微生物菌剂	read
厚壁菌门未分类的1属Firmicutes_unclassified	337.57	沙单胞菌属Arenimonas	196.57
叶杆菌科未分类的1属Phyllobacteriaceae_unclassified	336.86	金色线菌属Chryseolinea	191.29
黄单胞菌科未培养的1属Xanthomonadaceae_uncultured	333.29	拟杆菌目UCG-001群分类地位未定的1属Bacteroidales_UCG-001_norank	189.14
陶厄氏菌属Thauora	330.29	赤杆菌科未分类的1属Erythrobacteraceae_unclassified	185.86
土生孢杆菌属Terrisporobacter	327.29	糖霉菌属Glycomyces	185.43
GR-WP33-58分类地位未定的1属GR-WP33-58_norank	322.00	科XIV未培养的1属Family_XIV_uncultured	183.57
热粪杆菌属Caldicoprobacter	315.29	橙色杆状菌属Luteivirga	183.14
湖杆菌属Limnobacter	305.43	属C1-B045	182.14
弯曲杆状菌属Flexivirga	303.14	噬甲基菌属Methylophaga	182.00
海源菌属Idiomarina	294.29	丹毒丝菌属Erysipelothrix	172.57
目AKYG1722分类地位未定的1属AKYG1722_norank	284.14	姜氏菌属Kangiella	171.71
微杆菌科未分类的1属Microbacteriaceae_unclassified	279.43	居大理石菌属Marmoricola	171.29
紫单胞菌科未培养的1属Porphyromonadaceae_uncultured	278.71	噬几丁质菌科未培养的1属Chitinophagaceae_uncultured	168.43
冷形菌属Cryomorpha	272.86	互养菌科未培养的1属Synergistaceae_uncultured	167.57
类诺卡氏菌属Nocardioides	270.57	酸微菌目未培养的1属Acidimicrobiales_uncultured	164.86
涅斯捷连科氏菌属Nesterenkonia	266.29	广布杆菌属Vulgatibacter	162.00
微球菌目未分类的1属Micrococcales_unclassified	260.71	芽胞杆菌科未分类的1属Bacillaceae_unclassified	160.86
密螺旋体菌属Treponema	258.86	苏黎世杆菌属Turicibacter	159.43
赖兴巴赫氏菌属Reichenbachiella	254.71	水垣杆菌属Mizugakiibacter	157.71
纤维弧菌科未分类的1属Cellvibrionaceae_unclassified	248.71	乳球菌属Lactococcus	156.71
黄单胞菌目未培养的1属Xanthomonadales_uncultured	247.00	目III未分类的1属Order_III_unclassified	156.57
产氢菌门分类地位未定的1属Hydrogenedentes_norank	246.57	蛭弧菌属Bdellovibrio	156.29
淡红微菌属Rubellimicrobium	246.29	红球菌属Rhodococcus	154.71
微丝菌属Candidatus_Microthrix	242.57	黄单胞菌科未分类的1属Xanthomonadaceae_unclassified	153.71
鸟氨酸球菌属Ornithinicoccus	241.00	瘤胃线杆菌属Ruminofilibacter	153.43
门Microgenomates分类地位未定的1属Microgenomates_norank	240.71	瘤胃球菌科UCG-014群的1属Ruminococcaceae_UCG-014	150.29
红杆菌科未分类的1属Rhodobacteraceae_unclassified	240.00	柔膜菌纲RF9分类地位未定的1属Mollicutes_RF9_norank	149.29
密螺旋体菌属2 Treponema_2	227.29	α-变形菌纲未分类的1属Alphaproteobacteria_unclassified	145.57
科BIrii41分类地位未定的1属BIrii41_norank	225.29	硫碱微菌属Thioalkalimicrobium	145.29
链球菌属Streptococcus	222.86	丙酸杆菌科未分类的1属Propionibacteriaceae_unclassified	143.00
极小单胞菌属Pusillimonas	220.43	生丝微菌属Hyphomicrobium	142.43
迪茨氏菌属Dietzia	220.00	根瘤菌目未分类的1属Rhizobiales_unclassified	142.43
海草球形菌科未培养的1属Phycisphaeraceae_uncultured	218.00	硫卵形菌属Sulfurovum	141.71
海洋杆菌属Oceanobacter	217.14	480-2分类地位未定的1属480-2_norank	140.29
食烷菌属Alcanivorax	214.29	火色杆菌科未分类的1属Flammeovirgaceae_unclassified	139.29

续表

发酵床猪粪细菌-整合微生物菌剂	read	发酵床猪粪细菌-整合微生物菌剂	read
类诺卡氏菌科未培养的1属Nocardioidaceae_uncultured	138.57	纤维杆菌科未培养的1属Fibrobacteraceae_uncultured	91.29
未知科未培养的1属Unknown_Family_uncultured	136.14	橙色胞杆菌科未培养的1属Sandaracinaceae_uncultured	90.71
海小杆菌属Marinobacterium	135.29	地芽胞杆菌属Geobacillus	88.86
瘤胃球菌科未分类的1属Ruminococcaceae_unclassified	134.57	弗林德斯菌属Flindersiella	87.71
去甲基甲萘醌属Demequina	133.86	蒂西耶氏菌属Tissierella	85.86
棒杆菌目未分类的1属Corynebacteriales_unclassified	133.00	应微所菌属Iamia	85.57
卡斯泰拉尼氏菌属Castellaniella	130.14	OM27进化枝的1属OM27_clade	81.86
卵黄色杆菌属Vitellibacter	129.57	居麻风树菌属Jatrophihabitans	81.29
暖绳菌科未培养的1属Caldilineaceae_uncultured	128.29	目C178B分类地位未定的1属C178B_norank	79.86
蓝细菌门分类地位未定的1属Cyanobacteria_norank	125.43	装甲菌门分类地位未定的1属Armatimonadetes_norank	79.43
亚硝化球菌属Nitrosococcus	122.14	咸水球形菌属Salinisphaera	77.86
甲基微菌属Methylomicrobium	118.86	瘤胃梭菌属Ruminiclostridium	77.00
候选门Parcubacteria分类地位未定的1属Parcubacteria_norank	118.71	噬纤维菌目未分类的1属Cytophagales_unclassified	76.57
贪食杆菌属Peredibacter	116.57	梭菌目vadinBB60分类地位未定的1属Clostridiales_vadinBB60_group_norank	75.86
藤黄色单胞菌属Luteimonas	113.57	类固醇杆菌属Steroidobacter	75.86
厄泽比氏菌属Euzebya	111.43	微球菌目分类地位未定的1属Micrococcales_norank	75.71
δ-变形杆菌纲未分类的1属Deltaproteobacteria_unclassified	111.29	目113B434分类地位未定的1属113B434_norank	74.14
BD1-7进化枝的1属BD1-7_clade	109.29	拟杆菌目未分类的1属Bacteroidales_unclassified	71.43
海洋小杆菌属Pelagibacterium	107.71	脱硫杆菌属Dethiobacter	71.14
葡萄球菌属Staphylococcus	107.43	纤细芽胞杆菌属Gracilibacillus	70.00
红杆菌科未培养的1属Rhodobacteraceae_uncultured	107.29	硫碱螺菌属Thioalkalispira	70.00
BD2-11陆生菌群分类地位未定的1属BD2-11_terrestrial_group_norank	105.43	拟杆菌纲未分类的1属Bacteroidetes_unclassified	69.43
互营单胞菌科未培养的1属Syntrophomonadaceae_uncultured	104.14	亚硝化单胞菌属Nitrosomonas	68.71
目BC-COM435分类地位未定的1属BC-COM435_norank	103.86	瘤胃球菌科UCG-005群的1属Ruminococcaceae_UCG-005	68.14
海洋吞噬菌属Mariniphaga	103.57	固氮弓菌属Azoarcus	66.71
亚群6分类地位未定的1属Subgroup_6_norank	102.29	生丝微菌科未培养的1属Hyphomicrobiaceae_uncultured	66.29
班努斯菌属Balneola	99.43	杆状放线菌属Actinotalea	65.57
微球菌科未分类的1属Micrococcaceae_unclassified	99.14	脱硫叶菌属Desulfobulbus	64.71
鞘氨醇杆菌科未分类的1属Sphingobacteriaceae_unclassified	98.43	候选门WS6分类地位未定的1属Candidate_division_WS6_norank	64.29
盐多孢放线菌属Haloactinopolyspora	98.29	解蛋白菌属Proteiniclasticum	63.29
冷形菌科未分类的1属Cryomorphaceae_unclassified	97.86	盐螺菌属Salinispira	63.14
AT425-EubC11陆生菌群分类地位未定的1属AT425-EubC11_terrestrial_group_norank	96.14	假丁酸弧菌属Pseudobutyrivibrio	61.57
紫红球菌属Puniceicoccus	95.14	黑杆菌门分类地位未定的1属Atribacteria_norank	61.43
清水氏菌属Simiduia	92.86	海滑菌科未培养的1属Marinilabiaceae_uncultured	59.86

发酵床猪粪细菌-整合微生物菌剂	read	发酵床猪粪细菌-整合微生物菌剂	read
白色杆菌属Leucobacter	59.43	黏胶球形菌纲RFP12肠道菌群分类地位未定的1属Lentisphaerae_RFP12_gut_group_norank	42.29
目1013-28-CG33分类地位未定的1属1013-28-CG33_norank	58.43	别样海源菌属Aliidiomarina	42.00
产粪甾醇优杆菌群的1属[Eubacterium]_coprostanoligenes_group	57.86	单个杆菌属Solobacterium	41.14
放线菌门未分类的1属Actinobacteria_unclassified	57.14	类芽胞杆菌属Paenibacillus	40.86
长杆菌属Prolixibacter	56.57	红螺菌目未分类的1属Rhodospirillales_unclassified	40.43
盐胞菌属Halocella	56.14	格尔德兰菌属Gelria	40.29
热杆菌属Thermovirga	55.57	瘤胃球菌科UCG-002群的1属Ruminococcaceae_UCG-002	40.14
不动杆菌属Acinetobacter	54.86	弧菌属Vibrio	39.86
目III未培养的1属Order_III_uncultured	54.86	目B1-7BS分类地位未定的1属B1-7BS_norank	39.14
厌氧黏杆菌属Anaeromyxobacter	54.57	类芽胞杆菌科未分类的1属Paenibacillaceae_unclassified	38.71
溶杆菌属Lysobacter	54.14	隐秘小球菌属Subdoligranulum	38.57
生丝微菌科未分类的1属Hyphomicrobiaceae_unclassified	54.00	去甲基甲萘醌菌科未分类的1属Demequinaceae_unclassified	38.43
考拉杆菌属Phascolarctobacterium	52.57	四联球菌属Tessaracoccus	38.29
拟杆菌门vadinHA17纲分类地位未定的1属Bacteroidetes_vadinHA17_norank	52.14	LNR_A2-18分类地位未定的1属LNR_A2-18_norank	36.71
纤维杆菌属Fibrobacter	51.14	海生螺菌属Thalassospira	36.43
科DEV007分类地位未定的1属DEV007_norank	50.71	候选科01分类地位未定的1属possible_family_01_norank	36.43
红蝽菌科未培养的1属Coriobacteriaceae_uncultured	50.43	水手菌属Nautella	36.00
节杆菌属Arthrobacter	50.14	绿弯菌门未培养的1属Chloroflexi_uncultured	35.86
鞘氨醇杆菌属Sphingobacterium	49.43	目DB1-14分类地位未定的1属DB1-14_norank	35.71
霍尔德曼菌属Holdemanella	48.43	德沃斯氏菌属Devosia	35.43
热厌氧菌科未分类的1属Thermoanaerobacteraceae_unclassified	48.43	大洋芽胞杆菌属Oceanobacillus	35.43
假螺菌属Pseudospirillum	48.29	甲基球菌科未培养的1属Methylococcaceae_uncultured	35.14
链孢囊菌科未培养的1属Streptosporangiaceae_uncultured	48.29	孙秀琴菌属Sunxiuqinia	35.14
盐水球菌属Salinicoccus	45.86	海妖菌属Haliea	34.71
产碱菌科未分类的1属Alcaligenaceae_unclassified	45.57	糖单孢菌属Saccharomonospora	33.57
瘤胃球菌科未培养的1属Ruminococcaceae_uncultured	44.71	琼斯氏菌属Jonesia	33.14
Blvii28污水淤泥群的1属Blvii28_wastewater-sludge_group	44.00	甲基杆菌属Methylobacter	32.71
丹毒丝菌科UCG-010群的1属Erysipelotrichaceae_UCG-010	43.86	纲JG30-KF-CM66分类地位未定的1属JG30-KF-CM66_norank	32.57
门SHA-109分类地位未定的1属SHA-109_norank	43.57	紫单胞菌科未分类的1属Porphyromonadaceae_unclassified	31.57
鞘氨醇杆菌科未培养的1属Sphingobacteriaceae_uncultured	43.00	硫单胞菌属Sulfurimonas	31.43
梭菌目未分类的1属Clostridiales_unclassified	42.29	寡养弯菌科分类地位未定的1属Oligoflexaceae_norank	31.14
芽单胞菌科未培养的1属Gemmatimonadaceae_uncultured	42.29	梭菌纲未分类的1属Clostridia_unclassified	30.29

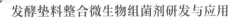
续表

发酵床猪粪细菌-整合微生物菌剂	read	发酵床猪粪细菌-整合微生物菌剂	read
热密卷菌属Thermocrispum	30.29	地嗜皮菌科未培养的1属Geodermatophilaceae_uncultured	23.29
脱硫球菌属Desulfococcus	30.14	奇异杆菌属Atopostipes	23.00
科TK10分类地位未定的1属TK10_norank	29.86	Urania-1B-19海洋沉积菌群的1属Urania-1B-19_marine_sediment_group	22.86
科W27分类地位未定的1属W27_norank	29.29	粪杆菌属Faecalibacterium	22.71
球链菌属Globicatella	28.43	普雷沃氏菌属9 Prevotella_9	22.71
微杆菌属Microbacterium	28.43	WCHB1-69分类地位未定的1属WCHB1-69_norank	21.86
普劳泽氏菌属Prauserella	28.43	出众杆菌属Melioribacter	21.71
PL-11B8污水淤泥菌群分类地位未定的1属PL-11B8_wastewater-sludge_group_norank	28.00	橄榄杆菌属Olivibacter	21.71
盐微菌属Salinimicrobium	27.71	消化球菌科未培养的1属Peptococcaceae_uncultured	21.29
肠放线球菌属Enteractinococcus	27.57	难养小杆菌属Mogibacterium	21.00
毛螺菌科未分类的1属Lachnospiraceae_unclassified	27.57	海橄榄形菌属Pontibaca	21.00
脱硫单胞菌属Desulfuromonas	27.43	脱硫棒菌属Desulfofustis	20.71
海滑菌科未分类的1属Marinilabiaceae_unclassified	27.43	肠球菌属Enterococcus	20.71
丰佑菌纲未分类的1属Opitutae_unclassified	27.43	Rs-M59白蚁菌群的1属Rs-M59_termite_group	20.71
居黄海菌属Seohaeicola	27.43	球形杆菌属Sphaerobacter	20.57
科XIII AD3011群的1属Family_XIII_AD3011_group	27.14	互养菌科未分类的1属Synergistaceae_unclassified	20.43
加西亚氏菌属Garciella	27.14	盐乳杆菌属Halolactibacillus	20.29
纤维弧菌属Cellvibrio	26.71	别样球菌属Aliicoccus	20.14
候选属04 possible_genus_04	26.71	居白蚁菌属Isoptericola	20.14
目vadinBA26分类地位未定的1属vadinBA26_norank	26.71	瘤胃球菌科UCG-012群的1属Ruminococcaceae_UCG-012	20.14
属AKYG587	26.57	脱硫棒形菌属Desulfotignum	20.00
拟杆菌目S24-7群分类地位未定的1属Bacteroidales_S24-7_group_norank	26.14	目TRA3-20分类地位未定的1属TRA3-20_norank	19.86
军团菌属Legionella	26.14	绿弯菌门未分类的1属Chloroflexi_unclassified	19.71
气微菌属Aeromicrobium	26.00	科XI未分类的1属Family_XI_unclassified	19.29
法氏菌属Facklamia	26.00	理研菌科RC9肠道菌群的1属Rikenellaceae_RC9_gut_group	19.14
厌氧贪食菌属Anaerovorax	25.71	鸟氨酸芽胞杆菌属Ornithinibacillus	19.00
瘤胃球菌科NK4A214群的1属Ruminococcaceae_NK4A214_group	25.71	克里斯滕森氏菌科未培养的1属Christensenellaceae_uncultured	18.86
少盐芽胞杆菌属Paucisalibacillus	25.43	小杆菌属Microbacter	18.86
土源杆菌目未分类的1属Chthoniobacterales_unclassified	25.29	硝化球菌属Nitrococcus	18.86
粪球菌属1 Coprococcus_1	25.00	瘤胃球菌科UCG-010群的1属Ruminococcaceae_UCG-010	18.71
互营单胞菌属Syntrophomonas	24.57	科OPB56分类地位未定的1属OPB56_norank	18.43
糖发酵菌属Saccharofermentans	24.00	厌氧弧菌属Anaerovibrio	18.14
脱硫生孢菌属Desulfitispora	23.86	粪球菌属3 Coprococcus_3	18.14
沉积杆菌属Sedimentibacter	23.86	科SM2D12分类地位未定的1属SM2D12_norank	18.14
纲OPB35土壤菌群分类地位未定的1属OPB35_soil_group_norank	23.57	丹毒丝菌科未分类的1属Erysipelotrichaceae_unclassified	17.43

续表

发酵床猪粪细菌-整合微生物菌剂	read	发酵床猪粪细菌-整合微生物菌剂	read
肉杆菌科未培养的1属Carnobacteriaceae_uncultured	17.29	纤线菌属Leptonema	12.71
圆杆菌科未分类的1属Cyclobacteriaceae_unclassified	17.29	中温微菌属Tepidimicrobium	12.71
龙杆菌科未分类的1属Draconibacteriaceae_unclassified	17.29	斯尼思氏菌属Sneathiella	12.57
候选属Alysiosphaera Candidatus_Alysiosphaera	17.14	丹毒丝菌科UCG-004群的1属Erysipelotrichaceae_UCG-004	12.43
硝酸矛形菌属Nitrolancea	16.86	鞘氨醇杆菌目分类地位未定的1属Sphingobacteriales_norank	12.43
特吕佩尔氏菌属Trueperella	16.86	链杆菌属Catenibacterium	12.29
嗜冷杆菌属Psychrobacter	16.71	紫红球菌科未培养的1属Puniceicoccaceae_uncultured	12.14
球形杆菌科未分类的1属Sphaerobacteraceae_unclassified	16.57	毛球菌属Trichococcus	12.14
布劳特氏菌属Blautia	16.29	氨基小杆菌属Aminobacterium	12.00
脱硫苏打菌属Desulfonatronum	15.71	外硫红螺菌科未分类的1属Ectothiorhodospiraceae_unclassified	12.00
巨球形菌属Megasphaera	15.57	碱杆菌属Alkalibacter	11.71
小单孢菌科未分类的1属Micromonosporaceae_unclassified	15.57	科XIII UCG-002群的1属Family_XIII_UCG-002	11.71
丹毒丝菌科未培养的1属Erysipelotrichaceae_uncultured	15.43	火神菌属Hephaestia	11.57
黄球菌属Luteococcus	15.43	热双歧菌属Thermobifida	11.57
居盐场菌属Salinicola	15.43	科MSB-1E8分类地位未定的1属MSB-1E8_norank	11.43
科WCHB1-25分类地位未定的1属WCHB1-25_norank	15.43	亚群21分类地位未定的1属Subgroup_21_norank	11.43
寡养球形菌科分类地位未定的1属Oligosphaeraceae_norank	15.14	甲基暖菌属Methylocaldum	11.29
肉杆菌属Carnobacterium	15.00	嗜碱菌属Alkaliphilus	11.14
假深黄单胞菌属Pseudofulvimonas	15.00	交替赤杆菌属Altererythrobacter	11.00
弓形杆菌属Arcobacter	14.86	海微菌属Marinimicrobium	10.71
丰佑菌属Opitutus	14.86	科NPL-UPA2分类地位未定的1属NPL-UPA2_norank	10.57
科BIgi5分类地位未定的1属BIgi5_norank	14.71	多雷氏菌属Dorea	10.43
候选属Desulforudis Candidatus_Desulforudis	14.71	蒂斯特尔氏菌属Tistlia	10.29
目III分类地位未定的1属Order_III_norank	14.57	脱亚硫酸杆菌属Desulfitibacter	10.14
土壤红色杆菌目未分类的1属Solirubrobacterales_unclassified	14.29	纲S085分类地位未定的1属S085_norank	10.14
橙色胞菌属Sandaracinus	14.14	柯林斯氏菌属Collinsella	10.00
门TM6分类地位未定的1属TM6_norank	14.00	互营醋菌属Syntrophaceticus	10.00
肿块芽胞杆菌属Tuberibacillus	14.00	红螺菌科未分类的1属Rhodospirillaceae_unclassified	9.86
嗜油菌属Oleiphilus	13.57	瘤胃梭菌属5 Ruminiclostridium_5	9.86
白单胞菌属Candidimonas	13.43	链霉菌属Streptomyces	9.86
沉积物杆菌属Illumatobacter	13.43	盖亚菌目未培养的1属Gaiellales_uncultured	9.71
鞘氨醇单胞菌目未分类的1属Sphingomonadales_unclassified	13.00	普雷沃氏菌属1 Prevotella_1	9.57
火山芽胞杆菌属Vulcanibacillus	12.86	寡养球形菌纲分类地位未定的1属Oligosphaeria_norank	9.43
毛螺菌科XPB1014群的1属Lachnospiraceae_XPB1014_group	12.71	黄杆菌科未培养的1属Flavobacteriaceae_uncultured	9.29

发酵床猪粪细菌-整合微生物菌剂	read	发酵床猪粪细菌-整合微生物菌剂	read
盐硫杆状菌属Halothiobacillus	9.29	OCS116进化枝分类地位未定的1属OCS116_clade_norank	7.71
泉单胞菌属Silanimonas	9.29	海草球形菌目未分类的1属Phycisphaerales_unclassified	7.71
海妖菌科未分类的1属Halieaceae_unclassified	9.14	普雷沃氏菌科NK3B31群的1属Prevotellaceae_NK3B31_group	7.71
热不生孢霉菌属Thermasporomyces	9.14	科CK06-06-Mud-MAS4B-21分类地位未定的1属CK06-06-Mud-MAS4B-21_norank	7.57
无色杆菌属Achromobacter	9.00	解腈菌属Nitriliruptor	7.57
弗兰克氏菌目未分类的1属Frankiales_unclassified	9.00	消化球菌科未分类的1属Peptococcaceae_unclassified	7.57
柔膜菌纲未分类的1属Mollicutes_unclassified	9.00	厌氧杆形菌属Anaerotruncus	7.43
螺旋体属2 Spirochaeta_2	9.00	科Eel-36e1D6分类地位未定的1属Eel-36e1D6_norank	7.43
酸微菌科未分类的1属Acidimicrobiaceae_unclassified	8.86	假诺卡氏菌科未分类的1属Pseudonocardiaceae_unclassified	7.43
候选剑线虫杆菌属Candidatus_Xiphinematobacter	8.86	瘤胃球菌科UCG-008群的1属Ruminococcaceae_UCG-008	7.43
精美菌属Formosa	8.86	拟杆菌目RF16群分类地位未定的1属Bacteroidales_RF16_group_norank	7.29
纲OM190分类地位未定的1属OM190_norank	8.86	脱硫微菌属Desulfomicrobium	7.29
土杆菌属Pedobacter	8.86	咸海鲜球菌属Jeotgalicoccus	7.29
衣原体目未分类的1属Chlamydiales_unclassified	8.57	丙酸棒菌属Propioniciclava	7.29
梭菌科2未分类的1属Clostridiaceae_2_unclassified	8.57	琥珀酸弧菌属Succinivibrio	7.29
马文布莱恩特菌属Marvinbryantia	8.57	外硫红螺菌科未培养的1属Ectothiorhodospiraceae_uncultured	7.14
Blfdi19分类地位未定的1属Blfdi19_norank	8.43	居河菌属Fluviicola	7.14
候选属Caldatribacterium Candidatus_Caldatribacterium	8.43	噬氢菌属Hydrogenophaga	7.14
黏胶球形菌门未分类的1属Lentisphaerae_unclassified	8.43	等球形菌属Isosphaera	7.14
侏囊菌科未分类的1属Nannocystaceae_unclassified	8.43	硝酸盐还原菌属Nitratireductor	7.14
平螺纹丝菌属Planifilum	8.43	压缩杆菌属Constrictibacter	7.00
港口球菌科未分类的1属Porticoccaceae_unclassified	8.43	海底菌群JTB255的1属JTB255_marine_benthic_group_norank	7.00
芽胞杆菌纲未分类的1属Bacilli_unclassified	8.29	狭义梭菌属6 Clostridium_sensu_stricto_6	6.86
科D8A-2分类地位未定的1属D8A-2_norank	8.29	运动杆菌属Mobilitalea	6.86
光冈菌属Mitsuokella	8.14	瘤胃梭菌属1 Ruminiclostridium_1	6.86
糖多孢菌属Saccharopolyspora	8.14	瘤胃球菌属2 Ruminococcus_2	6.86
中华微菌属Sinomicrobium	8.14	KI89A进化枝分类地位未定的1属KI89A_clade_norank	6.71
霍氏优杆菌群的1属[Eubacterium]_hallii_group	8.14	毛螺菌科分类地位未定的1属Lachnospiraceae_incertae_sedis	6.71
尿素芽胞杆菌属Ureibacillus	8.00	嗜甲基菌科未培养的1属Methylophilaceae_uncultured	6.71
气球菌属Aerococcus	7.86	小棒杆菌属Parvibaculum	6.71
埃希氏-志贺氏菌属Escherichia-Shigella	7.86	噬菌弧菌科未培养的1属Bacteriovoracaceae_uncultured	6.57
寡养球形菌属Oligosphaera	7.86	厌氧香肠形菌属Pelotomaculum	6.57
类芽胞杆菌科未培养的1属Paenibacillaceae_uncultured	7.86	芯卡体科未分类的1属Simkaniaceae_unclassified	6.57
冰冷杆菌属Gelidibacter	7.71	毛螺菌科AC2044群的1属Lachnospiraceae_AC2044_group	6.43

续表

发酵床猪粪细菌-整合微生物菌剂	read	发酵床猪粪细菌-整合微生物菌剂	read
浮霉菌科未培养的1属Planctomycetaceae_uncultured	6.43	叉形棍状厌氧菌群的1属[Anaerorhabdus]_furcosa_group	5.14
根瘤菌目未培养的1属Rhizobiales_uncultured	6.43	污水球菌属Defluviicoccus	5.00
噬细胞菌科未培养的1属Cytophagaceae_uncultured	6.29	海螺菌属Marinospirillum	5.00
候选纲Latescibacteria分类地位未定的1属Latescibacteria_norank	6.14	颤杆菌属Oscillibacter	5.00
莫拉氏菌科未培养的1属Moraxellaceae_uncultured	6.14	叶杆菌属Phyllobacterium	5.00
消化链球菌科未分类的1属Peptostreptococcaceae_unclassified	6.14	BS5分类地位未定的1属BS5_norank	4.86
糖螺菌属Saccharospirillum	6.14	黄色弯曲菌属Flaviflexus	4.86
魏斯氏菌属Weissella	6.14	寡养弯菌目分类地位未定的1属Oligoflexales_norank	4.86
戈夫罗氏瘤胃球菌群的1属[Ruminococcus]_gauvreauii_group	6.14	普雷沃氏菌科UCG-001的1属Prevotellaceae_UCG-001	4.86
盐噬菌弧菌属Halobacteriovorax	6.00	属SM1A02	4.86
莞岛菌属Wandonia	6.00	散生杆菌属Patulibacter	4.71
浅粉色球菌属Cerasicoccus	5.86	科R76-B128分类地位未定的1属R76-B128_norank	4.71
GR-WP33-30分类地位未定的1属GR-WP33-30_norank	5.86	蝙蝠弧菌目分类地位未定的1属Vampirovibrionales_norank	4.71
海球菌属Pelagicoccus	5.86	候选糖单胞菌属Candidatus_Saccharimonas	4.57
丹毒丝菌科UCG-001群的1属Erysipelotrichaceae_UCG-001	5.71	双球形菌属Diplosphaera	4.57
嗜热芽胞杆菌Thermobacillus	5.71	戈登氏菌属Gordonia	4.57
放线菌门分类地位未定的1属Actinobacteria_norank	5.57	海管菌属Haliangium	4.57
肠杆菌属Enterobacter	5.57	毛螺菌科UCG-005群的1属Lachnospiraceae_UCG-005	4.57
海草球形菌科分类地位未定的1属Phycisphaeraceae_norank	5.57	普雷沃氏菌属2 Prevotella_2	4.57
普雷沃氏菌科UCG-003群的1属Prevotellaceae_UCG-003	5.57	四体球菌属Tetragenococcus	4.57
根微菌属Rhizomicrobium	5.57	dgA-11肠道菌群的1属dgA-11_gut_group	4.57
Sh765B-TzT-29分类地位未定的1属Sh765B-TzT-29_norank	5.57	红蝽菌科未分类的1属Coriobacteriaceae_unclassified	4.43
候选奥德赛菌属Candidatus_Odyssella	5.43	门TA06分类地位未定的1属TA06_norank	4.43
纤细杆菌门分类地位未定的1属Gracilibacteria_norank	5.43	石纯杆菌属Ulvibacter	4.43
科MAT-CR-H4-C10分类地位未定的1属MAT-CR-H4-C10_norank	5.43	丹毒丝菌科UCG-003群的1属Erysipelotrichaceae_UCG-003	4.29
寡养球形菌目分类地位未定的1属Oligosphaerales_norank	5.43	海水杆菌属Haloferula	4.29
鲁梅尔芽胞杆菌属Rummeliibacillus	5.29	小月菌属Microlunatus	4.29
黏着杆菌属Tenacibaculum	5.29	模糊杆菌目分类地位未定的1属Obscuribacterales_norank	4.29
中温厌氧杆菌属Tepidanaerobacter	5.29	海草球形菌属Phycisphaera	4.29
巨球菌属Macrococcus	5.14	海洋单胞菌属Oceanimonas	4.14
变形菌门未分类的1属Proteobacteria_unclassified	5.14	沙雷氏菌属Serratia	4.14
科RL185-aaj71c12分类地位未定的1属RL185-aaj71c12_norank	5.14	脱硫单胞菌目未分类的1属Desulfuromonadales_unclassified	4.00

续表

发酵床猪粪细菌-整合微生物菌剂	read	发酵床猪粪细菌-整合微生物菌剂	read
M2PB4-65白蚁菌群分类地位未定的1属M2PB4-65_termite_group_norank	4.00	乳突杆菌属Papillibacter	3.29
鼠尾菌属Muricauda	4.00	雷尔氏菌属Ralstonia	3.29
科SB-5分类地位未定的1属SB-5_norank	4.00	食品谷菌属Victivallis	3.29
目WCHB1-41分类地位未定的1属WCHB1-41_norank	4.00	别样普雷沃氏菌属Alloprevotella	3.14
氨芽胞杆菌属Ammoniibacillus	3.86	圆杆菌科未培养的1属Cyclobacteriaceae_uncultured	3.14
双歧杆菌属Bifidobacterium	3.86	科XⅢ分类地位未定的1属Family_XIII_norank	3.14
候选门SR1分类地位未定的1属Candidate_division_SR1_norank	3.86	莫纳什菌属Mumia	3.14
纤维弧菌科未培养的1属Cellvibrionaceae_uncultured	3.86	黄色杆菌科未分类的1属Xanthobacteraceae_unclassified	3.14
噬细胞纲未分类的1属Cytophagia_unclassified	3.86	食婴妖杆菌属Cronobacter	3.00
EC3分类地位未定的1属EC3_norank	3.86	脱硫肠状菌属Desulfotomaculum	3.00
目GIF3分类地位未定的1属GIF3_norank	3.86	芽单胞菌科未分类的1属Gemmatimonadaceae_unclassified	3.00
盐拟杆菌科未培养的1属Halobacteroidaceae_uncultured	3.86	微球茎菌属Microbulbifer	3.00
中温袍菌属Mesotoga	3.86	夏普氏菌属Sharpea	3.00
假海弯菌属Pseudomaricurvus	3.86	芽胞杆菌目未分类的1属Bacillales_unclassified	2.86
月形单胞菌目未培养的1属Selenomonadales_uncultured	3.86	盐原体属Haloplasma	2.86
醋香肠菌属Acetitomaculum	3.71	罗氏菌属Roseburia	2.86
噬几丁质菌科未分类的1属Chitinophagaceae_unclassified	3.71	红色杆菌属Rubrivirga	2.86
科DA111分类地位未定的1属DA111_norank	3.71	多孢放线菌属Actinopolyspora	2.71
胃嗜厌氧菌目分类地位未定的1属Gastranaerophilales_norank	3.71	鲍尔德氏菌属Bauldia	2.71
科PL-11B10分类地位未定的1属PL-11B10_norank	3.71	热碱芽胞杆菌属Caldalkalibacillus	2.71
纲TA18分类地位未定的1属TA18_norank	3.71	阴沟单胞菌门未分类的1属Cloacimonetes_unclassified	2.71
颤螺菌属Oscillospira	3.57	脱硫橡子形菌属Desulfatiglans	2.71
土壤红色杆菌属Solirubrobacter	3.57	FukuN18淡水菌群分类地位未定的1属FukuN18_freshwater_group_norank	2.71
鞘氨醇杆菌目未分类的1属Sphingobacteriales_unclassified	3.57	苍白杆菌属Ochrobactrum	2.71
丹毒丝菌科分类地位未定的1属Erysipelotrichaceae_norank	3.43	口腔小杆菌属Oribacterium	2.71
奥托氏菌属Ottowia	3.43	济州岛菌属Tamlana	2.71
副土杆菌属Parapedobacter	3.43	多变杆菌属Variibacter	2.71
科SBYG-2791分类地位未定的1属SBYG-2791_norank	3.43	龙杆菌科分类地位未定的1属Draconibacteriaceae_norank	2.57
科055B07-P-DI-P58分类地位未定的1属055B07-P-DI-P58_norank	3.29	类产碱菌属Paenalcaligenes	2.57
脱硫弧菌属Desulfovibrio	3.29	桃色杆菌属Persicitalea	2.57
戴阿利斯特杆菌属Dialister	3.29	厌氧棒菌属Anaerostipes	2.43
肠杆状菌属Enterorhabdus	3.29	科GZKB75分类地位未定的1属GZKB75_norank	2.43
毛螺菌科ND3007群的1属Lachnospiraceae_ND3007_group	3.29	瘤胃梭菌属6 Ruminiclostridium_6	2.43

续表

发酵床猪粪细菌-整合微生物菌剂	read	发酵床猪粪细菌-整合微生物菌剂	read
食烷烃杆菌属Alkanibacter	2.29	明串珠菌属Leuconostoc	1.71
噬菌弧菌科未分类的1属Bacteriovoracaceae_unclassified	2.29	奎因氏菌属Quinella	1.71
拟杆菌纲BD2-2分类地位未定的1属Bacteroidetes_BD2-2_norank	2.29	瘤胃梭菌属9 Ruminiclostridium_9	1.71
肠道杆菌属Intestinibacter	2.29	索丝菌属Brochothrix	1.57
斯塔克布兰特氏菌属Stackebrandtia	2.29	盖亚菌目未分类的1属Gaiellales_unclassified	1.57
兼性芽胞杆菌属Amphibacillus	2.14	毛螺菌科NK3A20群的1属Lachnospiraceae_NK3A20_group	1.57
纲KD4-96分类地位未定的1属KD4-96_norank	2.14	海微菌纲SAR406进化枝分类地位未定的1属Marinimicrobia_SAR406_clade_norank	1.57
甲基盐单胞菌属Methylohalomonas	2.14	甲基小杆菌属Methylovirgula	1.57
小双孢菌属Microbispora	2.14	奈瑟氏菌科未分类的1属Neisseriaceae_unclassified	1.57
拟诺卡氏菌属Nocardiopsis	2.14	副极小单胞菌属Parapusillimonas	1.57
菜豆形孢囊菌属Phaselicystis	2.14	红嗜热菌科未分类的1属Rhodothermaceae_unclassified	1.57
丙酸杆菌科未培养的1属Propionibacteriaceae_uncultured	2.14	SS1-B-06-26分类地位未定的1属SS1-B-06-26_norank	1.57
瘤胃球菌属1 Ruminococcus_1	2.14	亚群18分类地位未定的1属Subgroup_18_norank	1.57
缠结优杆菌群的1属[Eubacterium]_nodatum_group	2.14	多孢放线菌科分类地位未定的1属Actinopolysporaceae_norank	1.43
嗜酸铁杆菌属Acidiferrobacter	2.00	伯杰氏菌属Bergeyella	1.43
弯曲杆菌属Campylobacter	2.00	候选属Soleaferrea Candidatus_Soleaferrea	1.43
毛螺菌属Lachnospira	2.00	卵链菌属Catenovulum	1.43
淤泥生孢菌属Lutispora	2.00	隐厌氧杆菌属Cryptanaerobacter	1.43
迈勒吉尔霉菌属Melghirimyces	2.00	脱硫芽胞杆菌属Desulfuribacillus	1.43
科SRB2分类地位未定的1属SRB2_norank	2.00	梭杆菌属Fusobacterium	1.43
中华芽胞杆菌属Sinibacillus	2.00	目NKB5分类地位未定的1属NKB5_norank	1.43
互营单胞菌科未分类的1属Syntrophomonadaceae_unclassified	2.00	副拟杆菌属Parabacteroides	1.43
嗜氢菌属Ammoniphilus	1.86	假黄单胞菌属Pseudoxanthomonas	1.43
冷杆菌属Frigoribacterium	1.86	生孢杆菌属Sporobacter	1.43
纲Gitt-GS-136分类地位未定的1属Gitt-GS-136_norank	1.86	热双孢菌属Thermobispora	1.43
科LD29分类地位未定的1属LD29_norank	1.86	类无枝酸菌属Amycolatopsis	1.29
毛螺菌科FCS020群的1属Lachnospiraceae_FCS020_group	1.86	厌氧棒形菌属Anaerofustis	1.29
产乳酸菌属Lacticigenium	1.86	厌氧绳菌科未分类的1属Anaerolineaceae_unclassified	1.29
劳氏菌属Lautropia	1.86	科BSV26分类地位未定的1属BSV26_norank	1.29
小单孢菌属Micromonospora	1.86	拟杆菌属Bacteroides	1.29
普雷沃氏菌科未分类的1属Prevotellaceae_unclassified	1.86	芽胞束菌属Sporosarcina	1.29
红环菌科未分类的1属Rhodocyclaceae_unclassified	1.86	短优杆菌群的1属[Eubacterium]_brachy_group	1.29
解硫胺素芽胞杆菌属Aneurinibacillus	1.71	碱小杆菌属Alkalibacterium	1.14
独岛菌属Dokdonella	1.71	拟杆菌目BS11肠道菌群分类地位未定的1属Bacteroidales_BS11_gut_group_norank	1.14
GKS98淡水菌群的1属GKS98_freshwater_group	1.71	纤维单胞菌属Cellulomonas	1.14

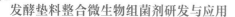

发酵床猪粪细菌-整合微生物菌剂	read	发酵床猪粪细菌-整合微生物菌剂	read
科恩氏菌属Cohnella	1.14	酸杆菌科亚群1未分类的1属Acidobacteriaceae_Subgroup_1_unclassified	0.71
科克斯氏体属Coxiella	1.14	艾莉森氏菌属Allisonella	0.71
泉水单胞菌属Fontimonas	1.14	哈格瓦氏菌属Bhargavaea	0.71
弗朗西斯氏菌属Francisella	1.14	脱硫螺菌属Desulfurispirillum	0.71
毛螺菌科未培养的1属Lachnospiraceae_uncultured	1.14	线微菌属Filomicrobium	0.71
甲基杆菌科未培养的1属Methylobacteriaceae_uncultured	1.14	盖亚菌属Gaiella	0.71
亚硝化单胞菌科未培养的1属Nitrosomonadaceae_uncultured	1.14	NS11-12海洋菌群分类地位未定的1属NS11-12_marine_group_norank	0.71
海洋螺菌目未分类的1属Oceanospirillales_unclassified	1.14	土壤单胞菌属Solimonas	0.71
海生菌属Pelagibius	1.14	动疾诊菌属Waddlia	0.71
普雷沃氏菌科未培养的1属Prevotellaceae_uncultured	1.14	p-2534-18B5肠道菌群分类地位未定的1属p-2534-18B5_gut_group_norank	0.71
紫红球菌科未分类的1属Puniceicoccaceae_unclassified	1.14	酸杆菌属Acidibacter	0.57
玫瑰杆菌属Roseibacillus	1.14	候选土壤杆菌属Candidatus_Solibacter	0.57
居姬松茸菌属Agaricicola	1.00	克里斯滕森氏菌科未分类的1属Christensenellaceae_unclassified	0.57
厌氧球菌属Anaerococcus	1.00	金黄杆菌属Chryseobacterium	0.57
CL500-29海洋菌群的1属CL500-29_marine_group	1.00	梭菌目未培养的1属Clostridiales_uncultured	0.57
科XVIII未培养的1属Family_XVIII_uncultured	1.00	丛毛单胞菌属Comamonas	0.57
创伤球菌属Helcococcus	1.00	丹毒丝菌科UCG-006群的1属Erysipelotrichaceae_UCG-006	0.57
科KCM-B-15分类地位未定的1属KCM-B-15_norank	1.00	优杆菌科未培养的1属Eubacteriaceae_uncultured	0.57
立克次氏体科未分类的1属Rickettsiaceae_unclassified	1.00	纤维杆菌科未分类的1属Fibrobacteraceae_unclassified	0.57
土壤芽胞杆菌属Solibacillus	1.00	巴斯德氏菌属Pasteurella	0.57
硫化芽胞杆菌Sulfobacillus	1.00	斯莱克氏菌属Slackia	0.57
酸微菌科未培养的1属Acidimicrobiaceae_uncultured	0.86	WN-HWB-116分类地位未定的1属WN-HWB-116_norank	0.57
慢生根瘤菌属Bradyrhizobium	0.86	别样杆菌属Alistipes	0.43
绿弯菌门分类地位未定的1属Chloroflexi_norank	0.86	交替球菌属Alterococcus	0.43
梭菌科1未培养的1属Clostridiaceae_1_uncultured	0.86	柄杆菌科未分类的1属Caulobacteraceae_unclassified	0.43
脱盐杆菌属Dehalobacter	0.86	克罗彭施泰特氏菌属Kroppenstedtia	0.43
黄杆菌目未分类的1属Flavobacteriales_unclassified	0.86	钩端螺旋体科未分类的1属Leptospiraceae_unclassified	0.43
霍华德氏菌属Howardella	0.86	ML80分类地位未定的1属ML80_norank	0.43
科JG34-KF-361分类地位未定的1属JG34-KF-361_norank	0.86	穆尔氏菌属Moorella	0.43
钩端螺旋体科未培养的1属Leptospiraceae_uncultured	0.86	科PHOS-HE36分类地位未定的1属PHOS-HE36_norank	0.43
P._palm_C-A_51分类地位未定的1属P._palm_C-A_51_norank	0.86	普雷沃氏菌属7Prevotella_7	0.43
瘤胃球菌科UCG-013群的1属Ruminococcaceae_UCG-013	0.86	假诺卡氏菌属Pseudonocardia	0.43
鞘氨醇单胞菌属Sphingomonas	0.86	施瓦茨氏菌属Schwartzia	0.43
嗜热贪食菌属Thermophagus	0.86	嗜热放线菌科未培养的1属Thermoactinomycetaceae_uncultured	0.43
vadinHA49分类地位未定的1属vadinHA49_norank	0.86	硫微螺菌属Thiomicrospira	0.43

发酵床猪粪细菌-整合微生物菌剂	read	发酵床猪粪细菌-整合微生物菌剂	read
黄单胞菌目未分类的1属Xanthomonadales_unclassified	0.43	佐贝尔氏菌属Zobellella	0.29
科0319-6M6分类地位未定的1属0319-6M6_norank	0.29	AKIW659分类地位未定的1属AKIW659_norank	0.14
9M32分类地位未定的1属9M32_norank	0.29	厌氧噬菌属Anaerophaga	0.14
优杆菌科未分类的1属Eubacteriaceae_unclassified	0.29	苔藓杆菌属Bryobacter	0.14
科XIII未分类的1属Family_XIII_unclassified	0.29	土单胞菌目分类地位未定的1属Chthonomonadales_norank	0.14
懒惰杆菌属Ignavibacterium	0.29	脱硫生孢菌属Desulfurispora	0.14
姜成林菌属Jiangella	0.29	科GZKB124分类地位未定的1属GZKB124_norank	0.14
MD2896-B258分类地位未定的1属MD2896-B258_norank	0.29	动孢囊菌科未分类的1属Kineosporiaceae_unclassified	0.14
科P3OB-42分类地位未定的1属P3OB-42_norank	0.29	新月菌属Meniscus	0.14
红游动菌属Rhodoplanes	0.29	嗜热放线菌属Thermoactinomyces	0.14
SAR202进化枝分类地位未定的1属SAR202_clade_norank	0.29	热单孢菌属Thermomonospora	0.14
硫螺菌属Sulfurospirillum	0.29		

堆肥猪粪细菌-有机肥	read	堆肥猪粪细菌-有机肥	read
克罗彭施泰特氏菌属Kroppenstedtia	5625	莱西氏菌属Laceyella	25
好氧芽胞杆菌Aeribacillus	1434	嗜热芽胞菌Thermobacillus	24
糖多孢菌属Saccharopolyspora	1640	短芽胞杆菌属Brevibacillus	22
迈勒吉尔霉菌属Melghirimyces	505	类芽胞杆菌属Paenibacillus	20
普劳泽氏菌属Prauserella	490	目C178B分类地位未定的1属norank_o__C178B	15
多孢放线菌科分类地位未定的1属norank_f__Actinopolysporaceae	471	链霉菌属Streptomyces	14
平螺纹丝菌属Planifilum	426	大洋芽胞杆菌属Oceanobacillus	13
芽胞杆菌纲分类地位未定的1属norank_c__Bacilli	409	芽胞杆菌纲未分类的1属unclassified_c__Bacilli	12
糖单孢菌属Saccharomonospora	301	脱硫肠状菌属Desulfotomaculum	11
热双歧菌属Thermobifida	280	热密卷菌属Thermocrispum	10
假诺卡氏菌科未分类的1属unclassified_f__Pseudonocardiaceae	247	热碱芽胞杆菌属Caldalkalibacillus	9
芽胞杆菌属Bacillus	191	李成彬菌属Risungbinella	9
嗜热放线菌属Thermoactinomyces	185	小双孢菌属Microbispora	8
高温单孢菌科未分类的1属unclassified_f__Thermomonosporaceae	165	短杆菌属Brevibacterium	7
中温微菌属Tepidimicrobium	141	加西亚氏菌属Garciella	7
目SHBZ1548分类地位未定的1属norank_o__SHBZ1548	140	芽胞杆菌科未分类的1属unclassified_f__Bacillaceae	6
热粪杆菌属Caldicoprobacter	102	野野村菌属Nonomuraea	6
小单孢菌科未分类的1属unclassified_f__Micromonosporaceae	97	乔根菌属Georgenia	5
马杜拉放线菌属Actinomadura	69	热黄微菌属Thermoflavimicrobium	5
慢生芽胞杆菌属Lentibacillus	39	赖氨酸芽胞杆菌属Lysinibacillus	4
解氢芽胞杆菌属Hydrogenibacillus	33	短状杆菌属Brachybacterium	4
热芽胞杆菌属Caldibacillus	32	热厌氧杆菌属Thermaerobacter	4

续表

堆肥猪粪细菌-有机肥	read	堆肥猪粪细菌-有机肥	read
盐多孢放线菌属Haloactinopolyspora	3	甲基球菌科分类地位未定的1属norank_f__Methylococcaceae	1
长孢菌属Longispora	3	迪茨氏菌属Dietzia	1
黑曾氏菌属Hazenella	3	肠放线球菌属Enteractinococcus	1
热单孢菌属Thermomonospora	3	苯基杆菌属Phenylobacterium	1
葡萄球菌属Staphylococcus	3	鞘氨醇单胞菌目未分类的1属unclassified_o__Sphingomonadales	1
诺卡氏菌Nocardia	3	副球菌属Paracoccus	1
纤细芽胞杆菌属Gracilibacillus	2	蓝细菌纲未分类的1属unclassified_c_Cyanobacteria	1
杆状放线菌属Actinotalea	2	氨芽胞杆菌属Ammoniibacillus	1
微杆菌属Microbacterium	2	假单胞菌属Pseudomonas	1
游动放线菌属Actinoplanes	2	毛螺菌科NK4A136群的1属Lachnospiraceae_NK4A136_group	1
极小单胞菌属Pusillimonas	1	棒杆菌属1Corynebacterium_1	1
安城菌属Anseongella	1	珊瑚放线菌属Actinocorallia	1
噬细胞菌科分类地位未定的1属norank_f__Cytophagaceae	1	狭义梭菌属12 Clostridium_sensu_stricto_12	1
热双孢菌属Thermobispora	1	放线菌纲未分类的1属unclassified_c__Actinobacteria	1
目B1-7BS分类地位未定的1属norank_o__B1-7BS	1	拟杆菌目vadinBB60群的1科分类地位未定的1属norank_f__Clostridiales_vadinBB60_group	1
红嗜热菌科分类地位未定的1属norank_f__Rhodothermaceae	1	纲SJA-15分类地位未定的1属norank_c__SJA-15	1

注：分类学数据库中会出现一些分类学谱系中的中间等级没有科学名称，即分类地位未定，以 norank 作为标记；分类学比对后根据置信度阈值的筛选，会有某些分类谱系低于置信阈值，没有得到分类信息，即未分类，以 unclassified 作为标记；不可培养微生物，即未培养，以 uncultured 作为标记；全书同。

二、不同工艺前5个优势细菌属结构差异

菌剂发酵床工艺生产的整合微生物组菌剂前 5 个高含量细菌属分别为糖杆菌门分类地位未定的 1 属（Saccharibacteria_norank，7217.71）、特吕珀菌属（Truepera，6638.43）、藤黄色杆菌属（Luteibacter，5851.57）、漠河杆菌属（Moheibacter，5556.43）、厌氧绳菌科未培养的 1 属（Anaerolineaceae_uncultured，4105.86），总量为 29370.00（图3-4）；前 5 个高含量的细菌属不同于堆肥工艺生产的有机肥的高含量细菌属。

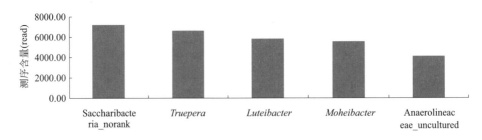

图3-4　菌剂发酵床产品（整合微生物组菌剂）前5个高含量细菌属

堆肥工艺生产的有机肥前 5 个高含量细菌属分别为克罗彭施泰特氏菌属（Kroppenstedtia，

5625.00）、好氧芽胞杆菌属（*Aeribacillus*，1434.00）、糖多孢菌属（*Saccharopolyspora*，1640.00）、迈勒吉尔霉菌属（*Melghirimyces*，505.00）、普劳泽氏菌属（*Prauserella*，490.00），总量为9694.00（图3-5），完全区别于菌剂发酵床生产的整合微生物组中高含量细菌属。堆肥工艺高含量细菌属的总量仅为整合微生物组菌剂的33.01%，同时90%以上集中在高温放线菌科的克罗彭施泰特氏菌属。

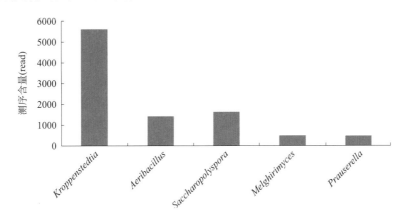

图3-5　堆肥工艺产品（有机肥）前5个高含量细菌属

三、不同工艺千级含量（read）细菌属组成差异

菌剂发酵床产品（整合微生物组菌剂）测序含量的 read 数量大于1000（即千级）的细菌属有25个，分别为糖杆菌门分类地位未定的1属（Saccharibacteria_norank，7217.71）、特吕珀菌属（*Truepera*，6638.43）、藤黄色杆菌属（*Luteibacter*，5851.57）、漠河杆菌属（*Moheibacter*，5556.43）、厌氧绳菌科未培养的1属（Anaerolineaceae_uncultured，4105.86）、黄杆菌科未分类的1属（Flavobacteriaceae_unclassified，3365.00）、腐螺旋菌科未培养的1属（Saprospiraceae_uncultured，3210.00）、OPB54分类地位未定的1属（OPB54_norank，2913.71）、热泉绳菌属（*Crenotalea*，2381.29）、海杆菌属（*Marinobacter*，2127.00）、OM1进化枝分类地位未定的1属（OM1_clade_norank，1805.29）、阮氏菌属（*Ruania*，1556.14）、鸟氨酸微菌属（*Ornithinimicrobium*，1461.71）、鸟杆菌属（*Ornithobacterium*，1418.14 ）、大洋球菌属（*Oceanococcus*，1394.29）、间孢囊菌科未分类的1属（Intrasporangiaceae_unclassified，1354.00）、拟杆菌纲 VC2.1_Bac22 分类地位未定的1属（Bacteroidetes_VC2.1_Bac22_norank，1347.00）、目 JG30-KF-CM45 分类地位未定的1属（JG30-KF-CM45_norank，1297.71）、冬微菌属（*Brumimicrobium*，1226.86）、棒杆菌属（*Corynebacterium*，1187.57）、红螺菌科未培养的1属（Rhodospirillaceae_uncultured，1168.57）、苛求球形菌属（*Fastidiosipila*，1109.43）、龙杆菌科未培养的1属（Draconibacteriaceae_uncultured，1038.71）、皮生球菌科未分类的1属（Dermacoccaceae_unclassified，1016.29）、假单胞菌属（*Pseudomonas*，1001.29）（图3-6）。

堆肥工艺产品（有机肥）千级含量的细菌属仅有3个，即克罗彭施泰特氏菌属（*Kroppenstedtia*，5625.00）、好氧芽胞杆菌属（*Aeribacillus*，1434.00）、糖多孢菌属

（*Saccharopolyspora*，1640.00）（图3-6）。

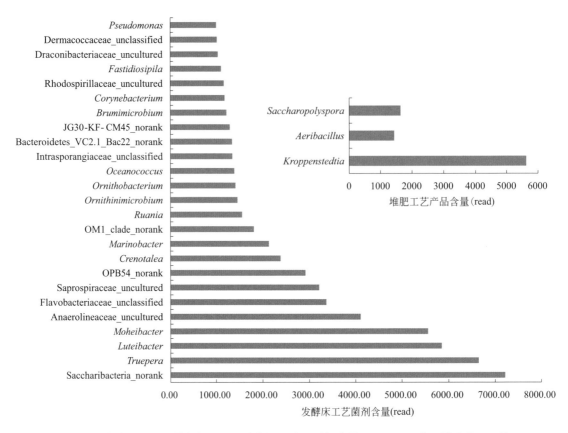

图3-6　整合微生物组菌剂与堆肥发酵有机肥产品千级含量（read）细菌属微生物组比较

四、不同工艺芽胞杆菌属种类差异

　　菌剂发酵床产品（整合菌剂）有22个芽胞杆菌的属，明显多于堆肥工艺产品（有机肥）的13个（表3-6）；菌剂发酵床产品前5个高含量芽胞杆菌的属分别为芽胞杆菌属（*Bacillus*，532.86）、乳杆菌属（*Lactobacillus*，480.43）、地芽胞杆菌属（*Geobacillus*，88.86）、纤细芽胞杆菌属（*Gracilibacillus*，70.00）、类芽胞杆菌属（*Paenibacillus*，40.86）；而堆肥工艺产品前5个高含量芽胞杆菌的属分别为：好氧芽胞杆菌属（*Aeribacillus*，1434.00）、芽胞杆菌属（*Bacillus*，191.00）、慢生芽胞杆菌属（*Lentibacillus*，39.00）、解氢芽胞杆菌属（*Hydrogenibacillus*，33.00）、热芽胞杆菌属（*Caldibacillus*，32.00）。从含量最高的芽胞杆菌的属看，整合微生物组为芽胞杆菌属（*Bacillus*，532.86），堆肥工艺有机肥为好氧芽胞杆菌属（*Aeribacillus*，1434.00）；两者有7个相同的芽胞杆菌的属，即氨芽胞杆菌属（*Ammoniibacillus*）、芽胞杆菌属（*Bacillus*）、热碱芽胞杆菌属（*Caldalkalibacillus*）、纤细芽胞杆菌属（*Gracilibacillus*）、大洋芽胞杆菌属（*Oceanobacillus*）、类芽胞杆菌属（*Paenibacillus*）、嗜热芽胞杆菌属（*Thermobacillus*）。不同发酵工艺芽胞杆菌总和差异不大，整合微生物组芽胞杆菌总和为 1374.87（read），略低于堆肥工艺的 1824.00（read）。

表3-6 整合微生物组菌剂与堆肥发酵有机肥芽胞杆菌属种类差异

序号	整合微生物组菌剂（>20d）	平均数（read）	序号	堆肥发酵有机肥（>60d）	平均数（read）
1	芽胞杆菌属（Bacillus）	532.86	1	好氧芽胞杆菌属（Aeribacillus）	1434.00
2	乳杆菌属（Lactobacillus）	480.43	2	芽胞杆菌属（Bacillus）	191.00
3	地芽胞杆菌属（Geobacillus）	88.86	3	慢生芽胞杆菌属（Lentibacillus）	39.00
4	纤细芽胞杆菌属（Gracilibacillus）	70.00	4	解氢芽胞杆菌属（Hydrogenibacillus）	33.00
5	类芽胞杆菌属（Paenibacillus）	40.86	5	热芽胞杆菌属（Caldibacillus）	32.00
6	大洋芽胞杆菌属（Oceanobacillus）	35.43	6	嗜热芽胞杆菌属（Thermobacillus）	24.00
7	少盐芽胞杆菌属（Paucisalibacillus）	25.43	7	短芽胞杆菌属（Brevibacillus）	22.00
8	盐乳杆菌属（Halolactibacillus）	20.29	8	类芽胞杆菌属（Paenibacillus）	20.00
9	鸟氨酸芽胞杆菌属（Ornithinibacillus）	19.00	9	大洋芽胞杆菌属（Oceanobacillus）	13.00
10	肿块芽胞杆菌属（Tuberibacillus）	14.00	10	热碱芽胞杆菌属（Caldalkalibacillus）	9.00
11	火山芽胞杆菌属（Vulcanibacillus）	12.86	11	赖氨酸芽胞杆菌属（Lysinibacillus）	4.00
12	尿素芽胞杆菌属（Ureibacillus）	8.00	12	纤细芽胞杆菌属（Gracilibacillus）	2.00
13	嗜热芽胞杆菌属（Thermobacillus）	5.71	13	氨芽胞杆菌属（Ammoniibacillus）	1.00
14	鲁梅尔芽胞杆菌属（Rummeliibacillus）	5.29			
15	氨芽胞杆菌属（Ammoniibacillus）	3.86			
16	热碱芽胞杆菌属（Caldalkalibacillus）	2.71			
17	兼性芽胞杆菌属（Amphibacillus）	2.14			
18	中华芽胞杆菌属（Sinibacillus）	2.00			
19	解硫胺素芽胞杆菌属（Aneurinibacillus）	1.71			
20	脱硫芽胞杆菌属（Desulfuribacillus）	1.43			
21	土壤芽胞杆菌属（Solibacillus）	1.00			
22	硫化芽胞杆菌属（Sulfobacillus）	1.00			
	总和	1374.87		总和	1824.00

五、菌剂发酵床与堆肥工艺产品细菌活菌数的估计

已知样本的细菌属测序含量总和、芽胞杆菌属测序含量总和，通过方程：$y_{（活菌估计值）} = 0.0107x_{（芽胞杆菌测序含量）} + 27.007$（$R^2 = 0.7237$），可以计算出相当的芽胞杆菌活菌含量估计值；而后，用方程：$y_{（细菌属总活菌数）} =$ 细菌属测序含量 / 芽胞杆菌属测序含量 × 芽胞杆菌估计活菌数 (10^7CFU)。可以看出菌剂发酵床产品的估计活菌含量 217×10^8CFU/g，比堆肥工艺产品的估计活菌含量 19.7×10^8CFU/g 高 11 倍（表 3-7）。

表3-7　菌剂发酵床与堆肥工艺产品细菌活菌数的估计参数

项目	菌剂发酵床产品（整合微生物组菌剂）	堆肥工艺产品（有机肥）
细菌属测序含量总和（read）	111524.00	13310.00
芽胞杆菌属测序含量总和（read）	1385.29	1824.00
芽胞杆菌属测序含量占比/%	1.24	1.37
芽胞杆菌估计活菌数 / （10^7 CFU/g）	27.020	27.021
细菌属估计活菌数 / （10^8 CFU/g）	217.411	19.7
细菌活菌数估计方法	菌剂发酵床产品细菌估计活菌数 $111524/1385=y/27$ $y=111524/1385×27=217.411$（10^8CFU/g）	堆肥工艺产品细菌估计活菌数 $13310/1824=y/27$ $y=13310/1824×27=19.70$（10^8CFU/g）

六、讨论与总结

　　菌剂发酵床生产产品，采用低温好氧发酵技术，菌剂发酵层的温度控制在 25～30℃之间，生产出的产品微生物种类和含量丰富，同时，猪粪有机质经过缓和的分解，产生大量的有机碳，保存了大量的植物营养物质，与保存其中的微生物组形成了有机碳菌肥，也称整合微生物组菌剂。这样，有机碳菌肥，带着微生物和营养在田间发挥作用，一方面为微生物组的定殖提供了有机营养，促进微生物的生长；另一方面提供了大量的有机碳营养，通过微生物作用释放出植物养分，增加肥效。田间实验表明，有机碳菌肥（整合微生物组菌剂）肥效比堆肥工艺产品有机肥高 5 倍，即原来一亩需要 1t（1000kg）有机肥的田块，现在使用有机碳菌肥（整合微生物组菌剂）只要 200kg，因此，其售价也可提高 5 倍，原来 1000 元 /t 的有机肥，有机碳菌肥可以卖到 5000 元 /t，这就是废弃物资源高质化利用的方向。

第三节
整合微生物组菌剂细菌物种多样性

一、整合微生物组菌剂细菌物种分析

1．概述

　　利用菌剂发酵床生产整合微生物组菌剂，发酵过程产生微生物组的变化。高通量测序的分类单元（operational taxonomic unit，OTU）是在系统发生学或群体遗传学研究中，为了便于分析，人为给某一个分类单元（品系，属，种，分组等）设置的统一标志。要了解一个样本测序结果中的菌种、菌属等数目信息，就需要对序列进行聚类（cluster）。通过聚类操作，将序列按照彼此的相似性归为许多小组，一个小组就是一个OTU。可根据不同的相似度水平，对所有序列进行OTU划分，通常对97%相似度水平下的OTU进行生物信息统计分析。软件平台：Usearch（version 7.0）。

2．分析步骤

对优化序列提取非重复序列，便于降低分析中间过程冗余计算量；去除没有重复的单序列；按照97%相似性对非重复序列（不含单序列）进行OTU聚类，在聚类过程中去除嵌合体，得到OTU的代表序列。为了得到每个OTU对应的物种分类信息，采用RDP classifier贝叶斯算法对97%相似水平的OTU代表序列进行分类学分析，并分别在各个分类学水平：Domain（域）、Kingdom（界）、Phylum（门）、Class（纲）、Order（目）、Family（科）、Genus（属）、Species（种），统计各样本的群落组成。比对数据库如下。16S细菌和古菌核糖体数据库（没有指定的情况下默认使用Silva数据库）：Silva（Release128）；RDP（Release11.1）；Greengene（Release 13.5）。18S真菌：Silva（Release128）。ITS真菌：Unite（Release 6.0）的真菌数据库。功能基因：FGR，RDP整理来源于GeneBank的（Release7.3）的功能基因数据库。软件及算法：Qiime平台，RDP Classifier（version 2.2），置信度阈值为0.7。

3．稀释曲线

整合微生物组菌剂不同添加发酵配方，生产的菌剂通过稀释曲线（rarefaction curve）分析来确定菌剂含有的微生物组的完整性。稀释曲线主要利用各样本的测序量在不同测序深度时的微生物多样性指数构建曲线，以此反映各样本在不同测序数量时的微生物多样性。它可以用来比较测序数据量不同的样本中物种的丰富度、均一性或多样性，也可以用来说明样本的测序数据量是否合理。稀释曲线采用对序列进行随机抽样的方法，以抽到的序列数与它们对应的物种（如OTU）数目或多样性指数，构建稀释曲线。若多样性指数为Sobs、Ace（表征实际观测到的物种数目），当曲线趋向平缓时，说明测序数据量合理，更多的数据量只会产生少量新的物种（如OTU），反之则表明继续测序还可能产生较多新的物种（如OTU）。若是其他多样性指数（如香农指数、辛普森曲线），曲线趋向平缓时，说明测序数据量足够大，可以反映样本中绝大多数的微生物多样性信息。软件：选择97%相似度的OTU或其他分类学水平，利用mothur计算不同随机抽样下的多样性指数，利用R语言工具制作曲线图。

稀释性曲线基于分类阶元种类（OTU）数量，进行Sobs、Ace、香农、辛普森指数建立的不同处理（g1, g2, g3, g4）稀释性曲线制作。结果表明，Sobs、Ace曲线趋于平缓，说明测序数据量合理，继续测序没有更多的物种产生，测序的物种数据可以满足分析要求 [图3-7（a）、（b）]。香农、辛普森曲线出现了平缓趋势，表明细菌分类阶元在4组样品中分布较为均匀，覆盖率较高，绝大多数微生物多样性信息得到反映 [图3-7（c）、（d）]。

4．分类阶元

（1）分类阶元数量　菌剂发酵床生产的整合微生物组菌剂，4个处理即菌糠对照组（g1）、

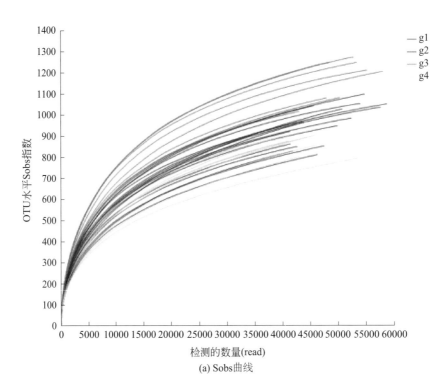

(a) Sobs曲线

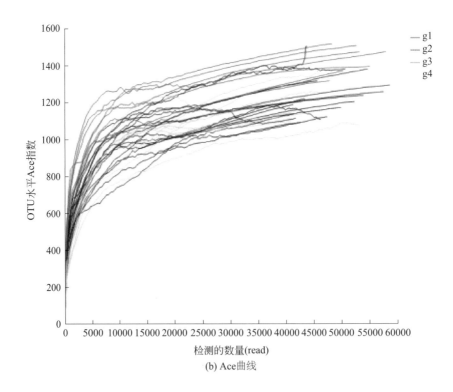

(b) Ace曲线

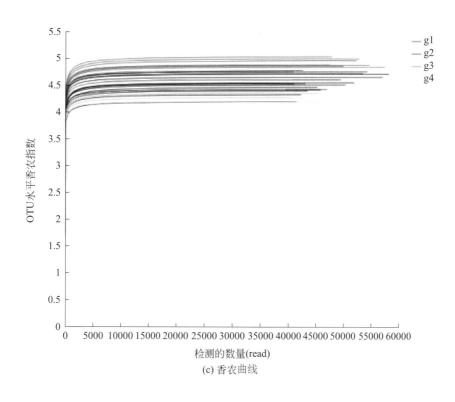

(c) 香农曲线

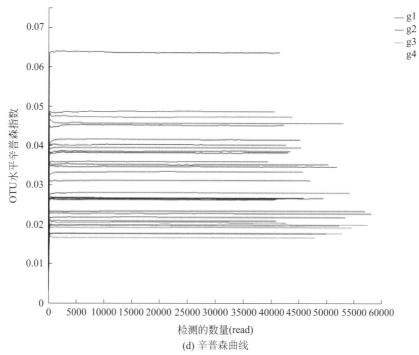

(d) 辛普森曲线

图3-7 整合微生物组菌剂稀释性曲线分析

豆饼粉处理组（g2）、红糖粉处理组（g3）、玉米粉处理组（g4），分析结果表明4个处理共检测到细菌门22个、细菌纲43个、细菌目105个、细菌科221个、细菌属489个、细菌种719个、分类单元（OTU）1149个。不同的处理所含有的细菌种类和数量差异显著，以OTU1、OTU2、OTU3、OTU4、OTU5为例（表3-8）说明A豆饼粉处理组（g2）、B红糖粉处理组（g3）、C玉米粉处理组（g4）物种存在的差异；如OTU1为Ruminococcaceae（瘤胃菌科的种），在样本A中含量为29，样本B中为2，样本C中为1；OTU5为Bacteroidales（拟杆菌科的种），在样本A中含量为13，样本B中为10，样本C中为0；菌剂发酵床的不同营养添加影响着细菌菌群的分布。

表3-8 不同处理整合微生物组OTU分类学综合信息

种	OTU	A（g2）	B（g3）	C（g4）
瘤胃球菌科UCG-014群的1属未分类的1种 s_Unclassified_g_*Ruminococcaceae*_UCG-014	OTU1	29	2	1
拟杆菌属未分类的1种s_Unclassified_g_*Bacteroides*	OTU2	17	3	2
副拟杆菌属未分类的1种s_Unclassified_g_*Parabacteroides*	OTU3	17	1	4
拟杆菌目S24-7的1科分类地位未定属未分类的1种 s_Unclassified_g_norank_f_Bacteroidales_S24-7	OTU4	1	0	1
拟杆菌目S24-7的1科分类地位未定属未培养的1种 s_uncultured_bacterium_g_norank_f_Bacteroidales_S24-7	OTU5	13	10	0

注：由于数据表较大，此处以举例形式列出部分数据（分类水平为种），OTU ID 为 OTU 编号，分类学名称前的单个字母为分类等级的首字母缩写，以"_"隔开，例如，s代表种。

（2）分类阶元对照表 菌剂发酵床生产的整合微生物组菌剂，4个处理即菌糠对照组（g1）、豆饼粉处理组（g2）、红糖粉处理组（g3）、玉米粉处理组（g4），检测出的细菌种类分类单元（OTU）1149个，对应的分类阶元如表3-9所列，通过分类阶元可以了解细菌所属的细菌门、细菌纲、细菌目、细菌科、细菌属、细菌种。

表3-9 整合微生物组菌剂细菌分类阶元对照表

门	纲	目	科	属	种	OTU
Actinobacteria	Actinobacteria	Pseudonocardiales	Pseudonocardiaceae	*Actinokineospora*	*Actinokineospora fastidiosa*	OTU1341
Actinobacteria	Actinobacteria	Streptosporangiales	Nocardiopsaceae	*Nocardiopsis*	*Nocardiopsissp.*OM-12	OTU705
Actinobacteria	Actinobacteria	Pseudonocardiales	Pseudonocardiaceae	unclassified_f_Pseudonocardiaceae	f_Pseudonocardiaceae	OTU17
Actinobacteria	Actinobacteria	Micrococcales	unclassified_o_Micrococcales	unclassified_o_Micrococcales	o_Micrococcales	OTU305
Actinobacteria	Actinobacteria	Micromonosporales	Micromonosporaceae	*Longispora*	*Longispora*	OTU1619
Actinobacteria	Actinobacteria	Micrococcales	Microbacteriaceae	unclassified_f_Microbacteriaceae	f_Microbacteriaceae	OTU825
Actinobacteria	Actinobacteria	Micrococcales	unclassified_o_Micrococcales	unclassified_o_Micrococcales	o_Micrococcales	OTU410
Actinobacteria	Actinobacteria	Micrococcales	unclassified_o_Micrococcales	unclassified_o_Micrococcales	o_Micrococcales	OTU99
Actinobacteria	Actinobacteria	Propionibacteriales	Propionibacteriaceae	*Haloactinopolyspora*	*Haloactinopolyspora*	OTU731
Actinobacteria	Actinobacteria	Micrococcales	Bogoriellaceae	*Georgenia*	*Georgenia*	OTU168
Actinobacteria	Actinobacteria	Acidimicrobiales	o_Acidimicrobiales	o_Acidimicrobiales	o_Acidimicrobiales	OTU357
Actinobacteria	Actinobacteria	Micrococcales	Micrococcaceae	*Nesterenkonia*	*Nesterenkonia aethiopica*	OTU1624

续表

门	纲	目	科	属	种	OTU
Actinobacteria	Actinobacteria	Corynebacteriales	Mycobacteriaceae	*Mycobacterium*	*Mycobacterium triviale*	OTU83
Actinobacteria	Actinobacteria	Micrococcales	Microbacteriaceae	*Microbacterium*	*Microbacterium*	OTU918
Actinobacteria	Actinobacteria	Corynebacteriales	Corynebacteriaceae	unclassified_f_Coryneba-cteriaceae	f_Corynebacteriaceae	OTU463
Actinobacteria	Actinobacteria	Solirubrobacterales	TM146	f_TM146	f_TM146	OTU1420
Actinobacteria	Actinobacteria	Micrococcales	Microbacteriaceae	unclassified_f_Microba-cteriaceae	f_Microbacteriaceae	OTU1391
Actinobacteria	Actinobacteria	Glycomycetales	Glycomycetaceae	*Glycomyces*	*Glycomyces*	OTU1269
Actinobacteria	Actinobacteria	Micrococcales	Microbacteriaceae	*Microbacterium*	*Microbacterium*	OTU216
Actinobacteria	Actinobacteria	Micrococcales	Intrasporangiaceae	*Janibacter*	*Janibacter*	OTU1610
Actinobacteria	Actinobacteria	Micromonosporales	Micromonosporaceae	unclassified_f_Micromono-sporaceae	f_Micromonosporaceae	OTU3
Actinobacteria	Actinobacteria	Bifidobacteriales	Bifidobacteriaceae	*Aeriscardovia*	uncultured_actinobacterium_g_*Aeriscardovia*	OTU1713
Actinobacteria	Actinobacteria	Micrococcales	Micrococcaceae	*Nesterenkonia*	*Nesterenkonia*	OTU1497
Actinobacteria	Actinobacteria	Propionibacteriales	Nocardioidaceae	unclassified_f_Nocardi-oidaceae	f_Nocardioidaceae	OTU1171
Actinobacteria	Actinobacteria	Coriobacteriales	Coriobacteriaceae	f_Coriobacteriaceae	uncultured_Coriobacteriaceae_bacterium_g_norank	OTU1806
Actinobacteria	Actinobacteria	Propionibacteriales	Nocardioidaceae	unclassified_f_Nocardi-oidaceae	f_Nocardioidaceae	OTU810
Actinobacteria	Actinobacteria	Corynebacteriales	Mycobacteriaceae	*Mycobacterium*	*Mycobacteriumt riviale*	OTU772
Actinobacteria	Actinobacteria	Acidimicrobiales	Acidimicrobiales_Incertae_Sedis	Candidatus_*Microthrix*	Candidatus_*Microthrix*	OTU1445
Actinobacteria	Actinobacteria	Micrococcales	Intrasporangiaceae	unclassified_f_Intraspo-rangiaceae	f_Intrasporangiaceae	OTU1611
Actinobacteria	Actinobacteria	Micrococcales	Microbacteriaceae	*Leucobacter*	*Leucobacter*	OTU1338
Actinobacteria	Actinobacteria	Frankiales	Frankiaceae	unclassified_f_Frankiaceae	f_Frankiaceae	OTU1399
Actinobacteria	Actinobacteria	Micrococcales	unclassified_o_Micro-coccales	unclassified_o_Micro-coccales	o_Micrococcales	OTU1588
Actinobacteria	Actinobacteria	Micrococcales	Bogoriellaceae	*Georgenia*	*Georgenia*	OTU232
Actinobacteria	Actinobacteria	Micrococcales	Microbacteriaceae	*Agromyces*	*Agromyces ulmi*	OTU1194
Actinobacteria	Actinobacteria	Micromonosporales	Micromonosporaceae	*Micromonospora*	*Micromonospora*	OTU1613
Actinobacteria	Actinobacteria	Micrococcales	Microbacteriaceae	*Microbacterium*	*Microbacterium*	OTU1278
Actinobacteria	Actinobacteria	Micrococcales	Dermabacteraceae	*Brachybacterium*	*Brachybacterium*	OTU1486
Actinobacteria	Actinobacteria	Frankiales	Geodermatophilaceae	f_Geodermatophilaceae	uncultured_actinobacterium_g_f_Geodermatophilaceae	OTU1428
Actinobacteria	Actinobacteria	Micrococcales	Microbacteriaceae	*Zimmermannella*	*Zimmermannella*	OTU1421
Actinobacteria	Actinobacteria	Micrococcales	Microbacteriaceae	*Leucobacter*	*Leucobacter*	OTU407
Actinobacteria	Actinobacteria	unclassified_c_Actinobacteria	unclassified_c_Actino-bacteria	unclassified_c_Actino-bacteria	c_Actinobacteria	OTU1490
Actinobacteria	Actinobacteria	Propionibacteriales	Propionibacteriaceae	*Tessaracoccus*	*Tessaracoccus*	OTU788
Actinobacteria	Actinobacteria	Propionibacteriales	Nocardioidaceae	unclassified_f_Nocardioidaceae	f_Nocardioidaceae	OTU153
Actinobacteria	Actinobacteria	Acidimicrobiales	unclassified_o_Acidimi-crobiales	unclassified_o_Acidimi-crobiales	o_Acidimicrobiales	OTU287
Actinobacteria	Actinobacteria	Pseudonocardiales	Pseudonocardiaceae	*Saccharomonospora*	*Saccharomonospora viridis*	OTU774
Actinobacteria	Actinobacteria	Micrococcales	Dermabacteraceae	*Brachybacterium*	*Brachybacterium*	OTU1554
Actinobacteria	Actinobacteria	Corynebacteriales	Corynebacteriaceae	*Corynebacterium_1*	*Corynebacterium_1*	OTU1599
Actinobacteria	Actinobacteria	Propionibacteriales	Nocardioidaceae	*Nocardioides*	*Nocardioides*	OTU1296
Actinobacteria	Actinobacteria	Acidimicrobiales	OM1_clade	f_OM1_clade	f_OM1_clade	OTU119
Actinobacteria	Actinobacteria	Solirubrobacterales	Elev-16S-1332	f_Elev-16S-1332	f_Elev-16S-1332	OTU81
Actinobacteria	Actinobacteria	Acidimicrobiales	Acidimicrobiales_Incertae_Sedis	Candidatus_*Microthrix*	Candidatus_*Microthrix*	OTU1200
Actinobacteria	Actinobacteria	Propionibacteriales	Nocardioidaceae	*Nocardioides*	*Nocardioides*	OTU328
Actinobacteria	Actinobacteria	Corynebacteriales	Nocardiaceae	*Gordonia*	*Gordonia*	OTU1327

门	纲	目	科	属	种	OTU
Actinobacteria	Actinobacteria	Solirubrobacterales	Elev-16S-1332	f_Elev-16S-1332	f_Elev-16S-1332	OTU1226
Actinobacteria	Actinobacteria	Streptosporangiales	Nocardiopsaceae	*Thermobifida*	*Thermobifida alba*	OTU211
Actinobacteria	Actinobacteria	Micrococcales	Dermacoccaceae	*Barrientosiimonas*	*Barrientosiimonas humi*	OTU909
Actinobacteria	Actinobacteria	Corynebacteriales	Corynebacteriaceae	*Corynebacterium_1*	*Corynebacterium callunae* DSM 20147	OTU1676
Actinobacteria	Actinobacteria	Corynebacteriales	Corynebacteriaceae	*Corynebacterium*	*Corynebacterium*	OTU381
Actinobacteria	Actinobacteria	unclassified_c_Actino-bacteria	unclassified_c_Actinobacteria	unclassified_c_Actinobacteria	c_Actinobacteria	OTU323
Actinobacteria	Actinobacteria	Frankiales	Frankiaceae	*Jatrophihabitans*	*Jatrophihabitans*	OTU1379
Actinobacteria	Actinobacteria	Solirubrobacterales	Elev-16S-1332	f_Elev-16S-1332	f_Elev-16S-1332	OTU857
Actinobacteria	Actinobacteria	Solirubrobacterales	Patulibacteraceae	*Patulibacter*	*Patulibacter*	OTU1205
Actinobacteria	Actinobacteria	Micrococcales	Micrococcaceae	*Enteractinococcus*	*Enteractinococcus*	OTU5
Actinobacteria	Actinobacteria	Micrococcales	Microbacteriaceae	*Leucobacter*	*Leucobacter*	OTU1684
Actinobacteria	Actinobacteria	Micrococcales	unclassified_o_Micrococcales	unclassified_o_Micrococcales	o_Micrococcales	OTU1543
Actinobacteria	Actinobacteria	Coriobacteriales	Coriobacteriaceae	unclassified_f_Coriobacteriaceae	f_Coriobacteriaceae	OTU33
Actinobacteria	Actinobacteria	Frankiales	Geodermatophilaceae	f_Geodermatophilaceae	f_Geodermatophilaceae	OTU400
Actinobacteria	Actinobacteria	Propionibacteriales	Nocardioidaceae	*Nocardioides*	*Nocardioides*	OTU248
Actinobacteria	Actinobacteria	Corynebacteriales	Corynebacteriaceae	*Corynebacterium_1*	*Corynebacterium_variabile_g_Cory-nebacterium_1*	OTU1337
Actinobacteria	Actinobacteria	Micrococcales	Intrasporangiaceae	unclassified_f_Intrasporangiaceae	f_Intrasporangiaceae	OTU1419
Actinobacteria	Actinobacteria	Micrococcales	Intrasporangiaceae	*Ornithinimicrobium*	*Ornithinimicrobium*	OTU889
Actinobacteria	Actinobacteria	Micromonosporales	Micromonosporaceae	*Longispora*	*Longispora*	OTU26
Actinobacteria	Actinobacteria	Acidimicrobiales	Iamiaceae	*Iamia*	*Iamia*	OTU913
Actinobacteria	Actinobacteria	Propionibacteriales	Nocardioidaceae	*Nocardioides*	*Nocardioides* sp.	OTU1637
Actinobacteria	Actinobacteria	Micrococcales	unclassified_o_Micrococcales	unclassified_o_Micrococcales	o_Micrococcales	OTU454
Actinobacteria	Actinobacteria	Propionibacteriales	Nocardioidaceae	unclassified_f_Nocardioidaceae	f_Nocardioidaceae	OTU1632
Actinobacteria	Actinobacteria	Actinomycetales	Actinomycetaceae	*Flaviflexus*	*Flaviflexus*	OTU653
Actinobacteria	Actinobacteria	Micrococcales	Intrasporangiaceae	unclassified_f_Intrasporangiaceae	f_Intrasporangiaceae	OTU1711
Actinobacteria	Actinobacteria	Pseudonocardiales	Pseudonocardiaceae	*Prauserella*	*Prauserella*	OTU144
Actinobacteria	Actinobacteria	Acidimicrobiales	Acidimicrobiales_Incertae_Sedis	Candidatus_*Microthrix*	Candidatus_*Microthrix*	OTU350
Actinobacteria	Actinobacteria	Corynebacteriales	unclassified_o_Corynebacteriales	unclassified_o_Corynebacteriales	o_Corynebacteriales	OTU558
Actinobacteria	Actinobacteria	Propionibacteriales	Propionibacteriaceae	*Tessaracoccus*	*Tessaracoccus*	OTU1641
Actinobacteria	Actinobacteria	Micrococcales	Dermacoccaceae	*Flexivirga*	*Flexivirga*	OTU938
Actinobacteria	Actinobacteria	Frankiales	Geodermatophilaceae	f_Geodermatophilaceae	f_Geodermatophilaceae	OTU1577
Actinobacteria	Actinobacteria	Propionibacteriales	Propionibacteriaceae	*Microlunatus*	*Microlunatus*	OTU220
Actinobacteria	Actinobacteria	Coriobacteriales	Coriobacteriaceae	*Collinsella*	*Collinsella*	OTU1087
Actinobacteria	Actinobacteria	Pseudonocardiales	Pseudonocardiaceae	*Prauserella*	*Prauserella aidingensis*	OTU176
Actinobacteria	Actinobacteria	Solirubrobacterales	Elev-16S-1332	f_Elev-16S-1332	f_Elev-16S-1332	OTU787
Actinobacteria	Actinobacteria	Corynebacteriales	unclassified_o_Corynebacteriales	unclassified_o_Corynebacteriales	o_Corynebacteriales	OTU1657
Actinobacteria	Actinobacteria	Streptosporangiales	Nocardiopsaceae	*Nocardiopsis*	*Nocardiopsis*	OTU874
Actinobacteria	Actinobacteria	Nitriliruptorales	Nitriliruptoraceae	*Egicoccus*	*Egicoccus*	OTU1739
Actinobacteria	Actinobacteria	Propionibacteriales	Nocardioidaceae	*Mumia*	*Mumia*	OTU1318

续表

门	纲	目	科	属	种	OTU
Actinobacteria	Actinobacteria	Acidimicrobiales	Iamiaceae	*Iamia*	*Iamia*	OTU1795
Actinobacteria	Actinobacteria	Nitriliruptorales	Nitriliruptoraceae	f_Nitriliruptoraceae	f_Nitriliruptoraceae	OTU1758
Actinobacteria	Actinobacteria	Propionibacteriales	Nocardioidaceae	*Flindersiella*	*Flindersiella*	OTU725
Actinobacteria	Actinobacteria	Pseudonocardiales	Pseudonocardiaceae	*Prauserella*	*Prauserella*	OTU364
Actinobacteria	Actinobacteria	Streptosporangiales	Streptosporangiaceae	*Sphaerisporangium*	*Sphaerisporangium*	OTU147
Actinobacteria	Actinobacteria	Frankiales	Nakamurellaceae	*Nakamurella*	*Sanguibacter* sp. 804B 512ECASO	OTU885
Actinobacteria	Actinobacteria	Streptomycetales	Streptomycetaceae	*Streptomyces*	*Streptomyces*	OTU1444
Actinobacteria	Actinobacteria	Micrococcales	Micrococcaceae	*Micrococcus*	*Micrococcus*	OTU1417
Actinobacteria	Actinobacteria	Micrococcales	Intrasporangiaceae	*Ornithinicoccus*	*Ornithinicoccus*	OTU1348
Actinobacteria	Actinobacteria	Corynebacteriales	Corynebacteriaceae	*Corynebacterium*	*Corynebacterium*	OTU674
Actinobacteria	Actinobacteria	Propionibacteriales	Nocardioidaceae	*Nocardioides*	*Nocardioides*	OTU1489
Actinobacteria	Actinobacteria	Corynebacteriales	unclassified_o_Corynebacteriales	unclassified_o_Corynebacteriales	o_Corynebacteriales	OTU1074
Actinobacteria	Actinobacteria	Micrococcales	Promicromonosporaceae	unclassified_f_Promicromonos-poraceae	f_Promicromonosporaceae	OTU1500
Actinobacteria	Actinobacteria	Corynebacteriales	Corynebacteriaceae	*Corynebacterium_1*	*Corynebacterium* sp. T13-01	OTU1425
Actinobacteria	Actinobacteria	Micrococcales	Intrasporangiaceae	*Oryzihumus*	*Oryzihumus*	OTU1384
Actinobacteria	Actinobacteria	Acidimicrobiales	o_Acidimicrobiales	o_Acidimicrobiales	o_Acidimicrobiales	OTU1501
Actinobacteria	Actinobacteria	Micrococcales	Micrococcaceae	*Nesterenkonia*	*Nesterenkonia*	OTU1751
Actinobacteria	Actinobacteria	Propionibacteriales	Propionibacteriaceae	*Propioniciclava*	*Propioniciclava*	OTU1083
Actinobacteria	Actinobacteria	Propionibacteriales	Nocardioidaceae	*Nocardioides*	*Nocardioides*	OTU773
Actinobacteria	Actinobacteria	Micrococcales	Cellulomonadaceae	*Actinotalea*	*Actinotalea*	OTU1644
Actinobacteria	Actinobacteria	Streptomycetales	Streptomycetaceae	*Streptomyces*	*Streptomyces*	OTU499
Actinobacteria	Actinobacteria	Coriobacteriales	Coriobacteriaceae	f_Coriobacteriaceae	f_Coriobacteriaceae	OTU1612
Actinobacteria	Actinobacteria	Propionibacteriales	Nocardioidaceae	*Nocardioides*	*Nocardioides*	OTU1654
Actinobacteria	Actinobacteria	Propionibacteriales	Propionibacteriaceae	unclassified_f_Propionibacteriaceae	f_Propionibacteriaceae	OTU850
Actinobacteria	Actinobacteria	Actinomycetales	Actinomycetaceae	*Trueperella*	*Trueperella*	OTU785
Actinobacteria	Actinobacteria	Frankiales	Nakamurellaceae	*Nakamurella*	*Nakamurella*	OTU1463
Actinobacteria	Actinobacteria	Corynebacteriales	Corynebacteriaceae	*Corynebacterium*	*Corynebacterium*	OTU1675
Actinobacteria	Actinobacteria	Micrococcales	unclassified_o_Micrococcales	unclassified_o_Micrococcales	o_Micrococcales	OTU1689
Actinobacteria	Actinobacteria	Propionibacteriales	Propionibacteriaceae	unclassified_f_Propionibacteriaceae	f_Propionibacteriaceae	OTU1492
Actinobacteria	Actinobacteria	Solirubrobacterales	Elev-16S-1332	f_Elev-16S-1332	uncultured_actinobacterium_g_f_Elev-16S-1332	OTU43
Actinobacteria	Actinobacteria	Acidimicrobiales	Acidimicrobiaceae	f_Acidimicrobiaceae	f_Acidimicrobiaceae	OTU1462
Actinobacteria	Actinobacteria	Corynebacteriales	Corynebacteriaceae	*Corynebacterium*	*Corynebacterium humireduce* DSM 45392	OTU237
Actinobacteria	Actinobacteria	Streptosporangiales	Thermomonosporaceae	*Actinomadura*	*Actinomadura*	OTU1629
Actinobacteria	Actinobacteria	Micrococcales	Brevibacteriaceae	*Brevibacterium*	*Brevibacteriuml uteolum*	OTU1606
Actinobacteria	Actinobacteria	Micrococcales	AKAU3644	f_AKAU3644	f_AKAU3644	OTU303
Actinobacteria	Actinobacteria	Coriobacteriales	Coriobacteriaceae	f_Coriobacteriaceae	f_Coriobacteriaceae	OTU683
Actinobacteria	Actinobacteria	Micrococcales	unclassified_o_Micrococcales	unclassified_o_Micrococcales	o_Micrococcales	OTU1358
Actinobacteria	Actinobacteria	Propionibacteriales	Propionibacteriaceae	unclassified_f_Propionibacteriaceae	f_Propionibacteriaceae	OTU1471
Actinobacteria	Actinobacteria	Corynebacteriales	Nocardiaceae	*Rhodococcus*	*Rhodococcus*	OTU1054
Actinobacteria	Actinobacteria	Acidimicrobiales	o_Acidimicrobiales	o_Acidimicrobiales	o_Acidimicrobiales	OTU1199

续表

门	纲	目	科	属	种	OTU
Actinobacteria	Actinobacteria	Propionibacteriales	Nocardioidaceae	Aeromicrobium	Aeromicrobium	OTU789
Actinobacteria	Actinobacteria	Propionibacteriales	Nocardioidaceae	Nocardioides	Nocardioides	OTU1110
Actinobacteria	Actinobacteria	Nitriliruptorales	Nitriliruptoraceae	f_Nitriliruptoraceae	uncultured_Nitriliruptorales bacterium	OTU781
Actinobacteria	Actinobacteria	Micromonosporales	Micromonosporaceae	Longispora	Longispora	OTU1375
Actinobacteria	Actinobacteria	Micrococcales	Microbacteriaceae	Microbacterium	Microbacterium	OTU2
Actinobacteria	Actinobacteria	Coriobacteriales	Coriobacteriaceae	f_Coriobacteriaceae	f_Coriobacteriaceae	OTU19
Actinobacteria	Actinobacteria	Corynebacteriales	Dietziaceae	Dietzia	Dietzia	OTU1651
Actinobacteria	Actinobacteria	Propionibacteriales	Nocardioidaceae	unclassified_f_Nocardioidaceae	f_Nocardioidaceae	OTU1468
Actinobacteria	Actinobacteria	Propionibacteriales	Propionibacteriaceae	Luteococcus	Luteococcus	OTU844
Actinobacteria	Actinobacteria	Propionibacteriales	Propionibacteriaceae	unclassified_f_Propionibacteriaceae	f_Propionibacteriaceae	OTU1642
Actinobacteria	Actinobacteria	Micromonosporales	Micromonosporaceae	Longispora	Longispora	OTU1560
Actinobacteria	Actinobacteria	Propionibacteriales	unclassified_o_Propionibacteriales	unclassified_o_Propionibacteriales	o_Propionibacteriales	OTU883
Actinobacteria	Actinobacteria	Acidimicrobiales	Acidimicrobiaceae	f_Acidimicrobiaceae	f_Acidimicrobiaceae	OTU1237
Actinobacteria	Actinobacteria	Micrococcales	Micrococcaceae	Nesterenkonia	Nesterenkonia	OTU1401
Actinobacteria	Actinobacteria	Micrococcales	unclassified_o_Micrococcales	unclassified_o_Micrococcales	o_Micrococcales	OTU749
Actinobacteria	Actinobacteria	Pseudonocardiales	Pseudonocardiaceae	Prauserella	Prauserella aidingensis	OTU1695
Actinobacteria	Actinobacteria	Propionibacteriales	Propionibacteriaceae	f_Propionibacteriaceae	Ponticoccus sp.MM4	OTU1607
Actinobacteria	Actinobacteria	Frankiales	Nakamurellaceae	Nakamurella	Nakamurella	OTU1397
Actinobacteria	Actinobacteria	Micrococcales	Promicromonosporaceae	unclassified_f_Promicromonos-poraceae	f_Promicromonosporaceae	OTU1721
Actinobacteria	Actinobacteria	Acidimicrobiales	o_Acidimicrobiales	o_Acidimicrobiales	o_Acidimicrobiales	OTU795
Actinobacteria	Actinobacteria	Micrococcales	Microbacteriaceae	Leucobacter	uncultured_Leucobacter_sp.	OTU329
Actinobacteria	Actinobacteria	Micrococcales	Dermacoccaceae	unclassified_f_Dermacoccaceae	f_Dermacoccaceae	OTU831
Actinobacteria	Actinobacteria	Micrococcales	Micrococcales_Incertae_Sedis	Timonella	Timonella	OTU528
Actinobacteria	Actinobacteria	unclassified_c_Actinobacteria	unclassified_c_Actinobacteria	unclassified_c_Actinobacteria	c_Actinobacteria	OTU1138
Actinobacteria	Actinobacteria	Micrococcales	Micrococcaceae	Nesterenkonia	Nesterenkonia	OTU619
Actinobacteria	Actinobacteria	Micrococcales	Dermabacteraceae	Brachybacterium	Brachybacterium faecium	OTU1608
Actinobacteria	Actinobacteria	Micrococcales	unclassified_o_Micrococcales	unclassified_o_Micrococcales	o_Micrococcales	OTU1537
Actinobacteria	Actinobacteria	Coriobacteriales	Coriobacteriaceae	f_Coriobacteriaceae	uncultured_actinobacterium_g_f_Coriobacteriaceae	OTU1340
Actinobacteria	Actinobacteria	Acidimicrobiales	OM1_clade	f_OM1_clade	f_OM1_clade	OTU384
Actinobacteria	Actinobacteria	Propionibacteriales	Propionibacteriaceae	unclassified_f_Propionibacteriaceae	f_Propionibacteriaceae	OTU1754
Actinobacteria	Actinobacteria	Propionibacteriales	Propionibacteriaceae	Tessaracoccus	Tessaracoccus	OTU1604
Actinobacteria	Actinobacteria	Coriobacteriales	Coriobacteriaceae	f_Coriobacteriaceae	Eggerthellaceae_bacterium_Marseille-P2849	OTU652
Actinobacteria	Actinobacteria	Propionibacteriales	Propionibacteriaceae	Propioniciclava	Propioniciclava	OTU1133
Actinobacteria	Actinobacteria	Bifidobacteriales	Bifidobacteriaceae	Bifidobacterium	Bifidobacterium	OTU255
Actinobacteria	Actinobacteria	Propionibacteriales	Nocardioidaceae	Nocardioides	Nocardioides	OTU730
Actinobacteria	Actinobacteria	Micrococcales	Brevibacteriaceae	Brevibacterium	Brevibacterium	OTU1587
Actinobacteria	Actinobacteria	Corynebacteriales	Corynebacteriaceae	Corynebacterium_1	Corynebacterium freneyi	OTU1574
Actinobacteria	Actinobacteria	Micromonosporales	Micromonosporaceac	Longispora	Longispora	OTU1389
Actinobacteria	Actinobacteria	unclassified_c_Actino-bacteria	unclassified_c_Actinobacteria	unclassified_c_Actinobacteria	c_Actinobacteria	OTU450
Actinobacteria	Actinobacteria	Acidimicrobiales	Acidimicrobiaceae	f_Acidimicrobiaceae	f_Acidimicrobiaceae	OTU94

续表

门	纲	目	科	属	种	OTU
Actinobacteria	Actinobacteria	Micrococcales	Bogoriellaceae	*Georgenia*	*Georgenia*	OTU776
Actinobacteria	Actinobacteria	Micrococcales	Micrococcaceae	*Nesterenkonia*	*Nesterenkonia* sp.A-7A	OTU1596
Actinobacteria	Actinobacteria	Acidimicrobiales	o_Acidimicrobiales	o_Acidimicrobiales	uncultured_Acidimicrobineae_bact-erium_g_norank	OTU757
Actinobacteria	Actinobacteria	Corynebacteriales	Corynebacteriaceae	*Corynebacterium*	*Corynebacterium*	OTU1523
Actinobacteria	Actinobacteria	Solirubrobacterales	Elev-16S-1332	f_Elev-16S-1332	f_Elev-16S-1332	OTU1148
Actinobacteria	Actinobacteria	Corynebacteriales	Corynebacteriaceae	unclassified_f_Corynebacteriaceae	f_Corynebacteriaceae	OTU427
Actinobacteria	Actinobacteria	Propionibacteriales	Propionibacteriaceae	unclassified_f_Propionibacteriaceae	f_Propionibacteriaceae	OTU786
Actinobacteria	Actinobacteria	Micromonosporales	Micromonosporaceae	*Longispora*	*Longispora*	OTU339
Actinobacteria	Actinobacteria	Propionibacteriales	Nocardioidaceae	*Nocardioides*	*Nocardioides*	OTU1424
Actinobacteria	Actinobacteria	Pseudonocardiales	Pseudonocardiaceae	unclassified_f_Pseudonocardiaceae	f_Pseudonocardiaceae	OTU1702
Actinobacteria	Actinobacteria	Micrococcales	Intrasporangiaceae	*Ornithinimicrobium*	*Ornithinimicrobium*	OTU1660
Actinobacteria	Actinobacteria	Micrococcales	Jonesiaceae	*Jonesia*	*Jonesia denitrificans* DSM20603	OTU322
Actinobacteria	Actinobacteria	Micrococcales	unclassified_o_Micrococcales	unclassified_o_Micrococcales	o_Micrococcales	OTU1628
Actinobacteria	Actinobacteria	Micromonosporales	Micromonosporaceae	*Longispora*	*Longispora*	OTU1717
Actinobacteria	Actinobacteria	Propionibacteriales	Propionibacteriaceae	*Tessaracoccus*	*Tessaracoccus*	OTU1403
Actinobacteria	Actinobacteria	Solirubrobacterales	unclassified_o_Solirubrobacterales	unclassified_o_Solirubrobacterales	o_Solirubrobacterales	OTU59
Actinobacteria	Actinobacteria	Glycomycetales	Glycomycetaceae	*Glycomyces*	*Glycomyces*	OTU1714
Actinobacteria	Actinobacteria	Micrococcales	Micrococcaceae	*Zhihengliuella*	*Zhihengliuellaflava*	OTU1620
Actinobacteria	Actinobacteria	Micrococcales	Microbacteriaceae	*Microbacterium*	*Microbacterium*	OTU544
Actinobacteria	Actinobacteria	Propionibacteriales	Propionibacteriaceae	unclassified_f_Propionibacteriaceae	f_Propionibacteriaceae	OTU793
Actinobacteria	Actinobacteria	Micrococcales	Brevibacteriaceae	*Brevibacterium*	*Brevibacterium*	OTU1483
Actinobacteria	Actinobacteria	Coriobacteriales	Coriobacteriaceae	f_Coriobacteriaceae	f_Coriobacteriaceae	OTU727
Actinobacteria	Actinobacteria	Micrococcales	Micrococcaceae	*Nesterenkonia*	*Nesterenkonia*	OTU580
Actinobacteria	Actinobacteria	Corynebacteriales	Corynebacteriaceae	unclassified_f_Corynebacteriaceae	f_Corynebacteriaceae	OTU413
Actinobacteria	Actinobacteria	Streptosporangiales	Nocardiopsaceae	*Nocardiopsis*	*Nocardiopsis*	OTU803
Actinobacteria	Actinobacteria	Coriobacteriales	Coriobacteriaceae	*Olsenella*	*Olsenella*	OTU648
Actinobacteria	Actinobacteria	Micrococcales	Micrococcaceae	*Glutamicibacter*	*Glutamicibacter*	OTU337
Actinobacteria	Actinobacteria	Acidimicrobiales	Iamiaceae	*Iamia*	*Iamia*	OTU1700
Actinobacteria	Actinobacteria	Acidimicrobiales	o_Acidimicrobiales	o_Acidimicrobiales	o_Acidimicrobiales	OTU733
Actinobacteria	Actinobacteria	Propionibacteriales	Nocardioidaceae	f_Nocardioidaceae	f_Nocardioidaceae	OTU1652
Actinobacteria	Actinobacteria	Micrococcales	Brevibacteriaceae	*Spelaeicoccus*	*Spelaeicoccus albus*	OTU1360
Actinobacteria	Actinobacteria	Micrococcales	Microbacteriaceae	*Leucobacter*	*Leucobacter*	OTU1625
Actinobacteria	Actinobacteria	Propionibacteriales	Propionibacteriaceae	unclassified_f_Propionibacteriaceae	f_Propionibacteriaceae	OTU343
Actinobacteria	Actinobacteria	Micrococcales	Brevibacteriaceae	*Brevibacterium*	*Brevibacterium*	OTU1491
Actinobacteria	Actinobacteria	Micrococcales	Intrasporangiaceae	Ornithinimicrobium	Ornithinimicrobium	OTU1461
Actinobacteria	Actinobacteria	Propionibacteriales	Propionibacteriaceae	*Luteococcus*	*Luteococcus*	OTU1653
Actinobacteria	Actinobacteria	Gaiellales	o_Gaiellales	o_Gaiellales	uncultured_organism_g_o_Gaiellales	OTU1516
Actinobacteria	Actinobacteria	Coriobacteriales	Coriobacteriaceae	f_Coriobacteriaceae	f_Coriobacteriaceae	OTU734
Actinobacteria	Actinobacteria	Micrococcales	Brevibacteriaceae	*Brevibacterium*	*Brevibacteriumsenegalense*	OTU1539
Actinobacteria	Actinobacteria	Propionibacteriales	Propionibacteriaceae	*Tessaracoccus*	*Tessaracoccus*	OTU1487

续表

门	纲	目	科	属	种	OTU
Actinobacteria	Actinobacteria	Pseudonocardiales	Pseudonocardiaceae	*Saccharomonospora*	*Saccharomonospora*	OTU758
Actinobacteria	Actinobacteria	Micrococcales	Micrococcaceae	*Glutamicibacter*	*Glutamicibacter*	OTU1243
Actinobacteria	Actinobacteria	Micrococcales	unclassified_o_Micrococcales	unclassified_o_Micrococcales	o_Micrococcales	OTU209
Actinobacteria	Actinobacteria	Micrococcales	Promicromonosporaceae	*Cellulosimicrobium*	*Cellulosimicrobium cellulans*	OTU1395
Actinobacteria	Actinobacteria	Glycomycetales	Glycomycetaceae	*Glycomyces*	*Glycomyces mongolensis*	OTU1683
Actinobacteria	Actinobacteria	Streptosporangiales	Thermomonosporaceae	*Actinomadura*	*Actinomadura hallensis*	OTU1019
Actinobacteria	Actinobacteria	Micrococcales	Microbacteriaceae	*Microbacterium*	*Microbacterium*	OTU483
Actinobacteria	Actinobacteria	Acidimicrobiales	OM1_clade	f_OM1_clade	f_OM1_clade	OTU9
Actinobacteria	Actinobacteria	Micromonosporales	Micromonosporaceae	*Longispora*	*Longispora*	OTU1297
Actinobacteria	Actinobacteria	Propionibacteriales	Nocardioidaceae	*Nocardioides*	*Nocardioides*	OTU1370
Actinobacteria	Actinobacteria	Streptomycetales	Streptomycetaceae	*Streptomyces*	*Streptomyces*	OTU1647
Actinobacteria	Actinobacteria	Micrococcales	Promicromonosporaceae	unclassified_f_Promicromono-sporaceae	f_Promicromonosporaceae	OTU1581
Actinobacteria	Actinobacteria	Micrococcales	Microbacteriaceae	*Microbacterium*	*Microbacterium*	OTU234
Actinobacteria	Actinobacteria	Corynebacteriales	Mycobacteriaceae	*Mycobacterium*	*Mycobacterium*	OTU40
Actinobacteria	Actinobacteria	Euzebyales	Euzebyaceae	f_Euzebyaceae	f_Euzebyaceae	OTU1602
Actinobacteria	Actinobacteria	Streptosporangiales	Nocardiopsaceae	*Nocardiopsis*	*Nocardiopsis*	OTU1740
Actinobacteria	Actinobacteria	Solirubrobacterales	Elev-16S-1332	f_Elev-16S-1332	f_Elev-16S-1332	OTU1451
Actinobacteria	Actinobacteria	Micrococcales	Intrasporangiaceae	unclassified_f_Intrasporangiaceae	f_Intrasporangiaceae	OTU1457
Actinobacteria	Actinobacteria	Micrococcales	Micrococcaceae	*Yaniella*	*Yaniella*	OTU1692
Atribacteria	p_Atribacteria	p_Atribacteria	p_Atribacteria	p_Atribacteria	uncultured_organism_g_Atribacteria	OTU426
Bacteroidetes	Sphingobacteriia	Sphingobacteriales	Chitinophagaceae	*Taibaiella*	*Taibaiella*	OTU1056
Bacteroidetes	Flavobacteriia	Flavobacteriales	Cryomorphaceae	f_Cryomorphaceae	f_Cryomorphaceae	OTU430
Bacteroidetes	Flavobacteriia	Flavobacteriales	Flavobacteriaceae	*Salegentibacter*	*Salegentibacter*	OTU1368
Bacteroidetes	Sphingobacteriia	Sphingobacteriales	Sphingobacteriaceae	*Olivibacter*	*Olivibacter*	OTU1176
Bacteroidetes	Bacteroidia	Bacteroidales	Rikenellaceae	vadinBC27_wastewater-sludge_group	Rikenellaceae_bacterium_DTU002	OTU366
Bacteroidetes	Sphingobacteriia	Sphingobacteriales	Chitinophagaceae	*Taibaiella*	*Taibaiella*	OTU476
Bacteroidetes	Cytophagia	Cytophagales	Cytophagaceae	*Chryseolinea*	*Chryseolinea*	OTU169
Bacteroidetes	Flavobacteriia	Flavobacteriales	Flavobacteriaceae	unclassified_f_Flavobacteriaceae	f_Flavobacteriaceae	OTU171
Bacteroidetes	Flavobacteriia	Flavobacteriales	Flavobacteriaceae	unclassified_f_Flavobacteriaceae	f_Flavobacteriaceae	OTU173
Bacteroidetes	Bacteroidia	Bacteroidia_Incertae_Sedis	Draconibacteriaceae	f_Draconibacteriaceae	f_Draconibacteriaceae	OTU363
Bacteroidetes	Sphingobacteriia	Sphingobacteriales	Chitinophagaceae	*Crenotalea*	*Crenotalea*	OTU372
Bacteroidetes	Bacteroidetes_Incertae_Sedis	Order_II	Rhodothermaceae	f_Rhodothermaceae	f_Rhodothermaceae	OTU360
Bacteroidetes	Bacteroidia	Bacteroidales	Marinilabiaceae	*Ruminofilibacter*	*Ruminofilibacter*	OTU170
Bacteroidetes	Cytophagia	Cytophagales	Cyclobacteriaceae	unclassified_f_Cyclobacteriaceae	f_Cyclobacteriaceae	OTU285
Bacteroidetes	Bacteroidia	Bacteroidales	Bacteroidaceae	*Bacteroides*	*Bacteroides dorei*	OTU593
Bacteroidetes	Flavobacteriia	Flavobacteriales	Flavobacteriaceae	*Aequorivita*	*Aequorivita*	OTU1070
Bacteroidetes	Flavobacteriia	Flavobacteriales	Cryomorphaceae	*Brumimicrobium*	*Brumimicrobium*	OTU1050
Bacteroidetes	Sphingobacteriia	Sphingobacteriales	Sphingobacteriaceae	*Parapedobacter*	*Parapedobacter*	OTU520
Bacteroidetes	Sphingobacteriia	Sphingobacteriales	Sphingobacteriaceae	*Olivibacter*	*Olivibacter*	OTU496
Bacteroidetes	Sphingobacteriia	Sphingobacteriales	Saprospiraceae	f_Saprospiraceae	f_Saprospiraceae	OTU1179

门	纲	目	科	属	种	OTU
Bacteroidetes	Sphingobac-teriia	Sphingobacteriales	Chitinophagaceae	*Taibaiella*	*Taibaiella*	OTU877
Bacteroidetes	Flavobacteriia	Flavobacteriales	Flavobacteriaceae	*Flavobacterium*	*Flavobacterium*	OTU419
Bacteroidetes	Flavobacteriia	Flavobacteriales	Flavobacteriaceae	*Tenacibaculum*	*Tenacibaculum lutimaris*	OTU186
Bacteroidetes	Flavobacteriia	Flavobacteriales	Flavobacteriaceae	unclassified_f_Flavobacteriaceae	f_Flavobacteriaceae	OTU1042
Bacteroidetes	Flavobacteriia	Flavobacteriales	Flavobacteriaceae	unclassified_f_Flavobacteriaceae	f_Flavobacteriaceae	OTU159
Bacteroidetes	Sphingobac-teriia	Sphingobacteriales	Sphingobacteriaceae	*Sphingobacterium*	*Sphingobacterium*	OTU1020
Bacteroidetes	Sphingobac-teriia	Sphingobacteriales	Sphingobacteriaceae	unclassified_f_Sphingobacteriaceae	f_Sphingobacteriaceae	OTU194
Bacteroidetes	Flavobacteriia	Flavobacteriales	Flavobacteriaceae	*Flavobacterium*	Flavobacterium_sp._enrichment_culture_clone_SA_NR2_Γ	OTU1198
Bacteroidetes	Sphingobac-teriia	Sphingobacteriales	Sphingobacteriaceae	f_Sphingobacteriaceae	f_Sphingobacteriaceae	OTU806
Bacteroidetes	Sphingobac-teriia	Sphingobacteriales	Chitinophagaceae	*Crenotalea*	*Crenotalea*	OTU195
Bacteroidetes	Bacteroidia	Bacteroidia Incertae_Sedis	Draconibacteriaceae	unclassified_f_Draconibacteriaceae	f_Draconibacteriaceae	OTU1561
Bacteroidetes	Cytophagia	Cytophagales	Cyclobacteriaceae	*Algoriphagus*	*Algoriphagus*	OTU184
Bacteroidetes	Bacteroidetes_vadinHA17	c_Bacteroidetes_vadinHA17	c_Bacteroidetes_vadinHA17	c_Bacteroidetes_vadinHA17	c_BacteroidetevadinHA17	OTU172
Bacteroidetes	Cytophagia	Cytophagales	Cytophagaceae	*Cytophaga*	*Cytophaga*	OTU696
Bacteroidetes	Bacteroidetes_Incertae_Sedis	Order_II	Rhodothermaceae	f_Rhodothermaceae	f_Rhodothermaceae	OTU199
Bacteroidetes	Sphingobac-teriia	Sphingobacteriales	Sphingobacteriaceae	*Sphingobacterium*	*Sphingobacterium*	OTU1036
Bacteroidetes	Flavobacteriia	Flavobacteriales	Flavobacteriaceae	unclassified_f_Flavobacteriaceae	f_Flavobacteriaceae	OTU809
Bacteroidetes	Bacteroidia	Bacteroidales	Marinilabiaceae	f_Marinilabiaceae	uncultured_organism_g_f_Marini-labiaceae	OTU545
Bacteroidetes	Sphingobac-teriia	Sphingobacteriales	Saprospiraceae	f_Saprospiraceae	f_Saprospiraceae	OTU167
Bacteroidetes	Bacteroidia	Bacteroidia Incertae_Sedis	Draconibacteriaceae	f_Draconibacteriaceae	f_Draconibacteriaceae	OTU455
Bacteroidetes	Sphingobac-teriia	Sphingobacteriales	Sphingobacteriaceae	*Olivibacter*	*Olivibacterginsengisoli*	OTU467
Bacteroidetes	Flavobacteriia	Flavobacteriales	Cryomorphaceae	*Brumimicrobium*	*Brumimicrobium*	OTU1211
Bacteroidetes	Flavobacteriia	Flavobacteriales	Flavobacteriaceae	*Aequorivita*	uncultured_Bacteroide-tebacterium_g_*Aequorivita*	OTU1374
Bacteroidetes	Bacteroidia	Bacteroidales	Rikenellaceae	vadinBC27_wastewater-sludge_group	uncultured_prokaryote_g_vadinBC27_wastewater-sludge_group	OTU346
Bacteroidetes	Flavobacteriia	Flavobacteriales	Flavobacteriaceae	*Flavobacterium*	*Flavobacterium*	OTU459
Bacteroidetes	Bacteroidia	Bacteroidales	Prevotellaceae	Prevotellaceae_NK3B31_group	Prevotellaceae_NK3B31_group	OTU365
Bacteroidetes	Bacteroidia	Bacteroidales	Bacteroidales_S24-7_group	f_Bacteroidales_S24-7_group	f_BacteroidaleS24-7_group	OTU762
Bacteroidetes	Bacteroidia	Bacteroidales	Rikenellaceae	Blvii28_wastewater-sludge_group	uncultured_prokaryote_g_Blvii28_wastewater-sludge_group	OTU1512
Bacteroidetes	Bacteroidia	Bacteroidales	Porphyromonadaceae	*Petrimonas*	uncultured_Porphyromonadaceae_bacterium_g_*Petrimonas*	OTU861
Bacteroidetes	Flavobacteriia	Flavobacteriales	Flavobacteriaceae	Ornithobacterium	Ornithobacterium	OTU1645
Bacteroidetes	Bacteroidia	Bacteroidales	Bacteroidales_BS11_gut_group	f_Bacteroidales_BS11_gut_group	f_BacteroidaleBS11_gut_group	OTU728
Bacteroidetes	Bacteroidia	Bacteroidales	Prolixibacteraceae	*Prolixibacter*	*Prolixibacter*	OTU197
Bacteroidetes	Bacteroidetes_Incertae_Sedis	Order_III	Unknown_Family_o_Order_III	f_Unknown_Family	uncultured_Bacteroidete-bacterium_g_f_Unknown_Family	OTU800
Bacteroidetes	Flavobacteriia	Flavobacteriales	Flavobacteriaceae	*Salinimicrobium*	uncultured_Bacteroidetebac-terium_g_*Salinimicrobium*	OTU664
Bacteroidetes	Sphingobac-teriia	Sphingobacteriales	Chitinophagaceae	*Taibaiella*	*Taibaiella*	OTU1151
Bacteroidetes	Bacteroidia	Bacteroidales	Prevotellaceae	*Prevotella_2*	*Prevotella_2*	OTU1175
Bacteroidetes	Flavobacteriia	Flavobacteriales	Flavobacteriaceae	*Aequorivita*	*Aequorivita*	OTU1065
Bacteroidetes	Flavobacteriia	Flavobacteriales	Flavobacteriaceae	*Tamlana*	*Tamlanacrocina*	OTU166
Bacteroidetes	Sphingobac-teriia	Sphingobacteriales	Sphingobacteriaceae	*Sphingobacterium*	*Sphingobacteriummizutaii*	OTU470

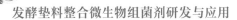
发酵垫料整合微生物组菌剂研发与应用

续表

门	纲	目	科	属	种	OTU
Bacteroidetes	Sphingobacteriia	Sphingobacteriales	Sphingobacteriaceae	*Parapedobacter*	*Parapedobacter*	OTU514
Bacteroidetes	Sphingobacteriia	Sphingobacteriales	Sphingobacteriaceae	*Parapedobacter*	*Parapedobacter*	OTU512
Bacteroidetes	Flavobacteriia	Flavobacteriales	Cryomorphaceae	unclassified_f_Cryomorphaceae	f_Cryomorphaceae	OTU1381
Bacteroidetes	Bacteroidia	Bacteroidales	Bacteroidaceae	*Bacteroides*	*Bacteroides plebeius*	OTU507
Bacteroidetes	Flavobacteriia	Flavobacteriales	Cryomorphaceae	f_Cryomorphaceae	uncultured_Flavobacteriale-bacterium_g_f_Cryomorphaceae	OTU196
Bacteroidetes	Bacteroidia	Bacteroidales	Prevotellaceae	Prevotellaceae_NK3B31_group	Prevotellaceae_NK3B31_group	OTU643
Bacteroidetes	Bacteroidia	Bacteroidales	Porphyromonadaceae	f_Porphyromonadaceae	uncultured_soil_bacterium_g_f_Porphyromonadaceae	OTU1062
Bacteroidetes	Sphingobacteriia	Sphingobacteriales	Sphingobacteriaceae	f_Sphingobacteriaceae	f_Sphingobacteriaceae	OTU645
Bacteroidetes	Bacteroidia	Bacteroidales	Porphyromonadaceae	*Petrimonas*	*Petrimonas*	OTU1603
Bacteroidetes	Flavobacteriia	Flavobacteriales	Flavobacteriaceae	*Flavobacterium*	*Flavobacterium*	OTU472
Bacteroidetes	Flavobacteriia	Flavobacteriales	Flavobacteriaceae	*Flavobacterium*	*Flavobacterium*	OTU477
Bacteroidetes	Flavobacteriia	Flavobacteriales	Flavobacteriaceae	*Flavobacterium*	*Flavobacterium*	OTU860
Bacteroidetes	Sphingobacteriia	Sphingobacteriales	Sphingobacteriaceae	*Sphingobacterium*	*Sphingobacterium*	OTU418
Bacteroidetes	Flavobacteriia	Flavobacteriales	Cryomorphaceae	*Cryomorpha*	*Cryomorpha*	OTU1380
Bacteroidetes	Bacteroidia	Bacteroidales	Bacteroidales_RF16_group	f_Bacteroidales_RF16_group	f_BacteroidaleRF16_group	OTU1470
Bacteroidetes	Bacteroidetes Incertae_Sedis	Order_III	Unknown_Family_o_Order_III	*Aliifodinibius*	*Aliifodinibius*	OTU807
Bacteroidetes	Flavobacteriia	Flavobacteriales	Flavobacteriaceae	*Flavobacterium*	*Flavobacterium*	OTU893
Bacteroidetes	Bacteroidia	Bacteroidales	Bacteroidaceae	*Bacteroides*	Bacteroidecoprocola_DSM_17136	OTU1184
Bacteroidetes	Flavobacteriia	Flavobacteriales	Cryomorphaceae	*Brumimicrobium*	*Brumimicrobium*	OTU370
Bacteroidetes	Flavobacteriia	Flavobacteriales	Flavobacteriaceae	*Planktosalinus*	*Planktosalinus*	OTU501
Bacteroidetes	Flavobacteriia	Flavobacteriales	Cryomorphaceae	*Brumimicrobium*	*Brumimicrobium*	OTU1174
Bacteroidetes	Bacteroidia	Bacteroidales	Marinilabiaceae	f_Marinilabiaceae	uncultured_prokaryote_g_f_Marinilabiaceae	OTU1558
Bacteroidetes	Flavobacteriia	Flavobacteriales	Cryomorphaceae	*Brumimicrobium*	*Brumimicrobium*	OTU190
Bacteroidetes	Flavobacteriia	Flavobacteriales	Flavobacteriaceae	*Gillisia*	*Gillisia*	OTU215
Bacteroidetes	Bacteroidia	Bacteroidales	Porphyromonadaceae	unclassified_f_Porphyromonadaceae	f_Porphyromonadaceae	OTU1557
Bacteroidetes	Bacteroidia	Bacteroidales	Bacteroidaceae	*Bacteroides*	*Bacteroides caccae*	OTU553
Bacteroidetes	Sphingobacteriia	Sphingobacteriales	Sphingobacteriaceae	*Parapedobacter*	*Parapedobacter*	OTU1049
Bacteroidetes	Flavobacteriia	Flavobacteriales	Flavobacteriaceae	*Planktosalinus*	*Planktosalinus*	OTU1159
Bacteroidetes	Bacteroidia	Bacteroidales	Prevotellaceae	Prevotellaceae_NK3B31_group	Prevotellaceae_NK3B31_group	OTU1562
Bacteroidetes	Sphingobacteriia	Sphingobacteriales	Sphingobacteriaceae	*Parapedobacter*	*Parapedobacter*	OTU474
Bacteroidetes	Sphingobacteriia	Sphingobacteriales	Sphingobacteriaceae	*Sphingobacterium*	*Sphingobacterium*	OTU505
Bacteroidetes	Sphingobacteriia	Sphingobacteriales	Sphingobacteriaceae	*Sphingobacterium*	*Sphingobacterium*	OTU508
Bacteroidetes	Bacteroidia	Bacteroidales	ML635J-40_aquatic_group	f_ML635J-40_aquatic_group	uncultured_Sphingobac-teriia bacter-ium_g_f_ML635J-40_aquatic_group	OTU625
Bacteroidetes	Flavobacteriia	Flavobacteriales	Flavobacteriaceae	unclassified_f_Flavobacteriaceae	f_Flavobacteriaceae	OTU847
Bacteroidetes	Bacteroidetes Incertae_Sedis	Order_II	Rhodothermaceae	f_Rhodothermaceae	f_Rhodothermaceae	OTU612
Bacteroidetes	Bacteroidia	Bacteroidales	Porphyromonadaceae	*Petrimonas*	*Petrimonas*	OTU1016
Bacteroidetes	Bacteroidia	Bacteroidales	FTLpost3	f_FTLpost3	f_FTLpost3	OTU530
Bacteroidetes	Flavobacteriia	Flavobacteriales	Flavobacteriaceae	*Flavobacterium*	*Flavobacterium ummariense*	OTU1364
Bacteroidetes	Bacteroidetes Incertae_Sedis	unclassified_c_Bacteroidetes_Incertae_Sedis	unclassified_c_Bacteroidetes_Incertae_Sedis	unclassified_c_Bacteroidetes_Incertae_Sedis	c_BacteroideteIncertae_Sedis	OTU1195
Bacteroidetes	Bacteroidia	Bacteroidales	Porphyromonadaceae	*Petrimonas*	*Petrimonas*	OTU392

门	纲	目	科	属	种	OTU
Bacteroidetes	Cytophagia	Cytophagales	Flammeovirgaceae	unclassified_f_Flammeovirgaceae	f_Flammeovirgaceae	OTU113
Bacteroidetes	Sphingobacteriia	Sphingobacteriales	Chitinophagaceae	*Taibaiella*	*Taibaiella*	OTU158
Bacteroidetes	Bacteroidetes_Incertae_Sedis	Order_III	unclassified_o_Order_III	unclassified_o_Order_III	o_Order_III	OTU862
Bacteroidetes	Flavobacteriia	Flavobacteriales	Flavobacteriaceae	unclassified_f_Flavobacteriaceae	f_Flavobacteriaceae	OTU1177
Bacteroidetes	Flavobacteriia	Flavobacteriales	Flavobacteriaceae	unclassified_f_Flavobacteriaceae	f_Flavobacteriaceae	OTU1170
Bacteroidetes	Flavobacteriia	Flavobacteriales	Flavobacteriaceae	unclassified_f_Flavobacteriaceae	f_Flavobacteriaceae	OTU1178
Bacteroidetes	Flavobacteriia	Flavobacteriales	Flavobacteriaceae	*Ornithobacterium*	*Ornithobacterium*	OTU1484
Bacteroidetes	Bacteroidia	Bacteroidales	Porphyromonadaceae	*Petrimonas*	*Petrimonas*	OTU1485
Bacteroidetes	Bacteroidia	Bacteroidales	Rikenellaceae	vadinBC27_wastewater-sludge_group	vadinBC27_wastewater-sludge_group	OTU924
Bacteroidetes	Bacteroidia	Bacteroidales	Bacteroidales_S24-7_group	f_Bacteroidales_S24-7_group	uncultured_Porphyromonadaceae_bacterium_g_f_BacteroidaleS24-7_group	OTU1710
Bacteroidetes	Sphingobacteriia	Sphingobacteriales	Sphingobacteriaceae	*Pedobacter*	uncultured_*Pedobacter*_sp.	OTU865
Bacteroidetes	Flavobacteriia	Flavobacteriales	Flavobacteriaceae	unclassified_f_Flavobacteriaceae	f_Flavobacteriaceae	OTU871
Bacteroidetes	Sphingobacteriia	Sphingobacteriales	Chitinophagaceae	*Crenotalea*	*Crenotalea*	OTU1169
Bacteroidetes	Bacteroidia	Bacteroidales	Rikenellaceae	*Anaerocella*	uncultured_Bacteroidetebacterium_g_*Anaerocella*	OTU714
Bacteroidetes	Sphingobacteriia	Sphingobacteriales	Saprospiraceae	f_Saprospiraceae	uncultured_marine_bacterium_g_f_Saprospiraceae	OTU192
Bacteroidetes	Bacteroidia	Bacteroidales	Marinilabiaceae	unclassified_f_Marinilabiaceae	f_Marinilabiaceae	OTU638
Bacteroidetes	Cytophagia	Cytophagales	Cytophagaceae	Sporocytophaga	Sporocytophaga_myxococcoideg_Sporocytophaga	OTU511
Bacteroidetes	Flavobacteriia	Flavobacteriales	Flavobacteriaceae	*Moheibacter*	*Empedobacter*_sp._C2-7	OTU500
Bacteroidetes	Flavobacteriia	Flavobacteriales	Flavobacteriaceae	*Galbibacter*	*Galbibacter marinus*	OTU799
Bacteroidetes	Bacteroidia	Bacteroidales	Prevotellaceae	*Prevotella_9*	*Prevotella_9*	OTU1166
Bacteroidetes	Bacteroidia	Bacteroidales	Rikenellaceae	vadinBC27_wastewater-sludge_group	vadinBC27_wastewater-sludge_group	OTU590
Bacteroidetes	Sphingobacteriia	Sphingobacteriales	Chitinophagaceae	*Crenotalea*	*Crenotalea*	OTU1372
Bacteroidetes	Flavobacteriia	Flavobacteriales	Flavobacteriaceae	unclassified_f_Flavobacteriaceae	f_Flavobacteriaceae	OTU1298
Bacteroidetes	Sphingobacteriia	Sphingobacteriales	Chitinophagaceae	*Crenotalea*	*Crenotalea*	OTU1481
Bacteroidetes	Sphingobacteriia	Sphingobacteriales	Sphingobacteriaceae	*Sphingobacterium*	*Sphingobacterium*	OTU521
Bacteroidetes	Bacteroidia	Bacteroidia Incertae_Sedis	Draconibacteriaceae	f_Draconibacteriaceae	benzene_mineralizing_consortium_clone_SB-1	OTU382
Bacteroidetes	Flavobacteriia	Flavobacteriales	Flavobacteriaceae	*Gillisia*	uncultured_*Antarcticimonas*_sp.	OTU233
Bacteroidetes	Flavobacteriia	Flavobacteriales	Cryomorphaceae	f_Cryomorphaceae	f_Cryomorphaceae	OTU1367
Bacteroidetes	Bacteroidia	Bacteroidales	Porphyromonadaceae	*Petrimonas*	*Petrimonas*	OTU579
Bacteroidetes	Bacteroidia	Bacteroidales	Porphyromonadaceae	*Proteiniphilum*	*Proteiniphilum*	OTU1052
Bacteroidetes	Sphingobacteriia	Sphingobacteriales	Sphingobacteriaceae	f_Sphingobacteriaceae	f_Sphingobacteriaceae	OTU811
Bacteroidetes	Flavobacteriia	Flavobacteriales	Flavobacteriaceae	unclassified_f_Flavobacteriaceae	f_Flavobacteriaceae	OTU527
Bacteroidetes	Sphingobacteriia	Sphingobacteriales	Chitinophagaceae	*Crenotalea*	*Crenotalea*	OTU1382
Bacteroidetes	Bacteroidia	Bacteroidales	Marinilabiaceae	f_Marinilabiaceae	f_Marinilabiaceae	OTU491
Bacteroidetes	Flavobacteriia	Flavobacteriales	Flavobacteriaceae	*Sinomicrobium*	bacterium_L21-PYE-C9	OTU1208
Bacteroidetes	unclassified_p_Bacteroidetes	unclassified_p_Bacteroidetes	unclassified_p_Bacteroidetes	unclassified_p_Bacteroidetes	p_Bacteroidetes	OTU174
Bacteroidetes	Sphingobacteriia	Sphingobacteriales	Sphingobacteriaceae	unclassified_f_Sphingobacteriaceae	f_Sphingobacteriaceae	OTU1180
Bacteroidetes	Sphingobacteriia	Sphingobacteriales	Chitinophagaceae	*Crenotalea*	*Crenotalea*	OTU873

发酵垫料整合微生物组菌剂研发与应用

续表

门	纲	目	科	属	种	OTU
Bacteroidetes	Cytophagia	Cytophagales	MWH-CFBk5	f_MWH-CFBk5	f_MWH-CFBk5	OTU301
Bacteroidetes	Bacteroidia	Bacteroidales	Porphyromonadaceae	*Proteiniphilum*	*Proteiniphilum*	OTU187
Bacteroidetes	Sphingobacteriia	Sphingobacteriales	Chitinophagaceae	*Crenotalea*	*Crenotalea*	OTU1030
Bacteroidetes	Bacteroidia	Bacteroidales	Bacteroidaceae	*Bacteroides*	*Bacteroides stercoris* ATCC43183	OTU1153
Bacteroidetes	Sphingobacteriia	Sphingobacteriales	Saprospiraceae	f_Saprospiraceae	f_Saprospiraceae	OTU870
Bacteroidetes	unclassified_p_Bacteroidetes	unclassified_p_Bacteroidetes	unclassified_p_Bacteroidetes	unclassified_p_Bacteroidetes	p_Bacteroidetes	OTU1656
Bacteroidetes	Bacteroidetes_Incertae_Sedis	Order_II	Rhodothermaceae	f_Rhodothermaceae	f_Rhodothermaceae	OTU188
Bacteroidetes	Sphingobacteriia	Sphingobacteriales	Chitinophagaceae	*Crenotalea*	*Crenotalea*	OTU864
Bacteroidetes	Sphingobacteriia	Sphingobacteriales	Chitinophagaceae	*Crenotalea*	*Crenotalea*	OTU867
Bacteroidetes	Flavobacteriia	Flavobacteriales	Flavobacteriaceae	unclassified_f_Flavobacteriaceae	f_Flavobacteriaceae	OTU61
Bacteroidetes	Bacteroidia	Bacteroidales	Marinilabiaceae	f_Marinilabiaceae	f_Marinilabiaceae	OTU823
Bacteroidetes	Sphingobacteriia	Sphingobacteriales	Sphingobacteriaceae	*Sphingobacterium*	*Sphingobacterium*	OTU492
Bacteroidetes	Bacteroidia	Bacteroidia_Incertae_Sedis	Draconibacteriaceae	f_Draconibacteriaceae	uncultured_organism_g_f_Draconibacteriaceae	OTU1591
Bacteroidetes	Bacteroidia	Bacteroidales	Bacteroidales_UCG-001	f_Bacteroidales_UCG-001	uncultured_prokaryote_g_f_BacteroidaleUCG-001	OTU175
Bacteroidetes	Bacteroidia	Bacteroidales	Rikenellaceae	Rikenellaceae_RC9_gut_group	uncultured_Bacteroidalebacterium_g_Rikenellaceae_RC9_gut_group	OTU576
Bacteroidetes	Flavobacteriia	Flavobacteriales	Cryomorphaceae	*Brumimicrobium*	*Brumimicrobium*	OTU798
Bacteroidetes	Cytophagia	Cytophagales	Cytophagaceae	unclassified_f_Cytophagaceae	f_Cytophagaceae	OTU479
Bacteroidetes	Bacteroidia	Bacteroidia_Incertae_Sedis	Draconibacteriaceae	*Mariniphaga*	*Mariniphaga*	OTU1071
Bacteroidetes	Bacteroidia	Bacteroidales	Prevotellaceae	Prevotellaceae_UCG-003	Prevotellaceae_UCG-003	OTU688
Bacteroidetes	Flavobacteriia	Flavobacteriales	Flavobacteriaceae	*Moheibacter*	*Moheibacter*	OTU189
Bacteroidetes	Sphingobacteriia	Sphingobacteriales	Sphingobacteriaceae	*Sphingobacterium*	*Sphingobacterium*	OTU473
Bacteroidetes	Sphingobacteriia	Sphingobacteriales	Chitinophagaceae	*Crenotalea*	*Crenotalea*	OTU855
Bacteroidetes	Flavobacteriia	Flavobacteriales	Flavobacteriaceae	*Aequorivita*	*Aequorivita*	OTU808
Bacteroidetes	Bacteroidetes_Incertae_Sedis	Order_III	Unknown_Family_o_Order_III	*Gracilimonas*	*Gracilimonas*	OTU1643
Bacteroidetes	Bacteroidia	Bacteroidales	Porphyromonadaceae	f_Porphyromonadaceae	f_Porphyromonadaceae	OTU1472
Bacteroidetes	Flavobacteriia	Flavobacteriales	Flavobacteriaceae	*Confluentibacter*	*Confluentibacter*	OTU1216
Bacteroidetes	Sphingobacteriia	Sphingobacteriales	Sphingobacteriaceae	*Sphingobacterium*	*Sphingobacterium*	OTU539
Bacteroidetes	Bacteroidia	Bacteroidales	Porphyromonadaceae	*Proteiniphilum*	*Proteiniphilum*	OTU801
Bacteroidetes	Sphingobacteriia	Sphingobacteriales	Saprospiraceae	f_Saprospiraceae	f_Saprospiraceae	OTU866
Bacteroidetes	Flavobacteriia	Flavobacteriales	Flavobacteriaceae	*Ulvibacter*	*Ulvibacter*	OTU1669
Bacteroidetes	Bacteroidia	Bacteroidales	Prevotellaceae	Prevotellaceae_NK3B31_group	Prevotellaceae_NK3B31_group	OTU818
Bacteroidetes	Bacteroidia	Bacteroidales	Rikenellaceae	vadinBC27_wastewater-sludge_group	uncultured_prokaryote_g_vadinBC27_wastewater-sludge_group	OTU849
Bacteroidetes	Flavobacteriia	Flavobacteriales	Cryomorphaceae	*Brumimicrobium*	*Brumimicrobium*	OTU1182
Bacteroidetes	Sphingobacteriia	Sphingobacteriales	Sphingobacteriaceae	*Sphingobacterium*	*Sphingobacterium*	OTU481
Bacteroidetes	Sphingobacteriia	Sphingobacteriales	Sphingobacteriaceae	*Sphingobacterium*	*Sphingobacterium*	OTU480
Bacteroidetes	Flavobacteriia	Flavobacteriales	Cryomorphaceae	*Brumimicrobium*	*Brumimicrobium*	OTU1207
Bacteroidetes	Bacteroidia	Bacteroidia_Incertae_Sedis	Draconibacteriaceae	*Mariniphaga*	*Mariniphaga*	OTU1044
Bacteroidetes	Bacteroidetes_Incertae_Sedis	Order_III	Unknown_Family_o_Order_III	*Aliifodinibius*	*Aliifodinibius*	OTU1521
Bacteroidetes	Bacteroidetes_Incertae_Sedis	Order_III	o_Order_III	o_Order_III	o_Order_III	OTU486
Bacteroidetes	Bacteroidia	Bacteroidales	Porphyromonadaceae	*Petrimonas*	uncultured_Bacteroidete-bacterium_g_*Petrimonas*	OTU1032

续表

门	纲	目	科	属	种	OTU
Bacteroidetes	Sphingobacteriia	Sphingobacteriales	Sphingobacteriaceae	*Sphingobacterium*	*Sphingobacterium*	OTU1648
Bacteroidetes	Bacteroidia	Bacteroidia_Incertae_Sedis	Draconibacteriaceae	*Mariniphaga*	*Mariniphaga*	OTU879
Bacteroidetes	Sphingobacteriia	Sphingobacteriales	Sphingobacteriaceae	*Parapedobacter*	*Parapedobacter*	OTU917
Bacteroidetes	Cytophagia	Cytophagales	Flammeovirgaceae	*Imperialibacter*	*Imperialibacter*	OTU1446
Bacteroidetes	Bacteroidetes_Incertae_Sedis	Order_III	o_Order_III	o_Order_III	o_Order_III	OTU1311
Bacteroidetes	Sphingobacteriia	Sphingobacteriales	Sphingobacteriaceae	*Sphingobacterium*	*Sphingobacterium*	OTU1365
Bacteroidetes	Sphingobacteriia	Sphingobacteriales	Chitinophagaceae	*Taibaiella*	*Taibaiella*	OTU1310
Bacteroidetes	Flavobacteriia	Flavobacteriales	Flavobacteriaceae	*Gelidibacter*	*Gelidibacter*	OTU434
Bacteroidetes	Bacteroidia	Bacteroidales	Rikenellaceae	Rikenellaceae_RC9_gut_group	Rikenellaceae_RC9_gut_group	OTU1502
Bacteroidetes	Bacteroidia	Bacteroidales	Bacteroidaceae	*Bacteroides*	*Bacteroides uniformis*	OTU570
Bacteroidetes	Bacteroidia	Bacteroidales	Marinilabiaceae	f_Marinilabiaceae	uncultured_prokaryote_g_f_Marinilabiaceae	OTU1496
Bacteroidetes	Sphingobacteriia	Sphingobacteriales	Chitinophagaceae	*Crenotalea*	*Crenotalea*	OTU848
Bacteroidetes	Flavobacteriia	Flavobacteriales	Flavobacteriaceae	*Flavobacterium*	*Flavobacterium marinum*	OTU485
Bacteroidetes	unclassified_p_Bacteroidetes	unclassified_p_Bacteroidetes	unclassified_p_Bacteroidetes	unclassified_p_Bacteroidetes	p_Bacteroidetes	OTU968
Bacteroidetes	Bacteroidia	Bacteroidales	Rikenellaceae	Rikenellaceae_RC9_gut_group	uncultured_beta_proteobacterium_g_Rikenellaceae_RC9_gut_group	OTU460
Bacteroidetes	Bacteroidia	Bacteroidia_Incertae_Sedis	Draconibacteriaceae	*Mariniphaga*	*Mariniphaga*	OTU896
Bacteroidetes	Bacteroidia	Bacteroidales	Porphyromonadaceae	*Proteiniphilum*	*Proteiniphilum*	OTU1301
Bacteroidetes	Sphingobacteriia	Sphingobacteriales	Sphingobacteriaceae	*Parapedobacter*	*Parapedobacter*	OTU1031
Bacteroidetes	Sphingobacteriia	Sphingobacteriales	Lentimicrobiaceae	f_Lentimicrobiaceae	f_Lentimicrobiaceae	OTU869
Bacteroidetes	Sphingobacteriia	Sphingobacteriales	Sphingobacteriaceae	*Pedobacter*	*Pedobacter*	OTU502
Bacteroidetes	Sphingobacteriia	Sphingobacteriales	Sphingobacteriaceae	*Anseongella*	*Anseongella*	OTU907
Bacteroidetes	Flavobacteriia	Flavobacteriales	Flavobacteriaceae	*Flavobacterium*	*Flavobacterium*	OTU506
Bacteroidetes	Bacteroidia	Bacteroidales	Prolixibacteraceae	*Prolixibacter*	*Prolixibacter*	OTU1313
Bacteroidetes	Sphingobacteriia	Sphingobacteriales	Chitinophagaceae	*Crenotalea*	*Crenotalea*	OTU1299
Bacteroidetes	Sphingobacteriia	Sphingobacteriales	Chitinophagaceae	*Crenotalea*	*Crenotalea*	OTU894
Bacteroidetes	Flavobacteriia	Flavobacteriales	Flavobacteriaceae	*Moheibacter*	*Moheibacter*	OTU487
Bacteroidetes	Cytophagia	Cytophagales	Cytophagaceae	unclassified_f_Cytophagaceae	f_Cytophagaceae	OTU1018
Bacteroidetes	unclassified_p_Bacteroidetes	unclassified_p_Bacteroidetes	unclassified_p_Bacteroidetes	unclassified_p_Bacteroidetes	p_Bacteroidetes	OTU1116
Bacteroidetes	Sphingobacteriia	Sphingobacteriales	Sphingobacteriaceae	*Sphingobacterium*	*Sphingobacterium multivorum*	OTU525
Bacteroidetes	Flavobacteriia	Flavobacteriales	Flavobacteriaceae	unclassified_f_Flavobacteriaceae	f_Flavobacteriaceae	OTU1068
Bacteroidetes	Flavobacteriia	Flavobacteriales	Flavobacteriaceae	unclassified_f_Flavobacteriaceae	f_Flavobacteriaceae	OTU1066
BRC1	p_BRC1	p_BRC1	p_BRC1	p_BRC1	p_BRC1	OTU23
Chloroflexi	Thermomicrobia	Sphaerobacterales	Sphaerobacteraceae	unclassified_f_Sphaerobacteraceae	f_Sphaerobacteraceae	OTU794
Chloroflexi	Anaerolineae	Anaerolineales	Anaerolineaceae	f_Anaerolineaceae	anaerobic_bacterium_MO-CFX2	OTU7
Chloroflexi	Thermomicrobia	Sphaerobacterales	Sphaerobacteraceae	*Nitrolancea*	*Nitrolancea*	OTU687
Chloroflexi	Caldilineae	Caldilineales	Caldilineaceae	f_Caldilineaceae	f_Caldilineaceae	OTU827
Chloroflexi	SBR2076	c_SBR2076	c_SBR2076	c_SBR2076	c_SBR2076	OTU156
Chloroflexi	Thermomicrobia	Sphaerobacterales	Sphaerobacteraceae	*Nitrolancea*	uncultured_Chloroflexi_bacterium_g_*Nitrolancea*	OTU780
Chloroflexi	Thermomicrobia	JG30-KF-CM45	o_JG30-KF-CM45	o_JG30-KF-CM45	o_JG30-KF-CM45	OTU315

续表

门	纲	目	科	属	种	OTU
Chloroflexi	Thermomicrobia	JG30-KF-CM45	o_JG30-KF-CM45	o_JG30-KF-CM45	o_JG30-KF-CM45	OTU1090
Chloroflexi	Anaerolineae	Anaerolineales	Anaerolineaceae	f_Anaerolineaceae	uncultured_Longilinea_sp._g_f_Anaerolineaceae	OTU1258
Chloroflexi	Thermomicrobia	JG30-KF-CM45	o_JG30-KF-CM45	o_JG30-KF-CM45	o_JG30-KF-CM45	OTU493
Chloroflexi	Thermomicrobia	JG30-KF-CM45	o_JG30-KF-CM45	o_JG30-KF-CM45	o_JG30-KF-CM45	OTU1790
Chloroflexi	Thermomicrobia	AKYG1722	o_AKYG1722	o_AKYG1722	uncultured_Chloroflexi_bacterium_g_o_AKYG1722	OTU288
Chloroflexi	Thermomicrobia	JG30-KF-CM45	o_JG30-KF-CM45	o_JG30-KF-CM45	o_JG30-KF-CM45	OTU421
Chloroflexi	Thermomicrobia	Sphaerobacterales	Sphaerobacteraceae	Nitrolancea	uncultured_Chloroflexi_bacterium_g_Nitrolancea	OTU1744
Chloroflexi	Anaerolineae	Anaerolineales	Anaerolineaceae	f_Anaerolineaceae	Chloroflexi_bacterium_OLB13	OTU513
Chloroflexi	Thermomicrobia	AKYG1722	o_AKYG1722	o_AKYG1722	o_AKYG1722	OTU1756
Chloroflexi	Thermomicrobia	Sphaerobacterales	Sphaerobacteraceae	Nitrolancea	Nitrolancea	OTU881
Chloroflexi	Anaerolineae	Anaerolineales	Anaerolineaceae	f_Anaerolineaceae	anaerobic_digester_metagenome_g_f_Anaerolineaceae	OTU210
Chloroflexi	Thermomicrobia	JG30-KF-CM45	o_JG30-KF-CM45	o_JG30-KF-CM45	o_JG30-KF-CM45	OTU1623
Chloroflexi	Thermomicrobia	JG30-KF-CM45	o_JG30-KF-CM45	o_JG30-KF-CM45	o_JG30-KF-CM45	OTU1191
Chloroflexi	Thermomicrobia	AKYG1722	o_AKYG1722	o_AKYG1722	o_AKYG1722	OTU438
Chloroflexi	Caldilineae	Caldilineales	Caldilineaceae	f_Caldilineaceae	uncultured_Chloroflexi_bacterium_g_f_Caldilineaceae	OTU213
Chloroflexi	Thermomicrobia	AKYG1722	o_AKYG1722	o_AKYG1722	o_AKYG1722	OTU182
Chloroflexi	Thermomicrobia	AKYG1722	o_AKYG1722	o_AKYG1722	uncultured_Chloroflexi_bacterium_g_o_AKYG1722	OTU205
Chloroflexi	Thermomicrobia	JG30-KF-CM45	o_JG30-KF-CM45	o_JG30-KF-CM45	uncultured_Chloroflexi_bacterium_g_o_JG30-KF-CM45	OTU1319
Chloroflexi	Thermomicrobia	JG30-KF-CM45	o_JG30-KF-CM45	o_JG30-KF-CM45	o_JG30-KF-CM45	OTU1126
Chloroflexi	Thermomicrobia	JG30-KF-CM45	o_JG30-KF-CM45	o_JG30-KF-CM45	o_JG30-KF-CM45	OTU1493
Chloroflexi	Thermomicrobia	JG30-KF-CM45	o_JG30-KF-CM45	o_JG30-KF-CM45	o_JG30-KF-CM45	OTU1731
Chloroflexi	Thermomicrobia	JG30-KF-CM45	o_JG30-KF-CM45	o_JG30-KF-CM45	o_JG30-KF-CM45	OTU1035
Chloroflexi	Thermomicrobia	JG30-KF-CM45	o_JG30-KF-CM45	o_JG30-KF-CM45	o_JG30-KF-CM45	OTU1398
Chloroflexi	Anaerolineae	Anaerolineales	Anaerolineaceae	f_Anaerolineaceae	anaerobic_digester_metagenome_g_f_Anaerolineaceae	OTU336
Chloroflexi	Thermomicrobia	AKYG1722	o_AKYG1722	o_AKYG1722	o_AKYG1722	OTU1480
Chloroflexi	JG30-KF-CM66	c_JG30-KF-CM66	c_JG30-KF-CM66	c_JG30-KF-CM66	c_JG30-KF-CM66	OTU28
Chloroflexi	Caldilineae	Caldilineales	Caldilineaceae	f_Caldilineaceae	f_Caldilineaceae	OTU261
Chloroflexi	Thermomicrobia	JG30-KF-CM45	o_JG30-KF-CM45	o_JG30-KF-CM45	o_JG30-KF-CM45	OTU1249
Chloroflexi	Thermomicrobia	JG30-KF-CM45	o_JG30-KF-CM45	o_JG30-KF-CM45	o_JG30-KF-CM45	OTU1246
Chloroflexi	Thermomicrobia	JG30-KF-CM45	o_JG30-KF-CM45	o_JG30-KF-CM45	o_JG30-KF-CM45	OTU1047
Chloroflexi	Thermomicrobia	JG30-KF-CM45	o_JG30-KF-CM45	o_JG30-KF-CM45	o_JG30-KF-CM45	OTU1239
Cloacimonetes	LNR_A2-18	c_LNR_A2-18	c_LNR_A2-18	c_LNR_A2-18	c_LNR_A2-18	OTU1804
Cloacimonetes	Cloacimonetes_Incertae_Sedis	Unknown_Order_c_Cloacimonetes_Incertae_Sedis	Unknown_Family_o_Unknown_Order	Candidatus_Cloacamonas	Candidatus_Cloacamonas	OTU977
Cyanobacteria	Cyanobacteria	c_Cyanobacteria	c_Cyanobacteria	c_Cyanobacteria	Hyaloperonospora_arabidopsidig_norank	OTU1203
Deinococcus-Thermus	Deinococci	Deinococcales	Trueperaceae	Truepera	Truepera	OTU878
Deinococcus-Thermus	Deinococci	Deinococcales	Trueperaceae	Truepera	Truepera	OTU268
Deinococcus-Thermus	Deinococci	Deinococcales	Trueperaceae	Truepera	Truepera	OTU1414
Deinococcus-Thermus	Deinococci	Deinococcales	Trueperaceae	Truepera	Truepera	OTU1411
Deinococcus-Thermus	Deinococci	Deinococcales	Trueperaceae	Truepera	Truepera	OTU27
Deinococcus-Thermus	Deinococci	Deinococcales	Trueperaceae	Truepera	uncultured_ThermusDeinococcugroup_bacterium_g_Truepera	OTU756

续表

门	纲	目	科	属	种	OTU
Deinococcus-Thermus	Deinococci	Deinococcales	Trueperaceae	*Truepera*	*Truepera*	OTU44
Deinococcus-Thermus	Deinococci	Deinococcales	Trueperaceae	*Truepera*	*Truepera*	OTU1284
FBP	p_FBP	p_FBP	p_FBP	p_FBP	bacterium_LY17	OTU949
FBP	p_FBP	p_FBP	p_FBP	p_FBP	bacterium_LY17	OTU979
Fibrobacteres	Fibrobacteria	Fibrobacterales	Fibrobacteraceae	*Fibrobacter*	*Fibrobacter*	OTU1771
Fibrobacteres	Fibrobacteria	Fibrobacterales	possible_family_01	f_possible_family_01	bacterium_enrichment_culture_clone_BBMC-4	OTU1510
Fibrobacteres	Fibrobacteria	Fibrobacterales	Fibrobacteraceae	*Fibrobacter*	uncultured_*Fibrobacter*_sp.	OTU374
Firmicutes	Bacilli	Bacillales	Bacillaceae	*Oceanobacillus*	*Oceanobacillus*	OTU441
Firmicutes	Bacilli	Bacillales	Bacillaceae	f_Bacillaceae	f_Bacillaceae	OTU937
Firmicutes	Clostridia	Clostridiales	Ruminococcaceae	Ruminococcaceae_UCG-002	Ruminococcaceae_UCG-002	OTU744
Firmicutes	Bacilli	Lactobacillales	Aerococcaceae	*Facklamia*	*Facklamia*	OTU58
Firmicutes	Clostridia	Clostridiales	Ruminococcaceae	[*Eubacterium*]_coprostanoligenes_group	[*Eubacterium*]_coprostanoligenes_group	OTU1765
Firmicutes	Clostridia	Clostridiales	Family_XI_o_Clostridiales	*Sedimentibacter*	*Sedimentibacter*	OTU1295
Firmicutes	Negativicutes	Selenomonadales	o_Selenomonadales	o_Selenomonadales	o_Selenomonadales	OTU817
Firmicutes	Bacilli	Bacillales	Paenibacillaceae	*Paenibacillus*	*Paenibacillus cookii*	OTU1686
Firmicutes	Bacilli	Lactobacillales	Lactobacillaceae	*Lactobacillus*	*Lactobacillus johnsonii*	OTU55
Firmicutes	Bacilli	Bacillales	Bacillaceae	*Pseudogracilibacillus*	*Pseudogracilibacillus*	OTU1736
Firmicutes	Bacilli	Bacillales	Bacillaceae	*Lentibacillus*	*Lentibacillus*	OTU768
Firmicutes	Clostridia	Clostridiales	Family_XI_o_Clostridiales	unclassified_f_Family_XI_o_Clostridiales	f_Family_XI_o_Clostridiales	OTU1508
Firmicutes	Bacilli	Bacillales	Staphylococcaceae	*Salinicoccus*	*Salinicoccus*	OTU1532
Firmicutes	Clostridia	Clostridiales	Family_XI_o_Clostridiales	*Peptoniphilus*	*Peptoniphilus*	OTU1696
Firmicutes	Bacilli	Lactobacillales	Carnobacteriaceae	*Atopostipes*	*Atopostipes*	OTU85
Firmicutes	Clostridia	Clostridiales	Ruminococcaceae	unclassified_f_Ruminococcaceae	f_Ruminococcaceae	OTU764
Firmicutes	Clostridia	MBA03	o_MBA03	o_MBA03	o_MBA03	OTU1293
Firmicutes	Clostridia	Clostridiales	Ruminococcaceae	Ruminococcaceae_UCG-014	Ruminococcaceae_UCG-014	OTU824
Firmicutes	Bacilli	Bacillales	Paenibacillaceae	*Ammoniphilus*	*Ammoniphilus*	OTU971
Firmicutes	Clostridia	Clostridiales	Clostridiaceae_1	*Clostridium*_sensu_stricto_1	*Clostridium butyricum*	OTU1690
Firmicutes	Clostridia	Clostridiales	Christensenellaceae	Christensenellaceae_R-7_group	Christensenellaceae_R-7_group	OTU1247
Firmicutes	Clostridia	Clostridiales	Ruminococcaceae	Ruminococcaceae_UCG-014	Ruminococcaceae_UCG-014	OTU293
Firmicutes	Clostridia	Clostridiales	Caldicoprobacteraceae	*Caldicoprobacter*	*Caldicoprobacter*	OTU266
Firmicutes	Clostridia	Clostridiales	Lachnospiraceae	*Blautia*	*Ruminococcus* sp.5_1_39BFAA	OTU673
Firmicutes	Bacilli	Lactobacillales	Lactobacillaceae	*Lactobacillus*	*Lactobacillus*	OTU243
Firmicutes	Clostridia	Clostridiales	Family_XI_o_Clostridiales	f_Family_XI	f_Family_XI	OTU621
Firmicutes	Bacilli	Bacillales	Bacillaceae	*Bacillus*	*Bacillus*	OTU790
Firmicutes	Clostridia	Clostridiales	Heliobacteriaceae	*Hydrogenispora*	*Hydrogenispora*	OTU1649
Firmicutes	Clostridia	Clostridiales	Clostridiaceae_1	*Clostridium*_sensu_stricto_6	*Clostridium bornimense*	OTU685
Firmicutes	Bacilli	c_Bacilli	c_Bacilli	c_Bacilli	c_Bacilli	OTU1631
Firmicutes	Clostridia	Clostridiales	Lachnospiraceae	*Mobilitalea*	uncultured_Lachnospiraceae_bacterium_g_*Mobilitalea*	OTU1564
Firmicutes	Bacilli	Bacillales	Bacillaceae	*Paucisalibacillus*	*Paucisalibacillus*	OTU6
Firmicutes	Clostridia	MBA03	o_MBA03	o_MBA03	o_MBA03	OTU1598
Firmicutes	Clostridia	Clostridiales	Heliobacteriaceae	*Hydrogenispora*	*Hydrogenispora*	OTU526
Firmicutes	Clostridia	Clostridiales	Christensenellaceae	Christensenellaceae_R-7_group	human_gut_metagenome_g_Christensenellaceae_R-7_group	OTU340
Firmicutes	Bacilli	Lactobacillales	Carnobacteriaceae	*Lacticigenium*	*Lacticigenium*	OTU1408
Firmicutes	Bacilli	Bacillales	Thermoactinomycetaceae	*Kroppenstedtia*	*Kroppenstedtia guangzhouensis*	OTU710
Firmicutes	Limnochordia	Limnochordales	Limnochordaceae	f_Limnochordaceae	f_Limnochordaceae	OTU11

续表

门	纲	目	科	属	种	OTU
Firmicutes	Clostridia	Clostridiales	Ruminococcaceae	Ruminococcaceae_UCG-014	uncultured_Ruminococcaceae_bacter-ium_g_Ruminococcaceae_UCG-014	OTU1693
Firmicutes	Erysipelotrichia	Erysipelotrichales	Erysipelotrichaceae	*Erysipelothrix*	uncultured_prokaryote_g_*Ery-sipelothrix*	OTU327
Firmicutes	Clostridia	Clostridiales	Clostridiaceae_1	*Proteiniclasticum*	*Proteiniclasticum*	OTU681
Firmicutes	Clostridia	Clostridiales	Syntrophomonadaceae	*Dethiobacter*	*Dethiobacter*	OTU1236
Firmicutes	Clostridia	Clostridiales	Ruminococcaceae	*Fastidiosipila*	*Fastidiosipila*	OTU1350
Firmicutes	Clostridia	Clostridiales	Ruminococcaceae	*Ercella*	*Ercella succinigenes*	OTU72
Firmicutes	Clostridia	Clostridiales	Ruminococcaceae	*Fastidiosipila*	*Fastidiosipila*	OTU1479
Firmicutes	Clostridia	Clostridiales	Family_XI_o_Clostridiales	*Tissierella*	uncultured_*Tissierella*_sp._g_*Tissierella*	OTU1646
Firmicutes	Erysipelotrichia	Erysipelotrichales	Erysipelotrichaceae	*Erysipelothrix*	*Erysipelothrix*	OTU1789
Firmicutes	Clostridia	Clostridiales	Christensenellaceae	Christensenellaceae_R-7_group	Christensenellaceae_R-7_group	OTU1250
Firmicutes	Bacilli	Lactobacillales	Lactobacillaceae	*Lactobacillus*	*Lactobacillus*	OTU22
Firmicutes	Clostridia	Clostridiales	Eubacteriaceae	*Garciella*	*Garciella*	OTU718
Firmicutes	Clostridia	Clostridiales	Family_XIII	Family_XIII_AD3011_group	Family_XIII_AD3011_group	OTU1354
Firmicutes	Bacilli	Bacillales	Bacillaceae	*Bacillus*	*Bacillus*	OTU254
Firmicutes	Clostridia	Clostridiales	Ruminococcaceae	Ruminococcaceae_UCG-008	Ruminococcaceae_UCG-008	OTU646
Firmicutes	Clostridia	Clostridiales	Lachnospiraceae	unclassified_f_Lachnospiraceae	f_Lachnospiraceae	OTU1699
Firmicutes	Clostridia	Clostridiales	Ruminococcaceae	[*Eubacterium*]_coprostanoligenes_group	gut_metagenome_g_[*Eubacterium*]_coprostanoligenes group	OTU386
Firmicutes	Bacilli	Bacillales	Paenibacillaceae	*Paenibacillus*	*Paenibacillus timonensis*	OTU974
Firmicutes	Clostridia	Clostridiales	Heliobacteriaceae	*Hydrogenispora*	*Hydrogenispora*	OTU1452
Firmicutes	Bacilli	Lactobacillales	Lactobacillaceae	*Lactobacillus*	*Lactobacillus dextrinicus*	OTU1640
Firmicutes	Bacilli	Lactobacillales	Lactobacillaceae	*Lactobacillus*	*Lactobacillus*	OTU251
Firmicutes	Clostridia	Clostridiales	Christensenellaceae	Christensenellaceae_R-7_group	Christensenellaceae_R-7_group	OTU1748
Firmicutes	Clostridia	Clostridiales	Family_XI_o_Clostridiales	*Tissierella*	*Tissierella*	OTU610
Firmicutes	Clostridia	Clostridiales	Eubacteriaceae	*Garciella*	uncultured_prokaryote_g_*Garciella*	OTU1531
Firmicutes	Bacilli	Bacillales	Bacillaceae	*Lentibacillus*	*Lentibacillus*	OTU1550
Firmicutes	Clostridia	Clostridiales	Family_XII_o_Clostridiales	*Guggenheimella*	*Guggenheimella*	OTU1650
Firmicutes	Limnochordia	Limnochordales	Limnochordaceae	f_Limnochordaceae	f_Limnochordaceae	OTU183
Firmicutes	Bacilli	Lactobacillales	Streptococcaceae	*Lactococcus*	*Lactococcus*	OTU250
Firmicutes	Clostridia	Clostridiales	Caldicoprobacteraceae	*Caldicoprobacter*	*Caldicoprobacter*	OTU1323
Firmicutes	Bacilli	Bacillales	Paenibacillaceae	*Aneurinibacillus*	*Aneurinibacillus*	OTU471
Firmicutes	Clostridia	Clostridiales	Family_XI_o_Clostridiales	*Tissierella*	uncultured_*Tissierella*_sp._g_*Tissierella*	OTU1659
Firmicutes	Bacilli	C178B	o_C178B	o_C178B	Bacillalebacterium_Mi4	OTU1392
Firmicutes	Clostridia	Clostridiales	Clostridiaceae_1	*Proteiniclasticum*	*Proteiniclasticum*	OTU1703
Firmicutes	Limnochordia	Limnochordales	Limnochordaceae	f_Limnochordaceae	f_Limnochordaceae	OTU1225
Firmicutes	Bacilli	Bacillales	Bacillaceae	unclassified_f_Bacillaceae	f_Bacillaceae	OTU1438
Firmicutes	Clostridia	Clostridiales	Lachnospiraceae	unclassified_f_Lachnospiraceae	f_Lachnospiraceae	OTU732
Firmicutes	Bacilli	Bacillales	Bacillaceae	*Halolactibacillus*	*Halolactibacillus halophilus*	OTU1552
Firmicutes	Negativicutes	Selenomonadales	Veillonellaceae	*Megasphaera*	*Megasphaera elsdenii* DSM20460	OTU52
Firmicutes	Clostridia	Clostridiales	Peptostreptococcaceae	*Terrisporobacter*	*Terrisporobacter*	OTU1540
Firmicutes	Clostridia	Clostridiales	Ruminococcaceae	Ruminococcaceae_UCG-014	Ruminococcaceae_UCG-014	OTU1605
Firmicutes	Clostridia	Clostridiales	Lachnospiraceae	[*Eubacterium*]_*hallii*_group	[*Eubacterium*]_*hallii*_group	OTU679
Firmicutes	Clostridia	Clostridiales	Peptococcaceae	f_Peptococcaceae	f_Peptococcaceae	OTU692
Firmicutes	Bacilli	Lactobacillales	Lactobacillaceae	*Lactobacillus*	Lactobacillus*acidipiscis*	OTU226
Firmicutes	Clostridia	Clostridiales	Christensenellaceae	Christensenellaceae_R-7_group	Christensenellaceae_R-7_group	OTU1248

门	纲	目	科	属	种	OTU
Firmicutes	Erysipelotri-chia	Erysipelotrichales	Erysipelotrichaceae	*Solobacterium*	*Solobacterium*	OTU1791
Firmicutes	Bacilli	Bacillales	Bacillaceae	unclassified_f_Bacillaceae	f_Bacillaceae	OTU1356
Firmicutes	Clostridia	Clostridiales	Peptostreptococcaceae	*Intestinibacter*	*Intestinibacter*	OTU241
Firmicutes	Clostridia	Clostridiales	Lachnospiraceae	*Roseburia*	*Roseburia*	OTU1680
Firmicutes	Bacilli	Lactobacillales	Lactobacillaceae	*Lactobacillus*	Lactobacillus	OTU223
Firmicutes	Negativicutes	Selenomonadales	Acidaminococcaceae	*Phascolarctobacterium*	*Phascolarctobacterium*	OTU24
Firmicutes	Bacilli	Bacillales	Planococcaceae	*Kurthia*	*Kurthia*	OTU1386
Firmicutes	Clostridia	Clostridiales	Lachnospiraceae	*Roseburia*	*Roseburia*	OTU65
Firmicutes	Clostridia	Clostridiales	Ruminococcaceae	Ruminococcaceae_UCG-005	Ruminococcaceae_UCG-005	OTU660
Firmicutes	Bacilli	Bacillales	Staphylococcaceae	*Staphylococcus*	*Staphylococcus arlettae*	OTU1416
Firmicutes	Clostridia	Clostridiales	Lachnospiraceae	unclassified_f_Lachnospiraceae	f_Lachnospiraceae	OTU613
Firmicutes	Erysipelotrichia	Erysipelotrichales	Erysipelotrichaceae	*Erysipelothrix*	uncultured_organism_g_Erysipelothrix	OTU1777
Firmicutes	Negativicutes	Selenomonadales	Veillonellaceae	*Megamonas*	*Megamonas*	OTU552
Firmicutes	Bacilli	Lactobacillales	Lactobacillaceae	*Lactobacillus*	*Lactobacillus*	OTU658
Firmicutes	Bacilli	Bacillales	Staphylococcaceae	*Salinicoccus*	*Salinicoccus carnicancri* Crm	OTU107
Firmicutes	Clostridia	Clostridiales	Lachnospiraceae	[Ruminococcus]_torques_group	[Ruminococcus]_torques_group	OTU178
Firmicutes	Bacilli	Bacillales	Paenibacillaceae	*Cohnella*	*Cohnella thailandensis*	OTU1230
Firmicutes	Bacilli	Lactobacillales	Lactobacillaceae	*Lactobacillus*	*Lactobacillus*	OTU230
Firmicutes	Clostridia	Clostridiales	Ruminococcaceae	*Ruminococcus_2*	*Ruminococcus_2*	OTU631
Firmicutes	Bacilli	Lactobacillales	Streptococcaceae	*Lactococcus*	*Lactococcus*	OTU1636
Firmicutes	Bacilli	Bacillales	Bacillaceae	*Gracilibacillus*	*Gracilibacillus*	OTU1707
Firmicutes	Clostridia	Clostridiales	Peptococcaceae	unclassified_f_Peptococcaceae	f_Peptococcaceae	OTU1324
Firmicutes	Clostridia	Clostridiales	Lachnospiraceae	*Pseudobutyrivibrio*	*Pseudobutyrivibrio*	OTU1302
Firmicutes	Bacilli	Lactobacillales	Lactobacillaceae	*Lactobacillus*	*Lactobacillus amylovorus*	OTU88
Firmicutes	Erysipelotrichia	Erysipelotrichales	Erysipelotrichaceae	*Solobacterium*	*Solobacterium*	OTU1504
Firmicutes	Bacilli	Lactobacillales	Lactobacillaceae	*Lactobacillus*	*Lactobacillus salivarius*	OTU235
Firmicutes	Bacilli	Bacillales	Bacillaceae	unclassified_f_Bacillaceae	f_Bacillaceae	OTU777
Firmicutes	Bacilli	Lactobacillales	Leuconostocaceae	*Weissella*	*Weissella*	OTU284
Firmicutes	Clostridia	Clostridiales	Caldicoprobacteraceae	*Caldicoprobacter*	uncultured_prokaryote_g_Caldicoprobacter	OTU778
Firmicutes	Clostridia	Clostridiales	Clostridiaceae_2	*Clostridium*_sensu_stricto_f_Clostridiaceae_2	*Clostridium*_sensu_stricto_f_Clostridiaceae_2	OTU568
Firmicutes	Clostridia	Clostridiales	Ruminococcaceae	Ruminococcaceae_UCG-014	Ruminococcaceae_UCG-014	OTU1100
Firmicutes	Clostridia	Clostridiales	Family_XI_o_Clostridiales	*Tissierella*	*Tissierella*	OTU36
Firmicutes	Clostridia	Clostridiales	Ruminococcaceae	[Eubacterium]_coprostanoligenes_group	[Eubacterium]_coprostanoligenes_group	OTU68
Firmicutes	Clostridia	Clostridiales	Lachnospiraceae	*Lachnospira*	*Lachnospira*	OTU574
Firmicutes	Bacilli	Lactobacillales	Leuconostocaceae	*Weissella*	*Weissella*	OTU617
Firmicutes	Bacilli	c_Bacilli	c_Bacilli	c_Bacilli	c_Bacilli	OTU1658
Firmicutes	Bacilli	Lactobacillales	Carnobacteriaceae	*Atopostipes*	*Atopostipes*	OTU1304
Firmicutes	Clostridia	Clostridiales	Ruminococcaceae	*Oscillospira*	*Oscillospira*	OTU1482
Firmicutes	Bacilli	Bacillales	Bacillaceae	unclassified_f_Bacillaceae	f_Bacillaceae	OTU503
Firmicutes	Clostridia	Clostridiales	Peptococcaceae	*Peptococcus*	*Peptococcus*	OTU457
Firmicutes	Clostridia	Clostridiales	Family_XIII	*Mogibacterium*	*Mogibacterium*	OTU1802
Firmicutes	Clostridia	MBA03	o_MBA03	o_MBA03	o_MBA03	OTU1545
Firmicutes	Clostridia	Clostridiales	Ruminococcaceae	Ruminococcaceae_UCG-012	Ruminococcaceae_UCG-012	OTU585
Firmicutes	Clostridia	Clostridiales	Ruminococcaceae	Ruminococcaceae_UCG-014	Ruminococcaceae_UCG-014	OTU260
Firmicutes	Bacilli	Bacillales	Sporolactobacillaceae	*Tuberibacillus*	*Tuberibacillus calidus*	OTU80
Firmicutes	Clostridia	Clostridiales	Lachnospiraceae	*Roseburia*	*Roseburia*	OTU1799
Firmicutes	Clostridia	Clostridiales	Ruminococcaceae	*Ruminiclostridium_1*	*Ruminiclostridium_1*	OTU1325

续表

门	纲	目	科	属	种	OTU
Firmicutes	Bacilli	Bacillales	Staphylococcaceae	*Salinicoccus*	*Salinicoccus*	OTU742
Firmicutes	Negativicutes	Selenomonadales	Veillonellaceae	*Dialister*	*Dialister*	OTU1185
Firmicutes	Bacilli	Lactobacillales	Carnobacteriaceae	*Trichococcus*	*Trichococcus*	OTU948
Firmicutes	Clostridia	Clostridiales	Caldicoprobacteraceae	*Caldicoprobacter*	*Caldicoprobacter*	OTU704
Firmicutes	Clostridia	Clostridiales	Ruminococcaceae	*Ruminiclostridium*	uncultured_prokaryote_g_ *Ruminiclostridium*	OTU1679
Firmicutes	Clostridia	Clostridiales	Family_XIII	*Mogibacterium*	*Mogibacterium*	OTU330
Firmicutes	Bacilli	Bacillales	Bacillaceae	*Amphibacillus*	*Amphibacillus*	OTU784
Firmicutes	Bacilli	Bacillales	Paenibacillaceae	*Brevibacillus*	*Brevibacillus*	OTU952
Firmicutes	Bacilli	Bacillales	Planococcaceae	*Rummeliibacillus*	*Rummeliibacillus pycnus*	OTU515
Firmicutes	Clostridia	Clostridiales	Ruminococcaceae	*[Eubacterium]_ coprostanoligenes*_group	*[Eubacterium]_ coprostanoligenes*_group	OTU439
Firmicutes	Clostridia	Clostridiales	Lachnospiraceae	*[Eubacterium]_rectale_* group	*[Eubacterium]_rectale_*group	OTU444
Firmicutes	Clostridia	Clostridiales	Peptostreptococcaceae	*Peptostreptococcus*	*Peptostreptococcus*	OTU376
Firmicutes	Clostridia	Clostridiales	Ruminococcaceae	Ruminococcaceae_UCG-008	Ruminococcaceae_UCG-008	OTU416
Firmicutes	Bacilli	Lactobacillales	Leuconostocaceae	*Weissella*	*Weissella*	OTU1388
Firmicutes	Bacilli	Bacillales	Bacillaceae	*Bacillus*	*Bacillus sporothermodurans*	OTU984
Firmicutes	Clostridia	Clostridiales	Family_XIV	f_Family_XIV	uncultured Clostridiisalibacter_sp._g_ norank	OTU1719
Firmicutes	Bacilli	Bacillales	Bacillaceae	*Vulcanibacillus*	uncultured *Bacillus* sp._g_ *Vulcanibacillus*	OTU1021
Firmicutes	Limnochordia	Limnochordales	Limnochordaceae	f_Limnochordaceae	f_Limnochordaceae	OTU702
Firmicutes	Clostridia	Clostridiales	Lachnospiraceae	*Dorea*	*Dorea formicigenerans* ATCC27755	OTU1123
Firmicutes	Clostridia	Clostridiales	Ruminococcaceae	unclassified_f_ Ruminococcaceae	f_Ruminococcaceae	OTU1259
Firmicutes	Clostridia	Clostridiales	Family_XI_o_Clostridiales	f_Family_XI	f_Family_XI	OTU649
Firmicutes	Bacilli	Bacillales	Bacillaceae	*Oceanobacillus*	*Oceanobacillus* sp.GD-1	OTU796
Firmicutes	Limnochordia	Limnochordales	Limnochordaceae	f_Limnochordaceae	uncultured_Clostridia_ bacterium_g_f_ Limnochordaceae	OTU1387
Firmicutes	Bacilli	Lactobacillales	Lactobacillaceae	*Lactobacillus*	*Lactobacillus*	OTU1635
Firmicutes	Bacilli	Lactobacillales	Enterococcaceae	*Enterococcus*	*Enterococcus*	OTU375
Firmicutes	Bacilli	Lactobacillales	Lactobacillaceae	*Lactobacillus*	*Lactobacillusaniviri*	OTU1701
Firmicutes	Clostridia	Clostridiales	Christensenellaceae	Christensenellaceae_R-7_ group	Christensenellaceae_R-7_ group	OTU73
Firmicutes	Clostridia	Clostridiales	Ruminococcaceae	*Ercella*	*Ercella*	OTU829
Firmicutes	Clostridia	Clostridiales	Lachnospiraceae	*Lachnoclostridium*	*Lachnoclostridium*	OTU573
Firmicutes	Clostridia	Clostridiales	Ruminococcaceae	*Fastidiosipila*	*Fastidiosipila*	OTU1477
Firmicutes	Clostridia	Clostridiales	Family_XIV	f_Family_XIV	uncultured Clostridiisalibacter_sp._g_ norank	OTU677
Firmicutes	Bacilli	Lactobacillales	Lactobacillaceae	*Pediococcus*	*Pediococcus*	OTU242
Firmicutes	Clostridia	Clostridiales	Clostridiaceae_1	*Clostridium_sensu_stricto_1*	*Clostridium_sensu_stricto_1*	OTU1704
Firmicutes	Negativicutes	Clostridiales	Family_XIII	*[Eubacterium]_nodatum_* group	*[Eubacterium]_nodatum_* group	OTU1745
Firmicutes	Bacilli	Lactobacillales	Carnobacteriaceae	*Trichococcus*	*Trichococcus*	OTU57
Firmicutes	Clostridia	Clostridiales	Ruminococcaceae	*[Eubacterium]_ coprostanoligenes*_group	*[Eubacterium]_ coprostanoligenes* group	OTU1787
Firmicutes	Bacilli	unclassified_c_ Bacilli	unclassified_c_Bacilli	unclassified_c_Bacilli	c_Bacilli	OTU238
Firmicutes	Clostridia	Clostridiales	Clostridiaceae_1	*Clostridium_sensu_stricto_1*	*Clostridium_sensu_stricto_1* sp.	OTU1143
Firmicutes	Clostridia	Clostridiales	Lachnospiraceae	*[Eubacterium]_ ruminantium*_group	*[Eubacterium]_ruminantium_* group	OTU1152
Firmicutes	Clostridia	Clostridiales	Family_XI_o_Clostridiales	f_Family_XI	f_Family_XI	OTU632
Firmicutes	Clostridia	Clostridiales	Family_XI_o_Clostridiales	f_Family_XI	f_Family_XI	OTU634
Firmicutes	Erysipelotrichia	Erysipelotrichales	Erysipelotrichaceae	*Erysipelothrix*	*Erysipelothrix*	OTU1618

续表

门	纲	目	科	属	种	OTU
Firmicutes	Erysipelotrichia	Erysipelotrichales	Erysipelotrichaceae	*Holdemanella*	*Holdemanella*	OTU132
Firmicutes	Clostridia	Clostridiales	Ruminococcaceae	*Fastidiosipila*	uncultured_prokaryote_g_ *Fastidiosipila*	OTU1192
Firmicutes	Clostridia	Clostridiales	MAT-CR-H4-C10	f_MAT-CR-H4-C10	f_MAT-CR-H4-C10	OTU1793
Firmicutes	Erysipelotrichia	Erysipelotrichales	Erysipelotrichaceae	*Catenibacterium*	*Catenibacterium*	OTU14
Firmicutes	Bacilli	Bacillales	Bacillaceae	*Oceanobacillus*	*Oceanobacillus*	OTU1725
Firmicutes	Bacilli	Bacillales	Bacillaceae	f_Bacillaceae	f_Bacillaceae	OTU1058
Firmicutes	Clostridia	Clostridiales	Syntrophomonadaceae	f_Syntrophomonadaceae	uncultured_ Natronoanaerobium_sp._g_f_ Syntrophomonadaceae	OTU1615
Firmicutes	Clostridia	Clostridiales	Family_XII_o_Clostridiales	*Tissierella*	*Tissierella*	OTU37
Firmicutes	Clostridia	Clostridiales	Ruminococcaceae	Ruminococcaceae_UCG-005	Ruminococcaceae_UCG-005	OTU737
Firmicutes	Bacilli	Bacillales	Bacillaceae	f_Bacillaceae	Bacillaceae_bacterium_BM62	OTU1551
Firmicutes	Clostridia	Clostridiales	Lachnospiraceae	Lachnospiraceae_UCG-007	Lachnospiraceae_UCG-007	OTU1576
Firmicutes	Clostridia	Clostridiales	Ruminococcaceae	*Fastidiosipila*	Clostridiaceae_bacterium_SK061	OTU661
Firmicutes	Bacilli	Bacillales	Paenibacillaceae	*Paenibacillus*	Paenibacilluchibensis	OTU1593
Firmicutes	Bacilli	Lactobacillales	Lactobacillaceae	*Lactobacillus*	*Lactobacillus*	OTU1627
Firmicutes	Clostridia	Clostridiales	Peptostreptococcaceae	*Terrisporobacter*	uncultured_organism_g_ *Terrisporobacter*	OTU637
Firmicutes	Clostridia	Clostridiales	Lachnospiraceae	*Acetitomaculum*	*Acetitomaculum*	OTU276
Firmicutes	Clostridia	Clostridiales	Lachnospiraceae	f_Lachnospiraceae	uncultured_prokaryote_g_f_ Lachnospiraceae	OTU1511
Firmicutes	Clostridia	Clostridiales	Family_XIII	Family_XIII_AD3011_group	Family_XIII_AD3011_group	OTU1687
Firmicutes	Erysipelotrichia	Erysipelotrichales	Erysipelotrichaceae	*Erysipelothrix*	*Erysipelothrix*	OTU4
Firmicutes	Clostridia	Clostridiales	Eubacteriaceae	*Alkalibacter*	*Alkalibacter*	OTU1778
Firmicutes	Clostridia	Clostridiales	Family_XI_o_Clostridiales	*Tepidimicrobium*	*Tepidimicrobium*	OTU1709
Firmicutes	Bacilli	Lactobacillales	Streptococcaceae	*Streptococcus*	*Streptococcus hyointestinalis*	OTU60
Firmicutes	Bacilli	Lactobacillales	Streptococcaceae	*Streptococcus*	*Streptococcus*	OTU136
Firmicutes	Bacilli	Lactobacillales	Carnobacteriaceae	*Atopostipes*	*Atopostipes*	OTU691
Firmicutes	Clostridia	Clostridiales	Syntrophomonadaceae	*Dethiobacter*	*Dethiobacter*	OTU1282
Firmicutes	Clostridia	Clostridiales	Clostridiaceae_1	*Clostridium*_sensu_stricto_1	*Clostridium*_sensu_stricto_1	OTU1718
Firmicutes	Clostridia	Clostridiales	Ruminococcaceae	unclassified_f_ Ruminococcaceae	f_Ruminococcaceae	OTU280
Firmicutes	Bacilli	c_Bacilli	c_Bacilli	c_Bacilli	c_Bacilli	OTU149
Firmicutes	Clostridia	Clostridiales	Ruminococcaceae	Ruminococcaceae_UCG-005	Ruminococcaceae_UCG-005	OTU101
Firmicutes	Erysipelotrichia	Erysipelotrichales	Erysipelotrichaceae	Erysipelotrichaceae_UCG-010	Erysipelotrichaceae_UCG-010	OTU1800
Firmicutes	Bacilli	Bacillales	Bacillaceae	*Ureibacillus*	*Ureibacillus*	OTU222
Firmicutes	Erysipelotrichia	Erysipelotrichales	Erysipelotrichaceae	Erysipelotrichaceae_UCG-010	Erysipelotrichaceae_UCG-010	OTU35
Firmicutes	Clostridia	Clostridiales	Heliobacteriaceae	*Hydrogenispora*	*Hydrogenispora*	OTU179
Firmicutes	Clostridia	Clostridiales	Lachnospiraceae	*Coprococcus*_1	uncultured_*Coprococcu* sp.	OTU678
Firmicutes	Clostridia	Clostridiales	Ruminococcaceae	Ruminococcaceae_UCG-008	Ruminococcaceae_UCG-008	OTU29
Firmicutes	Clostridia	Clostridiales	Ruminococcaceae	unclassified_f_ Ruminococcaceae	f_Ruminococcaceae	OTU929
Firmicutes	Bacilli	Bacillales	Bacillaceae	*Oceanobacillus*	*Oceanobacillus*	OTU240
Firmicutes	Clostridia	Clostridiales	Ruminococcaceae	*Ercella*	*Ercella*	OTU1272
Firmicutes	Bacilli	unclassified_c_ Bacilli	unclassified_c_Bacilli	unclassified_c_Bacilli	c_Bacilli	OTU1530
Firmicutes	Bacilli	Bacillales	Staphylococcaceae	*Salinicoccus*	*Salinicoccus*	OTU1776
Firmicutes	Clostridia	Clostridiales	Ruminococcaceae	*Fastidiosipila*	uncultured_prokaryote_g_ *Fastidiosipila*	OTU1115
Firmicutes	Clostridia	Clostridiales	Family_XII_o_Clostridiales	*Guggenheimella*	*Guggenheimella*	OTU901
Firmicutes	Clostridia	Clostridiales	Lachnospiraceae	[*Ruminococcus*]_gauvreauii_group	[*Ruminococcus*]_gauvreauii_group	OTU1137
Firmicutes	Clostridia	Clostridiales	Ruminococcaceae	[*Eubacterium*]_coprostanoligenes_group	human_gut_metagenome_g_ [Eubacter-ium]_ coprostanoligenegroup	OTU1189

续表

门	纲	目	科	属	种	OTU
Firmicutes	Clostridia	Clostridiales	Lachnospiraceae	*Dorea*	*Dorea longicatena*	OTU1582
Firmicutes	Clostridia	MBA03	o_MBA03	o_MBA03	uncultured_prokaryote_g_o_MBA03	OTU1524
Firmicutes	Bacilli	Bacillales	Bacillaceae	*Amphibacillus*	*Amphibacillus*	OTU1565
Firmicutes	Clostridia	Clostridiales	Family_XII_o_Clostridiales	*Guggenheimella*	*Guggenheimella*	OTU125
Firmicutes	Bacilli	Bacillales	Bacillaceae	*Bacillus*	*Bacillus thermolactis*	OTU1308
Firmicutes	Bacilli	Lactobacillales	Carnobacteriaceae	f_Carnobacteriaceae	f_Carnobacteriaceae	OTU1119
Firmicutes	Clostridia	Thermoanaerobact-erales	Thermoanaerobacteraceae	*Syntrophaceticus*	*Syntrophaceticus*	OTU1724
Firmicutes	Clostridia	Clostridiales	Ruminococcaceae	Ruminococcaceae_NK4A214_group	Ruminococcaceae_NK4A214_group	OTU835
Firmicutes	Bacilli	Bacillales	Bacillaceae	*Bacillus*	*Bacillus infernus*	OTU1312
Firmicutes	Bacilli	Bacillales	Planococcaceae	*Bhargavaea*	*Bhargavaea*	OTU265
Firmicutes	Bacilli	Bacillales	Staphylococcaceae	*Salinicoccus*	*Salinicoccus halodurans*	OTU1664
Firmicutes	Clostridia	Clostridiales	Ruminococcaceae	*Ruminiclostridium*	uncultured_prokaryote_g_Rumini-clostridium	OTU1590
Firmicutes	Clostridia	Clostridiales	Lachnospiraceae	*Coprococcus_3*	*Coprococcus_3*	OTU754
Firmicutes	Negativicutes	Selenomonadales	Veillonellaceae	*Dialister*	gut_metagenome_g_*Dialister*	OTU510
Firmicutes	Clostridia	Clostridiales	Ruminococcaceae	*Fastidiosipila*	*Fastidiosipila*	OTU741
Firmicutes	Clostridia	Clostridiales	Ruminococcaceae	*Ruminococcus_1*	*Ruminococcus bicirculans*	OTU1108
Firmicutes	Bacilli	Lactobacillales	Lactobacillaceae	*Lactobacillus*	*Lactobacillus*	OTU802
Firmicutes	Clostridia	Clostridiales	Heliobacteriaceae	*Hydrogenispora*	*Hydrogenispora*	OTU1352
Firmicutes	Bacilli	Lactobacillales	Carnobacteriaceae	*Atopostipes*	*Atopostipes*	OTU1439
Firmicutes	Clostridia	Clostridiales	Family_XI_o_Clostridiales	f_Family_XI	marine_sediment_metagenome_g_f_Family_XI	OTU623
Firmicutes	Clostridia	Clostridiales	Clostridiaceae_2	*Alkaliphilus*	*Alkaliphilus*	OTU967
Firmicutes	Bacilli	Lactobacillales	unclassified_o_Lactobacillales	unclassified_o_Lactobacillales	o_Lactobacillales	OTU1617
Firmicutes	Clostridia	Clostridiales	Ruminococcaceae	*Fastidiosipila*	uncultured_Clostridium_sp._g_*Fastid-iosipila*	OTU398
Firmicutes	Clostridia	Clostridiales	Ruminococcaceae	Ruminococcaceae_UCG-014	Ruminococcaceae_UCG-014	OTU633
Firmicutes	Clostridia	Clostridiales	Christensenellaceae	Christensenellaceae_R-7_group	uncultured_prokaryote_g_Christensenellaceae_R-7_group	OTU47
Firmicutes	Clostridia	Clostridiales	Ruminococcaceae	*Ruminococcus_1*	*Ruminococcus sp.HUN007*	OTU1755
Firmicutes	Clostridia	Clostridiales	Ruminococcaceae	unclassified_f_Ruminococcaceae	f_Ruminococcaceae	OTU391
Firmicutes	Bacilli	Lactobacillales	Lactobacillaceae	*Lactobacillus*	*Lactobacillus vaccinostercus*	OTU246
Firmicutes	Clostridia	Clostridiales	Ruminococcaceae	*Ruminiclostridium_5*	*Ruminiclostridium_5*	OTU752
Firmicutes	Clostridia	Clostridiales	Lachnospiraceae	*Coprococcus_1*	*Coprococcus_1*	OTU738
Firmicutes	Bacilli	c_Bacilli	c_Bacilli	c_Bacilli	c_Bacilli	OTU1429
Firmicutes	Clostridia	Clostridiales	Lachnospiraceae	*Anaerostipes*	*Anaerostipes*	OTU743
Firmicutes	Clostridia	Clostridiales	Ruminococcaceae	Ruminococcaceae_NK4A214_group	uncultured_rumen_bacterium_g_Ruminococcaceae_NK4A214_group	OTU405
Firmicutes	Erysipelotrichia	Erysipelotrichales	Erysipelotrichaceae	*Catenisphaera*	*Catenisphaera*	OTU203
Firmicutes	Clostridia	Clostridiales	Ruminococcaceae	*Fastidiosipila*	uncultured_prokaryote_g_*Fastidiosipila*	OTU1097
Firmicutes	Bacilli	Bacillales	Bacillaceae	unclassified_f_Bacillaceae	f_Bacillaceae	OTU1033
Firmicutes	Bacilli	Bacillales	Bacillaceae	*Bacillus*	*Bacillus*	OTU607
Firmicutes	Bacilli	Lactobacillales	Lactobacillaceae	*Lactobacillus*	*Lactobacillus*	OTU127
Firmicutes	Clostridia	Clostridiales	Ruminococcaceae	*Fastidiosipila*	Clostridialebacterium_CAT_12a	OTU1079
Firmicutes	Clostridia	Clostridiales	Lachnospiraceae	*Marvinbryantia*	*Marvinbryantia*	OTU717
Firmicutes	Clostridia	Clostridiales	Peptococcaceae	*Peptococcus*	*Peptococcus*	OTU647
Firmicutes	Clostridia	Clostridiales	Peptococcaceae	*Desulfotomaculum*	*Desulfotomaculum intricatum*	OTU723
Firmicutes	Clostridia	Clostridiales	Ruminococcaceae	f_Ruminococcaceae	f_Ruminococcaceae	OTU1794
Firmicutes	Bacilli	Bacillales	Bacillaceae	*Pseudogracilibacillus*	*Pseudogracilibacillus*	OTU736
Firmicutes	Erysipelotrichia	Erysipelotrichales	Erysipelotrichaceae	f_Erysipelotrichaceae	f_Erysipelotrichaceae	OTU751
Firmicutes	Clostridia	Clostridiales	Lachnospiraceae	unclassified_f_Lachnospiraceae	f_Lachnospiraceae	OTU1513
Firmicutes	Clostridia	Clostridiales	Ruminococcaceae	Ruminococcaceae_UCG-004	Ruminococcaceae_UCG-004	OTU680

续表

门	纲	目	科	属	种	OTU
Firmicutes	Clostridia	Clostridiales	Peptococcaceae	Desulfonispora	Desulfonisporat hiosulfatigenes	OTU582
Firmicutes	Clostridia	Clostridiales	Lachnospiraceae	f_Lachnospiraceae	uncultured_prokaryote_g_f_Lachnospiraceae	OTU395
Firmicutes	Clostridia	Clostridiales	Peptococcaceae	unclassified_f_Peptococcaceae	f_Peptococcaceae	OTU1357
Firmicutes	Clostridia	Clostridiales	Ruminococcaceae	Ruminococcaceae_UCG-005	Ruminococcaceae_UCG-005	OTU1488
Firmicutes	Clostridia	Clostridiales	Family_XI_o_Clostridiales	Tissierella	Tissierella	OTU628
Firmicutes	Clostridia	Clostridiales	Ruminococcaceae	Fastidiosipila	Fastidiosipila	OTU355
Firmicutes	Clostridia	Clostridiales	Ruminococcaceae	f_Ruminococcaceae	uncultured_low_GC_Gram-positive_bacterium_g_f_Ruminococcaceae	OTU388
Firmicutes	Clostridia	Clostridiales	Ruminococcaceae	Fastidiosipila	uncultured_prokaryote_g_Fastidiosipila	OTU1797
Firmicutes	Clostridia	Clostridiales	Clostridiaceae_1	Clostridium_sensu_stricto_1	Clostridium_sensu_stricto_1	OTU451
Firmicutes	Clostridia	Clostridiales	Clostridiales_Incertae_Sedis	Dethiosulfatibacter	uncultured_organism_g_Dethiosulfatibacter	OTU1712
Firmicutes	Clostridia	Clostridiales	Clostridiaceae_1	Clostridium_sensu_stricto_1	Clostridium_sensu_stricto_1	OTU985
Firmicutes	Clostridia	Clostridiales	Ruminococcaceae	Fastidiosipila	Fastidiosipila	OTU750
Firmicutes	Bacilli	Bacillales	Bacillaceae	Bacillus	Bacillus novalis	OTU1377
Firmicutes	Bacilli	Bacillales	Bacillaceae	Paucisalibacillus	Paucisalibacillus	OTU46
Firmicutes	Erysipelotrichia	Erysipelotrichales	Erysipelotrichaceae	Erysipelothrix	Erysipelothrix	OTU310
Firmicutes	Bacilli	Bacillales	Planococcaceae	Lysinibacillus	Lysinibacillus massiliensis	OTU1666
Firmicutes	Bacilli	Lactobacillales	Carnobacteriaceae	Alloiococcus	Alloiococcus	OTU814
Firmicutes	Clostridia	Clostridiales	Family_XI_o_Clostridiales	unclassified_f_Family_XI_o_Clostridiales	f_Family_XI_o_Clostridiales	OTU1601
Firmicutes	Clostridia	Clostridiales	Lachnospiraceae	Blautia	Blautia	OTU118
Firmicutes	Clostridia	Clostridiales	Family_XIII	f_Family_XIII	f_Family_XIII	OTU1742
Firmicutes	Bacilli	Lactobacillales	Lactobacillaceae	Lactobacillus	Lactobacillus camelliae	OTU1715
Firmicutes	Clostridia	Clostridiales	Lachnospiraceae	[Eubacterium]_xylanophilum_group	[Eubacterium]_xylanophilum_group	OTU1547
Firmicutes	Bacilli	C178B	o_C178B	o_C178B	Bacillales bacterium_Mi4	OTU1435
Firmicutes	Bacilli	Bacillales	Bacillaceae	Bacillus	Bacillus asahii	OTU923
Firmicutes	Clostridia	Clostridiales	Lachnospiraceae	Lachnoclostridium	human_gut_metagenome_g_Lachno-clostridium	OTU1144
Firmicutes	Clostridia	Clostridiales	Family_XI_o_Clostridiales	Sedimentibacter	Sedimentibacter	OTU1509
Firmicutes	Bacilli	C178B	o_C178B	o_C178B	Bacillalebacterium_Mi4	OTU944
Firmicutes	Clostridia	Clostridiales	Ruminococcaceae	Faecalibacterium	Faecalibacterium	OTU1146
Firmicutes	Erysipelotrichia	Erysipelotrichales	Erysipelotrichaceae	Erysipelothrix	Erysipelothrix	OTU1760
Firmicutes	Clostridia	Clostridiales	Family_XIII	unclassified_f_Family_XIII	f_Family_XIII	OTU740
Firmicutes	Clostridia	Clostridiales	Family_XIII	Family_XIII_AD3011_group	Family_XIII_AD3011_group	OTU377
Firmicutes	Clostridia	Clostridiales	Ruminococcaceae	Ruminococcaceae_UCG-002	Ruminococcaceae_UCG-002	OTU620
Firmicutes	Clostridia	Clostridiales	Ruminococcaceae	unclassified_f_Ruminococcaceae	f_Ruminococcaceae	OTU351
Firmicutes	Clostridia	Clostridiales	Family_XIII	Family_XIII_AD3011_group	Family_XIII_AD3011_group	OTU1366
Firmicutes	Bacilli	Bacillales	Thermoactinomycetaceae	Planifilum	Planifilum composti	OTU657
Firmicutes	Clostridia	Clostridiales	Peptococcaceae	Desulfitibacter	Desulfitibacter	OTU1785
Firmicutes	Bacilli	Lactobacillales	Enterococcaceae	Enterococcus	Enterococcus	OTU1349
Firmicutes	Limnochordia	Limnochordales	Limnochordaceae	f_Limnochordaceae	f_Limnochordaceae	OTU1442
Firmicutes	Clostridia	Clostridiales	Christensenellaceae	Christensenellaceae_R-7_group	Christensenellaceae_R-7_group	OTU95
Firmicutes	Clostridia	Clostridiales	Ruminococcaceae	Ruminococcaceae_UCG-002	Ruminococcaceae_UCG-002	OTU1753
Firmicutes	Clostridia	Clostridiales	Ruminococcaceae	Ruminococcaceae_UCG-005	uncultured_prokaryote_g_Ruminococcaceae_UCG-005	OTU1548
Firmicutes	Bacilli	Lactobacillales	Carnobacteriaceae	Alkalibacterium	Alkalibacterium_iburiense	OTU133
Firmicutes	Erysipelotrichia	Erysipelotrichales	Erysipelotrichaceae	Turicibacter	Turicibacter	OTU102
Firmicutes	Clostridia	Clostridiales	Lachnospiraceae	Lachnospiraceae_XPB1014_group	Lachnospiraceae_XPB1014_group	OTU722
Firmicutes	Negativicutes	Selenomonadales	Acidaminococcaceae	Phascolarctobacterium	uncultured_organism_g_Phascolarctobacterium	OTU1046
Firmicutes	Bacilli	C178B	o_C178B	o_C178B	Bacillalebacterium_Mi4	OTU227
Firmicutes	Clostridia	Clostridiales	Ruminococcaceae	unclassified_f_Ruminococcaceae	f_Ruminococcaceae	OTU1322

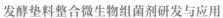

发酵垫料整合微生物组菌剂研发与应用

续表

门	纲	目	科	属	种	OTU
Firmicutes	Bacilli	Bacillales	Staphylococcaceae	*Aliicoccus*	*Aliicoccus*	OTU551
Firmicutes	Clostridia	Clostridiales	Ruminococcaceae	*Ruminococcus_2*	uncultured_Ruminococcaceae_bacterium_g_*Ruminococcus_2*	OTU838
Firmicutes	Clostridia	Clostridiales	Family_XI_o_Clostridiales	unclassified_f_Family_XI_o_Clostridiales	f_Family_XI_o_Clostridiales	OTU998
Firmicutes	Clostridia	M55-D21	o_M55-D21	o_M55-D21	o_M55-D21	OTU671
Firmicutes	Bacilli	Lactobacillales	Lactobacillaceae	*Lactobacillus*	*Lactobacillus coryniformi* subsp. *torquens*	OTU236
Firmicutes	Bacilli	Lactobacillales	unclassified_o_Lactobacillales	unclassified_o_Lactobacillales	o_Lactobacillales	OTU1716
Firmicutes	Clostridia	Clostridiales	Ruminococcaceae	*Subdoligranulum*	*Subdoligranulum*	OTU682
Firmicutes	Bacilli	Lactobacillales	unclassified_o_Lactobacillales	unclassified_o_Lactobacillales	o_Lactobacillales	OTU599
Firmicutes	Clostridia	Clostridiales	Caldicoprobacteraceae	*Caldicoprobacter*	*Caldicoprobacter*	OTU1469
Firmicutes	Bacilli	Lactobacillales	Carnobacteriaceae	*Atopostipes*	uncultured_prokaryote_g_*Atopostipes*	OTU548
Firmicutes	Clostridia	unclassified_c_Clostridia	unclassified_c_Clostridia	unclassified_c_Clostridia	c_Clostridia	OTU1677
Firmicutes	Bacilli	Bacillales	Staphylococcaceae	*Aliicoccus*	*Aliicoccus*	OTU1616
Firmicutes	Clostridia	Clostridiales	Ruminococcaceae	[*Eubacterium*]_coprostanoligenes_group	*Eubacterium coprostanoligenes*	OTU278
Firmicutes	Clostridia	Clostridiales	Family_XII_o_Clostridiales	*Guggenheimella*	*Guggenheimella*	OTU1130
Firmicutes	Bacilli	Lactobacillales	Lactobacillaceae	*Lactobacillus*	*Lactobacillus*	OTU193
Firmicutes	Clostridia	Clostridiales	Family_XIII	Family_XIII_UCG-002	Family_XIII_UCG-002	OTU813
Firmicutes	Clostridia	Clostridiales	Family_XIII	Family_XIII_UCG-002	Family_XIII_UCG-002	OTU1139
Firmicutes	Clostridia	Clostridiales	Family_XI_o_Clostridiales	*Tissierella*	uncultured_*Tissierella*_sp._g_*Tissierella*	OTU1688
Firmicutes	Bacilli	Bacillales	Thermoactinomycetaceae	*Melghirimyces*	*Melghirimyces thermohalophilus*	OTU1767
Firmicutes	Clostridia	MBA03	o_MBA03	o_MBA03	o_MBA03	OTU1553
Firmicutes	Clostridia	Clostridiales	Ruminococcaceae	*Fastidiosipila*	*Fastidiosipila*	OTU1705
Firmicutes	Erysipelotrichia	Erysipelotrichales	Erysipelotrichaceae	Erysipelotrichaceae_UCG-004	Erysipelotrichaceae_UCG-004	OTU1289
Firmicutes	Bacilli	Bacillales	Staphylococcaceae	*Jeotgalicoccus*	*Jeotgalicoccus*	OTU1633
Firmicutes	Clostridia	Clostridiales	Lachnospiraceae	Lachnospiraceae_AC2044_group	Lachnospiraceae_AC2044_group	OTU729
Firmicutes	Clostridia	Clostridiales	Clostridiaceae_2	*Alkaliphilus*	*Alkaliphilus*	OTU611
Fusobacteria	Fusobacteriia	Fusobacteriales	Fusobacteriaceae	*Fusobacterium*	*Fusobacterium mortiferum*	OTU509
Gemmatimonadetes	Gemmatimonadetes	c_Gemmatimonadetes	c_Gemmatimonadetes	c_Gemmatimonadetes	c_Gemmatimonadetes	OTU1735
Gemmatimonadetes	Gemmatimonadetes	c_Gemmatimonadetes	c_Gemmatimonadetes	c_Gemmatimonadetes	c_Gemmatimonadetes	OTU1729
Gemmatimonadetes	Gemmatimonadetes	Gemmatimonadales	Gemmatimonadaceae	f_Gemmatimonadaceae	uncultured_alpha_proteobacter-ium_g_f_Gemmatimonadaceae	OTU1150
Gemmatimonadetes	Gemmatimonadetes	Longimicrobiales	Longimicrobiaceae	f_Longimicrobiaceae	f_Longimicrobiaceae	OTU1737
Gemmatimonadetes	Gemmatimonadetes	c_Gemmatimonadetes	c_Gemmatimonadetes	c_Gemmatimonadetes	c_Gemmatimonadetes	OTU598
Gemmatimonadetes	Gemmatimonadetes	Longimicrobiales	Longimicrobiaceae	f_Longimicrobiaceae	f_Longimicrobiaceae	OTU461
Gemmatimonadetes	Gemmatimonadetes	c_Gemmatimonadetes	c_Gemmatimonadetes	c_Gemmatimonadetes	c_Gemmatimonadetes	OTU1362
Gemmatimonadetes	Gemmatimonadetes	c_Gemmatimonadetes	c_Gemmatimonadetes	c_Gemmatimonadetes	c_Gemmatimonadetes	OTU856
Gemmatimonadetes	Gemmatimonadetes	c_Gemmatimonadetes	c_Gemmatimonadetes	c_Gemmatimonadetes	c_Gemmatimonadetes	OTU1306
Gemmatimonadetes	Gemmatimonadetes	Gemmatimonadales	Gemmatimonadaceae	*Gemmatimonas*	*Gemmatimonas*	OTU709
Gemmatimonadetes	Gemmatimonadetes	Longimicrobiales	Longimicrobiaceae	f_Longimicrobiaceae	f_Longimicrobiaceae	OTU313
Gemmatimonadetes	Gemmatimonadetes	Longimicrobiales	Longimicrobiaceae	f_Longimicrobiaceae	f_Longimicrobiaceae	OTU342
Gemmatimonadetes	Gemmatimonadetes	c_Gemmatimonadetes	c_Gemmatimonadetes	c_Gemmatimonadetes	c_Gemmatimonadetes	OTU715
Planctomycetes	Phycisphaerae	Phycisphaerales	Phycisphaeraceae	f_Phycisphaeraceae	f_Phycisphaeraceae	OTU876

门	纲	目	科	属	种	OTU
Proteobacteria	Alphaproteobacteria	Sphingomonadales	Sphingomonadaceae	*Sphingobium*	*Sphingobium*	OTU955
Proteobacteria	Gammaproteobacteria	Pseudomonadales	Moraxellaceae	*Acinetobacter*	*Acinetobacter*_sp._NIPH_2171	OTU331
Proteobacteria	Deltaproteobacteria	Myxococcales	Sandaracinaceae	f_Sandaracinaceae	f_Sandaracinaceae	OTU1075
Proteobacteria	Alphaproteobacteria	Rhodobacterales	Rhodobacteraceae	unclassified_f_Rhodobacteraceae	f_Rhodobacteraceae	OTU200
Proteobacteria	Betaproteobacteria	Burkholderiales	Burkholderiaceae	*Limnobacter*	*Limnobacter*	OTU775
Proteobacteria	Gammaproteobacteria	Pseudomonadales	Pseudomonadaceae	unclassified_f_Pseudomonadaceae	f_Pseudomonadaceae	OTU1569
Proteobacteria	Alphaproteobacteria	Caulobacterales	Caulobacteraceae	*Brevundimonas*	*Brevundimonas nasdae*	OTU1121
Proteobacteria	Alphaproteobacteria	Rhizobiales	Phyllobacteriaceae	*Mesorhizobium*	*Mesorhizobium*	OTU1267
Proteobacteria	Alphaproteobacteria	Rhizobiales	Xanthobacteraceae	*Xanthobacter*	*Xanthobacter flavug*	OTU1181
Proteobacteria	Deltaproteobacteria	Myxococcales	Nannocystaceae	f_Nannocystaceae	f_Nannocystaceae	OTU100
Proteobacteria	Gammaproteobacteria	Xanthomonadales	Xanthomonadaceae	unclassified_f_Xanthomonadaceae	f_Xanthomonadaceae	OTU583
Proteobacteria	Gammaproteobacteria	Cellvibrionales	Cellvibrionaceae	*Simiduia*	*Simiduia*	OTU1432
Proteobacteria	Alphaproteobacteria	Sphingomonadales	Erythrobacteraceae	*Altererythrobacter*	uncultured_alpha_proteobacterium_g_*Altererythrobacter*	OTU961
Proteobacteria	Deltaproteobacteria	Desulfobacterales	Desulfobacteraceae	*Desulfotignum*	*Desulfotignum*	OTU1773
Proteobacteria	Alphaproteobacteria	Sphingomonadales	Sphingomonadaceae	*Sphingobium*	*Sphingobium*	OTU587
Proteobacteria	Gammaproteobacteria	Legionellales	Legionellaceae	*Legionella*	*Legionellais raelensis*	OTU1559
Proteobacteria	Gammaproteobacteria	Xanthomonadales	Xanthomonadaceae	unclassified_f_Xanthomonadaceae	f_Xanthomonadaceae	OTU104
Proteobacteria	Alphaproteobacteria	unclassified_c_Alphaproteobacteria	unclassified_c_Alphaproteobacteria	unclassified_c_Alphaproteobacteria	c_Alphaproteobacteria	OTU644
Proteobacteria	Gammaproteobacteria	Methylococcales	Methylococcaceae	*Methylocaldum*	*Methylocaldum*	OTU53
Proteobacteria	Gammaproteobacteria	Alteromonadales	Idiomarinaceae	*Aliidiomarina*	*Aliidiomarinat aiwanensis*	OTU559
Proteobacteria	Deltaproteobacteria	Bradymonadales	o_Bradymonadales	o_Bradymonadales	o_Bradymonadales	OTU420
Proteobacteria	Gammaproteobacteria	Alteromonadales	Idiomarinaceae	*Idiomarina*	*Idiomarina donghaiensis*	OTU716
Proteobacteria	Gammaproteobacteria	Cellvibrionales	Microbulbiferaceae	*Microbulbifer*	*Microbulbifer*	OTU86
Proteobacteria	Gammaproteobacteria	Pseudomonadales	Pseudomonadaceae	*Thiopseudomonas*	*Thiopseudomonas*	OTU947
Proteobacteria	Alphaproteobacteria	Rhizobiales	Hyphomicrobiaceae	*Hyphomicrobium*	*Hyphomicrobium*	OTU834
Proteobacteria	Gammaproteobacteria	Oceanospirillales	Oceanospirillaceae	*Pseudohongiella*	*Pseudohongiella*	OTU908
Proteobacteria	Gammaproteobacteria	Xanthomonadales	Xanthomonadaceae	*Luteibacter*	*Luteibacter*	OTU890
Proteobacteria	Gammaproteobacteria	Xanthomonadales	Xanthomonadaceae	*Arenimonas*	*Arenimonas*	OTU931
Proteobacteria	Alphaproteobacteria	Rhizobiales	Phyllobacteriaceae	unclassified_f_Phyllobacteriaceae	f_Phyllobacteriaceae	OTU1597
Proteobacteria	Gammaproteobacteria	unclassified_c_Gammapr-oteobacteria	unclassified_c_Gammapr-oteobacteria	unclassified_c_Gammapr-oteobacteria	c_Gammaproteobacteria	OTU1443
Proteobacteria	Alphaproteobacteria	Rhizobiales	Hyphomicrobiaceae	*Pelagibacterium*	*Pelagibacterium*	OTU684
Proteobacteria	Gammaproteobacteria	Xanthomonadales	Xanthomonadaceae	*Luteibacter*	*Luteibacter*	OTU145
Proteobacteria	Gammaproteobacteria	Enterobacteriales	Enterobacteriaceae	*Escherichia-Shigella*	*Escherichia-Shigella*	OTU567
Proteobacteria	Betaproteobacteria	Burkholderiales	Alcaligenaceae	unclassified_f_Alcaligenaceae	f_Alcaligenaceae	OTU763
Proteobacteria	Alphaproteobacteria	Rhodospirillales	Acetobacteraceae	*Roseomonas*	*Roseomonas*	OTU563

续表

门	纲	目	科	属	种	OTU
Proteobacteria	Gammaproteob-acteria	Oceanospirillales	Alcanivoracaceae	*Alcanivorax*	*Alcanivorax*	OTU951
Proteobacteria	Alphaproteobac-teria	Rhodobacterales	Rhodobacteraceae	*Rubellimicrobium*	uncultured_alpha_proteobacterium_g_*Rubellimicrobium*	OTU1262
Proteobacteria	Alphaproteobac-teria	Caulobacterales	Caulobacteraceae	*Brevundimonas*	*Brevundimonas olei*	OTU1045
Proteobacteria	Alphaproteobac-teria	Rhodospirillales	Acetobacteraceae	*Roseomonas*	uncultured_*Roseomonas* sp.	OTU575
Proteobacteria	Gammaproteob-acteria	Cellvibrionales	Cellvibrionaceae	unclassified_f_Cellvibrionaceae	f_Cellvibrionaceae	OTU130
Proteobacteria	Deltaproteob-acteria	Desulfuromonadales	Desulfuromonadaceae	*Desulfuromonas*	*Desulfuromonas*	OTU1242
Proteobacteria	Gammaproteob-acteria	Pseudomonadales	Moraxellaceae	*Psychrobacter*	*Psychrobacter faecalis*	OTU566
Proteobacteria	Alphaproteobac-teria	Sphingomonadales	Sphingomonadaceae	*Hephaestia*	*Hephaestia*	OTU1331
Proteobacteria	Gammaproteob-acteria	Thiotrichales	Piscirickettsiaceae	*Thioalkalimicrobium*	*Thioalkalimicrobium*	OTU1784
Proteobacteria	Alphaproteobac-teria	Rhodospirillales	MSB-1E8	f_MSB-1E8	f_MSB-1E8	OTU686
Proteobacteria	Gammaproteob-acteria	Chromatiales	Ectothiorhodospiraceae	*Thioalkalivibrio*	*Thioalkalivibrio*	OTU120
Proteobacteria	Gammaproteob-acteria	Alteromonadales	Alteromonadaceae	*Marinobacter*	*Marinobacter vinifirmus*	OTU54
Proteobacteria	Gammaproteob-acteria	Xanthomonadales	Xanthomonadaceae	*Luteimonas*	*uncultured*_Xanthomona sp._g_*Luteimonas*	OTU249
Proteobacteria	Gammaproteob-acteria	Cellvibrionales	Cellvibrionaceae	unclassified_f_Cellvibrionaceae	f_Cellvibrionaceae	OTU308
Proteobacteria	Gammaproteob-acteria	Cellvibrionales	Halieaceae	unclassified_f_Halieaceae	f_Halieaceae	OTU942
Proteobacteria	Alphaproteobac-teria	Rhodobacterales	Rhodobacteraceae	unclassified_f_Rhodobacteraceae	f_Rhodobacteraceae	OTU1040
Proteobacteria	Alphaproteobac-teria	Rhizobiales	Hyphomicrobiaceae	*Pelagibacterium*	uncultured_alpha_proteobacterium_g_*Pelagibacterium*	OTU1091
Proteobacteria	Alphaproteobac-teria	Rhizobiales	Xanthobacteraceae	*Variibacter*	uncultured_alpha_proteobacterium_g_*Variibacter*	OTU960
Proteobacteria	Gammaproteob-acteria	Cellvibrionales	Porticoccaceae	C1-B045	C1-B045	OTU51
Proteobacteria	Alphaproteobac-teria	Rhodobacterales	Rhodobacteraceae	unclassified_f_Rhodobacteraceae	f_Rhodobacteraceae	OTU650
Proteobacteria	Gammaproteob-acteria	Cellvibrionales	Cellvibrionaceae	*Marinimicrobium*	*Marinimicrobium*	OTU1750
Proteobacteria	Epsilonprote-obacteria	Campylobacterales	Helicobacteraceae	*Sulfurovum*	*Sulfurovum*	OTU1089
Proteobacteria	Alphaproteobac-teria	Rhodobacterales	Rhodobacteraceae	f_Rhodobacteraceae	f_Rhodobacteraceae	OTU1011
Proteobacteria	Gammaproteob-acteria	Xanthomonadales	o_Xanthomonadales	o_Xanthomonadales	o_Xanthomonadales	OTU448
Proteobacteria	Alphaproteobac-teria	Sphingomonadales	Sphingomonadaceae	*Sphingopyxis*	*Sphingopyxis ginsengisoli*	OTU584
Proteobacteria	Deltaproteoba-cteria	Bdellovibrionales	Bdellovibrionaceae	OM27_clade	OM27_clade	OTU425
Proteobacteria	Gammaproteob-acteria	unclassified_c_Gammaproteo-bacteria	unclassified_c_Gammaproteobact-eria	unclassified_c_Gammaproteobact-eria	c_Gammaproteobacteria	OTU1738
Proteobacteria	Gammaproteob-acteria	Cellvibrionales	Cellvibrionaceae	*Cellvibrio*	*Cellvibrio*	OTU466
Proteobacteria	Gammaproteob-acteria	Cellvibrionales	Porticoccaceae	unclassified_f_Porticoccaceae	f_Porticoccaceae	OTU131
Proteobacteria	Gammaproteob-acteria	Cellvibrionales	Cellvibrionaceae	unclassified_f_Cellvibrionaceae	f_Cellvibrionaceae	OTU797
Proteobacteria	Gammaproteob-acteria	Enterobacteriales	Enterobacteriaceae	*Enterobacter*	*Enterobacter*	OTU534
Proteobacteria	Deltaproteoba-cteria	Desulfuromonadales	Geobacteraceae	*Geoalkalibacter*	*Geoalkalibacter subterraneus*	OTU16
Proteobacteria	Gammaproteob-acteria	Oceanospirillales	Halomonadaceae	*Halomonas*	*Halomonas*	OTU135
Proteobacteria	Gammaproteob-acteria	Gammaproteobac-teria_Incertae_Sedis	Unknown_Family_o_Gammaproteobacteria_Incertae_Sedis	*Wenzhouxiangella*	*Wenzhouxiangella*	OTU259

续表

门	纲	目	科	属	种	OTU
Proteobacteria	Betaproteobacteria	Burkholderiales	Alcaligenaceae	*Pusillimonas*	*Pusillimonas*	OTU45
Proteobacteria	Deltaproteobacteria	Myxococcales	Vulgatibacteraceae	*Vulgatibacter*	*Vulgatibacter*	OTU489
Proteobacteria	Gammaproteobacteria	Oceanospirillales	Halomonadaceae	*Halomonas*	*Halomonas*	OTU1634
Proteobacteria	Deltaproteobacteria	Desulfobacterales	Desulfobulbaceae	*Desulfobulbus*	*Desulfobulbus*	OTU1227
Proteobacteria	Deltaproteobacteria	Myxococcales	Sandaracinaceae	*Sandaracinus*	*Sandaracinus*	OTU160
Proteobacteria	Gammaproteobacteria	Vibrionales	Vibrionaceae	*Vibrio*	*Vibrio*	OTU122
Proteobacteria	Alphaproteobacteria	Sphingomonadales	Sphingomonadaceae	*Sphingobium*	*Sphingobium*	OTU1343
Proteobacteria	Gammaproteobacteria	Oceanospirillales	Oceanospirillaceae	*Pseudohongiella*	*Pseudohongiella*	OTU1069
Proteobacteria	Alphaproteobacteria	Sphingomonadales	Sphingomonadaceae	*Novosphingobium*	*Novosphingobium*	OTU1347
Proteobacteria	Betaproteobacteria	Rhodocyclales	Rhodocyclaceae	*Azoarcus*	*Azoarcus*	OTU1383
Proteobacteria	Alphaproteobacteria	Rhizobiales	Hyphomicrobiaceae	*Hyphomicrobium*	*Hyphomicrobium*	OTU1694
Proteobacteria	Alphaproteobacteria	Rhizobiales	Bradyrhizobiaceae	*Bosea*	*Bosea*	OTU1127
Proteobacteria	Gammaproteobacteria	Thiotrichales	Piscirickettsiaceae	*Methylophaga*	*Methylophaga*	OTU314
Proteobacteria	Gammaproteobacteria	Pseudomonadales	Pseudomonadaceae	*Pseudomonas*	*Pseudomonas*	OTU601
Proteobacteria	Betaproteobacteria	Burkholderiales	Alcaligenaceae	*Pusillimonas*	*Pusillimonas*	OTU478
Proteobacteria	Betaproteobacteria	Burkholderiales	Alcaligenaceae	*Achromobacter*	*Achromobacter denitrificang*	OTU900
Proteobacteria	Alphaproteobacteria	Rhizobiales	Hyphomicrobiaceae	*Pedomicrobium*	uncultured *Hyphomicrobium* sp._g_*Pedomicrobium*	OTU595
Proteobacteria	Gammaproteobacteria	Pseudomonadales	Pseudomonadaceae	*Pseudomonas*	*Pseudomonas formosensis*	OTU152
Proteobacteria	Gammaproteobacteria	Chromatiales	Chromatiaceae	*Nitrosococcus*	*Nitrosococcus*	OTU114
Proteobacteria	Deltaproteobacteria	Desulfobacterales	Desulfobacteraceae	*Desulfococcus*	*Desulfococcus*	OTU1094
Proteobacteria	Gammaproteobacteria	Xanthomonadales	Xanthomonadaceae	*Pseudoxanthomonas*	*Pseudoxanthomonas mexicana*	OTU935
Proteobacteria	Gammaproteobacteria	Alteromonadales	Alteromonadaceae	*Marinobacter*	*Marinobacter*_sp._PAD-2	OTU108
Proteobacteria	Alphaproteobacteria	Rhizobiales	Bradyrhizobiaceae	*Bradyrhizobium*	*Bradyrhizobium*	OTU1081
Proteobacteria	Betaproteobacteria	Burkholderiales	Alcaligenaceae	*Verticia*	*Verticia*	OTU177
Proteobacteria	Gammaproteobacteria	Alteromonadales	Alteromonadaceae	*Marinobacter*	*Marinobacter*	OTU92
Proteobacteria	Alphaproteobacteria	Rhodospirillales	Acetobacteraceae	*Roseomonas*	*Roseomonas*	OTU1000
Proteobacteria	Gammaproteobacteria	Pseudomonadales	Pseudomonadaceae	*Pseudomonas*	*Pseudomonas*sp._108Z1	OTU614
Proteobacteria	Gammaproteobacteria	Xanthomonadales	o_Xanthomonadales	o_Xanthomonadales	o_Xanthomonadales	OTU941
Proteobacteria	Gammaproteobacteria	Oceanospirillales	Halomonadaceae	*Salinicola*	*Salinicola*halophilus	OTU1345
Proteobacteria	Alphaproteobacteria	Rhizobiales	Hyphomicrobiaceae	*Hyphomicrobium*	*Hyphomicrobium*	OTU1594
Proteobacteria	Alphaproteobacteria	Rhodobacterales	Rhodobacteraceae	unclassified_f_Rhodobacteraceae	f_Rhodobacteraceae	OTU281
Proteobacteria	Deltaproteobacteria	unclassified_c_Deltapr-oteobacteria	unclassified_c_Deltaproteobacteria	unclassified_c_Deltaproteobacteria	c_Deltaproteobacteria	OTU655
Proteobacteria	Alphaproteobacteria	Rhizobiales	unclassified_o_Rhizobiales	unclassified_o_Rhizobiales	o_Rhizobiales	OTU1328
Proteobacteria	Gammaproteobacteria	Alteromonadales	Alteromonadaceae	*Marinobacter*	*Marinobacter*	OTU134
Proteobacteria	Betaproteobacteria	Rhodocyclales	Rhodocyclaceae	*Azoarcus*	*Azoarcus*	OTU367

门	纲	目	科	属	种	OTU
Proteobacteria	Deltaproteobacteria	unclassified_c_Deltapro-teobacteria	unclassified_c_Deltaproteobacteria	unclassified_c_Deltaproteobacteria	c_Deltaproteobacteria	OTU389
Proteobacteria	Deltaproteobacteria	unclassified_c_Deltapr-oteobacteria	unclassified_c_Deltaproteobacteria	unclassified_c_Deltaproteobacteria	c_Deltaproteobacteria	OTU436
Proteobacteria	Alphaproteobacteria	Rhizobiales	Hyphomicrobiaceae	Devosia	Devosiariboflavina	OTU1085
Proteobacteria	Deltaproteobacteria	Bradymonadales	o_Bradymonadales	o_Bradymonadales	o_Bradymonadales	OTU110
Proteobacteria	Gammaproteobacteria	unclassified_c_Gammapr-oteobacteria	unclassified_c_Gammaproteobacteria	unclassified_c_Gammaproteobact-eria	c_Gammaproteobacteria	OTU1583
Proteobacteria	Deltaproteobacteria	Desulfovibrionales	Desulfomicrobiaceae	Desulfomicrobium	Desulfomicrobium	OTU401
Proteobacteria	Gammaproteobacteria	Xanthomonadales	Xanthomonadaceae	Luteibacter	Luteibacter	OTU1405
Proteobacteria	Gammaproteobacteria	Pseudomonadales	Pseudomonadaceae	Thiopseudomonas	Thiopseudomonas	OTU986
Proteobacteria	Gammaproteobacteria	Xanthomonadales	Xanthomonadaceae	Luteibacter	Luteibacter	OTU911
Proteobacteria	Alphaproteobacteria	Rhodobacterales	Rhodobacteraceae	Paracoccus	Paracoccus solventivorans	OTU1157
Proteobacteria	Deltaproteobacteria	Bradymonadales	o_Bradymonadales	o_Bradymonadales	uncultured_Desulfuromonada-lebacter-ium_g_o_Bradymonadales	OTU344
Proteobacteria	Gammaproteobacteria	Legionellales	Legionellaceae	Legionella	Legionella	OTU311
Proteobacteria	Alphaproteobacteria	Caulobacterales	Caulobacteraceae	f_Caulobacteraceae	f_Caulobacteraceae	OTU494
Proteobacteria	Deltaproteobacteria	Bdellovibrionales	Bdellovibrionaceae	Bdellovibrio	Bdellovibrio	OTU302
Proteobacteria	Deltaproteobacteria	Myxococcales	Sandaracinaceae	f_Sandaracinaceae	f_Sandaracinaceae	OTU641
Proteobacteria	Alphaproteobacteria	Rhodobacterales	Rhodobacteraceae	Roseovarius	Roseovarius sp.SS16.20	OTU1720
Proteobacteria	Gammaproteobacteria	Gammaproteobacteria_Incertae_Sedis	Unknown_Family_o_Gammapr-oteobacteria_Incertae_Sedis	Marinicella	Marinicella	OTU56
Proteobacteria	Gammaproteobacteria	Xanthomonadales	Xanthomonadaceae	Luteibacter	Luteibacter	OTU137
Proteobacteria	Alphaproteobacteria	Rhizobiales	Phyllobacteriaceae	f_Phyllobacteriaceae	Chelativorans intermedius	OTU1575
Proteobacteria	Betaproteobacteria	Burkholderiales	Oxalobacteraceae	Herbaspirillum	Herbaspirillum	OTU1351
Proteobacteria	Alphaproteobacteria	Caulobacterales	Caulobacteraceae	Phenylobacterium	Phenylobacterium	OTU1264
Proteobacteria	Gammaproteobacteria	Xanthomonadales	o_Xanthomonadales	o_Xanthomonadales	o_Xanthomonadales	OTU779
Proteobacteria	Gammaproteobacteria	Xanthomonadales	Xanthomonadaceae	Luteibacter	Luteibacter	OTU902
Proteobacteria	Gammaproteobacteria	Oceanospirillales	Oceanospirillaceae	Pseudohongiella	Pseudohongiella	OTU547
Proteobacteria	Alphaproteobacteria	Rhodobacterales	Rhodobacteraceae	f_Rhodobacteraceae	uncultured_Rhodovulum_sp._g_norank	OTU1101
Proteobacteria	Alphaproteobacteria	Rhodobacterales	Rhodobacteraceae	unclassified_f_Rhodobacteraceae	f_Rhodobacteraceae	OTU269
Proteobacteria	Alphaproteobacteria	Rhodospirillales	Rhodospirillaceae	f_Rhodospirillaceae	f_Rhodospirillaceae	OTU1086
Proteobacteria	Alphaproteobacteria	Sphingomonadales	Erythrobacteraceae	Altererythrobacter	Altererythrobacter	OTU699
Proteobacteria	Betaproteobacteria	Burkholderiales	Alcaligenaceae	unclassified_f_Alcaligenaceae	f_Alcaligenaceae	OTU468
Proteobacteria	Alphaproteobacteria	Rhizobiales	Xanthobacteraceae	Variibacter	Variibacter	OTU1105
Proteobacteria	Gammaproteobacteria	Xanthomonadales	Xanthomonadaceae	Luteibacter	Luteibacter	OTU1329
Proteobacteria	Gammaproteobacteria	Xanthomonadales	Xanthomonadaceae	Luteibacter	Luteibacter	OTU1431
Proteobacteria	Gammaproteobacteria	Vibrionales	Vibrionaceae	Vibrio	Vibrio metschnikovii	OTU1774
Proteobacteria	Gammaproteobacteria	Salinisphaerales	Salinisphaeraceae	Salinisphaera	uncultured_Salinisphaera_sp.	OTU1132

门	纲	目	科	属	种	OTU
Proteobacteria	Betaproteobacteria	Burkholderiales	Alcaligenaceae	*Oligella*	*Oligella*	OTU89
Proteobacteria	Alphaproteobacteria	Rhizobiales	Rhizobiales_Incertae_Sedis	*Bauldia*	*Bauldia*	OTU891
Proteobacteria	Alphaproteobacteria	Rhizobiales	unclassified_o_Rhizobiales	unclassified_o_Rhizobiales	o_Rhizobiales	OTU403
Proteobacteria	Betaproteobacteria	Burkholderiales	Alcaligenaceae	*Parapusillimonas*	*Parapusillimonas*	OTU469
Proteobacteria	Gammaproteobacteria	Xanthomonadales	Xanthomonadaceae	*Arenimonas*	*Arenimonas*	OTU93
Proteobacteria	Gammaproteobacteria	Xanthomonadales	Xanthomonadaceae	unclassified_f_Xanthomonadaceae	f_Xanthomonadaceae	OTU1286
Proteobacteria	Betaproteobacteria	Burkholderiales	Alcaligenaceae	*Castellaniella*	*Castellaniella*	OTU953
Proteobacteria	Gammaproteobacteria	Oceanospirillales	Halomonadaceae	unclassified_f_Halomonadaceae	f_Halomonadaceae	OTU121
Proteobacteria	Gammaproteobacteria	Chromatiales	Chromatiaceae	*Nitrosococcus*	*Nitrosococcus*	OTU1412
Proteobacteria	Gammaproteobacteria	Oceanospirillales	Oceanospirillaceae	*Marinobacterium*	uncultured_*Marinobacterium*_sp._g_*Marinobacterium*	OTU1783
Proteobacteria	Gammaproteobacteria	Pseudomonadales	Pseudomonadaceae	*Pseudomonas*	*Pseudomonas pertucinogena*	OTU50
Proteobacteria	Gammaproteobacteria	Cellvibrionales	Cellvibrionaceae	*Gilvimarinus*	*Gilvimarinus*	OTU1378
Proteobacteria	Alphaproteobacteria	Rhizobiales	Rhizobiaceae	*Rhizobium*	*Rhizobium*	OTU1140
Proteobacteria	Alphaproteobacteria	Rhizobiales	Brucellaceae	unclassified_f_Brucellaceae	f_Brucellaceae	OTU990
Proteobacteria	Gammaproteobacteria	Xanthomonadales	Xanthomonadaceae	unclassified_f_Xanthomonadaceae	f_Xanthomonadaceae	OTU96
Proteobacteria	Deltaproteobacteria	Myxococcales	BIrii41	f_BIrii41	f_BIrii41	OTU887
Proteobacteria	Alphaproteobacteria	unclassified_c_Alphapr-oteobacteria	unclassified_c_Alphaproteobacteria	unclassified_c_Alphaproteobacteria	c_Alphaproteobacteria	OTU404
Proteobacteria	Betaproteobacteria	Rhodocyclales	Rhodocyclaceae	*Thauera*	*Thauera*	OTU48
Proteobacteria	Deltaproteobacteria	Bradymonadales	Bradymonadaceae	*Bradymonas*	*Bradymonas sediminis*	OTU76
Proteobacteria	Gammaproteobacteria	Cellvibrionales	Cellvibrionaceae	*Aestuariicella*	*Aestuariicella*	OTU77
Proteobacteria	Alphaproteobacteria	Rhizobiales	o_Rhizobiales	o_Rhizobiales	o_Rhizobiales	OTU1256
Proteobacteria	Alphaproteobacteria	Rhizobiales	Hyphomicrobiaceae	*Devosia*	*Devosia*	OTU987
Proteobacteria	Gammaproteobacteria	Salinisphaerales	Salinisphaeraceae	*Salinisphaera*	*Salinisphaera*	OTU1422
Proteobacteria	Alphaproteobacteria	Rhizobiales	Phyllobacteriaceae	unclassified_f_Phyllobacteriaceae	f_Phyllobacteriaceae	OTU980
Proteobacteria	Gammaproteobacteria	Cellvibrionales	Cellvibrionaceae	f_Cellvibrionaceae	f_Cellvibrionaceae	OTU318
Proteobacteria	Alphaproteobacteria	Rhizobiales	Phyllobacteriaceae	*Mesorhizobium*	*Mesorhizobium*	OTU1232
Proteobacteria	Gammaproteobacteria	Pseudomonadales	Pseudomonadaceae	*Pseudomonas*	uncultured_prokaryote_g_*Pseudomonas*	OTU592
Proteobacteria	Alphaproteobacteria	Rhizobiales	Phyllobacteriaceae	f_Phyllobacteriaceae	*Chelativorans intermedius*	OTU1567
Proteobacteria	Betaproteobacteria	Burkholderiales	Alcaligenaceae	Pigmentiphaga	uncultured_Pigmentiphaga_sp	OTU516
Proteobacteria	Gammaproteobacteria	Xanthomonadales	Xanthomonadales_Incertae_Sedis	*Steroidobacter*	*Steroidobacter*	OTU91
Proteobacteria	Betaproteobacteria	Burkholderiales	Alcaligenaceae	*Pusillimonas*	*Pusillimonas*	OTU1580
Proteobacteria	Alphaproteobacteria	Rhizobiales	Hyphomicrobiaceae	*Devosia*	*Devosia*	OTU1041
Proteobacteria	Gammaproteobacteria	Xanthomonadales	JTB255_marine_benthic_group	f_JTB255_marine_benthic_group	f_JTB255_marine_benthic_group	OTU139
Proteobacteria	Alphaproteobacteria	Rhodobacterales	Rhodobacteraceae	*Nautella*	*Nautella*	OTU1155
Proteobacteria	Gammaproteobacteria	Oceanospirillales	Alcanivoracaceae	*Kangiella*	*Kangiellaj aponica*	OTU1456
Proteobacteria	Gammaproteobacteria	Xanthomonadales	Xanthomonadaceae	*Lysobacter*	*Lysobacter defluvii*	OTU1464

发酵垫料整合微生物组菌剂研发与应用

续表

门	纲	目	科	属	种	OTU
Proteobacteria	Betaproteobacteria	Burkholderiales	Oxalobacteraceae	*Oxalicibacterium*	*Oxalicibacterium*	OTU946
Proteobacteria	Alphaproteobacteria	Sphingomonadales	Sphingomonadaceae	unclassified_f_Sphingomonadaceae	f_Sphingomonadaceae	OTU1229
Proteobacteria	Deltaproteobacteria	Desulfovibrionales	Desulfonatronaceae	*Desulfonatronum*	*Desulfonatronumalk alitolerans*	OTU62
Proteobacteria	Betaproteobacteria	Burkholderiales	Comamonadaceae	*Hydrogenophaga*	*Hydrogenophaga*	OTU812
Proteobacteria	Gammaproteobacteria	Pseudomonadales	Moraxellaceae	*Psychrobacter*	*Psychrobacter*	OTU69
Proteobacteria	Betaproteobacteria	Burkholderiales	Comamonadaceae	*Comamonas*	*Comamonas terrigena*	OTU518
Proteobacteria	Betaproteobacteria	Burkholderiales	Burkholderiaceae	*Limnobacter*	*Limnobacter*	OTU842
Proteobacteria	Alphaproteobacteria	Rhodobacterales	Rhodobacteraceae	*Pontibaca*	*Pontibaca methylaminivorans*	OTU1145
Proteobacteria	Alphaproteobacteria	Rhodobacterales	Rhodobacteraceae	*Paracoccus*	*Paracoccus alcaliphilus*	OTU1113
Proteobacteria	Deltaproteobacteria	Myxococcales	Vulgatibacteraceae	*Vulgatibacter*	*Vulgatibacter*	OTU316
Proteobacteria	Gammaproteobacteria	Enterobacteriales	Enterobacteriaceae	*Enterobacter*	*Enterobacter*	OTU1621
Proteobacteria	Deltaproteobacteria	unclassified_c_Deltaproteo-bacteria	unclassified_c_Deltaproteobacteria	unclassified_c_Deltaproteobacteria	c_Deltaproteobacteria	OTU271
Proteobacteria	Betaproteobacteria	Burkholderiales	Alcaligenaceae	*Pusillimonas*	uncultured *Alcaligenes* sp._g_*Pusillimonas*	OTU464
Proteobacteria	Gammaproteobacteria	Chromatiales	Chromatiaceae	*Rheinheimera*	*Rheinheimera* sp.Gbf-Ret-3	OTU67
Proteobacteria	Betaproteobacteria	Methylophilales	Methylophilaceae	*Methylobacillus*	*Methylobacillus rhizosphaerae*	OTU910
Proteobacteria	Deltaproteobacteria	Bradymonadales	Bradymonadaceae	*Bradymonas*	*Bradymonas*	OTU895
Proteobacteria	Gammaproteobacteria	Oceanospirillales	Oceanospirillaceae	*Marinospirillum*	*Marinospirillum minutulum*	OTU1555
Proteobacteria	Alphaproteobacteria	Caulobacterales	Caulobacteraceae	*Asticcacaulis*	*Asticcacaulis*	OTU663
Proteobacteria	Gammaproteobacteria	Cellvibrionales	Cellvibrionaceae	*Marinimicrobium*	uncultured *Marinimicrobium*_sp.	OTU66
Proteobacteria	Gammaproteobacteria	Alteromonadales	Alteromonadaceae	*Marinobacter*	*Marinobacter maritimus*	OTU1459
Proteobacteria	Gammaproteobacteria	Xanthomonadales	Xanthomonadaceae	Stenotrophomonas	*Stenotrophomonas*	OTU497
Proteobacteria	Betaproteobacteria	Burkholderiales	Burkholderiaceae	*Limnobacter*	*Limnobacter*	OTU1339
Proteobacteria	Alphaproteobacteria	Rhizobiales	Xanthobacteraceae	*Variibacter*	*Variibacter*	OTU1060
Proteobacteria	Gammaproteobacteria	Chromatiales	Halothiobacillaceae	*Halothiobacillus*	*Halothiobacillus*	OTU1441
Proteobacteria	Gammaproteobacteria	Xanthomonadales	Xanthomonadaceae	*Pseudoxanthomonas*	*Pseudoxanthomonas suwonensis*	OTU966
Proteobacteria	Gammaproteobacteria	Oceanospirillales	Oceanospirillaceae	*Pseudohongiella*	*Pseudohongiella*	OTU1586
Proteobacteria	Gammaproteobacteria	Methylococcales	Methylococcaceae	*Methylobacter*	*Methylobactermarinus* A45	OTU321
Proteobacteria	Gammaproteobacteria	Gammaproteobacteria_Incertae_Sedis	Unknown_Family_o_Gammapr-oteobacteria_Incertae_Sedis	*Wenzhouxiangella*	*Wenzhouxiangella*	OTU1134
Proteobacteria	Alphaproteobacteria	Sphingomonadales	Sphingomonadaceae	unclassified_f_Sphingomonadaceae	f_Sphingomonadaceae	OTU605
Proteobacteria	Alphaproteobacteria	Rhizobiales	Rhizobiaceae	*Kaistia*	*Kaistia*	OTU556
Proteobacteria	Betaproteobacteria	Burkholderiales	Alcaligenaceae	*Pusillimonas*	*Pusillimonas*	OTU542
Proteobacteria	Deltaproteobacteria	Myxococcales	BIrii41	f_BIrii41	uncultured_delta_proteobacterium_g_f_BIrii41	OTU1315
Proteobacteria	Gammaproteobacteria	Xanthomonadales	o_Xanthomonadales	o_Xanthomonadales	o_Xanthomonadales	OTU1263
Proteobacteria	Alphaproteobacteria	Rhizobiales	Rhizobiaceae	unclassified_f_Rhizobiaceae	f_Rhizobiaceae	OTU562
Proteobacteria	Alphaproteobacteria	Sphingomonadales	Sphingomonadaceae	*Sphingomonas*	*Sphingomonas*	OTU1253

续表

门	纲	目	科	属	种	OTU
Proteobacteria	Gammaproteobacteria	Xanthomonadales	Xanthomonadaceae	*Luteimonas*	*Luteimonas mephitis*	OTU98
Proteobacteria	Gammaproteobacteria	Alteromonadales	Alteromonadaceae	*Marinobacter*	*Marinobacter*	OTU1780
Proteobacteria	Gammaproteobacteria	Xanthomonadales	Xanthomonadaceae	*Luteibacter*	*Luteibacter*	OTU837
Proteobacteria	Alphaproteobacteria	Rhizobiales	Rhizobiaceae	*Shinella*	*Shinella*	OTU1001
Proteobacteria	Gammaproteobacteria	Chromatiales	Chromatiaceae	*Nitrosococcus*	*Nitrosococcus watsonii* C-113	OTU228
Proteobacteria	Betaproteobacteria	Burkholderiales	Alcaligenaceae	*Advenella*	*Advenella*	OTU905
Proteobacteria	Alphaproteobacteria	Rhodobacterales	Rhodobacteraceae	*Donghicola*	*Donghicola*	OTU1662
Proteobacteria	Gammaproteobacteria	Oceanospirillales	Oceanospirillaceae	*Pseudohongiella*	*Pseudohongiella*	OTU341
Proteobacteria	Gammaproteobacteria	Oceanospirillales	Oceanospirillaceae	*Oceanobacter*	*Oceanobacter*	OTU711
Proteobacteria	Alphaproteobacteria	Rhizobiales	Xanthobacteraceae	*Starkeya*	*Starkeyanovella*	OTU1024
Proteobacteria	Gammaproteobacteria	Alteromonadales	Idiomarinaceae	*Idiomarina*	*Idiomarina*	OTU602
Proteobacteria	Alphaproteobacteria	Rhizobiales	Hyphomicrobiaceae	*Devosia*	*Devosia*	OTU1335
Proteobacteria	Gammaproteobacteria	Enterobacteriales	Enterobacteriaceae	unclassified_f_Enterobacteriaceae	f_Enterobacteriaceae	OTU258
Proteobacteria	Alphaproteobacteria	Rhodobacterales	Rhodobacteraceae	unclassified_f_Rhodobacteraceae	f_Rhodobacteraceae	OTU1188
Proteobacteria	Gammaproteobacteria	Xanthomonadales	Xanthomonadaceae	*Luteibacter*	*Luteibacter*	OTU1404
Proteobacteria	Gammaproteobacteria	Xanthomonadales	Xanthomonadaceae	*Luteibacter*	*Luteibacter*	OTU1400
Proteobacteria	Deltaproteobacteria	Bradymonadales	unclassified_o_Bradymonadales	unclassified_o_Bradymonadales	o_Bradymonadales	OTU970
Proteobacteria	Alphaproteobacteria	Rhizobiales	Methylocystaceae	*Pleomorphomonas*	*Pleomorphomonas*	OTU538
Proteobacteria	Betaproteobacteria	Burkholderiales	Alcaligenaceae	unclassified_f_Alcaligenaceae	f_Alcaligenaceae	OTU1326
Proteobacteria	Gammaproteobacteria	unclassified_c_Gammaproteobacteria	unclassified_c_Gammaproteobact-eria	unclassified_c_Gammaproteobact-eria	c_Gammaproteobacteria	OTU770
Proteobacteria	Gammaproteobacteria	X35	o_X35	o_X35	o_X35	OTU105
Proteobacteria	Deltaproteobacteria	Desulfobacterales	Desulfobulbaceae	*Desulfobulbus*	*Desulfobulbus*	OTU264
Proteobacteria	Gammaproteobacteria	Oceanospirillales	Halomonadaceae	*Halomonas*	*Halomonas alimentaria*	OTU90
Proteobacteria	Betaproteobacteria	Nitrosomonadales	Nitrosomonadaceae	*Nitrosomonas*	*Nitrosomonas*	OTU123
Proteobacteria	Deltaproteobacteria	unclassified_c_Deltaproteobacteria	unclassified_c_Deltaproteobacteria	unclassified_c_Deltaproteobacteria	c_Deltaproteobacteria	OTU1223
Proteobacteria	Alphaproteobacteria	Sphingomonadales	Erythrobacteraceae	*Altererythrobacter*	*Altererythrobacter*	OTU1570
Proteobacteria	Betaproteobacteria	Burkholderiales	Alcaligenaceae	*Paenalcaligenes*	uncultured_*Alcaligenes* sp._g_*Paenalcaligenes*	OTU87
Proteobacteria	Gammaproteobacteria	Chromatiales	Ectothiorhodospiraceae	*Nitrococcus*	*Nitrococcus*	OTU943
Proteobacteria	Alphaproteobacteria	Rhodospirillales	Rhodospirillales_Incertae_Sedis	Candidatus_*Alysiosphaera*	Candidatus_*Alysiosphaera*	OTU670
Proteobacteria	Gammaproteobacteria	Xanthomonadales	Xanthomonadales_Incertae_Sedis	*Steroidobacter*	*Steroidobacter*	OTU914
Proteobacteria	Gammaproteobacteria	Xanthomonadales	Xanthomonadaceae	*Mizugakiibacter*	*Mizugakiibacter*	OTU1460
Proteobacteria	Gammaproteobacteria	Pseudomonadales	Pseudomonadaceae	*Thiopseudomonas*	*Thiopseudomonas*	OTU106
Proteobacteria	Gammaproteobacteria	Thiotrichales	Piscirickettsiaceae	*Methylophaga*	*Methylophaga*_sp._RS-MM3	OTU74
Proteobacteria	Deltaproteobacteria	Myxococcales	BIrii41	f_BIrii41	f_BIrii41	OTU1672
Saccharibacteria	p_Saccharibacteria	p_Saccharibacteria	p_Saccharibacteria	p_Saccharibacteria	p_Saccharibacteria	OTU1007

门	纲	目	科	属	种	OTU
Sacchariba-cteria	p_Saccharibacteria	p_Saccharibacteria	p_Saccharibacteria	p_Saccharibacteria	p_Saccharibacteria	OTU1190
Sacchariba-cteria	p_Saccharibacteria	p_Saccharibacteria	p_Saccharibacteria	p_Saccharibacteria	uncultured_soil_bacterium_g_p_Saccharibacteria	OTU843
Sacchariba-cteria	p_Saccharibacteria	p_Saccharibacteria	p_Saccharibacteria	p_Saccharibacteria	p_Saccharibacteria	OTU70
Sacchariba-cteria	p_Saccharibacteria	p_Saccharibacteria	p_Saccharibacteria	p_Saccharibacteria	p_Saccharibacteria	OTU79
Sacchariba-cteria	p_Saccharibacteria	p_Saccharibacteria	p_Saccharibacteria	p_Saccharibacteria	p_Saccharibacteria	OTU124
Sacchariba-cteria	p_Saccharibacteria	p_Saccharibacteria	p_Saccharibacteria	p_Saccharibacteria	p_Saccharibacteria	OTU1244
Sacchariba-cteria	p_Saccharibacteria	p_Saccharibacteria	p_Saccharibacteria	p_Saccharibacteria	p_Saccharibacteria	OTU1300
Sacchariba-cteria	p_Saccharibacteria	p_Saccharibacteria	p_Saccharibacteria	p_Saccharibacteria	p_Saccharibacteria	OTU1415
Sacchariba-cteria	p_Saccharibacteria	p_Saccharibacteria	p_Saccharibacteria	p_Saccharibacteria	p_Saccharibacteria	OTU1142
Sacchariba-cteria	p_Saccharibacteria	p_Saccharibacteria	p_Saccharibacteria	p_Saccharibacteria	p_Saccharibacteria	OTU71
Sacchariba-cteria	p_Saccharibacteria	p_Saccharibacteria	p_Saccharibacteria	p_Saccharibacteria	p_Saccharibacteria	OTU1450
Sacchariba-cteria	p_Saccharibacteria	p_Saccharibacteria	p_Saccharibacteria	p_Saccharibacteria	p_Saccharibacteria	OTU748
Sacchariba-cteria	p_Saccharibacteria	p_Saccharibacteria	p_Saccharibacteria	p_Saccharibacteria	p_Saccharibacteria	OTU1131
Sacchariba-cteria	p_Saccharibacteria	p_Saccharibacteria	p_Saccharibacteria	p_Saccharibacteria	p_Saccharibacteria	OTU409
Sacchariba-cteria	p_Saccharibacteria	p_Saccharibacteria	p_Saccharibacteria	p_Saccharibacteria	p_Saccharibacteria	OTU826
Sacchariba-cteria	p_Saccharibacteria	p_Saccharibacteria	p_Saccharibacteria	p_Saccharibacteria	p_Saccharibacteria	OTU1234
Sacchariba-cteria	p_Saccharibacteria	p_Saccharibacteria	p_Saccharibacteria	p_Saccharibacteria	p_Saccharibacteria	OTU1426
Sacchariba-cteria	p_Saccharibacteria	p_Saccharibacteria	p_Saccharibacteria	p_Saccharibacteria	p_Saccharibacteria	OTU1162
Sacchariba-cteria	p_Saccharibacteria	p_Saccharibacteria	p_Saccharibacteria	p_Saccharibacteria	p_Saccharibacteria	OTU245
Sacchariba-cteria	p_Saccharibacteria	p_Saccharibacteria	p_Saccharibacteria	p_Saccharibacteria	p_Saccharibacteria	OTU1213
Sacchariba-cteria	p_Saccharibacteria	p_Saccharibacteria	p_Saccharibacteria	p_Saccharibacteria	p_Saccharibacteria	OTU273
Sacchariba-cteria	p_Saccharibacteria	p_Saccharibacteria	p_Saccharibacteria	p_Saccharibacteria	p_Saccharibacteria	OTU1396
Sacchariba-cteria	p_Saccharibacteria	p_Saccharibacteria	p_Saccharibacteria	p_Saccharibacteria	p_Saccharibacteria	OTU1156
Spirochaetae	Spirochaetes	Spirochaetales	Spirochaetaceae	Treponema	uncultured_microorganism_g_Treponema	OTU1796
Spirochaetae	Spirochaetes	Spirochaetales	Spirochaetaceae	Sphaerochaeta	Sphaerochaeta	OTU1803
Spirochaetae	Spirochaetes	Spirochaetales	Spirochaetaceae	Sphaerochaeta	Sphaerochaeta	OTU371
Spirochaetae	Spirochaetes	Spirochaetales	Spirochaetaceae	Treponema	Treponema	OTU1798
Spirochaetae	Spirochaetes	Spirochaetales	Spirochaetaceae	Sphaerochaeta	Sphaerochaeta	OTU1775
Spirochaetae	Spirochaetes	Spirochaetales	Spirochaetaceae	Sphaerochaeta	Sphaerochaeta	OTU445
Spirochaetae	Spirochaetes	Spirochaetales	Spirochaetaceae	Treponema_2	bacterium_enrichment_culture_clone_M04	OTU1766
Spirochaetae	Spirochaetes	Spirochaetales	Spirochaetaceae	Sphaerochaeta	uncultured_prokaryote_g_Sphaerochaeta	OTU1291
Spirochaetae	Spirochaetes	Spirochaetales	Spirochaetaceae	Treponema_2	Treponema_2	OTU745
Spirochaetae	Spirochaetes	Spirochaetales	Spirochaetaceae	Treponema_2	Treponema_2	OTU1762
SR1_Abscondit-abacteria_	p_SR1_Abscondita-bacteria_	p_SR1_Absconditabacteria_	p_SR1_Absconditabacteria_	p_SR1_Absconditabacteria_	p_SR1_Absconditabacteria_	OTU41
Synergistetes	Synergistia	Synergistales	Synergistaceae	f_Synergistaceae	f_Synergistaceae	OTU319
Synergistetes	Synergistia	Synergistales	Synergistaceae	f_Synergistaceae	uncultured_Aminobacterium_sp._g_norank	OTU64
Synergistetes	Synergistia	Synergistales	Synergistaceae	f_Synergistaceae	f_Synergistaceae	OTU1455
Tenericutes	Mollicutes	Acholeplasmatales	Acholeplasmataceae	Acholeplasma	Acholeplasma	OTU373
Tenericutes	Mollicutes	Acholeplasmatales	Acholeplasmataceae	Acholeplasma	Acholeplasma	OTU577

续表

门	纲	目	科	属	种	OTU
Tenericutes	Mollicutes	Acholeplasmatales	Acholeplasmataceae	*Acholeplasma*	*Acholeplasma*	OTU390
Tenericutes	Mollicutes	NB1-n	o_NB1-n	o_NB1-n	bacterium_enrichment_culture_clone_R4-81B	OTU332
Tenericutes	Mollicutes	Acholeplasmatales	Acholeplasmataceae	*Acholeplasma*	*Acholeplasma cavigenitalium*	OTU880
Tenericutes	Mollicutes	Acholeplasmatales	Acholeplasmataceae	*Acholeplasma*	*Acholeplasma*	OTU1549
Tenericutes	Mollicutes	Acholeplasmatales	Acholeplasmataceae	*Acholeplasma*	*Acholeplasma*	OTU1708
Tenericutes	Mollicutes	Mollicutes_RF9	o_Mollicutes_RF9	o_Mollicutes_RF9	o_MollicuteRF9	OTU458
Tenericutes	Mollicutes	Mollicutes_RF9	o_Mollicutes_RF9	o_Mollicutes_RF9	uncultured_Firmicutes_bacterium_g_o_Mollicutes_RF9	OTU128
Tenericutes	Mollicutes	Mollicutes_RF9	o_Mollicutes_RF9	o_Mollicutes_RF9	o_Mollicutes_RF9	OTU151
Tenericutes	Mollicutes	Acholeplasmatales	Acholeplasmataceae	*Acholeplasma*	*Acholeplasma*	OTU753
Tenericutes	Mollicutes	Acholeplasmatales	Acholeplasmataceae	*Acholeplasma*	uncultured_prokaryote_g_*Acholeplasma*	OTU769
Tenericutes	Mollicutes	Acholeplasmatales	Acholeplasmataceae	*Acholeplasma*	*Acholeplasma*	OTU1782
Tenericutes	Mollicutes	Acholeplasmatales	Acholeplasmataceae	*Acholeplasma*	*Acholeplasma*	OTU1517
Tenericutes	Mollicutes	Acholeplasmatales	Acholeplasmataceae	*Acholeplasma*	*Acholeplasma*	OTU636
Tenericutes	Mollicutes	Acholeplasmatales	Acholeplasmataceae	*Acholeplasma*	*Acholeplasma*	OTU38
Tenericutes	Mollicutes	Acholeplasmatales	Acholeplasmataceae	*Acholeplasma*	bioreactor_metagenome_g_*Acholeplasma*	OTU432
Tenericutes	Mollicutes	Acholeplasmatales	Acholeplasmataceae	*Acholeplasma*	uncultured_prokaryote_g_*Acholeplasma*	OTU578
unclassified_k_norank	unclassified_k_norank	unclassified_k_norank	unclassified_k_norank	unclassified_k_norank	k_norank	OTU906
unclassified_k_norank	unclassified_k_norank	unclassified_k_norank	unclassified_k_norank	unclassified_k_norank	k_norank	OTU792
unclassified_k_norank	unclassified_k_norank	unclassified_k_norank	unclassified_k_norank	unclassified_k_norank	k_norank	OTU1757
Verrucomicrobia	p_Verrucomicrobia	p_Verrucomicrobia	p_Verrucomicrobia	p_Verrucomicrobia	p_Verrucomicrobia	OTU993
Verrucomicrobia	WCHB1-41	c_WCHB1-41	c_WCHB1-41	c_WCHB1-41	uncultured_prokaryote_g_c_WCHB1-41	OTU1305
Verrucomicrobia	Verrucomicrobiae	Verrucomicrobiales	DEV007	f_DEV007	f_DEV007	OTU1407

注：OTU ID 为 OTU 编号，分类学名称前的单个字母为分类等级的首字母缩写，以"_"隔开，k 代表界；p 代表门；c 代表纲；o 代表目；f 代表科；g 代表属；s 代表种。全书同。

5. 核心物种

核心物种代表了整合微生物组菌剂不同处理过程的共有物种。核心物种采用 Pan/Core 物种分析，用于描述随着样本量增加物种总量和核心物种量变化的情况，在生物多样性和群落研究中，被广泛用于判断样本量是否充足以及评估环境中总物种丰富度(species richness) 和核心物种数。Pan/Core 物种分析可以在各分类学水平上进行，包括 Domain（域）、Kingdom（界）、Phylum（门）、Class（纲）、Order（目）、Family（科）、Genus（属）、Species（种）、OTU 等。Pan 物种，即泛物种，是所有样本包含的物种总和，用于观测随着样本数目增加，总物种数目的变化情况。Core 物种，即核心物种，是所有样本共有物种数目，用于观测随着样本数目增加，共有物种数目的变化情况。

整合微生物组菌剂菌糠对照组（g1）、豆饼粉处理组（g2）、红糖粉处理组（g3）、玉米粉处理组（g4）的每个处理共有 8 次采样，采样次数累计的核心物种变化曲线（Pan/Core 曲线）见图 3-8。结果表明，以目、科、属、种分类水平制作曲线，物种的数量随着样本累计量的增加而增加，不同分类阶元曲线的趋势相似。以种水平为例，样本为第 1 次采样时，核心物种数量 g3 > g2=g1 > g4；到了样本为 8 次累计时核心物种数量 g3 > g2 > g1=g4。在不同分类阶元水平上，不同处理的整合微生物组的核心物种存在差异。表明通过控制培养基配方，可以影响到微生物组的生成。

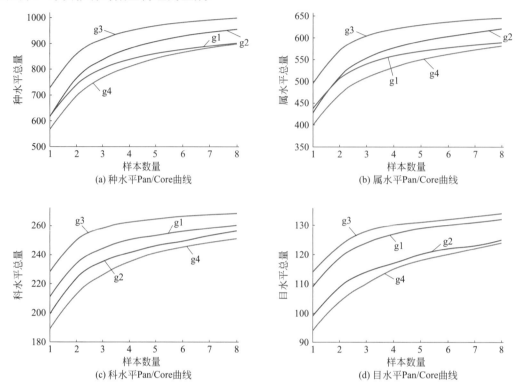

(a) 种水平Pan/Core曲线

(b) 属水平Pan/Core曲线

(c) 科水平Pan/Core曲线

(d) 目水平Pan/Core曲线

图3-8　整合微生物组菌剂核心物种丰富度（Rank_Abundance）曲线

6.物种多样性

（1）多样性指数特点　研究环境中微生物的多样性，可以通过单样本的多样性 (alpha 多样性) 反映微生物群落的丰度和多样性，包括一系列统计学分析指数估计环境群落的物种丰度和多样性。此模块主要有三个分析功能，分别是 alpha 多样性指数分析、基于多样性指数的组间 T 检验分析和稀释性曲线分析。通过多样性指数分析可以得到群落中物种的丰度、覆盖度和多样性等信息，通过稀释性曲线分析可以了解样本的测序深度是否合理。反映群落丰富度（Community richness）的指数有 Sobs、Chao、Ace、jack、bootstrap；反映群落均匀度（Community evenness）的指数有 simpsoneven、shannoneven、heip、smithwilson；反映群落多样性（Community diversity）的指数有 Shannon、Simpson、npshannon、bergerparker、invsimpson、coverage、qstat。

（2）整合微生物组菌剂多样性指数　alpha 多样性是指一个特定区域或者生态系统内的多样性，常用的度量标准有 Chao、Shannon、Ace、Simpson、coverage，此功能模块，可以通过观察各种指数值进而得到物种的多样性丰度等信息，还可以对样本分组，运用统计学 T 检验的方法，检测两组之间的指数值是否具有显著性差异。不同处理、不同发酵时间整合微生物菌剂样本多样性指数见表 3-10，细菌种的各样本信息覆盖率都达 100%，表明样本种类分析比较完整，不同处理多样性指数存在差异，同一处理不同发酵时间多样性指数存在差异。以种水平为例，Sobs 指数在 g1、g2、g3、g4 的总和分布为 5001、4921、5784、4563，g3 最高，g4 最低；Shannon 指数差异不显著，g1 范围为 4.05～4.39，g2 范围为 3.91～4.28，g3 范围为 4.29～4.56，g4 范围为 3.88～4.28。

表3-10 不同处理不同发酵时间整合微生物菌剂样本种水平多样性指数

处理	样本编号	发酵时间/d	整合微生物组菌剂细菌多样性指数					
			Sobs	Shannon	Simpson	Ace	Chao	coverage
菌糠对照组（g1）	CK_1212_1	0	654	4.27	0.03	765.37	787.21	1.00
	CK_1212_2	1	620	4.20	0.04	730.67	739.93	1.00
	CK_1213	3	671	4.34	0.03	776.51	788.92	1.00
	CK_1215	5	531	4.05	0.03	691.68	682.21	1.00
	CK_1216	7	673	4.38	0.03	762.93	767.97	1.00
	CK_1219	9	600	4.39	0.03	735.80	770.33	1.00
	CK_1222	11	680	4.41	0.03	794.66	811.60	1.00
	CK_1225	13	572	4.10	0.04	706.27	727.82	1.00
豆饼粉处理组（g2）	DB_1212_1	0	550	4.00	0.05	638.68	622.23	1.00
	DB_1212_2	1	648	4.24	0.04	780.30	782.30	1.00
	DB_1213	3	688	4.16	0.05	795.34	805.00	1.00
	DB_1215	5	629	4.06	0.04	786.06	738.34	1.00
	DB_1216	7	552	3.91	0.07	684.76	703.54	1.00
	DB_1219	9	661	4.17	0.04	797.26	786.33	1.00
	DB_1222	11	618	4.28	0.03	724.50	732.48	1.00
	DB_1225	13	575	4.18	0.03	709.35	735.88	1.00
红糖粉处理组（g3）	HT_1212_1	0	613	4.29	0.03	696.28	696.38	1.00
	HT_1212_2	1	753	4.35	0.03	844.72	844.44	1.00
	HT_1213	3	774	4.56	0.02	900.35	907.07	1.00
	HT_1215	5	743	4.38	0.03	855.13	873.17	1.00
	HT_1216	7	780	4.55	0.03	897.88	920.10	1.00
	HT_1219	9	777	4.53	0.03	876.17	890.76	1.00
	HT_1222	11	670	4.39	0.03	795.35	809.46	1.00
	HT_1225	13	674	4.31	0.03	823.83	864.21	1.00
玉米粉处理组（g4）	YM_1212_1	0	562	3.95	0.05	678.39	673.11	1.00
	YM_1212_2	1	595	4.11	0.04	748.63	740.92	1.00
	YM_1213	3	591	4.05	0.05	716.58	738.04	1.00
	YM_1215	5	534	3.94	0.05	806.61	674.58	1.00
	YM_1216	7	602	4.03	0.04	803.17	820.79	1.00
	YM_1219	9	535	3.88	0.05	695.74	704.97	1.00
	YM_1222	11	552	4.00	0.04	697.66	699.14	1.00
	YM_1225	13	592	4.28	0.03	669.02	655.29	1.00

（3）整合微生物组菌剂物种概念多样性指数变化　Sobs、Ace、Chao指数代表了物种数量的概念，同一处理不同发酵时间，种水平3个指数变化差异显著，从总体看，菌糠对照组（g1）变化较大，添加辅料组（g2, g3, g4）变化较小。从处理组看，红糖粉处理组（g3）3个指数高于其他3组（图3-9）。

（4）整合微生物组菌剂香农指数变化　整合微生物组菌剂发酵过程伴随着微生物的生长，香农指数（Shannon）代表了微生物物种数量和分布多样性概念，物种在样方中数量越高，分布越均匀，指数值越大；同一处理不同发酵时间香农指数变化差异显著，初期香农指数较低，随着发酵进程逐渐升高，到了中期有所下降，接着上升，随后下降；不同处理变化的方式有所不同，但各处理组香农指数总变化动态峰谷相交，趋势相近（图3-10）。

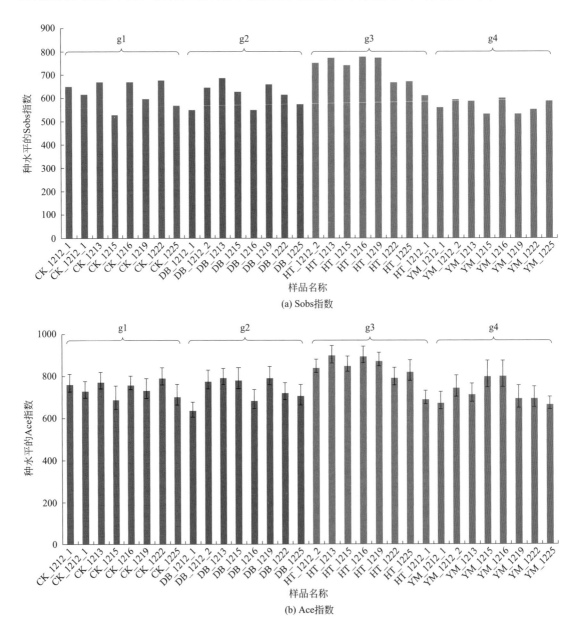

(a) Sobs指数

(b) Ace指数

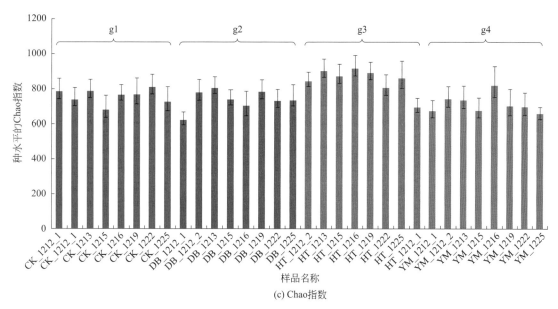

(c) Chao指数

图3-9　整合微生物组菌剂种水平（Sobs、Ace、Chao）多样性指数

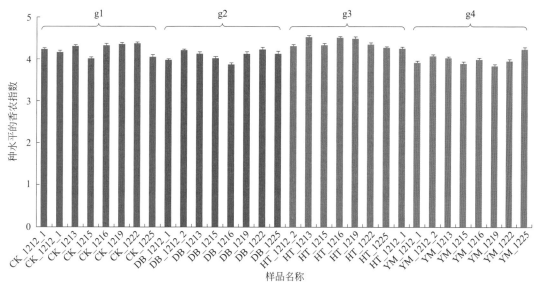

图3-10　整合微生物组菌剂香农指数（Shannon）变化动态

（5）整合微生物组菌剂优势度指数变化　整合微生物菌剂发酵过程伴随着微生物优势度的变化，优势度指数（Simpson）代表了物种分布聚集程度的概念，指数值越高，表明物种的聚集度越高。同一处理不同发酵时间，Simpson指数变化差异显著，总体上看，豆饼粉处理组（g2）变化较大，随着发酵时间指数在第2次采样（1d）微微下降，指示着微生物物种聚集度下降，到第5次采样（7d）指数迅速上升，表明物种聚集度增加，而后逐渐下降，直到采样结束指数下降了近40%；从处理组看，豆饼粉处理组（g2）和玉米粉处理组（g4）Simpson指数变化动态高于菌糠处理组（g1）和红糖粉处理组（g3），表明前者聚集度变化幅度高于后者（图3-11）。

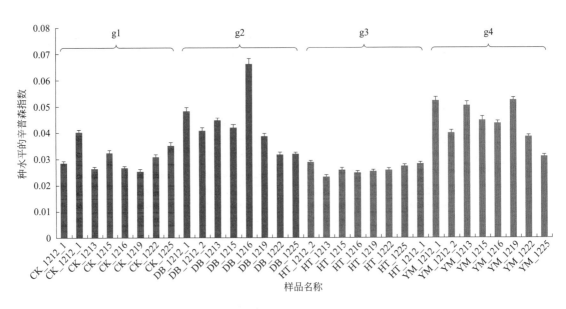

图3-11　整合微生物组菌剂优势度指数（Simpson）变化动态

（6）多样性指数组间差异检验　通过多样性指数分析可以得到群落中物种的丰度、覆盖度和多样性等信息。T检验，亦称 Student t 检验（Student's t test），是用 t 分布理论来推测差异发生的概率，从而比较两个平均数的差异是否显著，主要用于样本含量较小（例如，$n < 30$），总体标准差 σ 未知的正态分布数据。该分析可用于评估不同分组间多样性指数是否有显著性差异。多样性指数间 T 检验见图 3-12，展示所选两组样本间的显著性差异情况，并对有显著性差异的两组标记（$0.01 < P \leqslant 0.05$ 标记为 *，$0.001 < P \leqslant 0.01$ 标记为 **，$P \leqslant 0.001$ 标记为 ***，后同）。横坐标为分组名，纵坐标为每组的指数平均值；g1 与 g4 差异显著（$P < 0.05$），与 g2 差异极显著（$P < 0.01$），与 g3 差异特显著（$P < 0.001$）（图 3-12）。

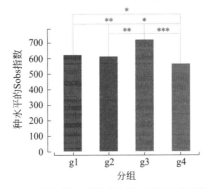

图3-12　整合微生物组菌剂处理组间差异检验

7. 优势种生长动态

（1）菌糠对照组（g1）细菌优势种发酵动态　笔者及团队研究了整合微生物组菌剂菌糠对照组（g1）不同采样时间细菌分类单元（OTU）的变化动态。结果表明，每个细菌种在发酵过程中含量发生不同程度的变化。前 2 个高含量优势种分别为 OTU237= 腐质还原棒杆菌（*Corynebacterium humireducen*），OTU1637= 类诺卡氏菌（*Nocardioides* sp.），发酵过程含量动态见图 3-13，两个优势细菌发酵过程产生互补，第 1 天 OTU237 数量达高峰，OTU1637 数量进入低谷，第 5 天 OTU237 进入低谷，OTU1637 进入峰值；这种数量的互补，表明了处理组 g1 提供的发酵环境产生的微生物生长的限制作用普遍存在。

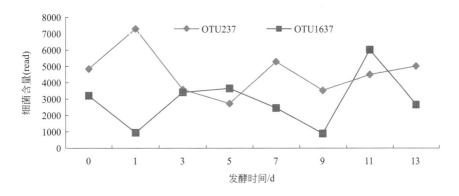

图3-13　整合微生物组菌剂菌糠对照组（g1）细菌优势种含量动态

0d 代表基础发酵床垫料；1 ～ 13d 代表添加营养配料后采样时间

（2）豆饼粉处理组（g2）细菌优势种发酵动态　笔者及团队还研究了整合微生物组菌剂豆饼粉处理组（g2）不同采样时间细菌分类单元（OTU）的变化动态。结果表明与处理组 g1 相似，前 2 个高含量优势种分别为 OTU237= 腐质还原棒杆菌（*Corynebacterium humireducen*），OTU1637= 类诺卡氏菌（*Nocardioides* sp.），发酵过程含量动态见图 3-14，尽管优势种与处理组 g1 相同，两个优势细菌发酵过程含量变化动态差异显著，第 7 天 OTU237 数量达高峰，OTU1637 数量进入低谷；第 13 天两者含量趋近相同。

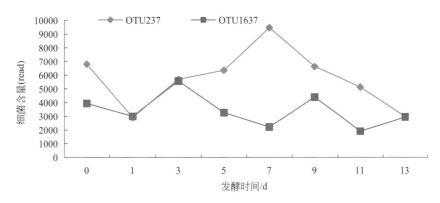

图3-14　整合微生物组菌剂豆饼粉处理组（g2）细菌优势种含量动态

0d 代表基础发酵床垫料；1 ～ 13d 代表添加营养配料后采样时间

（3）红糖粉处理组（g3）细菌优势种发酵动态　对整合微生物组菌剂红糖粉处理组（g3）不同采样时间细菌分类单元（OTU）的变化动态进行研究，结果表明，前 2 个高含量优势种发生了变化，分别为 OTU237= 腐质还原棒杆菌（*Corynebacterium humireducen*），OTU1143= 狭义梭菌属 1 的 1 种（*Clostridium_sensu_stricto_1* sp.），发酵过程含量动态见

图 3-15，两个优势细菌发酵过程产生互补，第 3 天和第 9 天 OTU237 数量达高峰，而同期 OTU1143 数量进入低谷；OTU237 第 7 天后，含量逐渐上升，OTU1143 则在第 5 天达到高峰后逐渐下降。

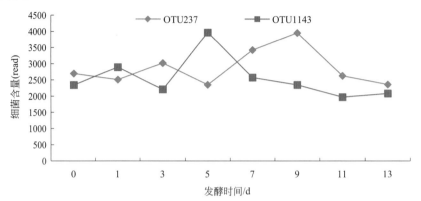

图3-15　整合微生物组菌剂红糖粉处理组（g3）细菌优势种含量动态

0d 代表基础发酵床垫料；1～13d 代表添加营养配料后采样时间

（4）玉米粉处理组（g4）细菌优势种发酵动态　对整合微生物组菌剂玉米粉处理组（g4）不同采样时间细菌分类单元（OTU）的变化动态的研究结果表明，与处理组 g1 和 g2 相似，前 2 个高含量优势种分别为 OTU237= 腐质还原棒杆菌（*Corynebacterium humireducen*），OTU1637= 类诺卡氏菌（*Nocardioides* sp.），发酵过程含量动态见图 3-16，尽管优势种与处理组 g1 和 g2 相同，两个优势细菌发酵过程含量变化动态差异显著，两个优势种生长呈互补状态，第 3 天 OTU237 数量达高峰，OTU1637 数量进入低谷；第 7 天前者含量下降到低谷，后者上升至峰值，第 13 天两者含量趋同，保持较低水平。

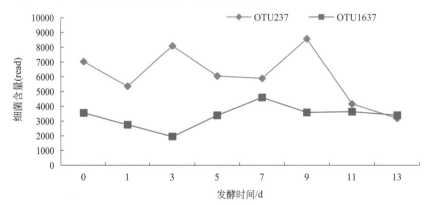

图3-16　整合微生物组菌剂玉米粉处理组（g4）细菌优势种含量动态

0d代表基础发酵床垫料；1～13d代表添加营养配料后采样时间

（5）整合微生物组菌剂环境容量一致性　菌剂发酵床提供了微生物组生长的基本条件，其光、温、湿、气和营养条件的生态预制都在微生物组的生存条件之内。菌剂发酵床提供的生存条件环境容量具有一致性，无论生长因素如何变化，只要在微生物组的生存条件以内，菌剂发酵床生产出的微生物组菌剂微生物总量具有一致性，即总的微生物含量是个常数，它们的差异在于优势种的组成结构不同。

从不同营养处理组考察，整合微生物组菌剂不同处理组细菌总量变化动态见表3-11、统计分析见表3-12、方差分析见表3-13、多重比较见表3-14和表3-15。分析结果表明处理间存在极显著差异（$P < 0.01$），处理内（不同发酵时间）差异不显著（$P > 0.05$）。多重比较分析表明，在0.01水平上，处理间差异不显著，在0.05水平上，处理间部分存在差异，g1和g2无差异，g3和g4无差异。表明整合微生物组菌剂不同添加营养配方处理组之间微生物组总量差异不大，在一个特定时间内菌剂发酵床的生态位适合于某些特定的微生物种类生长，剩余生态位就会被另一些微生物占用，不会有剩余生态位空间，自然地形成微生物优势种、常见种、偶见种的分布，最终微生物组的总量形成常数，反映着菌剂发酵床的生态位生境特征。

表3-11　整合微生物组菌剂不同处理组细菌总量变化动态

处理组	整合微生物组菌剂不同处理组不同发酵时间细菌总量（read）							
	0 d	1 d	3 d	5 d	7 d	9 d	11 d	13 d
菌糠对照组（g1）	56639	51543	52910	45782	58020	40848	53722	46686
豆饼粉处理组（g2）	41830	42487	45068	43138	41246	49961	48974	40925
红糖粉处理组（g3）	42181	53832	47108	56849	52355	51490	47309	49574
玉米粉处理组（g4）	40243	39349	43730	42599	45206	52791	45446	40507

表3-12　整合微生物组菌剂不同处理组细菌总量变化动态统计分析

处理组	样本数	均值	标准差	标准误	95%置信区间	
g1	8.0000	50768.75	5866.42	2074.09	45864.30	55673.20
g2	8.0000	44203.63	3502.33	1238.26	41275.60	47131.65
g3	8.0000	50087.25	4570.43	1615.89	46266.28	53908.22
g4	8.0000	43733.88	4313.50	1525.05	40127.70	47340.05

表3-13　整合微生物组菌剂不同处理组细菌总量变化动态方差分析

变异来源	平方和	自由度	均方	F值	p值
处理间	336515713.7500	3.0000	112171904.5833	5.2070	0.0055
处理内	603234419.7500	28.0000	21544086.4196		
总变异	939750133.5000	31.0000			

表3-14　整合微生物组菌剂不同处理组细菌总量变化动态Tukey法多重比较

处理组	均值	g1	g3	g2	g4
g1	50768.7500		0.9910	0.0402	0.0252
g3	50087.2500	681.500 (0.42)		0.0760	0.0492
g2	44203.6250	6565.125 (4.00)	5883.625 (3.59)		0.9970
g4	43733.8750	7034.875 (4.29)	6353.375 (3.87)	469.750 (0.29)	

注：下三角为均值差及统计量，上三角为 p 值，Tukey0.05=6336.4652，Tukey0.01=7925.6108。括号外数字为检验值，括号内数字为概率，下同。

表3-15　整合微生物组菌剂不同处理组细菌总量变化动态Tukey法多重比较字母表示

处理组	均值	10%显著水平	5%显著水平	1%极显著水平
g1	50768.7500	a	a	A
g3	50087.2500	a	ab	A
g2	44203.6250	b	bc	A
g4	43733.8750	b	c	A

注：小写字母表示差异显著，大写字母表示差异极显著，下同。

从不同发酵时间考察，整合微生物组菌剂处理组不同发酵时间细菌总量变化动态见表3-16、统计分析见表3-17、方差分析见表3-18、多重比较见表3-19和表3-20。分析结果表明处理间（不同培养基配方）差异不显著（$P > 0.05$），处理内（不同发酵时间）差异不显著（$P > 0.05$）。多重比较分析表明，g1、g2、g3和g4细菌总量无差异（图3-17）。表明整合微生物组菌剂不同添加营养配方处理组发酵不同的时间微生物组总量差异不大，证明了环境容量的一致性。在菌剂发酵床的条件下，整合微生物组菌剂生产，其微生物组总量相似，差异表现在不同处理、不同发酵时间微生物优势种发生的结构变化。

表3-16　整合微生物组菌剂处理组不同发酵时间细菌总量变化动态

发酵时间/d	g1	g2	g3	g4
0	56639	41830	42181	40243
1	51543	42487	53832	39349
3	52910	45068	47108	43730
5	45782	43138	56849	42599
7	58020	41246	52355	45206
9	40848	49961	51490	52791
11	53722	48974	47309	45446
13	46686	40925	49574	40507

表3-17　整合微生物组菌剂处理组不同发酵时间细菌总量变化动态统计分析

处理时间/d	样本数	均值	标准差	标准误	95%置信区间	
0	4.00	45223.25	7657.06	3828.53	33039.16	57407.34
1	4.00	46802.75	6977.69	3488.84	35699.69	57905.81
3	4.00	47204.00	4049.64	2024.82	40760.11	53647.89
5	4.00	47092.00	6651.72	3325.86	36507.62	57676.38
7	4.00	49206.75	7460.21	3730.11	37335.88	61077.62
9	4.00	48772.50	5408.12	2704.06	40166.97	57378.03
11	4.00	48862.75	3545.56	1772.78	43220.97	54504.53
13	4.00	44423.00	4443.16	2221.58	37352.94	51493.06

表3-18 整合微生物组菌剂处理组不同发酵时间细菌总量变化动态方差分析

变异来源	平方和	自由度	均方	F值	p值
处理间	84213101.50	7	12030443.07	0.3370	0.9286
处理内	855537032.00	24	35647376.33		
总变异	939750133.50	31			

表3-19 整合微生物组菌剂处理组不同发酵时间细菌总量变化动态Tukey法多重比较

发酵时间/d	均值	7d	11d	9d	3d	5d	1d	0d	13d
7	49206.75		1.00	1.00	1.00	1.00	1.00	0.98	0.94
11	48862.75	344.000 (0.12)		1.00	1.00	1.00	1.00	0.99	0.96
9	48772.50	434.250 (0.15)	90.250 (0.03)		1.00	1.00	1.00	0.99	0.96
3	47204.00	2002.750 (0.67)	1658.750 (0.56)	1568.500 (0.53)		1.00	1.00	1.00	1.00
5	47092.00	2114.750 (0.71)	1770.750 (0.59)	1680.500 (0.56)	112.000 (0.04)		1.00	1.00	1.00
1	46802.75	2404.000 (0.81)	2060.000 (0.69)	1969.750 (0.66)	401.250 (0.13)	289.250 (0.10)		1.00	1.00
0	45223.25	3983.500 (1.33)	3639.500 (1.22)	3549.250 (1.19)	1980.750 (0.66)	1868.750 (0.63)	1579.500 (0.53)		1.00
13	44423.00	4783.750 (1.60)	4439.750 (1.49)	4349.500 (1.46)	2781.000 (0.93)	2669.000 (0.89)	2379.750 (0.80)	800.250 (0.27)	

注：下三角为均值差及统计量，上三角为 p 值，Tukey0.05=13982.2989，Tukey0.01=16971.520。

表3-20 整合微生物组菌剂处理组不同发酵时间细菌总量变化动态多重比较字母表示

发酵时间/d	均值	10%显著水平	5%显著水平	1%极显著水平
7	49206.7 5	a	a	A
11	48862.75	a	a	A
9	48772.50	a	a	A
3	47204.00	a	a	A
5	47092.00	a	a	A
1	46802.75	a	a	A
0	45223.25	a	a	A
13	44423.00	a	a	A

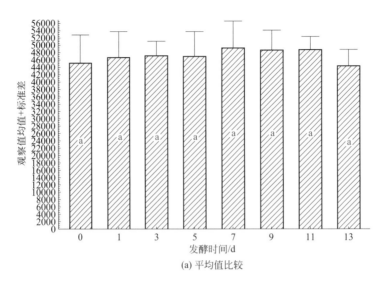

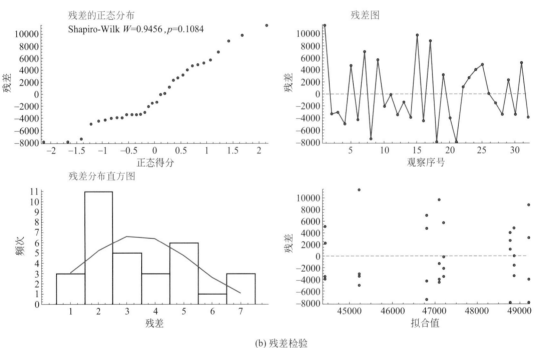

图3-17　整合微生物组菌剂处理组不同发酵时间细菌总量统计

二、整合微生物组菌剂物种组成

1. 概述

菌剂发酵床提供了合适的生存条件供微生物组生存，微生物组的差异从物种组成结构分析，可以总结为以下几个方面。

（1）物种韦恩图（Venn 图） Venn 图可用于统计多组或多个样本中所共有和独有的物种（如 OTU）数目，可以比较直观地表现环境样本的物种（如 OTU）组成相似性及重叠情况。通常情况下，分析时选用相似水平为 97% 的 OTU 或其他分类学水平的样本表。软件：R 语言工具统计和作图。

（2）群落柱形图（Bar 图） 根据分类学分析结果，可以得知不同分组（或样本）在各分类学水平（如域、界、门、纲、目、科、属、种、OTU 等）上的群落结构组成情况。根据群落 Bar 图，可以直观呈现两方面信息：①各样本在某一分类学水平上含有何种微生物；②样本中各微生物的相对丰度（所占比重）。在不同分类学水平上统计各样本的物种丰度，通过群落饼（Pie）图可视化呈现不同分组（或样本）的物种群落组成。软件：基于 tax_summary_a 文件夹中的数据表，利用 R 语言工具作图。

（3）多级物种 Sunburst 图 多级物种 Sunburst 图通过多个同心圆由内向外直观地展现出不同分组（或样本）在域、界、门、纲、目、科、属、种、OTU 等分类学水平的物种分布和比例。

（4）群落 Heatmap 图 Heatmap 图是以颜色梯度来表征二维矩阵或表格中的数据大小，并呈现群落物种组成信息。通常根据物种或样本间丰度的相似性进行聚类，并将结果呈现在群落 Heatmap 图上，可使高丰度和低丰度的物种分块聚集，通过颜色变化与相似程度来反映不同分组（或样本）在各分类水平上群落组成的相似性和差异性。软件及算法：R 语言 vegan 包。

（5）Circos 样本与物种关系图 Circos 样本与物种关系图是一种描述样本与物种之间对应关系的可视化圈图，该图不仅反映了每个样本（或分组）的优势物种组成比例，同时也反映了各优势物种在不同样本（分组）的分布比例。软件：Circos-0.67-7。

（6）Ternary 三元相图 Ternary 三元相图是用一个等边三角形描述三个变量的不同属性的比率关系，在分析中可以根据物种分类信息对三个或三组样本的物种组成进行比较分析，通过三角图可以直观地显示出不同物种在样本中的比重和关系。软件：GGTERN。

2. 整合微生物组菌剂韦恩图分析

菌剂发酵床生产的整合微生物组菌剂韦恩（Venn）图分析结果见表 3-21 ～ 表 3-26。第 1 列为分组标签（Group_lable），表中 C only 表示 C 分组类别里特有的物种，C&N 表示 C 组和 N 组共有的物种。第 2 列为物种数目 (Species_num)，表示共有或特有的物种数目。

（1）细菌门水平 从细菌门水平看，整合微生物组菌剂不同处理间细菌门数量为 26 ～ 28 个，共有种类 24 种，占比 82.76%。在细菌门水平上，共有种类的优势种为：放线菌门（Actinobacteria）46.55%，厚壁菌门（Firmicutes）20.23%，拟杆菌门（Bacteroidetes）15.58%。不同处理组无独有种类；g1 & g3 & g4 之间共有种类 2 种，占比 6.90%；表明不同营养添加配方对微生物组细菌门水平影响不大（表 3-21）。

（2）细菌纲水平 从细菌纲水平看，整合微生物组菌剂不同处理间细菌纲数量为 51 ～ 63 个，共有种类 48 种，占比 72.73%。共有种类的优势种为：放线菌纲（Actinobacteria）46.57%，芽胞杆菌纲（Bacilli）10.08%，梭菌纲（Clostridia）9.33%。处理组仅有 g3（红糖粉处理组）有独有种类 1 种，占比 1.52%，其余处理无独有种类；g1 & g3 & g4 之间共有种类 7 种，占比 10.61%；表明不同营养添加配方对微生物组细菌纲水平影响不大（表 3-22）。

表3-21 整合微生物组菌剂细菌门水平韦恩（Venn）图分析

组别		物种数量
g1 & g2 & g3 & g4	24	
g1 & g2 & g4	0	
g1 & g3 & g4	2	
g1 & g2 & g3	0	
g2 & g3 & g4	0	
g1 & g2	1	
g1 & g4	0	
g1 & g3	1	
g2 & g4	0	
g2 & g3	1	
g3 & g4	0	
g1	0	
g2	0	
g3	0	
g4	0	微生物组细菌门水平韦恩（Venn）图

表3-22 整合微生物组菌剂细菌纲水平韦恩（Venn）图分析

组别		物种数量
g1 & g2 & g3 & g4	48	
g1 & g2 & g4	0	
g1 & g2 & g3	2	
g1 & g3 & g4	7	
g2 & g3 & g4	0	
g1 & g4	0	
g1 & g2	3	
g1 & g3	1	
g2 & g4	0	
g2 & g3	4	
g3 & g4	0	
g1	0	
g2	0	
g3	1	
g4	0	微生物组细菌纲水平韦恩（Venn）图

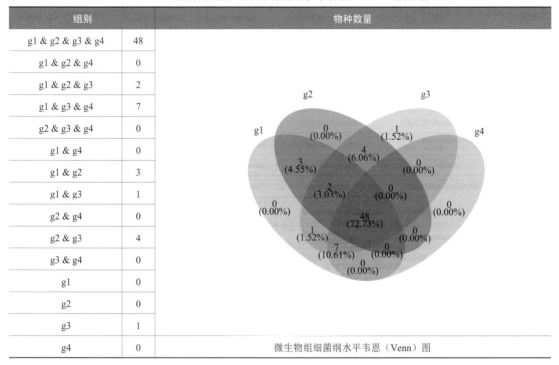

（3）细菌目水平　从细菌目水平看，整合微生物组菌剂不同处理间细菌目数量为 124 ～ 134 个，共有种类 113 种，占比 81.29%。共有种类的优势种为：微球菌目（Micrococcales）22.12%，棒杆菌目（Corynebacteriales）15.39%，梭菌目（Clostridiales）9.20%。处理组仅有 g1（菌糠对照组）和 g3（红糖粉处理组）各有独有种类 1 种，占比 0.72%，其余处理无独有种类；g1 & g3 & g4 之间共有种类 9 种，占比 6.47%；表明不同营养添加配方对微生物组细菌目水平影响不大（表 3-23）。

表3-23　整合微生物组菌剂细菌目水平韦恩（Venn）图分析

组别	物种数量	
g1 & g2 & g3 & g4	113	
g1 & g2 & g3	3	
g1 & g2 & g4	1	
g1 & g3 & g4	9	
g2 & g3 & g4	0	
g1 & g2	3	
g1 & g3	2	
g1 & g4	0	
g2 & g3	5	
g2 & g4	0	
g3 & g4	1	
g1	1	
g2	0	
g3	1	
g4	0	

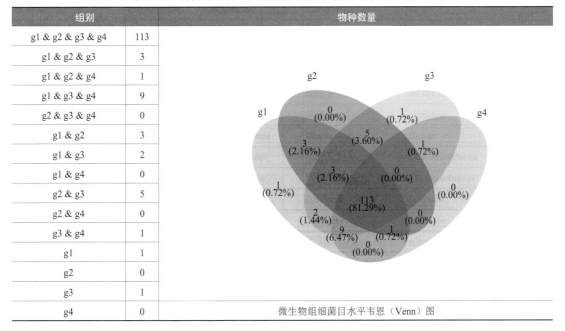

微生物组细菌目水平韦恩（Venn）图

（4）细菌科水平　从细菌科水平看，整合微生物组菌剂不同处理间细菌科数量为 251 ～ 268 个，共有种类 230 种，占比 82.73%。共有种类的优势种为：棒杆菌科（Corynebacteriaceae）12.95%，间孢囊菌科（Intrasporangiaceae）10.24%、黄杆菌科（Flavobacteriaceae）8.26%。处理组独有种类 g1 有 2 种，g2 有 1 种，g3 有 2 种，g4 有 1 种，出现每个处理都有独有种类，但含量很低，占比 0.36% ～ 0.72%；g1 & g3 & g4 之间共有种类 13 种，占比 4.68%；表明不同营养添加配方对微生物组细菌科水平影响不大（表 3-24）。

（5）细菌属水平　从细菌属水平看，整合微生物组菌剂不同处理间细菌属数量为 580 ～ 643 个，共有种类 514 种，占比 77.64%。共有种类的优势种为：棒杆菌属（Corynebacterium）11.09%，类诺卡氏菌属（Nocardioides）5.95%，间孢囊菌科（Intrasporangiaceae）的 1 属 4.65%。处理组独有种类 g1 有 2 种、g2 有 1 种、g3 有 7 种、g4 有 1 种，开始出现每个处理都有独有种类，但含量很低，占比 0.15% ～ 1.06%；g2 & g3 & g4 之间共有种类 30 种，占比 4.53%；表明不同营养添加配方对微生物组细菌属水平影响不大（表 3-25）。

（6）细菌种水平　从细菌种水平看，整合微生物组菌剂不同处理间细菌种数量为 898 ～ 998 个，改变菌剂发酵床配方可以增加或减少细菌种类，如菌糠对照组（g1）细菌种 901，增加红糖粉处理（g3）细菌种增加到 998，而增加玉米粉处理（g4）细菌种减少到 898；处理组共有种类 771 种，占比 74.49%。共有种类的优势种为腐质还原棒杆菌（Corynebacte-

表3-24　整合微生物组菌剂细菌科水平韦恩（Venn）图分析

组别		物种数量
g1 & g2 & g3 & g4	230	
g1 & g2 & g3	7	
g1 & g3 & g4	13	
g1 & g2 & g4	2	
g2 & g3 & g4	3	
g1 & g4	0	
g1 & g2	4	
g1 & g3	2	
g2 & g4	0	
g2 & g3	9	
g3 & g4	2	
g1	2	
g2	1	
g3	2	
g4	1	微生物组细菌科水平韦恩（Venn）图

表3-25　整合微生物组菌剂细菌属水平韦恩（Venn）图分析

组别		物种数量
g1 & g2 & g3 & g4	514	
g1 & g2 & g4	7	
g1 & g2 & g3	27	
g1 & g3 & g4	24	
g2 & g3 & g4	30	
g1 & g3	7	
g1 & g2	6	
g1 & g4	0	
g2 & g3	32	
g2 & g4	2	
g3 & g4	2	
g1	2	
g2	1	
g3	7	
g4	1	微生物组细菌属水平韦恩（Venn）图

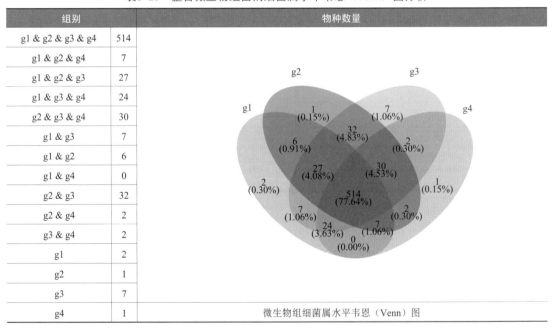

rium humireducens）10.26%、类诺卡氏菌（*Nocardioides* sp.）5.46%、间孢囊菌科的1种（Intrasporangiaceae sp.）4.66%。处理组独有种类g1有2种、g2有4种、g3有13种、g4有1种，出现每个处理都有独有种类，但含量很低，占比0.10～1.26%；g1 & g3 & g4之间共有种类38种，占比3.67%；表明不同营养添加配方对微生物组细菌种水平影响不大（表3-26）。

表3-26　整合微生物组菌剂细菌属水平韦恩（Venn）图分析

组别		物种数量
g1 & g2 & g3 & g4	771	
g1 & g2 & g3	43	
g1 & g3 & g4	38	
g1 & g2 & g4	18	
g2 & g3 & g4	61	
g1 & g2	7	
g1 & g3	20	
g1 & g4	2	
g2 & g3	48	
g2 & g4	3	
g3 & g4	4	
g1	2	
g2	4	
g3	13	
g4	1	

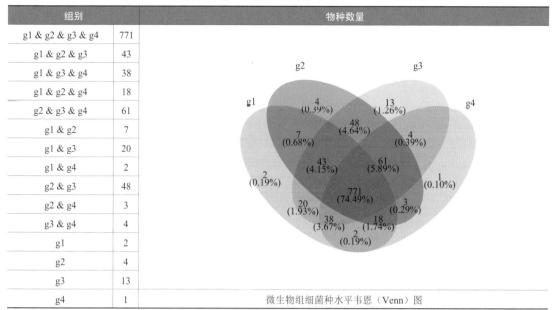

微生物组细菌种水平韦恩（Venn）图

3. 整合微生物组菌剂细菌群落组成

（1）细菌门水平群落结构

1）不同处理细菌门群落结构。不同处理组整合微生物组菌剂门水平细菌群落结构见图 3-18，不同处理组整合微生物组菌剂门水平前 10 细菌群落相对含量（read）总和见表 3-27。4 种处理的整合微生物组菌剂的前 4 优势细菌门相似，含量上有所差别；前 4 优势细菌门群落为放线菌门（Actinobacteria，read= 707534）＞厚壁菌门（Firmicutes，read= 307479）＞拟杆菌门（Bacteroidetes，read= 240907）＞变形菌门（Proteobacteria，read= 137021），这 4 个门细菌在整合微生物组菌剂中起着关键作用。

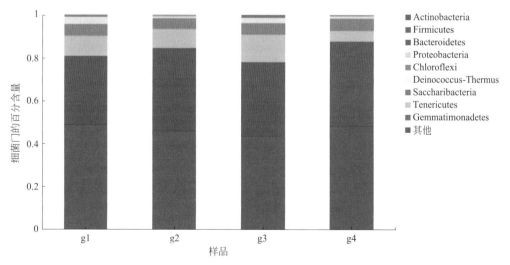

图3-18　不同处理组整合微生物组菌剂细菌门群落结构

表3-27 不同处理组整合微生物组菌剂门水平前10细菌群落相对含量总和

细菌门	不同处理组（g1, g2, g3, g4）总和(read)
放线菌门（Actinobacteria）	707534
厚壁菌门（Firmicutes）	307479
拟杆菌门（Bacteroidetes）	240907
变形菌门（Proteobacteria）	137021
绿湾菌门（Chloroflexi）	83853
异常球菌-栖热菌门（Deinococcus-Thermus）	27498
糖杆菌门（Saccharibacteria）	5824
柔膜菌门（Tenericutes）	4512
芽单胞菌门（Gemmatimonadetes）	1302
螺旋体门（Spirochaetae）	797
总和	1516727

2）发酵阶段细菌门群落结构。不同处理组不同发酵时间的整合微生物组菌剂发酵过程细菌门群落结构见图3-19。不同发酵时间的各处理样本细菌门优势种为放线菌门（Actinobacteria）、厚壁菌门（Firmicutes）、拟杆菌门（Bacteroidetes）、变形菌门（Proteobacteria）；对于不同的样本，放线菌门（Actinobacteria）始终是含量最高的细菌，厚壁菌门（Firmi-

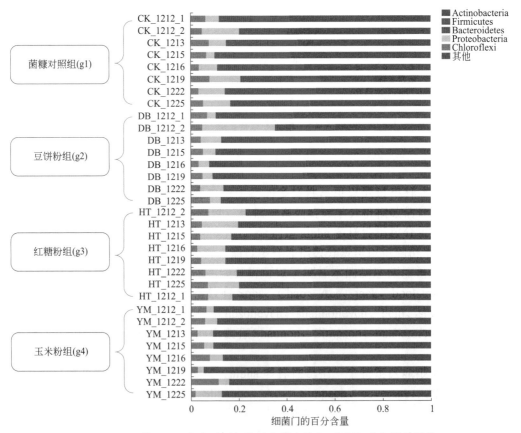

图3-19 不同处理组不同发酵时间的整合微生物组 菌剂细菌门群落结构

cutes）、拟杆菌门（Bacteroidetes）、变形菌门（Proteobacteria）随着处理不同，发酵时间的不同，优势种排名会发生变化；厚壁菌门（Firmicutes）在许多样本中含量排名第二，如CK_1215、DB_1222、HT_1215、YM_1222等；拟杆菌门（Bacteroidetes）也在一些样本中含量排名第二，如CK_1216、DB_1213、HT_1225、YM_1225等；同样，变形菌门（Proteobacteria）在一些样本中含量排名第二。不同处理组不同发酵时间的整合微生物组菌剂发酵过程细菌门优势菌群存在动态变化，一个细菌门减少伴随着另一个细菌门的增加，总细菌量保持不变。

3）细菌门水平优势种的分析。细菌门水平不同处理组优势种饼图分析见图3-20。处理组g1（菌糠对照组）、处理组g2（豆饼粉组）、处理组g3（红糖粉组）、处理组g4（玉米粉组）细菌门水平第1优势种群分布为放线菌门（Actinobacteria），分布比例范围为43.43%～48.81%；第2优势种群厚壁菌门（Firmicutes），分布比例范围为14.57%～24.89%；第3优势种群拟杆菌门（Bacteroidetes），分布比例为14.39%～17.52%；第4～6优势种群分别为变形菌门（Proteobacteria）、绿湾菌门（Chloroflexi）、异常球菌-栖热菌门（Deinococcus-Thermus）。

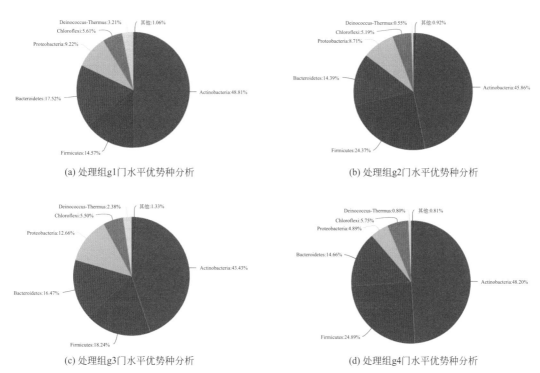

图3-20　细菌门水平处理组优势种饼图分析

细菌门水平优势种在不同处理组分布特点的summit图分析表明（图3-21），处理组细菌门水平优势种为放线菌门（Actinobacteria），处理组g1（菌糠对照组）优势种含量49.3%、处理组g2（豆饼粉组）优势种含量46.3%、处理组g3（红糖粉组）优势种含量44.0%、处理组g4（玉米粉组）优势种含量48.6%；处理组g1和g4较高。

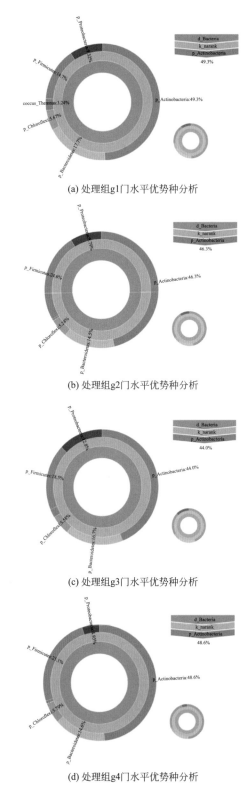

(a) 处理组g1门水平优势种分析

(b) 处理组g2门水平优势种分析

(c) 处理组g3门水平优势种分析

(d) 处理组g4门水平优势种分析

图3-21　处理组细菌门水平优势种summit图分析

4）细菌门优势种的变化动态

① 菌糠处理组（g1）前 10 门水平细菌相对含量（read）变化动态见图 3-22、表 3-28。放线菌门（Actinobacteria）数量最高，主导着整个群落动态，厚壁菌门（Firmicutes）、拟杆菌门（Bacteroidetes）、变形菌门（Proteobacteria）群落数量变化动态形成互补，如发酵第 5 天，拟杆菌门（Bacteroidetes）和变形菌门（Proteobacteria）数量下降时，厚壁菌门（Firmicutes）上升（图 3-22）。

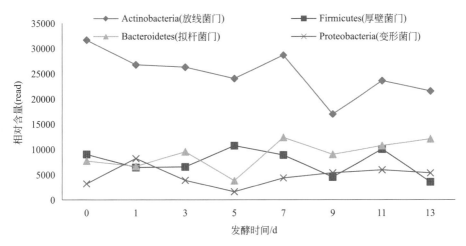

图3-22　菌糠处理组（g1）前4门水平细菌相对含量（read）变化动态
0d 代表基础发酵床垫料；1 ～ 13d 代表添加营养配料后采样时间

表3-28　菌糠处理组（g1）前10门水平细菌相对含量（read）变化动态

细菌门	菌糠处理组（g1）发酵过程							
	0d	1d	3d	5d	7d	9d	11d	13d
放线菌门（Actinobacteria）	31626	26741	26267	23996	28638	16966	23565	21543
厚壁菌门（Firmicutes）	8973	6391	6508	10712	8854	4498	10007	3545
拟杆菌门（Bacteroidetes）	7658	6623	9485	3771	12327	8963	10701	12037
变形菌门（Proteobacteria）	3156	8171	3853	1571	4328	5342	5913	5318
绿湾菌门（Chloroflexi）	3613	2454	4073	3056	2151	3287	1802	2487
异常球菌-栖热菌门（Deinococcus-Thermus）	1394	741	2350	2596	1501	1619	1366	1543
糖杆菌门（Saccharibacteria）	313	475	363	103	273	200	220	177
柔膜菌门（Tenericutes）	66	60	63	11	71	26	266	43
芽单胞菌门（Gemmatimonadetes）	51	67	79	38	45	68	52	28
螺旋体门（Spirochaetae）	13	5	78	5	57	3	29	6
总和	56863	51728	53119	45859	58245	40972	53921	46727

② 豆饼粉处理组（g2）前 10 门水平细菌相对含量（read）变化动态见图 3-23、表 3-29。放线菌门（Actinobacteria）数量最高，主导着整个群落动态，厚壁菌门（Firmicutes）、拟杆菌门（Bacteroidetes）、变形菌门（Proteobacteria）群落数量变化动态形成互补，厚壁菌门

（Firmicutes）随着发酵进程数量逐渐上升，而变形菌门（Proteobacteria）数量第1天形成峰值，随后逐渐下降，拟杆菌门（Bacteroidetes）随着发酵进程逐渐上升，3d、11d数量升高（图3-23）。

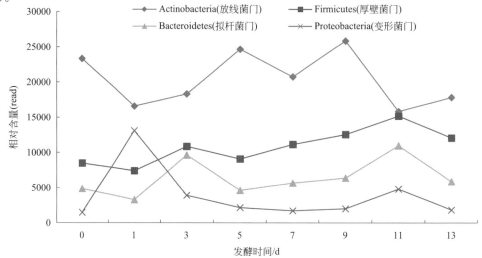

图3-23　豆饼粉处理组（g2）前4门水平细菌相对含量（read）变化动态

0 d代表基础发酵床垫料；1～13 d代表添加营养配料后采样时间

表3-29　豆饼粉处理组（g2）前10门水平细菌相对含量（read）变化动态

细菌门	豆饼粉处理组（g2）发酵过程							
	0d	1d	3d	5d	7d	9d	11d	13d
放线菌门（Actinobacteria）	23329	16578	18311	24657	20734	25855	15839	17832
厚壁菌门（Firmicutes）	8485	7398	10845	9079	11140	12541	15160	12053
拟杆菌门（Bacteroidetes）	4851	3284	9627	4609	5655	6372	10957	5847
变形菌门（Proteobacteria）	1482	13093	3898	2156	1719	2012	4794	1832
绿湾菌门（Chloroflexi）	2951	2114	1838	2326	1450	2553	1924	3317
异常球菌-栖热菌门（Deinococcus-Thermus）	481	148	258	210	203	459	124	80
糖杆菌门（Saccharibacteria）	41	29	22	43	50	47	52	15
柔膜菌门（Tenericutes）	272	68	498	185	383	243	331	53
芽单胞菌门（Gemmatimonadetes）	38	40	30	30	9	44	22	48
螺旋体门（Spirochaetae）	36	6	28	5	56	25	42	3
总和	41966	42758	45355	43300	41399	50151	49245	41080

③红糖粉处理组（g3）前10门水平细菌相对含量（read）变化动态见图3-24、表3-30。放线菌门（Actinobacteria）数量最高，主导着整个群落动态，厚壁菌门（Firmicutes）、拟杆菌门（Bacteroidetes）、变形菌门（Proteobacteria）群落数量变化动态形成一定的互补，厚壁菌门（Firmicutes）随着发酵进程发酵第5天形成一个峰值，随后数量回到发酵初期水平，

而变形菌门（Proteobacteria）和拟杆菌门（Bacteroidetes）随着发酵进程数量变化不大，形成一定的互补，拟杆菌门（Bacteroidetes）数量升高，变形菌门（Proteobacteria）数量就下降（图3-24）。

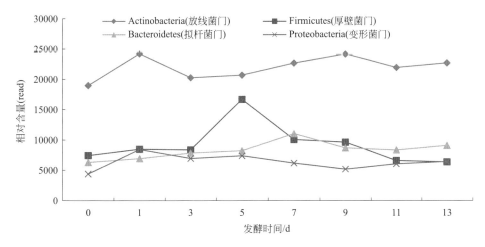

图3-24　红糖粉处理组（g3）前4门水平细菌相对含量（read）变化动态

0 d 代表基础发酵床垫料；1～13 d 代表添加营养配料后采样时间

表3-30　红糖粉处理组（g3）前10门水平细菌相对含量（read）变化动态

细菌门	红糖粉处理组（g3）发酵过程							
	0d	1d	3d	5d	7d	9d	11d	13d
放线菌门（Actinobacteria）	18995	24207	20272	20709	22678	24168	21940	22693
厚壁菌门（Firmicutes）	7461	8504	8396	16712	10084	9643	6615	6382
拟杆菌门（Bacteroidetes）	6330	6954	7866	8254	11056	8699	8351	9099
变形菌门（Proteobacteria）	4407	8460	6979	7418	6210	5204	6065	6453
绿湾菌门（Chloroflexi）	3062	4149	2319	2393	1365	2379	2978	3615
异常球菌-栖热菌门（Deinococcus-Thermus）	1628	1624	1111	1258	612	1156	1135	1093
糖杆菌门（Saccharibacteria）	340	378	419	370	543	356	268	350
柔膜菌门（Tenericutes）	56	22	38	62	64	139	22	22
芽单胞菌门（Gemmatimonadetes）	36	79	57	55	43	46	66	59
螺旋体门（Spirochaetae）	17	14	22	5	24	43	11	6
总和	42332	54391	47479	57236	52679	51833	47451	49772

④玉米粉处理组（g4）前10门水平细菌相对含量（read）变化动态见图3-25、表3-31。放线菌门（Actinobacteria）数量最高，主导着整个群落动态，厚壁菌门（Firmicutes）、拟杆菌门（Bacteroidetes）、变形菌门（Proteobacteria）群落数量变化动态形成互补，厚壁菌门（Firmicutes）随着发酵进程发酵第9天形成一个峰值，随后数量逐渐下降，而变形菌门

（Proteobacteria）和拟杆菌门（Bacteroidetes）随着发酵进程数量形成互补，第9天形成低谷，而后逐渐上升（图3-25）。

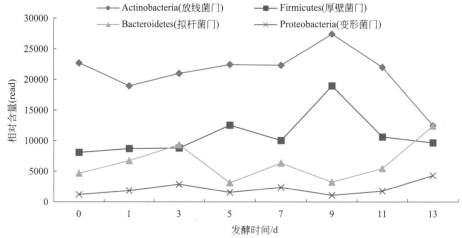

图3-25　玉米粉处理组（g4）前4门水平细菌相对含量（read）变化动态

0d 代表基础发酵床垫料；1～13 d 代表添加营养配料后采样时间

表3-31　玉米粉处理组（g4）前10门水平细菌相对含量（read）变化动态

细菌门	玉米粉处理组（g4）发酵过程							
	0d	1d	3d	5d	7d	9d	11d	13d
放线菌门（Actinobacteria）	22690	18963	20989	22438	22334	27467	22015	12499
厚壁菌门（Firmicutes）	8083	8707	8812	12538	10046	18984	10632	9691
拟杆菌门（Bacteroidetes）	4713	6746	9338	3163	6367	3278	5494	12432
变形菌门（Proteobacteria）	1215	1849	2895	1586	2404	1106	1792	4340
绿湾菌门（Chloroflexi）	2668	2445	1203	2364	3694	1603	5364	856
异常球菌-栖热菌门（Deinococcus-Thermus）	610	372	322	445	294	300	208	257
糖杆菌门（Saccharibacteria）	99	44	48	61	27	32	21	45
柔膜菌门（Tenericutes）	236	304	275	88	140	91	28	286
芽单胞菌门（Gemmatimonadetes）	13	17	18	12	38	17	51	6
螺旋体门（Spirochaetae）	24	42	26	8	30	30	2	96
总和	40351	39489	43926	42703	45374	52908	45607	40508

（2）细菌纲水平群落结构

1）不同处理细菌纲群落结构。整合微生物组菌剂不同处理不同发酵时间共检测到 66 个纲，不同处理组整合微生物组菌剂纲水平前 30 细菌群落相对含量（read）总和见表 3-32。前 4 优势细菌纲群落为放线菌纲（Actinobacteria，read=707534）＞芽胞杆菌纲（Bacilli，read= 153111）＞梭菌纲（Clostridia，read= 141789）＞黄杆菌纲（Flavobacteriia，read= 132031）；放线菌纲数量是芽胞杆菌纲的 4.6 倍，是梭菌纲的 4.9 倍，这 4 个纲细菌在整合微生物组菌剂中起着关键作用（图 3-26）。

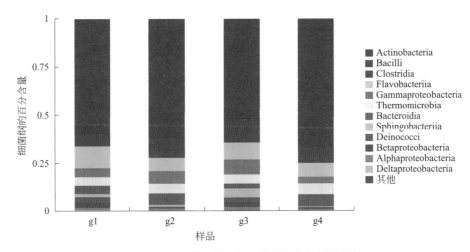

图3-26　不同处理整合微生物组菌剂细菌纲群落结构

表3-32　不同处理组整合微生物组菌剂纲水平前30细菌群落相对含量（read）总和

细菌纲	不同处理组（g1, g2, g3, g4）总和
放线菌纲（Actinobacteria）	707534
芽胞杆菌纲（Bacilli）	153111
梭菌纲（Clostridia）	141789
黄杆菌纲（Flavobacteriia）	132031
γ-变形菌纲（Gammaproteobacteria）	87839
热微菌纲（Thermomicrobia）	75517
拟杆菌纲（Bacteroidia）	71825
鞘氨醇杆菌纲（Sphingobacteriia）	29519
异常球菌纲（Deinococci）	27498
β-变形菌纲（Betaproteobacteria）	22472
α-变形菌纲（Alphaproteobacteria）	16688
丹毒丝菌纲（Erysipelotrichia）	11087
δ-变形菌纲（Deltaproteobacteria）	9903
厌氧绳菌纲（Anaerolineae）	7679
糖杆菌门分类地位未定的1纲（norank_p_Saccharibacteria）	5775
拟杆菌门分类地位未定的1纲（Bacteroidetes_Incertae_Sedis）	5223
柔膜菌纲（Mollicutes）	4512
芽单胞菌纲（Gemmatimonadetes）	1302
拟杆菌门未分类的1纲（unclassified_p_Bacteroidetes）	1155
噬细胞菌纲（Cytophagia）	1049
阴壁菌纲（Negativicutes）	1023
螺旋体纲（Spirochaetes）	797
互养菌纲（Synergistia）	468
湖绳菌纲（Limnochordia）	449

续表

细菌纲	不同处理组（g1, g2, g3, g4）总和
阴沟单胞菌门分类地位未定的1纲（Cloacimonetes_Incertae_Sedis）	380
纤维杆菌纲（Fibrobacteria）	377
暖绳菌纲（Caldilineae）	343
分类地位未定的1界未分类的1纲（unclassified_k_norank）	287
门BRC1分类地位未定的1纲（norank_p_BRC1）	234
疣微菌纲（Verrucomicrobiae）	206
细菌纲前30总和	1518072

2）发酵阶段细菌纲群落结构。不同处理组不同发酵时间的整合微生物组菌剂细菌纲群落结构见图 3-27。不同发酵时间的各处理样本细菌纲优势种为放线菌纲（Actinobacteria）、芽胞杆菌纲（Bacilli）、梭菌纲（Clostridia）；对于不同的样本，放线菌纲（Actinobacteria）始终是含量最高的细菌；芽胞杆菌纲（Bacilli）、梭菌纲（Clostridia）随着处理不同，发酵时间的不同，优势种排名会发生变化；芽胞杆菌纲（Bacilli）在许多样本中含量排名第二，如 CK_1212_1、DB_1216、YM_1219 等；梭菌纲（Clostridia）也在一些样本中含量排名第二，如 CK_1222、DB_1213、HT_1215 等。

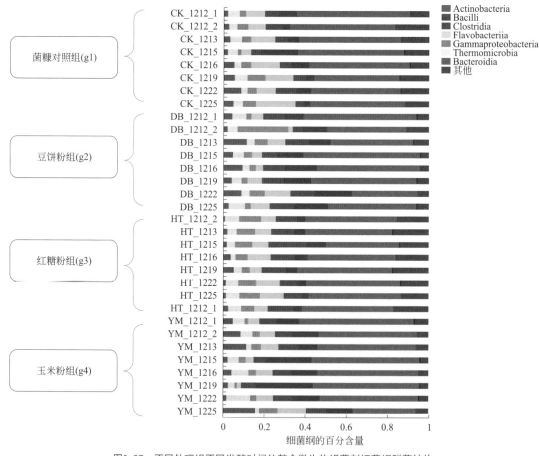

图3-27 不同处理组不同发酵时间的整合微生物组菌剂细菌纲群落结构

3）细菌纲水平优势种的分析。细菌纲水平处理组优势种饼图分析见图 3-28。处理组 g1（菌糠对照组）、处理组 g2（豆饼粉组）、处理组 g3（红糖粉组）、处理组 g4（玉米粉组）细菌纲水平第 1 优势种群分布为放线菌纲（Actinobacteria），分布比例范围为 43.43% ～ 48.81%；第 2 优势种群芽胞杆菌纲（Bacilli），分布比例范围为 5.11% ～ 15.57%；第 3 优势种群梭菌纲（Clostridia），分布比例范围为 6.54% ～ 12.03%；第 4 ～ 第 10 优势种群分别为黄杆菌纲（Flavobacteriia）、γ - 变形杆菌纲（Gammaproteobacteria）、热微菌纲（Thermomicrobia）、拟杆菌纲（Bacteroidia）、鞘氨醇杆菌纲（Sphingobacteriia）、异常球菌纲（Deinococci）、β - 变形菌纲（Betaproteobacteria）、α - 变形菌纲（Alphaproteobacteria）。

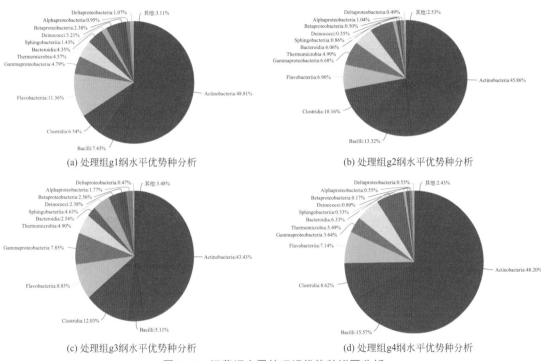

(a) 处理组g1纲水平优势种分析 　　(b) 处理组g2纲水平优势种分析

(c) 处理组g3纲水平优势种分析 　　(d) 处理组g4纲水平优势种分析

图3-28　细菌纲水平处理组优势种饼图分析

细菌纲水平优势种在不同处理组分布特点的 summit 图分析表明，处理组细菌纲水平优势种为放线菌纲（Actinobacteria），不同处理组优势种含量差异显著，处理组 g1（菌糠对照组）优势种含量 50.4%、处理组 g2（豆饼粉组）优势种含量 47.1%、处理组 g3（红糖粉组）优势种含量 45.0%、处理组 g4（玉米粉组）优势种含量 49.4%；处理组 1 和 4 较高（图 3-29）。

4）细菌纲优势种的变化动态

① 菌糠处理组（g1）前 30 纲水平细菌相对含量（read）变化动态见表 3-33。放线菌纲（Actinobacteria）数量最高，主导着整个群落动态，随着发酵进程，数量逐渐下降，在第 7 天和第 9 天形成一个峰和谷；芽胞杆菌纲（Bacilli）、梭菌纲（Clostridia）、黄杆菌纲（Flavobacteriia）群落数量变化动态形成互补，芽胞杆菌纲（Bacilli）数量峰值在第 5 天，梭菌纲（Clostridia）数量峰值在第 11 天，黄杆菌纲（Flavobacteriia）数量峰值在第 13 天（图 3-30）。

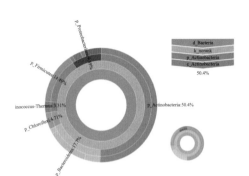

(a) 处理组g1纲水平优势种分析

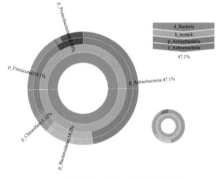

(b) 处理组g2纲水平优势种分析

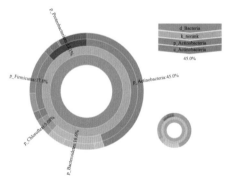

(c) 处理组g3纲水平优势种分析

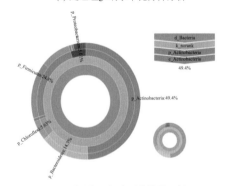

(d) 处理组g4纲水平优势种分析

图3-29　处理组细菌纲水平优势种summit图分析

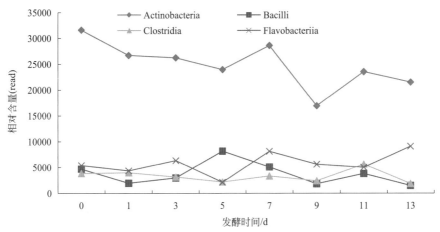

图3-30　菌糠处理组（g1）前4纲水平细菌相对含量（read）变化动态

0 d代表基础发酵床垫料；1～13 d代表添加营养配料后采样时间

表3-33　菌糠处理组（g1）前30纲水平细菌相对含量（read）变化动态

细菌纲	菌糠处理组（g1）发酵过程							
	0d	1d	3d	5d	7d	9d	11d	13d
放线菌纲（Actinobacteria）	31626	26741	26267	23996	28638	16966	23565	21543
芽胞杆菌纲（Bacilli）	4741	1996	3010	8223	5138	1863	3842	1520
梭菌纲（Clostridia）	3876	4023	3194	2238	3377	2446	5665	1894
黄杆菌纲（Flavobacteriia）	5430	4389	6378	2167	8177	5653	5057	9134
γ-变形菌纲（Gammaproteobacteria）	1756	2776	2359	775	2832	3641	2499	2924
热微菌纲（Thermomicrobia）	3116	2045	3012	2220	1935	2520	1612	2185
拟杆菌纲（Bacteroidia）	1308	1414	1793	1018	3033	2260	4657	2292
鞘氨醇杆菌纲（Sphingobacteriia）	750	641	1063	428	783	849	856	471
异常球菌纲（Deinococci）	1394	741	2350	2596	1501	1619	1366	1543
β-变形菌纲（Betaproteobacteria）	756	3618	729	286	573	523	2546	709
α-变形菌纲（Alphaproteobacteria）	422	628	512	359	549	467	526	430
丹毒丝菌纲（Erysipelotrichia）	247	355	268	234	307	164	482	109
δ-变形菌纲（Deltaproteobacteria）	218	1145	238	149	367	663	333	1254
厌氧绳菌纲（Anaerolineae）	462	350	1006	785	191	713	181	285
糖杆菌门分类地位未定的1纲（norank_p_Saccharibacteria）	312	474	362	103	268	198	220	176
拟杆菌门分类地位未定的1纲（Bacteroidetes_Incertae_Sedis）	112	113	139	94	206	78	83	53
柔膜菌纲（Mollicutes）	66	60	63	11	71	26	266	43
芽单胞菌纲（Gemmatimonadetes）	51	67	79	38	45	68	52	28
拟杆菌门未分类的1纲（unclassified_p_Bacteroidetes）	10	12	31	5	45	16	17	29
噬细胞菌纲（Cytophagia）	44	49	63	47	78	103	26	56
阴壁菌纲（Negativicutes）	69	2	12	0	6	10	3	15

续表

细菌纲	菌糠处理组（g1）发酵过程							
	0d	1d	3d	5d	7d	9d	11d	13d
螺旋体纲（Spirochaetes）	13	5	78	5	57	3	29	6
互养菌纲（Synergistia）	16	19	47	24	13	21	14	29
湖绳菌纲（Limnochordia）	39	14	23	16	25	15	14	7
阴沟单胞菌门分类地位未定的1纲（Cloacimonetes_Incertae_Sedis）	21	20	22	4	4	4	104	1
纤维杆菌纲（Fibrobacteria）	4	3	10	1	2	0	18	2
暖绳菌纲（Caldilineae）	26	39	35	27	18	40	5	10
分类地位未定的1界未分类的1纲（unclassified_k_norank）	6	5	8	9	4	6	5	1
门BRC1分类地位未定的1纲（norank_p_BRC1）	13	5	16	8	8	10	3	5
疣微菌纲（Verrucomicrobiae）	5	10	8	0	9	3	4	24

②豆饼粉处理组（g2）前30纲水平细菌相对含量（read）变化动态见表3-34。放线菌纲（Actinobacteria）数量最高，主导着整个群落动态，随着发酵进程，数量逐渐下降，在第5天和第9天形成峰值；芽胞杆菌纲（Bacilli）、梭菌纲（Clostridia）、黄杆菌纲（Flavobacteriia）群落数量变化动态形成一定的互补，芽胞杆菌纲数量随着发酵进程逐渐升高，峰值在第11天；梭菌纲数量随着发酵进程逐渐升高，峰值在第3天；黄杆菌纲数量随着发酵进程逐渐升高，第11天达到峰值（图3-31）。

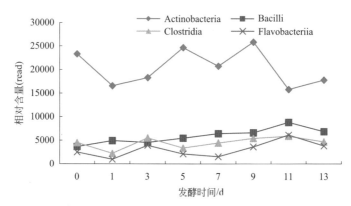

图3-31 豆饼粉处理组（g2）前4纲水平细菌相对含量（read）变化动态

0 d代表基础发酵床垫料；1～13 d代表添加营养配料后采样时间

表3-34 豆饼粉处理组（g2）前30纲水平细菌相对含量（read）变化动态

细菌纲	豆饼粉处理组（g2）发酵过程							
	0d	1d	3d	5d	7d	9d	11d	13d
放线菌纲（Actinobacteria）	23329	16578	18311	24657	20734	25855	15839	17832
芽胞杆菌纲（Bacilli）	3668	4927	4559	5465	6427	6617	8833	6882
梭菌纲（Clostridia）	4516	2236	5505	3380	4443	5434	5892	4718

续表

细菌纲	豆饼粉处理组（g2）发酵过程							
	0d	1d	3d	5d	7d	9d	11d	13d
黄杆菌纲（Flavobacteriia）	2514	976	3927	2116	1538	3644	6160	3870
γ-变形菌纲（Gammaproteobacteria）	989	10608	2843	1710	1304	1379	3751	1164
热微菌纲（Thermomicrobia）	2750	1988	1799	2255	1386	2457	1883	3228
拟杆菌纲（Bacteroidia）	1925	985	5146	2095	3875	2043	4355	1130
鞘氨醇杆菌纲（Sphingobacteriia）	205	1154	338	214	109	404	256	391
异常球菌纲（Deinococci）	481	148	258	210	203	459	124	80
β-变形菌纲（Betaproteobacteria）	45	980	144	67	45	72	335	85
α-变形菌纲（Alphaproteobacteria）	211	1445	659	270	150	338	220	411
丹毒丝菌纲（Erysipelotrichia）	279	179	353	202	259	463	432	432
δ-变形菌纲（Deltaproteobacteria）	237	60	252	108	219	223	488	172
厌氧绳菌纲（Anaerolineae）	191	106	32	63	58	85	35	80
糖杆菌门分类地位未定的1纲（norank_p_Saccharibacteria）	40	29	20	40	47	45	48	14
拟杆菌门分类地位未定的1纲（Bacteroidetes_Incertae_Sedis）	157	81	132	144	97	240	103	428
柔膜菌纲（Mollicutes）	272	68	498	185	383	243	331	53
芽单胞菌纲（Gemmatimonadetes）	38	40	30	30	9	44	22	48
拟杆菌门未分类的1纲（unclassified_p_Bacteroidetes）	34	2	78	29	31	24	76	20
噬细胞菌纲（Cytophagia）	15	85	5	8	1	14	5	7
阴壁菌纲（Negativicutes）	9	49	424	26	5	11	2	2
螺旋体纲（Spirochaetes）	36	6	28	5	56	25	42	3
互养菌纲（Synergistia）	12	2	4	5	7	6	4	3
湖绳菌纲（Limnochordia）	12	7	4	5	6	15	1	16
阴沟单胞菌门分类地位未定的1纲（Cloacimonetes_Incertae_Sedis）	0	18	0	1	0	0	0	0
纤维杆菌纲（Fibrobacteria）	9	0	14	4	8	6	4	0
暖绳菌纲（Caldilineae）	5	1	2	1	2	5	3	5
分类地位未定的1界未分类的1纲（unclassified_k_norank）	9	6	7	8	3	9	12	17
门BRC1分类地位未定的1纲（norank_p_BRC1）	2	1	0	1	1	2	0	0
疣微菌纲（Verrucomicrobiae）	3	0	0	0	0	0	3	1

③红糖粉处理组（g3）前30纲水平细菌相对含量（read）变化动态见表3-35。放线菌纲（Actinobacteria）数量最高，主导着整个群落动态，随着发酵进程，数量变化不大，在第1天和第9天形成峰值；芽胞杆菌纲（Bacilli）、梭菌纲（Clostridia）、黄杆菌纲（Flavobacteriia）群落数量变化动态形成一定的互补，芽胞杆菌纲（Bacilli）数量动态变化不大，在第5天形成一个峰值；梭菌纲（Clostridia）数量变化趋势与芽胞杆菌纲（Bacilli）相近，但数量水平较高；黄杆菌纲（Flavobacteriia）数量随着发酵进程逐渐升高，第13天达到峰值（图3-32）。

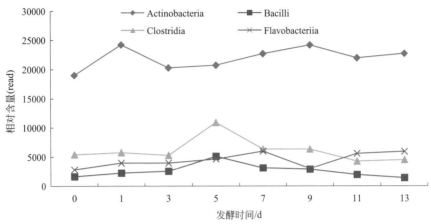

图3-32　红糖粉处理组（g3）前4纲水平细菌相对含量（read）变化动态

0 d代表基础发酵床垫料；1～13 d代表添加营养配料后采样时间

表3-35　红糖粉处理组（g3）前30纲水平细菌相对含量（read）变化动态

细菌纲	红糖粉处理组（g3）发酵过程							
	0d	1d	3d	5d	7d	9d	11d	13d
放线菌纲（Actinobacteria）	18995	24207	20272	20709	22678	24168	21940	22693
芽胞杆菌纲（Bacilli）	1606	2218	2529	5092	3092	2854	1913	1376
梭菌纲（Clostridia）	5385	5735	5270	10881	6335	6315	4243	4488
黄杆菌纲（Flavobacteriia）	2813	3967	3955	4625	5975	2988	5567	5914
γ-变形菌纲（Gammaproteobacteria）	2773	5890	4224	4671	3111	2003	4115	4966
热微菌纲（Thermomicrobia）	2605	3653	2072	2273	1198	2104	2709	3220
拟杆菌纲（Bacteroidia）	1145	560	1050	1122	2070	2689	841	789
鞘氨醇杆菌纲（Sphingobacteriia）	2171	2150	2648	2338	2770	2793	1732	2130
异常球菌纲（Deinococci）	1628	1624	1111	1258	612	1156	1135	1093
β-变形菌纲（Betaproteobacteria）	1082	933	1378	1705	1791	1917	898	648
α-变形菌纲（Alphaproteobacteria）	326	1429	1177	814	1090	927	779	620
丹毒丝菌纲（Erysipelotrichia）	426	523	528	718	448	441	429	486
δ-变形菌纲（Deltaproteobacteria）	223	204	199	216	218	357	271	216
厌氧绳菌纲（Anaerolineae）	427	431	225	102	158	256	253	362
糖杆菌门分类地位未定的1纲（norank_p_Saccharibacteria）	340	377	418	368	538	355	268	348
拟杆菌门分类地位未定的1纲（Bacteroidetes_Incertae_Sedis）	124	161	119	113	137	118	131	193
柔膜菌纲（Mollicutes）	56	22	38	62	64	139	22	22
芽单胞菌纲（Gemmatimonadetes）	36	79	57	55	43	46	66	59
拟杆菌门未分类的1纲（unclassified_p_Bacteroidetes）	44	25	44	29	55	60	34	16
噬细胞菌纲（Cytophagia）	33	90	47	23	41	46	46	54
阴壁菌纲（Negativicutes）	25	4	44	9	198	16	2	1
螺旋体纲（Spirochaetes）	17	14	22	5	24	43	11	6

续表

细菌纲	红糖粉处理组（g3）发酵过程							
	0d	1d	3d	5d	7d	9d	11d	13d
互养菌纲（Synergistia）	35	10	14	5	24	58	11	20
湖绳菌纲（Limnochordia）	18	23	24	11	10	17	28	30
阴沟单胞菌门分类地位未定的1纲（Cloacimonetes_Incertae_Sedis）	21	17	41	40	12	33	11	6
纤维杆菌纲（Fibrobacteria）	16	5	10	4	15	25	5	3
暖绳菌纲（Caldilineae）	20	19	6	11	3	6	10	14
分类地位未定的1界未分类的1纲（unclassified_k_norank）	12	11	6	10	5	5	8	14
门BRC1分类地位未定的1纲（norank_p_BRC1）	14	14	12	4	9	11	29	51
疣微菌纲（Verrucomicrobiae）	20	8	8	3	15	8	44	21

④玉米粉处理组（g4）前30纲水平细菌相对含量（read）变化动态见表3-36。放线菌纲（Actinobacteria）数量最高，主导着整个群落动态，随着发酵进程，数量逐渐升高，在第9天形成峰值（27467），随后急速下降到第13天的12499；芽胞杆菌纲（Bacilli）、梭菌纲（Clostridia）、黄杆菌纲（Flavobacteriia）群落数量变化动态形成一定的互补，芽胞杆菌纲（Bacilli）在第5天和第9天形成峰值，而后回归到发酵初期的水平；梭菌纲（Clostridia）相对含量变化不大，整个发酵过程维持相对一致的水平；黄杆菌纲（Flavobacteriia）数量随着发酵进程逐渐升高，第13天达到峰值（图3-33）。

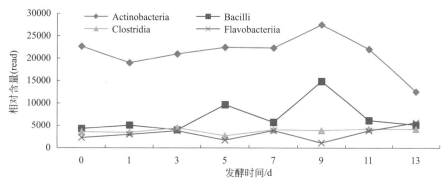

图3-33　玉米粉处理组（g4）前4纲水平细菌相对含量（read）变化动态

0 d代表基础发酵床垫料；1～13 d代表添加营养配料后采样时间

表3-36　玉米粉处理组（g4）前30纲水平细菌相对含量（read）变化动态

细菌纲	玉米粉处理组（g4）发酵过程						
	0d	1d	3d	5d	7d	9d	11d
放线菌纲（Actinobacteria）	22690	18963	20989	22438	22334	27467	22015
芽胞杆菌纲（Bacilli）	4280	5041	4012	9628	5702	14826	6117
梭菌纲（Clostridia）	3555	3399	4450	2657	4024	3846	4194
黄杆菌纲（Flavobacteriia）	2258	2977	3791	1706	3833	1086	3807
γ-变形菌纲（Gammaproteobacteria）	670	1391	2068	1322	1703	590	1336

细菌纲	玉米粉处理组（g4）发酵过程						
	0d	1d	3d	5d	7d	9d	11d
热微菌纲（Thermomicrobia）	2306	2359	1120	2259	3638	1525	5259
拟杆菌纲（Bacteroidia）	2000	3374	4993	1108	1979	1497	841
鞘氨醇杆菌纲（Sphingobacteriia）	191	188	209	151	252	224	480
异常球菌纲（Deinococci）	610	372	322	445	294	300	208
β-变形菌纲（Betaproteobacteria）	56	68	57	37	109	47	61
α-变形菌纲（Alphaproteobacteria）	235	193	320	143	343	227	287
丹毒丝菌纲（Erysipelotrichia）	213	222	339	246	308	304	301
δ-变形菌纲（Deltaproteobacteria）	254	197	449	83	249	242	108
厌氧绳菌纲（Anaerolineae）	345	80	75	98	50	70	96
糖杆菌门分类地位未定的1纲（norank_p_Saccharibacteria）	99	43	47	59	25	31	19
拟杆菌门分类地位未定的1纲（Bacteroidetes_Incertae_Sedis）	186	135	242	166	252	458	340
柔膜菌纲（Mollicutes）	236	304	275	88	140	91	28
芽单胞菌纲（Gemmatimonadetes）	13	17	18	12	38	17	51
拟杆菌门未分类的1纲（unclassified_p_Bacteroidetes）	67	67	86	21	45	9	13
噬细胞菌纲（Cytophagia）	10	3	13	11	6	4	12
阴壁菌纲（Negativicutes）	23	36	6	1	3	1	1
螺旋体纲（Spirochaetes）	24	42	26	8	30	30	2
互养菌纲（Synergistia）	33	11	8	0	4	3	2
湖绳菌纲（Limnochordia）	12	9	5	6	8	6	19
阴沟单胞菌门分类地位未定的1纲（Cloacimonetes_Incertae_Sedis）	0	0	0	0	0	0	0
纤维杆菌纲（Fibrobacteria）	5	7	5	2	3	1	0
暖绳菌纲（Caldilineae）	10	1	2	3	2	5	5
分类地位未定的1界未分类的1纲（unclassified_k_norank）	11	8	9	14	16	12	17
门BRC1分类地位未定的1纲（norank_p_BRC1）	5	0	0	0	0	1	0
疣微菌纲（Verrucomicrobiae）	5	0	1	0	1	0	0

（3）细菌目水平群落结构

1）不同处理细菌目群落结构。整合微生物组菌剂不同处理不同发酵时间共检测到139个目，不同处理组整合微生物组菌剂目水平前30细菌群落相对含量（read）总和见表3-37。前4优势细菌目群落为：微球菌目(Micrococcales，read=336005) ＞棒杆菌目(Corynebacteriales，read=233775) ＞ 梭 菌 目 (Clostridiales，read=139778) ＞ 黄 杆 菌 目（Flavobacteriales，read=132031）；微球菌目相对含量（read）是棒杆菌目的1.4倍，是梭菌目的2.4倍，是黄杆菌目的2.5倍；这4个目细菌在整合微生物组菌剂中起着关键作用（图3-34）。

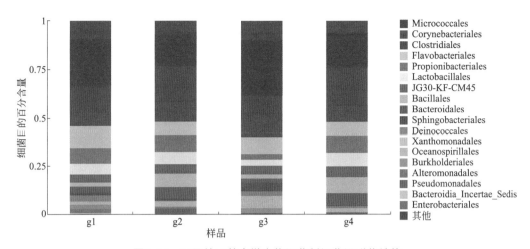

图3-34　不同处理整合微生物组菌剂细菌纲群落结构

表3-37　不同处理组整合微生物组菌剂目水平前30细菌群落相对含量（read）总和

细菌目	不同处理组（g1, g2, g3, g4）总和
微球菌目（Micrococcales）	336005
棒杆菌目（Corynebacteriales）	233775
梭菌目（Clostridiales）	139778
黄杆菌目（Flavobacteriales）	132031
丙酸杆菌目（Propionibacteriales）	105457
乳杆菌目（Lactobacillales）	82569
目JG30-KF-CM45（Order JG30-KF-CM45）	73689
芽胞杆菌目（Bacillales）	69438
拟杆菌目（Bacteroidales）	65259
鞘氨醇杆菌目（Sphingobacteriales）	29519
异常球菌目（Deinococcales）	27498
黄单胞菌目（Xanthomonadales）	27420
海洋螺菌目（Oceanospirillales）	21360
伯克氏菌目（Burkholderiales）	19845
交替单胞菌目（Alteromonadales）	13694
假单胞菌目（Pseudomonadales）	11771
丹毒丝菌目（Erysipelotrichales）	11087
酸微菌目（Acidimicrobiales）	10107
厌氧绳菌目（Anaerolineales）	7679
根瘤菌目（Rhizobiales）	6673
拟杆菌纲分类地位未定的1目（Bacteroidia_Incertae_Sedis）	6557
假诺卡氏菌目（Pseudonocardiales）	5973
糖杆菌门分类地位未定的1目（norank_p_Saccharibacteria）	5775
目Ⅲ（Order_Ⅲ）	4190
红杆菌目（Rhodobacterales）	4149
无胆甾原体目（Acholeplasmatales）	4086
小单孢菌目（Micromonosporales）	3948

细菌目	不同处理组（g1, g2, g3, g4）总和
肠杆菌目（Enterobacteriales）	3946
红螺菌目（Rhodospirillales）	3704
短单胞菌目（Bradymonadales）	3407
细菌目前30总和	1470389

2）发酵阶段细菌目群落结构。不同处理组不同发酵时间的整合微生物组菌剂细菌目群落结构见图3-35。不同发酵时间的各处理样本细菌目优势种群为微球菌目（Micrococcales）、棒杆菌目（Corynebacteriales）、梭菌目（Clostridiales）、黄杆菌目（Flavobacteriales）；对于不同发酵阶段的样本细菌优势目的排序会发生变化，微球菌目（Micrococcaes）在样本中大部分处于含量排名第一，也有排名靠后的，如 DB_1222、YM_1225 等；棒杆菌目（Corynebacteriales）在样本中大部分处于含量排名第二，也有排名靠前或靠后的，如 DB_1216 排名第一，HT_1216 排名第三等；梭菌目（Clostridiales）和黄杆菌目（Flavobacteriales）在样本中大部分处于含量排名第三，排名也靠前靠后变动。

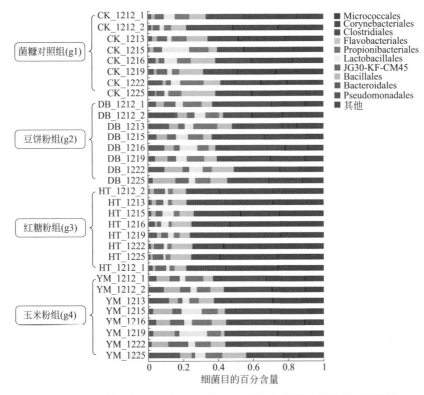

图3-35　不同处理组不同发酵时间的整合微生物组菌剂细菌目群落结构

3）细菌目水平优势种的分析。细菌目水平处理组优势种饼图分析见图3-36。处理组 g1（菌糠对照组）、处理组 g2（豆饼粉组）、处理组 g3（红糖粉组）、处理组 g4（玉米粉组）细菌目水平第1优势种群分布为微球菌目（Micrococcales），分布比例范围为 16.39% ~ 28.78%；第2优势种群棒杆菌目（Corynebacteriales），分布比例范围为

9.63% ～ 19.66%；第 3 优势种群梭菌目（Clostridiales），分布比例为 6.50% ～ 11.94%；第
4 ～ 10 优势种群分别为黄杆菌目（Flavobacteriales）、丙酸杆菌目（Propionibacteriales）、
乳杆菌目（Lactobacillales）、目 JG30-KF-CM45、芽胞杆菌目（Bacillales）、拟杆菌目
（Bacteroidales）、鞘氨醇杆菌目（Sphingobacteriales）。

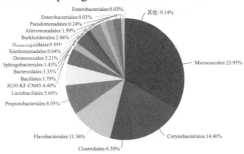

(a) 处理组g1目水平优势种分析

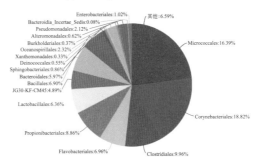

(b) 处理组g2目水平优势种分析

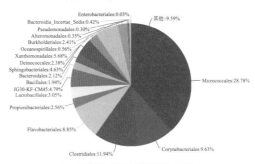

(c) 处理组g3目水平优势种分析

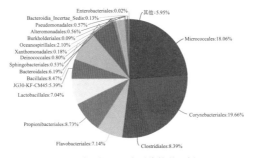

(d) 处理组g4目水平优势种分析

图3-36 细菌目水平处理组优势种饼图分析

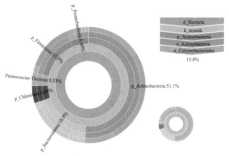

(a) 处理组g1目水平优势种分析

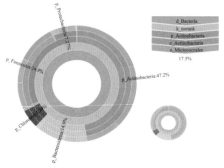

(b) 处理组g2目水平优势种分析

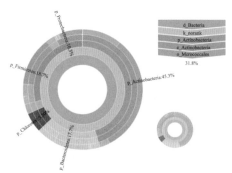

(c) 处理组g3目水平优势种分析

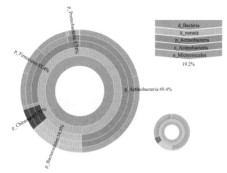

(d) 处理组g4目水平优势种分析

图3-37　处理组细菌目水平优势种summit图分析

整合微生物组菌剂总体细菌目水平优势种为棒杆菌目（Corynebacteriales）和微球菌目（Micrococcales），在不同处理组第一优势种分布的种类和含量存在差异。对于处理组 g1（菌糠对照组）第一优势种群为棒杆菌目（Corynebacteriales），含量 15.8%；处理组 g2（豆饼粉组）第一优势种群为微球菌目（Micrococcales），含量 17.5%；处理组 g3（红糖粉组）第一优势种群为微球菌目（Micrococcales），含量 31.8%；处理组 g4（玉米粉组）第一优势种群为微球菌目（Micrococcales），含量 19.2%（图 3-37）。

4）细菌目优势种的变化动态

①菌糠处理组（g1）前 30 目水平细菌相对含量（read）变化动态见表 3-38。微球菌目（Micrococcales）数量最高，主导着整个群落动态，随着发酵进程，数量逐渐下降，在第 11 天形成一个低谷；棒杆菌目（Corynebacteriales）、梭菌目（Clostridiales）、黄杆菌目（Flavobacteriales）群落数量变化动态形成一定的互补，棒杆菌目（Corynebacteriales）数量低谷在第 5 天，Clostridiales（梭菌目）数量峰值在第 11 天，黄杆菌目（Flavobacteriales）数量低谷在第 5 天，峰值在第 13 天（图 3-38）。

表3-38　菌糠处理组（g1）前30目水平细菌相对含量（read）变化动态

细菌目	菌糠处理组（g1）发酵过程							
	0d	1d	3d	5d	7d	9d	11d	13d
微球菌目（Micrococcales）	17207	13219	14098	12937	13687	8940	8153	9583
棒杆菌目（Corynebacteriales）	8401	10003	6355	4877	8742	5572	6973	7876
梭菌目（Clostridiales）	3861	4016	3108	2232	3366	2436	5650	1888
黄杆菌目（Flavobacteriales）	5430	4389	6378	2167	8177	5653	5057	9134
丙酸杆菌目（Propionibacteriales）	4625	1894	4527	5074	4504	1558	7305	3403
乳杆菌目（Lactobacillales）	3549	1415	1447	7136	4145	1249	2784	1136
目JG30-KF-CM45	2995	1970	2896	2141	1870	2407	1559	2135
芽胞杆菌目（Bacillales）	1168	563	1533	1064	966	602	1036	376
拟杆菌目（Bacteroidales）	986	877	1287	485	2581	1412	4276	1781
鞘氨醇杆菌目（Sphingobacteriales）	750	641	1063	428	783	849	856	471
异常球菌目（Deinococcales）	1394	741	2350	2596	1501	1619	1366	1543
黄单胞菌目（Xanthomonadales）	426	245	682	212	292	229	348	195
海洋螺菌目（Oceanospirillales）	384	377	530	185	725	304	488	468
伯克氏菌目（Burkholderiales）	683	3575	680	151	424	425	2209	283
交替单胞菌目（Alteromonadales）	489	732	651	140	1100	2095	1119	1807
假单胞菌目（Pseudomonadales）	125	141	106	21	163	59	270	94
丹毒丝菌目（Erysipelotrichales）	247	355	268	234	307	164	482	109
酸微菌目（Acidimicrobiales）	473	666	490	334	406	464	431	286
厌氧绳菌目（Anaerolineales）	462	350	1006	785	191	713	181	285
根瘤菌目（Rhizobiales）	117	229	142	88	152	137	156	110

续表

细菌目	菌糠处理组（g1）发酵过程							
	0d	1d	3d	5d	7d	9d	11d	13d
拟杆菌纲分类地位未定的1目（Bacteroidia_Incertae_Sedis）	321	537	505	533	452	848	381	511
假诺卡氏菌目（Pseudonocardiales）	433	423	308	507	774	196	268	156
糖杆菌门分类地位未定的1纲（norank_p_Saccharibacteria）	312	474	362	103	268	198	220	176
目Ⅲ（Order_Ⅲ）	77	44	58	64	115	32	40	33
红杆菌目（Rhodobacterales）	185	258	184	165	244	202	238	179
无胆甾原体目（Acholeplasmatales）	49	29	51	6	52	18	208	32
小单孢菌目（Micromonosporales）	115	158	114	74	204	67	94	53
肠杆菌目（Enterobacteriales）	5	1	6	31	35	10	25	0
红螺菌目（Rhodospirillales）	89	102	129	77	121	93	92	102
短单胞菌目（Bradymonadales）	87	542	82	39	108	493	82	672

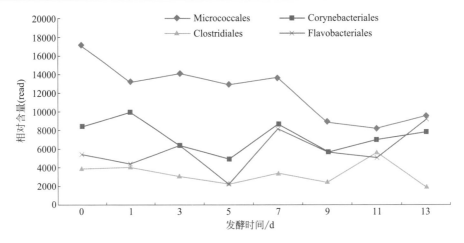

图3-38　菌糠对照组（g1）前4目水平细菌相对含量（read）变化动态

0 d代表基础发酵床垫料；1～13 d代表添加营养配料后采样时间

②豆饼粉处理组（g2）前30目水平细菌相对含量（read）变化动态见表3-39。微球菌目（Micrococcales）和棒杆菌目（Corynebacteriales）数量较高，影响着整个群落动态。微球菌目（Micrococcales）发酵进程形成2个低谷（第3天和第7天），2个峰值（第5天和第9天）；而棒杆菌目（Corynebacteriales）随着发酵进程形成1个低谷（第1天）和1个峰值（第7天）。梭菌目（Clostridiales）和黄杆菌目（Flavobacteriales）群落数量较低，变化动态趋势相似，随着发酵进程数量波动性上升；梭菌目（Clostridiales）数量低谷在第1天和第5天，峰值在第3天和第11天，黄杆菌目（Flavobacteriales）数量低谷在第1天和第7天，峰值在第3天和第11天（图3-39）。

表3-39　豆饼粉处理组（g2）前30纲水平细菌相对含量（read）变化动态

细菌目	豆饼粉处理组（g2）发酵过程							
	0d	1d	3d	5d	7d	9d	11d	13d
微球菌目（Micrococcales）	8066	7502	3854	10366	5324	9847	5461	7883
棒杆菌目（Corynebacteriales）	9980	4929	7531	9744	12333	10137	7166	5116
梭菌目（Clostridiales）	4335	2209	5440	3315	4281	5333	5840	4693
黄杆菌目（Flavobacteriales）	2514	976	3927	2116	1538	3644	6160	3870
丙酸杆菌目（Propionibacteriales）	4489	3363	6168	3764	2649	5004	2521	3576
乳杆菌目（Lactobacillales）	1816	2679	2271	2963	4242	3151	3873	1619
目JG30-KF-CM45	2687	1948	1778	2211	1367	2415	1872	3124
芽胞杆菌目（Bacillales）	1828	2222	2269	2463	2172	3426	4944	5203
拟杆菌目（Bacteroidales）	1885	971	5087	2057	3834	1984	4321	1112
鞘氨醇杆菌目（Sphingobacteriales）	205	1154	338	214	109	404	256	391
异常球菌目（Deinococcales）	481	148	258	210	203	459	124	80
黄单胞菌目（Xanthomonadales）	92	370	136	93	35	177	176	104
海洋螺菌目（Oceanospirillales）	539	307	2014	1186	1080	788	1828	518
伯克氏菌目（Burkholderiales）	38	953	106	44	35	46	76	32
交替单胞菌目（Alteromonadales）	100	117	185	168	51	196	1145	238
假单胞菌目（Pseudomonadales）	144	6232	328	194	94	109	396	56
丹毒丝菌目（Erysipelotrichales）	279	179	353	202	259	463	432	432
酸微菌目（Acidimicrobiales）	221	159	222	147	105	219	256	428
厌氧绳菌目（Anaerolineales）	191	106	32	63	58	85	35	80
根瘤菌目（Rhizobiales）	40	1024	353	119	30	115	47	113
拟杆菌纲分类地位未定的1目（Bacteroidia_Incertae_Sedis）	40	14	59	38	40	59	34	18
假诺卡氏菌目（Pseudonocardiales）	105	88	113	156	32	148	82	193
糖杆菌门分类地位未定的1纲（norank_p_Saccharibacteria）	40	29	20	40	47	45	48	14
目III（Order_III）	136	70	118	135	86	213	85	362
红杆菌目（Rhodobacterales）	49	53	77	42	41	64	65	65
无胆甾原体目（Acholeplasmatales）	260	61	479	172	363	230	308	47
小单孢菌目（Micromonosporales）	143	177	64	116	44	155	67	149
肠杆菌目（Enterobacteriales）	3	3502	105	11	15	5	5	0
红螺菌目（Rhodospirillales）	115	132	139	67	74	124	99	198
短单胞菌目（Bradymonadales）	25	9	18	12	12	32	287	73

③ 红糖粉处理组（g3）前30目水平细菌相对含量（read）变化动态见表3-40。微球菌目（Micrococcales）数量较高，主导着整个群落动态，随着发酵进展，第1天数量逐步上升达到峰值，而后第5天下降到低谷，随后逐步回调到峰值附近；棒杆菌目（Corynebacteriales）数量较低，动态变化不大，趋势平稳；梭菌目（Clostridiales）和黄杆菌目（Flavobacteriales）群落数量较低，变化动态趋势有较强的互补，梭菌目（Clostridiales）数量低谷在第11天，峰值在第5天，黄杆菌目（Flavobacteriales）数量低谷在第9天，峰值在第7天（图3-40）。

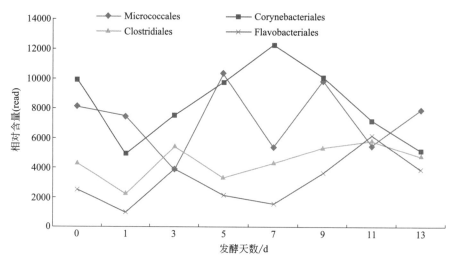

图3-39 豆饼粉处理组（g2）前4目水平细菌相对含量（read）变化动态

0 d代表基础发酵床垫料；1～13 d代表添加营养配料后采样时间

表3-40 红糖粉处理组（g3）前30目水平细菌相对含量（read）变化动态

细菌目	红糖粉处理组（g3）发酵过程							
	0d	1d	3d	5d	7d	9d	11d	13d
微球菌目（Micrococcales）	12538	16398	12795	12621	15324	15122	15397	16226
棒杆菌目（Corynebacteriales）	4350	4859	5490	4646	5334	5960	4446	3873
梭菌目（Clostridiales）	5331	5703	5231	10870	6288	6204	4213	4454
黄杆菌目（Flavobacteriales）	2813	3967	3955	4625	5975	2988	5567	5914
丙酸杆菌目（Propionibacteriales）	1089	1524	900	1891	904	1706	1065	1262
乳杆菌目（Lactobacillales）	924	872	1353	3632	2277	1622	1017	640
目JG30-KF-CM45	2546	3578	2023	2234	1168	2058	2658	3119
芽胞杆菌目（Bacillales）	630	1273	1113	1376	776	1176	845	652
拟杆菌目（Bacteroidales）	909	429	854	1003	1716	2399	680	567
鞘氨醇杆菌目（Sphingobacteriales）	2171	2150	2648	2338	2770	2793	1732	2130
异常球菌目（Deinococcales）	1628	1624	1111	1258	612	1156	1135	1093
黄单胞菌目（Xanthomonadales）	2052	5076	2779	3753	1768	1207	2710	3629
海洋螺菌目（Oceanospirillales）	181	200	365	285	418	202	331	282
伯克氏菌目（Burkholderiales）	1074	891	1316	1681	1629	1872	751	543
交替单胞菌目（Alteromonadales）	53	122	130	130	259	60	361	286
假单胞菌目（Pseudomonadales）	228	79	174	75	251	297	80	41
丹毒丝菌目（Erysipelotrichales）	426	523	528	718	448	441	429	486
酸微菌目（Acidimicrobiales）	351	498	339	561	408	345	395	464
厌氧绳菌目（Anaerolineales）	427	431	225	102	158	256	253	362

续表

细菌目	红糖粉处理组（g3）发酵过程							
	0d	1d	3d	5d	7d	9d	11d	13d
根瘤菌目（Rhizobiales）	75	745	551	391	523	443	296	207
拟杆菌纲分类地位未定的1目（Bacteroidia_Incertae_Sedis）	235	131	194	119	354	290	160	222
假诺卡氏菌目（Pseudonocardiales）	73	114	61	135	44	219	147	211
糖杆菌门分类地位未定的1纲（norank_p_Saccharibacteria）	340	377	418	368	538	355	268	348
目Ⅲ（Order_Ⅲ）	96	110	84	74	127	99	103	162
红杆菌目（Rhodobacterales）	144	157	261	217	268	199	168	182
无胆甾原体目（Acholeplasmatales）	49	13	28	49	52	127	12	16
小单孢菌目（Micromonosporales）	147	203	164	105	56	162	101	110
肠杆菌目（Enterobacteriales）	2	11	45	16	32	10	6	4
红螺菌目（Rhodospirillales）	74	173	128	99	103	105	217	146
短单胞菌目（Bradymonadales）	41	34	39	54	72	24	182	126

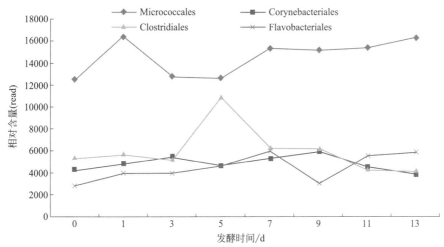

图3-40　红糖粉处理组（g3）前4目水平细菌相对含量（read）变化动态

0 d代表基础发酵床垫料；1～13 d代表添加营养配料后采样时间

④ 玉米粉处理组（g4）前30目水平细菌相对含量（read）变化动态见表3-41。微球菌目（Micrococcales）和棒杆菌目（Corynebacteriales）数量较高，影响着整个群落动态，它们数量变化趋势相近，微球菌目（Micrococcales）发酵进程形成峰值在第9天，低谷在第13天，棒杆菌目（Corynebacteriales）随着发酵进程形成低谷（第13天）和峰值（第9天）与前者相似；梭菌目（Clostridiales）和黄杆菌目（Flavobacteriales）群落数量较低，变化动态趋势相似，随着发酵进程数量波动性上升；梭菌目（Clostridiales）数量低谷在第5天，峰值在第3天，黄杆菌目（Flavobacteriales）数量低谷在第5天和第9天，峰值在第7天和

第13天，数量变化的幅度高于前者（图3-41）。

表3-41　玉米处理组（g4）前30目水平细菌相对含量（read）变化动态

细菌目	玉米粉处理组（g4）发酵过程							
	0d	1d	3d	5d	7d	9d	11d	13d
微球菌目（Micrococcales）	8974	7419	7080	9246	7715	9940	9472	3611
棒杆菌目（Corynebacteriales）	8950	7839	10689	8638	8662	12305	7471	4528
梭菌目（Clostridiales）	3448	3155	4278	2621	3915	3823	4153	4088
黄杆菌目（Flavobacteriales）	2258	2977	3791	1706	3833	1086	3807	5639
丙酸杆菌目（Propionibacteriales）	4132	3122	2352	3857	5069	4138	4107	3915
乳杆菌目（Lactobacillales）	1393	1514	1831	5053	2124	8487	1845	2510
目（JG30-KF-CM45）	2267	2326	1098	2225	3547	1479	5173	815
芽胞杆菌目（Bacillales）	2868	3513	2159	4556	3535	6314	4228	2589
拟杆菌目（Bacteroidales）	1888	3319	4886	1082	1927	1475	821	6368
鞘氨醇杆菌目（Sphingobacteriales）	191	188	209	151	252	224	480	180
异常球菌目（Deinococcales）	610	372	322	445	294	300	208	257
黄单胞菌目（Xanthomonadales）	106	75	58	42	84	64	106	99
海洋螺菌目（Oceanospirillales）	317	842	1422	845	1206	354	649	1740
伯克氏菌目（Burkholderiales）	49	57	44	31	32	37	24	54
交替单胞菌目（Alteromonadales）	44	178	168	250	138	39	410	733
假单胞菌目（Pseudomonadales）	119	238	310	139	163	25	48	972
丹毒丝菌目（Erysipelotrichales）	213	222	339	246	308	304	301	390
酸微菌目（Acidimicrobiales）	158	142	192	150	248	163	269	117
厌氧绳菌目（Anaerolineales）	345	80	75	98	50	70	96	28
根瘤菌目（Rhizobiales）	39	53	63	36	99	55	75	50
拟杆菌纲分类地位未定的1目（Bacteroidia_Incertae_Sedis）	112	54	107	26	52	21	20	70
假诺卡氏菌目（Pseudonocardiales）	113	64	111	165	114	219	140	61
糖杆菌门分类地位未定的1纲（norank_p_Saccharibacteria）	99	43	47	59	25	31	19	44
目Ⅲ（Order_Ⅲ）	153	119	213	156	215	432	301	78
红杆菌目（Rhodobacterales）	82	44	78	43	60	29	38	68
无胆甾原体目（Acholeplasmatales）	229	300	249	78	132	88	25	274
小单胞菌目（Micromonosporales）	103	80	278	80	164	181	182	38
肠杆菌目（Enterobacteriales）	0	1	5	6	5	40	0	4
红螺菌目（Rhodospirillales）	98	84	165	60	158	139	151	51
短单胞菌目（Bradymonadales）	15	26	21	14	33	21	50	82

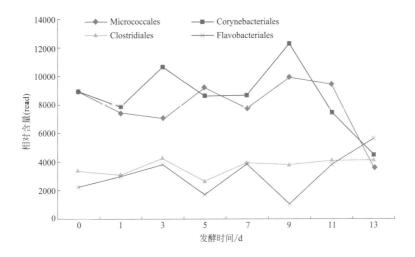

图3-41　玉米粉处理组（g4）前4目水平细菌相对含量（read）变化动态

0 d代表基础发酵床垫料；1～13 d代表添加营养配料后采样时间

（4）细菌科水平群落结构

1）不同处理细菌科群落结构。整合微生物组菌剂不同处理不同发酵时间共检测到278个科，不同处理组整合微生物组菌剂科水平前30细菌群落相对含量（read）总和见图3-42和表3-42。前4优势细菌科群落为：棒杆菌科（Corynebacteriaceae，read=196645）、间孢囊菌科（Intrasporangiaceae，read=155559）、黄杆菌科（Flavobacteriaceae，read=125381）、类诺卡氏菌科（Nocardioidaceae，read=96117）；棒杆菌科相对含量（read）是间孢囊菌科的1.2倍，是黄杆菌科的1.5倍，是类诺卡氏菌科的2倍；这4个科细菌在整合微生物组菌剂中起着关键作用。

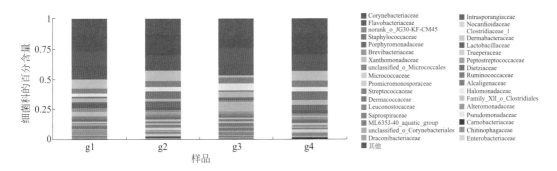

图3-42　不同处理整合微生物组菌剂细菌科群落结构

表3-42　不同处理组整合微生物组菌剂科水平前30细菌群落相对含量（read）总和

细菌科	不同处理组（g1, g2, g3, g4）总和
棒杆菌科（Corynebacteriaceae）	196645

细菌科	不同处理组（g1, g2, g3, g4）总和
间孢囊菌科（Intrasporangiaceae）	155559
黄杆菌科（Flavobacteriaceae）	125381
类诺卡氏菌科（Nocardioidaceae）	96117
目JG30-KF-CM45分类地位未定的1科（norank_o_JG30-KF-CM45）	73689
梭菌科1（Clostridiaceae_1）	59610
葡萄球菌科（Staphylococcaceae）	56269
皮杆菌科（Dermabacteraceae）	55406
紫单胞菌科（Porphyromonadaceae）	42921
乳杆菌科（Lactobacillaceae）	36483
短杆菌科（Brevibacteriaceae）	31504
特吕珀菌科（Trueperaceae）	27498
黄单胞菌科（Xanthomonadaceae）	26827
消化链球菌科（Peptostreptococcaceae）	24537
微球菌目未分类的1科（unclassified_o_Micrococcales）	24405
迪茨氏菌科（Dietziaceae）	24033
微球菌科（Micrococcaceae）	23224
瘤胃球菌科（Ruminococcaceae）	19294
原小单孢菌科（Promicromonosporaceae）	19242
产碱菌科（Alcaligenaceae）	19014
链球菌科（Streptococcaceae）	18487
盐单胞菌科（Halomonadaceae）	18356
皮生球菌科（Dermacoccaceae）	14959
梭菌目科XII（Family_XII_Clostridiales）	14001
明串珠菌科（Leuconostocaceae）	13465
交替单胞菌科（Alteromonadaceae）	13449
腐螺旋菌科（Saprospiraceae）	13399
假单胞菌科（Pseudomonadaceae）	11146
丹毒丝菌科（Erysipelotrichaceae）	11087
芽胞杆菌科（Bacillaceae）	10751
细菌科前30总和	1276758

2）发酵阶段细菌科群落结构。不同处理组不同发酵时间的整合微生物组菌剂细菌目群落结构见图3-43。不同发酵时间的各处理样本细菌科优势种为棒杆菌科（Corynebacteriaceae）、间孢囊菌科（Intrasporangiaceae）、黄杆菌科（Flavobacteriaceae）、类诺卡氏菌科（Nocardioidaceae），数量排名交替发生变化；对于不同发酵阶段的样本细菌优

势科的排序会发生变化，棒杆菌科（Corynebacteriaceae）在样本中大部分处于含量排名第一，也有排名靠后的，如 DB_1225、HT_1225、YM_1225 等；间孢囊菌科（Intrasporangiaceae）在样本中大部分处于含量排名第二，也有排名靠后的，如 DB_1216、YM_1215 等；黄杆菌科（Flavobacteriaceae）在样本第三位优势种的地位会发生变化，类诺卡氏菌科（Nocardioidaceae）在样本中第四位优势种地位会发生变化。

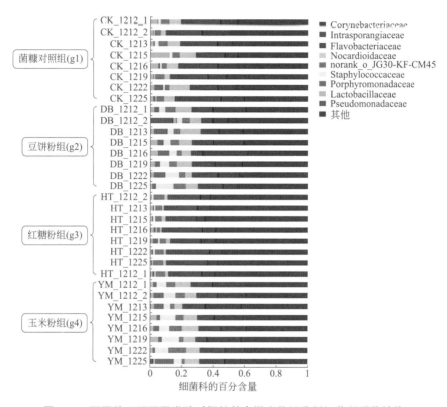

图3-43　不同处理组不同发酵时间的整合微生物组菌剂细菌科群落结构

3）细菌科水平优势种的分析。细菌科水平处理组优势种饼图分析见图 3-44。处理组 g1（菌糠对照组）、处理组 g2（豆饼粉组）、处理组 g3（红糖粉组）、处理组 g4（玉米粉组）细菌科水平第 1 优势种群分布为棒杆菌科（Corynebacteriaceae），分布比例范围为 7.03%～17.41%；第 2 优势种群间孢囊菌科（Intrasporangiaceae），分布比例范围为 6.35%～14.38%；第 3 优势种群黄杆菌科（Flavobacteriaceae），分布比例为 6.62%～10.88%；第 4～10 优势种群分别为类诺卡氏菌科（Nocardioidaceae）、梭菌科（Clostridiaceae）、葡萄球菌科（Staphylococcaceae）、皮杆菌科（Dermabacteraceae）、紫单胞菌科（Porphyromonadaceae）、乳杆菌科（Lactobacillaceae）、短杆菌科（Brevibacteriaceae）。

4）细菌科优势种的变化动态

①菌糠处理组（g1）前 30 科水平细菌相对含量（read）变化动态见表 3-43。优势科为：棒杆菌科（Corynebacteriaceae）、间孢囊菌科（Intrasporangiaceae）、黄杆菌科（Flavobacteriaceae）、类诺卡氏菌科（Nocardioidaceae），各科未形成绝对的数量优势，相互交替消长；棒杆菌科（Corynebacteriaceae）发酵过程数量变动幅度较大，发酵开始后数

量（read）上升到第 1 天的 8880，随后急速下降到第 5 天的 3699，接着又上升到第 7 天的 7186，第 9 天再次下降，第 13 天再次上升；间孢囊菌科（Intrasporangiaceae）随着发酵过程，数量变动较为平稳，逐步下降；黄杆菌科（Flavobacteriaceae）数量变化趋势与棒杆菌科（Corynebacteriaceae）同步，也经过大起大伏，在第 13 天达到峰值 8967；类诺卡氏菌科（Nocardioidaceae）与黄杆菌科（Flavobacteriaceae）形成较密切的数量互补，黄杆菌科（Flavobacteriaceae）数量上升时，类诺卡氏菌科（Nocardioidaceae）下降，交替变化（图 3-45）。

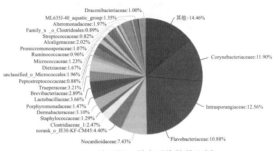

(a) 处理组 g1 科水平优势种分析

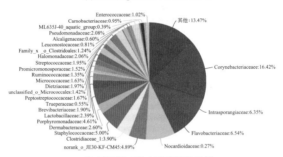

(b) 处理组 g2 科水平优势种分析

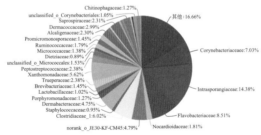

(c) 处理组 g3 科水平优势种分析

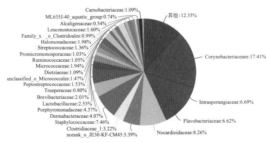

(d) 处理组 g4 科水平优势种分析

图 3-44　细菌科水平处理组优势种饼图

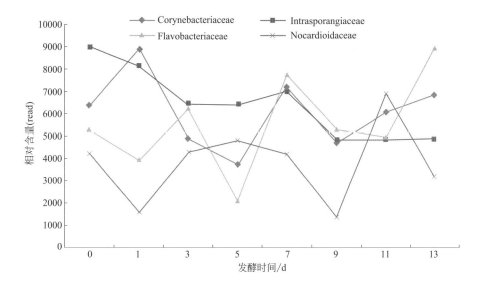

图3-45 菌糠对照组（g1）前4科水平细菌相对含量（read）变化动态

0 d代表基础发酵床垫料；1～13 d代表添加营养配料后采样时间

表3-43 菌糠处理组（g1）前30科水平细菌相对含量（read）变化动态

细菌科	菌糠处理组（g1）发酵过程							
	0d	1d	3d	5d	7d	9d	11d	13d
棒杆菌科（Corynebacteriaceae）	6363	8880	4895	3699	7186	4678	6050	6855
间孢囊菌科（Intrasporangiaceae）	8978	8125	6442	6378	6942	4790	4798	4830
黄杆菌科（Flavobacteriaceae）	5310	3898	6222	2053	7783	5266	4934	8967
类诺卡氏菌科（Nocardioidaceae）	4213	1566	4228	4770	4163	1347	6899	3164
目JG30-KF-CM45分类地位未定的1科（norank_o_JG30-KF-CM45）	2995	1970	2896	2141	1870	2407	1559	2135
梭菌科1（Clostridiaceae_1）	1388	1493	1276	1150	1411	1105	1619	647
葡萄球菌科（Staphylococcaceae）	924	397	1309	859	683	282	505	294
皮杆菌科（Dermabacteraceae）	2108	1069	2369	2478	1858	884	771	1125
紫单胞菌科（Porphyromonadaceae）	316	219	571	118	580	227	3118	851
乳杆菌科（Lactobacillaceae）	2511	768	927	5403	2833	726	1131	662
短杆菌科（Brevibacteriaceae）	2142	1055	2410	1871	1734	968	679	942
特吕珀菌科（Trueperaceae）	1394	741	2350	2596	1501	1619	1366	1543
黄单胞菌科（Xanthomonadaceae）	399	212	638	194	277	215	334	181
消化链球菌科（Peptostreptococcaceae）	555	457	501	382	520	329	632	211
微球菌目未分类的1科（unclassified_o_Micrococcales）	1313	1389	1134	790	1122	821	691	756
迪茨氏菌科（Dietziaceae）	1374	772	1015	649	1124	574	495	812
微球菌科（Micrococcaceae）	1040	689	634	437	747	569	490	427
瘤胃球菌科（Ruminococcaceae）	595	613	429	170	446	282	1040	339
原小单胞菌科（Promicromonosporaceae）	669	389	515	405	665	367	349	1000

细菌科	菌糠处理组（g1）发酵过程							
	0d	1d	3d	5d	7d	9d	11d	13d
产碱菌科（Alcaligenaceae）	661	3551	658	132	400	405	2194	265
链球菌科（Streptococcaceae）	786	423	327	437	428	211	524	206
盐单胞菌科（Halomonadaceae）	290	266	360	170	596	199	370	334
皮生球菌科（Dermacoccaceae）	501	172	165	293	132	144	69	64
梭菌目科XII（Family_XII_o_Clostridiales）	408	710	333	323	405	380	817	267
明串珠菌科（Leuconostocaceae）	0	0	2	1104	481	71	638	60
交替单胞菌科（Alteromonadaceae）	480	719	642	138	1076	2086	1108	1799
腐螺旋菌科（Saprospiraceae）	341	409	479	242	439	573	299	245
假单胞菌科（Pseudomonadaceae）	57	122	68	6	116	40	218	88
丹毒丝菌科（Erysipelotrichaceae）	247	355	268	234	307	164	482	109
芽胞杆菌科（Bacillaceae）	228	153	194	176	206	183	186	49

②豆饼粉处理组（g2）前30科水平细菌相对含量（read）变化动态见表3-44。优势科为：棒杆菌科（Corynebacteriaceae）、间孢囊菌科（Intrasporangiaceae）、黄杆菌科（Flavobacteriaceae）、类诺卡氏菌科（Nocardioidaceae）；棒杆菌科（Corynebacteriaceae）数量较高，变化幅度较大，主导着群落动态，发酵初期数量（read）为8659，急速下降到第1天的4073，随后迅速上升，第7天达到峰值11692，而后又急速下降，直到第13天的低谷3739；其余3个优势种数量较小，变化幅度较小，变化趋势相近互补，间孢囊菌科（Intrasporangiaceae）2个低谷分别为第3天和第7天，2个峰值在第5天和第9天；黄杆菌科（Flavobacteriaceae）随着发酵进程数量波动上升，2个低谷分别在第1天和第7天，2个峰值在第3天和第11天；类诺卡氏菌科（Nocardioidaceae）数量较低，发酵进程波动下降，2个峰值在第3天和第9天，2个低谷在第7天和第11天（图3-46）。

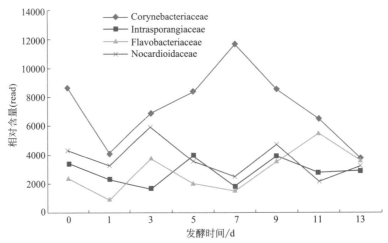

图3-46　豆饼粉处理组（g2）前4科水平细菌相对含量（read）变化动态

0 d代表基础发酵床垫料；1～13 d代表添加营养配料后采样时间

表3-44 豆饼粉处理组（g2）前30科水平细菌相对含量（read）变化动态

细菌科	豆饼粉处理组（g2）发酵过程							
	0d	1d	3d	5d	7d	9d	11d	13d
棒杆菌科（Corynebacteriaceae）	8659	4073	6885	8330	11692	8547	6471	3739
间孢囊菌科（Intrasporangiaceae）	3429	2327	1605	3930	1768	3934	2694	2892
黄杆菌科（Flavobacteriaceae）	2399	925	3769	2009	1477	3520	5511	3639
类诺卡氏菌科（Nocardioidaceae）	4242	3212	5912	3567	2447	4718	2132	3189
目JG30-KF-CM45分类地位未定的1科（norank_o_JG30-KF-CM45）	2687	1948	1778	2211	1367	2415	1872	3124
梭菌科1（Clostridiaceae_1）	1690	1042	1975	1420	1321	2226	1921	2271
葡萄球菌科（Staphylococcaceae）	1608	1495	1834	2052	1916	3033	4352	4632
皮杆菌科（Dermabacteraceae）	970	1050	440	1890	1320	1620	1045	918
紫单胞菌科（Porphyromonadaceae）	1370	249	3909	1682	3068	1602	3553	979
乳杆菌科（Lactobacillaceae）	887	741	716	1740	1839	1325	781	470
短杆菌科（Brevibacteriaceae）	679	1026	332	1450	383	1134	389	1370
特吕珀菌科（Trueperaceae）	481	148	258	210	203	459	124	80
黄单胞菌科（Xanthomonadaceae）	75	325	126	82	31	168	164	95
消化链球菌科（Peptostreptococcaceae）	751	427	825	596	591	951	857	951
微球菌目未分类的1科（unclassified_o_Micrococcales）	773	512	434	843	553	860	469	595
迪茨氏菌科（Dietziaceae）	1109	724	504	1195	527	1309	470	1156
微球菌科（Micrococcaceae）	821	826	416	943	673	946	440	716
瘤胃球菌科（Ruminococcaceae）	549	209	785	353	716	658	1098	425
原小单孢菌科（Promicromonosporaceae）	955	990	316	673	415	807	195	1058
产碱菌科（Alcaligenaceae）	34	840	83	36	32	37	71	24
链球菌科（Streptococcaceae）	491	532	757	471	739	1011	2118	825
盐单胞菌科（Halomonadaceae）	497	259	1919	1155	1049	713	1295	426
皮生球菌科（Dermacoccaceae）	104	127	31	207	16	157	71	81
梭菌目科XII（Family_XII_o_Clostridiales）	603	208	740	354	660	593	699	553
明串珠菌科（Leuconostocaceae）	0	965	187	167	1064	201	265	16
交替单胞菌科（Alteromonadaceae）	100	116	178	153	49	192	1123	228
腐螺旋菌科（Saprospiraceae）	72	23	62	74	49	88	66	84
假单胞菌科（Pseudomonadaceae）	140	6214	317	160	91	101	345	45
丹毒丝菌科（Erysipelotrichaceae）	279	179	353	202	259	463	432	432
芽胞杆菌科（Bacillaceae）	211	483	341	364	234	343	566	516

③红糖粉处理组（g3）前30科水平细菌相对含量（read）变化动态见表3-45。优势科为：棒杆菌科（Corynebacteriaceae）、间孢囊菌科（Intrasporangiaceae）、黄杆菌科（Flavobacteriaceae）、类诺卡氏菌科（Nocardioidaceae）；间孢囊菌科（Intrasporangiaceae）数量较高，变化幅度较大，主导着群落动态，发酵进程数量波动上升，峰值在第7天；黄杆

菌科（Flavobacteriaceae）和棒杆菌科（Corynebacteriaceae）数量中等，变化趋势交替互补，黄杆菌科（Flavobacteriaceae）峰值在第 7 天，而棒杆菌科（Corynebacteriaceae）的低谷在第 5 天，前者的低谷和后者的峰值在第 9 天，到了发酵末期第 13 天，前者数量上升到峰值，后者数量下降到低谷。类诺卡氏菌科（Nocardioidaceae）数量较低，发酵进程波动平稳，2 个峰值在第 5 天和第 9 天，2 个低谷在第 3 天和第 7 天（图3-47）。

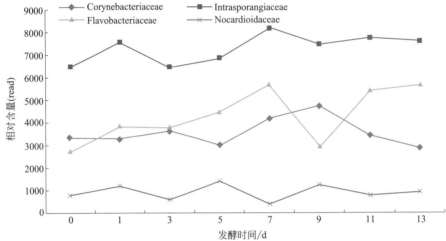

图3-47　红糖粉处理组（g3）前4科水平细菌相对含量（read）变化动态

0 d代表基础发酵床垫料；1～13 d代表添加营养配料后采样时间

表3-45　红糖粉处理组（g3）前30科水平细菌相对含量（read）变化动态

细菌科	红糖粉处理组（g3）发酵过程							
	0d	1d	3d	5d	7d	9d	11d	13d
棒杆菌科（Corynebacteriaceae）	3324	3291	3643	2977	4170	4736	3439	2876
间孢囊菌科（Intrasporangiaceae）	6451	7571	6422	6828	8152	7434	7721	7595
黄杆菌科（Flavobacteriaceae）	2714	3818	3779	4444	5697	2905	5420	5658
类诺卡氏菌科（Nocardioidaceae）	785	1199	598	1416	393	1239	774	929
目JG30-KF-CM45分类地位未定的1科（norank_o_JG30-KF-CM45）	2546	3578	2023	2234	1168	2058	2658	3119
梭菌科1（Clostridiaceae_1）	2795	3466	2676	4687	3086	2783	2355	2505
葡萄球菌科（Staphylococcaceae）	358	587	304	842	337	675	420	347
皮杆菌科（Dermabacteraceae）	2318	3332	1992	1985	2084	2775	2413	2299
紫单胞菌科（Porphyromonadaceae）	603	243	475	470	758	1663	535	405
乳杆菌科（Lactobacillaceae）	368	329	603	621	941	610	388	256
短杆菌科（Brevibacteriaceae）	641	1005	595	559	439	864	888	871
特吕珀菌科（Trueperaceae）	1628	1624	1111	1258	612	1156	1135	1093
黄单胞菌科（Xanthomonadaceae）	2044	4993	2746	3715	1755	1185	2689	3616
消化链球菌科（Peptostreptococcaceae）	1148	1381	1267	1692	1073	1078	909	1064
微球菌目未分类的1科（unclassified_o_Micrococcales）	616	708	708	493	891	748	1065	955
迪茨氏菌科（Dietziaceae）	348	559	613	362	418	409	496	388
微球菌科（Micrococcaceae）	518	657	559	461	1187	876	642	677

续表

细菌科	红糖粉处理组（g3）发酵过程							
	0d	1d	3d	5d	7d	9d	11d	13d
瘤胃球菌科（Ruminococcaceae）	441	254	436	3531	948	752	282	251
原小单孢菌科（Promicromonosporaceae）	406	981	928	415	526	686	822	1088
产碱菌科（Alcaligenaceae）	1049	798	1236	1631	1549	1814	724	503
链球菌科（Streptococcaceae）	245	336	303	671	719	412	341	200
盐单胞菌科（Halomonadaceae）	131	121	271	215	289	149	210	128
皮生球菌科（Dermacoccaceae）	1344	1672	1084	1444	1543	1243	1406	2347
梭菌目科XII（Family_XII_o_Clostridiales）	318	196	295	310	434	528	199	198
明串珠菌科（Leuconostocaceae）	0	9	31	2073	188	151	110	48
交替单胞菌科（Alteromonadaceae）	52	122	125	124	249	59	357	282
腐螺旋菌科（Saprospiraceae）	1368	786	1438	933	1895	1847	594	488
假单胞菌科（Pseudomonadaceae）	226	77	174	74	247	293	71	39
丹毒丝菌科（Erysipelotrichaceae）	426	523	528	718	448	441	429	486
芽胞杆菌科（Bacillaceae）	245	497	640	385	279	370	337	228

④玉米粉处理组（g4）前30科水平细菌相对含量（read）变化动态见表3-46。优势科为：棒杆菌科（Corynebacteriaceae）、间孢囊菌科（Intrasporangiaceae）、黄杆菌科（Flavobacteriaceae）、类诺卡氏菌科（Nocardioidaceae）；棒杆菌科（Corynebacteriaceae）数量较高，变化幅度较大，主导着群落动态，发酵进程波动上升，到第9天达到峰值11329，随后到第13天急速下降达到低谷4016；其余3个优势科数量较小，变化幅度较小，变化趋势存在一定互补，间孢囊菌科（Intrasporangiaceae）随着发酵进程数量缓慢上升，到第11天达到峰值，而后急速下降；黄杆菌科（Flavobacteriaceae）随着发酵进程数量波动上升，2个低谷分别在第5天和第9天，2个峰值在第7天和第13天；类诺卡氏菌科（Nocardioidaceae）数量较低，发酵进程波动上升，1个峰值在第7天，1个低谷在第3天（图3-48）。

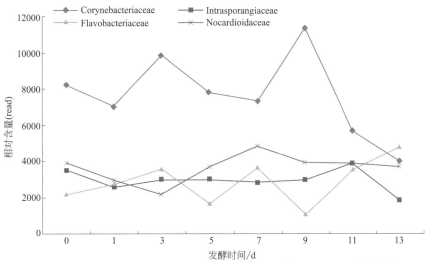

图3-48　玉米粉处理组（g4）前4科水平细菌相对含量（read）变化动态

0 d代表基础发酵床垫料；1～13 d代表添加营养配料后采样时间

表3-46　玉米粉处理组（g4）前30科水平细菌相对含量（read）变化动态

细菌科	玉米粉处理组（g4）发酵过程							
	0d	1d	3d	5d	7d	9d	11d	13d
棒杆菌科（Corynebacteriaceae）	8226	7007	9861	7791	7303	11329	5654	4016
间孢囊菌科（Intrasporangiaceae）	3519	2566	2970	2990	2804	2964	3882	1828
黄杆菌科（Flavobacteriaceae）	2197	2764	3595	1644	3666	1055	3557	4786
类诺卡氏菌科（Nocardioidaceae）	3912	2949	2149	3678	4809	3921	3876	3721
目JG30-KF-CM45分类地位未定的1科（norank_o_JG30-KF-CM45）	2267	2326	1098	2225	3547	1479	5173	815
梭菌科1（Clostridiaceae_1）	1304	1131	1464	1104	1777	1302	1967	1253
葡萄球菌科（Staphylococcaceae）	2478	2947	1859	4140	3014	5853	3820	2113
皮杆菌科（Dermabacteraceae）	1937	2092	1261	2784	1146	3180	1242	651
紫单胞菌科（Porphyromonadaceae）	979	2579	2742	894	1592	1110	741	4720
乳杆菌科（Lactobacillaceae）	659	636	817	1752	876	2873	765	529
短杆菌科（Brevibacteriaceae）	1075	656	503	1171	1011	1082	1331	249
特吕珀菌科（Trueperaceae）	610	372	322	445	294	300	208	257
黄单胞菌科（Xanthomonadaceae）	96	69	48	36	75	60	91	93
消化链球菌科（Peptostreptococcaceae）	581	418	603	553	803	1004	930	497
微球菌目未分类的1科（unclassified_o_Micrococcales）	664	633	742	564	742	727	802	292
迪茨氏菌科（Dietziaceae）	548	702	703	699	1204	836	1574	365
微球菌科（Micrococcaceae）	1035	787	759	906	972	1088	1013	273
瘤胃球菌科（Ruminococcaceae）	470	446	704	252	379	361	305	775
原小单孢菌科（Promicromonosporaceae）	342	386	524	547	483	498	677	165
产碱菌科（Alcaligenaceae）	43	48	38	27	26	35	18	52
链球菌科（Streptococcaceae）	319	311	507	916	558	816	528	817
盐单胞菌科（Halomonadaceae）	287	779	1356	836	1145	343	586	1612
皮生球菌科（Dermacoccaceae）	116	62	33	51	67	71	113	29
梭菌目科XII（Family_XII_Clostridiales）	417	376	577	280	412	379	473	556
明串珠菌科（Leuconostocaceae）	1	2	0	1448	101	3479	52	551
交替单胞菌科（Alteromonadaceae）	39	166	162	246	132	37	406	704
腐螺旋菌科（Saprospiraceae）	64	51	86	85	41	51	89	38
假单胞菌科（Pseudomonadaceae）	115	230	302	100	147	16	24	883
丹毒丝菌科（Erysipelotrichaceae）	213	222	339	246	308	304	301	390
芽胞杆菌科（Bacillaceae）	380	555	291	391	465	420	375	460

（5）细菌属水平群落结构

1）不同处理细菌属群落结构。整合微生物组菌剂不同处理不同发酵时间共检测到662个属，不同处理组整合微生物组菌剂属水平前30细菌群落相对含量（read）总和见表3-47；前4优势细菌属群落为：棒杆菌属（*Corynebacterium*，read=167824）、类诺卡氏菌属（*Nocardioides*，read=90061）、间孢囊菌科未分类的1属（unclassified_f_Intrasporangiaceae，read=70047）、狭义梭菌属1（*Clostridium*_sensu_stricto_1，read=58105）；棒杆菌属的相对含量（read）是类诺卡氏菌属的 1.8 倍，是间孢囊菌科未分类的 1 属的 2.3 倍，是狭义梭菌属 1 的 2.8 倍；这 4 个细菌属在整合微生物组菌剂中起着关键作用（图 3-49）。

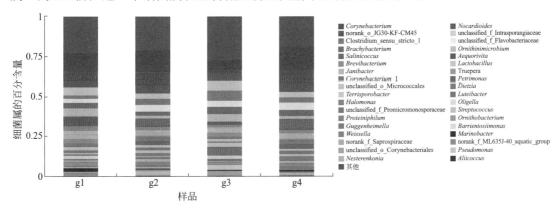

图3-49　不同处理整合微生物组菌剂细菌属群落结构

表3-47　不同处理组整合微生物组菌剂属水平前30细菌群落相对含量（read）总和

细菌属	不同处理组（g1, g2, g3, g4）总和
棒杆菌属（Corynebacterium）	167824
类诺卡氏菌属（Nocardioides）	90061
间孢囊菌科未分类的1属（unclassified_f_Intrasporangiaceae）	70047
狭义梭菌属1（Clostridium_sensu_stricto_1）	58105
目JG30-KF-CM45分类地位未定的1属（norank_o_JG30-KF-CM45）	73689
黄杆菌科未分类的1属（unclassified_f_Flavobacteriaceae）	56630
短状杆菌属（Brachybacterium）	55406
鸟氨酸微菌属（Ornithinimicrobium）	51063
盐水球菌属（Salinicoccus）	44485
海面菌属（Aequorivita）	35140
短杆菌属（Brevibacterium）	31398
乳杆菌属（Lactobacillus）	30111
两面神杆菌属（Janibacter）	28356
特吕珀菌属（Truepera）	27498
棒杆菌属1（Corynebacterium_1）	26800
石单胞菌属（Petrimonas）	25641
微球菌目未分类的1属（unclassified_o_Micrococcales）	24405
迪茨氏菌属（Dietzia）	24033
土生孢杆菌属（Terrisporobacter）	23294
藤黄色杆菌属（Luteibacter）	22778
盐单胞菌属（Halomonas）	18034
寡源菌属（Oligella）	17160
原小单孢菌科未分类的1属（unclassified_f_Promicromonosporaceae）	16907

续表

细菌属	不同处理组（g1, g2, g3, g4）总和
链球菌属（*Streptococcus*）	16590
嗜蛋白菌属（*Proteiniphilum*）	15861
鸟杆菌属（*Ornithobacterium*）	14567
古根海姆氏菌属（*Guggenheimella*）	14001
巴里恩托斯单胞菌属（*Barrientosiimonas*）	13679
魏斯氏菌属（*Weissella*）	13457
海杆菌属（*Marinobacter*）	13449
细菌属前30总和	1120469

2）发酵阶段细菌属群落结构。不同处理组不同发酵时间的整合微生物组菌剂细菌属群落结构见图3-50。不同发酵时间的各处理样本细菌属优势种为棒杆菌属（*Corynebacterium*）、类诺卡氏菌属（*Nocardioides*）、间孢囊菌科未分类的1属（unclassified_f_Intrasporangiaceae）、狭义梭菌属1（*Clostridium*_sensu_stricto_1）；4个优势属数量排名交替发生变化；对于不同发酵阶段的样本细菌优势属的排序会发生变化，棒杆菌属（*Corynebacterium*）在样本中大部分处于含量排名第一，也有排名靠后的，如CK_1215、HT_1215、YM_1225等；类诺卡氏菌属（*Nocardioides*）在样本中大部分处于含量排名第二，也有排名靠后的，如CK_1219、HT_1213等；间孢囊菌科未分类的1属在样本第三位优势种的地位会发生变化，狭义梭菌属1在样本中第四位优势种地位会发生变化。

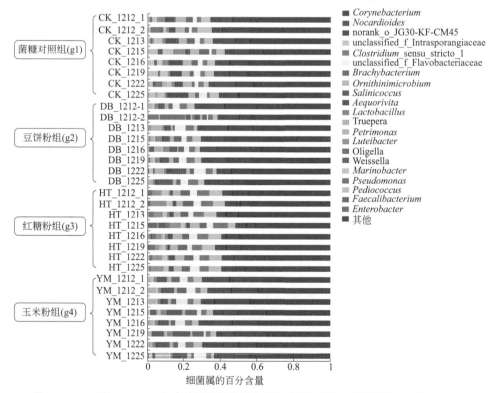

图3-50　不同处理组不同发酵时间的整合微生物组菌剂细菌属群落结构（其他=0.05）

3）细菌属水平优势种的分析。细菌属水平处理组优势种饼图分析见图3-51。处理组g1
（菌糠对照组）、处理组g2（豆饼粉组）、处理组g3（红糖粉组）、处理组g4（玉米粉组）细
菌属水平第1优势种群分布为棒杆菌属（*Corynebacterium*），分布比例范围为6.14%～17.41%；
第2优势种群类诺卡氏菌属（*Nocardioides*），分布比例范围为1.51%～9.11%；第3优势种
群狭义梭菌属1（*Clostridium_sensu_stricto_1*），分布比例为2.32%～5.99%；第4～10
优势种群分别为间孢囊菌科未分类的1属（unclassified_f_Intrasporangiaceae，属于放线
菌，存在于海洋盐环境）、黄杆菌科未分类的1属（unclassified_f_Flavobacteriaceae，产
海参岩藻聚糖，鱼山保护区主要指示种群为黄杆菌科）、短状杆菌属（*Brachybacterium*，

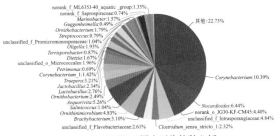

(a) 处理组g1属水平优势种分析

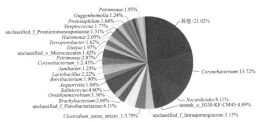

(b) 处理组g2属水平优势种分析

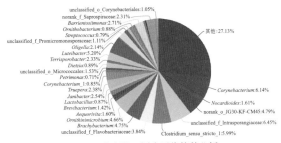

(c) 处理组g3属水平优势种分析

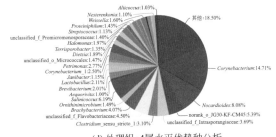

(d) 处理组g4属水平优势种分析

图3-51　细菌属水平处理组优势种饼图

深海锰氧化细菌，鸡粪及其污染的土壤中分离菌株）、鸟氨酸微菌属（*Ornithinimicrobium*，一种应用于高盐环境下的石油降解复合菌之一，许多含氮芳烃类化合物，诸如硝基苯、苯胺、4-硝基酚分解菌）、盐水球菌属（*Salinicoccus*，中度嗜盐菌群，冬菜中细菌多样性菌群，微囊藻毒素降解菌）、海面菌属（*Aequorivita*，不同芳香族化合物胁迫下海洋沉积物中细菌群落，深海多金属结核区微生态区分离菌株）、短杆菌属（*Brevibacterium*，海洋氧化短杆菌产碱性蛋白酶为首次报道，海藻糖生产菌，生产莽草酸生产菌）、乳杆菌属（*Lactobacillus*）、两面神杆菌属（*Janibacter*，分解有机污染物）。

4）细菌属优势种的变化动态

①菌糠处理组（g1）前30属水平细菌相对含量（read）变化动态见表3-48。优势属为：棒杆菌属（*Corynebacterium*）、类诺卡氏菌属（*Nocardioides*）、间孢囊菌科未分类的1属（unclassified_f_Intrasporangiaceae）、狭义梭菌属1（*Clostridium_sensu_stricto_1*），各属未形成绝对的数量优势，相互交替消长；棒杆菌属（*Corynebacterium*）数量变化动态幅度较大，表现出发酵初期和发酵末期数量高，发酵中期数量低；类诺卡氏菌属（*Nocardioides*）表现出前中期（第9天以前）数量较低，后期（第10天后）数量较高；间孢囊菌科未分类的1属、狭义梭菌属1数量较低，发酵进程数量保持稳定，小幅波动（图3-52）。

表3-48　菌糠处理组（g1）前30属水平细菌相对含量（read）变化动态

细菌属	菌糠处理组（g1）发酵过程							
	0d	1d	3d	5d	7d	9d	11d	13d
棒杆菌属（*Corynebacterium*）	5553	7987	4159	3228	6211	4115	5193	6005
类诺卡氏菌属（*Nocardioides*）	3664	1127	3840	4187	2834	1074	6668	2901
间孢囊菌科未分类的1属（unclassified_f_Intrasporangiaceae）	2889	4000	2399	2218	2529	1973	1340	2422
狭义梭菌属1（*Clostridium_sensu_stricto_1*）	1350	1447	1240	1087	1316	1038	1464	552
目JG30-KF-CM45分类地位未定的1属（norank_o_JG30-KF-CM45）	2995	1970	2896	2141	1870	2407	1559	2135
黄杆菌科未分类的1属（unclassified_f_Flavobacteriaceae）	1264	933	1480	649	1651	1448	1205	2026
短状杆菌属（*Brachybacterium*）	2108	1069	2369	2478	1858	884	771	1125
鸟氨酸微菌属（*Ornithinimicrobium*）	3341	2832	2378	2247	2915	1820	2798	1656
盐水球菌属（*Salinicoccus*）	720	302	1133	733	509	212	423	227
海面菌属（*Aequorivita*）	2566	1556	2854	466	4094	2445	2031	5456
短杆菌属（*Brevibacterium*）	2142	1055	2410	1871	1734	968	679	942
乳杆菌属（*Lactobacillus*）	2511	768	927	3075	2021	568	891	518
两面神杆菌属（*Janibacter*）	2364	1018	1327	1649	1197	818	533	646
特吕珀菌属（*Truepera*）	1394	741	2350	2596	1501	1619	1366	1543
棒杆菌属1（*Corynebacterium_1*）	771	828	703	447	927	532	822	784
石单胞菌属（*Petrimonas*）	152	149	189	63	265	125	1374	507
微球菌目未分类的1属（unclassified_o_Micrococcales）	1313	1389	1134	790	1122	821	691	756

续表

细菌属	菌糠处理组（g1）发酵过程							
	0d	1d	3d	5d	7d	9d	11d	13d
迪茨氏菌属（*Dietzia*）	1374	772	1015	649	1124	574	495	812
土生孢杆菌属（*Terrisporobacter*）	543	446	481	375	494	311	507	188
藤黄色杆菌属（*Luteibacter*）	211	101	358	114	76	90	176	27
盐单胞菌属（*Halomonas*）	287	262	351	168	592	196	369	332
寡源菌属（*Oligella*）	650	3525	633	129	380	383	2151	239
原小单孢菌科未分类的1属（unclassified_f_Promicromonosporaceae）	662	383	509	383	632	354	337	980
链球菌属（*Streptococcus*）	786	423	327	282	384	203	506	205
嗜蛋白菌属（*Proteiniphilum*）	156	66	338	50	244	95	1450	308
鸟杆菌属（*Ornithobacterium*）	902	780	1206	723	1470	637	782	828
古根海姆氏菌属（*Guggenheimella*）	408	710	333	323	405	380	817	267
巴里恩托斯单胞菌属（*Barrientosiimonas*）	470	152	152	279	123	138	66	59
魏斯氏菌属（*Weissella*）	0	0	2	1103	481	71	638	60
海杆菌属（*Marinobacter*）	480	719	642	138	1076	2086	1108	1799

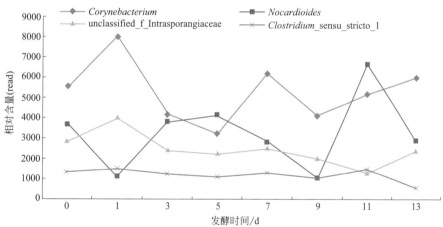

图3-52　菌糠对照组（g1）前4属水平细菌相对含量（read）变化动态

0 d代表基础发酵床垫料；1～13 d代表添加营养配料后采样时间

②豆饼粉处理组（g2）前30属水平细菌相对含量（read）变化动态见表3-49。优势属为：棒杆菌属（*Corynebacterium*）、类诺卡氏菌属（*Nocardioides*）、间孢囊菌科未分类的1属（unclassified_f_Intrasporangiaceae）、狭义梭菌属1（*Clostridium_sensu_stricto_1*），各属未形成绝对的数量优势，相互交替消长；棒杆菌属（*Corynebacterium*）数量变化动态幅度较大，表现出发酵初期和发酵末期数量低，发酵中期数量较高，峰值在第7天；类诺卡氏菌属（*Nocardioides*）数量随着发酵进程波动下降，峰值在第3天，低谷在第11天；间孢囊菌科未分类的1属（unclassified_f_Intrasporangiaceae）和狭义梭菌属1（*Clostridium_sensu_stricto_1*）数量较低，发酵进程数量保持稳定，小幅波动（图3-53）。

表3-49 豆饼粉处理组（g2）前30属水平细菌相对含量（read）变化动态

细菌属	豆饼粉处理组（g2）发酵过程							
	0d	1d	3d	5d	7d	9d	11d	13d
棒杆菌属（*Corynebacterium*）	7185	3157	6072	6791	10016	7031	5430	3139
类诺卡氏菌属（*Nocardioides*）	4169	3148	5854	3471	2388	4623	2099	3105
间孢囊菌科未分类的1属（unclassified_f_Intrasporangiaceae）	1781	1131	869	1947	1161	1838	1074	1411
狭义梭菌属1（*Clostridium_sensu_stricto_1*）	1670	1017	1930	1370	1282	2186	1801	2226
目JG30-KF-CM45分类地位未定的1属（norank_o_JG30-KF-CM45）	2687	1948	1778	2211	1367	2415	1872	3124
黄杆菌科未分类的1属（unclassified_f_Flavobacteriaceae）	1768	353	2882	1310	1149	2163	3191	1799
短状杆菌属（*Brachybacterium*）	970	1050	440	1890	1320	1620	1045	918
鸟氨酸微菌属（*Ornithinimicrobium*）	913	506	521	868	386	1154	1112	806
盐水球菌属（*Salinicoccus*）	1244	1168	1215	1579	1607	2220	3740	3603
海面菌属（*Aequorivita*）	183	110	323	304	91	387	1764	535
短杆菌属（*Brevibacterium*）	679	1025	332	1449	383	1133	389	1368
乳杆菌属（*Lactobacillus*）	887	571	692	1690	1587	1285	720	460
两面神杆菌属（*Janibacter*）	664	579	164	1015	190	834	451	601
特吕珀菌属（*Truepera*）	481	148	258	210	203	459	124	80
棒杆菌属1（*Corynebacterium_1*）	1342	884	733	1438	1476	1402	948	564
石单胞菌属（*Petrimonas*）	797	145	2631	991	1766	929	2257	709
微球菌目未分类的1属（unclassified_o_Micrococcales）	773	512	434	843	553	860	469	595
迪茨氏菌属（*Dietzia*）	1109	724	504	1195	527	1309	470	1156
土生孢杆菌属（*Terrisporobacter*）	734	418	803	581	563	919	812	923
藤黄色杆菌属（*Luteibacter*）	32	56	15	38	7	72	120	27
盐单胞菌属（*Halomonas*）	494	254	1912	1152	1049	702	1295	422
寡源菌属（*Oligella*）	24	110	15	20	17	19	27	8
原小单孢菌科未分类的1属（unclassified_f_Promicromonosporaceae）	954	464	218	613	408	769	194	1050
链球菌属（*Streptococcus*）	491	342	738	444	479	988	2008	819
嗜蛋白菌属（*Proteiniphilum*）	537	91	1241	663	1150	623	1256	265
鸟杆菌属（*Ornithobacterium*）	140	78	231	209	104	346	315	376
古根海姆氏菌属（*Guggenheimella*）	603	208	740	354	660	593	699	553
巴里恩托斯单胞菌属（*Barrientosiimonas*）	102	124	31	197	15	148	70	78
魏斯氏菌属（*Weissella*）	0	965	187	167	1063	200	265	16
海杆菌属（*Marinobacter*）	100	116	178	153	49	192	1123	228

③红糖粉处理组（g3）前30属水平细菌相对含量（read）变化动态见表3-50。优势属为：棒杆菌属（*Corynebacterium*）、类诺卡氏菌属（*Nocardioides*）、间孢囊菌科未分类的1属（unclassified_f_Intrasporangiaceae）、狭义梭菌属1（*Clostridium_sensu_stricto_1*），各属未形成绝对的数量优势，相互交替消长；棒杆菌属（*Corynebacterium*）和间孢囊菌科未分

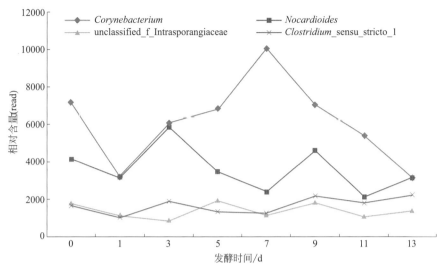

图3-53 豆饼粉处理组（g2）前4属水平细菌相对含量（read）变化动态

0 d代表基础发酵床垫料；1～13 d代表添加营养配料后采集时间

类的1属（unclassified_f_Intrasporangiaceae）数量变化动态幅度较大，消长趋势相近，表现出发酵初期和发酵末期数量高，发酵中期数量低；类诺卡氏菌属（*Nocardioides*）数量较低，发酵进程数量保持稳定，小幅波动，2个低谷在第3天和第7天，2个峰值在第5天和第9天（图3-54）。

表3-50 红糖粉处理组（g3）前30属水平细菌相对含量（read）变化动态

细菌属	红糖粉处理组（g3）发酵过程							
	0d	1d	3d	5d	7d	9d	11d	13d
棒杆菌属（*Corynebacterium*）	2931	2738	3238	2535	3713	4290	2849	2555
类诺卡氏菌属（*Nocardioides*）	695	1067	512	1329	291	1128	676	807
间孢囊菌科未分类的1属（unclassified_f_Intrasporangiaceae）	3048	3592	3197	2300	3681	3669	3269	3339
狭义梭菌属1（*Clostridium_sensu_stricto_1*）	2781	3455	2662	4666	3066	2771	2330	2493
目JG30-KF-CM45分类地位未定的1属（norank_o_JG30-KF-CM45）	2546	3578	2023	2234	1168	2058	2658	3119
黄杆菌科未分类的1属（unclassified_f_Flavobacteriaceae）	1623	2179	1420	2114	2438	1445	1716	2610
短状杆菌属（*Brachybacterium*）	2318	3332	1992	1985	2084	2775	2413	2299
鸟氨酸微菌属（*Ornithinimicrobium*）	1857	2046	1899	3071	2876	2209	2530	2369
盐水球菌属（*Salinicoccus*）	209	334	168	417	168	312	260	215
海面菌属（*Aequorivita*）	256	490	906	702	1262	461	1386	1014
短杆菌属（*Brevibacterium*）	630	990	592	546	425	854	878	846
乳杆菌属（*Lactobacillus*）	368	329	597	401	795	549	297	203
两面神杆菌属（*Janibacter*）	1210	1524	984	1102	1215	1232	1574	1439
特吕珀菌属（*Truepera*）	1628	1624	1111	1258	612	1156	1135	1093

续表

细菌属	红糖粉处理组（g3）发酵过程							
	0d	1d	3d	5d	7d	9d	11d	13d
棒杆菌属1（*Corynebacterium_1*）	369	536	379	426	427	418	566	307
石单胞菌属（*Petrimonas*）	308	144	258	274	414	899	315	245
微球菌目未分类的1属（unclassified_o_Micrococcales）	616	708	708	493	891	748	1065	955
迪茨氏菌属（*Dietzia*）	348	559	613	362	418	409	496	388
土生孢杆菌属（*Terrisporobacter*）	1118	1362	1252	1664	1055	1060	884	1047
藤黄色杆菌属（*Luteibacter*）	1937	4771	2285	3465	1572	1048	2480	3468
盐单胞菌属（*Halomonas*）	105	89	252	172	264	120	178	104
寡源菌属（*Oligella*）	1015	669	1095	1573	1450	1737	662	471
原小单孢菌科未分类的1属（f_Promicro-monosporaceae）	398	729	494	327	285	465	761	1033
链球菌属（*Streptococcus*）	245	335	502	537	664	404	322	195
嗜蛋白菌属（*Proteiniphilum*）	279	94	195	191	307	717	201	153
鸟杆菌属（*Ornithobacterium*）	219	451	330	695	343	248	699	571
古根海姆氏菌属（*Guggenheimella*）	318	196	295	310	434	528	199	198
巴里恩托斯单胞菌属（*Barrientosiimonas*）	1212	1522	992	1333	1372	1143	1261	2113
魏斯氏菌属（*Weissella*）	0	9	31	2072	188	151	109	48
海杆菌属（*Marinobacter*）	52	122	125	124	249	59	357	282

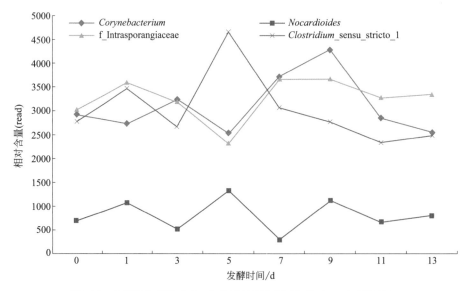

图3-54　红糖粉处理组（g3）前4属水平细菌相对含量（read）变化动态
0 d代表基础发酵床垫料；1～13 d代表添加营养配料后采样时间

④玉米处理组（g4）前30属水平细菌相对含量（read）变化动态见表3-51。优

势属为：棒杆菌属（*Corynebacterium*）、类诺卡氏菌属（*Nocardioides*）、间孢囊菌科未分类的1属（unclassified_f_Intrasporangiaceae）、狭义梭菌属1（*Clostridium_sensu_stricto_1*），棒杆菌属（Corynebacterium）数量较高，主导着群落动态，数量变化动态幅度较大，表现出发酵前中期数量高，发酵后期数量低；类诺卡氏菌属（*Nocardioides*）表现出前中期（第7天以前）数量较低，后期（第7天后）数量较高，随着发酵进程数量逐步升高；间孢囊菌科未分类的1属（unclassified_f_Intrasporangiaceae）和狭义梭菌属1（*Clostridium_sensu_stricto_1*）数量较低，发酵进程消长趋势相近，数量保持稳定，小幅波动（图3-55）。

表3-51　玉米粉处理组（g4）前30属水平细菌相对含量（read）变化动态

细菌属	玉米粉处理组（g4）发酵过程							
	0d	1d	3d	5d	7d	9d	11d	13d
棒杆菌属（*Corynebacterium*）	7492	5757	8514	6561	6264	9261	4438	3416
类诺卡氏菌属（*Nocardioides*）	3809	2888	2094	3589	4753	3806	3787	3678
间孢囊菌科未分类的1属（f_Intrasporangiaceae）	1854	1439	1809	1558	1689	1725	2281	615
狭义梭菌属1（*Clostridium_sensu_stricto_1*）	1287	1108	1442	1058	1745	1255	1909	1101
目JG30-KF-CM45分类地位未定的1属（norank_o_JG30-KF-CM45）	2267	2326	1098	2225	3547	1479	5173	815
黄杆菌科未分类的1属（unclassified_f_Flavobacteriaceae）	1872	1999	2880	1126	2513	638	2051	2735
短状杆菌属（*Brachybacterium*）	1937	2092	1261	2784	1146	3180	1242	651
鸟氨酸微菌属（*Ornithinimicrobium*）	926	656	707	741	572	640	813	898
盐水球菌属（*Salinicoccus*）	2182	2458	1533	3446	2234	5153	3009	1752
海面菌属（*Aequorivita*）	102	348	261	177	410	55	535	1610
短杆菌属（*Brevibacterium*）	1075	656	503	1171	1011	1082	1331	249
乳杆菌属（*Lactobacillus*）	659	636	814	1464	850	1750	749	479
两面神杆菌属（*Janibacter*）	654	391	407	630	452	529	697	266
特吕珀菌属（*Truepera*）	610	372	322	445	294	300	208	257
棒杆菌属1（*Corynebacterium_1*）	665	1171	1199	1147	949	1935	1144	561
石单胞菌属（*Petrimonas*）	578	1591	1666	553	1077	617	531	3122
微球菌目未分类的1属（unclassified_o_Micrococcales）	664	633	742	564	742	727	802	292
迪茨氏菌属（*Dietzia*）	548	702	703	699	1204	836	1574	365
土生孢杆菌属（*Terrisporobacter*）	563	410	588	535	772	504	909	473
藤黄色杆菌属（*Luteibacter*）	71	19	5	7	10	37	27	56
盐单胞菌属（*Halomonas*）	278	774	1351	836	1143	333	586	1612
寡源菌属（*Oligella*）	31	34	20	23	6	27	7	10

细菌属	玉米粉处理组（g4）发酵过程							
	0d	1d	3d	5d	7d	9d	11d	13d
原小单孢菌科未分类的1属（unclassified_f_Promicromonosporaceae）	340	365	520	535	439	478	664	164
链球菌属（Streptococcus）	319	311	507	706	549	286	514	769
嗜蛋白菌属（Proteiniphilum）	370	943	1013	318	494	424	204	1425
鸟杆菌属（Ornithobacterium）	114	170	224	222	284	109	511	250
古根海姆氏菌属（Guggenheimella）	417	376	577	280	412	379	473	556
巴里恩托斯单胞菌属（Barrientosii-monas）	111	60	31	51	67	70	110	27
魏斯氏菌属（Weissella）	1	2	0	1448	100	3478	52	550
海杆菌属（Marinobacter）	39	166	162	246	132	37	406	704

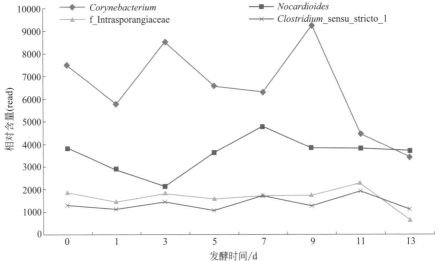

图3-55　玉米粉处理组（g4）前4属水平细菌相对含量（read）变化动态

0 d代表基础发酵床垫料；1～13 d代表添加营养配料后采样时间

（6）细菌种水平群落结构

1）不同处理细菌种群落结构。整合微生物组菌剂不同处理不同发酵时间共检测到1035个种，不同处理组整合微生物组菌剂种水平前30细菌群落相对含量（read）总和见表3-52；前4优势细菌种群落为：腐质还原棒杆菌（*Corynebacterium humireducens*，read=154145）、类诺卡氏菌属未培养的1种（uncultured_*Nocardioides* sp.，read=82006）、间孢囊科的1种（f_Intrasporangiaceae sp.，read=70047）、黄杆菌科的1种（f_Flavobacteriaceae sp.，read=56630）；腐质还原棒杆菌相对含量（read）是类诺卡氏菌属的1种的1.8倍，是间孢囊科的1种的2.2倍，是黄杆菌科的1种的2.7倍；这4个种细菌在整合微生物组菌剂中起着关键作用（图3-56）。

表3-52 不同处理组整合微生物组菌剂种水平前30细菌群落相对含量（read）总和

细菌种	不同处理组（g1，g2，g3，g4）总和(read)
腐质还原棒杆菌（*Corynebacterium humireducens*）	154145
类诺卡氏菌属未培养的1种（uncultured_*Nocardioides* sp.）	82006
间孢囊菌科的1种（f_Intrasporangiaceae sp.）	70047
黄杆菌科的1种（f_Flavobacteriaceae sp.）	56630
粪短状杆菌（*Brachybacterium faecium*）	52329
鸟氨酸微菌属未培养的1种（uncultured_*Ornithinimicrobium* sp.）	51063
狭义梭菌1未培养的1种（uncultured_*Clostridium*_sensu_stricto_1 sp.）	49404
目JG30-KF-CM45的1种（o_JG30-KF-CM45 sp.）	40241
盐水球菌属未培养的1种（uncultured_*Salinicoccus* sp.）	37131
目JG30-KF-CM45的1种（o_JG30-KF-CM45 sp.）	33388
短杆菌属的1种（*Brevibacterium* sp.）	29080
两面神杆菌属的1种（*Janibacter* sp.）	28356
海面菌属未培养的1种（uncultured_*Aequorivita* sp.）	25925
微球菌目的1种（Micrococcales sp.）	24405
迪茨氏菌属的1种（*Dietzia* sp.）	24033
土生孢杆菌属未培养的1种（uncultured_organism_*Terrisporobacter* sp.）	23066
特吕珀菌属未培养的1种（uncultured_*Truepera* sp.）	22145
弗雷尼氏棒杆菌（*Corynebacterium freneyi*）	19870
藤黄色杆菌属未培养的1种（uncultured_*Luteibacter* sp.）	19642
石单胞菌属未培养的1种（uncultured_*Petrimonas* sp.）	19639
乳杆菌属的1种（*Lactobacillus* sp.）	18698
寡源菌属的1种（*Oligella* sp.）	17160
盐单胞菌属的1种（*Halomonas* sp.）	17003
原小单孢菌科的1种（f_Promicromonosporaceae sp.）	16907
链球菌属的1种（*Streptococcus* sp.）	16421
鸟杆菌属未培养的1种（uncultured_*Ornithobacterium* sp.）	14567
古根海姆氏菌属未培养的1种（uncultured_*Guggenheimella* sp.）	14001
土壤巴里恩托斯单胞菌（*Barrientosiimonas humi*）	13679
棒杆菌属的1种（*Corynebacterium* sp.）	13679
魏斯氏菌属的1种（*Weissella* sp.）	13457
细菌种前30总和	1018117

2）发酵阶段细菌种群落结构。不同处理组不同发酵时间的整合微生物组菌剂细菌种群落结构见图3-57。不同发酵时间的各处理样本细菌属优势种为：腐质还原棒杆菌（*Corynebacterium humireducens*）、类诺卡氏菌属未培养的1种（uncultured_*Nocardioides* sp.）、间孢囊菌科的1种（f_Intrasporangiaceae sp.）、黄杆菌科的1种（f_Flavobacteriaceae sp.）；4个优势种数量排名交替发生变化，对于不同发酵阶段的样本细菌优势种的排序会发生变化；腐质还原棒杆菌（*Corynebacterium humireducens*）在样本中大部分处于含量排名第一，也有排名靠后的，如 CK_1215、DB_1225、HT_1222、YM_1225 等；类诺卡氏菌属未培养的1种（uncultured_*Nocardioides* sp.）在样本中大部分处于含量排名第二，也有排名靠后的，如

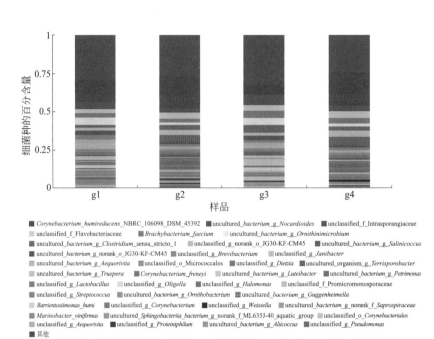

■ *Corynebacterium_humireducens*_NBRC_106098_DSM_45392 ■ uncultured_*bacterium_g_Nocardioides* ■ unclassified_f_Intrasporangiaceae
■ unclassified_f_Flavobacteriaceae ■ *Brachybacterium_faecium* ■ uncultured_*bacterium_g_Ornithinimicrobium*
■ uncultured_*bacterium_g_Clostridium*_sensu_stricto_1 ■ unclassified_g_norank_o_JG30-KF-CM45 ■ uncultured_*bacterium_g_Salinicoccus*
■ uncultured_*bacterium_g_norank_o_JG30-KF-CM45 ■ unclassified_g_Brevibacterium* ■ unclassified_g_Janibacter
■ uncultured_*bacterium_g_Aequorivita* ■ unclassified_o_Micrococcales ■ unclassified_g_Dietzia ■ uncultured_organism_g_Terrisporobacter
■ uncultured_*bacterium_g_Truepera* ■ *Corynebacterium_freneyi* ■ uncultured_*bacterium_g_Luteibacter* ■ uncultured_*bacterium_g_Petrimonas*
■ unclassified_g_Lactobacillus ■ unclassified_g_Oligella ■ unclassified_g_Halomonas ■ unclassified_f_Promicromonosporaceae
■ unclassified_g_Streptococcus ■ unclassified_g_Ornithobacterium ■ uncultured_*bacterium_g_Guggenheimella*
■ *Barrientosiimonas_humi* ■ unclassified_g_Corynebacterium ■ unclassified_g_Weissella ■ uncultured_*bacterium_g_norank_f_Saprospiraceae*
■ *Marinobacter_vinifirmus* ■ uncultured_*Sphingobacteriia_bacterium_g_norank_f_ML635J-40_aquatic_group ■ unclassified_o_Corynebacteriales
■ unclassified_g_Aequorivita ■ unclassified_g_Proteiniphilum ■ uncultured_*bacterium_g_Aliicoccus* ■ unclassified_g_Pseudomonas
■ 其他

图3-56　不同处理整合微生物组菌剂细菌种群落结构

CK_1212_2、HT_1213、YM_1213 等；间孢囊菌科的 1 种（*f*_Intrasporangiaceae sp.）在样本第三位优势种的地位会发生变化，黄杆菌科的 1 种（*f*_Flavobacteriaceae sp.）在样本中第四位优势种地位会发生变化（图 3-57）。

　　3）细菌种水平优势种的分析。细菌种水平处理组优势种饼图分析见图 3-58。处理组 g1（菌糠对照组）、处理组 g2（豆饼粉组）、处理组 g3（红糖粉组）、处理组 g4（玉米粉组）细菌种水平第 1 优势种群分布为腐质还原棒杆菌（*Corynebacterium humireducens*），由中国科学家 2011 年从废弃物发酵中分离发表的新种，具有耐盐、嗜碱、分解腐殖酸的特性（Wu et al.，2011），分布比例范围为 5.67% ～ 13.76%；第 2 优势种群类诺卡氏菌属未培养的 1 种（uncultured_*Nocardioides* sp.），属于放线菌类，可产生阿特拉津氯水解酶和表面活性剂（高燕 等，2008），分布比例范围为 1.10% ～ 7.70%；第 3 优势种群间孢囊菌科的 1 种（f_Intrasporangiaceae sp.），属于放线菌类，可为植物内生菌，分布比例为 3.15% ～ 6.45%；第 4 ～ 10 优势种群分别为黄杆菌科的 1 种（f_Flavobacteriaceae sp.，产海参岩藻聚糖）、粪短状杆菌属（*Brachybacterium faecium*，产岩藻糖苷酶）、鸟氨酸微菌属未培养的 1 种（uncultured_*Ornithinimicrobium* sp.，一种应用于高盐环境下的石油降解复合菌之一，许多含氮芳烃类化合物，诸如硝基苯、苯胺、4- 硝基酚分解菌）、狭义梭菌属 1 未培养的 1 种（uncultured_*Clostridium*_sensu_stricto_1 sp.）、盐水球菌属未培养的 1 种（uncultured_*Salinicoccus* sp.，中度嗜盐菌群，微囊藻毒素降解菌）、短杆菌属的 1 种（*Brevibacterium* sp.，南海珊瑚内生细菌，产胞外胆固醇氧化酶，对蛋黄胆固醇的生物转化，产海藻糖磷酸化酶，产生海藻糖）、海面菌属未培养的 1 种（uncultured_*Aequorivita* sp.，属于放线菌，分解有机污染物，对活性污泥降解二苯并呋喃的强化作用，对活性污泥反应器中二苯并呋喃降解的强化作用）。

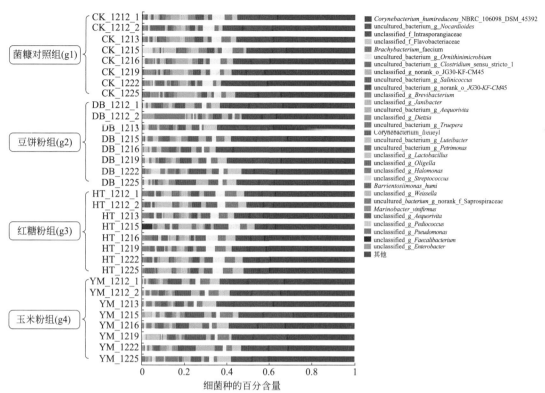

图3-57 不同处理组不同发酵时间的整合微生物组菌剂细菌种群落结构（其他=0.03）

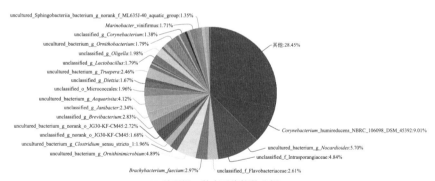

(a) 处理组g1种水平优势种分析

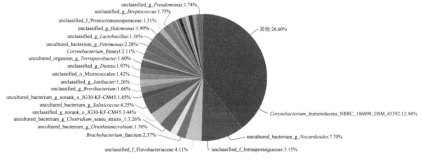

(b) 处理组g2种水平优势种分析

图3-58

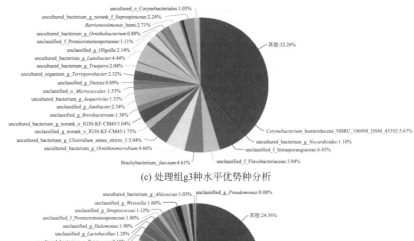

uncultured_o_Corynebacteriales:1.05%
uncultured_bacterium_g_norank_f_Saprospiraceae:2.24%
*Barrientosiimonas*_humi:2.71%
uncultured_bacterium_g_*Ornithobacterium*:0.88%
unclassified_f_Promicromonosporaceae:1.11%
unclassified_g_*Oligella*:2.14%
uncultured_bacterium_g_*Luteibacter*:4.44%
uncultured_bacterium_g_*Truepera*:2.04%
uncultured_organism_g_*Terrisporobacter*:2.32%
unclassified_g_*Dietzia*:0.89%
unclassified_o_*Micrococcales*:1.53%
uncultured_bacterium_g_*Aequorivita*:1.32%
unclassified_g_*Brevibacterium*:1.38%
uncultured_bacterium_g_norank_o_JG30-KF-CM45:3.04%
unclassified_g_norank_o_JG30-KF-CM45:1.75%
uncultured_bacterium_g_*Clostridium*_sensu_stricto_1:5.04%
uncultured_bacterium_g_*Ornithinimicrobium*:4.66%
*Brachybacterium*_*faecium*:4.61%

其他:32.26%
*Corynebacterium*_humireducens_NBRC_106098_DSM_45392:5.67%
uncultured_bacterium_g_*Nocardioides*:1.10%
unclassified_f_Intrasporangiaceae:6.45%
unclassified_f_Flavobacteriaceae:3.84%

(c) 处理组g3种水平优势种分析

uncultured_bacterium_g_*Aliicoccus*:1.03%
unclassified_g_*Pseudomonas*:0.00%
unclassified_g_*Weissella*:1.60%
unclassified_g_*Streptococcus*:1.12%
unclassified_f_Promicromonosporaceae:1.00%
unclassified_g_*Halomonas*:1.90%
unclassified_g_*Lactobacillus*:1.28%
uncultured_bacterium_g_*Petrimonas*:2.18%
*Corynebacterium*_freneyi:2.07%
uncultured_organism_g_*Terrisporobacter*:1.33%
unclassified_g_*Dietzia*:1.89%
unclassified_o_*Micrococcales*:1.47%
unclassified_g_*Janibacter*:1.15%
unclassified_g_*Brevibacterium*:1.72%
uncultured_bacterium_g_norank_o_JG30-KF-CM45:1.38%
uncultured_bacterium_g_*Salinicoccus*:5.76%
unclassified_g_norank_o_JG30-KF-CM45:4.01%
uncultured_bacterium_g_*Clostridium*_sensu_stricto_1:2.68%
uncultured_bacterium_g_*Ornithinimicrobium*:1.69%
*Brachybacterium*_faecium:3.74%
unclassified_f_Flavobacteriaceae:4.50%

其他:24.56%
*Corynebacterium*_humireducens_NBRC_106098_DSM_45392:13.76%
uncultured_bacterium_g_*Nocardioides*:7.65%
unclassified_f_Intrasporangiaceae:3.69%

(d) 处理组g4种水平优势种分析

图3-58　细菌种水平处理组优势种饼图

　　处理组细菌种水平优势种为放线菌的棒杆菌属的 1 种（*Corynebacterium* sp.），处理组 g1（菌糠对照组）优势种含量 12.9%、处理组 g2（豆饼粉组）优势种含量 17.6%、处理组 g3（红糖粉组）优势种含量 8.38%、处理组 g4（玉米粉组）优势种含量 18.2%；处理组 2 和 4 较高（图 3-59）。

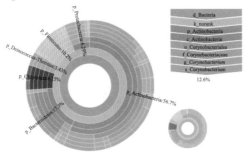

(a) 处理组g1种水平优势种分析

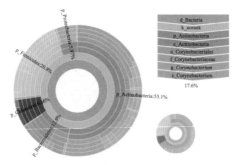

(b) 处理组g2种水平优势种分析

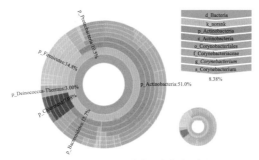

(c) 处理组g3种水平优势种分析

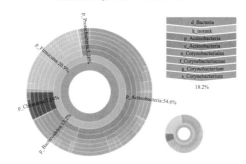

(d) 处理组g4种水平优势种分析

图3-59 处理组细菌种水平优势种summit图分析

4）细菌种优势种的变化动态

①菌糠处理组（g1）前30种水平细菌相对含量（read）变化动态见表3-53。优势种为：腐质还原棒杆菌（*Corynebacterium humireducens*）、类诺卡氏菌属未培养的1种（uncultured_Nocardioides sp.）、间孢囊菌科的1种（f_Intrasporangiaceae sp.）、黄杆菌科的1种（f_Flavobacteriaceae sp.），各属未形成绝对的数量优势，相互交替消长；腐质还原棒杆菌（*Corynebacterium humireducens*）数量变化动态幅度较大，表现出发酵初期和发酵末期数量高，发酵中期数量低；类诺卡氏菌属未培养的1种（uncultured_Nocardioides sp.）表现出前中期（第9天以前）数量较低，后期（第9天后）数量较高；间孢囊菌科的1种（f_Intrasporangiaceae sp.）数量较低，随着发酵进程数量波动着逐渐下降、黄杆菌科的1种（f_Flavobacteriaceae sp.）数量较低，随着发酵进程数量小幅波动上升（图3-60）。

表3-53 菌糠处理组（g1）前30种水平细菌相对含量（read）变化动态

细菌种	菌糠处理组（g1）发酵过程							
	0d	1d	3d	5d	7d	9d	11d	13d
腐质还原棒杆菌（*Corynebacterium humir-educens*）	4847	7299	3583	2728	5292	3530	4507	5027
类诺卡氏菌属未培养的1种（uncultured_*Nocardioides* sp.）	3211	954	3417	3657	2461	898	6023	2665
间孢囊菌科的1种（f_Intrasporangiaceae sp.）	2889	4000	2399	2218	2529	1973	1340	2422
黄杆菌科的1种（f_Flavobacteriaceae sp.）	1264	933	1480	649	1651	1448	1205	2026

续表

细菌种	菌糠处理组（g1）发酵过程							
	0d	1d	3d	5d	7d	9d	11d	13d
粪短状杆菌（Brachybacterium faecium）	2036	1004	2283	2401	1774	840	719	1064
鸟氨酸微菌属未培养的1种（uncultured_Ornithinimicrobium sp.）	3341	2832	2378	2247	2915	1820	2798	1656
狭义梭菌属1未培养的1种（uncultured_Clostridium_sensu_stricto_1 sp.）	1129	1219	1049	918	1120	881	1213	479
目JG30-KF-CM45分类地位未定的1种（norank_o_JG30-KF-CM45）	1141	714	1038	684	715	956	577	1028
盐水球菌属未培养的1种（uncultured_Salinicoccus sp.）	318	97	412	166	184	73	146	74
目JG30-KF-CM45分类地位未定的1种（norank_o_JG30-KF-CM45）	1854	1256	1858	1456	1155	1449	982	1107
短杆菌属的1种（Brevibacterium sp.）	2097	1028	2353	1840	1690	942	668	925
两面神杆菌属的1种（Janibacter sp.）	2364	1018	1327	1649	1197	818	533	646
海面菌属未培养的1种（uncultured_Aequorivita sp.）	2182	1161	2465	377	3256	2108	1539	3730
微球菌目的1种（o_Micrococcales sp.）	1313	1389	1134	790	1122	821	691	756
迪茨氏菌属的1种（Dietzia sp.）	1374	772	1015	649	1124	574	495	812
土生孢杆菌属未培养的1种（uncultured_organism_Terrisporobacter sp.）	539	444	476	373	491	308	503	185
特吕珀菌属未培养的1种（uncultured_Truepera sp.）	1067	632	1899	1880	1195	1004	1141	1213
弗雷尼氏棒杆菌（Corynebacterium freneyi）	541	700	333	257	487	276	611	515
藤黄色杆菌属未培养的1种（uncultured_Luteibacter sp.）	206	97	353	105	76	87	170	26
石单胞菌属未培养的1种（uncultured_Petrimonas sp.）	115	83	113	43	220	89	997	414
乳杆菌属的1种（Lactobacillus sp.）	1187	464	509	2564	1305	393	539	352
寡源菌属的1种（Oligella sp.）	650	3525	633	129	380	383	2151	239
盐单胞菌属的1种（Halomonas sp.）	249	217	293	141	537	158	319	300
原小单孢菌科的1的1种（f_Promicromonosporaceae sp.）	662	383	509	383	632	354	337	980
链球菌属的1种（Streptococcus sp.）	780	420	322	280	380	201	502	201
鸟杆菌属未培养的1种（uncultured_Ornithobacterium sp.）	902	780	1206	723	1470	637	782	828
古根海姆氏菌属未培养的1种（uncultured_Guggenheimella sp.）	408	710	333	323	405	380	817	267
土壤巴里恩托斯单胞菌（Barrientosiimonas humi）	470	152	152	279	123	138	66	59
棒杆菌属的1种（Corynebacterium sp.）	706	688	576	500	919	585	686	978
魏斯氏菌属的1种（Weissella sp.）	0	0	2	1103	481	71	638	60

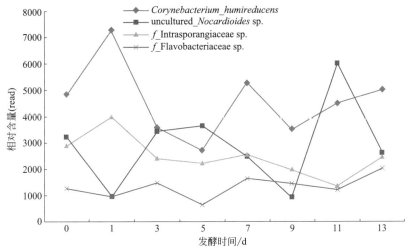

图3-60　菌糠对照组（g1）前4种水平细菌相对含量（read）变化动态

0 d代表基础发酵床垫料；1～13 d代表添加营养配料后采样时间

②豆饼粉处理组（g2）前30种水平细菌相对含量（read）变化动态见表3-54。优势种为：腐质还原棒杆菌（*Corynebacterium humireducens*）、类诺卡氏菌属未培养的1种（uncultured_*Nocardioides* sp.）、间孢囊菌科的1种（f_Intrasporangiaceae sp.）、黄杆菌科的1种（f_Flavobacteriaceae sp.），各种未形成绝对的数量优势，相互交替消长；腐质还原棒杆菌（*Corynebacterium humireducens*）数量变化动态幅度较大，发酵初期数量下降，第1天后迅速上升，到第7天达到峰值，随后逐渐下降，第13天达到低谷；类诺卡氏菌属未培养的1种（uncultured_*Nocardioides* sp.）随着发酵进程，数量波动变化幅度较大，在第3天和第9天形成峰值，第7天和第11天形成低谷；间孢囊菌科的1种（f_Intrasporangiaceae sp.）和黄杆菌科的1种（f_Flavobacteriaceae sp.）数量较低，随着发酵进程数量小幅波动上升（图3-61）。

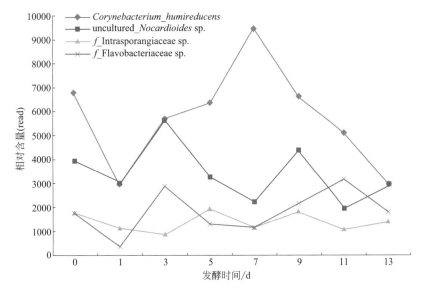

图3-61　豆饼粉处理组（g2）前4种水平细菌相对含量（read）变化动态

0 d代表基础发酵床垫料；1～13 d代表添加营养配料后采样时间

表3-54　豆饼粉处理组（g2）前30种水平细菌相对含量（read）变化动态

细菌种	豆饼粉处理组（g2）发酵过程							
	0d	1d	3d	5d	7d	9d	11d	13d
腐质还原棒杆菌（*Corynebacterium humireducens*）	6813	2937	5710	6365	9469	6634	5130	2966
类诺卡氏菌属未培养的1种（uncultured_*Nocardioides* sp.）	3961	3015	5585	3281	2240	4405	1922	2964
间孢囊菌科的1种（f_Intrasporangiaceae sp.）	1781	1131	869	1947	1161	1838	1074	1411
黄杆菌科的1种（f_Flavobacteriaceae sp.）	1768	353	2882	1310	1149	2163	3191	1799
粪短杆菌（*Brachybacterium faecium*）	885	998	381	1728	1120	1497	943	866
鸟氨酸微菌属未培养的1种（uncultured_*Ornithinimicrobium* sp.）	913	506	521	868	386	1154	1112	806
狭义梭菌属1未培养的1种（uncultured_*Clostridium*_sensu_stricto_1 sp.）	1461	861	1666	1200	1094	1857	1545	1899
目JG30-KF-CM45分类地位未定的1种（norank_o_JG30-KF-CM45 sp.）	1783	1283	1278	1535	1039	1629	1289	2406
盐水球菌属未培养的1种（uncultured_*Salinicoccus* sp.）	1142	1063	1107	1470	1533	1970	3539	3287
目JG30-KF-CM45分类地位未定的1种（norank_o_JG30-KF-CM45 sp.）	904	657	495	674	328	783	583	718
短杆菌属的1种（*Brevibacterium* sp.）	562	932	289	1279	285	991	333	1243
两面神杆菌属的1种（*Janibacter* sp.）	664	579	164	1015	190	834	451	601
海面菌属未培养的1种（uncultured_*Aequorivita* sp.）	89	62	101	186	29	232	965	334
微球菌目的1种（o_Micrococcales sp.）	773	512	434	843	553	860	469	595
迪茨氏菌属的1种（*Dietzia* sp.）	1109	724	504	1195	527	1309	470	1156
土生孢杆菌属未培养的1种（uncultured_organism_*Terrisporobacter* sp.）	721	417	796	573	549	907	802	917
特吕珀菌属未培养的1种（uncultured_*Truepera* sp.）	405	126	195	176	161	382	102	67
弗雷尼氏棒杆菌（*Corynebacterium freneyi*）	1209	503	695	1321	1277	1238	746	527
藤黄色杆菌属未培养的1种（uncultured_*Luteibacter* sp.）	32	44	13	34	6	65	114	25
石单胞菌属未培养的1种（uncultured_*Petrimonas* sp.）	614	115	2065	850	1463	739	1793	455
乳杆菌属的1种（*Lactobacillus* sp.）	593	431	414	1005	807	815	444	333
寡源菌属的1种（*Oligella* sp.）	24	110	15	20	17	19	27	8
盐单胞菌属的1种（*Halomonas* sp.）	485	234	1891	1123	1031	676	1211	410
原小单孢菌的1种（f_Promicromonosporaceae sp.）	954	464	218	613	408	769	194	1050
链球菌属的1种（*Streptococcus* sp.）	487	329	722	440	478	972	1992	812
鸟杆菌属未培养的1种（uncultured_*Ornithobacterium* sp.）	140	78	231	209	104	346	315	376
古根海姆氏菌属未培养的1种（uncultured_*Guggenheimella* sp.）	603	208	740	354	660	593	699	553
土壤巴里恩托斯单胞菌（*Barrientosiimonas humi*）	102	124	31	197	15	148	70	78
棒杆菌属的1种（*Corynebacterium* sp.）	372	220	362	426	547	397	300	173
魏斯氏菌属的1种（*Weissella* sp.）	0	965	187	167	1063	200	265	16

③红糖粉处理组（g3）前30种水平细菌相对含量（read）变化动态见表3-55。优势种为：腐质还原棒杆菌（*Corynebacterium humireducens*）、类诺卡氏菌属未培养的1种（uncultured_*Nocardioides* sp.）、间孢囊菌科的1种（f_Intrasporangiaceae sp.）、黄杆菌科的1种（f_Flavobacteriaceae sp.）；腐质还原棒杆菌（*Corynebacterium humireducens*）和间孢囊菌科的1

种（f_Intrasporangiaceae sp.）数量较高，影响着种群动态，数量变化趋势相近，随着发酵进程数量变化动态幅度较大，第9天达到峰值，随后迅速下降到达低谷；类诺卡氏菌属未培养的1种（uncultured_Nocardioides sp.）数量较低，随着发酵进程数量波动变化幅度较小，保持平稳；黄杆菌科的1种（f_Flavobacteriaceae sp.）数量较高，随着发酵进程数量大幅波动，低谷在第3天和第9天，峰值在第7天和第13天（图3-62）。

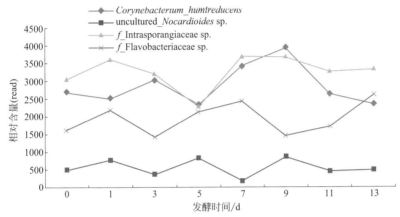

图3-62　红糖粉处理组（g3）前4种水平细菌相对含量（read）变化动态
0 d代表基础发酵床垫料；1～13 d代表添加营养配料后采样时间

表3-55　红糖粉处理组（g3）前30种水平细菌相对含量（read）变化动态

细菌种	红糖粉处理组（g3）发酵过程							
	0d	1d	3d	5d	7d	9d	11d	13d
腐质还原棒杆菌（Corynebacterium humireducens）	2698	2510	3019	2356	3424	3954	2630	2362
类诺卡氏菌属未培养的1种（uncultured_Nocardioides）	505	777	361	838	164	866	448	492
间孢囊菌科的1种（f_Intrasporangiaceae）	3048	3592	3197	2300	3681	3669	3269	3339
黄杆菌科的1种（f_Flavobacteriaceae）	1623	2179	1420	2114	2438	1445	1716	2610
粪短杆菌（Brachybacterium faecium）	2246	3262	1944	1940	2013	2673	2338	2246
鸟氨酸微菌属未培养的1种（uncultured_Ornithinimicrobium）	1857	2046	1899	3071	2876	2209	2530	2369
狭义梭菌属1未培养的1种（uncultured_Clostridium_sensu_stricto_1）	2345	2894	2213	3965	2576	2351	1976	2087
目JG30-KF-CM45分类地位未定的1种（norank_o_JG30-KF-CM45）	914	1280	723	794	448	718	991	1200
盐水球菌属未培养的1种（uncultured_Salinicoccus）	34	49	25	61	32	33	51	36
目JG30-KF-CM45分类地位未定的1种（norank_o_JG30-KF-CM45）	1630	2286	1293	1438	717	1333	1664	1917
短杆菌属的1种（Brevibacterium）	611	949	577	529	407	833	850	817
两面神杆菌属的1种（Janibacter）	1210	1524	984	1102	1215	1232	1574	1439
海面菌属未培养的1种（uncultured_Aequorivita）	198	420	744	574	1030	389	1159	806
微球菌目未分类的1种（o_Micrococcales）	616	708	708	493	891	748	1065	955
迪茨氏菌属的1种（Dietzia）	348	559	613	362	418	409	496	388

续表

细菌种	红糖粉处理组（g3）发酵过程							
	0d	1d	3d	5d	7d	9d	11d	13d
土生孢杆菌属未培养的1种（uncultured_organism_*Terrisporobacter*）	1113	1361	1247	1657	1048	1052	879	1039
特吕珀菌属未培养的1种（uncultured_*Truepera*）	1403	1440	952	1065	493	959	962	958
弗雷尼氏棒杆菌（*Corynebacterium freneyi*）	146	212	187	170	161	191	197	111
藤黄色杆菌属未培养的1种（uncultured_*Luteibacter*）	1609	4007	2074	3070	1360	883	2070	2902
石单胞菌属未培养的1种（uncultured_*Petrimonas*）	173	80	150	165	274	622	208	137
乳杆菌的1种（*Lactobacillus*）	218	216	334	249	377	299	210	130
寡源菌属的1种（*Oligella*）	1015	669	1095	1573	1450	1737	662	471
盐单胞菌属的1种（*Halomonas*）	90	74	189	150	231	100	146	87
原小单孢菌科的1种（f_*Promicromonosporaceae*）	398	729	494	327	285	465	761	1033
链球菌属的1种（*Streptococcus*）	241	333	500	537	654	401	320	194
鸟杆菌属未培养的1种（uncultured_*Ornithobacterium*）	219	451	330	695	343	248	699	571
古根海姆氏菌属未培养的1种（uncultured_*Guggenheimella*）	318	196	295	310	434	528	199	198
土壤巴里恩托斯单胞菌（*Barrientosiimonas humi*）	1212	1522	992	1333	1372	1143	1261	2113
棒杆菌属的1种（*Corynebacterium*）	233	228	219	179	289	336	219	193
魏斯氏菌属的1种（*Weissella*）	0	9	31	2072	188	151	109	48

④ 玉米粉处理组（g4）前30种水平细菌相对含量（read）变化动态见表3-56。优势种为：腐质还原棒杆菌（*Corynebacterium humireducens*）、类诺卡氏菌属未培养的1种（uncultured_*Nocardioides* sp.）、间孢囊菌科的1种（f_*Intrasporangiaceae* sp.）、黄杆菌科的1种（f_*Flavobacteriaceae* sp.）；腐质还原棒杆菌（*Corynebacterium humireducens*）数量较高，主导着种群变化动态，在第3天和第9天形成峰值，随后数量急剧下降到第13天的谷底；类诺卡氏菌属未培养的1种（uncultured_*Nocardioides*）数量较高，随着发酵进程数量波动变化，逐步上升；间孢囊菌科的1种（f_*Intrasporangiaceae* sp.）和黄杆菌科的1种（f_*Flavobacteriaceae* sp.）数量变化趋势相近，随着发酵进程数量变化动态幅度较小，前者第11天达到峰值，随后迅速下降达低谷，后者第9天进入低谷，随后上升到峰值（图3-63）。

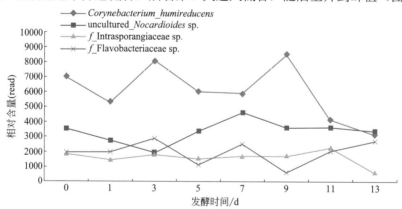

图3-63 玉米粉处理组（g4）前4种水平细菌相对含量（read）变化动态

0 d代表基础发酵床垫料；1～13 d代表添加营养配料后采样时间

表3-56　玉米粉处理组（g4）前30种水平细菌相对含量（read）变化动态

细菌种	玉米粉处理组（g4）发酵过程							
	0d	1d	3d	5d	7d	9d	11d	13d
腐质还原棒杆菌（*Corynebacterium humireducens*）	7034	5356	8089	6049	5892	8576	4167	3192
类诺卡氏菌属未培养的1种（uncultured_*Nocardioides*）	3556	2755	1958	3392	4596	3593	3643	3403
间孢囊菌科的1种（f_Intrasporangiaceae）	1854	1439	1809	1558	1689	1725	2281	615
黄杆菌科的1种（f_Flavobacteriaceae）	1872	1999	2880	1126	2513	638	2051	2735
粪短杆菌（*Brachybacterium faecium*）	1774	1936	1107	2602	1042	2904	1174	589
鸟氨酸微菌属未培养的1种（uncultured_*Ornithinimicrobium*）	926	656	707	741	572	640	813	898
狭义梭菌属1未培养的1种（uncultured_*Clostridium*_sensu_stricto_1）	1092	959	1264	924	1502	1095	1632	938
目JG30-KF-CM45分类地位未定的1种（norank_o_JG30-KF-CM45）	1528	1660	762	1552	2796	1157	4089	534
盐水球菌属未培养的1种（uncultured_*Salinicoccus*）	1877	2308	1440	3203	2035	4893	2803	1670
目JG30-KF-CM45分类地位未定的1种（norank_o_JG30-KF-CM45）	739	666	336	673	751	322	1083	281
短杆菌属的1种（*Brevibacterium*）	966	531	416	1014	858	883	1175	207
两面神杆菌属的1种（*Janibacter*）	654	391	407	630	452	529	697	266
海面菌属未培养的1种（uncultured_*Aequorivita*）	47	177	63	109	128	21	332	912
微球菌目的1种（o_Micrococcales）	664	633	742	564	742	727	802	292
迪茨氏菌属的1种（*Dietzia*）	548	702	703	699	1204	836	1574	365
土生孢杆菌属未培养的1种（uncultured_organism_*Terrisporobacter*）	552	400	574	524	758	495	897	469
特吕珀菌属未培养的1种（uncultured_*Truepera*）	510	302	252	356	222	243	165	218
弗雷尼氏棒杆菌（*Corynebacterium freneyi*）	523	965	1085	827	863	1530	1004	462
藤黄色杆菌属未培养的1种（uncultured_*Luteibacter*）	62	17	5	7	10	35	24	54
石单胞菌属未培养的1种（uncultured_*Petrimonas*）	439	1242	1251	447	866	488	449	2480
乳杆菌属的1种（*Lactobacillus*）	428	367	514	924	561	850	574	292
寡源菌属的1种（*Oligella*）	31	34	20	23	6	27	7	10
盐单胞菌属的1种（*Halomonas*）	267	755	1334	795	1123	318	529	1540
原小单孢菌科的1种（f_Promicromonosporaceae）	340	365	520	535	439	478	664	164
链球菌属的1种（*Streptococcus*）	314	308	501	702	544	281	512	761
鸟杆菌属未培养的1种（uncultured_*Ornithobacterium*）	114	170	224	222	284	109	511	250
古根海姆氏菌属未培养的1种（uncultured_*Guggenheimella*）	417	376	577	280	412	379	473	556
土壤巴里恩托斯单胞菌（*Barrientosiimonas humi*）	111	60	31	51	67	70	110	27
棒杆菌属的1种（*Corynebacterium*）	458	401	425	512	372	685	271	224
魏斯氏菌属的1种（*Weissella*）	1	2	0	1448	100	3478	52	550

4. 整合微生物菌剂处理组细菌种群热图聚类分析

不同培养基配方生产的整合微生物组菌剂细菌种群存在差异，利用热图聚类分析（Heatmap），从细菌群落特征和处理组配方特性角度对整合微生物组菌剂进行聚类分析。Heatmap 图是以颜色梯度来表征二维矩阵或表格中的数据大小，并呈现群落物种组成信息。通常根据物种或样本间丰度的相似性进行聚类，并将结果呈现在群落 Heatmap 图上，可使高丰度和低丰度的物种分块聚集，通过颜色变化与相似程度来反映不同分组（或样本）在各分类水平上群落组成的相似性和差异性。软件及算法：R 语言 vegan 包。

（1）细菌门水平种群热图聚类分析　处理组细菌种群门水平热图分析见图 3-64。物种层和样本层聚类方法用 complete，对前 30 个细菌门进行分析，物种层列纵向，样本层列横向。

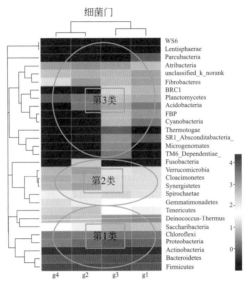

图3-64　细菌门水平种群热图聚类分析

从物种层面看，可将细菌门分为 3 类，第 1 类为高含量类，包括放线菌门（Actinobacteria）、厚壁菌门（Firmicutes）、拟杆菌门（Bacteroidetes）、变形菌门（Proteobacteria）、绿弯菌门（Chloroflexi）、异常球菌 - 栖热菌门（Deinococcus-Thermus）、糖杆菌门（Saccharibacteria）、柔膜菌门（Tenericutes）等；第 2 类为中含量类，包括芽单胞菌门（Gemmatimonadetes）、螺旋体门（Spirochaetae）、疣微菌门（Verrucomicrobia）、阴沟单胞菌门（Cloacimonetes）、互养菌门（Synergistetes）、纤维杆菌门（Fibrobacteres）等，第 3 类为低含量类，包括其余细菌门，如候选门（Atribacteria）、浮霉菌门（Planctomycetes）、梭杆菌门（Fusobacteria）、蓝细菌门（Cyanobacteria）、醋杆菌门（Acidobacteria）、空腔杆菌门（Absconditabacteria）、候选门 Microgenomates、依赖菌门（Dependentiae）、候选门 Parcubacteria、热袍菌门（Thermotogae）、黏胶球形菌门（Lentisphaerae）等。

从样本层面看，处理组 g4（玉米粉组）和 g2（豆饼粉组）组成一类，g3（红糖粉组）和 g1（菌糠对照组）组成一类。

（2）细菌纲水平种群热图聚类分析　处理组细菌种群纲水平热图分析见图 3-65。物种层和样本层聚类方法用 complete，对前 30 个细菌纲进行分析，物种层列纵向，样本层列横向。

从物种层面看，可将细菌纲分为 4 类，第 1 类为高含量类，包括放线菌纲（Actinobacteria）、芽胞杆菌纲（Bacilli）、梭菌纲（Clostridia）、黄杆菌纲（Flavobacteriia）、γ - 变形菌纲（Gammaproteobacteria）、热微菌纲（Thermomicrobia）、拟杆菌纲（Bacteroidia）；第 2 类为中含量类，包括鞘氨醇杆菌纲（Sphingobacteriia）、异常球菌纲（Deinococci）、β - 变形菌纲（Betaproteobacteria）、α - 变形菌纲（Alphaproteobacteria）、丹毒丝菌纲（Erysipelotrichia）、δ - 变形菌纲（Deltaproteobacteria）、厌氧绳菌纲（Anaerolineae）、糖杆菌纲（Saccharibacteria）；第 3 类为低含量类，包括如拟杆菌门分类地位未定的 1 纲

（Bacteroidetes_Incertae_Sedis）、柔膜菌纲（Mollicutes）、芽单胞菌纲（Gemmatimonadetes）、拟杆菌门未分类的1纲（unclassified_p_Bacteroidetes）、噬细胞菌纲（Cytophagia）、阴壁菌纲（Negativicutes）、螺旋体纲（Spirochaetes）；第4类为微含量类，包括互养菌纲（Synergistia）、湖绳菌纲（Limnochordia）、阴沟单胞菌门分类地位未定的1纲（Cloacimonetes_Incertae_Sedis）、纤维杆菌纲（Fibrobacteria）、暖绳菌纲（Caldilineae）、疣微菌纲（Verrucomicrobiae）等。

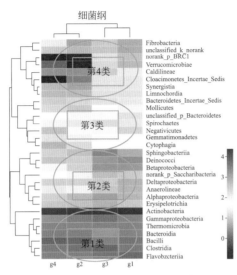

图3-65　细菌纲水平种群热图聚类分析

从样本层面看，处理组g4（玉米粉组）和g2（豆饼粉组）组成一类，g3（红糖粉组）和g1（菌糠对照组）组成一类。

（3）细菌目水平种群热图聚类分析　处理组细菌种群目水平热图分析见图3-66。物种层和样本层聚类方法用complete，对前30个细菌目进行分析，物种层列纵向，样本层列横向。

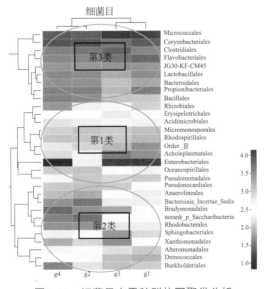

图3-66　细菌目水平种群热图聚类分析

从物种层面看，可将细菌目分为 3 类，第 3 类为高含量类，包括微球菌目（Micrococcales）、棒菌目（Corynebacteriales）、梭菌目（Clostridiales）、黄杆菌目（Flavobacteriales）、丙酸杆菌目（Propionibacteriales）、乳杆菌目（Lactobacillales）、芽胞杆菌目（Bacillales）、拟杆菌目（Bacteroidales）；第 2 类为中含量类，包括鞘氨醇杆菌目（Sphingobacteriales）、异常球菌目（Deinococcales）、黄单胞菌目（Xanthomonadales）、海洋螺菌目（Oceanospirillales）、伯克氏菌目（Burkholderiales）、交替单胞菌目（Alteromonadales）、假单胞菌目（Pseudomonadales）、丹毒丝菌目（Erysipelotrichales）、醋微菌目（Acidimicrobiales）、厌氧绳菌目（Anaerolineales）；第 1 类为低含量类，包括根瘤菌目（Rhizobiales）、拟杆菌纲分类地位未定的 1 目（Bacteroidia_Incertae_Sedis）、假诺卡氏菌目（Pseudonocardiales）、糖杆菌门分类地位未定的 1 目（norank_p_Saccharibacteria）、红杆菌目（Rhodobacterales）、无胆甾原体目（Acholeplasmatales）、小单孢菌目（Micromonosporales）、肠杆菌目（Enterobacteriales）、红螺菌目（Rhodospirillales）、短单胞菌目（Bradymonadales）。

从样本层面看，处理组 g4（玉米粉组）和 g2（豆饼粉组）组成一类，g3（红糖粉组）和 g1（菌糠对照组）组成一类。

（4）细菌科水平种群热图聚类分析　处理组细菌种群科水平热图分析见图 3-67。物种层和样本层聚类方法用 complete，对前 30 个细菌科进行分析，物种层列纵向，样本层列横向。

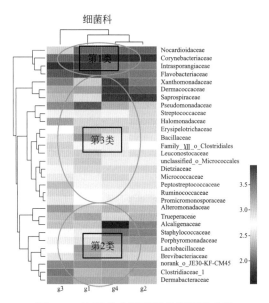

图3-67　细菌科水平种群热图聚类分析

从物种层面看，可将细菌科分为 3 类，第 1 类为高含量类，包括棒杆菌科（Corynebacteriaceae）、间孢囊菌科（Intrasporangiaceae）、黄杆菌科（Flavobacteriaceae）、类诺卡氏菌科（Nocardioidaceae）；第 2 类为中含量类，包括梭菌科（Clostridiaceae）、葡萄球菌科（Staphylococcaceae）、皮杆菌科（Dermabacteraceae）、紫单胞菌科（Porphyromonadaceae）、乳杆菌科（Lactobacillaceae）、短杆菌科（Brevibacteriaceae）、特吕珀菌科（Trueperaceae）、黄单胞菌科（Xanthomonadaceae）、消化链球菌科（Peptostreptococcaceae）等；第 3 类为低含量类，包括微球菌目未分类的 1 科（unclassified_Micrococcales）、迪茨氏菌科（Dietziaceae）、微球菌

科（Micrococcaceae）、瘤胃球菌科（Ruminococcaceae）、原小单孢菌科（Promicromonosporaceae）、产碱菌科（Alcaligenaceae）、链球菌科（Streptococcaceae）、盐单胞菌科（Halomonadaceae）、皮生球菌科（Dermacoccaceae）、梭菌目科XII（family_ XII _o_Clostridiales）、明串珠菌科（Leuconostocaceae）、交替单胞菌科（Alteromonadaceae）、腐螺旋菌科（Saprospiraceae）、假单胞菌科（Pseudomonadaceae）、丹毒丝菌科（Erysipelotrichaceae）、芽胞杆菌科（Bacillaceae）。

从样本层面看，处理组 g4（玉米粉组）和 g2（豆饼粉组）组成一类，g3（红糖粉组）、g1（菌糠对照组）单独组成一类。

（5）细菌属水平种群热图距离分析　处理组细菌种群属水平热图分析见图3-68。物种层和样本层聚类方法用 complete，对前 30 个细菌属进行分析，物种层列纵向，样本层列横向。

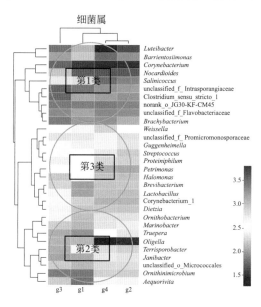

图3-68　细菌属水平种群热图聚类分析

从物种层面看，可将细菌属分为 3 类，第 1 类为高含量类，包括藤黄杆菌属（*Luteibacter*）、巴里恩托斯单胞菌属（*Barrientosiimonas*）、棒杆菌属（*Corynebacterium*）、类诺卡氏属（*Nocardioides*）、盐水球菌属（*Salinicoccus*）、间胞囊菌科未分类的1属（unclassified_f_*Intrasporangiaceae*）、梭菌属（*Clostridium*）、黄杆菌科未分类的1属（unclassified_f_*Flavobacteriaceae*）、短状杆菌属（*Brachybacterium*）；第 2 类为中含量类，包括特吕珀菌属（*Truepera*）、寡源菌属（*Oligella*）、土生孢杆菌属（*Terrisporobacter*）、两面神杆菌属（*Janibacter*）、微球菌目未分类的1属（unclassified_o_*Micrococcales*）、鸟氨酸微菌属（*Ornithinimicrobium*）、海面菌属（*Aequorivita*）；第 3 类为低含量类，包括魏斯氏菌属（*Weissella*）、原小单孢菌科未分类的1属（unclassified_f_ *Promicromonosporaceae*）、古根海姆氏菌属（*Guggenheimella*）、链球菌属（*Streptococcus*）、嗜蛋白菌属（*Proteiniphilum*）、石单胞菌属（*Petrimonas*）、盐单胞菌属（*Halomonas*）、短杆菌属（*Brevibacterium*）、乳杆菌属（*Lactobacillus*）、棒杆菌属（*Corynebacterium*）、迪茨氏菌属（*Dietzia*）、鸟杆菌属（*Ornithobacterium*）、海杆菌属（*Marinobacter*）。

从样本层面看，处理组 g4（玉米粉组）和 g2（豆饼粉组）组成一类，g3（红糖粉组）、g1（菌糠对照组）单独组成一类。

（6）细菌种水平种群热图聚类分析　处理组细菌种群种水平热图分析见图3-69。物种层和样本层聚类方法用complete，对前30个细菌种进行分析，物种层列纵向，样本层列横向。

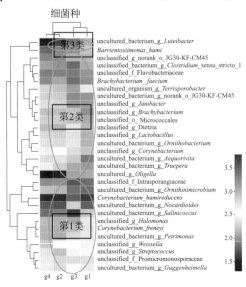

图3-69　细菌种水平种群热图聚类分析

从物种层面看，可将细菌种分为3类，第1类为高含量类，包括间胞囊菌科未分类的1种（unclassified_f_Intrasporangiaceae）、鸟氨酸微菌属未培养的1种（uncultured_Ornithinimicrobium sp.）、腐质还原棒杆菌（Corynebacterium humireducens）、类诺卡氏菌属未培养的1种（uncultured_Nocardioides）、盐水球菌属未培养的1种（uncultured_Salinicoccus sp.）、盐单胞菌属未分类的1种（unclassified_Halomonas sp.）、弗雷尼氏棒杆菌（Corynebacterium freneyi）、石单胞菌属未培养的1种（uncultured_Petrimonas sp.）、魏斯氏菌属未分类的1种（unclassified_Weissella sp.）、链球菌属未分类的1种（unclassified_Streptococcus sp.）、原小单孢菌科未分类的1种（unclassified_f_Promicromonosporaceae）、古根海姆氏菌属未培养的1种（uncultured_Guggenheimella sp.）；第2类为中含量类，包括候选目JG30-KF-CM45未培养的1种、狭义梭菌属1未培养的1种（uncultured_Clostridium_sensu_stricto_1）、黄杆菌科未分类的1种（unclassified_f_Flavobacteriaceae）、粪短状杆菌（Brachybacterium faecium）、土生孢杆菌属未培养的1种（uncultured_Terrisporobacter sp.）、候选目JG30-KF-CM45未培养的1种、两面神杆菌属未分类的1种（unclassified_Janibacter sp.）、短杆菌属未分类的1种（unclassified_Brevibacterium sp.）、微球菌目未分类的1种（unclassified_o_Micrococcales）、迪茨氏菌属未分类的1种（unclassified_Dietzia sp.）、乳杆菌属未分类的1种（unclassified_Lactobacillus sp.）、鸟杆菌属未培养的1种（uncultured_Ornithobacterium sp.）、棒杆菌属的1种（Corynebacterium sp.）、海面菌属未培养的1种（uncultured_Aequorivita）、特吕珀菌属未培养的1种（uncultured_Truepera sp.）、寡源菌属未分类的1种（unclassified_Oligella sp.）；第3类为低含量类，包括土壤巴里恩托斯单胞菌（Barrientosiimonas humi）、藤黄色杆菌属未培养的1种（uncultured_Luteibacter sp.）。

从样本层面看，处理组g4（玉米粉组）和g2（豆饼粉组）组成一类，g3（红糖粉组）和g1（菌糠对照组）组成一类。

5．整合微生物组菌剂处理组与物种关系Circos图分析

不同培养基配方处理，产生的整合微生物组菌剂存在物种组成的差异，为揭示处理组与物种的关系，用 Circos 画一些典型的基因组物理图，也用 Circos 的这种展示方式来表示一些其他联系，例如遗传图谱 marker 之间的关系、遗传图谱与物理图谱的对应关系等。Circos 样本与物种关系图是一种描述样本与物种之间对应关系的可视化圈图，该图不仅反映了每个样本（或分组）的优势物种组成比例，同时也反映了各优势物种在不同样本（分组）的分布比例。

Martin Krzywinski 最早开发了 Circos，他不仅是一名生物信息科学家，同时也是一位优秀的专业摄影师。Circos 不仅具备完善的数据可视化功能，还具备优美的展示方式。下面从软件安装、软件原理和图形结构三方面对其进行简单介绍。软件安装与运行需要两款软件：Perl 和 Circos。

Perl 软件：将 Perl 正常安装后，安装如下模块：Config ::General (v2.50 或更新的版本) Font ::TTFGD List ::MoreUtilsMath ::BezierMath::RoundMath ::VecStat。Params :: ValidateReadonly Regexp ::Common Set ::IntSpan (v1 .16 或最新版本) Text ::Format。

Circos 软件：下载完成后解压，在软件目录下创建文件夹（例如，MyData）用来存放配置文件、数据、结果图片等信息。并记下软件所在目录的详细地址。命令运行，Windows 用户打开 DOS 窗口，将路径切换到 Circos 所在目录下，将 conf 文件配置好，运行以下命令，将会得到以 "circos.png" 命名的结果。perl bin\circos -conf MyData\circos.conf -outputdir MyData -outputfile circos.png perl bin\circos 相当于运行 circos 软件；-conf circos.conf 配置文件路径，配置文件下面将会详细介绍；-outputdir 输出文件夹；-outputfile 输出图片名称；软件原理图片的生成与数据的导入都通过配置文件实现。

配置文件多种多样，通常以 conf 为后缀，分别具备不同的功能，关系如图 3-70 所示。"基本配置"用来定义圈图的基本框架、字体、模式、颜色等基本信息。"图形与规则配置"则主要用于染色体信息展示、标签大小、每一圈的图形、位置等信息设置，由于涉及具体信息的展示，所以数据的导入也是在此类配置文件中进行设置。

从图 3-70 还可以看出，"circos.conf" 为主配置文件，也是命令运行时唯一需要调用的配置文件。其他所有的配置文件可根据需要由 "circos.conf" 载入。在构建染色体的 Circos 图时，染色体数据一般位于 Circos 图中的最外圈，它可以决定其他圈的方向、位置等关键信息，起到类似坐标轴的作用，可从形状、大小、颜色、方向、位置等多方面设置。一般可展示的其他图形结构主要包括点、线、直方图、热图、文本等。点可用来表示各染色体不同位置的 SNP 的突变，线展示不同染色体区域之间的相关关系，热图用来展示单位区域突变数量的变化等。

（1）处理组与细菌门关系 Circos 图分析　将处理组细菌门进行平均值统计，做 Circos 图（图 3-71）。Circos 图由内外圈组成，外圈表明优势种，可看到对应的细菌门的种类和比例；内圈表明组成种，可看到对应的细菌门的种类和比例。

从处理组 g1 与细菌门的关系看［图 3-71(a)］，外圈红色对应的优势门为放线菌门（Actinobacteria），指向放线菌门表现出的累积数为 0 ～ 26%；内圈表明各细菌门在该组的累计值，放线菌门累计值为 0 ～ 49%；拟杆菌门（Bacteroidetes）累计值为 49% ～ 67%；厚壁菌门（Firmicutes）累计值为 15.4%、变形菌门（Proteobacteria）累计值为 9.2%、绿湾菌门（Chloroflexi）累计值为 5.6%；异常球菌 - 栖热菌门（Deinococcus-Thermus）累计值为 3.2%。

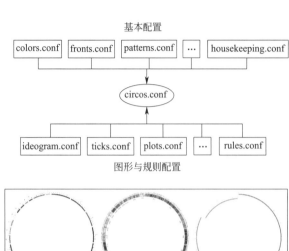

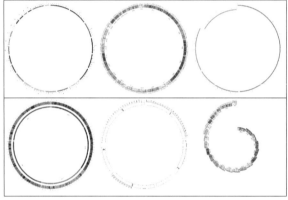

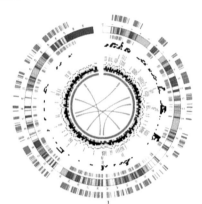

图3-70　物种关系Circos图分析原理

处理组g2优势门为放线菌门（Actinobacteria，含量46%）；其他依次是厚壁菌门（Firmicutes，含量24%）、拟杆菌门（Bacteroidetes，含量14%）、变形菌门（Proteobacteria，含量8.7%）、绿湾菌门（Chloroflexi，含量5.2%）、异常球菌-栖热菌门（Deinococcus-Thermus，含量0.5%）。与处理组g1相比较，放线菌门含量差不多，厚壁菌门高于g1，变形菌门和绿弯菌门差不多，异常球菌-栖热菌门低于g1［图3-71(b)］。

处理组g3优势门为放线菌门（Actinobacteria，含量43%）；其他依次是厚壁菌门（Firmicutes，含量18%）、拟杆菌门（Bacteroidetes，含量16%）、变形菌门（Proteobacteria，含量13%）、绿湾菌门（Chloroflexi，含量5.5%）、异常球菌-栖热菌门（Deinococcus-Thermus，含量2.4%）［图3-71(c)］。

处理组g4优势门为放线菌门（Actinobacteria，含量48%）；其他依次是厚壁菌门（Firmicutes，含量25%）、拟杆菌门（Bacteroidetes，含量15%）、变形菌门（Proteobacteria，含量4.9%）、绿湾菌门（Chloroflexi，含量5.7%）、异常球菌-栖热菌门（Deinococcus-Thermus，含量0.8%）［图3-71(d)］。

优势种群1放线菌门（Actinobacteria）在4个处理组中的分布分别为26%（g1）、25%（g2）、23%（g3）、26%（g4）［图3-71(e)］；优势种群2厚壁菌门（Firmicutes）在4个处理组中的分布分别为18%（g1）、30%（g2）、22%（g3）、30%（g4）［图3-71(f)］。优势种群3拟杆菌门（Bacteroidetes）在4个处理组中的分布分别为28%（g1）、23%（g2）、26%（g3）、23%（g4）［图3-71(g)］。优势种群4变形菌门（Proteobacteria）在4个处理组中的分布分别为26%（g1）、25%（g2）、36%（g3）、14%（g4）［图3-71(h)］。

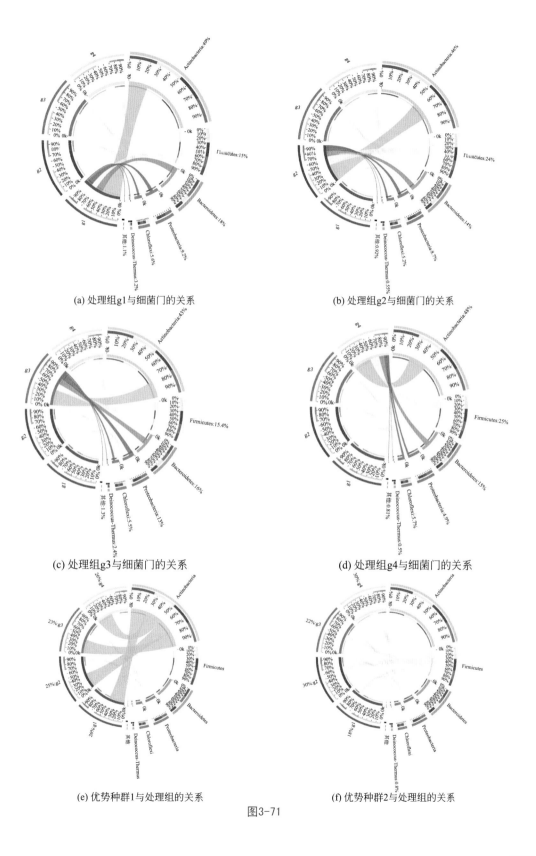

(a) 处理组g1与细菌门的关系　　　　　(b) 处理组g2与细菌门的关系

(c) 处理组g3与细菌门的关系　　　　　(d) 处理组g4与细菌门的关系

(e) 优势种群1与处理组的关系　　　　　(f) 优势种群2与处理组的关系

图3-71

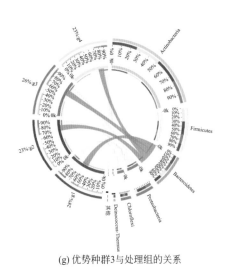
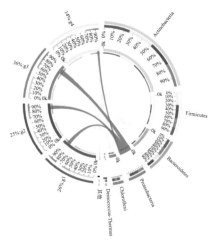

(g) 优势种群3与处理组的关系　　　　　　(h) 优势种群4与处理组的关系

图3-71　处理组与细菌门关系Circos图分析

（2）处理组与细菌纲关系 Circos 图分析　分析结果见图 3-72。处理组 g1 与细菌纲的前 3 个优势纲为放线菌纲（Actinobacteria）49%、黄杆菌纲（Flavobacteriia）11%、芽胞杆菌纲（Bacilli）7.4%；处理组 g2 与细菌纲的前 3 个优势纲为放线菌纲（Actinobacteria）48%、芽胞杆菌纲（Bacilli）13%、梭菌纲（Clostridia）10%；处理组 g3 与细菌纲的前 3 个优势纲为放线菌纲（Actinobacteria）43%、梭菌纲（Clostridia）12%、黄杆菌纲（Flavobacteriia）8.9%；处理组 g4 与细菌纲的前 3 个优势纲为放线菌纲（Actinobacteria）48%、芽胞杆菌纲（Bacilli）18%、梭菌纲（Clostridia）8.6%。

优势种群 1 放线菌纲（Actinobacteria）在 4 个处理组中的分布分别为 26%（g1）、25%（g2）、23%（g3）、26%（g4）；优势种群 2 芽胞杆菌纲（Bacilli）在 4 个处理组中的分布分别为 18%（g1）、32%（g2）、12%（g3）、38%（g4）；优势种群 3 梭菌纲（Clostridia）在 4 个处理组中的分布分别为 18%（g1）、27%（g2）、32%（g3）、23%（g4）；优势种群 4 黄杆菌纲（Flavobacteriia）在 4 个处理组中的分布分别为 33%（g1）、20%（g2）、26%（g3）、21%（g4）。

（3）处理组与细菌目关系 Circos 图分析　分析结果见图 3-73。处理组 g1 与细菌目的前 3 个优势目为微球菌目（Micrococcales）24%、棒杆菌目（Corynebacteriales）14%、梭菌目（Clostridiales）6.5%；处理组 g2 与细菌目的前 3 个优势目为棒杆菌目（Corynebacteriales）19%、微球菌目（Micrococcales）16%、梭菌目（Clostridiales）10%；处理组 g3 与细菌目的前 3 个优势目为微球菌目（Micrococcales）29%、梭菌目（Clostridiales）12%、棒杆菌目（Corynebacteriales）9.6%；处理组 g4 与细菌目的前 3 个优势目为棒杆菌目（Corynebacteriales）20%、微球菌目（Micrococcales）19%、梭菌目（Clostridiales）8.4%。

优势种群 1 微球菌目（Micrococcales）在 4 个处理组中的分布分别为 27%（g1）、19%（g2）、33%（g3）、21%（g4）；优势种群 2 棒杆菌目（Corynebacteriales）在 4 个处理组中的分布分别为 23%（g1）、30%（g2）、15%（g3）、31%（g4）；优势种群 3 梭菌目（Clostridiales）在 4 个处理组中的分布分别为 18%（g1）、27%（g2）、32%（g3）、23%（g4）；优势种群 4 棒杆菌目（Corynebacteriales）在 4 个处理组中的分布分别为 33%（g1）、20%（g2）、26%（g3）、21%（g4）。

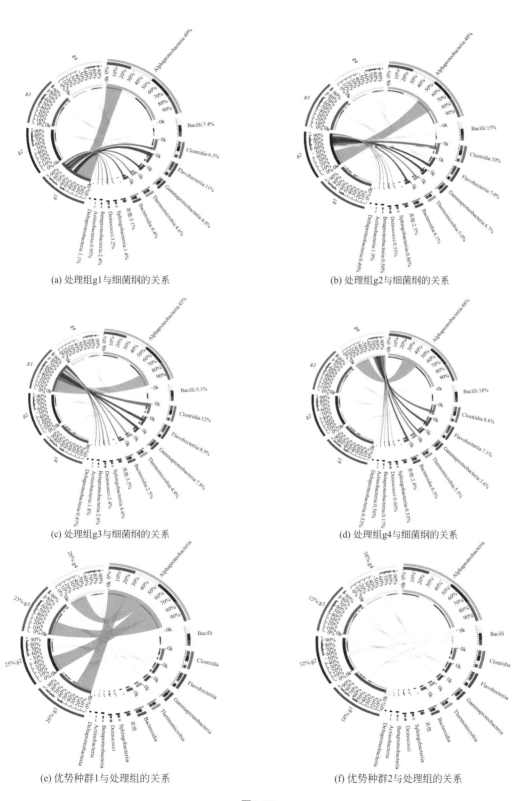

(a) 处理组g1与细菌纲的关系

(b) 处理组g2与细菌纲的关系

(c) 处理组g3与细菌纲的关系

(d) 处理组g4与细菌纲的关系

(e) 优势种群1与处理组的关系

(f) 优势种群2与处理组的关系

图3-72

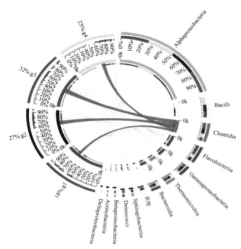

(g) 优势种群3与处理组的关系

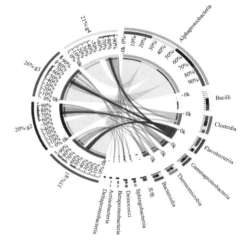

(h) 优势种群4与处理组的关系

图3-72　处理组与细菌纲关系Circos图分析

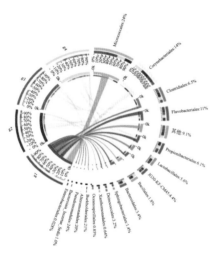

(a) 处理组g1与细菌目的关系

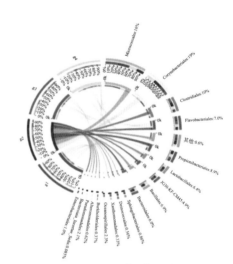

(b) 处理组g2与细菌目的关系

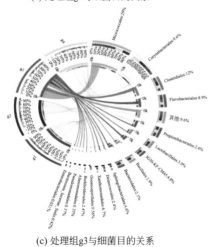

(c) 处理组g3与细菌目的关系

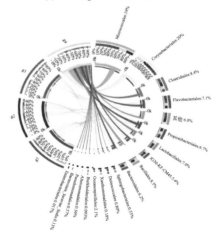

(d) 处理组g4与细菌目的关系

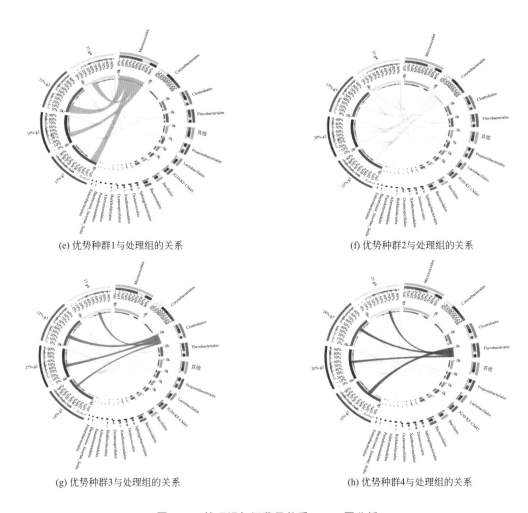

(e) 优势种群1与处理组的关系　　　　　　　(f) 优势种群2与处理组的关系

(g) 优势种群3与处理组的关系　　　　　　　(h) 优势种群4与处理组的关系

图3-73　处理组与细菌目关系Circos图分析

（4）处理组与细菌科关系 Circos 图分析　分析结果见图 3-74。处理组 g1 与细菌科的前 3 个优势科为棒杆菌科（Corynebacteriaceae）12%、间孢囊菌科（Intrasporangiaceae）13%、黄杆菌科（Flavobacteriaceae）11%；处理组 g2 与细菌科的前 3 个优势科为棒杆菌科（Corynebacteriaceae）16%、间孢囊菌科（Intrasporangiaceae）6.3%、黄杆菌科（Flavobacteriaceae）6.5%；处理组 g3 与细菌科的前 3 个优势科为棒杆菌科（Corynebacteriaceae）7%、间孢囊菌科（Intrasporangiaceae）14%、黄杆菌科（Flavobacteriaceae）8.5%；处理组 g4 与细菌科的前 3 个优势科为棒杆菌科（Corynebacteriaceae）17%、间孢囊菌科（Intrasporangiaceae）6.7%、黄杆菌科（Flavobacteriaceae）6.6%。

优势种群 1 棒杆菌科（Corynebacteriaceae）在 4 个处理组中的分布分别为 23%（g1）、31%（g2）、13%（g3）、33%（g4）；优势种群 2 间孢囊菌科（Intrasporangiaceae）在 4 个处理组中的分布分别为 31%（g1）、16%（g2）、36%（g3）、17%（g4）；优势种群 3 黄杆菌科（Flavobacteriaceae）在 4 个处理组中的分布分别为 33%（g1）、20%（g2）、26%（g3）、20%（g4）；优势种群 4 类诺卡氏菌科（Nocardioidaceae）在 4 个处理组中的分布分别为 29%（g1）、32%（g2）、7%（g3）、32%（g4）。

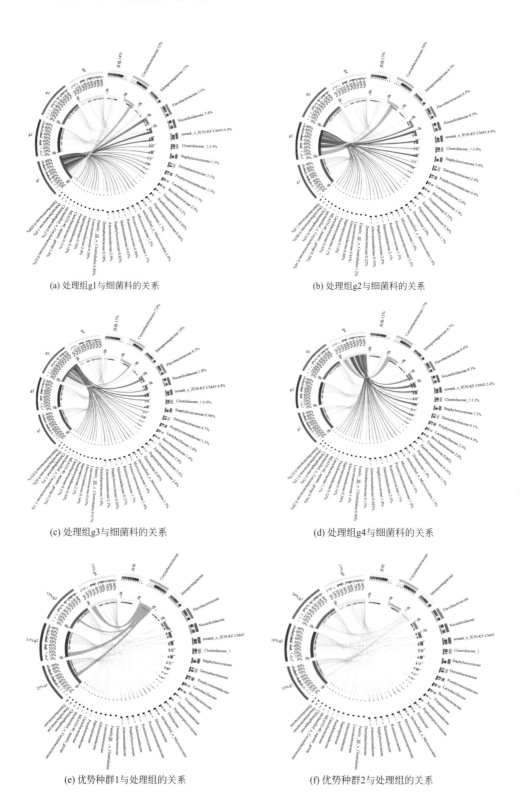

(a) 处理组g1与细菌科的关系

(b) 处理组g2与细菌科的关系

(c) 处理组g3与细菌科的关系

(d) 处理组g4与细菌科的关系

(e) 优势种群1与处理组的关系

(f) 优势种群2与处理组的关系

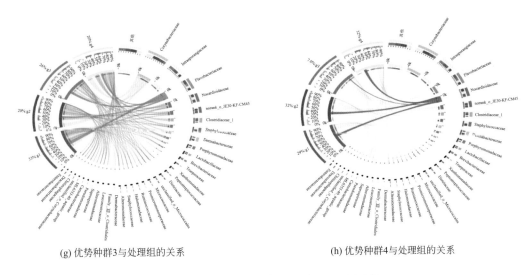

(g) 优势种群3与处理组的关系　　　　　　(h) 优势种群4与处理组的关系

图3-74　处理组与细菌科关系Circos图分析

（5）处理组与细菌属关系 Circos 图分析　分析结果见图 3-75。处理组 g1 与细菌属的前 3 个优势属为棒杆菌属（*Corynebacterium*）10%、类诺卡氏菌属（*Nocardioides*）6.4%、间孢囊菌科未分类的 1 属（unclassified_f_Intrasporangiaceae）4.8%；处理组 g2 与细菌属的前 3 个优势属为棒杆菌属（*Corynebacterium*）14%、类诺卡氏菌属（*Nocardioides*）8.1%、候选目 JG30-KF-CM45 分类地位未定的 1 属（norank_o_ JG30-KF-CM45）4.0%；处理组 g3 与细菌属的前 3 个优势属为棒杆菌属（*Corynebacterium*）8.1%、间孢囊菌科未分类的 1 属（unclassified_f_Intrasporangiaceae）6.5%、狭义梭菌属 1（*Clostridium_sensu_stricto_1*）6%；处理组 g4 与细菌属的前 3 个优势属为棒杆菌属（*Corynebacterium*）15%、类诺卡氏菌属 (*Nocardioides*)8.1%、候选目 JG30-KF-CM45 分类地位未定的 1 属（norank_o_ JG30-KF-CM45）5.4%。

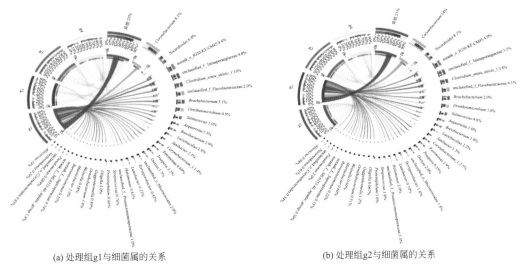

(a) 处理组g1与细菌属的关系　　　　　　(b) 处理组g2与细菌属的关系

图3-75

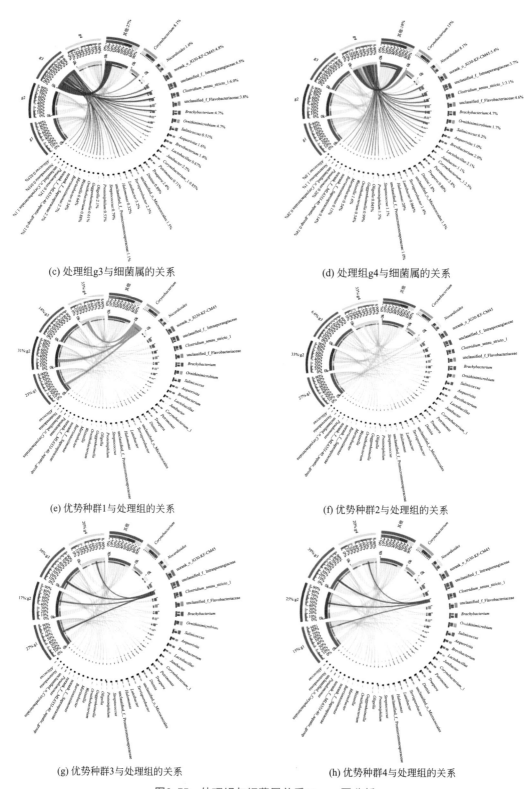

(c) 处理组g3与细菌属的关系　　　　　　(d) 处理组g4与细菌属的关系

(e) 优势种群1与处理组的关系　　　　　　(f) 优势种群2与处理组的关系

(g) 优势种群3与处理组的关系　　　　　　(h) 优势种群4与处理组的关系

图3-75　处理组与细菌属关系Circos图分析

优势种群 1 棒杆菌属（*Corynebacterium*）在 4 个处理组中的分布分别为 23%（g1）、31%（g2）、14%（g3）、33%（g4）；优势种群 2 类诺卡氏菌属（*Nocardioides*）在 4 个处理组中的分布分别为 27%（g1）、33%（g2）、6.6%（g3）、33%（g4）；优势种群 3 间孢囊菌科未分类的 1 属（unclassified_f_Intrasporangiaceae）在 4 个处理组中的分布分别为 27%（g1）、17%（g2）、36%（g3）、20%（g4）；优势种群 4 狭义梭菌属（*Clostridium*_sensu_stricto）在 4 个处理组中的分布分别为 15%（g1）、25%（g2）39%（g3）、20%（g4）。

（6）处理组与细菌种关系 Circos 图分析　分析结果见图 3-76。处理组 g1 与细菌种的前 3 个优势种为腐质还原棒杆菌（*Corynebacterium humireducens*）9%、类诺卡氏菌属的 1 种（*Nocardioides* sp.）5.7%、鸟氨酸微菌属未培养的 1 种 (uncultured_*Ornithinimicrobium* sp.)4.9%；处理组 g2 与细菌种的前 3 个优势种为腐质还原棒杆菌（*Corynebacterium humireducens*）13%、类诺卡氏菌属的 1 种（*Nocardioides* sp.）7.7%、黄杆菌科未分类的 1 种（unclassified_f_ Flavobacteriaceae）4.1%；处理组 g3 与细菌种的前 3 个优势种为间孢囊菌科的 1 种（Intrasporangiaceae sp.）6.5%、腐质还原棒杆菌（*Corynebacterium humireducens*）5.7%、狭义梭菌属 1 未培养的 1 种（uncultured_*Clostridium*_sensu_stricto_1）5.0%；处理组 g4 与细菌种的前 3 个优势种为腐质还原棒杆菌（*Corynebacterium humireducens*）14%、类诺卡氏菌属的 1 种（*Nocardioides* sp.）7.7%、黄杆菌科未分类的 1 种（unclassified_f_ Flavobacteriaceae）4.5%。

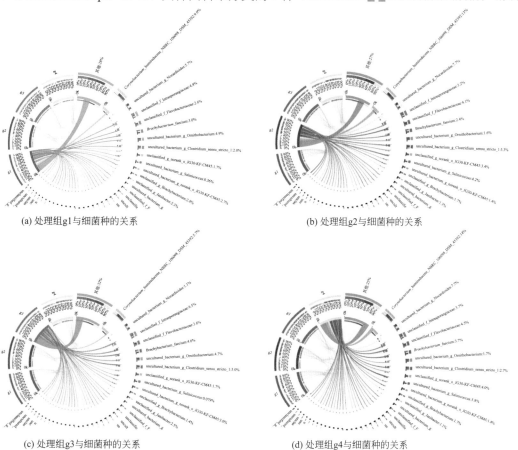

(a) 处理组 g1 与细菌种的关系　　　　(b) 处理组 g2 与细菌种的关系

(c) 处理组 g3 与细菌种的关系　　　　(d) 处理组 g4 与细菌种的关系

图3-76

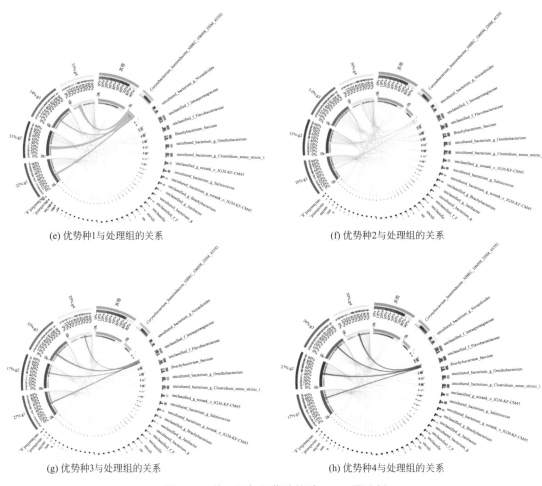

(e) 优势种1与处理组的关系　　　　　　(f) 优势种2与处理组的关系

(g) 优势种3与处理组的关系　　　　　　(h) 优势种4与处理组的关系

图3-76　处理组与细菌种关系Circos图分析

优势种1腐质还原棒杆菌（*Corynebacterium humireducens*）在4个处理组中的分布分别为22%（g1）、31%（g2）、14%（g3）、33%（g4）；优势种2类诺卡氏菌属的1种（*Nocardioides* sp.）在4个处理组中的分布分别为26%（g1）、35%（g2）、5%（g3）、36%（g4）（出于四舍五入，总和可能不等于100%）；优势种3间孢囊菌科的1种（Intrasporangiaceae sp.）在4个处理组中的分布分别为27%（g1）、17%（g2）、36%（g3）、20%（g4）；优势种4黄杆菌科的1种（Flavobacteriaceae sp.）在4个处理组中的分布分别为17%（g1）、27%（g2）、26%（g3）、30%（g4）。

6. 整合微生物组菌剂处理组物种三元相图分析

（1）三元相图分析原理

1）简介。指独立组分数为3的体系，该体系最多可能有4个自由度，即温度、压力和两个浓度项，用三维空间的立体模型已不足以表示这种相图。若维持压力不变，则自由度最多等于3，其相图可用立体模型表示。若压力、温度同时固定，则自由度最多为2，可用平面图来表示。通常在平面图上用等边三角形（有时也用直角坐标表示）来表示各组分的浓度。

工业上所使用的金属材料，如各种合金钢和有色合金，大多由两种以上的组元构成，这些材料的组织、性能、相应的加工和处理工艺等通常不同于二元合金，因为在二元合金中加入第三组元后，会改变原合金组元间的溶解度，甚至会出现新的相变，产生新的组成相。因此，为了更好地了解和掌握金属材料，除了使用二元合金相图外，还需掌握三元甚至多元合金相图，由于多元合金相图的复杂性，在测定和分析等方面受到限制，因此，用得较多的是三元合金相图，简称三元相图（ternary phase diagram）。三元相图与二元相图比较，组元数增加了 1 个，即成分变量是 2 个，故表示成分的坐标轴应为 2 个，需要用一个平面表示，再加上垂直于该平面的温度轴，这样三元相图就演变成一个在三维空间的立体图形，分隔相区的是一系列空间曲面，而不是二元相图的平面曲线。

2）特定意义。等边成分三角形中特定意义的线，平行于三角形某一边的直线，凡成分位于该线上的所有合金，它们所含的由这条边对应顶点所代表的组元的含量为一定值。通过三角形顶点的任一直线，凡成分位于该直线上的所有合金，它们所含的由另两个顶点所代表的两组元的含量之比为一定值。定量法则：应用相律 $f=c-p+1$，当三元系时 $f=4-p$，故当两相平衡共存时，有 $f=4-2=2$，即两个平衡相的成分只有一个独立改变，当一个平衡相的成分发生变化时，另一相的成分随之改变，即两相的成分之间具有一定的关系，此关系称为直线法则。直线法则：三元合金中两相平衡时，合金的成分点和两个平衡相的成分点，必须在同一直线上。当合金 o 在某一温度处于 $\alpha+\beta$ 两相平衡时，这两个相的成分点便定为 a 和 b，则 aob 三点必位于同一条直线上，且 o 点位于 a，b 两点之间。由直线法则可得到以下规律：a. 当温度一定时，若已知两平衡相的成分，则合金的成分必位于两平衡相成分的连线上；b. 当温度一定时，若已知一相的成分及合金的成分，则另一平衡相的成分必位于两已知成分点的连线的延长线上；c. 当温度变化时，两平衡相的成分变化时，其连线一定绕合金的成分点而转动。

3）三元相图的成分表示方法。常用三角形来表示三元合金的成分，这样的三角形称为浓度三角形或成分三角形（composition triangle）。常用的成分三角形是等边三角形和直角三角形。$oa+ob+oc=AB=BC=CA$；由于 $oa=bC=WA$；$ob=Ac=WB$；$oc=Ba=WC$；因此，可用 oa 代表 A 组元的含量，ob 代表 B 组元的含量，oc 代表 C 组元的含量，W 代表质量。

① 直角坐标表示法：当三元系成分以某一组元为主，其他两个组元含量很少时，合金成分点将靠近等边三角形某一顶点。若采用直角坐标表示成分，则可使该部分相图更为清楚地表示出来，一般用坐标原点代表高含量组元，而两个互相垂直的坐标轴代表其他两个组元的成分。

② 等腰成分三角形：当三元系中某一组元含量较少，而另两组元含量较大时，合金成分点将靠近等边成分三角形的某一边。为了使该部分相图清晰表示出来，常采用等腰三角形，即将两腰的刻度放大，而底边的刻度不变。对于 o 点成分的合金，其成分的确定方法与前述等边三角形的确定方法相同，即过 o 点分别引两腰的平行线与 AC 边相交于 a 和 c 点，则 $Ca=WA=30\%$；$Ac=WC=60\%$；$Ab=WB=10\%$。虽然，上述成分表示方法在三元相图中都有应用，但应用最为广泛的还是等边三角形。

4）三元系统相图的基本类型

① 具有一个低共熔点的三元系统相图。特点：三元组分各自在液态时完全互溶，而在固态时完全不互溶，不形成固溶体，也不形成化合物。只具有一个三元低共熔点。

② 生成一个一致熔融二元化合物的三元系统相图。在相图上的特点：其组成点位于其初晶区范围内。要求：a. 确定温度的变化方向；b. 各界线的性质；c. 会划分各分三元系统；d. 分析不同组成点的析晶路程、析晶终点和析晶终产物；e. 在 E1E2 界线上 m 点是温度最高点。m 点（连线规则）：CS 连线上的温度最低点，C-S 系统的低共熔点；E1E2 界线上的温

度最高点；称为马鞍点。

重要的规则——副三角形的划分，副三角形指与该无变量点液相平衡的三个晶相组成点连接成的三角形。副三角形划分的原则是要划分出具有可操作的副三角形，即画出的副三角形应有与其相对应的三元无变量点：a. 根据三元无变量点划分，因为除多晶转变和过渡点外，每个三元无变量点都有自己所对应的三角形，将与无变量点周围三个初晶区相应的晶相组成点连接起来即可；b. 把相邻两个初晶区所对应的相组成连起来，不相邻的不要连，这样就可划分出副三角形。应注意：与副三角形相对应的无变量点可以在该三角形内，亦可以在该三角形外，后者出现在不一致熔融化合物低的系统中。

③ 具有不一致熔融二元化合物的三元系统化合物组成点 S 不在其初晶区内，S 不稳定高温分解。连线 CS 不代表真正二元系统，不能将系统分为 2 个分三元系统。P 点与 E 点不同，是个转熔点：$LP+B=C+S$。分析：1 点在 S 的初晶区内，开始析出晶相为 S，组成点在 $\triangle ASC$ 内，析晶终点为 E 点，析出晶相为 A、S、C；2 点在 B 的初晶区，开始析出的晶相为 B，组成点在 $\triangle BSC$ 内，析晶终点为 P 点，析出晶相为 B、S、C。3 点在 C 的初晶区内，开始析出的晶相为 C，在 $\triangle ASC$ 内，析晶终点在 E 点，结晶终产物是 A、S、C。途中经过 P 点，P 点是转熔点，同时也是过渡点。

④ 生成一个固相分解的二元化合物的三元系统。a. 形成高温分解低温稳定存在的二元化合物的三元相图，特点：三个无变量点，但只能划分两个副三角形，即可能的析晶终点是 P 点或 E 点。b. 生成一个一致熔融三元化合物 S，化合物组成点 S 在三元化合物初晶区内。S：三元稳定化合物三个分三元系统。

5）分析相图。判读相图的步骤：a. 判断有多少化合物生成，判断化合物的性质；b. 用连线规则判断界线温度变化方向；c. 用切线规则判断界线性质；d. 根据无变量点划分相应的副三角形；e. 确定无变量点的性质；f. 分析析晶路程；g. 判断相图上是否存在晶型转变、液相分层或形成固溶体等现象。

6）复杂相图处理办法

① 判断化合物的性质。遇到一个复杂的三元相图，首先要了解系统中有哪些化合物，其组成点和初晶区的位置，然后根据组成点是否在它的初晶区内，判断化合物的性质。

② 划分副三角形。根据划分副三角形的原则和方法把三元相图划分为多个分三元系统，使复杂相图简化。

③ 判断界线的温度走向。根据连续规则判断各条界线的温降方向，并用箭头标出。

④ 判断界线性质。应用切线规则判断界线是共熔性质还是转熔性质，确定相平衡关系。共熔界线上用单箭头，转熔界线上用双箭头标出温降方向以表示界线性质不同。

⑤ 确定三元无变量点。根据三元无变量点与对应的副三角形的位置关系或根据交汇于三元无变量点的三条界线的温度下降方向来判断无变量性质，确定无变量点上的相平衡关系。

⑥ 分析冷却析晶过程或加热熔融过程。按照冷却或加热过程的相比规律，选择一些系统点分析析晶或熔融过程。必要时用杠杆规则计算冷却或加热过程中平衡共存的各相含量。

在分析冷却析晶过程时要注意以下情况。a. 系统组成点正好位于界线上时如何判断初晶相？首先判断界线的性质，若界线是共熔线，则熔体冷却时初晶相是界线两侧初晶区对应的两个晶体，可用切线规则球的初晶相的瞬间组成；若界线是转熔线，其熔体析晶时并不发生转熔（因为没有任何晶体可转熔），而使析出单一固相，液相组成点直接进入单相区（即某一晶体的初晶区）并按背向线规则变化。b. 系统组成点正好位于无变量点上时的初晶相是什么？若无变量点是三元低共熔点，则熔体析晶是共同析出该三组元的固相；若无变量点是单转熔点，则其熔体析晶时在无变量点并不发生四相无变量过程，也不发生转熔，而是液相组成点沿某一界线变化析晶，具体析晶性质由 a 判断；若无变量点是双转熔点，则其熔体析晶时在无变量点并不发生四相无变量过程，不发生转熔，也不沿界线变化，而是析出单一固相，这时液相组成进入单相区并按照背向线规则变化。

7）三元相图分析微生物组应用。经常用于宏基因组学中微生物种群结构分析。用于微生物组分析，Ternary 三元相图是用一个等边三角形描述三个变量的不同属性的比率关系，在分析中可以根据物种分类信息对三个或三组样本的物种组成进行比较分析，通过三角图可以直观显示出不同物种在样本中的比重和关系。软件：GGTERN。

宏基因组学又叫微生物环境基因组学、元基因组学。宏基因组学通过直接从环境样品中提取全部微生物的 DNA，构建宏基因组文库，利用基因组学的研究策略研究环境样品所包含的全部微生物的遗传组成及其群落功能。采用宏基因组技术及基因组测序等手段，来发现难培养或不可培养微生物中的天然产物以及处于"沉默"状态的天然产物。宏基因组不依赖于微生物的分离与培养，因而减少了由此带来的瓶颈问题。

宏基因组学（metagenomic）是在微生物基因组学的基础上发展起来的一种研究微生物多样性、开发新的生理活性物质（或获得新基因）的新理念和新方法。其主要含义是对特定环境中全部生物的总 DNA（也称宏基因组，metagenomic）进行克隆，并通过构建宏基因组文库和筛选等手段获得新的生理活性物质；或者根据 rDNA 数据库设计引物，通过系统学分析获得该环境中微生物的遗传多样性和分子生态学信息。因此，宏基因组学研究的对象是特定环境中的总 DNA，不是某特定的微生物或其细胞中的总 DNA，不需要对微生物进行分离培养和纯化，这为我们认识和利用 95% 以上的未培养微生物提供了一条新的途径。已有研究表明，利用宏基因组学对人体口腔微生物区系进行研究，发现了 50 多种新的细菌，这些未培养细菌很可能与口腔疾病有关。此外，在土壤、海洋和一些极端环境中也发现了许多新的微生物种群和新的基因或基因簇，通过克隆和筛选，获得了新的生理活性物质，包括抗生素、酶以及新的药物等。

目前在宏基因组学的研究中，科学家一直关注如何从宏基因组测序所得到的短序列数据中准确估计微生物多样性和丰度（图 3-77）。目前的分类方法在处理越来越多的大数据的时候显得力不从心。之前宏基因组的研究中，大多采用的是从群落中扩增 16S rRNA 片段，然后做分类。然而 16S rRNA 的分辨率不是很高，到属这样的水平就不容易往下细分了。

2012 年 *Nature Method* 上发表了一篇关于 meta-genomics 的文章，该文章介绍的一种方法大致如下：首先从全基因组数据库中找出 clade-specific marker genes，然后利用这个 marker genes 的数据库对高通量测序得到的 shotgun 序列进行注释。这种方法既准确，又快速，比较巧妙。用这种方法可以注释到细菌和古菌的 species 级别，并且可以准确估计物种的细胞相对丰度而不仅是序列相对丰度（Segata et al., 2012）。研究人员针对这个方法开发了一款软件叫 MetaPhlAn。

（2）细菌门水平处理组 g1-g2-g3 三元相图分析　分析结果见图 3-78。细菌门水平处理组 g1（菌糠对照组）- 处理组 g2（豆饼粉组）- 处理组 g3（红糖粉组）三元相图分析结果表明，放线菌门（Actinobacteria）在 g1-g2-g3 的比例为 35.3%、33.2%、31.4%，菌糠对照组最高；厚壁菌门（Firmicutes）在 g1-g2-g3 的比例为 25.2%、42.6%、31.9%，豆饼粉组最高；拟杆菌门（Bacteroidetes）在 g1-g2-g3 的比例为 36.2%、29.7%、34.0%，菌糠对照组最高；变形菌门（Proteobacteria）在 g1-g2-g3 的比例为 30.1%、28.5%、41.4%，红糖粉组最高。不同处理组细菌门优势菌群存在显著差异。

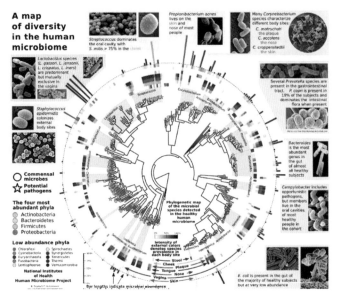

图3-77　从宏基因组测序所得到的短序列数据中准确估计微生物多样性和丰度（Segata et al., 2012）

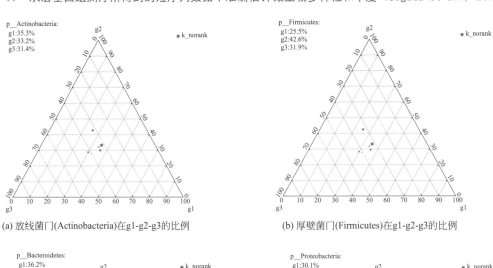

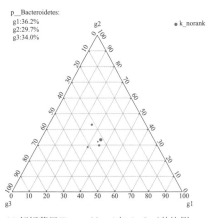

(a) 放线菌门(Actinobacteria)在g1-g2-g3的比例

(b) 厚壁菌门(Firmicutes)在g1-g2-g3的比例

(c) 拟杆菌门(Bacteroidetes)在g1-g2-g3的比例

(d) 变形菌门(Proteobacteria)在g1-g2-g3的比例

图3-78　处理组细菌门水平g1-g2-g3三元相图分析

（3）细菌纲水平处理组 g1-g2-g3 三元相图分析　分析结果见图 3-79。细菌纲水平处理组 g1（菌糠对照组）- 处理组 g2（豆饼粉组）- 处理组 g3（红糖粉组）三元相图分析结果表明，放线菌纲（Actinobacteria）在 g1-g2-g3 的比例为 35.3%、33.2%、31.4%，三个处理组差异不显著；芽胞杆菌纲（Bacilli）在 g1-g2-g3 的比例为 28.7%、51.5%、19.9%，豆饼粉组最高，与最低的红糖粉组相差大于 1 倍以上；黄杆菌纲（Flavobacteriia）在 g1-g2-g3 的比例为 41.8%、25.6%、32.6%，菌糠处理最高；γ- 变形菌纲（Gammaproteobacteria）在 g1-g2-g3 的比例为 24.8%、34.6%、40.8%，红糖粉处理组最高。不同的添加营养对有的细菌纲生长有促进作用，对有的有抑制作用。

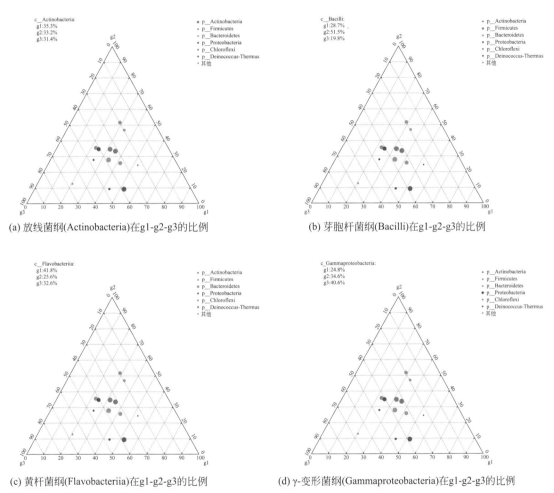

(a) 放线菌纲(Actinobacteria)在g1-g2-g3的比例

(b) 芽胞杆菌纲(Bacilli)在g1-g2-g3的比例

(c) 黄杆菌纲(Flavobacteriia)在g1-g2-g3的比例

(d) γ-变形菌纲(Gammaproteobacteria)在g1-g2-g3的比例

图3-79　处理组细菌纲水平g1-g2-g3三元相图分析

（4）细菌目水平处理组 g1-g2-g3 三元相图分析　分析结果见图 3-80。细菌目水平处理组 g1（菌糠对照组）- 处理组 g2（豆饼粉组）- 处理组 g3（红糖粉组）三元相图分析结果表明，微球菌目（Micrococcales）在 g1-g2-g3 的比例为 34.7%、23.7%、41.6%；梭菌目（Clostridiales）在 g1-g2-g3 的比例为 22.9%、35.1%、42.0%；黄杆菌目（Flavobacteriales）在 g1-g2-g3 的比例为 41.8%、25.6%、32.6%；乳杆菌目（Lactobacillales）在 g1-g2-g3 的比例为 37.3%、42.4%、20.3%。

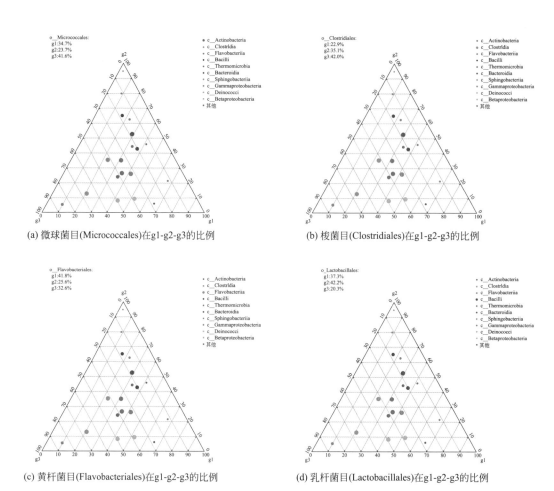

(a) 微球菌目(Micrococcales)在g1-g2-g3的比例

(b) 梭菌目(Clostridiales)在g1-g2-g3的比例

(c) 黄杆菌目(Flavobacteriales)在g1-g2-g3的比例

(d) 乳杆菌目(Lactobacillales)在g1-g2-g3的比例

图3-80　处理组细菌目水平g1-g2-g3三元相图分析

（5）细菌科水平处理组 g1-g2-g3 三元相图分析　分析结果见图 3-81。细菌科水平处理组 g1（菌糠对照组）-处理组 g2（豆饼粉组）-处理组 g3（红糖粉组）三元相图分析结果表明，棒杆菌科（Corynebacteriaceae）在 g1-g2-g3 的比例为 33.7%、46.4%、19.9%；间孢囊菌科（Intrasporangiaceae）在 g1-g2-g3 的比例为 37.7%、19.1%、43.2%；黄杆菌科（Flavobacteriaceae）在 g1-g2-g3 的比例为 42.0%、25.2%、32.8%；类诺卡氏菌科（Nocardioidaceae）在 g1-g2-g3 的比例为 42.4%、47.2%、10.4%。

（6）细菌属水平处理组 g1-g2-g3 三元相图分析　分析结果见图 3-82。细菌属水平处理组 g1（菌糠对照组）-处理组 g2（豆饼粉组）-处理组 g3（红糖粉组）三元相图分析结果表明，棒杆菌属（Corynebacterium）在 g1-g2-g3 的比例为 34.3%、45.4%、20.3%；类诺卡氏菌属（Nocardioides）在 g1-g2-g3 的比例为 39.9%、50.2%、9.95%；鸟氨酸微菌属（Ornithinimicrobium）在 g1-g2-g3 的比例为 43.2%、15.6%、41.2%；梭菌属（Clostridium）在 g1-g2-g3 的比例为 19.2%、31.3%、49.5%。

（7）细菌种水平处理组 g1-g2-g3 三元相图分析　分析结果见图 3-83。细菌种水平处理组 g1（菌糠对照组）-处理组 g2（豆饼粉组）-处理组 g3（红糖粉组）三元相图分析结果表明，腐质还原棒杆菌（Corynebacterium humireducens）在 g1-g2-g3 的比例为 32.6%、46.8%、20.5%；

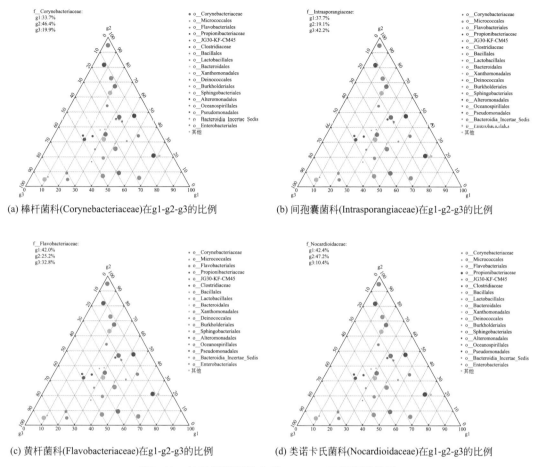

(a) 棒杆菌科(Corynebacteriaceae)在g1-g2-g3的比例

(b) 间孢囊菌科(Intrasporangiaceae)在g1-g2-g3的比例

(c) 黄杆菌科(Flavobacteriaceae)在g1-g2-g3的比例

(d) 类诺卡氏菌科(Nocardioidaceae)在g1-g2-g3的比例

图3-81 处理组细菌科水平g1-g2-g3三元相图分析

间孢囊菌科未分类的 1 种（unclassified_f_Intrasporangiaceae）在 g1-g2-g3 的比例为 33.5%、21.8%、44.7%；类诺卡氏菌属的 1 种（*Nocardioides* sp.）在 g1-g2-g3 的比例为 39.3%、53.1%、7.59%；乌氨酸微菌属的 1 种（*Ornithinimicrobium* sp.）在 g1-g2-g3 的比例为 43.2%、15.6%、41.2%。

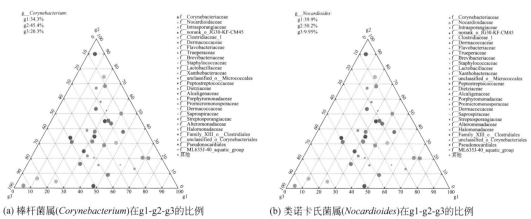

(a) 棒杆菌属(*Corynebacterium*)在g1-g2-g3的比例

(b) 类诺卡氏菌属(*Nocardioides*)在g1-g2-g3的比例

图3-82

245

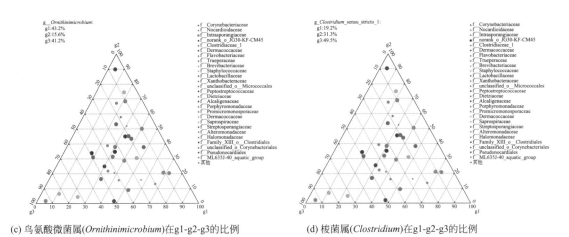

(c) 鸟氨酸微菌属(*Ornithinimicrobium*)在g1-g2-g3的比例

(d) 梭菌属(*Clostridium*)在g1-g2-g3的比例

图3-82　处理组细菌属水平g1-g2-g3三元相图分析

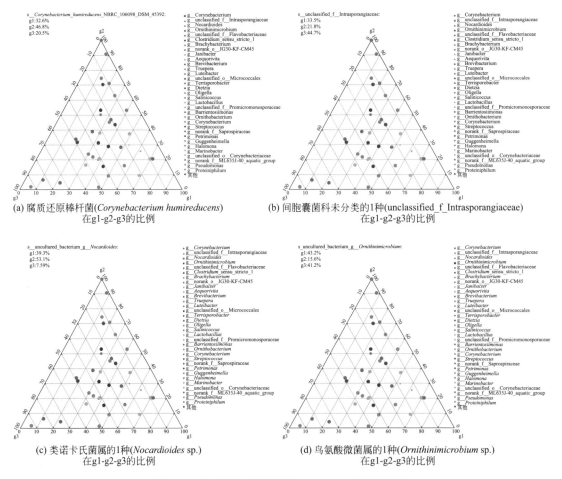

(a) 腐质还原棒杆菌(*Corynebacterium humireducens*)
在g1-g2-g3的比例

(b) 间胞囊菌科未分类的1种(unclassified_f_Intrasporangiaceae)
在g1-g2-g3的比例

(c) 类诺卡氏菌属的1种(*Nocardioides* sp.)
在g1-g2-g3的比例

(d) 鸟氨酸微菌属的1种(*Ornithinimicrobium* sp.)
在g1-g2-g3的比例

图3-83　处理组细菌种水平g1-g2-g3三元相图分析

三、整合微生物组菌剂细菌样本特性

1．样本层级聚类

（1）概述　不同处理组（样本）整合微生物菌剂物种组成存在显著差异，为研究不同样本物种组成结构的相似性和差异关系，可对样本距离矩阵进行聚类分析，构建样本层级聚类树。非加权组平均法（unweighted pair-group method with arithmetic mean，UPGMA）是一种常用于解决分类问题的聚类分析方法，当用于重建系统发生树时，其假定前提条件是：在进化过程中，所有核苷酸或氨基酸均有相同的变异速率。根据 beta 多样性距离矩阵进行层级聚类（hierarchical clustering）分析，使用 UPGMA 算法构建树状结构，可视化呈现不同环境样本中微生物进化的差异程度。软件：Qiime 计算 beta 多样性距离矩阵，然后用 R 语言作图画树。

（2）细菌门水平样本层级聚类分析　以欧氏距离为尺度，complete 方法进行聚类，结果见图 3-84。不同处理组整合微生物组菌剂物种组成差异显著，相同处理组可以聚为不同的类，不同处理组可以聚为相同的类，同一处理组不同发酵时间也可以聚为一类，表明处理组之间细菌物种产生交错。

分析结果表明，可将处理样本层级分为 3 类：第 1 类，微生物生长末期特征，包括 g2（DB_1212_2、DB_1222）、g3（HT_1215）、g4（YM_1225）处理组的一些样本，指示着发酵末期细菌物种组成特性；第 2 类，微生物生长中期特征，包含 24 个样本，指示着不同处

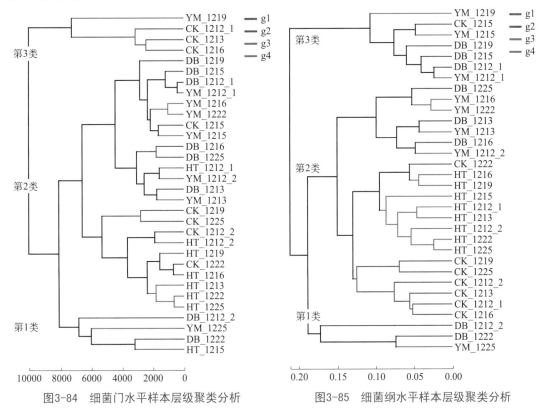

图3-84　细菌门水平样本层级聚类分析　　　　图3-85　细菌纲水平样本层级聚类分析

理组微生物生长旺盛期的细菌物种组成特性，其中红糖粉处理组（g3）和菌糠对照组（g1）各自聚成亚类，豆饼粉（g2）和玉米粉（g4）处理组混合聚成亚类；第3类，微生物生长初期特征，包含菌糠对照组（g1）3个样本和红糖粉处理组（g3）1个样本，指示着微生物生长初期细菌物种组成特性。也表明在高分类阶元上，处理组之间特性聚类难以分离。

（3）细菌纲水平样本层级聚类分析　以bray_curtis距离为尺度，complete方法进行聚类，结果见图3-85。不同处理组整合微生物组菌剂物种组成差异显著，相同处理组可以聚为不同的类，不同处理组可以聚为相同的类，同一处理组不同发酵时间也可以聚为一类，表明处理组之间细菌物种产生交错。

分析结果表明，可将处理样本层级分为3类：第1类，微生物生长末期特征，包括g2（DB_1212_2、DB_1222）、g4（YM_1225）处理组的一些样本，指示着发酵末期细菌物种组成特性；第2类，微生物生长中期特征，包含22个样本，容纳了4个处理组发酵中期微生物物种，g1和g3处理组形成各自的亚类，g2和g4混合形成亚类，指示着不同处理组微生物生长旺盛期的细菌物种组成特性；第3类，微生物生长初期特征，包含3个处理组发酵初期的一些样本，指示着微生物生长初期细菌物种组成特性。

（4）细菌目水平样本层级聚类分析　以bray_curtis距离为尺度，complete方法进行聚类，结果见图3-86。在细菌目水平上，能够较好地识别不同培养基处理组微生物物种特征。分析结果表明，可将处理样本层级分为3类：第1类，混合培养基特征，包括豆饼粉处理组（g2）和玉米粉处理组（g4）的一些样本，指示这两类培养基处理组具有同质的细菌物种组成特性；第2类，菌糠对照组（g1）微生物物种组成特征；第3类，红糖粉处理组（g3）微生物物种组成特征。

（5）细菌科水平样本层级聚类分析　以bray_curtis距离为尺度，complete方法进行聚类，结果见图3-87。在细菌科水平上，能够较好地识别不同培养基处理组微生物物种特征。分析结果表明，可将处理样本层级分为3类，第1类，混合培养基特征，包括豆饼粉处理组（g2）和玉米粉处理组（g4）的一些样本，指示这两类培养基处理组具有同质的细菌物种组成特性；第2类，菌糠对照组（g1）微生物物种组成特征；第3类，红糖粉处理组（g3）微生物物种组成特征。

（6）细菌属水平样本层级聚类分析　以bray_curtis为尺度，complete方法进行聚类，结果见图3-88。在细菌属水平上，能够较好地识别不同培养基处理组微生物物种特征。分析结果表明，可将处理样本层级分为3类：第1类，混合培养基特征，包括豆饼粉处理组（g2）和玉米粉处理组（g4）的一些样本，指示这两类培养基处理组具有同质的细菌物种组成特性；第2类，菌糠对照组（g1）微生物物种组成特征；第3类，红糖粉处理组（g3）微生物物种组成特征。

（7）细菌种水平样本层级聚类分析　以bray_curtis为尺度，complete方法进行聚类，结果见图3-89。在细菌种水平上，能够较好地识别不同培养基处理组微生物物种特征。分析结果表明，可将处理样本层级分为3类：第1类，混合培养基特征，包括豆饼粉处理组（g2）和玉米粉处理组（g4）的一些样本，指示这两类培养基处理组具有同质的细菌物种组成特性；第2类，菌糠对照组（g1）微生物物种组成特征；第3类，红糖粉处理组（g3）微生物物种组成特征。

（8）细菌OTU样本层级聚类分析　以bray_curtis为尺度，complete方法进行聚类，结果见图3-90。在细菌OUT水平上，能够较好地识别不同培养基处理组微生物物种特征。分析结

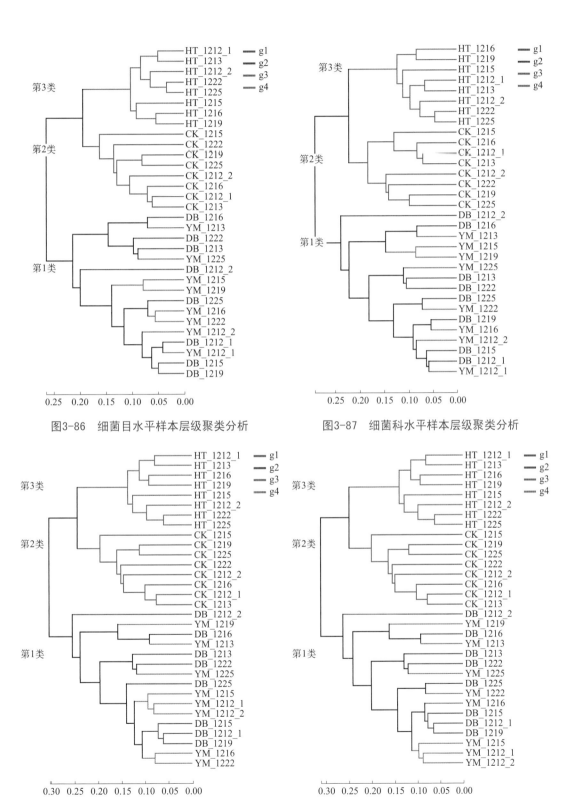

图3-86　细菌目水平样本层级聚类分析

图3-87　细菌科水平样本层级聚类分析

图3-88　细菌属水平样本层级聚类分析

图3-89　细菌种水平样本层级聚类分析

果表明，可将处理样本层级分为3类：第1类，菌糠对照组（g1）微生物物种组成特征；第2类，红糖粉处理组（g3）微生物物种组成特征。第3类，混合培养基特征，包括豆饼粉处理组（g2）和玉米粉处理组（g4）的一些样本，指示这两类培养基处理组具有同质的细菌物种组成特性。

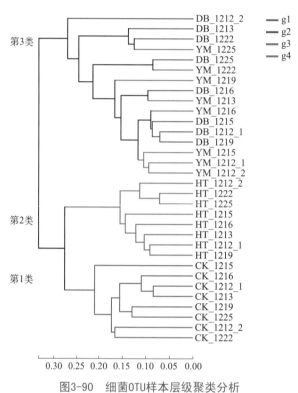

图3-90　细菌OTU样本层级聚类分析

2. 样本距离热图分析

（1）概述　不同培养基配方不同发酵时间整合微生物组菌剂样本物种组成存在显著差异，样本间物种的丰度分布差异程度可通过统计学中的距离进行量化热图分析（Heatmap），使用统计算法计算两两样本间距离，获得距离矩阵，可用于后续进一步的beta多样性分析和可视化统计分析。样本距离分析提供多种计算方法，常见的距离算法有Bray-Curtis、Jaccard、UniFrac等。Bray-Curtis与Jaccard距离算法主要基于独立的物种分类单元（如OTU、属等）进行计算，不考虑各物种之间的进化关系或关联信息。Jaccard算法采用非加权的计算方法，主要考虑物种的有无，而Bray-Curtis算法采用加权的计算方法，同时考虑物种有无和物种丰度。算法名称中含有"unifrac"的算法需要各个物种分类单元（如OTU、属等）的系统进化树（程序会自动搜索项目中存在的完整进化树），通过计算进化树各物种的系统发育进化关系，从而计算样本间距离。其中unweighted UniFrac距离算法没有计入不同环境样本的序列相对丰度，而weighted UniFrac算法在计算树枝长度时将序列的丰度信息进行加权计算，因此unweighted UniFrac可以检测样本间变化的存在，而weighted UniFrac可以更进一步定量检测样本间不同谱系上发生的变异。此外，算法名称前带有"binary-"的算法为先将 OTU 表中的数值转换为二进制布尔类型，再进行计算。例如"binary_euclidean"算法，先将 OTU 表中的数值为零的保持不变，大于零的变为 1，再进行"euclidean"距离分析。

距离算法示例如下：

① Bray-Curtis 距离矩阵的算法为：$D_{Bray-Curtis}=1-2\dfrac{\Sigma\min(S_{A,i},S_{B,i})}{\Sigma S_{A,i}+\Sigma S_{B,i}}$；

式中，$S_{A,i}$ 表示 A 样本中第 i 个 taxon 所含的序列数；$S_{B,i}$ 表示 B 样本中第 i 个 taxon 所含的序列数。

② Euclidean 距离矩阵的算法为：$D_{12}=sqrt[\Sigma(x_{i1}-x_{i2})^2]$，$i=1,2,3,\cdots$

式中，x_{i1} 代表样本 1 的第 i 个 OTU 数量；x_{i2} 代表样本 2 的第 i 个 OTU 数量；sqrt 代表开方。

软件：R 语言作图，使用 FastTree（version 2.1.3）根据最大似然法构建进化树，然后利用 FastUniFrac 分析得到样本间距离矩阵。

（2）细菌门水平样本距离热图分析　热图分析结果（Heatmap）见图 3-91；样本距离为 0 时说明两个样本是一致的，细菌物种是一致的，样本间距离越大，细菌物种差异越大，距离达到 0.5 时，两个样本的细菌物种几乎不同。以细菌门水平为物种统计单位，可以看出样本间的距离大都在 0～0.25 之间，说明用细菌门为单位难以区分样本的关联性。

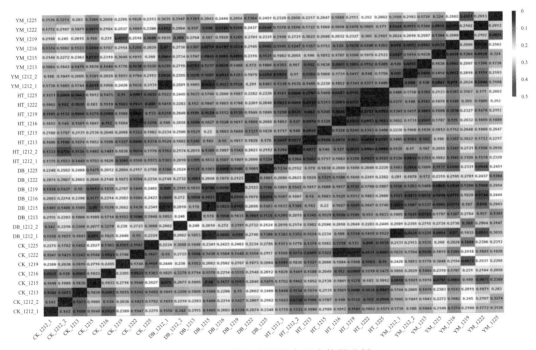

图3-91　细菌门水平样本距离热图分析

（3）细菌纲水平样本距离热图分析　热图分析结果（Heatmap）见图 3-92；样本距离为 0 时说明两个样本是一致的，细菌物种是一致的，样本间距离越大，细菌物种差异越大，距离达到 0.5 时，两个样本的细菌物种几乎不同。以细菌纲水平为物种统计单位，可以看出样本间的距离大部分在 0～0.25 之间，出现了小部分 0.25～0.5 的距离，说明用细菌纲为单位区分样本的关联性，会优于细菌门，但细菌纲水平上还是不能区分出关联性。

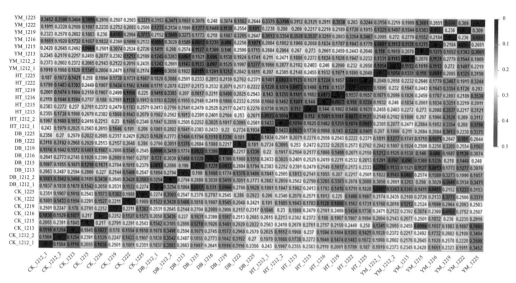

图3-92 细菌纲水平样本距离热图分析

（4）细菌目水平样本距离热图分析　热图分析结果（Heatmap）见图3-93；样本距离为0时说明两个样本是一致的，细菌物种是一致的，样本间距离越大，细菌物种差异越大，距离达到0.5时，两个样本的细菌物种几乎不同。以细菌目水平为物种统计单位，可以看出样本间的距离在0.25～0.5之间的差异斑块，出现了部分0.25～0.5的距离的类组（第1组、第2组、第3组），说明用细菌目为单位区分样本的关联性优于细菌门和细菌纲；第1组表明菌糠对照组（g1）与豆饼粉处理组（g2）细菌物种差异较大，第2组表明豆饼粉处理组（g2）与红糖粉处理组（g3）细菌物种差异较大，第3组表明红糖粉处理组（g3）与玉米粉处理组（g4）细菌物种差异较大。

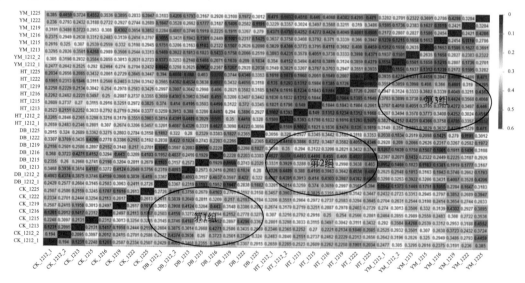

图3-93 细菌目水平样本距离热图分析

（5）细菌科水平样本距离热图分析　热图分析结果（Heatmap）见图3-94；样本距离为0时说明两个样本是一致的，细菌物种是一致的，样本间距离越大，细菌物种差异越大，距离达到 0.5 时，两个样本的细菌物种几乎不同。以细菌科水平为物种统计单位，可以看出样本间的距离在 0.25 ～ 0.5 之间的差异斑块，出现了部分 0.25 ～ 0.5 距离的类组（第 1 组、第 2 组、第 3 组），说明用细菌科为单位区分样本的关联性优于细菌门和细菌纲；第 1 组表明菌糠对照组（g1）与豆饼粉处理组（g2）细菌物种差异较大，第 2 组表明豆饼粉处理组（g2）与红糖粉处理组（g3）细菌物种差异较大，第 3 组表明红糖粉处理组（g3）与玉米粉处理组（g4）细菌物种差异较大。

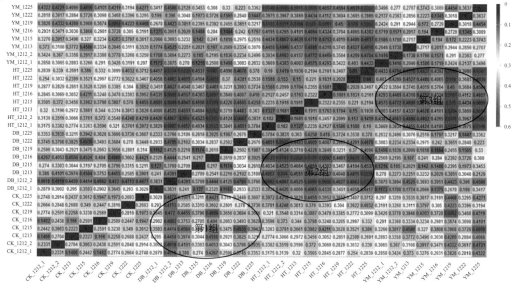

图3-94　细菌科水平样本距离热图分析

（6）细菌属水平样本距离热图分析　热图分析结果（Heatmap）表明，细菌属水平（图3-95）、细菌种水平（图3-96）、细菌 OTU 水平（图3-97）都能很好地利用样本距离热图分析，样本距离为 0 时说明两个样本是一致的，细菌物种是一致的，样本间距离越大，细菌物种差异

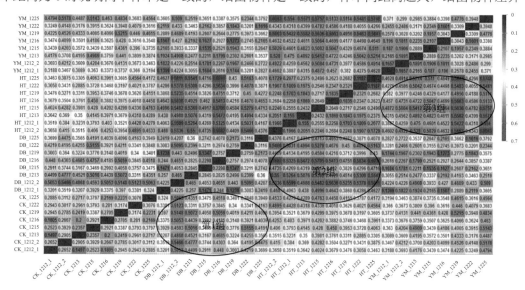

图3-95　细菌属水平样本距离热图分析

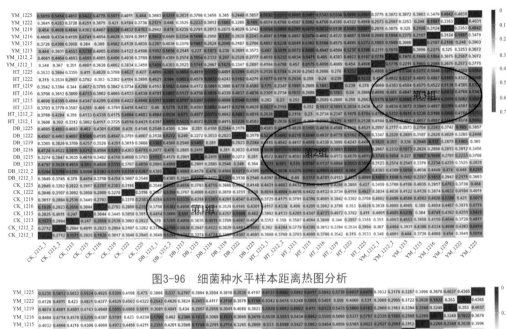

图3-96　细菌种水平样本距离热图分析

图3-97　细菌OTU水平样本距离热图分析

越大，距离达到0.5时两个样本的细菌物种几乎不同。以细菌属水平（图3-95）、细菌种水平（图3-96）、细菌OTU水平（图3-97）为物种统计单位，可以看出样本间的距离在0.25～0.5之间的差异斑块，出现了部分0.25～0.5的距离的类组（第1组、第2组、第3组），说明其为单位区分样本的关联性优于细菌门和细菌纲；第1组表明菌糠对照组（g1）与豆饼粉处理组（g2）细菌物种差异较大，第2组表明豆饼粉处理组（g2）与红糖粉处理组（g3）细菌物种差异较大，第3组表明红糖粉处理组（g3）与玉米粉处理组（g4）细菌物种差异较大。

3. 样本主成分分析

（1）概述　整合微生物组菌剂处理组细菌物种组成的主成分分析（principal component

analysis,PCA），是一种对数据进行简化分析的技术，这种方法可以有效找出数据中最"主要"的元素和结构，去除噪声和冗余，将原有的复杂数据降维，揭示隐藏在复杂数据背后的简单结构。其优点是简单且无参数限制。通过分析不同样本群落组成可以反映样本间的差异和距离，PCA运用方差分解，将多组数据的差异反映在二维坐标图上，坐标轴取能够最大反映样品间差异的两个特征值。如样本物种组成越相似，反映在PCA图中的距离越近。软件·R语言PCA统计分析和作图。基于PCA分析结果，将不同分组样本在第一主成分轴上作箱线图，直观呈现不同分组样本在第一主成分轴上的差异离散情况。不同分组样本的中位值较近，表明样本物种组成较相近。基于不同分类阶元的整合微生物组菌剂处理组主成分分析分类的精度差异显著，分述如下。

（2）细菌门水平主成分分析 整合微生物组菌剂细菌门水平主成分贡献率见表3-57，前3个主成分贡献率分别为PC1=0.2734、PC2=0.1260、PC3=0.1005，前3个主成分占29个主成分的3.03%，其累计贡献率占总信息的50%，能很好地反映细菌门物种信息。整合微生物组菌剂细菌门前3个物种主成分贡献率见表3-58，从表中可知，与细菌门第1主成分呈正相关的前3个物种为柔膜菌门（Tenericutes，0.2297）、厚壁菌门（Firmicutes，0.1957）、螺旋体门（Spirochaetae，0.0880），呈负相关的前3个物种为浮霉菌门（Planctomycetes，−0.2701）、疣微菌门（Verrucomicrobia，是一门被确立不久的细菌，包括少数几个被识别的种类，主要被发现于水生和土壤环境，或者人类粪便中，−0.2739）、糖杆菌门（Saccharibacteria，−0.3068）。基于细菌门整合微生物组菌剂处理组主成分分析见图3-98，主成分分析将4组处理分为2个区块，第一块菌糠空白对照组（g1）和红糖粉处理组（g3）部分重叠为一块、第二块豆饼粉处理组（g2）和玉米粉处理组（g4）部分重叠为一块；从细菌门的角度考察，表明菌糠组和红糖粉组细菌门比较趋同，添加红糖粉对整合菌剂发酵影响不大；豆饼粉组和玉米粉组细菌门比较趋同，说明添加豆饼粉和添加玉米粉作用相近。

表3-57 整合微生物组菌剂细菌门主成分贡献率

主成分	贡献率	主成分	贡献率	主成分	贡献率	主成分	贡献率	主成分	贡献率
PC1	0.2734	PC7	0.0505	PC13	0.0183	PC19	0.0049	PC25	0.0009
PC2	0.1260	PC8	0.0418	PC14	0.0167	PC20	0.0041	PC26	0.0005
PC3	0.1005	PC9	0.0357	PC15	0.0130	PC21	0.0027	PC27	0.0003
PC4	0.0830	PC10	0.0295	PC16	0.0117	PC22	0.0021	PC28	0.0003
PC5	0.0657	PC11	0.0217	PC17	0.0094	PC23	0.0014	PC29	0.0000
PC6	0.0570	PC12	0.0204	PC18	0.0074	PC24	0.0013		

表3-58 整合微生物组菌剂细菌门前3个物种主成分贡献率

细菌门物种	主成分贡献率			细菌门物种	主成分贡献率		
	PC1	PC2	PC3		PC1	PC2	PC3
柔膜菌门（Tenericutes）	0.2297	−0.2176	0.1253	热袍菌门（Thermotogae）	−0.1691	0.0981	0.1829
厚壁菌门（Firmicutes）	0.1957	0.0844	−0.0350	蓝细菌门（Cyanobacteria）	−0.1791	−0.0406	0.2006
螺旋体门（Spirochaetae）	0.0880	−0.3772	0.0734	酸杆菌门（Acidobacteria）	−0.1795	0.0422	−0.0158

续表

细菌门物种	主成分贡献率			细菌门物种	主成分贡献率		
	PC1	PC2	PC3		PC1	PC2	PC3
分类地位未定的1界未分类的1门（unclassified_k_norank）	0.0675	0.3010	−0.1365	变形菌门（Proteobacteria）	−0.1941	0.0730	0.3189
纤维杆菌门（Fibrobacteres）	0.0619	−0.2378	0.2656	TM6依赖菌门（TM6_Dependentiae）	−0.2189	0.1322	0.1413
梭杆菌门（Fusobacteria）	0.0175	0.1500	0.2319	互养菌门（Synergistetes）	−0.2205	−0.2914	−0.1711
黏胶球形菌门（Lentisphaerae）	−0.0508	−0.2831	−0.1375	候选门（Microgenomates）	−0.2265	0.1264	0.1628
门WS6	−0.0563	0.1939	0.2553	异常球菌-栖热菌门（Deinococcus-Thermus）	−0.2443	−0.1439	−0.2096
候选门（Atribacteria）	−0.0781	−0.2997	−0.2886	芽单胞菌门（Gemmatimonadetes）	−0.2663	0.1091	−0.1167
放线菌门（Actinobacteria）	−0.0872	−0.0156	−0.3850	候选门（FBP）	−0.2673	0.1126	−0.0323
阴沟单胞菌门（Cloacimonetes）	−0.0906	−0.2027	0.1296	候选门（BRC1）	−0.2853	0.0721	−0.0213
拟杆菌门（Bacteroidetes）	−0.1039	−0.2935	0.1987	浮霉菌门（Planctomycetes）	−0.2701	0.0605	−0.0295
候选门（Parcubacteria）	−0.1136	−0.0246	0.1156	疣微菌门（Verrucomicrobia）	−0.2739	−0.1669	0.0938
绿弯菌门（Chloroflexi）	−0.1249	0.2195	−0.3583	糖杆菌门（Saccharibacteria）	−0.3068	−0.0710	0.0307
SR1空腔杆菌门（SR1_Absconditabacteria）	−0.1470	−0.1612	0.0101				

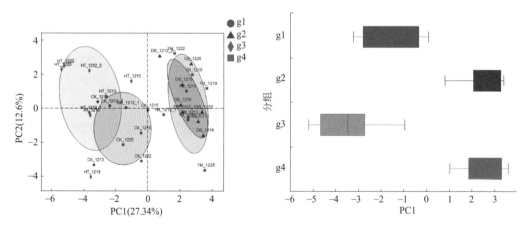

图3-98　基于细菌门整合微生物组菌剂处理组主成分分析

（3）细菌纲水平主成分分析　整合微生物组菌剂细菌纲水平主成分贡献率见表3-59，前3个主成分贡献率分别为PC1=0.2244、PC2=0.1074、PC3=0.0995，前3个主成分占32个主成分的43.1%，其累计贡献率占总信息的43.13%，能很好地反映细菌纲物种信息。整合微生物组菌剂细菌纲前3个物种主成分贡献率见表3-60，从表中可知，与细菌纲第1主成分呈正相关的前3个物种为柔膜菌纲（Mollicutes，0.1847）、芽胞杆菌纲

（Bacilli，0.1662）、拟杆菌纲（Bacteroidia，0.1457），呈负相关的前 3 个物种为噬细胞菌纲（Cytophagia，–0.2099）、芽单胞菌纲（Gemmatimonadetes，–0.2173）、糖杆菌门分类地位未定的 1 纲（p_Saccharibacteria，–0.2238）。基于细菌纲整合微生物组菌剂处理组主成分分析见图 3-99，主成分分析将 4 组处理分为 3 个区块，第一块菌糠空白对照组（g1）、第二块红糖粉处理组（g3）、第三块豆饼粉处理组（g2）和玉米粉处理组（g4）部分重叠为一块；从细菌纲的角度考察，表明菌糠组和红糖粉组细菌纲物种相对独立，添加红糖粉对整合菌剂发酵影响较大而区别于菌糠空白对照组；豆饼粉组和玉米粉组细菌纲趋同，说明添加豆饼粉（g2）和添加玉米粉（g4）作用相近，而区别于菌糠空白对照组（g1）和红糖粉处理组（g3）。

表3-59　整合微生物组菌剂细菌纲主成分贡献率

主成分	贡献率	主成分	贡献率	主成分	贡献率	主成分	贡献率
PC1	0.2244	PC10	0.0310	PC19	0.0120	PC28	0.0024
PC2	0.1074	PC11	0.0305	PC20	0.0095	PC29	0.0017
PC3	0.0995	PC12	0.0254	PC21	0.0092	PC30	0.0016
PC4	0.0707	PC13	0.0206	PC22	0.0086	PC31	0.0008
PC5	0.0595	PC14	0.0192	PC23	0.0072	PC32	0.0000
PC6	0.0555	PC15	0.0177	PC24	0.0057		
PC7	0.0456	PC16	0.0149	PC25	0.0050		
PC8	0.0445	PC17	0.0131	PC26	0.0033		
PC9	0.0381	PC18	0.0126	PC27	0.0031		

表3-60　整合微生物组菌剂细菌纲前3个物种主成分贡献率

细菌纲物种	主成分贡献率			细菌纲物种	主成分贡献率		
	PC1	PC2	PC3		PC1	PC2	PC3
柔膜菌纲（Mollicutes）	0.1847	–0.0214	0.1628	黄杆菌纲（Flavobacteriia）	–0.0919	0.0737	0.1126
芽胞杆菌纲（Bacilli）	0.1662	0.0421	–0.1300	SR1空腔杆菌门的1纲（p_SR1_Absconditabacteria_）	–0.0928	–0.0790	0.1957
拟杆菌纲（Bacteroidia）	0.1457	0.0236	0.2503	绿弯菌门的1纲（p_Chloroflexi）	–0.0950	0.2225	0.0005
纲LNR_A2-18	0.1611	–0.0046	0.1704	热袍菌纲（Thermotogae）	–0.0963	–0.1068	0.0368
拟杆菌门的1纲（p_Bacteroidetes）	0.0999	–0.0918	0.2592	ε-变形菌纲（Epsilonproteobacteria）	–0.1016	0.1560	–0.0013
拟杆菌门分类地位未定的1纲（Bacteroidetes_Incertae_Sedis）	0.0836	–0.0202	–0.1826	γ-变形菌纲（Gammaproteobacteria）	–0.1025	–0.1935	–0.0616
螺旋体纲（Spirochaetes）	0.0780	0.0356	0.2446	拟杆菌门vadinHA17纲（Bacteroidetes_vadinHA17）	–0.1038	0.1813	0.1187
纤维杆菌纲（Fibrobacteria）	0.0660	–0.0401	0.1846	阴沟单胞菌门分类地位未定的1纲（Cloacimonetes_Incertae_Sedis）	–0.1056	–0.0512	0.0947
分类地位未定的1界的1纲（k_norank）	0.0486	–0.0798	–0.1754	蓝细菌纲（Cyanobacteria）	–0.1164	–0.1121	0.1371
糖杆菌门分类地位未定的1纲（p_Saccharibacteria）	0.0395	–0.0341	0.0314	候选门Atribacteria分类地位未定的1纲（Atribacteria_Incertae_Sedis）	–0.1294	–0.0302	0.2032
纲WCHB1-41	0.0304	–0.0320	0.3146	纲TK10	–0.1316	–0.0306	–0.0910

续表

细菌纲物种	主成分贡献率			细菌纲物种	主成分贡献率		
	PC1	PC2	PC3		PC1	PC2	PC3
阴壁菌纲（Negativicutes）	0.0268	−0.1063	0.0904	TM6依赖菌门的1纲（p_TM6_Dependentiae）	−0.1333	−0.1095	−0.0031
SAR202进化枝的1纲（SAR202_clade）	0.0096	0.1173	−0.0793	纲S085	−0.1430	0.0176	−0.0582
梭杆菌纲（Fusobacteriia）	−0.0048	−0.1313	−0.1055	纲JG30-KF-CM66	−0.1481	0.0197	−0.1316
黏胶球形菌纲（Lentisphaeria）	−0.0108	0.1117	0.0383	疣微菌纲（Verrucomicrobiae）	−0.1507	−0.0723	0.0611
梭菌纲（Clostridia）	−0.0285	−0.1994	0.0808	互养菌纲（Synergistia）	−0.1516	0.0943	0.2231
绿弯菌纲（Chloroflexia）	−0.0306	−0.1864	−0.0982	候选门Microgenomates的1纲（p_Microgenomates）	−0.1527	−0.1683	0.0040
门WS6的1纲（p_WS6）	−0.0347	−0.1621	−0.1052	疣微菌门的1纲（p_Verrucomicrobia）	−0.1536	0.1543	0.0519
丰佑菌纲（Opitutae）	−0.0437	0.1741	−0.0351	纲SBR2076	−0.1570	0.1211	−0.0102
寡养球形菌纲（Oligosphaeria）	−0.0460	0.0227	0.1615	酸杆菌纲（Acidobacteria）	−0.1574	−0.1045	−0.0464
候选门Atribacteria的1纲（p_Atribacteria）	−0.0489	0.2389	0.1291	β-变形菌纲（Betaproteobacteria）	−0.1609	−0.0501	0.1019
δ-变形菌纲（Deltaproteobacteria）	−0.0528	0.1505	0.0922	海草球形菌纲（Phycisphaerae）	−0.1642	0.0041	0.0072
厚壁菌门的1纲（p_Firmicutes）	−0.0553	0.0191	−0.1323	α-变形菌纲（Alphaproteobacteria）	−0.1663	−0.2095	−0.0384
撒播菌纲（Spartobacteria）	−0.0602	−0.2005	0.0171	暖绳菌纲（Caldilineae）	−0.1745	0.2282	−0.0184
候选-马加萨尼克杆菌纲（Candidatus_Magasanikbacteria）	−0.0607	0.1178	−0.0058	厌氧绳菌纲（Anaerolineae）	−0.1783	0.2189	0.0180
热微菌纲（Thermomicrobia）	−0.0679	0.0265	−0.2208	湖绳菌纲（Limnochordia）	−0.1784	0.0262	−0.0634
纲OPB35土壤菌群（OPB35_soil_group）	−0.0698	−0.0502	0.1940	门BRC1的1纲（p_BRC1）	−0.1854	−0.0491	0.0076
纲MSB-5E12	−0.0707	0.1118	0.0715	门FBP的1纲（p_FBP）	−0.1868	−0.0403	−0.0412
候选法尔科夫菌纲（Candidatus_Falkowbacteria）	−0.0709	0.1419	0.1737	异常球菌纲（Deinococci）	−0.1935	0.1711	0.0554
丹毒丝菌纲（Erysipelotrichia）	−0.0720	−0.2037	0.0339	鞘氨醇杆菌纲（Sphingobacteriia）	−0.1991	−0.2016	0.0769
浮霉菌纲（Planctomycetacia）	−0.0800	−0.2096	0.0266	噬细胞菌纲（Cytophagia）	−0.2099	0.0422	−0.0431
放线菌纲（Actinobacteria）	−0.0818	0.1234	−0.0636	芽单胞菌纲（Gemmatimonadetes）	−0.2173	0.0109	−0.0988
候选纲（Ardenticatenia）	−0.0866	−0.0734	−0.1020	糖杆菌门分类地位未定的1纲（p_Saccharibacteria）	−0.2238	−0.0524	0.1069

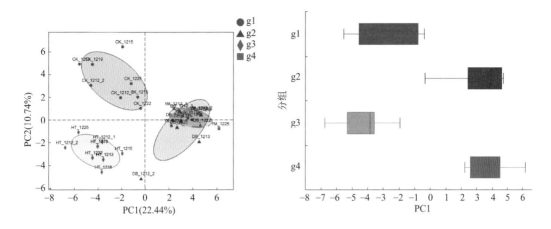

图3-99　基于细菌纲整合微生物组菌剂处理组主成分分析

（4）细菌目水平主成分分析　整合微生物组菌剂细菌目水平主成分贡献率见表3-61，前3个主成分贡献率分别为PC1=0.2185、PC2=0.1253、PC3=0.0816，前3个主成分占32个主成分的9.3%，其累计贡献率占总信息的42.54%，能很好地反映细菌目物种信息。整合微生物组菌剂细菌目前3个物种主成分贡献率见表3-62，从表中可知，与细菌目第1主成分呈正相关的前3个物种为放线菌纲的1目（c_Actinobacteria，0.1516）、无胆甾原体目（Acholeplasmatales，0.1294）、芽胞杆菌目（Bacillales，0.1270），呈负相关的前3个物种为鞘氨醇杆菌目（Sphingobacteriales，−0.1467）、微球菌目（Micrococcales，−0.1490）、醋微菌目（Acidimicrobiales，−0.1509）。基于细菌目整合微生物组菌剂处理组主成分分析见图3-100，主成分分析将整合微生物组菌剂4组处理分为三个区块，第一块菌糠空白对照组（g1）、第二块红糖粉处理组（g3）、第三块豆饼粉处理组（g2）和玉米粉处理组（g4）部分重叠为一块；从细菌目的角度考察，表明菌糠组和红糖粉组细菌目物种相对独立，添加红糖粉对整合菌剂发酵影响较大而区别于菌糠空白对照组；豆饼粉组和玉米粉组细菌目趋同，说明添加豆饼粉（g2）和添加玉米粉（g4）作用相近，而区别于菌糠空白对照组（g1）和红糖粉处理组（g3）。

表3-61　整合微生物组菌剂细菌目主成分贡献率

主成分	贡献率	主成分	贡献率	主成分	贡献率	主成分	贡献率
PC1	0.2185	PC9	0.0349	PC17	0.0162	PC25	0.0072
PC2	0.1253	PC10	0.0315	PC18	0.0153	PC26	0.0059
PC3	0.0816	PC11	0.0285	PC19	0.0129	PC27	0.0057
PC4	0.0642	PC12	0.0260	PC20	0.0123	PC28	0.0047
PC5	0.0554	PC13	0.0230	PC21	0.0110	PC29	0.0041
PC6	0.0482	PC14	0.0217	PC22	0.0098	PC30	0.0033
PC7	0.0398	PC15	0.0203	PC23	0.0088	PC31	0.0028
PC8	0.0356	PC16	0.0170	PC24	0.0085	PC32	0.0000

表3-62　整合微生物组菌剂细菌目前3个物种主成分贡献率

细菌目物种	主成分贡献率			细菌目物种	主成分贡献率		
	PC1	PC2	PC3		PC1	PC2	PC3
放线菌纲的1目（c_Actinobacteria）	0.1516	−0.0189	−0.0377	SR1空腔杆菌门的1目（p_SR1_Absconditabacteria）	−0.0540	−0.0154	0.1158
无胆甾原体目（Acholeplasmatales）	0.1294	−0.0022	0.1288	咸水球形菌目（Salinisphaerales）	−0.0555	−0.0623	0.0469
芽胞杆菌目（Bacillales）	0.1270	−0.0702	−0.1110	浮霉菌目（Planctomycetales）	−0.0569	−0.1140	0.0583
海洋螺菌目（Oceanospirillales）	0.1258	0.0048	0.0708	世袍菌目（Kosmotogales）	−0.0639	−0.0328	0.0352
棒杆菌目（Corynebacteriales）	0.1122	0.0541	−0.0242	黄杆菌目（Flavobacteriales）	−0.0641	0.1092	0.0199
拟杆菌目（Bacteroidales）	0.1110	0.0428	0.1664	土壤杆菌目（Solibacterales）	−0.0659	−0.0991	0.0073
纲LNR_A2-18的1目（c_LNR_A2-18）	0.1069	0.0126	0.1303	梭菌纲的1目（c_Clostridia）	−0.0659	−0.0638	−0.0702
目（MBA03）	0.0955	−0.0203	0.1041	军团菌目（Legionellales）	−0.0670	0.0947	0.0707
目III（Order_III）	0.0728	−0.0945	−0.1618	嗜甲基菌目（Methylophilales）	−0.0707	−0.1338	0.0538
放线菌目（Actinomycetales）	0.0722	0.0408	0.0711	甲基球菌目（Methylococcales）	−0.0713	0.1337	−0.0460
乳杆菌目（Lactobacillales）	0.0681	0.0295	−0.0485	目II（Order_II）	−0.0717	0.0761	−0.1270
芽胞杆菌纲的1目（c_Bacilli）	0.0647	−0.1356	−0.0954	阴沟单胞菌门分类地位未定的1目（c_Cloacimonetes_Incertae_Sedis）	−0.0733	0.0091	0.0814
拟杆菌门的1目（p_Bacteroidetes）	0.0629	−0.0178	0.1861	弯曲杆菌目（Campylobacterales）	−0.0734	0.1260	−0.0407
螺旋体目（Spirochaetales）	0.0585	0.0397	0.1308	候选门Atribacteria分类地位未定纲的1目（c_Atribacteria_Incertae_Sedis）	−0.0773	0.0043	0.0951
红蝽菌目（Coriobacteriales）	0.0561	0.0756	−0.0096	目B1-7BS	−0.0808	−0.0287	−0.0562
脱硫弧菌目（Desulfovibrionales）	0.0520	0.0170	0.2118	目1013-28-CG33	−0.0853	0.1033	−0.0273
目NB1-n	0.0504	0.1024	0.0453	互养菌目（Synergistales）	−0.0892	0.0705	0.0869
纲WCHB1-41的1目（c_WCHB1-41）	0.0267	0.0031	0.2046	纲S085的1目（c_S085）	−0.0958	−0.0302	0.0039
分类地位未定的1界未分类的1目（k_norank）	0.0230	−0.1151	−0.1642	γ-变形菌纲分类地位未定的1目（Gammaproteobacteria_Incertae_Sedis）	−0.0977	0.1405	−0.0119
糖霉菌目（Glycomycetales）	0.0195	0.0057	−0.1015	目TRA3-20	−0.0978	−0.0766	−0.0351
双歧杆菌目（Bifidobacteriales）	0.0191	0.0220	−0.0630	斯尼思氏菌目（Sneathiellales）	−0.0985	−0.0803	0.0233
糖杆菌门分类地位未定的1纲（p_Saccharibacteria）	0.0189	0.0140	0.0223	TM6依赖菌门的1目（p_TM6_Dependentiae）	−0.0987	−0.0173	0.0154

续表

细菌目物种	主成分贡献率			细菌目物种	主成分贡献率		
	PC1	PC2	PC3		PC1	PC2	PC3
月形单胞菌目（Selenomonadales）	0.0167	−0.0305	0.1043	纲TK10的1目（c_TK10）	−0.0988	−0.0503	−0.0056
链孢囊菌目（Streptosporangiales）	0.0144	−0.0862	−0.2022	拟杆菌门分类地位未定的1纲的1目（c_Bacteroidetes_Incertae_Sedis）	−0.1014	0.0667	0.0203
假甲胞菌目（Pseudomonadales）	0.0129	−0.0753	0.0518	盖亚菌目（Gaiellales）	−0.1015	−0.1110	−0.0178
气单胞菌目（Aeromonadales）	0.0113	0.0645	0.0834	纲SBR2076的1目（c_SBR2076）	−0.1020	0.0193	−0.0551
红色杆菌目（Rubrobacterales）	0.0109	0.0763	−0.0300	硫发菌目（Thiotrichales）	−0.1027	0.1147	0.0149
δ-变形菌纲的1目（c_Deltaproteobacteria）	0.0107	0.0974	0.0103	拟杆菌纲分类地位未定的1目（Bacteroidia_Incertae_Sedis）	−0.1063	0.1813	0.0105
食品谷菌目（Victivallales）	0.0087	0.0672	−0.0186	纤维弧菌目（Cellvibrionales）	−0.1091	0.0697	−0.0350
盐厌氧菌目（Halanaerobiales）	0.0078	−0.1133	−0.0667	厌氧绳菌目（Anaerolineales）	−0.1109	0.1103	−0.0528
肠杆菌目（Enterobacteriales）	0.0031	−0.0777	0.0247	伯克氏菌目（Burkholderiales）	−0.1117	0.0234	0.1021
目X35	0.0025	0.1143	−0.0153	暖绳菌目（Caldilineales）	−0.1136	0.1433	−0.0676
梭杆菌目（Fusobacteriales）	0.0024	−0.0763	0.0220	酸杆菌纲的1目（c_Acidobacteria）	−0.1145	−0.0827	0.0411
热厌氧杆菌目（Thermoanaerobacterales）	−0.0038	−0.1376	−0.1363	候选门Microgenomates的1目（p_Microgenomates）	−0.1180	−0.0708	0.0461
红环菌目（Rhodocyclales）	−0.0107	0.1142	0.0364	鞘氨醇单胞菌目（Sphingomonadales）	−0.1209	−0.1295	0.0803
目BC-COM435	−0.0107	0.0519	−0.0313	蛭弧菌目（Bdellovibrionales）	−0.1211	0.1097	−0.0356
候选门Atribacteria的1目（p_Atribacteria）	−0.0171	0.1131	0.0321	目AKYG1722	−0.1217	0.1084	−0.1162
拟杆菌纲的1目（c_Bacteroidia）	−0.0191	−0.0152	0.0241	γ-变形菌纲的1目（c_Gammaproteobacteria）	−0.1239	−0.1019	−0.0477
目M55-D21	−0.0197	−0.0337	−0.0420	黏球菌目（Myxococcales）	−0.1242	0.0012	−0.0026
寡养球形菌目（Oligosphaerales）	−0.0226	0.0159	0.0579	土壤红色杆菌目（Solirubrobacterales）	−0.1248	−0.1076	0.0987
门WS6的1目（p_WS6）	−0.0229	−0.0861	0.0133	异常球菌目（Deinococcales）	−0.1266	0.0990	−0.0133
交替单胞菌目（Alteromonadales）	−0.0267	0.1777	−0.0031	α-变形菌纲的1目（c_Alphaproteobacteria）	−0.1268	−0.1105	0.0750
土源杆菌目（Chthoniobacterales）	−0.0367	−0.0952	0.0743	门BRC1分类地位未定的1纲（p_BRC1）	−0.1304	−0.0138	−0.0212
厄泽比氏菌目（Euzebyales）	−0.0407	−0.0422	0.0400	目C178B	−0.1311	−0.1329	0.0132
紫红球菌目（Puniceicoccales）	−0.0409	0.1137	−0.0606	黄单胞菌目（Xanthomonadales）	−0.1377	−0.1142	0.0243

续表

细菌目物种	主成分贡献率			细菌目物种	主成分贡献率		
	PC1	PC2	PC3		PC1	PC2	PC3
厚壁菌门的1目（p_Firmicutes）	−0.0443	−0.0253	−0.1373	糖杆菌门分类地位未定的1目（p_Saccharibacteria）	−0.1569	0.0175	0.0833
梭菌目（Clostridiales）	−0.0446	−0.0952	0.0846	门FBP的1目（p_FBP）	−0.1385	−0.0183	−0.0285
假诺卡氏菌目（Pseudonocardiales）	−0.0448	0.1273	−0.0851	鞘氨醇杆菌目（Sphingobacteriales）	−0.1467	−0.0897	0.0920
候选法尔科夫菌纲的1目（c_Candidatus_Falkowbacteria）	−0.0477	−0.0365	0.1293	微球菌目（Micrococcales）	−0.1490	−0.0135	−0.0387
短单胞菌目（Bradymonadales）	−0.0502	0.1530	−0.0073	酸微菌目（Acidimicrobiales）	−0.1509	0.0551	−0.0474

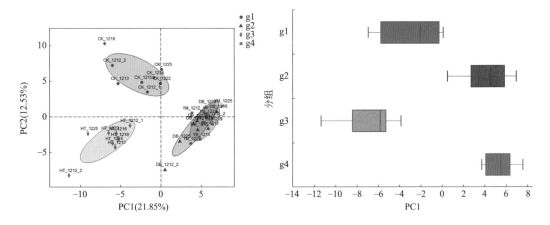

图3-100　基于细菌目整合微生物组菌剂处理组主成分分析

（5）细菌科水平主成分分析　整合微生物组菌剂细菌科水平主成分贡献率见表3-63，前3个主成分贡献率分别为PC1=0.2190、PC2=0.1343、PC3=0.0845，前3个主成分占32个主成分的9.1%，其累计贡献率占总信息的43.78%，能很好地反映细菌科物种信息。整合微生物组菌剂细菌科前3个物种主成分贡献率见表3-64，从表中可知，与细菌科第1主成分呈正相关的前3个物种为肉杆菌科（Carnobacteriaceae，0.0974）、盐单胞菌科（Halomonadaceae，0.0910）、葡萄球菌科（Staphylococcaceae，0.0880），呈负相关的前三个物种为皮生球菌科（Dermacoccaceae，−0.1061）、酸微菌科（Acidimicrobiaceae，−0.1111）、伯克氏菌科（Burkholderiaceae，−0.1157）。基于细菌科整合微生物组菌剂处理组主成分分析见图3-101，主成分分析将整合微生物组菌剂4组处理分为三个区块，第一块菌糠空白对照组（g1）、第二块红糖粉处理组（g3）、第三块豆饼粉处理组（g2）和玉米粉处理组（g4）部分重叠为一块；从细菌科的角度考察，表明菌糠组和红糖粉组细菌科物种相对独立，添加红糖粉对整合菌剂发酵影响较大而区别于菌糠空白对照组；豆饼粉组和玉米粉组细菌科趋同，说明添加豆饼粉（g2）和添加玉米粉（g4）作用相近，而区别于菌糠空白对照组（g1）和红糖粉处理组（g3）。

表3-63 整合微生物组菌剂细菌科主成分贡献率

主成分	贡献率	主成分	贡献率	主成分	贡献率
PC1	0.2190	PC12	0.0236	PC23	0.0100
PC2	0.1343	PC13	0.0227	PC24	0.0087
PC3	0.0845	PC14	0.0205	PC25	0.0082
PC4	0.0709	PC15	0.0194	PC26	0.0068
PC5	0.0459	PC16	0.0185	PC27	0.0062
PC6	0.0431	PC17	0.0154	PC28	0.0057
PC7	0.0357	PC18	0.0151	PC29	0.0045
PC8	0.0345	PC19	0.0147	PC30	0.0042
PC9	0.0327	PC20	0.0137	PC31	0.0035
PC10	0.0282	PC21	0.0122	PC32	0.0000
PC11	0.0261	PC22	0.0118		

表3-64 整合微生物组菌剂细菌科前3个物种主成分贡献率

细菌科物种	主成分贡献率			细菌科物种	主成分贡献率		
	PC1	PC2	PC3		PC1	PC2	PC3
肉杆菌科（Carnobacteriaceae）	0.0974	0.0722	−0.0217	目1013-28-CG33的1科（o_1013-28-CG33）	−0.0439	−0.0795	0.0038
盐单胞菌科（Halomonadaceae）	0.0910	0.0437	−0.0537	互营单胞菌科（Syntrophomonadaceae）	−0.0449	−0.0085	−0.0492
葡萄球菌科（Staphylococcaceae）	0.0880	0.0454	0.0579	疣微菌门的1科（p_Verrucomicrobia）	−0.0481	−0.1017	0.0006
无胆甾原体科（Acholeplasmataceae）	0.0859	0.0518	−0.0930	土源杆菌目分类地位未定的1科（Chthoniobacterales_Incertae_Sedis）	−0.0487	0.0169	−0.0763
优杆菌科（Eubacteriaceae）	0.0843	0.0686	−0.0932	长微菌科（Longimicrobiaceae）	−0.0507	−0.0609	0.0448
目MBA03的1科（o_MBA03）	0.0616	0.0434	−0.0648	龙杆菌科（Draconibacteriaceae）	−0.0522	−0.1286	−0.0266
拟诺卡氏菌科（Nocardiopsaceae）	0.0549	0.0534	0.1184	火色杆菌科（Flammeovirgaceae）	−0.0541	−0.0996	0.0342
博戈里亚湖菌科（Bogoriellaceae）	0.0526	0.0011	0.1236	未知目的1科（o_Unknown_Order）	−0.0546	−0.0113	−0.0568
放线菌科（Actinomycetaceae）	0.0524	−0.0009	−0.0732	土壤杆菌科亚群3（Solibacteraceae_Subgroup_3）	−0.0553	0.0491	0.0201
海滑菌科（Marinilabiaceae）	0.0486	0.0010	−0.1101	候选目Ardenticatenales的1科（o_Ardenticatenales）	−0.0560	0.0452	0.0283
p-2534-18B5肠道菌群的1科（p-2534-18B5_gut_group）	0.0437	0.0443	−0.0670	科ODP1230B8.23	−0.0574	0.0367	−0.1003
拟杆菌目S24-7群的1科（Bacteroidales_S24-7_group）	0.0430	0.0421	−0.1051	噬细胞菌科（Cytophagaceae）	−0.0585	0.0843	0.0585

续表

细菌科物种	主成分贡献率			细菌科物种	主成分贡献率		
	PC1	PC2	PC3		PC1	PC2	PC3
迪茨氏菌科（Dietziaceae）	0.0427	−0.0244	0.1241	纤维弧菌科（Cellvibrionaceae）	−0.0609	−0.0380	0.0386
莫拉氏菌科（Moraxellaceae）	0.0426	−0.0468	−0.0293	拟杆菌门分类地位未定的1科（c_Bacteroidetes_Incertae_Sedis）	−0.0613	−0.0563	−0.0089
海源菌科（Idiomarinaceae）	0.0397	−0.0453	−0.0707	纲SBR2076的1科（c_SBR2076）	−0.0620	−0.0459	0.0299
拟杆菌门的1科（p_Bacteroidetes）	0.0369	0.0477	−0.1418	丹毒丝菌科（Erysipelotrichaceae）	−0.0623	0.0456	−0.0673
毛螺菌科（Lachnospiraceae）	0.0355	−0.0008	−0.0923	短单胞菌目的1科（o_Bradymonadales）	−0.0625	0.0256	−0.0782
应微所菌科（Iamiaceae）	0.0281	−0.0613	0.0452	消化链球菌科（Peptostreptococcaceae）	−0.0642	0.0781	−0.0223
球形杆菌科（Sphaerobacteraceae）	0.0278	0.0359	0.1103	根瘤菌科（Rhizobiaceae）	−0.0652	0.1153	0.0163
科env.OPS_17	0.0264	0.0066	−0.0164	蓝细菌纲的1科（c_Cyanobacteria）	−0.0653	0.0034	−0.0811
肠球菌科（Enterococcaceae）	0.0261	0.0138	0.0324	丛毛单胞菌科（Comamonadaceae）	−0.0672	0.0982	0.0402
明串珠菌科（Leuconostocaceae）	0.0191	0.0226	0.0283	慢生微菌科（Lentimicrobiaceae）	−0.0684	0.0221	−0.1063
微球菌科（Micrococcaceae）	0.0112	0.0332	0.0588	纲S085的1科（c_S085）	−0.0689	0.0025	0.0312
红螺菌科（Rhodospirillaceae）	0.0051	−0.0062	0.0759	纲JG30-KF-CM66的1科（c_JG30-KF-CM66）	−0.0708	−0.0291	0.0421
交替单胞菌科（Alteromonadaceae）	0.0036	−0.1052	−0.0200	根瘤菌目的1科（o_Rhizobiales）	−0.0714	0.0866	0.0710
脱硫单胞菌科（Desulfuromonadaceae）	0.0032	0.0487	−0.1277	甲基杆菌科（Methylobacteriaceae）	−0.0721	0.0718	0.0130
目BC-COM435的1科（o_BC-COM435）	0.0024	−0.0477	0.0118	酸微菌目的1科（o_Acidimicrobiales）	−0.0738	0.0010	0.0211
慢生单胞菌科（Bradymonadaceae）	−0.0066	−0.0885	−0.0103	科BIrii41	−0.0741	0.0273	−0.0312
假单胞菌科（Pseudomonadaceae）	−0.0083	0.0761	0.0553	芽单胞菌科（Gemmatimonadaceae）	−0.0751	0.0941	0.0396
紫红球菌科（Puniceicoccaceae）	−0.0120	−0.0767	0.0339	类芽胞杆菌科（Paenibacillaceae）	−0.0753	0.1136	0.0294
纲MSB-5E12的1科（c_MSB-5E12）	−0.0136	−0.0732	−0.0573	特吕珀菌科（Trueperaceae）	−0.0756	−0.0935	−0.0021
肠杆菌科（Enterobacteriaceae）	−0.0138	0.0715	0.0743	湖线菌科（Limnochordaceae）	−0.0765	−0.0562	0.0445
假诺卡氏菌科（Pseudonocardiaceae）	−0.0148	−0.1041	0.0321	食烷菌科（Alcanivoracaceae）	−0.0779	−0.0649	−0.0036
红菌科（Rhodobiaceae）	−0.0158	−0.1057	0.0186	柄杆菌科（Caulobacteraceae）	−0.0794	0.1071	0.0115
小单孢菌科（Micromonosporaceae）	−0.0192	0.0338	0.0653	慢生根瘤菌科（Bradyrhizobiaceae）	−0.0815	0.1107	0.0046

续表

细菌科物种	主成分贡献率			细菌科物种	主成分贡献率		
	PC1	PC2	PC3		PC1	PC2	PC3
立克次氏体目分类地位未定的1科（Rickettsiales_Incertae_Sedis）	−0.0201	−0.0747	−0.0038	酸微菌目分类地位未定的1科（Acidimicrobiales_Incertae_Sedis）	−0.0833	−0.1006	−0.0254
短单胞菌目的1科（o_Bradymonadales）	−0.0224	−0.0915	0.0076	目III的1科（o_Order_III）	−0.0846	0.0302	−0.0049
海妖菌科（Halieaceae）	−0.0256	−0.0662	−0.1012	门BRC1的1科（p_BRC1）	−0.0857	−0.0338	0.0002
微球茎菌科（Microbulbiferaceae）	−0.0267	−0.1073	−0.0155	门FBP的1科（p_FBP）	−0.0900	−0.0336	0.0056
港口球菌科（Porticoccaceae）	−0.0273	−0.0976	−0.0379	分枝杆菌科（Mycobacteriaceae）	−0.0912	0.0380	−0.0365
门WS6的1科（p_WS6）	−0.0294	0.0557	0.0631	酸杆菌纲的1科（c_Acidobacteria）	−0.0917	0.0429	0.0215
琼斯氏菌科（Jonesiaceae）	−0.0304	−0.0999	0.0106	红杆菌科（Rhodobacteraceae）	−0.0952	−0.0715	−0.0655
拟杆菌门vadinHA17纲的1科（c_Bacteroidetes_vadinHA17）	−0.0330	−0.0736	−0.0332	腐螺旋菌科（Saprospiraceae）	−0.0981	0.0150	−0.0930
地杆菌科（Geobacteraceae）	−0.0344	−0.1126	0.0211	科Elev-16S-1332	−0.1029	0.0365	−0.0652
科AKAU3644	−0.0359	−0.0957	−0.0200	棒杆菌目的1科（o_Corynebacteriales）	−0.1046	−0.0031	−0.0368
热粪杆菌科（Caldicoprobacteraceae）	−0.0359	0.0116	−0.1458	根瘤菌目的1科（o_Rhizobiales）	−0.1087	0.0290	−0.0205
嗜热放线菌科（Thermoactinomycetaceae）	−0.0411	0.0030	0.0800	糖杆菌门分类地位未定的1科（p_Saccharibacteria）	−0.1088	−0.0406	−0.0669
链孢囊菌科（Streptosporangiaceae）	−0.0423	−0.0913	0.0026	皮生球菌科（Dermacoccaceae）	−0.1061	0.0286	−0.0307
布鲁氏菌科（Brucellaceae）	−0.0425	0.0937	0.0520	酸微菌科（Acidimicrobiaceae）	−0.1111	−0.0043	−0.0392
橙色胞菌科（Sandaracinaceae）	−0.0431	−0.0714	0.0236	伯克氏菌科（Burkholderiaceae）	−0.1157	−0.0255	−0.0553

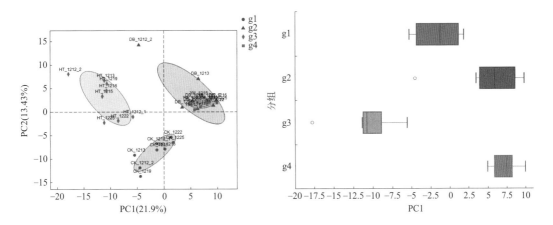

图3-101　基于细菌科整合微生物组菌剂处理组主成分分析

（6）细菌属水平主成分分析　整合微生物组菌剂细菌属水平主成分贡献率见表3-65，前 3 个主成分贡献率分别为 PC1=0.1941、PC2=0.1234、PC3=0.0830，前 3 个主成分占

32 个主成分的 9.1%，其累计贡献率占总信息的 40.05%，能很好地反映细菌属物种信息。整合微生物组菌剂细菌属前 3 个物种主成分贡献率见表 3-66，从表中可知，与细菌属第 1 主成分呈正相关的前 3 个物种为类芽胞杆菌属（*Paenibacillus*，0.0713）、藤黄色杆菌属（*Luteibacter*，0.0712）、博赛氏菌属（*Bosea*，0.0710），呈负相关的前 3 个物种为蒂西耶氏菌属（*Tissierella*，–0.0453）、嗜蛋白菌属（*Proteiniphilum*，–0.0480）、棒杆菌属（*Corynebacterium*，–0.0578）。基于细菌属整合微生物组菌剂处理组主成分分析见图 3-102，主成分分析将整合微生物组菌剂 4 组处理分为三个区块，第一块菌糠空白对照组（g1）、第二块红糖粉处理组（g3）、第三块豆饼粉处理组（g2）和玉米粉处理组（g4）部分重叠为一块；从细菌属的角度考察，表明菌糠组和红糖粉组细菌属物种相对独立，添加红糖对整合菌剂发酵影响较大而区别于菌糠空白对照组；豆饼粉组和玉米粉组细菌属趋同，说明添加豆饼粉（g2）和添加玉米粉（g4）作用相近，而区别于菌糠空白对照组（g1）和红糖粉处理组（g3）。

表3-65　整合微生物组菌剂细菌属主成分贡献率

主成分	贡献率	主成分	贡献率	主成分	贡献率	主成分	贡献率
PC1	0.1941	PC9	0.0307	PC17	0.0190	PC25	0.0104
PC2	0.1234	PC10	0.0298	PC18	0.0170	PC26	0.0093
PC3	0.0830	PC11	0.0262	PC19	0.0164	PC27	0.0090
PC4	0.0662	PC12	0.0258	PC20	0.0161	PC28	0.0086
PC5	0.0454	PC13	0.0227	PC21	0.0148	PC29	0.0080
PC6	0.0399	PC14	0.0226	PC22	0.0138	PC30	0.0072
PC7	0.0356	PC15	0.0212	PC23	0.0124	PC31	0.0059
PC8	0.0337	PC16	0.0203	PC24	0.0119	PC32	0.0000

表3-66　整合微生物组菌剂细菌属前3个物种主成分贡献率

细菌属物种	主成分贡献率			细菌属物种	主成分贡献率		
	PC1	PC2	PC3		PC1	PC2	PC3
类芽胞杆菌属（*Paenibacillus*）	0.0713	–0.0561	0.0040	侏囊菌科的1属（f_Nannocystaceae）	0.0134	0.0667	0.0079
藤黄色杆菌属（*Luteibacter*）	0.0712	0.0062	–0.0103	球形杆菌属（*Sphaerobacter*）	0.0128	0.0350	0.0021
博赛氏菌属（*Bosea*）	0.0710	–0.0552	–0.0121	硫假单胞菌属（*Thiopseudomonas*）	0.0123	–0.0069	–0.0983
中村氏菌属（*Nakamurella*）	0.0702	0.0054	–0.0387	假土杆菌属（*Pseudopedobacter*）	0.0093	–0.0431	–0.0141
中慢生根瘤菌属（*Mesorhizobium*）	0.0699	–0.0488	0.0076	芽胞杆菌纲的1属（c_Bacilli）	0.0071	0.0140	0.0516
副土杆菌属（*Parapedobacter*）	0.0690	–0.0445	–0.0042	脱硫单胞菌属（*Desulfuromonas*）	0.0037	–0.0274	–0.0757
瘤胃梭菌属1（*Ruminiclostridium_1*）	0.0659	–0.0516	–0.0018	候选-马加萨尼克杆菌纲的1属（c_Candidatus_Magasanikbacteria）	0.0030	0.0350	0.0132
亚硝化单胞菌属（*Nitrosomonas*）	0.0635	0.0423	–0.0214	短杆菌属（*Brevibacterium*）	–0.0010	0.0536	0.0705
食烷菌属（*Alcanivorax*）	0.0623	0.0166	–0.0125	纤细单胞菌属（*Gracilimonas*）	–0.0013	0.0324	0.0194
候选门Microgenomates的1属（p_Microgenomates）	0.0620	0.0109	–0.0162	互营单胞菌科的1属（f_Syntrophomonadaceae）	–0.0015	0.0212	0.0274

续表

细菌属物种	主成分贡献率			细菌属物种	主成分贡献率		
	PC1	PC2	PC3		PC1	PC2	PC3
间孢囊菌科的1属（f_Intrasporangiaceae）	0.0615	0.0510	-0.0081	普雷沃氏菌科UCG-001群的1属（Prevotellaceae_UCG-001）	-0.0015	-0.0103	-0.0112
甲基杆菌科的1属（f_Methylobacteriaceae）	0.0600	-0.0358	-0.0063	科XIII AD3011群的1属（Family_XIII_AD3011_group）	-0.0043	-0.0157	-0.0735
黄色杆菌属（Xanthobacter）	0.0590	-0.0637	0.0099	幼锤链杆菌属（Fusicatenibacter）	-0.0053	-0.0070	-0.0328
沙源杆菌属（Arenibacter）	0.0541	-0.0281	-0.0237	普劳泽氏菌属（Prauserella）	-0.0076	0.0720	0.0214
双生杆菌属（Dyadobacter）	0.0525	-0.0463	0.0306	候选糖单胞菌属（Candidatus_Saccharimonas）	-0.0084	-0.0014	-0.0370
冷形菌科的1属（f_Cryomorphaceae）	0.0522	0.0079	-0.0403	红螺菌科的1属（f_Rhodospirillaceae）	-0.0088	0.0106	0.0465
鞘氨醇杆菌属（Sphingobacterium）	0.0508	-0.0528	0.0117	链球形菌属（Catenisphaera）	-0.0109	0.0312	-0.0586
消化球菌科的1属（f_Peptococcaceae）	0.0470	0.0004	-0.0393	丹毒丝菌科UCG-003群的1属（Erysipelotrichaceae_UCG-003）	-0.0112	0.0113	-0.0264
酸微菌目的1属（o_Acidimicrobiales）	0.0468	0.0215	0.0070	固氮弓菌属（Azoarcus）	-0.0115	0.0143	-0.0443
慢生微菌科的1属（f_Lentimicrobiaceae）	0.0464	0.0070	-0.0657	瘤胃球菌科的1属（f_Ruminococcaceae）	-0.0118	-0.0045	-0.1163
无色杆菌属（Achromobacter）	0.0464	-0.0615	0.0262	黄色弯曲菌属（Flaviflexus）	-0.0119	-0.0479	-0.0239
嗜氨菌属（Ammoniphilus）	0.0462	-0.0272	-0.0132	链孢放线菌属（Actinocatenispora）	-0.0122	-0.0123	-0.0326
黄球菌属（Luteococcus）	0.0456	0.0105	-0.0776	梭菌目科XI的1属（f_Family_XI_o_Clostridiales）	-0.0128	-0.0501	-0.0695
候选目Ardenticatenales的1属（o_Ardenticatenales）	0.0442	-0.0194	0.0072	瘤胃球菌科NK4A214群的1属（Ruminococcaceae_NK4A214）	-0.0135	-0.0217	-0.1014
白色杆菌属（Leucobacter）	0.0434	0.0339	-0.0194	明串珠菌属（Leuconostoc）	-0.0137	-0.0084	0.0122
莫纳什菌属（Mumia）	0.0428	-0.0282	-0.0103	红杆菌属（Rubrobacter）	-0.0140	0.0295	0.0125
黄单胞菌科的1属（f_Xanthomonadaceae）	0.0412	0.0379	-0.0083	乳球菌属（Lactococcus）	-0.0146	-0.0312	0.0256
短状杆菌属（Brachybacterium）	0.0407	0.0136	0.0181	海杆菌属（Marinobacter）	-0.0169	0.0586	-0.0120
候选微丝菌属（Candidatus_Microthrix）	0.0400	0.0853	-0.0151	厌氧杆形菌属（Anaerotruncus）	-0.0177	-0.0090	-0.0764
金色线菌属（Chryseolinea）	0.0375	0.0423	0.0266	马文布莱恩特菌属（Marvinbryantia）	-0.0179	-0.0012	-0.0574
红杆菌科的1属（f_Rhodobacteraceae）	0.0336	0.0917	-0.0128	普雷沃氏菌科UCG-003群的1属（Prevotellaceae_UCG-003）	-0.0193	-0.0405	-0.0502
酸微菌目的1属（o_Acidimicrobiales）	0.0320	0.0723	0.0229	直肠优杆菌群的1属（[Eubacterium]_rectale_group）	-0.0222	0.0262	-0.0433
门WS6的1属（p_WS6）	0.0305	-0.0322	0.0330	脱硫弧菌属（Desulfovibrio）	-0.0241	-0.0242	-0.0612
丹毒丝菌科UCG-004群的1属（Erysipelotrichaceae_UCG-004）	0.0291	-0.0138	-0.0891	创伤球菌属（Helcococcus）	-0.0245	0.0111	-0.0161

细菌属物种	主成分贡献率			细菌属物种	主成分贡献率		
	PC1	PC2	PC3		PC1	PC2	PC3
热碱芽胞杆菌属（Caldalkalibacillus）	0.0276	0.0090	0.0055	假纤细芽胞杆菌属（Pseudogracilibacillus）	−0.0251	−0.0415	0.0408
清水氏菌属（Simiduia）	0.0272	0.0326	0.0155	多雷氏菌属（Dorea）	−0.0254	0.0432	−0.0338
热双孢菌属（Thermobispora）	0.0254	−0.0099	−0.0476	瘤胃球菌属2（Ruminococcus_2）	−0.0289	0.0377	−0.0370
目AKYG1722的1属（o_AKYG1722）	0.0252	0.0876	0.0362	嗜木糖优杆菌群的1属（[Eubacterium]_xylanophilum）	−0.0293	0.0019	−0.0842
长微菌科的1属（f_Longimicrobiaceae）	0.0245	0.0452	0.0295	拟诺卡氏菌属（Nocardiopsis）	−0.0304	−0.0464	0.0722
肠杆菌属（Enterobacter）	0.0237	−0.0533	0.0400	毛螺菌科的1属（f_Lachnospiraceae）	−0.0305	0.0045	−0.0835
肠杆菌科的1属（f_Enterobacteriaceae）	0.0234	−0.0531	0.0402	厌氧棒菌属（Anaerostipes）	−0.0333	−0.0305	−0.0303
瘤胃球菌属1（Ruminococcus_1）	0.0207	−0.0033	−0.0176	海微菌属（Marinimicrobium）	−0.0366	−0.0046	0.0131
草螺菌属（Herbaspirillum）	0.0205	−0.0087	0.0215	瘤胃梭菌属6（Ruminiclostridium_6）	−0.0376	−0.0162	−0.0872
广布杆菌属（Vulgatibacter）	0.0192	−0.0106	0.0526	嗜冷杆菌属（Psychrobacter）	−0.0390	0.0158	−0.0275
厄泽比氏菌科的1属（f_Euzebyaceae）	0.0174	0.0560	−0.0074	球胞发菌属（Sphaerochaeta）	−0.0394	−0.0223	−0.0732
嗜热放线菌属（Thermoactinomyces）	0.0171	−0.0023	0.0101	碱小杆菌属（Alkalibacterium）	−0.0451	−0.0626	0.0435
匈牙利杆菌属（Pannonibacter）	0.0151	0.0496	−0.0046	蒂西耶氏菌属（Tissierella）	−0.0453	−0.0537	−0.0512
甲基小杆菌属（Methylobacterium）	0.0144	0.0020	0.0117	嗜蛋白菌属（Proteiniphilum）	−0.0480	−0.0363	−0.0842
微球菌目的1属（o_Micrococcales）	0.0138	0.0784	0.0234	棒杆菌属（Corynebacterium）	−0.0578	−0.0117	−0.0044
玫瑰杆菌属（Roseibacillus）	0.0136	0.0220	−0.0049				
湖线菌属（Limnochorda）	0.0136	0.0433	−0.0090				

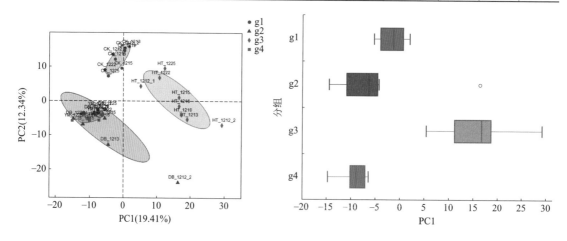

图3-102　基于细菌属整合微生物组菌剂处理组主成分分析

（7）细菌种水平主成分分析　整合微生物组菌剂细菌种水平主成分贡献率见表3-67，前3个主成分贡献率分别为PC1=0.1798、PC2=0.1181、PC3=0.0825，前3个主成分占32个主成分的9.1%，其累计贡献率占总信息的38.04%，能很好地反映细菌种类信息。整合微生物组菌剂细菌种前3个物种主成分贡献率见表3-68，从表中可知，与细菌种第1主成分呈正相关的前3个物种为根瘤菌目的1种（o__Rhizobiales sp.，0.0637）、嗜氢菌属的1种（*Hydrogenophaga* sp，0.0611）、藤黄色杆菌属的1种（*Luteibacter* sp.，0.0598），呈负相关的前3个物种为千夫碱小杆菌（*Alkalibacterium iburiense*，为吲哚降解菌，−0.0396）、消化球菌属的1种（*Peptococcus* sp.，−0.0404）、加西亚氏菌属的1种（*Garciella* sp.，硫酸盐还原菌，−0.0454）。基于细菌种整合微生物组菌剂处理组主成分分析见图3-103、图3-104，主成分分析将整合微生物组菌剂4组处理分为三个区块，第一块菌糠空白对照组（g1）、第二块红糖粉处理组（g3）、第三块豆饼粉处理组（g2）和玉米粉处理组（g4）部分重叠为一块；从细菌种的角度考察，表明菌糠组和红糖粉组细菌种物种相对独立，添加红糖粉对整合菌剂发酵影响较大而区别于菌糠空白对照组；豆饼粉组和玉米粉组细菌种趋同，说明添加豆饼粉（g2）和添加玉米粉（g4）作用相近，而区别于菌糠空白对照组（g1）和红糖粉处理组（g3）。

表3-67　整合微生物组菌剂细菌种主成分贡献率

主成分	贡献率	主成分	贡献率	主成分	贡献率	主成分	贡献率
PC1	0.1798	PC9	0.0320	PC17	0.0212	PC25	0.0114
PC2	0.1181	PC10	0.0292	PC18	0.0178	PC26	0.0106
PC3	0.0825	PC11	0.0286	PC19	0.0172	PC27	0.0105
PC4	0.0619	PC12	0.0266	PC20	0.0164	PC28	0.0097
PC5	0.0448	PC13	0.0239	PC21	0.0151	PC29	0.0091
PC6	0.0386	PC14	0.0235	PC22	0.0142	PC30	0.0086
PC7	0.0361	PC15	0.0230	PC23	0.0139	PC31	0.0075
PC8	0.0333	PC16	0.0221	PC24	0.0129	PC32	0.0000

表3-68　整合微生物组菌剂细菌种前3个物种主成分贡献率

细菌种物种	主成分贡献率			细菌种物种	主成分贡献率		
	PC1	PC2	PC3		PC1	PC2	PC3
根瘤菌目的1种（o_Rhizobiales sp.）	0.0637	0.0029	−0.0194	属AKYG587的1种（AKYG587 sp.）	0.0089	0.0267	−0.0121
嗜氢菌属的1种（*Hydrogenophaga* sp.）	0.0611	−0.0278	−0.0086	毛梭菌属的1种（*Lachnoclostridium* sp.）	0.0089	−0.0305	−0.0118
藤黄色杆菌属的1种（*Luteibacter* sp.）	0.0598	−0.0007	−0.0088	瘤胃线杆菌属的1种（*Ruminofilibacter* sp.）	0.0080	0.0283	0.0061
小红卵菌属的1种（*Rhodovulum* sp.）	0.0597	0.0104	−0.0368	海妖菌科的1种（f_Halieaceae sp.）	0.0063	0.0377	−0.0527
慢生根瘤菌属的1种（*Bradyrhizobium* sp.）	0.0573	−0.0443	−0.0017	梭菌科SK061的1种（Clostridiaceae_SK061 sp.）	0.0052	0.0284	−0.0575
狭义梭菌属1的1种（*Clostridium_sensu_stricto_1* sp.）	0.0548	−0.0082	−0.0271	粪杆菌属的1种（*Faecalibacterium* sp.）	0.0033	0.0178	−0.0416

细菌种物种	主成分贡献率			细菌种物种	主成分贡献率		
	PC1	PC2	PC3		PC1	PC2	PC3
属gp6的1种（gp6 sp.）	0.0537	−0.0435	0.0044	海小杆菌属的1种（Marinobacterium sp.）	0.0027	0.0539	−0.0220
弗兰克氏菌科的1种（f_Frankiaceae sp.）	0.0525	0.0069	−0.0191	副拟杆菌属的1种（Parabacteroides sp.）	0.0027	−0.0262	−0.0141
红球菌属的1种（Rhodococcus sp.）	0.0522	0.0261	−0.0384	菜豆形孢囊菌属的1种（Phaselicystis sp.）	0.0026	0.0454	0.0076
食烷菌属的1种（Alcanivorax sp.）	0.0522	0.0072	−0.0103	产硫代硫酸脱硫生孢菌（Desulfonispora thiosulfatigenes）	0.0016	−0.0549	−0.0203
汉拿山马杜拉放线菌（Actinomadura hallensis）	0.0513	0.0007	−0.0076	密螺旋体属的1种（Treponema sp.）	0.0012	0.0262	−0.0330
类芽胞杆菌Y412MC10（Paenibacillus sp. Y412MC10）	0.0509	−0.0225	0.0093	产乳酸菌属（Lacticigenium sp.）	0.0002	−0.0288	−0.0318
噬几丁质菌属的1种（Chitinophaga sp.）	0.0492	−0.0487	0.0099	普雷沃氏菌科NK3B31群的1种（Prevotellaceae_NK3B31 sp.）	−0.0028	−0.0153	−0.0413
东氏菌属的1种（Dongia sp.）	0.0481	−0.0321	0.0048	发酵氨基酸球菌（Acidaminococcus fermentans）	−0.0054	0.0305	0.0113
醋杆菌科的1种（f_Acetobacteraceae sp.）	0.0476	−0.0424	0.0193	魏斯氏菌属的1种（Weissella sp.）	−0.0061	−0.0145	0.0199
芽单胞菌科的1种（f_Gemmatimonadaceae sp.）	0.0473	−0.0261	−0.0043	克里斯滕森氏菌科R-7群的1种（Christensenellaceae_R-7 sp.）	−0.0069	0.0064	−0.0435
新鞘氨醇菌属的1种（Novosphingobium sp.）	0.0473	0.0360	−0.0175	普雷沃氏菌科的1种（f_Prevotellaceae sp.）	−0.0070	−0.0164	−0.0712
多形单胞菌属的1种（Pleomorphomonas sp.）	0.0460	−0.0508	0.0104	南极单胞菌属的1种（Antarcticimonas sp.）	−0.0071	0.0501	−0.0011
土生孢杆菌的1种（Terrisporobacter sp.）	0.0452	−0.0238	−0.0216	环流菌属的1种（Verticia sp.）	−0.0075	−0.0040	0.0246
冷形菌科的1种（f_Cryomorphaceae sp.）	0.0442	0.0035	−0.0290	奥尔森氏菌属的1种（Olsenella sp.）	−0.0085	−0.0164	0.0140
斯尼思氏菌属的1种（Sneathiella sp.）	0.0437	−0.0073	−0.0079	黄杆菌科的1种（f_Flavobacteriaceae sp.）	−0.0102	−0.0156	−0.0481
桃色杆菌属的1种（Persicitalea sp.）	0.0425	−0.0353	−0.0157	肠杆状菌属的1种（Enterorhabdus）	−0.0112	0.0192	0.0238
单球形菌属的1种（Singulisphaera sp.）	0.0421	−0.0013	−0.0336	耐酒海杆菌（Marinobacter vinifirmus）	−0.0137	0.0501	−0.0138
双生杆菌属的1种（Dyadobacter sp.）	0.0414	−0.0399	0.0231	丹毒丝菌属的1种（organism_Erysipelothrix）	−0.0141	−0.0046	−0.0637
丙酸杆菌科的1种（f_Propionibacteriaceae sp.）	0.0413	0.0334	−0.0145	醋香肠菌属的1种（Acetitomaculum sp.）	−0.0152	0.0081	−0.0499
消化球菌科的1种（f_Peptococcaceae sp.）	0.0397	−0.0039	−0.0317	互营单胞菌科的1种（f_Syntrophomonadaceae sp.）	−0.0159	0.0026	0.0155
酸杆菌纲的1种（c_Acidobacteria sp.）	0.0384	0.0220	0.0353	盐硫杆状菌属的1种（Halothiobacillus sp.）	−0.0161	−0.0291	0.0143
目TRA3-20的1种（o_TRA3-20）	0.0373	0.0105	0.0122	优杆菌属的1种（Eubacterium sp.）	−0.0176	0.0220	−0.0339

续表

细菌种物种	主成分贡献率			细菌种物种	主成分贡献率		
	PC1	PC2	PC3		PC1	PC2	PC3
酸杆菌科LX51的1种 （f_Acidobacteriaceae_LX51 sp.）	0.0357	−0.0204	0.0017	弗林德斯属的1种 （Flindersiella sp.）	−0.0184	−0.0050	0.0152
布鲁氏菌科的1种 （f_Brucellaceae sp.）	0.0355	−0.0475	0.0166	创伤球菌属的1种 （Helcococcus sp.）	−0.0190	0.0133	−0.0136
科XⅢ UCG-002群的1属的1种 （Family_XⅢ_UCG-002 sp.）	0.0346	0.0082	−0.0601	布劳特氏菌属的1种 （Blautia sp.）	−0.0204	0.0253	−0.0077
土单胞菌属的1种 （Terrimonas sp.）	0.0336	−0.0166	0.0046	瘤胃球菌科UCG-002群的1属的1种 （Ruminococcaceae_UCG-002 sp.）	−0.0219	−0.0271	−0.0441
冬微菌属的1种 （Brumimicrobium sp.）	0.0286	0.0490	−0.0202	假纤细芽胞杆菌属的1种 （Pseudogracilibacillus sp.）	−0.0220	−0.0344	0.0311
湖线菌科的1种 （f_Limnochordaceae sp.）	0.0284	0.0424	0.0227	瘤胃球菌科UCG-004群的1属的1种 （Ruminococcaceae_UCG-004 sp.）	−0.0232	0.0040	−0.0522
黄杆菌属的1种 （Flavobacterium sp.）	0.0274	0.0290	−0.0321	瘤胃球菌科UCG-002群的1属的1种 （Ruminococcaceae_UCG-002 sp.）	−0.0263	−0.0196	−0.0603
土生丛毛单胞菌群的1属的1种 （Comamonaterrigena sp.）	0.0238	−0.0416	0.0259	理研菌科RC9群的1属的1种 （Rikenellaceae_RC9 sp.）	−0.0273	−0.0199	−0.0565
SR1空腔杆菌门的1种 （p_SR1_Absconditabacteria sp.）	0.0234	0.0099	−0.0447	应微所菌属的1种（Iamia sp.）	−0.0278	0.0201	0.0234
产氢生孢菌属的1种 （Hydrogenispora sp.）	0.0233	0.0349	0.0085	嗜蛋白菌属的1种 （Proteiniphilum sp.）	−0.0278	−0.0020	−0.0755
卡斯泰拉尼氏菌属的1种 （Castellaniella sp.）	0.0231	−0.0412	0.0281	长孢菌属的1种（Longispora sp.）	−0.0279	−0.0317	0.0373
目B1-7BS的1种（o_B1-7BS sp.）	0.0230	0.0233	0.0127	候选属Soleaferrea的1种 （Candidatus Soleaferrea sp.）	−0.0285	−0.0008	−0.0533
副红杆菌M90 （Pararhodobacter sp. M90）	0.0223	0.0068	−0.0248	科XⅢ的1种（f_Family_XⅢ sp.）	−0.0298	0.0011	−0.0271
候选属Alysiosphaera的1种 （Candidatus Alysiosphaera sp.）	0.0209	0.0541	0.0217	运动杆菌属（Mobilitalea sp.）	−0.0307	−0.0436	−0.0225
SR1空腔杆菌门的1种 （p_SR1_Absconditabacteria sp.）	0.0199	0.0078	−0.0346	噬几丁质菌科的1种 （f_Chitinophagaceae sp.）	−0.0309	−0.0246	0.0345
vadinBC27污水菌群的1属的1种 （vadinBC27 sp.）	0.0191	0.0124	−0.0542	瘤胃球菌科UCG-008群的1属的1种 （Ruminococcaceae_UCG-008 sp.）	−0.0313	0.0032	−0.0353
互养菌科的1种 （f_Synergistaceae sp.）	0.0179	0.0502	−0.0211	拟杆菌目S24-7科的1种 （f_Bacteroidale S24-7 sp.）	−0.0363	−0.0115	−0.0532
普通拟杆菌群的1属的1种 （Bacteroideplebeius sp.）	0.0170	−0.0417	0.0318	纲LNR_A2-18的1种 （c_LNR_A2-18 sp.）	−0.0382	−0.0282	−0.0453
目1013-28-CG33的1种 （o_1013-28-CG33 sp.）	0.0160	0.0459	0.0073	千夫碱小杆菌 （Alkalibacterium iburiense）	−0.0396	−0.0495	0.0334
科AKAU3644的1种 （f_AKAU3644 sp.）	0.0124	0.0590	−0.0083	消化球菌属的1种 （Peptococcus sp.）	−0.0404	−0.0567	0.0018
盖德劣生单胞菌群的1属的1种 （Dysgonomonagadei sp.）	0.0116	0.0169	−0.0166	加西亚氏菌属的1种 （Garciella sp.）	−0.0454	−0.0529	−0.0351
硫卵形菌属的1种 （Sulfurovum sp.）	0.0104	0.0446	0.0136				
芽单胞菌WX54 （Gemmatimonas sp. WX54）	0.0102	0.0080	0.0061				

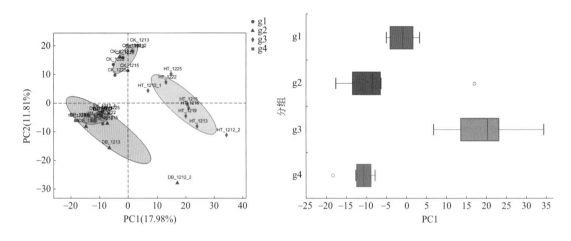

图3-103　基于细菌种整合微生物组菌剂处理组主成分分析

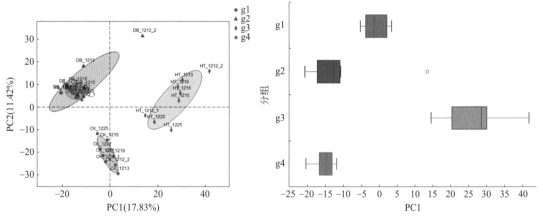

图3-104　基于细菌OTU整合微生物组菌剂处理组主成分分析

4.样本主坐标分析

（1）概述　整合微生物组菌剂处理组细菌物种组成的主坐标分析（principal co-ordinates analysis，PCoA），是一种非约束性的数据降维分析方法，可用来研究样本群落组成的相似性或差异性，与 PCA 分析类似；主要区别在于，PCA 利用物种（包括 OTU）丰度表，基于欧氏距离直接作图，而 PCoA 是基于所选距离矩阵进行作图，二者都是通过降维找出影响样本群落组成差异的潜在主成分。PCoA 分析，首先对一系列特征值和特征向量进行排序，然后选择排在前几位的最主要特征值，并将其表现在坐标系里，结果相当于是距离矩阵的一个旋转，它没有改变样本点之间的相互位置关系，只是改变了坐标系统。软件：R 语言PCoA 统计分析和作图。

（2）细菌门水平主坐标分析　整合微生物组菌剂细菌门水平主坐标贡献率见表3-69、主坐标特征值见表3-70，前 3 个主坐标贡献率分别为 PC1=0.2863、PC2=0.1803、PC3=0.1354，前 3 个主坐标占 32 个主成分的 9.3%，其累计贡献率占总信息的 60.2%；前 3个主坐标的特征值分别为 0.2156、0.1358、0.1019，累计值百分比为 45.33%，能很好地反映样本细菌门物种信息。基于细菌门整合微生物组菌剂处理组主坐标分析见图3-105，菌糠空白对照组（g1）第一主坐标的范围较宽为 –0.1621 ～ 0.1112，豆饼粉处理组（g2）的较宽为 –0.0812 ～ 0.0975，红糖粉处理组（g3）的较窄为 –0.0612 ～ –0.0085，玉米粉处理组（g4）的较宽为 –0.1612 ～ 0.2064（表3-71）。主坐标分析将 4 组处理分为两个区块，第一块菌糠空白对照组（g1）和红糖粉处理组（g3）部分重叠为一块、第二块豆饼粉处理组（g2）和玉米粉处理组（g4）部分重叠为一块（图3-105）；从细菌门的角度考察，可知菌糠组包含了红糖粉组的大部分细菌门物种，添加红糖粉发酵对整合微生物组菌剂细菌门物种组成影响不大；豆饼粉组和玉米粉组细菌门比较趋同，说明添加豆饼粉和添加玉米粉对整合微生物组菌剂细菌门物种影响作用相近，区别于菌糠空白对照组。

表3-69　整合微生物组菌剂细菌门水平主坐标贡献率

主坐标	贡献率	主坐标	贡献率	主坐标	贡献率	主坐标	贡献率	主坐标	贡献率
PC1	0.2863	PC8	0.0196	PC15	0.0007	PC22	0.0028	PC29	0.0141
PC2	0.1803	PC9	0.0109	PC16	0.0004	PC23	0.0049	PC30	0.0202
PC3	0.1354	PC10	0.0086	PC17	0.0000	PC24	0.0052	PC31	0.0276
PC4	0.0879	PC11	0.0063	PC18	0.0002	PC25	0.0060	PC32	0.0340
PC5	0.0470	PC12	0.0044	PC19	0.0007	PC26	0.0069		
PC6	0.0395	PC13	0.0028	PC20	0.0016	PC27	0.0088		
PC7	0.0206	PC14	0.0017	PC21	0.0022	PC28	0.0125		

表3-70　整合微生物组菌剂细菌门主坐标特征值

主坐标	特征值	主坐标	特征值	主坐标	特征值	主坐标	特征值	主坐标	特征值
PC1	0.2156	PC8	0.0148	PC15	0.0006	PC22	–0.0021	PC29	–0.0106
PC2	0.1358	PC9	0.0082	PC16	0.0003	PC23	–0.0037	PC30	–0.0152
PC3	0.1019	PC10	0.0064	PC17	0.0000	PC24	–0.0039	PC31	–0.0208
PC4	0.0662	PC11	0.0047	PC18	–0.0002	PC25	–0.0045	PC32	–0.0256
PC5	0.0354	PC12	0.0033	PC19	–0.0005	PC26	–0.0052		
PC6	0.0298	PC13	0.0021	PC20	–0.0012	PC27	–0.0066		
PC7	0.0155	PC14	0.0013	PC21	–0.0016	PC28	–0.0094		

表3-71　基于细菌门整合微生物组菌剂处理组主坐标值

处理组	PC1	PC2	PC3	处理组	PC1	PC2	PC3
CK_1219	–0.1621	–0.0213	–0.0487	HT_1213	–0.0612	–0.0128	–0.0395
CK_1225	–0.1227	–0.0673	0.0327	HT_1225	–0.0606	–0.0734	–0.0179
CK_1222	–0.0384	–0.0176	0.0554	HT_1222	–0.0562	–0.0548	–0.0294
CK_1216	–0.0244	–0.0658	0.1088	HT_1216	–0.0467	–0.0014	0.0505
CK_1213	–0.0168	–0.1083	0.0443	HT_1212_1	–0.0464	–0.0023	–0.0644
CK_1212_2	–0.0004	–0.1176	–0.0352	HT_1215	–0.0207	0.0289	0.0198
CK_1212_1	0.0457	–0.0940	0.0524	HT_1219	–0.0160	–0.0311	0.0322
CK_1215	0.1112	–0.0221	–0.0153	HT_1212_2	–0.0085	–0.0833	–0.0413
DB_1222	–0.0812	0.1390	0.0706	YM_1225	–0.1612	0.1231	0.0856
DB_1212_2	–0.0713	0.0492	–0.1886	YM_1213	–0.0234	0.0288	0.0291
DB_1213	–0.0506	0.0839	0.0253	YM_1212_2	0.0092	0.0544	–0.0430

处理组	PC1	PC2	PC3	处理组	PC1	PC2	PC3
DB_1225	0.0459	0.1179	−0.0451	YM_1216	0.0463	0.0110	−0.0056
DB_1216	0.0639	0.0831	−0.0070	YM_1212_1	0.0762	−0.0196	−0.0494
DB_1212_1	0.0802	−0.0198	−0.0362	YM_1222	0.0778	0.0248	−0.0198
DB_1215	0.0887	−0.0158	−0.0135	YM_1215	0.1197	0.0548	−0.0200
DB_1219	0.0975	0.0037	0.0424	YM_1219	0.2064	0.0257	0.0708

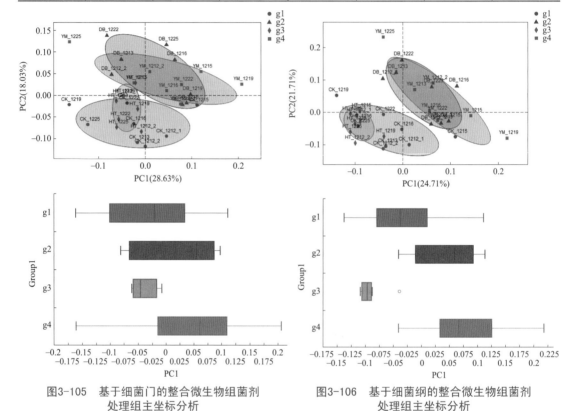

图3-105　基于细菌门的整合微生物组菌剂
处理组主坐标分析

图3-106　基于细菌纲的整合微生物组菌剂
处理组主坐标分析

（3）细菌纲水平主坐标分析　整合微生物组菌剂细菌纲水平主坐标贡献率见表3-72、主坐标特征值见表3-73，处理组主坐标值见表3-74。基于细菌纲整合微生物组菌剂处理组主坐标分析见图3-106。从细菌门的角度考察，可知菌糠组包含了红糖粉组的大部分细菌纲物种，添加红糖粉发酵对整合微生物组菌剂细菌纲物种组成影响不大；豆饼粉组和玉米粉组细菌纲比较趋同，说明添加豆饼粉和添加玉米粉对整合微生物组菌剂细菌纲物种影响作用相近，区别于菌糠空白对照组。

表3-72　整合微生物组菌剂细菌纲水平主坐标贡献率

主坐标	贡献率	主坐标	贡献率	主坐标	贡献率	主坐标	贡献率	主坐标	贡献率
PC1	0.2471	PC8	0.0295	PC15	0.0018	PC22	0.0016	PC29	0.0102
PC2	0.2171	PC9	0.0186	PC16	0.0007	PC23	0.0028	PC30	0.0144
PC3	0.1152	PC10	0.0168	PC17	0.0003	PC24	0.0035	PC31	0.0162

续表

主坐标	贡献率	主坐标	贡献率	主坐标	贡献率	主坐标	贡献率	主坐标	贡献率
PC4	0.0800	PC11	0.0122	PC18	0.0000	PC25	0.0051	PC32	0.0193
PC5	0.0615	PC12	0.0088	PC19	0.0000	PC26	0.0074		
PC6	0.0445	PC13	0.0055	PC20	0.0007	PC27	0.0090		
PC7	0.0358	PC14	0.0030	PC21	0.0013	PC28	0.0099		

表3-73　整合微生物组菌剂细菌纲主坐标特征值

主坐标	特征值	主坐标	特征值	主坐标	特征值	主坐标	特征值	主坐标	特征值
PC1	0.2402	PC8	0.0287	PC15	0.0018	PC22	−0.0015	PC29	−0.0099
PC2	0.2110	PC9	0.0181	PC16	0.0007	PC23	−0.0027	PC30	−0.0140
PC3	0.1120	PC10	0.0164	PC17	0.0003	PC24	−0.0034	PC31	−0.0158
PC4	0.0778	PC11	0.0119	PC18	0.0000	PC25	−0.0049	PC32	−0.0187
PC5	0.0598	PC12	0.0085	PC19	0.0000	PC26	−0.0072		
PC6	0.0432	PC13	0.0053	PC20	−0.0007	PC27	−0.0087		
PC7	0.0348	PC14	0.0029	PC21	−0.0013	PC28	−0.0096		

表3-74　基于细菌纲整合微生物组菌剂处理组主坐标值

处理组	PC1	PC2	PC3	处理组	PC1	PC2	PC3
CK_1212_1	0.0135	−0.1000	0.0499	HT_1212_1	−0.0962	−0.0094	−0.0634
CK_1212_2	−0.0408	−0.1123	0.0445	HT_1212_2	−0.0992	−0.0947	−0.0593
CK_1213	−0.0355	−0.1047	0.0487	HT_1213	−0.1095	−0.0049	−0.0553
CK_1215	0.1101	−0.0755	−0.0574	HT_1215	−0.0897	0.0045	−0.0466
CK_1216	−0.0019	−0.0527	0.0960	HT_1216	−0.0889	−0.0287	0.0368
CK_1219	−0.1381	0.0524	−0.0063	HT_1219	−0.0393	−0.0741	0.0070
CK_1222	−0.0405	−0.0067	0.0818	HT_1222	−0.0999	−0.0356	−0.0145
CK_1225	−0.0933	−0.0427	0.0453	HT_1225	−0.1095	−0.0606	−0.0164
DB_1212_1	0.0595	−0.0343	−0.0003	YM_1212_1	0.0731	−0.0248	−0.0113
DB_1212_2	−0.0417	0.1063	−0.2022	YM_1212_2	0.0634	0.0909	−0.0107
DB_1213	−0.0138	0.1248	0.0286	YM_1213	0.0251	0.0700	0.0607
DB_1215	0.0963	−0.0249	−0.0034	YM_1215	0.1422	−0.0105	−0.0662
DB_1216	0.1134	0.0830	0.0028	YM_1216	0.0560	0.0052	0.0043
DB_1219	0.0803	−0.0318	0.0293	YM_1219	0.2180	−0.0800	0.0141
DB_1222	−0.0017	0.1631	0.0393	YM_1222	0.0690	−0.0043	−0.0297
DB_1225	0.0607	0.0804	−0.0575	YM_1225	−0.0408	0.2325	0.1114

（4）细菌目水平主坐标分析　整合微生物组菌剂细菌目水平主坐标贡献率见表3-75、主坐标特征值见表3-76，处理组主坐标值见表3-77。基于细菌目整合微生物组菌剂处理组主坐标分析见图3-107。主坐标分析将4组处理分为两区块，第一块菌糠空白对照组（g1）和红糖粉处理组（g3）部分重叠为一块、第二块豆饼粉处理组（g2）和玉米粉处理组（g4）部分重叠为一块；从细菌目的角度考察，可知菌糠组包含了红糖粉组的大部分细菌目物种，

添加红糖粉发酵对整合微生物组菌剂细菌目物种组成影响不大；豆饼粉组和玉米粉组细菌目比较趋同，说明添加豆饼粉和添加玉米粉对整合微生物组菌剂细菌目物种影响作用相近，区别于菌糠空白对照组。

表3-75 整合微生物组菌剂细菌目水平主坐标贡献率

主坐标	贡献率	主坐标	贡献率	主坐标	贡献率	主坐标	贡献率	主坐标	贡献率
PC1	0.4002	PC8	0.0269	PC15	0.0030	PC22	0.0009	PC29	0.0070
PC2	0.1271	PC9	0.0211	PC16	0.0027	PC23	0.0017	PC30	0.0105
PC3	0.0888	PC10	0.0158	PC17	0.0017	PC24	0.0026	PC31	0.0127
PC4	0.0760	PC11	0.0112	PC18	0.0008	PC25	0.0030	PC32	0.0141
PC5	0.0572	PC12	0.0102	PC19	0.0003	PC26	0.0036		
PC6	0.0464	PC13	0.0066	PC20	0.0000	PC27	0.0043		
PC7	0.0326	PC14	0.0043	PC21	0.0003	PC28	0.0065		

表3-76 整合微生物组菌剂细菌目主坐标特征值

主成分	特征值	主成分	特征值	主成分	特征值	主成分	特征值	主成分	特征值
PC1	0.6835	PC8	0.0459	PC15	0.0051	PC22	−0.0016	PC29	−0.0120
PC2	0.2171	PC9	0.0360	PC16	0.0046	PC23	−0.0028	PC30	−0.0179
PC3	0.1517	PC10	0.0269	PC17	0.0029	PC24	−0.0044	PC31	−0.0217
PC4	0.1298	PC11	0.0191	PC18	0.0013	PC25	−0.0051	PC32	−0.0241
PC5	0.0977	PC12	0.0174	PC19	0.0004	PC26	−0.0062		
PC6	0.0793	PC13	0.0112	PC20	0.0000	PC27	−0.0074		
PC7	0.0557	PC14	0.0073	PC21	−0.0006	PC28	−0.0110		

表3-77 基于细菌目整合微生物组菌剂处理组主坐标值

处理组	PC1	PC2	PC3	处理组	PC1	PC2	PC3
CK_1213	−0.1051	0.0244	−0.0814	HT_1225	−0.2611	−0.0306	−0.0155
CK_1212_2	−0.0899	0.0387	−0.0656	HT_1212_2	−0.2426	−0.0137	0.0776
CK_1219	−0.0896	0.0014	−0.1177	HT_1222	−0.2235	−0.0277	−0.0088
CK_1212_1	−0.0783	0.0405	−0.0643	HT_1212_1	−0.1955	0.0177	0.0706
CK_1215	−0.0674	0.1702	−0.0154	HT_1216	−0.1894	−0.0954	0.0193
CK_1216	−0.0303	0.0180	−0.1258	HT_1215	−0.1824	−0.0329	0.0879
CK_1225	−0.0105	0.0303	−0.1884	HT_1213	−0.1813	−0.0210	0.0737
CK_1222	0.0202	−0.1033	−0.0486	HT_1219	−0.1493	−0.0339	0.0638
DB_1225	0.0563	−0.0025	0.0649	YM_1222	0.0693	0.0401	0.0048
DB_1212_2	0.0619	0.0769	0.1749	YM_1212_1	0.1033	0.0731	−0.0099
DB_1219	0.0905	0.0243	0.0114	YM_1216	0.1272	0.0089	−0.0042
DB_1212_1	0.1124	0.0413	0.0066	YM_1215	0.1434	0.1315	0.0028
DB_1215	0.1131	0.0720	0.0099	YM_1212_2	0.1473	−0.0073	0.0100
DB_1222	0.1413	−0.1460	−0.0276	YM_1213	0.1586	−0.0841	0.0157
DB_1213	0.1762	−0.1523	0.0276	YM_1219	0.1660	0.1638	0.0278

续表

处理组	PC1	PC2	PC3	处理组	PC1	PC2	PC3
DB_1216	0.2419	−0.0173	0.0426	YM_1225	0.1673	−0.2051	−0.0185

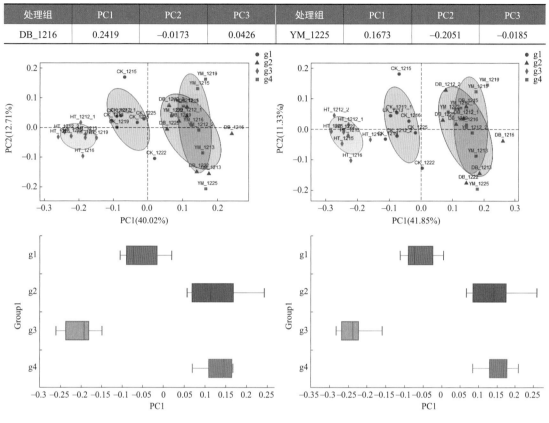

图3-107　基于细菌目的整合微生物组菌剂　　　　图3-108　基于细菌科的整合微生物组菌剂
　　　　　处理组主坐标分析　　　　　　　　　　　　　　处理组主坐标分析

（5）细菌科水平主坐标分析　整合微生物组菌剂细菌科水平主坐标贡献率见表3-78、主坐标特征值见表3-79，处理组主坐标值见表3-80。基于细菌科整合微生物组菌剂处理组主坐标分析见图3-108。主坐标分析将4组处理分为两个区块，第一块菌糠空白对照组（g1）和红糖粉处理组（g3）部分重叠为一块，第二块豆饼粉处理组（g2）和玉米粉处理组（g4）部分重叠为一块；从细菌科的角度考察，可知菌糠组包含了红糖粉组的大部分细菌科物种，添加红糖粉发酵对整合微生物组菌剂细菌科物种组成影响不大；豆饼粉组和玉米粉组细菌科比较趋同，说明添加豆饼粉和添加玉米粉对整合微生物组菌剂细菌科物种影响作用相近，区别于菌糠空白对照组。

表3-78　整合微生物组菌剂细菌科水平主坐标贡献率

主坐标	贡献率	主坐标	贡献率	主坐标	贡献率	主坐标	贡献率	主坐标	贡献率
PC1	0.4185	PC8	0.0281	PC15	0.0055	PC22	0.0000	PC29	0.0039
PC2	0.1133	PC9	0.0188	PC16	0.0048	PC23	0.0003	PC30	0.0064
PC3	0.1061	PC10	0.0160	PC17	0.0032	PC24	0.0005	PC31	0.0073
PC4	0.0711	PC11	0.0118	PC18	0.0026	PC25	0.0007	PC32	0.0088
PC5	0.0616	PC12	0.0094	PC19	0.0011	PC26	0.0012		

主坐标	贡献率	主坐标	贡献率	主坐标	贡献率	主坐标	贡献率	主坐标	贡献率
PC6	0.0439	PC13	0.0081	PC20	0.0006	PC27	0.0022		
PC7	0.0335	PC14	0.0073	PC21	0.0001	PC28	0.0032		

表3-79 整合微生物组菌剂细菌科主坐标特征值

主坐标	特征值	主坐标	特征值	主坐标	特征值	主坐标	特征值	主坐标	特征值
PC1	0.8856	PC8	0.0595	PC15	0.0116	PC22	0.0000	PC29	−0.0082
PC2	0.2397	PC9	0.0397	PC16	0.0102	PC23	−0.0006	PC30	−0.0136
PC3	0.2246	PC10	0.0338	PC17	0.0068	PC24	−0.0011	PC31	−0.0154
PC4	0.1504	PC11	0.0249	PC18	0.0055	PC25	−0.0015	PC32	−0.0187
PC5	0.1303	PC12	0.0199	PC19	0.0024	PC26	−0.0026		
PC6	0.0928	PC13	0.0171	PC20	0.0014	PC27	−0.0047		
PC7	0.0709	PC14	0.0153	PC21	0.0003	PC28	−0.0068		

表3-80 基于细菌科整合微生物组菌剂处理组主坐标值

处理组	PC1	PC2	PC3	处理组	PC1	PC2	PC3
CK_1219	−0.1121	−0.0321	−0.1541	HT_1225	−0.2823	−0.0074	0.0163
CK_1213	−0.0963	0.0440	−0.1087	HT_1212_2	−0.2734	0.0449	0.0955
CK_1212_1	−0.0772	0.0541	−0.1075	HT_1215	−0.2487	−0.0471	0.1124
CK_1212_2	−0.0766	−0.0220	−0.1115	HT_1222	−0.2438	−0.0093	0.0175
CK_1215	−0.0704	0.1805	−0.0887	HT_1213	−0.2299	−0.0205	0.0923
CK_1216	−0.0393	0.0265	−0.1584	HT_1212_1	−0.2285	0.0147	0.0666
CK_1225	−0.0182	−0.0115	−0.1874	HT_1216	−0.2213	−0.1026	0.0490
CK_1222	0.0038	−0.1274	−0.1036	HT_1219	−0.1591	−0.0342	0.0774
DB_1225	0.0674	0.0313	0.0960	YM_1222	0.0845	0.0558	0.0239
DB_1212_2	0.0764	0.1293	0.1579	YM_1212_1	0.1252	0.0682	−0.0152
DB_1219	0.1101	0.0181	0.0110	YM_1216	0.1440	0.0137	0.0143
DB_1212_1	0.1354	0.0378	−0.0083	YM_1212_2	0.1626	−0.0118	0.0347
DB_1215	0.1428	0.0758	−0.0039	YM_1215	0.1742	0.1222	0.0281
DB_1222	0.1435	−0.1737	0.0067	YM_1213	0.1745	−0.0876	0.0055
DB_1213	0.1855	−0.1427	0.0367	YM_1225	0.1787	−0.1955	0.0308
DB_1216	0.2591	−0.0362	0.0361	YM_1219	0.2095	0.1449	0.0387

（6）细菌属水平主坐标分析　整合微生物组菌剂细菌属水平主坐标贡献率见表3-81、主坐标特征值见表3-82，处理组主坐标值见表3-83。基于细菌属整合微生物组菌剂处理组主坐标分析见图3-109。主坐标分析将4组处理分为两个区块，第一块菌糠空白对照组（g1）和红糖粉处理组（g3）部分重叠为一块、第二块豆饼粉处理组（g2）和玉米粉处理组（g4）部分重叠为一块；从细菌属的角度考察，可知菌糠组包含了红糖粉组的大部分细菌属物种，添加红糖粉发酵对整合微生物组菌剂细菌属物种组成影响不大；豆饼粉组和玉米粉组细菌属比较趋同，说明添加豆饼粉和添加玉米粉对整合微生物组菌剂细菌属物种影响作用相近，

区别于菌糠空白对照组。

表3-81　整合微生物组菌剂细菌属水平主坐标贡献率

主成分	贡献率	主成分	贡献率	主成分	贡献率	主成分	贡献率	主成分	贡献率
PC1	0.4087	PC8	0.0272	PC15	0.0072	PC22	0.0014	PC29	0.0023
PC2	0.1232	PC9	0.0194	PC16	0.0062	PC23	0.0012	PC30	0.0035
PC3	0.1076	PC10	0.0178	PC17	0.0043	PC24	0.0005	PC31	0.0048
PC4	0.0682	PC11	0.0139	PC18	0.0034	PC25	0.0003	PC32	0.0061
PC5	0.0653	PC12	0.0110	PC19	0.0026	PC26	0.0000		
PC6	0.0411	PC13	0.0084	PC20	0.0021	PC27	0.0009		
PC7	0.0298	PC14	0.0081	PC21	0.0018	PC28	0.0018		

表3-82　整合微生物组菌剂细菌属主坐标特征值

处理组	特征值	处理组	特征值	处理组	特征值	处理组	特征值	处理组	特征值
PC1	1.0052	PC8	0.0668	PC15	0.0176	PC22	0.0033	PC29	−0.0057
PC2	0.3029	PC9	0.0478	PC16	0.0152	PC23	0.0029	PC30	−0.0087
PC3	0.2647	PC10	0.0439	PC17	0.0107	PC24	0.0012	PC31	−0.0119
PC4	0.1678	PC11	0.0341	PC18	0.0082	PC25	0.0007	PC32	−0.0150
PC5	0.1607	PC12	0.0270	PC19	0.0063	PC26	0.0000		
PC6	0.1011	PC13	0.0207	PC20	0.0052	PC27	−0.0022		
PC7	0.0733	PC14	0.0199	PC21	0.0045	PC28	−0.0044		

表3-83　基于细菌属整合微生物组菌剂处理组主坐标值

处理组	PC1	PC2	PC3	处理组	PC1	PC2	PC3
CK_1219	−0.1207	−0.1673	−0.0664	HT_1212_2	−0.2883	0.0975	0.0749
CK_1213	−0.0896	−0.1458	0.0185	HT_1225	−0.2872	0.0535	0.0076
CK_1212_2	−0.0879	−0.1379	−0.0912	HT_1215	−0.2708	0.1092	0.0061
CK_1212_1	−0.0778	−0.1535	0.0188	HT_1222	−0.2604	0.0217	0.0080
CK_1215	−0.0748	−0.1597	0.1429	HT_1213	−0.2530	0.1031	0.0061
CK_1216	−0.0415	−0.1869	−0.0345	HT_1212_1	−0.2457	0.0836	0.0171
CK_1225	−0.0140	−0.1782	−0.0642	HT_1216	−0.2403	0.1092	−0.1037
CK_1222	0.0098	−0.1049	−0.1662	HT_1219	−0.1893	0.0928	−0.0384
DB_1225	0.0810	0.0746	0.0856	YM_1222	0.0956	0.0234	0.0902
DB_1212_2	0.0924	0.0662	0.2029	YM_1212_1	0.1240	−0.0126	0.0501
DB_1219	0.1168	0.0276	0.0262	YM_1216	0.1600	0.0463	0.0295
DB_1212_1	0.1407	0.0059	0.0265	YM_1212_2	0.1696	0.0490	0.0001
DB_1215	0.1409	−0.0089	0.0675	YM_1215	0.1698	−0.0116	0.1165
DB_1222	0.1711	0.0590	−0.1599	YM_1213	0.1924	0.0522	−0.0874
DB_1213	0.2072	0.1185	−0.1146	YM_1225	0.2058	0.0786	−0.1769
DB_1216	0.2543	0.0319	−0.0368	YM_1219	0.2101	−0.0364	0.1450

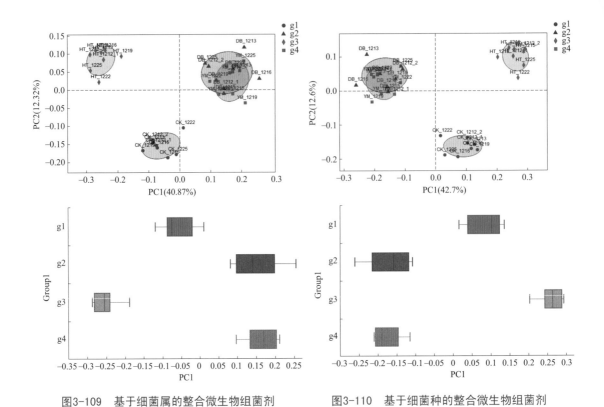

图3-109 基于细菌属的整合微生物组菌剂
处理组主坐标分析

图3-110 基于细菌种的整合微生物组菌剂
处理组主坐标分析

（7）细菌种水平主坐标分析 整合微生物组菌剂细菌种水平主坐标贡献率见表3-84、主坐标特征值见表3-85，处理组主坐标值见表3-86。基于细菌种整合微生物组菌剂处理组主坐标分析见图3-110。主坐标分析将4组处理分为两个区块：第一块菌糠空白对照组（g1）和红糖粉处理组（g3）部分重叠为一块；第二块豆饼粉处理组（g2）和玉米粉处理组（g4）部分重叠为一块。从细菌种的角度考察，可知菌糠组包含了红糖粉组的大部分细菌种，添加红糖粉发酵对整合微生物组菌剂细菌种组成影响不大；豆饼粉组和玉米粉组细菌种比较趋同，说明添加豆饼粉和添加玉米粉对整合微生物组菌剂细菌种影响作用相近，区别于菌糠空白对照组。

表3-84 整合微生物组菌剂细菌种水平主坐标贡献率

主成分	贡献率	主成分	贡献率	主成分	贡献率	主成分	贡献率	主成分	贡献率
PC1	0.4270	PC8	0.0270	PC15	0.0079	PC22	0.0016	PC29	0.0018
PC2	0.1260	PC9	0.0189	PC16	0.0062	PC23	0.0013	PC30	0.0023
PC3	0.0998	PC10	0.0167	PC17	0.0041	PC24	0.0010	PC31	0.0031
PC4	0.0648	PC11	0.0145	PC18	0.0039	PC25	0.0005	PC32	0.0049
PC5	0.0581	PC12	0.0103	PC19	0.0035	PC26	0.0000		
PC6	0.0403	PC13	0.0100	PC20	0.0030	PC27	0.0002		
PC7	0.0296	PC14	0.0086	PC21	0.0025	PC28	0.0005		

表3-85　整合微生物组菌剂细菌种主坐标特征值

主成分	特征值	主成分	特征值	主成分	特征值	主成分	特征值	主成分	特征值
PC1	1.1424	PC8	0.0722	PC15	0.0211	PC22	0.0044	PC29	−0.0047
PC2	0.3372	PC9	0.0505	PC16	0.0166	PC23	0.0036	PC30	−0.0062
PC3	0.2670	PC10	0.0448	PC17	0.0110	PC24	0.0026	PC31	−0.0084
PC4	0.1734	PC11	0.0388	PC18	0.0106	PC25	0.0014	PC32	−0.0130
PC5	0.1553	PC12	0.0275	PC19	0.0094	PC26	0.0000		
PC6	0.1078	PC13	0.0268	PC20	0.0080	PC27	−0.0005		
PC7	0.0793	PC14	0.0231	PC21	0.0067	PC28	−0.0013		

表3-86　基于细菌种整合微生物组菌剂处理组主坐标值

处理组	PC1	PC2	PC3	处理组	PC1	PC2	PC3
CK_1222	0.0149	−0.1322	−0.1406	HT_1219	0.2021	0.0975	−0.0406
CK_1225	0.0288	−0.1886	−0.0602	HT_1216	0.2396	0.1245	−0.0996
CK_1216	0.0716	−0.1940	−0.0353	HT_1212_1	0.2535	0.0999	0.0093
CK_1212_2	0.1023	−0.1378	−0.0792	HT_1213	0.2567	0.1197	0.0021
CK_1212_1	0.1031	−0.1538	0.0169	HT_1222	0.2692	0.0369	0.0076
CK_1215	0.1151	−0.1700	0.1562	HT_1215	0.2881	0.1143	0.0013
CK_1213	0.1258	−0.1580	0.0249	HT_1225	0.2881	0.0731	−0.0007
CK_1219	0.1353	−0.1737	−0.0487	HT_1212_2	0.2929	0.1210	0.0695
DB_1216	−0.2623	0.0186	−0.0362	YM_1225	−0.2118	0.0482	−0.1737
DB_1213	−0.2267	0.1079	−0.1195	YM_1219	−0.2097	−0.0328	0.1465
DB_1222	−0.1831	0.0518	−0.1623	YM_1213	−0.2038	0.0407	−0.0927
DB_1212_1	−0.1604	0.0141	0.0176	YM_1216	−0.1920	0.0492	0.0119
DB_1215	−0.1574	−0.0015	0.0615	YM_1212_2	−0.1919	0.0467	−0.0055
DB_1219	−0.1326	0.0359	0.0146	YM_1215	−0.1797	−0.0091	0.1148
DB_1225	−0.1143	0.0734	0.0722	YM_1212_1	−0.1362	−0.0103	0.0491
DB_1212_2	−0.1088	0.0648	0.2419	YM_1222	−0.1162	0.0235	0.0769

5．样本非度量多维尺度分析

（1）概述　整合微生物组菌剂处理组细菌物种组成的 NMDS 分析（nonmetric multidimensional scaling analysis），即非度量多维尺度分析，是一种将多维空间的研究对象（样本或变量）简化到低维空间进行定位、分析和归类，同时又保留对象间原始关系的数据分析方法。适用于无法获得研究对象间精确的相似性或相异性数据，仅能得到它们之间等级关系数据的情形。其基本特征是将对象间的相似性或相异性数据看成点间距离的单调函数，在保持原始数据次序关系的基础上，用新的相同次序的数据列替换原始数据进行度量型多维尺度分析。换句话说，当资料不适合直接进行变量型多维尺度分析时，对其进行变量变换，再采用变量型多维尺度分析，对原始资料而言，就称为非度量型多维尺度分析。其特点是根据样本中包含的物种信息，以点的形式反映在多维空间上，而对不同样本间的差异程度，则是通过点与点间的距离体现的，最终获得样本的空间定位点图。软件：Qiime 计算 beta 多样

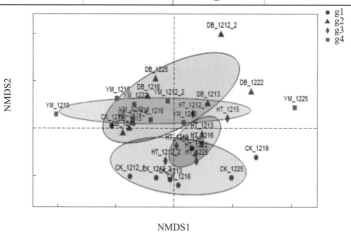 (top header decoration)

性距离矩阵，R 语言 vegan 软件包进行 NMDS 分析和作图。

（2）细菌门水平样本非度量多维尺度分析　整合微生物组菌剂细菌门水平非度量多维尺度分析结果见表 3-87、图 3-111。不同处理组不同发酵时间的样本空间定位图分析表明，菌糠空白对照组（g1）与玉米处理组（g4）细菌门水平菌群重叠较大，表明菌群趋同概率较高；豆饼粉处理组（g2）与红糖粉处理组（g3）细菌门水平菌群重叠较大，表明菌群趋同概率较高，而区别于 g1 和 g4 菌群分化。

表3-87　整合微生物组菌剂细菌门水平非度量多维尺度分析样本坐标

样本坐标	NMDS1	NMDS2	样本坐标	NMDS1	NMDS2
CK_1212_1	−0.0765	−0.0996	DB_1212_1	−0.0719	0.0159
CK_1212_2	−0.0312	−0.1024	DB_1212_2	0.0788	0.2006
CK_1213	−0.0073	−0.1063	DB_1213	0.0568	0.0552
CK_1215	−0.1075	0.0068	DB_1215	−0.0778	0.0032
CK_1216	0.0068	−0.118	DB_1216	−0.0461	0.0705
CK_1219	0.1386	−0.0592	DB_1219	−0.0885	−0.0066
CK_1222	0.0299	−0.0404	DB_1222	0.1302	0.0798
CK_1225	0.0968	−0.1023	DB_1225	−0.0326	0.1069
HT_1212_1	0.0314	0.0316	YM_1212_1	−0.0713	0.0222
HT_1212_2	−0.0152	−0.0667	YM_1212_2	−0.0115	0.0589
HT_1213	0.0468	−0.0117	YM_1213	0.0155	0.0136
HT_1215	0.0901	0.0219	YM_1215	−0.0988	0.0646
HT_1216	0.0465	−0.0311	YM_1216	−0.0408	0.0194
HT_1219	0.0038	−0.0353	YM_1219	−0.2034	0.0311
HT_1222	0.0364	−0.0524	YM_1222	−0.0695	0.0519
HT_1225	0.0375	−0.0669	YM_1225	0.2041	0.045

图3-111　整合微生物组菌剂细菌门水平非度量多维尺度（NMDS）样本空间定位

（3）细菌纲水平样本非度量多维尺度分析　整合微生物组菌剂细菌纲水平非度量多维尺度分析结果见表 3-88、图 3-112。不同处理组不同发酵时间的样本空间定位图分析表明，菌糠空白对照组（g1）与玉米处理组（g4）细菌纲水平菌群重叠较大，表明菌群趋同概率较高；豆饼粉处理组（g2）与红糖粉处理组（g3）细菌纲水平菌群重叠较大，表明菌群趋同概率较高，而区别于 g1 和 g4 菌群分化。

表3-88　整合微生物组菌剂细菌纲水平非度量多维尺度分析样本坐标

样本坐标	NMDS1	NMDS2	样本坐标	NMDS1	NMDS2
CK_1212_1	0.0920	0.0606	DB_1212_1	−0.0403	0.0169
CK_1212_2	−0.0451	−0.0949	DB_1212_2	0.2317	0.0207
CK_1213	−0.0504	−0.0769	DB_1213	0.0576	0.0664
CK_1215	−0.1216	0.0216	DB_1215	−0.0664	0.0279
CK_1216	−0.0749	−0.0648	DB_1216	−0.0314	0.0982
CK_1219	0.1184	−0.0701	DB_1219	−0.0588	0.0158
CK_1222	0.0082	−0.0219	DB_1222	0.0928	0.1201
CK_1225	−0.0068	−0.1384	DB_1225	0.0075	0.0955
HT_1212_1	0.0705	−0.0546	YM_1212_1	−0.0502	0.0279
HT_1212_2	0.0329	−0.1038	YM_1212_2	−0.0014	0.0744
HT_1213	0.0603	−0.0532	YM_1213	0.0130	0.0503
HT_1215	0.0932	−0.0293	YM_1215	−0.0980	0.0731
HT_1216	0.0227	−0.0655	YM_1216	−0.0300	0.0308
HT_1219	−0.0014	−0.0551	YM_1219	−0.1889	0.0744
HT_1222	0.0337	−0.0634	YM_1222	−0.0429	0.0514
HT_1225	0.0316	−0.0904	YM_1225	0.1268	0.1773

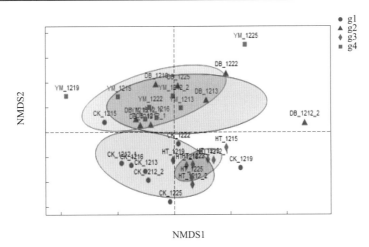

图3-112　整合微生物组菌剂细菌纲水平非度量多维尺度（NMDS）样本空间定位

（4）细菌目水平样本非度量多维尺度分析　整合微生物组菌剂细菌目水平非度量多维尺度分析结果见表 3-89、图 3-113。不同处理组不同发酵时间的样本空间定位图分析表明，菌糠空白对照组（g1）、玉米处理组（g4）细菌目水平菌群独立成类，表明这两类的菌群趋异概率较高；豆饼粉处理组（g2）与红糖粉处理组（g3）细菌目水平菌群重叠较大，表明菌群趋同概率较高，而区别于 g1、g4 菌群分化。

表3-89　整合微生物组菌剂细菌目水平非度量多维尺度分析样本坐标

样本坐标	NMDS1	NMDS2	样本坐标	NMDS1	NMDS2
CK_1212_1	−0.0677	−0.0002	DB_1212_1	0.0987	−0.0243
CK_1212_2	−0.0951	−0.0365	DB_1212_2	0.0715	−0.3049
CK_1213	−0.0905	0.0362	DB_1213	0.2128	0.0990
CK_1215	−0.0841	−0.1780	DB_1215	0.0970	−0.0539
CK_1216	−0.0376	0.0519	DB_1216	0.2668	−0.0273
CK_1219	−0.0956	0.1435	DB_1219	0.0737	−0.0163
CK_1222	0.0301	0.1158	DB_1222	0.1606	0.1256
CK_1225	−0.0272	0.1606	DB_1225	0.0664	0.0161
HT_1212_1	−0.2065	−0.0274	YM_1212_1	0.0860	−0.0482
HT_1212_2	−0.2580	−0.0111	YM_1212_2	0.1395	−0.0027
HT_1213	−0.1901	−0.0038	YM_1213	0.1759	0.0312
HT_1215	−0.2193	−0.0650	YM_1215	0.1271	−0.0906
HT_1216	−0.2004	0.0562	YM_1216	0.1086	−0.0036
HT_1219	−0.1618	−0.0131	YM_1219	0.1924	−0.1474
HT_1222	−0.2164	0.0334	YM_1222	0.0614	−0.0351
HT_1225	−0.2554	0.0423	YM_1225	0.2372	0.1774

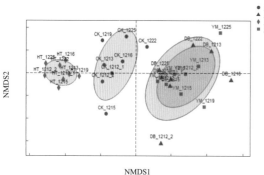

图3-113　整合微生物组菌剂细菌目水平非度量
多维尺度（NMDS）样本空间定位

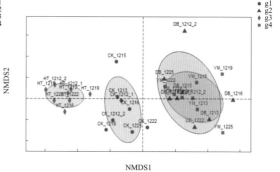

图3-114　整合微生物组菌剂细菌科水平非度量
多维尺度（NMDS）样本空间定位

（5）细菌科水平样本非度量多维尺度分析　整合微生物组菌剂细菌科水平非度量多维尺度分析结果见表3-90、图3-114。不同处理组不同发酵时间的样本空间定位图分析表明，菌糠空白对照组（g1）、玉米处理组（g4）细菌科水平菌群独立成类，表明这两类的菌群趋异概率较高；豆饼粉处理组（g2）与红糖粉处理组（g3）细菌科水平菌群重叠较大，表明菌群趋同概率较高，而区别于g1、g4菌群分化。

表3-90　整合微生物组菌剂细菌科水平非度量多维尺度分析样本坐标

样本坐标	NMDS1	NMDS2	样本坐标	NMDS1	NMDS2
CK_1212_1	−0.0657	−0.0098	DB_1212_1	0.1051	0.0049
CK_1212_2	−0.0918	−0.1019	DB_1212_2	0.1273	0.3236
CK_1213	−0.0779	0.0088	DB_1213	0.2052	−0.0940

样本坐标	NMDS1	NMDS2	样本坐标	NMDS1	NMDS2
CK_1215	−0.0817	0.1758	DB_1215	0.1201	0.0324
CK_1216	−0.0403	−0.0490	DB_1216	0.2789	−0.0033
CK_1219	−0.1122	−0.1472	DB_1219	0.0820	0.0035
CK_1222	0.0142	−0.1356	DB_1222	0.1594	−0.1311
CK_1225	−0.0318	−0.1572	DB_1225	0.0651	0.0965
HT_1212_1	−0.2207	0.0425	YM_1212_1	0.0965	0.0209
HT_1212_2	−0.2708	0.0654	YM_1212_2	0.1533	0.0031
HT_1213	−0.2301	0.0246	YM_1213	0.1676	−0.0499
HT_1215	−0.2986	0.0405	YM_1215	0.1648	0.0766
HT_1216	−0.2398	−0.0629	YM_1216	0.1205	0.0062
HT_1219	−0.1616	0.0207	YM_1219	0.2452	0.1178
HT_1222	−0.2250	−0.0094	YM_1222	0.0679	0.0575
HT_1225	−0.2726	−0.0101	YM_1225	0.2477	−0.1601

（6）细菌属水平样本非度量多维尺度分析　整合微生物组菌剂细菌属水平非度量多维尺度分析结果见表3-91、图3-115。不同处理组不同发酵时间的样本空间定位图分析表明，菌糠空白对照组（g1）、玉米处理组（g4）细菌属水平菌群独立成类，表明这两类的菌群趋异概率较高；豆饼粉处理组（g2）与红糖粉处理组（g3）细菌属水平菌群重叠较大，表明菌群趋同概率较高，而区别于 g1、g4 菌群分化。

表3-91　整合微生物组菌剂细菌属水平非度量多维尺度分析样本坐标

样本坐标	NMDS1	NMDS2	样本坐标	NMDS1	NMDS2
CK_1212_1	−0.0642	−0.0152	DB_1212_1	0.1011	−0.0026
CK_1212_2	−0.0855	−0.1328	DB_1212_2	0.1362	0.3304
CK_1213	−0.0714	−0.0026	DB_1213	0.2343	−0.0633
CK_1215	−0.0763	0.1543	DB_1215	0.1047	0.0264
CK_1216	−0.0359	−0.0655	DB_1216	0.2532	0.0042
CK_1219	−0.1194	−0.1300	DB_1219	0.0818	0.0134
CK_1222	0.0268	−0.1534	DB_1222	0.1767	−0.1167
CK_1225	−0.0190	−0.1379	DB_1225	0.0689	0.0982
HT_1212_1	−0.2199	0.0350	YM_1212_1	0.0888	0.0043
HT_1212_2	−0.2806	0.0405	YM_1212_2	0.1374	−0.0067
HT_1213	−0.2348	0.0361	YM_1213	0.1831	−0.0373
HT_1215	−0.3010	0.0784	YM_1215	0.1428	0.0648
HT_1216	−0.2515	−0.0654	YM_1216	0.1240	0.0178
HT_1219	−0.1732	0.0114	YM_1219	0.2328	0.1122
HT_1222	−0.2202	−0.0071	YM_1222	0.0722	0.0619
HT_1225	−0.2704	−0.0037	YM_1225	0.2586	−0.1494

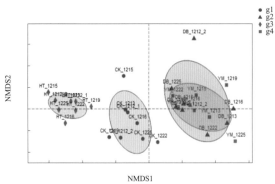

图3-115 整合微生物组菌剂细菌属水平非度量
多维尺度（NMDS）样本空间定位

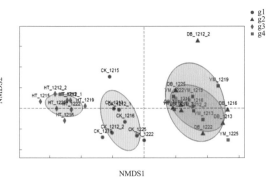

图3-116 整合微生物组菌剂细菌种水平非度量
多维尺度（NMDS）样本空间定位

（7）细菌种水平样本非度量多维尺度分析 整合微生物组菌剂细菌种水平非度量多维尺度分析结果见表 3-92、图 3-116。不同处理组不同发酵时间的样本空间定位图分析表明，菌糠空白对照组（g1）、玉米处理组（g4）细菌种水平菌群独立成类，表明这两类的菌群趋异概率较高；豆饼粉处理组（g2）与红糖粉处理组（g3）细菌种水平菌群重叠较大，表明菌群趋同概率较高，而区别于 g1、g4 菌群分化。

表3-92 整合微生物组菌剂细菌种水平非度量多维尺度分析样本坐标

样本坐标	NMDS1	NMDS2	样本坐标	NMDS1	NMDS2
CK_1212_1	−0.0790	−0.0042	DB_1212_1	0.1173	−0.0056
CK_1212_2	−0.1012	−0.1149	DB_1212_2	0.1697	0.3313
CK_1213	−0.0954	0.0015	DB_1213	0.2484	−0.0670
CK_1215	−0.1089	0.1564	DB_1215	0.1154	0.0213
CK_1216	−0.0604	−0.0619	DB_1216	0.2634	−0.0027
CK_1219	−0.1314	−0.1363	DB_1219	0.0913	0.0066
CK_1222	0.0006	−0.1512	DB_1222	0.1862	−0.1165
CK_1225	−0.0225	−0.1290	DB_1225	0.0999	0.0921
HT_1212_1	−0.2328	0.0414	YM_1212_1	0.0956	−0.0028
HT_1212_2	−0.2818	0.0734	YM_1212_2	0.1566	−0.0090
HT_1213	−0.2431	0.0416	YM_1213	0.1860	−0.0515
HT_1215	−0.3281	0.0361	YM_1215	0.1534	0.0607
HT_1216	−0.2515	−0.0567	YM_1216	0.1543	0.0129
HT_1219	−0.1864	0.0138	YM_1219	0.2337	0.1117
HT_1222	−0.2302	−0.0037	YM_1222	0.0930	0.0610
HT_1225	−0.2769	0.0014	YM_1225	0.2647	−0.1500

6．样本相似性分析

（1）概述

1）ANOSIM 分析。整合微生物组菌剂处理组样本相似性分析（ANOSIM），是一种非参数检验，用来检验组间（两组或多组）差异是否显著大于组内差异，从而判断分组是否有意义。首先利用距离算法（默认 Bray-Curtis）计算两两样品间的距离，然后将所有距离从小到大进行排序，按以下公式计算 R 值，之后将样品进行置换，重新计算 R^* 值，R^* 大于 R 的概率即为 p 值。

$$R = \frac{\bar{r}_b - \bar{r}_w}{\frac{1}{4}[n(n-1)]}$$

式中，$\bar{r}_b$ 表示组间（between groups）距离排名的平均值；$\bar{r}_w$ 表示组内（within groups）距离排名的平均值；n 表示样品总数。软件：R 语言 vegan 包或 QIIME 软件。ANOSIM 中统计量为 R 值，理论范围为 $-1 \sim +1$，实际 R 值一般为 $0 \sim 1$，R 值越接近 1 表示组间差异越大于组内差异，R 值越小则表示组间和组内没有明显差异。

2）Adonis 分析。置换多因素方差分析（PERMANOVA，permutational MANOVA）又称为非参数多因素方差分析（nonparametric MANOVA）和 Adonis 分析。它利用半度量 (如 Bray-Curtis) 或度量距离矩阵 (如 Euclidean) 对总方差进行分解，分析不同分组因素对样品差异的解释度，并使用置换检验对划分的统计学意义进行显著性分析。软件：R 语言 vegan 包或 QIIME 软件。Adonis 分析 R^2 值代表分组因素对样本差异的解释度，R^2 越大表示分组对差异的解释度越高；Pr，为 P 值，小于 0.05 说明本次检验的可信度高。

（2）细菌门水平样本相似性分析　整合微生物组菌剂细菌门水平样本相似性分析（ANOSIM\Adonis）见表 3-93、表 3-94、图 3-117。样本相似性指数（ANOSIM）为 0.2711，差异极显著（$P < 0.01$）；非参数多因素方差分析（Adonis）F 值为 3.1254，相关系数 R^2=0.2509，差异极显著（$P < 0.01$）。基于细菌门水平的样本距离（bray_curtis），菌糠空白对照组（g1）接近平均距离，豆饼粉处理组（g2）和玉米粉处理组（g4）样本距离大于平均距离，红糖粉处理组（g3）小于平均距离。

表3-93　细菌门水平样本ANOSIM分析

方法	统计量	P值	置换次数
ANOSIM	0.2711	0.001	999

表3-94　细菌门水平样本Adonis分析

项目	自由度	平方和	均方	F检验	R^2	$Pr（>F）$
组间差异	3	0.1331	0.0444	3.1254	0.2509	0.0010
残差	28	0.3975	0.0142	0.7491		
总体	31	0.5306	1.0000			

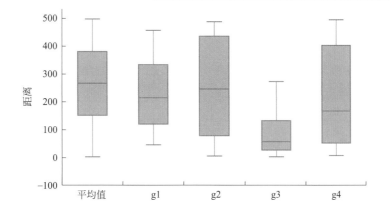

图3-117　基于细菌门水平的样本距离

（3）细菌纲水平样本相似性分析 整合微生物组菌剂细菌纲水平样本相似性分析（ANOSIM\Adonis）见表3-95、表3-96、图3-118。样本相似性指数（ANOSIM）为0.4337，差异极显著（$P < 0.01$）；非参数多因素方差分析（Adonis）F值为5.1097，相关系数R^2=0.3538，差异极显著（$P < 0.01$）。基于细菌纲水平的样本距离（bray_curtis），菌糠空白对照组（g1）接近平均距离，豆饼粉处理组（g2）和玉米粉处理组（g4）样本距离大于平均距离，红糖粉处理组（g3）小于平均距离，可以看出处理组间差异。

表3-95　细菌纲水平ANOSIM分析

方法	统计量	P值	置换次数
ANOSIM	0.4337	0.001	999

表3-96　细菌纲水平Adonis分析

项目	自由度	平方和	均方	F检验	R^2	$Pr（>F）$
组间差异	3	0.2742	0.0914	5.1097	0.3538	0.0010
残差	28	0.5008	0.0179	0.6462		
总体	31	0.7749	1.0000			

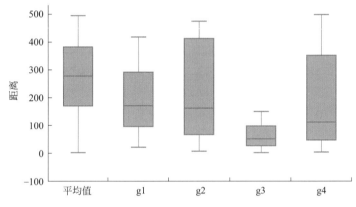

图3-118　基于细菌纲水平的样本距离

（4）细菌目水平样本相似性分析 整合微生物组菌剂细菌目水平样本相似性分析（ANOSIM\Adonis）见表3-97、表3-98、图3-119。样本相似性指数（ANOSIM）为0.6469，差异极显著（$P < 0.01$）；非参数多因素方差分析（Adonis）F值为9.8772，相关系数R^2=0.51416，差异极显著（$P < 0.01$）。基于细菌目水平的样本距离（bray_curtis），菌糠空白对照组（g1）小于平均距离，豆饼粉处理组（g2）和玉米粉处理组（g4）样本距离接近平均距离，红糖粉处理组（g3）小于平均距离。

表3-97　细菌目水平ANOSIM分析

方法	统计量	P值	置换次数
ANOSIM	0.6469	0.001	999

表3-98　细菌目水平Adonis分析

项目	自由度	平方和	均方	F检验	R^2	$Pr（>F）$
组间差异	3	0.76003	0.253343	9.8772	0.51416	0.0010
残差	28	0.71818	0.025649	0.48584		
总体	31	1.47821	1			

（5）细菌科水平样本相似性分析 整合微生物组菌剂细菌科水平样本相似性分析（ANOSIM\Adonis）见表3-99、表3-100、图3-120。样本相似性指数（ANOSIM）为0.7089，差异极显著（$P < 0.01$）；非参数多因素方差分析（Adonis）F值为10.685，相关系

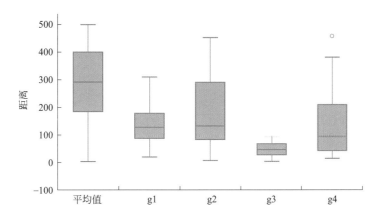

图3-119 基于细菌目水平的样本距离

| 表3-99 | 细菌科水平ANOSIM分析 |

方法	统计量	P值	置换次数
ANOSIM	0.7089	0.001	999

表3-100 细菌科水平Adonis分析

项目	自由度	平方和	均方	F检验	R^2	$Pr\ (>F)$
组间差异	3	1.05123	0.35041	10.685	0.53376	0.001
残差	28	0.91825	0.03279	0.46624		
总体	31	1.96948	1			

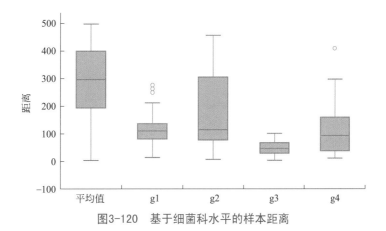

图3-120 基于细菌科水平的样本距离

数 R^2=0.53376，差异极显著（$P < 0.01$）。基于细菌科水平的样本距离（bray_curtis），菌糠空白对照组（g1）小于平均距离，豆饼粉处理组（g2）和玉米粉处理组（g4）样本距离接近平均距离，红糖粉处理组（g3）小于平均距离。

（6）细菌属水平样本相似性分析 整合微生物组菌剂细菌属水平样本相似性分析（ANOSIM\Adonis）见表3-101、表3-102、图3-121。样本相似性指数（ANOSIM）为 0.7293，差异极显著（$P < 0.01$）；非参数多因素方差分析（Adonis）F值为10.81，相关系数 R^2=0.53665，差异极显著（$P < 0.01$）。基于细菌属水平的样本距离（bray_curtis），菌糠空白对照组（g1）小于平均距离，豆饼粉处理组（g2）样本距离大于平均距离，红糖粉处理组（g3）小于平均距离，玉米粉处理组（g4）样本距离小于平均距离。

表3-101　细菌属水平ANOSIM分析

方法	统计量	P值	置换次数
ANOSIM	0.7293	0.001	99

表3-102　细菌属水平Adonis分析

项目	自由度	平方和	均方	F检验	R^2	Pr（$>F$）
组间差异	3	1.2686	0.42285	10.81	0.53665	0.001
残差	28	1.0953	0.03912	0.46335		
总体	31	2.3638	1			

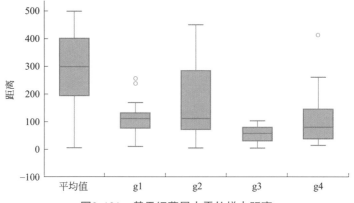

图3-121　基于细菌属水平的样本距离

（7）细菌种水平样本相似性分析　整合微生物组菌剂细菌种水平样本相似性分析（ANOSIM\Adonis）见表3-103、表3-104、图3-122。样本相似性指数（ANOSIM）为0.7511，差异极显著（$P < 0.01$）；非参数多因素方差分析（Adonis）F值为11.636，相关系数R^2=0.55491，差异极显著（$P < 0.01$）。基于细菌种水平的样本距离（bray_curtis），菌糠空白对照组（g1）小于平均距离，豆饼粉处理组（g2）样本距离大于平均距离，红糖粉处理组（g3）小于平均距离，玉米粉处理组（g4）样本距离小于平均距离。

表3-103　细菌种水平ANOSIM分析

方法	统计量	P值	置换次数
ANOSIM	0.7511	0.001	999

表3-104　细菌种水平Adonis分析

项目	自由度	平方和	均方	F检验	R^2	Pr（$>F$）
组间差异	3	1.4468	0.48228	11.636	0.55491	0.001
残差	28	1.1605	0.04145	0.44509		
总体	31	2.6073	1			

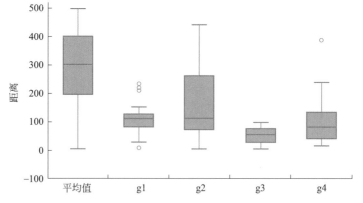

图3-122　基于细菌种水平的样本距离

7．样本偏最小二乘法判别分析

（1）概述　偏最小二乘法判别分析（partial least squares discriminant analysis，PLS-DA），是多变量数据分析技术中的判别分析法，经常用来处理分类和判别问题。通过对主成分适当旋转，PLS-DA 可以对组间观察值进行有效区分，并且能够找到导致组间区别的影响变量。

PLS-DA 采用了经典的偏最小二乘回归模型，其响应变量是一组反应统计单元间类别关系的分类信息，是一种有监督的判别分析方法。因无监督的分析方法（PCA）对所有样本不加以区分，即每个样本对模型有着同样的贡献，因此，当样本的组间差异较大而组内差异较小时，无监督分析方法可以明显区分组间差异；而当样本的组间差异不明晰而组内差异较大时，无监督分析方法难以发现和区分组间差异。另外，如果组间的差异较小，各组的样本量相差较大，样本量大的那组将会主导模型。有监督的分析（PLS-DA）能够很好地解决无监督分析中遇到的这些问题。

与 PCA 分析的原理相同，PLS 利用偏最小二乘法对数据结构进行投影分析，但 PLS 与 PCA 数据有本质的不同，PCA 分析方法中只有一个数据集 X，所有分析都只是基于这个唯一的数据集，对应于一个多维空间。而 PLS 分析是建立在两个数据集 X 和 Y 基础上的，因此也就对应地存在两个多维空间，在利用投影方法计算 PLS 第一个主成分后，分别得到 X 和 Y 空间的两条轴线以及各个样本点在 X 和 Y 空间轴上的得分 $t1$、$u1$。对 X 和 Y 数据的关联分析就是将所有样本在 X 和 Y 空间第一个主成分轴上的得分 $t1$、$u1$ 分别做相关分析，可以表示为 $ui1=ti1+ri1$，i 表示不同样本，$ri1$ 表示残差。对应地，经过第二个主成分计算可以得到 $t2$、$u2$，有关系式 $ui2=ti2+ri2$。如果用 $t1$、$t2$ 作图，表示数据集 X 的 PCA 得分图，而如果用 $t1$、$u1$ 作图就表示第一个主成分下数据集 X 与数据集 Y 相关性。与 PCA 的载荷图（变量分布散点图）相类似，PLS 可以用权重方式对 X、Y 数据集中的变量进行相关联，找出变量之间的关系。

PLS-DA 只需要一个数据集 X，但在分析时必须对样本进行指定分组，这样分组后模型自动加上另外一个隐含的数据集 Y，该数据集变量数等于组别数，赋值时把指定的那一组规定为 1，其他所有值均为 0。其他计算方法与上述 PLS 方法相同。这种模型计算的方法强行把各组分门别类，有利于发现组间的异同点。软件：R 语言 mixOmics 包中 PLSDA 分析和作图。

（2）细菌门水平样本 PLS-DA 分析　整合微生物组菌剂基于细菌门物种的 PLS-DA 分析，分组发酵样本信息见表 3-105，总体主成分和分组主成分结果见表 3-106，细菌门分组结果见图 3-123。总体主成分贡献率分别为 comp 1=0.2822、comp 2=0.1028、comp 3=0.0649、comp 4=0.0642，第一主成分是其余主成分的 2.71 ～ 4.39 倍，起到关键作用；不同处理组的第一主成分分别为 g1（菌糠组）=−0.2952、g2（豆饼粉组）=0.4805、g3（红糖粉组）=−0.6692、g4（玉米粉组）=0.484，豆饼粉组与玉米粉组第一主成分相近，高于菌糠组和红糖粉组（表 3-106）。由样本主成分分析可知，菌糠组（g1）发酵初期（CK_1215）第一主成分最高（0.1003），豆饼粉组（g2）发酵中期（DB_1216）第一主成分最高（3.3241），红糖粉组（g3）发酵初期（HT_1215）第一主成分最高（−1.3080），玉米粉组（g4）发酵中期（YM_1219）第一主成分最高（3.4811），同一处理组的第一主成分指示的发酵时期细菌门物种分化区分于该处理其他发酵时期。由物种主成分分析可知，与第一主成分呈正相关的前 3 个细菌门为柔膜菌门（Tenericutes，0.2284）、厚壁菌门（Firmicutes，0.1279）、螺旋体门（Spirochaetae，

0.0728），呈负相关的前 3 个细菌门为疣微菌门（Verrucomicrobia，–0.2628）、异常球菌 - 栖热菌门（Deinococcus-Thermus，–0.2841）、糖杆菌门（Saccharibacteria，–0.3439）。整合微生物组菌剂基于细菌门物种的 PLS-DA 图表明发酵处理组分为三组：第一组为红糖粉处理组（g3），位于第二象限；第二组为菌糠空白对照组（g1），位于第三象限；第三组为豆饼粉处理组（g2）和玉米粉处理组（g4）重叠，位于第一和第四象限；表明基于细菌门物种结构 PLS-DA 分析，豆饼粉组与玉米粉组发酵处理差异不大，与红糖粉组也有区别，分别不同于不添加的菌糠对照组。

表3-105　整合微生物组菌剂分组发酵样本信息

添加处理	发酵时间/d	样本编号	状态
菌糠对照组（g1）	0	CK_1212_1	本底样本
	1	CK_1212_2	发酵初期
	3	CK_1213	
	5	CK_1215	
	7	CK_1216	发酵中期
	9	CK_1219	
	11	CK_1222	发酵后期
	13	CK_1225	
豆饼粉处理组（g2）	0	DB_1212_1	本底样本
	1	DB_1212_2	发酵初期
	3	DB_1213	
	5	DB_1215	
	7	DB_1216	发酵中期
	9	DB_1219	
	11	DB_1222	发酵后期
	13	DB_1225	
红糖粉处理组（g3）	0	HT_1212_1	本底样本
	1	HT_1212_2	发酵初期
	3	HT_1213	
	5	HT_1215	
	7	HT_1216	发酵中期
	9	HT_1219	
	11	HT_1222	发酵后期
	13	HT_1225	
玉米粉处理组（g4）	0	YM_1212_1	本底样本
	1	YM_1212_2	发酵初期
	3	YM_1213	
	5	YM_1215	
	7	YM_1216	发酵中期
	9	YM_1219	
	11	YM_1222	发酵后期
	13	YM_1225	

表3-106　细菌门PLS-DA分析主成分

总体主成分		分组主成分				
总体主成分	贡献率	分组主成分	comp1	comp2	comp3	comp4
comp 1	0.2822	g1	−0.2952	−0.819	−0.1734	−0.6949
comp 2	0.1028	g2	0.4805	0.1222	−0.6949	0.4737
comp 3	0.0649	g3	−0.6692	0.5374	0.1996	0.4768
comp 4	0.0642	g4	0.484	0.1595	0.6687	−0.2556

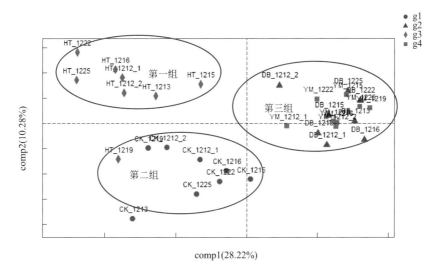

图3-123　整合微生物组菌剂细菌门分组PLS-DA分析

（3）细菌纲水平样本 PLS-DA 分析　整合微生物组菌剂基于细菌纲物种的 PLS-DA 分析，总体主成分和分组主成分结果见表 3-107、细菌纲分组结果见图 3-124。总体主成分贡献率分别为 comp 1＝0.2262、comp 2＝0.1055、comp 3＝0.0559、comp 4＝0.0644，第一主成分是其余主成分的 2.14～4.04 倍，起到关键作用；不同处理组的第一主成分分别为 g1（菌糠组）＝−0.3663、g2（豆饼粉组）＝0.4443、g3（红糖粉组）＝−0.6158、g4（玉米粉组）＝0.5378，红糖粉组＜菌糠组＜豆饼粉组＜玉米粉组（表 3-107）。由样本主成分分析可知，菌糠组（g1）发酵中期（CK_1216）第一主成分最高（−0.8995），豆饼粉组（g2）发酵中期（DB_1216）第一主成分最高（4.3960），红糖粉组（g3）发酵初期（HT_1215）第一主成分最高（−2.3416），玉米粉组（g4）发酵后期（YM_1225）第一主成分最高（5.3905），同一处理组的第一主成分指示的发酵时期细菌纲物种分化区分于该处理其他发酵时期。由物种主成分分析可知，与第一主成分呈正相关的前 3 个细菌纲为芽胞杆菌纲（Bacilli，0.1664）、柔膜菌纲（Mollicutes，0.1653）、拟杆菌纲（Bacteroidia，0.1025），呈负相关的前 3 个细菌纲为异常球菌纲（Deinococci，−0.2172）、鞘氨醇杆菌纲（Sphingobacteriia，−0.2241）、糖杆菌门的 1 纲（p_Saccharibacteria，−0.2504）。整合微生物组菌剂基于细菌纲物种的 PLS-DA 图表明发酵处理组分为三组，第一组为菌糠空白对照组（g1），位于第二象限；第二组为红糖粉处理组（g3），位于第三象限；第三组为豆饼粉处理组（g2）和玉米粉处理组（g4）重叠，位于第一象限和第四象限；表明基于细菌纲物种结构 PLS-DA 分析，豆饼粉组与玉米粉组发酵处理差异不大，与红糖粉组有区别，分别不同于不添加的菌糠对照组。

表3-107　细菌纲PLS-DA分析主成分

总体主成分		分组主成分				
总体主成分	贡献率	分组主成分	comp 1	comp 2	comp 3	comp 4
comp 1	0.2262	g1	−0.3663	0.7798	0.1135	0.1561
comp 2	0.1055	g2	0.4443	−0.1362	0.7298	0.544
comp 3	0.0559	g3	−0.6158	−0.6101	−0.1992	0.1161
comp 4	0.0644	g4	0.5378	−0.0336	−0.6441	−0.8162

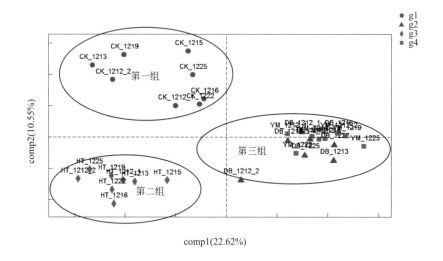

图3-124　整合微生物组菌剂细菌纲分组PLS-DA分析

（4）细菌目水平样本 PLS-DA 分析　整合微生物组菌剂基于细菌目物种的 PLS-DA 分析，总体主成分和分组主成分结果见表 3-108、细菌目分组结果见图 3-125。总体主成分贡献率分别为 comp 1=0.2183、comp 2=0.1219、comp 3=0.0462、comp 4=0.0492，第一主成分是其余主成分的 1.79 ~ 4.73 倍，起到关键作用；不同处理组的第一主成分分别为 g1（菌糠组）=0.3138、g2（豆饼粉组）=−0.4313、g3（红糖粉组）=0.6540、g4（玉米粉组）=−0.5364，玉米粉组<豆饼粉组<菌糠组<红糖粉组。由样本主成分分析可知，菌糠组（g1）发酵中期（CK_1219）第一主成分最高（6.5368），豆饼粉组（g2）发酵初期（DB_1212_2）第一主成分最高（−1.7039），红糖粉组（g3）发酵初期（HT_1212_2）第一主成分最高（9.8027），玉米粉组（g4）本底样本（YM_1212_1）第一主成分最高（−3.6345），同一处理组的第一主成分指示的发酵时期细菌目物种分化区分于该处理其他发酵时期。由物种主成分分析可知，与第一主成分呈正相关的前 3 个细菌目为红杆菌目（Rhodobacterales，0.1717）、鞘氨醇杆菌目（Sphingobacteriales，0.1613）、亚硝化单胞菌目（Nitrosomonadales，0.1558），呈负相关的前 3 个细菌目为棒杆菌目（Corynebacteriales,−0.1119）、放线菌纲的 1 目（Actinobacteria,−0.1597）、芽胞杆菌目（Bacillales，−0.1497）。整合微生物组菌剂基于细菌目物种的 PLS-DA 图表明发酵处理组分为三组，第一组为菌糠空白对照组（g1），位于第

一象限；第二组为豆饼粉处理组（g2）和玉米粉处理组（g4）重叠，位于第二象限和第三象限；第三组为红糖粉处理组（g3），位于第四象限；表明基于细菌目物种结构 PLS-DA 分析，豆饼粉组与玉米粉组发酵处理差异不大，与红糖粉组有区别，分别不同于不添加的菌糠对照组。

表3-108 细菌目PLS-DA分析主成分

总体主成分		分组主成分				
总体主成分	贡献率	分组主成分	comp 1	comp 2	comp 3	comp 4
comp 1	0.2183	g1	0.3138	0.8096	−0.1245	−0.1401
comp 2	0.1219	g2	−0.4313	−0.1451	−0.7256	0.5793
comp 3	0.0462	g3	0.6540	−0.5588	0.2052	0.3040
comp 4	0.0492	g4	−0.5364	−0.1057	0.6449	−0.7432

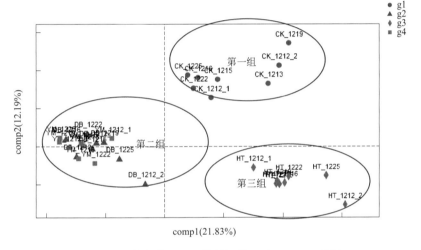

图3-125 整合微生物组菌剂细菌目分组PLS-DA分析

（5）细菌科水平样本 PLS-DA 分析 整合微生物组菌剂基于细菌科物种的 PLS-DA 分析，总体主成分和分组主成分结果见表 3-109、细菌科分组结果见图 3-126。总体主成分贡献率分别为 comp 1 = 0.2187、comp 2 = 0.1301、comp 3 = 0.0605、comp 4 = 0.0404，第一主成分是其余主成分的 1.68～5.41 倍，起到关键作用；不同处理组的第一主成分分别为 g1（菌糠组）= 0.1593、g2（豆饼粉组）= −0.3963、g3（红糖粉组）= 0.7468、g4（玉米粉组）= −0.5098，红糖粉组＞菌糠组＞豆饼粉组＞玉米粉组。由样本主成分分析可知，菌糠组（g1）发酵初期（CK_1213）第一主成分最高（5.6435），豆饼粉组（g2）发酵初期（DB_1212_2）第一主成分最高（0.2335），红糖粉组（g3）发酵初期（HT_1212_2）第一主成分最高（15.2192），玉米粉组（g4）本底样本（YM_1212_1）第一主成分最高（−5.5436），同一处理组的第一主成分指示的发酵时期细菌科物种分化区分于该处理其他发酵时期。由物种主成分分析可知，与第一主成分呈正相关的前 3 个细菌科为伯克氏菌科（Burkholderiaceae，0.1277）、地嗜皮菌科（Geodermatophilaceae，0.1224）、酸微菌科（Acidimicrobiaceae，0.1208），呈负相关的 3 个细菌科为梭菌目 vadinBB60 群的 1 科（Clostridiales_vadinBB60_group，−0.0444）、葡萄球菌科（Staphylococcaceae，−0.1022）、肉杆菌科（Carnobacteriaceae，−0.1030）。整合微生物组菌剂基于细菌科物种的 PLS-DA 图表明发酵处理组分为三组，第一组为菌糠空白对照组（g1），位于第一象限；第二组为豆饼粉处理组（g2）和玉米粉处理组（g4）重叠，位于第三象限；第三组为红糖粉处理组（g3），位于第四象限；表明基于细菌科物种结构 PLS-DA 分析，豆饼粉组与玉米粉组发酵处理差异不大，与红糖粉组有区别，分别不同于不添加的菌糠对照组。

表3-109　细菌科PLS-DA分析主成分

总体主成分		分组主成分				
总体主成分	贡献率	分组主成分	comp 1	comp 2	comp 3	comp 4
comp 1	0.2187	g1	0.1593	0.8532	−0.2258	−0.1069
comp 2	0.1301	g2	−0.3963	−0.2648	−0.6905	0.6454
comp 3	0.0605	g3	0.7468	−0.4144	0.2962	0.1927
comp 4	0.0404	g4	−0.5098	−0.1739	0.6200	−0.7313

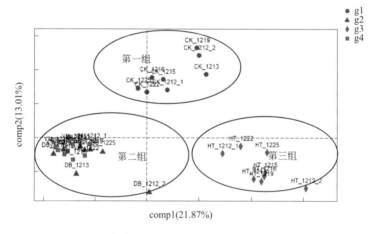

图3-126　整合微生物组菌剂细菌科分组PLS-DA分析

（6）细菌属水平样本 PLS-DA 分析　整合微生物组菌剂基于细菌属物种的 PLS-DA 分析，总体主成分和分组主成分结果见表 3-110、细菌属分组结果见图 3-127。总体主成分贡献率分别为 comp 1＝0.1883、comp 2＝0.1200、comp 3＝0.0623、comp 4＝0.0464，第一主成分是其余主成分的 1.56～4.05 倍，起到关键作用；不同处理组的第一主成分分别为 g1（菌糠组）＝0.0549、g2（豆饼粉组）＝−0.3567、g3（红糖粉组）＝0.7929、g4（玉米粉组）＝−0.4911，玉米粉组＜豆饼粉组＜菌糠组＜红糖粉组。与样本主成分分析可知，菌糠组（g1）发酵初期（CK_1213）第一主成分最高（4.6747），豆饼粉组（g2）发酵初期（DB_1212_2）第一主成分最高（3.2704），红糖粉组（g3）发酵初期（HT_1212_2）第一主成分最高（23.5165），玉米粉组（g4）本底样本（YM_1212_1）第一主成分最高（−7.5294），同一处理组的第一主成分指示的发酵时期细菌属物种分化区分于该处理其他发酵时期。由物种主成分分析可知，与第一主成分呈正相关的前 3 个细菌属为巴里恩托斯单胞菌属（*Barrientosiimonas*，0.0866）、湖杆菌属（*Limnobacter*，0.0894）、刘志恒菌属（*Zhihengliuella*，0.0889），呈负相关的 3 个细菌属为别样球菌属（*Aliicoccus*，−0.0745）、放线菌纲的 1 属（*Actinobacteria*，−0.0752）、涅斯捷连科氏菌属（*Nesterenkonia*，−0.0759）。整合微生物组菌剂基于细菌属物种的 PLS-

DA 图表明发酵处理组分为三组，第三组为菌糠空白对照组（g1），位于第三象限和第四象限；第二组为豆饼粉处理组（g2）和玉米粉处理组（g4）重叠，位于第二象限；第一组为红糖粉处理组（g3），位于第一象限；表明基于细菌属物种结构 PLS-DA 分析，豆饼粉组与玉米组发酵处理差异不大，与红糖粉有区别，分别不同于不添加的菌糠对照组。

表3-110　细菌属PLS-DA分析主成分

总体主成分		分组主成分				
总体主成分	贡献率	分组主成分	comp 1	comp 2	comp 3	comp 4
comp 1	0.1883	g1	0.0549	−0.8631	−0.2787	0.1980
comp 2	0.1200	g2	−0.3567	0.3463	−0.6658	−0.6477
comp 3	0.0623	g3	0.7929	0.2857	0.3436	−0.2443
comp 4	0.0464	g4	−0.4911	0.2311	0.6008	0.6900

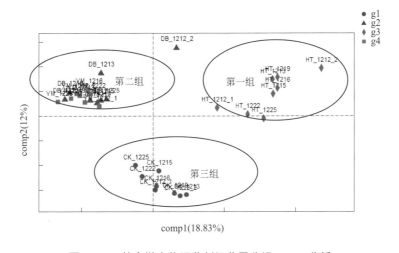

图3-127　整合微生物组菌剂细菌属分组PLS-DA分析

（7）细菌种水平样本 PLS-DA 分析　整合微生物组菌剂基于细菌种的 PLS-DA 分析，总体主成分和分组主成分结果见表 3-111、细菌种分组结果见图 3-128。总体主成分贡献率分别为 comp 1=0.1754、comp 2=0.1157、comp 3=0.0553、comp 4=0.0454，第一主成分是其余主成分的 1.51 ～ 3.86 倍，起到关键作用；不同处理组的第一主成分分别为g1（菌糠组）=−0.0959、g2（豆饼粉组）=0.3841、g3（红糖粉组）=−0.7772、g4（玉米粉组）=0.4890，红糖粉组＜菌糠组＜豆饼粉组＜玉米粉组。由样本主成分分析可知，菌糠组（g1）发酵后期（CK_1225）第一主成分最高（1.9961），豆饼粉组（g2）发酵后期（DB_1222）第一主成分最高（14.8466），红糖粉组（g3）本底样本（HT_1212_1）第一主成分最高（−10.8375），玉米粉组（g4）发酵后期（YM_1225）第一主成分最高（16.1494），同一处理组的第一主成分指示的发酵时期细菌种物种分化区分于该处理其他发酵时期。由物种主成分分析可知，与第一主成分呈正相关的前 3 个细菌种为埃塞俄比亚涅斯捷连科氏菌（*Nesterenkoniaaethiopica*，2005 年从埃塞俄比亚海边分离的新种，0.0631）、弗雷尼棒杆菌（*Corynebacteriumfreneyi*，2001 年从医学样本中分离的新种，0.0620）、塞内加尔短杆菌（*Brevibacterium senegalense*，2012 年从塞内加尔病人粪便中分离的新种，0.0610），呈负相关的 3 个细菌种为黄色刘志恒菌（*Zhihengliuellaflava*，2013 年从海洋沉积物分离的新种，−0.0727）、土壤巴里恩托斯单胞菌属（*Barrientosiimonas humi*，2013 年从南极巴里多斯岛土壤分离的新建的属和种，−0.0701）、次要分枝杆菌（*Mycobacterium triviale*，−0.0716）。整合微生物组菌剂基于细菌种物种的 PLS-DA 图表明发酵处理组分为三组，第一组为菌糠空白对照组（g1），位于第一象限；第二组为红糖粉处理组（g3），位于第三象限；第三组为豆饼粉处理组（g2）和玉米粉处理组（g4）重叠，位于第四象限；表明基于细菌种物种结构 PLS-DA 分析，豆饼粉组与玉米粉组发酵处理差异不大，与红糖粉组有区别，分别不同于不添加的菌糠对照组。

表3-111　细菌种PLS-DA分析主成分

总体主成分		分组主成分				
总体主成分	贡献率	分组主成分	comp 1	comp 2	comp 3	comp 4
comp 1	0.1754	g1	−0.0959	0.8610	0.2539	0.2102
comp 2	0.1157	g2	0.3841	−0.3338	0.6732	−0.6284
comp 3	0.0553	g3	−0.7772	−0.3279	−0.3012	−0.2775
comp 4	0.0454	g4	0.4890	−0.1993	−0.6258	0.6957

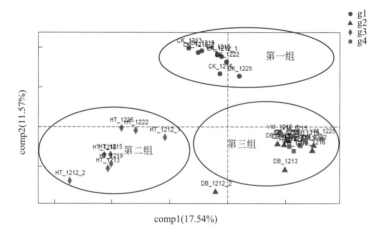

图3-128　整合微生物组菌剂细菌种分组PLS-DA分析

8．样本菌群分型分析

（1）概述　整合微生物组菌剂菌群分型分析，主要通过统计聚类的方法研究不同样本优势菌群结构的分型情况，分型过程中一般不考虑环境因子等外部因素的影响。通过该分析，可以将优势菌群结构近似的不同样本聚为一类，主要适用于特定环境样本的菌群分型，如整合微生物组菌剂的不添加型（nonadd fermentati type）、豆饼粉发酵型（soybean fermentati type）、红糖粉发酵型（brown powdered sugar fermentati type）、玉米粉发酵型（maizena fermentati type）等。通常根据菌群在属水平上的相对丰度，计算 Jensen-Shannon distance（JSD）等距离，并进行 PAM (partitioning around medoids) 聚类，通过 Calinski-Harabasz (CH) 指数计算最佳聚类 K 值，然后采用 between-class analysis (BCA，$K \geq 3$) 或 principal coordinates analysis (PCoA，$K \geq 2$) 进行可视化。软件 R 语言 ade4 包、cluster 包、

clustersim 包。

（2）样本菌群分型可视化图 整合微生物组菌剂的不同处理，即菌糠发酵型（fungus chaff fermentati type）、豆饼粉发酵型（soybean fermentati type）、红糖粉发酵型（brown powdered sugar fermentati type）、玉米粉发酵型（maizena fermentati type），得出细菌属水平群落结构，通过菌群分型统计分析，技术计算 JSD 距离，进行 PAM 聚类，通过 CH 指数选择最佳聚类 K 值，然后采用主坐标分析（principal coordinates analysis，PCoA）选择 $K \geqslant 2$ 进行可视化作图。可将 4 个处理 32 个样本分为两个类型，类型 1 包含了豆饼粉组、玉米粉组、小部分菌糠对照组的样本；类型 2 包含了红糖粉组的大部分样本（图 3-129）。

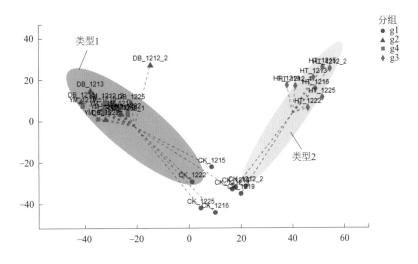

图3-129 整合微生物组菌剂的不同处理菌群分型分析

（3）处理组样本分型 以 PCoA，$K \geqslant 2$ 作为分型依据，统计整合微生物组菌剂不同处理，即菌糠发酵型（g1），豆饼粉发酵型（g2），红糖粉发酵型（g3），玉米粉发酵型（g4），各处理分型如下：g1 为两型组合过渡性，g2 和 g4 组合为类型 1，g3 为类型 2（图 3-130）。

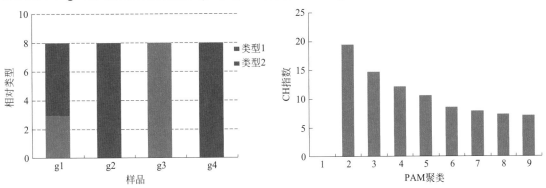

图3-130 整合微生物组菌剂的不同处理菌群分型相对类型比例及其CH指数

不同处理不同发酵时间样本的类型 1 和类型 2 特征比例不同，g1 的 类型 1=62.50%、类型 2=37.50%；g2 的 类型 1=100%、类型 2=0.00%；g3 的 类型 1=0.00%、类型 2=100%；g4 的 类型

1=100%，类型 2=0.00%。g2 和 g4 为类型 1，g3 为类型 2，g1 为过渡型（图 3-131）。

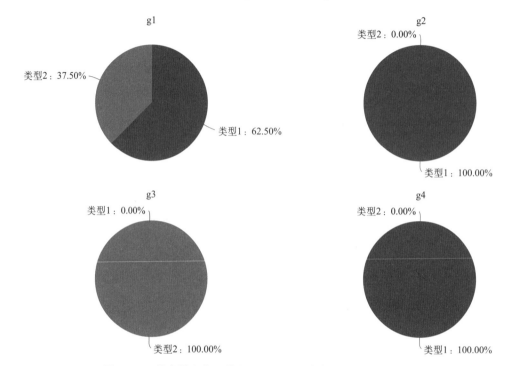

图3-131　整合微生物组菌剂不同处理样本类型1和类型2比例

（4）发酵时间样本分型　整合微生物组菌剂不同发酵处理组不同分型的个体数目见表 3-112。各组样本中不同分型的样本数目不同，如 g1 属于类型 1 的有 5 个，属于类型 2 的有 3 个；g2 属于类型 1 的有 8 个，属于类型 2 的有 0 个等。

样本的分型分类表，每个样本所属的分型以 1 或 2 代表。

类型 1：CK_1212_1 为 1 型、CK_1215 为 1 型、CK_1216 为 1 型、CK_1222 为 1 型、CK_1225 为 1 型；DB_1212_1 为 1 型、DB_1212_2 为 1 型、DB_1213 为 1 型、DB_1215 为 1 型、DB_1216 为 1 型、DB_1219 为 1 型、DB_1222 为 1 型、DB_1225 为 1 型；YM_1212_1 为 1 型、YM_1212_2 为 1 型、YM_1213 为 1 型、YM_1215 为 1 型、YM_1216 为 1 型、YM_1219 为 1 型、YM_1222 为 1 型、YM_1225 为 1 型（表 3-113）。

类型 2：CK_1212_2 为 2 型、CK_1213 为 2 型、CK_1219 为 2 型；HT_1212_1 为 2 型、HT_1212_2 为 2 型、HT_1213 为 2 型、HT_1215 为 2 型、HT_1216 为 2 型、HT_1219 为 2 型、HT_1222 为 2 型、HT_1225 为 2 型（表 3-113）。

表3-112　整合微生物组菌剂不同处理组类型1和类型2数目

类型	g1	g2	g3	g4
1	5	8	0	8
2	3	0	8	0

表3-113　整合微生物组菌剂不同处理组不同发酵时间样本类型1和类型2分型

样本	分型	样本	分型	样本	分型	样本	分型
[1] CK_1212_1	1	[9] DB_1215	1	[17] YM_1215	1	[25] HT_1212_1	2
[2] CK_1215	1	[10] DB_1216	1	[18] YM_1216	1	[26] HT_1212_2	2
[3] CK_1216	1	[11] DB_1219	1	[19] YM_1219	1	[27] HT_1213	2
[4] CK_1222	1	[12] DB_1222	1	[20] YM_1222	1	[28] HT_1215	2
[5] CK_1225	1	[13] DB_1225	1	[21] YM_1225	1	[29] HT_1216	2
[6] DB_1212_1	1	[14] YM_1212_1	1	[22] CK_1212_2	2	[30] HT_1219	2
[7] DB_1212_2	1	[15] YM_1212_2	1	[23] CK_1213	2	[31] HT_1222	2
[8] DB_1213	1	[16] YM_1213	1	[24] CK_1219	2	[32] HT_1225	2

（5）类型1和类型2菌群特征　整合微生物组菌剂不同处理不同发酵时间样本按类型1和类型2分型，统计类型1的21个和类型2的11个样本的菌群含量总和及其百分比（表3-114）。类型1菌群共有100个属，OTU含量为905711，总百分比为93.42%；菌群特征前5个含量最高的细菌属为棒杆菌属（*Corynebacterium*，OTU=126714，百分比=13.07%）、类诺卡氏菌属（*Nocardioides*，77515，8%）、目JG30-KF-CM45的1属（o_JG30-KF-CM45，47032，4.85%）、盐水球菌属（*Salinicoccus*，40755，4.2%）、黄杆菌科的1属（f_Flavobacteriaceae，37224，3.84%）。类型2菌群共有100个属，OTU含量为505518，总百分比为91.78%；菌群特征前5个含量最高的细菌属为棒杆菌属（*Corynebacterium*，41110，7.46%）、间孢囊菌科的1属（f_Intrasporangiaceae，34467，6.26%）、狭义梭菌属1（*Clostridium*_sensu_stricto_1，27949，5.07%）、目JG30-KF-CM45的1属（o_JG30-KF-CM45，26657，4.84%）、鸟氨酸微菌属（*Ornithinimicrobium*，25887，4.7%）。两个类型前5个高含量的属只有棒杆菌属（*Corynebacterium*）和目JG30-KF-CM45的1属（o_JG30-KF-CM45）两个属相同，类型1的棒杆菌属（*Corynebacterium*）含量比类型2的高3倍，类型1菌群总含量比类型2高近1倍。类型1菌群以类诺卡氏菌属和盐水球菌属为特征；类型2菌群以梭菌属和鸟氨酸微菌属为特征。

表3-114　整合微生物组菌剂不同处理不同发酵时间样本类型1和类型2分型菌群总和及其百分比

类型1菌群			类型2菌群		
细菌属名称	总数	百分比/%	细菌属名称	总数	百分比/%
[1] 棒杆菌属(*Corynebacterium*)	126714	13.07	[1] 棒杆菌属（*Corynebacterium*）	41110	7.46
[2] 类诺卡氏菌属（*Nocardioides*）	77515	8	[2] 间孢囊菌科的1属（f_Intrasporangiaceae）	34467	6.26
[3] 目JG30-KF-CM45的1属（o_JG30-KF-CM45）	47032	4.85	[3] 狭义梭菌属1（*Clostridium*_sensu_stricto_1）	27949	5.07
[4] 盐水球菌属（*Salinicoccus*）	40755	4.2	[4] 目JG30-KF-CM45的1属（o_JG30-KF-CM45）	26657	4.84
[5] 黄杆菌科的1属（f_Flavobacteriaceae）	37224	3.84	[5] 鸟氨酸微菌属（*Ornithinimicrobium*）	25887	4.7
[6] 间孢囊菌科的1属（f_Intrasporangiaceae）	35580	3.67	[6] 短状杆菌属（*Brachybacterium*）	23520	4.27
[7] 短状杆菌属（*Brachybacterium*）	31886	3.29	[7] 藤黄色杆菌属（*Luteibacter*）	21575	3.92
[8] 狭义梭菌属1（*Clostridium*_sensu_stricto_1）	30156	3.11	[8] 黄杆菌科的1属（f_Flavobacteriaceae）	19406	3.52
[9] 鸟氨酸微菌属（*Ornithinimicrobium*）	25176	2.6	[9] 特吕珀菌属（*Truepera*）	14327	2.6

续表

类型1菌群			类型2菌群		
细菌属名称	总数	百分比/%	细菌属名称	总数	百分比/%
[10] 乳杆菌属（Lactobacillus）	24309	2.51	[10] 两面神杆菌属（Janibacter）	13443	2.44
[11] 石单胞菌属（Petrimonas）	22321	2.3	[11] 海面菌属（Aequorivita）	13332	2.42
[12] 海面菌属（Aequorivita）	21808	2.25	[12] 寡源菌属（Oligella）	13213	2.4
[13] 棒杆菌属1（Corynebacterium_1）	21309	2.2	[13] 类诺卡氏菌属（Nocardioides）	12546	2.28
[14] 短杆菌属（Brevibacterium）	21204	2.19	[14] 巴里恩托斯单胞菌属（Barrientosiimonas）	11390	2.07
[15] 迪茨氏菌属（Dietzia）	18079	1.87	[15] 腐螺旋菌科的1属（f_Saprospiraceae）	10808	1.96
[16] 盐单胞菌属（Halomonas）	15941	1.64	[16] 土生孢杆菌属（Terrisporobacter）	10680	1.94
[17] 两面神杆菌属（Janibacter）	14913	1.54	[17] 短杆菌属（Brevibacterium）	10194	1.85
[18] 微球菌目的1属（o_Micrococcales）	14877	1.53	[18] 微球菌目的1属（o_Micrococcales）	9528	1.73
[19] 嗜蛋白菌属（Proteiniphilum）	13225	1.36	[19] 鸟杆菌属（Ornithobacterium）	6179	1.12
[20] 特吕珀菌属（Truepera）	13171	1.36	[20] 迪茨氏菌属（Dietzia）	5954	1.08
[21] 土生孢杆菌属（Terrisporobacter）	12614	1.3	[21] 乳杆菌属（Lactobacillus）	5802	1.05
[22] 链球菌属（Streptococcus）	12433	1.28	[22] 原小单孢菌科未分类的1属（f_Promicromo-nosporaceae）	5738	1.04
[23] 原小单孢菌科未分类的1属（f_Promicromon-osporaceae）	11169	1.15	[23] 棒杆菌属1（Corynebacterium_1）	5491	1
[24] 魏斯氏菌属（Weissella）	10776	1.11	[24] 棒杆菌目的1属（o_Corynebacteriales）	5104	0.93
[25] 古根海姆氏菌属（Guggenheimella）	10100	1.04	[25] 海杆菌属（Marinobacter）	4817	0.87
[26] 海杆菌属（Marinobacter）	8632	0.89	[26] 黄色杆菌属（Galbibacter）	4337	0.79
[27] 鸟杆菌属（Ornithobacterium）	8388	0.87	[27] 厌氧绳菌科的1属（f_Anaerolineaceae）	4283	0.78
[28] 假单胞菌属（Pseudomonas）	8064	0.83	[28] 链球菌属（Streptococcus）	4157	0.75
[29] ML635J-40水生菌群的1科的1属（f_ML635J-40_aquatic_group）	7664	0.79	[29] 热泉绳菌属（Crenotalea）	4156	0.75
[30] 涅斯捷连科氏菌属（Nesterenkonia）	7549	0.78	[30] 漠河杆菌属（Moheibacter）	4095	0.74
[31] 别样球菌属（Aliicoccus）	7496	0.77	[31] 糖杆菌门分类地位未定的1属（p_Saccharibacteria）	4046	0.73
[32] 苛求球形菌属（Fastidiosipila）	5825	0.6	[32] 苏黎世杆菌属（Turicibacter）	4008	0.73
[33] 片球菌属（Pediococcus）	5637	0.58	[33] 古根海姆氏菌属（Guggenheimella）	3901	0.71
[34] 海滑菌科的1属（f_Marinilabiaceae）	4932	0.51	[34] 盐水球菌属（Salinicoccus）	3730	0.68
[35] 奇异杆菌属（Atopostipes）	4863	0.5	[35] 粪杆菌属（Faecalibacterium）	3355	0.61
[36] 科XI的1属（f_Family_XI）	4340	0.45	[36] 石单胞菌属（Petrimonas）	3320	0.6
[37] 乔根菌属（Georgenia）	4117	0.42	[37] 水稻土壤菌属（Oryzihumus）	3288	0.6
[38] 冬微菌属（Brumimicrobium）	4041	0.42	[38] 龙杆菌科的1属（f_Draconibacteriaceae）	3226	0.59
[39] 棒杆菌目的1属（o_Corynebacteriales）	3982	0.41	[39] 魏斯氏菌属（Weissella）	2681	0.49
[40] 寡源菌属（Oligella）	3947	0.41	[40] 嗜蛋白菌属（Proteiniphilum）	2636	0.48
[41] 苏黎世杆菌属（Turicibacter）	3828	0.39	[41] 苛求球形菌属（Fastidiosipila）	2610	0.47

续表

类型1菌群			类型2菌群		
细菌属名称	总数	百分比/%	细菌属名称	总数	百分比/%
[42] 无胆甾原体属（Acholeplasma）	3642	0.38	[42] 微球菌属（Micrococcus）	2602	0.47
[43] 普劳泽氏菌属（Prauserella）	3485	0.36	[43] 分枝杆菌属（Mycobacterium）	2559	0.46
[44] 微球菌属（Micrococcus）	3433	0.35	[44] ML635J-40水生菌群的1科的1属（f_ML635J-40_aquatic_group）	2493	0.45
[45] 厌氧绳菌科的1属（f_Anaerolineaceae）	3396	0.35	[45] 盐单胞菌属（Halomonas）	2093	0.38
[46] 黄色杆菌属（Galbibacter）	3375	0.35	[46] 冬微菌属（Brumimicrobium）	2048	0.37
[47] 龙杆菌科的1属（f_Draconibacteriaceae）	2845	0.29	[47] 海胞菌属（Marinicella）	2011	0.37
[48] 肠杆菌属（Enterobacter）	2791	0.29	[48] 葡萄球菌属（Staphylococcus）	1775	0.32
[49] 肠放线球菌属（Enteractinococcus）	2758	0.28	[49] 谷氨酸杆菌属（Glutamicibacter）	1756	0.32
[50] 类诺卡氏菌科的1属（f_Nocardioidaceae）	2641	0.27	[50] 丙酸杆菌科的1属（f_Propionibacteriaceae）	1709	0.31
[51] 腐螺旋菌科的1属（f_Saprospiraceae）	2589	0.27	[51] 黄杆菌属（Flavobacterium）	1697	0.31
[52] 蒂西耶氏菌属（Tissierella）	2473	0.26	[52] 类诺卡氏菌科的1属（f_Nocardioidaceae）	1650	0.3
[53] 另矿生菌属（Aliifodinibius）	2470	0.25	[53] 太白山菌属（Taibaiella）	1572	0.29
[54] 长孢菌属（Longispora）	2389	0.25	[54] 普劳泽氏菌属（Prauserella）	1513	0.27
[55] 巴里恩托斯单胞菌属（Barrientosiimonas）	2289	0.24	[55] 科XI的1属（f_Family_XI）	1424	0.26
[56] 丙酸杆菌的1属（f_Propionibacteriaceae）	2186	0.23	[56] 黄单胞菌科的1属（f_Xanthomonadaceae）	1409	0.26
[57] 红螺菌科的1属（f_Rhodospirillaceae）	2069	0.21	[57] 纤维微菌属（Cellulosimicrobium）	1385	0.25
[58] 应微所菌属（Iamia）	1985	0.2	[58] 海滑菌科的1属（f_Marinilabiaceae）	1366	0.25
[59] 肉杆菌科的1属（f_Carnobacteriaceae）	1847	0.19	[59] 短单胞菌属（Bradymonas）	1302	0.24
[60] 水稻土壤菌属（Oryzihumus）	1790	0.18	[60] 酸微菌科的1属（f_Acidimicrobiaceae）	1300	0.24
[61] 脱硫叶菌属（Desulfobulbus）	1730	0.18	[61] 微杆菌属（Microbacterium）	1273	0.23
[62] 糖杆菌门的1属（p_Saccharibacteria）	1729	0.18	[62] 长孢菌属（Longispora）	1259	0.23
[63] 棒杆菌科的1属（f_Corynebacteriaceae）	1713	0.18	[63] 肠放线球菌属（Enteractinococcus）	1257	0.23
[64] 纤细芽胞杆菌属（Gracilibacillus）	1705	0.18	[64] 刘志恒菌属（Zhihengliuella）	1252	0.23
[65] 四联球菌属（Tessaracoccus）	1669	0.17	[65] 克里斯滕森氏菌科R-7群的1属（Christensenellaceae_R-7）	1245	0.23
[66] 乳球菌属（Lactococcus）	1664	0.17	[66] 乔根菌属（Georgenia）	1222	0.22
[67] 短单胞菌属（Bradymonas）	1653	0.17	[67] 中村氏菌属（Nakamurella）	1188	0.22
[68] 黄杆菌属（Flavobacterium）	1565	0.16	[68] 芽胞杆菌属（Bacillus）	1186	0.22
[69] 丹毒丝菌属（Erysipelothrix）	1562	0.16	[69] 土杆菌属（Pedobacter）	1169	0.21
[70] 法氏菌属（Facklamia）	1562	0.16	[70] OM1进化枝的1科的1属（f_OM1_clade）	1168	0.21
[71] 克里斯滕森氏菌科R-7群的1属（Christensenellaceae_R-7_group）	1523	0.16	[71] 肉杆菌科的1属（f_Carnobacteriaceae）	1110	0.2
[72] 盐乳杆菌属（Halolactibacillus）	1479	0.15	[72] 红螺菌科的1属（f_Rhodospirillaceae）	1055	0.19

类型1菌群			类型2菌群		
细菌属名称	总数	百分比/%	细菌属名称	总数	百分比/%
[73] δ-变形菌纲的1属（c_Deltaproteobacteria）	1349	0.14	[73] 副球菌属（Paracoccus）	977	0.18
[74] 谷氨酸杆菌属（Glutamicibacter）	1339	0.14	[74] 芽胞杆菌科的1属（f_Bacillaceae）	965	0.18
[75] 黄单胞菌科的1属（f_Xanthomonadaceae）	1339	0.14	[75] 慢生微菌科的1属（f_Lentimicrobiaceae）	955	0.17
[76] 目MBA03的1属（o_MBA03）	1330	0.14	[76] 脱硫叶菌属（Desulfobulbus）	950	0.17
[77] 固氮弓菌属（Azoarcus）	1315	0.14	[77] 应微所菌属（Iamia）	875	0.16
[78] 盐湖浮游菌属（Planktosalinus）	1288	0.13	[78] 鞘氨醇杆菌属（Sphingobacterium）	875	0.16
[79] 乳杆菌目1属（o_Lactobacillales）	1281	0.13	[79] 微丝菌属（Candidatus_Microthrix）	852	0.15
[80] 咸海鲜球菌属（Jeotgalicoccus）	1228	0.13	[80] 四联球菌属（Tessaracoccus）	805	0.15
[81] 海洋杆菌属（Oceanobacter）	1211	0.12	[81] 蒂西耶氏菌属（Tissierella）	789	0.14
[82] 藤黄色杆菌属（Luteibacter）	1203	0.12	[82] 硫假单胞菌属（Thiopseudomonas）	755	0.14
[83] 土杆菌属（Pedobacter）	1202	0.12	[83] 德沃斯氏菌属（Devosia）	752	0.14
[84] 微杆菌属（Microbacterium）	1197	0.12	[84] 副土杆菌属（Parapedobacter）	752	0.14
[85] 芽胞杆菌科的1属（f_Bacillaceae）	1188	0.12	[85] 皮生球菌科的1属（f_Dermacoccaceae）	742	0.13
[86] vadinBC27污水菌群的1属（vadinBC27_ wastewater-sludge_group）	1187	0.12	[86] 片球菌属（Pediococcus）	735	0.13
[87] 欧研会菌属（Ercella）	1140	0.12	[87] 酸微菌目的1属（o_Acidimicrobiales）	701	0.13
[88] 类诺卡氏菌科的1属（f_Nocardioidaceae）	1134	0.12	[88] 普雷沃氏菌属（Prevotella_9）	685	0.12
[89] 副球菌属（Paracoccus）	1129	0.12	[89] 法氏菌属（Facklamia）	683	0.12
[90] 紫单胞菌科的1属（f_Porphyromonadaceae）	1095	0.11	[90] 咸水球形菌属（Salinisphaera）	649	0.12
[91] 拟杆菌属（Bacteroides）	1091	0.11	[91] γ-变形菌纲的1属（c_Gammaproteobacteria）	647	0.12
[92] OM1进化枝的1科的1属（f_OM1_clade）	1064	0.11	[92] 科Elev-16S-1332的1属（f_Elev-16S-1332）	641	0.12
[93] 解蛋白菌属（Proteiniclasticum）	1046	0.11	[93] 目AKYG1722的1属（o_AKYG1722）	632	0.11
[94] 热泉绳菌属（Crenotalea）	1045	0.11	[94] 假单胞菌属（Pseudomonas）	632	0.11
[95] 鞘氨醇杆菌属（Sphingobacterium）	972	0.1	[95] 奇异杆菌属（Atopostipes）	626	0.11
[96] 酸微菌目的1属（o_Acidimicrobiales）	967	0.1	[96] 鞘氨醇杆菌科的1属（f_Sphingobacteriaceae）	586	0.11
[97] 纤维微菌属（Cellulosimicrobium）	950	0.1	[97] 涅斯捷连卡氏菌属（Nesterenkonia）	583	0.11
[98] 芽胞杆菌属（Bacillus）	946	0.1	[98] 海洋小杆菌属（Pelagibacterium）	573	0.1
[99] 肠杆菌科的1属（f_Enterobacteriaceae）	944	0.1	[99] 马杜拉放线菌属（Actinomadura）	571	0.1
[100] 葡萄球菌属（Staphylococcus）	932	0.1	[100] 交替赤杆菌属（Altererythrobacter）	536	0.1
总和	905711	93.42	总和	505518	91.78

（6）类型1和类型2共有物种 整合微生物组菌剂菌群分型分为类型1，包含豆饼粉处理组（g2）、玉米粉处理组（g4）、部分菌糠空白对照组（g1）的发酵时间样本，类型2包含了红糖粉处理组（g2）和部分菌糠空白对照组的发酵时间样本，检测到共有物种81种（表3-115），类型1细菌属种类含量总和为822979，占比84.89%，类型2为461439，占比83.76%，前者含量为后者的1.79倍。菌群类型1前3个高含量的细菌属为棒杆菌属（Corynebacterium，read=126714，百分比=13.07%）、类诺卡氏菌属（Nocardioides，77515，8.00%）、目JG30-KF-CM45的1属（o_JG30-KF-CM45，47032，4.85%）；菌群类型2前3个高含量的细菌属为棒杆菌属（Corynebacterium，41110，7.46%）、间孢囊菌科的1属（f_Intrasporangiaceae，

34467，6.26%）、狭义梭菌属 1（*Clostridium_sensu_stricto_1*，27949，5.07%）；类型 1 和类型 2 的棒杆菌属（*Corynebacterium*）相同，且前者比后者高 5.6%，其余两个细菌属都不同，表现出菌群分型特征。

表3-115　整合微生物组菌剂菌群分型类型1和类型2共有物种（属水平）

细菌属名	类型1		类型2		细菌属名	类型1		类型2	
	总数(read)	百分比/%	总数(read)	百分比/%		总数(read)	百分比/%	总数(read)	百分比/%
棒杆菌属（*Corynebacterium*）	126714	13.07	41110	7.46	苏黎世杆菌属（*Turicibacter*）	3828	0.39	4008	0.73
类诺卡氏菌属（*Nocardioides*）	77515	8.00	12546	2.28	无胆甾原体属（*Acholeplasma*）	3642	0.38	571	0.10
目JG30-KF-CM45的1属（o_JG30-KF-CM45）	47032	4.85	26657	4.84	普劳泽氏菌属（*Prauserella*）	3485	0.36	1513	0.27
黄杆菌科的1属（f_Flavobacteriaceae）	37224	3.84	19406	3.52	黄色杆菌属（*Galbibacter*）	3375	0.35	4337	0.79
间孢囊科的1属（f_Intrasporangiaceae）	35580	3.67	34467	6.26	厌氧绳菌科的1属（f_Anaerolineaceae）	3396	0.35	4283	0.78
短状杆菌属（*Brachybacterium*）	31886	3.29	23520	4.27	微球菌属（*Micrococcus*）	3433	0.35	2602	0.47
狭义梭菌属1（*Clostridium_sensu_stricto_1*）	30156	3.11	27949	5.07	龙杆菌科的1属（f_Draconibacteriaceae）	2845	0.29	3226	0.59
鸟氨酸微菌属（*Ornithinimicrobium*）	25176	2.60	25887	4.70	肠放线球菌属（*Enteractinococcus*）	2758	0.28	1257	0.23
乳杆菌属（*Lactobacillus*）	24309	2.51	5802	1.05	腐螺旋菌科的1属（f_Saprospiraceae）	2589	0.27	10808	1.96
石单胞菌属（*Petrimonas*）	22321	2.30	3320	0.60	类诺卡氏菌科的1属（f_Nocardioidaceae）	2641	0.27	1650	0.30
海面菌属（*Aequorivita*）	21808	2.25	13332	2.42	蒂西耶氏菌属（*Tissierella*）	2473	0.26	789	0.14
棒杆菌属1（*Corynebacterium 1*）	21309	2.20	5491	1.00	长孢菌属（*Longispora*）	2389	0.25	1259	0.23
短杆菌属（*Brevibacterium*）	21204	2.19	10194	1.85	丙酸杆菌科的1属（f_Propionibacteriaceae）	2186	0.23	1709	0.31
迪茨氏菌属（*Dietzia*）	18079	1.87	5954	1.08	红螺菌科的1属（f_Rhodospirillaceae）	2069	0.21	1055	0.19
盐单胞菌属（*Halomonas*）	15941	1.64	2093	0.38	应微所菌属（*Iamia*）	1985	0.20	875	0.16
两面神菌属（*Janibacter*）	14913	1.54	13443	2.44	肉杆菌科的1属（f_Carnobacteriaceae）	1847	0.19	1110	0.20
微球菌目的1属（o_Micrococcales）	14877	1.53	9528	1.73	糖杆菌门的1属（p_Saccharibacteria）	1729	0.18	4046	0.73
特吕珀菌属（*Truepera*）	13171	1.36	14327	2.60	水稻土壤菌属（*Oryzihumus*）	1790	0.18	3288	0.60
嗜蛋白菌属（*Proteiniphilum*）	13225	1.36	2636	0.48	脱硫叶菌属（*Desulfobulbus*）	1730	0.18	950	0.17
土生孢杆菌属（*Terrisporobacter*）	12614	1.30	10680	1.94	短单胞菌属（*Bradymonas*）	1653	0.17	1302	0.24
链球菌属（*Streptococcus*）	12433	1.28	4157	0.75	四联球菌属（*Tessaracoccus*）	1669	0.17	805	0.15
原小单孢菌科未分类的1属（f_Promicromonosporaceae）	11169	1.15	5738	1.04	黄杆菌属（*lavobacterium*）	1565	0.16	1697	0.31
魏斯氏菌属（*Weissella*）	10776	1.11	2681	0.49	克里斯滕森氏菌科R-7群的1属（*Christensenellaceae_R-7*）	1523	0.16	1245	0.23
古根海姆氏菌属（*Guggenheimella*）	10100	1.04	3901	0.71	法氏菌属（*Facklamia*）	1562	0.16	683	0.12
海杆菌属（*Marinobacter*）	8632	0.89	4817	0.87	谷氨酸杆菌属（*Glutamicibacter*）	1339	0.14	1756	0.32
鸟杆菌属（*Ornithobacterium*）	8388	0.87	6179	1.12	黄单胞菌科的1属（f_Xanthomonadaceae）	1339	0.14	1409	0.26
假单胞菌属（*Pseudomonas*）	8064	0.83	632	0.11	藤黄色杆菌属（*Luteibacter*）	1203	0.12	21575	3.92
ML635J-40水生菌群的1科的1属（f_ML635J-40_aquatic_group）	7664	0.79	2493	0.45	微杆菌属（*Microbacterium*）	1197	0.12	1273	0.23

续表

细菌属名	类型1 总数(read)	类型1 百分比/%	类型2 总数(read)	类型2 百分比/%	细菌属名	类型1 总数(read)	类型1 百分比/%	类型2 总数(read)	类型2 百分比/%
涅斯捷连科氏菌属（*Nesterenkonia*）	7549	0.78	583	0.11	芽胞杆菌科的1属（f_Bacillaceae）	1188	0.12	965	0.18
苛求球形菌属（*Fastidiosipila*）	5825	0.60	2610	0.47	副球菌属（*Paracoccus*）	1129	0.12	977	0.18
片球菌属（*Pediococcus*）	5637	0.58	735	0.13	热泉绳菌属（*Crenotalea*）	1045	0.11	4156	0.75
海滑菌科的1属（f_Marinilabiaceae）	4932	0.51	1366	0.25	OM1进化枝的1科的1属（f_OM1_clade）	1064	0.11	1168	0.21
奇异杆菌属（*Atopostipes*）	4863	0.50	626	0.11	葡萄球菌属（*Staphylococcus*）	932	0.10	1775	0.32
科XI的1属（f_Family_XI）	4340	0.45	1424	0.26	纤维微菌属（*Cellulosimicrobium*）	950	0.10	1385	0.25
冬微菌属（*Brumimicrobium*）	4041	0.42	2048	0.37	芽胞杆菌属（*Bacillus*）	946	0.10	1186	0.22
乔根菌属（*Georgenia*）	4117	0.42	1222	0.22	鞘氨醇杆菌属（*Sphingobacterium*）	972	0.10	875	0.16
寡源菌属（*Oligella*）	3947	0.41	13213	2.40	总和	822979	84.89	461439	83.76

比较两个分型的菌群高含量、中含量、低含量各10个细菌属的菌群结构，如图3-132～图3-134所示；在高含量组中1/2的菌群类型1高于类型2，如类型1的棒杆菌属（*Corynebacterium*，13.07%）、类诺卡氏菌属（*Nocardioides*，8.00%）占比高于类型2的相应菌群（棒杆菌属 *Corynebacterium*，7.46%；类诺卡氏菌属 *Nocardioide*，2.28%）；类型1的梭菌属（*Clostridium*，3.11%）、鸟氨酸微菌属（*Ornithinimicrobium*，2.60%）低于类型2的相应菌群（梭菌属 *Clostridium*，5.07%；鸟氨酸微菌属 *Ornithinimicrobium*，4.70%）。在中含量组中大部分的菌群类型1高于类型2，小部分相反，如类型1中的涅斯捷连科氏菌属（*Nesterenkonia*）占比（0.78%）高于类型2的（0.11%）；类型1中的寡源菌属（*Oligella*）占比（0.41%）低于类型2（2.40%）。在低含量组中，所有菌群类型1占比低于类型2，如类型1中的藤黄色杆菌属（*Luteibacter*）占比（0.12%）低于类型2的（3.92%）。

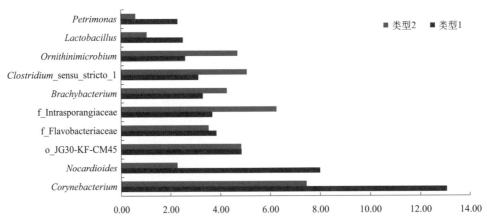

图3-132　整合微生物组菌群分型类型1和类型2高含量组前10个物种含量的比较

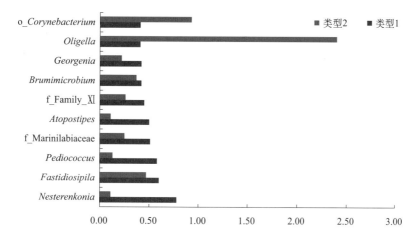

图3-133　整合微生物组菌群分型类型1和类型2中含量组前10个物种含量的比较

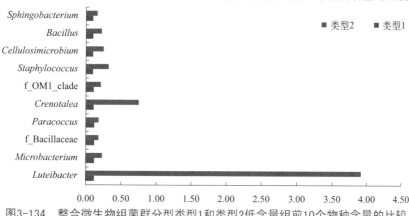

图3-134　整合微生物组菌群分型类型1和类型2低含量组前10个物种含量的比较

（7）类型1独有菌群　整合微生物组菌剂菌群分型类型1独有菌群有27个属（表3-116），含量总和119956（read），占比12.37%；前3个高含量菌群为盐水球菌属（*Salinicoccus*，read=40755，百分比=4.20%）、黄杆菌科的1属（g_f_Flavobacteriaceae，37224，3.84%）、别样球菌属（*Aliicoccus*，7496，0.77%）。类型1特有菌群还包括肠杆菌属（*Enterobacter*）、另矿生菌属（*Aliifodinibius*）、巴里恩托斯单胞菌属（*Barrientosiimonas*）、纤细芽胞杆菌属（*Gracilibacillus*）、乳球菌属（*Lactococcus*）、丹毒丝菌属（*Erysipelothrix*）、盐乳杆菌属（*Halolactibacillus*）、固氮弓菌属（*Azoarcus*）、盐湖浮游菌属（*Planktosalinus*）、咸海鲜球菌属（*Jeotgalicoccus*）、海洋杆菌属（*Oceanobacter*）、土杆菌属（*Pedobacter*）、欧研会菌属（*Ercella*）、拟杆菌属（*Bacteroides*）、解蛋白菌属（*Proteiniclasticum*）等。

表3-116　整合微生物组菌剂菌群分型类型1独有菌群

细菌属名	类型1		细菌属名	类型1	
	总数（raed）	占比/%		总数（raed）	占比/%
盐水球菌属（*Salinicoccus*）	40755	4.20	盐湖浮游菌属（*Planktosalinus*）	1288	0.13
黄杆菌科的1属（f_Flavobacteriaceae）	37224	3.84	乳杆菌目的1属（o_Lactobacillales）	1281	0.13

细菌属名	类型1		细菌属名	类型1	
	总数（raed）	占比/%		总数（raed）	占比/%
别样球菌属（Aliicoccus）	7496	0.77	咸海鲜球菌属（Jeotgalicoccus）	1228	0.13
肠杆菌属（Enterobacter）	2791	0.29	海洋杆菌属（Oceanobacter）	1211	0.12
另矿生菌属（Aliifodinibius）	2470	0.25	土杆菌属（Pedobacter）	1202	0.12
巴里恩托斯单胞菌属（Barrientosiimonas）	2289	0.24	vadinBC27污水菌群的1属（vadinBC27_wastewater-sludge_group）	1187	0.12
棒杆菌科的1属（f_Corynebacteriaceae）	1713	0.18	欧研会菌属（Ercella）	1140	0.12
纤细芽胞杆菌属（Gracilibacillus）	1705	0.18	类诺卡氏菌科的1属（f_Nocardioidaceae）	1134	0.12
乳球菌属（Lactococcus）	1664	0.17	紫单胞菌科的1属（f_Porphyromonadaceae）	1095	0.11
丹毒丝菌属（Erysipelothrix）	1562	0.16	拟杆菌属（Bacteroides）	1091	0.11
盐乳杆菌属（Halolactibacillus）	1479	0.15	解蛋白菌属（Proteiniclasticum）	1046	0.11
δ-变形菌纲的1属（c_Deltaproteobacteria）	1349	0.14	酸微菌目的1属（o_Acidimicrobiales）	967	0.10
目MBA03的1属（o_MBA03）	1330	0.14	肠杆菌科的1属（f_Enterobacteriaceae）	944	0.10
固氮弓菌属（Azoarcus）	1315	0.14	总和	119956	12.37

（8）类型2独有菌群　整合微生物组菌剂菌群分型类型2独有菌群有25个属（表3-117），含量总和63485（read），占比11.54%；前3个高含量菌群为巴里恩托斯单胞菌属（Barrientosiimonas，11390，2.07%）、漠河杆菌属（Moheibacter，4095，0.74%）、盐水球菌属（Salinicoccus，3730，0.68%）。类型2特有菌群还包括粪杆菌属（Faecalibacterium）、分枝杆菌属（Mycobacterium）、海胞菌属（Marinicella）、太白山菌属（Taibaiella）、刘志恒菌属（Zhihengliuella）、中村氏菌属（Nakamurella）、微丝菌属（Candidatus_Microthrix）、硫假单胞菌属（Thiopseudomonas）、德沃斯氏菌属（Devosia）、副土杆菌属（Parapedobacter）、普雷沃氏菌属9（Prevotella_9）、咸水球形菌属（Salinisphaera）、海洋小杆菌属（Pelagibacterium）、交替赤杆菌属（Altererythrobacter）等。

表3-117　整合微生物组菌剂菌群分型类型2独有菌群

细菌属名	类型2	
	总数(read)	百分比/%
巴里恩托斯单胞菌属（Barrientosiimonas）	11390	2.07
漠河杆菌属（Moheibacter）	4095	0.74
盐水球菌属（Salinicoccus）	3730	0.68
粪杆菌属（Faecalibacterium）	3355	0.61
分枝杆菌属（Mycobacterium）	2559	0.46
海胞菌属（Marinicella）	2011	0.37
太白山菌属（Taibaiella）	1572	0.29
酸微菌科的1属（f_Acidimicrobiaceae）	1300	0.24
刘志恒菌属（Zhihengliuella）	1252	0.23

续表

细菌属名	类型2	
	总数(read)	百分比/%
中村氏菌属（*Nakamurella*）	1188	0.22
慢生微菌科的1属（f_Lentimicrobiaceae）	955	0.17
微丝菌属（Candidatus_*Microthrix*）	852	0.15
硫假单胞菌属（*Thiopseudomonas*）	755	0.14
德沃斯氏菌属（*Devosia*）	752	0.14
副土杆菌属（*Parapedobacter*）	752	0.14
皮生球菌科的1属（f_Dermacoccaceae）	742	0.13
酸微菌目的1属（o_Acidimicrobiales）	701	0.13
普雷沃氏菌属9（*Prevotella*_9）	685	0.12
咸水球形菌属（*Salinisphaera*）	649	0.12
γ-变形菌纲的1属（c_Gammaproteobacteria）	647	0.12
科Elev-16S-1332的1属（f_Elev-16S-1332）	641	0.12
目AKYG1722的1属（o_AKYG1722）	632	0.11
鞘氨醇杆菌科的1属（f_Sphingobacteriaceae）	586	0.11
海洋小杆菌属（*Pelagibacterium*）	573	0.10
交替赤杆菌属（*Altererythrobacter*）	536	0.10
总和	63485	11.54

（9）类型1和类型2分型菌群　整合微生物组菌剂的不同处理不同发酵时间可分为两个菌群分型，类型1包含了豆饼粉组、玉米粉组、小部分菌糠对照组的样本，包括 CK_1212_1、CK_1215、CK_1216、CK_1222、CK_1225、DB_1212_1、DB_1212_2、DB_1213、DB_1215、DB_1216、DB_1219、DB_1222、DB_1225、YM_1212_1、YM_1212_2、YM_1213、YM_1215、YM_1216、YM_1219、YM_1222、YM_1225，各样本100菌群含量（read）总和分别为：52570、43568、54075、49444、44287、39703、37918、41427、41030、39467、47039、45894、38132、38202、37264、41284、41070、42739、50101、43113、37384；前3个含量较高的细菌属为棒杆菌属（*Corynebacterium*，126714）、类诺卡氏菌属（*Nocardioides*，77515）、目JG 30-KF-CM45的1属(o_JG30-KF-CM45,47032)，在样本中的分布结构见图3-135。棒杆菌属（*Corynebacterium*）前3个含量最高的样本为 DB_1216（10016）、YM_1219（9261）、YM_1213（8514），类诺卡氏菌属（*Nocardioides*）前3个含量最高的样本为 CK_1222（6668）、DB_1213（5854）、YM_1216（4753），目JG30-KF-CM45的1属(o_JG30-KF-CM45)前3个含量最高的样本为 YM_1222（5173）、YM_1216（3547）、DB_1225（3124）。棒杆菌属（*Corynebacterium*）具有较强氮代谢能力，类诺卡氏菌属（*Nocardioides*）具有较强的糖代谢能力，盐水球菌属（*Salinicoccus*）具有较强的盐环境适应能力，能有效分解含有较高盐分的猪粪。

类型2包含了红糖粉组的大部分样本，包括CK_1212_2、CK_1213、CK_1219、HT_1212_1、HT_1212_2、HT_1213、HT_1215、HT_1216、HT_1219、HT_1222、HT_1225，各样本100菌群含量（read）总和分别为47836、49304、37494、39494、49984、

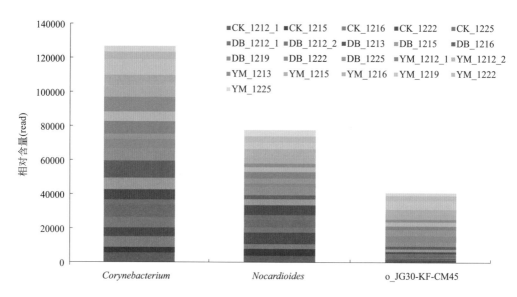

图3-135　整合微生物组菌剂类型1菌群分型前3个含量较高的细菌属样本分布

43302、52970、47754、46995、44047、46338。前3个含量较高的细菌属为棒杆菌属（*Corynebacterium*，41110，7.46%）、间孢囊菌科的1属（Intrasporangiaceae，34467，6.26%）、狭义梭菌属1（*Clostridium*_sensu_stricto_1，27949，5.07%），在样本中的分布结构见图3-136。棒杆菌属（*Corynebacterium*）含量最高的3个样本为CK_1212_2（7987）、HT_1219（4290）、CK_1213（4159）；间孢囊菌科的1属（Intrasporangiaceae）含量最高的3个样本为HT_1219（3669）、HT_1216（3681）、CK_1212_2（4000）；狭义梭菌属1（*Clostridium*_sensu_stricto_1）含量最高的3个样本为HT_1215（4666）、HT_1212_2（3455）、HT_1216（3066）。棒杆菌属（*Corynebacterium*）具有较强氮代谢能力，鸟氨酸微菌属（*Ornithinimicrobium*）具有较强的油脂降解能力，梭菌属（*Clostridium*）为肠道定殖菌，具有较强的厌氧生存能力。

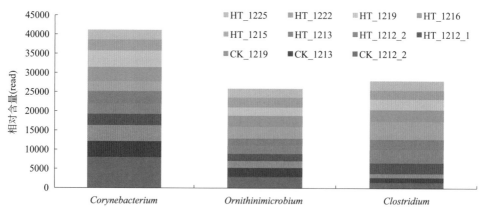

图3-136　整合微生物组菌剂类型2菌群分型前3个含量较高的细菌属样本分布

（10）基于不同细菌分类阶元的菌群分型比较　基于不同细菌分类阶元的不同培养处理组不同发酵时间整合微生物组菌剂样本菌群分型见图3-137。不同分类阶元的菌群分型存在一定差异，细菌门阶元菌群分型分为3个型，细菌纲、目、属、种阶元菌群分型分为2个型，不同阶元为基础的菌群分型的样本组成存在显著差异。原则上是应用细菌属阶元为基础进行菌群分型，在实际应用中可以根据样本分型结果的合理性，选择不同的分类阶元进行菌群分型。

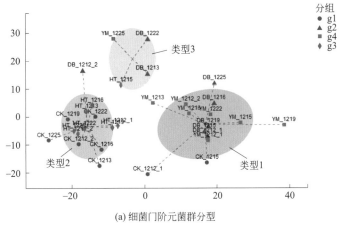

(a) 细菌门阶元菌群分型

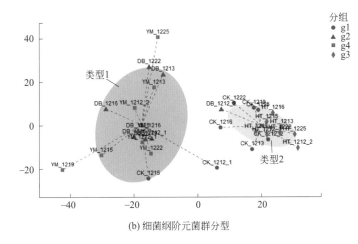

(b) 细菌纲阶元菌群分型

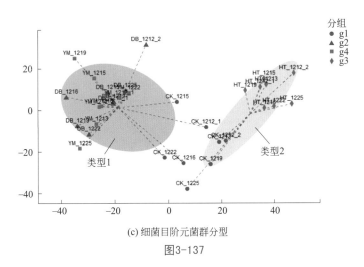

(c) 细菌目阶元菌群分型

图3-137

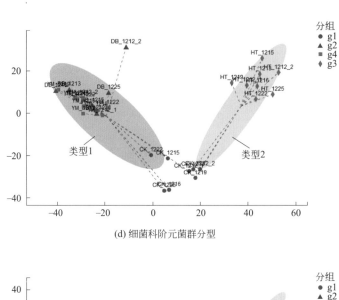

(d) 细菌科阶元菌群分型

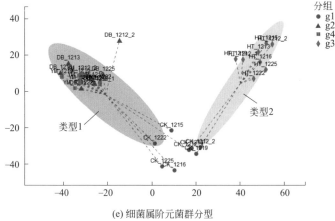

(e) 细菌属阶元菌群分型

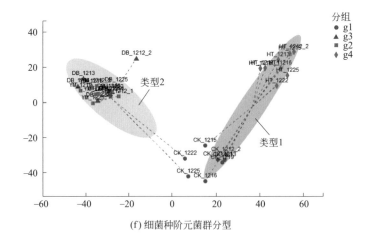

(f) 细菌种阶元菌群分型

图3-137　基于不同细菌分类阶元的整合微生物组菌群分型比较

四、整合微生物组菌剂细菌物种差异分析

1．引言

组间显著性差异检验根据得到的群落丰度数据，运用严格的统计学方法，对不同组（或样本）微生物群落之间的物种进行假设检验，评估物种丰度差异的显著性水平，获得组（或样本）间显著性差异物种。该分析可选择门、纲、目、科、属、种、OTU 等不同分类水平。组间差异显著性检验，主要方法包括检验类型检验方法、多组检验 Kruskal-Wallis 秩和检验（Kruskal-Wallis H test）、单因素方差分析（One-way ANOVA）、两组检验 Student T 检验 [Student′s t test (equal variance)]、Welch T 检验 [Welch′s t test (unknow variance)]、Wilcox 秩和检验（Wilcoxon rank-sum test 或 Mann-Whitney U test）、Wilcoxon 符号秩检验（Wilcoxon signed-rank test）、两样本检验卡方检验（Chi-aquare test）、费舍尔检验（Fisher′exact test）。

（1）One-way ANOVA　又称单因素方差分析，可用于检验多组样本的均值是否相同。通过此分析可以比较物种在 3 组或 3 组以上样本中的分布是否存在显著性差异，然后对有差异的物种进行 post-hoc 检验，找出多组中存在差异的样本组。在试验中所考虑的因素只有一个时，称为单因素实验。单因素方差分析是最简单的一种，它适用于只研究一个试验因素的情况，目的在于正确判断该试验因素各处理的相对效果（各水平的优劣）。

（2）Kruskal-Wallis H test　简称克氏秩和检验，它是一种将两组独立样本的 Wilcox 秩和检验推广到多组（≥3）独立样本非参数检验的方法。该分析可以对多组样本的物种进行显著性差异分析。

（3）多重检验校正　即对 P 值进行多重检验校正的方法，包括："holm""hochberg""hommel""Bonferroni""BH""BY""fdr""none"。"none"即不校正，默认为"fdr"。

① Bonferroni：通常把"至少有 1 个错误"的概率称为 FWER（Family-Wise Error Rate）。FWER＝$1-(1-\alpha)m$，假设做 m 个相互独立的检验，目标是：FWER＝$1-(1-\alpha)m=0.05$。由于当 α 很小时，存在这一近似关系 $(1-\alpha)m \approx 1-ma$，因此，$1-(1-\alpha)m=ma=0.05$，即 $\alpha=0.05/m$。也就是说，每一个检验的显著水平不再是 0.05 了，而应该是 $0.05/m$。对于每一个检验的 P 值，有：$P < \alpha = 0.05/m$，这样才能拒绝 H0，这样就校正了显著水平；也可以让 α 保持不变，校正 P 值：$P \times m < \alpha = 0.05$，这样才能拒绝 H0；也就是说，每一个检验做出来的 P 值都要乘以 m，叫作校正后的 P 值，然后和 0.05 进行比较。

② Fdr：共有 m 个检验，其中最终选择接受原假设的有 W 个，拒绝的有 R 个，在拒绝的 R 个中，有 V 个是错误拒绝的，有 S 个是正确拒绝的。FDR（falsely discovery rate）的定义为：Fdr＝$E(V/R)$，FDR 也就是错误拒绝的检验个数占所有拒绝的检验个数的比例。它只关注所有拒绝掉的检验中，错误拒绝的比例，FDR 的目的就是要将这个比例降低到 α。原理：首先，对 m 个 P 值按从小到大的顺序进行排序，从 $P(1)$ 开始，到 $P(2)$、$P(3)$、…，挨个进行比较，直到找到最大的 $P(i)$ 满足：找到之后，拒绝之前所有的原假设 H(i)，$i=1,2,3,\cdots,i$。至此，完成 FDR 的校正。或者，保持 α 不变，将 P 值校正为 m$P(i)/i$，这个值又称为 Q 值：Q-value$(i)=m \times P(i)/i < \alpha$。

（4）Post-hoc 检验　是指在进行多组分析方法之后的进一步检验，对多组的组别再进行两两比较，检测多组中存在差异的样本组。Post-hoc 检验的方法包括"scheffe""Welch uncorrected""Tukeyramer""Gameshowell"，两两比较的显著性水平分别为 0.90、0.95、0.98、0.99、0.999。

① Scheffe：各个水平试验次数不尽相同时可用 Scheffe 法，简称 S 法。Scheffe（最常用，

不需要样本数目相同）为均值的所有可能的成对组合执行并发的联合成对比较。使用 F 取样分布。可用来检查组均值的所有可能的线性组合，而非仅限于成对组合。Scheffe 的应用指征：a. 各组样本数相等或不等均可以，但是以各组样本数不相等使用较多；b. 如果比较的次数明显大于均数的个数时，Scheffe 法的检验功效可能优于 Bonferroni 法和 Sidak 法。

② Tukeykramer (也称为 Tukey 或 Tukey-Kramer 法)：Tukey（最常用，需要样本数目相同）使用学生化的范围统计量进行组间所有成对比较。将试验误差率设置为所有成对比较的集合的误差率。Tukey（1952，1953）以学生化极差为理论根据，提出了专门用于两两比较的检验（有时也称最大显著差检验）。当各组样本含量相等时，此检验控制 MEER（最大试验误差率）；当样本含量不等时，Tukey（1953）和 Kramer（1956）分别独立地提出修正的方法。对 Tukey-Kramer 法控制 MEER 没有一般的证明，但 Dunnett（1980）用蒙特卡洛法研究发现此法非常好。

③ Welch uncorrected：两组比较的样本的总体方差不相等的情况下，使用 Welch 检验，计算统计量 t。

④ Gameshowell：成对比较检验。当方差和样本容量不相等时，适合使用此检验；当方差不相等且样本容量较小时，Tukey 法更合适。软件：R 的 stats 包和 Python 的 scipy 包。

2. 细菌门菌群多组比较

整合微生物组菌剂不同处理组不同发酵时间细菌门菌群多组比较结果见图 3-138 和图 3-139。采用 One-way ANOVA 统计方法，进行细菌门菌群多组比较，前 10 细菌门菌群存在差异 [图 3-138（a）]，整合微生物组菌剂不同发酵时间细菌门菌群多组比较结果表明，同一处理的不同发酵时间样本菌群差异显著 [图 3-138（b）]，平均值统计后不同处理组之间菌群差异不显著 [图 3-138（c）]。

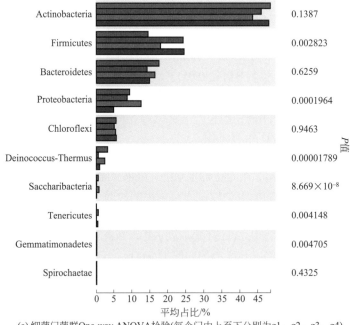

(a) 细菌门菌群One-way ANOVA检验(每个门由上至下分别为g1，g2，g3，g4)

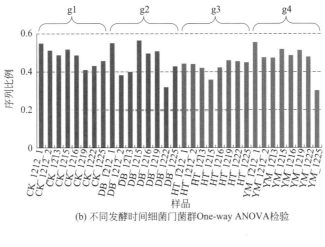

(b) 不同发酵时间细菌门菌群One-way ANOVA检验

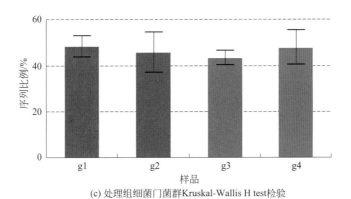

(c) 处理组细菌门菌群Kruskal-Wallis H test检验

图3-138 细菌门阶元菌群多组比较

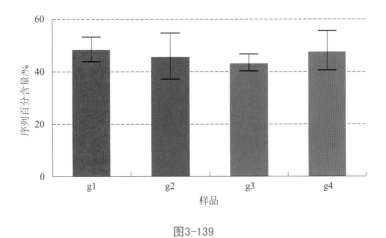

图3-139

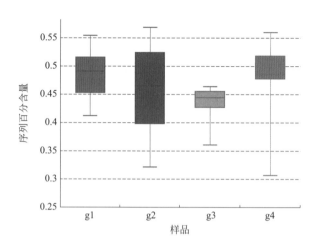

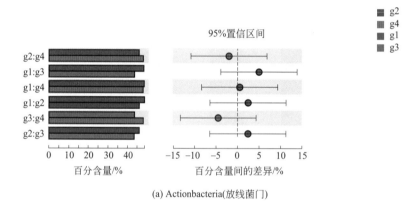

(a) Actionbacteria(放线菌门)

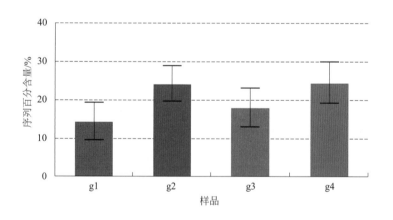

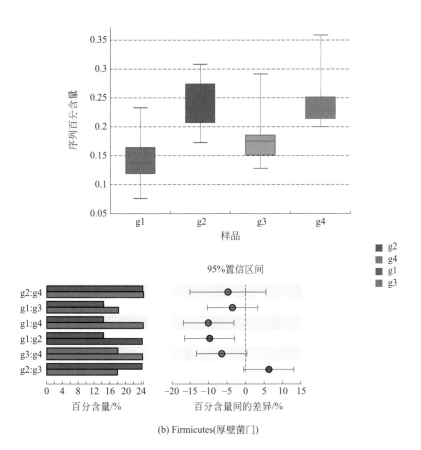

(b) Firmicutes(厚壁菌门)

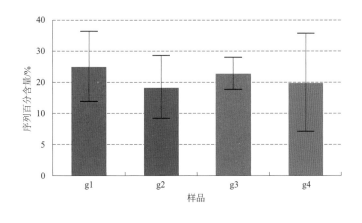

图3-139

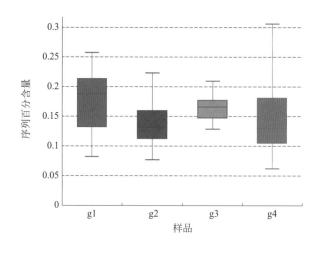

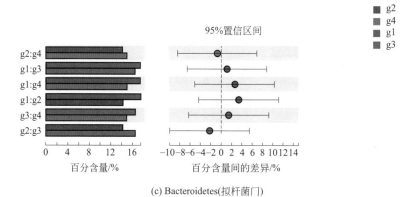

(c) Bacteroidetes(拟杆菌门)

图3-139　细菌门前3菌群多组比较

细菌门阶元前 3 菌群多组比较，放线菌门（Actinobacteria）g1=48.5700、g2=46.0500、g3=43.5700、g4=48.0300，P=0.1687，差异不显著（$P > 0.05$），表明添加不同营养对整合微生物组菌剂放线菌含量无影响 [图 3-139（a）]；厚壁菌门（Firmicutes）g1=14.4800、g2=24.2800、g3=18.0200、g4=24.5500、P=0.0011，差异极显著（$P < 0.01$），这种差异体现在 g1 和 g2、g1 和 g4 之间，表明添加不同营养影响到整合微生物组菌剂厚壁菌门的含量，其中豆饼粉组（g2）和玉米粉组（g4）含量最高 [图 3-139（b）]；拟杆菌门（Bacteroidetes）g1=17.5800、g2=14.2300、g3=16.4900、g4=15.0100，P-0.4182，差异不显著（$P > 0.05$），表明添加不同营养对整合微生物组菌剂的拟杆菌门细菌含量无影响 [图 3-139（c）]。

3．细菌纲菌群多组比较

整合微生物组菌剂不同处理组不同发酵时间细菌纲菌群多组比较结果见图3-140、图3-141。采用 One-way ANOVA 统计方法，进行细菌纲菌群多组比较，细菌纲前 10 菌群在不同处理组 g1（菌糠）、g2（豆饼粉）、g3（红糖粉）、g4（玉米粉）多组比较结果表现出不同，添加营养对整合微生物组菌剂的细菌纲菌群影响不同，如放线菌纲（Actinobacteria）$P > 0.05$，差异不显著；芽胞杆菌纲（Bacilli）$P < 0.01$，差异显著；梭菌纲（Clostridia）

$P < 0.05$，差异显著；黄杆菌纲（Flavobacteriia）$P > 0.05$，差异不显著；γ - 变形菌纲（Gammaproteobacteria）$P < 0.05$，差异显著。

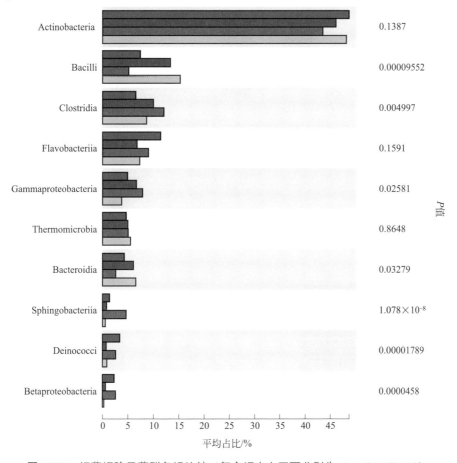

图3-140　细菌纲阶元菌群多组比较（每个纲由上至下分别为g1，g2，g3，g4）

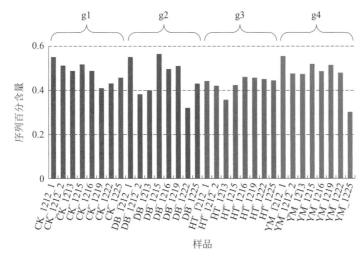

图3-141

319

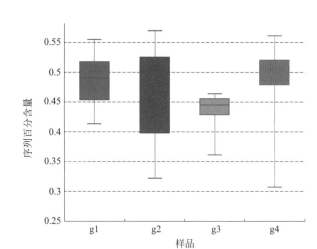

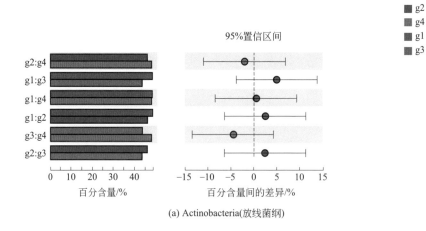

(a) Actinobacteria(放线菌纲)

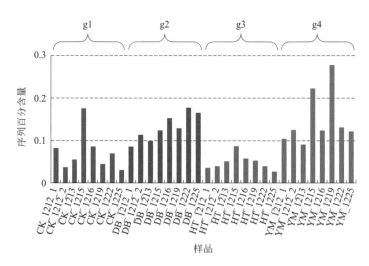

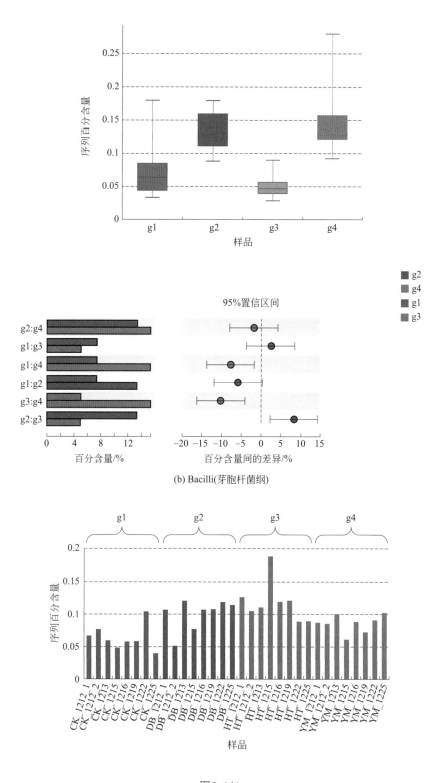

(b) Bacilli(芽胞杆菌纲)

图3-141

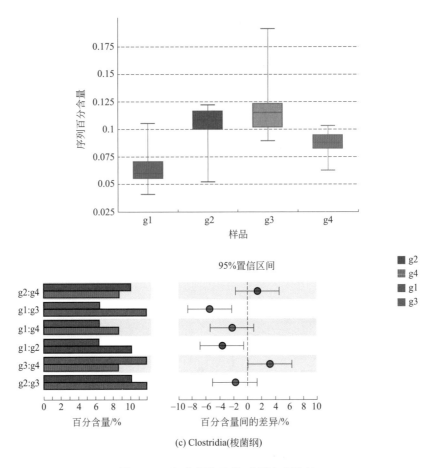

(c) Clostridia(梭菌纲)

图3-141　细菌纲阶元前3菌群多组比较

细菌纲阶元不同处理组前 3 菌群多组比较，放线菌纲（Actinobacteria）g1＝48.5700、g2＝46.0500、g3＝43.5700、g4＝48.0300，P＝0.1687，差异不显著（P＞0.05），添加营养对放线菌纲细菌无影响；芽胞杆菌纲（Bacilli）g1＝7.4260、g2＝13.2800、g3＝5.0170、g4＝15.1900，P＝0.0003，差异显著（P＜0.01），其中玉米粉组（g4）含量最高，添加营养对芽胞杆菌纲细菌有影响；梭菌纲（Clostridia）g1＝6.4610、g2＝10.1100、g3＝11.9000、g4＝8.6600，P＝0.0008，差异显著（P＜0.01），其中红糖粉组（g3）含量最高，添加营养对放线菌纲细菌有影响。

4. 细菌目菌群多组比较

整合微生物组菌剂不同处理组不同发酵时间细菌目菌群多组比较结果见图 3-142、图 3-143。采用 One-way ANOVA 统计方法，进行细菌目菌群多组比较结果表现出不同；细菌目前 5 菌群在不同处理组 g1（菌糠）、g2（豆饼粉）、g3（红糖粉）、g4（玉米粉）多组比较结果，差异部分显著，部分不显著，微球菌目（Micrococcales）P＜0.01，棒杆菌目（Corynebacteriales）P＜0.01，梭菌目（Clostridiales）P＜0.01，黄杆菌目（Flavobacteriales）P＞0.05，丙酸杆菌目（Propionibacteriales）P＜0.01。表明添加营养对整合微生物组菌剂不同细菌目菌群影响各异。整合微生物组菌剂不同发酵时间细菌目菌群多组比较结果表明，同一处理的不同发酵时间样本菌群差异显著，平均值统计后不同处理组之间菌群差异不显著（图3-143）。

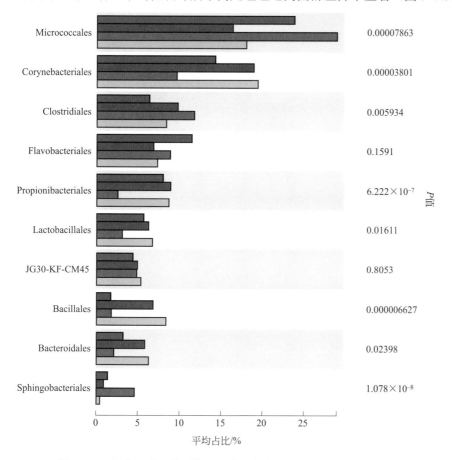

图3-142　细菌目阶元菌群多组比较（每个目从上至下分别为g1、g2、g3、g4）

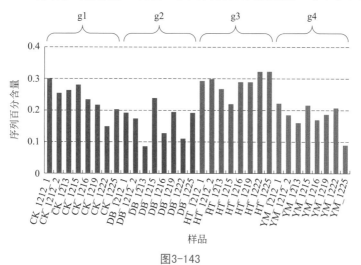

图3-143

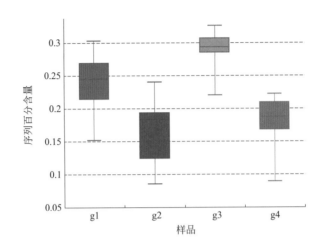

(a) Micrococcales(微球菌目)

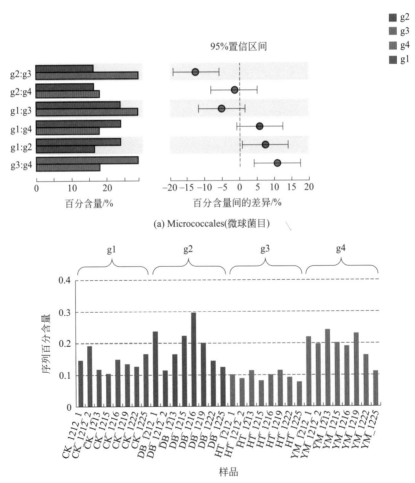

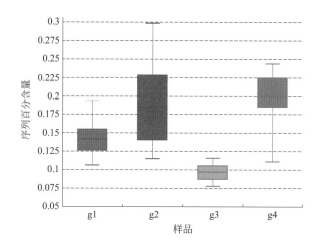

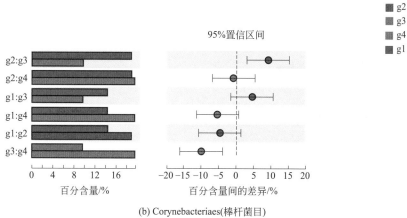

(b) Corynebacteriaes(棒杆菌目)

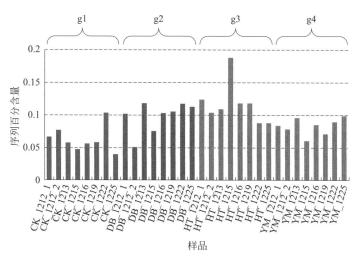

图3-143

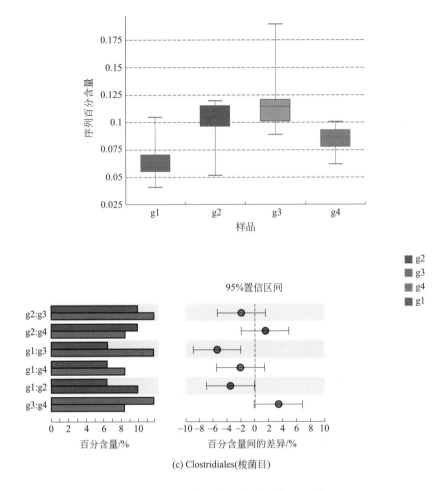

(c) Clostridiales(梭菌目)

图3-143　细菌目阶元前3菌群多组比较

　　细菌目阶元不同处理组前3菌群多组比较，微球菌目（Micrococcales）g1=23.8800、g2=16.4800、g3=28.9100、g4=18.0100，$P=0.0001$，差异极显著（$P<0.01$），其中，红糖粉组（g3）含量最高；棒杆菌目（Corynebacteriales）g1=14.3500、g2=18.9100、g3=9.6750、g4=19.5300、$P=0.0000$，差异极显著（$P<0.01$），其中，玉米粉组（g4）含量最高。梭菌目（Clostridiales）g1=6.4240、g2=9.9140、g3=11.8100、g4=8.4170，$P=0.0059$，差异极显著（$P<0.01$），其中红糖粉组（g3）含量最高。

5. 细菌科菌群多组比较

　　整合微生物组菌剂不同处理组不同发酵时间细菌科菌群多组比较结果见图3-144、图3-145。采用One-way ANOVA统计方法，进行细菌科菌群多组比较，不同的细菌科在不同处理组的整合微生物组菌剂差异性表现不同。细菌科前5菌群在不同处理组g1（菌糠）、g2（豆饼粉）、g3（红糖粉）、g4（玉米粉）多组比较结果，差异部分显著，部分不显著，如棒杆菌科（Corynebacteriaceae）$P<0.01$，间孢囊菌科（Intrasporangiaceae）$P<0.01$，黄杆菌科（Flavobacteriaceae）$P>0.05$，类诺卡氏菌科（Nocardioidaceae）$P<0.01$，梭菌科

（Clostridiaceae）$P < 0.01$。表明添加营养对整合微生物组菌剂的棒杆菌科、类诺卡氏菌科、梭菌科、间孢囊菌科有影响，对黄杆菌科无影响。

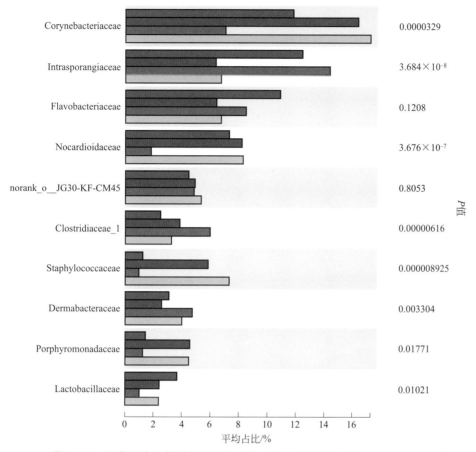

图3-144　细菌科阶元菌群多组比较（每一科从上至下分别为g1、g2、g3、g4）

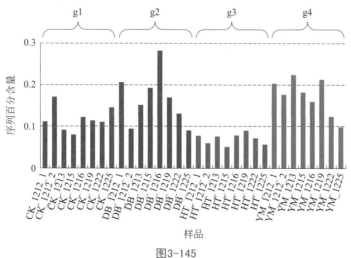

图3-145

发酵垫料整合微生物组菌剂研发与应用

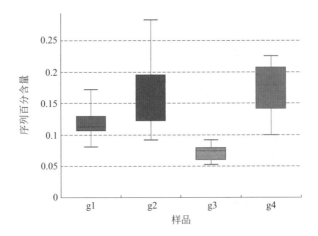

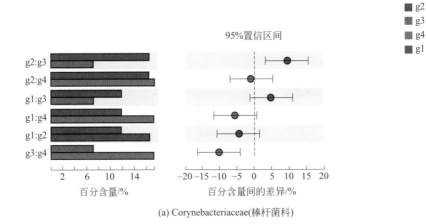

(a) Corynebacteriaceae(棒杆菌科)

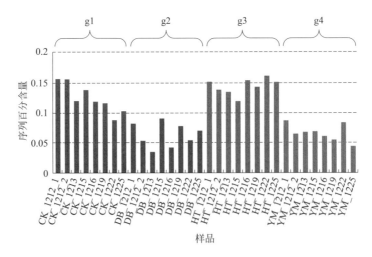

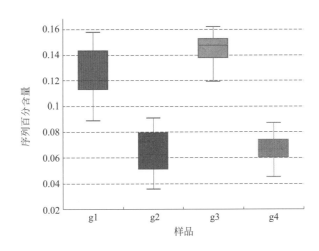

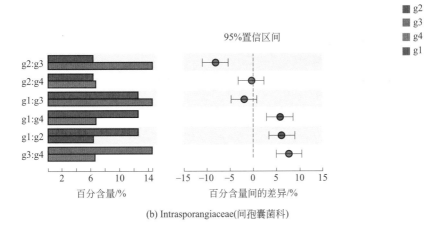

(b) Intrasporangiaceae(间孢囊菌科)

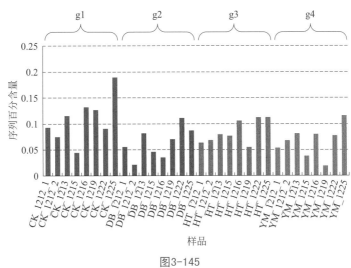

图3-145

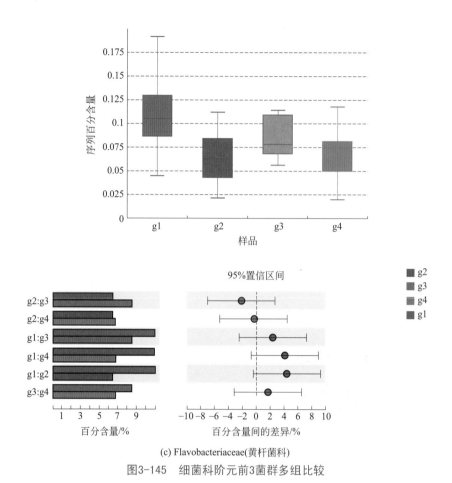

(c) Flavobacteriaceae(黄杆菌科)

图3-145　细菌科阶元前3菌群多组比较

　　细菌科阶元不同处理组前3菌群多组比较，棒杆菌科（Corynebacteriaceae）g1＝11.8800、g2＝16.4900、g3＝7.0820、g4＝17.3000，P＝0.0000，差异极显著（$P < 0.01$），其中玉米粉组（g4）含量最高；间孢囊菌科（Intrasporangiaceae）g1＝12.5200、g2＝6.3490、g3＝14.4500、g4＝6.7130，P＝0.0000，差异极显著（$P < 0.01$），其中，红糖粉组（g3）含量最高；黄杆菌科（Flavobacteriaceae）g1＝10.9300、g2＝6.4270、g3＝8.5170、g4＝6.7560，P＝0.1208，差异不显著（$P > 0.01$）。

6. 细菌属菌群多组比较

　　整合微生物组菌剂不同处理组不同发酵时间细菌属菌群多组比较结果见图3-146、图3-147。采用One-way ANOVA统计方法，进行细菌属菌群多组比较，结果表明不同的菌群表现出不同的差异。细菌属前5菌群在不同处理组g1（菌糠）、g2（豆饼粉）、g3（红糖粉）、g4（玉米粉）多组比较结果，差异部分显著，部分不显著，如棒杆菌属（Corynebacterium）$P < 0.01$，类诺卡氏菌属（Nocardioides）$P < 0.01$，短状杆菌属（Brachybacterium）$P > 0.01$，鸟氨酸微菌属（Ornithinimicrobium）$P < 0.01$，盐水球菌属（Salinicoccus）$P < 0.01$。表明添加营养对整合微生物组菌剂的棒杆菌属、类诺卡氏菌属、鸟氨酸微菌属、盐水球菌属有影响，对短杆菌属无影响。

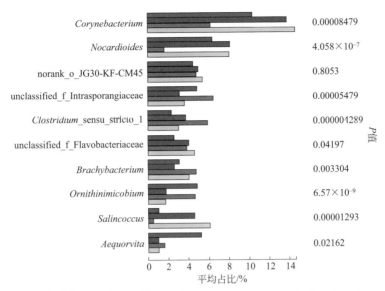

图3-146　细菌属阶元菌群多组比较（每一属从上至下分别为g1、g2、g3、g4）

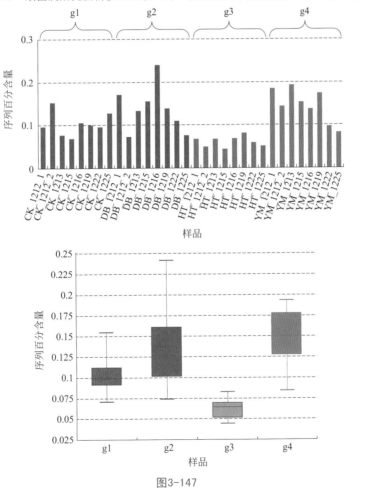

图3-147

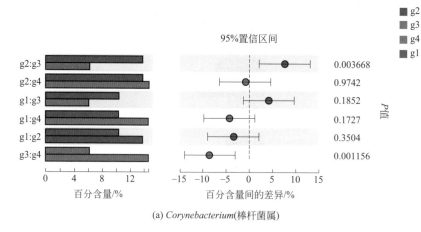

(a) *Corynebacterium*(棒杆菌属)

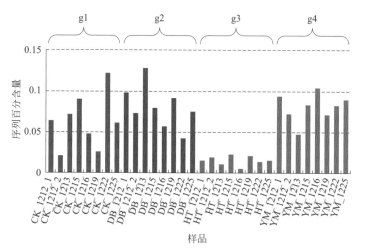

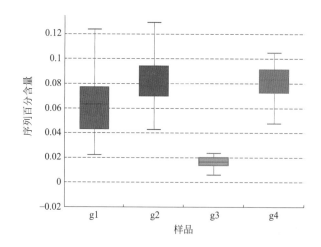

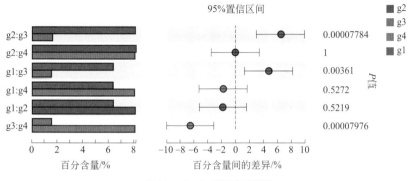

(b) *Nocardioides*(类诺卡氏菌属)

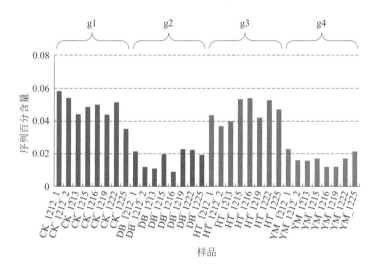

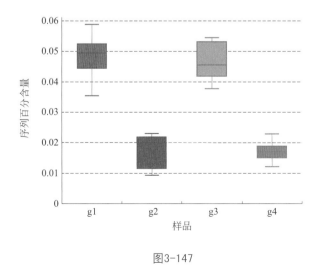

图3-147

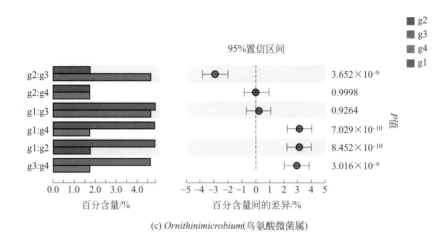

(c) *Ornithinimicrobium*(鸟氨酸微菌属)

图3-147　细菌属阶元前3菌群多组比较

细菌属阶元不同处理组前 3 菌群多组比较，棒杆菌属（*Corynebacterium*）g1 = 10.3800、g2 = 13.7900、g3 = 6.1870、g4 = 14.6500，P = 0.0001，差异极显著（P < 0.01），其中，玉米粉组（g4）含量最高；类诺卡氏菌属（*Nocardioides*）g1 = 6.3640、g2 = 8.1180、g3 = 1.5920、g4 = 8.1070、P = 0.0000，差异极显著（P < 0.01），其中，豆饼粉组（g2）含量最高；短状杆菌属（*Brachybacterium*）g1 = 3.0960、g2 = 2.6060、g3 = 4.7690、g4 = 4.0390、P = 0.0033，差异极显著（P < 0.01），其中，红糖粉组（g3）含量最高。

7. 细菌种菌群多组比较

整合微生物组菌剂不同处理组不同发酵时间细菌属菌群多组比较结果见图3-148、图3-149。采用 One-way ANOVA 统计方法，进行细菌种菌群多组比较，结果表明不同细菌种在不同处理的整合微生物组菌剂中差异显著。细属种前 5 菌群在不同处理组 g1（菌糠）、g2（豆饼粉）、g3（红糖粉）、g4（玉米粉）多组比较结果，差异部分显著，部分不显著，如腐质还原棒杆菌（*Corynebacterium humireducens*）P < 0.01、类诺卡氏菌属的 1 种（*Nocardioides* sp.）P < 0.01、间孢囊菌科的 1 种（f_Intrasporangiaceae sp.）P < 0.01、黄杆菌科的 1 种（f_Flavobacteriaceae sp.）P < 0.05、屎短状杆菌（*Brachybacterium faecium*）P < 0.01。表明添加营养对整合微生物组菌剂的腐质还原棒杆菌、类诺卡氏菌属的 1 种、间孢囊菌科的 1 种有影响，对黄杆菌科的 1 种、屎短状杆菌无影响。

细菌属阶元不同处理组前 3 菌群多组比较，腐质还原棒杆菌（*Corynebacterium humireducens*）g1=8.9970、g2=13.0000、g3=5.7150、g4=13.7000，P=0.0001，差异极显著（P < 0.01），其中玉米粉组（g4）含量最高；屎短状杆菌（*Brachybacterium faecium*）g1=2.9630、g2=2.3700、g3=4.6350、g4=3.7100，P=0.0015，差异极显著（P < 0.01），其中，红糖粉组（g3）含量最高；弗雷尼棒杆菌（*Corynebacterium freneyi*）g1=0.9025、g2=2.1210、g3=0.3411、g4=2.0320，P=0.0000，差异极显著（P < 0.01），其中，豆饼粉组（g2）含量最高。

图3-148　细菌种阶元菌群多组比较（每个种从上至下分别为g1、g2、g3、g4）

图3-149

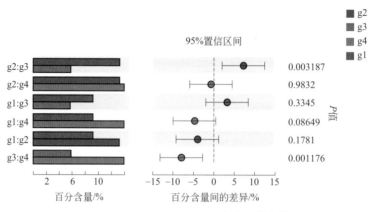

(a) *Corynebacterium humireducens*(腐质还原棒杆菌)

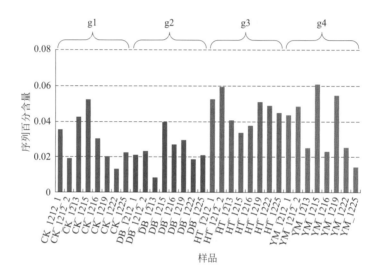

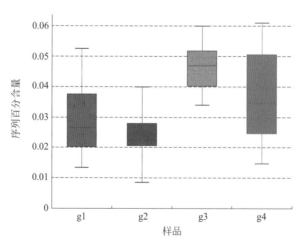

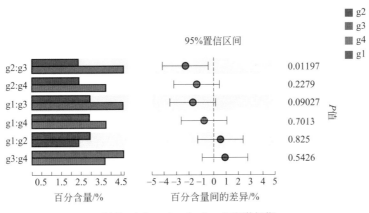

(b) *Brachybacterium faeciumg*(屎短状杆菌)

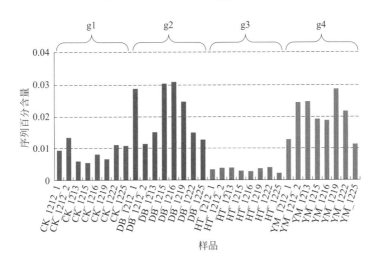

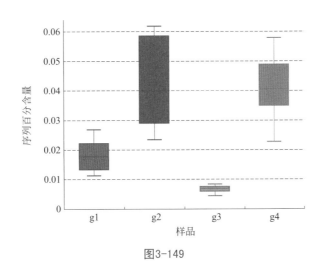

图3-149

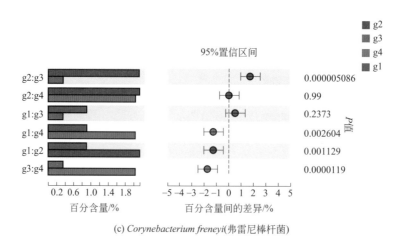

(c) *Corynebacterium freneyi*(弗雷尼棒杆菌)

图3-149　细菌种阶元前3菌群多组比较

五、整合微生物组菌剂多级物种差异分析（LEfSe）

1. 概述

整合微生物组菌剂包含不同的分类阶元（门、纲、目、科、属、种），不同处理、不同发酵时间细菌分类阶元的分布表现出差异，为识别这种差异，采用LEfSe多级物种差异判别分析，明确不同处理间多级物种的差异特征，揭示发酵条件对整合微生物组菌剂物种组成的影响。

LEfSe是一种用于发现高维生物标识和揭示基因组特征的软件，包括基因、代谢和分类，用于区别两个或两个以上生物条件（或者是类群）。该算法强调的是统计意义和生物相关性，让研究人员能够识别不同丰度的特征以及相关联的类别。LEfSe通过生物学统计差异使其具有强大的识别功能。然后，它执行额外的测试，以评估这些差异是否符合预期的生物学行为。具体来说，首先使用non-parametric factorial Kruskal-Wallis (KW) sum-rank test（非参数因子克鲁斯卡尔-沃利斯秩和验检）检测具有显著丰度差异特征，并找到与丰度有显著性差异的类群。最后，LEfSe采用线性判别分析（LDA）来估算每个组分（物种）丰度对差异效果影响的大小。多组比较策略：① one-against-all (less strict)，指只要物种在任意两组中存在差异，就被认为是差异物种；② all-against-all (more strict)，指只有物种在多组中都存在差异，才能被认为是差异物种。软件：LEfSe根据分类学组成对样本按照不同的分组条件进行线性判别分析（LDA），找出对样本划分产生显著性差异影响的群落或物种。

2. 整合微生物组菌剂多级差异物种分析

整合微生物组菌剂多级差异物种统计结果见表3-118，LDA值＞4的多级分类阶元物种称为差异物种，也称标志性物种，标志性物种可以来源于多级分类阶元，一个样本的标志性物种区别于其他样本，不同处理的整合微生物组菌剂的标志性物种数量不同，菌糠组（g1）多级差异物种10个，豆饼粉组（g2）多级差异物种4个，红糖粉组（g3）多级差异物种31个，玉米粉组（g4）多级差异物种16个（图3-150）。

表3-118　整合微生物组菌剂多级差异物种统计结果

样本		物种名称	丰度平均值/%	LDA值	P检验
g1	[1]	海面菌属（g__Aequorivita）	4.72	4.36	0.00
	[2]	海面菌属的1种（g__Aequorivita sp.）	4.62	4.28	0.00
	[3]	鸟氨酸微菌属（g__Ornithinimicrobium）	4.69	4.19	0.00
	[4]	鸟氨酸微菌属的1种（s__Ornithinimicrobium sp.）	4.69	4.19	0.00
	[5]	特吕珀菌属（g__Truepera）	4.52	4.10	0.00
	[6]	特吕珀菌科（f__Trueperaceae）	4.52	4.10	0.00
	[7]	异常球菌-栖热菌门（p__Deinococcus_Thermus）	4.52	4.10	0.00
	[8]	异常球菌纲（c__Deinococci）	4.52	4.10	0.00
	[9]	异常球菌目（o__Deinococcales）	4.52	4.10	0.00
	[10]	乳杆菌科（f__Lactobacillaceae）	4.57	4.04	0.00
g2	[1]	类诺卡氏菌属的1种（s__Nocardioides sp.）	4.89	4.54	0.00
	[2]	类诺卡氏菌属（g__Nocardioides）	4.91	4.53	0.00
	[3]	丙酸杆菌目（o__Propionibacteriales）	4.95	4.52	0.00
	[4]	紫单胞菌科（f__Porphyromonadaceae）	4.66	4.23	0.00
g3	[1]	微球菌目（o__Micrococcales）	5.46	4.78	0.00
	[2]	间孢囊菌科（f__Intrasporangiaceae）	5.16	4.60	0.00
	[3]	变形菌门（p__Proteobacteria）	5.10	4.59	0.00
	[4]	梭菌纲（c__Clostridia）	5.08	4.45	0.00
	[5]	梭菌目（o__Clostridiales）	5.07	4.45	0.00
	[6]	黄单胞菌目（o__Xanthomonadales）	4.75	4.44	0.00
	[7]	黄单胞菌科（f__Xanthomonadaceae）	4.75	4.44	0.00
	[8]	藤黄色杆菌属（g__Luteibacter）	4.71	4.41	0.00
	[9]	藤黄色杆菌属的1种（s__Luteibacter sp.）	4.64	4.34	0.00
	[10]	γ-变形菌纲（c__Gammaproteobacteria）	4.89	4.32	0.03
	[11]	鞘氨醇杆菌纲（c__Sphingobacteriia）	4.67	4.31	0.00
	[12]	鞘氨醇杆菌目（o__Sphingobacteriales）	4.67	4.31	0.00
	[13]	狭义梭菌属1（g__Clostridium_sensu_stricto_1）	4.77	4.27	0.00
	[14]	梭菌科1（f__Clostridiaceae_1）	4.78	4.26	0.00
	[15]	间孢囊菌科（f__Intrasporangiaceae）	4.81	4.21	0.00
	[16]	间孢囊菌科的1种（s__f__Intrasporangiaceae sp.）	4.81	4.21	0.00
	[17]	狭义梭菌属1的1种（s__Clostridium_sensu_stricto_1 sp.）	4.70	4.20	0.00
	[18]	皮生球菌科（f__Dermacoccaceae）	4.48	4.15	0.00
	[19]	巴里恩托斯单胞菌属（g__Barrientosiimonas）	4.43	4.11	0.00
	[20]	土壤巴里恩托斯单胞菌（Barrientosiimonas humi）	4.43	4.11	0.00
	[21]	β-变形菌纲（c__Betaproteobacteria）	4.41	4.08	0.00
	[22]	伯克氏菌目（o__Burkholderiales）	4.38	4.07	0.00
	[23]	屎短状杆菌（Brachybacterium faecium）	4.67	4.06	0.01
	[24]	产碱菌科（f__Alcaligenaceae）	4.36	4.05	0.00
	[25]	腐螺旋菌科f__Saprospiraceae	4.37	4.04	0.00
	[26]	腐螺旋菌科分类地位未定的1属（g__norank_f__Saprospiraceae）	4.37	4.04	0.00
	[27]	皮杆菌科（f__Dermabacteraceae）	4.68	4.04	0.02
	[28]	短状杆菌属（g__Brachybacterium）	4.68	4.04	0.02
	[29]	腐螺旋菌科的1种（s__f__Saprospiraceae sp.）	4.35	4.03	0.00
	[30]	寡源菌属（g__Oligella）	4.33	4.03	0.00
	[31]	寡源菌属的1种（s__g__Oligella sp.）	4.33	4.03	0.00

样本		物种名称	丰度平均值/%	LDA值	P检验
g4	[1]	厚壁菌门（p__Firmicutes）	5.39	4.71	0.00
	[2]	棒杆菌科（f__Corynebacteriaceae）	5.24	4.71	0.00
	[3]	棒杆菌目（o__Corynebacteriales）	5.29	4.69	0.00
	[4]	芽胞杆菌纲（c__Bacilli）	5.18	4.69	0.00
	[5]	棒杆菌属（g__Corynebacterium）	5.17	4.62	0.00
	[6]	腐质还原棒杆菌（Corynebacterium humireducens）	5.14	4.60	0.00
	[7]	类诺卡氏菌科（f__Nocardioidaceae）	4.92	4.53	0.00
	[8]	芽胞杆菌目（o__Bacillales）	4.92	4.52	0.00
	[9]	葡萄球菌科（f__Staphylococcaceae）	4.87	4.51	0.00
	[10]	盐水球菌属（g__Salinicoccus）	4.78	4.45	0.00
	[11]	盐水球菌属的1种（s__g__Salinicoccus sp.）	4.75	4.45	0.00
	[12]	拟杆菌目（o__Bacteroidales）	4.81	4.32	0.01
	[13]	拟杆菌纲（c__Bacteroidia）	4.81	4.29	0.04
	[14]	乳杆菌目（o__Lactobacillales）	4.83	4.23	0.02
	[15]	热微菌纲目JG30_KF_CM45的1种（s__c__Thermomicrobia.o__JG30_KF_CM45 sp.）	4.60	4.08	0.00
	[16]	石单胞菌属（g__Petrimonas）	4.46	4.04	0.00

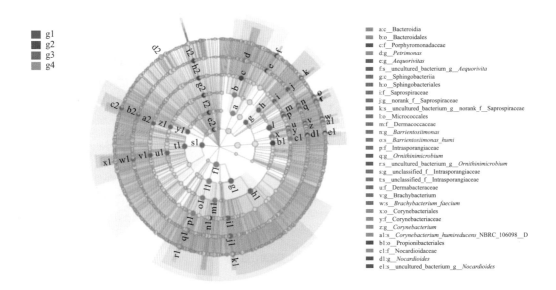

图3-150　整合微生物组菌剂LEfSe多级物种层级树图

3. 添加菌糠组的整合微生物菌剂（g1）差异物种

添加菌糠组的整合微生物菌剂（g1）包括10个标志性物种（差异物种），即海面菌属（g__Aequorivita）、海面菌属的1种（g__Aequorivita sp.）、鸟氨酸微菌属（g__Ornithinimicrobium）、鸟氨酸微菌属的1种（s__Ornithinimicrobium sp.）、特吕珀菌属（g__Truepera）、特吕珀菌科（f__Trueperaceae）、异常球菌-栖热菌门（p__Deinococcus_Thermus）、异常球菌纲（c__Deinococci）、异常球菌目（o__Deinococcales）、乳杆菌科（f__Lactobacillaceae）。这些多级分类阶元物种成为菌糠组（g1）的标志性物种而区别于其他处理组（g2、g3、g4）（图 3-151）。

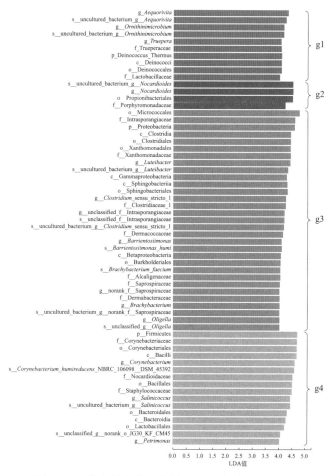

图3-151　整合微生物组菌剂LEfSe多级物种LDA判别

4．添加豆饼粉组的整合微生物菌剂（g2）差异物种

添加豆饼粉组的整合微生物菌剂（g2）包括 4 个标志性物种（差异物种），即类诺卡氏菌属的 1 种（s__*Nocardioides* sp.）、类诺卡氏菌属（g__*Nocardioides*）、丙酸杆菌目（o__Propionibacteriales）、紫单胞菌科（f__Porphyromonadaceae）。g2 的标志性物种较少，这些多级分类阶元物种成为豆饼粉组（g2）的标志性物种而区别于其他处理组（g1、g3、g4）（图 3-151）。

5．添加红糖粉组的整合微生物菌剂（g3）差异物种

添加红糖粉组的整合微生物菌剂（g3）包括 31 个标志性物种（差异物种），即微球菌目（o__Micrococcales）、间孢囊菌科（f__Intrasporangiaceae）、变形菌门（p__Proteobacteria）、梭菌纲（c__Clostridia）、梭菌目（o__Clostridiales）、黄单胞菌目（o__Xanthomonadales）、黄单胞菌科（f__Xanthomonadaceae）、藤黄色杆菌属（g__*Luteibacter*）、藤黄色杆菌属

的 1 种（s__*Luteibacter* sp.）、γ - 变形菌纲（c__Gammaproteobacteria）、鞘氨醇菌纲（c__Sphingobacteriia）、鞘氨醇菌目（o__Sphingobacteriales）、狭义梭菌属 1（g__*Clostridium_sensu_stricto_1*）、梭菌科 1（f__Clostridiaceae_1）、间孢囊菌科（f__Intrasporangiaceae）、间孢囊菌科的 1 种（s__f__Intrasporangiaceae sp.）、狭义梭菌属 1 的 1 种（s__*Clostridium_sensu_stricto_1* sp.）、皮生球菌科（f__Dermacoccaceae）、巴里恩托斯单胞菌属（g__*Barrientosiimonas*）、土壤巴里恩托斯单胞菌（*Barrientosiimonas humi*）、β - 变形菌纲（c__Betaproteobacteria）、伯克氏菌目（o__Burkholderiales）、屎短状杆菌（*Brachybacterium faecium*）、产碱菌科（f__Alcaligenaceae）、腐螺旋菌科（f__Saprospiraceae）、腐螺旋菌科分类地位未定的 1 属（g__norank_f__Saprospiraceae）、皮杆菌科（f__Dermabacteraceae）、短状杆菌属（g__*Brachybacterium*）、腐螺旋菌科的 1 种（s__f__Saprospiraceae sp.）、寡源菌属（g__*Oligella*）、寡源菌属的 1 种（s__g__*Oligella* sp.）。这些多级分类阶元物种成为红糖粉组（g3）的标志性物种而区别于其他处理组（g1、g2、g4）（图 3-151）。

6. 添加玉米粉组的整合微生物菌剂（g4）差异物种

添加玉米粉组的整合微生物菌剂（g4）包括 16 个标志性物种（差异物种），即厚壁菌门（p__Firmicutes）、棒杆菌科（f__Corynebacteriaceae）、棒杆菌目（o__Corynebacteriales）、芽胞杆菌纲（c__Bacilli）、棒杆菌属（g__*Corynebacterium*）、腐质还原棒杆菌（*Corynebacterium humireducens*）、类诺卡氏菌科（f__Nocardioidaceae）、芽胞杆菌目（o__Bacillales）、葡萄球菌科（f__Staphylococcaceae）、盐水球菌属（g__*Salinicoccus*）、盐水球菌属的 1 种（s__g__*Salinicoccus* sp.）、拟杆菌目（o__Bacteroidales）、拟杆菌纲（c__Bacteroidia）、乳杆菌目（o__Lactobacillales）、热微菌纲目 JG30_KF_CM45 的 1 种（s__c__Thermomicrobia.o__JG30_KF_CM45）、石单胞菌属（g__*Petrimonas*）。这些多级分类阶元物种成为玉米粉组（g4）的标志性物种而区别于其他处理组（g1、g2、g3）（图 3-151）。

六、整合微生物组菌剂细菌物种系统进化分析

1. 概述

在分子进化研究中，系统发生的推断能够揭示有关生物进化过程的顺序，了解生物进化历史和机制，可以通过某一分类水平上序列间碱基的差异构建进化树。软件：FastTree，通过选择 OTU 或某一水平上分类信息对应的序列根据最大似然法（approximately-maximum-likelihood phylogenetic trees）构建进化树，使用 R 语言作图绘制进化树。结果可以通过进化树与 read 丰度组合图的形式呈现。整合微生物组菌剂处理组细菌分类阶元前 10 个高丰度物种的系统发生进化树如图 3-152 ～图 3-157 所示。左边为系统发生进化树，进化树中每条树枝代表一类物种，树枝长度为两个物种间的进化距离，即物种的差异程度；右边柱状图显示属于不同物种的 read 在各组中所占的相对比例。如细菌门在处理组的物种数量放线菌门(Actinobacteria) >厚壁菌门(Firmicutes) >拟杆菌门(Bacteroidetes)，不同颜色代表它们在不同处理组的比例。

2.整合微生物组菌剂处理组细菌门系统进化

整合微生物组菌剂处理组细菌门系统进化见图 3-152，细菌门优势种包括放线菌门（Actinobacteria）、拟杆菌门（Bacteroidetes）、厚壁菌门（Firmicutes），在不同处理组的整合微生物菌剂中的含量分布不同，放线菌门（Actinobacteria）在菌糠组（g1）丰度 48.57%、豆饼粉组（g2）丰度 46.05%、红糖粉组（g3）丰度 43.57%、玉米粉组（g4）丰度 48.03%；拟杆菌门（Bacteroidetes）在菌糠组（g1）丰度 17.58%、豆饼粉组（g2）丰度 14.23%、红糖粉组（g3）丰度 16.49%、玉米粉组（g4）丰度 15.01%；厚壁菌门（Firmicutes）在菌糠组（g1）丰度 14.48%、豆饼粉组（g2）丰度 24.28%、红糖粉组（g3）丰度 18.02%、玉米粉组（g4）丰度 24.55%。

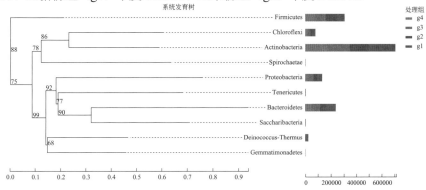

图3-152　整合微生物组菌剂处理组细菌门前10个高丰度物种的系统进化树

3．整合微生物组菌剂处理组细菌纲系统进化

整合微生物组菌剂处理组细菌纲系统进化见图 3-153，细菌纲优势种包括放线菌纲（Actinobacteria）、黄杆菌纲（Flavobacteriia）、芽胞杆菌纲（Bacilli）；在不同处理组的整合微生物菌剂中的含量分布不同，放线菌纲（Actinobacteria）在菌糠组（g1）丰度 48.57%、豆饼粉组（g2）丰度 46.05%、红糖粉组（g3）丰度 43.57%、玉米粉组（g4）丰度 48.03%；黄杆菌纲（Flavobacteriia）在菌糠组（g1）丰度 11.41%、豆饼粉组（g2）丰度 6.83%、红糖粉组（g3）丰度 8.85%、玉米粉组（g4）丰度 7.29%；芽胞杆菌纲（Bacilli）在菌糠组（g1）丰度 7.42%、豆饼粉组（g2）丰度 13.28%、红糖粉组（g3）丰度 5.01%、玉米粉组（g4）丰度 15.19%。

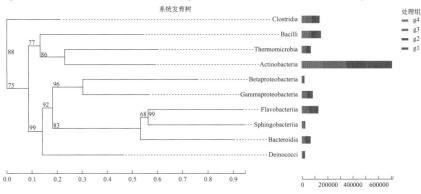

图3-153　整合微生物组菌剂处理组细菌纲前10个高丰度物种的系统发生进化树

4．整合微生物组菌剂处理组细菌目系统进化

整合微生物组菌剂处理组细菌目系统进化见图3-154，细菌目优势种包括微球菌目（Micrococcales）、棒杆菌目（Corynebacteriales）、黄杆菌目（Flavobacteriales），在不同处理组的整合微生物菌剂中的含量分布不同；微球菌目（Micrococcales）在菌糠组（g1）丰度23.88%、豆饼粉组（g2）丰度16.48%、红糖粉组（g3）丰度28.91%、玉米粉组（g4）丰度18.01%；棒杆菌目（Corynebacteriales）在菌糠组（g1）丰度14.35%、豆饼粉组（g2）丰度18.91%、红糖粉组（g3）丰度9.67%、玉米粉组（g4）丰度19.53%；黄杆菌目（Flavobacteriales）在菌糠组（g1）丰度11.41%、豆饼粉组（g2）丰度6.83%、红糖粉组（g3）丰度8.85%、玉米粉组（g4）丰度7.29%。

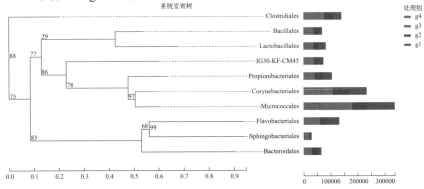

图3-154　整合微生物组菌剂处理组细菌目前10个高丰度物种的系统发生进化树

5．整合微生物组菌剂处理组细菌科系统进化

整合微生物组菌剂处理组细菌科系统进化见图3-155，细菌科优势种包括间孢囊菌科（Intrasporangiaceae）、棒杆菌科（Corynebacteriaceae）、黄杆菌科（Flavobacteriaceae），在不同处理组的整合微生物菌剂中的含量分布不同；间孢囊菌科（Intrasporangiaceae）在菌糠组（g1）丰度12.52%、豆饼粉组（g2）丰度6.35%、红糖粉组（g3）丰度14.45%、玉米粉组（g4）丰度6.71%；棒杆菌科（Corynebacteriaceae）在菌糠组（g1）丰度11.88%、豆饼粉组（g2）丰度16.49%、红糖粉组（g3）丰度7.08%、玉米粉组（g4）丰度17.30%；黄杆菌科（Flavobacteriaceae）在菌糠组（g1）丰度10.93%、豆饼粉组（g2）丰度6.43%、红糖粉组（g3）丰度8.52%、玉米粉组（g4）丰度6.76%。

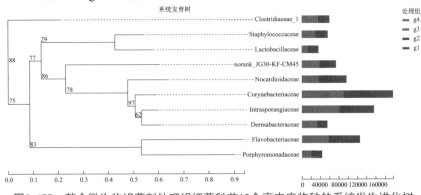

图3-155　整合微生物组菌剂处理组细菌科前10个高丰度物种的系统发生进化树

6. 整合微生物组菌剂处理组细菌属系统进化

整合微生物组菌剂处理组细菌属系统进化见图 3-156，细菌属优势种包括棒杆菌属（*Corynebacterium*）、类诺卡氏菌属（*Nocardioides*）、绿弯菌门目 JG30-KF-CM45 的 1 属（Chloroflexi_o__JG30-KF-CM45），在不同处理组的整合微生物菌剂中的含量分布不同；棒杆菌属（*Corynebacterium*）在菌糠组（g1）丰度 10.38%、豆饼粉组（g2）丰度 13.79%、红糖粉组（g3）丰度 6.19%、玉米粉组（g4）丰度 14.65%；类诺卡氏菌属（*Nocardioides*）在菌糠组（g1）丰度 6.36%、豆饼粉组（g2）丰度 8.12%、红糖粉组（g3）丰度 1.59%、玉米粉组（g4）丰度 8.11%；绿弯菌门目 JG30-KF-CM45 的 1 属（Chloroflexi_o__JG30-KF-CM45）在菌糠组（g1）丰度 4.46%、豆饼粉组（g2）丰度 4.93%、红糖粉组（g3）丰度 4.84%、玉米粉组（g4）丰度 5.39%。

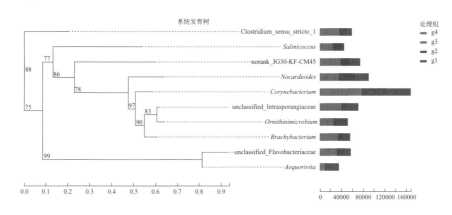

图3-156　整合微生物组菌剂处理组细菌属前10个高丰度物种的系统发生进化树

7. 整合微生物组菌剂处理组细菌种系统进化

整合微生物组菌剂处理组细菌种系统进化见图 3-157，细菌属优势种包括腐质还原棒杆菌（*Corynebacterium humireducens*）、类诺卡氏菌属的 1 种（*Nocardioides* sp.）、间孢囊菌科的 1 种（f__Intrasporangiaceae sp.），在不同处理组的整合微生物菌剂中的含量分布不同；腐质还原棒杆菌（*Corynebacterium humireducens*）在菌糠组（g1）丰度 9.00%、豆饼粉组（g2）丰度 13.00%、红糖粉组（g3）丰度 5.72%、玉米粉组（g4）丰度 13.70%；类诺卡氏菌属的 1 种（*Nocardioides* sp.）在菌糠组（g1）丰度 5.63%、豆饼粉组（g2）丰度 7.70%、红糖粉组（g3）丰度 1.09%、玉米粉组（g4）丰度 7.67%；间孢囊菌科的 1 种（f__Intrasporangiaceae sp.）在菌糠组（g1）丰度 4.86%、豆饼粉组（g2）丰度 3.17%、红糖粉组（g3）丰度 6.51%、玉米粉组（g4）丰度 3.68%。

七、讨论与总结

菌剂发酵床使用不同的培养基配方（垫料添加不同的营养成分菌糠、豆饼粉、红糖粉、玉米粉），整合微生物组菌剂细菌物种表现出丰富多样性；体现在物种差异、优势种群差异、生长动态差异、处理独有物种的差异等；表明菌剂发酵床通过调整培养基配方，可以

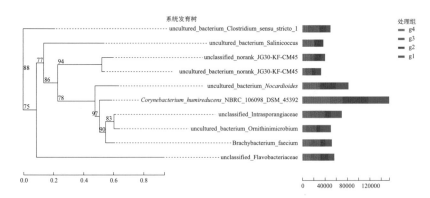

图3-157　整合微生物组菌剂处理组细菌种前10个高丰度物种的系统发生进化树

获得不同特性的整合微生物组菌剂。菌剂发酵床原有的微生物组形成了接种菌株来源，菌剂发酵床的翻耕增加通气量，垫料配方的添加等成为控制微生物组生产的手段。在菌剂发酵床中，根据微生物的营养条件和生存条件选择微生物组。不同的营养条件和生存条件生产出的整合微生物组菌剂有所差别，通过研究菌剂中优质微生物组的组成和功能，优化微生物组生产工艺。

第四章

整合微生物组菌剂的作用机理

第一节
概述

一、土壤微生物组

1. 土壤微生物作用

土壤中微生物含量众多，其中每公顷微生物量碳含量往往大于1000 kg。这些土壤微生物在养分循环、维持土壤肥力和土壤固碳过程中起着至关重要的作用，土壤微生物对陆地生态系统和动植物健康也存在着直接和间接的影响。Fierer（2017）在 *Nature Reviews Microbiology* 发表了《拥抱未知：揭示土壤微生物的复杂性》，综述了土壤微生物的结构与功能。

2. 土壤微生物结构

土壤不是一个单一的环境，包含有不同的微生物群落，不同的土壤环境中的非生物特征、微生物丰度、微生物活性和微生物群落组成均有差异。在全球范围内，土壤环境条件变化很大。数十年的研究表明，各地表层土壤的性质变化十分巨大。这种变化是影响土壤形成的主要因素，即使在确定的土壤剖面中，环境条件也会使土壤的各种物质含量及微生物菌群结构出现差异。微生物在土壤环境中的存活和生长常常受到很多限制，如可能存在持续的非生物胁迫因素、与其他土壤微生物群落竞争、环境变化的干扰以及资源分配不均等。众多的研究证据表明，微生物在土壤环境中生存和生长十分艰难。

3. 土壤微生物特征

生物和非生物因素及有效碳的含量都会影响土壤中微生物的总量。在全球范围内，土壤中可利用的含水量是土壤微生物总量的最好预测指标，例如在湿度较大的生态系统中通常含有较大量的微生物。细菌和真菌是在土壤中发现的主要微生物，它们通常比土壤微生物群落中的古菌和病毒等含量更多，大概是其他生物数量的100～10000倍。在土壤微生物群落中发现的主要细菌和古菌的相对丰度在很大程度上取决于所处的土壤环境。即使土壤样品是从相距仅几厘米的采样点采集的，结果也会出现差异。微生物结构的变化可归因于土壤环境的空间变化和采样点的具体特征。这些因素的重要性还取决于土壤分析选择和使用的实验方法。特定植物种类对土壤微生物组成的影响通常可能与生长环境有关；一个给定的植物物种可能与不同的微生物类群相关，这取决于所涉及的土壤类型。虽然植物可以影响土壤微生物群落结构，但也涉及许多其他因素。因此，不能简单地通过植物生长的状况来推测土壤的微生物群落组成。

4．土壤微生物功能

微生物学家对土壤微生物组群的多样性很感兴趣，当这些信息与其他学科产生关联时对于多样性研究是最有用的。了解土壤微生物的信息对于预测土壤微生物对生态系统可能产生的影响十分重要。

（1）微生物对土壤的影响过程　土壤微生物可能通过改变土壤中水的传送和疏水能力来影响土壤水分的可利用性。由于土壤微生物可能对许多生态系统产生直接或间接的影响，因此确定特殊功能的微生物是至关重要的。这也为更好地了解、控制这些途径的生物和非生物因素提供了帮助。例如，知道哪个具体的微生物负责氨氧化，可以提高预测土壤中氨氧化速率的能力，因为并非所有的微生物都受相似的环境限制。土壤微生物在功能上并不都相同，它们对土壤过程的影响和对环境条件的反应明显不同。

（2）土壤微生物群落与其功能联系　单一植物衍生的化合物如纤维素的分解代谢，可能涉及由多种微生物参加的代谢过程。功能表达过程可能受到很多环境因素的影响，植物生态学家提出了基于性状的概念来理解微生物群落组成和土壤之间的关系。

（3）土壤微生物组的功能　利用丰富的基因组、宏基因组和标记基因技术来提高对土壤微生物组功能的理解，这种方法已经在植物生态学中被证明是有效的。植物物种已经被划分成具有相似特征的群体，并且其对生态系统的作用已经被证明。如果类似的方法可以成功地应用于土壤微生物群落中，那么将关于群落组成的生态系统信息与具体的土壤联系起来将变得更容易。土壤微生物的分类可以采用类似于根据植物特征进行分类的框架。通过采用该框架，可以预测大多数难以在体外研究的微生物的关键特征。

（4）通过土壤微生物改善土壤质量　随着人们对土壤微生物了解的加深，研究越来越集中于利用微生物手段来改善农业土壤的质量。尽管通过土壤微生物可以明显改善农业生产力和可持续性，但土壤微生物是一个非常复杂的领域，例如单一的微生物群落不可能普遍适用于促进作物生长及对病原菌存在抗性。此外，在一种条件下有益的微生物可能在其他条件下被证明具有致病性。因此确定土壤的环境和情况后，进行"个性化的处理"是利用土壤微生物改善农业的主要难关之一。

二、作物连作障碍及其防治

1．作物连作障碍现象

所谓连作障碍是指同一作物或近缘作物频繁连续种植后，即使在正常管理情况下也会导致作物生长发育不良、产量降低、品质变劣、土传病虫害增多、土壤养分亏缺等现象。例如，大豆、西瓜等经济作物连续多年在同一田块上种植，常会出现黄化、僵苗，甚至大片植株死亡，严重地影响产量和品质的提高。连作障碍破坏了土壤健康的微生物组，形成病态微生物组，抑制了促长功能的有益微生物，杀死了分解矿质元素的功能微生物，消除了抑制根部病害的生防微生物。作物连作障碍的本质是土壤微生物组的破坏。

2．作物连作障碍危害性

①病虫害加重：设施连作后，其土壤理化性质以及光照、温度、湿度、气体发生变化，

一些有益微生物（氨化菌、硝化菌等）的生长受到抑制，而一些有害微生物迅速得到繁殖，土壤微生物的自然平衡遭到破坏，这样不仅导致肥料分解过程的障碍，而且病虫害发生多、蔓延快，且逐年加重，特别是一些常见的叶霉病、灰霉病、霜霉病、根腐病、枯萎病和白粉虱、蚜虫、斑潜蝇等基本无越冬现象，从而使生产者只能靠加大药量和频繁用药来控制，造成对环境和农产品的严重污染。

②土壤次生盐渍化及酸化：设施栽培施药量大，加上常年或几乎常年覆盖改变了自然状态下的水分平衡，土壤长期得不到充分的雨水淋浇。若温度较高、土壤水分蒸发量大，下层土壤中的肥料和其他盐分会随着深层土壤水分的蒸发，沿土壤毛细管上升，最终在土壤表面形成一薄层白色盐分即土壤次生盐渍化现象。据有关部门测定，露地土壤盐分浓度一般为3000mg/kg，而大棚内常可达7000～8000mg/kg，有的甚至高达20000mg/kg。同时过量施用化学肥料，土壤的缓冲能力和离子平衡能力遭到破坏而导致土壤pH值下降，即土壤酸化现象，造成土壤溶液浓度增加使土壤的渗透势加大，农作物种子的发芽、根系的吸水吸肥均不能正常进行。

③根系生长过程中分泌的有毒有害物质得到积累，进而影响蔬菜的正常生长。

④蔬菜对土壤养分吸收有选择性，单一茬口易使土壤中矿质元素的平衡状态遭到破坏，营养元素之间的拮抗作用常影响到蔬菜对某些元素的吸收，容易出现缺素症状，最终使生育受阻，产量和品质下降。

3. 作物连作障碍原因

引起作物连作障碍的原因十分复杂，是作物、土壤两个系统内部诸多因素综合作用的结果，不同作物产生连作障碍的原因是不同的。日本泷岛将产生连作障碍的原因归纳为土壤养分亏缺、土壤反应异常、土壤物理性状恶化、来自植物的有害物质和土壤微生物的变化五大因子。同时强调，在这五大因子中土壤微生物的变化是连作障碍的主要因子，其他为辅助因子。从国内研究结果来看，多数研究者认为产生连作障碍的原因主要有以下3个方面。

（1）土壤肥力下降　某种特定的作物对土壤中矿质元素的需求种类及吸收的比例是有特定规律的，尤其对某种类的微量元素更有特殊的需求。同一种作物长期连作，必然造成土壤中某些元素的亏缺，在得不到及时补充的情况下便出现木桶效应，影响作物的正常生长，植物的抗逆能力下降，产量和品质下降，严重者导致植株死亡。

（2）作物根系分泌物的自毒作用　作物在正常的生命活动过程中，根系会不断地向根际土壤中分泌一些有机物或无机物。分泌物中既有能促进土壤养分由难溶的分子状态变成作物可吸收利用的离子状态的有益成分，也有一部分如有机酸、酚类等分泌物在土壤中积聚，这生物质是对作物自身具有毒害作用的有害成分。因此，同一种作物长期连作会造成有毒害作用的根系分泌物在土壤中大量聚积，从而影响到作物的正常生长、发育，常出现黄化、僵苗现象，进而影响到作物产量和品质的提高，甚至造成作物死亡。

（3）土壤病原微生物数量增加　土传病虫害是引起连作障碍最主要的因子。日本的调查结果表明，引起蔬菜连作障碍的70%左右的地块是由土壤传染性病虫害引起的。土壤里微生物的种群和数量非常庞大，对植物来讲，正常情况下有益微生物的种类和数量远远大于病原微生物。土壤微生物（尤其是根际微生物）与植物宿主形成相应的共生关系，且不同的作物根际微生物的种群结构不同。同一种作物长期连作，作物与微生物相互选择的结果造成了某些寄生能力强的种群在根际土壤中占突出优势。与此同时，一些病原细菌、真菌以及线虫等因拮抗菌数量减少，而数量激增，原有的根际微生态平衡被打破，共生关系打乱，从而影响植物的正常生长和生命活动，严重危及植物的生命，造成减产。

4. 作物连作障碍防治对策

连作障碍的发生，不仅影响农作物产量和品质的提高，同时还降低了农产品的安全性。因此，消除连作障碍是实现农业生产可持续发展的当务之急，目前尚未找到根治办法，但通过以下措施可使连作障碍得以缓解。

（1）实行轮作　避免同种作物或同科作物长期连作，实行轮作，尤其是选择他感作物与农作物轮作，重建根系健康微生物组。

（2）培肥改土　实行测土配方施肥，平衡施肥，合理施用氮、磷、钾大量元素肥料，增施微量元素肥料，科学使用有机肥和微生物肥料。应用有机肥＋微生物肥是目前补充土壤微生物组较为有效的方法，这类肥料中具有代表性的是日本的酵素菌及酵素菌有机肥，国内已引进推广。

（3）种子包衣技术　中国农业大学曾研制出适用于不同生态区大豆的种衣剂配方油 30 号和油 31 号，前者适用于北方豆区，后者适用于南方豆区。随后，又开发出大豆种衣剂油 26 号，经大田应用效果较好。

（4）使用整合微生物组恢复土壤健康微生物组　使用整合微生物组菌剂补充和改善土壤微生物组的缺失，通过一些合理的农艺措施，如选用生物农药、提倡使用有机肥料、整合微生物组菌肥、减少化学杀菌剂等减轻对土壤的污染及土壤微生物组微生态的破坏，选择一些抗逆性较强的作物品种，增强作物对不良环境条件的抵抗能力。对于像西瓜等作物还可通过嫁接、换根等栽培措施来减轻连作障碍，缓解连作障碍对农业生产所造成的巨大损失。

三、微生物组的生产技术

土壤微生物组的病态变化会导致作物生长障碍，土壤板结、土壤酸化、土壤盐渍化、土壤地力衰竭、土壤污染、土传病害等一系列问题相继出现。近来不少农产品失去了本来的味道，保鲜期缩短，不易储存。究其原因，主要是化学肥料的长期过量使用、复种指数高和连作产生的土壤持续生产力障碍，引发了土壤质量健康、农产品质量安全问题。微生物功能多样性决定了其在土壤和农业中不可替代的作用。微生物促进土壤中微量元素的释放及螯合，有效打破土壤板结，促进团粒结构的形成，并能改善土壤的通气状况，促进有机质、腐殖酸和腐殖质的生成；微生物在其繁殖和代谢过程中，可以降解土壤中残留的化肥、有机农药、重金属和其他污染物等，降低土壤污染的程度。

土壤是个复杂的生态系统，向土壤施用微生物菌剂，补充单一的微生物菌剂，无法满足土壤病态微生物组的恢复，人们试图从土壤生态系统外向土壤增加微生物组，来修复病态的土壤微生物组。单一或复合的微生物菌剂生产比较简单，微生物组菌剂的生产比较困难。刘波等（2019）提出了整合微生物组菌剂的生产方法，利用微生物发酵床作为发酵槽，猪粪氮素连续流加，中温好氧发酵，将通过宏基因检测鉴定到的微生物组称为整合微生物组，生产高含菌量整合微生物组菌剂，作为植物病害生防菌剂。生产工艺：原料配制→发酵床发酵→猪粪氮素连续流加→好氧发酵控制→产品加工→产品包装等。生产技术：利用养猪使用 1 年以上的微生物发酵床，添加一层 10cm 厚的 30% 豆饼粉 +70% 菌糠垫料，每平方米 1 头猪作为猪粪氮素连续流加营养来源，每天翻耕 1 次，连续好氧发酵 20d 后，取出上层 20cm 的垫料，经晾晒、粉碎、分筛、包装，加工成整合微生物组菌剂。整合微生物组菌剂产品技术指标：含水量 29.74%，pH7.56，有机质含量 44.46%，全氮含量 2.23%，腐殖酸含量 11.2%，粗纤维含量 14.06%，含菌量 280×10^8 CFU/g。

宏基因组测定结果表明，菌剂样品短序列（read）条数平均值为 99701.75，每克菌剂含有细菌 39 门，96 纲，189 目，383 科，786 属，1281 种；其中，芽胞杆菌 46 种，9 种为中国新纪录种，即嗜气芽胞杆菌（*Bacillus aerophilus*）、蚯蚓芽胞杆菌（*Bacillus eiseniae*）、丝状芽胞杆菌（*Bacillus filamentosus*）、柯赫芽胞杆菌（*Bacillus kochii*）、根际芽胞杆菌（*Bacillus rhizosphaerae*）、长型赖氨酸芽胞杆菌（*Lysinibacillus macroides*）、淤泥大洋芽胞杆菌（*Oceanobacillus caeni*）、毛蚶鸟氨酸芽胞杆菌（*Ornithinibacillus scapharcae*）、海洋枝芽胞杆菌（*Virgibacillus oceani*），未发现猪细菌病原。采用培养法分离的芽胞杆菌活菌数为 2.062×10^8 CFU/g，宏基因组测定结果中，芽胞杆菌的总丰度为 1.42%，依此推算菌剂有效细菌总含量为 280×10^8 CFU/g。整合微生物组菌剂浸出液处理组的绿豆发芽率为 96.67%，与清水对照组无显著差异（$P > 0.05$），但胚根长比对照增加了 58.08%。

用 5% ～ 10% 的菌剂配制成育苗基质，番茄出苗率提高了 3.5%，株高增加了 25.1%，对番茄青枯病的校正防治效果可达 79.41%。整合微生物组菌剂的产品质量标准参考标准《生物有机肥》（NY 884—2012），初步确定为：有机质 ≥ 40%，含水量 ≤ 30%，pH 5.5 ～ 7.5，粪大肠菌群数 ≤ 100 个 /g，蛔虫卵死亡率 > 95%，有效期 > 6 个月；重金属含量满足标准要求，砷 < 15mg/kg，镉 ≤ 15mg/kg，铅 ≤ 15mg/kg，铬 ≤ 15mg/kg，汞 ≤ 15mg/kg；有效活菌数调整为，总细菌数 ≥ 30×10^8 CFU /g，其中芽胞杆菌 ≥ 2×10^8 CFU /g。提出了整合微生物组菌剂的概念和产品技术标准，研发的整合微生物组菌剂促进种子根部生长，并对番茄青枯病有良好的防治效果，解决了整合微生物组菌剂生产的问题。

四、微生物组菌剂功能研究

笔者提出了整合微生物组菌剂（integrated microbiome agent，IMA）的概念，构建微生物培养基，天然的微生物组接种，进行发酵生产，利用好氧发酵条件，培养好氧的微生物组菌群，抑制厌氧为主的动物病原的生长；同时利用有利于微生物组菌剂的营养培养基进行微生物发酵生产，以保存微生物组菌剂。整合微生物组菌剂是利用宏基因组能检测到菌剂的微生物组的集合加工成的制剂。

整合微生物组菌剂作为与单一微生物菌剂并行的微生物制剂，也必须对其功能进行研究。引进微生物组、物质组分析技术，构建肉汤实验体系（即使用 10% 猪肉打浆形成肉汤实验体系）设计功能试验，添加芽胞杆菌单一菌剂、放线菌单一菌剂、整合微生物组菌剂，采用清水对照，进行平行试验；肉汤实验过程可培养微生物菌群的分析、微生物组结构的宏基因组分析、产酶系统的分析、发酵过程物质组变化的分析等，揭示整合微生物组菌剂的功能作用。

添加菌剂对肉汤实验可培养细菌群落影响

一、概述

将新鲜猪肉做成肉浆培养基，肉汤内含有蛋白质、脂肪、淀粉等营养物质和固有微生物等，不灭菌，猪肉内固有微生物菌种作为对照处理，外加菌种 1# 解淀粉芽胞杆菌菌剂、2# 链霉菌剂组、3# 整合微生物组菌剂，4# 用清水做对照，放入 30℃摇床培养，每 2 天取一次样，测定可培养微生物菌群等，分析添加不同菌种对肉汤实验的影响。

二、研究方法

1．实验材料

肉汤培养基为 10% 猪肉悬液；1# 解淀粉芽胞杆菌菌剂，2# 链霉菌剂组，3# 整合微生物组菌剂；LB 培养基配方为胰蛋白胨 10g/L，氯化钠 10g/L，酵母粉 5g/L。NaOH 调整 pH 值到 7，加 1.5% 琼脂，121℃，高压灭菌 20min，于超净台倒平板，待用。

试验仪器：试管、锥形瓶、移液枪、涂布棒、培养皿、振荡器、培养箱、摇床、超净台、高压蒸汽灭菌锅等。

2．实验方法

（1）接种菌剂　接种菌剂采用了 3 种（图 4-1）：a. 羽毛菌剂，作为 g1 组，采用解淀粉芽胞杆菌（*Bacillus amyloliquefaciens*）粉剂，胞子含量 100×10^8 CFU/g，具有较强的糖类降解和蛋白质转化能力，常用于动物羽毛的降解，故称羽毛菌剂；b. 药渣菌剂，作为 g2 组，采用链霉菌剂（*Streptomyces actuosus*）组发酵产生发酵液干燥物，故称药渣菌剂，内含 3% 那西肽（nosiheptide），是含硫多肽类抗生素家族中的一个新成员，具有较强的抑菌作用；c. 整合菌剂，作为 g3 组，由微生物发酵床生产的整合微生物组菌剂产品，简称整合菌剂，每克样品含有 870 种细菌，含量 $> 200 \times 10^8$ CFU/g，具有较好的发酵作用。将空白对照作为 g4 组，添加等量的清水作为空白对照。不同的试验进行了不同的编号，羽毛菌剂（g1）也称作 1#T，药渣菌剂（g2）也称作 2#T，整合菌剂（g3）也称作 3#T，空白对照（g4）也称作 1#C，样本编号对照见表 4-1。

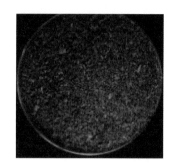

(a) 羽毛菌剂　　　　　　　　(b) 药渣菌剂　　　　　　　　(c) 整合菌剂

图4-1　接种菌剂产品外观

表4-1　肉汤实验发酵过程实验样本编号对照

采集时间	采样时间	分组编号			
		g1羽毛菌剂	g2药渣菌剂	g3整合菌剂	g4空白对照
		编号别名			
		1#T	2#T	3#T	1#C
2017-06-24	第1天采样	1_0_T	2_0_T	3_0_T	1_0_CK
2017-06-25	第2天采样	1_2_T	2_2_T	3_2_T	1_2_CK
2017-06-27	第4天采样	1_4_T	2_4_T	3_4_T	1_4_CK
2017-06-29	第6天采样	1_6_T	2_6_T	3_6_T	1_6_CK
2017-07-01	第8天采样	1_8_T	2_8_T	3_8_T	1_8_CK
2017-07-03	第10天采样	1_10_T	2_10_T	3_10_T	1_10_CK
2017-07-05	第12天采样	1_12_T	2_12_T	3_12_T	1_12_CK
2017-07-07	第14天采样	1_14_T	2_14_T	3_14_T	1_14_CK
2017-07-09	第16天采样	1_16_T	2_16_T	3_16_T	1_16_CK

（2）肉汤悬液制备　肉汤培养基制作，称取10g猪瘦肉组织捣碎后，加入水搅拌均匀定容至100mL，配成10%浓度猪肉悬液，肉汤内含有蛋白质、脂肪酸、淀粉、纤维素等丰富的微生物营养物质，作为接种发酵的培养基。

（3）肉汤实验　用250mL三角瓶，装肉汤100mL，分别添加2g的g1羽毛菌剂（解淀粉芽胞杆菌菌剂）、g2药渣菌剂（链霉菌剂组）、g3整合菌剂（整合微生物组菌剂），g4空白对照添加等量清水，每组重复8次（便于取样），置于30℃摇床上，180r/min振荡培养。取样从当天开始，每隔2天取样一次（第1天、第2天、第4天、第6天、第8天、第10天、第12天、第14天和第16天），分别取样4个处理（g1、g2、g3、g4），-80℃冻存供后续分析。

（4）细菌分离　分别于第1天、第2天、第4天、第6天、第8天、第10天、第12天、第14天和第16天，每组各取一个样品。平板涂布，超净台上无菌操作，用1mL移液枪吸取1mL10⁻¹稀释度的猪肉悬液至9mL蒸馏水试管中，在振荡器上振荡10s，即制备成10^{-2}稀释度，依此类推，依次稀释成10^{-3}、10^{-4}、10^{-5}、…选取合适稀释度，吸取100μL猪肉悬液至平板上，溶液滴至平板中央，用涂布棒涂匀并静置1h，使溶液完全渗透进平板中。每个梯度重复2次。细菌培养，将涂好的平板用塑料袋装好倒置于恒温箱中30℃培养2d；计数，统计培养平板上菌落数，算出同一稀释度的菌落平均数，按下面公式计算：

每毫升猪肉悬液中微生物的数量＝同一稀释度的菌落平均数 × 稀释倍数×10/含菌样品质量（g）

纯化菌株，采取平板划线分离法，用接种环在无菌操作条件下挑取平板上的单菌落在新的平板培养基上划线，划线完毕后，盖上培养皿盖，倒置恒温 30℃培养。培养 2 ～ 3d，重复两次，一直到分离的菌株纯化为止。菌种保藏，对纯化菌种进行编号，对菌落形态拍照并保存。取 160mL LB 液体培养基与 40mL 甘油混合，即培养基∶甘油 =4∶1，121℃，20min 高压灭菌后超净台内分装于 1.8mL 保菌管中，每管 1mL，采用刮菌环刮取一定数量菌落，混匀。每个菌株保菌 3 管，于 –80℃冰箱保存。菌株鉴定，提取细菌总 DNA，利用细菌 16S rRNA 通用引物，PCR 扩增后测序，将所得序列在细菌序列比对网站 EZtaxon-e.ezbiocloud.net 上进行序列比对分析后，标明名称。

3．数据分析

实验数据利用 Excel 软件进行统计分析。通过绘制折线图比较各试验组总细菌数量的变化。分析比较前期（1 ～ 4d）、中期 (5 ～ 10d) 和后期（11 ～ 16d）各试验组可培养细菌优势菌群的变化。

三、可培养细菌分离

1．第1天肉汤实验细菌分离

肉汤实验当天接菌后 4 h，取样涂布见图 4-2。可以看出，羽毛菌剂（g1）生长的细菌菌落单一，数量众多；药渣菌剂（g2）、整合菌剂（g3）、空白对照（g4）细菌菌落稀少，数量较少，菌落数在 2 ～ 5 个之间。羽毛菌剂（g1）采用的是解淀粉芽胞杆菌，具有促进细菌菌落生长的效果。

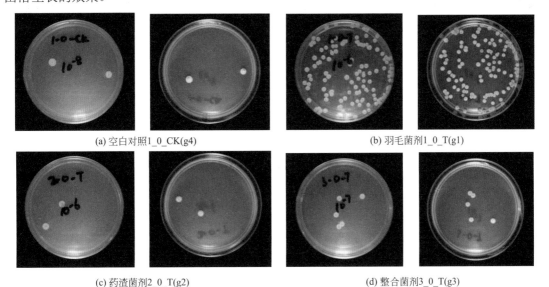

(a) 空白对照1_0_CK(g4)　　　　　　　　　　(b) 羽毛菌剂1_0_T(g1)

(c) 药渣菌剂2_0_T(g2)　　　　　　　　　　(d) 整合菌剂3_0_T(g3)

图4-2　第1天肉汤实验细菌分离

2．第2天肉汤实验细菌分离

肉汤实验接菌后第2天，取样涂布见图4-3。可以看出，各组细菌都生长起来，羽毛菌剂（g1）菌落与第1天比较，菌落类型增加，数量众多；药渣菌剂（g2）、整合菌剂（g3）、空白对照（g4）细菌菌落类型大幅度增加，数量众多。

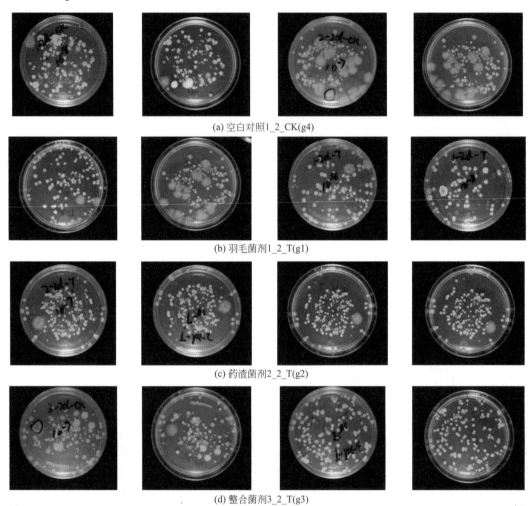

(a) 空白对照1_2_CK(g4)

(b) 羽毛菌剂1_2_T(g1)

(c) 药渣菌剂2_2_T(g2)

(d) 整合菌剂3_2_T(g3)

图4-3　第2天肉汤实验细菌分离

3．第4天肉汤实验细菌分离

肉汤实验接菌后第4天，取样涂布见图4-4。可以看出，各组细菌都生长起来，羽毛菌剂（g1）菌落与第2天比较，大型菌落类型增加，数量众多；药渣菌剂（g2）和空白对照（g4）细菌菌落总体趋同；整合菌剂（g3）细菌菌落数量下降，不同类型菌落数量增加。

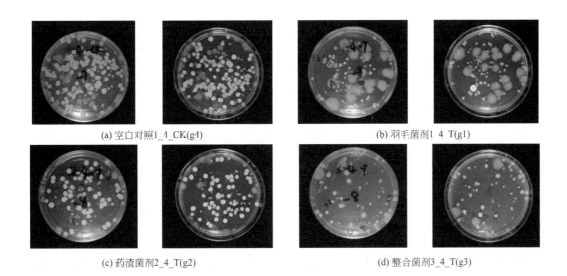

(a) 空白对照1_4_CK(g4)　　　　　　　　　(b) 羽毛菌剂1_4_T(g1)

(c) 药渣菌剂2_4_T(g2)　　　　　　　　　(d) 整合菌剂3_4_T(g3)

图4-4　第4天肉汤实验细菌分离

4．第6天肉汤实验细菌分离

肉汤实验接菌后第 6 天，取样涂布见图 4-5。可以看出，各组细菌数量下降，羽毛菌剂（g1）菌落与第 4 天比较，菌落类型单一，数量下降；药渣菌剂（g2）和空白对照（g4）细菌菌落总体趋同；整合菌剂（g3）细菌菌落单一，数量下降，增加了少量的不同类型菌落。

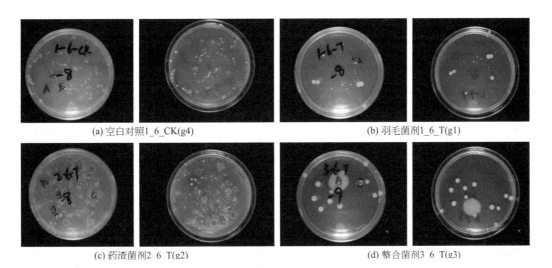

(a) 空白对照1_6_CK(g4)　　　　　　　　　(b) 羽毛菌剂1_6_T(g1)

(c) 药渣菌剂2_6_T(g2)　　　　　　　　　(d) 整合菌剂3_6_T(g3)

图4-5　第6天肉汤实验细菌分离

5．第8天肉汤实验细菌分离

肉汤实验接菌后第 8 天，取样涂布见图 4-6。可以看出，不同处理组细菌数量增减不一，羽毛菌剂（g1）菌落与第 6 天比较，菌落类型单一，数量有所上升，预示着微生物新周期的到来；药渣菌剂（g2）具有较强的抑菌作用，细菌菌落单一化，数量进一步减少；空白对照

（g4）细菌菌落小幅增加；整合菌剂（g3）细菌菌落类型增加，数量大幅度上升。

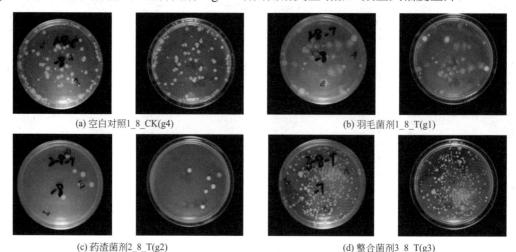

(a) 空白对照1_8_CK(g4)　　　　　　　　　　(b) 羽毛菌剂1_8_T(g1)

(c) 药渣菌剂2_8_T(g2)　　　　　　　　　　(d) 整合菌剂3_8_T(g3)

图4-6　第8天肉汤实验细菌分离

6. 第10天肉汤实验细菌分离

肉汤实验接菌后第 10 天，取样涂布见图 4-7。可以看出，不同处理组细菌数量增减不一，羽毛菌剂（g1）菌落与第 8 天比较，菌落类型增加，数量大幅上升，预示着微生物新峰值的到来；药渣菌剂（g2）具有较强的抑菌作用，细菌菌落类型增加，数量进一步增加；空白对照（g4）细菌菌落变得单一，数量大幅下降；整合菌剂（g3）细菌大型菌落类型增加，总体数量下降。可以看到不同处理组微生物生长处于不同阶段。

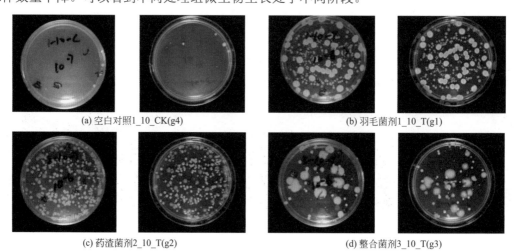

(a) 空白对照1_10_CK(g4)　　　　　　　　　　(b) 羽毛菌剂1_10_T(g1)

(c) 药渣菌剂2_10_T(g2)　　　　　　　　　　(d) 整合菌剂3_10_T(g3)

图4-7　第10天肉汤实验细菌分离

7. 第12天肉汤实验细菌分离

肉汤实验接菌后第 12 天，取样涂布见图 4-8。可以看出，不同处理组细菌数量增减不一，羽毛菌剂（g1）菌落与第 10 天比较，菌落类型略减，数量略减，预示着微生物数量下降；药渣菌剂（g2）具有较强的抑菌作用，细菌菌落类型和数量进一步下降；空白对照（g4）细菌菌落变得单一，数量维持低位；整合菌剂（g3）细菌大型菌落类型增加，总体数量增加。可以看到不同处理组微生物生长处于不同阶段。

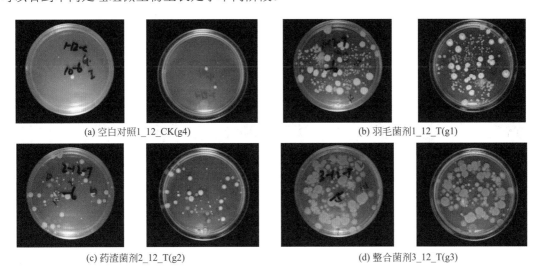

(a) 空白对照1_12_CK(g4)　　　　　　　　(b) 羽毛菌剂1_12_T(g1)

(c) 药渣菌剂2_12_T(g2)　　　　　　　　(d) 整合菌剂3_12_T(g3)

图4-8　第12天肉汤实验细菌分离

8.第14天肉汤实验细菌分离

肉汤实验接菌后第 14 天，取样涂布见图 4-9。可以看出，不同处理组细菌数量增减不一，羽毛菌剂（g1）菌落与第 12 天比较，菌落类型略增，数量略增，预示着微生物数量波动；药渣菌剂（g2）具有较强的抑菌作用，细菌菌落类型和数量有上升趋势；空白对照（g4）细菌菌落类型增加，数量大幅上升，预示着新的微生物峰值到来；整合菌剂（g3）细菌大型菌落类型略减，总体数量略减，微生物群落数量动态下降。可以看到不同处理组微生物生长处于不同阶段。

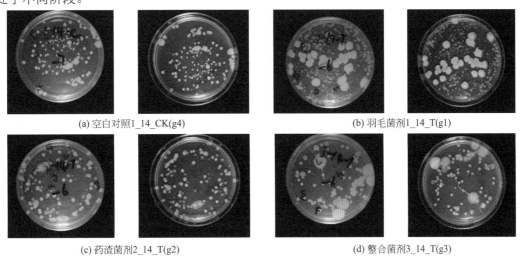

(a) 空白对照1_14_CK(g4)　　　　　　　　(b) 羽毛菌剂1_14_T(g1)

(c) 药渣菌剂2_14_T(g2)　　　　　　　　(d) 整合菌剂3_14_T(g3)

图4-9　第14天肉汤实验细菌分离

9．第16天肉汤实验细菌分离

肉汤实验接菌后第 16 天，取样涂布见图 4-10。可以看出，不同处理组细菌数量增减不一，羽毛菌剂（g1）菌落与第 14 天比较，菌落类型和数量维持小幅波动，预示着微生物数量波动；药渣菌剂（g2）具有较强的抑菌作用，细菌菌落类型和数量呈上升趋势；空白对照（g4）细菌菌落类型增加，数量大幅上升，预示着新的微生物峰值到来；整合菌剂（g3）细菌大型菌落类型略减，总体数量略减，微生物群落数量进一步动态下降。可以看到不同处理组微生物生长处于不同阶段。

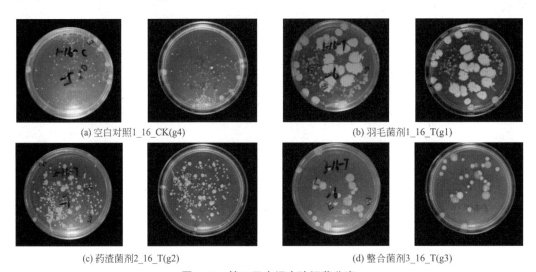

(a) 空白对照1_16_CK(g4)　　　　　　　　　　(b) 羽毛菌剂1_16_T(g1)

(c) 药渣菌剂2_16_T(g2)　　　　　　　　　　(d) 整合菌剂3_16_T(g3)

图4-10　第16天肉汤实验细菌分离

四、可培养细菌鉴定

1．发酵过程细菌优势种分离

（1）菌落选择　在肉汤实验发酵过程中各处理组不同时间在平板上长出许多形态各异的菌落，如图 4-11 所示。图 4-11 为各种类细菌第一次出现所在组别平板涂布图。由图 4-11 可知，各菌落大小、颜色、表面、透明度、干湿情况、数量都存在很大差异。细菌 B 出现于第 0 天，细菌 A、C、D、E、F、G 于第 2 天时出现，细菌 H、I 出现于第 4 天，细菌 J 出现于第 8 天，细菌 K、L、M 出现于第 10 天，细菌 N、O 出现于第 14 天。说明不同时间段不同试验组间细菌的种类各不相同。

（2）菌落形态　根据不同的菌落形态特征，从不同浓度的稀释液在 LB 培养基平板上长出的菌落中辨别出不同的菌落形态特征，分别挑取每种菌落，在新的 LB 培养基平板上进行纯化，至完全纯化后再进行保存。菌落形态特征见表 4-2，细菌纯化形态见图 4-12。

由表 4-2 可知，各菌株菌落形态各异，形状多为圆形，颜色以白色和淡黄色为主，均不透明。根据菌落形态，此次共分离得到 15 株菌。

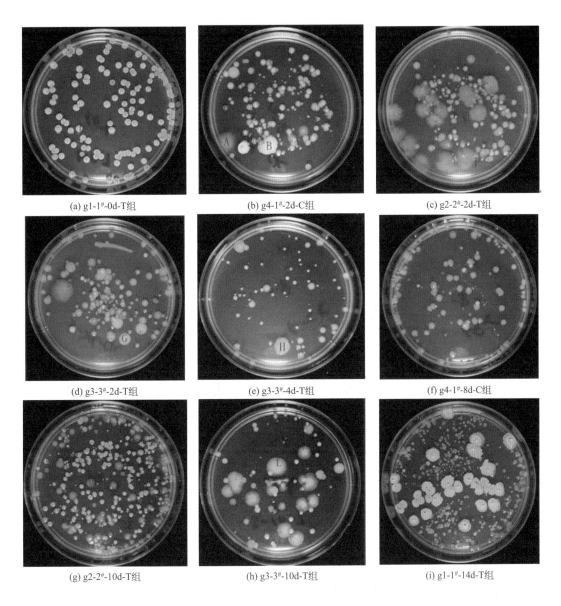

(a) g1-1#-0d-T组　　　　(b) g4-1#-2d-C组　　　　(c) g2-2#-2d-T组

(d) g3-3#-2d-T组　　　　(e) g3-3#-4d-T组　　　　(f) g4-1#-8d-C组

(g) g2-2#-10d-T组　　　　(h) g3-3#-10d-T组　　　　(i) g1-1#-14d-T组

图4-11　肉汤实验悬浮液细菌分离菌落选择

表4-2　菌落形态特征

菌株序号	菌株编号	大小	形状	颜色	边缘	表面	高度	透明度	干湿
A	FJAT-47320	大	不规则，成片状	淡黄绿色，发荧光	整齐	光滑	扁平	不透明	湿润
B	FJAT-47321	大	圆	白	粗糙	粗糙	突起	不透明	干燥
C	FJAT-47322	小	圆	黄	整齐	光滑	突起	不透明	湿润
D	FJAT-47323	小	圆	淡黄	整齐	光滑	扁平	不透明	湿润
E	FJAT-47324	中	圆	淡黄	光滑	光滑	突起	不透明	湿润

菌株序号	菌株编号	大小	形状	颜色	边缘	表面	高度	透明度	干湿
F	FJAT-47325	中	圆	淡黄	粗糙	粗糙	扁平	不透明	湿润
G	FJAT-47326	中	圆	白	光滑	光滑	突起	不透明	湿润
H	FJAT-47327	中	圆	白	光滑	光滑	扁平	不透明	黏稠
I	FJAT-47328	小	圆	白	光滑	光滑	扁平	不透明	湿润
J	FJAT-47329	中	圆	米白	波形	突起	扁平	不透明	黏稠
K	FJAT-47330	中	圆	金黄	整齐	光滑	突起	不透明	湿润
L	FJAT-47331	大	圆	白	粗糙	光滑	扁平	不透明	黏稠
M	FJAT-47332	中	圆	橘黄	整齐	粗糙	突起	不透明	黏稠
N	FJAT-47333	小	圆	亮黄	整齐	光滑	光滑	不透明	湿润
O	FJAT-47334	小	圆	白	光滑	光滑	扁平	不透明	湿润

(a) 菌株FJAT-47320平板纯化图

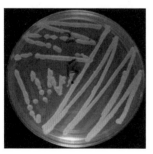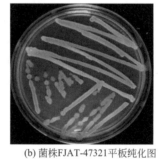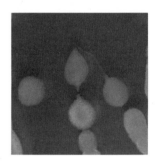

(b) 菌株FJAT-47321平板纯化图

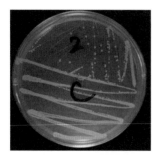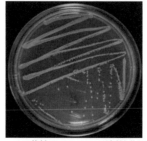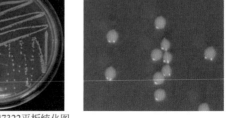

(c) 菌株FJAT-47322平板纯化图

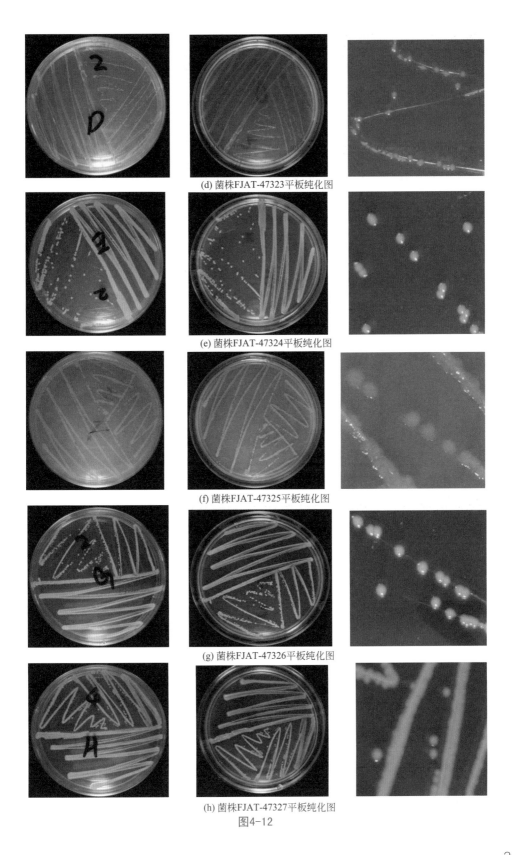

(d) 菌株FJAT-47323平板纯化图

(e) 菌株FJAT-47324平板纯化图

(f) 菌株FJAT-47325平板纯化图

(g) 菌株FJAT-47326平板纯化图

(h) 菌株FJAT-47327平板纯化图

图4-12

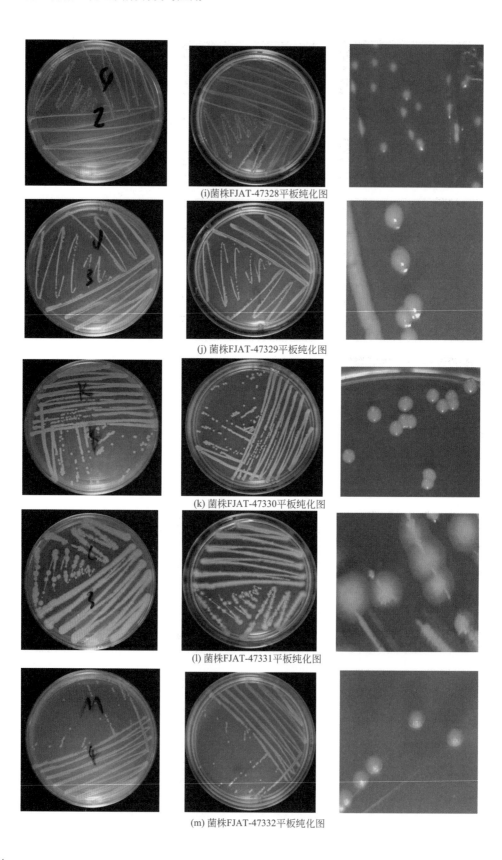

(i) 菌株FJAT-47328平板纯化图

(j) 菌株FJAT-47329平板纯化图

(k) 菌株FJAT-47330平板纯化图

(l) 菌株FJAT-47331平板纯化图

(m) 菌株FJAT-47332平板纯化图

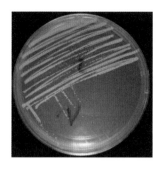
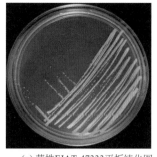
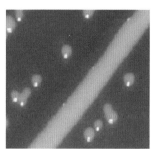

(n) 菌株FJAT-47333平板纯化图

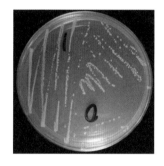
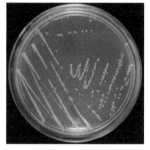
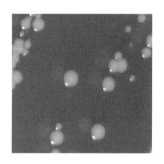

(o) 菌株FJAT-47334平板纯化图

图4-12　细菌纯化形态

（3）种类鉴定　肉汤实验的4个处理，分离鉴定了15种细菌优势种（表4-3），分属于
γ-变形菌纲、芽胞杆菌纲、拟杆菌纲、放线菌纲4个纲细菌，其中，芽胞杆菌纲7种、γ-
变形菌纲5种、放线菌纲2种、拟杆菌纲1种。

表4-3　肉汤实验发酵过程细菌菌株分离鉴定

菌株序号	菌株编号	细菌纲	种名	16S rRNA相似性/%
A	FJAT-47320	γ-变形菌纲	铜绿假单胞菌（*Pseudomonas aeruginosa*）	99.93
B	FJAT-47321	芽胞杆菌纲	暹罗芽胞杆菌（*Bacillus siamensis*）	99.93
C	FJAT-47322	芽胞杆菌纲	溶酪巨球菌（*Macrococcus caseolyticus*）	100
D	FJAT-47323	芽胞杆菌纲	托氏漫游球菌（*Vagococcus teuberi*）	98.95
E	FJAT-47324	γ-变形菌纲	摩氏摩尔根氏菌（*Morganella morganii*）	99.36
F	FJAT-47325	芽胞杆菌纲	托氏漫游球菌（*Vagococcus teuberi*）	98.88
G	FJAT-47326	芽胞杆菌纲	银白色葡萄球菌（*Staphylococcus argenteus*）	99.93
H	FJAT-47327	γ-变形菌纲	奇异变形菌（*Proteus mirabilis*）	99.93
I	FJAT-47328	芽胞杆菌纲	格氏乳球菌（*Lactococcus garvieae*）	100
J	FJAT-47329	γ-变形菌纲	水原类产碱菌（*Paenalcaligenes suwonensis*）	99.86
K	FJAT-47330	拟杆菌纲	黏液威克斯氏菌（*Weeksella virosa*）	98.27
L	FJAT-47331	芽胞杆菌纲	土地芽胞杆菌（*Bacillus terrae*）	99.01
M	FJAT-47332	γ-变形菌纲	粪产碱菌（*Alcaligenes faecalis*）	100
N	FJAT-47333	放线菌纲	浅黄短杆菌（*Brevibacterium luteolum*）	99.64
O	FJAT-47334	放线菌纲	速生明亮杆菌（*Leucobacter celer*）	97.9

2. 细菌中国新纪录种发现

肉汤实验发酵过程，对照组和处理组 0 ~ 16d 共分离到 15 株细菌，经 16S rRNA 鉴定，A ~ O 代表菌株名称如表 4-3 所列。其中，分离到的 6 个种类国内研究未见报道，为中国新纪录种。这 6 个种的来源如下。

（1）水原类产碱菌 *Paenalcaligenes suwonensis* 韩国科学家 Moon 等（2014）从栽培的菇废渣中分离到一株菌株 ABC02-12^T。该菌株为好氧菌株，革兰氏染色阴性，过氧化氢酶和氧化酶阳性，不形成芽胞和鞭毛，最佳生长条件为 pH7.0，生长温度为 28℃。16S rRNA 基因序列分析表明，该基因序列与人类产碱菌 *Paenalcaligenes hominis* CCUG 53761A^T 相似性为 96.0%、与粪产碱菌副粪亚种 *Alcaligenes faecalis* subsp. *parafaecalis* GT 相似性为 95.7%、与粪产碱菌粪亚种 *Alcaligenes faecalis* subsp. *faecalis* IAM 12369^T 相似性为 95.4%、与诺氏极小单胞菌 *Pusillimonas noertemannii* BN9^T 相似性为 95.3%。根据系统发育树，ABC02-12^T 与人类产碱菌 *Paenalcaligenes hominis* CCUG 53761A^T 和水虻类产碱菌 *Paenalcaligenes hermetiae* KBL009^T 形成了一个独特的聚类。该菌的醌体系为含有少量 Q-7 的泛醌 Q-8。主要脂肪酸（> 5% 脂肪酸）为 $C16:0$,$C16:1\ \omega6c$ 和 / 或 $C16:1\ \omega7c$（综合特征 3），$C18:1\ \omega7c$ 和 / 或 $C18:1\ \omega6c$（综合特征 8），$C17:0$ cyclo 和 iso-$C16:1$ I，$C14:0$；极性脂类包括磷脂酰乙醇胺、磷脂酰甘油、二磷脂酰甘油和一种未知的氨基脂类。腐胺是主要的多胺，还有少量的 2- 羟基腐胺和尸胺。基于本研究的证据，菌株 ABC02-12^T 是类产碱菌属（*Paenalcaligenes*）中的一个新物种，将其命名为水原类产碱菌（*Paenalcaligenes suwonensis* sp. nov.）。菌株为 ABC02-12^T（= KACC 16537^T = NBRC 108927^T）。该菌在国内未见研究报道，首次分离出来。

（2）托氏漫游球菌（*Vagococcus teuberi*） 瑞士科学家 Wullschleger 等（2018）从自发发酵的马里酸奶中分离出 10 株漫游球菌属（*Vagococcus*）菌株。而这些分离株经 16S rRNA 基因序列比较，不属于同一个物种，对其进行了进一步鉴定。对分离株进行 Rep-PCR 指纹图谱分析，得到 4 个菌株群，分别为 CG-21^T（=DSM 21459^T）、24CA、CM21 和 9H。DSM 21459^T 的 16S rRNA 基因与最接近的对虾游球菌（*Vagococcus penaei*）的序列同源性为 97.9%。在 4 个代表菌株中，DSM 21459^T 和 24CA 的 16S rRNA 基因序列同源性最高，为 99.6%，而 DSM 21459^T 和 CM21 以及 9H 的相似性为 98.6% ~ 98.8%，因此，进一步对 DSM 21459^T 和 24CA 进行多相分类，DSM 21459^T 菌株 G + C 摩尔分数为 34.1%，DSM 21459^T 对 bH819、对虾游球菌 CD276^T 的 ANI（average nucleotide identity）分别为 72.88% 和 72.63%；DSM 21459^T 与其他漫游球菌属菌株的 DNA-DNA 杂交 (DDH) 相似性为 42.0%。ANI 和 DDH 的发现有力地支持了 16S rRNA 基因系统发育树的描述。DSM 21459^T 的脂肪酸类型为棕榈酸（$C16:0$, 24.5%）、油酸（$C18:1\omega9c$, 32.8%）、硬脂酸（$C18:0$, 18.9%）。DSM 21459^T 和 24CA 的一般生理特征与漫游球菌属的一致。因此认为 DSM 21459^T 及其他菌株属于一个新种，并建议将其命名为托氏漫游球菌（*Vagococcus teuberi* sp. nov.）。标准菌株为 CG-21^T（=DSM 21459^T 和 LMG 24695^T）。该菌在国内未见研究报道，首次分离出来。

（3）黏液威克斯氏菌（*Weeksella virosa*） 英国科学家 Holmes 等（1986）从人类临床标本中分离到 29 个同类菌株，其中泌尿生殖道是最常见的来源，提出了一新属 *Weeksella* 和一新种 *Weeksella virosa*。对新种的 29 个菌株检测了 129 种特性，包括 58 种酶反应 (API

ZYM 系统）。这些细菌是杆状的，需氧的，革兰氏阴性的，不动的，不糖化的。5 株典型菌株 DNA 中 G+C 的平均摩尔分数为（37.3±0.5）%。9 株的 16S rRNA 与标准菌株 9751(= NCTC 11634) 的相关性为 96% ～ 100%。*Weeksella virosa* Holmes et al.1987 在国内未见研究报道，首次分离出来。

（4）土地芽胞杆菌（*Bacillus terrae*）　西班牙科学家 Díez-Méndez 等（2017）从西班牙岩蔷薇 (*Cistus ladanifer* L.) 根际中分离到一株名为 RA9[T] 的细菌。基于 16S rRNA 基因序列的系统发育分析表明，该菌株属于芽胞杆菌属，其近亲为休闲地芽胞杆菌 *B. fortis* R-6514[T] 和福氏芽胞杆菌 *B. fordii* R-7190[T]，二者相似性为 98.2%。DNA-DNA 杂交研究表明，菌株 RA9[T] 与 *B. fortis* 和 *B. fordii* 的平均值分别为 29% 和 30%。菌株为革兰氏染色阳性，具有运动性和产胞特性；过氧化氢酶、氧化酶阳性；明胶、淀粉和酪蛋白不被水解。仅检测到 MK-7，主要脂肪酸为 iso-c15：0 和 anteiso-c15：0。极性脂质包括二磷脂酰甘油、磷脂酰甘油、磷脂酰乙醇胺、一种未识别的氨基磷脂、一种未识别的磷脂、一种未识别的糖脂和一种未识别的脂质。肽聚糖中检出二氨基庚二酸。G+C 摩尔分数为 43.1%。系统发育、化学分类学和表型分析表明，菌株 RA9[T] 应被认为是芽胞杆菌属的一个新种，建议将其命名为土地芽胞杆菌（*Bacillus terrae* sp. nov.）。标准菌株为 RA9[T] (=LMG 29736[T]= CECT 9170[T])。该菌在国内未见研究报道，首次分离出来。

（5）浅黄短杆菌（*Brevibacterium luteolum*）　比利时科学家 Wauters 等（2003）从临床标本和环境来源样本分离的 4 株棒状形状杆菌，从表型和化学分类学特征上看均属于短杆菌属（*Brevibacterium*）的细菌，其 16S rRNA 基因序列与炎症短杆菌（*Brevibacterium otitidis*）密切相关，相关性为 98.5% ～ 99.0%。其中一个菌株 (CF87[T]) 的 DNA-DNA 杂交结果显示，与炎症短杆菌（*B. otitidis*）DSM 10718[T] 菌株的亲缘度仅为 59.6%，与分离的 4 株的亲缘度分别为 75% ～ 82%。从细胞脂肪酸组成和某些表型特征可以将其中的 3 株菌株与炎症短杆菌区分开来。结果表明，这 4 个菌株属于同一个新种，将其命名为浅黄短杆菌（*Brevibacterium luteolum* sp. nov.）。标准菌株为 CF87[T] (=DSM 15022[T]=CCUG 46604[T])。该菌在国内未见研究报道，首次分离出来。

（6）速生明亮杆菌（*Leucobacter celer*）　韩国科学家 Shin 等（2011）从一种由比目鱼制成的传统韩国发酵海鲜中分离出菌株，该菌具有革兰氏阳性、需氧、杆状、不活动的特点，菌株命名为 NAL101[T]，生长条件为 4 ～ 45.6℃、pH5 ～ 10 和 0 ～ 12% NaCl。最适生长条件为 30 ～ 37℃、pH8 和 0 ～ 1% NaCl。细胞壁氨基酸为 2,4- 二氨基丁酸、丙氨酸、甘氨酸、苏氨酸和谷氨酸，主要脂肪酸为 anteiso-c15：0、iso-c16：0 和 anteiso-c17：0；主要的醌类为 MK-11；主要的极性脂质是二磷脂酰甘油、磷脂酰甘油和一种未知的糖脂。NAL101[T] 菌株的 16S rRNA 基因序列与最接近的摇蚊白杆菌（*Leucobacter chironomi*）MM2LBT 基因序列相似性为 97.7%。DNA G+C 摩尔分数为 68.8%，与密切相关菌株的 DNA-DNA 杂交值为 22%。基于 16S rRNA 基因序列的系统发育分析及其生理生化特性差异表明，NAL101[T] 菌株是微细菌科白线杆菌属的一个新种，并因此命名为速生明亮杆菌（*Leucobacter celer* sp. nov.）。标准菌株为 NAL101[T]=(5KACC 14220[T]=5JCM 16465[T])。该菌在国内未见研究报道，首次分离出来。

3．细菌优势种研究状况

（1）溶酪巨球菌（*Macrococcus caseolyticus*）　关于溶酪巨球菌有过许多的报道。吴燕涛等（2011）分析了内源性发酵剂溶酪巨球菌发酵广式腊肠的风味物质成分；陈奇辉（2011）在小溪自然保护区非盐环境的土壤嗜盐和耐盐菌中，发现了溶酪巨球菌；孙为正等（2009）发现接种葡萄球菌和巨球菌可以降低广式腊肠亚硝酸盐残留量，并影响其色泽的形成；吴燕涛等（2008）发现分离自广式腊肠的调料葡萄球菌（*Staphylococcus condimenti*）和溶酪巨球菌影响腊肠中蛋白质的水解程度。

（2）摩氏摩尔根氏菌（*Morganella morganii*）　关于摩氏摩尔根氏菌有过许多研究，它主要为动物条件病原菌。杨移斌等（2018）从乌鳢（*Channa argus*)中分离到摩氏摩尔根氏菌，并对其进行了鉴定和药敏特性分析；陈永亮等（2015）报道了鳖源摩氏摩尔根氏菌分离、鉴定及药敏特性分析；李雪峰等（2015）报道了鲈鱼摩氏摩尔根氏菌的鉴定及药敏试验；李瑞伟等（2014）报道了患病大鲵摩氏摩尔根氏菌的分离与鉴定；孔蕾等（2013）报道了中华鳖（*Pelodiscus sinensis*)摩氏摩尔根氏菌的鉴定及致病性研究；许赞焕等（2012）报道了鼋摩氏摩尔根氏菌的鉴定及致病性；黎小正等（2010）报道了黄喉拟水龟摩氏摩尔根氏菌的分离鉴定及系统发育分析；赵耘等（2010）报道了袋鼠摩尔根氏菌生物特性鉴定及系统发育分析；朱晓艳（2009）研究了摩氏摩尔根氏菌噬菌体 MmP1 内溶素基因预测、克隆、表达及生物学活性；张鹏华等（2007）和卢燕（2006）报道了摩氏摩尔根氏菌 J-8 羰基不对称还原酶的分离纯化及性质。

（3）奇异变形菌（*Proteus mirabilis*）　关于奇异变形菌有过许多研究，它为动物条件致病菌。马婷婷等（2017）报道了猪源奇异变形菌的分离鉴定及其毒力的测定；杨文腰等（2016）报道了奇异变形菌 - 金黄色葡萄球菌 - 铜绿假单胞菌吸附联合疫苗的制备及其对小鼠的保护效果；刘燕云（2016）研究了奇异变形菌与 A 亚群禽白血病病毒在无特定病原（SPF）鸡中共感染；石晓路（2016）报道了致腹泻奇异变形菌毒力因子研究及应用；黄璇（2014）报道了水貂奇异变形菌分离鉴定及其 *OMPA* 基因克隆与原核表达；崔国林等（2013）报道了山羊奇异变形菌分离鉴定及其 16S ～ 23S rRNA ISR 序列限制性酶切片段长度多态性（RFLP）分析；王慧（2011）报道了鸡奇异变形菌致病性相关毒素检测及 PCR 检测方法的建立；朱明华（2010）报道了鸡奇异变形菌的分离鉴定及生物学特性。

（4）格氏乳球菌（*Lactococcus garvieae*）　关于格氏乳球菌有过报道，它为动物益生菌。付娜娜等（2014）报道了格氏乳球菌促进小鼠生长的研究；刘姗和高玉荣（2013）报道了格氏乳球菌素 LG34 生物稳定性；陈明等（2013）报道了基于 16S rRNA 基因与相关基因序列分析格氏乳球菌亲缘关系；房海等（2007）报道了格氏乳球菌分离株的血清同源性及血清学检验；房海等（2006）报道了牙鲆格氏乳球菌感染症及其病原。

（5）粪产碱菌（*Alcaligenes faecalis*）　关于粪产碱菌有过报道，它为异养硝化细菌。黄源生（2017）报道了粪产碱菌（*Alcaligenes faecalis*）NR 脱氮功能基因及其在好氧生物转盘反应器中的应用；陈青云等（2015）报道了高效粪产碱菌 *Alcaligenes faecalis* Ni3-1 的分离及其脱氨特性研究；吕清浩（2015）报道了粪产碱菌 *Alcaligenes faecalis* NR 氮代谢途径的研究；方海洋等（2015）报道了异养硝化 - 好氧反硝化菌粪产碱菌的脱氮特性；高之蕾等（2015）报道了 2 株桃树粪产碱菌对根癌病的抑制作用；叶君（2014）报道了 *Alcaligenes faecalis* NR 异养脱氮性能及其代谢途径初探；安强等（2012）报道了粪产化菌 *Alcaligenes faecalis* NR 的硝化性能及其酶活性；方宣钧等（1995）报道了固氮粪产碱菌表面基团与水稻根系黏质的相互作用；林敏和尤崇杓（1994）报道了粪产碱菌对稻根氧化还原特性及水稻多元酚和内根际激素水平的影响。

五、不同菌剂对可培养细菌群落数量变化的影响

1.添加芽胞菌剂的影响

肉汤实验分为两组，一组添加 2% 的芽胞菌剂（g1）（解淀粉芽胞杆菌），另一组添加清水作为对照（g4），添加后第 1 天开始采样，而后每 2 天采样一次，共采样 9 次，用平板稀释计数法计算细菌菌落总量，比较处理组和对照组细菌群落生长的情况。试验结果见表 4-4、图 4-13。肉汤实验添加芽胞菌剂（解淀粉芽胞杆菌）及其清水对照，细菌群落总量变化趋势为第 1 天处理组和对照组群落总量相近，处于较低水平（$11\times10^7 \sim 20\times10^7$CFU/g），随着时间进程，到第 2 天群落数量增加，g1 组增加幅度大于 g4 组，表明添加芽胞菌剂起到一定的作用，第 4 天两组群落数量有所回落，预示着微生物生长周期的变动，第 6 天两组群落数量冲上峰值（$> 5500\times10^7$CFU/g），随后 g4 空白对照组群落数量迅速下降，而 g1 芽胞菌剂组群落数量下降幅度较小，表现出芽胞菌剂添加的差异，延迟峰值下降的速率，10 天后两组群落数量急剧下降到最低水平（$0.45\times10^7 \sim 24\times10^7$CFU/g），一直维持到实验结束。芽胞菌组细菌群落动态方程为 $y（g1）=-10.171x^6 + 293.52x^5-3249.2x^4 + 17333x^3-46264x^2+58832x-26839$（$R^2=0.8311$）；空白对照组细菌群落动态方程为 $y（g4）=-2.5838x^6+65.208x^5-589.88x^4+2261.8x^3-3351.2x^2+1709.4x+39.083$（$R^2 =0.5328$）。

表4-4　肉汤实验添加芽胞菌剂（g1）（解淀粉芽胞杆菌）及清水对照细菌群落数量变化

处理	不同发酵时间细菌群落数量/（10^7CFU/g）								
	1d	2d	4d	6d	8d	10d	12d	14d	16d
空白对照组（g4）	20	1340	420	5570	900	8	0.7	120	0.45
芽胞菌剂组（g1）	11.2	1700	870	5720	5300	19.8	22	24	11.9

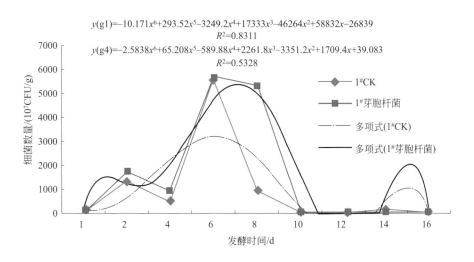

图4-13　肉汤实验添加芽胞菌剂（解淀粉芽胞杆菌）（g1）及清水对照细菌群落数量变化

2．添加链霉菌剂的影响

肉汤实验分为两组，一组添加 2% 的链霉菌剂（g2）（链霉菌剂组），另一组添加清水作为对照（g4），添加后第 1 天开始采样，之后每 2 天采样一次，共采样 9 次，用平板稀释计数法计算细菌菌落总量，比较处理组和对照组细菌群落生长的情况。试验结果见表 4-5、图 4-14。肉汤实验添加链霉菌剂（g2）（链霉菌剂组）及其清水对照，细菌群落总量变化趋势为：两组处理细菌群落动态趋势相近，似乎链霉菌剂添加没有影响细菌群落变化动态；第 1 天处理组和对照组群落总量相近，处于较低水平（$20×10^7$CFU/g），随着时间进程，到第 2 天群落数量增加，g1 组和 g4 组增加的幅度相近，表明添加链霉菌剂不影响群落动态，第 4 天两组群落数量上升，预示着微生物生长周期的变动，第 6 天两组群落数量冲上峰值（$> 5000×10^7$CFU/g），随后 g1 和 g4 组群落数量迅速下降，第 8 天群落数量下降到低谷（$<570×10^7$CFU/g），第 10 天后两组群落数量急剧下降到最低水平（$0.5×10^7 \sim 133×10^7$CFU/g），一直维持到实验结束。链霉菌剂组（g2）和空白对照组（g4）细菌群落动态方程为：$y= 2.3614x^6-87.725x^5+1262.4x^4-8817.2x^3+30437x^2-46553x+23870$（$R^2=0.6151$）。

表4-5　肉汤实验添加链霉菌剂（g2）（链霉菌剂组）及清水对照细菌群落数量变化

处理	不同发酵时间细菌群落数量/（10^7CFU/g）								
	1d	2d	4d	6d	8d	10d	12d	14d	16d
空白对照组（g4）	20	85	1110	5360	570	95.2	112	18.7	0.5
链霉菌剂组（g2）	20	122	1130	5560	170	19.2	2.8	7.95	133

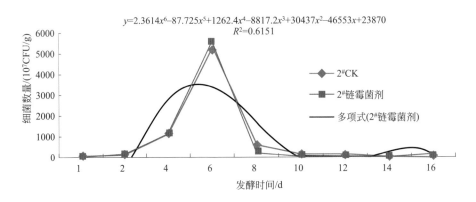

图4-14　肉汤实验添加链霉菌剂（g2）及清水对照细菌群落数量变化

3．添加整合菌剂的影响

肉汤实验分为两组，一组添加 2% 的整合菌剂（g3）（整合微生物组菌剂），另一组添加清水作为对照（g4），添加后第 1 天开始采样，而后每 2 天采样一次，共采样 9 次，用平板稀释计数法计算细菌菌落总量，比较处理组和对照组细菌群落生长的情况。试验结果见表 4-6、图 4-15。肉汤实验添加整合菌剂（g2）（整合微生物组菌剂）及清水对照，细菌群落总量变化趋势为：两组处理细菌群落动态趋势差异显著，整合菌剂添加改变了细菌群落变化动态；第 1 天处理组和对照组群落总量相近，处于较低水平（$2×10^7 ～ 20×10^7$CFU/g），随着时间进程，到第 2 天整合菌剂组（g3）细菌群落数量迅速增加，增加到 $1220×10^7$CFU/g，是同期空白对照组（g4）的 10.42 倍，表明添加整合菌剂极大地影响了细菌群落动态，第 4 天整合菌剂组（g3）群落数量回落到与空白对照组（g4）相近（$630×10^7 ～ 700×10^7$CFU/g），第 6 天两组处理细菌群落数量向相反方向发展，整合菌剂组（g3）冲上第二个峰值（$1430×10^7$CFU/g），空白对照组（g4）出现小幅下降，随后 g3 和 g4 组群落数量迅速下降，第 8 天群落数量下降到低谷（$<202×10^7$CFU/g），第 10 天空白对照组（g4）小幅上升，第 12 天后两组群落数量急剧下降到最低水平（$0.97×10^7 ～ 11.4×10^7$CFU/g），一直维持到实验结束。整合菌剂组（g3）细菌群落动态方程为 $y（g3） = -4.8767x^4 + 122.33x^3 - 1049.2x^2 + 3357.5x - 2394$（$R^2 = 0.7207$），空白对照组（g4）细菌群落动态方程为 $y（g4） = -1.4664x^5 + 37.305x^4 - 338.71x^3 + 1281.3x^2 - 1756.7x + 773.39$（$R^2 = 0.818$）。

表4-6 肉汤实验添加整合菌剂（g3）（整合微生物组菌剂）及清水对照细菌群落数量变化

处理	不同发酵时间细菌群落数量/（10^7CFU/g）								
	1d	2d	4d	6d	8d	10d	12d	14d	16d
空白对照组（g4）	20	117	700	640	202	306	9.6	5.47	11.4
整合菌剂组（g3）	5	1220	630	1430	164	5.7	0.97	7.75	3.1

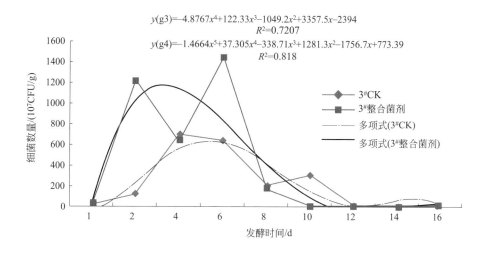

图4-15 肉汤实验添加整合菌剂（g3）（整合微生物组菌剂）及清水对照细菌群落数量变化

4．添加菌剂的综合影响

统计处理组和对照组细菌群落总量，比较添加不同菌剂后细菌菌落数量增加的比率，统计结果见图 4-16 和图 4-17。添加不同菌剂，对细菌群落发展影响不同。添加芽胞菌剂组（g1），细菌总量在 $13678×10^6$CFU/g，而其空白对照组（g4）仅为 $8379×10^6$CFU/g，相差 1.63 倍左右；表明添加芽胞菌剂促进了细菌群落的发展。添加链霉菌剂组（g2），与其空白对照组（g4）相比，细菌总量相近，都在 7300×10^{6}CFU/g 左右，相差 28%，表明添加链霉菌剂没有影响肉汤实验的细菌群落数量。该试验表明，添加菌剂不一定都能促进细菌群落发展，要根据添加菌剂特性进行判断。添加整合菌剂组（g3），细菌总量在 3466×10^{6}CFU/g 左右，而其空白对照组（g4）仅为 2011×10^{6}CFU/g 左右，相差 1.72 倍，表明添加整合菌剂促进了细菌群落的发展。

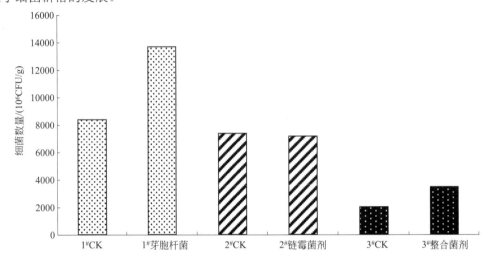

图4-16 肉汤实验添加不同菌剂组细菌群落总数比较

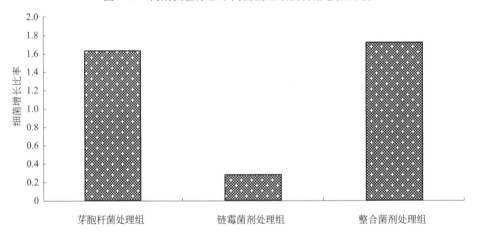

图4-17 肉汤实验添加不同菌剂细菌群落总数增长比率

各处理组肉汤实验在不同的培养箱下进行，由于培养箱环境控制的差异，每一组实验通过对照进行校对。不同处理比较表明，芽胞菌剂组细菌群落总量＞链霉菌剂组＞整合菌剂组，表现出培养条件的差异。综合分析表明，整合菌剂组（g3）对肉汤实验的细菌菌落影响最大，能够促进细菌群落的增加；芽胞菌剂组（g1）作用次之，也能提升细菌群落的数量；链霉菌剂组（g2）的添加不影响肉汤实验细菌群落数量的变化，对细菌群落没有影响。

六、整合菌剂对可培养细菌群落生态学特性的影响

1. 对细菌群落结构的影响

整合菌剂组（g3）细菌优势种数量变化见表4-7。鉴定到12个种群，按发酵过程的数量总和排序，铜绿假单胞菌（9540×10⁷CFU/g）＞摩氏摩尔根氏菌（1866×10⁷CFU/g）＞暹罗芽胞杆菌（864.5×10⁷CFU/g）＞托氏漫游球菌（570×10⁷CFU/g）＞粪产碱菌（21.8×10⁷CFU/g）＞格氏乳球菌（8.2×10⁷CFU/g）＞浅黄短杆菌（5.7×10⁷CFU/g）＞速生明亮杆菌（2.2×10⁷CFU/g）＞黏液威克斯氏菌（2×10⁷CFU/g）＞银白色葡萄球菌（0.5×10⁷CFU/g）＞溶酪巨球菌（0）＝水原类产碱菌（0）；其中4个种群即铜绿假单胞菌、摩氏摩尔根氏菌、暹罗芽胞杆菌、托氏漫游球菌为整合菌剂组（g3）的优势种群，其余8个种群数量较低（图4-18）。

表4-7 整合菌剂组（g3）细菌优势种数量变化

细菌名称	菌株序号	不同发酵时间细菌种群数量/（10⁷CFU/g）								
		1d	2d	4d	6d	8d	10d	12d	14d	16d
铜绿假单胞菌	A	0	380	160	5500	3500	0	0	0	0
暹罗芽胞杆菌	B	11.2	40	10	600	190	4.5	2.7	3.4	2.7
溶酪巨球菌	C	0	0	0	0	0	0	0	0	0
托氏漫游球菌	D	0	400	120	50	0	0	0	0	0
摩氏摩尔根氏菌	E	0	1080	580	70	110	13.7	12.3	0	0
银白色葡萄球菌	G	0	0	0	0	0	0	0	0	0.5
格氏乳球菌	I	0	0	0	0	0	0	0	8.2	0
水原类产碱菌	J	0	0	0	0	0	0	0	0	0
黏液威克斯氏菌	K	0	0	0	0	0	0	2	0	0
粪产碱菌	M	0	0	0	0	0	1.6	7	4.7	8.5
浅黄短杆菌	N	0	0	0	0	0	0	0	5.5	0.2
速生明亮杆菌	O	0	0	0	0	0	0	0	2.2	0

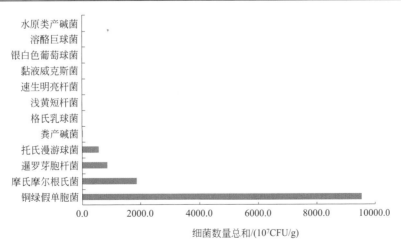

图4-18 整合菌剂组（g3）细菌优势种发酵过程数量总和

空白对照组（g4）细菌优势种数量变化见表4-8。鉴定到 12 个种群，按发酵过程的数量总和排序，铜绿假单胞菌（4930×10⁷CFU/g）＞摩氏摩尔根氏菌（1883.1×10⁷CFU/g）＞暹罗芽胞杆菌（380×10⁷CFU/g）＞托氏漫游球菌（200×10⁷CFU/g）＞水原类产碱菌（151.1×10⁷CFU/g）＞银白色葡萄球菌（143.2×10⁷CFU/g）＞溶酪巨球菌（140×10⁷CFU/g）＞格氏乳球菌（36.7×10⁷CFU/g）＞黏液威克斯氏菌（13×10⁷CFU/g）＞粪产碱菌（2×10⁷CFU/g）＞浅黄短杆菌（0）＝速生明亮杆菌（0）；其中 4 个种群即铜绿假单胞菌、摩氏摩尔根氏菌、暹罗芽胞杆菌、托氏漫游球菌成为空白对照组（g4）的优势种群，其余 8 个种群数量较低（图4-19）。

表4-8　空白对照组（g4）细菌优势种数量变化

细菌名称	菌株序号	不同发酵时间细菌种群数量/（10⁷CFU/g）								
		1d	2d	4d	6d	8d	10d	12d	14d	16d
铜绿假单胞菌	A	0	310	120	4500	0	0	0	0	0
暹罗芽胞杆菌	B	20	20	70	270	0	0	0	0	0
溶酪巨球菌	C	0	140	0	0	0	0	0	0	0
托氏漫游球菌	D	0	200	0	0	0	0	0	0	0
摩氏摩尔根氏菌	E	0	670	230	300	680	3	0	0	0.1
银白色葡萄球菌	G	0	0	0	0	70	2	0.2	71	0
格氏乳球菌	I	0	0	0	0	0	0	0.5	36	0.2
水原类产碱菌	J	0	0	0	0	150	1	0	0	0.1
黏液威克斯氏菌	K	0	0	0	0	0	2	0	11	0
粪产碱菌	M	0	0	0	0	0	0	2	0	0
浅黄短杆菌	N	0	0	0	0	0	0	0	0	0
速生明亮杆菌	O	0	0	0	0	0	0	0	0	0

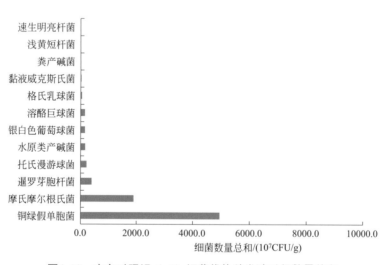

图4-19　空白对照组（g4）细菌优势种发酵过程数量总和

整合菌剂组（g3）发酵过程细菌总量为 12880.9×10⁷CFU/g，比空白对照组（g4）的 7879.1×10⁷CFU/g 高 63.48%；细菌优势种铜绿假单胞菌、摩氏摩尔根氏菌、暹罗芽胞杆菌、托氏漫游球菌两组相同，但相应的种群在整合菌剂组（g3）中的数量总体大于空白对照组（g4），g3 组的铜绿假单胞菌（9540×10⁷CFU/g）> g4 组（4930×10⁷CFU/g），g3 组的摩氏摩尔根氏菌（1866×10⁷CFU/g）与 g4 组（1883.1×10⁷CFU/g）相近，g3 组的暹罗芽胞杆菌（864.5×10⁷CFU/g）> g4 组（380×10⁷CFU/g），g3 组的托氏漫游球菌（570×10⁷CFU/g）> g4 组（200×10⁷CFU/g）。含量最少的种群在整合菌剂组（g3）为溶酪巨球菌（0）和水原类产碱菌（0），而在空白对照组（g4）为浅黄短杆菌（0）和速生明亮杆菌（0）。添加整合菌剂影响了肉汤实验细菌种群的变化，添加整合菌剂未改变细菌优势种的种类，但促进了细菌优势种群的发展，改变了低含量种群的种类。

2. 对细菌优势种种群动态的影响

（1）铜绿假单胞菌种群动态比较　肉汤实验添加整合菌剂组（g3）与空白对照组（g4）比较（图 4-20），发酵过程铜绿假单胞菌种群消长趋势相似，峰值都属于中峰型，在第 6 天达到高峰，g3 组峰值 5500×10⁷CFU/g，高于 g4 组的 4500×10⁷CFU/g；随后第 8 天，g4 种群迅速降到低谷，维持到肉汤实验结束，g3 组第 8 天种群小幅下降到 3500×10⁷CFU/g，第 10 天下降到低谷，持续到肉汤实验结束。结果表明，整合菌剂的添加提升了铜绿假单胞菌峰值，延缓了种群下降的速率。

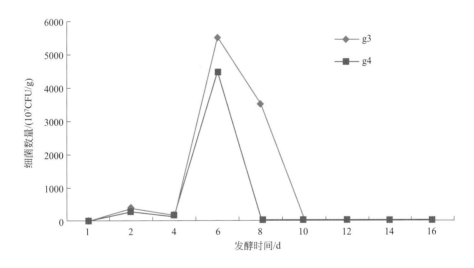

图4-20　整合菌剂组（g3）与空白对照组（g4）铜绿假单胞菌种群消长比较

（2）摩氏摩尔根氏菌种群动态比较　肉汤实验添加整合菌剂组（g3）与空白对照组（g4）比较（图 4-21），发酵过程摩氏摩尔根氏菌种群消长趋势差异显著，尽管两组发酵过程该菌总数差异不大，g3 组为单峰型，峰值在第 2 天，为 1080×10⁷CFU/g，高于同期空白对照组（g4）的 670×10⁷CFU/g；而后，第 4 天小幅下降，第 6 天后种群数量下降到低谷，逐步下降到 0 直到肉汤实验结束。在空白对照组（g4），摩氏摩尔根氏菌种群为双峰型，第 2 天达到第一峰值（670×10⁷CFU/g），第 4 天种群数量下降，第 6 天又开始上升，到第 8 天达到第二峰值（680×10⁷CFU/g），而后，逐渐下降，第 10 天降到低谷，维持到肉汤实验结束。结果表明，整合菌剂的添加改变了摩氏摩尔根氏菌种群消长的峰值，形成了不同的种群消长趋势。

（3）暹罗芽胞杆菌种群动态比较　肉汤实验添加整合菌剂组（g3）与空白对照组（g4）比较（图4-22），发酵过程暹罗芽胞杆菌 g3 组总量为 $864.5 \times 10^7 CFU/g$，高于 g4 组的 $380 \times 10^7 CFU/g$；种群消长趋势相似，峰值都属于中峰型，在第 6 天达到高峰，g3 组峰值 $600 \times 10^7 CFU/g$，高于 g4 组的 $270 \times 10^7 CFU/g$；随后第 8 天，g4 种群迅速降到低谷，维持到肉汤实验结束，g3 组第 8 天种群小幅下降到 $190 \times 10^7 CFU/g$，第 10 天下降到低谷，持续到肉汤实验结束。结果表明，整合菌剂的添加增加了暹罗芽胞杆菌总量，提升了峰值高度，延缓了种群下降的速率。

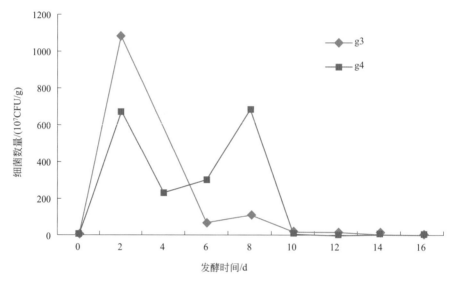

图4-21　整合菌剂组（g3）与空白对照组（g4）摩氏摩尔根氏菌种群消长比较

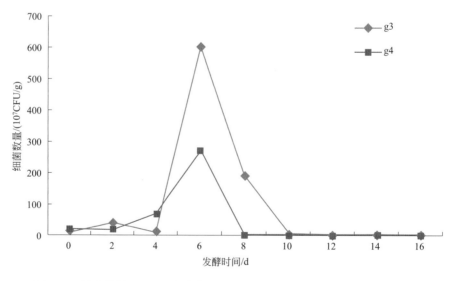

图4-22　整合菌剂组（g3）与空白对照组（g4）暹罗芽胞杆菌种群消长比较

（4）托氏漫游球菌种群动态比较　肉汤实验添加整合菌剂组（g3）与空白对照组（g4）比较（图4-23），发酵过程托氏漫游球菌 g3 组总量为 570×10^7CFU/g，高于 g4 组的 200×10^7CFU/g；种群消长趋势相似，峰值都属于前峰型，在第 2 天达到高峰，g3 组峰值 400×10^7CFU/g，高于 g4 组的 200×10^7CFU/g；随后第 4 天，g4 种群迅速降到低谷，维持到肉汤实验结束，g3 组第 4 天种群下降到 120×10^7CFU/g，第 8 天下降到低谷，持续到肉汤实验结束。结果表明，整合菌剂的添加增加了托氏漫游球菌总量，提升了峰值高度，延缓了种群下降的速率。

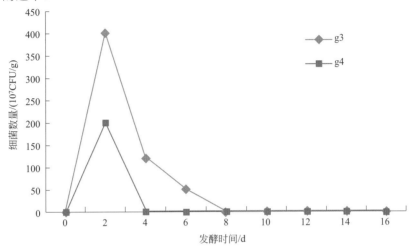

图4-23　整合菌剂组（g3）与空白对照组（g4）托氏漫游球菌种群消长比较

3. 对细菌种群多样性指数的影响

（1）整合菌剂组细菌种群多样性指数　对添加整合菌剂组肉汤实验的 9 种细菌优势种，进行多样性指数计算，结果见表4-9。不同细菌种群发酵过程（1～16d）出现的次数差异显著，暹罗芽胞杆菌出现次数最高，在 9 次取样过程中出现过 9 次，即整个发酵过程该菌都存在；出现次数最少的种群为格氏乳球菌、速生明亮杆菌、黏液威克斯氏菌，在发酵过程中仅出现过 1 次，即在特定发酵阶段出现 1 次。从发酵过程细菌总量上看，含量最高的为铜绿假单胞菌，达 9540.0×10^7CFU/g，含量最低的为黏液威克斯氏菌，仅 2.0×10^7CFU/g。

表4-9　添加整合菌剂发酵过程细菌种群多样性指数

细菌名称	出现次数	细菌总量/ （10^7CFU/g）	种群多样性指数			
			丰富度	优势度指数	香农指数	均匀度
铜绿假单胞菌	4	9540.0	0.33	0.53	0.88	0.64
摩氏摩尔根氏菌	6	1866.0	0.66	0.56	1.04	0.58
暹罗芽胞杆菌	9	864.5	1.18	0.47	0.92	0.42
托氏漫游球菌	3	570.0	0.32	0.46	0.79	0.72
粪产碱菌	4	21.8	0.97	0.73	1.25	0.90
格氏乳球菌	1	8.2	0.00	0.00	0.00	0.00

续表

细菌名称	出现次数	细菌总量/ （10⁷CFU/g）	种群多样性指数			
			丰富度	优势度指数	香农指数	均匀度
浅黄短杆菌	2	5.7	0.57	0.08	0.15	0.22
速生明亮杆菌	1	2.2	0.00	0.00	0.00	0.00
黏液威克斯氏菌	1	2.0	0.00	0.00	0.00	0.00

丰富度指数（richness）分析表明，被测种群丰富度指数范围为 0.00 ～ 1.18，丰富度指数最高的为暹罗芽胞杆菌（1.18），最低的指数为 0.00，包括格氏乳球菌、速生明亮杆菌、黏液威克斯氏菌种群；含量最高的细菌种群丰富度并非最高，如铜绿假单胞菌含量为 9540.0×10⁷CFU/g，其丰富度指数仅为 0.33；含量较高，且较均匀地分布在每个发酵阶段（出现次数高），丰富度指数较高，如暹罗芽胞杆菌丰富度指数 1.18。从种群优势度指数看，优势度指数范围在 0.00 ～ 0.73，与种群含量和丰富度指数无关，优势度指数最高的种群为粪产碱菌（0.73），最低的为格氏乳球菌（0.00）等，优势度指数与种群在发酵过程的含量分布均匀的集中程度有关，含量分布越均匀，集中程度越高，优势度指数越高。从香农指数看，香农指数范围 0.00 ～ 1.25，香农指数最高的为粪产碱菌（1.25），最低的为格氏乳球菌（0.00）等，香农指数与种群在发酵过程的含量分布均匀性有关，含量分布越均匀，香农指数越高。从均匀度指数看，均匀度指数范围 0.00 ～ 0.90，均匀度指数最高的为粪产碱菌（0.90），最低的为格氏乳球菌（0.00）等，均匀度指数与种群在发酵过程的含量分布均匀性有关，含量分布越均匀，均匀度指数越高。

（2）空白对照组细菌种群多样性指数　对空白对照组肉汤实验的 10 种细菌优势种，进行多样性指数计算，结果见表 4-10。不同细菌种群发酵过程（1 ～ 16d）出现的次数差异显著，摩氏摩尔根氏菌出现次数最高，在 9 次取样过程中出现过 6 次，即整个发酵过程该菌都存在的概率较大；出现次数最少的种群为溶酪巨球菌、托氏漫游球菌、粪产碱菌，在发酵过程中仅出现过 1 次，即在特定发酵阶段出现 1 次。从发酵过程细菌总量上看，含量最高的为铜绿假单胞菌，达 4930.0×10⁷CFU/g，含量最低的为粪产碱菌，仅为 2.0×10⁷CFU/g。

表4-10　空白对照组发酵过程细菌种群多样性指数

细菌名称	出现次数	细菌总量/ （10⁷CFU/g）	种群多样性指数			
			丰富度	优势度指数	香农指数	均匀度
铜绿假单胞菌	3	4930.0	0.24	0.16	0.35	0.32
摩氏摩尔根氏菌	6	1883.1	0.66	0.70	1.30	0.72
暹罗芽胞杆菌	4	380.0	0.51	0.46	0.86	0.62
托氏漫游球菌	1	200.0	0.00	0.00	0.00	0.00
水原类产碱菌	3	151.1	0.40	0.01	0.05	0.04
银白色葡萄球菌	4	143.2	0.60	0.52	0.77	0.55
溶酪巨球菌	1	140.0	0.00	0.00	0.00	0.00
格氏乳球菌	3	36.7	0.56	0.04	0.11	0.10

细菌名称	出现次数	细菌总量/（10⁷CFU/g）	种群多样性指数			
			丰富度	优势度指数	香农指数	均匀度
黏液威克斯氏菌	2	13.0	0.39	0.28	0.43	0.62
粪产碱菌	1	2.0	0.00	0.00	0.00	0.00

丰富度指数分析表明，被测种群丰富度指数范围0.00～0.66，丰富度指数最高的为摩氏摩尔根氏菌（0.66），最低的为粪产碱菌（0.00）等；含量最高的细菌种群丰富度并非最高，如铜绿假单胞菌含量4930.0×10⁷CFU/g，其丰富度指数仅为0.24；细菌含量较高且较均匀地分布在每个发酵阶段（出现次数高），丰富度指数较高，如摩氏摩尔根氏菌丰富度指数0.66。从种群优势度指数看，优势度指数范围为0.00～0.70，与种群含量和丰富度指数无关，优势度指数最高的种群为摩氏摩尔根氏菌（0.70），最低的为溶酪巨球菌（0.00）、托氏漫游球菌（0.00）、粪产碱菌（0.00）3个细菌种群，优势度指数与种群在发酵过程的含量分布均匀的集中程度有关，含量分布越均匀，集中程度越高，优势度指数越高。从香农指数看，香农指数范围0.00～1.30，香农指数最高的为摩氏摩尔根氏菌（1.30），最低的为托氏漫游球菌、溶酪巨球菌、粪产碱菌，都为0.00，香农指数与种群在发酵过程的含量分布均匀性有关，含量分布越均匀，香农指数越高。从均匀度指数看，均匀度指数范围为0.00～0.72，与香农指数呈正比，均匀度指数最高的为摩氏摩尔根氏菌（0.72），最低的为托氏漫游球菌、溶酪巨球菌、粪产碱菌，都为0.00，均匀度指数与种群在发酵过程的含量分布均匀性有关，含量分布越均匀，均匀度指数越高。

（3）两组处理细菌多样性指数的比较　添加整合菌剂组与空白对照组细菌多样性指数比较可知，添加整合菌剂改变了肉汤实验细菌多样性指数特征的格局。首先，添加整合菌剂改变了肉汤实验系统的出现频次高的种群，由空白对照组的出现6次的摩氏摩尔根氏菌，改变为添加整合菌剂后出现9次的暹罗芽胞杆菌；其次，添加整合菌剂改变了肉汤实验系统的细菌优势种的含量，两组处理含量最高细菌优势种皆为铜绿假单胞菌，但添加整合菌剂后，细菌总含量从空白对照组的4930.0×10⁷CFU/g增加到整合菌剂组的9540.0×10⁷CFU/g，提高了93.50%；第三，添加整合菌剂改变了肉汤实验系统的细菌种群多样性指数结构分布，如由空白对照组细菌丰富度最高的种类摩氏摩尔根氏菌（0.66）和最低丰富度种类粪产碱菌（0.00）等，改变为整合菌剂组丰富度最高的暹罗芽胞杆菌（1.18）和最低丰富度的格氏乳球菌（0.00）等。添加整合菌剂全面改变了肉汤实验系统细菌种群多样性指数。

4. 对细菌种群生态位特性的影响

（1）整合菌剂组细菌种群生态位特性　添加整合菌剂组的肉汤实验中，细菌优势种9个，以发酵时间为生态位资源，计算生态位宽度，见表4-11。生态位宽度范围为1.0000～3.2573，生态位宽度最宽的细菌为粪产碱菌（3.2573），常用的发酵时间资源为2d（S2=32.11%）、4d（S3=21.56%）、6d（S4=38.99%），即在2d、4d、6d发酵时间种群保持较高比率；生态位宽度最窄的细菌为格氏乳球菌（1.0000）、速生明亮杆菌（1.0000）、黏液威克斯氏菌（1.0000），它们常用的发酵时间资源为1d（S1=100.00%），即仅出现在第一次采样中，随着发酵进程而消失。

表4-11　整合菌剂组细菌优势种群生态位宽度

细菌名称	生态位宽度	频数	截断比例	常用资源种类		
粪产碱菌	3.2573	3	0.18	S2=32.11%	S3=21.56%	S4=38.99%
摩氏摩尔根氏菌	2.2906	2	0.15	S1=57.88%	S2=31.08%	
铜绿假单胞菌	2.1329	2	0.18	S3=57.65%	S4=36.69%	
暹罗芽胞杆菌	1.8779	2	0.12	S4=69.40%	S5=21.98%	
托氏漫游球菌	1.8366	2	0.2	S1=70.18%	S2=21.05%	
浅黄短杆菌	1.0726	1	0.2	S1=96.49%		
格氏乳球菌	1.0000	1	0.2	S1=100.00%		
速生明亮杆菌	1.0000	1	0.2	S1=100.00%		
黏液威克斯氏菌	1.0000	1	0.2	S1=100.00%		

　　添加整合菌剂组的肉汤实验细菌优势种9个种群，以发酵时间为资源，计算生态位重叠，结果见表4-12。生态位重叠表明了两个细菌利用同一资源的概率，整合菌剂组细菌生态位重叠值范围在0.00～1.00之间，即出现完全不重叠和完全重叠的现象。生态位完全不重叠的种类有：铜绿假单胞菌与粪产碱菌、格氏乳球菌、浅黄短杆菌、速生明亮杆菌、黏液威克斯氏菌，摩氏摩尔根氏菌与格氏乳球菌、浅黄短杆菌、速生明亮杆菌，暹罗芽胞杆菌与黏液威克斯氏菌，托氏漫游球菌与粪产碱菌、格氏乳球菌、浅黄短杆菌、速生明亮杆菌、黏液威克斯氏菌，速生明亮杆菌与黏液威克斯氏菌。这些细菌间生态位完全不重叠，各自占用自己的生态位。生态位完全重叠的种类有：格氏乳球菌与浅黄短杆菌、速生明亮杆菌，浅黄短杆菌与速生明亮杆菌。它们之间生态位完全重叠，使用相同的生态位。

表4-12　整合菌剂组细菌优势种群生态位重叠

细菌名称	[1]铜绿假单胞菌	[2]摩氏摩尔根氏菌	[3]暹罗芽胞杆菌	[4]托氏漫游球菌	[5]粪产碱菌	[6]格氏乳球菌	[7]浅黄短杆菌	[8]速生明亮杆菌	[9]黏液威克斯氏菌
铜绿假单胞菌	1.00								
摩氏摩尔根氏菌	0.16	1.00							
暹罗芽胞杆菌	0.97	0.14	1.00						
托氏漫游球菌	0.16	0.97	0.18	1.00					
粪产碱菌	0.00	0.01	0.01	0.00	1.00				
格氏乳球菌	0.00	0.00	0.01	0.00	0.39	1.00			
浅黄短杆菌	0.00	0.00	0.01	0.00	0.41	1.00	1.00		
速生明亮杆菌	0.00	0.00	0.01	0.00	0.39	1.00	1.00	1.00	
黏液威克斯氏菌	0.00	0.01	0.00	0.00	0.58	0.00	0.00	0.00	1.00

　　（2）空白对照组细菌种群生态位特性　不添加整合菌剂的空白对照组的肉汤实验中，细菌优势种10个，以发酵时间为生态位资源，计算生态位宽度，见表4-13。生态位宽度范

围 1.0000 ～ 6.5226，生态位宽度最宽的细菌为铜绿假单胞菌（6.5226），常用的发酵时间资源为发酵时间 10d（S6=13.70%）、12d（S7=16.44%）、14d（S8=19.18%）、16d（S9=21.92%），即在 10d、12d、14d、16d 发酵时间种群保持较高比率；生态位宽度最窄的细菌为格氏乳球菌（1.0000）、黏液威克斯氏菌（1.0000）、粪产碱菌（1.0000），它们常用的发酵时间资源为 1d（S1=100.00%），即仅出现在第一次采样中，随着发酵进程而消失。

表4-13　空白对照组细菌优势种群生态位宽度

菌种名称	生态位宽度	频数	截断比例	常用资源种类			
铜绿假单胞菌	6.5226	4	0.12	S6=13.70%	S7=16.44%	S8=19.18%	S9=21.92%
银白色葡萄球菌	3.2573	3	0.18	S2=32.11%	S3=21.56%	S4=38.99%	
溶酪巨球菌	2.2906	2	0.15	S1=57.88%	S2=31.08%		
暹罗芽胞杆菌	2.1329	2	0.18	S3=57.65%	S4=36.69%		
托氏漫游球菌	1.8779	2	0.12	S4=69.40%	S5=21.98%		
摩氏摩尔根氏菌	1.8366	2	0.2	S1=70.18%	S2=21.05%		
水原类产碱菌	1.0726	1	0.2	S1=96.49%			
格氏乳球菌	1.0000	1	0.2	S1=100.00%			
黏液威克斯氏菌	1.0000	1	0.2	S1=100.00%			
粪产碱菌	1.0000	1	0.2	S1=100.00%			

　　不添加整合菌剂空白对照组的肉汤实验细菌优势种 10 个种群，以发酵时间为资源，计算生态位重叠，结果见表4-14。生态位重叠表明了两个细菌利用同一资源的概率，整合菌剂组细菌生态位重叠值范围在 0.00 ～ 1.00 之间，即出现完全不重叠和完全重叠的现象。生态位完全不重叠的种类有：暹罗芽胞杆菌与银白色葡萄球菌、水原类产碱菌、格氏乳球菌、黏液威克斯氏菌、粪产碱菌，溶酪巨球菌与水原类产碱菌、格氏乳球菌、黏液威克斯氏菌，托氏漫游球菌与粪产碱菌，水原类产碱菌与粪产碱菌，黏液威克斯氏菌与粪产碱菌。这些细菌间生态位完全不重叠，各自占用自己的生态位。生态位完全重叠的种类有：格氏乳球菌与水原类产碱菌、黏液威克斯氏菌，水原类产碱菌与黏液威克斯氏菌。它们之间生态位完全重叠，使用相同的生态位。

表4-14　空白对照组细菌优势种群生态位重叠（Pianka测度）

细菌名称	[1]铜绿假单胞菌	[2]暹罗芽胞杆菌	[3]溶酪巨球菌	[4]托氏漫游球菌	[5]摩氏摩尔根氏菌	[6]银白色葡萄球菌	[7]格氏乳球菌	[8]水原类产碱菌	[9]黏液威克斯氏菌	[10]粪产碱菌
铜绿假单胞菌	1.00									
暹罗芽胞杆菌	0.33	1.00								
溶酪巨球菌	0.17	0.16	1.00							
托氏漫游球菌	0.30	0.97	0.14	1.00						
摩氏摩尔根氏菌	0.13	0.16	0.97	0.18	1.00					
银白色葡萄球菌	0.87	0.00	0.01	0.01	0.00	1.00				
格氏乳球菌	0.49	0.00	0.00	0.01	0.00	0.39	1.00			
水原类产碱菌	0.51	0.00	0.00	0.01	0.00	0.41	1.00	1.00		

细菌名称	[1]铜绿假单胞菌	[2]暹罗芽胞杆菌	[3]溶酪巨球菌	[4]托氏漫游球菌	[5]摩氏摩尔根氏菌	[6]银白色葡萄球菌	[7]格氏乳球菌	[8]水原类产碱菌	[9]黏液威克斯氏菌	[10]粪产碱菌
黏液威克斯氏菌	0.49	0.00	0.00	0.01	0.00	0.39	1.00	1.00	1.00	
粪产碱菌	0.42	0.00	0.01	0.00	0.00	0.58	0.00	0.00	0.00	1.00

（3）两组处理细菌种群生态位特征的比较　从肉汤实验系统的生态位宽度看，添加整合菌剂完全改变了系统的生态位宽度特性。首先，添加整合菌剂使得肉汤实验系统种群结构发生变化，两个处理共有种群7种，即铜绿假单胞菌、粪产碱菌、暹罗芽胞杆菌、格氏乳球菌、摩氏摩尔根氏菌、托氏漫游球菌、黏液威克斯氏菌；添加整合菌剂组独有的种群2个，浅黄短杆菌和速生明亮杆菌；不添加整合菌剂空白对照组独有的种群3个，即溶酪巨球菌、水原类产碱菌、银白色葡萄球菌。其次，添加整合菌剂组改变了肉汤实验系统的最大生态位宽度及其发酵时间资源利用的种群，整合菌剂组生态位宽度最宽的细菌为粪产碱菌（3.2573），常用的发酵时间资源为2d（S2=32.11%）、4d（S3=21.56%）、6d（S4=38.99%）；而不添加整合菌剂的空白对照组生态位宽度最宽的细菌为铜绿假单胞菌（6.5226），常用的发酵时间资源为发酵时间10d（S6=13.70%）、12d（S7=16.44%）、14d（S8=19.18%）、16d（S9=21.92%）；种类生态位宽度发生变化，发酵时间利用资源也发生了变化。整合菌剂组最高的生态位宽度为3.2573（粪产碱菌），空白对照组最高的生态位宽度为6.5226（铜绿假单胞菌），表明空白对照组提供了较为宽松的生境竞争条件，整合菌剂组提供了较为严厉的生境竞争条件。同一个种群在不同处理组中，生态位宽度表现不同，如在空白对照组中，铜绿假单胞菌生态位宽度为6.5226，而在整合菌剂组中仅为2.1329。

从肉汤实验的生态位重叠看，添加整合菌剂完全改变了种群间的生态位重叠，种群间生态位不重叠的种群差异显著，如整合菌剂组的暹罗芽胞杆菌与黏液威克斯氏菌之间生态位重叠值为0.00，而与其他种群都存在一定程度的生态位重叠；空白对照组的暹罗芽胞杆菌与银白色葡萄球菌、水原类产碱菌、格氏乳球菌、黏液威克斯氏菌、粪产碱菌之间生态位重叠值为0.00，与其他种群存在一定程度的生态位重叠；种群间生态位完全重叠的种群差异显著，如整合菌剂组的格氏乳球菌与浅黄短杆菌、速生明亮杆菌之间生态位重叠值为1.00，而空白对照组的格氏乳球菌与水原类产碱菌、黏液威克斯氏菌之间生态位重叠值为1.00，两个处理生态位完全重叠的种类不同。

添加整合菌剂完全改变了肉汤实验细菌种群生态位宽度和生态位重叠的格局，改变了种群间的竞争关系，从空白对照的宽松竞争的格局转变成整合菌剂的严厉竞争，竞争的结果为，整合菌剂组减少了种群种类，提升了种群数量。

5. 发酵过程细菌生长周期划分

（1）整合菌剂组细菌生长周期聚类分析　利用添加整合菌剂（g3）肉汤实验的可培养细菌优势种生长过程，以发酵时间为样本，细菌优势种为指标，马氏距离为尺度，进行可变类平均法系统聚类，分析结果见表4-15。分析结果表明，可将细菌的生长周期划分为4组（图4-24）。

表4-15 整合菌剂组细菌生长周期聚类分析

组别	生长周期	整合菌剂组（g3）细菌优势种含量/（10^{7}CFU/g）											
		A	E	B	D	M	I	N	O	K	G	C	J
1	1d	0.00	0.00	11.20	0.00	0.00	0.00	0.00	0.00	0.00	0.00	0.00	0.00
	2d	380.00	1080.00	40.00	400.00	0.00	0.00	0.00	0.00	0.00	0.00	0.00	0.00
第1组 2个样本	平均值	190.00	540.00	25.60	200.00	0.00	0.00	0.00	0.00	0.00	0.00	0.00	0.00
2	4d	160.00	580.00	10.00	120.00	0.00	0.00	0.00	0.00	0.00	0.00	0.00	0.00
	6d	5500.00	70.00	600.00	50.00	0.00	0.00	0.00	0.00	0.00	0.00	0.00	0.00
第2组 2个样本	平均值	2830.00	325.00	305.00	85.00	0.00	0.00	0.00	0.00	0.00	0.00	0.00	0.00
3	8d	3500.00	110.00	190.00	0.00	0.00	0.00	0.00	0.00	0.00	0.00	0.00	0.00
	10d	0.00	13.70	4.50	0.00	1.60	0.00	0.00	0.00	0.00	0.00	0.00	0.00
	12d	0.00	12.30	2.70	0.00	7.00	0.00	0.00	0.00	2.00	0.00	0.00	0.00
第3组 3个样本	平均值	1166.67	45.33	65.73	0.00	2.87	0.00	0.00	0.00	0.67	0.00	0.00	0.00
4	14d	0.00	0.00	3.40	0.00	4.70	8.20	5.50	2.20	0.00	0.00	0.00	0.00
	16d	0.00	0.00	2.70	0.00	8.50	0.00	0.20	0.00	0.00	0.50	0.00	0.00
第4组 2个样本	平均值	0.00	0.00	3.05	0.00	6.60	4.10	2.85	1.10	0.00	0.25	0.00	0.00

注：A—铜绿假单胞菌；E—摩氏摩尔根氏菌；B—暹罗芽胞杆菌；D—托氏漫游球菌；M—粪产碱菌；I—格氏乳球菌；N—浅黄短杆菌；O—速生明亮杆菌；K—黏液威克斯氏菌；G—银白色葡萄球菌；C—溶酪巨球菌；J—水原类产碱菌。

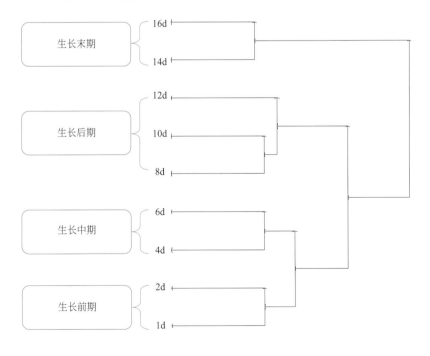

图4-24 整合菌剂组细菌生长周期聚类分析

第 1 组为细菌生长前期，包括了第 1 天、第 2 天，细菌生长总体处于适应期，细菌平均值的总和为 955.60×10⁷CFU/g（图 4-25），活跃的细菌种类有 A 铜绿假单胞菌、E 摩氏摩尔根氏菌、B 暹罗芽胞杆菌、D 托氏漫游球菌，不同细菌种类在该期内的生长量差异显著，E 摩氏摩尔根氏菌生长量最大，B 暹罗芽胞杆菌生长量最小（图 4-26）。

第 2 组为细菌生长中期，包括了第 4 天、第 6 天，细菌生长总体处于对数期，细菌平均值的总和为 3545.00×10⁷CFU/g（图 4-25），活跃的细菌种类有 A 铜绿假单胞菌、E 摩氏摩尔根氏菌、B 暹罗芽胞杆菌、D 托氏漫游球菌，不同细菌种类在该期内的生长量差异显著，A 铜绿假单胞菌生长量最大，D 托氏漫游球菌生长量最小（图 4-26）。

第 3 组为细菌生长后期，包括了第 8 天、第 10 天、第 12 天，细菌生长总体处于稳定期，细菌平均值的总和为 1281.27×10⁷CFU/g（图 4-25），活跃的细菌种类有 A 铜绿假单胞菌、E 摩氏摩尔根氏菌、B 暹罗芽胞杆菌，不同细菌种类在该期内的生长量差异显著，A 铜绿假单胞菌生长量最大，E 摩氏摩尔根氏菌生长量最小，D 托氏漫游球菌在该期消失（图 4-26）。

第 4 组为细菌生长末期，包括了第 14 天、第 16 天，细菌生长总体处于消亡期，细菌平均值的总和为 17.95×10⁷CFU/g（图 4-25），活跃的细菌种类有 B 暹罗芽胞杆菌、M 粪产碱菌、I 格氏乳球菌、N 浅黄短杆菌、O 速生明亮杆菌、G 银白色葡萄球菌；此期，前 3 期的细菌种类仅存 B 暹罗芽胞杆菌，其余的细菌种类为该时期生长起来，数量较低。生长量最大的为 M 粪产碱菌，最小的为 G 银白色葡萄球菌（图 4-26）。

（2）空白对照组细菌生长周期聚类分析　利用空白对照（g4）肉汤实验的可培养细菌优势种生长过程，以发酵时间为样本，细菌优势种为指标，马氏距离为尺度，进行可变类平均法系统聚类，分析结果见表 4-16。分析结果表明，可将细菌的生长周期划分为 4 组（图 4-27）。

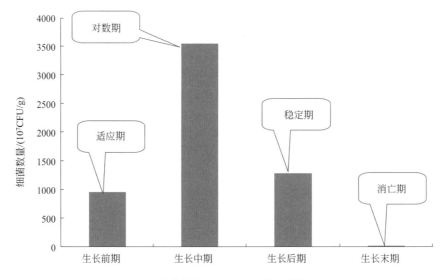

图4-25　整合菌剂组（g3）细菌生长期划分

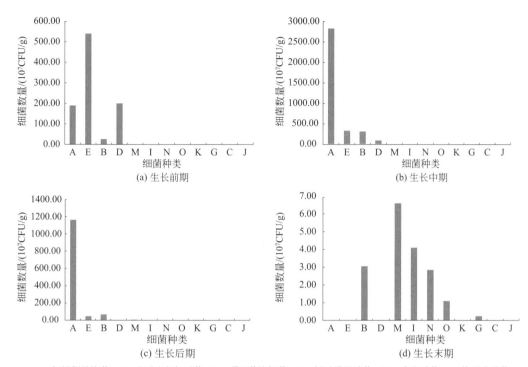

A—铜绿假单胞菌；E—摩氏摩尔根氏菌；B—暹罗芽胞杆菌；D—托氏漫游球菌；M—粪产碱菌；I—格氏乳球菌；
N—浅黄短杆菌；O—速生明亮杆菌；K—黏液威克斯氏菌；G—银白色葡萄球菌；C—溶酪巨球菌；J—水原类产碱菌

图4-26　整合菌剂组（g3）生长周期细菌种类生长特征

表4-16　空白对照组细菌生长周期聚类分析

组别	生长周期	空白对照组（g4）细菌优势种含量/（10⁷CFU/g）										
		A	B	C	D	E	G	I	J	K	M	N
1	1d	0.00	20.00	0.00	0.00	0.00	0.00	0.00	0.00	0.00	0.00	0.00
	2d	310.00	20.00	140.00	200.00	670.00	0.00	0.00	0.00	0.00	0.00	0.00
第1组 2个样本	平均值	155.00	20.00	70.00	100.00	335.00	0.00	0.00	0.00	0.00	0.00	0.00
2	4d	120.00	70.00	0.00	0.00	230.00	0.00	0.00	0.00	0.00	0.00	0.00
	6d	4500.00	270.00	0.00	0.00	300.00	0.00	0.00	0.00	0.00	0.00	0.00
第2组 2个样本	平均值	2310.00	170.00	0.00	0.00	265.00	0.00	0.00	0.00	0.00	0.00	0.00
3	8d	0.00	0.00	0.00	0.00	680.00	70.00	0.00	150.00	0.00	0.00	0.00
	10d	0.00	0.00	0.00	0.00	3.00	2.00	0.00	1.00	2.00	0.00	0.00
	12d	0.00	0.00	0.00	0.00	0.00	0.20	0.50	0.00	0.00	0.00	0.00
第3组 3个样本	平均值	0.00	0.00	0.00	0.00	227.67	24.07	0.17	50.33	0.67	0.00	0.00
4	14d	0.00	0.00	0.00	0.00	0.00	71.00	36.00	0.00	11.00	2.00	0.00
	16d	0.00	0.00	0.00	0.00	0.10	0.00	0.20	0.10	0.00	0.00	0.00
第4组 2个样本	平均值	0.00	0.00	0.00	0.00	0.05	35.50	18.10	0.05	5.50	1.00	0.00

注：A—铜绿假单胞菌；E—摩氏摩尔根氏菌；B—暹罗芽胞杆菌；D—托氏漫游球菌；M—粪产碱菌；I—格氏乳球菌；N—
浅黄短杆菌；K—黏液威克斯氏菌；G—银白色葡萄球菌；C—溶酪巨球菌；J—水原类产碱菌。

图4-27　空白对照组（g4）细菌生长周期聚类分析

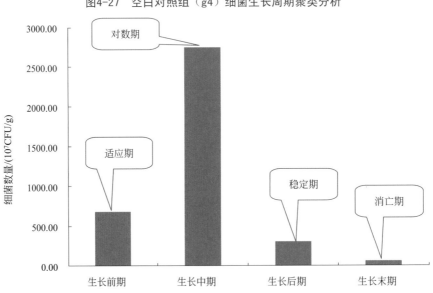

图4-28　空白对照组（g4）细菌生长期划分

第1组为细菌生长前期，包括了第1天、第2天，细菌生长总体处于适应期，细菌平均值的总和为 $680.00 \times 10^7 CFU/g$（图4-28），活跃的细菌种类有 A 铜绿假单胞菌、B 暹罗芽胞杆菌、C 溶酪巨球菌、D 托氏漫游球菌、E 摩氏摩尔根氏菌，不同细菌种类在该期内的生长量差异显著，E 摩氏摩尔根氏菌生长量最大，B 暹罗芽胞杆菌生长量最小（图 4-29）。

第 2 组为细菌生长中期，包括了第 4 天、第 6 天，细菌生长总体处于对数期，细菌平均值的总和为 2745.00×10^{7}CFU/g（图 4-28），活跃的细菌种类有 A 铜绿假单胞菌、B 暹罗芽胞杆菌、E 摩氏摩尔根氏菌，C 溶酪巨球菌和 D 托氏漫游球菌在该期消失；不同细菌种类在该期内的生长量差异显著，A 铜绿假单胞菌生长量最大，B 暹罗芽胞杆菌生长量最小（图 4-29）。

第 3 组为细菌生长后期，包括了第 8 天、第 10 天、第 12 天，细菌生长总体处十稳定期，细菌平均值的总和为 302.91×10^{7}CFU/g（图 4-28），活跃的细菌种类有 E 摩氏摩尔根氏菌、G 银白色葡萄球菌、I 格氏乳球菌、J 水原类产碱菌、K 黏液威克斯氏菌，不同细菌种类在该期内的生长量差异显著，E 摩氏摩尔根氏菌生长量最大，I 格氏乳球菌生长量最小，该期种群 A、B、C、D 菌消失（图 4-29）。

第 4 组为细菌生长末期，包括了第 14 天、第 16 天，细菌生长总体处于消亡期，细菌平均值的总和为 60.20×10^{7}CFU/g（图 4-28），活跃的细菌种类有 G 银白色葡萄球菌、I 格氏乳球菌、K 黏液威克斯氏菌、M 粪产碱菌，该期新增了 M 粪产碱菌。生长量最大的为 G 银白色葡萄球菌，最小的为 M 粪产碱菌（图 4-29）。

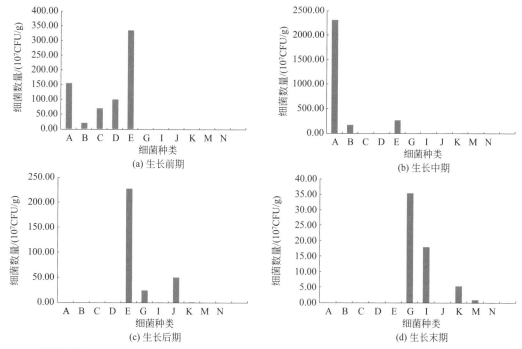

A—铜绿假单胞菌；E—摩氏摩尔根氏菌；B—暹罗芽胞杆菌；D—托氏漫游球菌；M—粪产碱菌；I—格氏乳球菌；
N—浅黄短杆菌；K—黏液威克斯氏菌；G—银白色葡萄球菌；C—溶酪巨球菌；J—水原类产碱菌

图4-29　空白对照组（g4）生长周期细菌种类生长特征

（3）两组处理细菌生长周期划分的比较　添加整合菌剂组（g3）和空白对照组（g4）细菌生长周期划分相同，都划分成生长前期（适应期）、生长中期（对数期）、生长后期（稳定期）、生长末期（消亡期）；不同生长周期内处理组（g3）和对照组（4）种群结构发生变化。在生长前期，对照组出现了处理组没有的种群 C 溶酪巨球菌；生长中期，处理组出现了对照组没有的种群 D 托氏漫游球菌；生长后期，处理组出现了对照组没有的种群 A 铜绿假单胞菌和 B 暹罗芽胞杆菌，对照组出现了处理组没有的种群 G 银白色葡萄球菌和 J 水原类产碱菌；生长末期，对照组出现了处理组没有的种群 K 黏液威克斯氏菌，处理组出现了对照组没有的种群 B 暹罗芽胞杆菌、I 格氏乳球菌、N 浅黄短杆菌、O 速生明亮杆菌。

6. 发酵过程细菌亚群落分化

（1）整合菌剂组细菌亚群落分化　利用整合菌剂组（g3）肉汤实验的可培养细菌优势种生长过程数据，以发酵时间为指标，细菌优势种为样本，马氏距离为尺度，进行可变类平均法系统聚类，分析结果见表 4-17。分析结果表明，可将细菌亚群落分化分为 3 组（图 4-30）。

表4-17　整合菌剂组（g3）发酵过程细菌种群亚群落分化

| 组别 | 细菌名称 | 整合菌剂组（g3）发酵过程细菌含量/（10⁷CFU/g） | | | | | | | | |
		1d	2d	4d	6d	8d	10d	12d	14d	16d
1	铜绿假单胞菌	0.00	380.00	160.00	5500.00	3500.00	0.00	0.00	0.00	0.00
	摩氏摩尔根氏菌	0.00	1080.00	580.00	70.00	110.00	13.70	12.30	0.00	0.00
	暹罗芽胞杆菌	11.20	40.00	10.00	600.00	190.00	4.50	2.70	3.40	2.70
	托氏漫游球菌	0.00	400.00	120.00	50.00	0.00	0.00	0.00	0.00	0.00
	第1组4个样本平均值	2.80	475.00	217.50	1555.00	950.00	4.55	3.75	0.85	0.67
2	粪产碱菌	0.00	0.00	0.00	0.00	0.00	1.60	7.00	4.70	8.50
	格氏乳球菌	0.00	0.00	0.00	0.00	0.00	0.00	0.00	8.20	0.00
	浅黄短杆菌	0.00	0.00	0.00	0.00	0.00	0.00	0.00	5.50	0.20
	速生明亮杆菌	0.00	0.00	0.00	0.00	0.00	0.00	0.00	2.20	0.00
	第2组4个样本平均值	0.00	0.00	0.00	0.00	0.00	0.40	1.75	5.15	2.17
3	黏液威克斯氏菌	0.00	0.00	0.00	0.00	0.00	0.00	2.00	0.00	0.00
	银白色葡萄球菌	0.00	0.00	0.00	0.00	0.00	0.00	0.00	0.00	0.50
	溶酪巨球菌	0.00	0.00	0.00	0.00	0.00	0.00	0.00	0.00	0.00
	水原类产碱菌	0.00	0.00	0.00	0.00	0.00	0.00	0.00	0.00	0.00
	第3组4个样本平均值	0.00	0.00	0.00	0.00	0.00	0.00	0.50	0.00	0.12

第 1 组为高含量亚群落，包括了 4 个细菌种群，细菌种群生长量较高，亚群落种群数量平均值范围 0.00 ～ 1550.00×10⁷CFU/g，总体属于中峰型，在生长的第 6 天数量达到高峰（图 4-31）。不同的种群表现出不同的种群动态，种群数量铜绿假单胞菌（中峰型）＞摩氏摩尔根氏菌（前峰型）＞暹罗芽胞杆菌（中峰型）＞托氏漫游球菌（前峰型）（图 4-32）。

第 2 组为中含量亚群落，包括了 4 个细菌种群，细菌种群生长量中等，亚群落种群数量平均值范围 0.00 ～ 5.15×10⁷CFU/g，总体属于末峰型，在生长的第 14 天数量达到高峰（图 4-33）。不同的种群表现出不同的种群动态，种群数量粪产碱菌（末峰型）＞格氏乳球菌（末峰型）＞浅黄短杆菌（末峰型）＞速生明亮杆菌（末峰型）（图 4-34）。

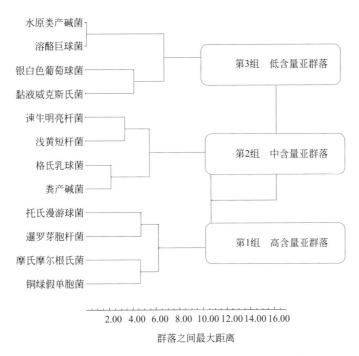

图4-30　整合菌剂组（g3）发酵过程细菌种群亚群落分化

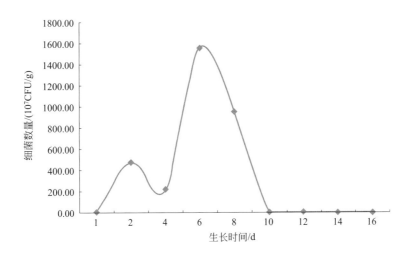

图4-31　整合菌剂组（g3）发酵过程高含量亚群落平均值数量动态

第 3 组为低含量亚群落，包括了 4 个细菌种群，细菌种群生长量较低，亚群落种群数量平均值范围 0.00 ～ 0.50×10⁷CFU/g，总体属于后峰型，在生长的第 12 天数量达到高峰（图 4-35）。不同的种群表现出不同的种群动态，种群数量黏液威克斯氏菌＞银白色葡萄球菌，种群溶酪巨球菌和水原类产碱菌生长过程数量几乎为 0（图 4-36）。

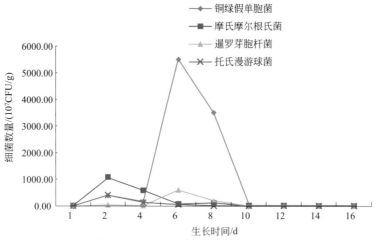

图4-32　整合菌剂组（g3）发酵过程高含量亚群落细菌种群数量动态

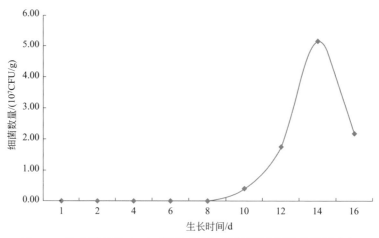

图4-33　整合菌剂组（g3）发酵过程中含量亚群落平均值数量动态

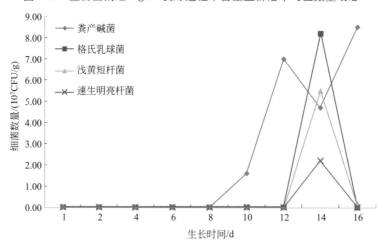

图4-34　整合菌剂组（g3）发酵过程中含量亚群落细菌种群数量动态

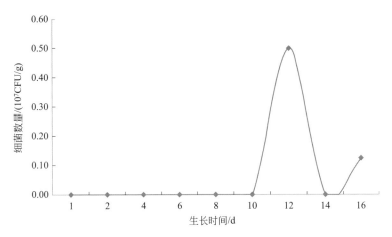

图4-35 整合菌剂组（g3）发酵过程低含量亚群落平均值数量动态

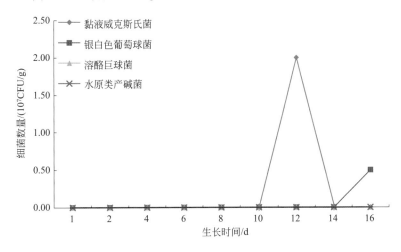

图4-36 整合菌剂组（g3）发酵过程低含量亚群落细菌种群数量动态

（2）空白对照组细菌亚群落分化 利用空白对照组（g4）肉汤实验的可培养细菌优势种生长过程数据，以发酵时间为指标，细菌优势种为样本，马氏距离为尺度，进行可变类平均法系统聚类，分析结果见表4-18。分析结果表明，可将细菌亚群落分化分为3组（图4-37）。

表4-18 空白对照组（g4）发酵过程细菌种群亚群落分化

组别	细菌名称	空白对照组（g4）发酵过程细菌含量/（10⁷CFU/g）								
		1d	2d	4d	6d	8d	10d	12d	14d	16d
1	铜绿假单胞菌	0.00	310.00	120.00	4500.00	0.00	0.00	0.00	0.00	0.00
	暹罗芽胞杆菌	20.00	20.00	70.00	270.00	0.00	0.00	0.00	0.00	0.00
	溶酪巨球菌	0.00	140.00	0.00	0.00	0.00	0.00	0.00	0.00	0.00
	托氏漫游球菌	0.00	200.00	0.00	0.00	0.00	0.00	0.00	0.00	0.00

续表

组别	细菌名称	空白对照组（g4）发酵过程细菌含量/（10⁷CFU/g）								
		1d	2d	4d	6d	8d	10d	12d	14d	16d
	第1组4个样本平均值	5.00	167.50	47.50	1192.50	0.00	0.00	0.00	0.00	0.00
2	摩氏摩尔根氏菌	0.00	670.00	230.00	300.00	680.00	3.00	0.00	0.00	0.10
	银白色葡萄球菌	0.00	0.00	0.00	0.00	70.00	2.00	0.20	71.00	0.00
	格氏乳球菌	0.00	0.00	0.00	0.00	0.00	0.00	0.50	36.00	0.20
	第2组3个样本平均值	0.00	223.33	76.67	100.00	250.00	1.67	0.23	35.67	0.10
3	水原类产碱菌	0.00	0.00	0.00	0.00	150.00	1.00	0.00	0.00	0.10
	黏液威克斯氏菌	0.00	0.00	0.00	0.00	0.00	2.00	0.00	11.00	0.00
	粪产碱菌	0.00	0.00	0.00	0.00	0.00	0.00	0.00	2.00	0.00
	浅黄短杆菌	0.00	0.00	0.00	0.00	0.00	0.00	0.00	0.00	0.00
	速生明亮杆菌	0.00	0.00	0.00	0.00	0.00	0.00	0.00	0.00	0.00
	第3组5个样本平均值	0.00	0.00	0.00	0.00	30.00	0.60	0.00	2.60	0.02

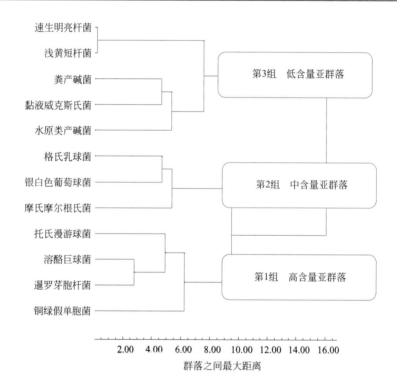

图4-37 空白对照组（g4）发酵过程细菌种群亚群落分化

第1组为高含量亚群落，包括了4个细菌种群，细菌种群生长量较高，亚群落种群数量平均值范围0.00～1192.50×10⁷CFU/g，总体属于中峰型，在生长的第6天数量达到高峰（图4-38）。不同的种群表现出不同的种群动态，种群数量铜绿假单胞菌（中峰型）＞暹罗芽胞杆菌（中峰型）＞托氏漫游球菌（前峰型）＞溶酪巨球菌（前峰型）（图4-39）。

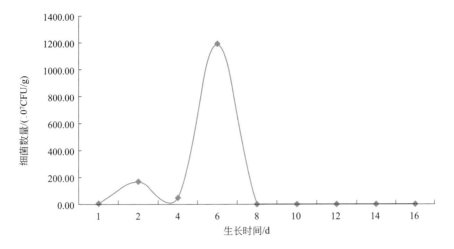

图4-38 空白对照组（g4）发酵过程高含量亚群落平均值数量动态

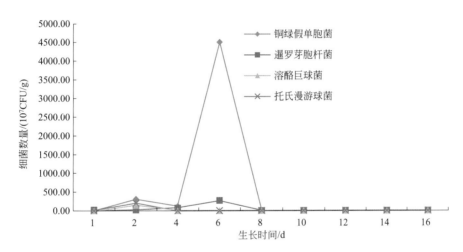

图4-39 空白对照组（g4）发酵过程高含量亚群落细菌种群数量动态

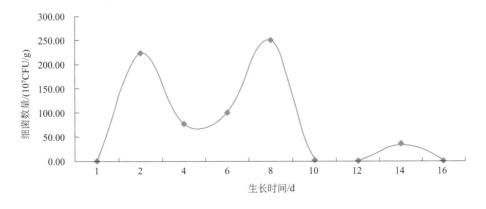

图4-40 空白对照组（g4）发酵过程中含量亚群落平均值数量动态

第 2 组为中含量亚群落，包括了 3 个细菌种群，细菌种群生长量中等，亚群落种群数量平均值范围 0.00 ～ 250.00×10⁷CFU/g，总体属于双峰型（前峰型和中峰型），在生长的第 2 天和第 8 天数量达到高峰（图 4-40）。不同的种群表现出不同的种群动态，种群数量摩氏摩尔根氏菌（双峰型，前峰 - 中峰型）＞银白色葡萄球菌（双峰型，中峰 - 末峰型），格氏乳球菌在生长过程几乎消失（图 4-41）。

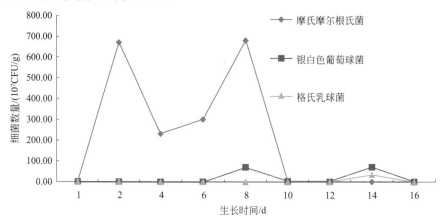

图4-41　空白对照组（g4）发酵过程中含量亚群落细菌种群数量动态

第 3 组为低含量亚群落，包括了 5 个细菌种群，细菌种群生长量较低，亚群落种群数量平均值范围 0.00 ～ 30.00×10⁷CFU/g，总体属于中峰型，在生长的第 8 天数量达到高峰（图 4-42）。不同的种群表现出不同的种群动态，种群数量水原类产碱菌＞黏液威克斯氏菌，种群浅黄短杆菌、速生明亮杆菌生长过程数量几乎为 0（图 4-43）。

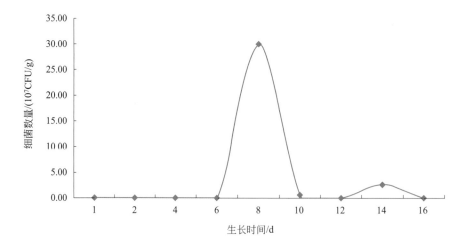

图4-42　空白对照组（g4）发酵过程低含量亚群落平均值数量动态

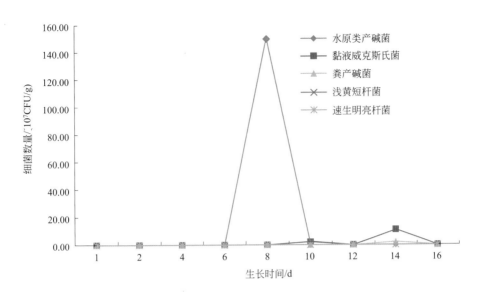

图4-43　空白对照组（g4）发酵过程低含量亚群落细菌种群数量动态

（3）两组处理细菌亚群落分化的比较　添加整合菌剂组（g3）和空白对照组（g4）细菌亚群落都分为3组，即高含量亚群落、中含量亚群落、低含量亚群落。而不同处理组的亚群落结构发生变化，添加整合菌剂组（g3）高含量亚群落种群组成为铜绿假单胞菌＞摩氏摩尔根氏菌＞暹罗芽胞杆菌＞托氏漫游球菌。空白对照高含量亚群落种群与整合菌剂组差别较小，但数量结构存在差异。空白对照组（g4）高含量亚群落组成：铜绿假单胞菌＞暹罗芽胞杆菌＞托氏漫游球菌＞溶酪巨球菌。

整合菌剂组（g3）中含量亚群落种群组成：粪产碱菌＞格氏乳球菌＞浅黄短杆菌＞速生明亮杆菌。与空白对照组（g4）比较亚群落种群组成和数量结构都发生变化。空白对照组（g4）亚群落种群组成：摩氏摩尔根氏菌＞银白色葡萄球菌＞格氏乳球菌。

整合菌剂组（g3）低含量亚群落种群组成：黏液威克斯氏菌＞银白色葡萄球菌＞溶酪巨球菌＝水原类产碱菌。与空白对照组（g4）比较亚群落种群组成和数量结构都发生变化。空白对照组（g4）亚群落种群组成：水原类产碱菌＞黏液威克斯氏菌＞粪产碱菌＞浅黄短杆菌＝速生明亮杆菌。

七、讨论与总结

将整合微生物组菌剂与单一菌剂（芽胞菌剂和链霉菌剂）作为添加菌剂，对照比较添加到肉汤实验中，研究不同菌剂对肉汤实验过程可培养微生物群落变化动态的影响。研究结果表明，添加菌剂对肉汤实验可培养细菌群落有着重要的影响，添加菌剂，影响着肉汤实验过程微生物组数量变化、优势种变化、物种多样性指数变化、生态位特性变化、发酵阶段亚群落分化等。总的看来，单一菌剂对发酵系统的优势种的干扰和破坏作用较大；整合菌剂对整体微生物组的干扰作用较小，对于提升微生物组的多样性具有较大帮助；用于调整微生物组整合菌剂具有较大优势。

添加菌剂对肉汤实验微生物组的影响

一、概述

前面的研究表明整合微生物组菌剂添加对肉汤实验的可培养微生物群落存在较大的影响。下面将对添加不同菌剂处理对肉汤实验的整体微生物组的影响进行研究，实验设置芽胞菌剂组（g1）、链霉菌剂组（g2）、整合菌剂组（g3）、空白对照组（g4），添加2%菌剂量到肉汤实验中，实验当天记为第0天开始取样，每2天取样一次，送检宏基因组测定，分析微生物组多样性，并比较处理组和对照组对肉汤实验体系的微生物组的影响。

二、肉汤实验体系微生物组总量的恒定特性

1．肉汤实验样本测序信息

四组处理测序结果见表4-19。4个处理组，每个组9个样本，其中整合菌剂组（g3）缺少了第一次取样的样本，共计35个样本，高通量测序结果序列数量2104975条，基础数量 =9.39×10^8 个，平均序列长度445.9788bp。

表4-19　肉汤实验高通量测序信息总汇

扩增区域	样本数量	序列数量	基础数量	平均序列长度
338F_806R	35	2104975	9.39×10^8	445.9788

注：序列数量的单位为条，基础数量的单位为个，序列长度的单位为bp。

2．肉汤实验微生物组总量的恒定特性

（1）微生物组总量测定　在一个微生物发酵体系中，发酵条件的冗余（营养和环境）满足微生物生长，不同处理的发酵体系，排出了一部分微生物，腾出的生态位空间引入了另一些微生物，因而，不同处理的发酵体系，微生物组的总量是恒定的。如添加整合菌剂组，排出了一些微生物，又吸引了另一些微生物，其微生物组的总量与添加芽胞菌剂组相同，表现出发酵体系冗余微生物组总量的恒定。通过高通量测序，不同处理序列数量代表了微生物组的总量，分析结果见表4-20。

表4-20　肉汤实验处理组高通量测序结果

处理组	样本名称	序列数量	基础数量	平均序列长度	最小序列长度	最大序列长度
空白对照组 （g4）	0-1_0_CK	50251	22542120	448.5905	350	493
	0-1_2_CK	58526	26033146	444.8133	419	500
	0-1_4_CK	59412	26518046	446.3416	364	458
	0-1_6_CK	64331	28747022	446.8611	326	500
	0_1_8_CK	57225	25524694	446.041	366	500
	0-1_10_CK	59666	26625744	446.2465	343	498
	0-1_12_CK	64171	28643902	446.3683	364	499
	0-1_14_CK	58589	26040061	444.4531	277	480
	0-1_16_CK	68885	30671899	445.2624	358	474
芽胞菌剂组 （g1）	1_0_T	58052	26137742	450.2471	298	498
	1_2_T	65089	29303672	450.2093	424	497
	1_4_T	54586	24502307	448.8753	283	503
	1_6_T	53053	23670930	446.1751	419	504
	1_8_T	69030	30911663	447.8004	420	495
	1_10_T	60865	26997979	443.5715	387	502
	1_12_T	58271	26181613	449.3078	388	497
	1_14_T	62778	27999482	446.0079	380	465
	1_16_T	63350	27893578	440.309	399	499
链霉菌剂组 （g2）	2_0_T	52843	23788618	450.1754	413	498
	2_2_T	66082	29688581	449.2688	423	490
	2_4_T	54032	24118057	446.3662	269	473
	2_6_T	58667	26155612	445.8318	358	455
	2_8_T	60010	26765214	446.0126	381	501
	2_10_T	51462	23016916	447.2604	358	488
	2_12_T	50425	22477965	445.7703	379	500
	2_14_T	60654	27033077	445.6932	337	495
	2_16_T	66522	29200760	438.964	277	466
整合菌剂组 （g3）	3_0_T			缺项		
	3_2_T	59097	26529146	448.9085	298	498
	3_4_T	65629	29185555	444.7052	363	497
	3_6_T	65440	29030103	443.614	298	479
	3_8_T	58582	26094103	445.4287	385	504
	3_10_T	64841	28817702	444.4364	284	474
	3_12_T	53255	23737450	445.7319	358	498
	3_14_T	62820	27855632	443.4198	315	486
	3_16_T	68484	30334068	442.9366	359	482

（2）微生物组总量统计分析　根据表 4-20 肉汤实验数据，采用 Scheffe 法进行实验组平均值多重比较。Scheffe 法适用于需要进行全体组间比较检定。Scheffe 法在需要进行比较的个数多于平均值个数时，比 BonfeDoni 法更容易得到明确的判断。另外，在检定的结果不存在有意差时，也可以判断某组间是否存在有意差等。多重比较法要求的条件与方差分析法相同，即随机变量服从正态分布，方差相齐和观测值的独立性，肉汤实验数据满足分析条件。

将肉汤实验各处理不同取样时间构建数据矩阵，假设每次取样的序列总量（微生物组含量）存在差异，统计结果见表 4-21～表 4-24。分析结果表明，肉汤实验处理间差异不显著（$P > 0.05$），处理内差异不显著。Scheffe 法多重比较结果表明，不同时间采样的肉汤实验序列数量在 $P=0.10$、$P=0.05$、$P=0.01$ 的水平下差异不显著，表明肉汤实验不同处理、不同时间测定的微生物序列总量相近，差异不显著，证明了特定培养条件冗余下，微生物总量是恒定的。

表4-21　肉汤实验处理组高通量测序结果统计分析

时间/d	样本数	均值	标准差	标准误	95%置信区间	
0	3	53715.33	3972.99	2293.81	43845.89	63584.78
2	4	62198.50	3938.83	1969.41	55930.94	68466.06
4	4	58414.75	5382.31	2691.15	49850.30	66979.20
6	4	60372.75	5710.61	2855.30	51285.90	69459.60
8	4	61211.75	5334.76	2667.38	52722.96	69700.54
10	4	59208.50	5618.03	2809.01	50268.97	68148.03
12	4	56530.50	6039.11	3019.56	46920.93	66140.07
14	4	61210.25	2019.03	1009.52	57997.52	64422.98
16	4	66810.25	2527.35	1263.67	62788.68	70831.82

表4-22　肉汤实验处理组高通量测序结果方差分析

变异来源	平方和	自由度	均方	F值	P值
处理间	395631196.87	8	49453900	2.203	0.0612
处理内	583723363.42	26	22450899		
总变异	979354560.29	34			

表4-23　肉汤实验处理组高通量测序结果Scheffe法多重比较

时间/d	均值	肉汤实验发酵时间/d								
		16	2	8	14	6	10	4	12	0
16	66810.25		0.98	0.94	0.94	0.87	0.73	0.62	0.35	0.16
2	62198.50	4611.750 (0.49)		1.00	1.00	1.00	1.00	0.99	0.93	0.70
8	61211.75	5598.500 (0.59)	986.750 (0.10)		1.00	1.00	1.00	1.00	0.98	0.82
14	61210.25	5600.000 (0.59)	988.250 (0.10)	1.500 (0.00)		1.00	1.00	1.00	0.98	0.82
6	60372.75	6437.500 (0.68)	1825.750 (0.19)	839.000 (0.09)	837.500 (0.09)		1.00	1.00	0.99	0.90
10	59208.50	7601.750 (0.80)	2990.000 (0.32)	2003.250 (0.21)	2001.750 (0.21)	1164.250 (0.12)		1.00	1.00	0.96
4	58414.75	8395.500 (0.89)	3783.750 (0.40)	2797.000 (0.30)	2795.500 (0.29)	1958.000 (0.21)	793.750 (0.08)		1.00	0.99
12	56530.50	10279.750 (1.08)	5668.000 (0.60)	4681.250 (0.49)	4679.750 (0.49)	3842.250 (0.41)	2678.000 (0.28)	1884.250 (0.20)		1.00
0	53715.33	13094.917 (1.28)	8483.167 (0.83)	7496.417 (0.73)	7494.917 (0.73)	6657.417 (0.65)	5493.167 (0.54)	4699.417 (0.46)	2815.167 (0.28)	

注：下三角为均值差及统计量，上三角为 P 值。

表4-24　肉汤实验处理组高通量测序结果Scheffe法多重比较字母标记

时间/d	均值	0.10显著水平	0.05显著水平	0.01极显著水平
0	53715.33	a	a	A
2	62198.50	a	a	A
4	58414.75	a	a	A
6	60372.75	a	a	A
8	61211.75	a	a	A
10	59208.50	a	a	A

续表

时间/d	均值	0.10显著水平	0.05显著水平	0.01极显著水平
12	56530.50	a	a	A
14	61210.25	a	a	A
16	66810.25	a	a	A

注：表中 A 表示极显著，a 表示显著。

三、添加菌剂对肉汤实验微生物组结构变化的影响

以肉汤实验系统的细菌门水平微生物组结构变化为例，细菌门数量和结构的变化，说明不同处理对微生物组结构变化的影响，揭示添加整合微生物组菌剂影响肉汤实验系统的规律。

（1）不同处理组 read 总量变化　肉汤实验设 4 个组，g1 为芽胞菌剂组（g1）（解淀粉芽胞杆菌菌剂），g2 为链霉菌剂组（g2）（链霉菌剂组发酵产物的板框固形物，内含有 3% 的那西肽抗菌肽），g3 为整合菌剂组（g3）（由微生物发酵床生产的整合微生物菌剂，含有＞30亿微生物），g4 为空白对照组（g4）（不添加菌剂，加等量清水）。用 10% 的猪肉打成肉浆，添加处理物各 2%，放入肉汤进行发酵，实验当天开始取样（0d），每 2 天取样 1 次，利用宏基因组分析微生物组。实验结果以细菌门水平（phylum）的 read 含量为指标，见表4-25、图4-44。

表4-25　肉汤实验过程不同处理组细菌门水平的read含量

处理组	肉汤实验时间/d									总计
	0	2	4	6	8	10	12	14	16	
空白对照组（g4）	39615	45814	47608	51539	47596	49291	52647	48123	55542	437775
芽胞菌剂组（g1）	54324	56015	52824	50470	67025	53742	53124	54334	54984	496842
链霉菌剂组（g2）	47127	55102	50096	44962	47313	43269	40420	49681	54697	432667
整合菌剂组（g3）	55560	53871	57248	55572	45858	53103	41425	48253	52822	463712

（2）不同处理组细菌门总量差异　统计分析结果表明，肉汤实验过程，g4、g3、g2 细菌门短序列（read）总量变化不显著（$P > 0.05$），而 g1- 芽胞菌剂组差异显著高于前 3 组（$P < 0.05$）。

（3）不同处理组细菌门总量变化动态　肉汤实验不同处理组细菌门短序列的总和变化动态见图4-45。空白对照组（g4）细菌门总量（read）随着时间的变化呈幂指数曲线变化，方程为 $y(g4) = 41100x^{0.1156}$（$R^2 = 0.7476$）；链霉菌剂组（g2）、整合菌剂组（g3）围绕着空白对照组（g4）随着时间的变化细菌门总量上下波动。芽胞菌剂组（g1）细菌门总量（read）随着时间变化稍微下降，到第 8 天总量上升到高峰（read=67025），随后第 10 天下降到 53742，小幅波动维持到实验结束。从细菌门总量变化动态上看，各处理的数量变化差异不大，这也印证了特定培养条件下细菌总量恒定的特征；由于检测细菌门的短序列总量，

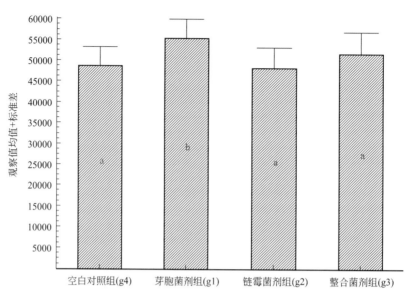

图4-44　肉汤实验过程不同处理组细菌门水平的read含量平均值差异比较

图中标注的小写字母表示样品间差异显著（$P<0.05$）。全书同

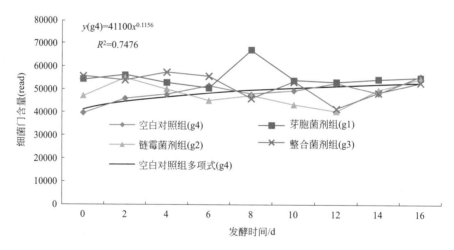

图4-45　肉汤实验过程不同处理组细菌门水平数量变化（read）

肉汤实验体系中含有其他微生物的短序列，不计入细菌门总量，表现出细菌门总量的差异；不同处理组的差异主要表现在细菌门的结构组成上。

（4）肉汤实验细菌种类结构变化动态。

1）芽胞菌剂组（g1）细菌门结构变化动态。芽胞菌剂组（g1）细菌门种类数量结构变化见表4-26，种类结构见图4-46。本组检测到10个细菌门，总体上看与g4组优势菌群比较差异很大，厚壁菌门、变形菌门、放线菌门为芽胞菌剂组（g1）的优势菌群；不同的发酵时间细菌门优势菌群发生变化，如第0天的优势菌群为厚壁菌门（48369）＞变形菌门（5051）＞放线菌门（520），第2天变化为变形菌门（35236）

＞厚壁菌门（20670）＞放线菌门（18），第10天时变化为厚壁菌门（20730）＞放线菌门（16194）＞变形菌门（15622）（图4-46）。

表4-26 芽胞菌剂组（g1）处理肉汤实验过程细菌门种类结构变化

种类名称	肉汤实验发酵时间/d								
	0	2	4	6	8	10	12	14	16
厚壁菌门(Firmicutes)	48369	20670	43577	48139	54101	20730	28763	8764	17913
变形菌门(Proteobacteria)	5051	35236	8449	1928	5839	15622	22885	34338	5709
放线菌门(Actinobacteria)	520	18	15	78	431	16194	1002	9286	30410
拟杆菌门(Bacteroidetes)	211	19	322	169	5592	1182	368	1933	936
梭杆菌门(Fusobacteria)	168	2	454	153	1028	12	55	13	14
蓝细菌门(Cyanobacteria)	4	0	0	0	0	0	0	0	0
疣微菌门(Verrucomicrobia)	1	0	6	3	23	2	1	0	2
分类地位未定的1门(Bacteria_norank)	0	0	0	0	9	0	41	0	0
未分类的1门(Bacteria_unclassified)	0	70	0	0	2	0	9	0	0
黏胶球形菌门(Lentisphaerae)	0	0	1	0	0	0	0	0	0

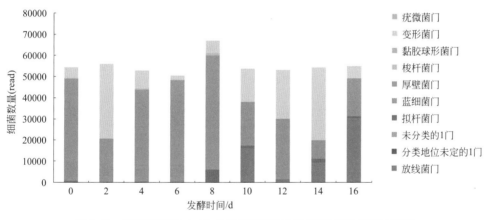

图4-46 芽胞菌剂组（g1）处理肉汤实验过程细菌门种类结构变化

细菌门数量总和变化动态随着时间的变化逐步小幅变化，在第8天形成一个峰值（图4-47）；不同的细菌门数量变化动态差异显著，如厚壁菌门从实验开始到第2天数量大幅下降，而后逐渐上升，到第8天形成高峰，随后随着时间进程逐步波动下降直到实验结束；而放线菌门第0～8天数量维持较低水平，随后波动上升，到第16天达到高峰。空白对照组（g4）和芽胞菌剂组（g1）中放线菌门都属于后峰型。

2）链霉菌剂组（g2）细菌门结构变化动态。链霉菌剂组（g2）细菌门种类数量结构变化见表4-27，种类结构见图4-48。本组检测到10个细菌门，总体上看与g4组、g1组优势菌群比较差异很大，厚壁菌门、变形菌门、拟杆菌门为链霉菌剂组（g2）的优势菌群；不同的发酵时间细菌门优势菌群发生变化，如第0天的优势菌群为变形菌门（45545）＞厚壁菌门（654）＞拟杆菌门（245），第2天变化为变形菌门（47231）＞厚壁菌门（7101）＞拟杆菌门（257），第10天时变化为变形菌门（32213）＞厚壁菌门（6079）＞拟杆菌门（4366）（图4-48）。

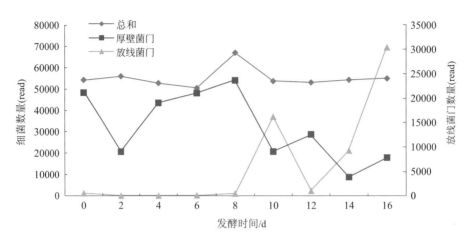

图4-47　芽胞菌剂组（g1）处理肉汤实验过程细菌门数量总和变化动态

表4-27　链霉菌剂组（g2）处理肉汤实验过程细菌门种类结构变化

种类名称	肉汤实验发酵时间/d								
	0	2	4	6	8	10	12	14	16
变形菌门	45545	47231	33917	29783	35331	32213	29553	35498	41396
厚壁菌门	654	7101	12343	12323	11111	6079	6492	8898	5164
拟杆菌门	245	257	1567	2620	792	4366	4056	4892	6055
梭杆菌门	450	185	1843	16	8	36	16	46	34
放线菌门	225	318	251	164	59	240	293	321	2048
疣微菌门	8	4	10	0	0	1	0	0	0
分类地位未定的1门	0	3	161	52	6	334	10	26	0
未分类的1门	0	3	3	4	6	0	0	0	0
蓝细菌门	0	0	0	0	0	0	0	0	0
黏胶球形菌门	0	0	1	0	0	0	0	0	0

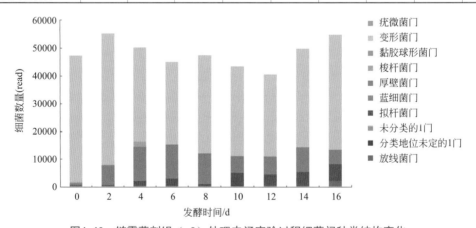

图4-48　链霉菌剂组（g2）处理肉汤实验过程细菌门种类结构变化

　　细菌门数量总和变化动态随着时间的变化逐步小幅变化，在第2天形成一个峰值（图4-49）；不同的细菌门数量变化动态差异显著，如厚壁菌门实验开始后数量逐渐上升，到第4天形成高峰。随后随着时间进程逐步波动下降直到实验结束；而放线菌门第0～8天数量维持较低水平，随后波动上升，到第16天达到高峰。在空白对照组（g4）、芽胞菌剂组（g1）和链霉菌剂组（g2）中放线菌门都属于后峰型。

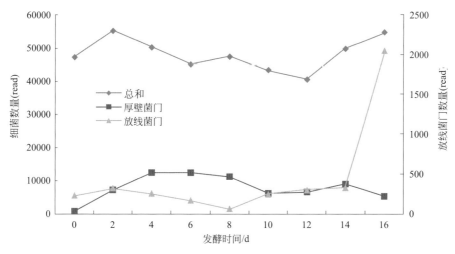

图4-49　链霉菌剂组（g2）处理肉汤实验过程细菌门数量总和变化动态

3）整合菌剂组（g3）细菌门结构变化动态。整合菌剂组（g3）细菌门种类数量结构变化见表4-28，种类结构见图4-50。本组检测到10个细菌门，总体上看与g4组、g1组、g2组优势菌群差异很大，变形菌门、放线菌门、厚壁菌门为整合菌剂组（g3）的优势菌群；不同的发酵时间细菌门优势菌群发生变化，如第0天的优势菌群为变形菌门（38951.5）＞放线菌门（7255）＞厚壁菌门（6080），第2天变化为变形菌门（40604）＞厚壁菌门（7204）＞放线菌门（2186），第10天变化为变形菌门（30787）＞放线菌门（10218）＞厚壁菌门（9639）（图4-50）。

表4-28　整合菌剂组（g3）处理肉汤实验过程细菌门种类结构变化

种类名称	肉汤实验发酵时间/d								
	0	2	4	6	8	10	12	14	16
变形菌门	38951.5	40604	37299	33207	30885	30787	23355	21619	22814
放线菌门	7255	2186	12324	12301	5700	10218	4070	9712	11512
厚壁菌门	6080	7204	4957	8899	7035	9639	12371	11431	11736
拟杆菌门	3149	3785	2513	1067	2191	2420	1614	5479	6723
未分类的1门	82.5	35	130	78	41	30	12	10	27
梭杆菌门	41	57	25	19	6	8	3	2	10
分类地位未定的1门	0	0	0	0	0	0	0	0	0
蓝细菌门	0	0	0	0	0	0	0	0	0
黏胶球形菌门	0	0	0	0	0	0	0	0	0
疣微菌门	0	0	0	1	0	1	0	0	0

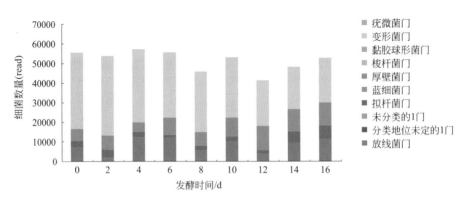

图4-50　整合菌剂组（g3）处理肉汤实验过程细菌门种类结构变化

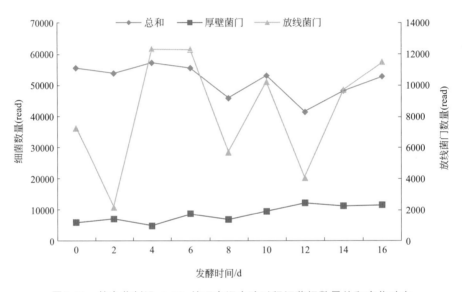

图4-51　整合菌剂组（g3）处理肉汤实验过程细菌门数量总和变化动态

细菌门数量总和变化动态随着时间的变化逐步小幅变化，在8d后数量波动变化，直到实验结束（图4-51）；不同的细菌门数量变化动态差异显著，如厚壁菌门整体数量较低，从实验开始到结束数量小幅波动变化；而放线菌门数量变化特性与前3组都不同，0～2d数量大幅下降，2～4d数量大幅上升，随着时间进程，在第6天、第10天、第16天形成峰值，第8天、第12天形成谷底，波动剧烈；与空白对照组（g4）、芽胞菌剂组（g1）和链霉菌剂组（g2）的放线菌门数量动态不同，该组属于三峰型。

4）空白对照组（g4）细菌门结构变化动态。空白对照组（g4）细菌门种类数量结构变化见表4-29，种类结构见图4-52。本组检测到10个细菌门，总体上看，变形菌门、厚壁菌门、拟杆菌门为空白对照组（g4）的优势菌群；不同的发酵时间细菌门优势菌群发生变化，如第0天的优势菌群为变形菌门（27357）＞厚壁菌门（7192）＞拟杆菌门（2313），第2天变化为厚壁菌门（21545）＞变形菌门（18410）＞拟杆菌门（5815），第10天变化为变形菌门（24429）＞拟杆菌门（16398）＞厚壁菌门（8376）（图4-52）。

表4-29　空白对照组（g4）处理肉汤实验过程细菌门种类结构变化

种类名称	肉汤实验发酵时间/d								
	0	2	4	6	8	10	12	14	16
变形菌门	27357	18410	29661	36275	23467	24429	29827	21632	27249
厚壁菌门	7192	21545	16087	13790	9813	8376	7632	10237	12826
拟杆菌门	2313	5815	1755	1401	14273	16398	14299	15273	15058
放线菌门	349	14	33	19	10	74	871	967	397
梭杆菌门	2377	2	8	14	13	2	9	8	2
未分类的1门	0	26	64	40	20	11	9	4	10
疣微菌门	24	1	0	0	0	1	0	0	0
分类地位未定的1门	0	1	0	0	0	0	0	2	0
黏胶球形菌门	3	0	0	0	0	0	0	0	0
蓝细菌门	0	0	0	0	0	0	0	0	0
总和	39615	45814	47608	51539	47596	49291	52647	48123	55542

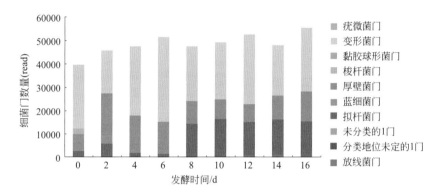

图4-52　空白对照组（g4）处理肉汤实验过程细菌门种类结构变化

细菌门数量总和变化动态随着时间的变化逐步小幅增加（图4-53），不同的细菌门数量变化动态差异显著，如厚壁菌门数量在第2天达到高峰，而后随时间进程逐步波动下降直到实验结束，而放线菌门实验初期数量较高，随后逐渐下降，到第10天开始上升，第14天达到高峰，随后小幅下降直到实验结束。

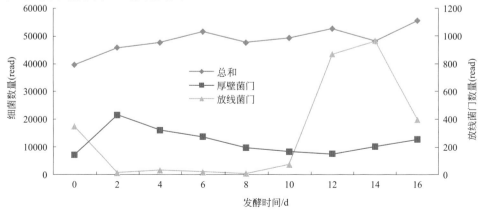

图4-53　空白对照组（g4）处理肉汤实验过程细菌门数量总和变化动态

四、添加菌剂对肉汤实验细菌群落分布的影响

1．不同处理对细菌独有菌群分布的影响

以肉汤实验系统细菌属水平独有菌群分布为例，分析添加不同菌剂对肉汤实验发酵系统细菌属水平独有菌群分布的影响，分析结果见图4-54，添加不同菌剂对肉汤实验系统细菌属水平独有菌群分布有显著影响。添加整合菌剂组（g3），发酵体系细菌属水平独有菌群15种，高于添加芽胞菌剂的7种和链霉菌剂的8种，而空白对照组（g4）独有菌群4种，表明整合菌剂促进了系统独有菌群的增加，这与整合菌剂含有较多的微生物种类有关。

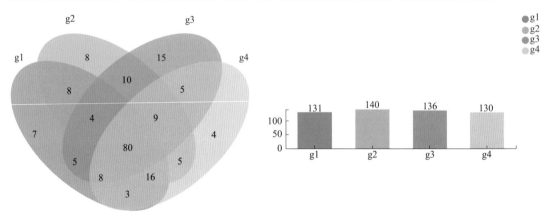

图4-54　不同处理对细菌属水平独有菌群分布的影响

2．不同处理组细菌群落主坐标分析

以细菌科菌群为例，利用主坐标分析法（PCoA），分析肉汤实验添加不同菌剂细菌群落的差异。分析结果见图4-55。从图中可知，不同处理组菌群的主坐标分布差异显著（$P<0.01$）；添加芽胞菌剂（g1）细菌科菌群分布独自占有主坐标系统的第2、第3象限，独立于其他处理；添加整合菌剂（g3）细菌科菌群基本分布在第1象限，而与其他处理区分；添加链霉菌剂（g2）和空白对照两组细菌科菌群混合分布在第1、第4象限，难以区分；表明整合菌剂和芽胞菌剂处理对肉汤实验发酵系统微生物菌群影响较大，而链霉菌剂和空白对照处理作用相似，添加链霉菌剂对肉汤发酵系统影响较小。

3.不同处理组细菌优势菌群特征

以肉汤实验系统细菌属水平菌群分布为例，分析添加不同菌剂对肉汤实验发酵系统细菌属优势菌群的影响，分析结果见表4-30。结果表明，肉汤实验系统共检测到187个细菌属，不同处理组前5个高含量的细菌属优势菌群差异显著，芽胞菌剂组（g1）优势菌群为漫游球菌属（38.0300%）＞摩尔根氏菌属（17.0600%）＞棒杆菌属1（10.0500%）＞芽胞杆菌属（8.1280%）＞乳球菌属（4.8080%）；链霉菌剂组（g2）优势菌群为不动杆菌属（20.9000%）＞摩尔根氏菌属（12.1800%）＞产碱菌属（9.5770%）＞肠杆菌属（7.9200%）＞短波单胞菌属（5.1800%）；整合菌剂组（g3）优势菌群为摩尔根氏菌属（19.2000%）

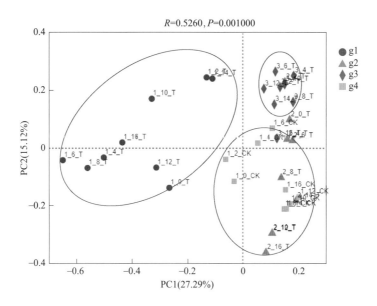

图4-55 不同处理组细菌科水平菌群主坐标分析

＞不动杆菌属（16.4000%）＞肠杆菌属（13.4500%）＞丙酸杆菌科的1属（11.7200%）
＞柠檬酸杆菌属（4.0210%）；空白对照组（g4）优势菌群为不动杆菌属（20.4900%）＞
香味菌属（15.0100%）＞摩尔根氏菌属（12.4200%）＞消化链球菌属（8.3800%）＞漫游
球菌属（6.4250%）。添加不同菌剂使得肉汤实验系统优势菌群发生较大改变，不同菌剂的
优势菌群具有处理组特征而相互区别。

表4-30 不同处理组细菌优势菌群特征

细菌属名称	肉汤实验细菌属含量/%			
	芽胞菌剂（g1）	链霉菌剂（g2）	整合菌剂（g3）	空白对照（g4）
摩尔根氏菌属（*Morganella*）	17.0600	12.1800	19.2000	12.4200
不动杆菌属（*Acinetobacter*）	2.7390	20.9000	16.4000	20.4900
肠杆菌属（*Enterobacter*）	0.3769	7.9200	13.4500	3.8570
丙酸杆菌科的1属（f__Propionibacteriaceae）	0.0028	0.1514	11.7200	0.0186
柠檬酸杆菌属（*Citrobacter*）	0.1161	4.2160	4.0210	2.2600
放线菌属（*Actinomyces*）	0.0012	0.0034	3.6770	0.0622
大洋芽胞杆菌属（*Oceanobacillus*）	0.0274	0.0009	2.7640	0.0008
漫游球菌属（*Vagococcus*）	38.0300	0.4197	2.5380	6.4250
乳球菌属（*Lactococcus*）	4.8080	0.2180	2.4430	3.2620
石单胞菌属（*Petrimonas*）	0.0053	0.0007	2.2470	0.0005
蒂西耶氏菌属（*Tissierella*）	1.0820	3.0610	2.0720	0.0273
赖氨酸芽胞杆菌属（*Lysinibacillus*）	0.0000	0.1274	1.5570	0.0000
克雷伯氏菌属（*Klebsiella*）	0.0918	0.7034	1.4950	0.3477
金黄杆菌属（*Chryseobacterium*）	0.0187	0.0090	1.4830	1.8220

续表

细菌属名称	肉汤实验细菌属含量/%			
	芽胞菌剂（g1）	链霉菌剂（g2）	整合菌剂（g3）	空白对照（g4）
威克斯氏菌属（*Weeksella*）	0.4952	0.4478	1.4050	1.2570
狭义梭菌属13（*Clostridium_sensu_stricto_13*）	0.1038	0.0752	1.2160	0.0002
沙雷氏菌属（*Serratia*）	0.0006	0.2102	1.1980	0.2988
产碱菌属（*Alcaligenes*）	1.5680	9.5770	1.0960	2.1860
假纤细芽胞杆菌属（*Pseudogracilibacillus*）	0.1480	0.9536	1.0260	0.0409
类芽胞杆菌科的1属（f__Paenibacillaceae）	0.0006	0.0037	0.9135	0.0015
伊丽莎白金菌属（*Elizabethkingia*）	0.0000	0.0026	0.7925	0.1196
芽胞束菌属（*Sporosarcina*）	0.0356	0.0002	0.6952	0.0006
芽胞杆菌属（*Bacillus*）	8.1280	0.6254	0.6025	1.7310
棒杆菌属1（*Corynebacterium_1*）	10.0500	0.0388	0.5514	0.0138
解蛋白菌属（*Proteiniclasticum*）	0.0002	0.0497	0.5427	1.1920
苍白杆菌属（*Ochrobactrum*）	0.1169	0.0859	0.4585	0.0052
嗜碱菌属（*Alkaliphilus*）	0.0020	3.2770	0.3936	0.0852
肠杆菌科的1属（f__Enterobacteriaceae）	0.0008	0.0777	0.3179	0.0627
芽胞杆菌科的1属（f__Bacillaceae）	0.3272	0.0271	0.3159	0.0087
哈夫尼菌属/肥大杆菌属（*Hafnia/Obesumbacterium*）	0.0219	0.1609	0.2873	0.4297
γ-变形杆纲的1属（c__Gammaproteobacteria）	0.0026	0.1442	0.2746	0.2025
棒杆菌属（*Corynebacterium*）	0.1500	0.0024	0.2332	0.0006
变形菌属（*Proteus*）	0.0021	0.2237	0.2167	0.1606
丹毒丝菌属（*Erysipelothrix*）	1.2360	4.1360	0.1976	0.3342
拟杆菌属（*Bacteroides*）	1.0380	0.1224	0.1826	0.2406
普罗威登斯菌属（*Providencia*）	3.3550	0.5665	0.1740	0.9947
厚壁菌门的1属（p__Firmicutes）	0.0000	0.0000	0.1267	0.0000
代尔夫特菌属（*Delftia*）	0.0000	0.0290	0.1259	0.0193
科XVIII的1属（f__Family_XVIII）	0.0248	0.0000	0.1169	0.0000
芽胞杆菌科的1属（f__Bacillaceae）	0.1449	0.1387	0.1059	0.0000
丛毛单胞菌属（*Comamonas*）	0.0013	1.3000	0.1043	0.6549
肠球菌属（*Enterococcus*）	0.8545	0.7819	0.1023	0.1095
莫拉氏菌科的1属（f__Moraxellaceae）	0.0032	0.0086	0.0867	0.0693
毛梭菌属（*Lachnoclostridium*）	0.0002	0.0002	0.0703	0.0000
梭菌目的1属（o__Clostridiales）	0.0000	0.0000	0.0686	0.0000
伯克氏菌属/副伯克氏菌属（*Burkholderia/Paraburkholderia*）	0.0004	0.0000	0.0624	0.0000
劣生单胞菌属（*Dysgonomonas*）	0.1505	1.0750	0.0608	0.2673
类芽胞杆菌属（*Paenibacillus*）	0.0000	0.2076	0.0546	0.0009
乳杆菌目的1属（o__Lactobacillales）	0.0923	0.0000	0.0428	0.0053
潘多拉菌属（*Pandoraea*）	0.0000	0.0000	0.0412	0.0004
卟啉单胞菌属（*Porphyromonas*）	0.0000	0.0000	0.0402	0.0009
毛梭菌属5（*Lachnoclostridium_5*）	0.0000	0.0000	0.0364	0.0002
副埃格特氏菌属（*Paraeggerthella*）	0.0000	0.0000	0.0359	0.0006

细菌属名称	肉汤实验细菌属含量/%			
	芽胞菌剂（g1）	链霉菌剂（g2）	整合菌剂（g3）	空白对照（g4）
鲸杆菌属（Cetobacterium）	0.3481	0.2791	0.0301	0.6795
噬几丁质菌科的1属（f__Chitinophagaceae）	0.0000	0.0002	0.0277	0.0000
广布杆菌属（Vulgatibacter）	0.0000	0.0000	0.0265	0.0000
博德特氏菌属（Bordetella）	0.0004	0.1258	0.0257	0.0797
伊格纳茨席纳菌属（Ignatzschineria）	0.9340	0.0003	0.0255	0.0690
消化链球菌属（Peptostreptococcus）	0.1500	0.2036	0.0247	8.3800
香味菌属（Myroides）	0.1706	3.9900	0.0241	15.0100
沉积杆菌属（Sedimentibacter）	0.0000	0.0000	0.0213	0.0000
寡养单胞菌属（Stenotrophomonas）	0.0006	0.0936	0.0205	0.0453
变形菌门的1属（p__Proteobacteria）	0.0000	0.0454	0.0202	0.0018
节杆菌属（Arthrobacter）	0.0008	0.0000	0.0196	0.0020
热酸菌属（Acidothermus）	0.0000	0.0000	0.0191	0.0000
消化梭菌属（Peptoclostridium）	0.0000	0.0000	0.0181	0.0002
鞘氨醇杆菌属（Sphingobacterium）	0.0012	0.0050	0.0174	0.0648
β-变形菌纲的1属（c__Betaproteobacteria）	0.0000	0.0000	0.0163	0.0000
皮生球菌属（Dermacoccus）	0.0008	0.0012	0.0152	0.0283
无色杆菌属（Achromobacter）	0.0009	0.1108	0.0137	0.0137
目TSCOR001-H18的1属（o__TSCOR001-H18）	0.0006	0.0000	0.0125	0.0000
类芽胞杆菌科的1属（f__Paenibacillaceae）	0.0055	0.0000	0.0101	0.0000
魏斯氏菌属（Weissella）	0.3681	0.0046	0.0101	0.2471
贪食蛋白菌属（Proteiniborus）	0.0000	0.0004	0.0100	0.0000
埃希氏/志贺氏菌属（Escherichia/Shigella）	0.0030	0.7005	0.0078	0.5809
候选属Soleaferrea（Candidatus_Soleaferrea）	0.0522	0.0000	0.0075	0.0002
放线线束菌属（Actinospica）	0.0000	0.0000	0.0072	0.0000
气单胞菌属（Aeromonas）	0.0651	1.2290	0.0070	0.1878
科XI的1属（f__Family_XI）	0.1209	0.0000	0.0063	0.0004
梭菌目科XI的1属（f__Family_XI_o__Clostridiales）	0.3129	0.0016	0.0063	0.0004
紫单胞菌科的1属（f__Porphyromonadaceae）	0.0791	0.0559	0.0062	0.1428
瘤胃球菌科的1属（f__Ruminococcaceae）	0.0000	0.0000	0.0058	0.0000
目MBA03的1属（o__MBA03）	0.0000	0.0000	0.0055	0.0000
运动杆菌属（Mobilitalea）	0.0000	0.0000	0.0050	0.0000
假单胞菌属（Pseudomonas）	0.9472	0.9347	0.0045	5.0740
污水杆菌属（Defluviitalea）	0.0000	0.0194	0.0044	0.0000
瘤胃球菌科NK4A214群的1属（Ruminococcaceae_NK4A214_group）	0.0000	0.0112	0.0042	0.0000
微杆菌科的1属（f__Microbacteriaceae）	1.4140	0.1154	0.0042	0.3684
丹毒丝菌科的1属（f__Erysipelotrichaceae）	0.0000	0.0042	0.0041	0.0000
毛螺菌科的1属（f__Lachnospiraceae）	0.0000	0.0000	0.0038	0.0000
黄杆菌属（Flavobacterium）	0.0000	0.1103	0.0038	0.0008
链球菌属（Streptococcus）	0.0187	0.0477	0.0038	0.0180
短芽胞杆菌属（Brevibacillus）	0.0004	0.0134	0.0035	0.0000
戈登氏杆菌属（Gordonibacter）	0.0000	0.0000	0.0034	0.0000

细菌属名称	肉汤实验细菌属含量/%			
	芽胞菌剂（g1）	链霉菌剂（g2）	整合菌剂（g3）	空白对照（g4）
考考菌属（*Koukoulia*）	0.0026	2.9080	0.0031	1.1220
芽胞杆菌纲的1属（c__Bacilli）	0.0000	0.0000	0.0030	0.0000
居鸡菌属（*Gallicola*）	0.9940	0.0003	0.0028	0.0868
科库尔氏菌属（*Kocuria*）	0.0828	0.0084	0.0028	0.0210
诺卡氏菌属（*Nocardia*）	0.0000	0.0000	0.0024	0.0000
稳杆菌属（*Empedobacter*）	0.0106	0.0179	0.0024	0.1210
类产碱菌属（*Paenalcaligenes*）	0.0125	2.0650	0.0024	1.6410
丹毒丝菌科的1属（f__Erysipelotrichaceae）	0.0127	0.0108	0.0023	0.0261
狭义梭菌属16（*Clostridium_sensu_stricto_16*）	0.0000	0.0161	0.0021	0.0000
厌氧盐杆菌属（*Anaerosalibacter*）	0.0012	0.0000	0.0020	0.0000
狭义梭菌属1（*Clostridium_sensu_stricto_1*）	0.0103	0.4640	0.0018	0.0009
链霉菌属（*Streptomyces*）	0.0000	0.0396	0.0018	0.0000
厌氧球形菌属（*Anaerosphaera*）	0.0374	0.0000	0.0017	0.0018
根瘤菌属（*Rhizobium*）	0.0008	0.0025	0.0015	0.0008
酸微菌目的1属（o__Acidimicrobiales）	0.0000	0.0000	0.0012	0.0000
乳杆菌属（*Lactobacillus*）	0.0006	0.0127	0.0011	0.0004
葡萄球菌属（*Staphylococcus*）	0.2045	0.0083	0.0010	0.3150
贝兹纳克氏菌属（*Breznakia*）	0.2507	0.0374	0.0009	0.0659
加西亚氏菌属（*Garciella*）	0.0002	0.0332	0.0009	0.0000
迪尔莫菌属（*Dielma*）	0.0041	0.0029	0.0009	0.0059
棒杆菌科的1属（f__Corynebacteriaceae）	0.0945	0.0000	0.0007	0.0002
红球菌属（*Rhodococcus*）	0.0094	0.0067	0.0007	0.0439
瘤胃球菌科的1属（f__Ruminococcaceae）	0.0071	0.0063	0.0007	0.0240
龙包茨氏菌属（*Romboutsia*）	0.0015	0.0011	0.0007	0.0005
污蝇单胞菌属（*Wohlfahrtiimonas*）	0.0014	1.5090	0.0006	1.0410
脱硫弧菌属（*Desulfovibrio*）	0.0004	0.1969	0.0006	0.0073
克里斯滕森氏菌科的1属（f__Christensenellaceae）	0.0000	0.0073	0.0005	0.0000
短波单胞菌属（*Brevundimonas*）	0.0000	5.1800	0.0005	0.0027
丙酸杆菌属（*Propionibacterium*）	0.0000	0.0274	0.0005	0.0022
阿克曼斯氏菌属（*Akkermansia*）	0.0070	0.0052	0.0005	0.0072
分类地位未定界的属（k__norank）	0.0016	0.0002	0.0005	0.0020
微球菌属（*Micrococcus*）	0.0000	0.2510	0.0004	0.0000
舜宇菌属（*Soonwooa*）	0.0000	0.0007	0.0004	0.0167
水生杆形菌属（*Aquitalea*）	0.0000	0.0062	0.0003	0.1334
黄杆菌科（f__Flavobacteriaceae）	0.0002	0.0128	0.0002	0.1634
嗜胨菌属（*Peptoniphilus*）	0.0004	0.0000	0.0002	0.0126
巨球菌属（*Macrococcus*）	0.1630	0.0945	0.0002	0.3108
蛋白小链菌属（*Proteocatella*）	0.0008	0.0130	0.0002	0.0033
雷尔氏菌属（*Ralstonia*）	0.0013	0.0007	0.0002	0.0003
气单胞菌科的1属（f__Aeromonadaceae）	0.0015	0.0000	0.0002	0.0036
肉杆菌属（*Carnobacterium*）	0.0012	0.0499	0.0002	0.1051

细菌属名称	肉汤实验细菌属含量/%			
	芽胞菌剂（g1）	链霉菌剂（g2）	整合菌剂（g3）	空白对照（g4）
泥单胞菌属（Pelomonas）	0.0024	0.0005	0.0002	0.0022
透明颤菌属（Vitreoscilla）	0.0000	0.9839	0.0000	0.0028
嗜冷杆菌属（Psychrobacter）	0.0053	0.7902	0.0000	0.0005
梭菌科1的1属（f__Clostridiaceae_1）	0.0009	0.5598	0.0000	1.4290
水栖杆菌属（Enhydrobacter）	0.0012	0.4285	0.0000	0.4042
厌氧醋菌属（Acetoanaerobium）	0.0002	0.3383	0.0000	0.0000
类苍白杆菌属（Paenochrobactrum）	0.0000	0.3190	0.0000	0.0156
梭杆菌属（Fusobacterium）	0.0055	0.3084	0.0000	0.0000
细菌域的1属（d__Bacteria）	0.0101	0.1442	0.0000	0.0007
弓形杆菌属（Arcobacter）	0.0000	0.1350	0.0000	0.0000
韦荣氏菌属（Veillonella）	0.0002	0.1105	0.0000	0.0000
狭义梭菌属3（Clostridium_sensu_stricto_3）	0.0002	0.1067	0.0000	0.0153
四联球菌属（Tessaracoccus）	0.0016	0.0817	0.0000	0.0000
肠放线球菌属（Enteractinococcus）	0.0000	0.0791	0.0000	0.0000
奈瑟氏菌科的1属（f__Neisseriaceae）	0.0000	0.0753	0.0000	0.0016
丙酸棒菌属（Propioniciclava）	0.0000	0.0428	0.0000	0.0000
奈瑟氏菌科的1属（f__Neisseriaceae）	0.0000	0.0346	0.0000	0.0000
莫拉氏菌科的1属（f__Moraxellaceae）	0.0002	0.0329	0.0000	0.0000
居鸽菌属（Pelistega）	0.0000	0.0201	0.0000	0.0005
小枝菌属（Microvirgula）	0.0002	0.0176	0.0000	0.0077
短单胞菌属（Brachymonas）	0.0000	0.0057	0.0000	0.0000
科RH-aaj90h05的1属（f__RH-aaj90h05）	0.0085	0.0043	0.0000	0.0098
索丝菌属（Brochothrix）	0.0002	0.0035	0.0000	0.1972
双歧杆菌属（Bifidobacterium）	0.0036	0.0029	0.0000	0.0006
微球菌科的1属（f__Micrococcaceae）	0.0033	0.0021	0.0000	0.0017
巴斯德氏菌属（Pasteurella）	0.0000	0.0019	0.0000	0.0000
片球菌属（Pediococcus）	0.0227	0.0016	0.0000	0.0000
狭义梭菌属10（Clostridium_sensu_stricto_10）	0.0000	0.0014	0.0000	0.0000
希瓦氏菌属（Shewanella）	0.0019	0.0014	0.0000	0.0050
弧菌属（Vibrio）	0.0021	0.0014	0.0000	0.0062
厌氧球菌属（Anaerococcus）	0.0000	0.0009	0.0000	0.0000
短杆菌属（Brevibacterium）	0.0059	0.0007	0.0000	0.0505
库特氏菌属（Kurthia）	0.0000	0.0007	0.0000	0.0009
布劳特氏菌属（Blautia）	0.0006	0.0007	0.0000	0.0000
明串珠菌属（Leuconostoc）	0.5558	0.0002	0.0000	0.0235
脱色单胞菌属（Dechloromonas）	0.0007	0.0002	0.0000	0.0017
目P.palmC41的1属（o__P.palmC41）	0.0002	0.0002	0.0000	0.0008
博戈里亚湖菌属（Bogoriella）	0.0046	0.0002	0.0000	0.0000
兼性芽胞杆菌属（Amphibacillus）	0.0140	0.0000	0.0000	0.0000
遗忘单胞菌属（Oblitimonas）	0.0081	0.0000	0.0000	0.0000

细菌属名称	肉汤实验细菌属含量/%			
	芽胞菌剂（g1）	链霉菌剂（g2）	整合菌剂（g3）	空白对照（g4）
创伤球菌属（*Helcococcus*）	0.0046	0.0000	0.0000	0.0000
古根海姆氏菌属（*Guggenheimella*）	0.0037	0.0000	0.0000	0.0081
金色单胞菌属（*Aureimonas*）	0.0033	0.0000	0.0000	0.0000
甲基小杆菌属（*Methylobacterium*）	0.0020	0.0000	0.0000	0.0000
蓝细菌纲的1属（c__Cyanobacteria）	0.0008	0.0000	0.0000	0.0000
巨单胞菌属（*Megamonas*）	0.0008	0.0000	0.0000	0.0000
产碱菌科的1属（f__Alcaligenaceae）	0.0007	0.0000	0.0000	0.0006
无氧芽胞杆菌属（*Anoxybacillus*）	0.0003	0.0000	0.0000	0.0006
哈思韦氏菌属（*Hathewaya*）	0.0000	0.0000	0.0000	0.0281
副极小单胞菌属（*Parapusillimonas*）	0.0000	0.0000	0.0000	0.0019
狭义梭菌属19（*Clostridium_sensu_stricto_19*）	0.0000	0.0000	0.0000	0.0102
颗粒链菌属（*Granulicatella*）	0.0000	0.0000	0.0000	0.0028

4. 不同处理组对细菌菌群多样性指数的影响

以肉汤实验系统细菌属水平菌群分布为例，分析添加不同菌剂对肉汤实验发酵系统细菌属菌群多样性指数的影响，分析结果见表4-31、图4-56。结果表明添加不同菌剂肉汤实验发酵系统细菌属多样性指数差异显著，从丰富度指数看，链霉菌剂组（g2）（86.0000）＞整合菌剂组（g3）（78.5000）＞空白对照组（g4）（72.7778）＞芽胞菌剂组（g1）（57.3333）；从香农指数看，链霉菌剂组（g2）（2.4924）＞整合菌剂组（g3）（2.4375）＞空白对照组（g4）（2.3733）＞芽胞菌剂组（g1）（1.5735）；从优势度指数看，芽胞菌剂组（g1）（0.3605）＞空白对照组（g4）（0.1659）＞链霉菌剂组（g2）（0.1525）＞整合菌剂组（g3）（0.1476）；从均匀度指数看，链霉菌剂组（g2）（0.1386）＞整合菌剂组（g3）（0.1383）＞空白对照组（g4）（0.1375）＞芽胞菌剂组（g1）（0.0718）。

表4-31 不同处理组对细菌菌群多样性指数的影响

处理组	发酵进程标签	丰富度指数sobs	香农指数	优势度指数	均匀度指数heip
空白对照组（g4）	1_0_CK	60.0000	2.1196	0.2407	0.1242
	1_2_CK	67.0000	2.4874	0.1173	0.1671
	1_4_CK	70.0000	2.1958	0.2083	0.1158
	1_6_CK	74.0000	2.2620	0.1947	0.1178
	1_8_CK	67.0000	2.4146	0.1386	0.1543
	1_10_CK	75.0000	2.4514	0.1544	0.1433
	1_12_CK	71.0000	2.2349	0.1788	0.1192
	1_14_CK	87.0000	2.5137	0.1456	0.1320
	1_16_CK	84.0000	2.6799	0.1143	0.1637
	平均值	72.7778	2.3733	0.1659	0.1375
芽胞菌剂组（g1）	1_0_T	53.0000	1.3761	0.4033	0.0569

续表

处理组	发酵进程标签	丰富度指数sobs	香农指数	优势度指数	均匀度指数heip
芽胞菌剂组（g1）	1_2_T	44.0000	1.7366	0.2349	0.1088
	1_4_T	66.0000	1.3397	0.4826	0.0434
	1_6_T	54.0000	1.1329	0.5606	0.0397
	1_8_T	74.0000	1.6415	0.4128	0.0570
	1_10_T	50.0000	1.7803	0.2361	0.1006
	1_12_T	56.0000	1.6984	0.2911	0.0812
	1_14_T	62.0000	1.7059	0.3415	0.0739
	1_16_T	57.0000	1.7502	0.2820	0.0849
	平均值	57.3333	1.5735	0.3605	0.0718
链霉菌剂组（g2）	2_0_T	68.0000	1.5559	0.3453	0.0558
	2_2_T	89.0000	2.4532	0.1555	0.1207
	2_4_T	92.0000	3.0157	0.0836	0.2132
	2_6_T	80.0000	2.7686	0.0916	0.1891
	2_8_T	75.0000	2.5996	0.1014	0.1684
	2_10_T	87.0000	2.4895	0.1436	0.1285
	2_12_T	90.0000	2.5341	0.1367	0.1304
	2_14_T	91.0000	2.6423	0.1228	0.1449
	2_16_T	102.0000	2.3725	0.1916	0.0963
	平均值	86.0000	2.4924	0.1525	0.1386
整合菌剂组（g3）	3_2_T	50.0000	1.9897	0.2065	0.1289
	3_4_T	64.0000	2.0633	0.1912	0.1091
	3_6_T	75.0000	2.3972	0.1321	0.1350
	3_8_T	77.0000	2.5889	0.1201	0.1620
	3_10_T	91.0000	2.5337	0.1267	0.1289
	3_12_T	96.0000	2.5630	0.1734	0.1260
	3_14_T	81.0000	2.5427	0.1328	0.1464
	3_16_T	94.0000	2.8213	0.0978	0.1699
	平均值	78.5000	2.4375	0.1476	0.1383

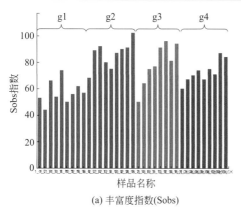

(a) 丰富度指数(Sobs)

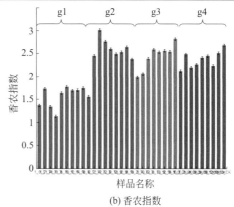

(b) 香农指数

图4-56

413

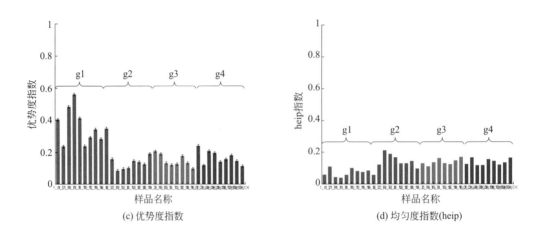

图4-56　不同处理组对细菌菌群多样性指数的影响

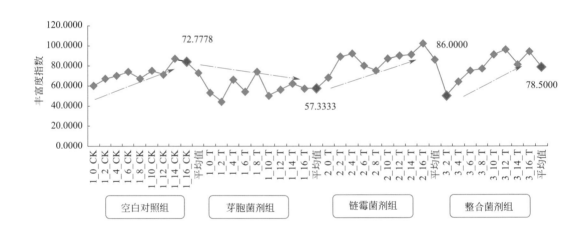

图4-57　不同处理组对细菌菌群丰富度指数变化动态

5．不同处理组对细菌群落系统进化的影响

以肉汤实验系统细菌属水平菌群分布为例，分析添加不同菌剂对肉汤实验发酵系统细菌属菌群系统进化的影响，分析结果见图4-58。结果表明添加不同菌剂肉汤实验发酵系统细菌属菌群进化的影响差异显著。添加菌剂对肉汤发酵系统影响较大的分类阶元有变形菌门，其中摩尔根氏菌属、不动杆菌属、漫游球菌属这3个属是肉汤系统的优势细菌属；厚壁菌门中细菌属数量在添加芽胞菌剂组中较高；添加整合菌剂肉汤实验细菌属中摩尔根氏菌属（19.2%）、不动杆菌属（16.4%）、肠杆菌属（13.45%）、丙酸杆菌科的1属（11.72%）、柠檬酸杆菌属（4.021%）、放线菌属（3.677%）等含量较高。

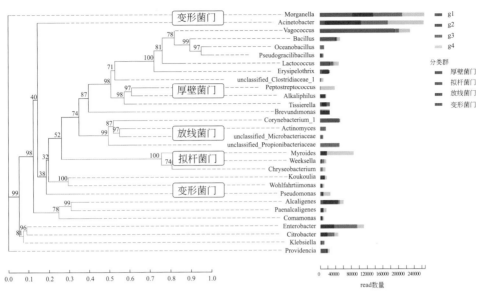

图4-58　不同处理组对细菌菌群系统进化的影响

五、讨论与总结

添加菌剂对肉汤实验微生物组影响研究发现不同处理组，尽管微生物组结构组成发生较大变化，其特定阶段的微生物组总量保持恒定，即不同处理组一个物种被抑制，另一个物种则发展，结果微生物组利用培养基和培养条件的冗余空间生长出适合的种群，其微生物总量不会随着处理方式的不同而变化，会保持培养冗余条件下的总量恒定。添加不同菌剂对肉汤实验系统的影响表现在微生物组的组成结构差异、微生物优势种的变化动态差异以及肉汤发酵系统发育的差异上。

第四节
添加菌剂对发酵阶段微生物组的影响

一、肉汤实验发酵阶段的划分

利用表4-31，以不同处理组对细菌菌群多样性指数的影响为数据矩阵、肉汤实验的发酵时间为样本、多样性指数为指标、数据不转换、马氏距离为尺度，用可变类平均法进行系统聚类，结果见图4-59。结果显示，可以将肉汤发酵阶段划分为4组，第1组为肉汤实验前期（发酵前期），记为AG，包括了发酵时间1d和2d，不同处理组记为芽胞菌剂组（A1）、链霉菌剂组（A2）、整合菌剂组（A3）、空白对照组（A4）；第2组为肉汤实验中期（发酵中期），记为BG，包括了发酵时间4d和6d，不同处理组记为芽胞菌剂组（B1）、链霉菌剂组（B2）、整合菌剂组（B3）、空白对照组（B4）；第3组为肉汤实验后期（发酵后期），记为CG，包括了发酵时间8d和10d，不同处理组记为芽胞菌剂组（C1）、链霉菌剂组（C2）、整合菌剂组（C3）、空白对照组（C4）；第4组为肉汤实验末期（发酵末期），记为DG，包括了发酵时间12d、14d和16d，不同处理组记为芽胞菌剂组（D1）、链霉菌剂组（D2）、整合菌剂组（D3）、空白对照组（D4）。整合微生物菌组菌剂对肉汤实验发酵过程的影响按以上阶段划分。

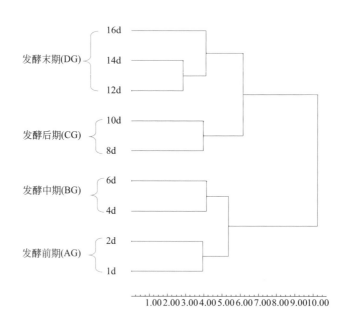

图4-59　不同处理肉汤实验发酵阶段的划分

二、发酵阶段细菌群落组成的变化

1．肉汤实验前期（AG）

（1）肉汤实验前期（AG）分类单元总体数量　肉汤实验前期（AG，1～2d），不同处理（芽胞菌剂（A1）/链霉菌剂（A2）/整合菌剂（A3）/空白对照（A4））细菌分类阶元总体统计，细菌门（phylum）10，细菌纲（class）19，细菌目（order）40，细菌科（family）67，细菌属（genus）139，细菌种（species）191，细菌分类单元（OTU）245。

（2）肉汤实验前期（AG）细菌分类单元稀释曲线　细菌分类单元（OTU）稀释曲线见图4-60，稀释曲线（rarefaction curve）主要利用各样本在不同测序深度时微生物 α 多样性指数构建曲线，以此反映各样本在不同测序数据量时的微生物多样性。它可以用来比较测序数据量不同的样本中物种的丰富度、均一性或多样性，用来说明样本的测序数据量是否合理。稀释曲线采用对序列进行随机抽样的方法，以抽到的序列数与它们对应的物种（如 OTU）数目或多样性指数，构建稀释曲线。若多样性指数为 Sobs（表征实际观测到的物种数目），当曲线趋向平坦时，说明测序数据量合理，更多的数据量只会产生少量新的物种（如 OTU），反之则表明继续测序还可能产生较多新的物种（如 OTU）。若是其他多样性指数（如香农指数稀释曲线），曲线趋向平坦时，说明测序数据量足够大，可以反映样本中绝大多数的微生物多样性信息。肉汤实验前期（AG），Sobs 和香农指数稀释曲线都处于平坦趋势，说明测序的微生物组数据合理，可以反映样本中的绝大部分微生物多样性信息。

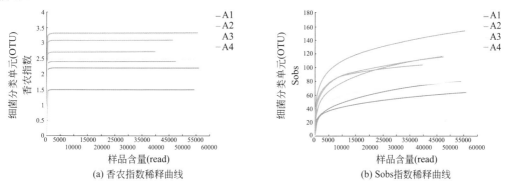

图4-60　肉汤实验前期细菌分类单元（OTU）的稀释曲线

（3）肉汤实验前期（AG）独有细菌属变化　以肉汤实验前期（AG）细菌属为例，发酵 1～2d 细菌属共有种类和独有种类分析结果见表 4-32。发酵前期不同处理（A1、A2、A3、A4）细菌属共有种类为 34 个；A1、A2、A3、A4 组的细菌属独有种类分别为 5 个、16 个、17 个、8 个；整合菌剂组细菌属总数 74 个，较低，而独有种类数最高，添加整合菌剂增加了微生物组的多样性；芽胞杆菌组细菌属总数 72 个，最低，其独有种类数最低，这与肉汤实验前期芽胞杆菌抑制其他细菌生长相关。

（4）肉汤实验前期（AG）细菌属数量变化　不同处理组肉汤实验前期（AG）细菌属种类含量见表 4-33，肉汤实验前期（1～2d）空白对照组（g4-A4）细菌属含量（read）最低，范围为 39618～54349；芽胞菌剂组（g1-A1）细菌属含量（read）较高，范围为 46262～56126；链霉菌剂组（g2-A2）细菌属含量（read）较高，范围为 47334～55224；整合菌剂组（g3-A3）细菌属含量（read）较高，范围为 54090～57407。添加菌剂处理的肉汤实验组细菌属含量高于不添加菌剂的空白对照组（g4-A4）。

发酵时间菌群差异：各处理组细菌属总量总体差异不大，表现在不同发酵时间的细菌属群落结构分布上差异显著，空白对照组发酵前期（g4-AG）1d 前 5 位细菌属为假单胞菌属（17931）＞不动杆菌属（5541）＞乳球菌属（3556）＞鲸杆菌属（2377）＞水栖杆菌属（1177）；2d 前 5 位细菌属含量为芽胞杆菌属（32729）＞乳球菌属（9309）＞假单胞菌属（4616）＞明串珠菌属（2707）＞魏斯氏菌属（1795）。

表4-32　肉汤实验前期（AG）共有和独有的细菌属

组别	物种数
A4 & A1 & A2 & A3	34
A4 & A1 & A2	18
A4 & A1 & A3	3
A4 & A2 & A3	12
A1 & A2 & A3	1
A4 & A1	2
A4 & A2	9
A4 & A3	2
A1 & A2	7
A1 & A3	2
A2 & A3	3
A4	8
A1	5
A2	16
A3	17

芽胞菌剂组（g1）1d前5位细菌属含量为漫游球菌属（9837）＞消化链球菌属（7621）＞金黄杆菌属（5001）＞摩尔根氏菌属（4722）＞肠杆菌属（4316）；2d前5位细菌属为摩尔根氏菌属（18041）＞漫游球菌属（15792）＞不动杆菌属（12205）＞普罗威登斯菌属（2655）＞乳球菌属（2038）。

链霉菌剂组（g2）1d前5位细菌属为不动杆菌属（25341）＞肠杆菌属（10320）＞假单胞菌属（3500）＞嗜冷杆菌属（3055）＞柠檬酸杆菌属（1436）；2d前5位细菌属为不动杆菌属（17712）＞肠杆菌属（9009）＞柠檬酸杆菌属（6098）＞摩尔根氏菌属（3206）＞丛毛单胞菌属（3187）。

整合菌剂组（g2）1d前5位细菌属为肠杆菌属（17453）＞不动杆菌属（15454）＞柠檬酸杆菌属（4913）＞乳球菌属（3554）＞漫游球菌属（2995）；2d前5位细菌属为肠杆菌属（17261）＞丙酸杆菌科的1属（12238）＞不动杆菌属（12219）＞柠檬酸杆菌属（4621）＞金黄杆菌属（1845）。

表4-33　不同处理组肉汤实验前期（AG）细菌属含量（read）

细菌属名称	空白对照组（g4）		芽胞菌剂组（g1）		链霉菌剂组（g2）		整合菌剂组（g3）		总和
	1d	2d	1d	2d	1d	2d	1d	2d	
不动杆菌属（Acinetobacter）	5541	320	3858	12205	25341	17712	15454	12219	92650
肠杆菌属（Enterobacter）	493	5	4316	1471	10320	9009	17453	17261	60328
芽胞杆菌属（Bacillus）	2	32729	58	933	89	124	3	0	33938
漫游球菌属（Vagococcus）	37	20	9837	15792	2	501	2995	1360	30544
摩尔根氏菌属（Morganella）	0	8	4722	18041	5	3206	26	490	26498
假单胞菌属（Pseudomonas）	17931	4616	13	3	3500	95	0	8	26166
乳球菌属（Lactococcus）	3556	9309	2831	2038	6	375	3554	1309	22978

续表

细菌属名称	空白对照组（g4）		芽胞菌剂组（g1）		链霉菌剂组（g2）		整合菌剂组（g3）		总和
	1d	2d	1d	2d	1d	2d	1d	2d	
柠檬酸杆菌属（Citrobacter）	162	3	2231	536	1436	6098	4913	4621	20000
丙酸杆菌科的1属 （f__Propionibacteriaceae）	1	0	10	3	6	251	2114	12238	14623
金黄杆菌属（Chryseobacterium）	993	75	5001	15	3	16	2671	1845	10619
消化链球菌属（Peptostreptococcus）	0	0	7621	0	0	611	0	0	8232
丛毛单胞菌属（Comamonas）	304	2	787	0	154	3187	1	0	4435
肠球菌属（Enterococcus）	8	28	116	1213	183	2525	247	61	4381
克雷伯氏菌属（Klebsiella）	8	0	468	343	57	981	1198	1139	4194
气单胞菌属（Aeromonas）	573	31	36	2	39	2899	3	5	3588
鲸杆菌属（Cetobacterium）	2377	167	2	2	450	183	57	25	3263
沙雷氏菌属（Serratia）	957	2	29	0	805	68	705	645	3211
嗜冷杆菌属（Psychrobacter）	1	26	0	0	3055	115	0	0	3197
普罗威登斯菌属（Providencia）	0	3	252	2655	1	131	0	0	3042
明串珠菌属（Leuconostoc）	78	2707	2	6	1	0	0	0	2794
魏斯氏菌属（Weissella）	855	1795	2	0	14	3	18	12	2699
水栖杆菌属（Enhydrobacter）	1177	2	178	0	579	686	0	0	2622
埃希氏/志贺氏菌属 （Escherichia-Shigella）	2	0	722	0	35	1530	4	14	2307
葡萄球菌属（Staphylococcus）	1089	898	16	22	20	6	1	0	2052
解蛋白菌属（Proteiniclasticum）	0	0	282	0	0	202	0	1457	1941
巨球菌属（Macrococcus）	294	780	404	0	33	225	0	0	1736
伊丽莎白金菌属（Elizabethkingia）	40	0	130	0	1	5	1027	434	1637
哈夫尼菌属/肥大杆菌属 （Hafnia/Obesumbacterium）	77	1	545	106	138	207	355	106	1535
拟杆菌属（Bacteroides）	665	41	4	0	127	43	6	127	1013
狭义梭菌属1 （Clostridium_sensu_stricto_1）	0	0	1	1	0	1010	0	0	1012
丹毒丝菌属（Erysipelothrix）	0	0	77	390	0	375	65	88	995
肠杆菌科的1属 （f__Enterobacteriaceae）	40	0	56	4	129	85	195	374	883
γ-变形菌纲的1属 （c__Gammaproteobacteria）	0	0	69	13	0	45	339	338	804
索丝菌属（Brochothrix）	703	1	0	0	15	0	0	0	719
紫单胞菌科的1属 （f__Porphyromonadaceae）	501	32	1	1	91	32	8	3	669
透明颤菌属（Vitreoscilla）	0	0	0	0	0	590	0	0	590
寡养单胞菌属（Stenotrophomonas）	15	0	132	1	0	338	44	9	539
科库尔氏菌属（Kocuria）	67	391	2	8	16	12	6	2	504
狭义梭菌属13 （Clostridium_sensu_stricto_13）	0	0	0	0	0	6	236	254	496

细菌属名称	空白对照组（g4）		芽胞菌剂组（g1）		链霉菌剂组（g2）		整合菌剂组（g3）		总和
	1d	2d	1d	2d	1d	2d	1d	2d	
韦荣氏菌属（*Veillonella*）	0	0	0	0	0	463	0	0	463
肉杆菌属（*Carnobacterium*）	361	0	5	2	7	46	0	0	421
赖氨酸芽胞杆菌属（*Lysinibacillus*）	0	0	0	0	6	411	3	0	420
梭菌科1的1属（f__Clostridiaceae_1）	0	0	360	0	0	2	0	0	362
稳杆菌属（*Empedobacter*）	59	49	218	1	5	26	0	0	358
香味菌属（*Myroides*）	0	0	182	0	2	130	0	0	314
劣生单胞菌属（*Dysgonomonas*）	0	0	172	1	0	1	0	99	273
乳杆菌目的1属（o__Lactobacillales）	0	0	10	158	0	0	70	34	272
类芽胞杆菌属（*Paenibacillus*）	0	0	0	0	192	34	0	0	226
代尔夫特菌属（*Delftia*）	0	0	40	0	0	64	5	99	208
贝兹纳克氏菌属（*Breznakia*）	0	0	96	107	0	0	0	0	203
链球菌属（*Streptococcus*）	1	1	29	18	0	144	2	2	197
嗜碱菌属（*Alkaliphilus*）	0	0	0	0	0	0	0	194	194
鞘氨醇杆菌属（*Sphingobacterium*）	12	5	90	1	6	1	73	0	188
红球菌属（*Rhodococcus*）	155	0	0	0	19	4	2	0	180
水生杆形菌属（*Aquitalea*）	0	0	140	0	0	17	0	0	157
变形菌属（*Proteus*）	0	0	28	0	0	123	0	5	156
链霉菌属（*Streptomyces*）	0	0	0	0	153	1	0	0	154
伯克氏菌属/副伯克氏菌属（*Burkholderia-Paraburkholderia*）	0	0	0	0	0	0	88	64	152
棒杆菌属1（*Corynebacterium_1*）	17	106	0	0	15	13	0	0	151
莫拉氏菌科的1属（f__Moraxellaceae）	0	1	0	0	140	0	0	0	141
丹毒丝菌科的1属（f__Erysipelotrichaceae）	89	5	1	1	26	10	4	4	140
皮生球菌属（*Dermacoccus*）	95	2	0	1	5	0	21	14	138
片球菌属（*Pediococcus*）	0	111	0	0	4	1	0	0	116
瘤胃球菌科的1属（f__Ruminococcaceae）	84	3	0	0	12	6	2	0	107
弓形杆菌属（*Arcobacter*）	0	0	0	0	0	95	0	0	95
消化梭菌属（*Peptoclostridium*）	0	0	0	0	0	0	0	77	77
节杆菌属（*Arthrobacter*）	7	4	0	0	0	0	17	40	68
博德特氏菌属（*Bordetella*）	0	0	2	0	0	0	0	64	66
毛梭菌属5（*Lachnoclostridium_5*）	0	0	0	0	0	0	0	65	65
潘多拉菌属（*Pandoraea*）	0	0	0	0	0	0	31	26	57
无色杆菌属（*Achromobacter*）	7	0	7	0	0	4	0	38	56
科RH-aaj90h05的1属（f__RH-aaj90h05）	34	8	0	0	7	2	0	0	51

续表

细菌属名称	空白对照组（g4）		芽胞菌剂组（g1）		链霉菌剂组（g2）		整合菌剂组（g3）		总和
	1d	2d	1d	2d	1d	2d	1d	2d	
β-变形菌纲的1属（c__Betaproteobacteria）	0	0	0	0	0	0	39	10	49
乳杆菌属（Lactobacillus）	0	1	0	1	37	1	1	3	44
苍白杆菌属（Uchrobactrum）	0	0	1	1	0	13	3	23	41
小枝菌属（Microvirgula）	0	0	13	0	0	28	0	0	41
阿克曼斯氏菌属（Akkermansia）	24	1	1	0	8	4	0	0	38
变形菌门的1属（p__Proteobacteria）	1	0	2	0	2	8	1	21	35
莫拉氏菌科的1属（f__Moraxellaceae）	0	0	14	15	0	1	0	3	33
丙酸杆菌属（Propionibacterium）	0	0	2	0	0	28	0	1	31
舜宇菌属（Soonwooa）	8	0	17	0	2	1	0	2	30
迪尔莫菌属（Dielma）	21	0	0	0	3	1	1	2	28
毛梭菌属（Lachnoclostridium）	0	0	0	0	0	0	0	26	26
微球菌科的1属（f__Micrococcaceae）	6	16	0	0	0	2	1	0	25
弧菌属（Vibrio）	22	1	0	0	1	0	0	0	24
希瓦氏菌属（Shewanella）	18	1	0	0	3	1	0	0	23
热酸菌属（Acidothermus）	0	0	0	0	0	0	19	3	22
蛋白小链菌属（Proteocatella）	11	2	1	0	3	1	0	0	18
奈瑟氏菌科的1属（f__Neisseriaceae）	0	0	2	0	14	0	0	0	16
放线菌属（Actinomyces）	0	0	0	3	0	0	0	13	16
金色单胞菌属（Aureimonas）	0	15	0	0	0	0	0	0	15
气单胞菌科的1属（f__Aeromonadaceae）	13	0	0	0	0	0	1	0	14
双歧杆菌属（Bifidobacterium）	2	0	0	2	8	1	0	0	13
泥单胞菌属（Pelomonas）	8	4	0	0	0	0	0	1	13
甲基小杆菌属（Methylobacterium）	0	9	0	0	0	0	0	0	10
戈登氏杆菌属（Gordonibacter）	0	0	0	0	0	0	0	9	9
根瘤菌属（Rhizobium）	1	3	1	0	1	3	0	0	9
蒂西耶氏菌属（Tissierella）	0	0	0	0	1	1	0	7	9
放线虫束菌属（Actinospica）	0	0	0	0	0	0	5	3	8
龙包茨氏菌属（Romboutsia）	0	0	1	0	0	3	0	3	7
库特氏菌属（Kurthia）	0	0	3	0	2	1	0	0	6
分类地位未定界的属（k__norank）	0	0	0	6	0	0	0	0	6
脱色单胞菌属（Dechloromonas）	6	0	0	0	0	0	0	0	6
厌氧醋菌属（Acetoanaerobium）	0	0	0	0	0	6	0	0	6
居鸡菌属（Gallicola）	0	0	4	1	0	0	0	0	5
巴斯德氏菌属（Pasteurella）	0	0	0	0	0	5	0	0	5
产碱菌属（Alcaligenes）	0	1	0	0	3	0	0	0	4

续表

细菌属名称	空白对照组（g4）		芽胞菌剂组（g1）		链霉菌剂组（g2）		整合菌剂组（g3）		总和
	1d	2d	1d	2d	1d	2d	1d	2d	
狭义梭菌属3（*Clostridium_sensu_stricto_3*）	0	0	4	0	0	0	0	0	4
细菌域的1属（d__Bacteria）	0	0	1	0	0	3	0	0	4
蓝细菌纲的1属（c__Cyanobacteria）	0	4	0	0	0	0	0	0	4
卟啉单胞菌属（*Porphyromonas*）	0	0	0	0	0	0	0	3	3
目P.palmC41的1属（o__P.palmC41）	3	0	0	0	0	0	0	0	3
微杆菌科的1属（f__Microbacteriaceae）	0	1	0	0	1	1	0	0	3
梭杆菌属（*Fusobacterium*）	0	1	0	0	0	2	0	0	3
四联球菌属（*Tessaracoccus*）	0	0	0	0	0	3	0	0	3
大洋芽胞杆菌属（*Oceanobacillus*）	0	0	0	1	0	0	0	2	3
厌氧球菌属（*Anaerococcus*）	0	0	0	0	1	2	0	0	3
颗粒链菌属（*Granulicatella*）	0	0	3	0	0	0	0	0	3
狭义梭菌属10（*Clostridium_sensu_stricto_10*）	0	0	0	0	0	2	0	0	2
无氧芽胞杆菌属（*Anoxybacillus*）	2	0	0	0	0	0	0	0	2
梭菌目科XI的1属（f__Family_XI_o__Clostridiales）	0	1	0	0	1	0	0	0	2
丙酸棒菌属（*Propioniciclava*）	0	0	0	0	1	1	0	0	2
产碱菌科的1属（*Alcaligenaceae*）	2	0	0	0	0	0	0	0	2
酸微菌目的1属（o__Acidimicrobiales）	0	0	0	0	0	0	2	0	2
雷尔氏菌属（*Ralstonia*）	1	0	0	0	1	0	0	0	2
博戈里亚湖菌属（*Bogoriella*）	0	0	0	1	0	1	0	0	2
短杆菌属（*Brevibacterium*）	0	0	0	0	1	0	0	0	1
狭义梭菌属16（*Clostridium_sensu_stricto_16*）	0	0	0	0	0	1	0	0	1
威克斯氏菌属（*Weeksella*）	0	1	0	0	0	0	0	0	1
考考菌属（*Koukoulia*）	0	0	0	0	0	0	0	1	1
伊格纳茨席纳菌属（*Ignatzschineria*）	0	0	1	0	0	0	0	0	1
诺卡氏菌属（*Nocardia*）	0	0	0	0	0	0	0	1	1
丹毒丝菌科的1属（f__Erysipelotrichaceae）	0	0	0	0	0	0	0	1	1
沉积杆菌属（*Sedimentibacter*）	0	0	0	0	0	0	0	1	1
短波单胞菌属（*Brevundimonas*）	0	0	0	0	0	0	0	1	1
黄杆菌属（*Flavobacterium*）	0	0	0	0	1	0	0	0	1
棒杆菌属（*Corynebacterium*）	0	0	0	0	0	1	0	0	1
石单胞菌属（*Petrimonas*）	1	0	0	0	0	0	0	0	1
类产碱菌属（*Paenalcaligenes*）	0	0	0	0	1	0	0	0	1
总和	39618	54349	46262	56126	47334	55224	54090	57407	

（5）肉汤实验前期（AG）细菌属群落结构与优势菌群　肉汤实验前期（AG）处理组细菌属群落结构见图4-61。不同处理组细菌属群落结构分布差异显著，不同处理组的细菌属优势菌群不同。芽胞菌剂组（g1-AG）前5位优势菌群为芽胞杆菌属（*Bacillus*）（30.94%）＞摩尔根氏菌属（*Morganella*）（16.08%）＞漫游球菌属（*Vagococcus*）（14.09%）＞不动杆菌属（*Acinetobacter*）（11.17%）＞乳球菌属（*Lactococcus*）（10.38%）；链霉菌剂组（g2-AG）前5位优势菌群为不动杆菌属（*Acinetobacter*）（42.80%）＞肠杆菌属（*Enterobacter*）（19.06%）＞柠檬酸杆菌属（*Citrobacter*）（7.04%）＞假单胞菌属（*Pseudomonas*）（3.78%）＞嗜冷杆菌属（*Psychrobacter*）（3.33%）；整合菌剂组（g3-AG）前5位优势菌群为肠杆菌属（*Enterobacter*）（31.17%）＞不动杆菌属（*Acinetobacter*）（24.93%）＞柠檬酸杆菌属（*Citrobacter*）（8.57%）＞漫游球菌属（*Vagococcus*）（5.54%）＞金黄杆菌属（*Chryseobacterium*）（4.94%）；空白对照组（g4-AG）前5位优势菌群为假单胞菌属（*Pseudomonas*）（22.64%）＞不动杆菌属（*Acinetobacter*）（11.16%）＞漫游球菌属（*Vagococcus*）（10.68%）＞消化链球菌属（*Peptostreptococcus*）（8.24%）＞乳球菌属（*Lactococcus*）（7.55%）。添加整合菌剂等处理影响肉汤实验细菌属群落组成结构（图4-62）。

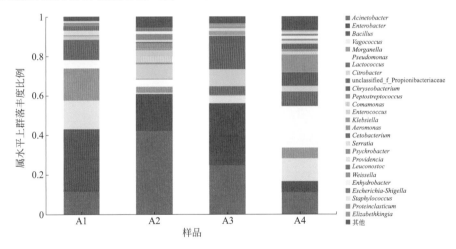

图4-61　肉汤实验前期（AG）细菌属群落结构组成

2. 肉汤实验中期（BG）

（1）肉汤实验中期（BG）分类单元总体数量　肉汤实验中期（BG，4～6 d），不同处理 [芽胞菌剂（B1）/ 链霉菌剂（B2）/ 整合菌剂（B3）/ 空白对照（B4）] 细菌分类阶元总体统计，细菌门9，细菌纲19，细菌目39，细菌科66，细菌属145，细菌种204，细菌分类单元（OTU）267。与肉汤实验前期比较各分类阶元略有差异，如肉汤实验前期细菌科67，细菌属139，细菌种191，细菌分类单元245，略低于肉汤实验中期。

（2）肉汤实验中期（BG）细菌分类单元稀释曲线　细菌分类单元（OTU）稀释曲线见图4-63，肉汤实验中期（BG），Sobs 和香农指数稀释曲线都处于平坦趋势，说明测序的微生物组数据合理，可以反映样本中的绝大部分微生物多样性信息。

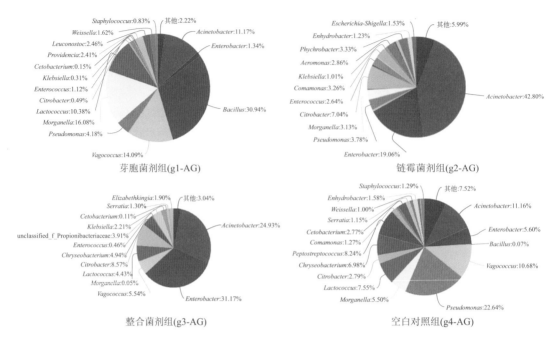

图4-62　肉汤实验前期（AG）细菌属群落优势菌群分布

图中数据因四舍五入，总和可能不等于100%。全书同

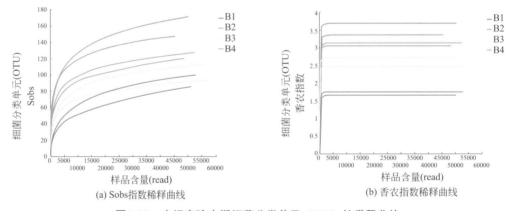

(a) Sobs指数稀释曲线　　　　(b) 香农指数稀释曲线

图4-63　肉汤实验中期细菌分类单元（OTU）的稀释曲线

（3）肉汤实验中期（BG）细菌属独有种类变化　以肉汤实验中期（BG）细菌属为例，发酵4～6d细菌属共有种类和独有种类分析结果见表4-34。发酵中期不同处理（B1、B2、B3、B4）细菌属共有种类为35个；B1、B2、B3、B4组的细菌属独有种类分别为7个、17个、20个、4个；整合菌剂组细菌属总数84个较低，而独有种类数最高，整合菌剂添加增加了微生物组的多样性；芽胞杆菌组细菌属总数77个最低，这与发酵中期芽胞杆菌抑制其他细菌生长相关。与发酵前期比较，空白对照组细菌属独有种类显著下降，从8个下降到4个。

表4-34　肉汤实验中期（BG）共有和独有的细菌属

组别	物种数
B4 & B1 & B2 & B3	35
B4 & B2 & B3	12
B4 & B1 & B3	3
B4 & B1 & B2	14
B1 & B2 & B3	3
B4 & B3	5
B4 & B2	7
B4 & B1	3
B2 & B3	3
B1 & B3	3
B1 & B2	9
B4	4
B1	7
B2	17
B3	20

（4）肉汤实验中期（BG）细菌属数量变化　不同处理组肉汤实验中期（BG）细菌属种类含量见表4-35，肉汤实验中期（4～6 d）空白对照组（g4-B4）细菌属含量（read）范围48329～52220；芽胞菌剂组（g1-B1）细菌属含量（read）范围50479～52831；链霉菌剂组（g2-B2）细菌属含量（read）范围45085～50169；整合菌剂组（g3-B3）细菌属含量（read）范围55839～57407。肉汤实验中期添加整合菌剂处理细菌属含量最高。

空白对照组发酵中期（g4-BG）4d前5位细菌属为不动杆菌属（19776）＞漫游球菌属（5947）＞消化链球菌属（5413）＞摩尔根氏菌属（3468）＞肠杆菌属（2908）。6d前5位细菌属含量为不动杆菌属（20046）＞摩尔根氏菌属（8069）＞消化链球菌属（5260）＞漫游球菌属（4598）＞肠杆菌属（2237）。空白对照组发酵时间差异导致细菌属优势菌群的差异。

芽胞菌剂组（g1）4d前5位细菌属含量为漫游球菌属（35936）＞普罗威登斯菌属（6677）＞芽胞杆菌属（1996）＞乳球菌属（1422）＞摩尔根氏菌属（1076）；6d前5位细菌属含量为漫游球菌属（37418）＞居鸡菌属（3674）＞蒂西耶氏菌属（2873）＞乳球菌属（1906）＞普罗威登斯菌属（1276）。添加芽胞菌剂改变了细菌属优势菌群。

链霉菌剂组（g2）处理组4d前5位细菌属含量为不动杆菌属（10001）＞肠杆菌属（5820）＞丹毒丝菌属（5557）＞摩尔根氏菌属（3503）＞柠檬酸杆菌属（3025）；6d前5位细菌属含量为不动杆菌属（7708）＞肠杆菌属（6290）＞柠檬酸杆菌属（4706）＞丹毒丝菌属（4517）＞摩尔根氏菌属（4170）。添加链霉菌剂改变了细菌属优势菌群。

整合菌剂组（g3）处理组4d前5位细菌属含量为肠杆菌属（17261）＞丙酸杆菌科的1属（12238）＞不动杆菌（12219）＞柠檬酸杆菌属（4621）＞金黄杆菌属（1845）；6d前5位细菌属含量为丙酸杆菌科的1属（11548）＞不动杆菌属（9716）＞摩尔根氏菌属（9306）＞肠杆菌属（8366）＞漫游球菌属（3282）。添加整合菌剂改变了细菌属优势菌群。

表4-35 不同处理组肉汤实验中期（BG）细菌属种类含量（read）

属名	空白对照组（g4）		芽胞菌剂组（g1）		链霉菌剂组（g2）		整合菌剂组（g3）		总和
	4d	6d	4d	6d	4d	6d	4d	6d	
漫游球菌属（Vagococcus）	5947	4598	35936	37418	726	338	1360	3282	89605
不动杆菌属（Acinetobacter）	19776	20046	103	38	10001	7708	12219	9716	79607
肠杆菌属（Enterobacter）	2908	2237	228	33	5820	6290	17261	8366	43143
摩尔根氏菌属（Morganella）	3468	8069	1076	367	3503	4170	490	9306	30449
丙酸杆菌科的1属（f__Propionibacteriaceae）	17	9	0	5	111	90	12238	11548	24018
柠檬酸杆菌属（Citrobacter）	1636	1552	5	4	3025	4706	4621	2087	17636
丹毒丝菌属（Erysipelothrix）	155	195	1053	711	5557	4517	88	163	12439
消化链球菌属（Peptostreptococcus）	5413	5260	591	80	53	65	0	0	11462
普罗威登斯菌属（Providencia）	214	1218	6677	1276	558	73	0	0	10016
乳球菌属（Lactococcus）	1025	1446	1422	1906	114	231	1309	1549	9002
蒂西耶氏菌属（Tissierella）	0	2	1008	2873	1157	1475	7	1416	7938
嗜碱菌属（Alkaliphilus）	0	4	5	0	2220	3319	194	529	6271
芽胞杆菌属（Bacillus）	1724	689	1996	731	44	11	0	6	5201
克雷伯氏菌属（Klebsiella）	315	186	48	9	890	855	1139	1752	5194
考考菌属（Koukoulia）	163	1037	3	0	1546	1175	1	0	3925
居鸡菌属（Gallicola）	15	73	2	3674	0	0	0	3	3767
金黄杆菌属（Chryseobacterium）	1238	93	1	0	19	0	1845	331	3527
产碱菌属（Alcaligenes）	4	335	114	5	557	2109	0	0	3124
解蛋白菌属（Proteiniclasticum）	1047	524	0	0	6	15	1457	34	3083
劣生单胞菌属（Dysgonomonas）	213	203	9	11	347	2085	99	0	2967
梭菌科1的1属（f__Clostridiaceae_1）	505	814	2	0	0	1277	0	0	2598
透明颤菌属（Vitreoscilla）	1	0	0	0	2143	303	0	0	2447
香味菌属（Myroides）	90	840	27	15	889	515	0	0	2376
狭义梭菌属13（Clostridium_sensu_stricto_13）	0	0	69	0	113	56	254	1718	2210
肠球菌属（Enterococcus）	117	51	876	393	465	54	61	45	2062
埃希氏/志贺氏菌属（Escherichia-Shigella）	402	356	5	2	749	456	14	8	1992
丛毛单胞菌属（Comamonas）	427	213	4	0	785	516	0	3	1948
气单胞菌属（Aeromonas）	12	11	77	27	1555	222	5	7	1916
沙雷氏菌属（Serratia）	34	14	0	1	19	2	645	801	1516
污蝇单胞菌属（Wohlfahrtiimonas）	13	699	0	0	192	607	0	0	1511
梭杆菌属（Fusobacterium）	0	0	20	2	1354	4	0	0	1380
哈夫尼菌属/肥大杆菌属（Hafnia-Obesumbacterium）	255	261	2	0	169	90	106	299	1182

续表

属名	空白对照组（g4）		芽胞菌剂组（g1）		链霉菌剂组（g2）		整合菌剂组（g3）		总和
	4d	6d	4d	6d	4d	6d	4d	6d	
鲸杆菌属（Cetobacterium）	8	14	434	151	489	12	25	19	1152
厌氧醋菌属（Acetoanaerobium）	0	0	0	0	1131	7	0	0	1138
伊丽莎白金菌属（Elizabethkingia）	71	65	0	0	3	0	434	335	908
γ-变形菌纲的1属（c__Gammaproteobacteria）	195	145	0	0	10	60	338	155	903
拟杆菌属（Bacteroides）	8	68	160	109	156	10	127	244	882
肠杆菌科的1属（f__Enterobacteriaceae）	54	39	0	0	52	51	374	310	880
贝兹纳克氏菌属（Breznakia）	33	18	469	126	60	47	0	0	753
变形菌属（Proteus）	45	130	0	1	464	80	5	14	739
放线菌属（Actinomyces）	6	7	0	0	0	0	13	679	705
狭义梭菌属1（Clostridium_sensu_stricto_1）	1	1	46	0	400	216	0	1	665
水栖杆菌属（Enhydrobacter）	53	25	1	0	446	109	0	0	634
假单胞菌属（Pseudomonas）	174	9	12	1	278	96	8	10	588
苍白杆菌属（Ochrobactrum）	3	2	62	154	23	39	23	192	498
无色杆菌属（Achromobacter）	6	27	1	1	259	122	38	5	459
代尔夫特菌属（Delftia）	7	8	0	0	32	13	99	246	405
巨球菌属（Macrococcus）	126	101	1	1	43	86	0	0	358
弓形杆菌属（Arcobacter）	0	0	0	0	305	8	0	0	313
奈瑟氏科的1属（f__Neisseriaceae）	4	0	0	0	296	12	0	0	312
水生杆形菌属（Aquitalea）	141	131	0	0	5	0	0	0	277
狭义梭菌属3（Clostridium_sensu_stricto_3）	2	3	0	0	0	262	0	0	267
紫单胞菌科的1属（f__Porphyromonadaceae）	2	1	111	30	104	3	3	6	260
细菌域的1属（d__Bacteria）	0	0	0	0	161	52	0	0	213
寡养单胞菌属（Stenotrophomonas）	24	14	2	0	102	6	9	36	193
梭菌目科XI的1属（f_Family_XI_o_Clostridiales）	0	0	0	169	0	0	0	2	171
莫拉氏菌科的1属（f__Moraxellaceae）	47	69	0	0	0	4	3	46	169
肉杆菌属（Carnobacterium）	3	1	0	1	56	101	0	1	163
稳杆菌属（Empedobacter）	54	61	0	0	40	5	0	0	160
乳杆菌目的1属（o__Lactobacillales）	6	5	19	38	0	0	34	42	144
类产碱菌属（Paenalcaligenes）	0	113	18	1	0	3	0	0	135
伯克氏菌属（Burkholderia）	0	0	0	2	0	0	64	64	130
类芽胞杆菌属（Paenibacillus）	0	0	0	0	81	45	0	0	126
嗜冷杆菌属（Psychrobacter）	0	0	0	0	98	27	0	0	125
链球菌属（Streptococcus）	9	13	29	2	17	37	2	3	112

续表

属名	空白对照组（g4）		芽胞菌剂组（g1）		链霉菌剂组（g2）		整合菌剂组（g3）		总和
	4d	6d	4d	6d	4d	6d	4d	6d	
鞘氨醇杆菌属（*Sphingobacterium*）	65	31	0	0	2	2	0	1	101
毛梭菌属5（*Lachnoclostridium_5*）	0	0	0	0	0	0	65	36	101
潘多拉菌属（*Pandoraea*）	1	1	0	0	0	0	26	72	100
脱硫弧菌属（*Desulfovibrio*）	0	7	2	0	58	32	0	0	99
卟啉单胞菌属（*Porphyromonas*）	0	0	0	0	0	0	3	94	97
博德特氏菌属（*Bordetella*）	0	3	2	0	7	9	64	11	96
四联球菌属（*Tessaracoccus*）	0	0	0	0	55	31	0	0	86
消化梭菌属（*Peptoclostridium*）	0	0	0	0	0	0	77	1	78
赖氨酸芽胞杆菌属（*Lysinibacillus*）	0	0	0	0	41	31	0	6	78
棒杆菌属1（*Corynebacterium_1*）	0	0	3	61	3	0	0	0	67
丙酸杆菌属（*Propionibacterium*）	3	0	0	0	49	13	1	0	66
毛梭菌属（*Lachnoclostridium*）	0	0	0	0	0	1	26	39	66
节杆菌属（*Arthrobacter*）	0	0	0	0	0	0	40	23	63
石单胞菌属（*Petrimonas*）	0	0	0	0	0	0	0	56	56
变形菌门的1属（p__Proteobacteria）	1	0	0	0	1	2	21	29	54
丙酸棒菌属（*Propioniciclava*）	0	0	0	0	16	27	0	0	43
蛋白小链菌属（*Proteocatella*）	0	0	0	1	2	38	0	0	41
奈瑟氏菌科的1属（f__Neisseriaceae）	0	0	0	0	34	4	0	0	38
葡萄球菌属（*Staphylococcus*）	1	3	17	10	2	3	0	0	36
魏斯氏菌属（*Weissella*）	8	6	2	0	2	1	12	4	35
韦荣氏菌属（*Veillonella*）	0	0	0	0	18	16	0	0	34
丹毒丝菌科的1属（f__Erysipelotrichaceae）	2	0	10	4	9	0	4	1	30
舜宇菌属（*Soonwooa*）	13	13	0	0	0	0	2	0	28
威克斯氏菌属（*Weeksella*）	0	24	3	0	0	0	0	0	27
红球菌属（*Rhodococcus*）	1	0	12	10	3	1	0	0	27
皮生球菌属（*Dermacoccus*）	3	0	0	0	0	0	14	6	23
β-变形菌纲的1属（c__Betaproteobacteria）	0	0	0	0	0	0	10	12	22
科RH-aaj90h05的1属（f__RH-aaj90h05）	1	0	10	4	7	0	0	0	22
小枝菌属（*Microvirgula*）	3	10	0	0	2	6	0	0	21
阿克曼斯氏菌属（*Akkermansia*）	0	0	6	3	10	0	0	1	20
热酸菌属（*Acidothermus*）	0	0	0	0	0	0	3	17	20
乳杆菌属（*Lactobacillus*）	0	1	0	0	4	9	3	1	18
瘤胃球菌科的1属（f__Ruminococcaceae）	0	1	6	0	9	0	0	0	16
科库尔氏菌属（*Kocuria*）	2	2	0	0	6	1	2	2	15

续表

属名	空白对照组（g4）		芽胞菌剂组（g1）		链霉菌剂组（g2）		整合菌剂组（g3）		总和
	4d	6d	4d	6d	4d	6d	4d	6d	
迪尔莫菌属（Dielma）	0	0	6	2	5	0	2	0	15
龙包茨氏菌属（Romboutsia）	0	1	7	0	0	0	3	0	11
副埃格特氏菌属（Paraeggerthella）	0	1	0	0	0	0	0	10	11
戈登氏杆菌属（Gordonibacter）	0	0	0	0	0	0	9	2	11
放线线束菌属（Actinospica）	0	0	0	0	0	0	3	7	10
分类地位未定界的属（k__norank）	4	3	0	0	0	1	0	1	9
沉积杆菌属（Sedimentibacter）	0	0	0	0	0	0	1	8	9
双歧杆菌属（Bifidobacterium）	0	0	4	3	2	0	0	0	9
链霉菌属（Streptomyces）	0	0	0	0	6	1	0	0	7
瘤胃球菌科NK4A214群的1属（Ruminococcaceae_NK4A214）	0	0	0	0	2	5	0	0	7
弧菌属（Vibrio）	0	0	2	0	4	0	0	0	6
雷尔氏菌属（Ralstonia）	0	0	1	4	1	0	0	0	6
明串珠菌属（Leuconostoc）	3	1	0	1	0	0	0	0	5
候选属 Soleaferrea(Candidatus_Soleaferrea)	0	0	0	0	0	0	0	5	5
布劳特氏菌属（Blautia）	0	0	2	1	2	0	0	0	5
希瓦氏菌属（Shewanella）	0	0	1	2	1	0	0	0	4
根瘤菌属（Rhizobium）	0	0	0	0	2	0	0	2	4
毛螺菌科的1属（f__Lachnospiraceae）	0	0	0	0	0	0	0	3	3
气单胞菌科的1属（f__Aeromonadaceae）	0	0	2	1	0	0	0	0	3
嗜胨菌属（Peptoniphilus）	1	1	0	1	0	0	0	0	3
泥单胞菌属（Pelomonas）	0	0	0	2	0	0	1	0	3
诺卡氏菌属（Nocardia）	0	0	0	0	0	0	1	2	3
巨单胞菌属（Megamonas）	0	0	3	0	0	0	0	0	3
哈思韦氏菌属（Hathewaya）	0	3	0	0	0	0	0	0	3
微杆菌科的1属（f__Microbacteriaceae）	0	0	0	0	0	0	0	2	2
黄杆菌科（f__Flavobacteriaceae）	0	2	0	0	0	0	0	0	2
克里斯滕森氏菌科的1属（f__Christensenellaceae）	0	0	0	0	0	2	0	0	2
目P.palmC41的1属（o__P.palmC41）	0	0	1	0	1	0	0	0	2
假纤细芽胞杆菌属（Pseudogracilibacillus）	0	0	2	0	0	0	0	0	2
运动杆菌属（Mobilitalea）	0	0	0	0	0	0	0	2	2
微球菌属（Micrococcus）	0	0	0	0	0	0	0	2	2
狭义梭菌属16（Clostridium_sensu_stricto_16）	0	0	0	0	0	2	0	0	2
狭义梭菌属10（Clostridium_sensu_stricto_10）	0	0	0	0	2	0	0	0	2

续表

属名	空白对照组（g4）		芽胞菌剂组（g1）		链霉菌剂组（g2）		整合菌剂组（g3）		总和
	4d	6d	4d	6d	4d	6d	4d	6d	
丹毒丝菌科的1属（f__Erysipelotrichaceae）	0	0	0	0	0	0	1	0	1
酸微菌目的1属（o__Acidimicrobiales）	0	0	0	0	0	0	0	1	1
芽胞束菌属（Sporosarcina）	0	0	0	0	0	0	0	1	1
片球菌属（Pediococcus）	0	0	0	0	1	0	0	0	1
颗粒链菌属（Granulicatella）	0	1	0	0	0	0	0	0	1
加西亚氏菌属（Garciella）	0	0	1	0	0	0	0	0	1
脱色单胞菌属（Dechloromonas）	0	0	1	0	0	0	0	0	1
棒杆菌属（Corynebacterium）	0	0	0	0	1	0	0	0	1
短波单胞菌属（Brevundimonas）	0	0	0	0	0	0	1	0	1
短杆菌属（Brevibacterium）	1	0	0	0	0	0	0	0	1
博戈里亚湖菌属（Bogoriella）	0	0	1	0	0	0	0	0	1
金色单胞菌属（Aureimonas）	0	0	1	0	0	0	0	0	1
厌氧球菌属（Anaerococcus）	0	0	0	0	1	0	0	0	1
总和	48329	52220	52831	50479	50169	45085	57407	55839	

（5）肉汤实验中期（BG）细菌属群落结构与优势菌群　肉汤实验中期（BG）处理组细菌属群落结构见图 4-64。不同处理组细菌属群落结构分布差异显著，不同处理组的细菌属优势菌群不同。芽胞菌剂组（g1-BG）前 5 位优势菌群为漫游球菌属（Vagococcus）（71.07%）＞普罗威登斯菌属（Providencia）（7.58%）＞蒂西耶氏菌属（Tissierella）（3.80%）＞居鸡菌属（Gallicola）（3.64%）＞乳球菌属（Lactococcus）（3.23%）；链霉菌剂组（g2-BG）前 5 位优势菌群为不动杆菌属（Acinetobacter）（18.52%）＞肠杆菌属（Enterobacter）（12.78%）＞丹毒丝菌属（Erysipelothrix）（10.55%）＞柠檬酸杆菌属（Citrobacter）（8.23%）＞摩尔根氏菌属（Morganella）（8.12%）；整合菌剂组（g3-BG）前 5 位优势菌群为肠杆菌属（Enterobacter）（22.53%）＞丙酸杆菌科的 1 属（f__Propionibacteriaceae）（21.00%）＞不动杆菌属（Acinetobacter）（19.34%）＞摩尔根氏菌属（Morganella）（8.76%）＞柠檬酸杆菌属（Citrobacter）（5.89%）；空白对照组（g4-BG）优势菌群为不动杆菌属（Acinetobacter）（39.65%）＞摩尔根氏菌属（Morganella）（11.31%）＞消化链球菌属（Peptostreptococcus）（10.64%）＞漫游球菌属（Vagococcus）（10.56%）＞肠杆菌属（Enterobacter）（5.15%）。添加整合菌剂等处理影响肉汤实验细菌属群落组成结构（图 4-65）。

3. 肉汤实验后期（CG）

（1）肉汤实验后期（CG）分类单元总体数量　肉汤实验后期（CG，8～10 d），不同处理 [芽胞菌剂 (C1)/ 链霉菌剂 (C2)/ 整合菌剂 (C3)/ 空白对照 (C4)] 细菌分类阶元总体统计，细菌门 8，细菌纲 18，细菌目 41，细菌科 70，细菌属 158，细菌种 221，细菌分类单元（OTU）301。与肉汤实验中期比较各分类阶元略有差异，如肉汤实验中期细菌科 66，细菌属 145，细菌种 204，细

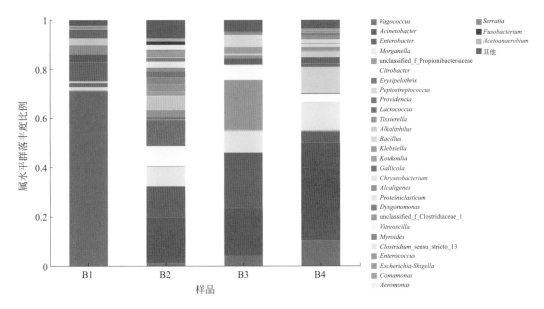

图4-64 肉汤实验中期（BG）细菌属群落结构组成

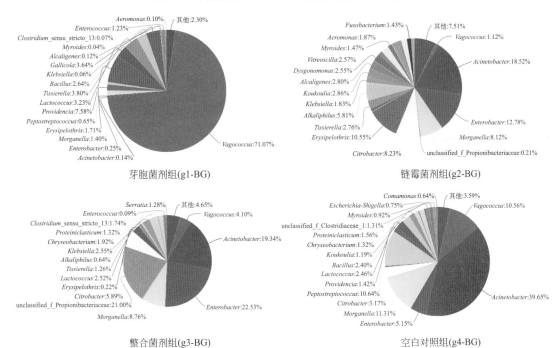

图4-65 肉汤实验中期（BG）细菌属群落优势菌群分布

菌分类单元（OTU）267，略低于肉汤实验后期。

（2）肉汤实验后期（CG）细菌分类单元稀释曲线 细菌分类单元（OTU）稀释曲线见图4-66，肉汤实验后期（CG），Sobs 和香农指数稀释曲线都处于平坦趋势，说明测序的微生物组数据合理，可以反映样本中的绝大部分微生物多样性信息。

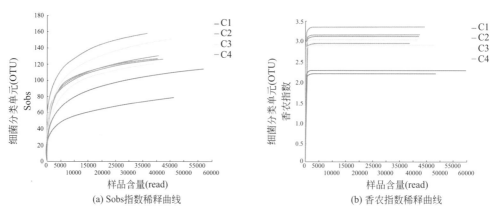

(a) Sobs指数稀释曲线　　　　　　　　(b) 香农指数稀释曲线

图4-66　肉汤实验后期细菌分类单元（OTU）的稀释曲线

（3）肉汤实验后期（CG）细菌属独有种类变化　以肉汤实验后期（CG）细菌属为例，发酵 8 ～ 10d 细菌属共有种类和独有种类分析结果见表 4-36。发酵后期不同处理（C1、C2、C3、C4）细菌属共有种类为 38 个；C1、C2、C3、C4 组的细菌属独有种类分别为 11 个、11 个、28 个、5 个；整合菌剂组细菌属总数 101 个，最高，且独有种类数最高，整合菌剂添加增加了微生物组的多样性；芽胞杆菌组细菌属总数 82 个，最低，其独有种类数较低，这与发酵后期芽胞杆菌抑制其他细菌生长相关。与发酵中期比较，空白对照组细菌属独有种类保持较低水平。添加菌剂在肉汤实验发酵后期增加了细菌属独有种类的数量。

表4-36　肉汤实验后期（CG）细菌属共有种类和独有种类

组别	物种数
C4 & C1 & C2 & C3	38
C4 & C2 & C3	9
C4 & C1 & C2	9
C1 & C2 & C3	6
C4 & C1 & C3	4
C4 & C2	10
C2 & C3	9
C1 & C2	8
C4 & C3	4
C4 & C1	3
C1 & C3	3
C4	5
C2	11
C1	11
C3	28

（4）肉汤实验后期（CG）细菌属数量变化　不同处理组肉汤实验后期（CG）细菌属种类含量见表 4-37，肉汤实验后期（8 ～ 10d）空白对照组（g4-C4）细菌属含量（read）范围 47930 ～ 49659；芽胞菌剂组（g1-C1）细菌属含量（read）范围 54236 ～ 67060；链霉菌剂

组（g2-C2）细菌属含量（read）范围 43554 ～ 47534；整合菌剂组（g3-C3）细菌属含量（read）范围 46480 ～ 53659。肉汤实验后期添加芽胞菌剂处理细菌属含量最高。

表4-37　不同处理组肉汤实验后期（CG）细菌属种类含量（read）

属名	空白对照组（g4）		芽胞菌剂组（g1）		链霉菌剂组（g2）		整合菌剂组（g3）		总和
	8d	10d	8d	10d	8d	10d	8d	10d	
摩尔根氏菌属（Morganella）	4870	8614	3494	13367	9737	8066	10353	12860	71361
漫游球菌属（Vagococcus）	2424	1398	42345	16501	150	100	1387	318	64623
不动杆菌属（Acinetobacter）	11310	6055	193	67	6214	3687	9817	9803	47146
香味菌属（Myroides）	10928	15616	804	17	400	3657	0	5	31427
产碱菌属（Alcaligenes）	2310	2279	613	15	1656	12516	2563	6	21958
棒杆菌属1（Corynebacterium_1）	0	2	396	15287	0	51	6	98	15840
肠杆菌属（Enterobacter）	1238	1622	80	52	2160	231	4290	4612	14285
乳球菌属（Lactococcus）	994	759	5030	1387	41	122	914	626	9873
考考菌属（Koukoulia）	819	752	8	0	4245	3284	0	1	9109
丙酸杆菌科的1属（f__Propionibacteriaceae）	6	10	3	0	32	61	2914	5931	8957
丹毒丝菌属（Erysipelothrix）	340	396	1867	675	2819	2381	98	232	8808
类产碱菌属（Paenalcaligenes）	1319	1225	2	40	4479	1665	0	3	8733
蒂西耶氏菌属（Tissierella）	42	0	265	417	3429	1310	975	1283	7721
消化链球菌属（Peptostreptococcus）	4699	2531	29	1	1	183	20	0	7464
柠檬酸杆菌属（Citrobacter）	758	992	15	18	2300	145	1574	1412	7214
放线菌属（Actinomyces）	1	42	0	0	0	3	2736	3885	6667
普罗威登斯菌属（Providencia）	332	608	1139	2247	56	766	229	224	5601
嗜碱菌属（Alkaliphilus）	1	107	1	0	4272	599	107	129	5216
大洋芽胞杆菌属（Oceanobacillus）	0	0	0	0	0	0	65	4688	4754
拟杆菌属（Bacteroides）	25	28	3750	401	29	40	88	99	4460
芽胞杆菌属（Bacillus）	686	1311	703	723	2	432	49	322	4228
威克斯氏菌属（Weeksella）	2766	411	1	737	0	146	1	5	4067
污蝇单胞菌属（Wohlfahrtiimonas）	13	1340	7	0	2415	243	0	0	4018
赖氨酸芽胞杆菌属（Lysinibacillus）	0	0	0	0	16	12	1844	1210	3082
石单胞菌属（Petrimonas）	0	0	0	1	0	1	1346	1617	2965
劣生单胞菌属（Dysgonomonas）	98	192	786	22	359	498	0	1	1956
狭义梭菌属13（Clostridium_sensu_stricto_13）	0	0	2	406	12	9	1331	196	1956
克雷伯氏菌属（Klebsiella）	115	114	27	30	193	9	649	720	1857
梭菌科1的1属（f__Clostridiaceae_1）	85	1220	3	0	0	281	0	0	1589
梭菌目科XI的1属（f__Family_XI_o__Clostridiales）	0	0	1494	1	1	2	5	2	1505
肠球菌属（Enterococcus）	52	24	491	295	117	228	24	17	1248

续表

属名	空白对照组（g4）		芽胞菌剂组（g1）		链霉菌剂组（g2）		整合菌剂组（g3）		总和
	8d	10d	8d	10d	8d	10d	8d	10d	
变形菌属（Proteus）	71	213	10	1	57	56	657	137	1202
鲸杆菌属（Cetobacterium）	13	2	1025	12	7	36	6	8	1109
沙雷氏菌属（Serratia）	4	20	0	0	1	0	645	368	1038
丛毛单胞菌属（Comamonas）	139	208	0	0	374	78	1	221	1021
微杆菌科的1属（f__Microbacteriaceae）	0	16	1	887	0	14	0	9	927
透明颤菌属（Vitreoscilla）	1	4	0	0	711	184	0	0	900
居鸡菌属（Gallicola）	40	67	777	0	0	0	0	0	884
类苍白杆菌属（Paenochrobactrum）	0	31	0	0	0	849	0	0	880
伊丽莎白金菌属（Elizabethkingia）	56	33	0	0	0	0	498	238	825
解蛋白菌属（Proteiniclasticum）	295	434	1	0	0	13	50	24	817
γ-变形菌纲的1属（c__Gammaproteobacteria）	91	96	0	0	209	109	143	115	763
苍白杆菌属（Ochrobactrum）	1	3	25	65	17	34	112	468	725
科XI的1属（f__Family_XI）	0	2	643	63	0	0	4	0	712
埃希氏/志贺氏菌属（Escherichia-Shigella）	205	224	8	0	237	31	4	2	711
金黄杆菌属（Chryseobacterium）	46	14	1	0	0	0	244	391	696
哈夫尼菌属/肥大杆菌属（Hafnia-Obesumbacterium）	83	169	2	0	60	14	150	143	621
脱硫弧菌属（Desulfovibrio）	2	17	0	0	74	367	0	0	460
贝兹纳克氏菌属（Breznakia）	44	32	204	113	18	17	0	0	428
气单胞菌属（Aeromonas）	9	16	195	0	153	36	1	3	413
黄杆菌科（f__Flavobacteriaceae）	295	71	0	1	0	15	0	0	382
细菌域的1属（d__Bacteria）	0	0	9	0	6	334	0	0	349
肠杆菌科的1属（f__Enterobacteriaceae）	11	18	0	0	12	3	157	128	329
紫单胞菌科的1属（f__Porphyromonadaceae）	2	2	226	2	1	5	1	5	244
莫拉氏菌科的1属（f__Moraxellaceae）	31	27	0	0	5	5	82	73	223
棒杆菌科的1属（f__Corynebacteriaceae）	0	0	2	187	0	0	0	0	189
巨球菌属（Macrococcus）	64	59	3	5	20	10	0	1	162
假纤细芽胞杆菌属（Pseudogracilibacillus）	0	0	0	0	0	24	49	84	157
类芽胞杆菌属（Paenibacillus）	0	0	0	0	69	36	0	51	156
博德特氏菌属（Bordetella）	3	58	0	0	12	62	4	13	152
代尔夫特菌属（Delftia）	7	10	0	0	7	3	69	54	150
棒杆菌属（Corynebacterium）	0	0	0	10	0	3	2	134	149
乳杆菌目的1属（o__Lactobacillales）	0	2	43	80	0	0	19	3	147
副埃格特氏菌属（Paraeggerthella）	0	0	0	0	0	0	2	142	144

续表

属名	空白对照组（g4）		芽胞菌剂组（g1）		链霉菌剂组（g2）		整合菌剂组（g3）		总和
	8d	10d	8d	10d	8d	10d	8d	10d	
厌氧醋菌属（*Acetoanaerobium*）	0	0	0	0	0	127	0	0	127
狭义梭菌属1（*Clostridium_sensu_stricto_1*）	0	0	0	0	77	44	5	0	126
芽胞杆菌科的1属（f__Bacillaceae）	0	1	0	0	0	1	?	114	118
厌氧球形菌属（*Anaerosphaera*）	0	0	70	48	0	0	0	0	118
毛梭菌属（*Lachnoclostridium*）	0	0	0	0	0	0	27	77	104
水栖杆菌属（*Enhydrobacter*）	16	13	0	0	35	16	0	0	80
狭义梭菌属3（*Clostridium_sensu_stricto_3*）	7	6	0	1	0	62	0	0	76
污水杆菌属（*Defluviitalea*）	0	0	0	0	27	27	5	13	72
稳杆菌属（*Empedobacter*）	33	25	2	0	2	0	9	0	71
链球菌属（*Streptococcus*）	5	3	27	1	3	17	1	5	62
水生杆形菌属（*Aquitalea*）	38	22	0	0	2	0	0	0	62
四联球菌属（*Tessaracoccus*）	0	0	1	2	10	45	0	0	58
丙酸棒菌属（*Propioniciclava*）	0	0	0	0	7	51	0	0	58
鞘氨醇杆菌属（*Sphingobacterium*）	20	37	0	0	0	0	0	0	57
无色杆菌属（*Achromobacter*）	1	2	3	0	17	26	2	6	57
毛梭菌属5（*Lachnoclostridium_5*）	0	0	0	0	0	0	24	32	56
葡萄球菌属（*Staphylococcus*）	7	2	18	21	3	0	0	2	53
噬几丁质菌科的1属（f__Chitinophagaceae）	0	0	0	0	0	0	2	50	52
奈瑟氏菌科的1属（f__Neisseriaceae）	0	0	0	0	49	2	0	0	51
丹毒丝菌科的1属（f__Erysipelotrichaceae）	1	0	45	2	0	1	0	0	49
贪食蛋白菌属（*Proteiniborus*）	0	0	0	0	0	0	0	43	43
伯克氏菌属/副伯克氏菌属（*Burkholderia-Paraburkholderia*）	0	0	0	0	0	0	8	29	37
古根海姆氏菌属（*Guggenheimella*）	0	24	0	9	0	0	0	0	33
瘤胃球菌科的1属（f__Ruminococcaceae）	0	0	28	1	0	1	0	1	31
狭义梭菌属19（*Clostridium_sensu_stricto_19*）	31	0	0	0	0	0	0	0	31
红球菌属（*Rhodococcus*）	1	0	27	0	0	2	0	0	30
嗜冷杆菌属（*Psychrobacter*）	1	0	0	0	23	5	0	0	29
阿克曼斯氏菌属（*Akkermansia*）	0	1	23	2	0	1	0	1	28
变形菌门的1属（p__Proteobacteria）	0	0	0	0	0	0	9	18	27
潘多拉菌属（*Pandoraea*）	0	0	0	0	0	0	12	15	27
小枝菌属（*Microvirgula*）	2	0	1	0	23	1	0	0	27
目TSCOR001-H18的1属（o__TSCOR001-H18）	0	0	0	0	0	0	0	26	26
瘤胃球菌科NK4A214群的1属（Ruminococcaceae_NK4A214_group）	0	0	0	0	10	8	5	3	26

属名	空白对照组（g4）		芽胞菌剂组（g1）		链霉菌剂组（g2）		整合菌剂组（g3）		总和
	8d	10d	8d	10d	8d	10d	8d	10d	
科RH-aaj90h05的1属（f__RH-aaj90h05）	0	0	22	1	1	1	0	0	25
加西亚氏菌属（*Garciella*）	0	0	0	0	6	18	0	0	24
瘤胃球菌科的1属（f__Ruminococcaceae）	0	0	0	0	0	0	11	12	23
热酸菌属（*Acidothermus*）	0	0	0	0	0	0	13	9	22
丙酸杆菌属（*Propionibacterium*）	0	1	0	0	8	10	0	0	19
皮生球菌属（*Dermacoccus*）	2	0	0	0	0	0	13	3	18
假单胞菌属（*Pseudomonas*）	0	1	0	0	16	0	0	0	17
嗜胨菌属（*Peptoniphilus*）	13	2	1	0	0	0	0	0	16
候选属 Soleaferrea（Candidatus_Soleaferrea）	0	0	0	0	0	0	1	14	15
韦荣氏菌属（*Veillonella*）	0	0	0	0	11	3	0	0	14
运动杆菌属（*Mobilitalea*）	0	0	0	0	0	0	3	11	14
沉积杆菌属（*Sedimentibacter*）	0	0	0	0	0	0	5	8	13
迪尔莫菌属（*Dielma*）	0	0	12	0	0	0	0	1	13
魏斯氏菌属（*Weissella*）	1	7	3	0	0	0	0	1	12
丹毒丝菌科的1属（f__Erysipelotrichaceae）	0	0	0	0	0	0	11	0	11
卟啉单胞菌属（*Porphyromonas*）	0	0	0	0	0	0	2	9	11
弧菌属（*Vibrio*）	0	0	9	0	1	0	0	0	10
肉杆菌属（*Carnobacterium*）	1	1	0	1	4	3	0	0	10
目MBA03的1属（o__MBA03）	0	0	0	0	0	0	0	9	9
舜宇菌属（*Soonwooa*）	4	5	0	0	0	0	0	0	9
博戈里亚湖菌属（*Bogoriella*）	0	0	3	6	0	0	0	0	9
β-变形菌纲的1属（c__Betaproteobacteria）	0	0	0	0	0	0	6	2	8
类芽胞杆菌科的1属（f__Paenibacillaceae）	0	2	0	0	0	0	0	6	8
泥单胞菌属（*Pelomonas*）	0	0	7	0	0	1	0	0	8
克里斯滕森氏菌科的1属（f__Christensenellaceae）	0	0	0	0	3	3	0	1	7
放线线束菌属（*Actinospica*）	0	0	0	0	0	0	4	3	7
希瓦氏菌属（*Shewanella*）	0	0	5	0	0	1	0	0	6
明串珠菌属（*Leuconostoc*）	0	0	6	0	0	0	0	0	6
科库尔氏菌属（*Kocuria*）	0	0	0	2	2	0	1	1	6
毛螺菌科的1属（f__Lachnospiraceae）	0	0	0	0	0	0	0	5	5
气单胞菌科的1属（f__Aeromonadaceae）	0	0	5	0	0	0	0	0	5
根瘤菌属（*Rhizobium*）	0	0	0	0	2	1	2	0	5
兼性芽胞杆菌属（*Amphibacillus*）	0	0	0	5	0	0	0	0	5

续表

属名	空白对照组（g4）		芽胞菌剂组（g1）		链霉菌剂组（g2）		整合菌剂组（g3）		总和
	8d	10d	8d	10d	8d	10d	8d	10d	
产碱菌科的1属（f__Alcaligenaceae）	0	0	4	0	0	0	0	0	4
寡养单胞菌属（Stenotrophomonas）	2	1	0	0	1	0	0	0	4
梭杆菌属（Fusobacterium）	0	0	3	0	1	0	0	0	4
双歧杆菌属（Bifidobacterium）	0	0	4	0	0	0	0	0	4
节杆菌属（Arthrobacter）	0	0	0	0	0	0	4	0	4
分类地位未定界的属（k__norank）	0	2	0	0	0	0	0	1	3
消化梭菌属（Peptoclostridium）	0	0	0	0	0	0	3	0	3
居鸽菌属（Pelistega）	0	1	0	0	0	2	0	0	3
戈登氏杆菌属（Gordonibacter）	0	0	0	0	0	0	1	2	3
黄杆菌属（Flavobacterium）	0	0	0	0	0	3	0	0	3
脱色单胞菌属（Dechloromonas）	0	0	2	0	1	0	0	0	3
短杆菌属（Brevibacterium）	0	3	0	0	0	0	0	0	3
短单胞菌属（Brachymonas）	0	0	0	0	0	3	0	0	3
链霉菌属（Streptomyces）	0	0	0	0	0	0	2	0	2
芽胞束菌属（Sporosarcina）	0	0	0	0	0	0	0	2	2
雷尔氏菌属（Ralstonia）	0	0	1	0	0	0	0	1	2
蛋白小链菌属（Proteocatella）	0	0	1	0	0	0	0	1	2
诺卡氏菌属（Nocardia）	0	0	0	0	0	0	2	0	2
弓形杆菌属（Arcobacter）	0	0	0	0	2	0	0	0	2
无氧芽胞杆菌属（Anoxybacillus）	0	0	2	0	0	0	0	0	2
厌氧盐杆菌属（Anaerosalibacter）	0	0	1	1	0	0	0	0	2
奈瑟氏菌科的1属（f__Neisseriaceae）	0	0	0	0	1	0	0	0	1
酸微菌目的1属（o__Acidimicrobiales）	0	0	0	0	0	0	0	1	1
龙包茨氏菌属（Romboutsia）	0	0	0	0	0	0	1	0	1
巴斯德氏菌属（Pasteurella）	0	0	0	0	1	0	0	0	1
巨单胞菌属（Megamonas）	0	0	1	0	0	0	0	0	1
短波单胞菌属（Brevundimonas）	0	1	0	0	0	0	0	0	1
短芽胞杆菌属（Brevibacillus）	0	0	0	0	0	0	0	1	1
总和	47930	49659	67060	54236	47534	43554	46480	53659	

空白对照组发酵后期（g4-CG）8d前5位细菌属含量为不动杆菌属（11310）＞香味菌属（10928）＞摩尔根氏菌属（4870）＞消化链球菌属（4699）＞威克斯氏菌属（2766）；10d前5位细菌属含量为香味菌属（15616）＞摩尔根氏菌属（8614）＞不动杆菌属（6055）＞消化链球菌属（2531）＞产碱菌属（2279）。空白对照组发酵时间差异导致细菌属优势菌群的差异。

芽胞菌剂组（g1-CG）8d前5位细菌属含量为漫游球菌属（42345）＞乳球菌属（5030）

>拟杆菌属（3750）>摩尔根氏菌属（3494）>丹毒丝菌属（1867）；10d前5位细菌属含量为漫游球菌属（16501）>棒杆菌属1（15287）>摩尔根氏菌属（13367）>普罗威登斯菌属（2247）>乳球菌属（1387）。添加芽胞菌剂改变了细菌属优势菌群。

链霉菌剂组（g2-CG）处理组8d前5位细菌属含量为摩尔根氏菌属（9737）>不动杆菌属（6214）>类产碱菌属（4479）>嗜碱菌属（4272）>考考菌属（4245）；10d前5位细菌属含量为产碱菌属（12516）>摩尔根氏菌属（8066）>不动杆菌属（3687）>香味菌属（3657）>考考菌属（3284）。添加链霉菌剂改变了细菌属优势菌群。

整合菌剂剂组（g3-CG）处理组8d前5位细菌属含量为摩尔根氏菌属（10353）>不动杆菌属（9817）>肠杆菌属（4290）>丙酸杆菌科的1属（2914）>放线菌属（2736）；10d前5位细菌属含量为摩尔根氏菌属（12860）>不动杆菌属（9803）>丙酸杆菌科的1属（5931）>大洋芽胞杆菌属（4688）>肠杆菌属（4612）。添加整合菌剂改变了细菌属优势菌群。

（5）肉汤实验后期（CG）细菌属群落结构与优势菌群　肉汤实验后期（CG）处理组细菌属群落结构见图4-67。不同处理组细菌属群落结构分布差异显著，不同处理组的细菌属优势菌群不同。芽胞菌剂组（g1-CG）前5位优势菌群为漫游球菌属（*Vagococcus*）（46.78%）>摩尔根氏菌属（*Morganella*）（14.93%）>棒杆菌属1（*Corynebacterium_1*）（14.39%）>乳球菌属（*Lactococcus*）（5.03%）>拟杆菌属（*Bacteroides*）（3.17%）；链霉菌剂组（g2-CG）前5位优势菌群为摩尔根氏菌属（*Morganella*）（19.50%）>产碱菌属（*Alcaligenes*）（16.11%）>不动杆菌属（*Acinetobacter*）（10.77%）>考考菌属（*Koukoulia*）（8.24%）>类产碱菌属（*Paenalcaligenes*）（6.62%）；整合菌剂组（g3-CG）前5位优势菌群为摩尔根氏菌属（*Morganella*）（23.12%）>不动杆菌属（*Acinetobacter*）（19.69%）>肠杆菌属（*Enterobacter*）（8.91%）>丙酸杆菌科的1属（f__Propionibacteriaceae）（8.66%）>放线菌属（*Actinomyces*）（6.56%）；空白对照组（g4-CG）优势菌群为香味菌属（*Myroides*）（27.12%）>不动杆菌属（*Acinetobacter*）（17.90%）>摩尔根氏菌属（*Morganella*）（13.75%）>消化链球菌属（*Peptostreptococcus*）（7.45%）>产碱菌属（*Alcaligenes*）（4.70%）。添加整合菌剂等处理影响肉汤实验细菌属群落组成结构（图4-68）。

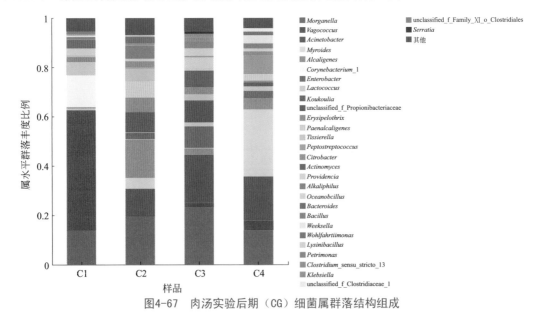

图4-67　肉汤实验后期（CG）细菌属群落结构组成

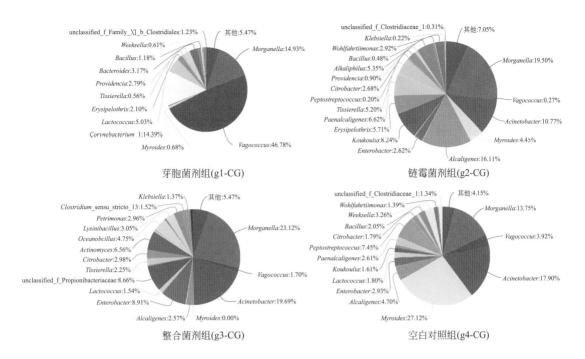

图4-68　肉汤实验后期（CG）细菌属群落优势菌群分布

4. 肉汤实验末期（DG）

（1）肉汤实验末期（DG）分类单元总体数量　肉汤实验末期（DG，12～16 d），不同处理 [芽胞菌剂 (D1)/ 链霉菌剂 (D2)/ 整合菌剂 (D3)/ 空白对照 (D4)] 细菌分类阶元总体统计，细菌门8，细菌纲19，细菌目43，细菌科75，细菌属128，细菌种179，细菌分类单元（OTU）344。与肉汤实验后期比较各分类阶元略有差异，如肉汤实验后期细菌科70，细菌属158，细菌种221，细菌分类单元（OTU）301，略低于肉汤实验末期。

（2）肉汤实验末期（DG）细菌分类单元稀释曲线　细菌分类单元（OTU）稀释曲线见图 4-69，肉汤实验末期（DG），Sobs 和香农指数稀释曲线都处于平坦趋势，说明测序的微生物组数据合理，可以反映样本中的绝大部分微生物多样性信息。

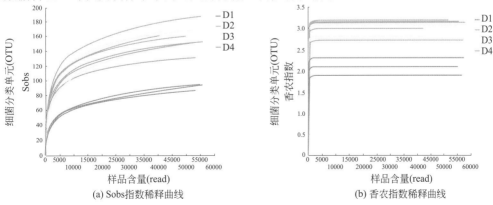

图4-69　肉汤实验末期细菌分类单元（OTU）的稀释曲线

（3）肉汤实验末期（DG）细菌属独有种类变化　以肉汤实验末期（DG）细菌属为例，发酵 12 ～ 16d 细菌属共有种类和独有种类分析结果见表 4-38。发酵末期不同处理（D1、D2、D3、D4）细菌属共有种类为 48 个；D1、D2、D3、D4 组的细菌属独有种类分别为 8 个、19 个、17 个、8 个；整合菌剂组细菌属总数 116 个较高，而独有种类数较高，整合菌剂添加增加了微生物组的多样性；芽胞杆菌组细菌属总数 87 个最低，其独有种类数较低，这与发酵末期芽胞杆菌抑制其他细菌生长相关。与发酵后期比较，空白对照组细菌属独有种类保持较低水平。添加菌剂在肉汤实验发酵末期增加了细菌属独有种类的数量。

表4-38　肉汤实验末期（DG）细菌属共有种类和独有种类

组别	物种数
D4 & D1 & D2 & D3	48
D4 & D1 & D2	6
D4 & D1 & D3	5
D4 & D2 & D3	23
D1 & D2 & D3	3
D4 & D1	3
D4 & D2	8
D4 & D3	4
D1 & D2	6
D1 & D3	8
D2 & D3	8
D4	8
D1	8
D2	19
D3	17

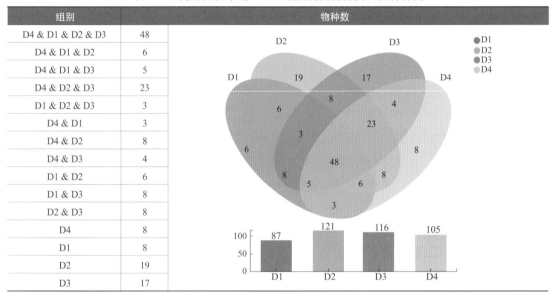

（4）肉汤实验末期（DG）细菌属数量变化　不同处理组肉汤实验末期（DG）细菌属种类含量见表 4-39，肉汤实验末期（12 ～ 16d）空白对照组（g4-D4）细菌属含量（read）范围 48442 ～ 55873；芽胞菌剂组（g1-D1）细菌属含量（read）范围 53193 ～ 55271；链霉菌剂组（g2-D2）细菌属含量（read）范围 40750 ～ 54937；整合菌剂组（g3-D3）细菌属含量（read）范围 41479 ～ 52876。肉汤实验末期添加整合菌剂处理细菌属含量最高。

表4-39　不同处理组肉汤实验末期（DG）细菌属种类含量（read）

属名	空白对照组（g4）			芽胞菌剂组（g1）			链霉菌剂组（g2）			整合菌剂组（g3）			总和
	12d	14d	16d	12d	14d	16d	12d	14d	16d	12d	14d	16d	
摩尔根氏菌属（*Morganella*）	7620	8921	10485	12296	30440	5497	7812	9106	6139	16001	14023	11874	140214
不动杆菌属（*Acinetobacter*）	15353	4221	5293	821	44	5	4484	11746	5147	2573	5325	3948	58960
香味菌属（*Myroides*）	13686	14445	12922	24	91	7	3235	4223	3907	24	6	60	52630
漫游球菌属（*Vagococcus*）	944	1044	1987	24848	4827	12622	16	14	31	637	233	491	47694

续表

属名	空白对照组（g4）			芽胞菌剂组（g1）			链霉菌剂组（g2）			整合菌剂组（g3）			总和
	12d	14d	16d	12d	14d	16d	12d	14d	16d	12d	14d	16d	
棒杆菌属1（Corynebacterium_1）	0	1	42	985	7325	25481	2	2	89	371	1198	458	35954
产碱菌属（Alcaligenes）	1615	1961	1419	6778	4	109	10809	6770	4439	31	13	1662	35610
短波单胞菌属（Brevundimonas）	0	11	0	0	0	0	1047	2350	21614	1	0	0	25023
丙酸杆菌科的1属（f__Propionibacteriaceae）	4	14	12	1	2	0	27	71	32	2874	6455	5467	14959
威克斯氏菌属（Weeksella）	392	545	1571	0	872	826	1	116	1901	3	416	5481	12124
消化链球菌属（Peptostreptococcus）	4090	4243	3543	11	0	4	13	11	0	42	13	14	11984
肠杆菌属（Enterobacter）	826	1231	2177	14	6	7	519	433	218	2346	819	2725	11321
蒂西耶氏菌属（Tissierella）	47	26	7	216	154	157	3148	1462	597	1612	902	2011	10339
芽胞杆菌属（Bacillus）	1002	1029	1391	935	480	568	170	994	933	566	557	842	9467
假纤细芽胞杆菌属（Pseudogracilibacillus）	11	65	119	0	98	635	793	1903	1520	917	1795	1088	8944
乳球菌属（Lactococcus）	765	911	1372	1152	1487	611	35	13	29	521	931	858	8685
微杆菌科的1属（f__Microbacteriaceae）	798	849	19	0	1935	4173	168	109	204	2	4	0	8261
放线菌属（Actinomyces）	64	98	70	0	2	0	0	1	12	799	1709	5086	7842
类产碱菌属（Paenalcaligenes）	1282	1068	2640	0	0	0	485	1086	1080	4	0	2	7647
大洋芽胞杆菌属（Oceanobacillus）	0	0	4	0	45	90	0	0	3	2960	2	3223	6327
柠檬酸杆菌属（Citrobacter）	507	907	1313	4	2	0	419	479	132	1016	455	1003	6237
石单胞菌属（Petrimonas）	0	0	1	0	25	0	0	0	2	667	4621	469	5785
污蝇单胞菌属（Wohlfahrtiimonas）	454	887	1450	0	0	1	1850	154	751	2	0	0	5549
普罗威登斯菌属（Providencia）	431	792	711	1099	1243	64	211	417	195	11	57	179	5410
伊格纳茨席纳菌属（Ignatzschineria）	0	299	1	1828	2717	0	1	0	0	3	0	104	4953
梭菌科1的1属（f__Clostridiaceae_1）	107	470	3171	0	0	0	0	776	1	0	0	0	4525
嗜碱菌属（Alkaliphilus）	30	85	173	0	0	4	1008	1972	504	204	353	94	4427
考考菌属（Koukoulia）	1242	656	486	1	0	2	434	1127	377	8	1	0	4334
丹毒丝菌属（Erysipelothrix）	91	89	160	685	408	532	616	591	743	53	61	63	4092
类芽胞杆菌科的1属（f__Paenibacillaceae）	5	0	0	0	3	0	2	14	0	10	3518	33	3585
解蛋白菌属（Proteiniclasticum）	324	1983	425	0	0	0	0	3	0	146	83	565	3529
芽胞杆菌科的1属（f__Bacillaceae）	0	5	37	0	164	1462	27	33	60	647	164	219	2818

续表

属名	空白对照组（g4）			芽胞菌剂组（g1）			链霉菌剂组（g2）			整合菌剂组（g3）			总和
	12d	14d	16d	12d	14d	16d	12d	14d	16d	12d	14d	16d	
赖氨酸芽胞杆菌属（Lysinibacillus）	0	0	0	0	0	0	22	31	34	2065	19	633	2804
芽胞束菌属（Sporosarcina）	0	0	3	0	109	67	0	0	1	619	1907	82	2788
丛毛单胞菌属（Comamonas）	290	161	307	0	0	0	356	419	119	2	0	216	1870
拟杆菌属（Bacteroides）	79	11	29	305	929	81	25	4	110	30	17	164	1784
芽胞杆菌科的1属（f__Bacillaceae）	0	0	0	0	1	720	101	244	281	172	69	154	1742
沙雷氏菌属（Serratia）	8	7	20	0	0	0	5	1	5	704	460	532	1742
棒杆菌属（Corynebacterium）	0	0	3	0	2	734	0	0	6	18	324	478	1565
劣生单胞菌属（Dysgonomonas）	68	133	118	20	14	21	853	94	99	123	1	7	1551
苍白杆菌属（Ochrobactrum）	3	3	8	63	81	113	57	115	73	233	693	97	1539
克雷伯氏菌属（Klebsiella）	58	107	162	4	2	0	70	65	19	385	114	383	1369
狭义梭菌属13（Clostridium_sensu_stricto_13）	0	1	0	20	1	7	50	72	2	360	644	189	1346
微球菌属（Micrococcus）	0	0	0	0	0	0	0	0	1241	0	0	0	1241
肠球菌属（Enterococcus）	17	39	59	472	292	190	70	16	32	10	7	28	1232
金黄杆菌属（Chryseobacterium）	16	20	84	0	0	0	1	0	3	464	186	194	968
气单胞菌属（Aeromonas）	6	14	16	16	2	1	209	466	155	4	2	4	895
伊丽莎白金菌属（Elizabethkingia）	34	29	65	0	0	0	1	0	2	249	181	317	878
埃希氏/志贺氏菌属（Escherichia-Shigella）	184	196	291	0	0	1	55	89	40	1	0	1	858
博德特氏菌属（Bordetella）	42	49	226	0	0	0	142	119	189	4	8	8	787
哈夫尼菌属/肥大杆菌属（Hafnia-Obesumbacterium）	123	178	199	0	0	0	16	12	13	69	25	61	696
类芽胞杆菌属（Paenibacillus）	0	4	0	0	0	0	120	173	149	61	36	64	607
γ-变形菌纲的1属（c__Gammaproteobacteria）	131	71	121	0	0	0	89	41	40	28	30	28	579
厚壁菌门的1属（p__Firmicutes）	0	0	0	0	0	0	0	0	0	0	0	536	536
科XVIII的1属（f__Family_XVIII）	0	0	0	0	122	0	0	0	0	388	0	0	510
黄杆菌属（Flavobacterium）	0	0	4	0	0	0	0	481	11	11	1	1	509
类苍白杆菌属（Paenochrobactrum）	3	35	0	0	0	0	57	202	207	0	0	0	504
居鸡菌属（Gallicola）	29	57	118	127	42	104	1	0	0	0	2	7	487

续表

属名	空白对照组（g4）			芽胞菌剂组（g1）			链霉菌剂组（g2）			整合菌剂组（g3）			总和
	12d	14d	16d	12d	14d	16d	12d	14d	16d	12d	14d	16d	
变形菌属（*Proteus*）	99	55	93	0	0	0	92	77	33	8	4	2	463
黄杆菌科（f__Flavobacteriaceae）	55	99	224	0	0	0	0	5	39	0	0	1	423
透明颤菌属（*Vitreoscilla*）	7	0	0	0	0	0	232	111	73	0	0	0	423
狭义梭菌属1（*Clostridium_sensu_stricto_1*）	0	0	1	0	1	1	93	172	129	0	1	0	398
肠放线球菌属（*Enteractinococcus*）	0	0	0	0	0	0	0	0	391	0	0	0	391
贝兹纳克氏菌属（*Breznakia*）	36	14	17	96	94	35	10	0	6	0	0	4	312
莫拉氏菌科的1属（f__Moraxellaceae）	75	20	35	0	1	0	7	10	4	22	85	35	294
脱硫弧菌属（*Desulfovibrio*）	0	4	3	0	0	0	82	119	81	1	1	0	291
梭菌目的1属（o__Clostridiales）	0	0	0	0	0	0	0	0	0	0	13	276	289
棒杆菌科的1属（f__Corynebacteriaceae）	0	0	1	29	66	181	0	0	0	0	1	2	280
短杆菌属（*Brevibacterium*）	1	1	247	0	13	16	1	0	1	0	0	0	280
巨球菌属（*Macrococcus*）	30	67	157	2	4	2	3	6	7	0	0	0	278
候选属 *Soleaferrea*（Candidatus_*Soleaferrea*）	0	0	1	0	229	28	0	0	0	8	0	2	268
肠杆菌科的1属（f__Enterobacteriaceae）	14	16	21	0	0	0	4	7	0	55	40	98	255
变形菌门的1属（p__Proteobacteria）	0	0	4	0	0	0	24	30	145	2	1	6	212
四联球菌属（*Tessaracoccus*）	0	0	0	2	3	0	61	93	50	0	0	0	209
厌氧醋菌属（*Acetoanaerobium*）	0	0	0	0	0	1	179	3	15	0	0	0	198
弓形杆菌属（*Arcobacter*）	0	0	0	0	0	0	113	7	67	0	0	0	187
鲸杆菌属（*Cetobacterium*）	9	8	2	55	13	13	11	24	31	3	2	10	181
狭义梭菌属3（*Clostridium_sensu_stricto_3*）	8	33	5	0	0	0	0	118	0	0	0	0	164
梭菌目科XI的1属（f__Family_XI_o__Clostridiales）	0	0	2	0	113	24	0	0	3	1	8	7	158
乳杆菌目的1属（o__Lactobacillales）	0	0	0	45	42	36	0	0	0	5	7	3	138
哈思韦氏菌属（*Hathewaya*）	79	1	54	0	0	0	0	0	0	0	0	0	134
水生杆形菌属（*Aquitalea*）	26	54	40	0	0	0	2	2	1	0	1	0	126
加西亚氏菌属（*Garciella*）	0	0	0	0	0	0	13	90	18	3	0	0	124

续表

属名	空白对照组（g4）			芽胞菌剂组（g1）			链霉菌剂组（g2）			整合菌剂组（g3）			总和
	12d	14d	16d	12d	14d	16d	12d	14d	16d	12d	14d	16d	
毛梭菌属（*Lachnoclostridium*）	0	0	0	1	0	0	0	0	0	33	45	39	118
水栖杆菌属（*Enhydrobacter*）	7	7	21	0	1	2	24	42	4	0	0	0	108
居鸽菌属（*Pelistega*）	0	1	0	0	0	0	7	3	84	0	0	0	95
广布杆菌属（*Vulgatibacter*）	0	0	0	0	0	0	0	0	0	70	0	23	93
厌氧球形菌属（*Anaerosphaera*）	1	7	0	53	15	9	0	0	0	0	0	7	92
代尔夫特菌属（*Delftia*）	10	1	1	0	0	0	6	6	2	24	27	12	89
细菌域的1属（d__Bacteria）	0	2	0	41	0	0	10	26	0	0	0	0	79
狭义梭菌属16（*Clostridium_sensu_stricto_16*）	0	0	0	0	0	0	0	69	0	6	1	0	76
短芽胞杆菌属（*Brevibacillus*）	0	0	0	0	0	2	3	43	15	1	4	8	76
无色杆菌属（*Achromobacter*）	1	1	9	0	0	0	7	19	29	2	5	2	75
丙酸棒菌属（*Propioniciclava*）	0	0	0	0	0	0	29	35	9	0	0	0	73
稳杆菌属（*Empedobacter*）	26	8	31	0	0	0	2	0	2	0	0	0	69
类芽胞杆菌科的1属（f__Paenibacillaceae）	0	0	0	0	27	0	0	0	0	16	4	18	65
奈瑟氏菌科的1属（f__Neisseriaceae）	0	0	0	0	0	0	20	0	43	0	0	0	63
嗜冷杆菌属（*Psychrobacter*）	0	0	0	0	0	0	26	29	7	0	0	0	62
兼性芽胞杆菌属（*Amphibacillus*）	0	0	0	62	0	0	0	0	0	0	0	0	62
噬几丁质菌科的1属（f__Chitinophagaceae）	0	0	0	0	0	0	0	0	1	5	50	5	61
卟啉单胞菌属（*Porphyromonas*）	3	1	0	0	0	0	0	0	0	37	0	20	61
沉积杆菌属（*Sedimentibacter*）	0	0	0	0	0	0	0	0	0	41	8	7	56
链球菌属（*Streptococcus*）	3	4	13	5	11	2	3	0	0	1	0	2	44
嗜胨菌属（*Peptoniphilus*）	28	10	3	0	0	0	0	0	0	0	0	1	42
紫单胞菌科的1属（f__Porphyromonadaceae）	0	2	0	19	2	1	4	4	4	0	0	4	40
遗忘单胞菌属（*Oblitimonas*）	0	0	0	0	40	0	0	0	0	0	0	0	40
鞘氨醇杆菌属（*Sphingobacterium*）	13	7	5	0	0	0	0	0	12	1	0	0	38
葡萄球菌属（*Staphylococcus*）	2	5	6	2	11	4	1	1	0	1	0	0	33
梭杆菌属（*Fusobacterium*）	0	0	0	0	0	1	5	22	3	0	0	0	31

续表

属名	空白对照组（g4）			芽胞菌剂组（g1）			链霉菌剂组（g2）			整合菌剂组（g3）			总和
	12d	14d	16d	12d	14d	16d	12d	14d	16d	12d	14d	16d	
科XI的1属 （f__Family_XI）	0	0	0	0	7	0	0	0	0	1	0	21	29
Ruminococcaceae_ NK4A214	0	0	0	0	0	0	10	7	4	4	2	2	29
韦荣氏菌属 （Veillonella）	0	0	0	0	1	0	4	16	7	0	0	0	28
污水杆菌属 （Defluviitalea）	0	0	0	0	0	0	0	28	0	0	0	0	28
假单胞菌属 （Pseudomonas）	0	0	0	1	0	0	1	3	20	1	0	1	27
克里斯滕森氏菌科的1属 （f__Christensenellaceae）	0	0	0	0	0	0	3	4	18	1	0	0	26
目TSCOR001-H18的1属 （o__TSCOR001-H18）	0	0	0	0	0	3	0	0	0	14	6	3	26
小枝菌属 （Microvirgula）	3	2	1	0	0	0	0	18	2	0	0	0	26
丹毒丝菌科的1属 （f__Erysipelotrichaceae）	0	0	0	0	0	0	0	0	21	3	0	0	24
短单胞菌属 （Brachymonas）	0	0	0	0	0	0	1	0	23	0	0	0	24
创伤球菌属 （Helcococcus）	0	0	0	22	0	0	0	0	0	0	0	0	22
古根海姆氏菌属 （Guggenheimella）	0	5	8	4	1	4	0	0	0	0	0	0	22
潘多拉菌属 （Pandoraea）	0	0	0	0	0	0	0	0	0	12	2	6	20
丙酸杆菌属 （Propionibacterium）	2	0	2	0	0	0	4	9	1	1	0	0	19
魏斯氏菌属 （Weissella）	2	2	5	1	0	0	0	0	0	4	2	2	18
伯克氏菌属/副伯克氏菌属 （Burkholderia- Paraburkholderia）	0	0	0	0	0	0	0	0	0	7	7	4	18
热酸菌属 （Acidothermus）	0	0	0	0	0	0	0	0	0	5	5	8	18
奈瑟氏菌科的1属 （f__Neisseriaceae）	0	1	0	0	0	0	10	0	5	0	0	0	16
链霉菌属 （Streptomyces）	0	0	0	0	0	0	1	1	7	0	3	2	14
狭义梭菌属19 （Clostridium_sensu_ stricto_19）	0	13	0	0	0	0	0	0	0	0	0	0	13
芽胞杆菌纲的1属 （c__Bacilli）	0	0	0	0	0	0	0	0	0	2	0	10	12
目MBA03的1属 （o__MBA03）	0	0	0	0	0	0	0	0	0	9	1	2	12
舜宇菌属 （Soonwooa）	1	6	5	0	0	0	0	0	0	0	0	0	12
博戈里亚湖菌属 （Bogoriella）	0	0	0	6	2	4	0	0	0	0	0	0	12
蛋白小链菌属 （Proteocatella）	0	0	0	0	0	0	0	1	10	0	0	0	11
厌氧盐杆菌属 （Anaerosalibacter）	0	0	0	4	0	0	0	0	0	5	0	2	11

续表

属名	空白对照组（g4）			芽胞菌剂组（g1）			链霉菌剂组（g2）			整合菌剂组（g3）			总和
	12d	14d	16d	12d	14d	16d	12d	14d	16d	12d	14d	16d	
皮生球菌属（Dermacoccus）	0	2	0	1	0	0	0	0	0	0	3	4	10
副极小单胞菌属（Parapusillimonas）	0	2	7	0	0	0	0	0	0	0	0	0	9
科库尔氏菌属（Kocuria）	2	1	1	3	1	0	0	0	1	0	0	0	9
颗粒链菌属（Granulicatella）	0	2	7	0	0	0	0	0	0	0	0	0	9
肉杆菌属（Carnobacterium）	0	2	4	1	1	0	0	0	0	0	0	0	8
放线线束菌属（Actinospica）	0	0	0	0	0	0	0	0	0	0	6	2	8
微球菌科的1属（f__Micrococcaceae）	0	0	0	0	0	0	0	0	7	0	0	0	7
毛螺菌科的1属（f__Lachnospiraceae）	0	0	0	0	0	0	0	0	0	5	0	2	7
丹毒丝菌科的1属（f__Erysipelotrichaceae）	0	0	1	3	0	0	0	0	2	0	0	1	7
寡养单胞菌属（Stenotrophomonas）	1	0	0	0	0	0	4	0	1	1	0	0	7
双歧杆菌属（Bifidobacterium）	0	0	0	3	1	1	0	1	1	0	0	0	7
根瘤菌属（Rhizobium）	0	1	0	1	0	0	1	0	1	1	1	0	6
迪尔莫菌属（Dielma）	0	0	0	1	0	1	0	3	1	0	0	0	6
诺卡氏菌属（Nocardia）	0	0	0	0	0	0	0	0	0	0	2	3	5
乳杆菌属（Lactobacillus）	0	1	0	1	0	0	1	1	0	0	0	0	5
运动杆菌属（Mobilitalea）	0	0	0	0	0	0	0	0	0	3	0	1	4
瘤胃球菌科的1属（f__Ruminococcaceae）	0	1	0	1	1	0	0	0	0	0	0	0	3
巴斯德氏菌属（Pasteurella）	0	0	0	0	0	0	0	1	2	0	0	0	3
节杆菌属（Arthrobacter）	0	0	0	0	0	0	0	0	0	0	1	2	3
阿克曼斯氏菌属（Akkermansia）	0	0	0	1	0	2	0	0	0	0	0	0	3
分类地位未定界的属（k__norank）	0	0	0	0	2	0	0	0	0	0	0	0	2
红球菌属（Rhodococcus）	0	0	0	1	0	0	0	0	0	0	1	0	2
贪食蛋白菌属（Proteiniborus）	0	0	0	0	0	0	0	0	2	0	0	0	2
消化梭菌属（Peptoclostridium）	1	0	0	0	0	0	0	0	0	1	0	0	2
副埃格特氏菌属（Paraeggerthella）	0	1	1	0	0	0	0	0	0	0	0	0	2
毛梭菌属5（Lachnoclostridium_5）	0	0	1	0	0	0	0	0	0	1	0	0	2

续表

属名	空白对照组（g4）			芽胞菌剂组（g1）			链霉菌剂组（g2）			整合菌剂组（g3）			总和
	12d	14d	16d	12d	14d	16d	12d	14d	16d	12d	14d	16d	
狭义梭菌属10（Clostridium_sensu_stricto_10）	0	0	0	0	0	0	2	0	0	0	0	0	2
β-变形菌纲的1属（c__Betaproteobacteria）	0	0	0	0	0	0	0	0	0	1	0	0	1
酸微菌目的1属（o__Acidimicrobiales）	0	0	0	0	0	0	0	0	0	0	1	0	1
科RH-aaj90h05的1属（f__RH-aaj90h05）	0	0	0	0	0	0	0	1	0	0	0	0	1
希瓦氏菌属（Shewanella）	0	0	0	1	0	0	0	0	0	0	0	0	1
龙包茨氏菌属（Romboutsia）	0	0	0	0	0	0	0	1	0	0	0	0	1
雷尔氏菌属（Ralstonia）	0	0	0	0	0	0	0	1	0	0	0	0	1
泥单胞菌属（Pelomonas）	0	0	0	0	0	0	1	0	0	0	0	0	1
片球菌属（Pediococcus）	0	0	0	0	0	0	1	0	0	0	0	0	1
明串珠菌属（Leuconostoc）	0	1	0	0	0	0	0	0	0	0	0	0	1
库特氏菌属（Kurthia）	1	0	0	0	0	0	0	0	0	0	0	0	1
戈登氏杆菌属（Gordonibacter）	0	0	0	0	0	0	0	0	0	0	0	1	1
脱色单胞菌属（Dechloromonas）	0	0	0	0	0	1	0	0	0	0	0	0	1
布劳特氏菌属（Blautia）	0	0	0	0	0	0	0	0	1	0	0	0	1
总和	53327	48442	55873	53193	54674	55271	40750	49890	54937	41479	48791	52876	

　　空白对照组发酵末期（g4-DG）12d 前 5 位细菌属含量为不动杆菌属（15353）＞香味菌属（13686）＞摩尔根氏菌属（7620）＞消化链球菌属（4090）＞产碱菌属（1615）；14d 前 5 位细菌属含量为香味菌属（14445）＞摩尔根氏菌属（8921）＞消化链球菌属（4243）＞不动杆菌属（4221）＞解蛋白菌属（1983）；16d 前 5 位细菌属含量为香味菌属（12922）＞摩尔根氏菌属（10485）＞不动杆菌属（5293）＞消化链球菌属（3543）＞梭菌科 1 的 1 属（3171）。空白对照组发酵时间差异导致细菌属优势菌群的差异。

　　芽胞菌剂组（g1）处理组 12d 前 5 位细菌属含量为漫游球菌属（24848）＞摩尔根氏菌属（12296）＞产碱菌属（6778）＞伊格纳茨席纳菌属（1828）＞乳球菌属（1152）；14d 前 5 位细菌属含量为摩尔根氏菌属（30440）＞棒杆菌属 1（7325）＞漫游球菌属（4827）＞伊格纳茨席纳菌属（2717）＞微杆菌科的 1 属（1935）；16d 前 5 位细菌属含量为棒杆菌属 1（25481）＞漫游球菌属（12622）＞摩尔根氏菌属（5497）＞微杆菌科的 1 属（4173）＞芽胞杆菌科的 1 属（1462）。添加芽胞菌剂改变了细菌属优势菌群。

　　链霉菌剂组（g2）处理组 12d 前 5 位细菌属含量为产碱菌属（10809）＞摩尔根氏菌属（7812）＞不动杆菌属（4484）＞香味菌属（3235）＞蒂西耶氏菌属（3148）；14d 前 5 位细

菌属含量为不动杆菌属（11746）＞摩尔根氏菌属（9106）＞产碱菌属（6770）＞香味菌属（4223）＞短波单胞菌属（2350）；16d 前 5 位细菌属含量为短波单胞菌属（21614）＞摩尔根氏菌属（6139）＞不动杆菌属（5147）＞产碱菌属（4439）＞香味菌属（3907）。添加链霉菌剂改变了细菌属优势菌群。

整合菌剂组（g3）处理组 12d 前 5 位细菌属含量为摩尔根氏菌属（16001）＞大洋芽胞杆菌属（2960）＞丙酸杆菌科的 1 属（2874）＞不动杆菌属（2573）＞肠杆菌属（2346）；14d 前 5 位细菌属含量为摩尔根氏菌属（14023）＞丙酸杆菌科的 1 属（6455）＞不动杆菌属（5325）＞石单胞菌属（4621）＞类芽胞杆菌科的 1 属（3518）；16d 前 5 位细菌属含量为摩尔根氏菌属（11874）＞威克斯氏菌属（5481）＞丙酸杆菌科的 1 属（5467）＞放线菌属（5086）＞不动杆菌属（3948）。添加整合菌剂改变了细菌属优势菌群。

（5）肉汤实验末期（DG）细菌属群落结构与优势菌群　肉汤实验末期（DG）处理组细菌属群落结构见图 4-70。不同处理组细菌属群落结构分布差异显著，不同处理组的细菌属优势菌群不同。芽胞菌剂组（g1-DG）前 5 位优势菌群为摩尔根氏菌属（*Morganella*）（29.58%）＞漫游球菌属（*Vagococcus*）（26.13%）＞棒杆菌属 1（*Corynebacterium_1*）（20.45%）＞产碱菌属（*Alcaligenes*）（4.32%）＞微杆菌科的 1 属（f__Microbacteriaceae）（3.70%）；链霉菌剂组（g2-DG）前 5 位优势菌群为摩尔根氏菌属（*Morganella*）（16.20%）＞产碱菌属（*Alcaligenes*）（16.06%）＞短波单胞菌属（*Brevundimonas*）（15.54%）＞不动杆菌属（*Acinetobacter*）（14.64%）＞香味菌属（*Myroides*）（7.84%）；整合菌剂组（g3-DG）前 5 位优势菌群为摩尔根氏菌属（*Morganella*）（29.92%）＞丙酸杆菌科的 1 属（f__Propionibacteriaceae）（10.17%）＞不动杆菌属（*Acinetobacter*）（8.20%）＞放线菌属（*Actinomyces*）（5.02%）＞大洋芽胞杆菌属（*Oceanobacillus*）（4.41%）；空白对照组（g4-DG）优势菌群为香味菌属（*Myroides*）（26.20%）＞摩尔根氏菌属（*Morganella*）（17.16%）＞不动杆菌属（*Acinetobacter*）（15.66%）＞消化链球菌属（*Peptostreptococcus*）（7.59%）＞产碱菌属（*Alcaligenes*）（3.21%）。添加整合菌剂等处理影响汤实验细菌属群落组成结构（图 4-71）。

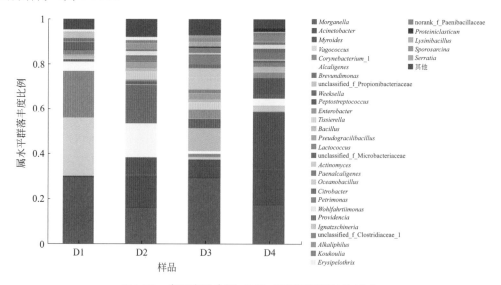

图4-70　肉汤实验末期（DG）细菌属群落结构组成

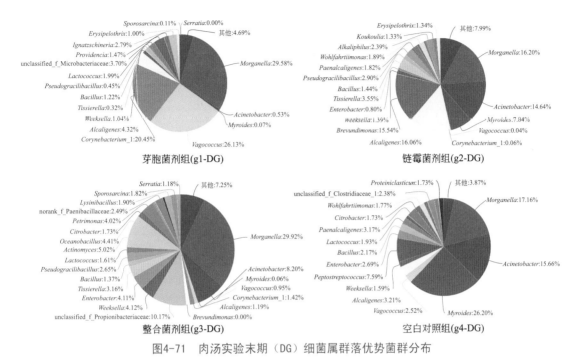

图4-71 肉汤实验末期（DG）细菌属群落优势菌群分布

三、发酵阶段芽胞杆菌种群组成的变化

1. 不同处理组芽胞杆菌种群结构

肉汤实验不同处理组不同发酵阶段芽胞杆菌属菌群含量见表4-40。从种类上看，添加整合菌剂组（g3）芽胞杆菌属种类数最高达8种，其次为空白对照组（g4）种类数为7种，第三为芽胞菌剂组（g1）种类数为5种，最少的是链霉菌剂组（g2）种类数为4种。不同处理组芽胞杆菌属种类组成不同，芽胞杆菌属、类芽胞杆菌属、赖氨酸芽胞杆菌属在不同处理组都存在。从数量上看，添加芽胞菌剂组含量最高的为无氧芽胞杆菌属，含量达0.3909%；链霉菌剂组含量最高的为芽胞杆菌属，含量达5.1174%；整合菌剂组含量最高的为大洋芽胞杆菌属，含量达4.4391%；空白对照组含量最高的为假纤细芽孢杆菌属，含量达6.1563%。

表4-40 肉汤实验不同处理组不同发酵阶段芽胞杆菌属菌群含量

处理组	属名	肉汤实验发酵阶段芽胞杆菌含量/%				
		发酵前期（AG）	发酵中期（BG）	发酵后期（CG）	发酵末期（DG）	总和
芽胞菌剂组（g1）	芽胞杆菌属（Bacillus）	0.0027	0.0053	0.0316	0.1199	0.1595
	类芽胞杆菌属（Paenibacillus）	0.0000	0.0000	0.0072	0.0000	0.0072
	赖氨酸芽胞杆菌属（Lysinibacillus）	0.0000	0.0000	0.0000	0.0011	0.0011
	无氧芽胞杆菌属（Anoxybacillus）	0.0000	0.0018	0.0000	0.3891	0.3909
	大洋芽胞杆菌属（Oceanobacillus）	0.0000	0.0000	0.1690	0.0000	0.1690

处理组	属名	肉汤实验发酵阶段芽胞杆菌含量/%				
		发酵前期（AG）	发酵中期（BG）	发酵后期（CG）	发酵末期（DG）	总和
芽胞菌剂组（g1）	总和	0.0027	0.0071	0.2078	0.5101	0.7277
链霉菌剂组（g2）	芽胞杆菌属（Bacillus）	2.6130	0.0561	0.0054	2.4430	5.1174
	类芽胞杆菌属（Paenibacillus）	0.0000	0.1306	0.0000	0.0000	0.1306
	赖氨酸芽胞杆菌属（Lysinibacillus）	0.0000	0.0752	0.0054	0.0000	0.0806
	假纤细芽胞杆菌属（Pseudogracilibacillus）	0.0019	0.0000	0.0000	0.0000	0.0019
	总和	2.6149	0.2619	0.0107	2.4430	5.3305
整合菌剂组（g3）	芽胞杆菌属（Bacillus）	1.1910	0.4980	0.3528	2.0360	4.0778
	类芽胞杆菌属（Paenibacillus）	0.0000	0.1139	0.0475	0.0000	0.1614
	赖氨酸芽胞杆菌属（Lysinibacillus）	0.0000	0.0306	3.1110	0.0000	3.1416
	大洋芽胞杆菌属（Oceanobacillus）	0.0000	0.0011	4.4380	0.0000	4.4391
	假纤细芽胞杆菌属（Pseudogracilibacillus）	0.0000	0.0276	0.1310	0.0000	0.1586
	兼性芽胞杆菌属（Amphibacillus）	0.0046	0.0000	0.0000	0.0000	0.0046
	无氧芽胞杆菌属（Anoxybacillus）	0.0015	0.0000	0.0000	0.0000	0.0015
	短芽胞杆菌属（Brevibacillus）	0.0000	0.0000	0.0009	0.0000	0.0009
	总和	1.1971	0.6712	8.0813	2.0360	11.9856
空白对照组（g4）	芽胞杆菌属（Bacillus）	1.2210	1.3690	1.3660	2.1640	6.1200
	类芽胞杆菌属（Paenibacillus）	0.0000	0.3042	0.1140	0.0028	0.4210
	赖氨酸芽胞杆菌属（Lysinibacillus）	0.0000	0.0593	2.0720	0.0000	2.1313
	假纤细芽胞杆菌属（Pseudogracilibacillus）	0.4427	2.8420	2.6490	0.1226	6.1563
	大洋芽胞杆菌属（Oceanobacillus）	0.0817	0.0018	4.4120	0.0024	4.4979
	短芽胞杆菌属（Brevibacillus）	0.0012	0.0403	0.0086	0.0000	0.0501
	兼性芽胞杆菌属（Amphibacillus）	0.0389	0.0000	0.0000	0.0000	0.0389
	总和	1.7855	4.6167	10.6216	2.2917	19.3155

2. 不同发酵阶段芽胞杆菌总量变化

根据肉汤实验芽胞杆菌属菌群含量表4-40，统计不同处理不同发酵阶段芽胞杆菌含量，见表4-41。从不同处理看，肉汤实验发酵过程芽胞杆菌的总量排序为空白对照组（19.3155%）＞整合菌剂组（11.9856%）＞链霉菌剂组（5.3305%）＞芽胞菌剂组（0.7277%），空白对照组芽胞杆菌含量最高，芽胞菌剂组含量最低；从发酵阶段看，肉汤实验发酵过程芽胞杆菌属排序为发酵后期CG（18.9214%）＞发酵末期DG（7.2808%）＞发酵初期AG（5.6002%）＞发酵中期BG（5.5569%），发酵后期芽胞杆菌含量最高，发酵初期芽胞杆菌含量最低。

表4-41　肉汤实验不同处理不同发酵阶段芽胞杆菌含量

处理组	肉汤实验发酵阶段芽胞杆菌含量/%				
	AG	BG	CG	DG	总和
芽胞菌剂组（g1）	0.0027	0.0071	0.2078	0.5101	0.7277

处理组	肉汤实验发酵阶段芽胞杆菌含量/%				
	AG	BG	CG	DG	总和
链霉菌剂组（g2）	2.6149	0.2619	0.0107	2.443	5.3305
整合菌剂组（g3）	1.1971	0.6712	8.0813	2.036	11.9856
空白对照组（g4）	1.7855	4.6167	10.6216	2.2917	19.3155
总和	5.6002	5.5569	18.9214	7.2808	

根据表 4-41 作图 4-72。从图中可以看出，不同菌剂添加组不同发酵阶段芽胞杆菌总量变化动态差异显著。芽胞菌剂组（g1）芽胞杆菌含量在发酵初期（AG）处于较低水平，随着发酵进程，发酵中期（BG）、发酵后期（CG）、发酵末期（DG）芽胞杆菌含量增加很少；链霉菌剂组（g2）发酵初期（AG）芽胞杆菌含量高于芽胞菌剂组，发酵中期（BG）芽胞杆菌含量下降，维持低含量到发酵后期（CG），到发酵末期（DG）芽胞杆菌含量恢复到发酵初期水平；整合菌剂组（g3）发酵初期（AG）芽胞杆菌含量低于链霉菌剂组（g2），到了发酵中期（BG）含量略微下降，发酵后期（CG）芽胞杆菌含量急速上升到峰值，约为同期芽胞菌剂组的 40 倍，随后，发酵末期（DG）含量迅速下降；空白对照组（g4）发酵初期（AG）芽胞杆菌含量略高于整合菌剂组，发酵中期（BG）芽胞杆菌含量上升，到发酵后期（CG）达到峰值，约为同期整合菌剂组的 1.3 倍，发酵末期（DG）含量急速下降。不同菌剂添加组不同发酵时期，芽胞杆菌含量的变化与其生态位的利用关系密切。

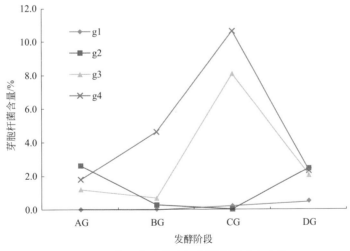

图4-72 肉汤实验芽胞杆菌属菌群动态变化

3. 肉汤实验处理生境生态位特征

（1）处理生境相似性 利用表 4-41，以添加不同菌剂处理为指标，不同发酵阶段的芽胞杆菌属含量为样本，计算不同处理生境间的相关系数，分析结果见表 4-42。结果表明肉汤实验添加不同菌剂形成的处理生境间相似性差异显著，芽胞菌剂组（g1）、链霉菌剂组（g2）、整合菌剂组（g3）形成的处理生境间无相关性，芽胞杆菌群落特征在不同的发酵阶段相似性差异显著，各处理组形成了特定的处理生境；而整合菌剂组与空白对照组间的生境相关系数为0.9635，呈显著性相关（$P<0.01$），这两个生境有利于芽胞杆菌种群的生长，添加芽胞菌剂和链霉菌剂会破坏芽胞杆菌种群生长，添加整合菌剂对芽胞杆菌种群生长影响较小。

表4-42　肉汤实验处理生境相关系数

处理组	g1-芽胞菌剂组	g2-链霉菌剂组	g3-整合菌剂组	g4-空白对照组
芽胞菌剂组（g1）		0.1548	0.1895	0.2253
链霉菌剂组（g2）	0.7377		0.4013	0.3834
整合菌剂组（g3）	0.6985	0.4907		0.0083
空白对照组（g4）	0.6602	0.5069	0.9635	

注：左下角是相关系数 r，右上角是 P 值。

（2）处理生境生态位宽度　肉汤实验不同处理组形成了不同的处理生境生态位特征，利用表4-41统计不同处理生境特征的生态位宽度，见表4-43。从生态位宽度看，处理生境生态位宽度的排序为：空白对照组（g4）（2.6168）＞整合菌剂组（g3）（2.5138）＞链霉菌剂组（2.2070）（g2）＞芽胞菌剂组（g1）（1.7454）。空白对照组的生态位宽度最宽，最适于芽胞杆菌的生长，常用资源种类为发酵中期（S2=23.90%）和发酵后期（S3=54.99%）；整合菌剂组生态位宽度其次（2.5138），较适于芽胞杆菌的生长，常用资源种类为发酵后期（S3=67.42%）。

表4-43　肉汤实验处理生境生态位宽度

处理组	生态位宽度(Levins测度)	频数	截断比例	常用资源种类	
芽胞菌剂组（g1）	1.7454	2	0.18	S3=28.56%	S4=70.09%
链霉菌剂组（g2）	2.2070	2	0.18	S1=49.06%	S4=45.83%
整合菌剂组（g3）	2.5138	1	0.18	S3=67.42%	
空白对照组（g4）	2.6168	2	0.18	S2=23.90%	S3=54.99%

（3）处理生境生态位重叠　利用表4-41统计不同处理生境特征的生态位重叠，见表4-44。从处理生境的生态位重叠上看，芽胞菌剂组与链霉菌剂组、整合菌剂组、空白对照组的处理生境生态位重叠属中度重叠（0.5～0.65），添加解淀粉芽胞杆菌，促进了芽胞杆菌种群的竞争，抑制芽胞杆菌种群数量，腾出了生态位空间为其他细菌的发展提供机会。添加芽胞杆菌的影响主要在芽胞杆菌群落内，对其他的细菌影响有限，所以生态位重叠表现为中度重叠。链霉菌剂组与整合菌剂组、空白对照组的处理生境生态位重叠属于低度重叠（＜0.3），添加活跃链霉菌产生的那西肽对许多的细菌种群具有抑制作用，改变了处理组的细菌群落生境，处理生境间的芽胞杆菌种群的生态位重叠度下降，表明链霉菌剂组构建出独自特征的生态位空间。整合菌剂组与空白对照组处理生境生态位重叠属于高度重叠（＞0.9），添加整合

菌剂对肉汤实验的处理生境影响不大，有利于细菌群落的和谐发展。

表4-44 肉汤实验处理生境生态位重叠（Pianka测度）

处理组	g1-芽胞菌剂组	g2-链霉菌剂组	g3-整合菌剂组	g4-空白对照组
芽胞菌剂组（g1）	1			
链霉菌剂组（g2）	0.6361	1		
整合菌剂组（g3）	0.5860	0.2761	1	
空白对照组（g4）	0.5191	0.2705	0.9493	1

4．肉汤实验芽胞杆菌生态位特征

（1）芽胞菌剂组芽胞杆菌生态位特征 采用芽胞菌剂组发酵过程（发酵前期、发酵中期、发酵后期、发酵末期）芽胞杆菌种群数量为矩阵，芽胞杆菌种类为样本，发酵过程为指标，以 Levins 测度为尺度分析芽胞杆菌生态位宽度（表 4-45）。分析结果表明，芽胞杆菌属发酵过程生态位宽度最宽，为 1.65，常用资源种类为发酵后期（S3=19.81%）和发酵末期（S4=75.17%）；无氧芽胞杆菌属、大洋芽胞杆菌属、赖氨酸芽胞杆菌属发酵过程生态位宽度为 1.00，且 3 个芽胞杆菌属常用资源种类都为发酵前期（无氧芽胞杆菌属 S1=100.00%、大洋芽胞杆菌属 S1=100.00%、赖氨酸芽胞杆菌属 S1=100.00%），表明这些芽胞杆菌属适于肉汤实验的发酵前生长，发酵中期以后种群消失；类芽胞杆菌属常用资源种类为发酵中期（S2=99.54%），表明该菌适于肉汤实验发酵中期生长，前期和后期种群消失。肉汤发酵体系内，不同处理组不同芽胞杆菌的生态位宽度及其常用资源的差异，是其生态选择的一种方式，以适应细菌种群的生长演替。

表4-45 芽胞菌剂组芽胞杆菌生态位宽度

物种	生态位宽度（Levins测度）	频数	截断比例	常用资源种类	
芽胞杆菌属	1.65	2.00	0.18	S3=19.81%	S4=75.17%
无氧芽胞杆菌属	1.00	1.00	0.20	S1=100.00%	
大洋芽胞杆菌属	1.00	1.00	0.20	S1=100.00%	
类芽胞杆菌属	1.01	1.00	0.20	S2=99.54%	
赖氨酸芽胞杆菌属	1.00	1.00	0.20	S1=100.00%	

采用芽胞菌剂组发酵过程（发酵前期、发酵中期、发酵后期、发酵末期）芽胞杆菌种群数量为矩阵，芽胞杆菌种类为样本，发酵过程为指标，以 Pianka 测度为尺度分析芽胞杆菌生态位重叠（表 4-46）。分析结果表明，肉汤实验发酵过程，芽胞杆菌属与大洋芽胞杆菌属和类芽胞杆菌属生态位重叠值超过 0.96，种群间存在较高的重叠，共存于同一生态位，表明发酵过程利用的资源种类较为相近；芽胞杆菌属与无氧芽胞杆菌属和赖氨酸芽胞杆菌属生态位重叠值低于 0.26，种群间的重叠度较低，发酵过程种群选择不同的生态位生存，表明它们利用的资源种类不同。无氧芽胞杆菌属与赖氨酸芽胞杆菌属的生态位重叠值为 1.0000，种群选择同一个生态位生存，生态位完全重叠；无氧芽胞杆菌属与大洋芽胞杆菌属和类芽胞

杆菌属生态位重叠值为 0.0000，种群间生态位完全不重叠，各种群选择自身的生态位生存。大洋芽胞杆菌属与类芽胞杆菌属生态位重叠值为 1.0000，种群间生态位完全重叠，而与赖氨酸芽胞杆菌属生态位重叠值为 0.0000，种群间生态位完全不重叠；类芽胞杆菌属与赖氨酸芽胞杆菌属生态位重叠值为 0.0000，种群间生态位完全不重叠。

表4-46　芽胞菌剂组芽胞杆菌生态位重叠（Pianka测度）

物种	芽胞杆菌属	无氧芽胞杆菌属	大洋芽胞杆菌属	类芽胞杆菌属	赖氨酸芽胞杆菌属
芽胞杆菌属	1.0000				
无氧芽胞杆菌属	0.2546	1.0000			
大洋芽胞杆菌属	0.9659	0.0000	1.0000		
类芽胞杆菌属	0.9661	0.0000	1.0000	1.0000	
赖氨酸芽胞杆菌属	0.2546	1.0000	0.0000	0.0000	1.0000

（2）链霉菌剂组芽胞杆菌生态位特征　采用链霉菌剂组发酵过程（发酵前期、发酵中期、发酵后期、发酵末期）芽胞杆菌种群数量为矩阵，芽胞杆菌种类为样本，发酵过程为指标，以 Levins 测度为尺度分析芽胞杆菌生态位宽度（表 4-47）。分析结果表明，芽胞杆菌属发酵过程生态位宽度最宽，为 2.04，常用资源种类为发酵前期（S1=51.06%）和发酵末期（S4=47.74%），与芽胞菌剂组芽胞杆菌属常用资源为发酵后期和末期不同；赖氨酸芽胞杆菌属、类芽胞杆菌属、假纤细芽孢杆菌属发酵过程生态位宽度较低，值在1.00～1.14 范围，且常用资源种类都为发酵前期（赖氨酸芽胞杆菌属 S1=93.33%、类芽胞杆菌属 S1=100.00%、假纤细芽胞杆菌属 S1=100.00%），表明这些芽胞杆菌属适于肉汤实验的发酵前生长，发酵中期以后种群消失。链霉菌剂组改变了芽胞杆菌种类及其生态位选择方式。

表4-47　链霉菌剂组芽胞杆菌生态位宽度

物种	生态位宽度（Levins测度）	频数	截断比例	常用资源种类	
芽胞杆菌属	2.04	2	0.18	S1=51.06%	S4=47.74%
赖氨酸芽胞杆菌属	1.14	1	0.20	S1=93.33%	
类芽胞杆菌属	1.00	1	0.20	S1=100.00%	
假纤细芽胞杆菌属	1.00	1	0.20	S1=100.00%	

采用链霉菌剂组发酵过程（发酵前期、发酵中期、发酵后期、发酵末期）芽胞杆菌种群数量为矩阵，芽胞杆菌种类为样本，发酵过程为指标，以 Pianka 测度为尺度分析芽胞杆菌生态位重叠（表 4-48）。分析结果表明，肉汤实验发酵过程，芽胞杆菌属与假纤细芽胞杆菌属生态位重叠值为 0.7304，种群间存在较高的重叠，共存于同一生态位，表明发酵过程利用的资源种类较为相近；芽胞杆菌属与赖氨酸芽胞杆菌属和类芽胞杆菌属生态位重叠值低于 0.016，种群间的重叠度很低，发酵过程种群选择不同的生态位生存，表明它们利用的资源种类不同。

表4-48　链霉菌剂组芽胞杆菌生态位重叠（Pianka测度）

物种	芽胞杆菌属	赖氨酸芽胞杆菌属	类芽胞杆菌属	假纤细芽胞杆菌属
芽胞杆菌属	1.0			
赖氨酸芽胞杆菌属	0.0157	1.0		
类芽胞杆菌属	0.0157	0.9975	1.0	
假纤细芽胞杆菌属	0.7304	0.0	0.0	1.0

（3）整合菌剂组芽胞杆菌生态位特征　采用整合菌剂组发酵过程（发酵前期、发酵中期、发酵后期、发酵末期）芽胞杆菌种群数量为矩阵，芽胞杆菌种类为样本，发酵过程为指标，以 Levins 测度为尺度分析芽胞杆菌生态位宽度（表 4-49）。分析结果表明，芽胞杆菌属发酵过程生态位宽度最宽，为 2.80，常用资源种类为发酵前期（S1=29.21%）和发酵末期（S4=49.93%），与芽胞菌剂组芽胞杆菌属常用资源为发酵后期和末期不同。类芽胞杆菌属和假纤细芽胞杆菌属生态位宽度次之，分别为 1.40 和 1.71；类芽胞杆菌属常用资源种类为发酵前期（S1=70.56%）和发酵中期（S2=29.44%），假纤细芽胞杆菌属常用资源种类为发酵中期（S2=82.62%）。赖氨酸芽胞杆菌属、大洋芽胞杆菌属、兼性芽胞杆菌属、无氧芽胞杆菌属、短芽胞杆菌属发酵过程生态位宽度较低，值在 1.00 ～ 1.02 范围；常用资源种类赖氨酸芽胞杆菌属、大洋芽胞杆菌属为发酵中期（赖氨酸芽胞杆菌属 S2=99.03%，大洋芽胞杆菌属 S2=99.97%），兼性芽胞杆菌属、无氧芽胞杆菌属、短芽胞杆菌属为发酵前期（兼性芽胞杆菌属 S1=100.00%、无氧芽胞杆菌属 S1=100.00%、短芽胞杆菌属 S1=100.00%）。表明整合菌剂组构建出的生境，芽胞杆菌种类更多，生态位宽度宽的种类更适应于肉汤实验，窄的种类生态位选择余地较低。

表4-49　整合菌剂组芽胞杆菌生态位宽度

物种	生态位宽度（Levins测度 ）	频数	截断比例	常用资源种类	
芽胞杆菌属	2.80	2	0.18	S1=29.21%	S4=49.93%
类芽胞杆菌属	1.71	2	0.20	S1=70.56%	S2=29.44%
假纤细芽胞杆菌属	1.40	1	0.20	S2=82.62%	
赖氨酸芽胞杆菌属	1.02	1	0.20	S2=99.03%	
大洋芽胞杆菌属	1.00	1	0.20	S2=99.97%	
兼性芽胞杆菌属	1.00	1	0.20	S1=100.00%	
无氧芽胞杆菌属	1.00	1	0.20	S1=100.00%	
短芽胞杆菌属	1.00	1	0.20	S1=100.00%	

采用整合菌剂组发酵过程（发酵前期、发酵中期、发酵后期、发酵末期）芽胞杆菌种群数量为矩阵，芽胞杆菌种类为样本，发酵过程为指标，以 Pianka 测度为尺度分析芽胞杆菌生态位重叠（表 4-50）。分析结果表明，肉汤实验发酵过程，芽胞杆菌属与其他 7 个芽胞杆菌属生态位重叠都低于 0.5，与兼性芽胞杆菌属（0.4888）和无氧芽胞杆菌属（0.4888）重叠值较高，能部分地共享资源；与类芽胞杆菌属（0.2444）、假纤细芽胞杆菌属（0.1838）、赖氨酸芽胞杆菌属（0.1468）、短芽胞杆菌属（0.1448）和大洋芽胞杆菌属（0.1449）生态

位重叠值均较低，选择了不同生态位互补。大洋芽胞杆菌属与赖氨酸芽胞杆菌属、短芽胞杆菌属和假纤细芽胞杆菌属几乎完全重叠（0.97～1.00），种群之间生存在同一种生态位资源中；大洋芽胞杆菌属与类芽胞杆菌属、芽胞杆菌属生态位重叠值较低（0.14～0.39），生存资源部分交错；大洋芽胞杆菌属与兼性芽胞杆菌属和无氧芽胞杆菌属生态位完全不重叠（0.0000），种群间生态位资源利用形成互补。

表4-50　整合菌剂组芽胞杆菌生态位重叠（Pianka测度）

物种	大洋芽胞杆菌属	芽胞杆菌属	赖氨酸芽胞杆菌属	类芽胞杆菌属	假纤细芽胞杆菌属	兼性芽胞杆菌属	无氧芽胞杆菌属	短芽胞杆菌属
大洋芽胞杆菌属	1.0000							
芽胞杆菌属	0.1449	1.0000						
赖氨酸芽胞杆菌属	1.0000	0.1468	1.0000					
类芽胞杆菌属	0.3853	0.2444	0.3941	1.0000				
假纤细芽胞杆菌属	0.9786	0.1838	0.9806	0.5667	1.0000			
兼性芽胞杆菌属	0.0000	0.4888	0.0000	0.0000	0.0000	1.0000		
无氧芽胞杆菌属	0.0000	0.4888	0.0000	0.0000	0.0000	1.0000	1.0000	
短芽胞杆菌属	1.0000	0.1448	1.0000	0.385	0.9786	0.0000	0.0000	1.0000

（4）空白对照组芽胞杆菌生态位特征　采用空白对照组发酵过程（发酵前期、发酵中期、发酵后期、发酵末期）芽胞杆菌种群数量为矩阵，芽胞杆菌种类为样本，发酵过程为指标，以Levins测度为尺度分析芽胞杆菌生态位宽度（表4-51）。分析结果表明，芽胞杆菌属发酵过程生态位宽度最宽，为3.78，常用资源种类为发酵前期（S1=19.95%）、发酵中期（S2=22.37%）、发酵后期（S3=22.32%）、发酵末期（S4=35.36%），与处理组的芽胞杆菌属常用资源不同。不添加菌剂（空白对照）肉汤实验，发酵液中的原有芽胞杆菌能很好地协调资源利用，均匀地分配发酵过程资源来适应芽胞杆菌属的生存。大洋芽胞杆菌属（2.40）、假纤细芽胞杆菌属（1.68）、短芽胞杆菌属（1.48），芽胞杆菌生态位宽度属于中等宽度，它们的资源利用种类主要在发酵中期到发酵后期。类芽胞杆菌属（1.06）、赖氨酸芽胞杆菌属（1.04）、兼性芽胞杆菌属（1.00）芽胞杆菌生态位宽度较窄，它们的资源利用种类主要在发酵前期到发酵中期。空白对照组构建出的生境，芽胞杆菌种类更多，生态位宽度宽的种类更适于肉汤实验，窄的种类生态位选择余地较低。

表4-51　空白对照组芽胞杆菌生态位宽度

物种	生态位宽度（Levins测度）	频数	截断比例	常用资源种类			
芽胞杆菌属	3.78	4	0.18	S1=19.95%	S2=22.37%	S3=22.32%	S4=35.36%
大洋芽胞杆菌属	2.40	1	0.18	S3=98.09%			
假纤细芽胞杆菌属	1.68	2	0.18	S2=46.93%	S3=43.74%		
短芽胞杆菌属	1.48	1	0.20	S2=80.46%			
类芽胞杆菌属	1.06	2	0.20	S1=72.26%	S2=27.08%		
赖氨酸芽胞杆菌属	1.04	1	0.20	S2=97.22%			
兼性芽胞杆菌属	1.00	1	0.20	S1=100.00%			

采用空白对照组发酵过程（发酵前期、发酵中期、发酵后期、发酵末期）芽胞杆菌种群数量为矩阵，芽胞杆菌种类为样本，发酵过程为指标，以 Pianka 测度为尺度分析芽胞杆菌生态位重叠（表 4-52）。分析结果表明，肉汤实验发酵过程，芽胞杆菌属与其他 6 个芽胞杆菌属生态位重叠值在 0.3 ～ 0.7 之间，与假纤细芽胞杆菌属（0.5653）、类芽胞杆菌属（0.4461）、大洋芽胞杆菌属（0.6750）、赖氨酸芽胞杆菌属（0.4415）、短芽胞杆菌属（0.5268）和兼性芽胞杆菌属（0.3878）的重叠值处于中等重叠状态，选择了部分生态位重叠与其他种群共享发酵阶段资源。假纤细芽胞杆菌属与大洋芽胞杆菌属、短芽胞杆菌属，类芽胞杆菌属与赖氨酸芽胞杆菌属的生态位几乎完全重叠（0.91 ～ 1.00），种群之间生存在同一种生态位资源中；短芽胞杆菌属、假纤细芽胞杆菌属与赖氨酸芽胞杆菌属，假纤细芽胞杆菌属与类芽胞杆菌属生态位重叠值较低（0.20 ～ 0.38），生存资源部分交错；兼性芽胞杆菌属与假纤细芽胞杆菌属、类芽胞杆菌属生态位完全不重叠（0.00），种群间生态位资源利用形成互补。有的芽胞杆菌，如兼性芽胞杆菌属除了与芽胞杆菌属的生态位重叠值约在 0.39 之外，与其他 5 种芽胞杆菌属生态位重叠值极低（0.00 ～ 0.12）。

表4-52　空白对照组芽胞杆菌生态位重叠（Pianka测度）

物种	芽胞杆菌属	假纤细芽胞杆菌属	类芽胞杆菌属	大洋芽胞杆菌属	赖氨酸芽胞杆菌属	短芽胞杆菌属	兼性芽胞杆菌属
芽胞杆菌属	1.0000						
假纤细芽胞杆菌属	0.5653	1.0000					
类芽胞杆菌属	0.4461	0.3776	1.0000				
大洋芽胞杆菌属	0.6750	0.9181	0.6976	1.0000			
赖氨酸芽胞杆菌属	0.4415	0.3512	0.9994	0.6794	1.0000		
短芽胞杆菌属	0.5268	0.9886	0.2365	0.8547	0.2095	1.0000	
兼性芽胞杆菌属	0.3878	0.0000	0.0000	0.1132	0.0185	0.0291	1.0000

四、讨论与总结

1．肉汤实验发酵阶段划分

不同处理组的肉汤实验的不同发酵阶段，根据细菌属在种类、数量、结构上发生相应的变化，可以将肉汤实验发酵阶段划分为发酵前期、发酵中期、发酵后期、发酵末期。

2．不同发酵阶段细菌群落变化

空白对照组发酵前期优势属菌群在第 1 天和第 2 天发生很大变化，这些变化与发酵阶段微生物的特性相关。消化链球菌属 (Peptostreptococcus) 是人体口腔、上呼吸道、肠道和女性生殖道的正常菌群。本属细菌包括厌氧消化链球菌（Peptostreptococcus anaerobius）、大消化链球菌（Peptostreptococcus magnus）、微小消化链球菌（Peptostreptococcus micros）、不解糖消化链球菌（Peptostreptococcus asaccharolyticus）、普氏消化链球菌（Peptostreptococcus prevotii）、四链消化链球菌（Peptostreptococcus tetradius）和延展消化链球菌（*Peptostreptococcus productus*）等。菌体密度大，适于发酵前期产气量大、甲烷浓度高的时期；消化链球菌的共生菌包括类芽胞杆菌属 (*Paenibacillus*) 和金黄杆菌属 (*Chryseobacterium*)，这些菌环境耐受性更强，适合发酵前期寡养环境下的甲烷氧化，成为发酵 2d 的优势属菌群。摩尔根氏菌属只有摩氏摩尔根氏菌 1 个种，直径 0.6 ～ 0.7μm，长1.0 ～ 1.7μm；符合肠杆菌科的一般定义，革兰氏阴性，运动者具有周生鞭毛，但有些菌株在 30℃以上不形成鞭毛，不集群，兼性厌氧，氧化酶阴性，苯丙氨酸和色氨酸脱氨，脲酶阳性，吲哚阳性，鸟氨酸脱羧，不产生赖氨酸和精氨酸双水解酶。利用酒石酸盐，但不利用柠檬酸盐，成为发酵 2d 的优势属菌群。肠杆菌属（*Enterobacter*）现至少有 23 种，最常见的两种是产气肠杆菌和阴沟肠杆菌，是肠道正常菌群的一部分，认为不会引起腹泻，广泛存在于自然环境中，能引起多种肠道外的条件致病性感染，如泌尿道、呼吸道和伤口感染，亦引起菌血症和脑膜炎，坂崎肠杆菌能引起新生儿脑膜炎和败血症，死亡率高达 75%，日沟维肠杆菌能引起泌尿道感染，亦从呼吸道和血液中可分离到本菌；致癌肠杆菌可引起多种临床感染，包括伤口感染、尿道感染、菌血症、肺炎等；此类细菌常编码产生染色体介导的 BushI(AmpC) 型的 β- 内酰胺酶，表现为对第一～第三代头孢菌素，头霉素类，加酶抑制剂类抗生素均耐药，但对碳青霉烯类、第四代头孢菌素敏感；肠杆菌属细菌可在第三代头孢菌素的治疗过程中产生多重耐药性，即最初敏感的菌株在开始治疗 3 ～ 4d 内就可变成耐药菌株，因此需反复测试重复分离的菌株，多重耐药的阴沟肠杆菌引起的败血症有很高的死亡率，阴沟肠杆菌和产气肠杆菌对头孢西丁天然耐药，成为发酵 2d 的优势属菌群。

芽胞菌剂组（g1）发酵前期优势属菌群在第 1 天和第 2 天发生很大变化，这些变化与发酵阶段微生物的特性相关。关于明串珠菌属（*Leuconostoc*），加拿大卫生部批准明肉串珠菌 (*Leuconostoc carnosum*)4010 作为防腐剂用于部分肉禽类香肠；明串珠菌属成为第 1 天的细菌属优势菌群。不动细菌属（*Acinetobacter*）为无芽胞、不运动、氧化酶阴性、严格好氧的革兰氏阴性杆菌，属于奈瑟氏球菌科，细胞大小为 (0.9 ～ 1.6)μm ×(1.5 ～ 2.5)μm，生长稳定期时细胞球状，菌落均无色，多数可生长在含乙酸、乙醇或乳酸作碳源和能源，硝酸盐作唯一氮源的无机盐培养基中，常分布于土壤和水中，G+C 摩尔分数值为 38% ～ 47%，模式菌为乙酸钙不动杆菌（*Acinetobacter calcoacetics*）；不动细菌属成为第 2 天的细菌属优势菌群。普罗威登斯菌属（*Providencia*），直杆菌，（0.6 ～ 0.8）μm×（1.5 ～ 2.5）μm，与肠杆菌科的一般定义符合，革兰氏阴性，以周生鞭毛运动，不出现集群，兼性厌氧，普罗威登斯菌氧化苯丙氨酸脱氨和色氨酸脱氨，从多醇类产酸，如肌醇、D- 甘露醇、阿东醇、D- 阿拉伯糖醇、赤藓醇等，从甘露糖产酸，吲哚阳性，利用柠檬酸盐和酒石酸盐，常分离于腹泻大便、尿道感染、伤口、烧伤和菌血症标本，DNA 的 G+C 摩尔分数为 39% ～ 42%，模式种为产碱普罗威登斯菌（*Providencia alcalifaciens*）；普罗威登斯菌属成为第 2 天的细菌属优势菌群。

链霉菌剂组（g2）发酵前期优势属菌群在第 1 天和第 2 天发生很大变化，这些变化与发酵阶段微生物的特性相关。嗜冷杆菌属（*Psychrobacter*）通常为革兰氏阴性需氧球杆菌，因在低温下生长良好而得名，镜下菌体长 1.5 ～ 3.8 μm、宽 0.9 ～ 1.3 μm，无运动性、无鞭毛、无芽胞，氧化酶阳性、触酶阳性，嗜冷杆菌属曾因形态学上与莫拉菌属细菌相似而被误报，表型特征上也很难与奈瑟菌属细菌区分，嗜冷杆菌属细菌包括沙质嗜冷杆菌 (*Psychrobacter arenosus*)、肺炎嗜冷杆菌 (*Psychrobacter pulmonis*)、粪嗜冷杆菌 (*Psychrobacter faecalis*)、不动嗜冷杆菌 (*Psychrobacter immobilis*) 等，2012 年美国学者 Wirth 等发现 1 个嗜冷杆菌属新物种，即血液嗜冷杆菌 (*Psychrobacter sanguinis* sp.nov.)（Wirth et al., 2012），迄今为止我国还未见此菌的相关报道；嗜冷杆菌属成为第 1 天的细菌属优势菌群。柠檬酸杆菌属（*Citrobacter*）直杆菌、直径约 1.0μm，长 2.0 ～ 6.0μm，单个和成对，与肠杆菌科的一般定义相符，通过合成磷酸盐来吸收铀，它们体内的铀含量可以达到周围环境的 300 倍，硫还原地杆菌也有类似的功能，通常不产生荚膜，革兰氏阴性，通常以周生鞭毛运动，兼性厌氧，有呼吸和发酵两种类型的代谢，在普通肉胨琼脂上的菌落一般直径 2 ～ 4mm，光滑、低凸、湿润、半透明或不透明，灰色，表面有光泽，边缘整齐，偶尔可见黏液或粗糙型，氧化酶阴性，触酶阳性，化能有机营养，能利用柠檬酸盐作为唯一碳源，硝酸盐还原到亚硝酸盐，没有赖氨酸脱羧酶，不产生苯丙氨酸脱氨酶、明胶酶、脂肪酶和 DNA 酶，不分解藻朊酸盐和果胶酸盐，发酵葡萄糖产酸产气，甲基红试验阳性，V-P 试验阳性，见于人和动物的粪便，或许是正常肠道栖居菌，时常作为条件致病菌分离自临床样品，也见于土壤、水、污水和食物中，DNA 中 G+C 摩尔分数为 50% ～ 52%(Tm)。柠檬酸杆菌属成为第 2 天的细菌属优势菌群。

3.发酵阶段芽胞杆菌种群变化

添加芽胞菌剂组并不能使得肉汤实验芽胞杆菌的总量提升，添加芽胞菌剂（解淀粉芽胞杆菌）使得肉汤实验芽胞杆菌含量下降到最低，这与解淀粉芽胞杆菌在发酵体系中的群落竞争关系密切，竞争的结果使得芽胞杆菌含量下降；空白对照组发酵体系中的芽胞杆菌含量最高，表明不添加菌剂芽胞杆菌通过适应寻找到适合的生态位；添加整合菌剂对发酵体系中的芽胞杆菌含量有一定影响，但影响不大，保持着芽胞杆菌处于较高的含量。

肉汤实验发酵过程，添加菌剂改变了芽胞杆菌的总量，排序为空白对照组（19.3155%）＞整合菌剂组（11.9856%）＞链霉菌剂组（5.3305%）＞芽胞菌剂组（0.7277%），空白对照组芽胞杆菌含量最高，芽胞菌剂组芽胞杆菌含量反而最低，整合菌剂组对芽胞杆菌含量的下降影响较小。

添加不同菌剂改变了发酵生境生态位的特性，芽胞菌剂组（g1）生态位宽度最窄（1.7454），解淀粉芽胞杆菌的添加加剧了肉汤实验体系芽胞杆菌种群竞争，结果导致相互抑制，抑制了种群数量的发展，与空白对照组比较芽胞杆菌生态位宽度约减少了 33%，表现处理生境芽胞杆菌生态位宽度的收缩，腾出了生态位空间为其他细菌种群的生长创造条件；链霉菌剂组（g2）生态位宽度与空白对照组相比较有一定程度的变窄，但生态位宽度收缩的程度比芽胞菌剂组轻，放线菌株有自己独特的生态位空间，与芽胞杆菌种群的竞争不那么激烈，其形成的处理生境对芽胞杆菌生态位宽度的限制作用不大。

不同处理组改变了芽胞杆菌属种群生态位宽度，芽胞杆菌属发酵过程在芽胞菌组生态位宽度为 1.65，在链霉菌剂组生态位宽度为 2.04，在整合菌剂组生态位宽度为 2.80，在空白对照组生态位宽度为 3.78，形成了明显的差异。不同处理组改变了芽胞杆菌属种群生态位重叠，芽胞杆菌属与赖氨酸芽胞杆菌属在芽胞菌剂组的生态位重叠值为 0.2546，在链霉菌剂组的生态位重叠值为 0.0157，在整合菌剂组的生态位重叠值为 0.1468，在空白对照组的生态位重叠值为 0.4415。芽胞杆菌属发酵过程在不同处理组最大的生态位重叠的种类也不同，在芽胞菌剂组中最大重叠的种类为类芽胞杆菌属（0.9661），在链霉菌剂组中最大重叠的种类为假纤细芽胞杆菌属（0.7304），在整合菌剂组中最大重叠的种类为兼性芽胞杆菌属（0.4888）和无氧芽胞杆菌属（0.4888），在空白对照组中最大重叠的种类为大洋芽胞杆菌属（0.6750）。

添加菌剂对肉汤实验脂肪酸组的影响

一、概述

磷脂脂肪酸（phospholipids fatty acid，PLFA）法是一种生物化学的方法，它用于分析微生物群落的多样性主要基于以下原因：首先，PLFA 存在于除古菌外的所有活细胞的细胞膜上，在细胞死亡后会很快分解掉，因此环境样品的 PLFA 图谱可代表整个活的微生物群落；其次，不同的微生物具有不同的 PLFA 种类，因此 PLFA 可以作为环境中微生物种类组成的指标；最后，微生物的 PLFA 含量与微生物生物量具有一定的比例关系，通过测定各类群微生物的 PLFA 含量可以获得各类群的微生物生物量。利用磷脂脂肪酸（PLFA）生物标记分析环境微生物群落的变化在国内外已有报道。White 等（1979）最先利用 PLFA 生物标记法研究了河口沉积物中微生物群落数量的变化；随后，在堆肥样品（Medeiros et al.，2006）、海河沉积物（Syakti et al.，2006）和土壤微生物群落结构（Puglisi et al.，2005）等的研究中，磷脂脂肪酸（PLFA）生物标记得到了广泛应用。

本研究利用肉汤做培养基，用新鲜猪肉（肥肉、瘦肉、猪皮）10% 加水匀浆，不消毒，肉汤培养基自带有微生物种群，接种不同的菌剂以了解添加菌剂对肉汤实验过程微生物群落的影响。添加菌剂包括解淀粉芽胞杆菌菌剂（含量 100×10^8CFU/g），记为芽胞菌剂组（g1）；链霉菌剂组菌剂为那西肽抗生素产生菌（内含 3% 的那西肽），记为链霉菌剂组（g2）；整合微生物组菌剂，利用发酵床制作的整合微生物组菌剂，活菌含量 $>30 \times 10^8$CFU/g，记为整合菌剂组（g3）；不添加菌剂作为空白对照（肉汤内固有微生物菌群），记为空白对照组（g4）。实验处理后在 0d（样品发酵前取样一次）开始取样，而后每 2 天取样一次，共取样 9 次（即 0d、2d、4d、6d、8d、10d、12d、14d 和 16d），分析不同处理肉汤实验液脂肪酸的变化。实验通过引入磷脂脂肪酸（PLFA）作为微生物的脂肪酸生物标记，采集不同降解时间的猪肉汤，提取脂肪酸。利用 PLFA 生物标记法分析不同发酵时间的脂肪酸生物标记的分布特点，并根据脂肪酸生物标记的聚类结果，揭示猪肉降解的微生物群落脂肪酸组的分化，以探讨猪肉分解过程微生物群落结构的脂肪酸组变化规律。

二、研究方法

1. 肉汤培养基

肉汤培养基制作，称取 10g 猪瘦肉组织捣碎后，加入水搅拌均匀定容至 100mL，30℃，180r/min 振荡培养。加入 2% 的解淀粉芽胞杆菌菌剂（g1，芽胞菌剂组）、链霉菌剂粉剂（g2，链霉菌剂组）、整合微生物组菌剂（g3，整合菌剂组），不添加菌剂做空白对照（g4，空白对照组），从当天开始取样，每隔 2 天取样一次，–80℃冻存。样本信息见表 4-53~ 表 4-56。

表4-53 空白对照组（g4）样品信息

样品编号	分析编号	采集地点	生境类型	采集时间
0d-CK	z4	福建省农业科学院	猪肉汤	2017-6-23
2d-CK	z8	福建省农业科学院	猪肉汤	2017-6-25
4d-CK	z12	福建省农业科学院	猪肉汤	2017-6-27
6d-CK	z16	福建省农业科学院	猪肉汤	2017-6-29
8d-CK	z20	福建省农业科学院	猪肉汤	2017-07-01
10d-CK	z24	福建省农业科学院	猪肉汤	2017-07-03
12d-CK	z28	福建省农业科学院	猪肉汤	2017-07-05
14d-CK	z32	福建省农业科学院	猪肉汤	2017-07-07
16d-CK	z36	福建省农业科学院	猪肉汤	2017-07-09

表4-54 芽胞菌剂组（g1）样品信息

样品编号	分析编号	采集地点	生境类型	采集时间
1-0d-T	z1	福建省农业科学院	猪肉汤	2017-6-23
1-2d-T	z5	福建省农业科学院	猪肉汤	2017-6-25
1-4d-T	z9	福建省农业科学院	猪肉汤	2017-6-27
1-6d-T	z13	福建省农业科学院	猪肉汤	2017-6-29
1-8d-T	z17	福建省农业科学院	猪肉汤	2017-07-01
1-10d-T	z21	福建省农业科学院	猪肉汤	2017-07-03
1-12d-T	z25	福建省农业科学院	猪肉汤	2017-07-05
1-14d-T	z29	福建省农业科学院	猪肉汤	2017-07-07
1-16d-T	z33	福建省农业科学院	猪肉汤	2017-07-09

表4-55 链霉菌剂组（g2）样品信息

样品编号	分析编号	采集地点	生境类型	采集时间
2-0d-T	z2	福建省农业科学院	猪肉汤	2017-6-23
2-2d-T	z6	福建省农业科学院	猪肉汤	2017-6-25
2-4d-T	z10	福建省农业科学院	猪肉汤	2017-6-27
2-6d-T	z14	福建省农业科学院	猪肉汤	2017-6-29
2-8d-T	z18	福建省农业科学院	猪肉汤	2017-07-01
2-10d-T	z22	福建省农业科学院	猪肉汤	2017-07-03
2-12d-T	z26	福建省农业科学院	猪肉汤	2017-07-05
2-14d-T	z30	福建省农业科学院	猪肉汤	2017-07-07
2-16d-T	z34	福建省农业科学院	猪肉汤	2017-07-09

表4-56　整合菌剂组（g3）样品信息

样品编号	重新编号	采集地点	生境类型	采集时间
3-0d-T	z3	福建省农业科学院	猪肉汤	2017-6-23
3-2d-T	z7	福建省农业科学院	猪肉汤	2017-6-25
3-4d-T	z11	福建省农业科学院	猪肉汤	2017-6-27
3-6d-T	z15	福建省农业科学院	猪肉汤	2017-6-29
3-8d-T	z19	福建省农业科学院	猪肉汤	2017-07-01
3-10d-T	z23	福建省农业科学院	猪肉汤	2017-07-03
3-12d-T	z27	福建省农业科学院	猪肉汤	2017-07-05
3-14d-T	z31	福建省农业科学院	猪肉汤	2017-07-07
3-16d-T	z35	福建省农业科学院	猪肉汤	2017-07-09

2．分析试剂

提取试剂：试剂1，KOH 11.222 g+ 甲醇（HPLC级）1000 mL；试剂2，13.8mL 冰醋酸 +226.2mL 超纯水；试剂3，正己烷 (HPLC级) 500 mL；试剂4，正己烷 (HPLC级)30 mL+ 甲基叔丁基醚 (MTBE，HPLC级) 30mL，把 MTBE 加入正己烷中，并搅拌均匀。

3．试验仪器

IKA VORTEX GENIUS 3 振荡器、上海齐欣科学仪器有限公司 DK-8D 三孔电热恒温水槽、STIK 恒温培养箱、通风橱、氮吹仪。气相色谱系统：美国 Agilent 7890N 型，包括全自动进样装置、石英毛细管柱及氢火焰离子化检测器。

4．样品脂肪酸的提取

（1）脂肪酸的释放和甲酯化　称取 5~10 g 样品装入 50 mL 离心管中，加入 20 mL 0.2 mol/L 的 KOH 甲醇溶液，充分混匀，涡旋样品 5 min，37℃水浴 1h，每 10min 振荡样品 1 次。

（2）中和溶液 pH 值　加入 3 mL1.0 mol/L 的醋酸溶液，充分摇匀。

（3）脂肪酸的萃取　加入 10mL 正己烷，充分摇匀，在 2000 r/min 条件下离心 15 min，将上层正己烷相转入干净玻璃试管中，吹干。

（4）脂肪酸的溶解　加入 0.6 mL 体积比为 1∶1 的正己烷，甲基叔丁基醚溶液，充分溶解，转入气相色谱（GC）小瓶，用于脂肪酸测定。

5．样品脂肪酸成分的检测

在下述气相色谱条件下平行分析脂肪酸甲酯混合物标样和待检样本：二阶程序升高柱温，起始 170℃，经 5℃ /min 升温至 260℃，而后经 40℃ /min 升温至 310℃，维持 90 s；汽化室温度 250℃；检测器温度 300℃；载气为 H_2 (2 mL/min)，进样模式为分流进样，分流比为 100∶1；辅助气为空气（350 mL/min），H_2（30 mL/min）；尾吹气为 N_2(30 mL/min)；柱前压 10.00 psi(1 psi= 6.895 kPa)；进样量 1 μL。

三、不同处理组肉汤实验过程脂肪酸组分析

1．芽胞菌剂组（g1）肉汤实验脂肪酸组分析

（1）脂肪酸组测定　分析结果见表4-57。共检测到79条脂肪酸生物标记，不同发酵时间脂肪酸组总和为7489528。以第8天为准，前5个含量最高的脂肪酸生物标记分别为c16:0（313156，代表细菌）、18:1 ω9c（242923，代表真菌）、17:0 cyclo（100103，代表革兰氏阴性菌）、c18:0（49946，代表解氢杆菌）、15:0 anteiso（43480，代表芽胞杆菌）。与空白对照组（g4）相比，原生生物脂肪酸标记退出前5位，芽胞杆菌标记（15:0 anteiso）进入前5位。

表4-57　芽胞菌剂组（g1）肉汤实验过程脂肪酸组测定

微生物类型	脂肪酸	肉汤实验过程								
		0d	2d	4d	6d	8d	10d	12d	14d	16d
[1]细菌	c16:0	86143	195950	296941	320904	313156	282457	288679	231527	156018
[2]真菌	18:1 ω9c	121455	236078	271332	279399	242923	263293	201072	239154	155642
[3]革兰氏阴性菌	17:0 cyclo	1293	20624	74029	68656	100103	70453	135136	51609	33951
[4]解氢杆菌（Hydrogenobacter sp.）	c18:0	46356	64083	63572	75129	49946	50760	43979	47834	29719
[5]好氧细菌G[+]	15:0 anteiso	11525	19825	26118	24640	43480	46812	41860	46575	55042
[6]细菌	c14:0	4003	14007	26502	37611	38082	28403	44677	22284	13868
[7]好氧细菌	15:0 iso	1336	6857	16642	27181	29890	28816	32901	33184	22434
[8]细菌	c15:0	5279	3762	13787	19876	25590	21215	21595	12203	9342
[9]	16:0 N alcohol	4004	3484	6954	12277	23761	8236	13196	0	2374
[10]革兰氏阳性菌	17:0 anteiso	10753	4506	4767	5099	21625	19521	16476	13983	18127
[11]革兰氏阴性菌	17:0 iso 3OH	0	0	9303	32671	19277	10446	0	3951	4360
[12]革兰氏阳性菌	16:0 anteiso	7366	2435	3158	5347	18082	15105	11913	2890	5354
[13]伯克氏菌（Burkholderia sp.）	19:0 cyclo ω8c	2249	4006	12136	11599	17609	11803	10128	9336	5194
[14]原生生物	20:4 ω6,9,12,15c	11887	34361	21210	19589	15412	6986	17618	5947	3781
[15]革兰氏阴性菌	16:1 ω9c	1167	3092	5745	10974	14019	10725	15916	6908	5030
[16]	18:0 3OH	2320	6762	5347	0	13444	10527	12572	0	4231
[17]真菌	18:3 ω6c (6,9,12)	2411	2098	3044	3859	11899	3774	4472	825	1169
[18]革兰氏阴性菌	15:0 iso 3OH	0	0	0	2407	6274	0	0	0	0
[19]	18:0 2OH	1728	0	0	0	6081	3836	1516	0	0
[20]	19:1 iso I	0	0	601	14557	6077	3917	4951	590	0
[21]解氢杆菌（Hydrogenobacter sp.）	20:1 ω9c	2785	3349	4596	5250	5997	3829	4831	3318	2674
[22]节杆菌属（Arthrobacter sp.）	c17:0	0	3683	6821	6415	5757	6756	5857	4923	5227

续表

微生物类型	脂肪酸	肉汤实验过程								
		0d	2d	4d	6d	8d	10d	12d	14d	16d
[23]假单胞菌（*Pseudomonas* sp.）	14:1ω5c	2266	3779	7933	26188	5657	7919	3608	8403	5774
[24]革兰氏阳性菌G+	17:0 iso	243	1835	3526	3957	5153	7515	5694	6813	3143
[25]细菌	c12:0	0	0	0	0	4850	5863	0	7118	0
[26]	18:0 10-methyl, TBSA	0	0	0	0	4709	3366	0	0	0
[27]革兰氏阴性菌	17:1ω8c	1626	1984	3422	4183	4661	5023	4835	3004	3424
[28]细菌	15:1 iso G	0	564	2429	5886	3999	3994	0	1001	1629
[29]好氧细菌G+	14:0 iso	1134	1989	3196	8672	3105	2459	3855	4448	3769
[30]细菌	c20:0	1145	1168	1619	3800	2728	2727	979	1966	1965
[31]	16:1 iso G	1825	0	0	0	2440	2715	2410	0	0
[32]革兰氏阴性菌	18:1 ω5c	2209	797	1401	3204	2360	1272	594	817	0
[33]甲烷氧化菌	16:1 ω5c	0	0	2655	0	2325	3305	2861	2568	2094
[34]革兰氏阳性菌	16:0 iso	1105	3526	3288	7870	2213	7657	2697	16088	19126
[35]	c19:0	466	0	0	0	2163	1372	696	0	0
[36]	14:0 2OH	0	0	0	0	1787	2832	0	0	0
[37]	13:0 iso	0	0	1115	0	1569	1045	1001	1759	788
[38]革兰氏阴性细菌	16:0 3OH	0	0	0	0	1432	611	464	0	0
[39]	14:1 iso E	0	360	660	1580	1420	601	883	388	417
[40]革兰氏阴性菌	12:0 2OH	0	0	0	0	1139	850	1026	0	0
[41]	c13:0	0	0	675	189	1123	334	1203	0	498
[42]	16:0 iso 3OH	0	0	0	0	854	0	0	0	0
[43]革兰氏阳性菌	11:0 iso 3OH	0	949	1905	4499	656	1071	0	1584	522
[44]	c10:0	368	821	1015	0	488	0	0	0	206
[45]革兰氏阴性菌	10:0 2OH	0	0	0	0	322	0	0	317	0
[46]	c9:0	0	0	0	644	0	0	0	0	0
[47]	c11:0	0	0	0	0	0	0	0	0	0
[48]革兰氏阴性菌	10:0 3OH	0	324	0	1071	0	0	0	0	0
[49]	11:0 3OH	0	0	0	0	0	0	0	0	0
[50]革兰氏阳性菌	12:0 3OH	0	515	892	2075	0	0	0	508	970
[51]革兰氏阳性菌	12:0 iso	0	0	0	0	0	0	0	0	0
[52]	12:0 iso3OH	0	0	0	0	0	0	0	0	0
[53]	12:1 3OH	0	1064	1068	0	0	0	0	809	667
[54]革兰氏阴性菌	13:0 2OH	3073	0	0	0	0	0	3032	0	0

微生物类型	脂肪酸	肉汤实验过程								
		0d	2d	4d	6d	8d	10d	12d	14d	16d
[55]革兰氏阳性菌	13:0 anteiso	0	0	0	0	0	0	0	0	0
[56]	13:0 iso 3OH	0	0	1428	3922	0	0	0	996	1033
[57]	13:1 at 12-13	0	0	0	0	0	0	0	0	1060
[58]好氧细菌G$^+$	14:0 anteiso	0	0	0	12126	0	0	0	0	0
[59]好氧细菌G$^+$	15:0 2OH	0	0	0	0	0	1055	0	0	0
[60]好氧细菌G$^+$	15:0 3OH	0	0	0	0	0	0	0	0	0
[61]	15:1 anteiso A	0	0	0	0	0	0	0	0	0
[62]	15:1 iso ω9c	0	341	0	10426	0	0	8510	0	0
[63]	15:1 ω8c	1613	0	0	0	0	0	2164	0	0
[64]	16:1 2OH	0	0	0	0	0	0	0	0	0
[65]	16:1 iso H	0	0	0	0	0	0	0	0	0
[66]	16:1 ω7c alcohol	0	0	1205	4855	0	0	0	1434	0
[67]放线菌	17:0 10-methyl	0	0	0	0	0	0	0	0	0
[68]	17:0 2OH	8875	0	0	5498	0	0	0	0	0
[69]革兰氏阴性菌	17:0 3OH	5456	0	0	0	0	0	0	0	0
[70]假单胞菌（Pseudomonas sp.）	17:1 anteiso ω9c	0	0	322	2905	0	0	0	0	0
[71]	17:1 ω6c	170	0	0	0	0	0	0	0	0
[72]革兰氏阳性菌	18:0 iso	0	0	0	0	0	0	0	0	0
[73]	18:1 2OH	0	0	0	0	0	4829	0	0	0
[74]纤维单胞菌（Cellulomonas sp.）	18:1 ω7c 11-methyl	22290	0	0	0	0	0	0	0	0
[75]	19:0 iso	0	0	1056	6532	0	0	0	926	0
[76]	20:0 iso	0	1676	1429	2058	0	0	0	0	0
[77]	20:1 ω7c	0	0	0	2520	0	0	0	0	0
[78]	20:2 ω6,9c	0	4470	4205	5161	0	0	0	2129	0
[79]	8:0 3OH	0	672	1794	2812	0	0	0	574	0
总和		377924	655796	920843	1116073	1085637	976085	975857	800691	580622

注：表中脂肪酸无对应菌种名称表示这些脂肪酸不能指示特定物种，本章余同。

（2）发酵过程脂肪酸组分析　芽胞菌剂组（g1）肉汤实验过程脂肪酸组总和最大值1116073（6d），最小值377924（0d），从 0 至 16d 脂肪酸组总和开始较低，而后逐渐升高，到8d后逐渐下降，发酵过程总和变化序列为377924（0d）、655796（2d）、920843（4d）、1116073（6d）、1085637（8d）、976085（10d）、975857（12d）、800691（14d）、580622（16d）。脂肪酸组总和代表着微生物总量，可以看出发酵过程 4~12d 微生物含量较高（图 4-73）。

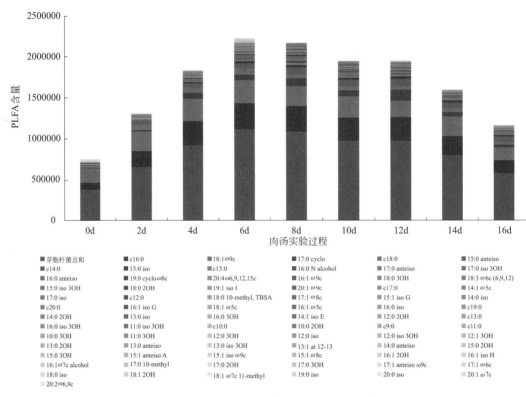

图4-73 芽胞菌剂组（g1）肉汤实验过程脂肪酸组分析

（3）脂肪酸组生物标记聚类分析　以表4-57为矩阵，发酵时间为指标，脂肪酸生物标记为样本，用欧氏距离和类平均法对脂肪酸生物标记进行聚类分析，分析结果见表4-58、图4-74。

表4-58　芽胞菌剂组（g1）肉汤实验过程脂肪酸生物标记聚类分析

组别	脂肪酸	肉汤实验过程									到中心距离
		0d	2d	4d	6d	8d	10d	12d	14d	16d	
1	c9:0	0	0	0	644	0	0	0	0	0	1676.25
	c10:0	368	821	1015	0	488	0	0	0	206	1765.27
	c11:0	0	0	0	0	0	0	0	0	0	1959.77
	c12:0	0	0	0	0	4850	5863	0	7118	0	9278.48
	c13:0	0	0	675	189	1123	334	1203	0	498	1537.13
	c19:0	466	0	0	0	2163	1372	696	0	0	1933.93
	c20:0	1145	1168	1619	3800	2728	2727	979	1966	1965	4682.86
	10:0 2OH	0	0	0	0	322	0	0	317	0	1761.17
	10:0 3OH	0	324	0	1071	0	0	0	0	0	1585.92
	11:0 3OH	0	0	0	0	0	0	0	0	0	1959.77
	11:0 iso 3OH	0	949	1905	4499	656	1071	0	1584	522	3927.69
	12:0 2OH	0	0	0	0	1139	850	1026	0	0	1582.33
	12:0 3OH	0	515	892	2075	0	0	0	508	970	1883.66

续表

组别	脂肪酸	肉汤实验过程									到中心距离
		0d	2d	4d	6d	8d	10d	12d	14d	16d	
1	12:0 iso	0	0	0	0	0	0	0	0	0	1959.77
	12:0 iso 3OH	0	0	0	0	0	0	0	0	0	1959.77
	12:1 3OH	0	1064	1068	0	0	0	0	809	667	2091.32
	13:0 2OH	3073	0	0	0	0	0	3032	0	0	4239.62
	13:0 anteiso	0	0	0	0	0	0	0	0	0	1959.77
	13:0 iso	0	0	1115	0	1569	1045	1001	1759	788	2116.02
	13:0 iso 3OH	0	0	1428	3922	0	0	0	996	1033	3391.26
	13:1 at 12-13	0	0	0	0	0	0	0	0	1060	2112.32
	14:0 2OH	0	0	0	0	1787	2832	0	0	0	2617.36
	14:1 iso E	0	360	660	1580	1420	601	883	388	417	957.56
	15:0 2OH	0	0	0	0	0	1055	0	0	0	1787.44
	15:0 3OH	0	0	0	0	0	0	0	0	0	1959.77
	15:0 iso 3OH	0	0	0	2407	6274	0	0	0	0	5600.69
	15:1 anteiso A	0	0	0	0	0	0	0	0	0	1959.77
	15:1 iso G	0	564	2429	5886	3999	3994	0	1001	1629	6925.13
	15:1 ω8c	1613	0	0	0	0	0	2164	0	0	2886.31
	16:0 3OH	0	0	0	0	1432	611	464	0	0	1523.57
	16:0 iso 3OH	0	0	0	0	854	0	0	0	0	1704.64
	16:1 2OH	0	0	0	0	0	0	0	0	0	1959.77
	16:1 iso G	1825	0	0	0	2440	2715	2410	0	0	3726.94
	16:1 iso H	0	0	0	0	0	0	0	0	0	1959.77
	16:1 ω5c	0	0	2655	0	2325	3305	2861	2568	2094	5271.07
	16:1 ω7c alcohol	0	0	1205	4855	0	0	0	1434	0	4159.14
	17:0 10-methyl	0	0	0	0	0	0	0	0	0	1959.77
	17:0 3OH	5456	0	0	0	0	0	0	0	0	5446.90
	17:1 anteiso ω9c	0	0	322	2905	0	0	0	0	0	2348.65
	17:1 ω6c	170	0	0	0	0	0	0	0	0	1935.68
	18:0 10-methyl, TBSA	0	0	0	0	4709	3366	0	0	0	4749.43
	18:0 2OH	1728	0	0	0	6081	3836	1516	0	0	6339.03
	18:0 iso	0	0	0	0	0	0	0	0	0	1959.77
	18:1 2OH	0	0	0	0	0	4829	0	0	0	4371.43
	18:1 ω5c	2209	797	1401	3204	2360	1272	594	817	0	3330.37
	19:0 iso	0	0	1056	6532	0	0	0	926	0	5635.61
	20:0 iso	0	1676	1429	2058	0	0	0	0	0	2423.68
	20:1 ω7c	0	0	0	2520	0	0	0	0	0	2129.37
	20:2 ω6,9c	0	4470	4205	5161	0	0	0	2129	0	7214.88
	8:0 3OH	0	672	1794	2812	0	0	0	574	0	2564.28
	第1组50个样本平均值	361.06	267.6	537.46	1122.4	974.38	833.56	376.58	497.88	236.98	RMSTD=1789.5235

续表

组别	脂肪酸	肉汤实验过程									到中心距离
		0d	2d	4d	6d	8d	10d	12d	14d	16d	
2	c14:0	4003	14007	26502	37611	38082	28403	44677	22284	13868	42753.26
	c18:0	46356	64083	63572	75129	49946	50760	43979	47834	29719	65488.66
	15:0 anteiso	11525	19825	26118	24640	43480	46812	41860	46575	55042	41990.47
	15:0 iso	1336	6857	16642	27181	29890	28816	32901	33184	22434	55359.91
	17:0 cyclo	1293	20624	74029	68656	100103	70453	135136	51609	33951	102282.68
第2组5个样本平均值		12902.6	25079.2	41372.6	46643.4	52300.2	45048.8	59710.6	40297.2	31002.8	RMSTD= 36577.2059
3	c15:0	5279	3762	13787	19876	25590	21215	21595	12203	9342	29496.99
	c17:0	0	3683	6821	6415	5757	6756	5857	4923	5227	7407.26
	14:0 anteiso	0	0	0	12126	0	0	0	0	0	17902.30
	14:0 iso	1134	1989	3196	8672	3105	2459	3855	4448	3769	10312.56
	14:1 ω5c	2266	3779	7933	26188	5657	7919	3608	8403	5774	17672.28
	15:1 isoω9c	0	341	0	10426	0	0	8510	0	0	16016.21
	16:0 anteiso	7366	2435	3158	5347	18082	15105	11913	2890	5354	13766.27
	16:0 iso	1105	3526	3288	7870	2213	7657	2697	16088	19126	21047.10
	16:0 N alcohol	4004	3484	6954	12277	23761	8236	13196	0	2374	15975.35
	16:1 ω9c	1167	3092	5745	10974	14019	10725	15916	6908	5030	10459.30
	17:0 2OH	8875	0	0	5498	0	0	0	0	0	18656.80
	17:0 anteiso	10753	4506	4767	5099	21625	19521	16476	13983	18127	26477.11
	17:0 iso	243	1835	3526	3957	5153	7515	5694	6813	3143	9776.42
	17:0 iso 3OH	0	0	9303	32671	19277	10446	0	3951	4360	26496.51
	17:1 ω8c	1626	1984	3422	4183	4661	5023	4835	3004	3424	9836.31
	18:0 3OH	2320	6762	5347	0	13444	10527	12572	0	4231	13608.53
	18:1 ω7c 11-methyl	22290	0	0	0	0	0	0	0	0	27241.04
	18:3 ω6c (6,9,12)	2411	2098	3044	3859	11899	3774	4472	825	1169	10344.01
	19:0 cycloω8c	2249	4006	12136	11599	17609	11803	10128	9336	5194	12464.06
	19:1 iso I	0	0	601	14557	6077	3917	4951	590	0	12060.49
	20:1 ω9c	2785	3349	4596	5250	5997	3829	4831	3318	2674	8389.77
	20:4 ω6, 9,12,15c	11887	34361	21210	19589	15412	6986	17618	5947	3781	38208.37
第3组22个样本平均值		3989.09	3863.27	5401.54	10292.40	9969.90	7427.86	7669.27	4710.45	4640.86	RMSTD= 9590.7691
4	c16:0	86143	195950	296941	320904	313156	282457	288679	231527	156018	67581.27
	18:1 ω9c	121455	236078	271332	279399	242923	263293	201072	239154	155642	67581.27
第4组2个样本平均值		103799	216014	284136.5	300151.5	278039.5	272875	244875.5	235340.5	155830	RMSTD= 47787.1737

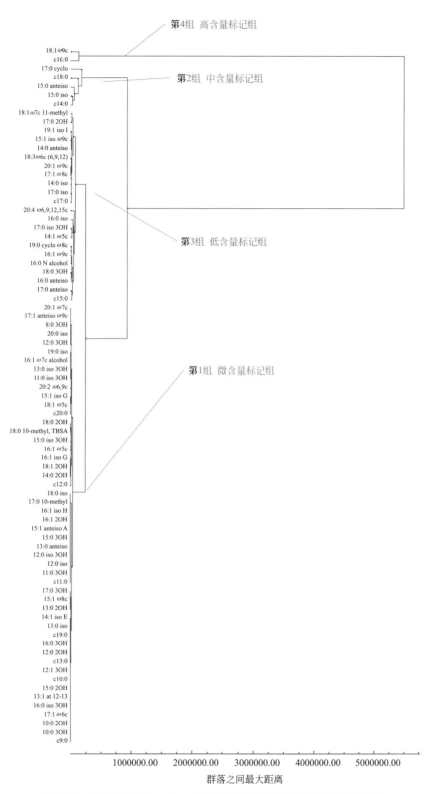

图4-74 芽胞菌剂组（g1）肉汤实验过程脂肪酸生物标记聚类分析

可将脂肪酸生物标记分为4组。

第1组为微含量标记组，即脂肪酸值范围为236.98~1122.4，到中心距离为RMSTD=1789.5235，包括了50个标记，即c9:0、c10:0、c11:0、c12:0、c13:0、c19:0、c20:0、10:0 2OH、10:0 3OH、11:0 3OH、11:0 iso 3OH、12:0 2OH、12:0 3OH、12:0 iso、12:0 iso 3OH、12:1 3OH、13:0 2OH、13:0 anteiso、13:0 iso、13:0 iso 3OH、13:1 at 12-13、14:0 2OH、14:1 iso E、15:0 2OH、15:0 3OH、15:0 iso 3OH、15:1 anteiso A、15:1 iso G、15:1ω8c、16:0 3OH、16:0 iso 3OH、16:1 2OH、16:1 iso G、16:1 iso H、16:1ω5c、16:1ω7c alcohol、17:0 10-methyl、17:0 3OH、17:1 anteisoω9c、17:1ω6c、18:0 10-methyl, TBSA、18:0 2OH、18:0 iso、18:1 2OH、18:1ω5c、19:0 iso、20:0 iso、20:1ω7c、20:2ω6,9c、8:0 3OH。

第2组为中含量标记组，脂肪酸生物标记含量中等，到中心距离RMSTD=36577.2059，包含了5个生物标记，即c14:0（细菌）、c18:0（解氢杆菌）、15:0 anteiso（芽胞杆菌）、15:0 iso（芽胞杆菌）、17:0 cyclo（革兰氏阴性菌）；代表着芽胞杆菌等细菌数量。

第3组为低含量标记组，脂肪酸生物标记含量较低，到中心距离RMSTD=9590.7691，包含了22个生物标记，即c15:0、c17:0、14:0 anteiso、14:0 iso、14:1ω5c、15:1 isoω9c、16:0 anteiso、16:0 iso、16:0 N alcohol、16:1ω9c、17:0 2OH、17:0 anteiso、17:0 iso、17:0 iso 3OH、17:1ω8c、18:0 3OH、18:1ω7c 11-methyl、18:3ω6 (6,9,12)、19:0 cycloω8c、19:1 iso I、20:1ω9c、20:4ω6,9,12,15c；代表着细菌、原生生物等数量。

第4组为高含量标记组，脂肪酸生物标记含量较高，到中心距离RMSTD=47787.1737，包含了2个生物标记，即c16:0、18:1ω9c；代表着细菌和真菌数量。

（4）发酵过程分组脂肪酸组变化　分析结果见表4-59。方差分析结果表明发酵过程，不同时间脂肪酸组变化差异显著（$P<0.01$）。芽胞菌剂组（g1）肉汤实验过程分组脂肪酸组变化动态见表4-60，在第1组微含量组-50个样本、第2组中含量组-5个样本、第3组低含量组-22个样本、第4组高含量组-2个样本，脂肪酸总和分别为5207.90、354357.40、57964.64、2091061.50。

表4-59　芽胞菌剂组（g1）肉汤实验过程脂肪酸组变化方差分析

发酵时间/d	类间均方	误差均方	F值	P值
0	6976506687	36757076.82	189.8003674	1×10^{-7}
2	30452317267.39	51962225.35	586.05	1×10^{-7}
4	53316108118.95	47359881.54	1125.77	1×10^{-7}
6	59228693835.58	62417686.68	948.91	1×10^{-7}
8	51867882567.84	95183010.89	544.93	1×10^{-7}
10	49419009785.35	29971031.36	1648.89	1×10^{-7}
12	42333829938.79	158886414.43	266.44	1×10^{-7}
14	37091631781.80	15809367.09	2346.18	1×10^{-7}
16	16527038480.57	20252728.35	816.04	1×10^{-7}

表4-60　芽胞菌剂组（g1）肉汤实验过程分组脂肪酸组变化动态

发酵时间/d	第1组微含量组-50个样本	第2组中含量组-5个样本	第3组低含量组-22个样本	第4组高含量组-2个样本
0	361.06	12902.60	3989.09	103799.00
2	267.60	25079.20	3863.27	216014.00
4	537.46	41372.60	5401.54	284136.50
6	1122.40	46643.40	10292.40	300151.50
8	974.38	52300.20	9969.90	278039.50
10	833.56	45048.80	7427.86	272875.00
12	376.58	59710.60	7669.27	244875.50
14	497.88	40297.20	4710.45	235340.50
16	236.98	31002.80	4640.86	155830.00
总和	5207.90	354357.40	57964.64	2091061.50

芽胞菌剂组（g1）肉汤实验过程分组脂肪酸组数量结构变化动态见图4-75。脂肪酸分组结构变化特点为高含量、中含量、低含量按一定比例分布在各发酵时间，发酵前含量较低，中期达到高峰，后期逐渐下降。

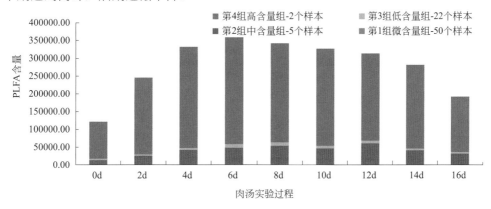

图4-75　芽胞菌剂组（g1）肉汤实验过程分组脂肪酸组数量结构变化动态

芽胞菌剂组（g1）肉汤实验过程分组脂肪酸组数量变化动态见图4-76，4组脂肪酸变化

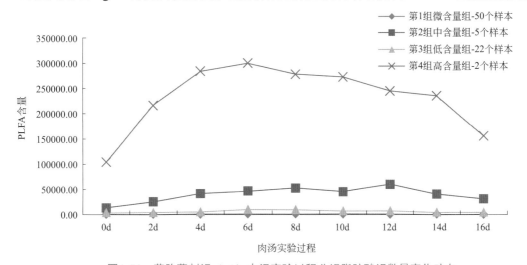

图4-76　芽胞菌剂组（g1）肉汤实验过程分组脂肪酸组数量变化动态

趋势分析表明，第4组高含量组，脂肪酸量级在十万级变化，发酵初期脂肪酸含量随着发酵时间逐步上升，到第6天达到高峰，而后逐步缓慢下降；第2组中含量组，脂肪酸量级在万级变化，随着发酵时间进程，脂肪酸含量逐步缓慢增加；第3组低含量组，脂肪酸量级在千级变化，发酵过程变化不大；第1组微含量组，脂肪酸量级在百级变化，发酵过程变化不大。

2. 链霉菌剂组（g2）肉汤实验脂肪酸组分析

（1）脂肪酸组测定　分析结果见表4-61。共检测到79条脂肪酸生物标记，不同发酵时间脂肪酸组总和为10080178。以第10天高峰期为准，前5个含量最高的脂肪酸生物标记分别为18:1ω9c（428057，代表真菌）、c16:0（421026，代表细菌）、17:0 cyclo（194521，代表革兰氏阴性菌）、16:0 iso（149103，代表革兰氏阳性菌）、15:0 anteiso（71498，代表芽胞杆菌）。与芽胞菌剂组（g1）相比较，革兰氏阳性菌脂肪酸标记（16:0 iso）进入了前5位。

表4-61　链霉菌剂组（g2）肉汤实验过程脂肪酸组测定

微生物类型	脂肪酸	肉汤实验过程								
		0d	2d	4d	6d	8d	10d	12d	14d	16d
[1]真菌	18:1 ω9c	280097	293686	340375	364181	299715	428057	297534	342485	207881
[2]细菌	c16:0	144822	178128	260259	285658	296432	421026	261112	287212	163079
[3]革兰氏阴性菌	17:0 cyclo	3624	11435	34995	54707	83248	194521	131497	128085	60195
[4]革兰氏阳性菌	16:0 iso	105763	65639	89237	112406	93105	149103	132630	146436	93901
[5]好氧细菌G⁺	15:0 anteiso	35933	22717	38648	51740	42589	71498	86393	65355	54767
[6]细菌	c14:0	10213	14228	29992	37155	84334	44312	42535	45242	20214
[7]解氢杆菌（Hydrogenobacter sp.）	c18:0	50025	42696	35773	34255	29130	43254	29876	37098	21018
[8]革兰氏阳性菌	17:0 anteiso	25094	14531	18152	21484	19572	35881	34278	31680	25194
[9]好氧细菌G⁺	15:0 iso	11627	7712	15138	19566	18277	35106	33964	34514	20107
[10]细菌	c15:0	5970	4646	10759	15572	16658	25153	16076	16556	9541
[11]好氧细菌G⁺	14:0 iso	13140	8890	13433	17312	16478	20004	21908	21877	13625
[12]革兰氏阴性菌	16:1 ω9c	6208	9623	13989	15039	14479	19078	14293	16034	8520
[13]	16:1 iso H	12753	7629	11319	14872	10908	18370	19751	17512	14238
[14]细菌	c12:0	0	9060	11452	12354	14519	17291	11995	14565	17823
[15]伯克氏菌（Burkholderia sp.）	19:0 cycloω8c	0	3149	6417	7319	10024	13712	18865	14989	11925
[16]节杆菌（Arthrobacter sp.）	c17:0	1424	2880	4778	5924	4609	9796	6135	7096	4867
[17]解氢杆菌（Hydrogenobacter sp.）	20:1 ω9c	6966	4854	8165	10165	0	9147	7522	8427	4945
[18]革兰氏阳性菌	17:0 iso	5910	4279	5725	5458	4225	8848	6500	7801	4632

续表

微生物类型	脂肪酸	肉汤实验过程								
		0d	2d	4d	6d	8d	10d	12d	14d	16d
[19]革兰氏阳性菌	16:0 anteiso	4673	4567	3357	4058	4280	8075	14630	6464	11022
[20]甲烷氧化菌	16:1 ω5c	0	0	0	0	0	5912	4089	7616	1961
[21]假单胞菌（Pseudomonas sp.）	17:1 anteisoω9c	6074	3152	5815	3718	3646	5713	4839	6191	5111
[22]革兰氏阴性菌	17:1 ω8c	2605	3142	3055	3334	3210	5595	4093	4190	2261
[23]原生生物	20:4 ω6,9,12,15c	11758	8065	6934	5765	8440	4767	7727	4474	2247
[24]	16:0 N alcohol	0	22046	6840	6154	5443	4682	6864	4250	3465
[25]革兰氏阴性菌	17:0 iso 3OH	25358	14494	0	10056	18427	4503	5720	15147	2524
[26]细菌	c20:0	3984	3369	3511	3437	4191	4289	4525	5121	2928
[27]真菌	18:3 ω6c (6,9,12)	1032	12866	4112	3692	4695	3641	3134	2132	1880
[28]假单胞菌（Pseudomonas sp.）	14:1 ω5c	11153	10568	7234	6930	17883	3490	4630	13886	2373
[29]革兰氏阴性菌	13:0 2OH	0	0	0	883	0	3246	6438	0	0
[30]革兰氏阳性菌	13:0 anteiso	2108	0	0	3336	0	3222	0	0	0
[31]	18:0 3OH	1375	2508	2364	2437	3012	3222	4967	4607	0
[32]革兰氏阴性菌	18:1 ω5c	1930	2306	1879	1819	3247	2967	4624	3082	1507
[33]	15:1 ω8c	0	0	0	0	1521	2344	2750	1862	557
[34]革兰氏阳性菌	12:0 iso	0	0	2731	3525	0	2312	1847	0	1420
[35]	13:0 iso	387	0	1550	1313	1467	1486	1375	1910	740
[36]	20:1 ω7c	0	0	577	0	0	1109	908	1427	0
[37]	c13:0	0	0	442	625	1560	1045	1247	1042	829
[38]	18:0 2OH	519	0	397	501	530	975	13762	476	0
[39]革兰氏阳性菌	18:0 iso	962	0	0	0	0	962	728	0	0
[40]革兰氏阳性菌	12:0 3OH	805	922	626	758	1991	804	2729	1487	939
[41]	c10:0	464	640	987	779	0	754	486	1002	659
[42]	13:0 iso 3OH	1894	1788	601	628	2386	753	0	2936	0
[43]	13:1 at 12-13	0	0	0	0	0	748	2424	0	460
[44]	19:1 iso I	13779	5039	903	1027	6539	588	16324	10279	0
[45]	c19:0	0	0	0	0	0	499	0	0	0
[46]革兰氏阴性菌	12:0 2OH	0	0	408	0	0	303	1289	0	534
[47]	14:1 iso E	526	1887	652	700	1172	255	784	925	0
[48]	c9:0	0	0	0	0	756	0	0	202	0
[49]	c11:0	0	0	0	0	0	0	0	0	380
[50]革兰氏阴性菌	10:0 2OH	459	492	0	0	0	0	0	0	0
[51]革兰氏阴性菌	10:0 3OH	0	385	490	766	0	0	460	843	395
[52]	11:0 3OH	0	0	0	0	0	0	0	0	0
[53]革兰氏阳性菌	11:0 iso 3OH	1502	1195	1407	1337	3205	0	0	2030	0
[54]	12:0 iso 3OH	0	0	0	0	0	0	560	0	0
[55]	12:1 3OH	955	762	702	0	0	0	0	0	0

微生物类型	脂肪酸	肉汤实验过程								
		0d	2d	4d	6d	8d	10d	12d	14d	16d
[56]	14:0 2OH	2736	0	0	0	3305	0	1322	2954	0
[57]好氧细菌G+	14:0 anteiso	0	0	0	0	0	0	0	0	0
[58]好氧细菌G+	15:0 2OH	0	0	0	0	0	0	0	0	0
[59]好氧细菌G+	15:0 3OH	0	0	0	0	0	0	0	0	0
[60]革兰氏阴性菌	15:0 iso 3OH	3586	1194	0	0	1550	0	0	2624	0
[61]	15:1 anteiso A	0	0	0	0	0	0	0	0	0
[62]细菌	15:1 iso G	1164	1212	0	0	0	0	0	1702	1297
[63]	15:1 iso ω9c	0	1149	0	0	0	0	0	0	0
[64]革兰氏阴性细菌	16:0 3OH	0	0	0	0	0	0	0	0	0
[65]	16:0 iso 3OH	0	0	0	0	0	0	0	0	0
[66]	16:1 2OH	0	0	0	0	0	869	0	0	0
[67]	16:1 iso G	0	0	0	0	0	0	0	0	0
[68]	16:1 ω7c alcohol	2612	0	0	0	3861	0	0	3551	0
[69]放线菌	17:0 10-methyl	0	0	0	0	0	0	0	0	0
[70]	17:0 2OH	0	0	0	0	0	0	0	0	0
[71]革兰氏阴性菌	17:0 3OH	0	0	0	0	0	0	0	0	0
[72]	17:1 ω6c	0	0	0	0	0	0	0	0	0
[73]	18:0 10-methyl, TBSA	0	0	0	0	0	0	0	0	0
[74]	18:1 2OH	0	0	0	0	0	0	0	0	0
[75]纤维单胞菌（Cellulomonas sp.）	18:1 ω7c 11-methyl	0	0	0	0	0	0	0	0	0
[76]	19:0 iso	5395	2416	1487	1733	3116	0	0	2112	0
[77]	20:0 iso	0	0	0	0	0	0	0	0	0
[78]	20:2 ω6,9c	0	0	0	0	0	0	0	0	0
[79]	8:0 3OH	787	0	841	611	2912	0	0	962	0
总和		830151	811946	1008508	1155089	1170647	1642418	1299008	1360450	801961

（2）发酵过程脂肪酸组分析　链霉菌剂组（g2）肉汤实验过程脂肪酸组总和峰值出现在第 10 天，最大值 1642418（10d），最小值 801961（16d），从 0~16d 脂肪酸组总和开始较低，而后逐渐升高，到 10d 达到高峰，而后逐渐下降，发酵过程总和变化序列为：830151（0d）、811946（2d）、1008508（4d）、1155089（6d）、1170647（8d）、1642418（10d）、1299008（12d）、1360450（14d）、801961（16 d）。脂肪酸组总和代表着微生物总量，可以看出发酵过程 6～14d 微生物含量较高（图 4-77）。

（3）脂肪酸组生物标记聚类分析　以表 4-61 为矩阵，发酵时间为指标，脂肪酸生物标记为样本，用欧氏距离和类平均法对脂肪酸生物标记进行聚类分析，分析结果见表 4-62、图 4-78。可将脂肪酸生物标记分为 4 组。

第 1 组为微含量标记组，即脂肪酸值范围为 776.37~2132.48，到中心距离为 RMSTD= 4652.79，包括了 63 个标记，即 17:0 iso 3OH、14:1 ω5c、、16:0 N alcohol、19:1 iso I、20:1

ω9c、20:4 ω6,9,12,15c、17:0 iso、c17:0、18:3 ω6c(6,9,12)、18:0 2OH、17:1 anteiso ω9c、16:1ω5c、c20:0、13:0 2OH、17:1 ω8c、11:0 3OH、14:0 anteiso、15:0 2OH、15:0 3OH、15:1 anteiso A、16:0 3OH、16:0 iso 3OH、16:1 iso G、17:0 10-methyl、17:0 2OH、17:0 3OH、17:1 ω6c、18:0 10-methyl, TBSA、18:1 2OH、18:1 ω7c 11-methyl、20:0 iso、20:2 ω6,9c、c11:0、c19:0、13:0 anteiso、12:0 iso 3OH、12:0 iso、15:1 isoω9c、16:1 2OH、c9:0、10:0 2OH、18:0 3OH、19:0 iso、16:1 ω7c alcohol、12:0 2OH、12:1 3OH、13:1 at 12-13、18:0 iso、10:0 3OH、20:1 ω7c、8:0 3OH、15:1 iso G、15:0 iso 3OH、14:0 2OH、18:1 ω5c、c10:0、15:1 ω8c、c13:0、11:0 iso 3OH、14:1 iso E、13:0 iso 3OH、13:0 iso、12:0 3OH。

第 2 组为低含量标记组，脂肪酸生物标记含量低，到中心距离 RMSTD= 23950.79，包含了 12 个生物标记，即 c12:0、c14:0、c15:0、c18:0、14:0 iso、15:0 anteiso、15:0 iso、16:0 anteiso、16:1 iso H、16:1 ω9c、17:0 anteiso、19:0 cyclo ω8c，代表着芽孢杆菌等细菌数量。

第 3 组为高含量标记组，脂肪酸生物标记含量较高，到中心距离 RMSTD= 79597.82，包含了 2 个生物标记，即 c16:0、18:1 ω9c。

第 4 组为中含量标记组，脂肪酸生物标记含量中等，到中心距离 RMSTD= 53939.67，包含了 2 个生物标记，即 16:0 iso、17:0 cyclo。

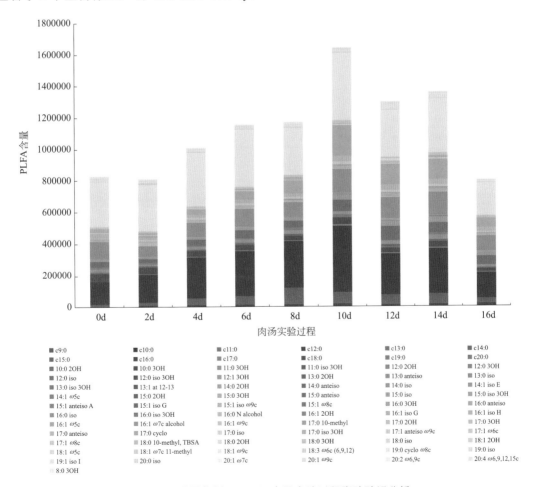

图4-77　链霉菌剂组（g2）肉汤实验过程脂肪酸组分析

表4-62 链霉菌剂组（g2）肉汤实验过程脂肪酸生物标记聚类分析

组别	脂肪酸	肉汤实验过程									到中心距离
		0d	2d	4d	6d	8d	10d	12d	14d	16d	
第1组	17:0 iso 3OH	25358	14494	0	10056	18427	4503	5720	15147	2524	35446.19
	14:1 ω5c	11153	10568	7234	6930	17883	3490	4630	13886	2373	25244.01
	16:0 N alcohol	0	22046	6840	6154	5443	4682	6864	4250	3465	22916.27
	19:1 iso I	13779	5039	903	1027	6539	588	16324	10279	0	21072.45
	20:1 ω9c	6966	4854	8165	10165	0	9147	7522	8427	4945	17553.19
	20:4 ω6,9,12,15c	11758	8065	6934	5765	8440	4767	7727	4474	2247	16775.97
	17:0 iso	5910	4279	5725	5458	4225	8848	6500	7801	4632	13582.72
	c17:0	1424	2880	4778	5924	4609	9796	6135	7096	4867	12963.18
	18:3 ω6c (6,9,12)	1032	12866	4112	3692	4695	3641	3134	2132	1880	12316.56
	18:0 2OH	519	0	397	501	530	975	13762	476	0	12176.94
	17:1 anteiso ω9c	6074	3152	5815	3718	3646	5713	4839	6191	5111	10453.27
	16:1 ω5c	0	0	0	0	0	5912	4089	7616	1961	8254.47
	c20:0	3984	3369	3511	3437	4191	4289	4525	5121	2928	6982.01
	13:0 2OH	0	0	0	883	0	3246	6438	0	0	6239.36
	17:1 ω8c	2605	3142	3055	3334	3210	5595	4093	4190	2261	6175.33
	11:0 3OH	0	0	0	0	0	0	0	0	0	5061.93
	14:0 anteiso	0	0	0	0	0	0	0	0	0	5061.93
	15:0 2OH	0	0	0	0	0	0	0	0	0	5061.93
	15:0 3OH	0	0	0	0	0	0	0	0	0	5061.93
	15:1 anteiso A	0	0	0	0	0	0	0	0	0	5061.93
	16:0 3OH	0	0	0	0	0	0	0	0	0	5061.93
	16:0 iso 3OH	0	0	0	0	0	0	0	0	0	5061.93
	16:1 iso G	0	0	0	0	0	0	0	0	0	5061.93
	17:0 10-methyl	0	0	0	0	0	0	0	0	0	5061.93
	17:0 2OH	0	0	0	0	0	0	0	0	0	5061.93
	17:0 3OH	0	0	0	0	0	0	0	0	0	5061.93
	17:1 ω6c	0	0	0	0	0	0	0	0	0	5061.93
	18:0 10-methyl, TBSA	0	0	0	0	0	0	0	0	0	5061.93
	18:1 2OH	0	0	0	0	0	0	0	0	0	5061.93
	18:1ω7c 11-methyl	0	0	0	0	0	0	0	0	0	5061.93
	20:0 iso	0	0	0	0	0	0	0	0	0	5061.93
	20:2 ω6,9c	0	0	0	0	0	0	0	0	0	5061.93
	c11:0	0	0	0	0	0	0	0	0	380	5017.72

续表

组别	脂肪酸	肉汤实验过程									到中心距离
		0d	2d	4d	6d	8d	10d	12d	14d	16d	
第1组	c19:0	0	0	0	0	0	499	0	0	0	4931.54
	13:0 anteiso	2108	0	0	3336	0	3222	0	0	0	4924.80
	12:0 iso 3OH	0	0	0	0	0	0	560	0	0	4857.57
	12:0 iso	0	0	2731	3525	0	2312	1847	0	1420	4781.33
	15:1 iso ω9c	0	1149	0	0	0	0	0	0	0	4774.86
	16:1 2OH	0	0	0	0	0	0	869	0	0	4769.26
	c9:0	0	0	0	0	756	0	0	202	0	4750.62
	10:0 2OH	459	492	0	0	0	0	0	0	0	4748.67
	18:0 3OH	1375	2508	2364	2437	3012	3222	4967	4607	0	4729.71
	19:0 iso	5395	2416	1487	1733	3116	0	0	2112	0	4660.26
	16:1 ω7c alcohol	2612	0	0	0	3861	0	0	3551	0	4530.07
	12:0 2OH	0	0	408	0	0	303	1289	0	534	4437.82
	12:1 3OH	955	762	702	0	0	0	0	0	0	4420.38
	13:1 at 12-13	0	0	0	0	0	748	2424	0	460	4369.99
	18:0 iso	962	0	0	0	0	962	728	0	0	4277.58
	10:0 3OH	0	385	490	766	0	0	460	843	395	4106.20
	20:1 ω7c	0	0	577	0	0	1109	908	1427	0	3916.39
	8:0 3OH	787	0	841	611	2912	0	0	962	0	3887.40
	15:1 iso G	1164	1212	0	0	0	0	0	1702	1297	3865.22
	15:0 iso 3OH	3586	1194	0	0	1550	0	0	2624	0	3776.45
	14:0 2OH	2736	0	0	0	3305	0	1322	2954	0	3697.96
	18:1 ω5c	1930	2306	1879	1819	3247	2967	4624	3082	1507	3562.96
	c10:0	464	640	987	779	0	754	486	1002	659	3435.30
	15:1 ω8c	0	0	0	0	1521	2344	2750	1862	557	3396.20
	c13:0	0	0	442	625	1560	1045	1247	1042	829	3207.75
	11:0 iso 3OH	1502	1195	1407	1337	3205	0	0	2030	0	3131.14
	14:1 iso E	526	1887	652	700	1172	255	784	925	0	2933.86
	13:0 iso 3OH	1894	1788	601	628	2386	753	0	2936	0	2733.16
	13:0 iso	387	0	1550	1313	1467	1486	1375	1910	740	2532.96
	12:0 3OH	805	922	626	758	1991	804	2729	1487	939	2036.24
第1组63个样本平均值		1908.08	1803.33	1193.86	1387.48	1855.54	1555.19	2090.02	2132.48	776.37	RMSTD= 4652.79
第2组	c12:0	0	9060	11452	12354	14519	17291	11995	14565	17823	31446.46
	c14:0	10213	14228	29992	37155	84334	44312	42535	45242	20214	70083.08
	c15:0	5970	4646	10759	15572	16658	25153	16076	16556	9541	25018.74
	c18:0	50025	42696	35773	34255	29130	43254	29876	37098	21018	54972.30

组别	脂肪酸	肉汤实验过程									到中心距离
		0d	2d	4d	6d	8d	10d	12d	14d	16d	
第2组	14:0 iso	13140	8890	13433	17312	16478	20004	21908	21877	13625	16673.11
	15:0 anteiso	35933	22717	38648	51740	42589	71498	86393	65355	54767	100997.73
	15:0 iso	11627	7712	15138	19566	18277	35106	33964	34514	20107	13653.71
	16:0 anteiso	4673	4567	3357	4058	4280	8075	14630	6464	11022	46214.15
	16:1 iso H	12753	7629	11319	14872	10908	18370	19751	17512	14238	23792.82
	16:1 ω9c	6208	9623	13989	15039	14479	19078	14293	16034	8520	27274.91
	17:0 anteiso	25094	14531	18152	21484	19572	35881	34278	31680	25194	16299.00
	19:0 cyclo ω8c	0	3149	6417	7319	10024	13712	18865	14989	11925	36268.29
第2组12个样本平均值		14636.33	12454	17369.08	20893.83	23437.33	29311.167	28713.67	26823.83	18999.5	RMSTD=23950.79
第3组	c16:0	144822	178128	260259	285658	296432	421026	261112	287212	163079	112568.32
	18:1 ω9c	280097	293686	340375	364181	299715	428057	297534	342485	207881	112568.32
第3组2个样本平均值		212459.5	235907	300317	324919.5	298073.5	424541.5	279323	314848.5	185480	RMSTD=79597.82
第4组	16:0 iso	105763	65639	89237	112406	93105	149103	132630	146436	93901	76282.22
	17:0 cyclo	3624	11435	34995	54707	83248	194521	131497	128085	60195	76282.22
第4组2个样本平均值		54693.5	38537	62116	83556.5	88176.5	171812	132063.5	137260.5	77048	RMSTD=53939.67

（4）发酵过程分组脂肪酸组变化 链霉菌剂组（g2）肉汤实验过程脂肪酸组变化方差分析结果见表4-63。方差分析结果表明，发酵过程不同时间脂肪酸组变化差异显著（$P<0.01$）。链霉菌剂组（g2）肉汤实验过程分组脂肪酸组变化动态见表4-64，脂肪酸总和在第1组微含量组-63个样本、第2组低含量组-12个样本、第3组高含量组-2个样本、第4组中含量组-2个样本分别为14702.33、192638.75、2575869.50、845263.50。

表4-63 链霉菌剂组（g2）肉汤实验过程脂肪酸组变化方差分析

发酵时间/ d	类间均方	误差均方	F值	P值
0	30112481718	239725302.6	125.6124464	1×10^{-7}
2	35998503862	139110181.7	258.7769165	1×10^{-7}
4	59644291202	85010818.52	701.6082452	1×10^{-7}
6	71193217791	95450558.75	745.8648616	1×10^{-7}
8	60902469755	79262328.76	768.3658896	1×10^{-7}
10	1.31942E+11	64970418.77	2030.799939	1×10^{-7}
12	59911111208	79977987.95	749.0950041	1×10^{-7}
14	73810865742	72634957.15	1016.189293	1×10^{-7}
16	25635721082	45060371.49	568.9194349	1×10^{-7}
自由度 df=(3, 75)				

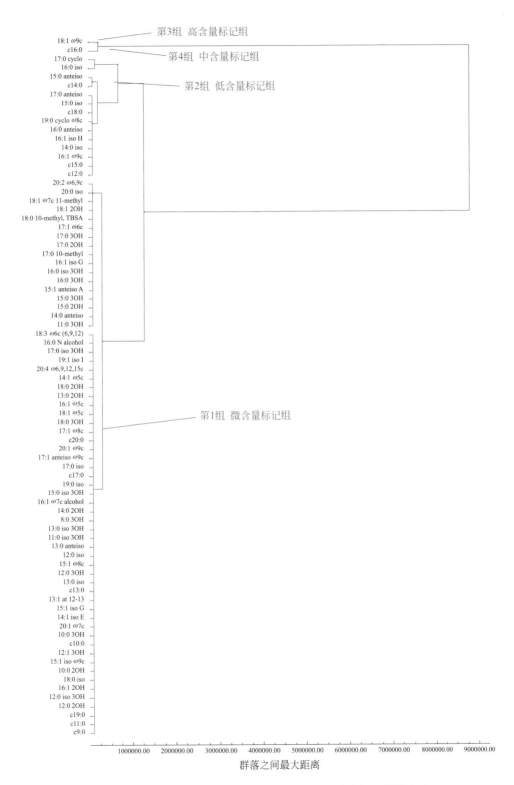

图4-78　链霉菌剂组（g2）肉汤实验过程脂肪酸生物标记聚类分析

表4-64　链霉菌剂组（g2）肉汤实验过程分组脂肪酸组变化动态

发酵时间/ d	第1组微含量组-63个样本	第2组低含量组-12个样本	第3组高含量组-2个样本	第4组中含量组-2个样本
0	1908.08	14636.33	212459.50	54693.50
2	1803.33	12454.00	235907.00	38537.00
4	1193.86	17369.08	300317.00	62116.00
6	1387.48	20893.83	324919.50	83556.50
8	1855.54	23437.33	298073.50	88176.50
10	1555.19	29311.17	424541.50	171812.00
12	2090.02	28713.67	279323.00	132063.50
14	2132.48	26823.83	314848.50	137260.50
16	776.37	18999.50	185480.00	77048.00
总和	14702.33	192638.75	2575869.50	845263.50

　　链霉菌剂组（g2）肉汤实验过程分组脂肪酸组数量结构变化动态见图4-79。脂肪酸分组结构变化特点为高含量、中含量、低含量按一定比例分布在各发酵时间，发酵前含量较低，中期达到高峰（10d），后期逐渐下降。

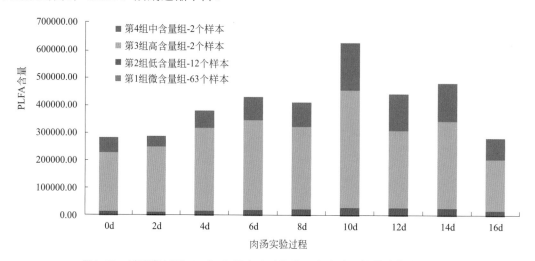

图4-79　链霉菌剂组（g2）肉汤实验过程分组脂肪酸组数量结构变化动态

　　链霉菌剂组（g2）肉汤实验过程分组脂肪酸组数量变化动态见图4-80，4组脂肪酸变化趋势分析表明，第3组高含量组，脂肪酸量级在十万级变化，发酵初期脂肪酸含量随着时间逐步上升，到第10天达到高峰，而后逐步缓慢下降；第4组中含量组，脂肪酸量级在万级变化，随着发酵时间进程，脂肪酸含量逐步缓慢增加，第10天达高峰，而后逐渐下降；第2组低含量组，脂肪酸量级在千级变化，发酵过程变化不大；第1组微含量组，脂肪酸量级在百级变化，发酵过程变化不大。

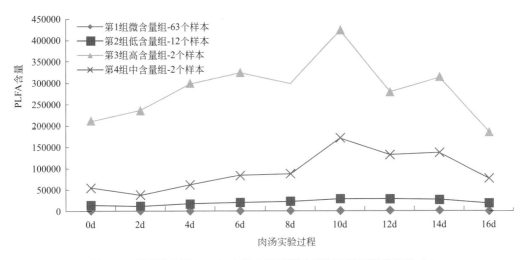

图4-80　链霉菌剂组（g2）肉汤实验过程分组脂肪酸组数量变化动态

3．整合菌剂组（g3）肉汤实验脂肪酸组分析

（1）脂肪酸组测定　分析结果见表4-65。添加整合微生物组菌剂（g3），发酵过程共检测到79条脂肪酸生物标记，发酵过程脂肪酸组总和为5392443。以第10天高峰期为准，前5个含量最高的脂肪酸生物标记分别为c16:0（196418，代表细菌）、18:1ω9c（194370，代表真菌）、15:0 anteiso（81593，代表芽胞杆菌）、17:0 cyclo（51390，代表革兰氏阴性菌）、16:0 iso（44543，代表革兰氏阳性菌）。

表4-65　整合菌剂组（g3）肉汤实验过程脂肪酸组测定

微生物类型	脂肪酸	肉汤实验过程								
		0d	2d	4d	6d	8d	10d	12d	14d	16d
[1]细菌	c16:0	106624	105586	152727	151864	207622	196418	131911	137736	99748
[2]真菌	18:1 ω9c	150173	146706	184969	124359	198286	194370	164966	142112	118178
[3]好氧细菌 G+	15:0 anteiso	3010	19336	40779	48979	44196	81593	41234	46657	38650
[4]革兰氏阴性菌	17:0 cyclo	1018	10323	32591	71207	79463	51390	35471	37235	36677
[5]革兰氏阳性菌	16:0 iso	0	0	6031	0	8953	44543	22147	21671	14415
[6]好氧细菌 G+	15:0 iso	0	4527	15250	8044	22127	39473	19673	26543	19332
[7]嗜热解氢杆菌 (Hydrogenobacter sp.)	c18:0	61421	32501	31005	12181	21709	28488	20393	25477	20093
[8]好氧细菌 G+	14:0 iso	1337	883	8779	2813	7766	28322	16770	15001	7344
[9]细菌	c14:0	5972	7067	22470	19704	21168	22115	13708	18455	10650
[10]假单胞菌 (Pseudomonas sp).	14:1 ω5c	1526	4943	31624	4295	2520	21260	3047	25132	5043
[11]革兰氏阴性菌	17:0 iso 3OH	0	9967	33446	4634	2910	18459	3866	20821	0
[12]伯克氏菌 (Burkholderia sp.)	19:0 cycloω8c	0	7444	12296	16534	16092	18060	10939	11433	7160

续表

微生物类型	脂肪酸	肉汤实验过程								
		0d	2d	4d	6d	8d	10d	12d	14d	16d
[13]革兰氏阳性菌	17:0 anteiso	3067	16095	6088	15480	13177	14779	12363	8539	6416
[14]细菌	c15:0	0	1885	11923	14018	10778	11918	9868	9741	6563
[15]好氧细菌 G⁺	14:0 anteiso	0	0	0	0	0	9008	0	0	0
[16]革兰氏阴性菌	16:1 ω9c	1394	3696	8480	6302	7847	8223	6042	8328	3164
[17]节杆菌（*Arthrobacter* sp.）	c17:0	0	0	6574	4595	4789	5358	4322	3813	3103
[18]原生生物	20:4 ω6, 9,12,15c	19821	9816	10366	6963	5668	5279	3281	3735	1564
[19]	16:1 ω7c alcohol	0	0	2867	0	0	5071	0	4282	0
[20]	19:1 iso I	0	0	6369	1894	0	5024	2359	7776	0
[21]革兰氏阳性菌	17:0 iso	0	0	1207	1229	2167	4545	4806	4247	4981
[22]	19:0 iso	9735	0	5178	0	1348	3935	0	3061	572
[23]革兰氏阳性菌	11:0 iso 3OH	0	387	6373	0	0	3828	0	5712	466
[24]革兰氏阳性菌	16:0 anteiso	1506	14278	7601	13070	5795	3745	7625	4812	4523
[25]	15:1 iso ω9c	0	1048	3731	0	0	3512	0	0	0
[26]细菌	c20:0	2415	2973	4021	0	526	3450	1914	2966	1788
[27]	13:0 iso 3OH	838	0	5229	0	0	3438	0	4348	990
[28]	14:0 2OH	0	0	0	2928	0	3193	0	5677	0
[29]革兰氏阴性菌	18:1 ω5c	2326	2227	3991	0	1497	3143	0	3198	0
[30]革兰氏阴性菌	17:1 ω8c	3358	2650	4733	2185	3691	3116	3179	2784	1064
[31]	12:0 iso 3OH	0	0	0	0	0	2320	514	1696	0
[32]	20:1 ω7c	0	0	0	0	0	2273	675	0	0
[33]细菌	15:1 iso G	0	3245	3512	3484	4907	2215	0	1987	1429
[34]假单胞菌（*Pseudomonas* sp.）	17:1 anteiso ω9c	0	0	3976	0	0	2049	0	2652	0
[35]	13:0 iso	0	0	0	1574	1642	1851	997	1310	1138
[36]嗜热解氢杆菌（*Hydrogenobacter* sp.）	20:1ω9c	2868	3523	2048	0	1537	1833	1492	0	1151
[37]真菌	18:3 ω6c (6,9,12)	2147	6737	3750	4082	3310	1712	1752	1372	1555
[38]革兰氏阳性菌	12:0 3OH	0	0	2487	0	696	1630	1401	2214	0
[39]	14:1 iso E	0	0	1854	0	0	1502	0	1720	0
[40]革兰氏阴性菌	15:0 iso 3OH	0	0	2657	0	0	1468	0	3143	0
[41]	c19:0	1787	1951	1912	771	784	1453	866	684	0
[42]	8:0 3OH	0	0	4379	0	0	1156	0	5727	0
[43]革兰氏阴性菌	10:0 2OH	0	0	0	196	0	1105	0	0	0
[44]	c9:0	0	0	1208	0	0	0	0	1687	0
[45]	c10:0	0	140	0	0	331	0	0	0	568
[46]	c11:0	0	0	0	0	0	0	0	0	0

续表

微生物类型	脂肪酸	肉汤实验过程								
		0d	2d	4d	6d	8d	10d	12d	14d	16d
[47]细菌	c12:0	0	5424	0	3773	0	0	0	0	0
[48]	c13:0	0	0	385	1159	245	0	404	0	847
[49]革兰氏阴性菌	10:0 3OH	0	0	1623	0	0	0	0	1628	0
[50]	11:0 3OH	0	486	0	0	0	0	0	0	0
[51]革兰氏阴性菌	12:0 2OH	0	0	0	1786	350	0	925	0	0
[52]革兰氏阳性菌	12:0 iso	0	0	0	0	0	0	0	0	0
[53]	12:1 3OH	0	0	0	0	0	0	0	0	0
[54]革兰氏阴性菌	13:0 2OH	2792	0	0	0	3074	0	5171	0	0
[55]革兰氏阳性菌	13:0 anteiso	0	0	0	0	0	0	0	0	0
[56]	13:1 at 12-13	0	0	0	631	0	0	0	0	821
[57]好氧细菌 G$^+$	15:0 2OH	0	0	0	0	0	0	0	0	0
[58]好氧细菌 G$^+$	15:0 3OH	0	0	0	2477	1904	0	0	0	0
[59]	15:1 anteiso A	0	0	0	0	0	0	0	0	0
[60]	15:1 ω8c	1887	0	0	0	1028	0	2583	0	0
[61]革兰氏阴性细菌	16:0 3OH	0	0	0	1242	0	0	0	0	0
[62]	16:0 iso 3OH	0	0	0	1132	0	0	0	0	0
[63]	16:0 N alcohol	4695	25925	7222	5471	3969	0	2585	0	2207
[64]	16:1 2OH	727	0	0	0	0	0	758	0	0
[65]	16:1 iso G	0	2103	0	2434	631	0	931	0	0
[66]	16:1 iso H	0	902	780	0	0	0	0	1690	0
[67]甲烷氧化菌	16:1 ω5c	0	0	0	1467	1732	0	3179	0	2483
[68]放线菌	17:0 10-methyl	0	0	0	0	0	0	450	0	0
[69]	17:0 2OH	18463	0	0	0	0	0	0	0	0
[70]革兰氏阴性菌	17:0 3OH	0	0	0	0	0	0	0	0	0
[71]	17:1 ω6c	0	0	0	0	0	0	0	0	0
[72]	18:0 10-methyl, TBSA	0	0	0	1464	0	0	0	0	0
[73]	18:0 2OH	485	4388	0	3011	1698	0	1700	0	0
[74]	18:0 3OH	7261	2217	0	0	6059	0	7343	0	0
[75]革兰氏阳性菌	18:0 iso	0	0	1489	0	0	0	0	0	0
[76]	18:1 2OH	0	0	0	4640	0	0	0	0	0
[77]纤维单胞菌 （Cellulomonas sp.）	18:1 ω7c 11-methyl	0	0	0	0	0	0	0	0	0
[78]	20:0 iso	0	0	0	0	0	0	0	0	0
[79]	20:2 ω6,9c	3649	0	0	0	0	0	0	0	0
总和		422302	461379	705980	574072	723992	867623	573610	638802	424683

（2）发酵过程脂肪酸组分析　分析结果见图 4-81。整合菌剂组（g3）肉汤实验过程脂

肪酸组总和峰值出现在第 10 天；按时间累计脂肪酸组总和的最大值为 867623（10d），最小值 422302（0d）（表 4-65），从 0~16d 脂肪酸组总和开始较低，而后逐渐升高，到第 10 天达到高峰，而后逐渐下降，发酵过程脂肪酸总和变化序列为：422302（0d）、461379（2d）、705980（4d）、574072（6d）、723992（8d）、867623（10d）、573610（12d）、638802（14d）、424683（16d）（图 4-81）。

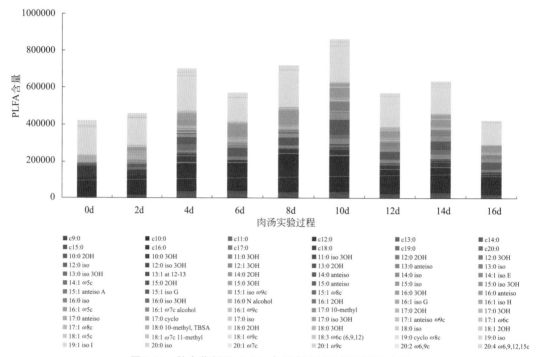

图4-81　整合菌剂组（g3）肉汤实验过程脂肪酸组分析

（3）脂肪酸组生物标记聚类分析　以表 4-65 为矩阵，发酵时间为指标，脂肪酸生物标记为样本，用欧氏距离和类平均法对脂肪酸生物标记进行聚类分析，分析结果见表 4-66、图 4-82。可将脂肪酸生物标记分为 4 组。

第 1 组为微含量标记组，脂肪酸含量很低，发酵过程该组平均值范围为 467.0~1693.7，包括了 64 标记，即 c9:0、c10:0、c11:0、c12:0、c13:0、c17:0、c19:0、c20:0、10:0 2OH、10:0 3OH、11:0 3OH、11:0 iso 3OH、12:0 2OH、12:0 3OH、12:0 iso、12:0 iso 3OH、12:1 3OH、13:0 2OH、13:0 anteiso、13:0 iso、13:0 iso 3OH、13:1 at 12-13、14:0 2OH、14:0 anteiso、14:1 iso E、15:0 2OH、15:0 3OH、15:0 iso 3OH、15:1 anteiso A、15:1 iso G、15:1 isoω9c、15:1ω8c、16:0 3OH、16:0 iso 3OH、16:0 N alcohol、16:1 2OH、16:1 iso G、16:1 iso H、16:1ω5c、16:1ω7c alcohol、16:1ω9c、17:0 10-methyl、17:0 2OH、17:0 3OH、17:0 iso、17:1 anteisoω9c、17:1ω6c、17:1ω8c、18:0 10-methyl, TBSA、18:0 2OH、18:0 3OH、18:0 iso、18:1 2OH、18:1ω5c、18:1ω7c 11-methyl、18:3ω6c (6,9,12)、19:0 iso、19:1 iso I、20:0 iso、20:1ω7c、20:1ω9c、20:2ω6,9c、20:4ω6,9,12,15c、8:0 3OH、

第 2 组为低含量标记组，脂肪酸含量较低，该组发酵过程脂肪酸平均值范围为 1340.8~22267.4，到中心距离 RMSTD= 11275.83，包含了 10 个生物标记，即 c14:0、c15:0、14:0

iso、14:1ω5c、15:0 iso、16:0 anteiso、16:0 iso、17:0 anteiso、17:0 iso 3OH、19:0 cycloω8c。

第 3 组为高含量标记组，脂肪酸生物标记含量较高，该组发酵过程脂肪酸平均值范围为 108963~202954，到中心距离 RMSTD=29424.14，包含了 2 个生物标记，即 c16:0（细菌）和 18:1ω9c（真菌）。

第 4 组为中含量标记组，脂肪酸生物标记含量中等，该组发酵过程脂肪酸平均值范围为 20720~53823.6，到中心距离 RMSTD=32044.04，包含了 3 个生物标记，即 c18:0、15:0 anteiso、17:0 cyclo。

表4-66　整合菌剂组（g3）肉汤实验过程脂肪酸生物标记聚类分析

组别	脂肪酸	肉汤实验过程									到中心距离
		0d	2d	4d	6d	8d	10d	12d	14d	16d	
第1组	c9:0	0	0	1208	0	0	0	0	1687	0	2987.54
	c10:0	0	140	0	0	331	0	0	0	568	3501.20
	c11:0	0	0	0	0	0	0	0	0	0	3649.92
	c12:0	0	5424	0	3773	0	0	0	0	0	5963.04
	c13:0	0	0	385	1159	245	0	404	0	847	3164.31
	c17:0	0	0	6574	4595	4789	5358	4322	3813	3103	9704.88
	c19:0	1787	1951	1912	771	784	1453	866	684	0	1234.56
	c20:0	2415	2973	4021	0	526	3450	1914	2966	1788	4480.63
	10:0 2OH	0	0	0	196	0	1105	0	0	0	3312.24
	10:0 3OH	0	0	1623	0	0	0	0	1628	0	2942.80
	11:0 3OH	0	486	0	0	0	0	0	0	0	3513.62
	11:0 iso 3OH	0	387	6373	0	0	3828	0	5712	466	7204.12
	12:0 2OH	0	0	0	1786	350	0	925	0	0	3370.60
	12:0 3OH	0	0	2487	0	696	1630	1401	2214	0	2523.98
	12:0 iso	0	0	0	0	0	0	0	0	0	3649.92
	12:0 iso 3OH	0	0	0	0	0	2320	514	1696	0	3087.54
	12:1 3OH	0	0	0	0	0	0	0	0	0	3649.92
	13:0 2OH	2792	0	0	0	3074	0	5171	0	0	5848.85
	13:0 anteiso	0	0	0	0	0	0	0	0	0	3649.92
	13:0 iso	0	0	0	1574	1642	1851	997	1310	1138	2760.94
	13:0 iso 3OH	838	0	5229	0	0	3438	0	4348	990	5506.86
	13:1 at 12-13	0	0	0	631	0	0	0	0	821	3508.31
	14:0 2OH	0	0	0	2928	0	3193	0	5677	0	5782.53
	14:0 anteiso	0	0	0	0	0	9008	0	0	0	8268.84
	14:1 iso E	0	0	1854	0	0	1502	0	1720	0	2577.35
	15:0 2OH	0	0	0	0	0	0	0	0	0	3649.92

组别	脂肪酸	肉汤实验过程									到中心距离
		0d	2d	4d	6d	8d	10d	12d	14d	16d	
第1组	15:0 3OH	0	0	0	2477	1904	0	0	0	0	3774.90
	15:0 iso 3OH	0	0	2657	0	0	1468	0	3143	0	3251.80
	15:1 anteiso A	0	0	0	0	0	0	0	0	0	3649.92
	15:1 iso G	0	3245	3512	3484	4907	2215	0	1987	1429	5781.33
	15:1 isoω9c	0	1048	3731	0	0	3512	0	0	0	3904.92
	15:1 ω8c	1887	0	0	0	1028	0	2583	0	0	3565.84
	16:0 3OH	0	0	0	1242	0	0	0	0	0	3502.61
	16:0 iso 3OH	0	0	0	1132	0	0	0	0	0	3498.15
	16:0 N alcohol	4695	25925	7222	5471	3969	0	2585	0	2207	26250.20
	16:1 2OH	727	0	0	0	0	0	758	0	0	3323.25
	16:1 iso G	0	2103	0	2434	631	0	931	0	0	3413.64
	16:1 iso H	0	902	780	0	0	0	0	1690	0	2844.21
	16:1 ω5c	0	0	0	1467	1732	0	3179	0	2483	4484.49
	16:1 ω7c alcohol	0	0	2867	0	0	5071	0	4282	0	5430.60
	16:1 ω9c	1394	3696	8480	6302	7847	8223	6042	8328	3164	15964.63
	17:0 10-methyl	0	0	0	0	0	0	450	0	0	3561.72
	17:0 2OH	18463	0	0	0	0	0	0	0	0	17441.65
	17:0 3OH	0	0	0	0	0	0	0	0	0	3649.92
	17:0 iso	0	0	1207	1229	2167	4545	4806	4247	4981	7641.45
	17:1 anteiso ω9c	0	0	3976	0	0	2049	0	2652	0	3702.94
	17:1 ω6c	0	0	0	0	0	0	0	0	0	3649.92
	17:1 ω8c	3358	2650	4733	2185	3691	3116	3179	2784	1064	5846.12
	18:0 10-methyl, TBSA	0	0	0	1464	0	0	0	0	0	3522.07
	18:0 2OH	485	4388	0	3011	1698	0	1700	0	0	4761.15
	18:0 3OH	7261	2217	0	0	6059	0	7343	0	0	10539.62
	18:0 iso	0	0	1489	0	0	0	0	0	0	3239.59
	18:1 2OH	0	0	0	4640	0	0	0	0	0	5015.22
	18:1 ω5c	2326	2227	3991	0	1497	3143	0	3198	0	3984.52
	18:1 ω7c 11-methyl	0	0	0	0	0	0	0	0	0	3649.92

续表

组别	脂肪酸	肉汤实验过程									到中心距离
		0d	2d	4d	6d	8d	10d	12d	14d	16d	
第1组	18:3 ω6c (6,9,12)	2147	6737	3750	4082	3310	1712	1752	1372	1555	7187.76
	19:0 iso	9735	0	5178	0	1348	3935	0	3061	572	9752.82
	19:1 iso I	0	0	6369	1894	0	5024	2359	7776	0	9111.28
	20:0 iso	0	0	0	0	0	0	0	0	0	3649.92
	20:1 ω7c	0	0	0	0	0	2273	675	0	0	3332.02
	20:1 ω9c	2868	3523	2048	0	1537	1833	1492	0	1151	3437.70
	20:2 ω6,9c	3649	0	0	0	0	0	0	0	0	4093.47
	20:4 ω6, 9,12,15c	19821	9816	10366	6963	5668	5279	3281	3735	1564	23955.33
	8:0 3OH	0	0	4379	0	0	1156	0	5727	0	5727.26
第1组64个样本平均值		1353.8	1247.4	1693.7	1045.1	959.8	1448.2	931.7	1366.2	467.0	RMSTD= 3592.24
第2组	c14:0	5972	7067	22470	19704	21168	22115	13708	18455	10650	16774.84
	c15:0	0	1885	11923	14018	10778	11918	9868	9741	6563	14550.49
	14:0 iso	1337	883	8779	2813	7766	28322	16770	15001	7344	14222.31
	14:1 ω5c	1526	4943	31624	4295	2520	21260	3047	25132	5043	23170.82
	15:0 iso	0	4527	15250	8044	22127	39473	19673	26543	19332	26788.74
	16:0 anteiso	1506	14278	7601	13070	5795	3745	7625	4812	4523	25780.60
	16:0 iso	0	0	6031	0	8953	44543	22147	21671	14415	30126.58
	17:0 anteiso	3067	16095	6088	15480	13177	14779	12363	8539	6416	18290.05
	17:0 iso 3OH	0	9967	33446	4634	2910	18459	3866	20821	0	24407.51
	19:0 cyclo ω8c	0	7444	12296	16534	16092	18060	10939	11433	7160	11170.69
第2组10个样本平均值		1340.8	6708.9	15550.8	9859.2	11128.6	22267.4	12000.6	16214.8	8144.6	RMSTD= 11275.83
第3组	c16:0	106624	105586	152727	151864	207622	196418	131911	137736	99748	41612.03
	18:1 ω9c	150173	146706	184969	124359	198286	194370	164966	142112	118178	41612.03
第3组2个样本平均值		128398.5	126146	168848	138111.5	202954	195394	148438.5	139924	108963	RMSTD= 29424.14
第4组	c18:0	61421	32501	31005	12181	21709	28488	20393	25477	20093	67084.39
	15:0 anteiso	3010	19336	40779	48979	44196	81593	41234	46657	38650	37866.06
	17:0 cyclo	1018	10323	32591	71207	79463	51390	35471	37235	36677	47753.69
第4组3个样本平均值		21816.3	20720	34791.6	44122.3	48456	53823.6	32366	36456.3	31806.6	RMSTD= 32044.04

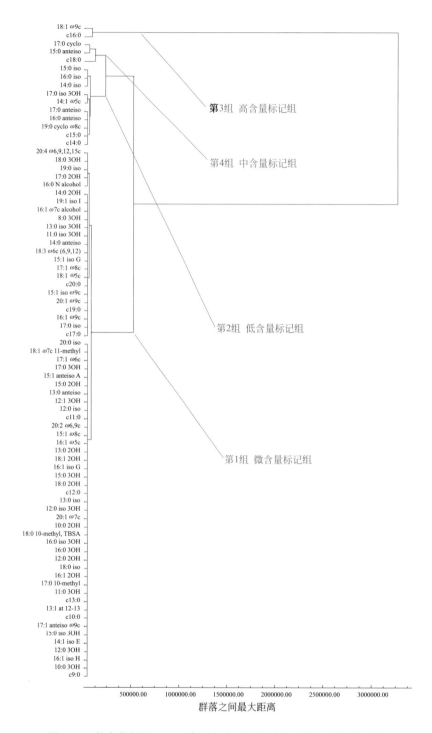

图4-82 整合菌剂组（g3）肉汤实验过程脂肪酸生物标记聚类分析

（4）发酵过程分组脂肪酸组变化 分析结果见表4-67。方差分析结果表明肉汤实验过程，不同时间脂肪酸组变化差异显著（$P<0.01$）。整合菌剂组（g3）肉汤实验过程分组脂肪

酸组变化动态见表4-68，脂肪酸总和在第 1 组微含量组 -64 个样本、第 2 组低含量组 -10 个样本、第 3 组高含量组 -2 个样本、第 4 组中含量组 -3 个样本分别为 10513.34、103215.70、1357177.50、324359.00。

表4-67　整合菌剂组（g3）肉汤实验过程脂肪酸组变化方差分析

发酵时间/d	类间均方	误差均方	F值	P值
0	1.076×10^{10}	55854947.04	192.6301434	1×10^{-7}
2	1.032×10^{10}	29290874.78	352.4272381	1×10^{-7}
4	1.898×10^{10}	25491719.12	744.6025231	1×10^{-7}
6	1.362×10^{10}	36711890.47	370.9990902	1×10^{-7}
8	2.803×10^{10}	31601364.06	886.9557217	1×10^{-7}
10	2.687×10^{10}	40923313.12	656.6141059	1×10^{-7}
12	1.485×10^{10}	17452530.62	850.7158661	1×10^{-7}
14	1.358×10^{10}	13388140.68	1014.028801	1×10^{-7}
16	8.392×10^{9}	9375147.439	895.1036311	1×10^{-7}
自由度 $df=(3, 75)$				

表4-68　整合菌剂组（g3）肉汤实验过程分组脂肪酸组变化动态

发酵时间/d	第1组微含量组-64个样本	第2组低含量组-10个样本	第3组高含量组-2个样本	第4组中含量组-3个样本
0	1353.87	1340.80	128398.50	21816.33
2	1247.47	6708.90	126146.00	20720.00
4	1693.77	15550.80	168848.00	34791.67
6	1045.16	9859.20	138111.50	44122.33
8	959.84	11128.60	202954.00	48456.00
10	1448.28	22267.40	195394.00	53823.67
12	931.70	12000.60	148438.50	32366.00
14	1366.20	16214.80	139924.00	36456.33
16	467.05	8144.60	108963.00	31806.67
总和	10513.34	103215.70	1357177.50	324359.00

整合菌剂组（g3）肉汤实验过程分组脂肪酸组数量结构变化动态见图 4-83。脂肪酸分组结构变化特点为高含量、中含量、低含量按一定比例分布在各发酵时间，发酵前含量较低，中期达到高峰，后期逐渐下降。

整合菌剂组（g3）肉汤实验过程分组脂肪酸组数量变化动态见图 4-84，4 组脂肪酸变化趋势分析表明，第 3 组高含量组，脂肪酸量级在十万级变化，发酵初期脂肪酸含量随着时间逐步上升，到第 8 天达到高峰，而后逐步缓慢下降；第 4 组中含量组，脂肪酸量级在万级变化，随着发酵时间进程，脂肪酸含量逐步缓慢增加；第 2 组低含量组，脂肪酸量级在千级变化，随着发酵过程脂肪酸略有升高；第 1 组微含量组，脂肪酸量级在百级变化，发酵过程变化不大。

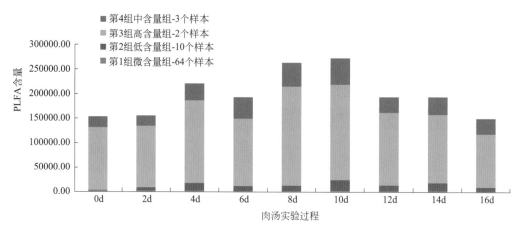

图4-83　整合菌剂组（g3）肉汤实验过程分组脂肪酸组数量结构变化动态

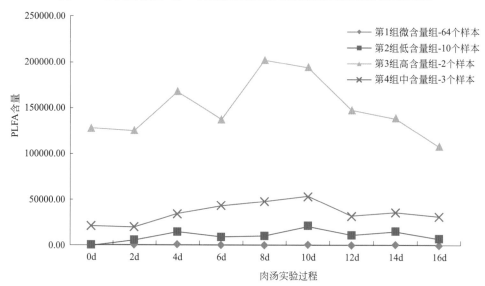

图4-84　整合菌剂组（g3）肉汤实验过程分组脂肪酸组数量变化动态

4. 空白对照组（g4）肉汤实验脂肪酸组分析

（1）脂肪酸组测定　分析结果见表4-69。共检测到79条脂肪酸生物标记，不同发酵时间脂肪酸组总和为5865617。以第8天为准，前5个含量最高的脂肪酸生物标记分别为c16:0（277077，代表细菌）、18:1ω9c（266332，代表真菌）、c18:0（67194，代表解氢杆菌）、17:0 cyclo（54843，代表革兰氏阴性菌）、20:4 ω6,9,12,15c（46113，代表原生生物）。

表4-69　空白对照组（g4）肉汤实验过程脂肪酸组测定

微生物类别	脂肪酸	肉汤实验过程								
		0d	2d	4d	6d	8d	10d	12d	14d	16d
[1]细菌	c16:0	136237	170193	218356	173445	277077	204296	187449	133376	111112
[2]真菌	18:1 ω9c	187279	215827	273769	209294	266332	219207	209613	162657	161697

微生物类别	脂肪酸	肉汤实验过程								
		0d	2d	4d	6d	8d	10d	12d	14d	16d
[3]解氢杆菌 (Hydrogenobacter sp.)	c18:0	66012	67866	59433	50111	67194	62754	49595	44300	45993
[4]革兰氏阴性菌	17:0 cyclo	960	9934	17256	22678	54843	52140	60027	33869	19613
[5]原生生物	20:4ω6, 9,12,15c	25025	25782	37971	30052	46113	33965	33629	30786	15310
[6]细菌	c14:0	8225	15344	14090	11714	29630	26640	24248	15545	7510
[7]伯克氏菌 (Burkholderia sp.)	19:0 cycloω8c	357	4830	16932	8640	23692	16497	12698	12226	10451
[8]革兰氏阴性菌	17:0 iso 3OH	0	33513	8554	0	19541	16318	1992	0	3479
[9]假单胞菌 (Pseudomonas sp.)	14:1 ω5c	4844	17417	2520	4739	18197	14487	1849	2014	2838
[10]细菌	c12:0	0	0	0	7892	12202	10749	11022	8660	0
[11]	19:1 iso I	0	11293	3760	0	8781	15659	2699	0	0
[12]革兰氏阴性菌	16:1 ω9c	2007	5791	7068	4858	8358	5538	5973	4608	2445
[13]细菌	c15:0	0	2243	3802	5054	8143	4936	6774	3458	2151
[14]	18:0 3OH	3606	4266	6923	3211	7984	8222	6835	20411	2452
[15]好氧细菌 G$^+$	14:0 anteiso	6347	7632	0	0	7689	5621	0	0	0
[16]	15:1 isoω9c	577	1925	1775	3110	7351	4466	3109	0	3411
[17]革兰氏阳性菌	16:0 iso	0	4052	0	0	4977	0	2021	9024	0
[18]节杆菌 (Arthrobacter sp.)	c17:0	0	1465	3504	3336	4871	2478	5035	2299	2910
[19]好氧细菌 G$^+$	14:0 iso	1387	4622	866	1427	4822	2894	892	1903	0
[20]好氧细菌 G$^+$	15:0 iso	0	4936	4373	2144	4450	6723	17876	7021	872
[21]解氢杆菌 (Hydrogenobacter sp.)	20:1 ω9c	3451	3552	3352	3203	4247	5081	3682	3476	2918
[22]	19:0 iso	846	5916	0	380	3856	5427	0	0	0
[23]革兰氏阴性菌	17:1 ω8c	2681	2517	3807	1926	3825	3053	3256	2172	1231
[24]细菌	c20:0	2316	3640	2528	2263	3807	3442	1024	2516	1159
[25]	20:2 ω6,9c	3901	3611	0	3118	3739	0	0	0	0
[26]革兰氏阳性菌	11:0 iso 3OH	1563	3991	0	1174	3485	2112	0	658	0
[27]	8:0 3OH	753	3519	0	0	3353	872	0	0	0
[28]革兰氏阳性菌	16:0 anteiso	2759	3215	8623	1819	3125	3947	7230	6538	5131
[29]	13:0 iso 3OH	883	3056	524	670	2989	1807	0	0	0
[30]革兰氏阳性菌	17:0 anteiso	3119	1306	11624	2844	2984	4299	9307	12320	4102
[31]好氧细菌 G$^+$	15:0 anteiso	4618	3107	7544	3156	2874	3590	7066	17045	7791
[32]好氧细菌 G$^+$	15:0 3OH	1423	1825	0	710	2441	1606	0	0	0
[33]	16:1 ω7c alcohol	444	4961	0	0	2231	1322	0	0	0
[34]革兰氏阴性菌	18:1 ω5c	818	1408	747	751	2028	1121	713	0	703

续表

微生物类别	脂肪酸	肉汤实验过程								
		0d	2d	4d	6d	8d	10d	12d	14d	16d
[35]真菌	18:3 ω6c (6,9,12)	1218	6258	3263	1940	2020	1809	2624	1701	1687
[36]革兰氏阴性菌	15:0 iso 3OH	0	1678	4758	0	1672	1207	4787	0	0
[37]革兰氏阳性菌	12:0 3OH	0	1248	0	0	1548	782	561	656	0
[38]	c19:0	0	0	992	0	1409	0	572	0	0
[39]	14:1 iso E	382	1127	0	407	1115	571	0	0	0
[40]	c10:0	490	0	809	694	1108	768	554	281	562
[41]革兰氏阴性菌	10:0 3OH	518	1132	0	468	1074	590	0	0	0
[42]	c9:0	0	993	0	0	1013	0	0	0	0
[43]	18:0 2OH	0	562	1432	0	810	672	0	7640	0
[44]	c13:0	0	0	244	0	584	966	836	382	0
[45]	c11:0	0	0	0	0	0	0	0	0	0
[46]革兰氏阴性菌	10:0 2OH	0	0	0	0	0	0	0	0	0
[47]	11:0 3OH	0	0	0	0	0	0	0	0	0
[48]革兰氏阴性菌	12:0 2OH	0	0	445	0	0	0	0	0	0
[49]革兰氏阳性菌	12:0 iso	0	0	0	0	0	0	0	0	374
[50]	12:0 iso 3OH	0	0	0	0	0	0	0	0	0
[51]	12:1 3OH	0	0	0	0	0	0	0	0	0
[52]革兰氏阴性菌	13:0 2OH	0	0	3119	812	0	0	2850	2916	0
[53]革兰氏阳性菌	13:0 anteiso	0	0	0	0	0	0	0	0	0
[54]	13:0 iso	0	0	0	0	0	0	659	0	0
[55]	13:1 at 12-13	0	0	0	0	0	0	0	0	0
[56]	14:0 2OH	0	0	0	1414	0	0	0	0	0
[57]好氧细菌 G+	15:0 2OH	0	0	0	0	0	0	0	0	0
[58]	15:1 anteiso A	0	1334	0	0	0	0	0	0	0
[59]细菌	15:1 iso G	771	0	4561	0	0	0	0	0	1006
[60]	15:1 ω8c	0	0	1573	0	0	0	1627	1358	0
[61]革兰氏阴性细菌	16:0 3OH	0	0	0	0	0	0	0	0	0
[62]	16:0 iso 3OH	0	0	0	0	0	0	0	0	0
[63]	16:0 N alcohol	2452	12610	5471	2295	0	0	4108	2940	2326
[64]	16:1 2OH	0	0	0	0	0	0	0	0	0
[65]	16:1 iso G	0	0	2788	0	0	0	2523	2564	0
[66]	16:1 iso H	0	489	0	0	0	0	0	0	0
[67]甲烷氧化菌	16:1 ω5c	0	0	0	0	0	0	2850	2376	1710
[68]放线菌	17:0 10-methyl	0	0	0	0	0	0	0	0	0
[69]	17:0 2OH	0	0	0	0	0	0	0	0	0

续表

微生物类别	脂肪酸	肉汤实验过程								
		0d	2d	4d	6d	8d	10d	12d	14d	16d
[70]革兰氏阴性菌	17:0 3OH	0	0	0	0	0	0	0	0	0
[71]革兰氏阳性菌	17:0 iso	0	0	0	0	0	0	1155	0	0
[72]假单胞菌 (Pseudomonas sp.)	17:1 anteiso ω9c	0	0	0	0	0	0	2279	0	0
[73]	17:1 ω6c	0	0	0	0	0	0	0	0	0
[74]	18:0 10-methyl, TBSA	0	0	0	0	0	0	0	0	0
[75]革兰氏阳性菌	18:0 iso	0	0	0	0	0	0	0	0	0
[76]	18:1 2OH	0	0	0	0	0	0	0	0	0
[77]纤维单胞菌 (Cellulomonas sp.)	18:1ω7c 11-methyl	0	0	0	0	0	0	0	0	0
[78]	20:0 iso	0	0	0	0	0	0	0	0	0
[79]	20:1 ω7c	0	0	0	0	0	0	0	0	0
总和		478269	681986	749156	571749	939584	758634	703599	559696	422944

（2）发酵过程脂肪酸组分析 空白对照组（g4）肉汤实验过程脂肪酸组总和最大值939584（8d），最小值422944（16d），从0~16d脂肪酸组总和开始较低，而后逐渐升高，到8d后逐渐下降，发酵过程总和变化序列为478269（0d）、681986（2d）、749156（4d）、571749（6d）、939584（8d）、758634（10d）、703599（12d）、559696（14d）、422944（16d）。脂肪酸组总和代表着微生物总量，可以看出发酵过程4~12d，微生物含量较高（图4-85）。

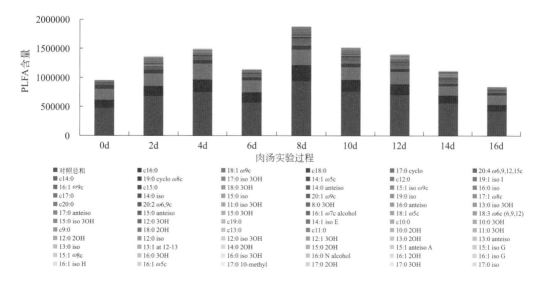

图4-85 空白对照组（g4）肉汤实验过程脂肪酸组分析

（3）脂肪酸组生物标记聚类分析 以表4-69为矩阵，发酵时间为指标，脂肪酸生物标记为样本，用欧氏距离和类平均法对脂肪酸生物标记进行聚类分析，分析结果见表4-70、图4-86。可将脂肪酸生物标记分为4组。

第1组为零标记组，即脂肪酸值为0，到中心距离为RMSTD= 0.0000，包括了c11:0、10:0 2OH、11:0 3OH、12:0 iso 3OH、12:1 3OH、13:0 anteiso、13:1 at 12-13、15:0 2OH、16:0 3OH、16:0 iso 3OH、16:1 2OH、17:0 10-methyl、17:0 2OH、17:0 3OH、17:1ω6c、18:0 10-methyl, TBSA、18:0 iso、18:1 2OH、18:1ω7c 11-methyl、20:0 iso、20:1ω7c。

第2组为高含量标记组，脂肪酸生物标记含量较高，到中心距离 RMSTD=40756.5241，包含了2个生物标记，即c16:0和18:1ω9c标记，代表着细菌和真菌数量。

第3组为低含量标记组，脂肪酸生物标记含量较低，到中心距离 RMSTD= 6598.1559，包含了53个生物标记，即c9:0、c10:0、c12:0、c13:0、c14:0、c15:0、c17:0、c19:0、c20:0、10:0 3OH、11:0 iso 3OH、12:0 2OH、12:0 3OH、12:0 iso、13:0 2OH、13:0 iso、13:0 iso 3OH、14:0 2OH、14:0 anteiso、14:0 iso、14:1 iso E、14:1 ω5c、15:0 3OH、15:0 anteiso、15:0 iso、15:0 iso 3OH、15:1 anteiso A、15:1 iso G、15:1 iso ω9c、15:1 ω8c、16:0 anteiso、16:0 iso、16:0 N alcohol、16:1 iso G、16:1 iso H、16:1 ω5c、16:1 ω7c alcohol、16:1 ω9c、17:0 anteiso、17:0 iso、17:0 iso 3OH、17:1 anteiso ω9c、17:1 ω8c、18:0 2OH、18:0 3OH、18:1 ω5c、18:3 ω6c (6,9,12)、19:0 cyclo ω8c、19:0 iso、19:1 iso I、20:1 ω9c、20:2 ω6,9c、8:0 3OH。芽胞杆菌脂肪酸标记分布在该组的概率较高

第4组为中含量标记组，脂肪酸生物标记含量中等，到中心距离 RMSTD=29375.0597，包含了3个生物标记，即c18:0、17:0 cyclo、20:4 ω6,9,12,15c；代表着原生生物数量。

表4-70 空白对照组（g4）肉汤实验过程脂肪酸生物标记聚类分析

组别	脂肪酸	肉汤实验过程									到中心距离
		0d	2d	4d	6d	8d	10d	12d	14d	16d	
第1组	c11:0	0	0	0	0	0	0	0	0	0	0
	10:0 2OH	0	0	0	0	0	0	0	0	0	0
	11:0 3OH	0	0	0	0	0	0	0	0	0	0
	12:0 iso 3OH	0	0	0	0	0	0	0	0	0	0
	12:1 3OH	0	0	0	0	0	0	0	0	0	0
	13:0 anteiso	0	0	0	0	0	0	0	0	0	0
	13:1 at 12-13	0	0	0	0	0	0	0	0	0	0
	15:0 2OH	0	0	0	0	0	0	0	0	0	0
	16:0 3OH	0	0	0	0	0	0	0	0	0	0
	16:0 iso 3OH	0	0	0	0	0	0	0	0	0	0
	16:1 2OH	0	0	0	0	0	0	0	0	0	0
	17:0 10-methyl	0	0	0	0	0	0	0	0	0	0
	17:0 2OH	0	0	0	0	0	0	0	0	0	0
	17:0 3OH	0	0	0	0	0	0	0	0	0	0
	17:1 ω6c	0	0	0	0	0	0	0	0	0	0

续表

组别	脂肪酸	肉汤实验过程									到中心距离
		0d	2d	4d	6d	8d	10d	12d	14d	16d	
第1组	18:0 10-methyl, TBSA	0	0	0	0	0	0	0	0	0	0
	18:0 iso	0	0	0	0	0	0	0	0	0	0
	18:1 2OH	0	0	0	0	0	0	0	0	0	0
	18:1 ω7c 11-methyl	0	0	0	0	0	0	0	0	0	0
	20:0 iso	0	0	0	0	0	0	0	0	0	0
	20:1ω7c	0	0	0	0	0	0	0	0	0	0
第1组21个样本平均值		0	0	0	0	0	0	0	0	0	RMSTD= 0.0000
第2组	c16:0	136237	170193	218356	173445	277077	204296	187449	133376	111112	57638.429
	18:1 ω9c	187279	215827	273769	209294	266332	219207	209613	162657	161697	57638.429
第2组2个样本平均值		161758	193010	246062	191369	271704	211751	198531	148016	136404	RMSTD= 40756.5241
第3组	c9:0	0	993	0	0	1013	0	0	0	0	7816.9432
	c10:0	490	0	809	694	1108	768	554	281	562	7049.5033
	c12:0	0	0	0	7892	12202	10749	11022	8660	0	16538.634
	c13:0	0	0	244	0	584	966	836	382	0	7529.2071
	c14:0	8225	15344	14090	11714	29630	26640	24248	15545	7510	47337.504
	c15:0	0	2243	3802	5054	8143	4936	6774	3458	2151	6909.2305
	c17:0	0	1465	3504	3336	4871	2478	5035	2299	2910	4225.6131
	c19:0	0	0	992	0	1409	0	572	0	0	7572.0787
	c20:0	2316	3640	2528	2263	3807	3442	1024	2516	1159	2525.4252
	10:0 3OH	518	1132	0	468	1074	590	0	0	0	7343.9137
	11:0 iso 3OH	1563	3991	0	1174	3485	2112	0	658	0	5161.294
	12:0 2OH	0	0	445	0	0	0	0	0	0	8533.7673
	12:0 3OH	0	1248	0	0	1548	782	561	656	0	6720.4716
	12:0 iso	0	0	0	0	0	0	0	0	374	8612.8329
	13:0 2OH	0	0	3119	812	0	0	2850	2916	0	6931.7506
	13:0 iso	0	0	0	0	0	0	659	0	0	8449.3558
	13:0 iso 3OH	883	3056	524	670	2989	1807	0	0	0	5510.69
	14:0 2OH	0	0	0	1414	0	0	0	0	0	8509.9627
	14:0 anteiso	6347	7632	0	0	7689	5621	0	0	0	9389.1664
	14:0 iso	1387	4622	866	1427	4822	2894	892	1903	0	3544.3681
	14:1 iso E	382	1127	0	407	1115	571	0	0	0	7358.7476
	14:1 ω5c	4844	17417	2520	4739	18197	14487	1849	2014	2838	23050.768
	15:0 3OH	1423	1825	0	710	2441	1606	0	0	0	6180.1896
	15:0 anteiso	4618	3107	7544	3156	2874	3590	7066	17045	7791	17249.056
	15:0 iso	0	4936	4373	2144	4450	6723	17876	7021	872	15888.613
	15:0 iso 3OH	0	1678	4758	0	1672	1207	4787	0	0	6126.0328

续表

组别	脂肪酸	0d	2d	4d	6d	8d	10d	12d	14d	16d	到中心距离
第3组	15:1 anteiso A	0	1334	0	0	0	0	0	0	0	8192.2485
	15:1 iso G	771	0	4561	0	0	0	0	0	1006	8274.6378
	15:1 iso ω9c	577	1925	1775	3110	7351	4466	3109	0	3411	5427.7212
	15:1 ω8c	0	0	1573	0	0	0	1627	1358	0	7455.1601
	16:0 anteiso	2759	3215	8623	1819	3125	3947	7230	6538	5131	9189.7151
	16:0 iso	0	4052	0	0	4977	0	2021	9024	0	8021.6312
	16:0 N alcohol	2452	12610	5471	2295	0	0	4108	2940	2326	11109.049
	16:1 iso G	0	0	2788	0	0	0	2523	2564	0	7087.8201
	16:1 iso H	0	489	0	0	0	0	0	0	0	8467.9991
	16:1 ω5c	0	0	0	0	0	0	2850	2376	1710	7470.6883
	16:1 ω7c alcohol	444	4961	0	0	2231	1322	0	0	0	6402.7172
	16:1 ω9c	2007	5791	7068	4858	8358	5538	5973	4608	2445	8249.3144
	17:0 anteiso	3119	1306	11624	2844	2984	4299	9307	12320	4102	15093.902
	17:0 iso	0	0	0	0	0	0	1155	0	0	8320.7654
	17:0 iso 3OH	0	33513	8554	0	19541	16318	1992	0	3479	36633.982
	17:1 anteiso ω9c	0	0	0	0	0	0	2279	0	0	8134.4429
	17:1 ω8c	2681	2517	3807	1926	3825	3053	3256	2172	1231	2420.8973
	18:0 2OH	0	562	1432	0	810	672	0	7640	0	8294.1102
	18:0 3OH	3606	4266	6923	3211	7984	8222	6835	20411	2452	19591.422
	18:1 ω5c	818	1408	747	751	2028	1121	713	0	703	5915.2142
	18:3 ω6c (6,9,12)	1218	6258	3263	1940	2020	1809	2624	1701	1687	4158.7305
	19:0 cycloω8c	357	4830	16932	8640	23692	16497	12698	12226	10451	32580.762
	19:0 iso	846	5916	0	380	3856	5427	0	0	0	6138.6772
	19:1 iso I	0	11293	3760	0	8781	15659	2699	0	0	15551.183
	20:1 ω9c	3451	3552	3352	3203	4247	5081	3682	3476	2918	3715.1794
	20:2 ω6,9c	3901	3611	0	3118	3739	0	0	0	0	7015.1387
	8:0 3OH	753	3519	0	0	3353	872	0	0	0	6136.7662
第3组53个样本平均值		1184.08	3629.89	2686.25	1625.83	4302.36	3514.57	3080.87	2919.02	1306.02	RMSTD= 6598.1559
第4组	c18:0	66012	67866	59433	50111	67194	62754	49595	44300	45993	61538.923
	17:0 cyclo	960	9934	17256	22678	54843	52140	60027	33869	19613	47749.782
	20:4 ω6, 9,12,15c	25025	25782	37971	30052	46113	33965	33629	30786	15310	28914.916
第4组3个样本平均值		30665.7	34527.3	38220	34280.3	56050	49619.7	47750.3	36318.3	26972	RMSTD= 29375.0597

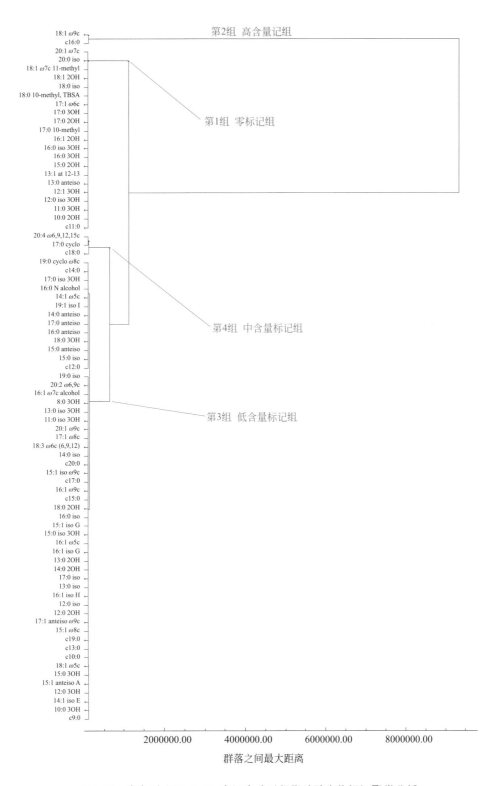

图4-86　空白对照组（g4）肉汤实验过程脂肪酸生物标记聚类分析

（4）发酵过程分组脂肪酸组变化　对聚类分析 4 组的平均值进行方差分析结果见表 4-71。方差分析结果表明发酵过程，不同时间脂肪酸组变化差异显著（$P<0.01$）。空白对照组（g4）肉汤实验过程分组脂肪酸组变化动态见表 4-72，脂肪酸总和在第 1 组零含量 -21 个样本、第 2 组高含量 -2 个样本、第 3 组低含量 -53 个样本、第 4 组中含量 -3 个样本，脂肪酸总和分别为 0、1758608、24248.9、354404。

表4-71　空白对照组（g4）肉汤实验过程脂肪酸组变化方差分析

发酵时间/d	类间均方	误差均方	F值	P值
0	1.7444×10^{10}	48496574	359.6907	1×10^{-7}
2	2.4298×10^{10}	60125219	404.118	1×10^{-7}
4	3.9585×10^{10}	42349348	934.7174	1×10^{-7}
6	2.4257×10^{10}	18064581	1342.815	1×10^{-7}
8	4.8959×10^{10}	30015057	1631.155	1×10^{-7}
10	3.0144×10^{10}	27713414	1087.72	1×10^{-7}
12	2.6635×10^{10}	23523487	1132.287	1×10^{-7}
14	1.4754×10^{10}	23183543	636.387	1×10^{-7}
16	1.2407×10^{10}	27901413	444.6718	1×10^{-7}
自由度 $df=(3, 75)$				

表4-72　空白对照组（g4）肉汤实验过程分组脂肪酸组变化动态

发酵时间/d	第1组零含量-21个样本	第2组高含量-2个样本	第3组低含量-53个样本	第4组中含量-3个样本
0	0	161758	1184.1	30665.7
2	0	193010	3629.9	34527.3
4	0	246062.5	2686.2	38220
6	0	191369.5	1625.8	34280.3
8	0	271704.5	4302.4	56050
10	0	211751.5	3514.6	49619.7
12	0	198531	3080.9	47750.3
14	0	148016.5	2919	36318.3
16	0	136404.5	1306	26972
总和	0	1758608	24248.9	354404

空白对照组（g4）肉汤实验过程分组脂肪酸组数量结构变化动态见图 4-87。脂肪酸分组结构变化特点为高含量、中含量、低含量按一定比例分布在各发酵时间，发酵前含量较低，中期达到高峰，后期逐渐下降。

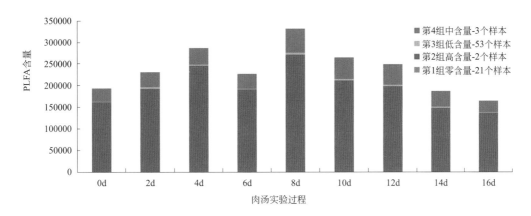

图4-87　空白对照组（g4）肉汤实验过程分组脂肪酸组数量结构变化动态

空白对照组（g4）肉汤实验过程分组脂肪酸组数量变化动态见图4-88，3组脂肪酸变化趋势相近，高含量组在十万级变化，中含量组在万级变化，低含量组在千级变化，在第8天后分组脂肪酸皆为下降状态，低含量组下降最大，中含量组下降最小。

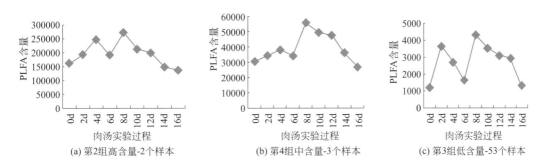

图4-88　空白对照组（g4）肉汤实验过程分组脂肪酸组数量变化动态

四、不同处理组肉汤实验过程特征脂肪酸变化

1．肉汤实验脂肪酸组数量变化

分析结果见图 4-89。肉汤实验过程 16d 脂肪酸总量链霉菌剂组（g2）最高，整合菌剂组（g3）最低；按脂肪酸总量的顺序排列：链霉菌剂组（g2）10080178> 芽胞菌剂组（g1）7489528>空白对照组（g4）5865617≈整合菌剂组（g3）5392443。脂肪酸总量代表着微生物总量。

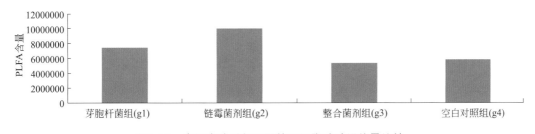

图4-89　肉汤实验过程不同处理组脂肪酸组总量比较

2. 肉汤实验脂肪酸组时间动态

分析结果见图4-90。不同处理组，即芽胞菌剂组（g1）、链霉菌剂组组（g2）、整合菌剂组（g3）、空白对照组（g4），肉汤实验每2天取样1次，对发酵液进行脂肪酸分析，将不同处理组不同发酵时间的脂肪酸总量变化动态做图进行比较。分析结果表明，4组处理皆为抛物线方程，分别为 y（g1）$= -30871x^2 + 352061x + 337295$（$R^2 = 0.6165$）、$y$（g2）$= -38332x^2 + 403574x + 28132$（$R^2 = 0.9625$）、$y$（g3）$= -19273x^2 + 202243x + 198266$（$R^2 = 0.6562$）、$y$（g4）$= -20676x^2 + 198552x + 313711$（$R^2 = 0.663$）。

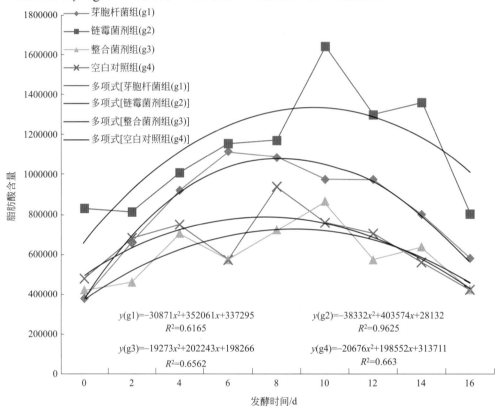

图4-90 不同处理组发酵时间脂肪酸总量变化动态比较

抛物线方程是指抛物线的轨迹方程，是用方程来表示抛物线。在几何平面上可以根据抛物线的方程画出抛物线。抛物线在合适的坐标变换下，也可看成二次函数图像。平面内与一个定点 F 和一条直线 L 的距离相等的点的轨迹叫作抛物线，点 F 叫作抛物线的焦点，直线 L 叫作抛物线的准线，定点 F 不在定直线上。它与椭圆、双曲线的第二定义相仿，仅比值（离心率 e）不同，当 $e=1$ 时为抛物线，当 $0<e<1$ 时为椭圆，当 $e>1$ 时为双曲线。

方程的具体表达式为 $y=ax^2+bx+c$。① $a \neq 0$；② $a>0$，则抛物线开口朝上；$a<0$，则抛物线开口朝下；③极值点，$\left(\dfrac{-b}{2a}, \dfrac{4ac-b^2}{4a}\right)$；④ $\Delta=b^2-4ac$，$\Delta>0$，图像与 x 轴交于两点，$\left(\dfrac{-b-\sqrt{\Delta}}{2a}, 0\right)$ 和 $\left(\dfrac{-b+\sqrt{\Delta}}{2a}, 0\right)$；$\Delta=0$，图像与 x 轴交于一点，$\left(\dfrac{-b}{2a}, 0\right)$；$\Delta<0$，图像与 x 轴

无交点。若抛物线交 y 轴为正半轴，则 $c>0$；若抛物线交 y 轴为负半轴，则 $c<0$。

方程参数生物学意义为，a 为负值开口向下，绝对值的大小代表了曲线顶点的高低；b 代表达到最大值数据变化率的大小，b 值越大达到顶点的时间（x）越长，也即顶点靠后。y（g1）的 $a= -30871$、y（g2）的 $a= -38332$、y（g3）的 $a= -19273$、y（g4）的 $a= -20676$，表明链霉菌剂组（g2）脂肪酸总量峰值最高，其次为芽胞菌剂组（g1），接着为空白对照组（g4），最低为整合菌剂组（g3）。y（g1）的 $b= 352061$、y（g2）的 $b= 403574$、y（g3）的 $b= 202243$、y（g4）的 $b=198552$，表明链霉菌剂组（g2）达到脂肪酸总量峰值的时间最靠后（10d），芽胞菌剂组（g1）次之（8d），其次是整合菌剂组（g3）（4d），空白对照组（g4）在最前（3d）。

3. 肉汤实验直链脂肪酸组变化动态

（1）空白对照组（g4）直链脂肪酸变化动态 测定结果见表4-73。结果表明，空白对照组（g4）肉汤实验过程测定到 12 个直链脂肪酸，即c9:0、c10:0、c11:0、c12:0、c13:0、c14:0、c15:0、c16:0、c17:0、c18:0、c19:0、c20:0；发酵过程中前3个直链脂肪酸总和最高的标记是c16:0（1611541）、c18:0（513258）、c14:0（152946），c11:0 在整个发酵过程含量为0；c17:0代表节杆菌，含量为25898；c18:0代表解氢杆菌，含量为513258。

表4-73 空白对照组（g4）直链脂肪酸变化动态

脂肪酸	空白对照组（g4）肉汤实验过程								
	0d	2d	4d	6d	8d	10d	12d	14d	16d
c9:0	0	993	0	0	1013	0	0	0	0
c10:0	490	0	809	694	1108	768	554	281	562
c11:0	0	0	0	0	0	0	0	0	0
c12:0	0	0	0	7892	12202	10749	11022	8660	0
c13:0	0	0	244	0	584	966	836	382	0
c14:0	8225	15344	14090	11714	29630	26640	24248	15545	7510
c15:0	0	2243	3802	5054	8143	4936	6774	3458	2151
c16:0	136237	170193	218356	173445	277077	204296	187449	133376	111112
c17:0	0	1465	3504	3336	4871	2478	5035	2299	2910
c18:0	66012	67866	59433	50111	67194	62754	49595	44300	45993
c19:0	0	0	992	0	1409	0	572	0	0
c20:0	2316	3640	2528	2263	3807	3442	1024	2516	1159
总和	213280	261744	303758	254509	407038	317029	287109	210817	171397

空白对照组（g4）肉汤实验过程芽胞杆菌直链脂肪酸含量结构变化见图 4-91~ 图 4-93。整个发酵过程直链脂肪酸结构变化差异显著，分别在 4d 和 8d 出现两个高峰（图 4-91），含量位于前 3 位的是 c16:0、c18:0、c14:0（图 4-92）；直链脂肪酸总和变化动态为抛物线形式，

方程为 $y = -9204.5x^2 + 87193x + 125140$（$R^2 = 0.7022$）（图 4-93）。

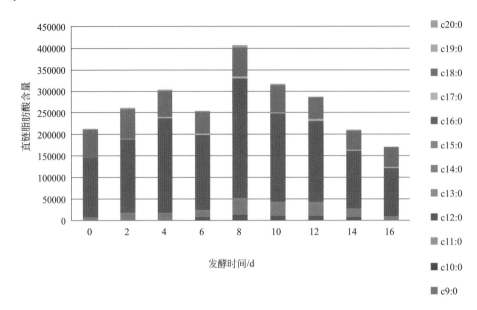

图4-91　空白对照组（g4）肉汤实验过程直链脂肪酸含量结构变化

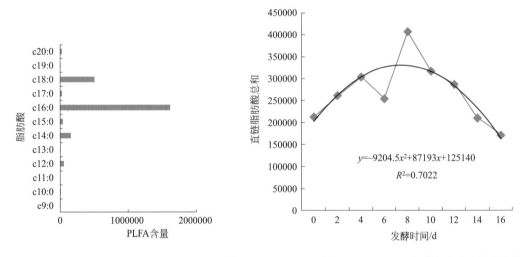

图4-92　空白对照组（g4）直链脂肪酸总量　图4-93　空白对照组（g4）直链脂肪酸总量动态模型

（2）芽胞菌剂组（g1）直链脂肪酸变化动态　测定结果见表4-74。结果表明，芽胞菌剂组（g1）肉汤实验过程测定到 12 个直链脂肪酸，即 c9:0、c10:0、c11:0、c12:0、c13:0、c14:0、c15:0、c16:0、c17:0、c18:0、c19:0、c20:0。发酵过程中前 3 个直链脂肪酸总和最高的标记是 c16:0（2171775）、c18:0（471378）、c14:0（229437）。c11:0 在整个发酵过程含量为 0；c17:0 代表节杆菌，含量为 45439；c18:0 代表解氢杆菌，含量为 471378。

表4-74　芽胞菌剂组（g1）直链脂肪酸变化动态

脂肪酸	芽胞菌剂组（g1）肉汤实验过程								
	0d	2d	4d	6d	8d	10d	12d	14d	16d
c9:0	0	0	0	644	0	0	0	0	0
c10:0	368	821	1015	0	488	0	0	0	206
c11:0	0	0	0	0	0	0	0	0	0
c12:0	0	0	0	0	4850	5863	0	7118	0
c13:0	0	0	675	189	1123	334	1203	0	498
c14:0	4003	14007	26502	37611	38082	28403	44677	22284	13868
c15:0	5279	3762	13787	19876	25590	21215	21595	12203	9342
c16:0	86143	195950	296941	320904	313156	282457	288679	231527	156018
c17:0	0	3683	6821	6415	5757	6756	5857	4923	5227
c18:0	46356	64083	63572	75129	49946	50760	43979	47834	29719
c19:0	466	0	0	0	2163	1372	696	0	0
c20:0	1145	1168	1619	3800	2728	2727	979	1966	1965
总和	143760	283474	410932	464568	443883	399887	407665	327855	216843

　　芽胞菌剂组（g1）肉汤实验过程芽胞杆菌直链脂肪酸含量结构变化见图4-94~ 图4-95。整个发酵过程直链脂肪酸结构变化差异显著，在6d出现1个高峰（图4-94），含量位于前3位的是c16:0、c18:0、c14:0（图4-95）；直链脂肪酸总和变化动态为抛物线形式，方程为 $y = -17041x^2 + 176315x + 2376.6$（$R^2 = 0.9499$）（图4-95）。

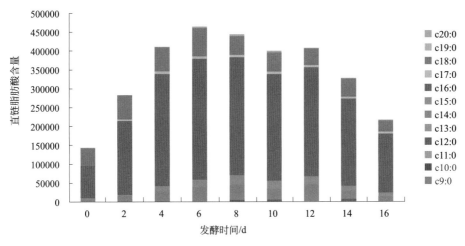

图4-94　芽胞菌剂组（g1）肉汤实验过程直链脂肪酸含量结构变化

　　（3）链霉菌剂组（g2）直链脂肪酸变化动态　测定结果见表4-75。结果表明，链霉菌剂组（g2）肉汤实验过程测定到12个直链脂肪酸，即c9:0、c10:0、c11:0、c12:0、c13:0、c14:0、c15:0、c16:0、c17:0、c18:0、c19:0、c20:0。发酵过程中前3个直链脂肪酸总和最高的标记是c16:0（2297728）、c14:0（328225）、c18:0（323125），整个发酵过程未出现含量为 0 的标记。c17:0 代表节杆菌，含量为 47509；c18:0 代表解氢杆菌，含量为 323125。

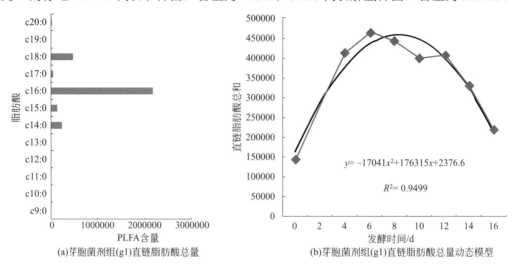

(a)芽胞菌剂组(g1)直链脂肪酸总量

(b)芽胞菌剂组(g1)直链脂肪酸总量动态模型

图4-95　芽胞菌剂组（g1）直链脂肪酸总量及动态模型

表4-75　链霉菌剂组（g2）直链脂肪酸变化动态

脂肪酸	链霉菌剂组（g2）肉汤实验过程								
	0d	2d	4d	6d	8d	10d	12d	14d	16d
c9:0	0	0	0	0	756	0	0	202	0
c10:0	464	640	987	779	0	754	486	1002	659
c11:0	0	0	0	0	0	0	0	0	380
c12:0	0	9060	11452	12354	14519	17291	11995	14565	17823
c13:0	0	0	442	625	1560	1045	1247	1042	829
c14:0	10213	14228	29992	37155	84334	44312	42535	45242	20214
c15:0	5970	4646	10759	15572	16658	25153	16076	16556	9541
c16:0	144822	178128	260259	285658	296432	421026	261112	287212	163079
c17:0	1424	2880	4778	5924	4609	9796	6135	7096	4867
c18:0	50025	42696	35773	34255	29130	43254	29876	37098	21018
c19:0	0	0	0	0	0	499	0	0	0
c20:0	3984	3369	3511	3437	4191	4289	4525	5121	2928
总和	216902	255647	357953	395759	452189	567419	373987	415136	241338

　　链霉菌剂组（g2）肉汤实验过程直链脂肪酸含量结构变化见图 4-96～图 4-98。整个发酵过程直链脂肪酸结构变化差异显著，在 10d 出现 1 个高峰（图 4-96），含量位于前 3 位的是 c16:0、c14:0、c18:0（图 4-97）；直链脂肪酸总和变化动态为抛物线形式，方程为 $y = -14878x^2 + 161777x + 26281$（$R^2 = 0.7728$）（图 4-98）。

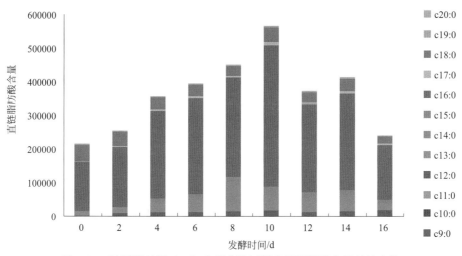

图4-96　链霉菌剂组（g2）肉汤实验过程直链脂肪酸含量结构变化

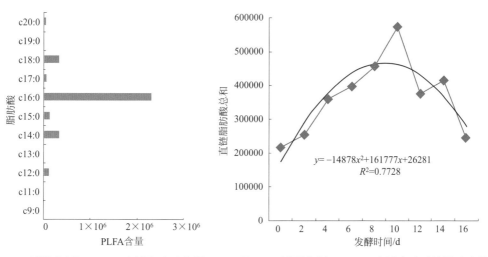

图4-97　链霉菌剂组（g2）直链脂肪酸总量　　　图4-98　链霉菌剂组（g2）直链脂肪酸总量动态模型

（4）整合菌剂组（g3）直链脂肪酸变化动态　　测定结果见表4-76。结果表明，整合菌剂组（g3）肉汤实验过程测定到 12 个直链脂肪酸，即 c9:0、c10:0、c11:0、c12:0、c13:0、c14:0、c15:0、c16:0、c17:0、c18:0、c19:0、c20:0。发酵过程中前 3 个直链脂肪酸总和最高的标记是 c16:0（1290236）、c18:0（253268）、c14:0（141309），c11:0 整个发酵过程含量为 0。c17:0 代表节杆菌，含量为 32554；c18:0 代表解氢杆菌含量为 253268。

表4-76　整合菌剂组（g3）直链脂肪酸变化动态

脂肪酸	整合菌剂组（g3）肉汤实验过程								
	0d	2d	4d	6d	8d	10d	12d	14d	16d
c9:0	0	0	1208	0	0	0	0	1687	0

脂肪酸	整合菌剂组（g3）肉汤实验过程								
	0d	2d	4d	6d	8d	10d	12d	14d	16d
c10:0	0	140	0	0	331	0	0	0	568
c11:0	0	0	0	0	0	0	0	0	0
c12:0	0	5424	0	3773	0	0	0	0	0
c13:0	0	0	385	1159	245	0	404	0	847
c14:0	5972	7067	22470	19704	21168	22115	13708	18455	10650
c15:0	0	1885	11923	14018	10778	11918	9868	9741	6563
c16:0	106624	105586	152727	151864	207622	196418	131911	137736	99748
c17:0	0	0	6574	4595	4789	5358	4322	3813	3103
c18:0	61421	32501	31005	12181	21709	28488	20393	25477	20093
c19:0	1787	1951	1912	771	784	1453	866	684	0
c20:0	2415	2973	4021	0	526	3450	1914	2966	1788
总和	178219	157527	232225	208065	267952	269200	183386	200559	143360

整合菌剂组（g3）肉汤实验过程直链脂肪酸含量结构变化见图4-99~图4-101。整个发酵过程直链脂肪酸结构变化差异显著，在8~10d出现高峰（图4-99），含量位于前3位的是c16:0、c18:0、c14:0（图4-100）；直链脂肪酸总和变化动态为抛物线形式，方程为 $y = -5721.4x^2 + 56433x + 103513$（$R^2 = 0.6289$）（图4-101）。

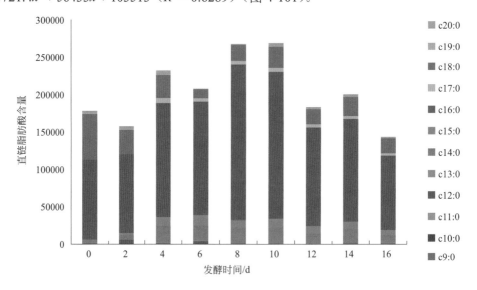

图4-99　整合菌剂组（g3）肉汤实验过程直链脂肪酸含量结构变化

4. 肉汤实验支链脂肪酸组变化动态

（1）不同处理组支链脂肪酸总和比较　分析结果见表4-77、图4-102。从不同处理看，支链脂肪酸总和链霉菌剂组（g2）>芽胞菌剂组（g1）>整合菌剂组（g3）≈空白对照组（g4）（图

4-102）。从发酵时间看，考察肉汤实验支链脂肪酸总和变化动态，0d 开始，随着发酵进程支链脂肪酸含量逐步升高，到 10d 左右达到峰值，随后逐步下降，到 16d 降到低值（表4-77）。

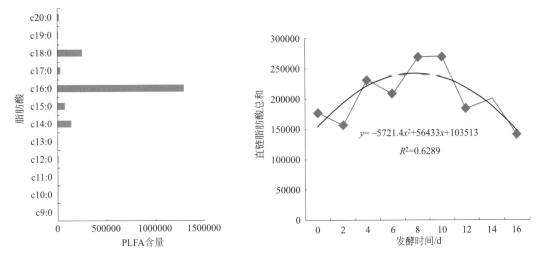

图4-100　整合菌剂组（g3）直链脂肪酸总量　　　图4-101　整合菌剂组（g3）直链脂肪酸总量动态模型

表4-77　不同处理组支链脂肪酸总和比较

处理组	肉汤实验过程								
	0d	2d	4d	6d	8d	10d	12d	14d	16d
芽胞菌剂组（g1）	234164	372322	509911	651505	641754	576198	568192	472836	363779
链霉菌剂组（g2）	613249	556299	650555	759330	718458	1074999	925021	945314	560623
整合菌剂组（g3）	244083	303852	473755	366007	456040	598423	390224	438243	281323
空白对照组（g4）	264989	420242	445398	317240	532546	441605	416490	348879	251547
总和	1356485	1652715	2079619	2094082	2348798	2691225	2299927	2205272	1457272

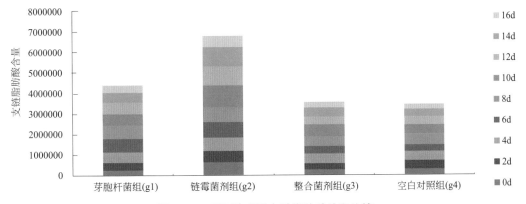

图4-102　不同处理组支链脂肪酸总和比较

不同处理组肉汤实验支链脂肪酸总和变化动态见图 4-103。不同处理组肉汤实验支链脂肪酸总和到达峰值的时间和数量差异显著，链霉菌剂组（g2）支链脂肪酸总和呈抛物线变化，峰值最高，出现在发酵的第 10 天，支链脂肪酸总和达 1074999，方程为 $y(g2) = -15993x^2 + 190284x + 311014$（$R^2 = 0.4837$）；芽孢菌剂组（g1）支链脂肪酸总和呈抛物线变化，峰值次之，出现在发酵的第 6 天，支链脂肪酸总和达 651505，方程为 $y(g1) = -21290x^2 + 227258x + 25756$（$R^2 = 0.9586$）；整合菌剂组（g3）和空白对照组（g4）支链脂肪酸总和峰值相近，较低，皆为抛物线型，前者峰值（598423）出现在第 10 天，后者峰值（532546）出现在第 8 天，方程分别为 $y(g3) = -13552x^2 + 145810x + 94753$（$R^2 = 0.6417$）、$y(g4) = -11471x^2 + 111358x + 188571$（$R^2 = 0.5982$）。

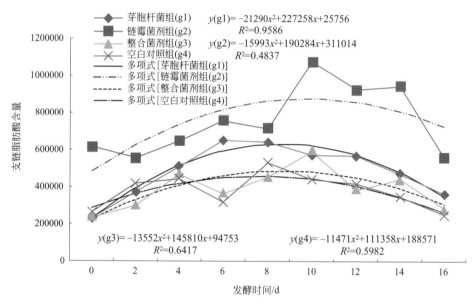

图4-103　不同处理组肉汤实验过程中支链脂肪酸总和变化动态

（2）不同处理组前 5 位支链脂肪酸含量比较

①空白对照组（g4）肉汤实验过程支链脂肪酸前 5 位含量动态变化见表 4-78、图 4-104。空白对照组（g4）肉汤实验过程前 5 位支链脂肪酸包括了 18:1ω9c（代表真菌）、20:4ω6,9,12,15c（代表原生生物）、17:0 cyclo（代表革兰氏阴性细菌）、19:0 cycloω8c（代表伯克氏菌）、17:0 iso 3OH（代表革兰氏阴性细菌）。肉汤实验 16 天 9 次采样的总和分别为 1905675、278633、271320、106323、83397；1 个真菌标记超过 1 个原生生物标记和 3 个细菌标记的总和，表明肉汤实验过程空白对照组（g4），真菌起的作用较大，其次为原生生物，再次为细菌。

表4-78　空白对照组（g4）肉汤实验过程支链脂肪酸前5位含量动态变化

前5位支链脂肪酸	肉汤实验过程								
	0d	2d	4d	6d	8d	10d	12d	14d	16d
18:1ω9c	187279	215827	273769	209294	266332	219207	209613	162657	161697
20:4ω6,9,12,15c	25025	25782	37971	30052	46113	33965	33629	30786	15310
17:0 cyclo	960	9934	17256	22678	54843	52140	60027	33869	19613

前5位支链脂肪酸	肉汤实验过程								
	0d	2d	4d	6d	8d	10d	12d	14d	16d
19:0 cycloω8c	357	4830	16932	8640	23692	16497	12698	12226	10451
17:0 iso 3OH	0	33513	8554	0	19541	16318	1992	0	3479
总和	213621	289886	354482	270664	410521	338127	317959	239538	210550

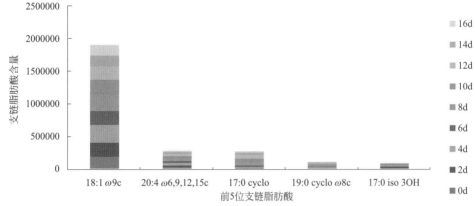

图4-104　空白对照组（g4）肉汤实验过程前5位支链脂肪酸含量比较

②芽胞菌剂组（g1）肉汤实验过程支链脂肪酸前5位含量动态变化见表4-79、图4-105。芽胞菌剂组（g1）肉汤实验过程前5位支链脂肪酸包括了18:1ω9c（代表真菌）、17:0 cyclo（代表革兰氏阴性细菌）、15:0 anteiso（代表芽胞杆菌）、15:0 iso（代表芽胞杆菌）、20:4ω6,9,12,15c（代表原生生物），肉汤实验16天9次采样的总和分别为2010348、555854、315877、199241、136791。真菌标记含量占有绝对优势，在第6天达到峰值（279399）；革兰氏阴性细菌标记含量次之，在第8天达到峰值（100103）；芽胞杆菌标记第三，15:0 anteiso第10天达到峰值（46812），15:0 iso则在第8天达到峰值（29890）；原生生物标记最小，在第4天达到峰值（21210）；表明肉汤实验过程芽胞菌剂组（g1），真菌起的作用较大，其次为革兰氏阴性细菌，第三为芽胞杆菌，最后为原生生物。

表4-79　芽胞菌剂组（g1）肉汤实验过程支链脂肪酸前5位含量动态变化

前5位支链脂肪酸	肉汤实验过程								
	0d	2d	4d	6d	8d	10d	12d	14d	16d
18:1ω9c	121455	236078	271332	279399	242923	263293	201072	239154	155642
17:0 cyclo	1293	20624	74029	68656	100103	70453	135136	51609	33951
15:0 anteiso	11525	19825	26118	24640	43480	46812	41860	46575	55042
15:0 iso	1336	6857	16642	27181	29890	28816	32901	33184	22434
20:4ω6,9,12,15c	11887	34361	21210	19589	15412	6986	17618	5947	3781
总和	147496	317745	409331	419465	431808	416360	428587	376469	270850

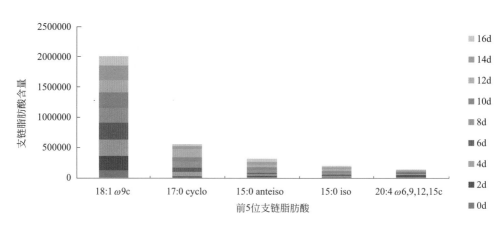

图4-105　芽胞菌剂组（g1）肉汤实验过程支链脂肪酸前5位含量动态变化

③链霉菌剂组（g2）肉汤实验过程支链脂肪酸前 5 位含量动态变化见表 4-80、图 4-106。链霉菌剂组（g2）肉汤实验过程前 5 位支链脂肪酸包括了 18:1ω9c（代表真菌）、16:0 iso（代表革兰氏阳性细菌）、17:0 cyclo（代表革兰氏阴性细菌）、15:0 anteiso（代表芽胞杆菌）、17:0 anteiso（代表芽胞杆菌），肉汤实验 16 天 9 次采样的总和分别为 2854011、988220、702307、469640、225866。真菌标记含量占有绝对优势，在第 10 天达到峰值（428057）；17:0 cyclo 代表革兰氏阴性细菌标记含量次之，在第 10 天达到峰值（194521）；16:0 iso 代表革兰氏阳性细菌第三，在第 10 天达到峰值（149103）；芽胞杆菌标记第四，15:0 anteiso 第 12 天达到峰值（86393），17:0 anteiso 则在第 10 天达到峰值（35881）；表明肉汤实验过程链霉菌剂组（g2），真菌起的作用较大，其次为革兰氏细菌，第三为芽胞杆菌。

表4-80　链霉菌剂组（g2）肉汤实验过程支链脂肪酸前5位含量动态变化

前5位支链脂肪酸	肉汤实验过程								
	0d	2d	4d	6d	8d	10d	12d	14d	16d
18:1ω9c	280097	293686	340375	364181	299715	428057	297534	342485	207881
16:0 iso	105763	65639	89237	112406	93105	149103	132630	146436	93901
17:0 cyclo	3624	11435	34995	54707	83248	194521	131497	128085	60195
15:0 anteiso	35933	22717	38648	51740	42589	71498	86393	65355	54767
17:0 anteiso	25094	14531	18152	21484	19572	35881	34278	31680	25194
15:0 iso	11627	7712	15138	19566	18277	35106	33964	34514	20107
总和	462138	415722	536549	624090	556514	914176	716308	748569	462061

④整合菌剂组（g3）肉汤实验过程支链脂肪酸前 5 位含量动态变化见表 4-81、图 4-107。整合菌剂组（g3）肉汤实验过程前 5 位支链脂肪酸包括了 18:1ω9c（代表真菌）、15:0 anteiso（代表芽胞杆菌）、17:0 cyclo（代表革兰氏阴性细菌）、15:0 iso（代表芽胞杆菌）、16:0 iso（代表革兰氏阳性细菌），肉汤实验 16 天 9 次采样的支链脂肪酸总和分别为 1405941、364434、355375、154969、117760；18:1ω9c 真菌标记含量占有绝对优势，在第 8 天达到峰值（198286）；15:0 anteiso 和 15:0 iso 指示着芽胞杆菌标记含量次之，15:0 anteiso 第 10 天达到峰值（81593），

15:0 iso 第 10 天达到峰值（39473）；17:0 cyclo 指示革兰氏阴性细菌标记含量第三，在第 8 天达到峰值（79463）；16:0 iso 指示细菌标记含量最少，在第 10 天达到峰值（44543）；表明肉汤实验过程整合菌剂组（g3），真菌起的作用较大，其次为芽胞杆菌，接着为革兰氏阴性细菌。

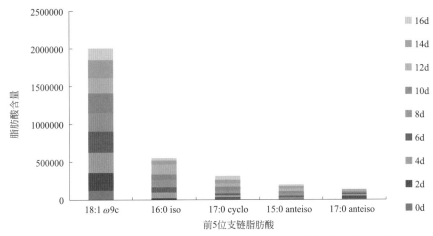

图4-106　链霉菌剂组（g2）肉汤实验过程支链脂肪酸前5位含量动态变化

表4-81　整合菌剂组（g3）肉汤实验过程支链脂肪酸前5位含量动态变化

前5位支链脂肪酸	肉汤发酵过程								
	0d	2d	4d	6d	8d	10d	12d	14d	16d
18:1ω9c	150173	146706	184969	124359	198286	194370	164966	142112	100000
17:0 cyclo	1018	10323	32591	71207	79463	51390	35471	37235	36677
15:0 anteiso	3010	19336	40779	48979	44196	81593	41234	46657	38650
15:0 iso	0	4527	15250	8044	22127	39473	19673	26543	19332
16:0 iso	0	0	6031	0	8953	44543	22147	21671	14415

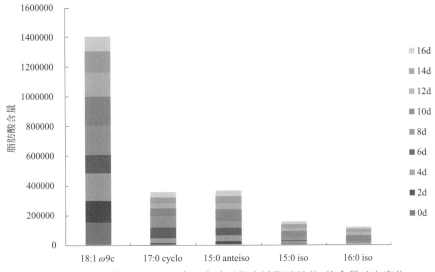

图4-107　整合菌剂组（g3）肉汤实验过程支链脂肪酸前5位含量动态变化

5. 肉汤实验芽胞杆菌特征脂肪酸变化动态

（1）发酵过程芽胞杆菌特征脂肪酸变化动态测定　芽胞杆菌特有的 15:0 anteiso、15:0 iso、17:0 anteiso、17:0 iso 脂肪酸生物标记占了芽胞杆菌脂肪酸总量的 87%，作为指示发酵过程芽胞杆菌含量的标记，分析结果见表 4-82~ 表 4-85。

①芽胞菌剂组（g1）肉汤实验过程 15:0 anteiso、15:0 iso、17:0 anteiso、17:0 iso 脂肪酸生物标记总和分别为 315877、199241、114857、37879（表 4-82），前 2 个标记大于后 2 个标记；从芽胞杆菌脂肪酸标记分布的结构看，以第 6 天为界限，发酵 0d、2d、4d、6d 含量较低，分别为 23857、33023、51053、60877，发酵 8d、10d、12d、14d、16d 的标记总和升高，分别为 100148、102664、96931、100555、98746（图 4-108），体现出前低后高的特征。

表4-82　芽胞菌剂处理组（g1）肉汤实验过程芽胞杆菌脂肪酸生物标记测定

发酵时间/d	脂肪酸生物标记				总和
	15:0 anteiso	15:0 iso	17:0 anteiso	17:0 iso	
0	11525	1336	10753	243	23857
2	19825	6857	4506	1835	33023
4	26118	16642	4767	3526	51053
6	24640	27181	5099	3957	60877
8	43480	29890	21625	5153	100148
10	46812	28816	19521	7515	102664
12	41860	32901	16476	5694	96931
14	46575	33184	13983	6813	100555
16	55042	22434	18127	3143	98746
总和	315877	199241	114857	37879	

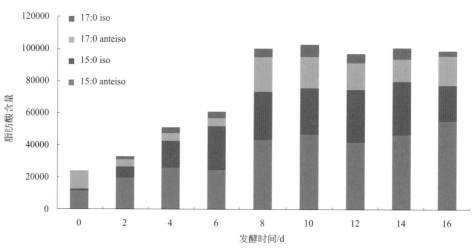

图4-108　芽胞菌剂处理组（g1）肉汤实验过程芽胞杆菌特征脂肪酸生物标记变化动态

②链霉菌剂组（g2）肉汤实验过程 15:0 anteiso、15:0 iso、17:0 anteiso、17:0 iso 脂肪酸

生物标记总和分别为 469640、196011、225866、53378（表 4-83），相较于芽胞菌剂组（g1）17:0 anteiso 含量增加，排名第 2 位；从芽胞杆菌脂肪酸标记分布的结构看，以第 8 天为界限，发酵 0d、2d、4d、6d、8d 含量较低，分别为 78564、49239、77663、98248、84663，发酵 10d、12d、14d、16d 的标记总和升高，分别为 151333、161135、139350、104700（图 4-109），体现出前低后高的特征，与芽胞菌剂组（g1）比较标记总和提升的时间推后 2d。

表4-83　链霉菌剂组（g2）肉汤实验过程芽胞杆菌脂肪酸生物标记测定

发酵时间/d	脂肪酸生物标记				总和
	15:0 anteiso	15:0 iso	17:0 anteiso	17:0 iso	
0	35933	11627	25094	5910	78564
2	22717	7712	14531	4279	49239
4	38648	15138	18152	5725	77663
6	51740	19566	21484	5458	98248
8	42589	18277	19572	4225	84663
10	71498	35106	35881	8848	151333
12	86393	33964	34278	6500	161135
14	65355	34514	31680	7801	139350
16	54767	20107	25194	4632	104700
总和	469640	196011	225866	53378	

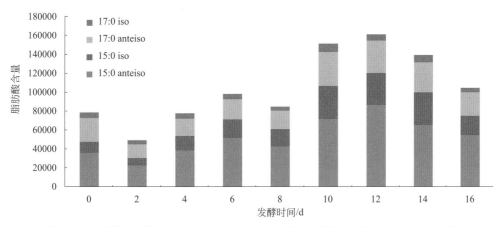

图4-109　链霉菌剂处理组（g2）肉汤实验过程芽胞杆菌特征脂肪酸生物标记变化

③整合菌剂组（g3）肉汤实验过程 15:0 anteiso、15:0 iso、17:0 anteiso、17:0 iso 脂肪酸生物标记总和分别为 364434、154969、96004、23182（表 4-84），前 2 个标记大于后 2 个标记；从芽胞杆菌脂肪酸标记分布的结构看，0~16d 脂肪酸总和分别为：6077、39958、63324、73732、81667、140390、78076、85986、69379（图 4-110），0~8d 标记含量较低，第 10 天出现一个高峰（140390），12~16d 标记含量下降，这一特征与芽胞菌剂组（g1）和链霉菌剂组（g2）前低后高的特征差异较大。

表4-84　整合菌剂组（g3）肉汤实验过程芽胞杆菌脂肪酸生物标记测定

发酵时间/d	脂肪酸生物标记				总和
	15:0 anteiso	15:0 iso	17:0 anteiso	17:0 iso	
0	3010	0	3067	0	6077
2	19336	4527	16095	0	39958
4	40779	15250	6088	1207	63324
6	48979	8044	15480	1229	73732
8	44196	22127	13177	2167	81667
10	81593	39473	14779	4545	140390
12	41234	19673	12363	4806	78076
14	46657	26543	8539	4247	85986
16	38650	19332	6416	4981	69379
总和	364434	154969	96004	23182	

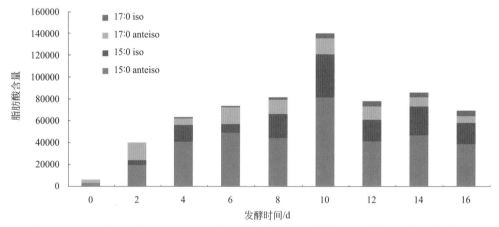

图4-110　整合菌剂处理组（g3）肉汤实验过程芽胞杆菌特征脂肪酸生物标记变化动态

④空白对照组（g4）肉汤实验过程 15:0 anteiso、15:0 iso、17:0 anteiso、17:0 iso 脂肪酸生物标记总和分别为 56791、48395、51905、1155（表 4-85），15:0 anteiso 含量大于 17:0 anteiso 和 17:0 iso；从芽胞杆菌脂肪酸标记分布的结构看，第 4 天（23541）和第 12～14 天（35404～36386）出现 2 个高峰，峰值与 g1、g2、g3 的峰值相比较，下降到 1/4~1/3；其余发酵时间内标记含量较低，范围在 7737~14612（图 4-111），体现出与处理组较人差异。

表4-85　空白对照组（g4）肉汤实验过程芽胞杆菌脂肪酸生物标记测定

发酵时间/d	脂肪酸生物标记				总和
	15:0 anteiso	15:0 iso	17:0 anteiso	17:0 iso	
0	4618	0	3119	0	7737
2	3107	4936	1306	0	9349
4	7544	4373	11624	0	23541
6	3156	2144	2844	0	8144
8	2874	4450	2984	0	10308

续表

发酵时间/d	脂肪酸生物标记				总和
	15:0 anteiso	15:0 iso	17:0 anteiso	17:0 iso	
10	3590	6723	4299	0	14612
12	7066	17876	9307	1155	35404
14	17045	7021	12320	0	36386
16	7791	872	4102	0	12765
总和	56791	48395	51905	1155	

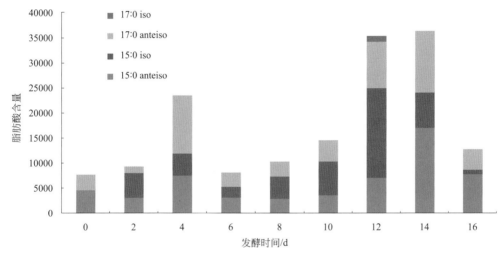

图4-111　空白对照处理组（g4）肉汤实验过程芽胞杆菌特征脂肪酸生物标记变化动态

（2）发酵过程芽胞杆菌特征脂肪酸变化动态比较　不同处理组芽胞杆菌特征脂肪酸生物标记（15:0 anteiso+15:0 iso+17:0 anteiso+17:0 iso）总和统计见表4-86，曲线动态见图4-112。结果表明，肉汤实验过程 g2- 链霉菌剂组（944895）特征脂肪酸总量最高，约为空白对照组（g4）的 5.97 倍；芽胞菌剂组（g1）（667854）次之，约为空白对照组（g4）的 4.2 倍；整合菌剂组（g3）（638589）第三，约为空白对照组（g4）的 4.0 倍；空白对照组（g4）（158246）最低。表明肉汤实验添加不同菌剂，对芽胞杆菌数量产生显著影响，并非添加芽胞杆菌菌剂，就能提高芽胞杆菌数量，添加链霉菌剂组剂增加芽胞杆菌数量能力超过添加芽胞杆菌菌剂；添加整合菌剂也能提高芽胞杆菌数量。添加菌剂通过干扰肉汤实验液微生物群落结构，达到提升芽胞杆菌数量的目的。

表4-86　不同处理肉汤实验过程芽胞杆菌脂肪酸生物标记总和

发酵时间/d	脂肪酸生物标记（15:0 anteiso+15:0 iso+17:0 anteiso+17:0 iso）			
	芽胞菌剂组（g1）	链霉菌剂组（g2）	整合菌剂组（g3）	空白对照组（g4）
0	23857	78564	6077	7737
2	33023	49239	39958	9349
4	51053	77663	63324	23541
6	60877	98248	73732	8144

续表

发酵时间/d	脂肪酸生物标记（15:0 anteiso+15:0 iso+17:0 anteiso+17:0 iso）			
	芽胞菌剂组（g1）	链霉菌剂组（g2）	整合菌剂组（g3）	空白对照组（g4）
8	100148	84663	81667	10308
10	102664	151333	140390	14612
12	96931	161135	78076	35404
14	100555	139350	85986	36386
16	98746	104700	69379	12765
总和	667854	944895	638589	158246

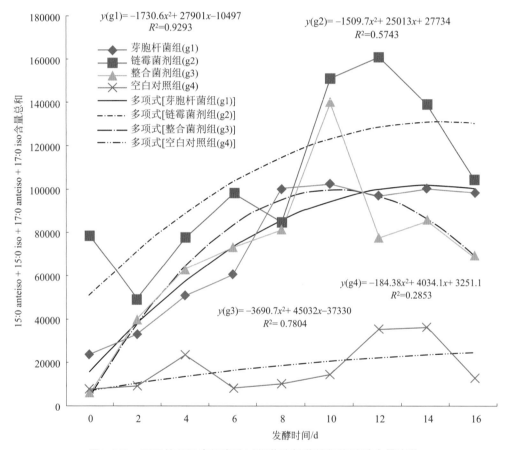

图4-112 不同处理组肉汤实验过程芽胞杆菌特征脂肪酸含量变化

不同处理组肉汤实验过程芽胞杆菌特征脂肪酸含量变化差异显著，链霉菌剂组（g2）芽胞杆菌特征脂肪酸含量峰值最高（第12天，161135），曲线方程为 y（g2）$= -1509.7x^2 + 25013x + 27734$（$R^2 = 0.5743$）；整合菌剂组（g3）峰值次之（第10天，140390），曲线方程为 y（g3）$= -3690.7x^2 + 45032x - 37330$（$R^2 = 0.7804$）；芽胞菌剂组（g1）峰值第三（第10天，102664），曲线方程为 y（g1）$= -1730.6x^2 + 27901x - 10497$（$R^2 = 0.9293$）；g4- 空白对照组（g4）峰值最低（第14天，36386），曲线方程为 y（g4）$= -184.38x^2 + 4034.1x + 3251.1$（$R^2 = 0.2853$）。

6. 肉汤实验细菌标志脂肪酸标记（c16:0）变化动态

脂肪酸生物标记 c16:0 存在于所有的细菌种，作为细菌标志脂肪酸标记指示着细菌群落数量的变化；不同处理组肉汤实验脂肪酸生物标记 c16:0 变化动态存在显著差异，芽胞菌剂组（g1）、链霉菌剂组（g2）、整合菌剂组（g3）、空白对照组（g4）肉汤实验过程脂肪酸生物标记 c16:0 总和分别为 2171775、2297728、1290236、1611541。前两组含量较高，表明细菌总量较高，后两组含量较低，表明细菌总量较低（表4-87）。芽胞菌剂组（g1）c16:0 峰值（320904）在第 6 天，随着发酵进程呈抛物线变动，方程为 $y（g1）= -12373x^2 + 129248x - 13129$（$R^2 = 0.9413$）；链霉菌剂组（g2）c16:0 峰值（421026）在第 10 天，随着发酵进程呈抛物线变动，方程为 $y（g2）= -11076x^2 + 119720x + 7455.6$（$R^2 = 0.7368$）；整合菌剂组（g3）c16:0 峰值（207622）在第 8 天，随着发酵进程呈抛物线变动，方程为 $y（g3）= -5269.1x^2 + 53889x + 40770$（$R^2 = 0.723$）；空白对照组（g4）c16:0 峰值（277077）在第 8 天，随着发酵进程呈抛物线变动，方程为 $y（g4）= -6665.4x^2 + 62622x + 77021$（$R^2 = 0.7148$）（图4-113）。

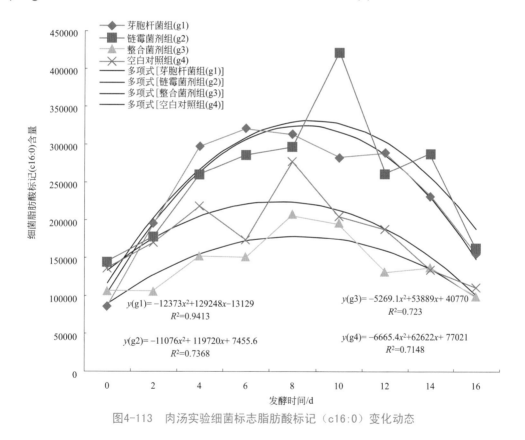

图4-113　肉汤实验细菌标志脂肪酸标记（c16:0）变化动态

表4-87　肉汤实验细菌脂肪酸标记（c16:0）变化动态

处理组	肉汤实验过程									小计
	0d	2d	4d	6d	8d	10d	12d	14d	16d	
芽胞菌剂组（g1）	86143	195950	296941	320904	313156	282457	288679	231527	156018	2171775

续表

处理组	肉汤实验过程									小计
	0d	2d	4d	6d	8d	10d	12d	14d	16d	
链霉菌剂组（g2）	144822	178128	260259	285658	296432	421026	261112	287212	163079	2297728
整合菌剂组（g3）	106624	105586	152727	151864	207622	196418	131911	137736	99748	1290236
空白对照组（g4）	136237	170193	218356	173445	277077	204296	187449	133376	111112	1611541
小计	473826	649857	928283	931871	1094287	1104197	869151	789851	529957	

7. 肉汤实验真菌特征脂肪酸标记（18:1ω9c）变化动态

脂肪酸生物标记 18:1ω9c 指示着真菌，作为真菌标志脂肪酸标记指示着真菌群落数量的变化。不同处理组肉汤实验脂肪酸生物标记 18:1ω9c 变化动态存在显著差异，芽胞菌剂组（g1）、链霉菌剂组（g2）、整合菌剂组（g3）、空白对照组（g4）肉汤实验过程脂肪酸生物标记 18:1ω9c 总和分别为 2010348、2854011、1424119、1905675，前两组含量较高，表明真菌总量较高，后两组含量较低，表明真菌总量较低（表 4-88）。芽胞菌剂组（g1）18:1ω9c 峰值（279399）在第 6 天，随着发酵进程呈抛物线变动，方程为 $y（g1）= -7335.6x^2 + 73179x + 89773$（$R^2 = 0.7115$）；链霉菌剂组（g2）18:1ω9c 峰值（428057）在第 10 天，随着发酵进程呈抛物线变动，方程为 $y（g2）= -6979.5x^2 + 67057x + 202845$（$R^2 = 0.5109$）；整合菌剂组（g3）18:1ω9c 峰值（198286）在第 8 天，随着发酵进程呈抛物线变动，方程为 $y（g3）= -2865.8x^2 + 26796x + 115008$（$R^2 = 0.3979$）；空白对照组（g4）18:1ω9c 峰值（273769）在第 4 天，随着发酵进程呈抛物线变动，方程为 $y（g4）= -4391.2x^2 + 37575x + 162922$（$R^2 = 0.6721$）（图 4-114）。

表4-88　肉汤实验真菌脂肪酸标记（18:1ω9c）变化动态

处理组	肉汤实验过程									小计
	0d	2d	4d	6d	8d	10d	12d	14d	16d	
芽胞菌剂组（g1）	121455	236078	271332	279399	242923	263293	201072	239154	155642	2010348
链霉菌剂组（g2）	280097	293686	340375	364181	299715	428057	297534	342485	207881	2854011
整合菌剂组（g3）	150173	146706	184969	124359	198286	194370	164966	142112	118178	1424119
空白对照组（g4）	187279	215827	273769	209294	266332	219207	209613	162657	161697	1905675
小计	739004	892297	1070445	977233	1007256	1104927	873185	886408	643398	

8. 肉汤实验原生生物脂肪酸标记（20:4ω6,9,12,15c）变化动态

脂肪酸生物标记 20:4ω6,9,12,15c 指示着原生生物种群，作为原生生物标志脂肪酸标记指示着原生生物群落数量的变化。不同处理组肉汤实验脂肪酸生物标记 20:4ω6,9,12,15c 变化动态存在显著差异，芽胞菌剂组（g1）、链霉菌剂组（g2）、整合菌剂组（g3）、空白对照组（g4）肉汤实验过程脂肪酸生物标记 20:4ω6,9,12,15c 总和分别为 136791、60177、66493、278633，链霉菌剂组（g2）和整合菌剂组（g3）含量较低，表明原生生物总量较低；其余两组含量较高，表明原生生物总量较高（表 4-89）。芽胞菌剂组（g1）20:4ω6,9,12,15c 峰值

（34361）在第 2 天，随着发酵进程呈抛物线变动，方程为 y（g1）$= -378.55x^2 + 1494.6x + 19713$（$R^2 = 0.4967$）；链霉菌剂组（g2）20:4$\omega$6,9,12,15c 峰值（11758）在第 0 天，随着发酵进程呈抛物线变动，方程为 y（g2）$= 15.997x^2 - 963.78x + 10999$（$R^2 = 0.6371$）；整合菌剂组（g3）20:4$\omega$6,9,12,15c 峰值（19821）在第 0 天，随着发酵进程呈抛物线变动，方程为 y（g3）$= 284.62x^2 - 4631.6x + 21533$（$R^2 = 0.8969$）；空白对照组（g4）20:4$\omega$6,9,12,15c 峰值（46113）在第 8 天，随着发酵进程呈抛物线变动，方程为 y（g4）$= -1145x^2 + 10973x + 12352$（$R^2 = 0.6926$）（图 4-115）。

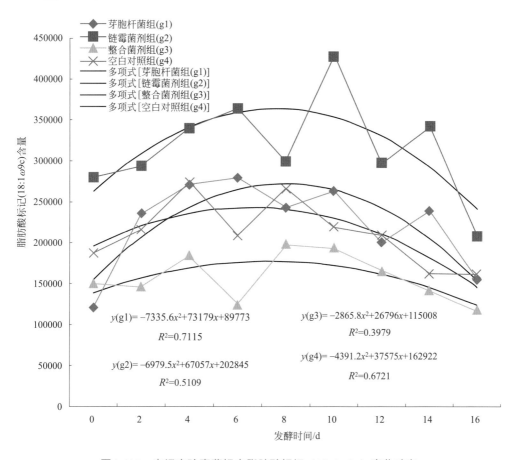

图4-114　肉汤实验真菌标志脂肪酸标记（18:1ω9c）变化动态

表4-89　肉汤实验原生生物脂肪酸标记（20:4ω6,9,12,15c）变化动态

处理组	肉汤实验过程									小计
	0d	2d	4d	6d	8d	10d	12d	14d	16d	
芽胞菌剂组（g1）	11887	34361	21210	19589	15412	6986	17618	5947	3781	136791
链霉菌剂组（g2）	11758	8065	6934	5765	8440	4767	7727	4474	2247	60177
整合菌剂组（g3）	19821	9816	10366	6963	5668	5279	3281	3735	1564	66493
空白对照组（g4）	25025	25782	37971	30052	46113	33965	33629	30786	15310	278633
小计	68491	78024	76481	62369	75633	50997	62255	44942	22902	

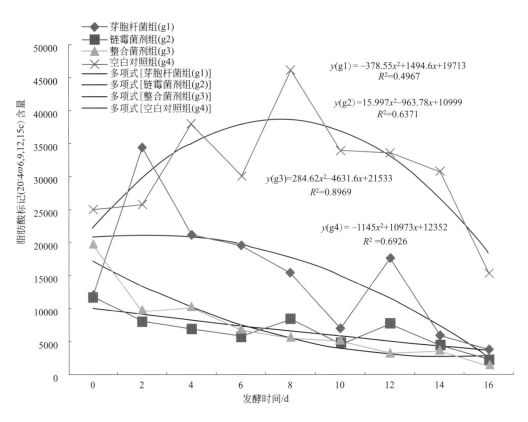

图4-115　肉汤实验原生生物脂肪酸标记（20:4ω6, 9, 12, 15c）变化动态

五、不同处理组肉汤实验脂肪酸培养组变化

1. 肉汤实验脂肪酸培养组聚类分析

以不同处理组肉汤实验脂肪酸组数据为矩阵，以不同处理组的发酵时间为样本，脂肪酸组为指标，马氏距离为尺度，用类平均法进行系统聚类，分析结果见表 4-90、图 4-116。可将不同处理肉汤实验过程分为 4 组，第 1 组为发酵初期和末期混合特征组，将整合菌剂组（g3）和空白对照组（g4）的发酵初期（0d、2d 等）和末期（14d、16d 等）的肉汤实验脂肪酸结构含量分为一组，表明 g3、g4 组发酵的该时期具有同质性，无法分开；第 2 组为发酵中期特征组，将整合菌剂组（g3）和空白对照组（g4）的发酵中期（6d、8d、10d、12d 等）的肉汤实验脂肪酸结构含量分为一组，表明 g3、g4 组发酵的该时期具有同质性，无法分开；第 3 组为芽胞菌剂处理组（g1），包含了芽胞菌剂处理组发酵的 5 个时期，即将 4 d、6 d、8 d、10 d、12 d 的发酵脂肪酸结构含量分为一组，说明添加芽胞菌剂，影响着肉汤实验，形成芽胞杆菌特有的发酵特性；第 4 组为链霉菌剂组（g2），包含了链霉菌处理组发酵的 6 个时期，即将 4 d、6 d、8 d、10 d、12 d、14 d 的发酵脂肪酸结构含量分为一组，说明添加链霉菌剂，影响着肉汤实验，形成链霉菌剂组特有的发酵特性。

表4-90　肉汤实验脂肪酸培养组聚类分析

脂肪酸	第1组13个样本	第2组12个样本	第3组5个样本	第4组6个样本
	平均值	平均值	平均值	平均值
c9:0	154.31	241.25	128.80	159.67
c10:0	526.77	217.92	300.60	668.00
c11:0	29.23	0.00	0.00	0.00
c12:0	5835.85	1488.08	2142.60	13696.00
c13:0	284.92	306.25	704.80	993.50
c14:0	18915.00	12264.75	35055.00	47261.67
c15:0	6905.38	6185.67	20412.60	16795.67
c16:0	196027.85	125756.83	300427.40	301949.83
c17:0	3739.46	2736.92	6321.20	6389.67
c18:0	48677.38	36287.58	56677.20	34897.67
c19:0	400.77	703.08	846.20	83.17
c20:0	2622.69	2098.17	2370.60	4179.00
10:0 2OH	182.54	16.33	64.40	0.00
10:0 3OH	336.00	314.08	214.20	426.50
11:0 3OH	0.00	40.50	0.00	0.00
11:0 iso 3OH	1524.62	1306.75	1626.20	1329.83
12:0 2OH	102.23	225.92	603.00	333.33
12:0 3OH	781.08	644.00	593.40	1399.17
12:0 iso	109.23	31.17	0.00	1735.83
12:0 iso 3OH	178.46	184.17	0.00	93.33
12:1 3OH	276.15	55.58	213.60	117.00
13:0 2OH	758.08	1162.67	606.40	1761.17
13:0 anteiso	162.15	0.00	0.00	1093.00
13:0 iso	541.38	483.92	946.00	1516.83
13:0 iso 3OH	1320.15	1110.08	1070.00	1217.33
13:1 at 12-13	35.38	209.33	0.00	528.67
14:0 2OH	564.85	717.08	923.80	1263.50
14:0 anteiso	2303.85	528.92	2425.20	0.00
14:0 iso	7207.92	5093.33	4257.40	18502.00
14:1 iso E	606.38	364.42	1028.80	748.00
14:1 ω 5c	9174.23	7778.83	10261.00	9008.83
15:0 2OH	0.00	0.00	211.00	0.00
15:0 3OH	652.77	325.00	0.00	0.00
15:0 anteiso	25611.00	27888.83	36582.00	59370.50
15:0 iso	13968.38	10419.33	27086.00	26094.17
15:0 iso 3OH	1565.38	483.33	1736.20	695.67
15:1 anteiso A	102.62	0.00	0.00	0.00
15:1 iso G	1301.62	1421.92	3261.60	283.67

续表

脂肪酸	第1组13个样本	第2组12个样本	第3组5个样本	第4组6个样本
	平均值	平均值	平均值	平均值
15:1 isoω9c	2056.77	730.58	3787.20	0.00
15:1ω8c	368.08	620.08	432.80	1412.83
16:0 3OH	0.00	103.50	501.40	0.00
16:0 anteiso	4852.77	6713.58	10721.00	6810.67
16:0 iso	26881.77	7793.25	4745.00	120486.17
16:0 iso 3OH	0.00	94.33	170.80	0.00
16:0 N alcohol	4419.08	5183.42	12884.80	5705.50
16:1 2OH	0.00	123.75	0.00	144.83
16:1 iso G	457.08	821.42	1513.00	0.00
16:1 iso H	2700.69	281.00	0.00	15455.33
16:1ω5c	700.85	1109.08	2229.20	2936.17
16:1ω7c alcohol	1356.23	632.75	1212.00	1235.33
16:1ω9c	6769.77	4388.58	11475.80	15485.33
17:0 10-methyl	0.00	37.50	0.00	0.00
17:0 2OH	0.00	2278.17	1099.60	0.00
17:0 3OH	0.00	454.67	0.00	0.00
17:0 anteiso	11048.31	9705.75	13497.60	26841.17
17:0 cyclo	38093.69	26184.00	89675.40	104508.83
17:0 iso	2410.46	1654.67	5169.00	6426.17
17:0 iso 3OH	11354.92	6714.42	14339.40	8975.50
17:1 anteisoω9c	1435.77	552.33	645.40	4987.00
17:1ω6c	0.00	14.17	0.00	0.00
17:1ω8c	2937.46	2590.58	4424.80	3912.83
18:0 10-methyl, TBSA	0.00	122.00	1615.00	0.00
18:0 2OH	437.92	1579.33	2286.60	2773.50
18:0 3OH	4165.00	4153.42	8378.00	3434.83
18:0 iso	74.00	124.08	0.00	281.67
18:1 2OH	0.00	386.67	965.80	0.00
18:1ω5c	1443.46	1289.33	1766.20	2936.33
18:1ω7c 11-methyl	0.00	1857.50	0.00	0.00
18:1ω9c	234122.62	151682.75	251603.80	345391.17
18:3ω6c (6,9,12)	3202.85	2465.08	5409.60	3567.67
19:0 cycloω8c	11219.77	8023.58	12655.00	11887.67
19:0 iso	2276.85	1616.00	1517.60	1408.00
19:1 iso I	5124.92	1533.17	6020.60	5943.33
20:0 iso	128.92	0.00	697.40	0.00
20:1ω7c	174.85	56.25	504.00	670.17
20:1ω9c	3839.92	2198.83	4900.60	7237.67

续表

脂肪酸	第1组13个样本	第2组12个样本	第3组5个样本	第4组6个样本
	平均值	平均值	平均值	平均值
20:2ω6,9c	1312.85	629.17	1873.20	0.00
20:4ω6,9,12,15c	21602.85	11861.25	16163.00	6351.17
8:0 3OH	841.00	904.92	921.20	887.67
到中心距离RMSTD	39443.35	27419.00	27860.58	5.3029.75

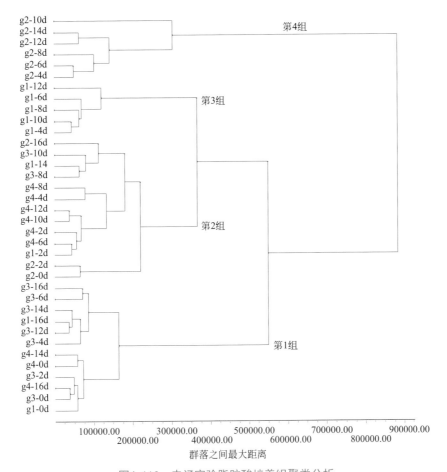

图4-116　肉汤实验脂肪酸培养组聚类分析

不同聚类组的前 10 个含量最高的脂肪酸标记存在显著差异。

第 1 组肉汤实验初期和末期混合特征组，前 10 个含量最高脂肪酸含量见图 4-117，第 1 组前 10 位脂肪酸排序为 18:1ω9c（234122.62）>c16:0（196027.85）>c18:0（48677.38）>17:0 cyclo（38093.69）>16:0 iso（26881.77）>15:0 anteiso（25611.00）>20:4ω6,9,12,15c（21602.85）>c14:0（18915.00）>15:0 iso（13968.38）>17:0 iso 3OH（11354.92）。

第 2 组肉汤实验中期特征组见图 4-118，第 2 组前 10 位脂肪酸排序为 18:1ω9c（151682.75）>c16:0（125756.83）>c18:0（36287.58）>15:0 anteiso（27888.83）>17:0 cyclo（26184.00）>

c14:0（12264.75）>20:4ω6,9,12,15c（11861.25）>15:0 iso（10419.33）>17:0 anteiso（9705.75）>19:0 cycloω8c（8023.58），15:0 anteiso 升为第四位。

第3组肉汤实验芽胞杆菌（g1）特征组见图4-119，第3组前10位脂肪酸排序为c16:0（300427.40）>18:1ω9c（251603.80）>17:0 cyclo（89675.40）>c18:0（56677.20）>15:0 anteiso（36582.00）>c14:0（35055.00）>15:0 iso（27086.00）>c15:0（20412.60）>20:4ω6,9,12,15c（16163.00）>17:0 iso 3OH（14339.40），结构上形成自己的特点。

第4组肉汤实验链霉菌剂组（g2）特征组见图4-120，第4组前10位脂肪酸排序为18:1ω9c（345391.17）>c16:0（301949.83）>16:0 iso（120486.17）>17:0 cyclo（104508.83）>15:0 anteiso（59370.50）>c14:0（47261.67）>c18:0（34897.67）>17:0 anteiso（26841.17）>15:0 iso（26094.17）>14:0 iso（18502.00），结构上形成自己的特点。

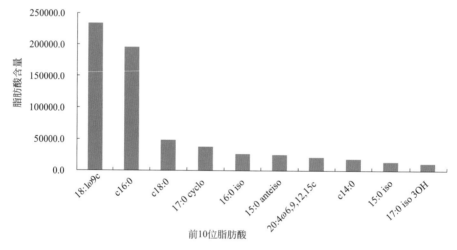

图4-117 第1组肉汤实验初期和末期混合特征组

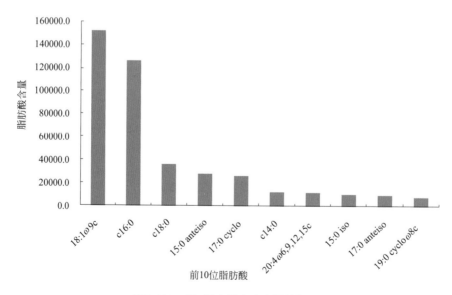

图4-118 第2组肉汤实验中期特征组

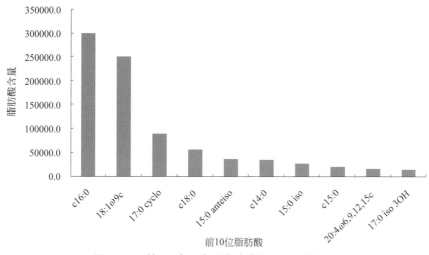

图4-119 第3组肉汤实验芽胞菌剂（g1）特征组

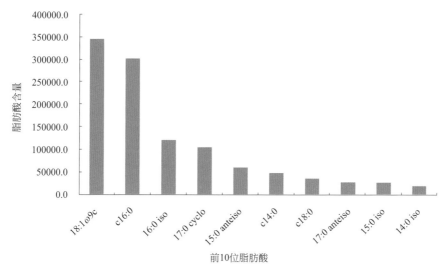

图4-120 第4组肉汤实验链霉菌剂组（g2）特征组

2. 芽胞菌剂组（g1）支链脂肪酸培养组聚类分析

以芽胞杆菌处理组（g1）肉汤实验过程支链脂肪酸数据为矩阵，对支链脂肪酸培养组进行分析，以支链脂肪酸为样本，发酵时间为指标，马氏距离为尺度，用类平均法进行支链脂肪酸培养组系统聚类分析；分析结果见表4-91、图4-121。芽胞菌剂组（g1）肉汤实验支链脂肪酸培养组聚类分析，结果表明，可将支链脂肪酸培养组分为4组。

表4-91 芽胞菌剂组（g1）肉汤实验支链脂肪酸培养组聚类分析参数

组别	支链脂肪酸	肉汤实验过程									到中心距离
		0d	2d	4d	6d	8d	10d	12d	14d	16d	
第1组	18:1 ω9c	121455.00	236078.00	271332.00	279399.00	242923.00	263293.00	201072.00	239154.00	155642.00	584531.76

组别	支链脂肪酸	肉汤实验过程									到中心距离
		0d	2d	4d	6d	8d	10d	12d	14d	16d	
第1组	17:0 cyclo	1293.00	20624.00	74029.00	68656.00	100103.00	70453.00	135136.00	51609.00	33951.00	126714.56
	15:0 anteiso	11525.00	19825.00	26118.00	24640.00	43480.00	46812.00	41860.00	46575.00	55042.00	36990.94
	15:0 iso	1336.00	6857.00	16642.00	27181.00	29890.00	28816.00	32901.00	33184.00	22434.00	38962.29
	20:4 ω6,9,12,15c	11887.00	34361.00	21210.00	19589.00	15412.00	6986.00	17618.00	5947.00	3781.00	66175.96
	17:0 anteiso	10753.00	4506.00	4767.00	5099.00	21625.00	19521.00	16476.00	13983.00	18127.00	68501.98
	19:0 cycloω8c	2249.00	4006.00	12136.00	11599.00	17609.00	11803.00	10128.00	9336.00	5194.00	74413.37
	16:1ω9c	1167.00	3092.00	5745.00	10974.00	14019.00	10725.00	15916.00	6908.00	5030.00	77970.62
	16:0 iso	1105.00	3526.00	3288.00	7870.00	2213.00	7657.00	2697.00	16088.00	19126.00	85801.00
	20:1 ω9c	2785.00	3349.00	4596.00	5250.00	5997.00	3829.00	4831.00	3318.00	2674.00	91704.59
	18:3 ω6c (6,9,12)	2411.00	2098.00	3044.00	3859.00	11899.00	3774.00	4472.00	825.00	1169.00	92489.39
	15:0 iso 3OH	0.00	0.00	0.00	2407.00	6274.00	0.00	0.00	0.00	0.00	100844.21
第1组12个样本平均值		13997.17	28193.50	36908.92	38876.92	42620.33	39472.42	40258.92	35577.25	26847.50	RMSTD=97211.61
第2组	17:0 iso 3OH	0.00	0.00	9303.00	32671.00	19277.00	10446.00	0.00	3951.00	4360.00	27173.86
	16:0 N alcohol	4004.00	3484.00	6954.00	12277.00	23761.00	8236.00	13196.00	0.00	2374.00	18597.15
	16:0 anteiso	7366.00	2435.00	3158.00	5347.00	18082.00	15105.00	11913.00	2890.00	5354.00	17309.23
	14:1 ω5c	2266.00	3779.00	7933.00	26188.00	5657.00	7919.00	3608.00	8403.00	5774.00	18973.13
	18:0 3OH	2320.00	6762.00	5347.00	0.00	13444.00	10527.00	12572.00	0.00	4231.00	15697.03
	14:0 iso	1134.00	1989.00	3196.00	8672.00	3105.00	2459.00	3855.00	4448.00	3769.00	6970.32
	17:1 ω8c	1626.00	1984.00	3422.00	4183.00	4661.00	5023.00	4835.00	3004.00	3424.00	7041.07
	19:1 iso I	0.00	0.00	601.00	14557.00	6077.00	3917.00	4951.00	590.00	0.00	6891.26
	15:1 isoω9c	0.00	341.00	0.00	10426.00	0.00	0.00	8510.00	0.00	0.00	11593.05
	18:0 2OH	1728.00	0.00	0.00	0.00	6081.00	3836.00	1516.00	0.00	0.00	11869.44
	18:1 ω5c	2209.00	797.00	1401.00	3204.00	2360.00	1272.00	594.00	817.00	0.00	11349.47
	14:0 anteiso	0.00	0.00	0.00	12126.00	0.00	0.00	0.00	0.00	0.00	12379.17
	18:0 10-methyl, TBSA	0.00	0.00	0.00	4709.00	3366.00	0.00	0.00	0.00	0.00	12906.02
第2组13个样本平均值		1742.54	1659.31	3178.08	9973.15	8247.23	5546.62	5042.31	1854.08	2252.77	RMSTD=7718.77
第3组	17:0 iso	243.00	1835.00	3526.00	3957.00	5153.00	7515.00	5694.00	6813.00	3143.00	12226.68
	18:1 ω7c 11-methyl	22290.00	0.00	0.00	0.00	0.00	0.00	0.00	0.00	0.00	21076.70
	15:1 iso G	0.00	564.00	2429.00	5886.00	3999.00	3994.00	0.00	1001.00	1629.00	6620.50
	20:2 ω6,9c	0.00	4470.00	4205.00	5161.00	0.00	0.00	0.00	2129.00	0.00	6775.35
	16:1 ω5c	0.00	0.00	2655.00	0.00	2325.00	3305.00	2861.00	2568.00	2094.00	5299.10
	17:0 2OH	8875.00	0.00	0.00	5498.00	0.00	0.00	0.00	0.00	0.00	8594.97
	11:0 iso 3OH	0.00	949.00	1905.00	4499.00	656.00	1071.00	0.00	1584.00	522.00	3504.01
	16:1 iso G	1825.00	0.00	0.00	0.00	2440.00	2715.00	2410.00	0.00	0.00	3730.50
	19:0 iso	0.00	0.00	1056.00	6532.00	0.00	0.00	0.00	926.00	0.00	5209.62

组别	支链脂肪酸	肉汤实验过程									到中心距离
		0d	2d	4d	6d	8d	10d	12d	14d	16d	
第3组	16:1 ω7c alcohol	0.00	0.00	1205.00	4855.00	0.00	0.00	0.00	1434.00	0.00	3801.02
	13:0 iso 3OH	0.00	0.00	1428.00	3922.00	0.00	0.00	0.00	996.00	1033.00	3085.21
	13:0 iso	0.00	0.00	1115.00	0.00	1569.00	1045.00	1001.00	1759.00	788.00	2700.47
	14:1 iso E	0.00	360.00	660.00	1580.00	1420.00	601.00	883.00	388.00	417.00	1632.91
	13:0 2OH	3073.00	0.00	0.00	0.00	0.00	0.00	3032.00	0.00	0.00	3823.35
	8:0 3OH	0.00	672.00	1794.00	2812.00	0.00	0.00	0.00	574.00	0.00	2458.59
	17:0 3OH	5456.00	0.00	0.00	0.00	0.00	0.00	0.00	0.00	0.00	4792.29
	20:0 iso	0.00	1676.00	1429.00	2058.00	0.00	0.00	0.00	0.00	0.00	2533.79
	12:0 3OH	0.00	515.00	892.00	2075.00	0.00	0.00	0.00	508.00	970.00	2040.84
	18:1 2OH	0.00	0.00	0.00	0.00	0.00	4829.00	0.00	0.00	0.00	4710.00
	14:0 2OH	0.00	0.00	0.00	0.00	1787.00	2832.00	0.00	0.00	0.00	3360.97
	15:1 ω8c	1613.00	0.00	0.00	0.00	0.00	2164.00	0.00	0.00	0.00	2880.90
	12:1 3OH	0.00	1064.00	1068.00	0.00	0.00	0.00	0.00	809.00	667.00	2694.71
	17:1 anteiso ω9c	0.00	0.00	322.00	2905.00	0.00	0.00	0.00	0.00	0.00	2454.91
	12:0 2OH	0.00	0.00	0.00	0.00	1139.00	850.00	1026.00	0.00	0.00	2570.29
	20:1 ω7c	0.00	0.00	0.00	2520.00	0.00	0.00	0.00	0.00	0.00	2383.84
	16:0 3OH	0.00	0.00	0.00	0.00	1432.00	611.00	464.00	0.00	0.00	2625.03
	10:0 3OH	0.00	324.00	0.00	1071.00	0.00	0.00	0.00	0.00	0.00	2311.61
	13:1 at 12-13	0.00	0.00	0.00	0.00	0.00	0.00	0.00	0.00	1060.00	2890.35
	15:0 2OH	0.00	0.00	0.00	0.00	0.00	1055.00	0.00	0.00	0.00	2674.68
	16:0 iso 3OH	0.00	0.00	0.00	0.00	854.00	0.00	0.00	0.00	0.00	2746.54
	10:0 2OH	0.00	0.00	0.00	0.00	322.00	0.00	0.00	317.00	0.00	2711.87
	17:1 ω6c	170.00	0.00	0.00	0.00	0.00	0.00	0.00	0.00	0.00	2759.20
第3组32个样本平均值		1360.78	388.41	802.78	1729.09	721.75	950.72	610.47	681.44	385.09	RMSTD= 2902.29
第4组	11:0 3OH	0.00	0.00	0.00	0.00	0.00	0.00	0.00	0.00	0.00	0.00
	12:0 iso	0.00	0.00	0.00	0.00	0.00	0.00	0.00	0.00	0.00	0.00
	12:0 iso 3OH	0.00	0.00	0.00	0.00	0.00	0.00	0.00	0.00	0.00	0.00
	13:0 anteiso	0.00	0.00	0.00	0.00	0.00	0.00	0.00	0.00	0.00	0.00
	15:0 3OH	0.00	0.00	0.00	0.00	0.00	0.00	0.00	0.00	0.00	0.00
	15:1 anteiso A	0.00	0.00	0.00	0.00	0.00	0.00	0.00	0.00	0.00	0.00
	16:1 2OH	0.00	0.00	0.00	0.00	0.00	0.00	0.00	0.00	0.00	0.00
	16:1 iso H	0.00	0.00	0.00	0.00	0.00	0.00	0.00	0.00	0.00	0.00
	17:0 10-methyl	0.00	0.00	0.00	0.00	0.00	0.00	0.00	0.00	0.00	0.00
	18:0 iso	0.00	0.00	0.00	0.00	0.00	0.00	0.00	0.00	0.00	0.00
第4组10个样本平均值		0.00	0.00	0.00	0.00	0.00	0.00	0.00	0.00	0.00	RMSTD= 0.00

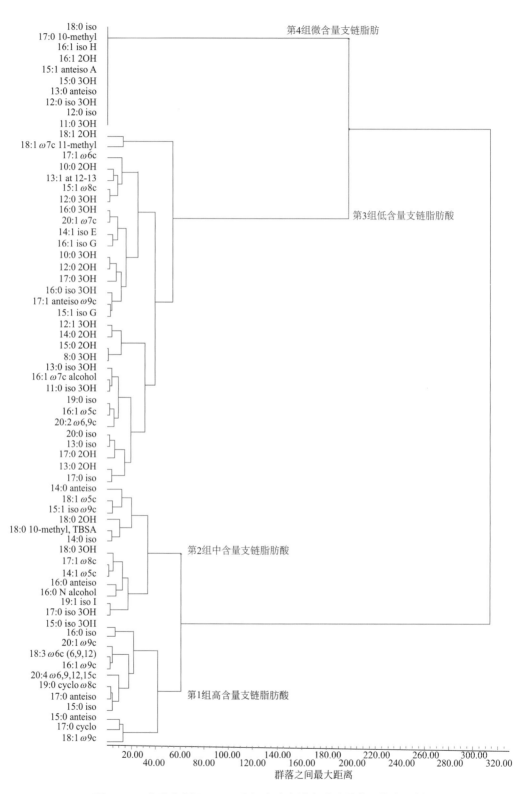

图4-121　芽胞菌剂组（g1）肉汤实验支链脂肪酸培养组聚类分析

第 1 组为高含量支链脂肪酸组，到中心距离 RMSTD= 97211.61，包括了 12 个支链脂肪酸，即 5 个前 5 位支链脂肪酸，即 18:1ω9c、17:0 cyclo、15:0 anteiso、15:0 iso、20:4ω6,9,12,15c，以及 7 个数量动态趋势相同的支链脂肪酸，即 17:0 anteiso、19:0 cycloω8c、16:1ω9c、16:0 iso、20:1ω9c、18:3ω6c (6,9,12)、15:0 iso 3OH。它们的 16 天 9 次取样的平均值分别为 223372、61761.56、35097.44、22137.89、15199、12761.89、9340、8175.111、7063.333、4069.889、3727.889、964.5556。第 1 组 12 个支链脂肪酸肉汤实验过程分布见图 4-122，可以看出高含量组支链脂肪酸在发酵第 4 天～第 14 天含量总和较高，表明支链脂肪酸指示的微生物群落在这个时期发挥的作用较大。

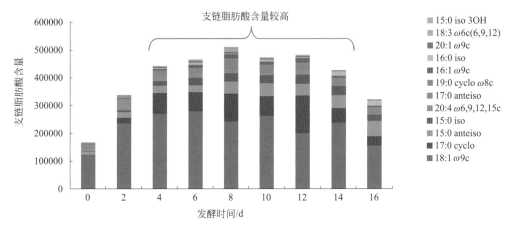

图4-122　芽胞杆菌处理组（g1）第1组12个支链脂肪酸肉汤实验过程分布

第 2 组为中含量支链脂肪组，到中心距离 RMSTD= 7718.77，包括了 13 个支链脂肪，即 5 个前 5 位支链脂肪酸，即 17:0 iso 3OH、16:0 N alcohol、16:0 anteiso、14:1ω5c、18:0 3OH，以及 8 个数量动态趋势相同的支链脂肪酸，即 14:0 iso、17:1ω8c、19:1 iso I、15:1 isoω9c、18:0 2OH、18:1ω5c、14:0 anteiso、18:0 10-methyl, TBSA，它们的 16 天 9 次取样的平均值分别为：8889.78、8254.00、7961.11、7947.44、6133.67、3625.22、3573.56、3410.33、2141.89、1462.33、1406.00、1347.33、897.22。第 2 组 13 个支链脂肪酸肉汤实验过程分布见图 4-123，可以看出中含量组支链脂肪酸在发酵第 6 天～第 8 天含量总和较高，其余较低，表明支链脂肪酸指示的微生物群落在这个时期发挥的作用较大。

第 3 组为低含量支链脂肪组，到中心距离 RMSTD= 2902.29，包括了 32 个支链脂肪，即 5 个前 5 位支链脂肪酸，即 17:0 iso、18:1ω7c 11-methyl、15:1 iso G、20:2ω6,9c、16:1ω5c，以及 27 个数量动态趋势相同的支链脂肪酸，即 17:0 2OH、11:0 iso 3OH、16:1 iso G、19:0 iso、16:1ω7c alcohol、13:0 iso 3OH、13:0 iso、14:1 iso E、13:0 2OH、8:0 3OH、17:0 3OH、20:0 iso、12:0 3OH、18:1 2OH、14:0 2OH、15:1ω8c、12:1 3OH、17:1 anteisoω9c、12:0 2OH、20:1ω7c、16:0 3OH、10:0 3OH、13:1 at 12-13、15:0 2OH、16:0 iso 3OH、10:0 2OH、17:1ω6c，它们的 16 天 9 次取样的平均值分别为 4208.78、2476.67、2166.89、1773.89、1756.44、1597.00、1242.89、1043.33、946.00、832.67、819.89、808.56、701.00、678.33、650.22、606.22、573.67、551.11、536.56、513.22、419.67、400.89、358.56、335.00、280.00、278.56、155.00、117.78、117.22、94.89、71.00、18.89。第 3 组 32 个支链

脂肪酸肉汤实验过程分布见图4-124，可以看出低含量组支链脂肪酸在发酵第0天和第6天含量总和较高，其余较低，表明支链脂肪酸指示的微生物群落在相应的时期发挥的作用较大。

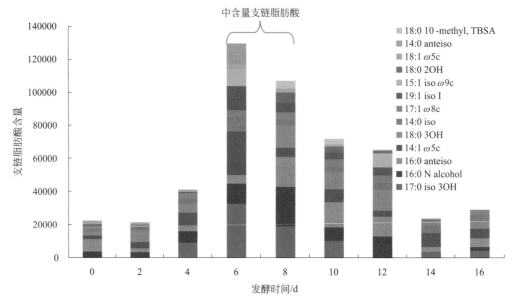

图4-123　芽胞杆菌处理组（g1）第2组13个支链脂肪酸肉汤实验过程分布

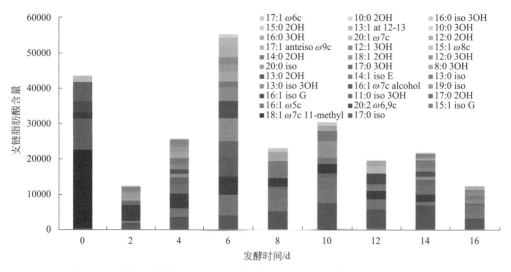

图4-124　芽胞杆菌处理组（g1）第3组32个支链脂肪酸肉汤实验过程分布

第4组为微含量支链脂肪组，到中心距离RMSTD=0，包括了10个支链脂肪，即11:0 3OH、12:0 iso、12:0 iso 3OH、13:0 anteiso、15:0 3OH、15:1 anteiso A、16:1 2OH、16:1 iso H、17:0 10-methyl、18:0 iso。它们的16天9次取样的平均值皆为0。可以看出微含量组支链脂肪酸在发酵过程皆为0，表明该支链脂肪酸指示的微生物群落在相应的时期不发挥作用。

发酵时间聚类分析：对芽胞杆菌处理组（g1）发酵时间的分析，以发酵时间为样本，支链脂肪酸为指标，明可夫斯基距离为尺度，用中位数聚类法进行发酵时间培养组系统聚类分析，分析结果见图4-125。基于67个支链脂肪酸可将发酵过程聚为3组，第1组为微生物成长期，包括了肉汤实验2~14d，支链脂肪酸大量产生；第2组为微生物始末期，包括了肉汤实验0d和16d，指示着微生物生长初期和生长末期，支链脂肪酸含量较低；第3组为微生物高峰期，包括了肉汤实验12d，支链脂肪酸含量最高。

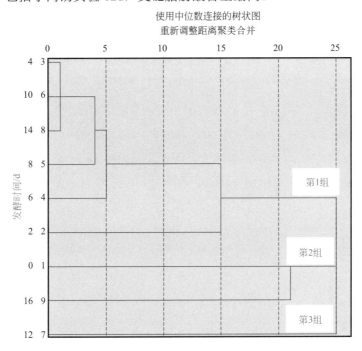

图4-125 芽胞菌剂组（g1）基于支链脂肪酸培养组肉汤实验过程聚类分析

3. 链霉菌剂组（g2）支链脂肪酸培养组聚类分析

以链霉菌剂组处理组（g2）肉汤实验过程支链脂肪酸数据为矩阵，对支链脂肪酸培养组进行分析，以支链脂肪酸为样本，发酵时间为指标，马氏距离为尺度，用类平均法进行支链脂肪酸培养组系统聚类分析；分析结果见表4-92、图4-126。链霉菌剂组（g2）肉汤实验支链脂肪酸培养组聚类分析，结果表明，可将支链脂肪酸培养组分为4组。

表4-92 链霉菌剂组（g2）肉汤实验支链脂肪酸培养组聚类分析参数

组别	脂肪酸	肉汤实验过程									到中心距离
		0d	2d	4d	6d	8d	10d	12d	14d	16d	
第1组	18:1 ω9c	280097.00	293686.00	340375.00	364181.00	299715.00	428057.00	297534.00	342485.00	207881.00	797089.12
	16:0 iso	105763.00	65639.00	89237.00	112406.00	93105.00	149103.00	132630.00	146436.00	93901.00	167592.36
	17:0 cyclo	3624.00	11435.00	34995.00	54707.00	83248.00	194521.00	131497.00	128085.00	60195.00	153343.67
	15:0 anteiso	35933.00	22717.00	38648.00	51740.00	42589.00	71498.00	86393.00	65355.00	54767.00	33470.81
	17:0 anteiso	25094.00	14531.00	18152.00	21484.00	19572.00	35881.00	34278.00	31680.00	25194.00	96393.52
	15:0 iso	11627.00	7712.00	15138.00	19566.00	18277.00	35106.00	33964.00	34514.00	20107.00	104048.94

续表

组别	脂肪酸	肉汤实验过程									到中心距离
		0d	2d	4d	6d	8d	10d	12d	14d	16d	
第1组	14:0 iso	13140.00	8890.00	13433.00	17312.00	16478.00	20004.00	21908.00	21877.00	13625.00	123003.58
	16:1 iso H	12753.00	7629.00	11319.00	14872.00	10908.00	18370.00	19751.00	17512.00	14238.00	129669.39
	16:1 ω9c	6208.00	9623.00	13989.00	15039.00	14479.00	19078.00	14293.00	16034.00	8520.00	132778.19
	19:0 cyclo ω8c	0.00	3149.00	6417.00	7319.00	10024.00	13712.00	18865.00	14989.00	11925.00	142539.86
	16:0 anteiso	4673.00	4567.00	3357.00	4058.00	4280.00	8075.00	14630.00	6464.00	11022.00	152568.37
	20:1ω9c	6966.00	4854.00	8165.00	10165.00	0.00	9147.00	7522.00	8427.00	4945.00	152674.93
第1组12个样本平均值		42156.50	37869.33	49435.42	57737.42	51056.25	83546.00	67772.08	69488.17	43860.00	RMSTD=136903.18
第2组	17:0 iso 3OH	25358.00	14494.00	0.00	10056.00	18427.00	4503.00	5720.00	15147.00	2524.00	22762.51
	14:1 ω5c	11153.00	10568.00	7234.00	6930.00	17883.00	3490.00	4630.00	13886.00	2373.00	13624.63
	16:0 N alcohol	0.00	22046.00	6840.00	6154.00	5443.00	4682.00	6864.00	4250.00	3465.00	17375.76
	19:1 iso I	13779.00	5039.00	903.00	1027.00	6539.00	588.00	16324.00	10279.00	0.00	11988.02
	18:0 2OH	519.00	0.00	397.00	501.00	530.00	975.00	13762.00	476.00	0.00	17655.12
	13:0 anteiso	2108.00	0.00	0.00	3336.00	0.00	3222.00	0.00	0.00	0.00	17697.08
第2组6个样本平均值		8819.50	8691.17	2562.33	4667.33	8137.00	2910.00	7883.33	7339.67	1393.67	RMSTD=9418.81
第3组	20:4 ω6,9,12,15c	11758.00	8065.00	6934.00	5765.00	8440.00	4767.00	7727.00	4474.00	2247.00	17026.79
	17:0 iso	5910.00	4279.00	5725.00	5458.00	4225.00	8848.00	6500.00	7801.00	4632.00	13663.36
	17:1 anteiso ω9c	6074.00	3152.00	5815.00	3718.00	3646.00	5713.00	4839.00	6191.00	5111.00	10529.79
	18:3 ω6c (6,9,12)	1032.00	12866.00	4112.00	3692.00	4695.00	3641.00	3134.00	2132.00	1880.00	12531.96
	17:1 ω8c	2605.00	3142.00	3055.00	3334.00	3210.00	5595.00	4093.00	4190.00	2261.00	6225.83
	18:0 3OH	1375.00	2508.00	2364.00	2437.00	3012.00	3222.00	4967.00	4607.00	0.00	4801.63
	18:1 ω5c	1930.00	2306.00	1879.00	1819.00	3247.00	2967.00	4624.00	3082.00	1507.00	3643.97
	16:1 ω5c	0.00	0.00	0.00	0.00	0.00	5912.00	4089.00	7616.00	1961.00	8075.21
	19:0 iso	5395.00	2416.00	1487.00	1733.00	3116.00	0.00	0.00	2112.00	0.00	4914.10
	12:0 iso	0.00	0.00	2731.00	3525.00	0.00	2312.00	1847.00	0.00	1420.00	4591.21
	12:0 3OH	805.00	922.00	626.00	758.00	1991.00	804.00	2729.00	1487.00	939.00	1913.66
	13:0 iso 3OH	1894.00	1788.00	601.00	628.00	2386.00	753.00	0.00	2936.00	0.00	2761.72
	11:0 iso 3OH	1502.00	1195.00	1407.00	1337.00	3205.00	0.00	0.00	2030.00	0.00	3146.33
	13:0 2OH	0.00	0.00	0.00	883.00	0.00	3246.00	6438.00	0.00	0.00	6107.26
	14:0 2OH	2736.00	0.00	0.00	0.00	3305.00	0.00	1322.00	2954.00	0.00	3712.29
	13:0 iso	387.00	0.00	1550.00	1313.00	1467.00	1486.00	1375.00	1910.00	740.00	2194.58
	16:1 ω7c alcohol	2612.00	0.00	0.00	0.00	3861.00	0.00	0.00	3551.00	0.00	4526.68
	15:1 ω8c	0.00	0.00	0.00	0.00	1521.00	2344.00	2750.00	1862.00	557.00	3098.20

续表

组别	脂肪酸	肉汤实验过程									到中心距离
		0d	2d	4d	6d	8d	10d	12d	14d	16d	
第3组	15:0 iso 3OH	3586.00	1194.00	0.00	0.00	1550.00	0.00	0.00	2624.00	0.00	3851.28
	14:1 iso E	526.00	1887.00	652.00	700.00	1172.00	255.00	784.00	925.00	0.00	2873.78
	8:0 3OH	787.00	0.00	841.00	611.00	2912.00	0.00	0.00	962.00	0.00	3752.41
	15:1 iso G	1164.00	1212.00	0.00	0.00	0.00	0.00	0.00	1702.00	1297.00	3761.59
	20:1 ω7c	0.00	0.00	577.00	0.00	0.00	1109.00	908.00	1427.00	0.00	3630.08
	13:1 at 12-13	0.00	0.00	0.00	0.00	0.00	748.00	2424.00	0.00	460.00	4161.05
	10:0 3OH	0.00	385.00	490.00	766.00	0.00	0.00	460.00	843.00	395.00	3928.53
	18:0 iso	962.00	0.00	0.00	0.00	0.00	962.00	728.00	0.00	0.00	4076.39
	12:0 2OH	0.00	0.00	408.00	0.00	0.00	303.00	1289.00	0.00	534.00	4217.13
	12:1 3OH	955.00	762.00	702.00	0.00	0.00	0.00	0.00	0.00	0.00	4274.98
	15:1 iso ω9c	0.00	1149.00	0.00	0.00	0.00	0.00	0.00	0.00	0.00	4636.66
	10:0 2OH	459.00	492.00	0.00	0.00	0.00	0.00	0.00	0.00	0.00	4594.63
	16:1 2OH	0.00	0.00	0.00	0.00	0.00	0.00	869.00	0.00	0.00	4582.94
	12:0 iso 3OH	0.00	0.00	0.00	0.00	0.00	0.00	560.00	0.00	0.00	4669.75
第3组32个样本平均值		1701.69	1553.75	1311.12	1202.41	1780.03	1718.34	2014.25	2106.81	810.66	RMSTD=3203.54
第4组	11:0 3OH	0.00	0.00	0.00	0.00	0.00	0.00	0.00	0.00	0.00	0.00
	14:0 anteiso	0.00	0.00	0.00	0.00	0.00	0.00	0.00	0.00	0.00	0.00
	15:0 2OH	0.00	0.00	0.00	0.00	0.00	0.00	0.00	0.00	0.00	0.00
	15:0 3OH	0.00	0.00	0.00	0.00	0.00	0.00	0.00	0.00	0.00	0.00
	15:1 anteiso A	0.00	0.00	0.00	0.00	0.00	0.00	0.00	0.00	0.00	0.00
	16:0 3OH	0.00	0.00	0.00	0.00	0.00	0.00	0.00	0.00	0.00	0.00
	16:0 iso 3OH	0.00	0.00	0.00	0.00	0.00	0.00	0.00	0.00	0.00	0.00
	16:1 iso G	0.00	0.00	0.00	0.00	0.00	0.00	0.00	0.00	0.00	0.00
	17:0 10-methyl	0.00	0.00	0.00	0.00	0.00	0.00	0.00	0.00	0.00	0.00
	17:0 2OH	0.00	0.00	0.00	0.00	0.00	0.00	0.00	0.00	0.00	0.00
	17:0 3OH	0.00	0.00	0.00	0.00	0.00	0.00	0.00	0.00	0.00	0.00
	17:1 ω6c	0.00	0.00	0.00	0.00	0.00	0.00	0.00	0.00	0.00	0.00
	18:0 10-methyl, TBSA	0.00	0.00	0.00	0.00	0.00	0.00	0.00	0.00	0.00	0.00
	18:1 2OH	0.00	0.00	0.00	0.00	0.00	0.00	0.00	0.00	0.00	0.00
	18:1 ω7c 11-methyl	0.00	0.00	0.00	0.00	0.00	0.00	0.00	0.00	0.00	0.00
	20:0 iso	0.00	0.00	0.00	0.00	0.00	0.00	0.00	0.00	0.00	0.00
	20:2 ω6, 9c	0.00	0.00	0.00	0.00	0.00	0.00	0.00	0.00	0.00	0.00
第4组17个样本平均值		0.00	0.00	0.00	0.00	0.00	0.00	0.00	0.00	0.00	RMSTD=0.00

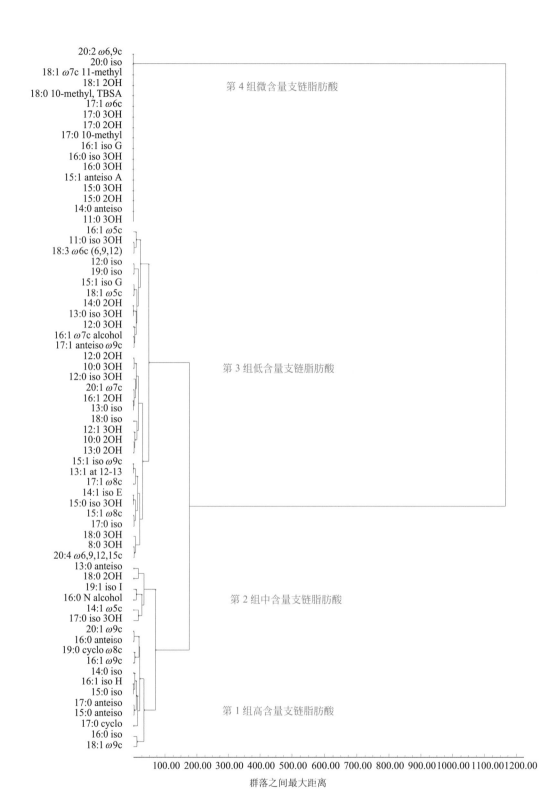

图4-126　链霉菌剂组（g2）肉汤实验支链脂肪酸培养组聚类分析

第 1 组为高含量支链脂肪酸组，到中心距离 RMSTD= 136903.18，包括了 12 个支链脂肪酸，即 18:1ω9c、16:0 iso、17:0 cyclo、15:0 anteiso、17:0 anteiso、15:0 iso、14:0 iso、16:1 iso H、16:1ω9c、19:0 cycloω8c、16:0 anteiso、20:1ω9c。它们的 16 天 9 次取样的平均值分别为 317112.33、109802.22、78034.11、52182.22、25096.22、21779、16296.33、14150.22、13029.22、96000、6791.78、6687.89。第 1 组 12 个支链脂肪酸肉汤实验过程分布见图 4-127，可以看出高含量组支链脂肪酸在发酵第 10 天～第 14 天含量总和较高，表明支链脂肪酸指示的微生物群落在这个时期发挥的作用较大。

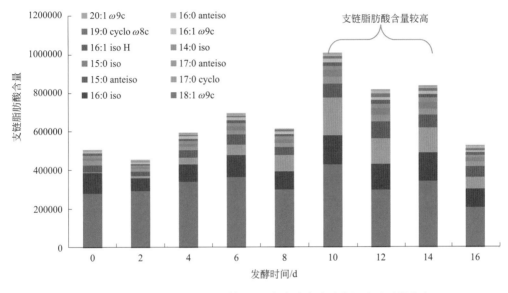

图4-127　链霉菌剂组（g2）第1组12个支链脂肪酸肉汤实验过程分布

第 2 组为中含量支链脂肪组，到中心距离 RMSTD= 9418.81，包括了 6 个支链脂肪酸，即 17:0 iso 3OH、14:1ω5c、16:0 N alcohol、19:1 iso I、18:0 2OH、13:0 anteiso；它们的 16 天 9 次取样的平均值分别为：10692.11、8683.00、6638.22、6053.11、1906.67、962.89。第 2 组 6 个支链脂肪酸肉汤实验过程分布见图 4-128，可以看出中含量组支链脂肪酸肉汤实验过程呈波动变化，在发酵 0d、2d、8d、12d、14d 含量总和较高，表明支链脂肪酸指示的微生物群落在这个时期发挥的作用较大。

第 3 组为低含量支链脂肪组，到中心距离 RMSTD=3203.54，包括 32 个支链脂肪，即 5 个前 5 位支链脂肪酸 20:4 ω6,9,12,15c、17:0 iso、17:1 anteiso ω9c、18:3 ω6c (6,9,12)、17:1 ω8c 和 27 个数量动态趋势相同的支链脂肪酸 18:0 3OH、18:1 ω5c、16:1 ω5c、19:0 iso、12:0 iso、12:0 3OH、13:0 iso 3OH、11:0 iso 3OH、13:0 2OH、14:0 2OH、13:0 iso、16:1 ω7c alcohol、15:1 ω8c、15:0 iso 3OH、14:1 iso E、8:0 3OH、15:1 iso G、20:1 ω7c、13:1 at 12-13、10:0 3OH、18:0 iso、12:0 2OH、12:1 3OH、15:1 iso ω9c、10:0 2OH、16:1 2OH、12:0 iso 3OH，它们的 16 天 9 次取样的平均值分别为 6686.33、5930.89、4917.67、4131.56、3498.33、2721.33、2595.67、2175.33、1806.56、1315.00、1229.00、1220.67、1186.22、1174.11、1146.33、1136.44、1113.78、1003.78、994.89、766.78、679.22、597.22、446.78、

403.56、371.00、294.67、281.56、268.78、127.67、105.67、96.56、62.22。第3组32个支链脂肪酸肉汤实验过程分布见图4-129，可以看出低含量组支链脂肪酸肉汤实验过程呈波动变化，在发酵8 d、10 d、12 d、14 d含量总和较高，表明支链脂肪酸指示的微生物群落在这个时期发挥的作用较大。

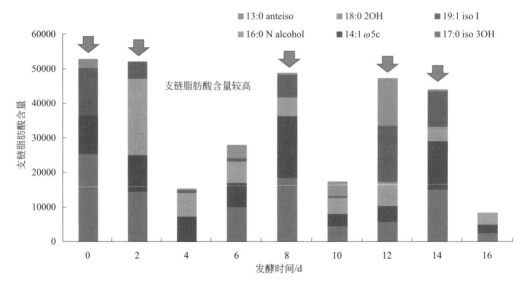

图4-128　链霉菌剂组（g2）第2组6个支链脂肪酸肉汤实验过程分布

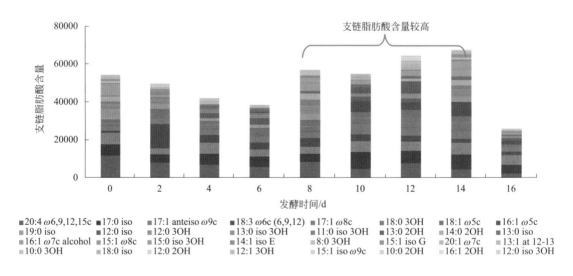

图4-129　链霉菌剂组（g2）第3组32个支链脂肪酸肉汤实验过程分布

第4组为微含量支链脂肪组，到中心距离 RMSTD=0，包括了17个支链脂肪，即11:0 3OH、14:0 anteiso、15:0 2OH、15:0 3OH、15:1 anteiso A、16:0 3OH、16:0 iso 3OH、16:1 iso G、17:0 10-methyl、17:0 2OH、17:0 3OH、17:1ω6c、18:0 10-methyl, TBSA、18:1 2OH、

18:1 ω7c 11-methyl、20:0 iso、20:2 ω6,9c，它们的 16 天 9 次取样的平均值皆为 0。可以看出微含量组支链脂肪酸在肉汤实验过程中皆为 0，表明支链脂肪酸指示的微生物群落在这个时期没发挥作用。

发酵时间聚类分析：对链霉菌剂处理组（g2）发酵时间的分析，以发酵时间为样本，支链脂肪酸为指标，明可夫斯基距离为尺度，用中位数聚类法进行发酵时间培养组系统聚类分析，分析结果见图 4-130。基于 67 个支链脂肪酸可将发酵过程聚为 3 类，第 1 类为微生物成长期，包括了肉汤实验 0d、2d、4d、6d、8d、12d、14d，支链脂肪酸产生量较高；第 2 类为微生物生长末期，包括了肉汤实验 16d，支链脂肪酸产生量较低，指示着微生物生长末期；第 3 类为微生物高峰期，包括了肉汤实验 10d，支链脂肪酸含量达到高峰，指示着微生物生长达到高峰。

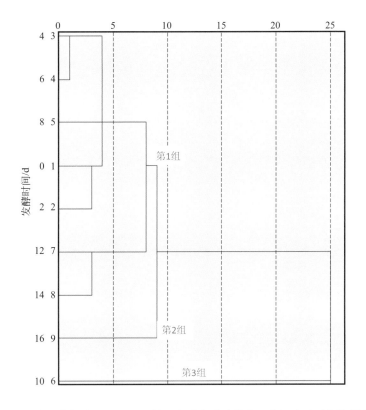

图4-130　链霉菌剂处理组（g2）基于支链脂肪酸培养组肉汤实验过程聚类分析

4．整合菌剂组（g3）支链脂肪酸培养组聚类分析

以整合菌剂处理组（g3）肉汤实验过程支链脂肪酸数据为矩阵，对支链脂肪酸培养组进行分析，以支链脂肪酸为样本，发酵时间为指标，马氏距离为尺度，用类平均法进行支链脂肪酸培养组系统聚类分析；分析结果见表 4-93、图 4-131。整合菌剂处理组（g3）肉汤实验支链脂肪酸培养组聚类分析，结果表明，可将支链脂肪酸培养组分为 4 组。

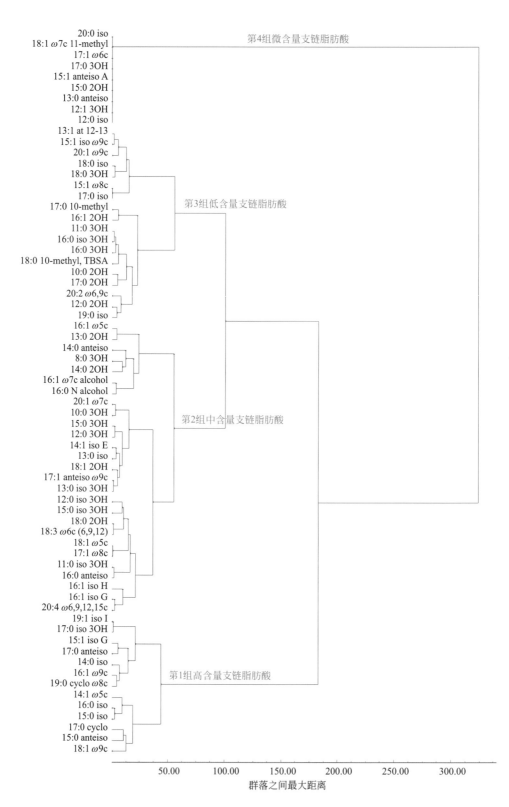

图4-131　整合菌剂处理组（g3）肉汤实验支链脂肪酸培养组聚类分析

表4-93　整合菌剂处理组（g3）肉汤实验支链脂肪酸培养组聚类分析参数

组别	脂肪酸	肉汤实验过程									到中心距离
		0d	2d	4d	6d	8d	10d	12d	14d	16d	
第1组	18:1 ω9c	150173.00	146706.00	184969.00	124359.00	198286.00	194370.00	164966.00	142112.00	118178.00	403907.12
	15:0 anteiso	3010.00	19336.00	40779.00	48979.00	44196.00	81593.00	41234.00	46657.00	38650.00	59984.53
	17:0 cyclo	1018.00	10323.00	32591.00	71207.00	79463.00	51390.00	35471.00	37235.00	36677.00	72914.47
	15:0 iso	0.00	4527.00	15250.00	8044.00	22127.00	39473.00	19673.00	26543.00	19332.00	30300.69
	16:0 iso	0.00	0.00	6031.00	0.00	8953.00	44543.00	22147.00	21671.00	14415.00	47014.14
	19:0 cyclo ω8c	0.00	7444.00	12296.00	16534.00	16092.00	18060.00	10939.00	11433.00	7160.00	45281.27
	14:1 ω5c	1526.00	4943.00	31624.00	4295.00	2520.00	21260.00	3047.00	25132.00	5043.00	51226.92
	17:0 anteiso	3067.00	16095.00	6088.00	15480.00	13177.00	14779.00	12363.00	8539.00	6416.00	50027.60
	17:0 iso 3OH	0.00	9967.00	33446.00	4634.00	2910.00	18459.00	3866.00	20821.00	0.00	53254.28
	14:0 iso	1337.00	883.00	8779.00	2813.00	7766.00	28322.00	16770.00	15001.00	7344.00	49243.28
	16:1 ω9c	1394.00	3696.00	8480.00	6302.00	7847.00	8223.00	6042.00	8328.00	3164.00	61439.60
	19:1 iso I	0.00	0.00	6369.00	1894.00	0.00	5024.00	2359.00	7776.00	0.00	71687.81
	15:1 iso G	0.00	3245.00	3512.00	3484.00	4907.00	2215.00	0.00	1987.00	1429.00	73314.61
第1组13个样本平均值		12425.00	17474.23	30016.46	23694.23	31403.38	40593.15	26067.46	28710.38	19831.38	RMSTD=64857.43
第2组	20:4 ω6, 9,12,15c	19821.00	9816.00	10366.00	6963.00	5668.00	5279.00	3281.00	3735.00	1564.00	22697.36
	16:0 anteiso	1506.00	14278.00	7601.00	13070.00	5795.00	3745.00	7625.00	4812.00	4523.00	19348.15
	16:0 N alcohol	4695.00	25925.00	7222.00	5471.00	3969.00	0.00	2585.00	0.00	2207.00	24720.50
	17:1 ω8c	3358.00	2650.00	4733.00	2185.00	3691.00	3116.00	3179.00	2784.00	1064.00	4446.66
	18:3 ω6c (6,9,12)	2147.00	6737.00	3750.00	4082.00	3310.00	1712.00	1752.00	1372.00	1555.00	5486.94
	11:0 iso 3OH	0.00	387.00	6373.00	0.00	0.00	3828.00	0.00	5712.00	466.00	6606.38
	18:1 ω5c	2326.00	2227.00	3991.00	0.00	1497.00	3143.00	0.00	3198.00	0.00	3250.75
	13:0 iso 3OH	838.00	0.00	5229.00	0.00	0.00	3438.00	0.00	4348.00	990.00	5244.76
	16:1 ω7c alcohol	0.00	0.00	2867.00	0.00	0.00	5071.00	0.00	4282.00	0.00	5414.77
	14:0 2OH	0.00	0.00	0.00	2928.00	0.00	3193.00	0.00	5677.00	0.00	5811.72
	18:0 2OH	485.00	4388.00	0.00	3011.00	1698.00	0.00	1700.00	0.00	0.00	4662.14
	8:0 3OH	0.00	0.00	4379.00	0.00	0.00	1156.00	0.00	5727.00	0.00	5703.80
	13:0 2OH	2792.00	0.00	0.00	0.00	3074.00	0.00	5171.00	0.00	0.00	6826.59
	14:0 anteiso	0.00	0.00	0.00	0.00	0.00	9008.00	0.00	0.00	0.00	8664.27
	16:1 ω5c	0.00	0.00	0.00	1467.00	1732.00	0.00	3179.00	0.00	2483.00	5644.86
	17:1 anteiso ω9c	0.00	0.00	3976.00	0.00	0.00	2049.00	0.00	2652.00	0.00	4219.25
	13:0 iso	0.00	0.00	0.00	1574.00	1642.00	1851.00	997.00	1310.00	1138.00	4069.49
	12:0 3OH	0.00	0.00	2487.00	0.00	696.00	1630.00	1401.00	2214.00	0.00	3608.45
	15:0 iso 3OH	0.00	0.00	2657.00	0.00	0.00	1468.00	0.00	3143.00	0.00	4121.35

续表

组别	脂肪酸	肉汤实验过程									到中心距离
		0d	2d	4d	6d	8d	10d	12d	14d	16d	
第2组	16:1 iso G	0.00	2103.00	0.00	2434.00	631.00	0.00	931.00	0.00	0.00	4353.26
	14:1 iso E	0.00	0.00	1854.00	0.00	0.00	1502.00	0.00	1720.00	0.00	4079.55
	18:1 2OH	0.00	0.00	0.00	4640.00	0.00	0.00	0.00	0.00	0.00	5948.72
	12:0 iso 3OH	0.00	0.00	0.00	0.00	0.00	2320.00	514.00	1696.00	0.00	4645.27
	15:0 3OH	0.00	0.00	0.00	2477.00	1904.00	0.00	0.00	0.00	0.00	5167.04
	16:1 iso H	0.00	902.00	780.00	0.00	0.00	0.00	0.00	1690.00	0.00	4418.79
	10:0 3OH	0.00	0.00	1623.00	0.00	0.00	0.00	0.00	1628.00	0.00	4590.30
	20:1 ω7c	0.00	0.00	0.00	0.00	0.00	2273.00	675.00	0.00	0.00	5072.20
第2组27个样本平均值		1406.22	2570.85	2588.44	1863.04	1307.67	2066.00	1221.85	2137.04	592.22	RMSTD= 4550.01
第3组	19:0 iso	9735.00	0.00	5178.00	0.00	1348.00	3935.00	0.00	3061.00	572.00	9525.64
	17:0 iso	0.00	0.00	1207.00	1229.00	2167.00	4545.00	4806.00	4247.00	4981.00	8545.71
	18:0 3OH	7261.00	2217.00	0.00	0.00	6059.00	0.00	7343.00	0.00	0.00	9834.81
	17:0 2OH	18463.00	0.00	0.00	0.00	0.00	0.00	0.00	0.00	0.00	16093.94
	20:1 ω9c	2868.00	3523.00	2048.00	0.00	1537.00	1833.00	1492.00	0.00	1151.00	3790.52
	15:1 iso ω9c	0.00	1048.00	3731.00	0.00	0.00	3512.00	0.00	0.00	0.00	4962.48
	15:1 ω8c	1887.00	0.00	0.00	0.00	1028.00	0.00	2583.00	0.00	0.00	2202.67
	20:2 ω6,9c	3649.00	0.00	0.00	0.00	0.00	0.00	0.00	0.00	0.00	2200.63
	12:0 2OH	0.00	0.00	0.00	1786.00	350.00	0.00	925.00	0.00	0.00	3142.90
	18:0 iso	0.00	0.00	1489.00	0.00	0.00	0.00	0.00	0.00	0.00	3092.68
	16:1 2OH	727.00	0.00	0.00	0.00	0.00	0.00	758.00	0.00	0.00	2358.28
	18:0 10-methyl, TBSA	0.00	0.00	1464.00	0.00	0.00	0.00	0.00	0.00	0.00	3240.43
	13:1 at 12-13	0.00	0.00	0.00	631.00	0.00	0.00	0.00	0.00	821.00	3074.68
	10:0 2OH	0.00	0.00	0.00	196.00	0.00	1105.00	0.00	0.00	0.00	2977.49
	16:0 3OH	0.00	0.00	0.00	1242.00	0.00	0.00	0.00	0.00	0.00	3176.33
	16:0 iso 3OH	0.00	0.00	0.00	1132.00	0.00	0.00	0.00	0.00	0.00	3149.89
	11:0 3OH	0.00	486.00	0.00	0.00	0.00	0.00	0.00	0.00	0.00	3074.04
	17:0 10-methyl	0.00	0.00	0.00	0.00	0.00	0.00	450.00	0.00	0.00	2981.78
第3组18个样本平均值		2477.22	404.11	758.50	426.67	693.83	829.44	1019.83	406.00	418.06	RMSTD= 3116.29
第4组	12:0 iso	0.00	0.00	0.00	0.00	0.00	0.00	0.00	0.00	0.00	0.00
	12:1 3OH	0.00	0.00	0.00	0.00	0.00	0.00	0.00	0.00	0.00	0.00
	13:0 anteiso	0.00	0.00	0.00	0.00	0.00	0.00	0.00	0.00	0.00	0.00
	15:0 2OH	0.00	0.00	0.00	0.00	0.00	0.00	0.00	0.00	0.00	0.00
	15:1 anteiso A	0.00	0.00	0.00	0.00	0.00	0.00	0.00	0.00	0.00	0.00
	17:0 3OH	0.00	0.00	0.00	0.00	0.00	0.00	0.00	0.00	0.00	0.00

续表

组别	脂肪酸	肉汤实验过程									到中心距离
		0d	2d	4d	6d	8d	10d	12d	14d	16d	
第4组	17:1 ω6c	0.00	0.00	0.00	0.00	0.00	0.00	0.00	0.00	0.00	0.00
	18:1 ω7c 11-methyl	0.00	0.00	0.00	0.00	0.00	0.00	0.00	0.00	0.00	0.00
	20:0 iso	0.00	0.00	0.00	0.00	0.00	0.00	0.00	0.00	0.00	0.00
第4组9个样本平均值		0.00	0.00	0.00	0.00	0.00	0.00	0.00	0.00	0.00	RMSTD= 0.00

第 1 组为高含量支链脂肪酸组，到中心距离 RMSTD= 64857.43，包括了 13 个支链脂肪酸，即 18:1ω9c、15:0 anteiso、17:0 cyclo、15:0 iso、16:0 iso、19:0 cycloω8c、14:1ω5c、17:0 anteiso、17:0 iso 3OH、14:0 iso、16:1ω9c、19:1 iso I、15:1 iso G，它们的 16 天 9 次取样的平均值分别为：158235.44、40492.67、39486.11、17218.78、13084.44、11106.44、11043.33、10667.11、10455.89、9890.56、5941.78、2602.44、2308.78。第 1 组 13 个支链脂肪酸肉汤实验过程分布见图 4-132，可以看出第 1 组的峰值在第 10 天，高含量组支链脂肪酸在发酵 4d、6d、8d、10d、12d、14d 含量总和较高，表明支链脂肪酸指示的微生物群落在这个时期发挥的作用较大。

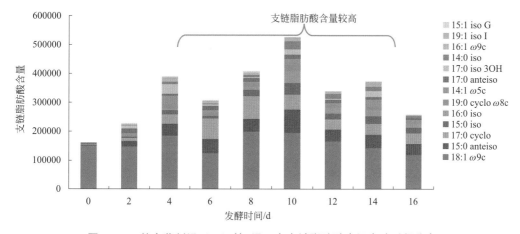

图4-132　整合菌剂组（g3）第1组13个支链脂肪酸肉汤实验过程分布

第 2 组为中含量支链脂肪组，到中心距离 RMSTD= 4550.01，包括了 27 个支链脂肪，即 20:4ω6,9,12,15c、16:0 anteiso、16:0 N alcohol、17:1ω8c、18:3ω6c (6,9,12)、11:0 iso 3OH、18:1ω5c、13:0 iso 3OH、16:1ω7c alcohol、14:0 2OH、18:0 2OH、8:0 3OH、13:0 2OH、14:0 anteiso、16:1ω5c、17:1 anteisoω9c、13:0 iso、12:0 3OH、15:0 iso 3OH、16:1 iso G、14:1 iso E、18:1 2OH、12:0 iso 3OH、15:0 3OH、16:1 iso H、10:0 3OH、20:1ω7c，它们的 16 天 9 次取样的平均值分别为：7388.11、6995.00、5786.00、2973.33、2935.22、1862.89、1820.22、1649.22、1357.78、1310.89、1253.56、1251.33、1226.33、1000.89、984.56、964.11、945.78、936.44、807.56、677.67、564.00、515.56、503.33、486.78、374.67、361.22、327.56。第 2 组 27 个支链脂肪酸肉汤实验过程分布见图 4-133，可以看出中含量组支链脂肪酸在发酵第 2 天～第 4 天含量总和较高，其余较低，表明该支链脂肪酸指示的微生物群落在

这个时期发挥的作用较大。

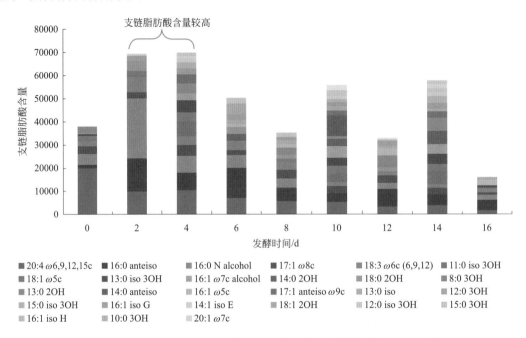

图4-133　整合菌剂组（g3）第2组27个支链脂肪酸肉汤实验过程分布

第3组为低含量支链脂肪组，到中心距离 RMSTD= 3116.29，包括了 18 个支链脂肪，即 19:0 iso、17:0 iso、18:0 3OH、17:0 2OH、20:1ω9c、15:1 isoω9c、15:1ω8c、20:2ω6,9c、12:0 2OH、18:0 iso、16:1 2OH、18:0 10-methyl, TBSA、13:1 at 12-13、10:0 2OH、16:0 3OH、16:0 iso 3OH、11:0 3OH、17:0 10-methyl，它们的 16 天 9 次取样的平均值分别为 2647.67、2575.78、2542.22、2051.44、1605.78、921.22、610.89、405.44、340.11、165.44、165.00、162.67、161.33、144.56、138.00、125.78、 54.00、50.00。第 3 组 18 个支链脂肪酸肉汤实验过程分布见图 4-134，可以看出低含量组支链脂肪酸在发酵第 0 天含量总和较高，其余较低，表明支链脂肪酸指示的微生物群落在相应的时期发挥的作用较大。

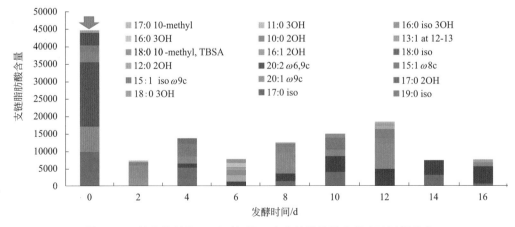

图4-134　整合菌剂组（g3）第3组18个支链脂肪酸肉汤实验过程分布

第 4 组为微含量支链脂肪组，到中心距离 RMSTD=0，包括了 9 个支链脂肪，即 12:0 iso、12:1 3OH、13:0 anteiso、15:0 2OH、15:1 anteiso A、17:0 3OH、17:1ω6c、18:1ω7c 11-methyl、20:0 iso，它们的 16 天 9 次取样的平均值皆为 0。可以看出微含量组支链脂肪酸在发酵过程皆为 0，表明该支链脂肪酸指示的微生物群落在相应的时期不发挥作用。

　　发酵时间聚类分析：对整合菌剂组（g3）发酵时间的分析，以发酵时间为样本，支链脂肪酸为指标，明可夫斯基距离为尺度，用中位数聚类法进行发酵时间培养组系统聚类分析，分析结果见图 4-135。基于 67 个支链脂肪酸可将发酵过程聚为 3 组，第 1 组为微生物成长期，包括了肉汤实验 0d、2d、4d、6d、12d、14d、16d，支链脂肪酸产生量较高；第 2 组为微生物低谷期，包括了肉汤实验 8d，支链脂肪酸产生量较低，指示着微生物生长低谷；第 3 组为微生物高峰期，包括了肉汤实验 10d，支链脂肪酸含量达到高峰，指示着微生物生长达到高峰。

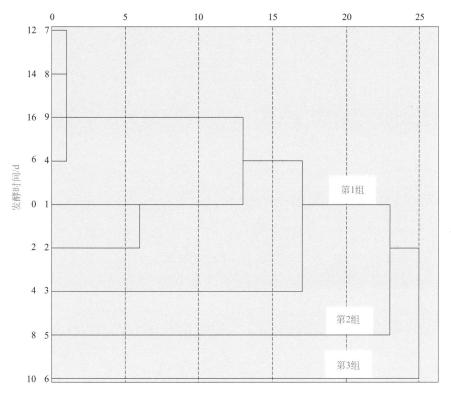

图4-135　整合菌剂组（g3）基于支链脂肪酸培养组肉汤实验时间聚类分析

5. 空白对照组（g4）支链脂肪酸培养组聚类分析

　　以空白对照组（g4）肉汤实验过程支链脂肪酸数据为矩阵，对支链脂肪酸培养组进行分析，以支链脂肪酸为样本，发酵时间为指标，马氏距离为尺度，用类平均法进行支链脂肪酸培养组系统聚类分析；分析结果见表 4-94、图 4-136。空白对照组（g4）肉汤实验支链脂肪酸培养组聚类分析，结果表明，可将支链脂肪酸培养组分为 4 组。

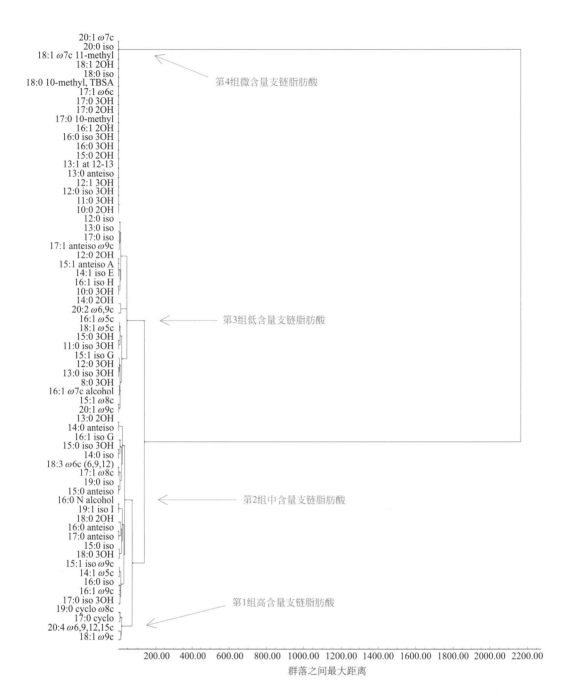

图4-136　空白对照组（g4）肉汤实验支链脂肪酸培养组聚类分析

表4-94　空白对照组（g4）肉汤实验支链脂肪酸培养组聚类分析参数

组别	脂肪酸	肉汤实验过程									到中心距离
		0d	2d	4d	6d	8d	10d	12d	14d	16d	
第1组	18:1 ω9c	187279.00	215827.00	273769.00	209294.00	266332.00	219207.00	209613.00	162657.00	161697.00	428326.06

续表

组别	脂肪酸	肉汤实验过程									到中心距离
		0d	2d	4d	6d	8d	10d	12d	14d	16d	
第1组	20:4 ω6, 9,12,15c	25025.00	25782.00	37971.00	30052.00	46113.00	33965.00	33629.00	30786.00	15310.00	122889.86
	17:0 cyclo	960.00	9934.00	17256.00	22678.00	54843.00	52140.00	60027.00	33869.00	19613.00	131196.22
	19:0 cyclo ω8c	357.00	4830.00	16932.00	8640.00	23692.00	16497.00	12698.00	12226.00	10451.00	180540.60
第1组4个样本平均值		53405.25	64093.25	86482.00	67666.00	97745.00	80452.25	78991.75	59884.50	51767.75	RMSTD= 143866.97
第2组	17:0 iso 3OH	0.00	33513.00	8554.00	0.00	19541.00	16318.00	1992.00	0.00	3479.00	33529.49
	14:1 ω5c	4844.00	17417.00	2520.00	4739.00	18197.00	14487.00	1849.00	2014.00	2838.00	20352.60
	18:0 3OH	3606.00	4266.00	6923.00	3211.00	7984.00	8222.00	6835.00	20411.00	2452.00	16920.10
	15:0 anteiso	4618.00	3107.00	7544.00	3156.00	2874.00	3590.00	7066.00	17045.00	7791.00	15316.95
	17:0 anteiso	3119.00	1306.00	11624.00	2844.00	2984.00	4299.00	9307.00	12320.00	4102.00	13351.03
	15:0 iso	0.00	4936.00	4373.00	2144.00	4450.00	6723.00	17876.00	7021.00	872.00	14269.57
	16:1 ω9c	2007.00	5791.00	7068.00	4858.00	8358.00	5538.00	5973.00	4608.00	2445.00	5636.33
	16:0 anteiso	2759.00	3215.00	8623.00	1819.00	3125.00	3947.00	7230.00	6538.00	5131.00	7748.33
	19:1 iso I	0.00	11293.00	3760.00	0.00	8781.00	15659.00	2699.00	0.00	0.00	13610.31
	16:0 N alcohol	2452.00	12610.00	5471.00	2295.00	0.00	0.00	4108.00	2940.00	2326.00	9975.69
	14:0 anteiso	6347.00	7632.00	0.00	0.00	7689.00	5621.00	0.00	0.00	0.00	9619.67
	15:1 iso ω9c	577.00	1925.00	1775.00	3110.00	7351.00	4466.00	3109.00	0.00	3411.00	7708.13
	17:1 ω8c	2681.00	2517.00	3807.00	1926.00	3825.00	3053.00	3256.00	2172.00	1231.00	5443.60
	18:3 ω6c (6,9,12)	1218.00	6258.00	3263.00	1940.00	2020.00	1809.00	2624.00	1701.00	1687.00	5867.30
	16:0 iso	0.00	4052.00	0.00	0.00	4977.00	0.00	2021.00	9024.00	0.00	8875.13
	14:0 iso	1387.00	4622.00	866.00	1427.00	4822.00	2894.00	892.00	1903.00	0.00	6397.42
	19:0 iso	846.00	5916.00	0.00	380.00	3856.00	5427.00	0.00	0.00	0.00	8141.07
	15:0 iso 3OH	0.00	1678.00	4758.00	0.00	1672.00	1207.00	4787.00	0.00	0.00	9061.87
	18:0 2OH	0.00	562.00	1432.00	0.00	810.00	672.00	0.00	7640.00	0.00	10691.05
	13:0 2OH	0.00	0.00	3119.00	812.00	0.00	0.00	2850.00	2916.00	0.00	10336.42
	16:1 iso G	0.00	0.00	2788.00	0.00	0.00	0.00	2523.00	2564.00	0.00	10587.40
第2组21个样本平均值		1736.24	6315.05	4203.24	1650.52	5396.00	4949.14	4142.71	4800.81	1798.33	RMSTD= 6740.84
第3组	20:1 ω9c	3451.00	3552.00	3352.00	3203.00	4247.00	5081.00	3682.00	3476.00	2918.00	8997.85
	20:2 ω6, 9c	3901.00	3611.00	0.00	3118.00	3739.00	0.00	0.00	0.00	0.00	5408.62
	11:0 iso 3OH	1563.00	3991.00	0.00	1174.00	3485.00	2112.00	0.00	658.00	0.00	3920.85
	13:0 iso 3OH	883.00	3056.00	524.00	670.00	2989.00	1807.00	0.00	0.00	0.00	2727.74
	16:1 ω7c alcohol	444.00	4961.00	0.00	0.00	2231.00	1322.00	0.00	0.00	0.00	3875.64

续表

组别	脂肪酸	肉汤实验过程									到中心距离
		0d	2d	4d	6d	8d	10d	12d	14d	16d	
第3组	8:0 3OH	753.00	3519.00	0.00	0.00	3353.00	872.00	0.00	0.00	0.00	3144.19
	18:1 ω5c	818.00	1408.00	747.00	751.00	2028.00	1121.00	713.00	0.00	703.00	1073.19
	15:0 3OH	1423.00	1825.00	0.00	710.00	2441.00	1606.00	0.00	0.00	0.00	1936.36
	16:1 ω5c	0.00	0.00	0.00	0.00	0.00	0.00	2850.00	2376.00	1710.00	4015.33
	15:1 iso G	771.00	0.00	4561.00	0.00	0.00	0.00	0.00	0.00	1006.00	4682.49
	12:0 3OH	0.00	1248.00	0.00	0.00	1548.00	782.00	561.00	656.00	0.00	1132.66
	15:1ω8c	0.00	0.00	1573.00	0.00	0.00	0.00	1627.00	1358.00	0.00	2851.42
	10:0 3OH	518.00	1132.00	0.00	468.00	1074.00	590.00	0.00	0.00	0.00	1027.59
	14:1 iso E	382.00	1127.00	0.00	407.00	1115.00	571.00	0.00	0.00	0.00	1059.83
	17:1 anteisoω9c	0.00	0.00	0.00	0.00	0.00	0.00	2279.00	0.00	0.00	2865.54
	14:0 2OH	0.00	0.00	0.00	1414.00	0.00	0.00	0.00	0.00	0.00	2507.51
	15:1 anteiso A	0.00	1334.00	0.00	0.00	0.00	0.00	0.00	0.00	0.00	1951.73
	17:0 iso	0.00	0.00	0.00	0.00	0.00	0.00	1155.00	0.00	0.00	2394.50
	13:0 iso	0.00	0.00	0.00	0.00	0.00	0.00	659.00	0.00	0.00	2333.19
	16:1 iso H	0.00	489.00	0.00	0.00	0.00	0.00	0.00	0.00	0.00	2160.93
	12:0 2OH	0.00	0.00	445.00	0.00	0.00	0.00	0.00	0.00	0.00	2358.96
	12:0 iso	0.00	0.00	0.00	0.00	0.00	0.00	0.00	0.00	374.00	2394.06
第3组22个样本平均值		677.59	1420.59	509.18	541.59	1284.09	721.09	614.82	387.45	305.05	RMSTD=1752.30
第4组	10:0 2OH	0.00	0.00	0.00	0.00	0.00	0.00	0.00	0.00	0.00	0.00
	11:0 3OH	0.00	0.00	0.00	0.00	0.00	0.00	0.00	0.00	0.00	0.00
	12:0 iso 3OH	0.00	0.00	0.00	0.00	0.00	0.00	0.00	0.00	0.00	0.00
	12:1 3OH	0.00	0.00	0.00	0.00	0.00	0.00	0.00	0.00	0.00	0.00
	13:0 anteiso	0.00	0.00	0.00	0.00	0.00	0.00	0.00	0.00	0.00	0.00
	13:1 at 12-13	0.00	0.00	0.00	0.00	0.00	0.00	0.00	0.00	0.00	0.00
	15:0 2OH	0.00	0.00	0.00	0.00	0.00	0.00	0.00	0.00	0.00	0.00
	16:0 3OH	0.00	0.00	0.00	0.00	0.00	0.00	0.00	0.00	0.00	0.00
	16:0 iso 3OH	0.00	0.00	0.00	0.00	0.00	0.00	0.00	0.00	0.00	0.00
	16:1 2OH	0.00	0.00	0.00	0.00	0.00	0.00	0.00	0.00	0.00	0.00
	17:0 10-methyl	0.00	0.00	0.00	0.00	0.00	0.00	0.00	0.00	0.00	0.00
	17:0 2OH	0.00	0.00	0.00	0.00	0.00	0.00	0.00	0.00	0.00	0.00
	17:0 3OH	0.00	0.00	0.00	0.00	0.00	0.00	0.00	0.00	0.00	0.00
	17:1 ω6c	0.00	0.00	0.00	0.00	0.00	0.00	0.00	0.00	0.00	0.00
	18:0 10-methyl, TBSA	0.00	0.00	0.00	0.00	0.00	0.00	0.00	0.00	0.00	0.00
	18:0 iso	0.00	0.00	0.00	0.00	0.00	0.00	0.00	0.00	0.00	0.00
	18:1 2OH	0.00	0.00	0.00	0.00	0.00	0.00	0.00	0.00	0.00	0.00

续表

组别	脂肪酸	肉汤实验过程									到中心距离
		0d	2d	4d	6d	8d	10d	12d	14d	16d	
第4组	18:1 ω7c 11-methyl	0.00	0.00	0.00	0.00	0.00	0.00	0.00	0.00	0.00	0.00
	20:0 iso	0.00	0.00	0.00	0.00	0.00	0.00	0.00	0.00	0.00	0.00
	20:1 ω7c	0.00	0.00	0.00	0.00	0.00	0.00	0.00	0.00	0.00	0.00
第4组20个样本平均值		0.00	0.00	0.00	0.00	0.00	0.00	0.00	0.00	0.00	RMSTD=0.00

第 1 组为高含量支链脂肪酸组，到中心距离 RMSTD=143866.97，包括了 4 个支链脂肪酸，即 18:1ω9c、20:4ω6,9,12,15c、17:0 cyclo、19:0 cycloω8c，它们的 16 天 9 次取样的平均值分别为 21174.67、30959.22、30146.67、11813.67。第 1 组 4 个支链脂肪酸肉汤实验过程分布见图 4-137，可以看出第 1 组的峰值在第 8 天，高含量组支链脂肪酸在发酵 4d、6d、8d、10d、12d 含量总和较高，表明支链脂肪酸指示的微生物群落在这个时期发挥的作用较大。

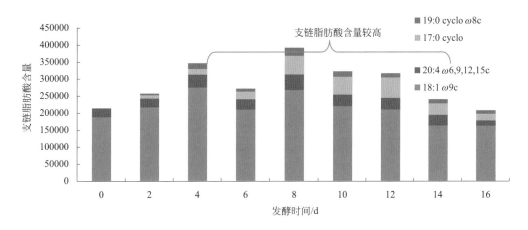

图4-137　空白对照组（g3）第1组4个支链脂肪酸肉汤实验过程分布

第 2 组为中含量支链脂肪组，到中心距离 RMSTD= 6740.84，包括了 21 个支链脂肪，即 17:0 iso 3OH、14:1ω5c、18:0 3OH、15:0 anteiso、17:0 anteiso、15:0 iso、16:1ω9c、16:0 anteiso、19:1 iso I、16:0 N alcohol、14:0 anteiso、15:1 isoω9c、17:1ω8c、18:3ω6c (6,9,12)、16:0 iso、14:0 iso、19:0 iso、15:0 iso 3OH、18:0 2OH、13:0 2OH、16:1 iso G，它们的 16 天 9 次取样的平均值分别为 9266.33、7656.11、7101.11、6310.11、5767.22、5377.22、5182.89、4709.67、4688.00、3578.00、3032.11、2858.22、2718.67、2502.22、2230.44、2090.33、1825.00、1566.89、1235.11、1077.44、875.00。第 2 组 21 个支链脂肪酸肉汤实验过程分布见图 4-138，可以看出中含量组支链脂肪酸发酵过程有 2 个高峰，在发酵第 2~4 天含量总和较高，另一个高峰在 8d、10d、12d、14d，支链脂肪酸含量总和较高，其余较低，表明该支链脂肪酸指示的微生物群落在这个时期发挥的作用较大。

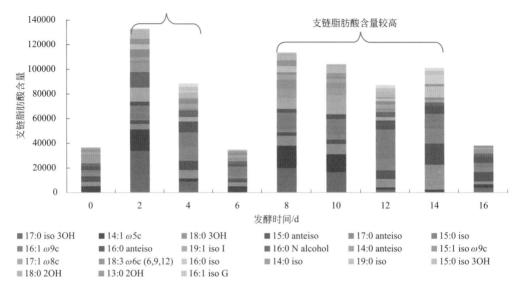

图4-138　空白对照组（g4）第2组21个支链脂肪酸肉汤实验过程分布

第 3 组为低含量支链脂肪组，到中心距离 RMSTD=1752.30，包括了 22 个支链脂肪，即 20:1ω9c、20:2ω6,9c、11:0 iso 3OH、13:0 iso 3OH、16:1ω7c alcohol、8:0 3OH、18:1ω5c、15:0 3OH、16:1ω5c、15:1 iso G、12:0 3OH、15:1ω8c、10:0 3OH、14:1 iso E、17:1 anteisoω9c、14:0 2OH、15:1 anteiso A、17:0 iso、13:0 iso、16:1 iso H、12:0 2OH、12:0 iso，它们的 16 天 9 次取样的平均值分别为 3662.44、1596.56、1442.56、1103.22、995.33、944.11、921.00、889.44、770.67、704.22、532.78、506.44、420.22、400.22、253.22、157.11、148.22、128.33、73.22、54.33、49.44、41.56。第 3 组 22 个支链脂肪酸肉汤实验过程分布见图 4-139，可以看出低含量组支链脂肪酸在发酵第 2 天和第 8 天含量总和较高，其余较低，表明支链脂肪酸指示的微生物群落在相应的时期发挥的作用较大。

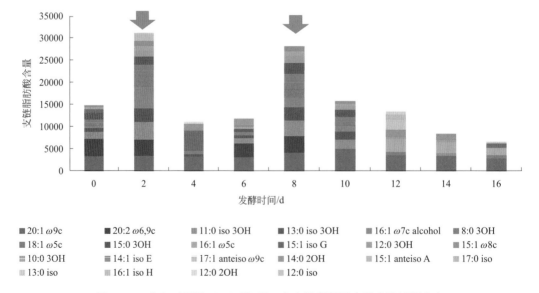

图4-139　空白对照组（g4）第3组22个支链脂肪酸肉汤实验过程分布

第 4 组为微含量支链脂肪组，到中心距离 RMSTD=0.00，包括了 20 个支链脂肪，即 10:0 2OH、11:0 3OH、12:0 iso 3OH、12:1 3OH、13:0 anteiso、13:1 at 12-13、15:0 2OH、16:0 3OH、16:0 iso 3OH、16:1 2OH、17:0 10-methyl、17:0 2OH、17:0 3OH、17:1ω6c、18:0 10-methyl, TBSA、18:0 iso、18:1 2OH、18:1ω7c 11-methyl、20:0 iso、20:1ω7c，它们的 16 天 9 次取样的平均值皆为 0.00。可以看出微含量组支链脂肪酸含量在发酵过程皆为 0，表明该支链脂肪酸指示的微生物群落在相应的时期不发挥作用。

发酵时间聚类分析，对空白对照组（g4）发酵时间的分析，以发酵时间为样本，支链脂肪酸为指标，明可夫斯基距离为尺度，用中位数聚类法进行发酵时间培养组系统聚类分析，分析结果见图 4-140。基于 67 个支链脂肪酸可将发酵过程聚为 3 组，第 1 组为微生物成长期，包括了肉汤实验 0d、2d、6d、10d、12d、14d、16d，支链脂肪酸产生量较高；第 2 组为微生物低谷期，包括了肉汤实验 4d，支链脂肪酸产生量较低，指示着微生物生长低谷；第 3 组为微生物高峰期，包括了肉汤实验 8d，支链脂肪酸含量达到高峰，指示着微生物生长达到高峰。

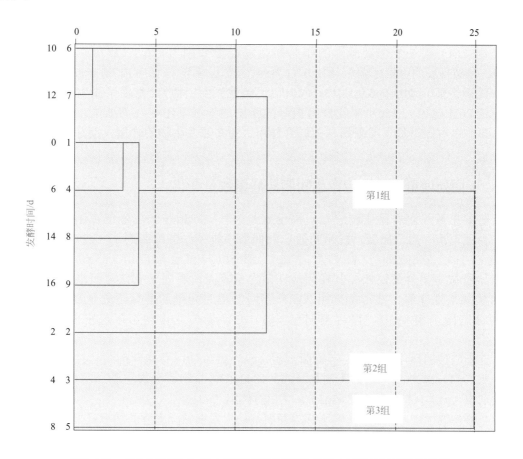

图4-140　空白对照组（g4）基于支链脂肪酸培养组肉汤实验过程聚类分析

六、讨论与总结

1. 不同处理组肉汤实验微生物脂肪酸组结构变化

芽胞菌剂组（g1）前5个含量最高的脂肪酸生物标记分别为c16:0（313156，代表细菌）、18:1ω9c（242923，代表真菌）、17:0 cyclo（100103，代表革兰氏阴性菌）、c18:0（49946，代表解氢杆菌）、15:0 anteiso（43480，代表芽胞杆菌），以细菌和真菌联合作用，解氢杆菌指示的脂肪酸含量高为特征；链霉菌剂组（g2）前5个含量最高的脂肪酸生物标记分别为18:1ω9c（428057，代表真菌）、c16:0（421026，代表细菌）、17:0 cyclo（194521，代表革兰氏阴性菌）、16:0 iso（149103，代表革兰氏阳性菌）、15:0 anteiso（71498，代表芽胞杆菌），真菌和细菌联合作用，芽胞杆菌指示的脂肪酸含量较芽胞菌剂组高出近1倍；整合菌剂组（g3）前5个含量最高的脂肪酸生物标记分别为c16:0（196418，代表细菌）、18:1ω9c（194370，代表真菌）、15:0 anteiso（81593，代表芽胞杆菌）、17:0 cyclo（51390，代表革兰氏阴性菌）、16:0 iso（44543，代表革兰氏阳性菌），细菌和真菌联合作用，但所指示的脂肪酸含量较前两组低，芽胞杆菌指示的脂肪酸标记15:0 anteiso较前两组高；空白对照组（g4）前5个含量最高的脂肪酸生物标记分别为c16:0（277077，代表细菌）、18:1ω9c（266332，代表真菌）、c18:0（67194，代表解氢杆菌）、17:0 cyclo（54843，代表革兰氏阴性菌）、20:4 ω6,9,12,15c（46113，代表原生生物），出现了原生生物指示的脂肪酸标记20:4 ω6,9,12,15c，芽胞杆菌指示的脂肪酸标记不出现在前5位，而不同于前三组，也即空白对照除了细菌和真菌联合作用，还有原生生物的作用，而芽胞杆菌的作用较弱。

2. 不同处理组肉汤实验微生物脂肪酸组数量变化

脂肪酸总量代表着微生物总量，肉汤实验过程16d脂肪酸总量链霉菌剂组（g2）最高，整合菌剂组（g3）最低。按脂肪酸总量的顺序排列：链霉菌剂组（g2）10080178>芽胞菌剂组（g1）7489528>空白对照组（g4）5865617≈整合菌剂组（g3）5392443。整合菌剂组尽管微生物含量较低，但其芽胞杆菌含量较高而不同于空白对照组。肉汤实验过程脂肪酸总量变化看，链霉菌剂组（g2）不同发酵时间脂肪酸标记处于高位变化动态，其次为芽胞菌剂组（g1），整合菌剂组（g3）处于低位变化动态，与空白对照组（g4）相近。

直链脂肪酸的顺序排列为：链霉菌剂组（g2）3276330>芽胞菌剂组（g1）3098867>空白对照组（g4）2426681>整合菌剂组（g3）1840493。支链脂肪酸总和链霉菌剂组（g2）>芽胞菌剂组（g1）>整合菌剂组（g3）≈空白对照组（g4）。

脂肪酸生物标记c16:0存在于所有的细菌种，作为细菌标志脂肪酸标记指示着细菌群落数量的变化；不同处理组肉汤实验脂肪酸生物标记c16:0变化动态存在显著差异，芽胞菌剂组（g1）、链霉菌剂组（g2）、整合菌剂组（g3）、空白对照组（g4）肉汤实验过程脂肪酸生物标记c16:0总和分别为2171775、2297728、1290236、1611541。前两组含量较高，表明细菌总量较高，后两组含量较低，表明细菌总量较低；脂肪酸生物标记18:1ω9c指示着真菌，作为真菌标志脂肪酸标记指示着真菌群落数量的变化。不同处理组肉汤实验脂肪酸生物标记

18:1ω9c 变化动态存在显著差异，芽胞菌剂组（g1）、链霉菌剂组（g2）、整合菌剂组（g3）、空白对照组（g4）肉汤实验过程脂肪酸生物标记 18:1ω9c 总和分别为 2010348、2854011、1424119、1905675，前两组含量较高，表明真菌总量较高，后两组含量较低，表明真菌总量较低。

脂肪酸生物标记 20:4ω6,9,12,15c 指示着原生生物种群，作为原生生物标志脂肪酸标记指示着原牛牛物群落数量的变化。不同处理组肉汤实验脂肪酸生物标记 20:4ω6,9,12,15c 变化动态存在显著差异，芽胞菌剂组（g1）、链霉菌剂组（g2）、整合菌剂组（g3）、空白对照组（g4）肉汤实验过程脂肪酸生物标记 20:4ω6,9,12,15c 总和分别为 136791、60177、66493、278633，链霉菌剂组（g2）和整合菌剂组（g3）含量较低，表明原生生物总量较低，其余两组含量较高，表明原生生物总量较高。

3. 不同处理组肉汤实验脂肪酸培养组的变化

可将不同处理肉汤实验过程分为 4 组，第 1 组为发酵初期和末期混合特征组，将整合菌剂组（g3）和空白对照组（g4）的发酵初期（0d、2d 等）和末期（14d、16d 等）的肉汤实验脂肪酸结构含量分为一组，表明 g3、g4 组发酵的该时期具有同质性，无法分开；第 2 组为发酵中期特征组，将整合菌剂组（g3）和空白对照组（g4）的发酵中期（6d、8d、10d、12d 等）的肉汤实验脂肪酸结构含量分为一组，表明 g3、g4 组发酵的该时期具有同质性，无法分开；第 3 组为芽胞菌剂处理组（g1），包含了芽胞菌剂处理组发酵的 5 个时期，将 4 d、6 d、8 d、10 d、12 d 的发酵脂肪酸结构含量分为一组，说明添加芽胞菌剂，影响着肉汤实验，形成芽胞杆菌特有的发酵特性；第 4 组为链霉菌剂组（g2），包含了链霉菌处理组发酵的 6 个时期，即将 4 d、6 d、8 d、10 d、12 d、14 d 的发酵脂肪酸结构含量分为一组，说明添加链霉菌剂，影响着肉汤实验，形成链霉菌剂组特有的发酵特性。

第六节
添加菌剂对肉汤实验物质组的影响

一、概述

添加菌剂（芽胞菌剂、链霉菌剂、整合菌剂）到肉汤实验，导致肉汤发酵过程微生物组出现差异；不同微生物组引起肉汤实验过程发酵液物质组成的变化。不同菌剂导致肉汤发酵液物质组数量和结构不同。添加不同菌剂处理肉汤实验，每 2d 测定一次发酵液的物质含量，分析物质组的变化，现将结果小结如下。

二、研究方法

1. 肉汤实验

称取 10g 猪瘦肉组织捣碎后，加入水搅拌均匀定容至 98mL，30℃，180r/min 振荡培养。加入 2g（2%）的芽胞菌剂（处理 1）、链霉菌剂（处理 2）、整合菌剂（处理 3）处理，以未加菌的肉汤为对照，每隔 2d 取一次样，-4℃ 冻存。上样前 10000g 离心，取上清。各样品信息如表 4-95 所列。

表4-95　肉汤实验样品信息

取样时间	1#芽胞菌剂		2#链霉菌剂		3#整合菌剂	
	对照编号	处理编号	对照编号	处理编号	对照编号	处理编号
第0天	1-0d-CK	1-0d-T	2-0d-CK	2-0d-T	3-0d-CK	3-0d-T
第2天	1-2d-CK	1-2d-T	2-2d-CK	2-2d-T	3-2d-CK	3-2d-T
第4天	1-4d-CK	1-4d-T	2-4d-CK	2-4d-T	3-4d-CK	3-4d-T
第6天	1-6d-CK	1-6d-T	2-6d-CK	2-6d-T	3-6d-CK	3-6d-T
第8天	1-8d-CK	1-8d-T	2-8d-CK	2-8d-T	3-8d-CK	3-8d-T
第10天	1-10d-CK	1-10d-T	2-10d-CK	2-10d-T	3-10d-CK	3-10d-T
第12天	1-12d-CK	1-12d-T	2-12d-CK	2-12d-T	3-12d-CK	3-12d-T
第14天	1-14d-CK	1-14d-T	2-14d-CK	2-14d-T	3-14d-CK	3-14d-T
第16天	1-16d-CK	1-16d-T	2-16d-CK	2-16d-T	3-16d-CK	3-16d-T

2. 液相色谱质谱分析条件

液相色谱条件：色谱柱为 Agilent ZORBAX Extend-C$_{18}$ 色谱柱（2.1 mm×150 mm，1.8-Micron），流速为 0.3mL/min；流动相 A 为 0.1% 甲酸水溶液；流动相 B 为乙腈。洗脱程序 0，5%B；8 min，5%B；38 min，95%B；45 min，95%B；47 min，5%B；55 min，5%B。

质谱条件：ESI (+/-)、干燥气温度 350℃、干燥气流速 8 L/min、雾化气压力 (nebulizer) 30 psi、Fragmentor 175 V、Collision Energy 35 V、Skimmer 65 V、扫描方式 auto MS/MS；离子扫描范围，100~3000 m/z。

三、肉汤实验物质组发酵过程物质组变化

1. 芽胞菌剂组发酵阶段物质组的变化

（1）总离子流图　芽胞菌剂组不同发酵时间物质组离子流见图 4-141。从物质组离子流图形看，可将物质组分为 3 个区域，A 区（0~800 s）、B 区（1000~2000 s）、C 区（2200~3000 s）。肉汤实验初期（0d），尚未发酵，离子流特征 A 区 3 个峰，B 区无峰，C 区 2 个峰。随着发酵进程，2d 物质组离子流变化最大，A 区 3 个峰中 1 个峰下降，2 个峰上升；B 区出现 4 个峰，C 区在保留时间 38~40min 发生了较大的变化。发酵 4d，物质组离子流继续发生

变化，A 区峰值进一步平缓，B 区仅保留 1 个峰，C 区在保留时间 38~40min 与前一次测定比较，发生变化不大。发酵 6~16d，A、B、C 三个区域的离子流变化不大，表明添加芽胞菌剂发酵 6d 后代谢活动变缓，物质组变化不大。

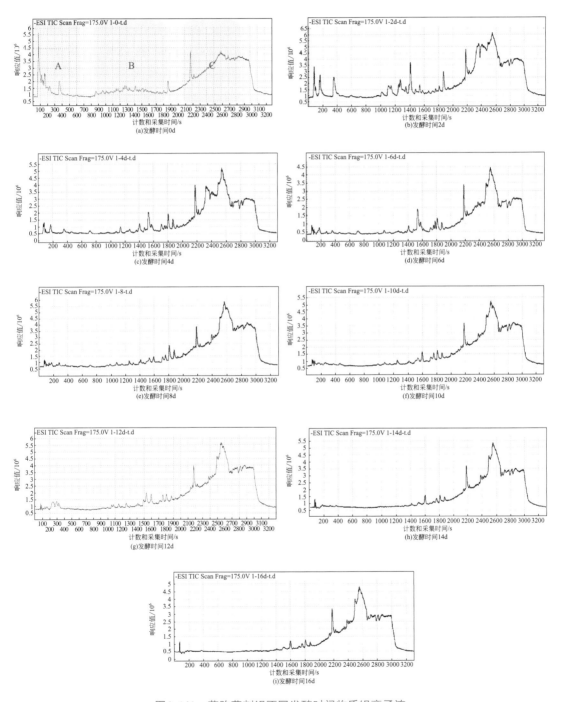

图4-141　芽胞菌剂组不同发酵时间物质组离子流

（2）主要物质的变化 发酵过程前 20 高含量物质包括了肌肽（carnosine）（β- 丙氨酰组氨酸，相对含量 80264983.15）、(22E)-3α-hydroxychola-5,16,22-trien-24-oic acid（相对含量 57352979.50）、别嘌呤醇（allopurinol，相对含量 56522667.05）、O- 乙酰丝氨酸（O-acetylserine，相对含量 25376448.00）、异亮氨酸（isoleucine，相对含量 18809437.52）、PA[O-16:0/18:4(6Z,9Z,12Z,15Z)](相对含量 18527222.43)、DL-3- 羟基己酸（DL-3-hydroxy caproic acid，相对含量 17558656.44）、5-(3- 吡啶基)-2- 羟基四氢呋喃 [5-(3-pyridyl)-2-hydroxytetrahydrofuran，相对含量 17515489.15]、F-honaucin A（相对含量 16780897.60）、姜辣素（gingerol，相对含量 16501588.71）、KAPA（相对含量 15372774.32）、咪唑克生（idazoxan，相对含量 13640714.57）、蛇孢假壳素 A（ophiobolin A，相对含量 13420319.50）、N- 乙酰亮氨酸 (抗眩晕药)（N-acetylleucine，相对含量 13217795.90）、4,5- 二羟基己酸内酯（4,5-dihydroxyhexanoic acid lactone，相对含量 12891321.00）、阿维 A 酯（etretinate，相对含量 12360782.00）、PS[22:2 (13Z,16Z)/17:1(9Z)](相对含量 12242683.10)、表面活性素（surfactin，相对含量 12218817.23）、壳三糖（chitotriose，相对含量 12126260.80）、二氢 -3,4- 二羟基 -2(3H)- 呋喃酮 [2(3H)-furanone, dihydro-3,4-dihydroxy，相对含量 11864404.55]。

含量最高的 3 个物质，即肌肽、(22E)-3α- hydroxychola-5, 16,22-trien-24-oic acid、别嘌呤醇，发酵过程的动态变化见图 4-142。肌肽低谷出现在发酵第 10 天，(22E)-3α-Hydroxychola-5, 16,22-trien-24-oic acid 低谷出现在发酵第 2 天，别嘌呤醇低谷出现在发酵第 6 天和发酵第 14 天；3 个物质发酵过程的变化动态形成一定的互补。

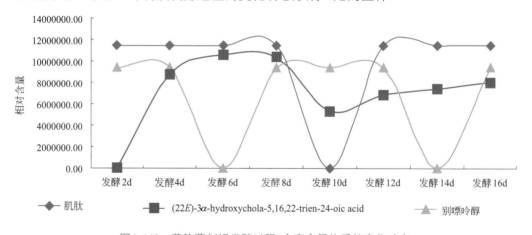

图4-142 芽胞菌剂组发酵过程3个高含量物质的变化动态

2. 链霉菌剂组发酵阶段物质组的变化

（1）总离子流图 链霉菌剂组不同发酵时间物质组离子流见图 4-143。从物质组离子流图形看，可将物质组分为 3 个区域，A、B、C 区域。肉汤实验初期（0d），尚未发酵，离子流特征 A 区 3 个峰，B 区无峰，C 区 2 个峰；随着发酵进程，2d 物质组离子流变化最大，A 区 3 个峰中 1 个峰下降，2 个峰上升。B 区出现 4 个以上峰，C 区在保留时间 2200~3000s 发生了较大的变化。发酵 4d，物质组离子流继续发生变化，A 区峰值进一步平缓，B 区出现多个峰，C 区在保留时间 2200~3000s 与前一次测定比较，发生变化不大。发酵 6~8 d 和发酵 10~16 d，A、B、C 三个区域的离子流变化相似，表明添加链霉菌剂发酵 6~8 d 代谢活动具有同质性，10~16 d 物质组变化趋缓。

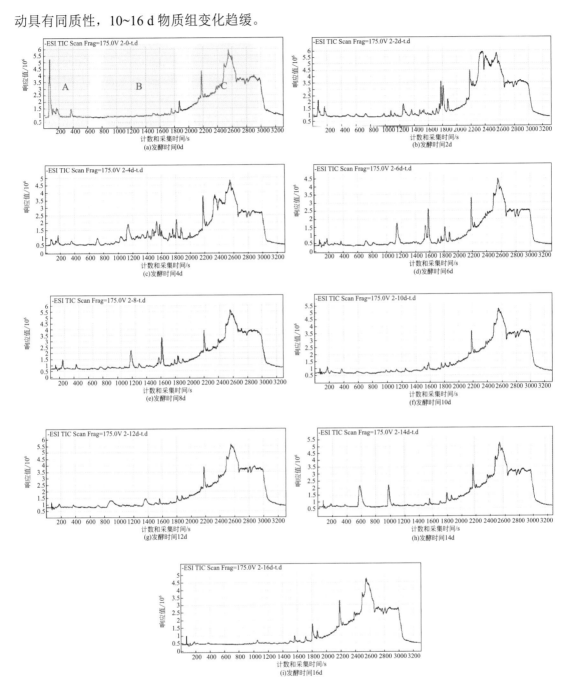

图4-143 链霉菌剂组不同发酵时间物质组离子流

（2）主要物质的变化 发酵过程前 20 高含量物质包括了十四烷基硫酸盐（tetradecyl sulfate，相对含量 133551656.00）、姜辣素（gingerol，相对含量 106171446.00）、肌肽（carnosine，相对含量 88356948.86）、N- 乙酰 -DL- 缬氨酸（N-acetyl-DL-valine，相对含量

44499721.56)、(22*E*)-3*α*-hydroxychola-5,16,22-trien-24-oic acid（相对含量 43950423.00）、二甲炔酮（dimethisterone，相对含量 40522366.50）、氯甲硫磷（chlorthiophos，相对含量 33676604.00）、缩水甘油醛（glycidaldehyde，相对含量 33250873.60）、(2′*S*)-deoxymyxol 2′-*α*-L-fucoside（相对含量 28895278.40）、*N*-乙酰亮氨酸（*N*-acetylleucine，相对含量 27931805.04）、甲基苯乙腈（tolylacetonitrile，相对含量 26230928.22）、泛酸（pantothenic acid，相对含量 25936397.00）、PG[16:1(9*Z*)/22:6(4*Z*,7*Z*,10*Z*,13*Z*,16*Z*,19*Z*)](相对含量 18367478.00）、槟榔碱（arecoline，相对含量 17871760.63）、2,6-二氨基-7-羟基庚壬二酸（2,6-diamino-7-hydroxy-azelaic acid，相对含量 15482580.00）、PS[22:2(13*Z*,16*Z*)/17:1(9*Z*)] (相对含量 14631821.00)、二乙哌啶二酮（piperidione，相对含量 14449498.00）、延命草素（enmein，相对含量 14429371.20）、9*S*,10*S*,11*R*-三羟基-12*Z*-十八碳烯酸（9*S*,10*S*,11*R*-trihydroxy-12*Z*-octadecenoic acid，相对含量 14000818.90）、硫酸喹诺糖二酰甘油酯{quinolose diacylglyceride sulfate SQDG[16:0/16:1(13*Z*)]，相对含量 13879203.20}。

含量最高的 3 个物质，即十四烷基硫酸盐、姜辣素、肌肽，发酵过程的动态变化见图 4-144。链霉菌剂组与芽胞菌剂组高含量物质种类和含量变化差异显著。十四烷基硫酸盐在发酵过程中维持高含量，姜辣素低谷出现在发酵第 16 天，肌肽低谷出现在发酵第 2 天；3 个物质发酵过程的变化动态形成一定的互补。

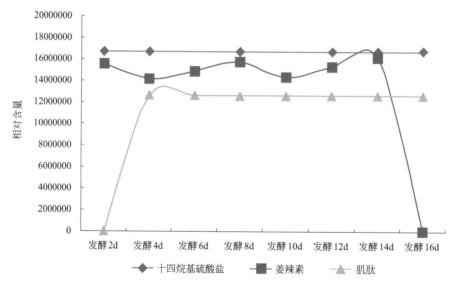

图4-144　链霉菌剂组发酵过程3个高含量物质的变化动态

3. 整合菌剂组发酵阶段物质组的变化

（1）总离子流图　整合菌剂组不同发酵时间物质组离子流见图 4-145。从物质组离子流图形看，可将物质组分为 3 个区域，A、B、C 区域。肉汤实验初期（0d），尚未发酵，离子流特征 A 区 3 个峰，B 区 2 个峰，C 区 2 个峰。随着发酵进程，2d 物质组离子流变化最大，A 区 3 个峰中 1 个峰下降，2 个峰上升；B 区出现 7 个峰，C 区在保留时间 2200~3000s 发生了较大的变化。发酵4d，物质组离子流继续发生变化，A 区峰值进一步平缓，B 区峰更加复杂，

C 区在保留时间 2200~3000s 与前一次测定比较，峰值升高，变化较大。发酵 6~8 d，A、B、C 三个区域的离子流变化相似，表明添加整合菌剂发酵 6d 后代谢活动变缓，物质组变化不大；10~16 d 物质组变化趋缓，代谢活动停顿。

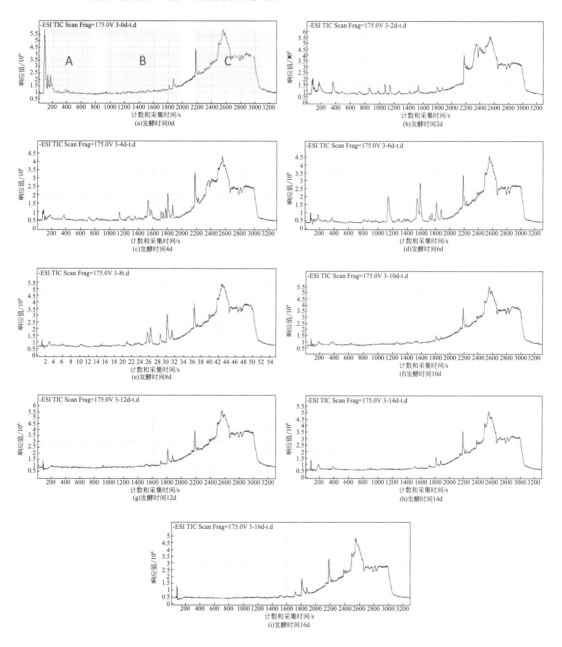

图4-145　整合菌剂组不同发酵时间物质组离子流

（2）主要物质的变化　发酵过程前 20 高含量物质包括了十四烷基硫酸盐（tetradecyl sulfate，相对含量 135874384.0）、姜辣素（gingerol，相对含量 109039911.0）、组氨

酸 - 丙氨酸二肽（His Ala，相对含量 79326136.0）、别嘌呤醇（allopurinol，相对含量 70782795.3）、PA[O-16:0/18:4(6Z,9Z,12Z,15Z)](相 对 含 量 20599711.5）、PG[16:1(9Z)/22:6(4Z,7Z,10Z,13Z,16Z,19Z)](相 对 含 量 17934560.2）、甲 基 苯 乙 腈（tolylacetonitrile，相对含量 17063511.0）、PS[22:2(13Z,16Z)/17:1(9Z)](相 对 含 量 16595060.6）、硅 甲 藻 黄 素（diadinoxanthin，相对含量 15155599.6）、氟甲喹（flumequine，相对含量 14884000.8）、硫酸喹诺糖二酰甘油酯 {quinolose diacylglyceride sulfate SQDG[16:0/16:1(13Z)]，相对含量 14568572.8}、延命草素 (enmein，相对含量 14474883.2）、甲 基 -8-[2-(2- 甲 酰 乙 烯基)-3- 羟 基 -5- 氧 代 - 环 戊 基]- 辛 酸 酯 {methyl 8-[2-(2-formyl-vinyl)-3-hydroxy-5-oxo-cyclopentyl]-octanoate，相对含量 13637605.3}、促甲状腺素释放激素（thyrotropin releasing hormone，相对含量 13074143.9）、香草素（vanillin，相对含量 10577824.5）、氯瘟磷（phosdiphen，相对含量 9454313.9）、(22E)-3α-hydroxychola-5,16,22-trien-24-oic acid（相对含量 7939169.0）、咪唑克生（idazoxan，相对含量 7261913.8）、喹啉（quinoline，相对含量 7257099.3）、千里光菲灵碱（seneciphylline，相对含量 7098706.4）；不同处理组高含量物质的种类、数量、排序存在较大差异。

　　含量最高的 3 个物质，即十四烷基硫酸盐、姜辣素、组氨酸 - 丙氨酸二肽，发酵过程的动态变化见图 4-146。整合菌剂组与链霉菌剂组、芽胞菌剂组的高含量物质种类、含量、排序变化差异显著。十四烷基硫酸盐和组氨酸 - 丙氨酸二肽在发酵过程含量维持稳定水平，姜辣素低谷出现在发酵第 4 天；高含量物质发酵过程的变化动态差异显著，添加不同菌剂，平衡着微生物的生长，影响着物质组的变化。

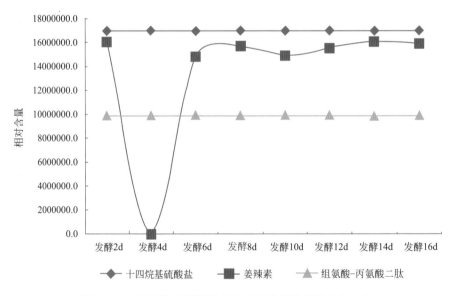

图4-146　整合菌剂组发酵过程3个高含量物质的变化动态

4. 空白对照组发酵阶段物质组的变化

　　（1）总离子流图　空白对照组不同发酵时间物质组离子流见图 4-147。从物质组离子流图形看，可将物质组分为 3 个区域，A、B、C 区域；肉汤实验初期（0d），尚未发酵，离子流特征 A 区 3 个峰, B 区 1 个峰, C 区 1 个峰。随着发酵进程, 发酵 2d 物质组离子流变化最大, A 区 3 个峰下降, B 区出现 4 个以上的峰, C 区在保留时间 2200~3000s 发生了较大的变化。发酵 4~8 d, 物质组离子流继续发生变化, 同时 3 个发酵阶段变化趋势相近; A 区峰值进一步平缓, B 区出现更多的峰（9 个以上）, C 区在保留时间 2200~3000s 与前一阶段（2 d）比较, 进一步发生变化。发酵 10~16d 物质组离子流变化趋缓, 这 2 个阶段的离子流相似性增加, A、B、C 三个区域的离子流变化不大, 表明空白对照物质组变化发酵 2 d 较为激烈, 4~8 d 离子流变化继续趋缓, 10~16 d 代谢活动趋于稳定, 离子流变化不大。

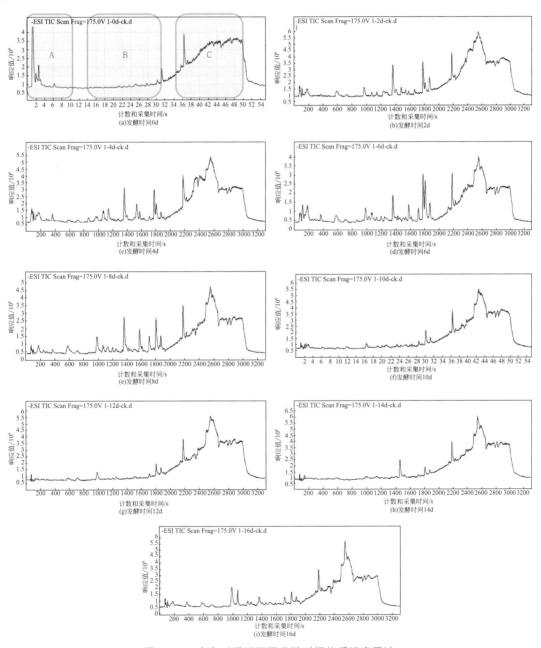

图4-147 空白对照组不同发酵时间物质组离子流

（2）主要物质的变化　发酵过程前20高含量物质包括了肌肽（carnosine，相对含量107126904.00）、别嘌呤醇（allopurinol，相对含量72883704.41）、N-乙酰亮氨酸（N-acetylleucine，相对含量55385957.73）、(22E)-3α-hydroxychola-5,16,22-trien-24-oic acid（相对含量54581267.50）、3-(4-羟苯基)丙酸[3-(4-hydroxyphenyl)propionic acid，相对含量47624632.30]、二甲炔酮（dimethisterone，相对含量40168841.50）、N-乙酰-DL-缬氨酸（N-acetyl-DL-valine，相对含量30077394.60）、对羟基苯丙酮（p-hydroxypropiophenone，相对含量24550618.00）、辛酰甘氨酸（capryloylglycine，相对含量24480337.22）、N-2'-(4-苯磺酰胺-乙烷基)花生四烯醇胺[N-2'-(4-benzenesulfonamide)-ethyl) arachidonoyl amine，相对含量20929446.40]、泛酸（pantothenic acid，相对含量19109137.60]、PA[O-16:0/18:4(6Z,9Z,12Z,15Z)](相对含量18808629.70)、F-honaucin A（相对含量16506272.00）、姜辣素（gingerol，相对含量14887747.40）、PS[22:2(13Z,16Z)/17:1(9Z)](相对含量14640946.40)、蛇孢假壳素A（ophiobolin A，相对含量13223290.70）、郁金香苷B（tuliposide B，相对含量13109493.00）、阿维A酯（etretinate，相对含量12608189.90）、4'-羟基苯乙酮（4'-hydroxyacetophenone，相对含量12585524.44）、9-羟基-10-氧代-12Z-9-十八碳烯酸（9-hydroxy-10-oxo-12Z-octadecenoic acid，相对含量12118184.00）；不同处理组高含量物质的种类、数量、排序存在较大差异。

含量最高的3个物质，即肌肽、别嘌呤醇、N-乙酰亮氨酸，发酵过程的动态变化见图4-148。空白对照组与整合菌剂组、链霉菌剂组、芽胞菌剂组的高含量物质种类、含量、排序变化差异显著。肌肽在发酵过程含量维持稳定水平，别嘌呤醇低谷出现在发酵第4天；N-乙酰亮氨酸低谷出现在发酵第2天和第6天，峰值出现在发酵第16天。高含量物质发酵过程的变化动态差异显著，添加不同菌剂，平衡着微生物的生长，影响着物质组的变化。

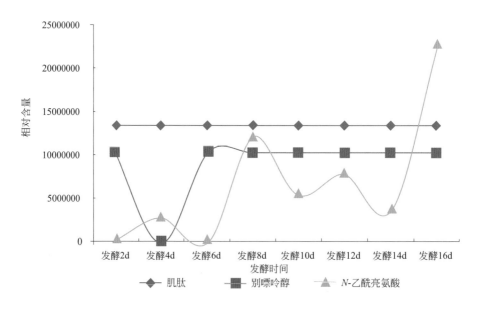

图4-148　空白对照组发酵过程3个高含量物质的变化动态

四、添加芽胞菌剂发酵过程物质组特性分析

1．发酵阶段物质组相对含量测定

添加芽胞菌剂的肉汤实验，共测定到 1530 个物质，其中能鉴定到名称的物质有 599 个，物质相对含量用未发酵时（发酵 0d）的物质组含量，除每隔 2d 取一次样的物质组含量，表明发酵组与未发酵组比较，相应的物质增长倍数作为含量的相对值。即发酵 2d 物质相对含量 = 发酵 2d 物质组含量 / 发酵 0d 物质组含量，发酵 4d 物质相对含量 = 发酵 4d 物质组含量 / 发酵 0d 物质组含量，依此类推，统计结果见表 4-96 和图 4-149。发酵过程前 10 个高含量物质排序为：肌肽（carnosine，相对含量 80264983.15）>(22E)-3α-hydroxychola-5,16,22-trien-24-oic acid（相对含量 57352979.50）> 别嘌呤醇（allopurinol，相对含量 56522667.05）> O- 乙酰丝氨酸（O-acetylserine，相对含量 25376448.00）> 异亮氨酸（isoleucine，相对含量 18809437.52）>PA[O-16:0/18:4(6Z,9Z,12Z,15Z)]（相对含量 18527222.43）>DL-3- 羟基己酸（DL-3-hydroxy caproic acid，相对含量 17558656.44）>5-(3- 吡啶基)-2- 羟基四氢呋喃 [5-(3-Pyridyl)-2- hydroxytetrahydrofuran，相对含量 17515489.15]>F-honaucin A（相对含量 16780897.60）> 姜辣素（gingerol，相对含量 16501588.71）。

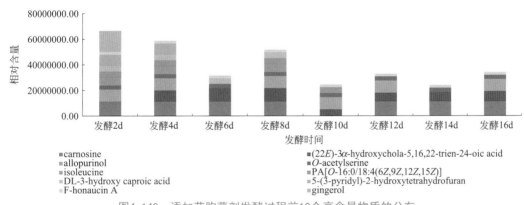

图 4-149　添加芽胞菌剂发酵过程前 10 个高含量物质的分布

表 4-96　添加芽胞菌剂肉汤实验发酵阶段物质组相对含量

物质组	发酵时间							
	发酵2d	发酵4d	发酵6d	发酵8d	发酵10d	发酵12d	发酵14d	发酵16d
carnosine	11466426.00	11466426.00	11466426.00	11466426.00	1.15	11466426.00	11466426.00	11466426.00
(22E)-3α-hydroxychola-5,16,22-trien-24-oic acid	1.00	8759007.00	10596103.00	10403571.00	5339715.50	6847490.00	7410034.00	7997058.00
allopurinol	9420435.00	9420435.00	45.36	9420435.00	9420435.00	9420435.00	11.69	9420435.00
O-acetylserine	3172056.00	3172056.00	3172056.00	3172056.00	3172056.00	3172056.00	3172056.00	3172056.00
isoleucine	6269802.00	6269802.00	13.19	6269802.00	3.54	2.90	4.26	7.63
PA[O-16:0/18:4(6Z,9Z,12Z,15Z)]	4631804.00	4631804.00	2.27	4631804.00	4631804.00	1.23	1.82	1.12

续表

物质组	发酵时间							
	发酵2d	发酵4d	发酵6d	发酵8d	发酵10d	发酵12d	发酵14d	发酵16d
DL-3-hydroxy caproic acid	4389659.50	4389659.50	4389659.50	4389659.50	3.28	1.91	3.82	9.43
5-(3-pyridyl)-2-hydroxytetrahydrofuran	8757699.00	8757699.00	26.51	30.99	2.19	5.85	8.09	17.53
F-honaucin A	2097612.20	2097612.20	2097612.20	2097612.20	2097612.20	2097612.20	2097612.20	2097612.20
gingerol	16501581.00	1.14	1.05	1.06	1.04	1.05	1.18	1.19
KAPA	1.00	8355944.00	1.00	1.00	1150767.40	337170.12	2174094.00	3354795.80
idazoxan	3410170.00	3410170.00	3410170.00	3410170.00	9.42	6.53	8.97	9.64
ophiobolin A	1.00	2220520.00	2474992.50	2426121.50	1047960.70	1593306.00	1782073.40	1875344.40
N-acetylleucine	1.00	2998001.50	1.00	1.00	5550155.00	726989.40	1537778.00	2404869.00
4,5-dihydroxyhexanoic acid lactone	1.00	1.00	1.00	1.00	12891314.00	1.00	1.00	1.00
etretinate	1.00	1916285.00	2013980.00	1998183.80	1429318.10	1614824.40	1619986.20	1768203.50
PS[22:2(13Z,16Z)/17:1(9Z)]	1.00	1726229.10	1421365.90	1598416.00	1.00	2417799.50	1632313.60	3446557.00
surfactin	1.00	4508188.50	1072181.60	348109.03	1051153.50	3227262.80	1222328.80	789592.00
chitotriose	1515782.60	1515782.60	1515782.60	1515782.60	1515782.60	1515782.60	1515782.60	1515782.60
2(3H)-furanone, dihydro-3,4-dihydroxy	2966095.20	2966095.20	2966095.20	2966095.20	2.34	3.51	7.97	9.94
9Z-hexadecenyl acetate	1.00	1410527.10	584391.70	1.00	1135194.10	4934917.00	2561689.00	1124234.50
Gly Tyr Asn	1654921.00	1654921.00	1654921.00	1654921.00	2.46	1654921.00	1654921.00	1654921.00
ritonavir	1289535.40	1289535.40	1289535.40	1289535.40	1289535.40	1289535.40	1289535.40	1289535.40
pantothenic acid	1.00	1.00	1.00	1.00	1135785.60	3435815.50	3260555.50	2348712.80
5-acetylamino-6-formyl-amino-3-methyluracil	1197078.10	1197078.10	1197078.10	1197078.10	1197078.10	1197078.10	1197078.10	1197078.10
14,15-HxA3-C(11S)	1083474.40	1083474.40	1083474.40	1083474.40	1083474.40	1083474.40	1083474.40	1083474.40
Leu Glu	1046756.00	1046756.00	1046756.00	1046756.00	1046756.00	1046756.00	1046756.00	1046756.00
purine	1.00	1090096.60	1640962.10	1997607.90	356598.97	602237.94	958445.25	1045732.44
2-(o-carboxybenzamido)glutaramic acid	1.00	1.00	1.00	1.00	1.00	4042075.50	3627889.20	1.00
His Arg Arg	909611.75	909611.75	909611.75	909611.75	909611.75	909611.75	909611.75	909611.75
His Ser Lys	7190042.00	1.00	1.00	1.00	1.00	1.00	1.00	1.00
9R,10S,18-trihydroxy-stearic acid	861845.44	861845.44	861845.44	861845.44	861845.44	861845.44	861845.44	861845.44
ethyl 3-(N-butylacetamido)propionate	1.00	1210156.60	1165147.00	612631.06	1434605.60	1.00	986941.70	1389732.60
L-gamma-glutamyl-L-valine	925171.10	925171.10	925171.10	925171.10	3.67	925171.10	925171.10	925171.10
diketospirilloxanthin/2,2'-diketospirilloxanthin	1.00	1527258.50	571833.90	3332392.80	1.00	190524.83	259730.89	482915.94

续表

物质组	发酵时间							
	发酵2d	发酵4d	发酵6d	发酵8d	发酵10d	发酵12d	发酵14d	发酵16d
cyclopropanecarboxylate	1.00	6152576.00	1.00	1.00	1.00	1.00	1.00	1.00
3-methyl-quinolin-2-ol	1.00	1.00	1.00	1.00	1926056.00	2396455.20	1666308.80	1.00
saccharin	1.00	897006.75	1.00	883466.10	1065637.20	1082736.90	862300.20	1180818.90
estradiol dipropionate	1.00	950883.90	1057772.60	1014298.70	478319.38	701904.70	756322.80	830853.25
9-bromo-decanoic acid	782585.30	782585.30	782585.30	782585.30	1.55	782585.30	782585.30	782585.30
His Ile Gly	676772.25	676772.25	676772.25	676772.25	676772.25	676772.25	676772.25	676772.25
tetradecyl sulfate	5402959.00	1.00	1.00	1.00	1.00	1.00	1.00	1.00
L-histidine	768010.25	768010.25	768010.25	768010.25	2.08	768010.25	768010.25	768010.25
alpha-L-rhamnopyranosyl-(1→2)-beta-D-galactopyranosyl-(1→2)-beta-D-glucuronopyranoside	752981.50	752981.50	752981.50	752981.50	1.13	752981.50	752981.50	752981.50
Glu Glu	623742.60	623742.60	623742.60	623742.60	623742.60	623742.60	623742.60	623742.60
N-methylundec-10-enamide	1.00	683053.70	738449.00	736518.44	687120.44	699031.06	668298.00	764989.40
vanillin	1.00	1134328.50	1.00	1.00	1811813.90	610057.60	193593.84	1089626.90
4,14-dihydroxy-octadecanoic acid	598636.40	598636.40	598636.40	598636.40	598636.40	598636.40	598636.40	598636.40
Val Ile Asp	598067.60	598067.60	598067.60	598067.60	598067.60	598067.60	598067.60	598067.60
methionine	580358.75	580358.75	580358.75	580358.75	580358.75	580358.75	580358.75	580358.75
Arg Asn Arg	571196.90	571196.90	571196.90	571196.90	571196.90	571196.90	571196.90	571196.90
2-aminoadenosine	1.00	1.00	1.00	1.00	4510269.00	1.00	1.00	1.00
thalidasine	555409.70	555409.70	555409.70	555409.70	555409.70	555409.70	555409.70	555409.70
3-hydroxy-2-methyl-[R-(R,S)]-butanoic acid	1.00	518125.70	1.00	1.00	2251613.20	710241.50	466486.00	386280.16
6,8-dihydroxypurine	1442710.10	1442710.10	2.76	4.54	1442710.10	1.35	1.20	2.13
tetradecanedioic acid	1.00	413801.38	1.00	1.00	858202.44	1301072.40	479965.75	1225795.10
N-acetyl-DL-valine	1.00	1.00	1.00	1.00	1090674.60	309755.90	1022909.25	1756718.40
carbenicillin	1.00	1312755.90	1.00	1.00	924911.90	1.00	1648969.60	256486.78
4-hydroxycinnamyl aldehyde	581813.00	581813.00	581813.00	581813.00	2.35	581813.00	581813.00	581813.00
2S-amino-pentanoic acid	1354654.50	1354654.50	34.94	1354654.50	4.73	1.47	2.62	2.79
Ile Leu	579390.50	4.36	579390.50	579390.50	579390.50	579390.50	579390.50	579390.50
neostearic acid	1.00	651375.25	542872.90	461694.75	415765.10	810723.75	567952.10	603494.06
vernodalol	1.00	847632.25	734453.20	822765.44	1.00	404049.94	479775.44	670648.80
N-acetyl-DL-methionine	487334.94	487334.94	487334.94	487334.94	487334.94	487334.94	487334.94	487334.94
caffeic aldehyde	1.00	1.00	1.00	1.00	2416815.00	1.00	1.00	1390567.00

物质组	发酵时间							
	发酵2d	发酵4d	发酵6d	发酵8d	发酵10d	发酵12d	发酵14d	发酵16d
C18:2n-6,11	1.00	542841.25	195043.03	1.00	661710.30	1456522.20	614194.60	318906.90
Leu His	465328.00	465328.00	465328.00	465328.00	465328.00	465328.00	465328.00	465328.00
oxadixyl	459280.28	459280.28	459280.28	459280.28	459280.28	459280.28	459280.28	459280.28
1,1,1-trichloro-2-(o-chlorophenyl)-2-(p-chlorophenyl)ethane	1.00	1.00	3451349.20	1.00	1.00	1.00	1.00	173689.94
metaxalone	1.00	973335.80	1.00	1.00	575646.94	268555.84	804659.60	998270.60
25-hydroxyvitamin D2-25-glucuronide	1.00	692894.90	719913.56	713572.40	1.00	1.00	820306.44	666591.40
3-methyl-octanoic acid	1.00	693030.50	1.00	1.00	833525.70	609375.70	804543.70	647596.30
omega-3-arachidonic acid	1.00	521449.66	1.00	1.00	793757.70	1371946.20	696387.44	171657.97
gabapentin	1.00	538970.40	1.00	1.00	715545.90	969386.90	553917.44	765817.10
L-glutamic acid n-butyl ester	506027.53	506027.53	2.52	506027.53	506027.53	506027.53	506027.53	506027.53
phosdiphen	1.00	1361977.80	2165087.20	1.00	1.00	1.00	1.00	1.00
cer[d18:0/18:1(9Z)]	1.00	1.00	2709140.50	801401.40	1.00	1.00	1.00	1.00
deoxyuridine monophosphate (dUMP)	438439.94	438439.94	438439.94	438439.94	438439.94	438439.94	438439.94	438439.94
DL-3-phenyllactic acid	583849.56	583849.56	583849.56	583849.56	583849.56	1.16	1.29	583849.56
phytolaccoside B	3483995.20	1.00	1.00	1.00	1.00	1.00	1.00	1.00
spaglumic acid	488286.20	488286.20	488286.20	488286.20	1.05	488286.20	488286.20	488286.20
dimethyl malonate	1.00	2167086.20	1.00	1.00	887558.90	1.00	341101.78	1.00
slaframine	1.00	2527439.50	1.00	1.00	1.00	1.00	241888.98	590137.80
isobutylglycine	1.00	151526.98	1.00	1.00	340711.03	600149.94	1335026.00	850616.10
thymine	1.00	1032567.10	1.00	1.00	267064.16	206937.89	396182.62	1273945.80
17-phenyl trinor prostaglandin A2	1.00	472077.22	474747.88	496763.38	369083.94	425721.00	425096.72	506979.75
Val Lys Ala	394323.90	394323.90	394323.90	394323.90	394323.90	394323.90	394323.90	394323.90
DL-o-tyrosine	1568124.10	1568124.10	5.99	6.41	3.76	1.64	7.59	3.77
d-Ribitol 5-phosphate	1.00	390093.80	550336.30	513813.84	444023.60	327799.12	408903.06	493022.84
N2-succinyl-L-ornithine	389310.16	389310.16	389310.16	389310.16	389310.16	389310.16	389310.16	389310.16
Leu-Asp-OH	1.00	1.00	1.00	1.00	3047220.50	1.00	1.00	1.00
9,10,16-trihydroxy palmitic acid	1.00	483067.90	1.00	1.00	625838.20	816836.90	466212.28	639835.75
lauryl hydrogen sulfate	1.00	477576.94	673424.40	672292.90	464339.22	1.00	215927.03	447424.90
ephedroxane	363418.28	363418.28	363418.28	363418.28	363418.28	363418.28	363418.28	363418.28
4-hydroxyquinoline	1762858.20	1.00	1.00	1.00	1.00	1.00	496627.44	626129.50

物质组	发酵时间							
	发酵2d	发酵4d	发酵6d	发酵8d	发酵10d	发酵12d	发酵14d	发酵16d
salvarsan	1.00	949783.25	1.00	1127151.50	1.00	1.00	761080.30	1.00
pimonidazole	349451.78	349451.78	349451.78	349451.78	349451.78	349451.78	349451.78	349451.78
septentrionine	2788696.50	1.00	1.00	1.00	1.00	1.00	1.00	1.00
diglykokoll	348387.12	348387.12	348387.12	348387.12	348387.12	348387.12	348387.12	348387.12
CGS 7181	1.00	1.00	1.00	1.00	232434.95	1315619.20	1210950.40	1.00
diiodothyronine	1.00	1.00	1767380.80	1.00	1.00	835784.50	1.00	1.00
3,5-pyridinedicarboxylic acid, 1,4-dihydro-2,6-dimethyl-4-(3-nitrophenyl)-, 2-hydroxyethyl methyl es	319444.94	319444.94	319444.94	319444.94	319444.94	319444.94	319444.94	319444.94
4,8,12-trimethyltrideca-noic acid	1.00	1.00	541375.60	329647.03	413436.06	1.00	620634.06	640190.30
2,3-dihydroxy-3-methylbutyric acid	1.00	504328.44	232664.92	1.00	471571.94	322135.88	329957.06	682520.20
L-2-aminoadipate 6-semialdehyde	1.00	893290.70	1.00	1.00	1.00	1.00	580094.90	1049453.90
10-hydroxy-hexadecan-1,16-dioic acid	1.00	551420.75	262714.03	1.00	282567.94	552714.06	454237.40	395146.90
arabinonic acid	356103.80	356103.80	356103.80	356103.80	356103.80	356103.80	8.69	356103.80
3-(4-hydroxyphenyl) propionic acid	2453529.20	3.24	2.81	3.05	9.67	1.42	1.46	3.08
3-guanidinopropanoate	1.00	517791.50	650524.10	1.00	516070.66	1.00	1.00	731589.44
12-trans-hydroxy juvenile hormone III	396561.00	396561.00	396561.00	396561.00	1.03	1.09	396561.00	396561.00
chivosazole D	2365571.80	1.00	1.00	1.00	1.00	1.00	1.00	1.00
rhexifoline	1.00	1.00	1.00	1.00	2313242.80	1.00	1.00	1.00
Val Gln Lys	288793.94	288793.94	288793.94	288793.94	288793.94	288793.94	288793.94	288793.94
Lys Cys Gly	761473.90	1.51	1.34	1.27	2.17	1.97	761473.90	761473.90
citramalic acid	378189.90	3.52	378189.90	378189.90	2.12	378189.90	378189.90	378189.90
4-methyloctyl acetate	1.00	594542.06	1.00	1.00	571626.75	377966.00	397065.16	319862.06
Val Val Asp	274177.88	274177.88	274177.88	274177.88	274177.88	274177.88	274177.88	274177.88
9-hydroperoxy-12,13-epoxy-10-octadecenoic acid	1.00	628136.00	1.00	1.00	1.00	1.00	631957.60	915868.50
nonate	719835.56	2.41	719835.56	719835.56	1.38	1.89	1.68	2.20
4-oxoproline	358951.22	358951.22	358951.22	2.81	358951.22	358951.22	358951.22	1.65
sativic acid	1.00	431143.25	1.00	1.00	380763.10	498684.80	336890.75	503662.12
methyl 8-[2-(2-formyl-vinyl)-3-hydroxy-5-oxo-cyclopentyl]-octanoate	2128236.20	1.17	1.04	1.12	1.09	1.02	1.10	1.33
Arg Pro Leu	262903.06	262903.06	262903.06	262903.06	262903.06	262903.06	262903.06	262903.06

物质组	发酵时间							
	发酵2d	发酵4d	发酵6d	发酵8d	发酵10d	发酵12d	发酵14d	发酵16d
p-hydroxypropio-phenone	1.00	1.00	1.00	1.00	1.00	574501.94	1521062.20	1.00
N-acetyl-L-lysine	517632.03	8.00	517632.03	517632.03	1.40	1.41	1.30	517632.03
tolylacetonitrile	1.00	1.00	1.00	1.00	1.00	887469.75	1163810.60	1.00
Tyr Glu Ile	255413.08	255413.08	255413.08	255413.08	255413.08	255413.08	255413.08	255413.08
cysteinyldopa	252450.10	252450.10	252450.10	252450.10	252450.10	252450.10	252450.10	252450.10
endothion	285823.20	285823.20	285823.20	285823.20	2.79	285823.20	285823.20	285823.20
propionylglycine	1.00	734266.75	1.00	1.00	1.00	1.00	691563.30	510052.12
quercetin 3,7,3',4'-tetra-O-sulfate	1.00	1.00	516356.62	1.00	1408116.10	1.00	1.00	1.00
ribose-1-arsenate	235750.75	235750.75	235750.75	235750.75	235750.75	235750.75	235750.75	235750.75
Asp Leu His	234208.02	234208.02	234208.02	234208.02	234208.02	234208.02	234208.02	234208.02
4-heptyloxyphenol	1861838.80	1.67	1.76	1.81	1.10	1.03	1.06	1.44
Thr Gln Ser	232556.98	232556.98	232556.98	232556.98	232556.98	232556.98	232556.98	232556.98
leflunomide	1.00	1.00	1.00	171716.08	1286531.50	393807.10	1.00	1.00
4-nitrophenyl-3-ketovalidamine	230432.98	230432.98	230432.98	230432.98	230432.98	230432.98	230432.98	230432.98
5-hydroxyferulate	1830124.90	1.23	1.35	1.30	1.25	1.27	1.16	1.40
N5-ethyl-L-glutamine	226524.06	226524.06	226524.06	226524.06	226524.06	226524.06	226524.06	226524.06
glycophymoline	1779928.20	1.00	1.00	1.00	1.00	1.00	1.00	1.00
Val-Met-OH	221615.02	221615.02	221615.02	221615.02	221615.02	221615.02	221615.02	221615.02
Glu Glu Gln	220849.88	220849.88	220849.88	220849.88	220849.88	220849.88	220849.88	220849.88
propofol glucuronide	1745541.00	1.00	1.00	1.00	1.00	1.00	1.00	1.00
daminozide	1.00	1.00	1.00	1.00	485248.06	1183856.00	1.00	56327.97
monodehydroascorbate	1.00	1.00	1.00	1.00	306653.88	739269.50	676085.44	1.00
proglumide	1695816.00	1.00	1.00	1.00	1.00	1.00	1.00	1.00
2'-hydroxy-3',4',6',3,4-pentamethoxychalcone	1.00	646522.70	1.00	1.00	1.00	346578.00	268091.80	403070.90
2-oxoarginine	1662926.20	1.00	1.00	1.00	1.00	1.00	1.00	1.00
13-methyl-pentadecanoic acid	1.00	721014.70	1.00	1.00	1.00	932295.10	1.00	1.00
1-O-alpha-D-glucopyran-osyl-1,2-eicosandiol	1.00	262506.06	314663.16	361435.06	1.00	353762.75	359128.28	1.00
p-hydroxyfelbamate	1.00	349870.16	370694.28	1.00	322214.70	345249.94	257945.97	1.00
oxychlordane	1636341.20	1.00	1.00	1.00	1.00	1.00	1.00	1.00
etacelasil	1621732.80	1.00	1.00	1.00	1.00	1.00	1.00	1.00
3-deoxy-D-manno-octulosonate 8-phosphate	229569.11	229569.11	229569.11	229569.11	1.21	229569.11	229569.11	229569.11
edetate	199664.16	199664.16	199664.16	199664.16	199664.16	199664.16	199664.16	199664.16
CoA[24:6(6Z,9Z,12Z,15Z,18Z,21Z)(3Ke)]	1595011.00	1.00	1.00	1.00	1.00	1.00	1.00	1.00
methyl orsellinate	1.00	1.00	1.00	1.00	588827.75	571301.10	430528.10	1.00

物质组	发酵时间							
	发酵2d	发酵4d	发酵6d	发酵8d	发酵10d	发酵12d	发酵14d	发酵16d
4,4'-diapolycopenedial	198416.06	198416.06	198416.06	198416.06	198416.06	198416.06	198416.06	198416.06
salicylaldehyde	1.00	221804.97	571464.30	539465.10	1.00	1.00	1.00	253917.19
Glu Lys Met	198222.05	198222.05	198222.05	198222.05	198222.05	198222.05	198222.05	198222.05
PG[16:1(9Z)/22:6(4Z,7Z,10Z,13Z,16Z,19Z)]	1568657.10	1.05	1.31	1.42	2.36	1.97	1.47	2.13
Asn Thr Pro	191791.98	191791.98	191791.98	191791.98	191791.98	191791.98	191791.98	191791.98
halomon	1528240.10	1.00	1.00	1.00	1.00	1.00	1.00	1.00
17-hydroxy-heptadecanoic acid	1.00	515050.28	165757.94	1.00	1.00	409712.06	228412.92	207082.11
thyrotropin releasing hormone	1521054.20	1.33	1.15	1.23	1.29	1.40	1.06	1.19
N,N'-diacetylbenzidine	187752.02	187752.02	187752.02	187752.02	187752.02	187752.02	187752.02	187752.02
dodecyl glucoside	1.00	425566.80	1.00	1.00	1.00	518188.03	1.00	549317.90
Lys Glu Tyr	181809.11	181809.11	181809.11	181809.11	181809.11	181809.11	181809.11	181809.11
N-monodesmethyldiltiazem	1.00	138717.02	156306.97	127453.03	398841.34	350306.16	257881.86	1.00
dimethoxane	1.00	342169.06	1.00	1.00	217876.98	286042.06	247847.00	323497.78
2-amino-5-phosphopentanoic acid	1.00	1.00	1.00	1.00	1.00	672660.94	741327.75	1.00
3-deoxy-D-glycero-D-galacto-2-nonulosonic acid	1408935.50	1.00	1.00	1.00	1.00	1.00	1.00	1.00
6R-hydroxy-tetradecanoic acid	1.00	506490.03	331961.03	1.00	1.00	165524.06	187439.02	189563.03
His Val Ser	171396.95	171396.95	171396.95	171396.95	171396.95	171396.95	171396.95	171396.95
Phe His	171369.10	171369.10	171369.10	171369.10	171369.10	171369.10	171369.10	171369.10
Leu Thr Leu	1.00	447836.20	1.00	1.00	1.00	1.00	261695.92	659394.30
diisopropyl adipate	1.00	273893.10	214906.03	1.00	228794.95	260418.90	207056.11	177420.98
20-hydroxy-PGF2α	1.00	468326.88	1.00	1.00	1.00	1.00	883632.00	1.00
3,11-dihydroxy myristoic acid	1.00	216428.05	1.00	1.00	259207.08	401953.40	157041.06	296755.06
L-anserine	189977.00	189977.00	189977.00	189977.00	2.44	189977.00	189977.00	189977.00
13,14-dihydro-16,16-difluoro PGJ2	1.00	240305.12	340058.06	261227.19	1.00	1.00	249562.05	230728.98
3-hydroxy-tetradecanedioic acid	1.00	205318.88	1.00	1.00	250349.20	348381.12	250790.78	265680.88
Ile Lys Glu	163947.03	163947.03	163947.03	163947.03	163947.03	163947.03	163947.03	163947.03
3-methyluridine	1.00	1.00	1.00	1.00	1301444.00	1.00	1.00	1.00
Asp Lys Asn	162668.02	162668.02	162668.02	162668.02	162668.02	162668.02	162668.02	162668.02
1,4'-bipiperidine-1'-carboxylic acid	1.00	928734.90	1.00	1.00	1.00	1.00	1.00	369691.94
Lys Val Val	161060.92	161060.92	161060.92	161060.92	161060.92	161060.92	161060.92	161060.92
Gln Pro Lys	158625.88	158625.88	158625.88	158625.88	158625.88	158625.88	158625.88	158625.88

续表

物质组	发酵时间							
	发酵2d	发酵4d	发酵6d	发酵8d	发酵10d	发酵12d	发酵14d	发酵16d
TG(18:0/22:0/22:0)[iso3]	1.00	253708.81	429237.97	193166.12	1.00	171285.95	1.00	213069.97
methsuximide	1.00	724434.40	1.00	1.00	1.00	1.00	1.00	515928.10
Leu Lys Ala	154982.00	154982.00	154982.00	154982.00	154982.00	154982.00	154982.00	154982.00
His His Gly	1.00	172572.03	183503.84	189636.98	227544.89	255683.03	208340.92	1.00
22:1(9Z)	1.00	247269.00	1.00	1.00	1.00	258786.94	228332.02	502702.20
dauricine	1234989.00	1.00	1.00	1.00	1.00	1.00	1.00	1.00
His Ile Ala	153022.97	153022.97	153022.97	153022.97	153022.97	153022.97	153022.97	153022.97
Asn Asn Arg	1.00	508445.06	1.00	1.00	1.00	1.00	288344.88	410390.80
cyhexatin	1.00	1.00	284054.94	317889.06	1.00	308539.16	1.00	272718.06
estramustine	147628.89	147628.89	147628.89	147628.89	147628.89	147628.89	147628.89	147628.89
spectinomycin	234125.05	1.21	234125.05	234125.05	1.19	234125.05	1.13	234125.05
diclocymet	1.00	751542.44	1.00	1.00	415450.25	1.00	1.00	1.00
taurine	388434.10	1.38	388434.10	388434.10	1.38	1.40	1.60	1.55
3S-hydroxy-dodecanoic acid	1.00	438094.00	223098.11	1.00	1.00	130922.02	166396.00	202581.02
bis(4-fluorophenyl)-methanone	1.00	1.00	1.00	1.00	504633.25	234746.80	418525.88	1.00
9-hydroperoxy-12,13-dihydroxy-10-octadecenoic acid	1.00	274201.06	1.00	1.00	207982.88	245875.10	211784.00	204469.92
Lys Thr Thr	438127.03	221478.83	1.00	1.00	1.00	1.00	149894.94	318715.97
7-oxo-11-dodecenoic acid	1.00	164411.97	171968.03	170984.81	1.00	207068.97	170879.05	217838.97
nitrobenzene	1.00	493991.06	1.00	1.00	1.00	199732.02	184761.92	218252.06
1,4-methylimidazole-acetic acid	1.00	1.00	1.00	1.00	530847.06	564243.75	1.00	1.00
2-amino-8-oxo-9,10-epoxy-decanoic acid	1.00	1094220.40	1.00	1.00	1.00	1.00	1.00	1.00
Abu-Asp-OH	1.00	363531.70	1.00	1.00	1.00	356244.16	1.00	363015.88
heptachlor epoxide	1080761.90	1.00	1.00	1.00	1.00	1.00	1.00	1.00
p-hydroxymethylp-henidate	1.00	1.00	1.00	1.00	360555.00	548197.00	170804.06	1.00
3R-hydroxypalmitic acid	1.00	670070.94	143184.12	1.00	1.00	1.00	1.00	263507.12
Gly Asp Val	134383.94	134383.94	134383.94	134383.94	134383.94	134383.94	134383.94	134383.94
(+)-cucurbic acid	1061873.80	1.00	1.00	1.00	1.00	1.00	1.00	1.00
(3S)-3,6-diaminohexanoate	1.00	1.00	1.00	1.00	857568.44	189314.08	1.00	1.00
benzo[b]naphtho[2,1-d]thiophene	1.00	1.00	1.00	1.00	1045436.56	1.00	1.00	1.00
panasenoside	1.00	1.00	1.00	1.00	1.00	527166.20	491189.44	1.00
7S-hydroxy-octanoic acid	1.00	1.00	1.00	1.00	181434.05	283806.80	372070.03	180937.95
4'-hydroxyacetophenone	1.00	1.00	1.00	1.00	1.00	534925.44	477280.25	1.00

续表

物质组	发酵时间							
	发酵2d	发酵4d	发酵6d	发酵8d	发酵10d	发酵12d	发酵14d	发酵16d
Cys Lys Gly	1.00	1.00	1.00	1.00	1.00	1.00	501238.84	508461.20
9*S*,10*S*,11*R*-trihydroxy-12*Z*-octadecenoic acid	336400.72	3.80	336400.72	336400.72	11.91	11.17	4.56	7.85
2-hydroxy enanthoic acid	1.00	604878.30	1.00	1.00	1.00	1.00	1.00	381387.30
dihydrojasmonic acid, methyl ester	1.00	187403.10	148930.97	166204.06	1.00	182871.00	163638.89	136926.10
plaunol D	1.00	1.00	480978.28	501690.34	1.00	1.00	1.00	1.00
compound Ⅲ(*S*)	1.00	1.00	1.00	1.00	1.00	981191.25	1.00	1.00
nimesulide	1.00	976191.60	1.00	1.00	1.00	1.00	1.00	1.00
Ile Ile Asp	1.00	681038.40	1.00	158370.86	1.00	1.00	129026.88	1.00
isobutylmethylxanthine	1.00	1.00	1.00	1.00	1.00	266142.10	322696.00	376352.90
Arg Gln Arg	1.00	798190.06	162729.97	1.00	1.00	1.00	1.00	1.00
quinoline	1.00	1.00	1.00	1.00	1.00	409499.78	542391.50	1.00
4,4-difluoro-17beta-hydroxy-17alpha-methyl-androst-5-en-3-one	1.00	1.00	1.00	1.00	496396.38	451762.75	1.00	1.00
olsalazine	1.00	1.00	1.00	1.00	1.00	490428.94	442052.62	1.00
16:4(6*Z*,9*Z*,12*Z*,15*Z*)	1.00	109735.98	182762.97	177068.10	1.00	137968.05	188341.97	132378.98
18-hydroxy-9*S*,10*R*-epoxy-stearic acid	1.00	1.00	1.00	1.00	1.00	447061.25	480958.60	1.00
capryloylglycine	1.00	283229.94	1.00	1.00	1.00	449454.88	1.00	188815.17
N-benzylphthalimide	908154.20	1.00	1.00	1.00	1.00	1.00	1.00	1.00
propaphos	1.00	466151.25	1.00	1.00	1.00	1.00	1.00	441724.88
conhydrine	1.00	540858.40	1.00	1.00	1.00	1.00	142192.05	223660.98
R.g.-Keto Ⅲ	904372.90	1.00	1.00	1.00	1.00	1.00	1.00	1.00
Val Pro Arg	1.00	1.00	898195.80	1.00	1.00	1.00	1.00	1.00
7*α*-(thiomethyl)spirono-lactone	1.00	365903.06	209412.94	150101.97	1.00	166900.10	1.00	1.00
12-hydroxydihydroche-lirubine	890043.00	1.00	1.00	1.00	1.00	1.00	1.00	1.00
1,2-beta-D-glucuronosyl-D-glucuronate	889526.56	1.00	1.00	1.00	1.00	1.00	1.00	1.00
MID42020:26,26,26,27,27,27-hexafluoro-1*α*,25-dihydroxy-23,23,24,24-tetradehydrovitamin D3 / 26,26,26	886085.10	1.00	1.00		1.00	1.00	1.00	1.00
His Gln Thr	867078.70	1.00	1.00	1.00	1.00	1.00	1.00	1.00
His His Ser	866579.00	1.05	1.20	1.23	1.13	1.37	1.17	1.02
phloionolic acid	215823.14	215823.14	215823.14	215823.14	13.37	5.84	1.15	1.16
(10*S*)-juvenile hormone Ⅲ acid diol	1.00	1.00	130933.09	1.00	240396.00	294434.90	197476.05	1.00
streptidine	1.00	1.00	1.00	1.00	1.00	455949.75	403398.78	1.00

续表

物质组	发酵时间							
	发酵2d	发酵4d	发酵6d	发酵8d	发酵10d	发酵12d	发酵14d	发酵16d
Asp Gly Ser	1.00	156286.10	1.00	1.00	682749.44	1.00	1.00	1.00
nifedipine	1.00	1.00	1.00	1.00	834221.30	1.00	1.00	1.00
S-allyl-L-cysteine	832967.10	1.00	1.00	1.00	1.00	1.00	1.00	1.00
6-hydroxyluteolin 6,4'-dimethyl ether 7-glucoside	1.00	172008.05	177275.16	162711.03	1.00	166897.00	150779.00	1.00
9Z-dodecen-7-ynyl acetate	826160.80	1.03	1.05	1.02	1.01	1.04	1.01	1.03
3β,5α-tetrahydronore-thindrone glucuronide	1.00	171493.06	1.00	194688.02	1.00	139944.92	149131.94	169167.12
2,3-dihydroxycyclopentan eundecanoic acid	1.00	1.00	1.00	1.00	210092.90	361442.72	1.00	246223.81
aspidodasycarpine	814732.70	1.00	1.00	1.00	1.00	1.00	1.00	1.00
alhpa-tocopheronic acid	1.00	153368.10	171125.94	162940.08	1.00	154788.10	161586.88	1.00
Gly Trp Met	1.00	791112.30	1.00	1.00	1.00	1.00	1.00	1.00
MID42519:1α-hydroxy-18-(4-hydroxy-4-methyl-2-pentynyloxy)-23,24,25,26,27-pen-tanorvitamin D3 / 1α-hyd	1.00	1.00	1.00	1.00	553589.44	1.00	1.00	234334.08
CMP-2-aminoethylphosphonate	1.00	1.00	1.00	1.00	1.00	390780.30	395068.03	1.00
dehydrojuvabione	1.00	145438.06	169654.03	193137.02	1.00	129444.97	144198.94	1.00
olprinone	96965.99	96965.99	96965.99	96965.99	96965.99	96965.99	96965.99	96965.99
3-methyluric acid	1.00	112054.12	1.00	1.00	1.00	271310.84	125640.99	259794.08
PG[22:2(13Z,16Z)/0:0]	757349.44	1.17	1.06	1.08	1.19	1.09	1.01	1.21
4-hydroxy-3-nitrosobenzamide	756052.94	1.00	1.00	1.00	1.00	1.00	1.00	1.00
cystamine	1.00	1.00	1.00	1.00	754423.40	1.00	1.00	1.00
sebacic acid	1.00	223478.92	1.00	197998.89	1.00	1.00	146568.03	176463.05
5-F2c-isoP	1.00	1.00	1.00	1.00	391706.22	341311.10	1.00	1.00
9,10-dihydroxy-octadecanedioic acid	1.00	1.00	1.00	1.00	1.00	326388.10	1.00	404002.94
methotrimeprazine	1.00	324700.10	1.00	1.00	1.00	1.00	151651.03	250924.11
16:1(5Z)	1.00	133212.92	1.00	1.00	1.00	378664.72	210585.94	1.00
3-methyl-tridecanoic acid	1.00	169722.90	1.00	1.00	1.00	300423.10	1.00	241741.92
lophophorine	1.00	137812.00	1.00	1.00	1.00	202325.94	146508.95	223086.89
dimethisterone	699555.30	8.05	9.77	10.61	6.54	8.65	8.85	8.62
4-hexyloxyphenol	697177.80	1.15	1.16	1.11	1.20	1.09	1.03	1.04
N-acetyl-D-mannosamine	1.00	402279.28	1.00	1.00	1.00	1.00	202128.90	87356.94
His Glu Arg	1.00	199287.05	1.00	1.00	1.00	1.00	300053.94	191465.92
4-(o-carboxybenzamido) glutaramic acid	1.00	1.00	1.00	1.00	688991.60	1.00	1.00	1.00

续表

物质组	发酵时间							
	发酵2d	发酵4d	发酵6d	发酵8d	发酵10d	发酵12d	发酵14d	发酵16d
dimethamine	1.00	472916.78	1.00	1.00	1.00	1.00	202446.89	1.00
cortolone-3-glucuronide	675229.70	1.00	1.00	1.00	1.00	1.00	1.00	1.00
N-methylglutamic acid	1.00	1.00	1.00	1.00	1.00	335602.90	226336.06	111914.95
Ala Phe Arg	1.00	1.00	178702.10	1.00	1.00	263192.06	1.00	226979.12
6,6'-dibromoindigotin	1.00	1.00	1.00	1.00	1.00	664980.60	1.00	1.00
uplandicine	1.00	1.00	188298.16	178825.92	1.00	150692.11	141840.00	1.00
candesartan cilextil	647457.60	1.00	1.00	1.00	1.00	1.00	1.00	1.00
lipoxin E4	641251.70	1.00	1.00	1.00	1.00	1.00	1.00	1.00
methyl allyl disulfide	1.00	1.00	1.00	329952.70	1.00	1.00	1.00	310436.03
His-His-OH	189588.84	211271.95	1.00	239191.00	1.00	1.00	1.00	1.00
(+)-tephrorin B	1.00	1.00	1.00	1.00	619264.50	1.00	1.00	1.00
38:5(20Z,23Z, 26Z,29Z,32Z)	1.00	1.00	615486.25	1.00	1.00	1.00	1.00	1.00
hosloppin	614029.00	1.00	1.00	1.00	1.00	1.00	1.00	1.00
pro Glu	597016.94	1.00	1.00	1.00	1.00	1.00	1.00	1.00
PS[17:1(9Z)/22:2 (13Z,16Z)]	1.00	1.00	1.00	1.00	591292.90	1.00	1.00	1.00
3-oxo-dodecanoic acid	1.00	1.00	1.00	1.00	1.00	1.00	201739.92	387059.75
3,3-difluoro-5alpha-androstan-17beta-yl acetate	1.00	1.00	1.00	1.00	402243.12	185688.06	1.00	1.00
5-phosphoribosyl-5-aminoimidazole	1.00	184507.08	178847.92	1.00	1.00	1.00	1.00	204386.95
quinamide isopropylidene	1.00	1.00	1.00	1.00	308973.06	1.00	1.00	255648.22
fentin acetate	556282.00	1.00	1.00	1.00	1.00	1.00	1.00	1.00
N-methyl hexanamide	1.00	367260.10	1.00	1.00	1.00	1.00	1.00	182813.95
amiprilose	1.00	127725.96	1.00	1.00	1.00	158544.94	110018.96	149308.11
eremophilenolide	545541.44	1.45	1.55	1.42	1.42	1.31	1.09	1.22
treosulfan	1.00	543677.30	1.00	1.00	1.00	1.00	1.00	1.00
D-pipecolic acid	1.00	157320.97	1.00	1.00	1.00	1.00	68952.02	317310.06
maleic hydrazide	1.00	237345.06	1.00	1.00	1.00	1.00	144962.00	160424.02
cinnamodial	1.00	144288.00	134407.92	136018.02	1.00	1.00	1.00	121534.02
7 R-hydroxy-hexadecanoic acid	1.00	1.00	1.00	1.00	1.00	284112.00	245684.03	1.00
ceramide (d18:1/16:0)	1.00	1.00	527435.30	1.00	1.00	1.00	1.00	1.00
pydanon	1.00	1.00	1.00	1.00	1.00	332803.88	191843.97	1.00
trichlormethine	1.00	1.00	1.00	1.00	521271.12	1.00	1.00	1.00
5-L-glutamyl-L-alanine	1.00	1.00	1.00	1.00	506684.90	1.00	1.00	1.00
5,5-bis(4-hydroxyphenyl) hydantoin	503981.20	1.00	1.00	1.00	1.00	1.00	1.00	1.00
Leu-His-OH	1.00	501071.88	1.00	1.00	1.00	1.00	1.00	1.00

物质组	发酵时间							
	发酵2d	发酵4d	发酵6d	发酵8d	发酵10d	发酵12d	发酵14d	发酵16d
uric acid	1.00	1.00	1.00	1.00	1.00	135863.98	1.00	365112.03
12-tridecynoic acid	1.00	1.00	1.00	1.00	1.00	268837.88	1.00	230553.05
3-(3-indolyl)-2-oxopropanoic acid	499132.66	1.00	1.00	1.00	1.00	1.00	1.00	1.00
phytuberin	1.00	1.00	268827.94	1.00	1.00	1.00	229307.94	1.00
2-hydroxy-4-(methylthio)butyric acid	485307.72	1.00	1.00	1.00	1.00	1.00	1.00	1.00
3-oxo-5beta-chola-8(14),11-dien-24-oic acid	1.00	1.00	471257.84	1.00	1.00	1.00	1.00	1.00
piceid	1.00	1.00	258363.03	212169.06	1.00	1.00	1.00	1.00
diclobutrazol	1.00	187417.95	1.00	1.00	1.00	1.00	282635.94	1.00
homocysteinesulfinic acid	331632.90	59743.98	1.00	1.00	1.00	1.00	1.00	78372.95
MDL 73492 sulfate	1.00	1.00	1.00	1.00	285400.28	1.00	181896.14	1.00
Asp-Abu-OH	1.00	1.00	1.00	1.00	457693.97	1.00	1.00	1.00
pantetheine	1.00	1.00	1.00	1.00	453012.78	1.00	1.00	1.00
11-keto pentadecanoic acid	448922.20	1.00	1.00	1.00	1.00	1.00	1.00	1.00
ptdIns-(5)-P1 (1,2-dioctanoyl)	1.00	1.00	1.00	1.00	441845.78	1.00	1.00	1.00
clobenpropit	1.00	1.00	1.00	1.00	1.00	1.00	214689.08	225326.90
Asp Lys Glu	1.00	1.00	1.00	1.00	1.00	1.00	439646.10	1.00
13-tetradecynoic acid	1.00	1.00	1.00	1.00	1.00	1.00	439111.10	1.00
AG-041R	432260.20	1.00	1.00	1.00	1.00	1.00	1.00	1.00
6-nonenal	1.00	145398.84	1.00	1.00	1.00	1.00	1.00	283825.20
L-tyrosine methyl ester	1.00	124147.01	138691.89	159626.00	1.00	1.00	1.00	1.00
epi-tulipinolide diepoxide	422230.06	1.00	1.00	1.00	1.00	1.00	1.00	1.00
o-cresol	1.00	221478.83	1.00	1.00	1.00	1.00	1.00	196811.94
(-)-12-hydroxy-9,10-dihydrojasmonic acid	1.00	138254.89	1.00	1.00	1.00	147673.02	131793.98	1.00
coronene	1.00	1.00	1.00	1.00	1.00	1.00	1.00	416604.72
L-2-amino-6-oxoheptanedioate	1.00	65182.02	1.00	1.00	1.00	1.00	1.00	349597.80
GW 409544	1.00	193448.02	1.00	1.00	1.00	219982.08	1.00	1.00
2-propylmalate	1.00	1.00	1.00	1.00	1.00	411679.25	1.00	1.00
dopaquinone	1.00	1.00	1.00	1.00	1.00	408525.90	1.00	1.00
salicylic acid	1.00	1.00	1.00	1.00	1.00	1.00	1.00	404854.16
α-cyano-3-hydroxycinnamic acid	1.00	1.00	1.00	1.00	1.00	1.00	1.00	402070.30
cyclo-Dopa-glucuronylglucoside	1.00	1.00	1.00	1.00	1.00	1.00	401775.94	1.00
4-O-demethyl-13-dihydroadriamycinone	397034.16	1.44	1.49	1.55	1.57	1.63	1.38	1.00

续表

物质组	发酵时间							
	发酵2d	发酵4d	发酵6d	发酵8d	发酵10d	发酵12d	发酵14d	发酵16d
pterine	1.00	1.00	228845.77	167844.06	1.00	1.00	1.00	1.00
6'β-hydroxylovastatin	1.00	1.00	1.00	1.00	1.00	153700.98	1.00	242216.98
3-hydroxy-pentadecanoic acid	1.00	222697.92	172747.11	1.00	1.00	1.00	1.00	1.00
eupatundin	1.00	1.00	1.00	1.00	1.00	1.00	178373.05	215454.81
3-hydroxylidocaine glucuronide	1.00	1.00	1.00	1.00	1.00	389645.88	1.00	1.00
5'-S-methyl-5'-thioinosine	1.00	1.00	1.00	1.00	389450.20	1.00	1.00	1.00
$trans,trans$-farnesyl phosphate	385960.10	1.00	1.00	1.00	1.00	1.00	1.00	1.00
dihydroxyaltramine	384666.70	1.00	1.00	1.00	1.00	1.00	1.00	1.00
botrydial	1.00	1.00	1.00	1.00	1.00	155908.86	1.00	228117.78
isobutrin	1.00	179907.03	1.00	1.00	1.00	1.00	1.00	201754.06
6-acetamido-3-aminohexanoate	1.00	1.00	1.00	1.00	154640.00	1.00	1.00	226818.94
diadinoxanthin	380496.90	2.70	2.41	2.27	2.03	7.28	2.99	6.38
1H-imidazole-4-carboxamide, 5-[3-(hydroxymethyl)-3-methyl-1-triazenyl]	1.00	1.00	1.00	1.00	376638.12	1.00	1.00	1.00
furmecyclox	376471.84	1.52	1.52	1.62	1.64	1.67	1.07	1.38
gelsedine	375561.12	1.00	1.00	1.00	1.00	1.00	1.00	1.00
AN-7	1.00	369027.34	1.00	1.00	1.00	1.00	1.00	1.00
9-oxo-2E-decenoic acid	1.00	1.00	1.00	1.00	1.00	193533.97	174849.06	1.00
2,3-dihydroxy-3-methylbutanoate	1.00	179339.94	1.00	187537.92	1.00	1.00	1.00	1.00
Asp-Tyr-OH	1.00	1.00	1.00	1.00	1.00	1.00	366600.80	1.00
7-oxo-11Z-tetradecenoic acid	1.00	1.00	1.00	1.00	1.00	1.00	1.00	366413.78
quercetin 3,7,4'-tri-O-sulfate	1.00	365998.88	1.00	1.00	1.00	1.00	1.00	1.00
3-mercaptolactate-cysteine disulfide	365890.97	1.00	1.00	1.00	1.00	1.00	1.00	1.00
5-(3-methyltriazen-1-yl) imidazole-4-carboxamide	1.00	207897.94	1.00	1.00	1.00	1.00	1.00	155869.90
N-tridecanoyl-L-homserine lactone	1.00	1.00	1.00	1.00	1.00	1.00	1.00	362620.62
tazobactam	361310.84	1.00	1.00	1.00	1.00	1.00	1.00	1.00
2-(m-chlorophenyl)-2-(p-chlorophenyl)-1,1-dichloroethane	1.00	1.00	1.00	1.00	1.00	1.00	1.00	358256.20
didemnin B	1.00	357572.90	1.00	1.00	1.00	1.00	1.00	1.00
Phe Arg Pro	1.00	1.00	1.00	1.00	1.00	1.00	356767.78	1.00
caloxanthin sulfate	354065.03	1.00	1.00	1.00	1.00	1.00	1.00	1.00

续表

物质组	发酵时间							
	发酵2d	发酵4d	发酵6d	发酵8d	发酵10d	发酵12d	发酵14d	发酵16d
3-*O*-(Glcb1-2Glcb1-4Galb)-(25*R*)-12-oxo-5alpha-spirostan-3beta-ol	1.00	1.00	1.00	1.00	1.00	352977.88	1.00	1.00
ustilic acid A	1.00	1.00	1.00	1.00	351849.90	1.00	1.00	1.00
RG-14620	1.00	1.00	1.00	1.00	351183.03	1.00	1.00	1.00
tert-butylbicyclophosp-horothionate	1.00	1.00	1.00	1.00	347289.88	1.00	1.00	1.00
2,4-dichloro-3-oxoadipate	346787.94	1.00	1.00	1.00	1.00	1.00	1.00	1.00
Pro Glu Asp	1.00	1.00	1.00	1.00	346496.00	1.00	1.00	1.00
acetyl tyrosine ethyl ester	344673.03	1.00	1.00	1.00	1.00	1.00	1.00	1.00
eriosemaone C	343738.78	1.00	1.00	1.00	1.00	1.00	1.00	1.00
Ser Pro	1.00	343307.30	1.00	1.00	1.00	1.00	1.00	1.00
formylisoglutamine	339112.10	1.00	1.00	1.00	1.00	1.00	1.00	1.00
MID84241:(25*R*)-spirost-5en-3beta-ol 3-*O*-alpha-L-rhamnopyranosyl-(1-2)-[beta-D-glucopyranosyl-(1-4)]-	1.00	1.00	1.00	148198.94	1.00	190444.98	1.00	1.00
CGP 52608	1.00	1.00	1.00	1.00	1.00	202772.88	135577.97	1.00
Ki16425	1.00	1.00	1.00	1.00	1.00	338091.00	1.00	1.00
coproporphyrinogen I	332065.94	1.00	1.00	1.00	1.00	1.00	1.00	1.00
4-nitroquinoline-1-oxide	1.00	1.00	1.00	1.00	332007.12	1.00	1.00	1.00
pentamidine	331543.03	1.00	1.00	1.00	1.00	1.00	1.00	1.00
PG(*O*-20:0/0:0)	1.00	1.00	1.00	1.00	1.00	1.00	1.00	329121.00
R-4-benzyl-3-[(*R*)-3-hydroxy-2,2-dimethyloct-7-ynoyl]-5,5-dimethyloxazolidin-2-one	1.00	1.00	1.00	1.00	326366.94	1.00	1.00	1.00
tetranor-PGF1alpha	1.00	325648.03	1.00	1.00	1.00	1.00	1.00	1.00
α-terpinyl acetate	323184.00	1.06	1.10	1.06	1.07	1.09	1.15	1.02
undecanedioic acid	1.00	164375.89	1.00	1.00	1.00	1.00	1.00	157991.90
thien-2-ylacetonitrile	319872.20	1.00	1.00	1.00	1.00	1.00	1.00	1.00
CDP-DG[18:1(9*Z*)/22:6(4*Z*,7*Z*,10*Z*,13*Z*,16*Z*,19*Z*)]	1.00	1.00	319374.84	1.00	1.00	1.00	1.00	1.00
oxaziclomefone	1.00	318614.03	1.00	1.00	1.00	1.00	1.00	1.00
suberylglycine	1.00	1.00	1.00	1.00	313445.78	1.00	1.00	1.00
Trp His Gly	311908.00	1.00	1.00	1.00	1.00	1.00	1.00	1.00
Ile Ala	1.00	152453.92	1.00	1.00	1.00	1.00	1.00	158702.02
Asp Ile Asp	1.00	1.00	1.00	1.00	310679.94	1.00	1.00	1.00

续表

物质组	发酵时间							
	发酵2d	发酵4d	发酵6d	发酵8d	发酵10d	发酵12d	发酵14d	发酵16d
1-hexadecanyl-2-[(2'-alpha-glucosyl)-beta-glucosyl]-3-beta-xylosyl-sn-glycerol	1.00	175957.05	1.00	131388.98	1.00	1.00	1.00	1.00
omeprazole sulfide	1.00	204645.16	1.00	1.00	1.00	1.00	1.00	101589.04
N-acetyl-DL-tryptophan	1.00	1.00	1.00	1.00	304975.97	1.00	1.00	1.00
Ile Thr Asn	301383.80	1.00	1.00	1.00	1.00	1.00	1.00	1.00
PA[P-16:0/22:4 (7Z,10Z,13Z,16Z)]	1.00	1.00	1.00	1.00	298936.97	1.00	1.00	1.00
tephcalostan	1.00	1.00	1.00	1.00	298572.00	1.00	1.00	1.00
N-nonanoyl-L-homoserine lactone	1.00	1.00	1.00	1.00	1.00	161950.02	1.00	136242.08
psoromic acid	292356.97	1.26	1.27	1.30	1.43	1.35	1.14	1.19
His Lys Ser	289874.16	1.00	1.00	1.00	1.00	1.00	1.00	1.00
1,2-glyceryl dinitrate	288069.03	1.00	1.00	1.00	1.00	1.00	1.00	1.00
dichlormid	1.00	81022.98	147216.10	1.00	1.00	1.00	1.00	59283.02
leptophos	287058.12	1.00	1.00	1.00	1.00	1.00	1.00	1.00
myricetin 3-xyloside	285281.10	1.00	1.00	1.00	1.00	1.00	1.00	1.00
Arg Gly His	1.00	1.00	1.00	1.00	284278.10	1.00	1.00	1.00
istamycin KL1	1.00	281793.10	1.00	1.00	1.00	1.00	1.00	1.00
norepinephrine sulfate	281527.94	1.00	1.00	1.00	1.00	1.00	1.00	1.00
granisetron metabolite 3	1.00	1.00	1.00	1.00	1.00	1.00	281135.94	1.00
9,10-dioxo-octadecanoic acid	1.00	1.00	1.00	280531.10	1.00	1.00	1.00	1.00
sn-glycero-3-phosphoethanolamine	1.00	1.00	1.00	1.00	277100.10	1.00	1.00	1.00
santiaguine	1.00	1.00	1.00	1.00	1.00	1.00	1.00	273814.20
zapotinin	1.00	1.00	270991.10	1.00	1.00	1.00	1.00	1.00
glabratephrinol	269128.06	1.00	1.00	1.00	1.00	1.00	1.00	1.00
Pro Asn Ala	1.00	1.00	1.00	1.00	268976.90	1.00	1.00	1.00
2-octenal	1.00	139414.00	1.00	1.00	1.00	1.00	1.00	128976.91
D-pantothenoyl-L-cysteine	1.00	1.00	1.00	1.00	1.00	1.00	263705.78	1.00
oxidized photinus luciferin	262972.94	1.00	1.00	1.00	1.00	1.00	1.00	1.00
nipecotic acid	1.00	1.00	1.00	1.00	1.00	261567.94	1.00	1.00
cimetidine sulfoxide	261510.88	1.00	1.00	1.00	1.00	1.00	1.00	1.00
3S-hydroxy-decanoic acid	1.00	1.00	1.00	1.00	1.00	1.00	260986.92	1.00
Glu Ile Glu	1.00	1.00	1.00	1.00	258934.10	1.00	1.00	1.00
Thr Pro Glu	1.00	1.00	1.00	1.00	1.00	1.00	255189.98	1.00
maculosin	1.00	1.00	1.00	1.00	1.00	1.00	1.00	254757.16
Arg Gln Asn	1.00	1.00	1.00	1.00	1.00	252980.98	1.00	1.00

物质组	发酵时间							
	发酵2d	发酵4d	发酵6d	发酵8d	发酵10d	发酵12d	发酵14d	发酵16d
14-oxo-octadecanoic acid	1.00	1.00	1.00	1.00	1.00	1.00	252484.80	1.00
lactosylceramide (*d*18:1/25:0)	1.00	1.00	251044.22	1.00	1.00	1.00	1.00	1.00
2-ethylhexyl acrylate	1.00	1.00	1.00	1.00	1.00	1.00	1.00	250632.02
2,4-dinitrophenol	249297.90	1.00	1.00	1.00	1.00	1.00	1.00	1.00
PE(*P*-16:0/0:0)	1.00	1.00	1.00	1.00	247619.05	1.00	1.00	1.00
doxylamine	244016.92	1.00	1.00	1.00	1.00	1.00	1.00	1.00
SB 200646	241893.78	1.00	1.00	1.00	1.00	1.00	1.00	1.00
CE(10:0)	1.00	1.00	1.00	1.00	1.00	240212.06	1.00	1.00
chromomycin A3	1.00	239624.94	1.00	1.00	1.00	1.00	1.00	1.00
propham	1.00	1.00	1.00	1.00	237534.98	1.00	1.00	1.00
maltotriitol	1.00	1.00	1.00	1.00	1.00	236568.14	1.00	1.00
dihydroisolysergic acid Ⅱ	236480.90	1.00	1.00	1.00	1.00	1.00	1.00	1.00
dibromobisphenol A	1.00	1.00	1.00	235888.86	1.00	1.00	1.00	1.00
hydroxyflutamide	1.00	1.00	1.00	1.00	234410.00	1.00	1.00	1.00
N-*n*-hexanoylglycine methyl ester	1.00	1.00	1.00	1.00	1.00	1.00	234164.06	1.00
naltrindole	1.00	232847.10	1.00	1.00	1.00	1.00	1.00	1.00
perindoprilat lactam A	1.00	1.00	1.00	1.00	1.00	1.00	232687.08	1.00
S-[2-(*N*7-guanyl)ethyl]-*N*-acetyl-L-cysteine	1.00	1.00	1.00	1.00	74633.03	67472.02	1.00	89035.02
4-(*β*-D-glucosyloxy)benzoate	1.00	104384.01	121689.02	1.00	1.00	1.00	1.00	1.00
N-acetyl-leu-leu-leu-tyr-amide	1.00	1.00	224863.86	1.00	1.00	1.00	1.00	1.00
7-epi jasmonic acid	224719.12	1.00	1.00	1.00	1.00	1.00	1.00	1.00
17-methyl-5alpha-androstane-11beta,17beta-diol	1.00	1.00	1.00	1.00	1.00	224669.22	1.00	1.00
clindamycin	1.00	1.00	1.00	1.00	1.00	223514.97	1.00	1.00
thiopurine	1.00	1.00	1.00	1.00	1.00	222918.84	1.00	1.00
4-*n*-pentylphenol	1.00	1.00	109598.97	112100.06	1.00	1.00	1.00	1.00
3-hydroxymethyltriazolopthalazinone	1.00	220285.05	1.00	1.00	1.00	1.00	1.00	1.00
6-paradol	1.00	101730.97	1.00	114800.03	1.00	1.00	1.00	1.00
8*Z*-dodecenyl acetate	1.00	1.00	1.00	1.00	1.00	1.00	216118.10	1.00
2*E*,4*E*,8*E*,10*E*-dodecatetraenedioic acid	1.00	1.00	1.00	1.00	215412.08	1.00	1.00	1.00
diethylpropion(metabolite Ⅷ-glucuronide)	1.00	96731.04	1.00	1.00	1.00	1.00	1.00	118215.91
albanin A	1.00	1.00	214862.86	1.00	1.00	1.00	1.00	1.00
Pro Tyr Gln	1.00	1.00	213492.10	1.00	1.00	1.00	1.00	1.00

物质组	发酵时间							
	发酵2d	发酵4d	发酵6d	发酵8d	发酵10d	发酵12d	发酵14d	发酵16d
His Gln His	211834.12	1.00	1.00	1.00	1.00	1.00	1.00	1.00
1-(3,4-dihydroxyphenyl)-5-hydroxy-3-decanone	1.00	1.00	1.00	1.00	1.00	1.00	1.00	211335.08
CAY10487	1.00	1.00	1.00	1.00	209864.16	1.00	1.00	1.00
isoguanosine	206772.98	1.00	1.00	1.00	1.00	1.00	1.00	1.00
1-(1-oxopropyl)-1h-imidazole	1.00	1.00	1.00	1.00	1.00	118692.93	83251.91	1.00
dihydrocelastryl diacetate	200950.92	1.00	1.00	1.00	1.00	1.00	1.00	1.00
scriptaid	199729.11	1.00	1.00	1.00	1.00	1.00	1.00	1.00
3-methoxymandelic acid-4-*O*-sulfate	1.00	197099.14	1.00	1.00	1.00	1.00	1.00	1.00
3-hydroxysuberic acid	1.00	197086.12	1.00	1.00	1.00	1.00	1.00	1.00
ethylene glycol	197062.94	1.00	1.00	1.00	1.00	1.00	1.00	1.00
3,4,2',3',4',6',alpha-heptahydroxychalcone 2'-glucoside	196941.05	1.00	1.00	1.00	1.00	1.00	1.00	1.00
kadsurin A	196391.90	1.00	1.00	1.00	1.00	1.00	1.00	1.00
3-pyrimidin-2-yl-2-pyrimidin-2-ylmethyl-propionic acid	195654.08	1.00	1.00	1.00	1.00	1.00	1.00	1.00
10-undecenal	1.00	1.00	1.00	1.00	1.00	1.00	1.00	192530.00
2-caffeoylisocitrate	190961.10	1.00	1.00	1.00	1.00	1.00	1.00	1.00
PE[*O*-18:1(9*Z*)/0:0]	1.00	1.00	1.00	1.00	1.00	189063.97	1.00	1.00
zalcitabine	1.00	1.00	1.00	1.00	1.00	65772.96	55912.03	67258.98
4,4-dimethyl valeric acid	1.00	188328.03	1.00	1.00	1.00	1.00	1.00	1.00
3'-*p*-hydroxypaclitaxel	187984.00	1.00	1.00	1.00	1.00	1.00	1.00	1.00
naphthyl dipeptide	1.00	1.00	186070.94	1.00	1.00	1.00	1.00	1.00
Met-Ser-OH	186067.00	1.00	1.00	1.00	1.00	1.00	1.00	1.00
Val Phe Arg	1.00	185234.94	1.00	1.00	1.00	1.00	1.00	1.00
8,12,16,19-docosatetraenoic acid	1.00	1.00	1.00	1.00	1.00	185015.89	1.00	1.00
2',4',6'-trimethoxy-3,4-methylenedioxydihydrochalcone	1.00	184169.06	1.00	1.00	1.00	1.00	1.00	1.00
N-(*β*-ketocaproyl)-L-Homoserine lactone	1.00	1.00	1.00	1.00	182733.97	1.00	1.00	1.00
Ser Val Lys	182405.95	1.00	1.00	1.00	1.00	1.00	1.00	1.00
2-(diethylamino)-4'-hydroxy-propiophenone	1.00	182033.98	1.00	1.00	1.00	1.00	1.00	1.00
coumarin-SAHA	181455.88	1.00	1.00	1.00	1.00	1.00	1.00	1.00
11-chloro-8*E*,10*E*-undecadien-1-ol	1.00	1.00	1.00	1.00	1.00	1.00	1.00	180257.95

续表

物质组	发酵时间							
	发酵2d	发酵4d	发酵6d	发酵8d	发酵10d	发酵12d	发酵14d	发酵16d
hoPhe-hoPhe-OH	179536.12	1.00	1.00	1.00	1.00	1.00	1.00	1.00
tigloidine	1.00	1.00	1.00	1.00	1.00	179156.05	1.00	1.00
Arg Trp	1.00	1.00	1.00	1.00	1.00	178806.08	1.00	1.00
xanthoxylin	1.00	1.00	1.00	1.00	1.00	178638.08	1.00	1.00
triacanthine	1.00	178387.90	1.00	1.00	1.00	1.00	1.00	1.00
metaldehyde	1.00	1.00	1.00	1.00	176376.98	1.00	1.00	1.00
sulindac sulfide	1.00	1.00	175287.89	1.00	1.00	1.00	1.00	1.00
Pro Cys Asp	1.00	1.00	1.00	1.00	1.00	1.00	175038.95	1.00
pectolinarin	1.00	1.00	1.00	1.00	1.00	1.00	1.00	172982.05
6-hydroxydexamethasone	172536.90	1.00	1.00	1.00	1.00	1.00	1.00	1.00
homotrypanothione disulfide	171493.06	1.00	1.00	1.00	1.00	1.00	1.00	1.00
benperidol	1.00	170959.95	1.00	1.00	1.00	1.00	1.00	1.00
Ile Phe	1.00	169470.00	1.00	1.00	1.00	1.00	1.00	1.00
leptodactylone	1.00	1.00	169200.00	1.00	1.00	1.00	1.00	1.00
dinoseb	1.00	1.00	1.00	1.00	168143.00	1.00	1.00	1.00
4-fluoromuconolactone	1.00	1.00	1.00	1.00	1.00	1.00	167888.89	1.00
DuP-697	1.00	1.00	1.00	1.00	1.00	167261.03	1.00	1.00
phenyllactic acid	1.00	1.00	1.00	1.00	163818.11	1.00	1.00	1.00
His Asn His	1.00	163768.95	1.00	1.00	1.00	1.00	1.00	1.00
cidofovir	163230.08	1.00	1.00	1.00	1.00	1.00	1.00	1.00
paederoside	163042.00	1.00	1.00	1.00	1.00	1.00	1.00	1.00
Trp Met Pro	162657.05	1.00	1.00	1.00	1.00	1.00	1.00	1.00
5Z-decenyl acetate	1.00	1.00	1.00	1.00	1.00	1.00	161832.10	1.00
nap-Ala-OH	1.00	160468.98	1.00	1.00	1.00	1.00	1.00	1.00
H-1152	1.00	1.00	1.00	1.00	157437.06	1.00	1.00	1.00
2-propyl-3-hydroxyethyl-enepyran-4-one	1.00	157086.95	1.00	1.00	1.00	1.00	1.00	1.00
luteolin 3',4'-diglucuronide	1.00	1.00	1.00	1.00	1.00	1.00	1.00	156312.97
dihydrolevobunolol	1.00	1.00	1.00	1.00	1.00	1.00	1.00	154812.03
LY395153	1.00	1.00	67250.00	1.00	1.00	1.00	1.00	87486.97
Fucα1-2Galβ1-4[Fucα1-3]GlcNAcβ-Sp	1.00	1.00	1.00	1.00	1.00	154359.14	1.00	1.00
tricyclazole	153871.97	1.00	1.00	1.00	1.00	1.00	1.00	1.00
6,8-dihydroxy-octanoic acid	1.00	1.00	1.00	1.00	1.00	1.00	153778.02	1.00
ethyl syringate	1.00	152785.03	1.00	1.00	1.00	1.00	1.00	1.00
3'-sialyllactosamine	152004.11	1.00	1.00	1.00	1.00	1.00	1.00	1.00

物质组	发酵时间							
	发酵2d	发酵4d	发酵6d	发酵8d	发酵10d	发酵12d	发酵14d	发酵16d
GalNAcβ1-3Galα1-4Lacα-Sp	151336.98	1.00	1.00	1.00	1.00	1.00	1.00	1.00
burimamide	150873.90	1.00	1.00	1.00	1.00	1.00	1.00	1.00
dacarbazine	1.00	1.00	1.00	1.00	1.00	1.00	149184.98	1.00
5,7-dihydroxyisoflavone	1.00	1.00	148752.10	1.00	1.00	1.00	1.00	1.00
caracurine V	1.00	1.00	1.00	1.00	148410.89	1.00	1.00	1.00
gefitinib	1.00	1.00	1.00	1.00	1.00	1.00	1.00	147658.95
gracillin	1.00	1.00	1.00	146961.92	1.00	1.00	1.00	1.00
Tyr Ile	1.00	1.00	1.00	1.00	1.00	1.00	1.00	145886.97
cinnamyl alcohol	1.00	1.00	145842.03	1.00	1.00	1.00	1.00	1.00
3-indolebutyric acid	1.00	1.00	1.00	1.00	1.00	1.00	145305.84	1.00
labetalol	144483.08	1.00	1.00	1.00	1.00	1.00	1.00	1.00
triphenyl phosphate	1.00	1.00	1.00	1.00	1.00	1.00	1.00	144458.06
Tyr-Nap-OH	1.00	1.00	1.00	1.00	1.00	1.00	1.00	141917.10
Phe Met	141087.97	1.00	1.00	1.00	1.00	1.00	1.00	1.00
lactone of PGF-MUM	1.00	1.00	1.00	1.00	1.00	1.00	1.00	140673.94
triethylenemelamine	138556.08	1.00	1.00	1.00	1.00	1.00	1.00	1.00
asarylaldehyde	1.00	1.00	1.00	1.00	1.00	1.00	138098.89	1.00
4-O-methyl-gallate	137899.11	1.00	1.00	1.00	1.00	1.00	1.00	1.00
18-hydroxy-9R,10S-epoxy-stearic acid	1.00	1.00	1.00	1.00	136638.02	1.00	1.00	1.00
Glu Trp Thr	136266.94	1.00	1.00	1.00	1.00	1.00	1.00	1.00
Gly-Gly-OH	1.00	1.00	1.00	1.00	1.00	1.00	135933.88	1.00
ins-1-P-Cer(t18:0/26:0)	1.00	1.00	1.00	1.00	1.00	1.00	1.00	135321.00
propachlor	1.00	1.00	1.00	1.00	1.00	133562.98	1.00	1.00
EA4	1.00	70214.98	1.00	1.00	1.00	1.00	60727.98	1.00
polycarpine	1.00	57183.01	1.00	1.00	1.00	1.00	1.00	73090.98
9-hydroxy-10-oxo-12Z-octadecenoic acid	1.00	1.00	1.00	1.00	1.00	1.00	1.00	128807.02
Arg Met Met	1.00	1.00	1.00	1.00	1.00	1.00	1.00	128407.95
haematommic acid, ethyl ester	1.00	1.00	1.00	1.00	1.00	128030.95	1.00	1.00
N-acetyl-leucyl-leucine	1.00	127898.99	1.00	1.00	1.00	1.00	1.00	1.00
L-histidinol	1.00	1.00	63347.97	64287.98	1.00	1.00	1.00	1.00
sarafloxacin	1.00	1.00	1.00	1.00	125762.97	1.00	1.00	1.00
D-erythro-1-(imidazol-4-yl)glycerol 3-phosphate	125427.06	1.00	1.00	1.00	1.00	1.00	1.00	1.00
thiosulfic acid	1.00	1.00	1.00	1.00	1.00	124623.91	1.00	1.00
acetylaminodantrolene	1.00	1.00	1.00	1.00	1.00	1.00	124099.09	1.00

续表

物质组	发酵时间							
	发酵2d	发酵4d	发酵6d	发酵8d	发酵10d	发酵12d	发酵14d	发酵16d
Asp Asp Phe	1.00	1.00	1.00	1.00	121759.02	1.00	1.00	1.00
phenylgalactoside	1.00	121029.91	1.00	1.00	1.00	1.00	1.00	1.00
Pro Glu Arg	1.00	1.00	1.00	1.00	118852.00	1.00	1.00	1.00
Trp Thr	118234.98	1.00	1.00	1.00	1.00	1.00	1.00	1.00
quinalphos	1.00	1.00	1.00	1.00	118020.09	1.00	1.00	1.00
4-methyl-tridecanedioic acid	117672.02	1.00	1.00	1.00	1.00	1.00	1.00	1.00
5R-methyl-decanoic acid	1.00	116446.02	1.00	1.00	1.00	1.00	1.00	1.00
mefluidide	116252.98	1.00	1.00	1.00	1.00	1.00	1.00	1.00
Gly Gly Gly	114045.02	1.00	1.00	1.00	1.00	1.00	1.00	1.00
tryptanthrine	113312.95	1.00	1.00	1.00	1.00	1.00	1.00	1.00
PS[18:4(6Z,9Z,12Z,15Z)/ 18:4(6Z,9Z,12Z,15Z)]	1.00	1.00	1.00	109720.02	1.00	1.00	1.00	1.00
fruticosonine	1.00	109381.98	1.00	1.00	1.00	1.00	1.00	1.00
12-hydroxyjasmonic acid	1.00	1.00	1.00	1.00	1.00	1.00	1.00	108996.98
7,12-dimethylbenz[a] anthracene 5,6-oxide	108529.95	1.00	1.00	1.00	1.00	1.00	1.00	1.00
3-oxo-tetradecanoic acid	1.00	1.00	1.00	1.00	1.00	1.00	1.00	106788.95
C75	1.00	105052.01	1.00	1.00	1.00	1.00	1.00	1.00
Thr Leu	103493.98	1.00	1.00	1.00	1.00	1.00	1.00	1.00
BMS-268770	1.00	1.00	1.00	1.00	102018.93	1.00	1.00	1.00
(2R,3S)-2,3-dimethylmalate	1.00	101943.96	1.00	1.00	1.00	1.00	1.00	1.00
Pro Cys Cys	1.00	1.00	1.00	1.00	1.00	100664.00	1.00	1.00
L-homocitrulline	1.00	1.00	1.00	1.00	1.00	100542.03	1.00	1.00
15-lipoxygenase inhibitor 1	1.00	1.00	1.00	1.00	1.00	91559.01	1.00	1.00
N-didesethylquinagolide sulfate	1.00	1.00	1.00	1.00	1.00	1.00	1.00	91117.05
felbamate	1.00	1.00	1.00	1.00	1.00	1.00	1.00	89587.02
artabsin	87608.96	1.00	1.00	1.00	1.00	1.00	1.00	1.00
chlorfenethol	1.00	1.00	1.00	1.00	1.00	85164.02	1.00	1.00
tolnaftate	1.00	1.00	1.00	1.00	81956.07	1.00	1.00	1.00
Asp Asp His	1.00	1.00	1.00	1.00	1.00	1.00	1.00	70866.95
3-(N-nitrosomethylamino) propionitrile	1.00	1.00	1.00	1.00	1.00	1.00	70585.97	1.00
oxomefruside	69725.99	1.00	1.00	1.00	1.00	1.00	1.00	1.00
6-hydroxydoxazosin	1.00	1.00	62955.02	1.00	1.00	1.00	1.00	1.00
desmethylcolchicine	1.00	1.00	60123.00	1.00	1.00	1.00	1.00	1.00
fluoromidine	53621.98	1.00	1.00	1.00	1.00	1.00	1.00	1.00
(S)-2-O-sulfolactate	1.00	36886.00	1.00	1.00	1.00	1.00	1.00	1.00

添加芽胞菌剂肉汤实验发酵阶段物质组理化特性见表 4-97。发酵过程物质组相对含量总和 > 10000000 的有 24 个物质，即肌肽（carnosine，相对含量 80264983.15）、(22E)-3α- hydroxychola-5,16,22-trien-24-oic acid（相对含量 57352979.50）、别嘌呤醇（allopurinol，相对含量 56522667.05）、O- 乙酰丝氨酸（O-acetylserine，相对含量 25376448.00）、异亮氨酸（isoleucine，相对含量 18809437.52）、PA[O-16:0/18:4(6Z,9Z,12Z,15Z)]（相对含量 18527222.43）、DL-3- 羟基己酸（DL-3-hydroxy caproic acid，相对含量 17558656.44）、5-(3-吡啶基)-2- 羟基四氢呋喃 [5-(3-pyridyl)-2-hydroxytetrahydrofuran，相对含量 17515489.15]、F-honaucin A（相对含量 16780897.60）、姜辣素（gingerol，相对含量 16501588.71）、KAPA（相对含量 15372774.32）、咪唑克生（idazoxan，相对含量 13640714.57）、蛇孢假壳素 A（ophiobolin A，相对含量 13420319.50）、N- 乙酰亮氨酸（N-acetylleucine，相对含量 13217795.90）、4,5- 二羟基己酸内酯（4,5-dihydroxyhexanoic acid lactone，相对含量 12891321.00）、阿维 A 酯（etretinate，相对含量 12360782.00）、PS[22:2 (13Z,16Z)/17:1(9Z)]（相对含量 12242683.10）、表面活性素（surfactin，相对含量 12218817.23）、壳三糖（chitotriose，相对含量 12126260.80）、2 氢 -3,4- 二羟基 2(3H)- 呋喃酮 [2(3H)-furanone, dihydro-3,4-dihydroxy，相对含量 11864404.55]、顺 -9- 十四碳烯基乙酸酯（9Z-hexadecenyl acetate，相对含量 11750955.40）、甘氨酸 - 酪氨酸 - 天冬酰胺三肽（Gly Tyr Asn，相对含量 11584449.46）、利托那韦（ritonavir，相对含量 10316283.20）、泛酸（pantothenic acid，相对含量 10180873.40）。

表4-97　添加芽胞菌剂肉汤实验发酵阶段物质组理化特性

物质组	相对含量总和	分子量	保留时间/min
[1] carnosine	80264983.15	226.11	1.28
[2] (22E)-3α-hydroxychola-5,16,22-trien-24-oic acid	57352979.50	370.25	41.58
[3] allopurinol	56522667.05	136.04	2.65
[4] O-acetylserine	25376448.00	147.05	1.32
[5] isoleucine	18809437.52	131.09	2.86
[6] PA[O-16:0/18:4(6Z,9Z,12Z,15Z)]	18527222.43	654.46	30.36
[7] DL-3-hydroxy caproic acid	17558656.44	132.08	20.82
[8] 5-(3-pyridyl)-2-hydroxytetrahydrofuran	17515489.15	165.08	6.06
[9] F-honaucin A	16780897.60	188.05	2.00
[10] gingerol	16501588.71	294.18	36.34
[11] KAPA	15372774.32	187.12	25.67
[12] idazoxan	13640714.57	204.09	14.47
[13] ophiobolin A	13420319.50	400.26	40.53
[14] N-acetylleucine	13217795.90	173.10	19.26
[15] 4,5-dihydroxyhexanoic acid lactone	12891321.00	130.06	18.57
[16] etretinate	12360782.00	354.22	41.43
[17] PS[22:2(13Z,16Z)/17:1(9Z)]	12242683.10	827.56	31.23
[18] surfactin	12218817.23	1035.68	44.90
[19] chitotriose	12126260.80	501.22	16.02
[20] 2(3H)-Furanone, dihydro-3,4-dihydroxy	11864404.55	118.03	2.71

续表

物质组	相对含量总和	分子量	保留时间/min
[21] 9Z-hexadecenyl acetate	11750955.40	282.26	44.82
[22] Gly Tyr Asn	11584449.46	352.14	5.97
[23] ritonavir	10316283.20	720.31	19.21
[24] pantothenic acid	10180873.40	219.11	11.96
[25] 5-acetylamino-6-formylamino-3-methyluracil	9576624.80	226.07	14.52
[26] 14,15-HxA3-C(11S)	8667795.20	643.32	22.20
[27] Leu Glu	8374048.00	260.14	3.46
[28] purine	7691682.20	120.04	39.71
[29] 2-(o-carboxybenzamido)glutaramic acid	7669970.70	294.09	25.57
[30] His Arg Arg	7276894.00	467.27	25.97
[31] His Ser Lys	7190049.00	370.20	41.56
[32] 9R,10S,18-trihydroxy-stearic acid	6894763.52	332.26	37.63
[33] ethyl 3-(N-butylacetamido)propionate	6799216.56	215.15	23.53
[34] L-gamma-glutamyl-L-valine	6476201.37	246.12	2.80
[35] diketospirilloxanthin/ 2,2'-diketospirilloxanthin	6364658.86	624.42	39.07
[36] cyclopropanecarboxylate	6152583.00	86.04	3.98
[37] 3-methyl-quinolin-2-ol	5988825.00	159.07	24.59
[38] saccharin	5971968.05	183.00	16.70
[39] estradiol dipropionate	5790356.33	384.23	40.23
[40] 9-bromo-decanoic acid	5478098.65	250.06	6.01
[41] His Ile Gly	5414178.00	325.17	2.16
[42] tetradecyl sulfate	5402966.00	294.19	42.57
[43] L-histidine	5376073.83	155.07	1.27
[44] alpha-L-rhamnopyranosyl-(1→2)-beta-D-galactopyranosyl-(1→2)-beta-d-glucuronopyranoside	5270871.63	502.15	7.95
[45] Glu Glu	4989940.80	276.10	1.47
[46] N-methylundec-10-enamide	4977461.04	197.18	34.99
[47] vanillin	4839423.74	152.05	20.15
[48] 4,14-dihydroxy-octadecanoic acid	4789091.20	316.26	38.78
[49] Val Ile Asp	4784540.80	345.19	22.38
[50] methionine	4642870.00	149.05	1.94
[51] Arg Asn Arg	4569575.20	444.26	24.51
[52] 2-aminoadenosine	4510276.00	282.11	18.56
[53] thalidasine	4443277.60	652.31	21.63
[54] 3-hydroxy-2-methyl-[R-(R,S)]-butanoic acid	4332749.56	118.06	8.86
[55] 6,8-dihydroxypurine	4328142.29	152.03	3.06
[56] tetradecanedioic acid	4278840.07	258.18	35.15
[57] N-acetyl-DL-valine	4180062.15	159.09	12.81
[58] carbenicillin	4143128.18	378.09	26.95
[59] 4-hydroxycinnamyl aldehyde	4072693.35	148.05	5.97

续表

物质组	相对含量总和	分子量	保留时间/min
[60] 2S-amino-pentanoic acid	4064010.06	117.08	1.55
[61] Ile Leu	4055737.86	244.18	24.17
[62] neostearic acid	4053878.91	284.27	46.58
[63] vernodalol	3959327.07	392.15	26.60
[64] N-acetyl-DL-methionine	3898679.52	191.06	15.81
[65] caffeic aldehyde	3807388.00	164.05	22.98
[66] c18:2n-6,11	3789220.28	280.24	43.76
[67] Leu His	3722624.00	268.15	1.58
[68] oxadixyl	3674242.24	278.13	14.88
[69] 1,1,1-trichloro-2-(o-chlorophenyl)-2-(p-chlorophenyl)ethane	3625045.14	351.92	42.17
[70] metaxalone	3620471.78	221.10	26.56
[71] 25-hydroxyvitamin D2-25-glucuronide	3613281.70	588.37	36.32
[72] 3-methyl-octanoic acid	3588074.90	158.13	29.30
[73] omega-3-arachidonic acid	3555201.97	304.24	43.61
[74] gabapentin	3543640.74	171.13	23.24
[75] L-glutamic acid n-butyl ester	3542195.23	203.12	14.34
[76] phosdiphen	3527071.00	413.91	42.97
[77] cer[d18:0/18:1(9Z)]	3510547.90	565.54	47.99
[78] deoxyuridine monophosphate (dUMP)	3507519.52	308.04	2.10
[79] DL-3-phenyllactic acid	3503099.81	166.06	24.33
[80] phytolaccoside B	3484002.20	664.38	30.12
[81] spaglumic acid	3418004.45	304.09	3.22
[82] dimethyl malonate	3395751.88	132.04	6.10
[83] slaframine	3359471.28	198.14	17.52
[84] isobutylglycine	3278033.05	268.12	1.74
[85] thymine	3176700.57	126.04	4.01
[86] 17-phenyl trinor prostaglandin A2	3170470.89	368.20	39.43
[87] Val Lys Ala	3154591.20	316.21	2.00
[88] DL-o-tyrosine	3136277.37	181.07	2.82
[89] D-ribitol 5-phosphate	3127993.56	232.03	25.12
[90] N2-succinyl-L-ornithine	3114481.28	232.11	1.68
[91] Leu-Asp-OH	3047227.50	354.11	23.46
[92] 9,10,16-trihydroxy palmitic acid	3031794.03	304.22	33.38
[93] lauryl hydrogen sulfate	2950987.39	266.16	43.66
[94] ephedroxane	2907346.24	191.09	26.35
[95] 4-hydroxyquinoline	2885620.14	145.05	15.69
[96] salvarsan	2838020.05	365.93	42.18
[97] pimonidazole	2795614.24	254.14	1.32
[98] septentrionine	2788703.50	714.37	30.12
[99] diglykokoll	2787096.96	133.04	1.31

续表

物质组	相对含量总和	分子量	保留时间/min
[100] CGS 7181	2759009.55	406.12	25.58
[101] diiodothyronine	2603171.30	524.89	42.74
[102] 3,5-pyridinedicarboxylic acid, 1,4-dihydro-2,6-dimethyl-4-(3-nitrophenyl)-, 2-hydroxyethyl methyl es	2555559.52	376.13	1.49
[103] 4,8,12-trimethyltridecanoic acid	2545286.05	256.24	44.48
[104] 2,3-dihydroxy-3-methylbutyric acid	2543180.44	134.06	3.14
[105] L-2-aminoadipate 6-semialdehyde	2522844.50	145.07	4.30
[106] 10-hydroxy-hexadecan-1,16-dioic acid	2498803.08	302.21	35.43
[107] arabinonic acid	2492735.29	166.05	1.29
[108] 3-(4-hydroxyphenyl)propionic acid	2453553.92	166.06	24.31
[109] 3-guanidinopropanoate	2415979.70	131.07	1.41
[110] 12-*trans*-hydroxy juvenile hormone III	2379368.12	282.18	33.66
[111] chivosazole D	2365578.80	837.47	31.21
[112] rhexifoline	2313249.80	207.09	24.69
[113] Val Gln Lys	2310351.52	373.23	1.59
[114] Lys Cys Gly	2284429.96	306.14	36.32
[115] citramalic acid	2269145.04	148.04	1.93
[116] 4-methyloctyl acetate	2261065.03	186.16	33.58
[117] Val Val Asp	2193423.04	331.17	4.43
[118] 9-hydroperoxy-12,13-epoxy-10-octadecenoic acid	2175967.10	328.22	34.76
[119] nonate	2159516.24	188.10	29.30
[120] 4-oxoproline	2153711.77	129.04	2.17
[121] sativic acid	2151147.02	348.25	34.66
[122] methyl 8-[2-(2-formyl-vinyl)-3-hydroxy-5-oxo-cyclopentyl]-octanoate	2128244.07	310.18	37.10
[123] Arg Pro Leu	2103224.48	384.25	1.62
[124] *p*-hydroxypropiophenone	2095570.14	150.07	29.66
[125] *N*-acetyl-L-lysine	2070540.23	188.12	2.13
[126] tolylacetonitrile	2051286.35	131.07	26.29
[127] Tyr Glu Ile	2043304.64	423.20	17.32
[128] cysteinyldopa	2019600.80	316.07	1.22
[129] endothion	2000765.19	280.02	3.00
[130] propionylglycine	1935887.17	131.06	2.45
[131] quercetin 3,7,3',4'-tetra-*O*-sulfate	1924478.72	621.87	43.47
[132] ribose-1-arsenate	1886006.00	273.96	1.11
[133] Asp Leu His	1873664.16	383.18	1.54
[134] 4-heptyloxyphenol	1861848.67	208.15	35.66
[135] Thr Gln Ser	1860455.84	334.15	2.82
[136] leflunomide	1852059.68	270.06	1.10
[137] 4-nitrophenyl-3-ketovalidamine	1843463.84	296.10	2.57
[138] 5-hydroxyferulate	1830133.86	210.05	25.14

续表

物质组	相对含量总和	分子量	保留时间/min
[139] N5-ethyl-L-glutamine	1812192.48	174.10	2.01
[140] glycophymoline	1779935.20	250.11	37.08
[141] Val-Met-OH	1772920.16	356.11	3.76
[142] Glu Glu Gln	1766799.04	404.15	2.24
[143] propofol glucuronide	1745548.00	354.17	41.41
[144] daminozide	1725437.03	160.08	1.39
[145] monodehydroascorbate	1722013.82	175.02	25.60
[146] proglumide	1695823.00	334.19	42.39
[147] 2'-hydroxy-3',4',6',3,4-pentamethoxychalcone	1664267.40	374.14	28.76
[148] 2-oxoarginine	1662933.20	173.08	17.97
[149] 13-methyl-pentadecanoic acid	1653315.80	256.24	44.39
[150] 1-O-alpha-D-glucopyranosyl-1,2-eicosandiol	1651498.31	476.37	47.19
[151] p-hydroxyfelbamate	1645978.05	254.09	1.40
[152] oxychlordane	1636348.20	419.78	42.24
[153] etacelasil	1621739.80	316.11	36.33
[154] 3-deoxy-D-manno-octulosonate 8-phosphate	1606984.98	318.03	1.25
[155] edetate	1597313.28	292.09	1.29
[156] CoA[24:6(6Z,9Z,12Z,15Z,18Z,21Z)(3Ke)]	1595018.00	1119.35	26.58
[157] methyl orsellinate	1590661.95	182.06	16.14
[158] 4,4'-diapolycopenedial	1587328.48	428.27	1.78
[159] salicylaldehyde	1586655.56	122.04	24.14
[160] Glu Lys Met	1585776.40	406.19	2.38
[161] PG[16:1(9Z)/22:6(4Z,7Z,10Z,13Z,16Z,19Z)]	1568668.81	792.50	30.39
[162] Asn Thr Pro	1534335.84	330.15	2.11
[163] halomon	1528247.10	397.86	41.89
[164] 17-hydroxy-heptadecanoic acid	1526018.31	286.25	42.89
[165] thyrotropin releasing hormone	1521062.85	362.17	36.33
[166] N,N'-diacetylbenzidine	1502016.16	268.12	1.76
[167] dodecyl glucoside	1493077.73	348.25	34.80
[168] Lys Glu Tyr	1454472.88	438.21	2.60
[169] N-monodesmethyldiltiazem	1429508.38	400.15	37.08
[170] dimethoxane	1417435.88	174.09	25.84
[171] 2-amino-5-phosphopentanoic acid	1413994.69	197.05	26.30
[172] 3-deoxy-D-glycero-D-galacto-2-nonulosonic acid	1408942.50	268.08	1.74
[173] 6R-hydroxy-tetradecanoic acid	1380980.17	244.20	40.90
[174] His Val Ser	1371175.60	341.17	2.42
[175] Phe His	1370952.80	302.14	2.36
[176] Leu Thr Leu	1368931.42	345.23	21.80
[177] diisopropyl adipate	1362492.07	230.15	32.89
[178] 20-hydroxy-PGF2α	1351964.88	370.23	42.38

续表

物质组	相对含量总和	分子量	保留时间/min
[179] 3,11-dihydroxy myristoic acid	1331387.65	260.20	36.13
[180] L-anserine	1329841.44	240.12	1.28
[181] 13,14-dihydro-16,16-difluoro PGJ2	1321884.40	372.21	42.43
[182] 3-hydroxy-tetradecanedioic acid	1320523.86	274.18	31.00
[183] Ile Lys Glu	1311576.24	388.23	2.10
[184] 3-methyluridine	1301451.00	258.09	21.29
[185] Asp Lys Asn	1301344.16	375.18	1.54
[186] 1,4'-bipiperidine-1'-carboxylic acid	1298432.84	212.15	19.92
[187] Lys Val Val	1288487.36	344.24	1.67
[188] Gln Pro Lys	1269007.04	371.22	1.61
[189] TG(18:0/22:0/22:0)[iso3]	1260471.82	1002.96	1.81
[190] methsuximide	1240368.50	203.09	25.77
[191] Leu Lys Ala	1239856.00	330.23	1.87
[192] His His Gly	1237283.69	349.15	37.08
[193] 22:1(9Z)	1237094.16	338.32	48.01
[194] dauricine	1234996.00	624.32	39.04
[195] His Ile Ala	1224183.76	339.19	2.13
[196] Asn Asn Arg	1207185.74	402.20	29.16
[197] cyhexatin	1183205.22	378.17	37.11
[198] estramustine	1181031.12	439.17	2.15
[199] spectinomycin	1170628.78	332.16	37.09
[200] diclocymet	1166998.69	312.08	15.41
[201] taurine	1165309.61	125.01	1.26
[202] 3S-hydroxy-dodecanoic acid	1161094.15	216.17	38.81
[203] bis(4-fluorophenyl)-methanone	1157910.93	218.06	27.62
[204] 9-hydroperoxy-12,13-dihydroxy-10-octadecenoic acid	1144315.96	346.23	33.55
[205] Lys Thr Thr	1128220.77	348.20	25.08
[206] 7-oxo-11-dodecenoic acid	1103153.80	212.14	35.87
[207] nitrobenzene	1096741.06	123.03	2.90
[208] 1,4-methylimidazoleacetic acid	1095096.81	140.06	1.56
[209] 2-amino-8-oxo-9,10-epoxy-decanoic acid	1094227.40	215.12	22.95
[210] Abu-Asp-OH	1082796.74	326.08	20.26
[211] heptachlor epoxide	1080768.90	385.82	42.26
[212] p-hydroxymethylphenidate	1079561.06	249.14	32.21
[213] 3R-hydroxypalmitic acid	1076767.18	272.24	42.44
[214] Gly Asp Val	1075071.52	289.13	2.35
[215] (+)-cucurbic acid	1061880.80	212.14	34.96
[216] (3S)-3,6-diaminohexanoate	1046888.52	146.11	1.25
[217] benzo[b]naphtho[2,1-d]thiophene	1045443.56	234.05	23.53
[218] panasenoside	1018361.64	610.16	25.58

续表

物质组	相对含量总和	分子量	保留时间/min
[219] 7S-hydroxy-octanoic acid	1018252.83	160.11	28.22
[220] 4'-hydroxyacetophenone	1012211.69	136.05	25.58
[221] Cys Lys Gly	1009706.04	306.14	36.38
[222] 9S,10S,11R-trihydroxy-12Z-octadecenoic acid	1009241.45	330.24	35.66
[223] 2-hydroxy enanthoic acid	986271.60	146.09	25.27
[224] dihydrojasmonic acid, methyl ester	985976.12	226.16	30.29
[225] plaunol D	982674.62	374.14	28.76
[226] compound III(S)	981198.25	370.22	42.37
[227] nimesulide	976198.60	308.05	4.00
[228] Ile Ile Asp	968441.14	359.21	29.76
[229] isobutylmethylxanthine	965196.00	222.11	1.81
[230] Arg Gln Arg	960926.03	458.27	29.98
[231] quinoline	951897.28	129.06	26.29
[232] 4,4-difluoro-17beta-hydroxy-17alpha-methyl-androst-5-en-3-one	948165.13	338.21	35.55
[233] olsalazine	932487.56	302.05	25.59
[234] 16:4(6Z,9Z,12Z,15Z)	928258.05	248.18	39.71
[235] 18-hydroxy-9S,10R-epoxy-stearic acid	928025.85	314.25	39.68
[236] capryloylglycine	921504.99	201.14	27.67
[237] N-benzylphthalimide	908161.20	237.08	36.30
[238] propaphos	907882.13	304.09	2.28
[239] conhydrine	906716.43	143.13	25.54
[240] R.g.-Keto III	904379.90	628.45	47.91
[241] Val Pro Arg	898202.80	370.23	42.38
[242] 7α-(thiomethyl)spironolactone	892322.07	388.21	42.38
[243] 12-hydroxydihydrochelirubine	890050.00	379.10	36.32
[244] 1,2-beta-D-glucuronosyl-D-glucuronate	889533.56	370.07	36.31
[245] MID42020:26,26,26,27,27,27-hexafluoro-1α,25-dihydroxy-23,23,24,24-tetrahydrovitamin D3 / 26,26,26,	886092.10	520.24	26.47
[246] His Gln Thr	867085.70	384.18	40.21
[247] His His Ser	866587.19	379.16	36.34
[248] phloionolic acid	863314.08	332.26	36.17
[249] (10S)-juvenile hormone III acid diol	863244.04	270.18	28.72
[250] streptidine	859354.53	262.14	1.40
[251] Asp Gly Ser	839041.54	277.09	15.76
[252] nifedipine	834228.30	346.12	19.62
[253] S-allyl-L-cysteine	832974.10	161.05	26.34
[254] 6-hydroxyluteolin 6,4'-dimethyl ether 7-glucoside	829673.24	492.13	34.03
[255] 9Z-dodecen-7-ynyl acetate	826167.98	222.16	36.32
[256] 3β,5α-tetrahydronorethindrone glucuronide	824428.06	478.26	38.80
[257] 2,3-dihydroxycyclopentaneundecanoic acid	817764.43	286.21	37.67

续表

物质组	相对含量总和	分子量	保留时间/min
[258] aspidodasycarpine	814739.70	370.19	42.33
[259] alhpa-tocopheronic acid	803812.10	296.16	36.97
[260] Gly Trp Met	791119.30	392.15	26.16
[261] MID42519:1α-hydroxy-18-(4-hydroxy-4-methyl-2- pentynyloxy)-23,24,25,26,27-pentanorvitamin D3 / 1α-hyd	787929.52	442.30	27.10
[262] CMP-2-aminoethylphosphonate	785854.33	430.06	25.58
[263] dehydrojuvabione	781876.02	264.17	37.02
[264] olprinone	775727.92	250.09	1.33
[265] 3-methyluric acid	768804.03	182.04	2.72
[266] PG[22:2(13Z,16Z)/0:0]	757357.23	564.34	36.32
[267] 4-hydroxy-3-nitrosobenzamide	756059.94	166.04	25.12
[268] cystamine	754430.40	152.04	18.58
[269] sebacic acid	744512.89	202.12	31.59
[270] 5-F2c-IsoP	733023.32	354.24	36.32
[271] 9,10-dihydroxy-octadecanedioic acid	730397.04	346.24	34.04
[272] methotrimeprazine	727280.24	328.16	25.45
[273] 16:1(5Z)	722468.58	254.22	43.22
[274] 3-methyl-tridecanoic acid	711892.92	228.21	42.95
[275] lophophorine	709737.78	235.12	28.18
[276] dimethisterone	699616.38	340.24	42.60
[277] 4-hexyloxyphenol	697185.59	194.13	36.03
[278] N-acetyl-D-mannosamine	691770.12	221.09	1.71
[279] His Glu Arg	690811.91	440.21	44.91
[280] 4-(o-carboxybenzamido)glutaramic acid	688998.60	294.09	25.58
[281] dimethamine	675369.67	408.25	43.68
[282] cortolone-3-glucuronide	675236.70	542.27	36.30
[283] N-methylglutamic acid	673858.91	161.07	1.96
[284] Ala Phe Arg	668878.28	392.22	44.55
[285] 6,6'-dibromoindigotin	664987.60	417.90	43.03
[286] uplandicine	659660.19	357.18	36.31
[287] candesartan cilextil	647464.60	610.26	36.30
[288] lipoxin E4	641258.70	455.23	26.45
[289] methyl allyl disulfide	640394.73	120.01	3.71
[290] His-His-OH	640056.79	414.13	32.53
[291] (+)-tephrorin B	619271.50	484.19	20.52
[292] 38:5(20Z,23Z,26Z,29Z,32Z)	615493.25	554.51	45.17
[293] hosloppin	614036.00	392.09	26.59
[294] Pro Glu	597023.94	244.11	17.52
[295] PS[17:1(9Z)/22:2(13Z,16Z)]	591299.90	827.56	31.23
[296] 3-oxo-dodecanoic acid	588805.67	214.16	37.67

物质组	相对含量总和	分子量	保留时间/min
[297] 3,3-difluoro-5alpha-androstan-17beta-yl acetate	587937.18	354.24	35.90
[298] 5-phosphoribosyl-5-aminoimidazole	567746.95	295.06	23.24
[299] quinamide isopropylidene	564627.28	231.11	21.21
[300] fentin acetate	556289.00	402.04	34.31
[301] N-methyl hexanamide	550080.05	129.12	17.81
[302] amiprilose	545601.97	305.18	23.90
[303] eremophilenolide	545550.89	234.16	38.79
[304] treosulfan	543684.30	278.01	3.99
[305] D-pipecolic acid	543588.05	129.08	1.71
[306] maleic hydrazide	542736.08	112.03	2.04
[307] cinnamodial	536251.96	308.16	37.12
[308] 7R-hydroxy-hexadecanoic acid	529802.03	272.23	42.37
[309] ceramide (d18:1/16:0)	527442.30	537.51	45.24
[310] pydanon	524653.85	188.04	23.48
[311] trichlormethine	521278.12	203.00	3.01
[312] 5-L-glutamyl-L-alanine	506691.90	218.09	1.49
[313] 5,5-bis(4-hydroxyphenyl)hydantoin	503988.20	284.08	1.41
[314] Leu-His-OH	501078.88	376.14	23.85
[315] uric acid	500982.01	168.03	2.34
[316] 12-tridecynoic acid	499396.93	210.16	33.68
[317] 3-(3-indolyl)-2-oxopropanoic acid	499139.66	203.06	25.78
[318] phytuberin	498141.88	294.18	37.21
[319] 2-hydroxy-4- (methylthio) butyric acid	485314.72	150.03	29.27
[320] 3-oxo-5beta-chola-8(14),11-dien-24-oic acid	471264.84	370.25	45.31
[321] piceid	470538.09	390.13	25.94
[322] diclobutrazol	470059.89	327.09	26.95
[323] homocysteinesulfinic acid	469754.82	167.02	2.58
[324] MDL 73492 sulfate	467302.42	422.12	23.37
[325] Asp-Abu-OH	457700.97	326.08	19.09
[326] pantetheine	453019.78	278.13	19.62
[327] 11-keto pentadecanoic acid	448929.20	256.20	44.41
[328] ptdIns-(5)-P1 (1,2-dioctanoyl)	441852.78	666.24	5.89
[329] clobenpropit	440021.98	308.09	23.56
[330] Asp Lys Glu	439653.10	390.18	29.37
[331] 13-tetradecynoic acid	439118.10	224.18	41.11
[332] AG-041R	432267.20	544.27	47.29
[333] 6-nonenal	429230.04	140.12	29.23
[334] L-tyrosine methyl ester	422469.90	195.09	36.92
[335] epi-tulipinolide diepoxide	422237.06	322.14	39.42
[336] o-cresol	418296.77	108.06	20.87

物质组	相对含量总和	分子量	保留时间/min
[337] (-)-12-hydroxy-9,10-dihydrojasmonic acid	417726.89	228.14	28.52
[338] coronene	416611.72	300.09	1.40
[339] L-2-amino-6-oxoheptanedioate	414785.82	189.06	2.12
[340] GW 409544	413436.10	510.21	46.47
[341] 2-propylmalate	411686.25	176.07	18.21
[342] dopaquinone	408532.90	195.05	20.28
[343] salicylic acid	404861.16	138.03	16.28
[344] α-cyano-3-hydroxycinnamic acid	402077.30	189.04	21.38
[345] cyclo-dopa-glucuronylglucoside	401782.94	533.14	17.88
[346] 4-O-demethyl-13-dihydroadriamycinone	397044.22	402.10	34.33
[347] pterine	396695.83	163.05	3.65
[348] 6'β-hydroxylovastatin	395923.96	420.25	34.11
[349] 3-hydroxy-pentadecanoic acid	395451.03	258.22	41.49
[350] eupatundin	393833.86	376.15	28.65
[351] 3-hydroxylidocaine glucuronide	389652.88	426.20	44.76
[352] 5'-S-methyl-5'-thioinosine	389457.20	298.07	15.64
[353] trans,trans-farnesyl phosphate	385967.10	302.17	35.41
[354] dihydroxyaltramine	384673.70	511.25	33.86
[355] botrydial	384032.64	310.18	36.08
[356] isobutrin	381667.09	596.18	44.64
[357] 6-acetamido-3-aminohexanoate	381464.94	188.12	1.59
[358] diadinoxanthin	380522.95	582.41	28.58
[359] 1H-imidazole-4-carboxamide, 5-[3-(hydroxymethyl)-3-methyl-1-triazenyl]-	376645.12	198.09	21.18
[360] furmecyclox	376482.26	251.15	40.14
[361] gelsedine	375568.12	328.18	34.54
[362] AN-7	369034.34	450.15	17.19
[363] 9-oxo-2E-decenoic acid	368389.03	184.11	29.84
[364] 2,3-dihydroxy-3-methylbutanoate	366883.86	134.06	3.06
[365] Asp-Tyr-OH	366607.80	404.08	24.78
[366] 7-oxo-11Z-tetradecenoic acid	366420.78	240.17	39.13
[367] quercetin 3,7,4'-tri-O-sulfate	366005.88	541.92	42.59
[368] 3-mercaptolactate-cysteine disulfide	365897.97	241.01	19.12
[369] 5-(3-methyltriazen-1-yl)imidazole-4-carboxamide	363773.84	168.08	25.27
[370] N-tridecanoyl-L-homserine lactone	362627.62	297.23	35.30
[371] tazobactam	361317.84	300.05	1.40
[372] 2-(m-chlorophenyl)-2-(p-chlorophenyl)-1,1-dichloroethane	358263.20	317.96	44.40
[373] didemnin B	357579.90	1111.64	44.33
[374] Phe Arg Pro	356774.78	418.23	44.74
[375] caloxanthin sulfate	354072.03	664.38	30.97

物质组	相对含量总和	分子量	保留时间/min
[376] 3-O-(Glcb1-2Glcb1-4Galb)-(25R)-12-oxo-5alpha-spirostan-3beta-ol	352984.88	932.50	35.02
[377] ustilic acid A	351856.90	288.23	36.76
[378] RG-14620	351190.03	274.01	2.96
[379] tert-butylbicyclophosphorothionate	347296.88	222.05	21.16
[380] 2,4-dichloro-3-oxoadipate	346794.94	227.96	20.86
[381] Pro Glu Asp	346503.00	359.13	22.40
[382] acetyl tyrosine ethyl ester	344680.03	251.12	40.12
[383] eriosemaone C	343745.78	530.19	25.70
[384] Ser Pro	343314.30	202.09	3.54
[385] formylisoglutamine	339119.10	174.06	25.82
[386] MID84241:(25R)-spirost-5en-3beta-ol 3-O-alpha-L-rhamnopyranosyl-(1-2)-[beta-D-glucopyranosyl-(1-4)]	338649.92	900.51	35.78
[387] CGP 52608	338356.85	244.05	24.60
[388] Ki16425	338098.00	474.10	25.59
[389] coproporphyrinogen Ⅰ	332072.94	660.31	39.04
[390] 4-nitroquinoline-1-oxide	332014.12	190.04	21.17
[391] pentamidine	331550.03	340.19	45.33
[392] PG(O-20:0/0:0)	329128.00	526.36	48.06
[393] R-4-benzyl-3-((R)-3-hydroxy-2,2-dimethyloct-7-ynoyl)-5,5-dimethyloxazolidin-2-one	326373.94	371.21	2.63
[394] tetranor-PGF1alpha	325655.03	300.19	31.26
[395] α-Terpinyl acetate	323191.54	196.15	36.03
[396] undecanedioic acid	322373.79	216.14	34.12
[397] thien-2-ylacetonitrile	319879.20	123.01	5.61
[398] CDP-DG[18:1[(9Z)/22:6(4Z,7Z,10Z,13Z,16Z,19Z)]	319381.84	1051.53	28.17
[399] oxaziclomefone	318621.03	375.08	24.33
[400] suberylglycine	313452.78	231.11	22.93
[401] Trp His Gly	311915.00	398.17	35.69
[402] Ile Ala	311161.94	202.13	2.12
[403] Asp Ile Asp	310686.94	361.15	23.35
[404] 1-hexadecanyl-2-[(2'-alpha-glucosyl)-beta-glucosyl]-3-beta-xylosyl-sn-glycerol]	307352.03	772.45	35.93
[405] omeprazole sulfide	306240.20	329.12	9.52
[406] N-acetyl-DL-tryptophan	304982.97	246.10	25.29
[407] Ile Thr Asn	301390.80	346.18	34.00
[408] PA[P-16:0/22:4(7Z,10Z,13Z,16Z)]	298943.97	708.51	31.13
[409] tephcalostan	298579.00	362.08	1.31
[410] N-nonanoyl-L-homoserine lactone	298198.10	241.17	27.26
[411] psoromic acid	292365.90	358.07	34.71
[412] His Lys Ser	289881.16	370.20	47.22

物质组	相对含量总和	分子量	保留时间/min
[413] 1,2-glyceryl dinitrate	288076.03	182.02	2.73
[414] dichlormid	287527.11	207.02	1.37
[415] leptophos	287065.12	425.87	43.18
[416] myricetin 3-xyloside	285288.10	450.08	17.28
[417] Arg Gly His	284285.10	368.19	23.17
[418] istamycin KL1	281800.10	336.20	25.52
[419] norepinephrine sulfate	281534.94	249.03	16.19
[420] granisetron metabolite 3	281142.94	328.19	33.64
[421] 9,10-dioxo-octadecanoic acid	280538.10	312.23	40.99
[422] sn-glycero-3-phosphoethanolamine	277107.10	215.05	24.69
[423] santiaguine	273821.20	592.38	36.43
[424] zapotinin	270998.10	328.10	23.96
[425] glabratephrinol	269135.06	378.11	37.08
[426] Pro Asn Ala	268983.90	300.14	2.63
[427] 2-octenal	268396.91	126.10	29.30
[428] D-pantothenoyl-L-cysteine	263712.78	322.12	29.65
[429] oxidized photinus luciferin	262979.94	249.99	20.78
[430] nipecotic acid	261574.94	129.08	1.71
[431] cimetidine sulfoxide	261517.88	284.11	36.31
[432] 3S-hydroxy-decanoic acid	260993.92	188.14	35.71
[433] Glu Ile Glu	258941.10	389.18	23.51
[434] Thr Pro Glu	255196.98	345.15	25.54
[435] maculosin	254764.16	260.12	26.65
[436] Arg Gln Asn	252987.98	416.22	43.70
[437] 14-oxo-octadecanoic acid	252491.80	298.25	41.82
[438] lactosylceramide (d18:1/25:0)	251051.22	987.76	43.47
[439] 2-ethylhexyl acrylate	250639.02	184.15	39.33
[440] 2,4-dinitrophenol	249304.90	184.01	4.34
[441] PE(P-16:0/0:0)	247626.05	437.29	43.06
[442] doxylamine	244023.92	270.17	37.77
[443] SB 200646	241900.78	266.12	43.92
[444] CE(10:0)	240219.06	540.49	44.73
[445] chromomycin A3	239631.94	1182.51	26.62
[446] propham	237541.98	179.09	19.64
[447] maltotriitol	236575.14	506.18	43.72
[448] dihydroisolysergic acid Ⅱ	236487.90	270.14	28.72
[449] dibromobisphenol A	235895.86	383.94	42.59
[450] hydroxyflutamide	234417.00	292.07	24.70
[451] N-n-hexanoylglycine methyl ester	234171.06	187.12	24.85
[452] naltrindole	232854.10	414.20	44.41

续表

物质组	相对含量总和	分子量	保留时间/min
[453] perindoprilat lactam A	232694.08	322.19	29.37
[454] S-[2-(N7-guanyl)ethyl]-N-acetyl-L-cysteine	231145.07	340.10	2.25
[455] 4-(β-D-glucosyloxy)benzoate	226079.03	300.08	1.42
[456] N-acetyl-leu-leu-leu-tyr-amide	224870.86	561.35	36.15
[457] 7-epi Jasmonic Acid	224726.12	210.12	33.66
[458] 17-methyl-5alpha-androstane-11beta,17beta-diol	224676.22	306.26	44.29
[459] clindamycin	223521.97	424.18	43.70
[460] thiopurine	222925.84	152.02	6.83
[461] 4-n-pentylphenol	221705.03	164.12	42.56
[462] 3-hydroxymethyltriazolopthalazinone	220292.05	199.07	24.85
[463] 6-paradol	216537.00	278.19	38.63
[464] 8Z-dodecenyl acetate	216125.10	226.19	42.03
[465] 2E,4E,8E,10E-dodecatetraenedioic acid	215419.08	222.09	33.29
[466] diethylpropion(metabolite Ⅷ-glucuronide)	214952.95	341.11	22.20
[467] albanin A	214869.86	354.11	29.32
[468] Pro Tyr Gln	213499.10	406.18	36.33
[469] His Gln His	211841.12	420.19	34.07
[470] 1-(3,4-dihydroxyphenyl)-5-hydroxy-3-decanone	211342.08	280.17	35.05
[471] CAY10487	209871.16	265.09	24.91
[472] isoguanosine	206779.98	283.09	23.54
[473] 1-(1-oxopropyl)-1H-imidazole	201950.84	124.06	1.44
[474] dihydrocelastryl diacetate	200957.92	536.31	47.20
[475] scriptaid	199736.11	326.13	34.96
[476] 3-methoxymandelic acid-4-O-sulfate	197106.14	278.01	5.40
[477] 3-hydroxysuberic acid	197093.12	190.08	24.48
[478] ethylene glycol	197069.94	62.04	20.85
[479] 3,4,2',3',4',6',alpha-heptahydroxychalcone 2'-glucoside	196948.05	482.11	44.43
[480] kadsurin A	196398.90	372.16	42.39
[481] 3-pyrimidin-2-yl-2-pyrimidin-2-ylmethyl-propionic acid	195661.08	244.10	29.84
[482] 10-undecenal	192537.00	168.15	34.89
[483] 2-caffeoylisocitrate	190968.10	354.06	29.30
[484] PE[O-18:1(9Z)/0:0]	189070.97	465.32	44.46
[485] zalcitabine	188948.97	211.10	1.55
[486] 4,4-dimethyl valeric acid	188335.03	130.10	32.16
[487] 3'-p-hydroxypaclitaxel	187991.00	869.33	37.46
[488] naphthyl dipeptide	186077.94	418.24	38.78
[489] Met-Ser-OH	186074.00	344.07	25.93
[490] Val Phe Arg	185241.94	420.25	46.46
[491] 8,12,16,19-docosatetraenoic acid	185022.89	332.27	44.83
[492] 2',4',6'-trimethoxy-3,4-methylenedioxydihydrochalcone	184176.06	344.13	28.75

续表

物质组	相对含量总和	分子量	保留时间/min
[493] N-(β-ketocaproyl)-L-homoserine lactone	182740.97	213.10	23.45
[494] Ser Val Lys	182412.95	332.21	35.93
[495] 2-(diethylamino)-4'-hydroxy-propiophenone	182040.98	221.14	32.83
[496] coumarin-SAHA	181462.88	346.15	44.42
[497] 11-chloro-8E,10E-undecadien-1-ol	180264.95	202.11	26.69
[498] HoPhe-HoPhe-OH	179543.12	448.16	42.40
[499] tigloidine	179163.05	223.16	31.31
[500] Arg Trp	178813.08	360.19	36.31
[501] xanthoxylin	178645.08	196.07	24.14
[502] triacanthine	178394.90	203.12	29.68
[503] metaldehyde	176383.98	176.10	18.12
[504] sulindac sulfide	175294.89	340.09	21.34
[505] Pro Cys Asp	175045.95	333.10	26.26
[506] pectolinarin	172989.05	622.19	45.25
[507] 6-hydroxydexamethasone	172543.90	408.20	43.70
[508] homotrypanothione disulfide	171500.06	735.31	36.85
[509] benperidol	170966.95	381.19	29.76
[510] Ile Phe	169477.00	278.16	26.06
[511] leptodactylone	169207.00	222.05	21.90
[512] dinoseb	168150.00	240.07	2.29
[513] 4-fluoromuconolactone	167895.89	160.02	1.42
[514] duP-697	167268.03	409.95	42.11
[515] phenyllactic acid	163825.11	166.06	24.37
[516] his Asn His	163775.95	406.17	27.80
[517] cidofovir	163237.08	279.06	36.00
[518] paederoside	163049.00	446.09	37.08
[519] Trp Met Pro	162664.05	432.18	38.77
[520] 5Z-decenyl acetate	161839.10	198.16	40.29
[521] Nap-Ala-OH	160475.98	394.12	21.48
[522] H-1152	157444.06	319.14	1.36
[523] 2-propyl-3-hydroxyethylenepyran-4-one	157093.95	180.08	26.31
[524] luteolin 3',4'-diglucuronide	156319.97	636.13	43.12
[525] dihydrolevobunolol	154819.03	293.20	35.20
[526] LY395153	154742.97	360.15	1.46
[527] Fucα1-2Galβ1-4[Fucα1-3]GlcNAc β -Sp	154366.14	744.29	18.88
[528] tricyclazole	153878.97	189.04	2.24
[529] 6,8-dihydroxy-octanoic acid	153785.02	176.10	18.10
[530] ethyl syringate	152792.03	226.08	24.83
[531] 3'-sialyllactosamine	152011.11	632.23	36.31
[532] GalNAcβ1-3Galα1-4Lacα-Sp	151343.98	776.28	36.06

物质组	相对含量总和	分子量	保留时间/min
[533] burimamide	150880.90	212.11	35.85
[534] dacarbazine	149191.98	182.09	30.48
[535] 5,7-dihydroxyisoflavone	148759.10	254.06	30.29
[536] caracurine Ⅴ	148417.89	584.32	22.80
[537] gefitinib	147665.95	446.15	37.20
[538] gracillin	146968.92	884.48	38.28
[539] Tyr Ile	145893.97	294.16	23.54
[540] cinnamyl alcohol	145849.03	134.07	21.90
[541] 3-indolebutyric acid	145312.84	203.09	26.34
[542] labetalol	144490.08	328.18	37.92
[543] triphenyl phosphate	144465.06	326.07	2.32
[544] Tyr-Nap-OH	141924.10	500.16	43.12
[545] Phe Met	141094.97	296.12	36.97
[546] lactone of PGF-MUM	140680.94	296.16	37.09
[547] triethylenemelamine	138563.08	204.11	37.02
[548] asarylaldehyde	138105.89	196.07	24.14
[549] 4-O-methyl-gallate	137906.11	184.04	3.31
[550] 18-hydroxy-9R,10S-epoxy-stearic acid	136645.02	314.25	39.66
[551] Glu Trp Thr	136273.94	434.18	35.35
[552] Gly-Gly-OH	135940.88	240.04	29.66
[553] Ins-1-P-Cer(t18:0/26:0)	135328.00	937.68	42.87
[554] propachlor	133569.98	211.08	2.93
[555] EA4	130948.96	340.10	2.32
[556] polycarpine	130279.99	385.15	1.41
[557] 9-hydroxy-10-oxo-12Z-octadecenoic acid	128814.02	312.23	41.17
[558] Arg Met Met	128414.95	436.19	42.37
[559] haematommic acid, ethyl ester	128037.95	224.07	25.62
[560] N-acetyl-leucyl-leucine	127905.99	286.19	32.62
[561] L-histidinol	127641.95	141.09	1.79
[562] sarafloxacin	125769.97	385.12	1.70
[563] D-erythro-1-(imidazol-4-yl)glycerol 3-phosphate	125434.06	238.04	3.81
[564] thiosulfic acid	124630.91	113.94	1.18
[565] acetylaminodantrolene	124106.09	326.10	26.29
[566] Asp Asp Phe	121766.02	395.13	1.36
[567] phenylgalactoside	121036.91	256.10	23.85
[568] Pro Glu Arg	118859.00	400.21	1.44
[569] Trp Thr	118241.98	305.14	23.90

物质组	相对含量总和	分子量	保留时间/min
[570] quinalphos	118027.09	298.05	1.24
[571] 4-methyl-tridecanedioic acid	117679.02	258.18	41.50
[572] 5R-methyl-decanoic acid	116453.02	186.16	36.36
[573] mefluidide	116259.98	310.06	1.43
[574] Gly Gly Gly	114052.02	189.07	1.89
[575] tryptanthrine	113319.95	248.06	36.01
[576] PS[18:4(6Z,9Z,12Z,15Z)/18:4(6Z,9Z,12Z,15Z)]	109727.02	775.45	37.49
[577] fruticosonine	109388.98	312.22	40.98
[578] 12-hydroxyjasmonic acid	109003.98	226.12	29.33
[579] 7,12-dimethylbenz[a]anthracene 5,6-oxide	108536.95	272.12	29.11
[580] 3-oxo-tetradecanoic acid	106795.95	242.19	40.26
[581] C75	105059.01	254.15	36.12
[582] Thr Leu	103500.98	232.14	38.63
[583] BMS-268770	102025.93	490.17	1.31
[584] (2R,3S)-2,3-dimethylmalate	101950.96	162.05	2.63
[585] Pro Cys Cys	100671.00	321.08	2.83
[586] L-homocitrulline	100549.03	189.11	1.15
[587] 15-lipoxygenase inhibitor 1	91566.01	313.14	1.37
[588] N-didesethylquinagolide sulfate	91124.05	419.12	2.55
[589] felbamate	89594.02	238.09	2.28
[590] artabsin	87615.96	248.14	1.32
[591] chlorfenethol	85171.02	266.03	1.35
[592] tolnaftate	81963.07	307.10	1.29
[593] Asp Asp His	70873.95	385.12	1.74
[594] 3-(N-nitrosomethylamino)propionitrile	70592.97	113.06	1.43
[595] oxomefruside	69732.99	396.02	1.50
[596] 6-hydroxydoxazosin	62962.02	437.17	1.42
[597] desmethylcolchicine	60130.00	385.15	1.41
[598] fluoromidine	53628.98	221.00	1.36
[599] (S)-2-O-Sulfolactate	36893.00	169.99	1.20

2. 物质组发酵阶段相关性分析

基于 599 个物质组矩阵（表 4-97），分析不同发酵阶段的相关性（表 4-98）。相关系数临界值 a=0.05 时，r=0.0801；a=0.01 时，r=0.1052。结果表明不同发酵阶段间存在着显著的相关性，不同发酵阶段相关程度有所不同，如发酵 2 d 与发酵 4 d 的物质生境相关系数为 0.5113，大于发酵 2d 与发酵 10 d 的相关系数为 0.1612。两者之间仍显著相关，说明了添加芽孢菌剂发酵阶段间的物质组生成形成一定的依赖性，上一个发酵阶段的物质组决定了下一个阶段的物质组的形成。

表4-98 添加芽胞菌剂发酵过程物质组相关性

发酵时间	平均值	标准差	发酵2d	发酵4d	发酵6d	发酵8d	发酵10d	发酵12d	发酵14d	发酵16d
发酵2d	335121.7519	1174539.0077	1.0000							
发酵4d	323715.9583	1044771.7062	0.5113	1.0000						
发酵6d	189633.8845	769546.8783	0.3158	0.6109	1.0000					
发酵8d	202982.3984	896283.2814	0.5076	0.7830	0.7808	1.0000				
发酵10d	234144.0944	843781.6527	0.1612	0.3752	0.1890	0.3938	1.0000			
发酵12d	233961.7548	798367.4367	0.3736	0.6438	0.6448	0.7408	0.4077	1.0000		
发酵14d	212222.0618	680345.8511	0.2650	0.5933	0.7733	0.6534	0.2352	0.8145	1.0000	
发酵16d	229614.4629	782382.6970	0.3873	0.7349	0.6973	0.8016	0.4454	0.8734	0.7895	1.0000

注：相关系数临界值：a=0.05 时，r=0.0801；a=0.01 时，r=0.1052。

3. 发酵过程物质组主成分分析

（1）发酵过程物质组特征值分析 基于 599 个物质组矩阵（表 4-97），分析发酵过程物质组的特征值，分析结果见表 4-99。前 3 个主成分特征值贡献率分别为 63.38%、11.44% 和 10.96%，累计贡献率达到 85.79%，说明前 3 个主成分能够代表检测的所有物质组的大部分的信息，其中第一主成分特征值贡献率达 63.38%，集中物质组主要的信息。

表4-99 添加芽胞菌剂发酵过程物质组的特征值

序号	特征值	贡献率/%	累计贡献率/%	Chi-Square	df	P值
1	5.07	63.38	63.38	4067.70	35.00	0.00
2	0.92	11.44	74.83	1407.62	27.00	0.00
3	0.88	10.96	85.79	1086.14	20.00	0.00
4	0.41	5.13	90.92	499.16	14.00	0.00
5	0.32	3.98	94.91	315.43	9.00	0.00
6	0.21	2.62	97.53	132.53	5.00	0.00
7	0.11	1.41	98.94	12.43	2.00	0.00
8	0.08	1.06	100.00	0.00	0.00	1.00

（2）发酵阶段物质组主成分得分 基于 8 个发酵时期的 599 个物质分析主成分得分，列出主成分得分总和＞1.00 的 75 个物质，见表 4-100。选出的 75 个高含量物质，1~8 个发酵阶段主成分得分的总和为 $Y(i,1)$=201.25（第 1 主成分占比 56.48%）、$Y(i,2)$=47.77（13.41%）、$Y(i,3)$=28.66（8.04%）、$Y(i,4)$=13.78（3.87%）、$Y(i,5)$=28.75（8.07%）、$Y(i,6)$=18.55（5.21%）、$Y(i,7)$=11.84（3.32%）、$Y(i,8)$=5.72（1.61%）。每个发酵时期构成的主成分得分代表了贡献率的大小，前 3 个主成分累计贡献率达 77.93%，可以包括物质组的主要信息。不同的物质在各主成分中的得分不同，表现出物质组在发酵阶段过程中的重要性，如物质肌肽在 1~8 个发酵阶段主成分得分分别为 34.26、-7.51、3.77、2.81、1.01、0.72、-0.62、-0.34。表明该物质在第 1 发酵阶段（2 d）贡献率最大（得分 34.26），第 2 发酵阶段（4 d）贡献率最小（得分 -7.51）。发酵阶段前 3 个高含量物质主成分得分总和分别为肌肽（34.09）、姜辣素（27.76）、别嘌呤醇（25.13），肌肽的贡献主要在第 1 发酵阶段（2 d）发挥，姜辣素的贡献主要在第 3

发酵阶段（6 d）发挥，别嘌呤醇的贡献主要在第 1~2 发酵阶段（2~4 d）发挥；不同的物质在发酵系统中的贡献率通过表 4-100 可查得。

表4-100　添加芽胞菌剂发酵过程物质组主成分得分

物质组	$Y(i, 1)$	$Y(i, 2)$	$Y(i, 3)$	$Y(i, 4)$	$Y(i, 5)$	$Y(i, 6)$	$Y(i, 7)$	$Y(i, 8)$	总和
[1] carnosine	34.26	−7.51	3.77	2.81	1.01	0.72	−0.62	−0.34	34.09
[2] gingerol	2.51	5.06	10.83	4.56	4.10	1.50	−0.96	0.16	27.76
[3] allopurinol	20.64	11.88	−0.70	2.71	−3.93	−6.22	−0.41	1.15	25.13
[4] 5-(3-pyridyl)-2-hydroxytetrahydrofuran	4.09	3.94	7.27	−0.86	−3.51	4.09	0.35	1.43	16.80
[5] (22E)-3α-hydroxychola-5,16,22-trien-24-oic acid	25.07	−3.70	−5.06	−4.57	2.15	−0.05	−0.17	−0.26	13.40
[6] 4,5-dihydroxyhexanoic acid lactone	2.37	11.20	−8.05	−1.18	4.55	2.74	0.33	0.00	11.95
[7] O-acetylserine	9.69	0.61	−0.95	0.46	1.38	0.82	−0.09	−0.10	11.83
[8] His Ser Lys	0.66	2.13	4.71	1.95	1.77	0.59	−0.41	0.06	11.45
[9] PA[O-16:0/18:4(6Z,9Z,12Z,15Z)]	5.02	6.30	1.53	−2.83	0.09	0.21	1.75	−1.97	10.10
[10] 9Z-hexadecenyl acetate	4.73	−1.10	−2.38	3.56	−0.82	0.60	2.33	1.42	8.35
[11] tetradecyl sulfate	0.30	1.57	3.54	1.45	1.32	0.42	−0.31	0.04	8.32
[12] DL-3-hydroxy caproic acid	5.73	0.00	4.31	−4.86	1.57	−0.19	0.92	0.79	8.26
[13] isoleucine	5.54	3.07	5.99	−3.26	−2.10	−1.06	2.22	−2.67	7.71
[14] F-honaucin A	6.15	0.36	−0.63	0.28	0.90	0.51	−0.06	−0.07	7.43
[15] 2-(o-carboxybenzamido)glutaramic acid	3.23	−2.52	−1.80	4.15	−0.08	1.32	3.04	−0.44	6.89
[16] surfactin	4.45	−0.02	−0.97	0.21	−2.35	1.28	1.77	2.04	6.41
[17] idazoxan	4.28	−0.03	3.35	−3.79	1.21	−0.17	0.71	0.61	6.16
[18] 3-methyl-quinolin-2-ol	1.80	0.42	−2.15	2.05	0.54	0.77	1.77	0.10	5.30
[19] 2(3H)-furanone, dihydro-3,4-dihydroxy	3.62	−0.05	2.91	−3.31	1.05	−0.16	0.62	0.53	5.21
[20] chitotriose	4.23	0.22	−0.46	0.19	0.64	0.33	−0.04	−0.06	5.06
[21] phytolaccoside B	−0.08	0.96	2.28	0.91	0.84	0.23	−0.20	0.02	4.96
[22] N-acetylleucine	4.12	4.21	−3.95	0.12	−0.54	2.40	−1.35	−0.36	4.66
[23] pantothenic acid	4.24	−1.32	−2.73	4.10	−0.30	0.68	0.22	−0.58	4.33
[24] ritonavir	3.48	0.17	−0.39	0.15	0.54	0.27	−0.03	−0.05	4.13
[25] Gly Tyr Asn	4.28	−1.20	0.53	0.35	0.11	0.01	−0.08	−0.06	3.94
[26] 5-acetylamino-6-formylamino-3-methyluracil	3.17	0.15	−0.37	0.13	0.50	0.24	−0.03	−0.05	3.75
[27] septentrionine	−0.22	0.74	1.82	0.72	0.66	0.16	−0.16	0.01	3.74
[28] 2-aminoadenosine	0.33	3.83	−2.83	−0.45	1.57	0.89	0.12	−0.01	3.44
[29] 14,15-HxA3-C(11S)	2.80	0.12	−0.33	0.12	0.45	0.21	−0.03	−0.05	3.29
[30] 6,8-dihydroxypurine	0.38	1.81	0.29	−0.32	−0.10	0.90	0.10	0.22	3.28
[31] 3-(4-hydroxyphenyl)propionic acid	−0.29	0.64	1.60	0.63	0.58	0.13	−0.14	0.01	3.16
[32] Leu Glu	2.68	0.11	−0.32	0.11	0.43	0.20	−0.02	−0.04	3.14
[33] chivosazole D	−0.30	0.61	1.54	0.60	0.56	0.12	−0.13	0.01	3.00

物质组	$Y(i, 1)$	$Y(i, 2)$	$Y(i, 3)$	$Y(i, 4)$	$Y(i, 5)$	$Y(i, 6)$	$Y(i, 7)$	$Y(i, 8)$	总和
[34] methyl 8-[2-(2-formyl-vinyl)-3-hydroxy-5-oxo-cyclopentyl]-octanoate	−0.35	0.54	1.38	0.53	0.50	0.10	−0.12	0.01	2.59
[35] His Arg Arg	2.23	0.08	−0.28	0.09	0.37	0.16	−0.02	−0.04	2.58
[36] etretinate	4.74	−0.56	−1.35	−0.70	0.28	0.04	−0.02	−0.02	2.41
[37] 9R,10S,18-trihydroxy-stearic acid	2.07	0.07	−0.27	0.08	0.35	0.14	−0.02	−0.04	2.38
[38] 3-hydroxy-2-methyl-[R-(R,S)]-butanoic acid	0.77	1.59	−1.67	0.31	0.28	0.56	0.22	0.11	2.18
[39] ophiobolin A	5.30	−1.14	−1.05	−1.14	0.30	−0.03	−0.03	−0.09	2.12
[40] 4-heptyloxyphenol	−0.40	0.45	1.21	0.46	0.43	0.07	−0.10	0.00	2.12
[41] DL-o-tyrosine	0.10	0.60	1.29	-0.20	−0.66	0.64	0.07	0.24	2.07
[42] 5-hydroxyferulate	−0.41	0.44	1.19	0.45	0.42	0.07	−0.10	0.00	2.06
[43] omega-3-arachidonic acid	0.76	0.13	−0.92	0.91	−0.24	0.26	0.84	0.32	2.05
[44] C18:2n-6,11	0.90	−0.04	−0.86	0.85	−0.24	0.11	0.70	0.55	1.98
[45] glycophymoline	−0.42	0.43	1.16	0.44	0.41	0.06	−0.10	0.00	1.98
[46] Leu-Asp-OH	−0.03	2.55	−1.91	−0.33	1.05	0.56	0.08	−0.01	1.95
[47] propofol glucuronide	−0.43	0.42	1.13	0.43	0.40	0.06	−0.10	0.00	1.92
[48] proglumide	−0.44	0.40	1.10	0.41	0.39	0.06	−0.09	0.00	1.83
[49] 2-oxoarginine	−0.44	0.39	1.08	0.40	0.38	0.05	−0.09	0.00	1.77
[50] CGS 7181	0.60	−0.72	−0.75	1.30	0.04	0.43	1.00	−0.18	1.73
[51] oxychlordane	−0.45	0.38	1.06	0.40	0.37	0.05	−0.09	0.00	1.73
[52] L-gamma-glutamyl-L-valine	2.05	−0.73	0.29	0.17	0.05	−0.04	−0.04	−0.04	1.70
[53] etacelasil	−0.45	0.38	1.05	0.39	0.37	0.05	−0.09	0.00	1.70
[54] CoA[24:6(6Z,9Z,12Z,15Z,18Z,21Z)(3Ke)]	−0.46	0.37	1.03	0.39	0.36	0.05	−0.09	0.00	1.65
[55] His Ile Gly	1.46	0.03	−0.21	0.05	0.27	0.09	−0.01	−0.03	1.63
[56] PG[16:1(9Z)/22:6(4Z,7Z,10Z,13Z,16Z,19Z)]	−0.46	0.36	1.02	0.38	0.36	0.04	−0.09	0.00	1.61
[57] halomon	−0.47	0.35	0.99	0.37	0.35	0.04	−0.08	0.00	1.54
[58] 4-hydroxyquinoline	0.18	0.13	0.90	0.82	0.31	0.25	−0.66	−0.39	1.53
[59] thyrotropin releasing hormone	−0.47	0.35	0.99	0.36	0.34	0.04	−0.08	0.00	1.52
[60] Glu Glu	1.28	0.01	−0.20	0.04	0.24	0.07	−0.01	−0.03	1.41
[61] diiodothyronine	0.48	−1.06	−0.15	−0.56	1.06	−0.18	0.26	1.54	1.38
[62] 3-deoxy-D-glycero-D-galacto-2-nonulosonic acid	−0.49	0.31	0.91	0.33	0.32	0.03	−0.08	0.00	1.33
[63] 4,14-dihydroxy-octadecanoic acid	1.20	0.01	−0.19	0.04	0.23	0.07	−0.01	−0.03	1.31
[64] Val Ile Asp	1.20	0.01	−0.19	0.04	0.23	0.07	−0.01	−0.03	1.30
[65] 9-bromo-decanoic acid	1.62	−0.64	0.24	0.13	0.03	−0.05	−0.04	−0.04	1.26
[66] methionine	1.14	0.00	−0.18	0.03	0.22	0.06	−0.01	−0.03	1.23
[67] L-histidine	1.57	−0.63	0.24	0.13	0.03	−0.05	−0.04	−0.04	1.22

物质组	$Y(i,1)$	$Y(i,2)$	$Y(i,3)$	$Y(i,4)$	$Y(i,5)$	$Y(i,6)$	$Y(i,7)$	$Y(i,8)$	总和
[68] rhexifoline	−0.21	1.90	−1.46	−0.26	0.79	0.40	0.06	−0.01	1.21
[69] Arg Asn Arg	1.11	0.00	−0.18	0.03	0.22	0.06	−0.01	−0.03	1.19
[70] 1,1,1-trichloro-2-(o-chlorophenyl)-2-(p-chlorophenyl)ethane	0.96	−1.80	0.05	−2.03	2.31	0.29	−0.67	2.07	1.18
[71] alpha-L-rhamnopyranosyl-(1→2)-beta-D-galactopyranosyl-(1→2)-beta-D-glucuronopyranoside	1.53	−0.62	0.23	0.13	0.03	−0.06	−0.03	−0.04	1.17
[72] thalidasine	1.06	0.00	−0.18	0.03	0.21	0.05	−0.01	−0.03	1.13
[73] Ile Leu	0.93	−0.08	−0.29	0.25	0.60	−0.16	−0.07	−0.12	1.06
[74] daminozide	−0.04	0.19	−0.59	0.66	−0.07	−0.46	0.68	0.66	1.04
[75] dauricine	−0.53	0.26	0.80	0.28	0.27	0.01	−0.07	0.00	1.02
总和	201.25	47.77	28.66	13.78	28.75	18.55	11.84	5.72	
占比 / %	56.48	13.41	8.04	3.87	8.07	5.21	3.32	1.61	

（3）发酵阶段物质组主成分分析　基于 8 个发酵时期的 599 个物质组主成分分析，将第一和第二主成分作图 4-150。599 个物质中 591 个物质聚集在一起，其他 8 个物质分散在聚团的周围（图 4-150），成为肉汤实验芽胞菌剂组的特殊物质，肌肽在第 1 发酵阶段贡献最大（2 d），姜辣素在第 3 发酵阶段贡献最大（6d），别嘌呤醇在第 1~2 发酵阶段贡献最大（2~4 d），(22E)-3α-hydroxychola-5,16,22-trien-24-oic acid 在第 1 发酵阶段贡献最大（2 d），4,5- 二羟基己酸内酯在第 2 发酵阶段贡献最大（4 d），PA[O-16:0/18:4(6Z,9Z,12Z,15Z)] 在第 1~2 发酵阶段贡献最大（2~4 d），异亮氨酸在第 1~3 发酵阶段贡献最大（2~6 d），2- 氨基腺苷在第 2 发酵阶段贡献最大（4 d）（表 4-101）。

表4-101　添加芽胞菌剂发酵过程特殊物质组主成分得分

物质组	$Y(i,1)$	$Y(i,2)$	$Y(i,3)$	$Y(i,4)$	$Y(i,5)$	$Y(i,6)$	$Y(i,7)$	$Y(i,8)$	总和
[1] carnosine（肌肽）	34.26	−7.51	3.77	2.81	1.01	0.72	−0.62	−0.34	34.09
[2] gingerol（姜辣素）	2.51	5.06	10.83	4.56	4.10	1.50	−0.96	0.16	27.76
[3] allopurinol（别嘌呤醇）	20.64	11.88	−0.70	2.71	−3.93	−6.22	−0.41	1.15	25.13
[4] (22E)-3α-hydroxychola-5,16,22-trien-24-oic acid（石碳酸类似物）	25.07	−3.70	−5.06	−4.57	2.15	−0.05	−0.17	−0.26	13.40
[5] 4,5-dihydroxyhexanoic acid lactone（二羟基己酸内酯）	2.37	11.20	−8.05	−1.18	4.55	2.74	0.33	0.00	11.95
[6] PA[O-16:0/18:4(6Z,9Z,12Z,15Z)]（十八碳四烯酸甲酯类似物）	5.02	6.30	1.53	−2.83	0.09	0.21	1.75	−1.97	10.10
[7] isoleucine（异亮氨酸）	5.54	3.07	5.99	−3.26	−2.10	−1.06	2.22	−2.67	7.71
[8] 2-aminoadenosine（2-氨基腺苷）	0.33	3.83	−2.83	−0.45	1.57	0.89	0.12	−0.01	3.44

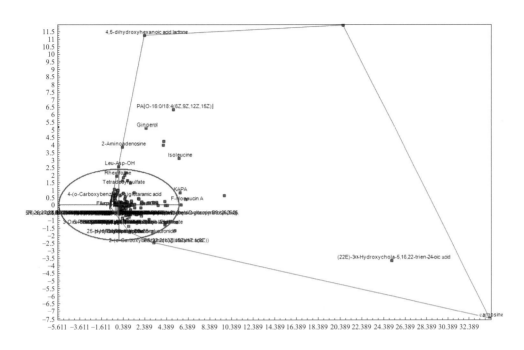

图4-150　添加芽胞菌剂发酵过程物质组主成分分析

4．发酵阶段物质组聚类分析

（1）物质组聚类分析　选择 599 个鉴定的物质，构成分析矩阵（表 4-97），以物质组为样本，发酵阶段为指标，马氏距离为尺度，用可变类平均法进行系统聚类，分析结果见表 4-102 和图 4-151。结果表明，可将主要物质组分为 3 组。

第 1 组高含量组，包含了 118 个物质，第 1 组中前 10 个高含量物质为肌肽（carnosine）、(22*E*)-3α-hydroxychola-5,16,22-trien-24-oic acid、别嘌呤醇（allopurinol）、*O*- 乙酰丝氨酸（*O*-acetylserine）、异亮氨酸 (isoleucine)、PA[*O*-16:0/18:4(6*Z*,9*Z*,12*Z*,15*Z*)]、DL-3- 羟基己酸（DL-3-hydroxy caproic acid）、5-(3- 吡啶基)-2- 羟基四氢呋喃 [5-(3-pyridyl)-2-hydroxytetrahydrofuran]、F-honaucin A。

第 2 组中含量组，包含了 195 个物质，第 2 组中前 10 个高含量物质为 2,2'- 双酮螺菌黄素（diketospirilloxanthin/2,2'-diketospirilloxanthin）、十四烷二酸（tetradecanedioic acid）、*N*- 乙酰 -DL- 缬氨酸（*N*-acetyl-DL-valine）、咖啡醛（caffeic aldehyde）、1,1,1- 三氯 -2-(*o*-氯苯基)-2-(*p*- 氯苯基) 乙烷 [1,1,1-trichloro-2-(*o*-chlorophenyl)-2-(*p*-chlorophenyl)ethane]、Cer[*d*18:0/ 18:1(9*Z*)]、胸腺嘧啶（thymine）、4- 羟基喹啉（4-hydroxyquinoline）、二碘甲状腺原氨酸（diiodothyronine）、4,8,12- 三甲基十三烷酸（4,8,12-trimethyltridecanoic acid）。

第 3 组低含量组，包含了 286 个物质，第 3 组中前 10 个高含量物质为 *N*- 乙酰 -L- 赖氨酸 (*N*-acetyl-L-lysine)、水杨醛 (salicylaldehyde)、十二烷基葡萄糖苷 (dodecyl glucoside)、TG(18:0/22:0/22:0)[iso3]、甲琥胺 (methsuximide)、22:1(9*Z*)、三环锡 (cyhexatin)、壮观链霉菌素 (spectinomycin)、牛磺酸 (taurine)、7- 氧代 -11- 十二碳烯酸 (7-oxo-11-dodecenoic acid)。

表4-102　添加芽胞菌剂发酵过程主要物质组聚类分析

组别	物质组	发酵2d	发酵4d	发酵6d	发酵8d	发酵10d	发酵12d	发酵14d	发酵16d
第1组	carnosine	11466426.00	11466426.00	11466426.00	11466426.00	1.15	11466426.00	11466426.00	11466426.00

组别	物质组	发酵2d	发酵4d	发酵6d	发酵8d	发酵10d	发酵12d	发酵14d	发酵16d
	(22*E*)-3α-hydro-xychola-5,16,22-trien-24-oic acid	1.00	8759007.00	10596103.00	10403571.00	5339715.50	6847490.00	7410034.00	7997058.00
	allopurinol	9420435.00	9420435.00	45.36	9420435.00	9420435.00	9420435.00	11.69	9420435.00
	O-acetylserine	3172056.00	3172056.00	3172056.00	3172056.00	3172056.00	3172056.00	3172056.00	3172056.00
	isoleucine	6269802.00	6269802.00	13.19	6269802.00	3.54	2.90	4.26	7.63
	PA[*O*-16:0/18:4(6*Z*,9*Z*,12*Z*,15*Z*)]	4631804.00	4631804.00	2.27	4631804.00	4631804.00	1.23	1.82	1.12
	DL-3-hydroxy caproic acid	4389659.50	4389659.50	4389659.50	4389659.50	3.28	1.91	3.82	9.43
	5-(3-pyridyl)-2-hydroxytetrahy-drofuran	8757699.00	8757699.00	26.51	30.99	2.19	5.85	8.09	17.53
	F-honaucin A	2097612.20	2097612.20	2097612.20	2097612.20	2097612.20	2097612.20	2097612.20	2097612.20
	gingerol	16501581.00	1.14	1.05	1.06	1.04	1.05	1.18	1.19
	KAPA	1.00	8355944.00	1.00	1.00	1150767.40	337170.12	2174094.00	3354795.80
	idazoxan	3410170.00	3410170.00	3410170.00	3410170.00	9.42	6.53	8.97	9.64
	ophiobolin A	1.00	2220520.00	2474992.50	2426121.50	1047960.70	1593306.00	1782073.40	1875344.40
	N-acetylleucine	1.00	2998001.50	1.00	1.00	5550155.00	726989.40	1537778.00	2404869.00
第1组	4,5-dihydroxyhex-anoic acid lactone	1.00	1.00	1.00	1.00	12891314.00	1.00	1.00	1.00
	etretinate	1.00	1916285.00	2013980.00	1998183.80	1429318.10	1614824.40	1619986.20	1768203.50
	PS[22:2(13*Z*,16*Z*)/17:1(9*Z*)]	1.00	1726229.10	1421365.90	1598416.00	1.00	2417799.50	1632313.60	3446557.00
	surfactin	1.00	4508188.50	1072181.60	348109.03	1051153.50	3227262.80	1222328.80	789592.00
	chitotriose	1515782.60	1515782.60	1515782.60	1515782.60	1515782.60	1515782.60	1515782.60	1515782.60
	2(3*H*)-furanone, dihydro-3,4-dihydroxy	2966095.20	2966095.20	2966095.20	2966095.20	2.34	3.51	7.97	9.94
	9Z-hexadecenyl acetate	1.00	1410527.10	584391.70	1.00	1135194.10	4934917.00	2561689.00	1124234.50
	Gly Tyr Asn	1654921.00	1654921.00	1654921.00	1654921.00	2.46	1654921.00	1654921.00	1654921.00
	ritonavir	1289535.40	1289535.40	1289535.40	1289535.40	1289535.40	1289535.40	1289535.40	1289535.40
	pantothenic acid	1.00	1.00	1.00	1.00	1135785.60	3435815.50	3260555.50	2348712.80
	5-acetylamino-6-formylamino-3-methyluracil	1197078.10	1197078.10	1197078.10	1197078.10	1197078.10	1197078.10	1197078.10	1197078.10
	14,15-HxA3-*C*(11*S*)	1083474.40	1083474.40	1083474.40	1083474.40	1083474.40	1083474.40	1083474.40	1083474.40
	Leu Glu	1046756.00	1046756.00	1046756.00	1046756.00	1046756.00	1046756.00	1046756.00	1046756.00
	purine	1.00	1090096.60	1640962.10	1997607.90	356598.97	602237.94	958445.25	1045732.44
	2-(*o*-carboxyben-zamido)glutaramic acid	1.00	1.00	1.00	1.00	1.00	4042075.50	3627889.20	1.00
	His Arg Arg	909611.75	909611.75	909611.75	909611.75	909611.75	909611.75	909611.75	909611.75
	His Ser Lys	7190042.00	1.00	1.00	1.00	1.00	1.00	1.00	1.00

续表

组别	物质组	发酵2d	发酵4d	发酵6d	发酵8d	发酵10d	发酵12d	发酵14d	发酵16d
第1组	9R,10S,18-trihy-droxy-stearic acid	861845.44	861845.44	861845.44	861845.44	861845.44	861845.44	861845.44	861845.44
	ethyl 3-(N-buty-lacetamido) propionate	1.00	1210156.60	1165147.00	612631.06	1434605.60	1.00	986941.70	1389732.60
	L-gamma-glutamyl-L-valine	925171.10	925171.10	925171.10	925171.10	3.67	925171.10	925171.10	925171.10
	cyclopropanecar-boxylate	1.00	6152576.00	1.00	1.00	1.00	1.00	1.00	1.00
	3-methyl-quinolin-2-ol	1.00	1.00	1.00	1.00	1926056.00	2396455.20	1666308.80	1.00
	saccharin	1.00	897006.75	1.00	883466.10	1065637.20	1082736.90	862300.20	1180818.90
	estradiol dipropionate	1.00	950883.90	1057772.60	1014298.70	478319.38	701904.70	756322.80	830853.25
	9-bromo-decanoic acid	782585.30	782585.30	782585.30	782585.30	1.55	782585.30	782585.30	782585.30
	His Ile Gly	676772.25	676772.25	676772.25	676772.25	676772.25	676772.25	676772.25	676772.25
	tetradecyl sulfate	5402959.00	1.00	1.00	1.00	1.00	1.00	1.00	1.00
	L-histidine	768010.25	768010.25	768010.25	768010.25	2.08	768010.25	768010.25	768010.25
	alpha-L-rhamn-opyranosyl-(1→2)-beta-D-gala ctopyranosyl-(1→2)-beta-D-glucuronopyrano-side	752981.50	752981.50	752981.50	752981.50	1.13	752981.50	752981.50	752981.50
	Glu Glu	623742.60	623742.60	623742.60	623742.60	623742.60	623742.60	623742.60	623742.60
	N-methylundec-10-enamide	1.00	683053.70	738449.00	736518.44	687120.44	699031.06	668298.00	764989.40
	vanillin	1.00	1134328.50	1.00	1.00	1811813.90	610057.60	193593.84	1089626.90
	4,14-dihydroxy-octadecanoic acid	598636.40	598636.40	598636.40	598636.40	598636.40	598636.40	598636.40	598636.40
	Val Ile Asp	598067.60	598067.60	598067.60	598067.60	598067.60	598067.60	598067.60	598067.60
	methionine	580358.75	580358.75	580358.75	580358.75	580358.75	580358.75	580358.75	580358.75
	Arg Asn Arg	571196.90	571196.90	571196.90	571196.90	571196.90	571196.90	571196.90	571196.90
	2-aminoadenosine	1.00	1.00	1.00	1.00	4510269.00	1.00	1.00	1.00
	thalidasine	555409.70	555409.70	555409.70	555409.70	555409.70	555409.70	555409.70	555409.70
	3-hydroxy-2-methyl-[R-(R,S)]-butanoic acid	1.00	518125.70	1.00	1.00	2251613.20	710241.50	466486.00	386280.16
	6,8-dihydroxy-prine	1442710.10	1442710.10	2.76	4.54	1442710.10	1.35	1.20	2.13
	carbenicillin	1.00	1312755.90	1.00	1.00	924911.90	1.00	1648969.60	256486.78
	4-hydroxycinnam-yl aldehyde	581813.00	581813.00	581813.00	581813.00	2.35	581813.00	581813.00	581813.00
	2S-amino-pentanoic acid	1354654.50	1354654.50	34.94	1354654.50	4.73	1.47	2.62	2.79
	Ile Leu	579390.50	4.36	579390.50	579390.50	579390.50	579390.50	579390.50	579390.50

续表

组别	物质组	发酵2d	发酵4d	发酵6d	发酵8d	发酵10d	发酵12d	发酵14d	发酵16d
	neostearic acid	1.00	651375.25	542872.90	461694.75	415765.10	810723.75	567952.10	603494.06
	vernodalol	1.00	847632.25	734453.20	822765.44	1.00	404049.94	479775.44	670648.80
	N-acetyl-DL-methionine	487334.94	487334.94	487334.94	487334.94	487334.94	487334.94	487334.94	487334.94
	C18:2n-6,11	1.00	542841.25	195043.03	1.00	661710.30	1456522.20	614194.60	318906.90
	Leu His	465328.00	465328.00	465328.00	465328.00	465328.00	465328.00	465328.00	465328.00
	oxadixyl	459280.28	459280.28	459280.28	459280.28	459280.28	459280.28	459280.28	459280.28
	metaxalone	1.00	973335.80	1.00	1.00	575646.94	268555.84	804659.60	998270.60
	25-hydroxyvitamin D2-25-glucuronide	1.00	692894.90	719913.56	713572.40	1.00	1.00	820306.44	666591.40
	3-methyl-octanoic acid	1.00	693030.50	1.00	1.00	833525.70	609375.70	804543.70	647596.30
	omega-3-arachidonic acid	1.00	521449.66	1.00	1.00	793757.70	1371946.20	696387.44	171657.97
	gabapentin	1.00	538970.40	1.00	1.00	715545.90	969386.90	553917.44	765817.10
	L-glutamic acid n-butyl ester	506027.53	506027.53	2.52	506027.53	506027.53	506027.53	506027.53	506027.53
	phosdiphen	1.00	1361977.80	2165087.20	1.00	1.00	1.00	1.00	1.00
	deoxyuridine monophosphate (dUMP)	438439.94	438439.94	438439.94	438439.94	438439.94	438439.94	438439.94	438439.94
第1组	DL-3-phenyllactic acid	583849.56	583849.56	583849.56	583849.56	583849.56	1.16	1.29	583849.56
	phytolaccoside B	3483995.20	1.00	1.00	1.00	1.00	1.00	1.00	1.00
	spaglumic acid	488286.20	488286.20	488286.20	488286.20	1.05	488286.20	488286.20	488286.20
	dimethyl malonate	1.00	2167086.20	1.00	1.00	887558.90	1.00	341101.78	1.00
	slaframine	1.00	2527439.50	1.00	1.00	1.00	1.00	241888.98	590137.80
	isobutylglycine	1.00	151526.98	1.00	1.00	340711.03	600149.94	1335026.00	850616.10
	17-phenyl trinor prostaglandin A2	1.00	472077.22	474747.88	496763.38	369083.94	425721.00	425096.72	506979.75
	Val Lys Ala	394323.90	394323.90	394323.90	394323.90	394323.90	394323.90	394323.90	394323.90
	DL-o-tyrosine	1568124.10	1568124.10	5.99	6.41	3.76	1.64	7.59	3.77
	D-ribitol 5-phosphate	1.00	390093.80	550336.30	513813.84	444023.60	327799.12	408903.06	493022.84
	N2-succinyl-L-ornithine	389310.16	389310.16	389310.16	389310.16	389310.16	389310.16	389310.16	389310.16
	Leu-Asp-OH	1.00	1.00	1.00	1.00	3047220.50	1.00	1.00	1.00
	9,10,16-trihydroxy palmitic acid	1.00	483067.90	1.00	1.00	625838.20	816836.90	466212.28	639835.75
	lauryl hydrogen sulfate	1.00	477576.94	673424.40	672292.90	464339.22	1.00	215927.03	447424.90
	ephedroxane	363418.28	363418.28	363418.28	363418.28	363418.28	363418.28	363418.28	363418.28
	salvarsan	1.00	949783.25	1.00	1127151.50	1.00	1.00	761080.30	1.00
	pimonidazole	349451.78	349451.78	349451.78	349451.78	349451.78	349451.78	349451.78	349451.78

续表

组别	物质组	发酵2d	发酵4d	发酵6d	发酵8d	发酵10d	发酵12d	发酵14d	发酵16d
第1组	septentrionine	2788696.50	1.00	1.00	1.00	1.00	1.00	1.00	1.00
	diglykokoll	348387.12	348387.12	348387.12	348387.12	348387.12	348387.12	348387.12	348387.12
	CGS 7181	1.00	1.00	1.00	1.00	232434.95	1315619.20	1210950.40	1.00
	3,5-pyridin-edicarboxylic acid, 1,4-dihydro-2,6-dimethyl-4-(3-nitrophenyl)-, 2-hydroxyethyl methyl es	319444.94	319444.94	319444.94	319444.94	319444.94	319444.94	319444.94	319444.94
	10-hydroxy-hexadecan-1,16-dioic acid	1.00	551420.75	262714.03	1.00	282567.94	552714.06	454237.40	395146.90
	12-trans-hydroxy juvenile hormone III	396561.00	396561.00	396561.00	396561.00	1.03	1.09	396561.00	396561.00
	chivosazole D	2365571.80	1.00	1.00	1.00	1.00	1.00	1.00	1.00
	rhexifoline	1.00	1.00	1.00	1.00	2313242.80	1.00	1.00	1.00
	Val Gln Lys	288793.94	288793.94	288793.94	288793.94	288793.94	288793.94	288793.94	288793.94
	4-methyloctyl acetate	1.00	594542.06	1.00	1.00	571626.75	377966.00	397065.16	319862.06
	Val Val Asp	274177.88	274177.88	274177.88	274177.88	274177.88	274177.88	274177.88	274177.88
	4-oxoproline	358951.22	358951.22	358951.22	2.81	358951.22	358951.22	358951.22	1.65
	methyl 8-[2-(2-formyl-vinyl)-3-hydroxy-5-oxo-cyclopentyl]-octanoate	2128236.20	1.17	1.04	1.12	1.09	1.02	1.10	1.33
	Arg Pro Leu	262903.06	262903.06	262903.06	262903.06	262903.06	262903.06	262903.06	262903.06
	p-hydroxypropio-phenone	1.00	1.00	1.00	1.00	1.00	574501.94	1521062.20	1.00
	tolylacetonitrile	1.00	1.00	1.00	1.00	1.00	887469.75	1163810.60	1.00
	quercetin 3,7,3',4'-tetra-O-sulfate	1.00	1.00	516356.62	1.00	1408116.10	1.00	1.00	1.00
	leflunomide	1.00	1.00	1.00	171716.08	1286531.50	393807.10	1.00	1.00
	monodehydroasc-orbate	1.00	1.00	1.00	1.00	306653.88	739269.50	676085.44	1.00
	13-methyl-penta-decanoic acid	1.00	721014.70	1.00	1.00	1.00	932295.10	1.00	1.00
	p-hydroxyfelbam-ate	1.00	349870.16	370694.28	1.00	322214.70	345249.94	257945.97	1.00
	methyl orsellinate	1.00	1.00	1.00	1.00	588827.75	571301.10	430528.10	1.00
	N-monodes-methyldiltiazem	1.00	138717.02	156306.97	127453.03	398841.34	350306.16	257881.86	1.00
	20-hydroxy-PGF2α	1.00	468326.88	1.00	1.00	1.00	1.00	883632.00	1.00
	3-methyluridine	1.00	1.00	1.00	1.00	1301444.00	1.00	1.00	1.00

组别	物质组	发酵2d	发酵4d	发酵6d	发酵8d	发酵10d	发酵12d	发酵14d	发酵16d
第1组	diclocymet	1.00	751542.44	1.00	1.00	415450.25	1.00	1.00	1.00
	bis(4-fluorophe-nyl)-methanone	1.00	1.00	1.00	1.00	504633.25	234746.80	418525.88	1.00
	2-amino-8-oxo-9,10-epoxy-decanoic acid	1.00	1094220.40	1.00	1.00	1.00	1.00	1.00	1.00
	benzo[b]naphtho[2,1-d]thiophene	1.00	1.00	1.00	1.00	1045436.56	1.00	1.00	1.00
第1组118个样本平均值		1068947.45	1276701.66	698736.23	858249.26	907396.80	862883.16	794278.31	781906.64
第2组	diketospirillox-anthin/ 2,2'-diket-ospirilloxanthin	1.00	1527258.50	571833.90	3332392.80	1.00	190524.83	259730.89	482915.94
	tetradecanedioic acid	1.00	413801.38	1.00	1.00	858202.44	1301072.40	479965.75	1225795.10
	N-acetyl-DL-valine	1.00	1.00	1.00	1.00	1090674.60	309755.90	1022909.25	1756718.40
	caffeic aldehyde	1.00	1.00	1.00	1.00	2416815.00	1.00	1.00	1390567.00
	1,1,1-trichloro-2-(o-chlorophenyl)-2-(p-chlorophenyl)ethane	1.00	1.00	3451349.20	1.00	1.00	1.00	1.00	173689.94
	Cer[d18:0/18:1(9Z)]	1.00	1.00	2709140.50	801401.40	1.00	1.00	1.00	1.00
	thymine	1.00	1032567.10	1.00	1.00	267064.16	206937.89	396182.62	1273945.80
	4-hydroxyquin-oline	1762858.20	1.00	1.00	1.00	1.00	1.00	496627.44	626129.50
	diiodothyronine	1.00	1.00	1767380.80	1.00	1.00	835784.50	1.00	1.00
	4,8,12-trimethyl-tridecanoic acid	1.00	1.00	541375.60	329647.03	413436.06	1.00	620634.06	640190.30
	2,3-dihydroxy-3-methylbutyric acid	1.00	504328.44	232664.92	1.00	471571.94	322135.88	329957.06	682520.20
	L-2-aminoadipate 6-semialdehyde	1.00	893290.70	1.00	1.00	1.00	1.00	580094.90	1049453.90
	arabinonic acid	356103.80	356103.80	356103.80	356103.80	356103.80	356103.80	8.69	356103.80
	3-(4-hydroxyphe-nyl)propionic acid	2453529.20	3.24	2.81	3.05	9.67	1.42	1.46	3.08
	3-guanidinopro-panoate	1.00	517791.50	650524.10	1.00	516070.66	1.00	1.00	731589.44
	Lys Cys Gly	761473.90	1.51	1.34	1.27	2.17	1.97	761473.90	761473.90
	citramalic acid	378189.90	3.52	378189.90	378189.90	2.12	378189.90	378189.90	378189.90
	9-hydroperoxy-12,13-epoxy-10-octadecenoic acid	1.00	628136.00	1.00	1.00	1.00	1.00	631957.60	915868.50
	nonate	719835.56	2.41	719835.56	719835.56	1.38	1.89	1.68	2.20
	sativic acid	1.00	431143.25	1.00	1.00	380763.10	498684.80	336890.75	503662.12
	Tyr Glu Ile	255413.08	255413.08	255413.08	255413.08	255413.08	255413.08	255413.08	255413.08

续表

组别	物质组	发酵2d	发酵4d	发酵6d	发酵8d	发酵10d	发酵12d	发酵14d	发酵16d
	cysteinyldopa	252450.10	252450.10	252450.10	252450.10	252450.10	252450.10	252450.10	252450.10
	endothion	285823.20	285823.20	285823.20	285823.20	2.79	285823.20	285823.20	285823.20
	propionylglycine	1.00	734266.75	1.00	1.00	1.00	1.00	691563.30	510052.12
	ribose-1-arsenate	235750.75	235750.75	235750.75	235750.75	235750.75	235750.75	235750.75	235750.75
	Asp Leu His	234208.02	234208.02	234208.02	234208.02	234208.02	234208.02	234208.02	234208.02
	4-heptyloxyphenol	1861838.80	1.67	1.76	1.81	1.10	1.03	1.06	1.44
	Thr Gln Ser	232556.98	232556.98	232556.98	232556.98	232556.98	232556.98	232556.98	232556.98
	4-nitrophenyl-3-ketovalidamine	230432.98	230432.98	230432.98	230432.98	230432.98	230432.98	230432.98	230432.98
	5-hydroxyferulate	1830124.90	1.23	1.35	1.30	1.25	1.27	1.16	1.40
	$N5$-ethyl-L-glutamine	226524.06	226524.06	226524.06	226524.06	226524.06	226524.06	226524.06	226524.06
	glycophymoline	1779928.20	1.00	1.00	1.00	1.00	1.00	1.00	1.00
	Val-Met-OH	221615.02	221615.02	221615.02	221615.02	221615.02	221615.02	221615.02	221615.02
	Glu Glu Gln	220849.88	220849.88	220849.88	220849.88	220849.88	220849.88	220849.88	220849.88
	propofol glucuronide	1745541.00	1.00	1.00	1.00	1.00	1.00	1.00	1.00
	daminozide	1.00	1.00	1.00	1.00	485248.06	1183856.00	1.00	56327.97
	proglumide	1695816.00	1.00	1.00	1.00	1.00	1.00	1.00	1.00
第2组	2'-hydroxy-3',4',6',3,4-pentamethoxy-chalcone	1.00	646522.70	1.00	1.00	1.00	346578.00	268091.80	403070.90
	2-oxoarginine	1662926.20	1.00	1.00	1.00	1.00	1.00	1.00	1.00
	1-O-alpha-D-glucopyranosyl-1,2-eicosandiol	1.00	262506.06	314663.16	361435.06	1.00	353762.75	359128.28	1.00
	oxychlordane	1636341.20	1.00	1.00	1.00	1.00	1.00	1.00	1.00
	etacelasil	1621732.80	1.00	1.00	1.00	1.00	1.00	1.00	1.00
	3-deoxy-D-manno-octulosonate 8-phosphate	229569.11	229569.11	229569.11	229569.11	1.21	229569.11	229569.11	229569.11
	edetate	199664.16	199664.16	199664.16	199664.16	199664.16	199664.16	199664.16	199664.16
	CoA[24:6(6Z,9Z,12Z,15Z,18Z,21Z)(3Ke)]	1595011.00	1.00	1.00	1.00	1.00	1.00	1.00	1.00
	4,4'-diapolycopenedial	198416.06	198416.06	198416.06	198416.06	198416.06	198416.06	198416.06	198416.06
	Glu Lys Met	198222.05	198222.05	198222.05	198222.05	198222.05	198222.05	198222.05	198222.05
	PG[16:1(9Z)/22:6(4Z,7Z,10Z,13Z,16Z,19Z)]	1568657.10	1.05	1.31	1.42	2.36	1.97	1.47	2.13
	Asn Thr Pro	191791.98	191791.98	191791.98	191791.98	191791.98	191791.98	191791.98	191791.98
	halomon	1528240.10	1.00	1.00	1.00	1.00	1.00	1.00	1.00
	17-hydroxy-heptadecanoic acid	1.00	515050.28	165757.94	1.00	1.00	409712.06	228412.92	207082.11

组别	物质组	发酵2d	发酵4d	发酵6d	发酵8d	发酵10d	发酵12d	发酵14d	发酵16d
	thyrotropin releasing hormone	1521054.20	1.33	1.15	1.23	1.29	1.40	1.06	1.19
	N,N'-diacetylbenzidine	187752.02	187752.02	187752.02	187752.02	187752.02	187752.02	187752.02	187752.02
	Lys Glu Tyr	181809.11	181809.11	181809.11	181809.11	181809.11	181809.11	181809.11	181809.11
	dimethoxane	1.00	342169.06	1.00	1.00	217876.98	286042.06	247847.00	323497.78
	2-amino-5-phosphopentanoic acid	1.00	1.00	1.00	1.00	1.00	672660.94	741327.75	1.00
	3-deoxy-D-glycero-D-galacto-2-nonulosonic acid	1408935.50	1.00	1.00	1.00	1.00	1.00	1.00	1.00
	6R-hydroxy-tetradecanoic acid	1.00	506490.03	331961.03	1.00	1.00	165524.06	187439.02	189563.03
	His Val Ser	171396.95	171396.95	171396.95	171396.95	171396.95	171396.95	171396.95	171396.95
	Phe His	171369.10	171369.10	171369.10	171369.10	171369.10	171369.10	171369.10	171369.10
	Leu Thr Leu	1.00	447836.20	1.00	1.00	1.00	1.00	261695.92	659394.30
	diisopropyl adipate	1.00	273893.10	214906.03	1.00	228794.95	260418.90	207056.11	177420.98
	3,11-dihydroxy myristoic acid	1.00	216428.05	1.00	1.00	259207.08	401953.40	157041.06	296755.06
	L-anserine	189977.00	189977.00	189977.00	189977.00	2.44	189977.00	189977.00	189977.00
第2组	13,14-dihydro-16,16-difluoro PGJ2	1.00	240305.12	340058.06	261227.19	1.00	1.00	249562.05	230728.98
	3-hydroxy-tetradecanedioic acid	1.00	205318.88	1.00	1.00	250349.20	348381.12	250790.78	265680.88
	Ile Lys Glu	163947.03	163947.03	163947.03	163947.03	163947.03	163947.03	163947.03	163947.03
	Asp Lys Asn	162668.02	162668.02	162668.02	162668.02	162668.02	162668.02	162668.02	162668.02
	1,4'-bipiperidine-1'-carboxylic acid	1.00	928734.90	1.00	1.00	1.00	1.00	1.00	369691.94
	Lys Val Val	161060.92	161060.92	161060.92	161060.92	161060.92	161060.92	161060.92	161060.92
	Gln Pro Lys	158625.88	158625.88	158625.88	158625.88	158625.88	158625.88	158625.88	158625.88
	Leu Lys Ala	154982.00	154982.00	154982.00	154982.00	154982.00	154982.00	154982.00	154982.00
	His His Gly	1.00	172572.03	183503.84	189636.98	227544.89	255683.03	208340.92	1.00
	dauricine	1234989.00	1.00	1.00	1.00	1.00	1.00	1.00	1.00
	His Ile Ala	153022.97	153022.97	153022.97	153022.97	153022.97	153022.97	153022.97	153022.97
	Asn Asn Arg	1.00	508445.06	1.00	1.00	1.00	1.00	288344.88	410390.80
	estramustine	147628.89	147628.89	147628.89	147628.89	147628.89	147628.89	147628.89	147628.89
	3S-hydroxy-dodecanoic acid	1.00	438094.00	223098.11	1.00	1.00	130922.02	166396.00	202581.02
	9-hydroperoxy-12,13-dihydroxy-10-octadecenoic acid	1.00	274201.06	1.00	1.00	207982.88	245875.10	211784.00	204469.92
	Lys Thr Thr	438127.03	221478.83	1.00	1.00	1.00	1.00	149894.94	318715.97

续表

组别	物质组	发酵2d	发酵4d	发酵6d	发酵8d	发酵10d	发酵12d	发酵14d	发酵16d
	nitrobenzene	1.00	493991.06	1.00	1.00	1.00	199732.02	184761.92	218252.06
	1,4-methylimida-zoleacetic acid	1.00	1.00	1.00	1.00	530847.06	564243.75	1.00	1.00
	heptachlor epoxide	1080761.90	1.00	1.00	1.00	1.00	1.00	1.00	1.00
	p-hydroxymethyl-phenidate	1.00	1.00	1.00	1.00	360555.00	548197.00	170804.06	1.00
	3R-hydroxypal-mitic acid	1.00	670070.94	143184.12	1.00	1.00	1.00	1.00	263507.12
	Gly Asp Val	134383.94	134383.94	134383.94	134383.94	134383.94	134383.94	134383.94	134383.94
	(+)-cucurbic acid	1061873.80	1.00	1.00	1.00	1.00	1.00	1.00	1.00
	(3S)-3,6-diaminohexanoate	1.00	1.00	1.00	1.00	857568.44	189314.08	1.00	1.00
	panasenoside	1.00	1.00	1.00	1.00	1.00	527166.20	491189.44	1.00
	7S-hydroxy-octanoic acid	1.00	1.00	1.00	1.00	181434.05	283806.80	372070.03	180937.95
	4'-hydroxyacet-ophenone	1.00	1.00	1.00	1.00	1.00	534925.44	477280.25	1.00
	Cys Lys Gly	1.00	1.00	1.00	1.00	1.00	1.00	501238.84	508461.20
	nimesulide	1.00	976191.60	1.00	1.00	1.00	1.00	1.00	1.00
	Ile Ile Asp	1.00	681038.40	1.00	158370.86	1.00	1.00	129026.88	1.00
	Arg Gln Arg	1.00	798190.06	162729.97	1.00	1.00	1.00	1.00	1.00
第2组	quinoline	1.00	1.00	1.00	1.00	1.00	409499.78	542391.50	1.00
	4,4-difluoro-17beta-hydroxy-17alpha-methyl-androst-5-en-3-one	1.00	1.00	1.00	1.00	496396.38	451762.75	1.00	1.00
	olsalazine	1.00	1.00	1.00	1.00	1.00	490428.94	442052.62	1.00
	18-hydroxy-9S,10R-epoxy-stearic acid	1.00	1.00	1.00	1.00	1.00	447061.25	480958.60	1.00
	N-benzylphthal-imide	908154.20	1.00	1.00	1.00	1.00	1.00	1.00	1.00
	conhydrine	1.00	540858.40	1.00	1.00	1.00	1.00	142192.05	223660.98
	R.g.-Keto III	904372.90	1.00	1.00	1.00	1.00	1.00	1.00	1.00
	Val Pro Arg	1.00	1.00	898195.80	1.00	1.00	1.00	1.00	1.00
	7α-(thiomethyl) spironolactone	1.00	365903.06	209412.94	150101.97	1.00	166900.10	1.00	1.00
	12-hydroxydihy-drochelirubine	890043.00	1.00	1.00	1.00	1.00	1.00	1.00	1.00
	1,2-beta-D-glucuronosyl-D-glucuronate	889526.56	1.00	1.00	1.00	1.00	1.00	1.00	1.00
	MID42020:26,26,26,27,27,27-hexafluoro-1α,25-dihydroxy-23,23,24,24-tetradehy-drovitamin D3 / 26,26,26	886085.10	1.00	1.00	1.00	1.00	1.00	1.00	1.00

组别	物质组	发酵2d	发酵4d	发酵6d	发酵8d	发酵10d	发酵12d	发酵14d	发酵16d
	His Gln Thr	867078.70	1.00	1.00	1.00	1.00	1.00	1.00	1.00
	His His Ser	866579.00	1.05	1.20	1.23	1.13	1.37	1.17	1.02
	phloionolic acid	215823.14	215823.14	215823.14	215823.14	13.37	5.84	1.15	1.16
	(10S)-juvenile hormone III acid diol	1.00	1.00	130933.09	1.00	240396.00	294434.90	197476.05	1.00
	streptidine	1.00	1.00	1.00	1.00	1.00	455949.75	403398.78	1.00
	Asp Gly Ser	1.00	156286.10	1.00	1.00	682749.44	1.00	1.00	1.00
	nifedipine	1.00	1.00	1.00	1.00	834221.30	1.00	1.00	1.00
	S-allyl-L-cysteine	832967.10	1.00	1.00	1.00	1.00	1.00	1.00	1.00
	6-hydroxyluteolin 6,4'-dimethyl ether 7-glucoside	1.00	172008.05	177275.16	162711.03	1.00	166897.00	150779.00	1.00
	9Z-dodecen-7-ynyl acetate	826160.80	1.03	1.05	1.02	1.01	1.04	1.01	1.03
	aspidodasycarpine	814732.70	1.00	1.00	1.00	1.00	1.00	1.00	1.00
	alhpa-tocopheronic acid	1.00	153368.10	171125.94	162940.08	1.00	154788.10	161586.88	1.00
	Gly Trp Met	1.00	791112.30	1.00	1.00	1.00	1.00	1.00	1.00
第2组	MID42519:1α-hydroxy-18-(4-hydroxy-4-methyl-2-pentynyloxy)-23,24,25,26,27-pentanorvitamin D3 / 1α-hyd	1.00	1.00	1.00	1.00	553589.44	1.00	1.00	234334.08
	CMP-2-aminoethylphosphonate	1.00	1.00	1.00	1.00	1.00	390780.30	395068.03	1.00
	dehydrojuvabione	1.00	145438.06	169654.03	193137.02	1.00	129444.97	144198.94	1.00
	olprinone	96965.99	96965.99	96965.99	96965.99	96965.99	96965.99	96965.99	96965.99
	PG[22:2(13Z,16Z)/0:0]	757349.44	1.17	1.06	1.08	1.19	1.09	1.01	1.21
	4-hydroxy-3-nitrosobenzamide	756052.94	1.00	1.00	1.00	1.00	1.00	1.00	1.00
	cystamine	1.00	1.00	1.00	1.00	754423.40	1.00	1.00	1.00
	5-F2c-IsoP	1.00	1.00	1.00	1.00	391706.22	341311.10	1.00	1.00
	methotrimeprazine	1.00	324700.10	1.00	1.00	1.00	1.00	151651.03	250924.11
	16:1(5Z)	1.00	133212.92	1.00	1.00	1.00	378664.72	210585.94	1.00
	dimethisterone	699555.30	8.05	9.77	10.61	6.54	8.65	8.85	8.62
	4-hexyloxyphenol	697177.80	1.15	1.16	1.11	1.20	1.09	1.03	1.04
	N-acetyl-D-mannosamine	1.00	402279.28	1.00	1.00	1.00	1.00	202128.90	87356.94
	His Glu Arg	1.00	199287.05	1.00	1.00	1.00	1.00	300053.94	191465.92
	4-(o-carboxybenzamido)glutaramic acid	1.00	1.00	1.00	1.00	688991.60	1.00	1.00	1.00
	dimethamine	1.00	472916.78	1.00	1.00	1.00	1.00	202446.89	1.00

续表

组别	物质组	发酵2d	发酵4d	发酵6d	发酵8d	发酵10d	发酵12d	发酵14d	发酵16d
第2组	cortolone-3-glucuronide	675229.70	1.00	1.00	1.00	1.00	1.00	1.00	1.00
	candesartan cilextil	647457.60	1.00	1.00	1.00	1.00	1.00	1.00	1.00
	lipoxin E4	641251.70	1.00	1.00	1.00	1.00	1.00	1.00	1.00
	(+)-tephrorin B	1.00	1.00	1.00	1.00	619264.50	1.00	1.00	1.00
	38:5(20Z,23Z,26Z,29Z,32Z)	1.00	1.00	615486.25	1.00	1.00	1.00	1.00	1.00
	hosloppin	614029.00	1.00	1.00	1.00	1.00	1.00	1.00	1.00
	Pro Glu	597016.94	1.00	1.00	1.00	1.00	1.00	1.00	1.00
	PS[17:1(9Z)/22:2(13Z,16Z)]	1.00	1.00	1.00	1.00	591292.90	1.00	1.00	1.00
	3,3-difluoro-5alpha-androstan-17beta-yl acetate	1.00	1.00	1.00	1.00	402243.12	185688.06	1.00	1.00
	fentin acetate	556282.00	1.00	1.00	1.00	1.00	1.00	1.00	1.00
	eremophilenolide	545541.44	1.45	1.55	1.42	1.42	1.31	1.09	1.22
	treosulfan	1.00	543677.30	1.00	1.00	1.00	1.00	1.00	1.00
	maleic hydrazide	1.00	237345.06	1.00	1.00	1.00	1.00	144962.00	160424.02
	7R-hydroxy-hexadecanoic acid	1.00	1.00	1.00	1.00	1.00	284112.00	245684.03	1.00
	trichlormethine	1.00	1.00	1.00	1.00	521271.12	1.00	1.00	1.00
	5-L-glutamyl-L-alanine	1.00	1.00	1.00	1.00	506684.90	1.00	1.00	1.00
	Leu-His-OH	1.00	501071.88	1.00	1.00	1.00	1.00	1.00	1.00
	phytuberin	1.00	1.00	268827.94	1.00	1.00	1.00	229307.94	1.00
	diclobutrazol	1.00	187417.95	1.00	1.00	1.00	1.00	282635.94	1.00
	MDL 73492 sulfate	1.00	1.00	1.00	1.00	285400.28	1.00	181896.14	1.00
	Asp-Abu-OH	1.00	1.00	1.00	1.00	457693.97	1.00	1.00	1.00
	pantetheine	1.00	1.00	1.00	1.00	453012.78	1.00	1.00	1.00
	ptdIns-(5)-P1(1,2-dioctanoyl)	1.00	1.00	1.00	1.00	441845.78	1.00	1.00	1.00
	Asp Lys Glu	1.00	1.00	1.00	1.00	1.00	1.00	439646.10	1.00
	13-tetradecynoic acid	1.00	1.00	1.00	1.00	1.00	1.00	439111.10	1.00
	(-)-12-hydroxy-9,10-dihydrojasmonic acid	1.00	138254.89	1.00	1.00	1.00	147673.02	131793.98	1.00
	cyclo-dopa-glucu-ronylglucoside	1.00	1.00	1.00	1.00	1.00	1.00	401775.94	1.00
	5'-S-methyl-5'-thioinosine	1.00	1.00	1.00	1.00	389450.20	1.00	1.00	1.00
	1H-imidazole-4-carboxamide,5-[3-(hydroxymethyl)-3-methyl-1-triazenyl]	1.00	1.00	1.00	1.00	376638.12	1.00	1.00	1.00

续表

组别	物质组	发酵2d	发酵4d	发酵6d	发酵8d	发酵10d	发酵12d	发酵14d	发酵16d
	AN-7	1.00	369027.34	1.00	1.00	1.00	1.00	1.00	1.00
	Asp-Tyr-OH	1.00	1.00	1.00	1.00	1.00	1.00	366600.80	1.00
	quercetin 3,7,4'-tri-*O*-sulfate	1.00	365998.88	1.00	1.00	1.00	1.00	1.00	1.00
	didemnin B	1.00	357572.90	1.00	1.00	1.00	1.00	1.00	1.00
	Phe Arg Pro	1.00	1.00	1.00	1.00	1.00	1.00	356767.78	1.00
	ustilic acid A	1.00	1.00	1.00	1.00	351849.90	1.00	1.00	1.00
	RG-14620	1.00	1.00	1.00	1.00	351183.03	1.00	1.00	1.00
	tert-butylbicyclo-phosphorothionate	1.00	1.00	1.00	1.00	347289.88	1.00	1.00	1.00
	Pro Glu Asp	1.00	1.00	1.00	1.00	346496.00	1.00	1.00	1.00
	Ser Pro	1.00	343307.30	1.00	1.00	1.00	1.00	1.00	1.00
	4-nitroquinoline-1-oxide	1.00	1.00	1.00	1.00	332007.12	1.00	1.00	1.00
第2组	*R*-4-benzyl-3-[(*R*)-3-hydroxy-2,2-dim-ethyloct-7-ynoyl]-5,5-dimethyloxazoli-din-2-one	1.00	1.00	1.00	1.00	326366.94	1.00	1.00	1.00
	suberylglycine	1.00	1.00	1.00	1.00	313445.78	1.00	1.00	1.00
	Asp Ile Asp	1.00	1.00	1.00	1.00	310679.94	1.00	1.00	1.00
	N-acetyl-DL-tryptophan	1.00	1.00	1.00	1.00	304975.97	1.00	1.00	1.00
	PA[*P*-16:0/22:4(7*Z*,10*Z*,13*Z*,16*Z*)]	1.00	1.00	1.00	1.00	298936.97	1.00	1.00	1.00
	tephcalostan	1.00	1.00	1.00	1.00	298572.00	1.00	1.00	1.00
	Arg Gly His	1.00	1.00	1.00	1.00	284278.10	1.00	1.00	1.00
	granisetron metabolite 3	1.00	1.00	1.00	1.00	1.00	1.00	281135.94	1.00
	sn-glycero-3-phosphoethanola-mine	1.00	1.00	1.00	1.00	277100.10	1.00	1.00	1.00
	Pro Asn Ala	1.00	1.00	1.00	1.00	268976.90	1.00	1.00	1.00
	D-pantothenoyl-L-cysteine	1.00	1.00	1.00	1.00	1.00	1.00	263705.78	1.00
	3*S*-hydroxy-decanoic acid	1.00	1.00	1.00	1.00	1.00	1.00	260986.92	1.00
	Glu Ile Glu	1.00	1.00	1.00	1.00	258934.10	1.00	1.00	1.00
	Thr Pro Glu	1.00	1.00	1.00	1.00	1.00	1.00	255189.98	1.00
	14-oxo-octadecanoic acid	1.00	1.00	1.00	1.00	1.00	1.00	252484.80	1.00
	N-*n*-hexanoylgly-cine methyl ester	1.00	1.00	1.00	1.00	1.00	1.00	234164.06	1.00
	perindoprilat lactam A	1.00	1.00	1.00	1.00	1.00	1.00	232687.08	1.00
	8*Z*-dodecenyl acetate	1.00	1.00	1.00	1.00	1.00	1.00	216118.10	1.00

组别	物质组	发酵2d	发酵4d	发酵6d	发酵8d	发酵10d	发酵12d	发酵14d	发酵16d
第2组	Pro Cys Asp	1.00	1.00	1.00	1.00	1.00	1.00	175038.95	1.00
第2组195个样本平均值		274058.23	151918.40	112636.02	68830.75	153231.45	117191.57	146991.56	132013.21
第3组	N-acetyl-L-lysine	517632.03	8.00	517632.03	517632.03	1.40	1.41	1.30	517632.03
	salicylaldehyde	1.00	221804.97	571464.30	539465.10	1.00	1.00	1.00	253917.19
	dodecyl glucoside	1.00	425566.80	1.00	1.00	1.00	518188.03	1.00	549317.90
	TG(18:0/22:0/22:0)[iso3]	1.00	253708.81	429237.97	193166.12	1.00	171285.95	1.00	213069.97
	methsuximide	1.00	724434.40	1.00	1.00	1.00	1.00	1.00	515928.10
	22:1(9Z)	1.00	247269.00	1.00	1.00	1.00	258786.94	228332.02	502702.20
	cyhexatin	1.00	1.00	284054.94	317889.06	1.00	308539.16	1.00	272718.06
	spectinomycin	234125.05	1.21	234125.05	234125.05	1.19	234125.05	1.13	234125.05
	taurine	388434.10	1.38	388434.10	388434.10	1.38	1.40	1.60	1.55
	7-oxo-11-dodecenoic acid	1.00	164411.97	171968.03	170984.81	1.00	207068.97	170879.05	217838.97
	Abu-Asp-OH	1.00	363531.70	1.00	1.00	1.00	356244.16	1.00	363015.88
	9S,10S,11R-trihydroxy-12Z-octadecenoic acid	336400.72	3.80	336400.72	336400.72	11.91	11.17	4.56	7.85
	2-hydroxy enanthoic acid	1.00	604878.30	1.00	1.00	1.00	1.00	1.00	381387.30
	dihydrojasmonic acid, methyl ester	1.00	187403.10	148930.97	166204.06	1.00	182871.00	163638.89	136926.10
	plaunol D	1.00	1.00	480978.28	501690.34	1.00	1.00	1.00	1.00
	compound III(S)	1.00	1.00	1.00	1.00	1.00	981191.25	1.00	1.00
	isobutylmethylx-anthine	1.00	1.00	1.00	1.00	1.00	266142.10	322696.00	376352.90
	16:4(6Z,9Z,12Z,15Z)	1.00	109735.98	182762.97	177068.10	1.00	137968.05	188341.97	132378.98
	capryloylglycine	1.00	283229.94	1.00	1.00	1.00	449454.88	1.00	188815.17
	propaphos	1.00	466151.25	1.00	1.00	1.00	1.00	1.00	441724.88
	3β,5α-tetrahyd-ronorethindrone glucuronide	1.00	171493.06	1.00	194688.02	1.00	139944.92	149131.94	169167.12
	2,3-dihydroxycyclopentaneundecanoic acid	1.00	1.00	1.00	1.00	210092.90	361442.72	1.00	246223.81
	3-methyluric acid	1.00	112054.12	1.00	1.00	1.00	271310.84	125640.99	259794.08
	sebacic acid	1.00	223478.92	1.00	197998.89	1.00	1.00	146568.03	176463.05
	9,10-dihydroxy-octadecanedioic acid	1.00	1.00	1.00	1.00	1.00	326388.10	1.00	404002.94
	3-methyl-tridecanoic acid	1.00	169722.90	1.00	1.00	1.00	300423.10	1.00	241741.92
	lophophorine	1.00	137812.00	1.00	1.00	1.00	202325.94	146508.95	223086.89
	N-methylglutamic acid	1.00	1.00	1.00	1.00	1.00	335602.90	226336.06	111914.95

组别	物质组	发酵2d	发酵4d	发酵6d	发酵8d	发酵10d	发酵12d	发酵14d	发酵16d
	Ala Phe Arg	1.00	1.00	178702.10	1.00	1.00	263192.06	1.00	226979.12
	6,6'-dibromoindi-gotin	1.00	1.00	1.00	1.00	1.00	664980.60	1.00	1.00
	uplandicine	1.00	1.00	188298.16	178825.92	1.00	150692.11	141840.00	1.00
	methyl allyl disulfide	1.00	1.00	1.00	329952.70	1.00	1.00	1.00	310436.03
	His-His-OH	189588.84	211271.95	1.00	239191.00	1.00	1.00	1.00	1.00
	3-oxo-dodecanoic acid	1.00	1.00	1.00	1.00	1.00	1.00	201739.92	387059.75
	5-phosphoribosyl-5-aminoimidazole	1.00	184507.08	178847.92	1.00	1.00	1.00	1.00	204386.95
	quinamide isopropylidene	1.00	1.00	1.00	1.00	308973.06	1.00	1.00	255648.22
	N-methyl hexanamide	1.00	367260.10	1.00	1.00	1.00	1.00	1.00	182813.95
	amiprilose	1.00	127725.96	1.00	1.00	1.00	158544.94	110018.96	149308.11
	D-pipecolic acid	1.00	157320.97	1.00	1.00	1.00	1.00	68952.02	317310.06
	cinnamodial	1.00	144288.00	134407.92	136018.02	1.00	1.00	1.00	121534.02
	ceramide (d18:1/16:0)	1.00	1.00	527435.30	1.00	1.00	1.00	1.00	1.00
第3组	pydanon	1.00	1.00	1.00	1.00	1.00	332803.88	191843.97	1.00
	5,5-bis(4-hydroxy-phenyl)hydantoin	503981.20	1.00	1.00	1.00	1.00	1.00	1.00	1.00
	uric acid	1.00	1.00	1.00	1.00	1.00	135863.98	1.00	365112.03
	12-tridecynoic acid	1.00	1.00	1.00	1.00	1.00	268837.88	1.00	230553.05
	3-(3-indolyl)-2-oxopropanoic acid	499132.66	1.00	1.00	1.00	1.00	1.00	1.00	1.00
	2-hydroxy-4-(methylthio)butyric acid	485307.72	1.00	1.00	1.00	1.00	1.00	1.00	1.00
	3-oxo-5beta-chola-8(14),11-dien-24-oic acid	1.00	1.00	471257.84	1.00	1.00	1.00	1.00	1.00
	piceid	1.00	1.00	258363.03	212169.06	1.00	1.00	1.00	1.00
	homocysteinesulf-inic acid	331632.90	59743.98	1.00	1.00	1.00	1.00	1.00	78372.95
	11-keto pentade-canoic acid	448922.20	1.00	1.00	1.00	1.00	1.00	1.00	1.00
	clobenpropit	1.00	1.00	1.00	1.00	1.00	1.00	214689.08	225326.90
	AG-041R	432260.20	1.00	1.00	1.00	1.00	1.00	1.00	1.00
	6-nonenal	1.00	145398.84	1.00	1.00	1.00	1.00	1.00	283825.20
	L-tyrosine methyl ester	1.00	124147.01	138691.89	159626.00	1.00	1.00	1.00	1.00
	epi-tulipinolide diepoxide	422230.06	1.00	1.00	1.00	1.00	1.00	1.00	1.00

组别	物质组	发酵2d	发酵4d	发酵6d	发酵8d	发酵10d	发酵12d	发酵14d	发酵16d
	o-cresol	1.00	221478.83	1.00	1.00	1.00	1.00	1.00	196811.94
	coronene	1.00	1.00	1.00	1.00	1.00	1.00	1.00	416604.72
	L-2-amino-6-oxoheptanedioate	1.00	65182.02	1.00	1.00	1.00	1.00	1.00	349597.80
	GW 409544	1.00	193448.02	1.00	1.00	1.00	219982.08	1.00	1.00
	2-propylmalate	1.00	1.00	1.00	1.00	1.00	411679.25	1.00	1.00
	dopaquinone	1.00	1.00	1.00	1.00	1.00	408525.90	1.00	1.00
	salicylic acid	1.00	1.00	1.00	1.00	1.00	1.00	1.00	404854.16
	α-cyano-3-hydroxycinnamic acid	1.00	1.00	1.00	1.00	1.00	1.00	1.00	402070.30
	4-O-demethyl-13-dihydroadriam-ycinone	397034.16	1.44	1.49	1.55	1.57	1.63	1.38	1.00
	pterine	1.00	1.00	228845.77	167844.06	1.00	1.00	1.00	1.00
	6'β-hydroxylov-astatin	1.00	1.00	1.00	1.00	1.00	153700.98	1.00	242216.98
	3-hydroxy-pentad-ecanoic acid	1.00	222697.92	172747.11	1.00	1.00	1.00	1.00	1.00
	eupatundin	1.00	1.00	1.00	1.00	1.00	1.00	178373.05	215454.81
第3组	3-hydroxylidoca-ine glucuronide	1.00	1.00	1.00	1.00	1.00	389645.88	1.00	1.00
	*trans,trans-*farnesyl phosphate	385960.10	1.00	1.00	1.00	1.00	1.00	1.00	1.00
	dihydroxyaltra-mine	384666.70	1.00	1.00	1.00	1.00	1.00	1.00	1.00
	botrydial	1.00	1.00	1.00	1.00	1.00	155908.86	1.00	228117.78
	isobutrin	1.00	179907.03	1.00	1.00	1.00	1.00	1.00	201754.06
	6-acetamido-3-aminohexanoate	1.00	1.00	1.00	1.00	154640.00	1.00	1.00	226818.94
	diadinoxanthin	380496.90	2.70	2.41	2.27	2.03	7.28	2.99	6.38
	furmecyclox	376471.84	1.52	1.52	1.62	1.64	1.67	1.07	1.38
	gelsedine	375561.12	1.00	1.00	1.00	1.00	1.00	1.00	1.00
	9-oxo-2E-decenoic acid	1.00	1.00	1.00	1.00	1.00	193533.97	174849.06	1.00
	2,3-dihydroxy-3-methylbutanoate	1.00	179339.94	1.00	187537.92	1.00	1.00	1.00	1.00
	7-oxo-11Z-tetradecenoic acid	1.00	1.00	1.00	1.00	1.00	1.00	1.00	366413.78
	3-mercaptolactate-cysteine disulfide	365890.97	1.00	1.00	1.00	1.00	1.00	1.00	1.00
	5-(3-methyltri-azen-1-yl)imidazole-4-carboxamide	1.00	207897.94	1.00	1.00	1.00	1.00	1.00	155869.90

组别	物质组	发酵2d	发酵4d	发酵6d	发酵8d	发酵10d	发酵12d	发酵14d	发酵16d
	N-tridecanoyl-L-homserine lactone	1.00	1.00	1.00	1.00	1.00	1.00	1.00	362620.62
	tazobactam	361310.84	1.00	1.00	1.00	1.00	1.00	1.00	1.00
	2-(m-chlorophenyl)-2-(p-chlorophenyl)-1,1-dichloroethane	1.00	1.00	1.00	1.00	1.00	1.00	1.00	358256.20
	caloxanthin sulfate	354065.03	1.00	1.00	1.00	1.00	1.00	1.00	1.00
	3-O-(Glcb1-2Glcb1-4Galb)-(25R)-12-oxo-5alpha-spirostan-3beta-ol	1.00	1.00	1.00	1.00	1.00	352977.88	1.00	1.00
	2,4-dichloro-3-oxoadipate	346787.94	1.00	1.00	1.00	1.00	1.00	1.00	1.00
	acetyl tyrosine ethyl ester	344673.03	1.00	1.00	1.00	1.00	1.00	1.00	1.00
	eriosemaone C	343738.78	1.00	1.00	1.00	1.00	1.00	1.00	1.00
	formylisoglutamine	339112.10	1.00	1.00	1.00	1.00	1.00	1.00	1.00
第3组	MID84241:(25R)-spirost-5en-3beta-ol 3-O-alpha-L-rhamnopyranosyl-(1-2)-[beta-D-glucopyranosyl-(1-4)]	1.00	1.00	1.00	148198.94	1.00	190444.98	1.00	1.00
	CGP 52608	1.00	1.00	1.00	1.00	1.00	202772.88	135577.97	1.00
	Ki16425	1.00	1.00	1.00	1.00	1.00	338091.00	1.00	1.00
	coproporphyrinogen I	332065.94	1.00	1.00	1.00	1.00	1.00	1.00	1.00
	pentamidine	331543.03	1.00	1.00	1.00	1.00	1.00	1.00	1.00
	PG(O-20:0/0:0)	1.00	1.00	1.00	1.00	1.00	1.00	1.00	329121.00
	tetranor-PGF1alpha	1.00	325648.03	1.00	1.00	1.00	1.00	1.00	1.00
	α-terpinyl acetate	323184.00	1.06	1.10	1.06	1.07	1.09	1.15	1.02
	undecanedioic acid	1.00	164375.89	1.00	1.00	1.00	1.00	1.00	157991.90
	thien-2-ylacetonitrile	319872.20	1.00	1.00	1.00	1.00	1.00	1.00	1.00
	CDP-DG[18:1(9Z)/22:6(4Z,7Z,10Z,13Z,16Z,19Z)]	1.00	1.00	319374.84	1.00	1.00	1.00	1.00	1.00
	oxaziclomefone	1.00	318614.03	1.00	1.00	1.00	1.00	1.00	1.00
	Trp His Gly	311908.00	1.00	1.00	1.00	1.00	1.00	1.00	1.00
	Ile Ala	1.00	152453.92	1.00	1.00	1.00	1.00	1.00	158702.02
	1-hexadecanyl-2-[(2'-alpha-glucosyl)-beta-glucosyl]-3-beta-xylosyl-sn-glycerol	1.00	175957.05	1.00	131388.98	1.00	1.00	1.00	1.00

续表

组别	物质组	发酵2d	发酵4d	发酵6d	发酵8d	发酵10d	发酵12d	发酵14d	发酵16d
第3组	omeprazole sulfide	1.00	204645.16	1.00	1.00	1.00	1.00	1.00	101589.04
	Ile Thr Asn	301383.80	1.00	1.00	1.00	1.00	1.00	1.00	1.00
	N-nonanoyl-L-homoserine lactone	1.00	1.00	1.00	1.00	1.00	161950.02	1.00	136242.08
	psoromic acid	292356.97	1.26	1.27	1.30	1.43	1.35	1.14	1.19
	His Lys Ser	289874.16	1.00	1.00	1.00	1.00	1.00	1.00	1.00
	1,2-glyceryl dinitrate	288069.03	1.00	1.00	1.00	1.00	1.00	1.00	1.00
	dichlormid	1.00	81022.98	147216.10	1.00	1.00	1.00	1.00	59283.02
	leptophos	287058.12	1.00	1.00	1.00	1.00	1.00	1.00	1.00
	myricetin 3-xyloside	285281.10	1.00	1.00	1.00	1.00	1.00	1.00	1.00
	istamycin KL1	1.00	281793.10	1.00	1.00	1.00	1.00	1.00	1.00
	norepinephrine sulfate	281527.94	1.00	1.00	1.00	1.00	1.00	1.00	1.00
	9,10-dioxo-octadecanoic acid	1.00	1.00	1.00	280531.10	1.00	1.00	1.00	1.00
	santiaguine	1.00	1.00	1.00	1.00	1.00	1.00	1.00	273814.20
	zapotinin	1.00	1.00	270991.10	1.00	1.00	1.00	1.00	1.00
	glabratephrinol	269128.06	1.00	1.00	1.00	1.00	1.00	1.00	1.00
	2-octenal	1.00	139414.00	1.00	1.00	1.00	1.00	1.00	128976.91
	oxidized photinus luciferin	262972.94	1.00	1.00	1.00	1.00	1.00	1.00	1.00
	nipecotic acid	1.00	1.00	1.00	1.00	1.00	261567.94	1.00	1.00
	cimetidine sulfoxide	261510.88	1.00	1.00	1.00	1.00	1.00	1.00	1.00
	maculosin	1.00	1.00	1.00	1.00	1.00	1.00	1.00	254757.16
	Arg Gln Asn	1.00	1.00	1.00	1.00	1.00	252980.98	1.00	1.00
	lactosylceramide (d18:1/25:0)	1.00	1.00	251044.22	1.00	1.00	1.00	1.00	1.00
	2-ethylhexyl acrylate	1.00	1.00	1.00	1.00	1.00	1.00	1.00	250632.02
	2,4-dinitrophenol	249297.90	1.00	1.00	1.00	1.00	1.00	1.00	1.00
	PE(P-16:0/0:0)	1.00	1.00	1.00	1.00	1.00	247619.05	1.00	1.00
	doxylamine	244016.92	1.00	1.00	1.00	1.00	1.00	1.00	1.00
	SB 200646	241893.78	1.00	1.00	1.00	1.00	1.00	1.00	1.00
	CE(10:0)	1.00	1.00	1.00	1.00	1.00	240212.06	1.00	1.00
	chromomycin A3	1.00	239624.94	1.00	1.00	1.00	1.00	1.00	1.00
	propham	1.00	1.00	1.00	1.00	237534.98	1.00	1.00	1.00
	maltotriitol	1.00	1.00	1.00	1.00	1.00	236568.14	1.00	1.00
	dihydroisolysergic acid Ⅱ	236480.90	1.00	1.00	1.00	1.00	1.00	1.00	1.00
	dibromobisphenol A	1.00	1.00	1.00	235888.86	1.00	1.00	1.00	1.00

组别	物质组	发酵2d	发酵4d	发酵6d	发酵8d	发酵10d	发酵12d	发酵14d	发酵16d
	hydroxyflutamide	1.00	1.00	1.00	1.00	234410.00	1.00	1.00	1.00
	naltrindole	1.00	232847.10	1.00	1.00	1.00	1.00	1.00	1.00
	S-[2-(N7-guanyl)ethyl]-N-acetyl-L-cysteine	1.00	1.00	1.00	1.00	74633.03	67472.02	1.00	89035.02
	4-(β-D-glucosyl-oxy)benzoate	1.00	104384.01	121689.02	1.00	1.00	1.00	1.00	1.00
	N-acetyl-leu-leu-leu-tyr-amide	1.00	1.00	224863.86	1.00	1.00	1.00	1.00	1.00
	7-epi jasmonic Acid	224719.12	1.00	1.00	1.00	1.00	1.00	1.00	1.00
	17-methyl-5alpha-androstane-11beta,17beta-diol	1.00	1.00	1.00	1.00	1.00	224669.22	1.00	1.00
	clindamycin	1.00	1.00	1.00	1.00	1.00	223514.97	1.00	1.00
	thiopurine	1.00	1.00	1.00	1.00	1.00	222918.84	1.00	1.00
	4-n-pentylphenol	1.00	1.00	109598.97	112100.06	1.00	1.00	1.00	1.00
	3-hydroxymethyltriazolopthalazinone	1.00	220285.05	1.00	1.00	1.00	1.00	1.00	1.00
	6-paradol	1.00	101730.97	1.00	114800.03	1.00	1.00	1.00	1.00
第3组	2E,4E,8E,10E-dodecatetraenedioic acid	1.00	1.00	1.00	1.00	215412.08	1.00	1.00	1.00
	diethylpropion (metabolite Ⅷ-glucuronide)	1.00	96731.04	1.00	1.00	1.00	1.00	1.00	118215.91
	albanin A	1.00	1.00	214862.86	1.00	1.00	1.00	1.00	1.00
	Pro Tyr Gln	1.00	1.00	213492.10	1.00	1.00	1.00	1.00	1.00
	His Gln His	211834.12	1.00	1.00	1.00	1.00	1.00	1.00	1.00
	1-(3,4-dihydroxy-phenyl)-5-hydroxy-3-decanone	1.00	1.00	1.00	1.00	1.00	1.00	1.00	211335.08
	CAY10487	1.00	1.00	1.00	1.00	209864.16	1.00	1.00	1.00
	isoguanosine	206772.98	1.00	1.00	1.00	1.00	1.00	1.00	1.00
	1-(1-oxopropyl)-1H-imidazole	1.00	1.00	1.00	1.00	1.00	118692.93	83251.91	1.00
	dihydrocelastryl diacetate	200950.92	1.00	1.00	1.00	1.00	1.00	1.00	1.00
	scriptaid	199729.11	1.00	1.00	1.00	1.00	1.00	1.00	1.00
	3-methoxymandelic acid-4-O-sulfate	1.00	197099.14	1.00	1.00	1.00	1.00	1.00	1.00
	3-hydroxysuberic acid	1.00	197086.12	1.00	1.00	1.00	1.00	1.00	1.00
	ethylene glycol	197062.94	1.00	1.00	1.00	1.00	1.00	1.00	1.00

续表

组别	物质组	发酵2d	发酵4d	发酵6d	发酵8d	发酵10d	发酵12d	发酵14d	发酵16d
第3组	3,4,2',3',4',6'-al-pha-heptahydro-xychalcone 2'-glucoside	196941.05	1.00	1.00	1.00	1.00	1.00	1.00	1.00
	kadsurin A	196391.90	1.00	1.00	1.00	1.00	1.00	1.00	1.00
	3-pyrimidin-2-yl-2-pyrimidin-2-ylmethyl-propionic acid	195654.08	1.00	1.00	1.00	1.00	1.00	1.00	1.00
	10-undecenal	1.00	1.00	1.00	1.00	1.00	1.00	1.00	192530.00
	2-caffeoylisoc-itrate	190961.10	1.00	1.00	1.00	1.00	1.00	1.00	1.00
	PE[O-18:1(9Z)/0:0]	1.00	1.00	1.00	1.00	1.00	189063.97	1.00	1.00
	zalcitabine	1.00	1.00	1.00	1.00	1.00	65772.96	55912.03	67258.98
	4,4-dimethyl valeric acid	1.00	188328.03	1.00	1.00	1.00	1.00	1.00	1.00
	3'-p-hydroxypacl-itaxel	187984.00	1.00	1.00	1.00	1.00	1.00	1.00	1.00
	naphthyl dipeptide	1.00	1.00	186070.94	1.00	1.00	1.00	1.00	1.00
	Met-Ser-OH	186067.00	1.00	1.00	1.00	1.00	1.00	1.00	1.00
	Val Phe Arg	1.00	185234.94	1.00	1.00	1.00	1.00	1.00	1.00
	8,12,16,19-doco-satetraenoic acid	1.00	1.00	1.00	1.00	1.00	185015.89	1.00	1.00
	2',4',6'-trimetho-xy-3,4-methylenedioxyd-ihydrochalcone	1.00	184169.06	1.00	1.00	1.00	1.00	1.00	1.00
	N-(β-ketocapro-yl)-L-homoserine lactone	1.00	1.00	1.00	1.00	182733.97	1.00	1.00	1.00
	Ser Val Lys	182405.95	1.00	1.00	1.00	1.00	1.00	1.00	1.00
	2-(diethylamino)-4'-hydroxy-propiophenone	1.00	182033.98	1.00	1.00	1.00	1.00	1.00	1.00
	coumarin-SAHA	181455.88	1.00	1.00	1.00	1.00	1.00	1.00	1.00
	11-chloro-8E,10E-undecadien-1-ol	1.00	1.00	1.00	1.00	1.00	1.00	1.00	180257.95
	HoPhe-HoPhe-OH	179536.12	1.00	1.00	1.00	1.00	1.00	1.00	1.00
	tigloidine	1.00	1.00	1.00	1.00	1.00	179156.05	1.00	1.00
	Arg Trp	1.00	1.00	1.00	1.00	1.00	178806.08	1.00	1.00
	xanthoxylin	1.00	1.00	1.00	1.00	1.00	178638.08	1.00	1.00
	triacanthine	1.00	178387.90	1.00	1.00	1.00	1.00	1.00	1.00
	metaldehyde	1.00	1.00	1.00	1.00	176376.98	1.00	1.00	1.00
	sulindac sulfide	1.00	1.00	175287.89	1.00	1.00	1.00	1.00	1.00
	pectolinarin	1.00	1.00	1.00	1.00	1.00	1.00	1.00	172982.05
	6-hydroxydexa-methasone	172536.90	1.00	1.00	1.00	1.00	1.00	1.00	1.00

续表

组别	物质组	发酵2d	发酵4d	发酵6d	发酵8d	发酵10d	发酵12d	发酵14d	发酵16d
第3组	homotrypanothione disulfide	171493.06	1.00	1.00	1.00	1.00	1.00	1.00	1.00
	benperidol	1.00	170959.95	1.00	1.00	1.00	1.00	1.00	1.00
	Ile Phe	1.00	169470.00	1.00	1.00	1.00	1.00	1.00	1.00
	leptodactylone	1.00	1.00	169200.00	1.00	1.00	1.00	1.00	1.00
	dinoseb	1.00	1.00	1.00	1.00	168143.00	1.00	1.00	1.00
	4-fluoromuconol-actone	1.00	1.00		1.00	1.00	1.00	167888.89	1.00
	DuP-697	1.00	1.00	1.00	1.00	1.00	167261.03	1.00	1.00
	phenyllactic acid	1.00	1.00	1.00	1.00	163818.11	1.00	1.00	1.00
	His Asn His	1.00	163768.95	1.00	1.00	1.00	1.00	1.00	1.00
	cidofovir	163230.08	1.00	1.00	1.00	1.00	1.00	1.00	1.00
	paederoside	163042.00	1.00	1.00	1.00	1.00	1.00	1.00	1.00
	Trp Met Pro	162657.05	1.00	1.00	1.00	1.00	1.00	1.00	1.00
	5Z-decenyl acetate	1.00	1.00	1.00	1.00	1.00	1.00	161832.10	1.00
	Nap-Ala-OH	1.00	160468.98	1.00	1.00	1.00	1.00	1.00	1.00
	H-1152	1.00	1.00	1.00	1.00	157437.06	1.00	1.00	1.00
	2-propyl-3-hydr-oxyethylenepyran-4-one	1.00	157086.95	1.00	1.00	1.00	1.00	1.00	1.00
	luteolin 3',4'-diglucuronide	1.00	1.00	1.00	1.00	1.00	1.00	1.00	156312.97
	dihydrolevobun-olol	1.00	1.00	1.00	1.00	1.00	1.00	1.00	154812.03
	LY395153	1.00	1.00	67250.00	1.00	1.00	1.00	1.00	87486.97
	Fucα1-2Galβ1-4[Fucα1-3]GlcNAcβ-Sp	1.00	1.00	1.00	1.00	1.00	154359.14	1.00	1.00
	tricyclazole	153871.97	1.00	1.00	1.00	1.00	1.00	1.00	1.00
	6,8-dihydroxy-octanoic acid	1.00	1.00	1.00	1.00	1.00	1.00	153778.02	1.00
	ethyl syringate	1.00	152785.03	1.00	1.00	1.00	1.00	1.00	1.00
	3'-sialyllactosam-ine	152004.11	1.00	1.00	1.00	1.00	1.00	1.00	1.00
	GalNAcβ1-3Gal-α1-4Lacα-Sp	151336.98	1.00	1.00	1.00	1.00	1.00	1.00	1.00
	burimamide	150873.90	1.00	1.00	1.00	1.00	1.00	1.00	1.00
	dacarbazine	1.00	1.00	1.00	1.00	1.00	1.00	149184.98	1.00
	5,7-dihydroxyiso-flavone	1.00	1.00	148752.10	1.00	1.00	1.00	1.00	1.00
	caracurine V	1.00	1.00	1.00	1.00	1.00	148410.89	1.00	1.00
	gefitinib	1.00	1.00	1.00	1.00	1.00	1.00	1.00	147658.95
	gracillin	1.00	1.00	1.00	146961.92	1.00	1.00	1.00	1.00
	tyr Ile	1.00	1.00	1.00	1.00	1.00	1.00	1.00	145886.97
	cinnamyl alcohol	1.00	1.00	145842.03	1.00	1.00	1.00	1.00	1.00

组别	物质组	发酵2d	发酵4d	发酵6d	发酵8d	发酵10d	发酵12d	发酵14d	发酵16d
	3-indolebutyric acid	1.00	1.00	1.00	1.00	1.00	1.00	145305.84	1.00
	labetalol	144483.08	1.00	1.00	1.00	1.00	1.00	1.00	1.00
	triphenyl phosphate	1.00	1.00	1.00	1.00	1.00	1.00	1.00	144458.06
	Tyr-Nap-OH	1.00	1.00	1.00	1.00	1.00	1.00	1.00	141917.10
	Phe Met	141087.97	1.00	1.00	1.00	1.00	1.00	1.00	1.00
	lactone of PGF-MUM	1.00	1.00	1.00	1.00	1.00	1.00	1.00	140673.94
	triethylenemela-mine	138556.08	1.00	1.00	1.00	1.00	1.00	1.00	1.00
	asarylaldehyde	1.00	1.00	1.00	1.00	1.00	1.00	138098.89	1.00
	4-O-methyl-gallate	137899.11	1.00	1.00	1.00	1.00	1.00	1.00	1.00
	18-hydroxy-9R,10S-epoxy-stearic acid	1.00	1.00	1.00	1.00	136638.02	1.00	1.00	1.00
	Glu Trp Thr	136266.94	1.00	1.00	1.00	1.00	1.00	1.00	1.00
	Gly-Gly-OH	1.00	1.00	1.00	1.00	1.00	1.00	135933.88	1.00
	Ins-1-P-Cer(t18:0/26:0)	1.00	1.00	1.00	1.00	1.00	1.00	1.00	135321.00
第3组	propachlor	1.00	1.00	1.00	1.00	1.00	133562.98	1.00	1.00
	EA4	1.00	70214.98	1.00	1.00	1.00	1.00	60727.98	1.00
	polycarpine	1.00	57183.01	1.00	1.00	1.00	1.00	1.00	73090.98
	9-hydroxy-10-oxo-12Z-octadecenoic acid	1.00	1.00	1.00	1.00	1.00	1.00	1.00	128807.02
	Arg Met Met	1.00	1.00	1.00	1.00	1.00	1.00	1.00	128407.95
	haematommic acid, ethyl ester	1.00	1.00	1.00	1.00	1.00	128030.95	1.00	1.00
	N-acetyl-leucyl-leucine	1.00	127898.99	1.00	1.00	1.00	1.00	1.00	1.00
	L-histidinol	1.00	1.00	63347.97	64287.98	1.00	1.00	1.00	1.00
	sarafloxacin	1.00	1.00	1.00	1.00	125762.97	1.00	1.00	1.00
	D-erythro-1-(imi-dazol-4-yl)glycer-ol 3-phosphate	125427.06	1.00	1.00	1.00	1.00	1.00	1.00	1.00
	thiosulfic acid	1.00	1.00	1.00	1.00	1.00	124623.91	1.00	1.00
	acetylaminodantr-olene	1.00	1.00	1.00	1.00	1.00	1.00	124099.09	1.00
	Asp Asp Phe	1.00	1.00	1.00	1.00	121759.02	1.00	1.00	1.00
	phenylgalactoside	1.00	121029.91	1.00	1.00	1.00	1.00	1.00	1.00
	Pro Glu Arg	1.00	1.00	1.00	1.00	118852.00	1.00	1.00	1.00
	Trp Thr	118234.98	1.00	1.00	1.00	1.00	1.00	1.00	1.00
	quinalphos	1.00	1.00	1.00	1.00	118020.09	1.00	1.00	1.00

续表

组别	物质组	发酵2d	发酵4d	发酵6d	发酵8d	发酵10d	发酵12d	发酵14d	发酵16d
	4-methyl-tridecanedioic acid	117672.02	1.00	1.00	1.00	1.00	1.00	1.00	1.00
	5R-methyl-decanoic acid	1.00	116446.02	1.00	1.00	1.00	1.00	1.00	1.00
	mefluidide	116252.98	1.00	1.00	1.00	1.00	1.00	1.00	1.00
	Gly Gly Gly	114045.02	1.00	1.00	1.00	1.00	1.00	1.00	1.00
	tryptanthrine	113312.95	1.00	1.00	1.00	1.00	1.00	1.00	1.00
	PS[18:4(6Z,9Z,12Z,15Z)/18:4(6Z,9Z,12Z,15Z)]	1.00	1.00	1.00	109720.02	1.00	1.00	1.00	1.00
	fruticosonine	1.00	109381.98	1.00	1.00	1.00	1.00	1.00	1.00
	12-hydroxyjasmo-nic acid	1.00	1.00	1.00	1.00	1.00	1.00	1.00	108996.98
	7,12-dimethylb-enz[a]anthracene 5,6-oxide	108529.95	1.00	1.00	1.00	1.00	1.00	1.00	1.00
	3-oxo-tetradecanoic acid	1.00	1.00	1.00	1.00	1.00	1.00	1.00	106788.95
	C75	1.00	105052.01	1.00	1.00	1.00	1.00	1.00	1.00
	Thr Leu	103493.98	1.00	1.00	1.00	1.00	1.00	1.00	1.00
	BMS-268770	1.00	1.00	1.00	1.00	102018.93	1.00	1.00	1.00
第3组	(2R,3S)-2,3-dimethylmalate	1.00	101943.96	1.00	1.00	1.00	1.00	1.00	1.00
	Pro Cys Cys	1.00	1.00	1.00	1.00	1.00	100664.00	1.00	1.00
	L-homocitrulline	1.00	1.00	1.00	1.00	1.00	100542.03	1.00	1.00
	15-lipoxygenase Inhibitor 1	1.00	1.00	1.00	1.00	1.00	91559.01	1.00	1.00
	N-didesethylquina-golide sulfate	1.00	1.00	1.00	1.00	1.00	1.00	1.00	91117.05
	felbamate	1.00	1.00	1.00	1.00	1.00	1.00	1.00	89587.02
	artabsin	87608.96	1.00	1.00	1.00	1.00	1.00	1.00	1.00
	chlorfenethol	1.00	1.00	1.00	1.00	1.00	85164.02	1.00	1.00
	tolnaftate	1.00	1.00	1.00	1.00	81956.07	1.00	1.00	1.00
	Asp Asp His	1.00	1.00	1.00	1.00	1.00	1.00	1.00	70866.95
	3-(N-nitrosomet-hylamino)propionitrile	1.00	1.00	1.00	1.00	1.00	1.00	70585.97	1.00
	oxomefruside	69725.99	1.00	1.00	1.00	1.00	1.00	1.00	1.00
	6-hydroxydoxazo-sin	1.00	1.00	62955.02	1.00	1.00	1.00	1.00	1.00
	desmethylcolch-icine	1.00	1.00	60123.00	1.00	1.00	1.00	1.00	1.00
	fluoromidine	53621.98	1.00	1.00	1.00	1.00	1.00	1.00	1.00
	(S)-2-O-Sulfolactate	1.00	36886.00	1.00	1.00	1.00	1.00	1.00	1.00
第3组286个样本平均值		73988.73	47660.75	32083.21	24094.57	11536.21	54092.73	16548.32	68291.97

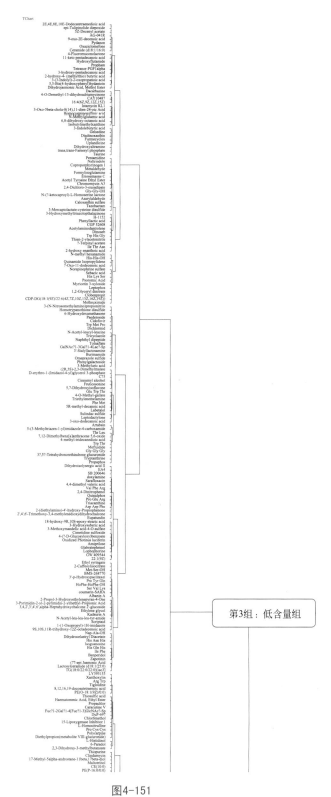

图4-151

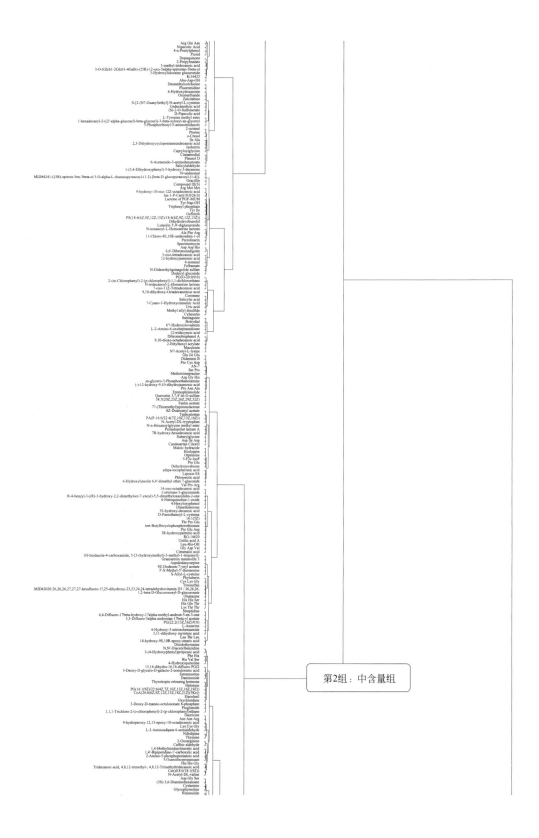

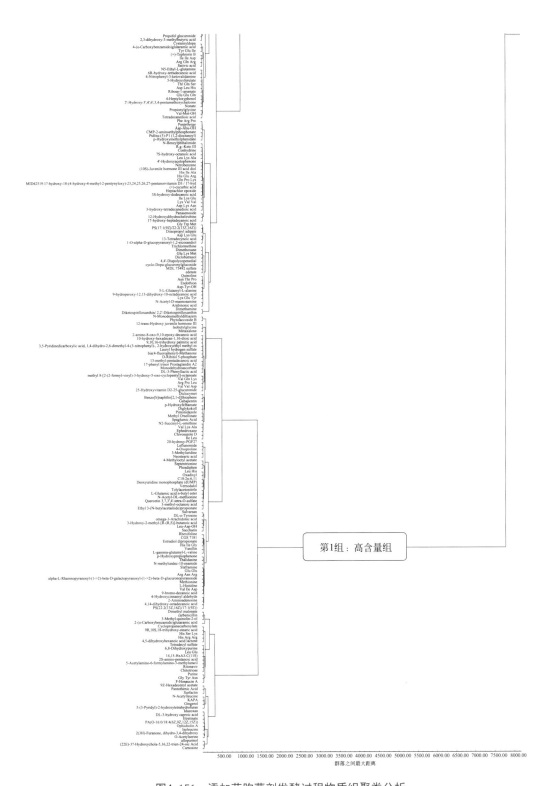

图4-151 添加芽胞菌剂发酵过程物质组聚类分析

（2）发酵阶段聚类分析　从599个物质中选择主成分得分总和大于1的75个物质构成分析矩阵，以物质组为指标、主成分（发酵阶段）为样本、卡方距离为尺度，用可变类平均法进行系统聚类，分析结果见表4-103、表4-104、图4-152、图4-153。结果表明，可将添加芽胞菌剂组发酵阶段分为3组（图4-152）。

表4-103　添加芽胞菌剂基于主要物质组的发酵阶段聚类分析

| 组别 | 第1组1个样本 | | 第2组2个样本 | | | 第3组5个样本 | | | | | |
	$Y(i,1)$	平均值	$Y(i,2)$	$Y(i,3)$	平均值	$Y(i,4)$	$Y(i,5)$	$Y(i,6)$	$Y(i,7)$	$Y(i,8)$	平均值
X1	42.77	42.77	1.00	12.28	6.64	11.32	9.52	9.23	7.89	8.17	9.23
X2	4.47	4.47	7.02	12.79	9.91	6.52	6.06	3.46	1.00	2.12	3.83
X3	27.86	27.86	19.10	6.52	12.81	9.93	3.29	1.00	6.81	8.37	5.88
X4	8.60	8.60	8.45	11.78	10.12	3.65	1.00	8.60	4.86	5.94	4.81
X5	31.13	31.13	2.36	1.00	1.68	1.49	8.21	6.01	5.89	5.80	5.48
X6	11.42	11.42	20.25	1.00	10.63	7.87	13.60	11.79	9.38	9.05	10.34
X7	11.64	11.64	2.56	1.00	1.78	2.41	3.33	2.77	1.86	1.85	2.44
X8	2.07	2.07	3.54	6.12	4.83	3.36	3.18	2.00	1.00	1.47	2.20
X9	8.85	8.85	10.13	5.36	7.74	1.00	3.92	4.04	5.58	1.86	3.28
X10	8.11	8.11	2.28	1.00	1.64	6.94	2.56	3.98	5.71	4.80	4.80
X11	1.61	1.61	2.88	4.85	3.86	2.76	2.63	1.73	1.00	1.35	1.89
X12	11.59	11.59	5.86	10.17	8.02	1.00	7.43	5.67	6.78	6.65	5.51
X13	9.80	9.80	7.33	10.25	8.79	1.00	2.16	3.20	6.48	1.59	2.89
X14	7.78	7.78	1.99	1.00	1.49	1.91	2.53	2.14	1.57	1.56	1.94
X15	6.75	6.75	1.00	1.72	1.36	7.67	3.44	4.84	6.56	3.08	5.12
X16	7.80	7.80	3.33	2.38	2.85	3.56	1.00	4.63	5.12	5.39	3.94
X17	9.07	9.07	4.76	8.14	6.45	1.00	6.00	4.62	5.50	5.40	4.50
X18	4.95	4.95	3.57	1.00	2.29	5.20	3.69	3.92	4.92	3.25	4.20
X19	7.93	7.93	4.26	7.22	5.74	1.00	5.36	4.15	4.93	4.84	4.06
X20	5.69	5.69	1.68	1.00	1.34	1.65	2.10	1.79	1.42	1.40	1.67
X21	1.12	1.12	2.16	3.48	2.82	2.11	2.04	1.43	1.00	1.22	1.56
X22	9.07	9.07	9.16	1.00	5.08	5.07	4.41	7.35	3.60	4.59	5.00
X23	7.97	7.97	2.41	1.00	1.71	7.83	3.43	4.41	3.95	3.15	4.55
X24	4.87	4.87	1.56	1.00	1.28	1.54	1.93	1.66	1.36	1.34	1.57
X25	6.48	6.48	1.00	2.73	1.87	2.55	2.31	2.21	2.12	2.14	2.27
X26	4.54	4.54	1.52	1.00	1.26	1.50	1.87	1.61	1.34	1.32	1.53
X27	1.00	1.00	1.96	3.04	2.50	1.94	1.88	1.38	1.06	1.23	1.50
X28	4.16	4.16	7.66	1.00	4.33	3.38	5.40	4.72	3.95	3.82	4.25
X29	4.13	4.13	1.45	1.00	1.23	1.45	1.78	1.54	1.30	1.28	1.47
X30	1.70	1.70	3.13	1.61	2.37	1.00	1.22	2.22	1.42	1.54	1.48
X31	1.00	1.00	1.93	2.89	2.41	1.92	1.87	1.42	1.15	1.30	1.53
X32	4.00	4.00	1.43	1.00	1.21	1.43	1.75	1.52	1.30	1.28	1.46
X33	1.00	1.00	1.91	2.84	2.37	1.90	1.86	1.42	1.17	1.31	1.53
X34	1.00	1.00	1.89	2.73	2.31	1.88	1.85	1.45	1.23	1.36	1.55

续表

组别	第1组1个样本		第2组2个样本			第3组5个样本					
	$Y(i,1)$	平均值	$Y(i,2)$	$Y(i,3)$	平均值	$Y(i,4)$	$Y(i,5)$	$Y(i,6)$	$Y(i,7)$	$Y(i,8)$	平均值
X35	3.51	3.51	1.36	1.00	1.18	1.37	1.65	1.44	1.26	1.24	1.39
X36	7.09	7.09	1.79	1.00	1.39	1.65	2.63	2.39	2.33	2.33	2.27
X37	3.34	3.34	1.34	1.00	1.17	1.35	1.62	1.41	1.25	1.23	1.37
X38	3.44	3.44	4.26	1.00	2.63	2.98	2.95	3.23	2.89	2.78	2.97
X39	7.44	7.44	1.00	1.09	1.04	1.00	2.44	2.11	2.11	2.05	1.94
X40	1.00	1.00	1.85	2.61	2.23	1.86	1.83	1.47	1.30	1.40	1.57
X41	1.76	1.76	2.26	2.95	2.61	1.46	1.00	2.30	1.73	1.90	1.68
X42	1.00	1.00	1.85	2.60	2.22	1.86	1.83	1.48	1.31	1.41	1.58
X43	2.68	2.68	2.05	1.00	1.53	2.83	1.68	2.18	2.76	2.24	2.34
X44	2.76	2.76	1.82	1.00	1.41	2.71	1.62	1.97	2.56	2.41	2.25
X45	1.00	1.00	1.85	2.58	2.21	1.86	1.83	1.48	1.32	1.42	1.58
X46	2.88	2.88	5.46	1.00	3.23	2.58	3.96	3.47	2.99	2.90	3.18
X47	1.00	1.00	1.85	2.56	2.21	1.86	1.83	1.49	1.33	1.43	1.59
X48	1.00	1.00	1.84	2.54	2.19	1.85	1.83	1.50	1.35	1.44	1.59
X49	1.00	1.00	1.83	2.52	2.18	1.84	1.82	1.49	1.35	1.44	1.59
X50	2.35	2.35	1.03	1.00	1.01	3.05	1.79	2.18	2.75	1.57	2.27
X51	1.00	1.00	1.83	2.51	2.17	1.85	1.82	1.50	1.36	1.45	1.60
X52	3.78	3.78	1.00	2.02	1.51	1.90	1.78	1.69	1.69	1.69	1.75
X53	1.00	1.00	1.83	2.50	2.17	1.84	1.82	1.50	1.36	1.45	1.59
X54	1.00	1.00	1.83	2.49	2.16	1.85	1.82	1.51	1.37	1.46	1.60
X55	2.67	2.67	1.24	1.00	1.12	1.26	1.48	1.30	1.20	1.18	1.28
X56	1.00	1.00	1.82	2.48	2.15	1.84	1.82	1.50	1.37	1.46	1.60
X57	1.00	1.00	1.82	2.46	2.14	1.84	1.82	1.51	1.39	1.47	1.61
X58	1.84	1.84	1.79	2.56	2.18	2.48	1.97	1.91	1.00	1.27	1.73
X59	1.00	1.00	1.82	2.46	2.14	1.83	1.81	1.51	1.39	1.47	1.60
X60	2.48	2.48	1.21	1.00	1.11	1.24	1.44	1.27	1.19	1.17	1.26
X61	2.54	2.54	1.00	1.91	1.45	1.50	3.12	1.88	2.32	3.60	2.48
X62	1.00	1.00	1.80	2.40	2.10	1.82	1.81	1.52	1.41	1.49	1.61
X63	2.39	2.39	1.20	1.00	1.10	1.23	1.42	1.26	1.18	1.16	1.25
X64	2.39	2.39	1.20	1.00	1.10	1.23	1.42	1.26	1.18	1.16	1.25
X65	3.26	3.26	1.00	1.88	1.44	1.77	1.67	1.59	1.60	1.60	1.65
X66	2.32	2.32	1.18	1.00	1.09	1.21	1.40	1.24	1.17	1.15	1.23
X67	3.20	3.20	1.00	1.87	1.43	1.76	1.66	1.58	1.59	1.59	1.64
X68	2.25	2.25	4.36	1.00	2.68	2.20	3.25	2.86	2.52	2.45	2.66
X69	2.29	2.29	1.18	1.00	1.09	1.21	1.40	1.24	1.17	1.15	1.23
X70	3.99	3.99	1.23	3.08	2.15	1.00	5.34	3.32	2.36	5.10	3.42
X71	3.15	3.15	1.00	1.85	1.43	1.75	1.65	1.56	1.59	1.58	1.63
X72	2.24	2.24	1.18	1.00	1.09	1.21	1.39	1.23	1.17	1.15	1.23
X73	2.22	2.22	1.21	1.00	1.10	1.54	1.89	1.13	1.22	1.17	1.39

续表

组别	第1组1个样本		第2组2个样本			第3组5个样本					
	$Y(i,1)$	平均值	$Y(i,2)$	$Y(i,3)$	平均值	$Y(i,4)$	$Y(i,5)$	$Y(i,6)$	$Y(i,7)$	$Y(i,8)$	平均值
X74	1.55	1.55	1.78	1.00	1.39	2.25	1.52	1.13	2.27	2.25	1.88
X75	1.00	1.00	1.79	2.33	2.06	1.81	1.80	1.54	1.46	1.53	1.63

表4-104　添加芽胞菌剂基于主要物质组的名称与分组

编号	物质组	第1组1个样本平均值	第2组2个样本平均值	第3组5个样本平均值
X1	carnosine	42.77	6.64	9.23
X2	gingerol	4.47	9.90	3.83
X3	allopurinol	27.86	12.80	5.88
X4	5-(3-pyridyl)-2-hydroxytetrahydrofuran	8.60	10.12	4.81
X5	(22E)-3α-hydroxychola-5,16,22-trien-24-oic acid	31.13	1.68	5.48
X6	4,5-dihydroxyhexanoic acid lactone	11.43	10.63	10.34
X7	O-acetylserine	11.64	1.78	2.44
X8	His Ser Lys	2.07	4.83	2.20
X9	PA[O-16:0/18:4(6Z,9Z,12Z,15Z)]	8.85	7.75	3.28
X10	9Z-hexadecenyl acetate	8.12	1.64	4.80
X11	tetradecyl sulfate	1.61	3.86	1.89
X12	DL-3-hydroxy caproic acid	11.59	8.02	5.51
X13	isoleucine	9.80	8.79	2.88
X14	F-honaucin A	7.78	1.50	1.94
X15	2-(o-carboxybenzamido)glutaramic acid	6.75	1.36	5.11
X16	surfactin	7.80	2.86	3.94
X17	idazoxan	9.07	6.45	4.51
X18	3-methyl-quinolin-2-ol	4.95	2.28	4.20
X19	2(3H)-furanone, dihydro-3,4-dihydroxy	7.93	5.74	4.05
X20	chitotriose	5.69	1.34	1.67
X21	phytolaccoside B	1.12	2.82	1.56
X22	N-acetylleucine	9.07	5.08	5.00
X23	pantothenic acid	7.97	1.70	4.55
X24	ritonavir	4.87	1.28	1.57
X25	Gly Tyr asn	6.48	1.86	2.26
X26	5-acetylamino-6-formylamino-3-methyluracil	4.54	1.26	1.53
X27	septentrionine	1.00	2.50	1.50
X28	2-aminoadenosine	4.15	4.33	4.25
X29	14,15-hxA3-C(11S)	4.13	1.23	1.47
X30	6,8-dihydroxypurine	1.70	2.36	1.48
X31	3-(4-hydroxyphenyl)propionic acid	1.00	2.41	1.53
X32	Leu Glu	4.00	1.22	1.46

续表

编号	物质组	第1组1个样本平均值	第2组2个样本平均值	第3组5个样本平均值
X33	chivosazole D	1.00	2.38	1.54
X34	methyl 8-[2-(2-formyl-vinyl)-3-hydroxy- 5-oxo-cyclopentyl]-octanoate	1.00	2.31	1.55
X35	His Arg Arg	3.51	1.18	1.39
X36	etretinate	7.09	1.40	2.27
X37	9R,10S,18-trihydroxy-stearic acid	3.34	1.17	1.37
X38	3-hydroxy-2-methyl-[R-(R,S)]-butanoic acid	3.44	2.63	2.97
X39	ophiobolin A	7.45	1.05	1.95
X40	4-heptyloxyphenol	1.00	2.24	1.58
X41	DL-o-tyrosine	1.76	2.60	1.68
X42	5-hydroxyferulate	1.00	2.23	1.58
X43	omega-3-arachidonic acid	2.68	1.53	2.34
X44	C18:2n-6,11	2.76	1.41	2.25
X45	glycophymoline	1.00	2.21	1.58
X46	Leu-Asp-OH	2.88	3.23	3.19
X47	propofol glucuronide	1.00	2.20	1.59
X48	proglumide	1.00	2.19	1.59
X49	2-oxoarginine	1.00	2.18	1.59
X50	CGS 7181	2.35	1.01	2.27
X51	oxychlordane	1.00	2.17	1.60
X52	L-gamma-glutamyl-L-valine	3.78	1.51	1.75
X53	etacelasil	1.00	2.17	1.60
X54	CoA[24:6(6Z,9Z,12Z,15Z,18Z,21Z)(3Ke)]	1.00	2.16	1.60
X55	His Ile Gly	2.67	1.12	1.28
X56	PG[16:1(9Z)/22:6(4Z,7Z,10Z,13Z,16Z,19Z)]	1.00	2.15	1.60
X57	halomon	1.00	2.14	1.60
X58	4-hydroxyquinoline	1.84	2.18	1.73
X59	thyrotropin releasing hormone	1.00	2.14	1.61
X60	Glu Glu	2.48	1.11	1.26
X61	diiodothyronine	2.54	1.46	2.48
X62	3-deoxy-D-glycero-D-galacto-2-nonulosonic acid	1.00	2.11	1.61
X63	4,14-dihydroxy-octadecanoic acid	2.39	1.10	1.25
X64	Val Ile Asp	2.39	1.10	1.25
X65	9-bromo-decanoic acid	3.25	1.44	1.64
X66	methionine	2.32	1.09	1.24
X67	L-histidine	3.20	1.43	1.63
X68	rhexifoline	2.25	2.68	2.65
X69	Arg Asn Arg	2.29	1.09	1.24
X70	1,1,1-trichloro-2-(o-chlorophenyl)-2-(p-chlorophenyl)ethane	3.99	2.16	3.43

续表

编号	物质组	第1组1个样本平均值	第2组2个样本平均值	第3组5个样本平均值
X71	alpha-L-rhamnopyranosyl-(1→2)-beta-D-galactopyranosyl-(1→2)-beta-D-glucuronopyranoside	3.14	1.43	1.62
X72	thalidasine	2.24	1.09	1.23
X73	Ile Leu	2.22	1.10	1.38
X74	daminozide	1.55	1.39	1.88
X75	dauricine	1.00	2.06	1.63
	总和	377.74	214.75	192.22

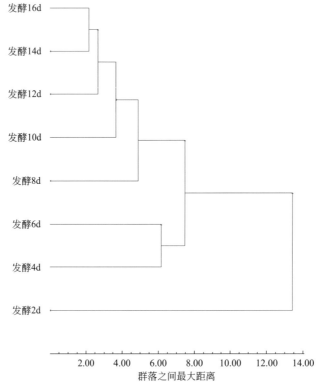

图4-152　添加芽胞菌剂基于主要物质组的发酵阶段聚类分析（卡方距离）

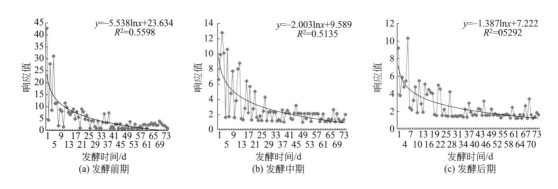

图4-153　添加芽胞菌剂发酵阶段主要物质含量变化模型

第 1 组发酵前期，包括了发酵 2 d，物质组主成分得分总和为 377.74，影响发酵前期的主要物质有 X1= 肌肽（carnosine）（主成分得分 42.77）、X5=(22E)-3α- hydroxychola-5,16,22-trien-24-oic Acid（主成分得分 31.13）、X3= 别嘌呤醇（allopurinol）（主成分得分 27.86）、X7=O- 乙酰丝氨酸（O-acetylserine）（主成分得分 11.64）、X12=DL-3- 羟基己酸（DL-3-hydroxy caproic acid）（主成分得分 11.59）、X6=4,5- 二羟基己酸内酯（4,5-dihydroxyhexanoic acid lactone）（主成分得分 11.43）。发酵前期物质组的编码对数模型为：$y = -5.538 \ln x + 23.634$（$R^2 = 0.5598$）（图 4-153、表 4-103、表 4-104）。

第 2 组发酵中期，包括了发酵 4d、发酵 6d，物质组主成分得分总和为 214.75，影响发酵前期的主要物质有 X3= 别嘌呤醇（allopurinol）（主成分得分 12.8）、X6=4,5- 二羟基己酸内酯（4,5-dihydroxyhexanoic acid lactone）（主成分得分 10.63）、X4=5-(3- 吡啶基)-2- 羟基四氢呋喃 [5-(3-pyridyl)-2-hydroxytetrahydrofuran]（主成分得分 10.12）。发酵中期物质组的编码对数模型为：$y = -2.003 \ln x + 9.589$（$R^2 = 0.5135$）（图 4-153、表 4-103、表 4-104）。

第 3 组发酵后期，包括了发酵 8d、10d、12d、14d、16d 发酵阶段，物质组主成分得分总和为 192.22，影响发酵后期的主要物质有 X6=4,5- 二羟基己酸内酯（4,5-dihydroxyhexanoic acid lactone）（主成分得分 10.34）。发酵后期物质组的编码对数模型为：$y = -1.387 \ln x + 7.222$（$R^2 = 0.5292$）（图 4-153、表 4-103、表 4-104）。

5．发酵阶段物质组生境生态位特性

添加芽胞菌剂构建了发酵阶段物质组生境，不同的发酵时间微生物结构不同，产生的物质组生境存在显著差异。引入物质组聚类的结果，将高含量、中含量、低含量组的前 10 个物质，组成矩阵，统计生态位宽度和生态位重叠，分析不同含量物质组构建的生态位特征的异质性。

（1）高含量物质组生境生态位　从表 4-102 中第 1 组高含量物质组取前 10 个物质，见表 4-105；以 Levins 测度统计不同发酵阶段物质组生境生态位宽度，见表 4-106；以 Pianka 测度统计不同发酵阶段物质组生境生态位重叠，见表 4-107。

表4-105　添加芽胞菌剂第1组高含量组前10个物质的相对含量

发酵阶段	carnosine	(22E)-3[α-hydroxyc-hola-5,16,22-trien-24-oic acid	allopu-rinol	O-acety-lserine	isoleu cine	PA[O-16:0/18:4 (6Z,9Z,12Z,15Z)]	DL-3-hydroxy caproic acid	5-(3-pyridyl)-2-hydroxyte-trahydrofuran	F-hona-ucin A	gingerol
发酵2d	11466426	1	9420435	3172056	6269802	4631804	4389660	8757699	2097612	16501581
发酵4d	11466426	8759007	9420435	3172056	6269802	4631804	4389660	8757699	2097612	1
发酵6d	11466426	10596103	45	3172056	13	2	4389660	27	2097612	1
发酵8d	11466426	10403571	9420435	3172056	6269802	4631804	4389660	31	2097612	1
发酵10d	1	5339716	9420435	3172056	4	4631804	3	2	2097612	1
发酵12d	11466426	6847490	9420435	3172056	3	1	2	6	2097612	1
发酵14d	11466426	7410034	12	3172056	4	2	4	8	2097612	1
发酵16d	11466426	7997058	9420435	3172056	8	1	9	18	2097612	1

分析结果表明，从生态位宽度看（表 4-106），高含量物质组所构建的生境生态位宽度

在发酵前期较宽，发酵时间 2~4d 生态位宽度范围为 6.70~7.43，发酵 2d 时常见物质组资源为 S1=17.19%（肌肽）、S3=14.12%（别嘌呤醇）、S8=13.13%[5-(3- 吡啶基)-2- 羟基四氢呋喃类]、S10=24.74%（姜辣素）；在发酵后期生态位宽度较窄，发酵时间 14~16d 生态位宽度范围在 2.90~3.91，发酵 14 d 时常见物质组资源为 S1=47.49%（肌肽）、S2=30.69%[(22E)-3α-hydroxychola-5,16,22-trien-24-oic acid]、S4=13.14%（O- 乙酰丝氨酸）。物质组生境生态位宽度大的表明微生物含量高，由微生物代谢的物质组多，反之，微生物含量低，代谢的物质组含量低。

表4-106　高含量物质组不同发酵阶段生境生态位宽度

发酵阶段	Levins	频数	截断比例	常用资源种类			
发酵2d	6.70	4.00	0.12	S1=17.19%	S3=14.12%	S8=13.13%	S10=24.74%
发酵4d	7.43	4.00	0.12	S1=19.45%	S2=14.85%	S3=15.98%	S8=14.85%
发酵6d	3.63	3.00	0.12	S1=36.15%	S2=33.40%	S7=13.84%	
发酵8d	6.36	4.00	0.12	S1=22.11%	S2=20.06%	S3=18.17%	S5=12.09%
发酵10d	3.97	4.00	0.12	S2=21.65%	S3=38.20%	S4=12.86%	S6=18.78%
发酵12d	3.87	3.00	0.12	S1=34.74%	S2=20.75%	S3=28.54%	
发酵14d	2.90	3.00	0.12	S1=47.49%	S2=30.69%	S4=13.14%	
发酵16d	3.91	3.00	0.12	S1=33.57%	S2=23.41%	S3=27.58%	

表4-107　不同发酵阶段物质组生境生态位重叠

发酵阶段	发酵2d	发酵4d	发酵6d	发酵8d	发酵10d	发酵12d	发酵14d	发酵16d
发酵2d	1.00							
发酵4d	0.70	1.00						
发酵6d	0.39	0.72	1.00					
发酵8d	0.59	0.91	0.80	1.00				
发酵10d	0.39	0.64	0.34	0.71	1.00			
发酵12d	0.54	0.81	0.78	0.89	0.67	1.00		
发酵14d	0.40	0.69	0.95	0.77	0.31	0.83	1.00	
发酵16d	0.53	0.82	0.80	0.89	0.68	1.00	0.84	1.00

从生态位重叠看（表 4-107），高含量物质组所构建的生境生态位重叠存在显著差异，如发酵 2d 与发酵 4d 的生境生态位重叠值较高为 0.70，属于高重叠生态位，两者物质组的种类和含量较为相近，反映了微生物组的相似性；而发酵 2d 与发酵 8d 生境生态位重叠值较小为 0.59，两者物质组的种类和含量差异较大，微生物组的相似性较低；发酵 2d 与发酵 10d 生境生态位重叠很小为 0.39，大部分不重叠。同样，物质组生境生态位高度重叠的发酵阶段有发酵 4d 与发酵 8d、发酵 6d 与发酵 14d、发酵 12d 与发酵 16d 等，也有许多生境生态位重叠值小于 0.4，生态位重叠值较小，反映了物质组和微生物组的生境差异性。

（2）中含量物质组生境生态位　从表 4-102 中第 2 组中含量物质组取前 10 个物质见表 4-108，以 Levins 测度统计不同发酵阶段物质组生境生态位宽度，见表 4-109，以 Pianka 测度统计不同发酵阶段物质组生境生态位重叠，见表 4-110。

表4-108　添加芽胞菌剂第2组中含量组前10个物质的相对含量

发酵阶段	diketospirilloxanthin/ 2,2'-diketospirilloxanthin	tetradecanedioic acid	N-acetyl-DL-valine	caffeic aldehyde	1,1,1-trichloro-2-(o-chlorophenyl)-2-(p-chlorophenyl)ethane	cer[d18:0/ 18:1(9Z)]	thymine	4-hydroxyquinoline	diiodothyronine	4,8,12-trimethyltridecanoic acid
发酵2d	1	1	1	1	1	1	1	1762858	1	1
发酵4d	1527259	413801	1	1	1	1	1032567	1	1	1
发酵6d	571834	1	1	1	3451349	2709141	1	1	1767381	541376
发酵8d	3332393	1	1	1	1	801401	1	1	1	329647
发酵10d	1	858202	1090675	2416815	1	1	267064	1	1	413436
发酵12d	190525	1301072	309756	1	1	1	206938	1	835785	1
发酵14d	259731	479966	1022909	1	1	1	396183	496627	1	620634
发酵16d	482916	1225795	1756718	1390567	173690	1	1273946	626130	1	640190

表4-109　中含量物质组不同发酵阶段生境生态位宽度

发酵阶段	Levins	频数	截断比例	常用资源种类				
发酵2d	1.00	1.00	0.12	S8=100.00%				
发酵4d	2.48	3.00	0.12	S1=51.36%	S2=13.92%	S7=34.72%		
发酵6d	3.55	3.00	0.12	S5=38.17%	S6=29.96%	S9=19.55%		
发酵8d	1.68	2.00	0.12	S1=74.66%	S6=17.95%			
发酵10d	3.18	3.00	0.12	S2=17.01%	S3=21.61%	S4=47.89%		
发酵12d	3.15	2.00	0.12	S2=45.75%	S9=29.39%			
发酵14d	5.03	5.00	0.12	S2=14.65%	S3=31.22%	S7=12.09%	S8=15.16%	S10=18.94%
发酵16d	6.22	4.00	0.12	S2=16.19%	S3=23.21%	S4=18.37%	S7=16.83%	

表4-110　中含量物质组不同发酵阶段生境生态位重叠

发酵阶段	发酵2d	发酵4d	发酵6d	发酵8d	发酵10d	发酵12d	发酵14d	发酵16d
发酵2d	1.00							
发酵4d	0.00	1.00						
发酵6d	0.00	0.10	1.00					
发酵8d	0.00	0.78	0.26	1.00				
发酵10d	0.00	0.12	0.02	0.01	1.00			
发酵12d	0.00	0.34	0.21	0.12	0.33	1.00		
发酵14d	0.34	0.36	0.07	0.21	0.46	0.46	1.00	
发酵16d	0.21	0.45	0.08	0.17	0.81	0.51	0.84	1.00

　　分析结果表明，从生态位宽度看（表 4-109），中含量物质组所构建的生境生态位宽度在发酵前期较窄，发酵时间 2~4d 生态位宽度范围在 1.00~2.48，发酵 2d 时常见物质组资源为 S8=100.00%（4- 羟基喹啉）；在发酵后期生态位宽度较宽，发酵时间 14~16d 生态位宽度范围在 5.03~6.22，发酵 14 d 时常见物质组资源为 S2=14.65%（十四烷二酸）、S3=31.22%（N-乙酰 -DL- 缬氨酸）、S7=12.09%（胸腺嘧啶）、S8=15.16%（4- 羟基喹啉）、S10=18.94%（4,8,12-

三甲基十三酸）。物质组生境生态位宽度大的表明微生物含量高，由微生物代谢的物质组多，反之，微生物含量低，代谢的物质组含量低。

从生态位重叠看（表4-110），中含量物质组所构建的生境生态位重叠存在显著差异，如发酵2d与发酵4d、6d、8d、10d、12d的生境生态位重叠值为0.00，生态位完全不重叠，两者物质组的种类和含量差异显著，反映了微生物组相似性的异质性；而发酵2d与发酵14d生境生态位重叠值较小为0.34，两者物质组的种类和含量差异较大，微生物组的相似性较低；发酵2d与发酵16d生境生态位重叠很小为0.21，大部分不重叠。同样，物质组生境生态位高度重叠的发酵阶段有发酵4d与发酵8d、发酵10d与发酵16d、发酵14d与发酵16d等，生态位重叠值都大于0.75；中含量物质组形成的生境生态位大部分发酵阶段之间重叠值小于0.4，生态位重叠值较小，反映了物质组和微生物组的生境差异性。

（3）低含量物质组生境生态位　从表4-102中第3组低含量物质组取前10个物质见表4-111，以Levins测度统计不同发酵阶段物质组生境生态位宽度，见表4-112，以Pianka测度统计不同发酵阶段物质组生境生态位重叠，见表4-113。

表4-111　添加芽胞菌剂第3组低含量组前10个物质的相对含量

发酵阶段	N-acetyl-L-lysine	salicy-laldehyde	dodecyl glucoside	TG(18:0/22:0/22:0)[iso3]	methsuxi-mide	22:1(9Z)	cyhexatin	specti-nomycin	taurine	7-oxo-11-dodecenoic acid
发酵2d	517632	1	1	1	1	1	1	234125	388434	1
发酵4d	8	221805	425567	253709	724434	247269	1	1	1	164412
发酵6d	517632	571464	1	429238	1	1	284055	234125	388434	171968
发酵8d	517632	539465	1	193166	1	1	317889	234125	388434	170985
发酵10d	1	1	1	1	1	1	1	1	1	1
发酵12d	1	1	518188	171286	1	258787	308539	234125	1	207069
发酵14d	1	1	1	1	1	228332	1	1	2	170879
发酵16d	517632	253917	549318	213070	515928	502702	272718	234125	2	217839

表4-112　低含量物质组不同发酵阶段生境生态位宽度

发酵阶段	Levins	频数	截断比例	常用资源种类				
发酵2d	2.74	3.00	0.12	S1=45.40%	S8=20.53%	S9=34.07%		
发酵4d	4.57	4.00	0.12	S3=20.89%	S4=12.45%	S5=35.56%	S6=12.14%	
发酵6d	6.16	4.00	0.12	S1=19.93%	S2=22.01%	S4=16.53%	S9=14.96%	
发酵8d	5.98	4.00	0.12	S1=21.92%	S2=22.84%	S7=13.46%	S9=16.45%	
发酵10d	9.80	2.00	0.12	S1=12.73%	S9=12.61%			
发酵12d	5.17	5.00	0.12	S3=30.52%	S6=15.24%	S7=18.17%	S8=13.79%	S10=12.19%
发酵14d	1.96	2.00	0.12	S6=57.19%	S10=42.80%			
发酵16d	7.81	4.00	0.12	S1=15.79%	S3=16.76%	S5=15.74%	S6=15.34%	

表4-113　低含量物质组不同发酵阶段生境生态位重叠

发酵阶段	发酵2d	发酵4d	发酵6d	发酵8d	发酵10d	发酵12d	发酵14d	发酵16d
发酵2d	1.00							

发酵阶段	发酵2d	发酵4d	发酵6d	发酵8d	发酵10d	发酵12d	发酵14d	发酵16d
发酵4d	0.00	1.00						
发酵6d	0.66	0.26	1.00					
发酵8d	0.71	0.21	0.97	1.00				
发酵10d	0.64	0.61	0.82	0.82	1.00			
发酵12d	0.11	0.51	0.32	0.31	0.67	1.00		
发酵14d	0.00	0.31	0.10	0.11	0.40	0.44	1.00	
发酵16d	0.39	0.78	0.54	0.55	0.85	0.72	0.45	1

　　分析结果表明，从生态位宽度看（表 4-112），低含量物质组所构建的生境生态位宽度在发酵中期较宽，发酵时间 10 d 生态位宽度为 9.80，发酵 10 d 时常见物质组资源为 S1=12.73%（N- 乙酰 -L- 赖氨酸）、S9=12.61%（牛磺酸）；在发酵前期和发酵后期生态位宽度较窄，如发酵时间 2 d 生态位宽度为 2.74，发酵 2 d 时常见物质组资源为 S1=45.40%（N- 乙酰 -L- 赖氨酸）、S8=20.53%（壮观链霉素）、S9=34.07%（牛磺酸），发酵时间 14 d 生态位宽度为 1.96，发酵 14d 时常见物质组资源为 S6=57.19%[22:1(9Z)]、S10=42.80%（7- 氧代 -11- 十二碳烯酸）。物质组生境生态位宽度大的表明微生物含量高，由微生物代谢的物质组多；反之，微生物含量低，代谢的物质组含量低。低含量物质组发酵阶段的生境生态位宽度与中含量和高含量物质组形成了生态位上的互补。

　　从生态位重叠看（表 4-113），低含量物质组所构建的生境生态位重叠存在显著差异，如发酵 2d 与发酵 4d、14 d 的生境生态位重叠值为 0.00，生态位完全不重叠，两者物质组的种类和含量差异显著，反映了微生物组相似性的异质性；而发酵 2d 与发酵 6 d、8 d、10 d 生境生态位重叠值大于 0.63，生境重叠较大，两者物质组的种类和含量异质性较低，微生物组的相似性较高；发酵 2d 与发酵 12 d、16 d 生境生态位重叠很小，分别为 0.11、0.39，属于低重叠度生态位，生境大部分不重叠。同样，物质组生境生态位高度重叠的发酵阶段有发酵 6 d 与发酵 8d、发酵 6 d 与发酵 10 d、发酵 10 d 与发酵 16d 等，生态位重叠值都大于 0.80，属于高重叠的生态位，其物质组和微生物组相似性较高；大部分发酵阶段，低含量物质组形成的生境生态位重叠值在 0.4~0.6，生态位重叠值属于中等程度，反映了物质组和微生物组的生境差异性。

五、添加链霉菌剂发酵过程物质组特性分析

1．发酵阶段物质组相对含量测定

　　添加链霉菌剂的肉汤实验，共测定到 1466 个物质，其中能鉴定到名称的物质有 453 个，物质相对含量用未发酵时（0 d）的物质组含量，除每 2d 取一次样的物质组含量，数值表明发酵组与未发酵组比较，相应的物质增长倍数作为含量的相对值，即发酵 2 d 物质相对含量 = 发酵 2 d 的物质组含量 / 发酵 0 d 的物质组含量，发酵 4 d 物质相对含量 = 发酵 4 d 的物质组含量 / 发酵 0 d 的物质组含量，依此类推，统计结果见和图 4-154 表 4-114。发酵过程前 10 个高含量物质排序为：十四烷基硫酸盐（tetradecyl sulfate，相对含量 133551656.00）＞姜辣

素（gingerol，相对含量 106171446.00）＞肌肽（carnosine，相对含量 88356948.86）＞ *N*-乙酰 -DL- 缬氨酸（*N*-acetyl-DL-valine，相对含量 44499721.56）＞ (22*E*)-3α-hydroxychola-5,16,22-trien-24-oic acid（相对含量 43950423.00）＞二甲炔酮（dimethisterone，相对含量 40522366.50）＞氯甲硫磷（chlorthiophos，相对含量 33676604.00 ）＞缩水甘油醛（glycidaldehyde，相对含量 33250873.60）＞岩藻糖苷类 (2'*S*)-Deoxymyxol 2'-α-L-fucoside（相对含量 28895278.40）＞ *N*- 乙酰亮氨酸（*N*-acetylleucine，相对含量 27931805.04）。

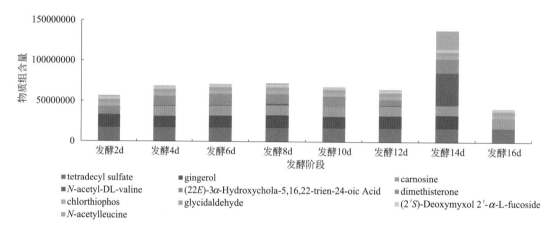

图4-154　添加链霉菌剂发酵过程前10个高含量物质的分布

表4-114　添加链霉菌剂肉汤实验发酵阶段物质组相对含量

物质组	发酵2 d	发酵4 d	发酵6 d	发酵8 d	发酵10 d	发酵12 d	发酵14 d	发酵16 d
tetradecyl sulfate	16693957	16693957	16693957	16693957	16693957	16693957	16693957	16693957
gingerol	15549899	14176294	14875955	15773185	14315382	15292365	16188365	1
carnosine	9	12622420	12622420	12622420	12622420	12622420	12622420	12622420
N-acetyl-DL-valine	561789	694750	724221	1638892	1	664481	40215588	1
(22*E*)-3α-hydroxychola-5,16,22-trien-24-oic acid	5314158	6237525	7237269	6635000	7429791	980345	10116336	1
dimethisterone	4912271	5550816	6351632	5508138	5122999	6014677	7061835	1
chlorthiophos	4209576	4209576	4209576	4209576	4209576	4209576	4209576	4209576
glycidaldehyde	4156359	4156359	4156359	4156359	4156359	4156359	4156359	4156359
(2'*S*)-deoxymyxol 2'-α-L-fucoside	3611910	3611910	3611910	3611910	3611910	3611910	3611910	3611910
N-acetylleucine	1283567	668606	512255	1453546	1	626290	23387538	1
tolylacetonitrile	145287	3212627	10046841	12826169	1	1	1	1
pantothenic acid	4165899	7522363	5847348	4112435	1	3299365	988986	1
PG[16:1(9Z)/22:6(4Z,7Z,10Z,13Z,16Z,19Z)]	6539812	4282624	2528141	1916351	1	1311301	1789248	1
arecoline	1	1	1	1580496	1	15850867	440393	1
2,6-diamino-7-hydroxy-azelaic acid	1	1	1	1	1	1	1	15482573
PS[22:2(13Z,16Z)/17:1(9Z)]	3535940	2819638	2259761	1652606	1102417	1377408	1884052	1
piperidione	1	1	1	1	14449491	1	1

续表

物质组	发酵2 d	发酵4 d	发酵6 d	发酵8 d	发酵10 d	发酵12 d	发酵14 d	发酵16 d
enmein	1803671	1803671	1803671	1803671	1803671	1803671	1803671	1803671
9S,10S,11R-trihydroxy-12Z-octadecenoic acid	5231276	1673221	1108233	1478738	1218777	1932698	1357875	1
SQDG[16:0/16:1(13Z)]	1734900	1734900	1734900	1734900	1734900	1734900	1734900	1734900
methyl 8-[2-(2-formyl-vinyl)-3-hydroxy-5-oxo-cyclopentyl]-octanoate	1892800	2185772	1976085	1940010	1849293	1861120	1916300	1
p-hydroxypropiophenone	12413354	660975	192746	1	1	1	1	1
4,5-dihydroxyhexanoic acid lactone	1	10629131	2478994	1	1	1	1	1
ophiobolin A	1035582	1396758	1757766	2017602	1957796	2273747	2519946	1
10-hydroxy-hexadecan-1,16-dioic acid	594374	1709514	1336845	1839303	2254729	2340662	2677082	1
diadinoxanthin	3553330	3072289	2190018	1525541	1	742445	1643796	1
etretinate	1475903	1589408	1563082	2043035	1766407	1893734	2122176	1
thyrotropin releasing hormone	1606169	1638419	1454211	1898387	1812355	1967050	1821698	1
vanillin	1	2840170	3812820	4961562	1	1	1	1
3-methyl-quinolin-2-ol	3135635	5301226	1	1	3019502	1	1	1
quinoline	1	1374850	4425777	5452314	1	1	1	1
nonate	1	1	1	1	2692252	2692252	2692252	2692252
12-oxo-14,18-dihydroxy- 9Z,13E,15Z-octadecatrienoic acid	1	1	1	1	1	1	1	10453122
5-(3-pyridyl)-2-hydroxytetrahydrofuran	3400126	3	3	2	3400126	4	4	3400126
F-honaucin A	1380762	1380762	1380762	15	1380762	1380762	1380762	1380762
3-oxo-5beta-chola-8(14),11-dien-24-oic acid	1	1	1	1	1	9231405	1	1
Abu-Asp-OH	1	493074	3609127	4406365	1	1	1	1
KB2115	1049633	1049633	1049633	1049633	1049633	1049633	1049633	1049633
acetylaminodantrolene	1	655558	3315075	4368066	1	1	1	1
seneciphylline	920864	920864	920864	920864	920864	920864	920864	920864
2-amino-5-phosphopentanoic acid	1	1930551	3168837	2120653	1	1	1	1
sesartemin	798203	798203	798203	798203	798203	798203	798203	798203
L-histidine	795725	795725	795725	795725	795725	795725	795725	795725
3-(4-hydroxyphenyl)propionic acid	1515879	3322903	441462	1	1	1	860669	1
streptidine	750844	750844	750844	750844	750844	750844	750844	750844
His His Ser	1036615	1	1025707	982137	881048	965596	1033516	1
KAPA	684185	1361020	1062746	1155144	1	499221	878147	1
phytolaccoside B	1	1	1	1	1	1	1	5627604
2-hydroxy enanthoic acid	2440750	1077555	918324	1028795	1	1	1	1
estradiol dipropionate	480696	588793	690824	874779	862100	914573	1033754	1
4-hexyloxyphenol	839358	771629	702370	879267	735716	759191	692812	1
deoxyuridine monophosphate (dUMP)	660399	660399	660399	660399	660399	660399	660399	660399
PG[22:2(13Z,16Z)/0:0]	797688	845599	767946	760190	649103	697695	711496	1
lisuride	615398	615398	615398	615398	615398	615398	615398	615398

物质组	发酵2 d	发酵4 d	发酵6 d	发酵8 d	发酵10 d	发酵12 d	发酵14 d	发酵16 d
tetranactin	596673	596673	596673	596673	596673	596673	596673	596673
2(3H)-furanone, dihydro-3,4-dihydroxy	2510465	1354873	542174	278509	1	1	1	1
lucanthone	1	1	1	1	1	1	4567751	1
N-methylundec-10-enamide	1	766121	691631	727608	713389	769528	840156	1
mercaptoacetyl-Phe-Leu	563130	563130	563130	563130	563130	563130	563130	563130
DL-o-tyrosine	897622	897622	3	2	897622	2	897622	897622
5-hydroxyferulate	1	1	1	1	2186104	1	1	2186104
1-O-alpha-D-glucopyranosyl-1,2-eicosandiol	339801	365620	380936	2635103	210375	1	416469	1
boschniakine	266344	390336	497860	599216	1	1219944	1334560	1
lys Ser Thr	1	1	1	1	1	1	1	4138856
DL-3-phenyllactic acid	684692	684692	684692	1	684692	1	684692	684692
4-O-demethyl-13-dihydroadriamycinone	663647	611301	590127	400164	589992	563178	608022	1
9-bromo-decanoic acid	494261	494261	494261	494261	494261	494261	494261	494261
25-hydroxyvitamin D2-25-glucuronide	1	993504	1	801399	690727	697853	750743	1
N-methyl hexanamide	1	1	1	1	1	1679266	2224819	1
cer[d18:0/18:1(9Z)]	1	1	1	1	1	773202	3017139	1
endothion	1	539146	539146	539146	539146	539146	539146	539146
Lys Cys Gly	393778	430566	530935	598043	513593	574140	607618	1
Asp Gly Ser	445281	445281	445281	445281	445281	445281	445281	445281
proglumide	1	1	1	1	1	1	1	3440393
tetradecanedioic acid	247553	448552	409336	477851	585239	614553	655218	1
2-aminoadenosine	1	3209384	219920	1	1	1	1	1
methyl allyl disulfide	1	1	1566477	1023645	1	312669	499092	1
trichlormethine	1	485523	485523	485523	485523	485523	485523	485523
isoleucine	1	2	2	2	1678980	1	1	1678980
lauryl hydrogen sulfate	441157	439988	266083	419398	437206	610656	707496	1
3-hydroxy-tetradecanedioic acid	228922	444850	378735	347104	452637	584411	873708	1
neostearic acid	431177	440928	484518	444758	458196	492945	540317	1
3-hydroxyglutaric acid	404743	404743	404743	404743	404743	404743	404743	404743
DL-3-hydroxy caproic acid	16	3	1	1	805791	805791	805791	805791
5-oxoavermectin "1a" aglycone	1	1	1	1	1	1	1	3222705
3-hydroxy-2-methyl-[R-(R,S)]-butanoic acid	2433732	744103	1	1	1	1	1	1
2-amino-8-oxo-9,10-epoxy-decanoic acid	1	1	1	1721079	1	528752	910727	1
Asp-Tyr-OH	1	945734	889112	1316369	1	1	1	1
phenyllactic acid	2	3	1	617511	617511	617511	617511	617511
Gly Tyr Asn	423339	423339	423339	3	423339	423339	423339	423339
SC-1271	348331	348331	348331	348331	348331	348331	348331	348331

续表

物质组	发酵2 d	发酵4 d	发酵6 d	发酵8 d	发酵10 d	发酵12 d	发酵14 d	发酵16 d
1,4-methylimidazoleacetic acid	2434163	1	304916	1	1	1	1	1
1,2-dihexanoyl-sn-glycerol	132601	360538	456746	501052	438220	773427	1	1
furmecyclox	147019	228260	341758	427975	408247	542982	554877	1
D-ribitol 5-phosphate	408862	288666	402688	428999	1	545092	564799	1
binapacryl	2619514	1	1	1	1	1	1	1
17-phenyl trinor prostaglandin A2	335805	384202	1	447314	447197	475156	505898	1
psoromic acid	417591	358624	369800	303550	337556	368205	368756	1
propionylglycine	1	1	1	1	1280059	551874	685635	1
lentiginosine	1	1	1	1	1	2514897	1	1
PA[O-16:0/18:4(6Z,9Z,12Z,15Z)]	12	7	5	618252	618252	618252	2	618252
4,4'-dinitrostilbene	304697	304697	304697	304697	304697	304697	304697	304697
L-2-aminoadipate 6-semialdehyde	1	1	381360	305564	1	621966	1045862	1
4-oxoproline	1	1	343948	504604	1	925397	578251	1
cnicin	291163	291163	291163	291163	291163	291163	291163	291163
benzal chloride	387497	6	387497	387497	2	387497	387497	387497
2,2-dichloro-1,1-ethanediol	284718	284718	284718	284718	284718	284718	284718	284718
Glu Pro Arg	1	1	1	1	1	1	1	2246389
12-tridecynoic acid	665937	322454	263509	337494	184873	204219	252757	1
4,8,12-trimethyltridecanoic acid	1	1	416247	390121	455776	432446	531809	1
monodehydroascorbate	658012	524115	610019	424205	1	1	1	1
p-hydroxyfelbamate	313902	2	313902	313902	313902	313902	313902	313902
3-dehydro-L-threonate	310909	3	310909	310909	310909	310909	310909	310909
CGS 7181	1	748758	996284	360812	1	1	1	1
Asp Gly Asp	1	1	1	1	1	2105136	1	1
methyl orsellinate	3	350704	1	350704	350704	350704	350704	350704
taurine	1	2	2	3	525393	525393	525393	525393
Glu Glu	255179	255179	255179	255179	255179	255179	255179	255179
9Z-hexadecenyl acetate	217506	388631	346823	201335	322254	200805	361686	1
N-acetyl-aspartyl-glutamate	1	908549	1129698	1	1	1	1	1
perazine	1	1	1	1	1	1115589	918773	1
arabinonic acid	250527	250527	250527	250527	250527	250527	250527	250527
chlorendic acid	1	1	1	1	1	1	1	1994077
15-deoxy-Δ12,14-prostaglandin J2-biotin	1	1	1	1987886	1	1	1	1
cyhexatin	311833	341183	335178	1	374892	310528	307293	1
captopril disulfide	246737	246737	246737	246737	246737	246737	246737	246737
idazoxan	654969	1	2	1	654969	2	2	654969
9-hydroperoxy-12,13-dihydroxy-10-octadecenoic acid	263574	309954	209625	221318	284472	322246	328421	1
alpha-L-rhamnopyranosyl-(1→2)-beta-D-galactopyranosyl-(1→2)-beta-D-glucuronopyranoside	1912514	1	1	1	1	1	1	1

续表

物质组	发酵2 d	发酵4 d	发酵6 d	发酵8 d	发酵10 d	发酵12 d	发酵14 d	发酵16 d
phosdiphen	1906692	1	1	1	1	1	1	1
4-heptyloxyphenol	1	1	1	2	2	2	2	1898532
L-anserine	1	3	311398	311398	311398	311398	311398	311398
ribose-1-arsenate	231960	231960	231960	231960	231960	231960	231960	231960
4'-hydroxyacetophenone	1	1225137	427980	194970	1	1	1	1
coronene	1	1	1	1	1	1844790	1	1
9-oxo-2E-decenoic acid	2	2	2	2	460548	460548	460548	460548
fosphenytoin	227214	227214	227214	227214	227214	227214	227214	227214
citramalic acid	258307	258307	258307	4	258307	258307	258307	258307
CGP 52608	244314	376400	134476	164520	1	412565	460428	1
His Ser Lys	1	239352	184727	269755	346207	376496	362274	1
quercetin 3,7,3',4'-tetra-O-sulfate	1	1	1	1	1	1768355	1	1
kinamycin D	1	1	740766	991056	1	1	1	1
thymine	1	1	393362	710088	1	583310	1	1
gabapentin	1	1	1	1	1	1649436	1	1
6,8-dihydroxypurine	1	1	1	881075	1	415939	351869	1
N-monodesmethyldiltiazem	356104	347668	284801	169924	178981	159742	132676	1
Arg Gly His	1	1	1	1	1	1	1588721	1
His His Gly	284682	270936	217785	200576	180113	196296	212661	1
spaglumic acid	1	571803	952112	1	1	1	1	1
salvarsan	1	1	1	1	1	1512630	1	1
methyl arachidonyl fluorophosphonate	1	849759	640087	1	1	1	1	1
bis(4-fluorophenyl)-methanone	1251473	232006	1	1	1	1	1	1
2-(m-chlorophenyl)-2-(p-chlorophenyl)-1,1-dichloroethane	1	1	1	1	1	618930	824307	1
3S-hydroxy-dodecanoic acid	1	128876	210413	115326	358895	193932	430086	1
salicylaldehyde	1	1	346408	561446	1	526410	1	1
2,3-dinor thromboxane B1	1	1	1	252019	279570	383961	489603	1
9-hydroperoxy-12,13-epoxy-10-octadecenoic acid	265856	269965	1	423362	431729	1	1	1
kaempferol 3-[2''',3''',4'''-triacetyl-alpha-L-arabinopyranosyl-(1→6)-glucoside]	1	1	592596	782450	1	1	1	1
dimethoxane	1	1	2	1	334922	334922	334922	334922
4,4-difluoro-17beta-hydroxy-17alpha-methyl-androst-5-en-3-one	620249	236900	1	1	195434	273009	1	1
lipoxin E4	1	1	1	1	1	1	1	1313549
pacifenol	158573	158573	158573	158573	158573	158573	158573	158573
O-acetylserine	155912	155912	155912	155912	155912	155912	155912	155912
5-(3-methyltriazen-1-yl)imidazole-4-carboxamide	313589	304913	281839	343518	1	1	1	1
purine	2	2	1	1	1	1	2	1237246

物质组	发酵2 d	发酵4 d	发酵6 d	发酵8 d	发酵10 d	发酵12 d	发酵14 d	发酵16 d
6R-hydroxy-tetradecanoic acid	1	103085	141485	1	250167	209027	531247	1
7-oxo-11-dodecenoic acid	166997	1	166372	269705	203560	182321	228789	1
3-methyl-octanoic acid	1	209501	198066	189404	1	319642	286805	1
o-cresol	1	1	529667	639851	1	1	1	1
botrydial	138223	148837	171745	230077	213802	265782	1	1
estrone hemisuccinate	1	1	1	1	1	1	1	1158795
1,2,3,7,8,9-hexachlorodibenzodioxin	1	1	1	1	1	1	1	1156066
Ser His His	1	1147594	1	1	1	1	1	1
leflunomide	419984	1	530284	1	1	1	182079	1
2-nitrophenol	718053	402367	1	1	1	1	1	1
uric acid	1	1	160318	369374	1	248704	321133	1
2-(4'-chlorophenyl)-3,3-dichloropropenoate	1	1	1	1	1	1	1	1087760
conhydrine	1	1	1	1	1087454	1	1	1
2,4-diamino-6-hydroxylaminotoluene	112671	128470	185298	202067	1	1	432042	1
22:1(9Z)	299278	310460	1	444289	1	1	1	1
MID42020:26,26,26,27,27,27-hexafluoro-1α,25-dihydroxy-23,23,24,24-tetrahydrovitamin D3 / 26,26,26,	1	1	1	1	1	1	1	1045767
1-amino-2-methylanthraquinone	1	1	1	1	1	1	1	1045112
12-hydroxydihydrochelirubine	1	1	1	1	1	1	1	1027882
3-methyl-tridecanoic acid	209106	204706	210418	206885	1	1	188320	1
artesunate	1	1	1	1	1	1	1	1009104
(S)-3-(imidazol-5-yl)lactate	829408	158971	1	1	1	1	1	1
olsalazine	1	318877	403951	239570	1	1	1	1
6-hydroxyluteolin 6,4'-dimethyl ether 7-glucoside	172455	149362	148691	1	148538	164267	172081	1
gonyautoxin 1	1	152366	340693	458276	1	1	1	1
S-[2-(N7-guanyl)ethyl]-N-acetyl-L-cysteine	1	388666	191223	362940	1	1	1	1
adouetine Z	1	917081	1	1	1	1	1	1
2S-amino-pentanoic acid	3	1	1	1	455371	3	5	455371
18-hydroxy-9S,10R-epoxy-stearic acid	1	448951	461176	1	1	1	1	1
2-octenal	1	2	1	1	219242	219242	219242	219242
3,3-dimethylglutaric acid	1	240824	240475	392738	1	1	1	1
3β,5α-tetrahydronorethindrone glucuronide	1	1	162289	168354	167467	171578	193173	1
4-hydroxy-3-nitrosobenzamide	1	1	1	1	1	1	1	858108
Gln Arg Trp	1	513760	338633	1	1	1	1	1
13-methyl-pentadecanoic acid	407814	428401	1	1	1	1	1	1
propachlor	230547	1	1	1	1	1	583079	1

续表

物质组	发酵2 d	发酵4 d	发酵6 d	发酵8 d	发酵10 d	发酵12 d	发酵14 d	发酵16 d
9Z-dodecen-7-ynyl acetate	1	1	1	1	1	1	1	810793
TyrMe-Asp-OH	1	303346	496852	1	1	1	1	1
isobutylmethylxanthine	1	289862	257244	250914	1	1	1	1
digalacturonate	1	1	1	1	1	1	1	786842
dehydrojuvabione	1	1	160973	131929	137675	155751	187920	1
14,15-HxA3-C(11S)	1	764995	1	1	1	1	1	1
TyrMe-TyrMe-OH	762304	1	1	1	1	1	1	1
sebacic acid	186345	205888	1	207882	157099	1	1	1
capryloylglycine	1	206574	1	1	1	342960	202999	1
goitrin	1	1	1	1	750647	1	1	1
diethylstilbestrol monosulfate monoglucuronide	750038	1	1	1	1	1	1	1
acetylsulfamethoxazole	1	1	1	137472	1	1	604467	1
deoxyribonolactone	389223	346712	1	1	1	1	1	1
homocysteinesulfinic acid	164332	221686	161847	185386	1	1	1	1
L-alpha-glutamyl-L-hydroxyproline	1	1	322329	406255	1	1	1	1
13,14-dihydro-16,16-difluoro PGJ2	1	1	162765	1	233301	1	327641	1
1,2-dihydroxydibenzothiophene	1	1	306655	412946	1	1	1	1
chaetoglobosin A	1	1	1	1	1	1	1	714449
2-ethyl-2-hydroxybutyric acid	1	714068	1	1	1	1	1	1
DuP-697	1	1	711375	1	1	1	1	1
eremophilenolide	3	2	1	1	1	1	1	705994
undecanedioic acid	133393	215902	1	181975	173613	1	1	1
panasenoside	1	291332	413408	1	1	1	1	1
clindamycin	1	1	1	1	1	704563	1	1
4-imidazolone-5-acetate	1	1	1	169250	1	109867	420773	1
levofuraltadone	99756	99756	99756	2	99756	99756	99756	99756
PG[18:4(6Z,9Z,12Z,15Z)/22:6(4Z,7Z,10Z,13Z,16Z,19Z)]	1	695783	1	1	1	1	1	1
tecostanine	1	1	1	1	1	413240	282015	1
cystamine	1	692906	1	1	1	1	1	1
2-oxoarginine	1	675946	1	1	1	1	1	1
Cys Gly	1	330725	336293	1	1	1	1	1
cardiogenol C	1	80957	113501	135969	1	168077	167846	1
C75	1	1	1	1	1	373496	288822	1
swietenidin B	1	2	2	3	323378	6	7	323378
dopaquinone	1	1	1	1	1	644269	1	1
alhpa-tocopheronic acid	148588	171179	1	1	138798	1	164389	1
sporidesmin	1	1	1	1	1	618786	1	1
CMP-2-aminoethylphosphonate	1	264763	338775	1	1	1	1	1
rhexifoline	602880	1	1	1	1	1	1	1

物质组	发酵2 d	发酵4 d	发酵6 d	发酵8 d	发酵10 d	发酵12 d	发酵14 d	发酵16 d
dimethyl malonate	1	1	597534	1	1	1	1	1
Gly-Gly-OH	592870	1	1	1	1	1	1	1
endo-1-methyl-*N*-(9-methyl-9-azabicyclo[3.3.1]non-3-yl)-*N*-oxide	335633	1	253955	1	1	1	1	1
mequitazine	1	1	1	1	1	1	1	569963
7α-(thiomethyl)spironolactone	1	1	1	1	232549	115647	206695	1
1*H*-imidazole-4-carboxamide, 5-[3-(hydroxymethyl)-3-methyl-1-triazenyl]-	551353	1	1	1	1	1	1	1
Ala Phe Arg	1	1	1	176179	191699	1	183017	1
4-(2-hydroxypropoxy)-3,5-dimethyl-Phenol	180807	235691	127519	1	1	1	1	1
(+)-cucurbic acid	1	1	1	1	1	1	1	533652
L-tyrosine methyl ester	1	1	1	116715	125068	134150	155351	1
3-hydroxy-sebacic acid	125923	172430	214057	1	1	1	1	1
triphenyl phosphate	1	193470	317491	1	1	1	1	1
16:4(6*Z*,9*Z*,12*Z*,15*Z*)	1	1	192247	148515	1	1	169817	1
Val-Asp-OH	1	1	1	1	193814	315539	1	1
methoxychlor	1	1	1	1	507154	1	1	1
VER-50589	1	1	216478	289794	1	1	1	1
scopoline	1	1	1	1	1	504782	1	1
Asn Arg	1	1	1	1	1	1	503438	1
1-(1-oxopropyl)-1H-imidazole	1	225647	254310	1	1	1	1	1
acamprosate	1	1	1	1	473054	1	1	1
trans,*trans*-farnesyl phosphate	1	1	1	1	1	1	1	469052
MID58090:*O*-b-D-Gal-(1→3)-*O*-[*O*-b-D-Gal-(1→4)-2-(acetylamino)-2-deoxy-b-D-Glc-(1→6)]-2-(acetylamino）	464939	1	1	1	1	1	1	1
quercetol B	1	1	457932	1	1	1	1	1
chlormezanone	1	1	1	1	1	1	1	455327
S-(2-aminoethyl) isothiourea	1	1	1	1	1	1	1	453829
3-guanidinopropanoate	1	300359	1	1	1	143099	1	1
Leu Tyr Pro	1	439421	1	1	1	1	1	1
taurochenodeoxycholic acid 3-sulfate	1	433926	1	1	1	1	1	1
carbenicillin	429934	1	1	1	1	1	1	1
tetraneurin A	1	1	1	1	1	1	1	428687
dopaxanthin	428518	1	1	1	1	1	1	1
fluoren-9-one	1	1	1	1	425135	1	1	1
tert-butylbicyclophosphorothionate	423417	1	1	1	1	1	1	1
3,11-dihydroxy myristoic acid	420289	1	1	1	1	1	1	1
Tyr Phe Phe	1	419708	1	1	1	1	1	1
glymidine	1	1	1	1	1	1	419298	1
meliantriol	1	1	1	418378	1	1	1	1

物质组	发酵2 d	发酵4 d	发酵6 d	发酵8 d	发酵10 d	发酵12 d	发酵14 d	发酵16 d
(25R)-11alpha,20,26-trihydroxyecdysone	1	417149	1	1	1	1	1	1
methyl 4-[2-(2-formyl-vinyl)-3-hydroxy-5-oxo-cyclopentyl]-butanoate	1	1	1	1	1	1	1	417099
1,1,1-trichloro-2-(o-chlorophenyl)-2-(p-chlorophenyl)ethane	1	1	1	1	1	414086	1	1
sophoramine	1	1	1	411544	1	1	1	1
spenolimycin	207066	182432	1	1	1	1	1	1
isobutrin	1	1	1	1	196205	191932	1	1
tricrozarin A	1	1	1	1	1	1	1	383775
deamino-α-keto-demethylphosphinothricin	1	1	1	1	1	1	1	379793
PG[O-18:0/20:4(5Z,8Z,11Z,14Z)]	1	1	1	204438	1	175205	1	1
lienomycin	1	1	1	1	1	363372	1	1
3-ethylcatechol	361171	1	1	1	1	1	1	1
α-terpinyl acetate	1	1	1	1	1	1	1	355026
Pro Trp Asp	1	348140	1	1	1	1	1	1
YM-53601	1	1	1	1	1	1	1	347209
graphinone	1	1	1	179711	1	163183	1	1
3S-hydroxy-decanoic acid	121406	221480	1	1	1	1	1	1
5-hydroxy caproaldehyde	220585	1	117986	1	1	1	1	1
halofenozide	1	1	1	1	1	1	1	337946
prednicarbate	1	1	1	1	1	1	1	337738
fagomine	1	335951	1	1	1	1	1	1
aconitine	1	334018	1	1	1	1	1	1
Trp Thr Thr	1	330657	1	1	1	1	1	1
mycalamide A	1	1	328782	1	1	1	1	1
lyngbic acid	1	1	1	1	1	1	1	326972
granisetron metabolite 3	1	324096	1	1	1	1	1	1
ganglioside GA2 (d18:1/12:0)	1	1	1	1	1	1	1	321437
CAY10561	1	1	316252	1	1	1	1	1
6alpha-chloro-17-acetoxyprogesterone	1	1	315753	1	1	1	1	1
quercetin 3,7,4'-tri-O-sulfate	1	1	1	1	1	315343	1	1
carmustine	1	1	1	1	313273	1	1	1
4-amino-4-cyano-butanoic acid	312426	1	1	1	1	1	1	1
Leu-Asp-OH	307532	1	1	1	1	1	1	1
cefotiam	1	1	1	307121	1	1	1	1
spectinomycin	1	1	1	304362	1	1	1	1
nitrogen mustard N-oxide	1	1	1	1	304019	1	1	1
9,10,16-trihydroxy palmitic acid	302400	1	1	1	1	1	1	1
Tos-Arg-CH$_2$Cl	1	1	1	1	1	1	1	298200

物质组	发酵2 d	发酵4 d	发酵6 d	发酵8 d	发酵10 d	发酵12 d	发酵14 d	发酵16 d
quercetin 5,7,3',4'-tetramethyl ether 3-rutinoside	297348	1	1	1	1	1	1	1
santiaguine	1	1	294363	1	1	1	1	1
dihydrojasmonic acid, methyl ester	1	1	1	1	1	138482	155051	1
7S-hydroxy-octanoic acid	291967	1	1	1	1	1	1	1
L-2-amino-6-oxoheptanedioate	1	1	131477	155936	1	1	1	1
cinnamodial	1	1	1	1	144780	1	136121	1
(3S)-3,6-diaminohexanoate	135355	1	1	140948	1	1	1	1
MID42519:1α-hydroxy-18-(4-hydroxy-4-methyl-2-pentynyloxy)-23,24,25,26,27-pentanorvitamin D3 / 1α-hyd	275313	1	1	1	1	1	1	1
L-beta-aspartyl-L-glutamic acid	275015	1	1	1	1	1	1	1
benzo[b]naphtho[2,1-d]thiophene	1	274013	1	1	1	1	1	1
2,3-dihydroxycyclopentaneundecanoic acid	267336	1	1	1	1	1	1	1
Arg Glu Gly	1	1	1	1	1	1	266465	1
triethylenemelamine	1	1	1	1	264827	1	1	1
PA[P-16:0/22:4(7Z,10Z,13Z,16Z)]	1	264686	1	1	1	1	1	1
N-desmethylperazine	1	1	1	1	1	1	263004	1
uplandicine	135385	1	124813	1	1	1	1	1
Thr Gln Ser	1	1	1	260020	1	1	1	1
Glu Ile Leu	1	259732	1	1	1	1	1	1
bismuth subsalicylate	1	1	257278	1	1	1	1	1
L-glutamate	1	1	1	255962	1	1	1	1
5-oxo-pentanoic acid	1	254724	1	1	1	1	1	1
phytuberin	1	128378	1	1	124754	1	1	1
cidofovir	1	1	1	1	1	1	1	252090
schizonepetoside E	1	1	1	1	1	1	1	248914
3-hydroxy-dodecanedioic acid	1	248107	1	1	1	1	1	1
fluphenazine enanthate	1	247997	1	1	1	1	1	1
3-oxo-tetradecanoic acid	241927	1	1	1	1	1	1	1
4-hydroxyquinoline	1	241605	1	1	1	1	1	1
methionine	1	1	1	240251	1	1	1	1
L-gamma-glutamyl-L-valine	1	237016	1	1	1	1	1	1
docosanediol-1,14-disulfate	1	236897	1	1	1	1	1	1
methyl5-(but-3-en-1-yl)amino-1,3,4-oxadiazole-2-carboxylate	232226	1	1	1	1	1	1	1
Leu Pro Lys	1	1	1	82786	1	82554	65671	1
natamycin	1	228113	1	1	1	1	1	1
Ile Thr Asn	1	223583	1	1	1	1	1	1
4,4'-methylenebis(2,6-di-tert-butylphenol)	1	1	1	1	221123	1	1	1

续表

物质组	发酵2 d	发酵4 d	发酵6 d	发酵8 d	发酵10 d	发酵12 d	发酵14 d	发酵16 d
Lys Glu Pro	1	217796	1	1	1	1	1	1
Ser Ser Ser	215849	1	1	1	1	1	1	1
7-epi jasmonic acid	1	1	1	1	1	1	1	214116
amastatin	1	213644	1	1	1	1	1	1
25-hydroxyvitamin D3-bromoacetate	1	1	1	1	213395	1	1	1
ustilic acid A	211696	1	1	1	1	1	1	1
isobutylglycine	207167	1	1	1	1	1	1	1
3R-hydroxypalmitic acid	205942	1	1	1	1	1	1	1
GalNAcβ1-3[Fucα1-2]Galβ1-3GlcNAcβ-Sp	1	205131	1	1	1	1	1	1
PIP2[20:2(11Z,14Z)/18:0]	1	203450	1	1	1	1	1	1
O-feruloylgalactarate	1	203441	1	1	1	1	1	1
4,4'-thiodianiline	105043	1	1	97255	1	1	1	1
Asp Cys Pro	1	202060	1	1	1	1	1	1
granilin	1	1	1	1	1	1	1	198383
matteucinol 7-O-beta-D-apiofuranosyl (1→6)-beta-D-glucopyranoside	1	193826	1	1	1	1	1	1
10-hydroxydihydrosanguinarine	1	1	1	1	1	1	1	192492
SR 144528	1	191765	1	1	1	1	1	1
6,8-dihydroxy-octanoic acid	1	190802	1	1	1	1	1	1
3-methyluric acid	1	1	1	190685	1	1	1	1
CAY10633	1	190450	1	1	1	1	1	1
benzo[ghi]perylene	1	1	1	1	1	1	1	190294
Trp Gly Ile	1	1	189823	1	1	1	1	1
hydroxyflunarizine	1	1	189580	1	1	1	1	1
secologanate	1	1	1	72705	1	1	116635	1
Val Ile Asp	189156	1	1	1	1	1	1	1
naltrindole	1	1	1	1	1	188144	1	1
2-propyl-3-hydroxyethylenepyran-4-one	187609	1	1	1	1	1	1	1
Gln Gln Gln	1	1	1	1	1	187164	1	1
3-hydroxysuberic acid	1	1	1	186598	1	1	1	1
chitobiose	1	1	1	1	185751	1	1	1
oxonitine	1	184559	1	1	1	1	1	1
pteroic acid	1	1	1	1	1	1	182125	1
gambogic acid	1	180993	1	1	1	1	1	1
lophophorine	1	179587	1	1	1	1	1	1
furafylline	1	1	1	1	179412	1	1	1
spinosyn J	1	175796	1	1	1	1	1	1
2-methylaminoadenosine	1	1	1	1	1	1	1	174493
tert-butyl p-(bromomethyl) benzoate	1	1	1	1	1	1	1	174217
ethyl phenothiazine-2-carbamate	1	1	1	1	1	174041	1	1

续表

物质组	发酵2 d	发酵4 d	发酵6 d	发酵8 d	发酵10 d	发酵12 d	发酵14 d	发酵16 d
8-hydroxy-4,8-dimethyl-4E,9-decadienoic acid	1	172997	1	1	1	1	1	1
caracurine V	1	172924	1	1	1	1	1	1
9R,10S,18-trihydroxy-stearic acid	172894	1	1	1	1	1	1	1
Trp Thr Ile	1	1	168559	1	1	1	1	1
isobergaptene	1	1	1	1	168396	1	1	1
catharine	1	163956	1	1	1	1	1	1
Trp Met Pro	1	1	1	1	1	1	1	163290
12alpha-hydroxyamoorstatin	1	161433	1	1	1	1	1	1
4-methylburimamide	1	1	1	1	1	1	1	160856
lanceotoxin A	1	160114	1	1	1	1	1	1
Lys Trp Ala	1	159873	1	1	1	1	1	1
18-hydroxy-9R,10S-epoxy-stearic acid	158299	1	1	1	1	1	1	1
7-oxo-11Z-tetradecenoic acid	156739	1	1	1	1	1	1	1
all-trans-heptaprenyl diphosphate	1	156099	1	1	1	1	1	1
phloionolic acid	155690	1	1	1	1	1	1	1
S-methylcaptopril	1	155443	1	1	1	1	1	1
lactone of PGF-MUM	1	1	154694	1	1	1	1	1
4-quinolinemethanol, 2,8-bis(trifluoromethyl)-	1	1	1	1	1	153517	1	1
17-hydroxyandrostane-3-glucuronide	1	150569	1	1	1	1	1	1
RG-14620	149864	1	1	1	1	1	1	1
2,4-dihydroxypteridine	1	1	147893	1	1	1	1	1
5-L-glutamyl-L-alanine	92753	1	54836	1	1	1	1	1
5-phenyl-1,3-oxazinane-2,4-dione	1	1	147419	1	1	1	1	1
oil orange SS	1	1	1	1	146658	1	1	1
Tyr-Nap-OH	1	1	1	146114	1	1	1	1
3,3'-dimethoxybenzidine	1	1	1	1	1	1	145841	1
2-ethylhexyl acrylate	1	1	1	145510	1	1	1	1
2-(o-carboxybenzamido)glutaramic acid	144991	1	1	1	1	1	1	1
beauvericin	1	144499	1	1	1	1	1	1
pramanicin	144486	1	1	1	1	1	1	1
metribuzin	1	1	1	1	1	1	1	143027
methyl parathione	1	1	1	1	142904	1	1	1
13-hydroxy-tridecanoic acid	1	1	1	1	142079	1	1	1
His Asp Ser	1	1	1	1	1	1	1	141927
2-hydroxy-6-oxo-6-(2-carboxyphenyl)-hexa-2,4-dienoate	140896	1	1	1	1	1	1	1
Met-Asp-OH	1	1	1	1	139940	1	1	1
N-furfurylformamide	1	1	1	1	1	65849	71818	1
dihydroaceanthrylene	1	1	1	132424	1	1	1	1

物质组	发酵2 d	发酵4 d	发酵6 d	发酵8 d	发酵10 d	发酵12 d	发酵14 d	发酵16 d
adefovir	1	1	1	132048	1	1	1	1
swertiamarin	1	1	1	1	1	131885	1	1
tryptanthrine	1	1	1	1	1	1	1	130925
amcinonide	1	1	130301	1	1	1	1	1
camoensine	1	1	1	128002	1	1	1	1
Lys Gln Trp	1	1	1	1	1	1	1	127994
4-hydroxycinnamyl aldehyde	1	1	1	124208	1	1	1	1
CAY10608	1	1	1	1	1	1	1	123408
diglykokoll	1	1	1	123397	1	1	1	1
paederoside	1	1	1	1	1	1	1	123283
6-paradol	1	1	1	1	118377	1	1	1
DPPP	1	1	1	1	1	101705	1	1
Leu Glu	1	99171	1	1	1	1	1	1
clorazepate	1	1	1	1	97199	1	1	1
chlorophacinone	1	1	1	1	1	1	1	95172
Ile Ala	93970	1	1	1	1	1	1	1
17-hydroxy-heptadecanoic acid	1	1	1	1	91141	1	1	1
delta-3,4,5,6-tetrachlorocyclohexene	1	1	89044	1	1	1	1	1
Pro Thr Trp	1	1	1	1	84113	1	1	1
Thiosulfic acid	1	82369	1	1	1	1	1	1
N-acetyl-L-lysine	81618	1	1	1	1	1	1	1
O-desmethylquinidine glucuronide	1	77295	1	1	1	1	1	1
(*S*)-2-*O*-sulfolactate	1	1	1	69257	1	1	1	1
2,3,3',4,4',5,5'-heptachlorobiphenyl	1	1	1	1	1	67305	1	1
phenylgalactoside	63612	1	1	1	1	1	1	1
ornithine	1	1	1	48592	1	1	1	1
TG[18:2(9Z,12Z)/20:2(11Z,14Z)/22:1(13Z)][iso6]	1	1	1	1	34666	1	1	1
总和	173997494	198084627	183177876	188822350	140687761	193783428	230169521	148831998

　　添加链霉菌剂肉汤实验发酵阶段物质组理化特性列表 4-115。发酵过程物质组相对含量总和前 24 的物质有十四烷基硫酸盐（tetradecyl sulfate，相对含量 133551656）>姜辣素（gingerol，相对含量 106171446）>肌肽（carnosine，相对含量 88356949）> N- 乙酰 -DL- 缬氨酸（N-acetyl-DL-valine，相对含量 44499722）> (22E)-3α-hydroxychola- 5,16,22 -trien-24-oic acid（相对含量 43950423）>二甲炔酮（dimethisterone，相对含量 40522367）>氯甲硫磷（chlorthiophos，相对含量 33676604）>缩水甘油醛（glycidaldehyde，相对含量 33250874）> 岩藻糖苷类 (2'S)-deoxymyxol 2'-α-L-fucoside,（相对含量 28895278）> N- 乙酰亮氨酸（N-acetylleucine，相对含量 27931805）>甲基苯乙腈（tolylacetonitrile，相对含量 26230928）>泛酸（pantothenic acid，相对含量 25936397）> PG[16:1(9Z)/22:6 (4Z,7Z,10Z,13Z,16Z,19Z)]（相对含量 18367478）>槟榔碱（arecoline，相对含量 17871761）> 2,6- 二氨基 -7- 羟基 -

壬二酸（2,6-diamino-7- hydroxy-azelaic acid，相对含量15482580）＞PS[22:2(13Z,16Z)/17:1(9Z)](相对含量14631821) ＞哌啶酮（piperidione，相对含量14449498）＞延命草素（enmein，相对含量14429371）＞ 9S,10S,11R- 三羟基 -12Z- 十八碳烯酸类（9S,10S,11R-trihydroxy-12Z-octadecenoic acid，相对含量14000819）＞硫酸喹诺糖二酰甘油酯 {quinolose diacylglyceride sulfate，SQDG [16:0/ 16:1(13Z)]，相对含量13879203} ＞甲基 8-[2-(2- 甲酰乙烯基) 3 羟基 -5- 氧代 - 环戊基]- 辛酸 {methyl 8-[2-(2-formyl-vinyl) -3-hydroxy- 5-oxo-cyclopentyl]- octanoate，相对含量13621381} ＞对羟基苯丙酮（p-hydroxypropiophenone，相对含量13267080）＞ 4,5- 二羟基己酸内酯（4,5-dihydroxyhexanoic acid lactone，相对含量13108131）＞蛇孢假壳素 A（ophiobolin A，相对含量12959197）。添加链霉菌剂与添加芽胞菌剂的物质组差异显著。

表4-115　添加链霉菌剂肉汤实验发酵阶段物质组理化特性

物质组	总和	分子量	保留时间/min	CAS 号
[1] tetradecyl sulfate	133551656	294.1858	36.297	139-88-8
[2] gingerol	106171446	294.1833	36.32	58253-27-3
[3] carnosine	88356949	226.1062	1.278	305-84-0
[4] N-acetyl-DL-valine	44499722	159.0892	10.7745	3067-19-4
[5] (22E)-3α-hydroxychola-5,16,22-trien-24-oic acid	43950423	370.2509	41.63429	
[6] dimethisterone	40522367	340.2403	42.55129	79-64-1
[7] chlorthiophos	33676604	359.9567	41.675	21923-23-9
[8] glycidaldehyde	33250874	72.0211	3.007	765-34-4
[9] (2'S)-deoxymyxol 2'-α-L-fucoside	28895278	714.487	31.152	
[10] N-acetylleucine	27931805	173.1048	17.6915	1188-21-2
[11] tolylacetonitrile	26230928	131.0735	26.28625	22364-68-7
[12] pantothenic acid	25936397	219.1105	11.898	137-08-6
[13] PG[16:1(9Z)/22:6(4Z,7Z,10Z,13Z,16Z,19Z)]	18367478	792.4963	30.1375	
[14] arecoline	17871761	155.0944	15.02133	300-08-3
[15] 2,6-diamino-7-hydroxy-azelaic acid	15482580	234.1206	36.354	
[16] PS[22:2(13Z,16Z)/17:1(9Z)]	14631821	827.562	31.22943	
[17] piperidione	14449498	169.1101	22.772	77-03-2
[18] enmein	14429371	362.1737	36.3	3776-39-4
[19] 9S,10S,11R-trihydroxy-12Z-octadecenoic acid	14000819	330.2405	35.88386	
[20] SQDG[16:0/16:1(13Z)]	13879203	792.507	31.167	
[21] methyl 8-[2-(2-formyl-vinyl)-3-hydroxy- 5-oxo-cyclopentyl]-octanoate	13621381	310.1781	37.07843	
[22] p-hydroxypropiophenone	13267080	150.0679	29.643	70-70-2
[23] 4,5-dihydroxyhexanoic acid lactone	13108131	130.0629	19.188	27610-27-1
[24] ophiobolin A	12959197	400.2612	40.50986	
[25] 10-hydroxy-hexadecan-1,16-dioic acid	12752511	302.2093	33.293	
[26] diadinoxanthin	12727421	582.4097	28.57333	18457-54-0
[27] etretinate	12453744	354.2194	41.40557	54350-48-0
[28] thyrotropin releasing hormone	12198291	362.1705	36.32157	24305-27-9

续表

物质组	总和	分子量	保留时间/min	CAS 号
[29] vanillin	11614556	152.0472	19.009	121-33-5
[30] 3-methyl-quinolin-2-ol	11456367	159.0684	19.626	
[31] quinoline	11252945	129.0576	26.282	91-22-5
[32] nonate	10769013	188.1046	29.2842	
[33] 12-oxo-14,18-dihydroxy-9Z,13E,15Z-octadecatrienoic acid	10453129	324.1942	41.567	
[34] 5-(3-pyridyl)-2-hydroxytetrahydrofuran	10200395	165.0786	6.105167	53798-73-5
[35] F-honaucin A	9665352	188.049	1.8965	
[36] 3-oxo-5beta-chola-8(14),11-dien-24-oic acid	9231412	370.251	41.555	
[37] Abu-Asp-OH	8508571	326.0766	19.01	
[38] KB2115	8397063	484.9449	42.336	355129-15-6
[39] acetylaminodantrolene	8338704	326.1032	26.28	41515-09-7
[40] seneciphylline	7366908	333.1586	36.297	480-81-9
[41] 2-amino-5-phosphopentanoic acid	7220045	197.0451	26.312	76326-31-3
[42] sesartemin	6385622	430.1622	36.29	77394-27-5
[43] L-histidine	6365796	155.0691	1.25	71-00-1
[44] 3-(4-hydroxyphenyl)propionic acid	6140917	166.0625	24.0875	
[45] streptidine	6006754	262.1386	1.385	85-17-6
[46] His His Ser	5924621	379.1607	36.32217	
[47] KAPA	5640465	187.1205	19.05617	4707-58-8
[48] phytolaccoside B	5627611	664.3828	30.122	60820-94-2
[49] 2-hydroxy enanthoic acid	5465428	146.094	25.85725	
[50] estradiol dipropionate	5445520	384.2299	40.20186	
[51] 4-hexyloxyphenol	5380344	194.1305	36.01043	18979-55-0
[52] deoxyuridine monophosphate (dUMP)	5283195	308.0418	2.021	964-26-1
[53] PG[22:2(13Z,16Z)/0:0]	5229719	564.3422	36.302	
[54] lisuride	4923187	338.2107	35.957	18016-80-3
[55] tetranactin	4773383	792.501	30.152	33956-61-5
[56] 2(3H)-furanone, dihydro-3,4-dihydroxy	4686025	118.0266	2.7875	15667-21-7
[57] lucanthone	4567758	340.1611	9.676	479-50-5
[58] N-methylundec-10-enamide	4508435	197.1777	34.98333	
[59] mercaptoacetyl-Phe-Leu	4505042	352.1444	36.302	
[60] DL-o-tyrosine	4488119	181.0736	2.85175	2370-61-8
[61] 5-hydroxyferulate	4372215	210.0525	25.12957	
[62] 1-O-alpha-D-glucopyranosyl-1,2-eicosandiol	4348306	476.3703	47.16383	
[63] boschniakine	4308263	161.0838	26.04034	18070-40-1
[64] Lys Ser Thr	4138863	334.1831	42.388	
[65] DL-3-phenyllactic acid	4108154	166.0624	25.14767	828-01-3
[66] 4-O-demethyl-13-dihydroadriamycinone	4026432	402.095	34.31628	69549-52-6
[67] 9-bromo-decanoic acid	3954087	250.056	6.156	
[68] 25-hydroxyvitamin D2-25-glucuronide	3934230	588.3654	36.3008	

物质组	总和	分子量	保留时间/min	CAS 号
[69] *N*-methyl hexanamide	3904091	129.1153	15.6245	
[70] Cer[*d*18:0/18:1(9*Z*)]	3790347	565.5434	48.0235	
[71] endothion	3774021	280.016	2.9875	
[72] Lys Cys Gly	3648673	306.1361	36.32058	
[73] Asp Gly Ser	3562248	277.0921	6.158	
[74] proglumide	3440400	334.1895	42.387	6620-60-6
[75] tetradecanedioic acid	3438302	258.1829	36.79057	821-38-5
[76] 2-aminoadenosine	3429310	282.1078	19.2375	
[77] methyl allyl disulfide	3401887	120.0071	3.7285	2179-58-0
[78] trichlormethine	3398665	203.0038	3.014	555-77-1
[79] isoleucine	3357969	131.0944	2.866857	443-79-8
[80] lauryl hydrogen sulfate	3321985	266.155	43.73543	151-21-3
[81] 3-hydroxy-tetradecanedioic acid	3310368	274.1778	31.64272	
[82] neostearic acid	3292840	284.2713	46.46786	
[83] 3-hydroxyglutaric acid	3237943	148.0368	2.198	638-18-6
[84] DL-3-hydroxy caproic acid	3223187	132.0785	20.0832	
[85] 5-oxoavermectin "1a" aglycone	3222712	582.3185	28.565	
[86] 3-hydroxy-2-methyl-[*R*-(*R*,*S*)]-butanoic acid	3177841	118.0629	9.818	71526-30-2
[87] 2-amino-8-oxo-9,10-epoxy-decanoic acid	3160563	215.1154	23.189	
[88] Asp-Tyr-OH	3151219	404.0828	24.73533	
[89] phenyllactic acid	3087561	166.0623	23.28425	828-01-3
[90] Gly Tyr Asn	2963376	352.1396	6.096	
[91] SC-1271	2786648	358.0723	34.647	
[92] 1,4-methylimidazoleacetic acid	2739085	140.0584	1.558	2625-49-2
[93] 1,2-dihexanoyl-sn-glycerol	2662586	288.1934	35.46483	30403-47-5
[94] furmecyclox	2651119	251.1519	40.112	60568-05-0
[95] D-ribitol 5-phosphate	2639108	232.0345	25.10383	
[96] binapacryl	2619521	322.118	29.654	485-31-4
[97] 17-phenyl trinor prostaglandin A2	2595574	368.1992	39.40767	38315-51-4
[98] psoromic acid	2524082	358.069	34.70072	
[99] propionylglycine	2517573	131.058	10.36267	21709-90-0
[100] lentiginosine	2514904	157.1099	14.811	125279-72-3
[101] PA[*O*-16:0/18:4(6*Z*,9*Z*,12*Z*,15*Z*)]	2473033	654.4573	30.2858	
[102] 4,4'-dinitrostilbene	2437577	270.0635	39.719	
[103] L-2-aminoadipate 6-semialdehyde	2354757	145.0737	4.271	
[104] 4-oxoproline	2352205	129.0425	2.0295	
[105] cnicin	2329302	378.1688	37.064	24394-09-0
[106] benzal chloride	2324990	159.9852	7.756333	98-87-3
[107] 2,2-dichloro-1,1-ethanediol	2277745	129.9586	50.392	16086-14-9
[108] Glu Pro Arg	2246396	400.2058	40.532	

续表

物质组	总和	分子量	保留时间/min	CAS 号
[109] 12-tridecynoic acid	2231244	210.1616	35.36071	
[110] 4,8,12-trimethyltridecanoic acid	2226403	256.2399	44.4016	
[111] monodehydroascorbate	2216355	175.0241	26.6195	
[112] p-hydroxyfelbamate	2197316	254.0891	1.3825	109482-28-2
[113] 3-dehydro-L-threonate	2176368	134.0215	1.612	
[114] CGS 7181	2105858	406.1155	25.568	
[115] Asp Gly Asp	2105143	305.085	22.797	
[116] methyl orsellinate	2104230	182.0575	17.94334	3187-58-4
[117] taurine	2101580	125.0148	1.2672	107-35-7
[118] Glu Glu	2041431	276.0962	1.474	
[119] 9Z-hexadecenyl acetate	2039041	282.2558	44.75186	
[120] N-acetyl-aspartyl-glutamate	2038253	304.0923	10.715	3106-85-2
[121] perazine	2034368	339.1766	20.7205	84-97-9
[122] arabinonic acid	2004216	166.0469	1.36	
[123] chlorendic acid	1994084	385.8214	42.161	115-28-6
[124] 15-deoxy-Δ12,14-prostaglandin J2-biotin	1987893	626.3873	44.341	
[125] cyhexatin	1980909	378.1655	37.07517	13121-70-5
[126] captopril disulfide	1973896	430.1492	1.273	
[127] idazoxan	1964916	204.0896	17.15917	79944-58-4
[128] 9-hydroperoxy-12,13-dihydroxy-10-octadecenoic acid	1939611	346.2353	32.81371	
[129] alpha-L-rhamnopyranosyl-(1→2)-beta-D-galactopyranosyl-(1→2)-beta-D-glucuronopyranoside	1912521	502.1538	8.088	
[130] phosdiphen	1906699	413.9131	42.889	36519-00-3
[131] 4-heptyloxyphenol	1898543	208.1462	35.64362	13037-86-0
[132] L-anserine	1868394	240.1221	1.291667	
[133] ribose-1-arsenate	1855680	273.9645	1.11	
[134] 4'-hydroxyacetophenone	1848092	136.0521	22.41667	99-93-4
[135] coronene	1844797	300.093	22.785	191-07-1
[136] 9-oxo-2E-decenoic acid	1842199	184.1098	29.8526	
[137] fosphenytoin	1817711	362.0676	1.248	
[138] citramalic acid	1808153	148.0368	2.5035	597-44-4
[139] CGP 52608	1792705	244.0464	25.56	87958-67-6
[140] His Ser Lys	1778813	370.1968	33.29117	
[141] quercetin 3,7,3',4'-tetra-O-sulfate	1768362	621.8693	43.427	
[142] kinamycin D	1731829	454.0994	19.01	35303-14-1
[143] thymine	1686765	126.043	4.012667	65-71-4
[144] gabapentin	1649443	171.1255	22.75	60142-96-3
[145] 6,8-dihydroxypurine	1648888	152.0334	3.061	13231-00-0
[146] N-monodesmethyldiltiazem	1629897	400.1475	37.078	86408-45-9
[147] Arg Gly His	1588728	368.1923	16.4	

物质组	总和	分子量	保留时间/min	CAS 号
[148] His His Gly	1563050	349.1508	37.08243	
[149] spaglumic acid	1523921	304.0903	2.8145	4910-46-7
[150] salvarsan	1512637	365.9239	42.559	139-93-5
[151] methyl arachidonyl fluorophosphonate	1489852	370.2433	42.366	
[152] bis(4-fluorophenyl)-methanone	1483485	218.0551	29.64	345-92-6
[153] 2-(m-chlorophenyl)-2-(p-chlorophenyl)-1,1-dichloroethane	1443243	317.955	49.1575	
[154] 3S-hydroxy-dodecanoic acid	1437530	216.1723	38.7805	
[155] salicylaldehyde	1434269	122.0368	20.42733	90-02-8
[156] 2,3-dinor thromboxane B1	1405157	344.2222	31.3785	
[157] 9-hydroperoxy-12,13-epoxy-10-octadecenoic acid	1390916	328.2236	35.27525	
[158] kaempferol 3-[2''',3''',4'''-triacetyl-alpha-L-arabinopyranosyl-(1→6)-glucoside]	1375052	706.1771	26.3085	
[159] dimethoxane	1339694	174.0888	25.8368	828-00-2
[160] 4,4-difluoro-17beta-hydroxy-17alpha-methyl-androst-5-en-3-one	1325596	338.2064	35.8565	
[161] lipoxin E4	1313556	455.2354	26.464	
[162] pacifenol	1268584	397.9272	41.363	
[163] O-acetylserine	1247297	147.053	1.325	5147-00-2
[164] 5-(3-methyltriazen-1-yl)imidazole-4-carboxamide	1243863	168.0759	25.24375	3413-72-7
[165] purine	1237256	120.0436	34.87225	120-73-0
[166] 6R-hydroxy-tetradecanoic acid	1235014	244.2035	40.8628	
[167] 7-oxo-11-dodecenoic acid	1217746	212.1409	35.8555	54921-60-7
[168] 3-methyl-octanoic acid	1203421	158.1303	28.4484	
[169] o-cresol	1169524	108.0573	19.0065	95-48-7
[170] botrydial	1168468	310.1779	36.0325	
[171] estrone hemisuccinate	1158802	370.1793	42.385	58534-72-8
[172] 1,2,3,7,8,9-hexachlorodibenzodioxin	1156073	387.8186	42.006	19408-74-3
[173] Ser His His	1147601	379.161	36.284	
[174] leflunomide	1132352	270.0615	1.151667	75706-12-6
[175] 2-nitrophenol	1120426	139.0267	4.7495	88-75-5
[176] uric acid	1099533	168.028	2.33225	69-93-2
[177] 2-(4'-chlorophenyl)-3,3-dichloropropenoate	1087767	249.9348	2.819	
[178] conhydrine	1087461	143.1308	22.755	495-20-5
[179] 2,4-diamino-6-hydroxylaminotoluene	1060551	153.09	1.5946	
[180] 22:1(9Z)	1054032	338.3181	47.422	
[181] MID42020:26,26,26,27,27,27-hexafluoro-1α,25-dihydroxy-23,23,24,24-tetradehydrovitamin D3 / 26,26,26,	1045774	520.2405	26.466	
[182] 1-amino-2-methylanthraquinone	1045119	237.0794	36.328	82-28-0
[183] 12-hydroxydihydrochelirubine	1027889	379.1066	36.344	131984-77-5
[184] 3-methyl-tridecanoic acid	1019438	228.2086	42.8614	
[185] artesunate	1009111	384.1772	40.226	88495-63-0
[186] (S)-3-(imidazol-5-yl)lactate	988385	156.053	1.4275	

物质组	总和	分子量	保留时间/min	CAS 号
[187] olsalazine	962403	302.0532	25.58333	15722-48-2
[188] 6-hydroxyluteolin 6,4'-dimethyl ether 7-glucoside	955396	492.1259	34.02217	
[189] gonyautoxin 1	951340	411.0805	26.304	60748-39-2
[190] S-[2-(N7-guanyl)ethyl]-N-acetyl-L-cysteine	942834	340.0969	2.305333	
[191] adouetine Z	917088	699.343	23.29	19542-40-6
[192] 2S-amino-pentanoic acid	910756	117.079	2.753143	
[193] 18-hydroxy-9S,10R-epoxy-stearic acid	910134	314.246	39.6765	
[194] 2-octenal	876973	126.1044	29.2852	
[195] 3,3-dimethylglutaric acid	874042	160.0733	21.11133	4839-46-7
[196] 3β,5α-tetrahydronorethindrone glucuronide	862864	478.2567	38.775	
[197] 4-hydroxy-3-nitrosobenzamide	858115	166.0386	25.129	
[198] Gln Arg Trp	852399	488.2475	23.8465	
[199] 13-methyl-pentadecanoic acid	836221	256.2401	44.358	
[200] propachlor	813632	211.0767	6.266501	1918-16-7
[201] 9Z-dodecen-7-ynyl acetate	810801	222.1614	36.3025	
[202] TyrMe-Asp-OH	800204	432.1165	19.019	
[203] isobutylmethylxanthine	798024	222.1114	1.806	28822-58-4
[204] digalacturonate	786849	370.0759	36.335	5894-59-7
[205] dehydrojuvabione	774251	264.1724	37.028	16060-78-9
[206] 14,15-HxA3-C(11S)	765002	643.3181	22.093	
[207] TyrMe-TyrMe-OH	762311	494.1678	29.656	
[208] sebacic acid	757218	202.1203	31.956	111-20-6
[209] capryloylglycine	752538	201.1358	27.27267	14246-53-8
[210] goitrin	750654	129.0252	2.002	500-12-9
[211] diethylstilbestrol monosulfate monoglucuronide	750045	524.1357	8.092	34210-89-4
[212] acetylsulfamethoxazole	741945	295.0641	19.518	21312-10-7
[213] deoxyribonolactone	735941	132.042	6.4995	
[214] homocysteinesulfinic acid	733255	167.0249	1.68825	31523-80-5
[215] L-alpha-glutamyl-L-hydroxyproline	728590	260.1022	18.8805	
[216] 13,14-dihydro-16,16-difluoro PGJ2	723712	372.2105	42.38167	
[217] 1,2-dihydroxydibenzothiophene	719607	216.025	13.5615	
[218] chaetoglobosin A	714456	528.26	36.319	
[219] 2-ethyl-2-hydroxybutyric acid	714075	132.0782	18.769	3639-21-2
[220] DuP-697	711382	409.947	41.935	88149-94-4
[221] eremophilenolide	706004	234.1618	38.76225	4871-90-3
[222] undecanedioic acid	704887	216.1359	34.07425	1852-04-6
[223] panasenoside	704746	610.1546	25.5625	
[224] clindamycin	704570	424.1816	14.904	18323-44-9
[225] 4-imidazolone-5-acetate	699895	142.0379	2.198334	
[226] levofuraltadone	698295	324.1081	2.8435	3795-88-8

物质组	总和	分子量	保留时间/min	CAS 号
[227] PG[18:4(6Z,9Z,12Z,15Z)/22:6(4Z,7Z,10Z,13Z,16Z,19Z)]	695790	814.4811	30.23	
[228] tecostanine	695261	183.1617	30.6575	708-18-9
[229] cystamine	692913	152.0449	17.33	56-17-7
[230] 2-oxoarginine	675953	173.0799	1.648	
[231] Cys Gly	667024	178.0406	25.5595	
[232] cardiogenol C	666353	260.1271	1.343	671225-39-1
[233] C75	662324	254.1515	35.9215	191282-48-1
[234] swietenidin B	646778	205.0736	26.03986	2721-56-4
[235] dopaquinone	644276	195.0529	20.29	25520-73-4
[236] alhpa-tocopheronic acid	622958	296.1633	36.965	
[237] sporidesmin	618793	473.0495	14.816	1456-55-9
[238] CMP-2-aminoethylphosphonate	603544	430.0632	25.5565	
[239] rhexifoline	602887	207.0888	24.707	93915-32-3
[240] dimethyl malonate	597541	132.0421	5.179	108-59-8
[241] Gly-Gly-OH	592877	240.0372	29.655	
[242] endo-1-methyl-N-(9-methyl-9-azabicyclo[3.3.1]non-3-yl)-N-oxide	589594	328.1899	33.649	160177-68-4
[243] mequitazine	569970	322.1486	42.18	29216-28-2
[244] 7α-(thiomethyl)spironolactone	554896	388.2068	42.388	38753-77-4
[245] 1H-imidazole-4-carboxamide, 5-[3-(hydroxymethyl)-3-methyl-1-triazenyl]	551360	198.0861	20.923	75513-70-1
[246] Ala Phe Arg	550900	392.2153	44.40133	
[247] 4-(2-hydroxypropoxy)-3,5-dimethyl-phenol	544022	196.1095	32.63367	64111-03-1
[248] (+)-cucurbic acid	533659	212.1416	37.282	
[249] L-tyrosine methyl ester	531288	195.0893	36.92125	1080-06-4
[250] 3-hydroxy-sebacic acid	512415	218.1146	27.70967	1232-73-1
[251] triphenyl phosphate	510967	326.0724	2.823	115-86-6
[252] 16:4(6Z,9Z,12Z,15Z)	510584	248.1775	39.68967	
[253] Val-Asp-OH	509359	340.0918	21.349	
[254] methoxychlor	507161	344.0123	24.633	72-43-5
[255] VER-50589	506278	388.0822	26.3065	747413-08-7
[256] scopoline	504789	155.0942	14.759	487-27-4
[257] Asn Arg	503445	288.1545	42.928	
[258] 1-(1-oxopropyl)-1H-imidazole	479963	124.0633	1.445	4122-52-5
[259] acamprosate	473061	181.0406	9.754	77337-76-9
[260] trans,trans-farnesyl phosphate	469059	302.1661	32.885	
[261] MID58090:O-b-D-Gal-(1→3)-O-[O-b-D-Gal-(1→4)-2-(acetylamino)-2-deoxy-b-D-Glc-(1→6)]-2-acetylamino	464946	748.2752	19.544	90393-60-5
[262] quercetol B	457939	368.1989	39.424	
[263] chlormezanone	455334	273.022	26.049	88-77-3
[264] S-(2-aminoethyl) isothiourea	453836	119.0514	6.213	56-10-0

物质组	总和	分子量	保留时间/min	CAS 号
[265] 3-guanidinopropanoate	443464	131.0691	1.4015	353-09-3
[266] Leu Tyr Pro	439428	391.2103	23.311	
[267] taurochenodeoxycholic acid 3-sulfate	433933	563.2591	24.339	
[268] carbenicillin	429941	378.0887	26.95	4697-36-3
[269] tetraneurin A	428694	322.1422	39.431	22621-72-3
[270] dopaxanthin	428525	390.1048	29.662	71199-31-0
[271] fluoren-9-one	425142	180.0568	26.321	486-25-9
[272] tert-butylbicyclophosphorothionate	423424	222.0478	20.869	70636-86-1
[273] 3,11-dihydroxy myristoic acid	420296	260.1984	37.108	
[274] Tyr Phe Phe	419715	475.209	21.14	
[275] glymidine	419305	309.0798	16.428	339-44-6
[276] meliantriol	418385	490.3676	42.833	25278-95-9
[277] (25R)-11alpha,20,26-trihydroxyecdysone	417156	512.2859	23.851	
[278] methyl 4-[2-(2-formyl-vinyl)-3-hydroxy-5-oxo-cyclopentyl]-butanoate	417106	254.1155	35.933	
[279] 1,1,1-trichloro-2-(o-chlorophenyl)-2-(p-chlorophenyl)ethane	414093	351.9149	42.341	789-02-6
[280] sophoramine	411551	244.1574	34.037	6882-66-2
[281] spenolimycin	389504	346.174	36.3	95041-97-7
[282] isobutrin	388143	596.1762	44.4255	
[283] tricrozarin A	383782	294.0371	21.344	107817-60-7
[284] deamino-α-keto-demethylphosphinothricin	379800	166.0033	19.363	
[285] PG[O-18:0/20:4(5Z,8Z,11Z,14Z)]	379649	784.5601	31.2515	
[286] lienomycin	363379	1213.721	43.564	12710-02-0
[287] 3-ethylcatechol	361178	138.0678	21.524	933-99-3
[288] α-terpinyl acetate	355034	196.1461	36.01138	
[289] Pro Trp Asp	348147	416.1692	21.735	
[290] YM-53601	347216	336.1635	42.893	182959-33-7
[291] graphinone	342900	296.1638	36.9825	19683-98-8
[292] 3S-hydroxy-decanoic acid	342892	188.1407	35.689	
[293] 5-hydroxy caproaldehyde	338577	116.0837	29.649	
[294] halofenozide	337953	330.113	36.333	112226-61-6
[295] prednicarbate	337745	488.2395	26.46	
[296] fagomine	335958	147.089	11.886	53185-12-9
[297] aconitine	334025	645.3141	25	302-27-2
[298] Trp Thr Thr	330664	406.1841	19.171	
[299] mycalamide A	328789	503.2734	27.789	115185-92-7
[300] lyngbic acid	326979	256.2048	44.408	
[301] granisetron metabolite 3	324103	328.1902	33.615	
[302] ganglioside GA2 (d18:1/12:0)	321444	1008.633	47.14	88506-68-7
[303] CAY10561	316259	456.0575	19.021	933786-58-4

物质组	总和	分子量	保留时间/min	CAS 号
[304] 6alpha-chloro-17-acetoxyprogesterone	315760	406.183	36.319	2477-73-8
[305] quercetin 3,7,4'-tri-O-sulfate	315350	541.915	42.588	
[306] carmustine	313280	213.0076	26.056	154-93-8
[307] 4-amino-4-cyano-butanoic acid	312433	128.0586	1.723	
[308] Leu-Asp-OH	307539	354.1076	22.715	
[309] cefotiam	307128	525.1067	26.312	
[310] spectinomycin	304369	332.1595	37.087	1695-77-8
[311] nitrogen mustard N-oxide	304026	171.0227	18.8	126-85-2
[312] 9,10,16-trihydroxy palmitic acid	302407	304.2242	35.902	
[313] Tos-Arg-CH₂Cl	298207	332.1071	37.101	
[314] quercetin 5,7,3',4'-tetramethyl ether 3-rutinoside	297355	666.2171	29.658	
[315] santiaguine	294370	592.3783	36.325	528-31-4
[316] dihydrojasmonic acid, methyl ester	293539	226.1564	33.765	24851-98-7
[317] 7S-hydroxy-octanoic acid	291974	160.1097	31.468	
[318] L-2-amino-6-oxoheptanedioate	287419	189.0634	2.2385	
[319] cinnamodial	280907	308.162	37.0905	23599-45-3
[320] (3S)-3,6-diaminohexanoate	276309	146.1049	1.265	4299-56-3
[321] MID42519:1α-hydroxy-18-(4-hydroxy-4-methyl-2-pentynyloxy)-23,24,25,26,27-pentanorvitamin D3 / 1α-hyd	275320	442.3044	26.478	
[322] L-beta-aspartyl-L-glutamic acid	275022	262.0815	29.68	
[323] benzo[b]naphtho[2,1-d]thiophene	274020	234.05	23.43	239-35-0
[324] 2,3-dihydroxycyclopentaneundecanoic acid	267343	286.2142	37.614	
[325] Arg Glu Gly	266472	360.1689	36.313	
[326] triethylenemelamine	264834	204.112	28.462	51-18-3
[327] PA[P-16:0/22:4(7Z,10Z,13Z,16Z)]	264693	708.508	30.101	
[328] N-desmethylperazine	263011	325.1607	16.866	3240-48-0
[329] uplandicine	260204	357.1792	36.3055	74202-10-1
[330] Thr Gln Ser	260027	334.15	2.875	
[331] Glu Ile Leu	259739	373.2205	23.242	
[332] bismuth subsalicylate	257285	361.9974	25.599	14882-18-9
[333] L-glutamate	255969	147.0527	1.297	56-86-0
[334] 5-oxo-pentanoic acid	254731	116.0473	6.568	
[335] phytuberin	253138	294.1827	39.6845	37209-50-0
[336] cidofovir	252097	279.0625	36.032	113852-37-2
[337] schizonepetoside E	248921	348.1768	43.683	
[338] 3-hydroxy-dodecanedioic acid	248114	246.1462	30.224	
[339] fluphenazine enanthate	248004	549.2613	29.022	2746-81-8
[340] 3-oxo-tetradecanoic acid	241934	242.1872	38.165	
[341] 4-hydroxyquinoline	241612	145.0523	25.362	611-36-9
[342] methionine	240258	149.0506	1.934	59-51-8

物质组	总和	分子量	保留时间/min	CAS 号
[343] L-gamma-glutamyl-L-valine	237023	246.1211	1.521	
[344] docosanediol-1,14-disulfate	236904	502.2638	24.409	
[345] methyl5-(but-3-en-1-yl)amino-1,3,4-oxadiazole-2-carboxylate	232233	197.0795	1.492	
[346] Leu Pro Lys	231016	356.2418	1.395667	
[347] natamycin	228120	665.3032	22.096	
[348] Ile Thr Asn	223590	346.1848	16.085	
[349] 4,4'-methylenebis(2,6-di-tert-butylphenol)	221130	424.3333	44.517	118-82-1
[350] Lys Glu Pro	217803	372.2003	15.356	
[351] Ser Ser Ser	215856	279.1081	36	
[352] 7-epi jasmonic acid	214123	210.1251	36.07	62653-85-4
[353] amastatin	213651	474.2681	21.555	67655-94-1
[354] 25-hydroxyvitamin D3-bromoacetate	213402	520.2535	26.475	
[355] ustilic acid A	211703	288.2299	38.686	
[356] isobutylglycine	207174	268.117	1.745	
[357] 3R-hydroxypalmitic acid	205949	272.2347	40.509	
[358] GalNAcβ1-3[Fucα1-2]Galβ1-3GlcNAcβ-Sp	205138	801.3109	18.992	
[359] PIP2[20:2(11Z,14Z)/18:0]	203457	1050.521	31.554	
[360] O-Feruloylgalactarate	203448	386.0813	25.525	
[361] 4,4'-thiodianiline	202304	216.0711	2.8195	139-65-1
[362] Asp Cys Pro	202067	333.0979	26.199	
[363] granilin	198390	264.1351	37.041	40737-97-1
[364] matteucinol 7-O-beta-D-apiofuranosyl(1→6)-beta-D-glucopyranoside	193833	608.2106	26.96	
[365] 10-hydroxydihydrosanguinarine	192499	349.0956	37.103	
[366] SR 144528	191772	475.2406	23.991	192703-06-3
[367] 6,8-dihydroxy-octanoic acid	190809	176.1041	25.65	
[368] 3-methyluric acid	190692	182.044	2.725	605-99-2
[369] CAY10633	190457	589.2692	2.526	712313-33-2
[370] benzo[ghi]perylene	190301	276.0947	35.937	191-24-2
[371] Trp Gly Ile	189830	374.1957	26.872	
[372] hydroxyflunarizine	189587	420.1998	22.072	
[373] secologanate	189346	374.1209	1.365	
[374] Val Ile Asp	189163	345.1893	24.073	
[375] naltrindole	188151	414.196	44.403	111555-53-4
[376] 2-propyl-3-hydroxyethylenepyran-4-one	187616	180.0782	28.123	
[377] Gln Gln Gln	187171	402.1861	35.477	
[378] 3-hydroxysuberic acid	186605	190.0836	24.505	73141-47-6
[379] chitobiose	185758	424.1698	36.085	35061-50-8
[380] oxonitine	184566	645.2767	24.737	545-57-3
[381] pteroic acid	182132	312.0966	23.217	119-24-4

续表

物质组	总和	分子量	保留时间/min	CAS 号
[382] gambogic acid	181000	628.3058	25.118	2752-65-0
[383] lophophorine	179594	235.1199	27.521	17627-78-0
[384] furafylline	179419	260.0907	1.355	80288-49-9
[385] spinosyn J	175803	717.4412	32.659	
[386] 2-methylaminoadenosine	174500	296.1224	36.994	13364-95-9
[387] tert-butyl *p*-(bromomethyl) benzoate	174224	270.0262	1.452	108052-76-2
[388] ethyl phenothiazine-2-carbamate	174048	286.0779	15.933	37711-29-8
[389] 8-hydroxy-4,8-dimethyl-4*E*,9-decadienoic acid	173004	212.1405	35.823	
[390] caracurine V	172931	584.3169	22.756	630-87-5
[391] 9*R*,10*S*,18-trihydroxy-stearic acid	172901	332.2549	36.488	
[392] Trp Thr Ile	168566	418.2203	24.879	
[393] isobergaptene	168403	216.0416	2.893	482-48-4
[394] catharine	163963	822.3872	27.832	1355-31-3
[395] Trp Met Pro	163297	432.184	38.787	
[396] 12alpha-hydroxyamoorstatin	161440	532.2307	21.48	71590-47-1
[397] 4-methylburimamide	160863	226.1254	33.772	
[398] lanceotoxin A	160121	620.2813	25.956	93771-82-5
[399] Lys Trp Ala	159880	403.2212	24.692	
[400] 18-hydroxy-9*R*,10*S*-epoxy-stearic acid	158306	314.2454	39.666	
[401] 7-oxo-11*Z*-tetradecenoic acid	156746	240.1722	37.703	
[402] all-*trans*-heptaprenyl diphosphate	156106	654.3792	22.129	
[403] phloionolic acid	155697	332.2554	36.761	
[404] *S*-methylcaptopril	155450	230.0977	32.609	
[405] lactone of PGF-MUM	154701	296.1636	36.981	
[406] 4-quinolinemethanol, 2,8-bis(trifluoromethyl)	153524	295.0431	26.05	73241-14-2
[407] 17-hydroxyandrostane-3-glucuronide	150576	484.2643	19.226	
[408] RG-14620	149871	274.0053	2.946	136831-49-7
[409] 2,4-dihydroxypteridine	147900	164.0333	4.033	487-21-8
[410] 5-L-glutamyl-L-alanine	147595	218.0896	1.4845	5875-41-2
[411] 5-phenyl-1,3-oxazinane-2,4-dione	147426	191.0577	22.574	
[412] oil orange SS	146665	262.1101	27.291	2646-17-5
[413] Tyr-Nap-OH	146121	500.1561	42.877	
[414] 3,3'-dimethoxybenzidine	145848	244.1206	27.106	119-90-4
[415] 2-ethylhexyl acrylate	145517	184.1458	39.177	103-11-7
[416] 2-(*o*-carboxybenzamido)glutaramic acid	144998	294.0856	25.592	2393-39-7
[417] beauvericin	144506	783.4113	26.307	26048-05-5
[418] pramanicin	144493	369.2137	35.571	
[419] metribuzin	143034	214.0884	1.377	21087-64-9
[420] methyl Parathione	142911	263.0009	26.057	298-00-0
[421] 13-hydroxy-tridecanoic acid	142086	230.187	34.087	

物质组	总和	分子量	保留时间/min	CAS 号
[422] His Asp Ser	141934	357.1286	36.336	
[423] 2-hydroxy-6-oxo-6-(2-carboxyphenyl)-hexa-2,4-dienoate	140903	262.0474	1.288	
[424] Met-Asp-OH	139947	372.0639	26.295	
[425] N-furfurylformamide	137673	125.0474	1.7125	72693-10-8
[426] dihydroaceanthrylene	132431	204.0928	22.391	641-48-5
[427] adefovir	132055	273.0616	26.065	106941-25-7
[428] swertiamarin	131892	374.1197	1.373	17388-39-5
[429] tryptanthrine	130932	248.0591	36.028	13220-57-0
[430] amcinonide	130308	502.2383	35.346	51022-69-6
[431] camoensine	128009	230.1423	31.815	58845-83-3
[432] Lys Gln Trp	128001	460.2431	44.818	
[433] 4-hydroxycinnamyl aldehyde	124215	148.0524	6.07	2538-87-6
[434] CAY10608	123415	432.0672	26.036	457897-92-6
[435] diglykokoll	123404	133.0377	1.226	142-73-4
[436] paederoside	123290	446.0885	37.102	20547-45-9
[437] 6-paradol	118384	278.1871	38.642	27113-22-0
[438] DPPP	101712	386.1244	26.038	110231-30-6
[439] Leu Glu	99178	260.137	3.024	
[440] clorazepate	97206	314.0461	1.367	23887-31-2
[441] chlorophacinone	95179	374.0709	1.389	3691-35-8
[442] Ile Ala	93977	202.1315	2.138	
[443] 17-hydroxy-heptadecanoic acid	91148	286.2505	42.86	
[444] delta-3,4,5,6-tetrachlorocyclohexene	89051	217.9217	1.178	
[445] Pro Thr Trp	84120	402.1901	1.394	
[446] thiosulfic acid	82376	113.9449	1.185	14383-50-7
[447] N-Acetyl-L-lysine	81625	188.1156	1.751	1946-82-3
[448] O-desmethylquinidine glucuronide	77302	486.2024	1.343	
[449] (S)-2-O-sulfolactate	69264	169.9891	1.212	
[450] 2,3,3',4,4',5,5'-heptachlorobiphenyl	67312	391.8052	1.183	39635-31-9
[451] phenylgalactoside	63619	256.0952	1.632	
[452] ornithine	48599	132.0893	1.125	70-26-8
[453] TG[18:2(9Z,12Z)/20:2(11Z,14Z)/22:1(13Z)][iso6]	34673	964.8461	1.201	

2. 物质组发酵阶段相关性分析

基于 453 个物质组矩阵（表 4-115），分析不同发酵阶段的相关性（表 4-116）。相关系数临界值：$a=0.05$ 时，$r=0.0921$；$a=0.01$ 时，$r=0.1209$。结果表明，不同发酵阶段间存在着显著的相关性，不同发酵阶段相关程度有所不同，如发酵 2 d 与发酵 4 d 的物质生境相关系数为 0.72，大于与发酵 16 d 的相关系数 0.32；两者之间仍显著相关，说明了添加链霉菌剂发酵阶段间的物质组生成形成一定的依赖性；上一个发酵阶段的物质组决定了下一个阶段的物质组的形成。

表4-116　添加链霉菌剂发酵过程物质组相关性

发酵时间	平均值	标准差	发酵2d	发酵4d	发酵6d	发酵8d	发酵10d	发酵12d	发酵14d	发酵16d
发酵2d	384100.43	1431937.62	1.00							
发酵4d	437272.91	1496754.33	0.72	1.00						
发酵6d	404366.17	1491790.54	0.69	0.89	1.00					
发酵8d	416826.38	1556623.14	0.65	0.82	0.97	1.00				
发酵10d	310569.01	1344148.61	0.72	0.84	0.85	0.82	1.00			
发酵12d	427777.99	1714365.11	0.54	0.64	0.65	0.65	0.71	1.00		
发酵14d	508100.49	2606985.79	0.42	0.47	0.49	0.50	0.52	0.40	1.00	
发酵16d	328547.46	1437461.22	0.32	0.45	0.46	0.43	0.56	0.40	0.26	1.00

注：相关系数临界值，$a=0.05$ 时，$r=0.0921$；$a=0.01$ 时，$r=0.1209$。

3. 发酵过程物质组主成分分析

（1）发酵过程物质组特征值分析　基于 453 个物质组矩阵（表 4-115），分析发酵过程物质组的特征值，分析结果见表 4-117。前 3 个主成分特征值贡献率分别为 66.8756%、9.5917%、8.3157%，累计贡献率达到 84.7830%，说明前 3 个主成分能够代表检测的所有物质组的大部分的信息，其中第一主成分特征值贡献率达 66.8756%，集中了物质组主要的信息。

表4-117　添加链霉菌剂发酵过程物质组的特征值

序号	特征值	贡献率/%	累计贡献率/%	Chi-Square	df	P值
1	5.3501	66.8756	66.8756	3806.9536	35.0000	0.0000
2	0.7673	9.5917	76.4674	1509.5195	27.0000	0.0000
3	0.6653	8.3157	84.7830	1321.2219	20.0000	0.0000
4	0.4645	5.8062	90.5893	1089.4537	14.0000	0.0000
5	0.4202	5.2521	95.8414	917.3605	9.0000	0.0000
6	0.1768	2.2104	98.0518	565.7857	5.0000	0.0000
7	0.1403	1.7536	99.8054	458.5862	2.0000	0.0000
8	0.0156	0.1946	100.0000	0.0000	0.0000	1.0000

（2）发酵阶段物质组主成分得分　基于 8 个发酵时期的 453 个物质分析主成分得分，列出主成分得分总和＞1.00 的 41 个物质见表 4-118。选出的 41 个高含量物质，1~8 发酵阶段各主成分得分的总和为 $Y(i,1)156.39 > Y(i,2)16.21 > Y(i,3)21.43 > Y(i,4)14.86 > Y(i,5)21.20 > Y(i,6)5.90 > Y(i,7)10.90 > Y(i,8)-0.59$；每个发酵时期构成的主成分得分代表了贡献率的大小，不同的物质在各主成分中的得分不同，表现出物质组在发酵阶段过程的重要性，如物质十四烷基硫酸盐（tetradecyl sulfate）在 1~8 个发酵阶段主成分得分分别为 29.30、4.14、0.30、-0.77、2.56、0.49、-0.04、0.00，表明该物质在第 1 发酵阶段（2d）贡献最大（得分 29.30），第 4 发酵阶段（8d）贡献最小（得分 -0.77）。发酵阶段前 5 个高含量物质主成分得分总和分别为十四烷基硫酸盐（tetradecyl sulfate，得分 35.97）、肌肽（carnosine，得分 19.41）、2,6- 二氨基 -7- 羟基 - 壬二酸（2,6-diamino-7- hydroxy-azelaic acid，得分 17.09）、姜

辣素（gingerol，得分 16.56）、槟榔碱（arecoline，得分 14.01）；不同的物质对发酵阶段的贡献率不同，如十四烷基硫酸盐（tetradecyl sulfate）的贡献主要在第 1 发酵阶段（2d），槟榔碱（arecoline）的贡献主要在第 4 发酵阶段（8d）；不同的物质在发酵系统中的贡献率通过表 4-118 可查得。添加链霉菌剂发酵阶段产生的物质组种类和数量分布区别于添加芽胞菌剂。

表4-118　添加链霉菌剂发酵过程物质组主成分得分

物质组	$Y(i, 1)$	$Y(i, 2)$	$Y(i, 3)$	$Y(i, 4)$	$Y(i, 5)$	$Y(i, 6)$	$Y(i, 7)$	$Y(i, 8)$	总和
[1] tetradecyl sulfate	29.30	4.14	0.30	−0.77	2.56	0.49	−0.04	0.00	35.97
[2] carnosine	18.98	4.99	2.28	1.42	−5.13	−2.15	−0.92	−0.05	19.41
[3] 2,6-diamino-7-hydroxy-azelaic acid	1.95	9.31	3.57	−1.76	1.24	1.15	1.57	0.06	17.09
[4] gingerol	23.73	−5.65	−2.86	1.11	1.21	0.22	−1.37	0.17	16.56
[5] arecoline	2.83	0.31	−0.56	8.37	0.21	1.03	1.43	0.38	14.01
[6] piperidione	2.11	0.42	−0.52	7.75	0.59	0.49	1.31	−0.21	11.95
[7] N-acetyl-DL-valine	4.38	−6.77	12.89	−0.44	−0.13	0.36	1.17	0.00	11.45
[8] 12-oxo-14,18-dihydroxy-9Z, 13E,15Z-octadecatrienoic acid	1.08	6.27	2.40	−1.19	0.83	0.77	1.04	0.04	11.25
[9] chlorthiophos	6.86	1.02	0.06	−0.19	0.62	0.11	−0.06	0.00	8.41
[10] glycidaldehyde	6.76	1.00	0.06	−0.19	0.61	0.11	−0.06	0.00	8.29
[11] 3-oxo-5beta-chola-8(14),11-dien-24-oic acid	1.09	0.26	−0.34	4.95	0.37	0.31	0.81	−0.14	7.31
[12] N-acetylleucine	2.75	−4.13	7.23	−0.36	0.28	0.45	0.82	0.18	7.21
[13] (2'S)-deoxymyxol 2'-α-L-fucoside	5.78	0.87	0.05	−0.17	0.53	0.10	−0.06	−0.01	7.09
[14] p-hydroxypropiophenone	2.47	−1.90	−2.15	−2.06	6.82	2.16	1.00	0.03	6.37
[15] phytolaccoside B	0.26	3.36	1.28	−0.64	0.43	0.41	0.53	0.02	5.65
[16] dimethisterone	8.49	−2.19	−0.70	0.61	−0.16	−0.19	−0.29	−0.48	5.09
[17] nonate	1.36	1.39	1.35	1.14	0.44	−0.35	−1.17	−0.04	4.13
[18] Lys Ser Thr	0.00	2.46	0.94	−0.47	0.30	0.30	0.37	0.01	3.92
[19] 9S,10S,11R-trihydroxy-12Z-octadecenoic acid	2.54	−1.09	−0.98	−0.23	2.26	0.60	0.28	0.21	3.59
[20] PG[16:1(9Z)/22:6(4Z,7Z,10Z,13Z,16Z,19Z)]	3.59	−1.62	−1.52	−1.29	2.30	0.18	1.96	0.02	3.59
[21] 5-(3-pyridyl)-2-hydroxytetrahydrofuran	1.71	1.71	0.14	−0.89	2.30	0.13	−1.63	0.04	3.52
[22] proglumide	−0.12	2.04	0.77	−0.39	0.25	0.25	0.30	0.01	3.11
[23] enmein	2.53	0.42	0.01	−0.08	0.24	0.04	−0.06	−0.01	3.09
[24] SQDG[16:0/16:1(13Z)]	2.41	0.40	0.01	−0.08	0.23	0.04	−0.06	−0.01	2.94
[25] 5-oxoavermectin "1a" aglycone	−0.16	1.91	0.72	−0.36	0.23	0.23	0.28	0.01	2.85
[26] pantothenic acid	5.66	−1.46	−2.44	−0.77	−0.56	−0.69	3.09	−0.44	2.39
[27] Glu Pro Arg	−0.32	1.32	0.50	−0.25	0.15	0.16	0.17	0.00	1.72
[28] PS[22:2(13Z,16Z)/17:1(9Z)]	2.71	−1.05	−0.80	−0.55	0.89	−0.08	0.61	−0.16	1.57
[29] F-honaucin A	1.42	0.38	0.13	0.05	0.57	−0.41	−0.04	−0.54	1.56
[30] KB2115	1.18	0.23	0.00	−0.05	0.13	0.02	−0.06	−0.01	1.43
[31] chlorendic acid	−0.37	1.17	0.44	−0.23	0.13	0.14	0.15	0.00	1.43
[32] diadinoxanthin	2.25	−1.09	−0.85	−0.91	0.86	−0.02	1.31	−0.14	1.41

续表

物质组	Y(i, 1)	Y(i, 2)	Y(i, 3)	Y(i, 4)	Y(i, 5)	Y(i, 6)	Y(i, 7)	Y(i, 8)	总和
[33] lentiginosine	−0.22	0.05	−0.11	1.35	0.07	0.07	0.17	−0.04	1.35
[34] 4-heptyloxyphenol	−0.38	1.11	0.42	−0.21	0.12	0.13	0.14	0.00	1.32
[35] thyrotropin releasing hormone	2.10	−0.62	−0.32	0.29	0.06	−0.06	−0.33	0.18	1.29
[36] etretinate	2.12	−0.67	−0.22	0.25	−0.08	0.00	−0.32	0.17	1.26
[37] ophiobolin A	2.19	−0.65	−0.03	0.53	−0.33	−0.01	−0.47	0.02	1.25
[38] N-methyl hexanamide	−0.16	−0.34	0.66	0.88	0.05	0.04	0.15	−0.05	1.22
[39] seneciphylline	0.95	0.20	−0.01	−0.04	0.11	0.01	−0.06	−0.01	1.15
[40] 10-hydroxy-hexadecan-1,16-dioic acid	2.12	−0.57	0.12	0.66	−0.42	−0.42	−0.61	0.21	1.08
[41] methyl 8-[2-(2-formyl-vinyl)-3-hydroxy-5-oxo-cyclopentyl]-octanoate	2.47	−0.73	−0.47	0.06	0.05	−0.21	−0.15	0.00	1.03
总和	156.39	16.21	21.43	14.86	21.20	5.90	10.90	−0.59	

（3）发酵阶段物质组主成分分析　基于 8 个发酵时期的 453 个物质主成分分析，将第一和第二主成分作图 4-155。453 个物质中 443 个物质聚集在一起，其他 10 个物质分散在聚团的周围（图 4-155），成为肉汤实验链霉菌剂组的特殊物质。十四烷基硫酸盐（tetradecyl sulfate）在第 1 发酵阶段贡献最大（2d），肌肽（carnosine）在第 1 发酵阶段贡献最大（2d），2,6-二氨基 -7- 羟基 - 壬二酸（2,6-diamino-7-hydroxy-azelaic acid）在第 2 发酵阶段贡献最大（4d），姜辣素（gingerol）在第 1 发酵阶段贡献最大（2d），N- 乙酰 -DL- 缬氨酸（N-acetyl-DL-valine）在第 3 发酵阶段贡献最大（6d），12- 氧代 -14,18- 二羟基 -9Z,13E,15Z- 十八碳三烯酸（12-oxo-14,18-dihydroxy-9Z,13E,15Z-octadecatrienoic acid）在第 2 发酵阶段贡献最大（4d），缩水甘油醛（glycidaldehyde）在第 1 发酵阶段贡献最大（2d），N- 乙酰亮氨酸（N-acetylleucine）在第 3 发酵阶段贡献最大（6d），商陆皂苷 B（phytolaccoside B）在第 2 发酵阶段贡献最大（4d），二甲炔酮（dimethisterone）在第 1 发酵阶段贡献最大（2d）（表 4-119）。

表4-119　添加链霉菌剂发酵过程特殊物质组主成分得分

物质组	Y(i, 1)	Y(i, 2)	Y(i, 3)	Y(i, 4)	Y(i, 5)	Y(i, 6)	Y(i, 7)	Y(i, 8)	总和
tetradecyl sulfate	29.30	4.14	0.30	−0.77	2.56	0.49	−0.04	0.00	35.97
carnosine	18.98	4.99	2.28	1.42	−5.13	−2.15	−0.92	−0.05	19.41
2,6-diamino-7-hydroxy-azelaic acid	1.95	9.31	3.57	−1.76	1.24	1.15	1.57	0.06	17.09
gingerol	23.73	−5.65	−2.86	1.11	1.21	0.22	−1.37	0.17	16.56
N-acetyl-DL-valine	4.38	−6.77	12.89	−0.44	−0.13	0.36	1.17	0.00	11.45
12-oxo-14,18-dihydroxy-9Z, 13E,15Z-octadecatrienoic acid	1.08	6.27	2.40	−1.19	0.83	0.77	1.04	0.04	11.25
glycidaldehyde	6.76	1.00	0.06	−0.19	0.61	0.11	−0.06	0.00	8.29
N-acetylleucine	2.75	−4.13	7.23	−0.36	0.28	0.45	0.82	0.18	7.21
phytolaccoside B	0.26	3.36	1.28	−0.64	0.43	0.41	0.53	0.02	5.65
dimethisterone	8.49	−2.19	−0.70	0.61	−0.16	−0.19	−0.29	−0.48	5.09

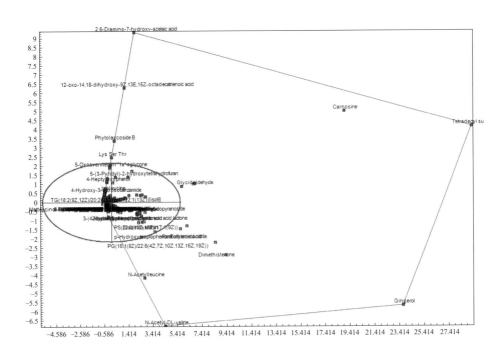

图4-155　添加链霉菌剂发酵过程物质组主成分分析

4．发酵阶段物质组聚类分析

（1）物质组聚类分析　选择453个鉴定的物质，构成分析矩阵（表4-115），以物质组为样本、发酵阶段为指标、马氏距离为尺度，用可变类平均法进行系统聚类，分析结果见表4-120和图4-156。结果表明，可将主要物质组分为3组。

第1组高含量组，包含了33个物质，第1组中前10个高含量物质为十四烷基硫酸盐（tetradecyl sulfate）、姜辣素（gingerol）、肌肽（carnosine）、N-乙酰-DL-缬氨酸（N-acetyl-DL-valine）、(22E)-3α-hydroxychola-5,16,22-trien-24-oic acid、二甲炔酮（dimethisterone）、氯甲硫磷（chlorthiophos）、缩水甘油醛（glycidaldehyde）、岩藻糖苷类 (2'S)-deoxymyxol 2'-α-L-fucoside、N-乙酰亮氨酸（N-acetylleucine）。

第2组中含量组，包含了178个物质，第2组中前10个高含量物质为2,6-二氨基-7-羟基-壬二酸（2,6-diamino-7-hydroxy-azelaic acid）、蛇孢假壳素A（ophiobolin A）、10-羟基-十六碳酰氯-1,16-二(元)酸（10-hydroxy-hexadecan-1,16-dioic acid）、3-甲基喹啉-2-醇（3-methyl-quinolin-2-ol）、壬酸（nonate）、12-氧代-14,18-二羟基-9Z,13E,15Z-十八碳三烯酸（12-oxo-14,18-dihydroxy-9Z,13E,15Z-octadecatrienoic acid）、F-honaucin A、KB2115、千里光菲灵碱（seneciphylline）、蒿脂麻木质体（sesartemin）。

第3组低含量组，包含了242个物质，第3组中前10个高含量物质为DL-3-羟基己酸（DL-3-hydroxy caproic acid）、4,8,12-三甲基十三碳酸（4,8,12-trimethyltridecanoic acid）、对羟基非尔氨酯（p-hydroxyfelbamate）、3-脱氢-L-苏糖酸（3-dehydro-L-threonate）、牛磺酸（taurine）、咪唑克生（idazoxan）、L-鹅肌肽（L-anserine）、9-氧代-2E-癸烯酸（9-oxo-2E-decenoic acid）、柠苹酸（citramalic acid）、组氨酸-丝氨酸-赖氨酸三肽（His Ser Lys）。

表4-120　添加链霉菌剂发酵过程主要物质组聚类分析

组别	物质组	发酵2d	发酵4d	发酵6d	发酵8d	发酵10d	发酵12d	发酵14d	发酵16d
第1组	tetradecyl sulfate	16693957.00	16693957.00	16693957.00	16693957.00	16693957.00	16693957.00	16693957.00	16693957.00
	gingerol	15549899.00	14176294.00	14875955.00	15773185.00	14315382.00	15292365.00	16188365.00	1.00
	carnosine	8.86	12622420.00	12622420.00	12622420.00	12622420.00	12622420.00	12622420.00	12622420.00
	N-acetyl-DL-valine	561788.90	694749.60	724220.90	1638891.60	1.00	664480.56	40215588.00	1.00
	(22E)-3α-hydroxychola-5,16,22-trien-24-oic acid	5314158.00	6237524.50	7237269.00	6634999.50	7429790.50	980344.50	10116336.00	1.00
	dimethisterone	4912271.00	5550815.50	6351631.50	5508137.50	5122998.50	6014676.50	7061835.00	1.00
	chlorthiophos	4209575.50	4209575.50	4209575.50	4209575.50	4209575.50	4209575.50	4209575.50	4209575.50
	glycidaldehyde	4156359.20	4156359.20	4156359.20	4156359.20	4156359.20	4156359.20	4156359.20	4156359.20
	(2'S)-deoxymyxol 2'-α-L-fucoside	3611909.80	3611909.80	3611909.80	3611909.80	3611909.80	3611909.80	3611909.80	3611909.80
	N-acetylleucine	1283566.90	668606.44	512255.20	1453546.40	1.00	626290.10	23387538.00	1.00
	tolylacetonitrile	145287.02	3212627.20	10046841.00	12826169.00	1.00	1.00	1.00	1.00
	pantothenic acid	4165898.50	7522362.50	5847348.00	4112435.00	1.00	3299365.20	988985.80	1.00
	PG[16:1(9Z)/22:6(4Z,7Z,10Z,13Z,16Z,19Z)]	6539811.50	4282624.00	2528141.20	1916350.90	1.00	1311300.60	1789247.80	1.00
	arecoline	1.00	1.00	1.00	1580495.60	1.00	15850867.00	440393.03	1.00
	PS[22:2(13Z,16Z)/17:1(9Z)]	3535939.50	2819637.50	2259760.50	1652605.60	1102417.20	1377407.60	1884052.10	1.00
	piperidione	1.00	1.00	1.00	1.00	1.00	14449491.00	1.00	1.00
	enmein	1803671.40	1803671.40	1803671.40	1803671.40	1803671.40	1803671.40	1803671.40	1803671.40
	9S,10S,11R-trihydroxy-12Z-octadecenoic acid	5231275.50	1673220.60	1108233.20	1478738.40	1218777.10	1932698.20	1357874.90	1.00
	SQDG[16:0/16:1(13Z)]	1734900.40	1734900.40	1734900.40	1734900.40	1734900.40	1734900.40	1734900.40	1734900.40
	methyl 8-[2-(2-formyl-vinyl)-3-hydroxy-5-oxo-cyclopentyl]-octanoate	1892800.40	2185772.00	1976084.50	1940009.60	1849293.10	1861120.10	1916300.10	1.00
	p-hydroxypropiophenone	12413354.00	660975.00	192745.97	1.00	1.00	1.00	1.00	1.00
	4,5-dihydroxyhexanoic acid lactone	1.00	10629131.00	2478994.20	1.00	1.00	1.00	1.00	1.00
	diadinoxanthin	3553330.00	3072288.80	2190018.20	1525541.20	1.00	742444.94	1643795.80	1.00
	etretinate	1475902.50	1589407.50	1563082.00	2043034.60	1766406.60	1893734.00	2122175.80	1.00
	thyrotropin releasing hormone	1606169.10	1638419.40	1454211.40	1898386.50	1812355.40	1967050.10	1821697.60	1.00
	vanillin	1.00	2840169.80	3812819.50	4961562.00	1.00	1.00	1.00	1.00
	quinoline	1.00	1374849.60	4425777.00	5452313.50	1.00	1.00	1.00	1.00
	5-(3-pyridyl)-2-hydroxytetrahydrofuran	3400126.20	2.72	3.34	1.97	3400126.20	4.06	4.28	3400126.20

组别	物质组	发酵2d	发酵4d	发酵6d	发酵8d	发酵10d	发酵12d	发酵14d	发酵16d
第1组	3-oxo-5beta-chola-8(14),11-dien-24-oic acid	1.00	1.00	1.00	1.00	1.00	9231405.00	1.00	1.00
	Abu-Asp-OH	1.00	493074.34	3609126.80	4406364.50	1.00	1.00	1.00	1.00
	acetylaminodantrolene	1.00	655557.56	3315075.20	4368066.00	1.00	1.00	1.00	1.00
	2-amino-5-phosphopentanoic acid	1.00	1930550.50	3168836.80	2120652.80	1.00	1.00	1.00	1.00
	lucanthone	1.00	1.00	1.00	1.00	1.00	1.00	4567751.00	1.00
第1组33个样本平均值		3145211.22	3598225.98	3773067.51	3882554.11	2510616.88	3706904.45	4858628.59	1461604.38
第2组	2,6-diamino-7-hydroxy-azelaic acid	1.00	1.00	1.00	1.00	1.00	1.00	1.00	15482573.00
	ophiobolin A	1035581.70	1396757.90	1757766.10	2017601.90	1957795.80	2273746.80	2519945.80	1.00
	10-hydroxy-hexadecan-1,16-dioic acid	594373.90	1709513.50	1336845.10	1839303.40	2254729.20	2340662.20	2677082.20	1.00
	3-methyl-quinolin-2-ol	3135634.80	5301225.50	1.00	1.00	3019501.50	1.00	1.00	1.00
	nonate	1.40	1.48	1.18	1.36	2692252.00	2692252.00	2692252.00	2692252.00
	12-oxo-14,18-dihydroxy-9Z,13E,15Z-octadecatrienoic acid	1.00	1.00	1.00	1.00	1.00	1.00	1.00	10453122.00
	F-honaucin A	1380762.40	1380762.40	1380762.40	15.48	1380762.40	1380762.40	1380762.40	1380762.40
	KB2115	1049632.90	1049632.90	1049632.90	1049632.90	1049632.90	1049632.90	1049632.90	1049632.90
	seneciphylline	920863.50	920863.50	920863.50	920863.50	920863.50	920863.50	920863.50	920863.50
	sesartemin	798202.75	798202.75	798202.75	798202.75	798202.75	798202.75	798202.75	798202.75
	L-histidine	795724.56	795724.56	795724.56	795724.56	795724.56	795724.56	795724.56	795724.56
	3-(4-hydroxyphenyl)propionic acid	1515878.90	3322903.20	441462.16	1.00	1.00	1.00	860669.20	1.00
	streptidine	750844.25	750844.25	750844.25	750844.25	750844.25	750844.25	750844.25	750844.25
	His His Ser	1036614.50	1.00	1025707.06	982137.30	881048.10	965595.60	1033516.40	1.00
	KAPA	684185.25	1361020.10	1062745.90	1155143.60	1.00	499221.10	878146.75	1.00
	phytolaccoside B	1.00	1.00	1.00	1.00	1.00	1.00	1.00	5627604.00
	2-hydroxy enanthoic acid	2440750.00	1077554.60	918323.75	1028795.40	1.00	1.00	1.00	1.00
	estradiol dipropionate	480696.03	588792.75	690824.06	874779.40	862099.56	914572.60	1033754.10	1.00
	4-hexyloxyphenol	839357.80	771629.40	702369.75	879266.60	735715.56	759191.00	692812.44	1.00
	deoxyuridine monophosphate (dUMP)	660399.40	660399.40	660399.40	660399.40	660399.40	660399.40	660399.40	660399.40
	PG[22:2(13Z,16Z)/0:0]	797687.94	845598.50	767946.25	760190.40	649103.20	697695.10	711496.20	1.00
	lisuride	615398.40	615398.40	615398.40	615398.40	615398.40	615398.40	615398.40	615398.40
	tetranactin	596672.90	596672.90	596672.90	596672.90	596672.90	596672.90	596672.90	596672.90

组别	物质组	发酵2d	发酵4d	发酵6d	发酵8d	发酵10d	发酵12d	发酵14d	发酵16d
第2组	2(3H)-furanone, dihydro-3,4-dihydroxy	2510465.20	1354873.00	542174.25	278508.97	1.00	1.00	1.00	1.00
	N-methylundec-10-enamide	1.00	766120.94	691631.00	727607.70	713389.40	769527.70	840156.06	1.00
	mercaptoacetyl-Phe-Leu	563130.30	563130.30	563130.30	563130.30	563130.30	563130.30	563130.30	563130.30
	DL-o-tyrosine	897622.44	897622.44	2.65	2.14	897622.44	1.85	897622.44	897622.44
	5-hydroxyferulate	1.05	1.02	1.01	1.10	2186104.20	1.08	1.16	2186104.20
	1-O-alpha-D-glucopyranosyl-1,2-eicosandiol	339801.00	365620.20	380935.80	2635102.80	210375.02	1.00	416469.25	1.00
	boschniakine	266344.16	390336.28	497860.03	599216.00	1.00	1219944.20	1334560.10	1.00
	Lys Ser Thr	1.00	1.00	1.00	1.00	1.00	1.00	1.00	4138856.00
	DL-3-phenyllactic acid	684692.00	684692.00	684692.00	1.11	684692.00	1.21	684692.00	684692.00
	4-O-demethyl-13-dihydroadriamy-cinone	663647.40	611300.94	590126.94	400163.88	589991.94	563178.00	608022.06	1.00
	9-bromo-decanoic acid	494260.88	494260.88	494260.88	494260.88	494260.88	494260.88	494260.88	494260.88
	25-hydroxyvitam-in D2-25-glucuronide	1.00	993504.40	1.00	801399.25	690727.25	697852.90	750743.00	1.00
	N-methyl hexanamide	1.00	1.00	1.00	1.00	1.00	1679266.10	2224819.00	1.00
	Cer[d18:0/18:1(9Z)]	1.00	1.00	1.00	1.00	1.00	773202.00	3017139.00	1.00
	endothion	1.29	539145.70	539145.70	539145.70	539145.70	539145.70	539145.70	539145.70
	Lys Cys Gly	393777.94	430565.66	530934.75	598043.06	513593.12	574139.75	607617.90	1.00
	Asp Gly Ser	445281.03	445281.03	445281.03	445281.03	445281.03	445281.03	445281.03	445281.03
	proglumide	1.00	1.00	1.00	1.00	1.00	1.00	1.00	3440392.80
	tetradecanedioic acid	247552.92	448552.00	409335.78	477851.03	585239.06	614552.80	655217.90	1.00
	2-aminoadenosine	1.00	3209383.80	219919.84	1.00	1.00	1.00	1.00	1.00
	methyl allyl disulfide	1.00	1.00	1566476.90	1023645.20	1.00	312668.90	499091.75	1.00
	trichlormethine	1.25	485523.34	485523.34	485523.34	485523.34	485523.34	485523.34	485523.34
	isoleucine	1.46	1.60	1.69	1.73	1678979.80	1.22	1.33	1678979.80
	lauryl hydrogen sulfate	441157.00	439988.00	266083.00	419397.72	437206.44	610656.40	707495.56	1.00
	3-hydroxy-tetrade-canedioic acid	228922.03	444849.72	378734.80	347103.97	452637.40	584411.00	873707.94	1.00
	neostearic acid	431176.88	440928.44	484517.90	444758.00	458195.88	492945.28	540316.60	1.00
	3-hydroxyglutaric acid	404742.84	404742.84	404742.84	404742.84	404742.84	404742.84	404742.84	404742.84

组别	物质组	发酵2d	发酵4d	发酵6d	发酵8d	发酵10d	发酵12d	发酵14d	发酵16d
	5-oxoavermectin "1a" aglycone	1.00	1.00	1.00	1.00	1.00	1.00	1.00	3222704.80
	3-hydroxy-2-methyl-[R-(R,S)]-butanoic acid	2433732.00	744102.70	1.00	1.00	1.00	1.00	1.00	1.00
	2-amino-8-oxo-9,10-epoxy-decanoic acid	1.00	1.00	1.00	1721079.00	1.00	528752.06	910727.20	1.00
	Asp-Tyr-OH	1.00	945733.50	889111.50	1316369.10	1.00	1.00	1.00	1.00
	phenyllactic acid	2.09	2.89	1.10	617510.90	617510.90	617510.90	617510.90	617510.90
	Gly Tyr Asn	423339.03	423339.03	423339.03	3.08	423339.03	423339.03	423339.03	423339.03
	SC-1271	348330.94	348330.94	348330.94	348330.94	348330.94	348330.94	348330.94	348330.94
	1,4-methylimidazoleacetic acid	2434163.20	1.00	304915.90	1.00	1.00	1.00	1.00	1.00
	1,2-dihexanoyl-sn-glycerol	132601.10	360538.30	456745.53	501052.00	438220.28	773426.94	1.00	1.00
	furmecyclox	147019.06	228259.88	341758.10	427974.90	408246.78	542981.94	554876.90	1.00
	D-ribitol 5-phosphate	408862.00	288666.03	402687.94	428999.12	1.00	545092.25	564799.00	1.00
	binapacryl	2619513.80	1.00	1.00	1.00	1.00	1.00	1.00	1.00
第2组	17-phenyl trinor prostaglandin A2	335804.84	384202.16	1.00	447313.70	447197.22	475156.00	505897.75	1.00
	psoromic acid	417591.25	358623.90	369799.97	303549.97	337555.94	368204.72	368755.70	1.00
	propionylglycine	1.00	1.00	1.00	1.00	1280059.00	551873.60	685634.94	1.00
	lentiginosine	1.00	1.00	1.00	1.00	1.00	2514896.80	1.00	1.00
	PA[O-16:0/18:4 (6Z,9Z,12Z,15Z)]	12.01	7.26	5.35	618251.75	618251.75	618251.75	1.82	618251.75
	4,4'-dinitrostilbene	304697.10	304697.10	304697.10	304697.10	304697.10	304697.10	304697.10	304697.10
	L-2-aminoadipate 6-semialdehyde	1.00	1.00	381360.10	305564.00	1.00	621966.40	1045862.40	1.00
	4-oxoproline	1.00	1.00	343948.34	504603.88	1.00	925397.44	578251.06	1.00
	cnicin	291162.78	291162.78	291162.78	291162.78	291162.78	291162.78	291162.78	291162.78
	benzal chloride	387497.00	5.67	387497.00	387497.00	2.02	387497.00	387497.00	387497.00
	2,2-dichloro-1,1-ethanediol	284718.16	284718.16	284718.16	284718.16	284718.16	284718.16	284718.16	284718.16
	Glu Pro Arg	1.00	1.00	1.00	1.00	1.00	1.00	1.00	2246389.00
	12-tridecynoic acid	665936.94	322454.20	263508.88	337493.90	184872.86	204218.94	252757.00	1.00
	monodehydroascorbate	658012.25	524114.75	610018.90	424205.20	1.00	1.00	1.00	1.00
	CGS 7181	1.00	748757.56	996283.70	360812.03	1.00	1.00	1.00	1.00
	Asp Gly Asp	1.00	1.00	1.00	1.00	1.00	2105135.50	1.00	1.00
	methyl orsellinate	3.45	350704.20	1.35	350704.20	350704.20	350704.20	350704.20	350704.20
	Glu Glu	255178.84	255178.84	255178.84	255178.84	255178.84	255178.84	255178.84	255178.84
	9Z-hexadecenyl acetate	217506.00	388630.84	346822.78	201334.92	322253.88	200805.12	361686.03	1.00

组别	物质组	发酵2d	发酵4d	发酵6d	发酵8d	发酵10d	发酵12d	发酵14d	发酵16d
第2组	N-acetyl-aspartyl-glutamate	1.00	908549.30	1129698.00	1.00	1.00	1.00	1.00	1.00
	perazine	1.00	1.00	1.00	1.00	1.00	1115589.20	918773.06	1.00
	arabinonic acid	250527.00	250527.00	250527.00	250527.00	250527.00	250527.00	250527.00	250527.00
	chlorendic acid	1.00	1.00	1.00	1.00	1.00	1.00	1.00	1994077.40
	15-deoxy-Δ12,14-prostaglandin J2-biotin	1.00	1.00	1.00	1987886.40	1.00	1.00	1.00	1.00
	cyhexatin	311832.97	341182.97	335178.12	1.00	374891.90	310528.00	307293.06	1.00
	captopril disulfide	246737.05	246737.05	246737.05	246737.05	246737.05	246737.05	246737.05	246737.05
	9-hydroperoxy-12,13-dihydroxy-10-octadecenoic acid	263574.03	309954.20	209625.12	221318.12	284471.72	322245.78	328420.75	1.00
	alpha-L-rhamnopyranosyl-(1→2)-beta-D-galactopyranosyl-(1→2)-beta-D-glucuronopyranoside	1912513.80	1.00	1.00	1.00	1.00	1.00	1.00	1.00
	phosdiphen	1906692.00	1.00	1.00	1.00	1.00	1.00	1.00	1.00
	4-heptyloxyphenol	1.20	1.17	1.12	1.62	1.66	1.79	1.86	1898532.10
	ribose-1-arsenate	231960.05	231960.05	231960.05	231960.05	231960.05	231960.05	231960.05	231960.05
	4'-hydroxyacetophenone	1.00	1225137.40	427980.00	194970.06	1.00	1.00	1.00	1.00
	coronene	1.00	1.00	1.00	1.00	1.00	1844790.20	1.00	1.00
	fosphenytoin	227213.90	227213.90	227213.90	227213.90	227213.90	227213.90	227213.90	227213.90
	CGP 52608	244314.23	376399.70	134476.00	164520.03	1.00	412565.20	460428.10	1.00
	quercetin 3,7,3',4'-tetra-O-sulfate	1.00	1.00	1.00	1.00	1.00	1768355.40	1.00	1.00
	kinamycin D	1.00	1.00	740766.40	991056.44	1.00	1.00	1.00	1.00
	thymine	1.00	1.00	393361.70	710088.44	1.00	583310.25	1.00	1.00
	gabapentin	1.00	1.00	1.00	1.00	1.00	1649436.20	1.00	1.00
	6,8-dihydroxypurine	1.00	1.00	1.00	881074.94	1.00	415938.80	351868.97	1.00
	N-monodesmethyldiltiazem	356103.80	347667.94	284800.97	169924.08	178980.86	159742.11	132675.97	1.00
	Arg Gly His	1.00	1.00	1.00	1.00	1.00	1.00	1588720.50	1.00
	His His Gly	284682.03	270935.94	217785.12	200575.88	180112.89	196295.86	212661.06	1.00
	spaglumic acid	1.00	571802.90	952111.60	1.00	1.00	1.00	1.00	1.00
	salvarsan	1.00	1.00	1.00	1.00	1.00	1.00	1512629.60	1.00
	methyl arachidonyl fluorophosphonate	1.00	849758.56	640087.06	1.00	1.00	1.00	1.00	1.00
	bis(4-fluorophenyl)-methanone	1251472.90	232006.06	1.00	1.00	1.00	1.00	1.00	1.00

组别	物质组	发酵2d	发酵4d	发酵6d	发酵8d	发酵10d	发酵12d	发酵14d	发酵16d
第2组	2-(m-chlorophenyl)-2-(p-chlorophenyl)-1,1-dichloroethane	1.00	1.00	1.00	1.00	1.00	618929.75	824307.20	1.00
	salicylaldehyde	1.00	1.00	346408.06	561445.80	1.00	526409.90	1.00	1.00
	9-hydroperoxy-12,13-epoxy-10-octadecenoic acid	265856.20	269964.80	1.00	423361.97	431729.03	1.00	1.00	1.00
	kaempferol 3-[2''',3''',4'''-triacetyl-alpha-L-arabinopyranosyl-(1→6)-glucoside]	1.00	1.00	592595.94	782449.75	1.00	1.00	1.00	1.00
	4,4-difluoro-17beta-hydroxy-17alpha-methyl-androst-5-en-3-one	620249.40	236899.90	1.00	1.00	195433.83	273008.80	1.00	1.00
	lipoxin E4	1.00	1.00	1.00	1.00	1.00	1.00	1.00	1313549.20
	5-(3-methyltriazen-1-yl)imidazole-4-carboxamide	313589.20	304913.10	281838.90	343517.97	1.00	1.00	1.00	1.00
	purine	2.19	1.87	1.25	1.13	1.42	1.08	1.51	1237245.90
	3-methyl-octanoic acid	1.00	209501.00	198065.92	189403.95	1.00	319642.22	286805.10	1.00
	o-cresol	1.00	1.00	529666.50	639851.00	1.00	1.00	1.00	1.00
	estrone hemisuccinate	1.00	1.00	1.00	1.00	1.00	1.00	1.00	1158794.80
	1,2,3,7,8,9-hexachlorodibenzodioxin	1.00	1.00	1.00	1.00	1.00	1.00	1.00	1156066.40
	Ser His His	1.00	1147593.60	1.00	1.00	1.00	1.00	1.00	1.00
	2-nitrophenol	718053.40	402367.03	1.00	1.00	1.00	1.00	1.00	1.00
	uric acid	1.00	1.00	160318.00	369373.88	1.00	248704.03	321132.78	1.00
	2-(4'-chlorophenyl)-3,3-dichloropropenoate	1.00	1.00	1.00	1.00	1.00	1.00	1.00	1087760.00
	conhydrine	1.00	1.00	1.00	1.00	1.00	1087453.80	1.00	1.00
	2,4-diamino-6-hydroxylaminotoluene	112670.90	128469.94	185297.89	202066.90	1.00	1.00	432041.94	1.00
	22:1(9Z)	299277.80	310459.84	1.00	444289.00	1.00	1.00	1.00	1.00
	MID42020:26,26,26,27,27,27-hexafluoro-1α,25-dihydroxy-23,23,24,24-tetradehydrovitamin D3 / 26,26,26,	1.00	1.00	1.00	1.00	1.00	1.00	1.00	1045767.00
	1-amino-2-methylanthraquinone	1.00	1.00	1.00	1.00	1.00	1.00	1.00	1045111.80

续表

组别	物质组	发酵2d	发酵4d	发酵6d	发酵8d	发酵10d	发酵12d	发酵14d	发酵16d
	12-hydroxydihy-drochelirubine	1.00	1.00	1.00	1.00	1.00	1.00	1.00	1027881.75
	3-methyl-tridecanoic acid	209106.12	204706.05	210417.84	206885.10	1.00	1.00	188320.06	1.00
	artesunate	1.00	1.00	1.00	1.00	1.00	1.00	1.00	1009103.70
	(S)-3-(imidazol-5-yl)lactate	829407.90	158971.02	1.00	1.00	1.00	1.00	1.00	1.00
	olsalazine	1.00	318877.00	403951.12	239569.83	1.00	1.00	1.00	1.00
	gonyautoxin 1	1.00	152366.08	340693.00	458275.84	1.00	1.00	1.00	1.00
	S-[2-(N7-guanyl)ethyl]-N-acetyl-L-cysteine	1.00	388666.28	191223.08	362940.06	1.00	1.00	1.00	1.00
	adouetine Z	1.00	917081.40	1.00	1.00	1.00	1.00	1.00	1.00
	3,3-dimethylglu-taric acid	1.00	240824.17	240474.84	392738.12	1.00	1.00	1.00	1.00
	4-hydroxy-3-nitrosobenzamide	1.00	1.00	1.00	1.00	1.00	1.00	1.00	858108.25
	Gln Arg Trp	1.00	513760.20	338632.72	1.00	1.00	1.00	1.00	1.00
	13-methyl-penta-decanoic acid	407814.12	428401.20	1.00	1.00	1.00	1.00	1.00	1.00
	propachlor	230546.95	1.00	1.00	1.00	1.00	1.00	583078.94	1.00
第2组	9Z-dodecen-7-ynyl acetate	1.05	1.05	1.01	1.04	1.01	1.09	1.18	810793.44
	isobutylmethylx-anthine	1.00	289861.90	257243.73	250913.83	1.00	1.00	1.00	1.00
	digalacturonate	1.00	1.00	1.00	1.00	1.00	1.00	1.00	786841.94
	14,15-HxA3-C(11S)	1.00	764995.44	1.00	1.00	1.00	1.00	1.00	1.00
	TyrMe-TyrMe-OH	762303.90	1.00	1.00	1.00	1.00	1.00	1.00	1.00
	sebacic acid	186344.94	205888.06	1.00	207882.00	157098.98	1.00	1.00	1.00
	capryloylglycine	1.00	206574.06	1.00	1.00	1.00	342959.80	202999.00	1.00
	goitrin	1.00	1.00	1.00	1.00	750646.75	1.00	1.00	1.00
	diethylstilbestrol monosulfate monoglucuronide	750037.60	1.00	1.00	1.00	1.00	1.00	1.00	1.00
	acetylsulfameth-oxazole	1.00	1.00	1.00	137472.06	1.00	1.00	604466.60	1.00
	deoxyribonolact-one	389223.20	346711.84	1.00	1.00	1.00	1.00	1.00	1.00
	homocysteinesulf-inic acid	164332.00	221685.94	161847.06	185386.11	1.00	1.00	1.00	1.00
	chaetoglobosin A	1.00	1.00	1.00	1.00	1.00	1.00	1.00	714449.30
	2-ethyl-2-hydrox-ybutyric acid	1.00	714067.80	1.00	1.00	1.00	1.00	1.00	1.00
	eremophilenolide	2.69	1.67	1.18	1.07	1.04	1.17	1.17	705994.06
	clindamycin	1.00	1.00	1.00	1.00	1.00	704562.75	1.00	1.00

组别	物质组	发酵2d	发酵4d	发酵6d	发酵8d	发酵10d	发酵12d	发酵14d	发酵16d
第2组	4-imidazolone-5-acetate	1.00	1.00	1.00	169249.89	1.00	109867.07	420773.38	1.00
	PG[18:4(6Z,9Z,12Z,15Z)/22:6(4Z,7Z,10Z,13Z,16Z,19Z)]	1.00	695782.80	1.00	1.00	1.00	1.00	1.00	1.00
	cystamine	1.00	692905.90	1.00	1.00	1.00	1.00	1.00	1.00
	2-oxoarginine	1.00	675946.06	1.00	1.00	1.00	1.00	1.00	1.00
	rhexifoline	602880.00	1.00	1.00	1.00	1.00	1.00	1.00	1.00
	Gly-Gly-OH	592870.20	1.00	1.00	1.00	1.00	1.00	1.00	1.00
	1H-Imidazole-4-carboxamide, 5-[3-(hydroxymethyl)-3-methyl-1-triazenyl]-	551352.94	1.00	1.00	1.00	1.00	1.00	1.00	1.00
	3-guanidinopropanoate	1.00	300359.16	1.00	1.00	1.00	143098.97	1.00	1.00
	Leu Tyr Pro	1.00	439421.22	1.00	1.00	1.00	1.00	1.00	1.00
	taurochenodeoxycholic acid 3-sulfate	1.00	433925.80	1.00	1.00	1.00	1.00	1.00	1.00
	Tyr Phe Phe	1.00	419707.78	1.00	1.00	1.00	1.00	1.00	1.00
	meliantriol	1.00	1.00	1.00	418378.16	1.00	1.00	1.00	1.00
	(25R)-11alpha,20,26-trihydroxyecdysone	1.00	417148.72	1.00	1.00	1.00	1.00	1.00	1.00
	sophoramine	1.00	1.00	1.00	411544.28	1.00	1.00	1.00	1.00
	PG[O-18:0/20:4(5Z,8Z,11Z,14Z)]	1.00	1.00	1.00	204438.02	1.00	175204.95	1.00	1.00
	cefotiam	1.00	1.00	1.00	307121.25	1.00	1.00	1.00	1.00
	spectinomycin	1.00	1.00	1.00	304361.72	1.00	1.00	1.00	1.00
	Thr Gln Ser	1.00	1.00	1.00	260019.84	1.00	1.00	1.00	1.00
	L-glutamate	1.00	1.00	1.00	255962.06	1.00	1.00	1.00	1.00
第2组178个样本平均值		322478.41	367723.95	254555.99	299747.73	247605.64	331799.65	325754.23	482808.45
第3组	DL-3-hydroxycaproic acid	16.44	3.39	1.31	1.09	805791.25	805791.25	805791.25	805791.25
	4,8,12-trimethyltridecanoic acid	1.00	1.00	416246.88	390121.12	455776.20	432445.97	531809.44	1.00
	p-hydroxyfelbamate	313901.94	2.01	313901.94	313901.94	313901.94	313901.94	313901.94	313901.94
	3-dehydro-L-threonate	310909.22	3.04	310909.22	310909.22	310909.22	310909.22	310909.22	310909.22
	taurine	1.35	2.35	2.21	3.22	525392.60	525392.60	525392.60	525392.60
	idazoxan	654969.30	1.27	1.59	1.28	654969.30	2.17	1.73	654969.30
	L-anserine	1.47	2.87	311398.30	311398.30	311398.30	311398.30	311398.30	311398.30

续表

组别	物质组	发酵2d	发酵4d	发酵6d	发酵8d	发酵10d	发酵12d	发酵14d	发酵16d
第3组	9-oxo-2E-decenoic acid	1.62	1.59	1.64	1.60	460548.03	460548.03	460548.03	460548.03
	citramalic acid	258307.02	258307.02	258307.02	3.50	258307.02	258307.02	258307.02	258307.02
	His Ser Lys	1.00	239352.02	184727.00	269755.03	346207.06	376496.25	362273.72	1.00
	3S-hydroxy-dodecanoic acid	1.00	128876.00	210412.84	115326.07	358894.75	193931.98	430086.06	1.00
	2,3-dinor thromboxane B1	1.00	1.00	1.00	252018.90	279569.94	383960.94	489602.97	1.00
	dimethoxane	1.23	1.02	1.56	1.43	334922.10	334922.10	334922.10	334922.10
	pacifenol	158573.03	158573.03	158573.03	158573.03	158573.03	158573.03	158573.03	158573.03
	O-acetylserine	155912.16	155912.16	155912.16	155912.16	155912.16	155912.16	155912.16	155912.16
	6R-hydroxy-tetradecanoic acid	1.00	103084.99	141485.10	1.00	250166.89	209026.80	531247.25	1.00
	7-oxo-11-dodecenoic acid	166996.98	1.00	166372.02	269705.10	203559.88	182321.10	228788.90	1.00
	botrydial	138222.90	148837.08	171744.90	230077.12	213801.94	265782.03	1.00	1.00
	leflunomide	419984.20	1.00	530283.80	1.00	1.00	1.00	182079.00	1.00
	6-hydroxyluteolin 6,4'-dimethyl ether 7-glucoside	172455.03	149362.00	148691.14	1.00	148538.08	164267.05	172081.06	1.00
	2S-amino-pentanoic acid	2.52	1.11	1.38	1.15	455370.84	3.49	4.68	455370.84
	18-hydroxy-9S,10R-epoxy-stearic acid	1.00	448951.28	461176.22	1.00	1.00	1.00	1.00	1.00
	2-octenal	1.36	1.50	1.26	1.39	219241.98	219241.98	219241.98	219241.98
	3β,5α-tetrahydr-onorethindrone glucuronide	1.00	1.00	162289.10	168353.88	167467.03	171578.11	193173.02	1.00
	TyrMe-Asp-OH	1.00	303345.78	496852.03	1.00	1.00	1.00	1.00	1.00
	dehydrojuvabione	1.00	1.00	160973.00	131928.92	137675.05	155751.05	187919.89	1.00
	L-alpha-glutamyl-L-hydroxyproline	1.00	1.00	322328.88	406255.20	1.00	1.00	1.00	1.00
	13,14-dihydro-16,16-difluoro PGJ2	1.00	1.00	162765.05	1.00	233300.98	1.00	327641.00	1.00
	1,2-dihydroxyd-ibenzothiophene	1.00	1.00	306654.70	412946.06	1.00	1.00	1.00	1.00
	DuP-697	1.00	1.00	711374.80	1.00	1.00	1.00	1.00	1.00
	undecanedioic acid	133393.05	215901.90	1.00	181975.03	173613.03	1.00	1.00	1.00
	panasenoside	1.00	291332.20	413407.66	1.00	1.00	1.00	1.00	1.00
	levofuraltadone	99756.09	99756.09	99756.09	2.18	99756.09	99756.09	99756.09	99756.09
	tecostanine	1.00	1.00	1.00	1.00	1.00	413239.90	282015.22	1.00
	Cys Gly	1.00	330724.84	336293.12	1.00	1.00	1.00	1.00	1.00
	cardiogenol C	1.00	80957.03	113501.12	135968.92	1.00	168077.00	167845.83	1.00

续表

组别	物质组	发酵2d	发酵4d	发酵6d	发酵8d	发酵10d	发酵12d	发酵14d	发酵16d
	C75	1.00	1.00	1.00	1.00	1.00	373495.84	288821.80	1.00
	swietenidin B	1.20	1.88	2.42	2.93	323378.03	6.30	7.42	323378.03
	dopaquinone	1.00	1.00	1.00	1.00	1.00	644269.25	1.00	1.00
	alhpa-tocopheronic acid	148587.97	171178.88	1.00	1.00	138797.90	1.00	164388.92	1.00
	sporidesmin	1.00	1.00	1.00	1.00	1.00	618785.75	1.00	1.00
	CMP-2-aminoethylphosphonate	1.00	264762.88	338775.12	1.00	1.00	1.00	1.00	1.00
	dimethyl malonate	1.00	1.00	597534.10	1.00	1.00	1.00	1.00	1.00
	endo-1-methyl-N-(9-methyl-9-azabicyclo[3.3.1]non-3-yl)-N-oxide	335633.10	1.00	253954.80	1.00	1.00	1.00	1.00	1.00
	mequitazine	1.00	1.00	1.00	1.00	1.00	1.00	1.00	569962.80
	7α-(Thiomethyl)spironolactone	1.00	1.00	1.00	1.00	232548.98	115647.00	206695.08	1.00
	Ala Phe Arg	1.00	1.00	1.00	176179.12	191698.95	1.00	183017.10	1.00
	4-(2-hydroxypropoxy)-3,5-dimethyl-phenol	180806.92	235690.92	127518.93	1.00	1.00	1.00	1.00	1.00
	(+)-cucurbic acid	1.00	1.00	1.00	1.00	1.00	1.00	1.00	533651.90
第3组	L-tyrosine methyl ester	1.00	1.00	1.00	116714.98	125068.07	134149.98	155351.05	1.00
	3-hydroxy-sebacic acid	125923.02	172429.95	214057.06	1.00	1.00	1.00	1.00	1.00
	triphenyl phosphate	1.00	193470.02	317490.90	1.00	1.00	1.00	1.00	1.00
	16:4(6Z,9Z,12Z,15Z)	1.00	1.00	192246.90	148515.11	1.00	1.00	169816.95	1.00
	Val-Asp-OH	1.00	1.00	1.00	1.00	1.00	193813.83	315539.22	1.00
	methoxychlor	1.00	1.00	1.00	1.00	507154.06	1.00	1.00	1.00
	VER-50589	1.00	1.00	216477.83	289794.06	1.00	1.00	1.00	1.00
	scopoline	1.00	1.00	1.00	1.00	1.00	504782.03	1.00	1.00
	Asn Arg	1.00	1.00	1.00	1.00	1.00	1.00	503438.44	1.00
	1-(1-oxopropyl)-1H-imidazole	1.00	225647.08	254309.92	1.00	1.00	1.00	1.00	1.00
	acamprosate	1.00	1.00	1.00	1.00	473054.34	1.00	1.00	1.00
	trans,trans-farnesyl phosphate	1.00	1.00	1.00	1.00	1.00	1.00	1.00	469051.84
	MID58090:O-b-D-Gal-(1->3)-O-[O-b-D-Gal-(1→4)-2-(acetyl-amino)-2-deoxy-b-D-Glc-(1→6)]-2-(acetylamino）	464938.75	1.00	1.00	1.00	1.00	1.00	1.00	1.00

组别	物质组	发酵2d	发酵4d	发酵6d	发酵8d	发酵10d	发酵12d	发酵14d	发酵16d
	quercetol B	1.00	1.00	457931.84	1.00	1.00	1.00	1.00	1.00
	chlormezanone	1.00	1.00	1.00	1.00	1.00	1.00	1.00	455326.88
	S-(2-aminoethyl) isothiourea	1.00	1.00	1.00	1.00	1.00	1.00	1.00	453828.62
	carbenicillin	429933.70	1.00	1.00	1.00	1.00	1.00	1.00	1.00
	tetraneurin A	1.00	1.00	1.00	1.00	1.00	1.00	1.00	428686.72
	dopaxanthin	428517.88	1.00	1.00	1.00	1.00	1.00	1.00	1.00
	fluoren-9-one	1.00	1.00	1.00	1.00	425134.94	1.00	1.00	1.00
	tert-butylbicyclo-phosphorothionate	423416.80	1.00	1.00	1.00	1.00	1.00	1.00	1.00
	3,11-dihydroxy myristoic acid	420289.12	1.00	1.00	1.00	1.00	1.00	1.00	1.00
	glymidine	1.00	1.00	1.00	1.00	1.00	1.00	419297.90	1.00
	methyl 4-[2-(2-for myl-vinyl)-3-hy-dr oxy-5-oxo-cycl-opentyl]-butanoate	1.00	1.00	1.00	1.00	1.00	1.00	1.00	417099.06
	1,1,1-trichloro-2-(o-chloroph-enyl)-2-(p-chloro-phenyl)ethane	1.00	1.00	1.00	1.00	1.00	414085.94	1.00	1.00
第3组	spenolimycin	207065.97	182432.00	1.00	1.00	1.00	1.00	1.00	1.00
	isobutrin	1.00	1.00	1.00	1.00	196205.05	191932.00	1.00	1.00
	tricrozarin A	1.00	1.00	1.00	1.00	1.00	1.00	1.00	383775.20
	deamino-α-keto-demethylphos-phinothricin	1.00	1.00	1.00	1.00	1.00	1.00	1.00	379792.78
	lienomycin	1.00	1.00	1.00	1.00	1.00	363372.16	1.00	1.00
	3-ethylcatechol	361170.94	1.00	1.00	1.00	1.00	1.00	1.00	1.00
	α-terpinyl acetate	1.22	1.35	1.29	1.06	1.01	1.03	1.04	355025.94
	Pro Trp Asp	1.00	348139.88	1.00	1.00	1.00	1.00	1.00	1.00
	YM-53601	1.00	1.00	1.00	1.00	1.00	1.00	1.00	347209.06
	graphinone	1.00	1.00	1.00	179710.90	1.00	163183.05	1.00	1.00
	3S-hydroxy-decanoic acid	121406.03	221480.00	1.00	1.00	1.00	1.00	1.00	1.00
	5-hydroxy caproaldehyde	220584.92	1.00	117985.92	1.00	1.00	1.00	1.00	1.00
	halofenozide	1.00	1.00	1.00	1.00	1.00	1.00	1.00	337945.75
	prednicarbate	1.00	1.00	1.00	1.00	1.00	1.00	1.00	337737.62
	fagomine	1.00	335950.94	1.00	1.00	1.00	1.00	1.00	1.00
	aconitine	1.00	334017.80	1.00	1.00	1.00	1.00	1.00	1.00
	Trp Thr Thr	1.00	330657.06	1.00	1.00	1.00	1.00	1.00	1.00
	mycalamide A	1.00	1.00	328781.78	1.00	1.00	1.00	1.00	1.00
	lyngbic acid	1.00	1.00	1.00	1.00	1.00	1.00	1.00	326972.00

续表

组别	物质组	发酵2d	发酵4d	发酵6d	发酵8d	发酵10d	发酵12d	发酵14d	发酵16d
	granisetron metabolite 3	1.00	324095.80	1.00	1.00	1.00	1.00	1.00	1.00
	ganglioside GA2 (d18:1/12:0)	1.00	1.00	1.00	1.00	1.00	1.00	1.00	321436.90
	CAY10561	1.00	1.00	316251.72	1.00	1.00	1.00	1.00	1.00
	6alpha-chloro-17-acetoxyprogesterone	1.00	1.00	315753.30	1.00	1.00	1.00	1.00	1.00
	quercetin 3,7,4'-tri-O-sulfate	1.00	1.00	1.00	1.00	1.00	315342.80	1.00	1.00
	carmustine	1.00	1.00	1.00	1.00	313273.03	1.00	1.00	1.00
	4-amino-4-cyano-butanoic acid	312425.94	1.00	1.00	1.00	1.00	1.00	1.00	1.00
	Leu-Asp-OH	307532.03	1.00	1.00	1.00	1.00	1.00	1.00	1.00
	nitrogen mustard N-oxide	1.00	1.00	1.00	1.00	304019.10	1.00	1.00	1.00
	9,10,16-trihydroxy palmitic acid	302400.00	1.00	1.00	1.00	1.00	1.00	1.00	1.00
	Tos-Arg-CH$_2$Cl	1.00	1.00	1.00	1.00	1.00	1.00	1.00	298200.00
	quercetin 5,7,3',4'-tetramethyl ether 3-rutinoside	297348.06	1.00	1.00	1.00	1.00	1.00	1.00	1.00
第3组	santiaguine	1.00	1.00	294363.28	1.00	1.00	1.00	1.00	1.00
	dihydrojasmonic acid, methyl ester	1.00	1.00	1.00	1.00	1.00	138481.92	155051.06	1.00
	7S-hydroxy-octanoic acid	291967.25	1.00	1.00	1.00	1.00	1.00	1.00	1.00
	L-2-amino-6-oxoheptanedioate	1.00	1.00	131476.90	155936.06	1.00	1.00	1.00	1.00
	cinnamodial	1.00	1.00	1.00	1.00	144780.05	1.00	136121.10	1.00
	(3S)-3,6-diaminohexanoate	135355.00	1.00	1.00	140947.97	1.00	1.00	1.00	1.00
	MID42519:1α-hydroxy-18-(4-hydroxy-4-methyl-2-pentynyloxy)-23,24,25,26,27-pentanorvitamin D3 / 1α-hyd	275312.97	1.00	1.00	1.00	1.00	1.00	1.00	1.00
	L-beta-aspartyl-L-glutamic acid	275015.03	1.00	1.00	1.00	1.00	1.00	1.00	1.00
	benzo[b]naphtho[2,1-d]thiophene	1.00	274013.00	1.00	1.00	1.00	1.00	1.00	1.00
	2,3-dihydroxycyclopentaneundecanoic acid	267336.16	1.00	1.00	1.00	1.00	1.00	1.00	1.00
	Arg Glu Gly	1.00	1.00	1.00	1.00	1.00	1.00	266464.97	1.00

组别	物质组	发酵2d	发酵4d	发酵6d	发酵8d	发酵10d	发酵12d	发酵14d	发酵16d
第3组	triethylenemela-mine	1.00	1.00	1.00	1.00	264826.94	1.00	1.00	1.00
	PA[P-16:0/22:4(7Z,10Z,13Z,16Z)]	1.00	264685.88	1.00	1.00	1.00	1.00	1.00	1.00
	N-desmethylperazine	1.00	1.00	1.00	1.00	1.00	1.00	263003.88	1.00
	uplandicine	135385.06	1.00	124812.87	1.00	1.00	1.00	1.00	1.00
	Glu Ile Leu	1.00	259731.92	1.00	1.00	1.00	1.00	1.00	1.00
	bismuth subsalicylate	1.00	1.00	257278.10	1.00	1.00	1.00	1.00	1.00
	5-oxo-pentanoic acid	1.00	254724.14	1.00	1.00	1.00	1.00	1.00	1.00
	phytuberin	1.00	128378.08	1.00	1.00	124753.97	1.00	1.00	1.00
	cidofovir	1.00	1.00	1.00	1.00	1.00	1.00	1.00	252089.89
	schizonepetoside E	1.00	1.00	1.00	1.00	1.00	1.00	1.00	248913.89
	3-hydroxy-dode-canedioic acid	1.00	248106.98	1.00	1.00	1.00	1.00	1.00	1.00
	fluphenazine enanthate	1.00	247997.12	1.00	1.00	1.00	1.00	1.00	1.00
	3-oxo-tetradecanoic acid	241927.03	1.00	1.00	1.00	1.00	1.00	1.00	1.00
	4-hydroxyquin-oline	1.00	241605.17	1.00	1.00	1.00	1.00	1.00	1.00
	methionine	1.00	1.00	1.00	240251.12	1.00	1.00	1.00	1.00
	L-gamma-glutamyl-L-valine	1.00	237016.12	1.00	1.00	1.00	1.00	1.00	1.00
	docosanediol-1,14-disulfate	1.00	236897.08	1.00	1.00	1.00	1.00	1.00	1.00
	methyl5-(but-3-en-1-yl)amino-1,3,4-oxadiazole-2-carboxylate	232225.78	1.00	1.00	1.00	1.00	1.00	1.00	1.00
	Leu Pro Lys	1.00	1.00	1.00	82785.99	1.00	82553.96	65671.04	1.00
	natamycin	1.00	228112.95	1.00	1.00	1.00	1.00	1.00	1.00
	Ile Thr Asn	1.00	223582.94	1.00	1.00	1.00	1.00	1.00	1.00
	4,4'-methyleneb-is(2,6-di-tert-butylphenol)	1.00	1.00	1.00	1.00	221123.05	1.00	1.00	1.00
	Lys Glu Pro	1.00	217796.06	1.00	1.00	1.00	1.00	1.00	1.00
	Ser Ser Ser	215849.11	1.00	1.00	1.00	1.00	1.00	1.00	1.00

组别	物质组	发酵2d	发酵4d	发酵6d	发酵8d	发酵10d	发酵12d	发酵14d	发酵16d
	7-epi jasmonic acid	1.00	1.00	1.00	1.00	1.00	1.00	1.00	214115.94
	amastatin	1.00	213644.00	1.00	1.00	1.00	1.00	1.00	1.00
	25-hydroxyvitamin D3-bromoacetate	1.00	1.00	1.00	1.00	213395.02	1.00	1.00	1.00
	ustilic acid A	211696.10	1.00	1.00	1.00	1.00	1.00	1.00	1.00
	isobutylglycine	207167.00	1.00	1.00	1.00	1.00	1.00	1.00	1.00
	3R-hydroxypalmitic acid	205941.97	1.00	1.00	1.00	1.00	1.00	1.00	1.00
	GalNAcβ1-3[Fucα1-2]Galβ1-3GlcNAcβ-Sp	1.00	205131.11	1.00	1.00	1.00	1.00	1.00	1.00
	PIP2[20:2(11Z,14Z)/18:0]	1.00	203450.11	1.00	1.00	1.00	1.00	1.00	1.00
	O-feruloylgalactarate	1.00	203440.95	1.00	1.00	1.00	1.00	1.00	1.00
	4,4'-thiodianiline	105042.98	1.00	1.00	97254.99	1.00	1.00	1.00	1.00
	Asp Cys Pro	1.00	202059.97	1.00	1.00	1.00	1.00	1.00	1.00
第3组	granilin	1.00	1.00	1.00	1.00	1.00	1.00	1.00	198383.02
	matteucinol 7-O-beta-D-apiofuranosyl(1→6)-beta-D-glucopyranoside	1.00	193825.88	1.00	1.00	1.00	1.00	1.00	1.00
	10-hydroxydihydrosanguinarine	1.00	1.00	1.00	1.00	1.00	1.00	1.00	192491.83
	SR 144528	1.00	191765.11	1.00	1.00	1.00	1.00	1.00	1.00
	6,8-dihydroxyoctanoic acid	1.00	190802.10	1.00	1.00	1.00	1.00	1.00	1.00
	3-methyluric acid	1.00	1.00	1.00	190685.10	1.00	1.00	1.00	1.00
	CAY10633	1.00	190450.03	1.00	1.00	1.00	1.00	1.00	1.00
	benzo[ghi]perylene	1.00	1.00	1.00	1.00	1.00	1.00	1.00	190293.98
	Trp Gly Ile	1.00	1.00	189823.10	1.00	1.00	1.00	1.00	1.00
	hydroxyflunarizine	1.00	1.00	189579.83	1.00	1.00	1.00	1.00	1.00
	secologanate	1.00	1.00	1.00	72705.00	1.00	1.00	116634.92	1.00
	Val Ile Asp	189155.97	1.00	1.00	1.00	1.00	1.00	1.00	1.00
	naltrindole	1.00	1.00	1.00	1.00	1.00	188144.11	1.00	1.00
	2-propyl-3-hydroxyethylenepyran-4-one	187609.10	1.00	1.00	1.00	1.00	1.00	1.00	1.00

续表

组别	物质组	发酵2d	发酵4d	发酵6d	发酵8d	发酵10d	发酵12d	发酵14d	发酵16d
	Gln Gln Gln	1.00	1.00	1.00	1.00	1.00	187164.16	1.00	1.00
	3-hydroxysuberic acid	1.00	1.00	1.00	186598.11	1.00	1.00	1.00	1.00
	chitobiose	1.00	1.00	1.00	1.00	185750.92	1.00	1.00	1.00
	oxonitine	1.00	184559.05	1.00	1.00	1.00	1.00	1.00	1.00
	pteroic acid	1.00	1.00	1.00	1.00	1.00	1.00	182124.98	1.00
	gambogic acid	1.00	180992.98	1.00	1.00	1.00	1.00	1.00	1.00
	lophophorine	1.00	179587.17	1.00	1.00	1.00	1.00	1.00	1.00
	furafylline	1.00	1.00	1.00	1.00	179412.03	1.00	1.00	1.00
	spinosyn J	1.00	175796.14	1.00	1.00	1.00	1.00	1.00	1.00
	2-methylaminoad-enosine	1.00	1.00	1.00	1.00	1.00	1.00	1.00	174492.97
	tert-butyl p-(bromomethyl) Benzoate	1.00	1.00	1.00	1.00	1.00	1.00	1.00	174217.05
	ethyl phenothiazi-ne-2-carbamate	1.00	1.00	1.00	1.00	1.00	174040.94	1.00	1.00
	8-hydroxy-4,8-dimethyl-4E,9-decadienoic acid	1.00	172996.92	1.00	1.00	1.00	1.00	1.00	1.00
第3组	caracurine V	1.00	172923.97	1.00	1.00	1.00	1.00	1.00	1.00
	9R,10S,18-trihy-droxy-stearic acid	172894.03	1.00	1.00	1.00	1.00	1.00	1.00	1.00
	Trp Thr Ile	1.00	1.00	168558.98	1.00	1.00	1.00	1.00	1.00
	isobergaptene	1.00	1.00	1.00	1.00	168395.95	1.00	1.00	1.00
	catharine	1.00	163956.14	1.00	1.00	1.00	1.00	1.00	1.00
	Trp Met Pro	1.00	1.00	1.00	1.00	1.00	1.00	1.00	163290.08
	12alpha-hydro-xyamoorstatin	1.00	161432.92	1.00	1.00	1.00	1.00	1.00	1.00
	4-methylburima-mide	1.00	1.00	1.00	1.00	1.00	1.00	1.00	160856.00
	lanceotoxin A	1.00	160114.03	1.00	1.00	1.00	1.00	1.00	1.00
	Lys Trp Ala	1.00	159872.89	1.00	1.00	1.00	1.00	1.00	1.00
	18-hydroxy-9R,10S-epoxy-stearic acid	158299.05	1.00	1.00	1.00	1.00	1.00	1.00	1.00
	7-oxo-11Z-tetradecenoic acid	156739.05	1.00	1.00	1.00	1.00	1.00	1.00	1.00
	all-$trans$-heptapre-nyl diphosphate	1.00	156099.02	1.00	1.00	1.00	1.00	1.00	1.00
	phloionolic acid	155689.89	1.00	1.00	1.00	1.00	1.00	1.00	1.00

组别	物质组	发酵2d	发酵4d	发酵6d	发酵8d	发酵10d	发酵12d	发酵14d	发酵16d
第3组	S-methylcaptopril	1.00	155443.10	1.00	1.00	1.00	1.00	1.00	1.00
	lactone of PGF-MUM	1.00	1.00	154693.98	1.00	1.00	1.00	1.00	1.00
	4-quinolinemeth-anol, 2,8-bis(trif-luoromethyl)-	1.00	1.00	1.00	1.00	1.00	153516.98	1.00	1.00
	17-hydroxyand-rostane-3-glucuronide	1.00	150569.03	1.00	1.00	1.00	1.00	1.00	1.00
	RG-14620	149864.02	1.00	1.00	1.00	1.00	1.00	1.00	1.00
	2,4-dihydroxypte-ridine	1.00	1.00	147893.02	1.00	1.00	1.00	1.00	1.00
	5-L-glutamyl-L-alanine	92752.99	1.00	54835.97	1.00	1.00	1.00	1.00	1.00
	5-phenyl-1,3-ox-azinane-2,4-dione	1.00	1.00	147419.03	1.00	1.00	1.00	1.00	1.00
	oil orange SS	1.00	1.00	1.00	1.00	146657.98	1.00	1.00	1.00
	Tyr-Nap-OH	1.00	1.00	1.00	146113.95	1.00	1.00	1.00	1.00
	3,3'-dimethoxyb-enzidine	1.00	1.00	1.00	1.00	1.00	1.00	145841.06	1.00
	2-ethylhexyl acrylate	1.00	1.00	1.00	145510.00	1.00	1.00	1.00	1.00
	2-(o-carboxyben-zamido)glutaramic acid	144990.94	1.00	1.00	1.00	1.00	1.00	1.00	1.00
	beauvericin	1.00	144499.12	1.00	1.00	1.00	1.00	1.00	1.00
	pramanicin	144485.95	1.00	1.00	1.00	1.00	1.00	1.00	1.00
	metribuzin	1.00	1.00	1.00	1.00	1.00	1.00	1.00	143026.90
	methyl parathione	1.00	1.00	1.00	1.00	142904.05	1.00	1.00	1.00
	13-hydroxy-tridecanoic acid	1.00	1.00	1.00	1.00	142078.92	1.00	1.00	1.00
	His Asp Ser	1.00	1.00	1.00	1.00	1.00	1.00	1.00	141927.05
	2-hydroxy-6-oxo-6-(2-carboxyphenyl)-hexa-2,4-dienoate	140895.98	1.00	1.00	1.00	1.00	1.00	1.00	1.00
	Met-Asp-OH	1.00	1.00	1.00	1.00	139940.11	1.00	1.00	1.00
	N-furfurylforma-mide	1.00	1.00	1.00	1.00	1.00	65849.01	71817.97	1.00
	dihydroaceanth-rylene	1.00	1.00	1.00	132423.98	1.00	1.00	1.00	1.00
	adefovir	1.00	1.00	1.00	132048.11	1.00	1.00	1.00	1.00
	swertiamarin	1.00	1.00	1.00	1.00	1.00	131884.97	1.00	1.00

续表

组别	物质组	发酵2d	发酵4d	发酵6d	发酵8d	发酵10d	发酵12d	发酵14d	发酵16d
	tryptanthrine	1.00	1.00	1.00	1.00	1.00	1.00	1.00	130924.96
	amcinonide	1.00	1.00	130300.90	1.00	1.00	1.00	1.00	1.00
	camoensine	1.00	1.00	1.00	128002.02	1.00	1.00	1.00	1.00
	Lys Gln Trp	1.00	1.00	1.00	1.00	1.00	1.00	1.00	127994.06
	4-hydroxycinna-myl aldehyde	1.00	1.00	1.00	124207.91	1.00	1.00	1.00	1.00
	CAY10608	1.00	1.00	1.00	1.00	1.00	1.00	1.00	123408.00
	diglykokoll	1.00	1.00	1.00	123396.91	1.00	1.00	1.00	1.00
	paederoside	1.00	1.00	1.00	1.00	1.00	1.00	1.00	123282.92
	6-paradol	1.00	1.00	1.00	1.00	118377.00	1.00	1.00	1.00
	DPPP	1.00	1.00	1.00	1.00	1.00	101705.02	1.00	1.00
	Leu Glu	1.00	99170.92	1.00	1.00	1.00	1.00	1.00	1.00
	clorazepate	1.00	1.00	1.00	1.00	97199.08	1.00	1.00	1.00
	chlorophacinone	1.00	1.00	1.00	1.00	1.00	1.00	1.00	95172.02
	Ile Ala	93970.01	1.00	1.00	1.00	1.00	1.00	1.00	1.00
第3组	17-hydroxy-heptadecanoic acid	1.00	1.00	1.00	1.00	91141.02	1.00	1.00	1.00
	delta-3,4,5,6-tet-rachlorocyclohe-xene	1.00	1.00	89043.97	1.00	1.00	1.00	1.00	1.00
	Pro Thr Trp	1.00	1.00	1.00	1.00	84112.97	1.00	1.00	1.00
	thiosulfic acid	1.00	82368.95	1.00	1.00	1.00	1.00	1.00	1.00
	N-acetyl-L-lysine	81617.95	1.00	1.00	1.00	1.00	1.00	1.00	1.00
	O-desmethylquini-dine glucuronide	1.00	77294.96	1.00	1.00	1.00	1.00	1.00	1.00
	(*S*)-2-*O*-sulfolactate	1.00	1.00	1.00	69256.98	1.00	1.00	1.00	1.00
	2,3,3',4,4',5,5'-heptachlorobiph-enyl	1.00	1.00	1.00	1.00	1.00	67305.06	1.00	1.00
	phenylgalactoside	63612.00	1.00	1.00	1.00	1.00	1.00	1.00	1.00
	ornithine	1.00	1.00	1.00	48591.99	1.00	1.00	1.00	1.00
	TG[18:2(9*Z*,12*Z*)/20:2(11*Z*,14*Z*)/22:1(13*Z*)][iso6]	1.00	1.00	1.00	1.00	34666.00	1.00	1.00	1.00
第3组242个样本平均值		52910.60	57389.70	55188.77	30342.85	56874.38	51220.01	48969.11	60575.00

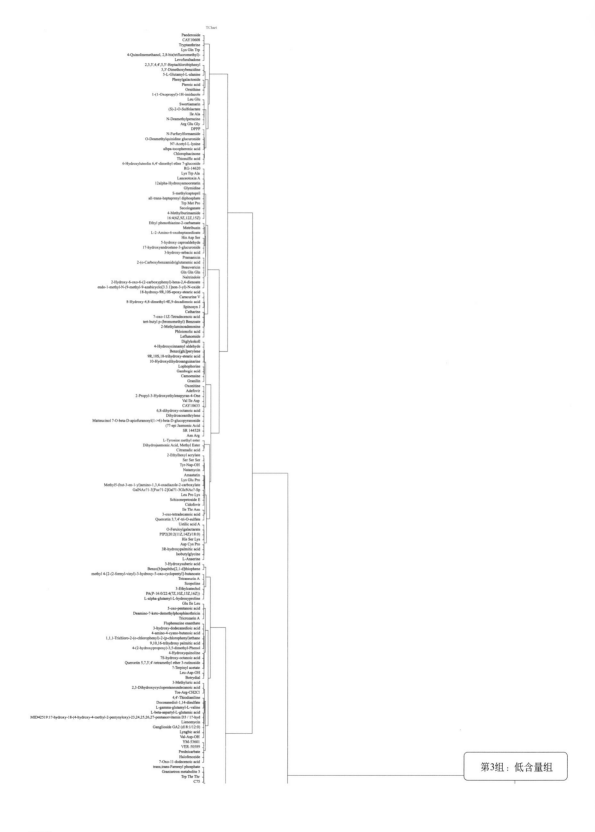

第3组：低含量组

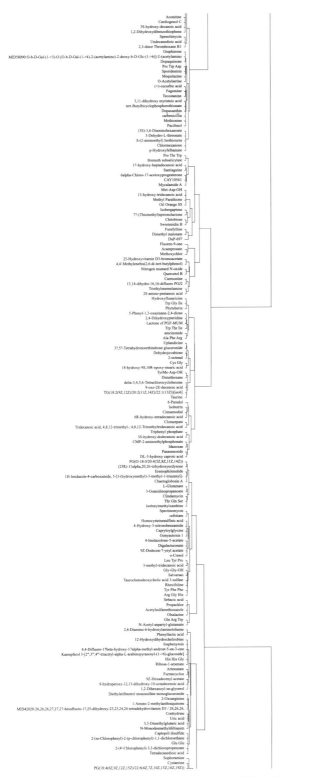

图4-156

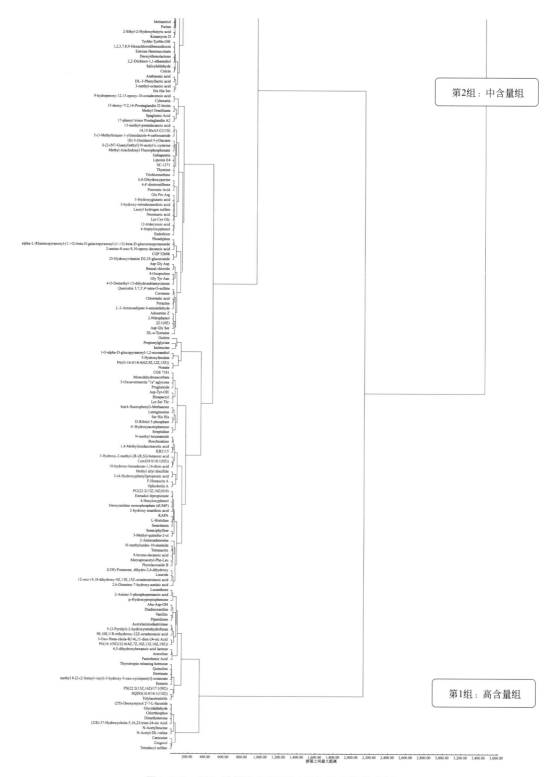

图4-156　添加链霉菌剂发酵过程物质组聚类分析

（2）发酵阶段聚类分析　从453个物质中选择主成分得分总和大于1的41个物质构成分析矩阵（表4-118），以物质组为指标、主成分（发酵阶段）为样本、卡方距离为尺度，用可变类平均法进行系统聚类，分析结果见表4-121、表4-122、图4-157、图4-158。结果表明，可将添加链霉菌剂组发酵阶段分为3组（图4-157）。

表4-121　添加链霉菌剂基于主要物质组的发酵阶段聚类分析

物质组	第1组1个样本		第2组2个样本			第3组5个样本				
	$Y(i, 1)$	平均值	$Y(i, 2)$	$Y(i, 3)$	平均值	$Y(i, 4)$	$Y(i, 5)$	$Y(i, 6)$	$Y(i, 7)$	$Y(i, 8)$	平均值
tetradecyl sulfate	31.07	31.07	5.91	2.07	3.99	1.00	4.34	2.26	1.73	1.78	2.22
carnosine	25.11	25.11	11.12	8.42	9.77	7.55	1.00	3.98	5.21	6.08	4.76
2,6-diamino-7-hydroxy-azelaic acid	4.70	4.70	12.07	6.32	9.19	1.00	4.00	3.91	4.33	2.81	3.21
gingerol	30.38	30.38	1.00	3.79	2.40	7.76	7.86	6.87	5.28	6.83	6.92
arecoline	4.38	4.38	1.87	1.00	1.44	9.93	1.77	2.59	2.99	1.94	3.84
piperidione	3.62	3.62	1.94	1.00	1.47	9.27	2.11	2.00	2.83	1.31	3.50
N-acetyl-DL-valine	12.15	12.15	1.00	20.66	10.83	7.33	7.64	8.14	8.94	7.77	7.97
12-oxo-14,18-dihydroxy-9Z, 13E,15Z-octadecatrienoic acid	3.27	3.27	8.46	4.58	6.52	1.00	3.01	2.96	3.23	2.22	2.48
chlorthiophos	8.05	8.05	2.21	1.25	1.73	1.00	1.81	1.31	1.13	1.19	1.29
glycidaldehyde	7.95	7.95	2.19	1.25	1.72	1.00	1.80	1.30	1.13	1.19	1.28
3-oxo-5beta-chola-8(14),11-dien-24-oic acid	2.43	2.43	1.60	1.00	1.30	6.29	1.70	1.64	2.15	1.20	2.60
N-acetylleucine	7.88	7.88	1.00	12.36	6.68	4.77	5.40	5.57	5.95	5.31	5.40
(2'S)-deoxymyxol 2'-α-L-fucoside	6.95	6.95	2.03	1.21	1.62	1.00	1.69	1.26	1.11	1.16	1.24
p-hydroxypropiophenone	5.63	5.63	1.25	1.00	1.12	1.09	9.98	5.32	4.16	3.19	4.75
phytolaccoside B	1.90	1.90	5.00	2.92	3.96	1.00	2.07	2.05	2.17	1.65	1.79
dimethisterone	11.68	11.68	1.00	2.49	1.75	3.81	3.03	3.00	2.90	2.71	3.09
nonate	3.53	3.53	3.57	3.52	3.54	3.31	2.61	1.82	1.00	2.13	2.18
Lys Ser Thr	1.47	1.47	3.93	2.40	3.17	1.00	1.77	1.77	1.84	1.48	1.57
9S,10S,11R-trihydroxy-12Z-octadecenoic acid	4.62	4.62	1.00	1.10	1.05	1.85	4.34	2.69	2.37	2.30	2.71
PG[16:1(9Z)/22:6(4Z,7Z,10Z, 13Z,16Z,19Z)]	6.21	6.21	1.00	1.10	1.05	1.33	4.92	2.80	4.58	2.63	3.25
5-(3-pyridyl)-2-hydroxytetrahydrofuran	4.33	4.33	4.34	2.77	3.55	1.74	4.93	2.75	1.00	2.67	2.62
proglumide	1.27	1.27	3.43	2.16	2.80	1.00	1.64	1.63	1.69	1.40	1.47
enmein	3.62	3.62	1.50	1.09	1.30	1.00	1.33	1.12	1.02	1.08	1.11
SQDG[16:0/16:1(13Z)]	3.49	3.49	1.48	1.09	1.28	1.00	1.31	1.12	1.02	1.07	1.10
5-oxoavermectin "1a" aglycone	1.21	1.21	3.27	2.09	2.68	1.00	1.59	1.59	1.64	1.37	1.44
pantothenic acid	9.10	9.10	1.99	1.00	1.49	2.67	2.89	2.75	6.54	3.00	3.57
Glu Pro Arg	1.00	1.00	2.64	1.82	2.23	1.07	1.47	1.48	1.50	1.32	1.37
PS[22:2(13Z,16Z)/17:1(9Z)]	4.75	4.75	1.00	1.25	1.12	1.50	2.94	1.96	2.65	1.88	2.19
F-honaucin A	2.96	2.96	1.93	1.67	1.80	1.59	2.11	1.14	1.50	1.00	1.47
KB2115	2.24	2.24	1.29	1.06	1.18	1.02	1.19	1.08	1.00	1.06	1.07

物质组	第1组1个样本		第2组2个样本			第3组5个样本					
	$Y(i,1)$	平均值	$Y(i,2)$	$Y(i,3)$	平均值	$Y(i,4)$	$Y(i,5)$	$Y(i,6)$	$Y(i,7)$	$Y(i,8)$	平均值
chlorendic acid	1.00	1.00	2.53	1.80	2.17	1.14	1.49	1.50	1.51	1.37	1.40
diadinoxanthin	4.34	4.34	1.00	1.25	1.12	1.18	2.95	2.08	3.41	1.95	2.31
lentiginosine	1.00	1.00	1.26	1.11	1.19	2.57	1.29	1.29	1.39	1.18	1.54
4-heptyloxyphenol	1.00	1.00	2.49	1.80	2.15	1.17	1.50	1.51	1.52	1.38	1.42
thyrotropin releasing hormone	3.72	3.72	1.00	1.30	1.15	1.92	1.68	1.56	1.30	1.80	1.65
etretinate	3.79	3.79	1.00	1.45	1.23	1.92	1.59	1.67	1.35	1.84	1.67
ophiobolin A	3.83	3.83	1.00	1.62	1.31	2.17	1.32	1.64	1.17	1.67	1.59
N-methyl hexanamide	1.18	1.18	1.00	2.00	1.50	2.22	1.39	1.39	1.49	1.29	1.56
seneciphylline	2.01	2.01	1.26	1.06	1.16	1.02	1.17	1.08	1.00	1.06	1.07
10-hydroxy-hexadecan-1,16-dioic acid	3.73	3.73	1.04	1.72	1.38	2.27	1.18	1.18	1.00	1.82	1.49
methyl 8-[2-(2-formyl-vinyl)-3-hydroxy-5-oxo-cyclopentyl]-octanoate	4.19	4.19	1.00	1.26	1.13	1.79	1.78	1.52	1.58	1.73	1.68

表4-122　添加链霉菌剂基于主要物质组的名称与分组

物质组	第1组1个样本 平均值	第2组2个样本 平均值	第3组5个样本 平均值
[1] tetradecyl sulfate	31.07	3.99	2.22
[2] carnosine	25.11	9.77	4.76
[3] 2,6-diamino-7-hydroxy-azelaic acid	4.70	9.19	3.21
[4] gingerol	30.38	2.40	6.92
[5] arecoline	4.38	1.44	3.84
[6] piperidione	3.62	1.47	3.50
[7] N-acetyl-DL-valine	12.15	10.83	7.97
[8] 12-oxo-14,18-dihydroxy-9Z,13E,15Z-octadecatrienoic acid	3.27	6.52	2.48
[9] chlorthiophos	8.05	1.73	1.29
[10] glycidaldehyde	7.95	1.72	1.28
[11] 3-oxo-5beta-chola-8(14),11-dien-24-oic acid	2.43	1.30	2.60
[12] N-acetylleucine	7.88	6.68	5.40
[13] (2'S)-deoxymyxol 2'-α-L-fucoside	6.95	1.62	1.24
[14] p-hydroxypropiophenone	5.63	1.12	4.75
[15] phytolaccoside B	1.90	3.96	1.79
[16] dimethisterone	11.68	1.75	3.09
[17] nonate	3.53	3.54	2.18
[18] Lys Ser Thr	1.47	3.17	1.57
[19] 9S,10S,11R-trihydroxy-12Z-octadecenoic acid	4.62	1.05	2.71
[20] PG[16:1(9Z)/22:6(4Z,7Z,10Z,13Z,16Z,19Z)]	6.21	1.05	3.25
[21] 5-(3-pyridyl)-2-hydroxytetrahydrofuran	4.33	3.55	2.62
[22] proglumide	1.27	2.80	1.47

续表

物质组	第1组1个样本	第2组2个样本	第3组5个样本
	平均值	平均值	平均值
[23] enmein	3.62	1.30	1.11
[24] SQDG[16:0/16:1(13Z)]	3.49	1.28	1.10
[25] 5-oxoavermectin "1a" aglycone	1.21	2.68	1.44
[26] pantothenic acid	9.10	1.49	3.57
[27] Glu Pro Arg	1.00	2.23	1.37
[28] PS[22:2(13Z,16Z)/17:1(9Z)]	4.75	1.12	2.19
[29] F-honaucin A	2.96	1.80	1.47
[30] KB2115	2.24	1.18	1.07
[31] chlorendic acid	1.00	2.17	1.40
[32] Diadinoxanthin	4.34	1.12	2.31
[33] lentiginosine	1.00	1.19	1.54
[34] 4-heptyloxyphenol	1.00	2.15	1.42
[35] thyrotropin releasing hormone	3.72	1.15	1.65
[36] etretinate	3.79	1.23	1.67
[37] ophiobolin A	3.83	1.31	1.59
[38] N-methyl hexanamide	1.18	1.50	1.56
[39] seneciphylline	2.01	1.16	1.07
[40] 10-hydroxy-hexadecan-1,16-dioic acid	3.73	1.38	1.49
[41] methyl 8-[2-(2-formyl-vinyl)-3-hydroxy-5-oxo-cyclopentyl]-octanoate	4.19	1.13	1.68
总和	246.74	109.22	100.84

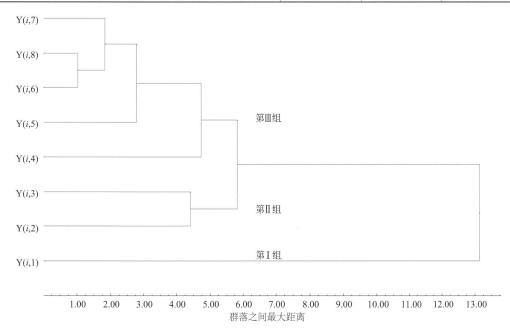

图4-157　添加链霉菌剂基于主要物质组的发酵阶段聚类分析（卡方距离）

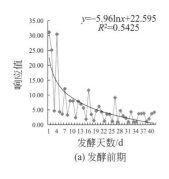
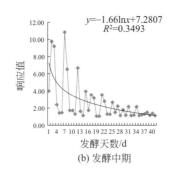
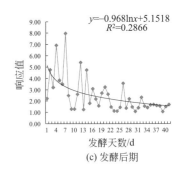

(a) 发酵前期　　　　　　　　　(b) 发酵中期　　　　　　　　　(c) 发酵后期

图4-158　添加链霉菌剂发酵阶段主要物质含量变化模型

　　第 1 组发酵前期，包括了发酵 2d 发酵阶段，物质组主成分得分总和为 246.74，影响发酵前期的主要物质有十四烷基硫酸盐（tetradecyl sulfate）（31.07）＞姜辣素（gingerol）（30.38）＞肌肽（carnosine）（25.11）＞ N- 乙酰 -DL- 缬氨酸（N-acetyl-DL-valine）（12.15）＞二甲炔酮（dimethisterone）（11.68）；发酵前期物质组的编码对数模型为：$y = -5.96\ln x + 22.595$（$R^2 = 0.5425$）（图 4-158、表 4-121、表 4-122）。

　　第 2 组发酵中期，包括了发酵 4d 和发酵 6d 发酵阶段，物质组主成分得分总和为 109.22，影响发酵中期的主要物质有 N- 乙酰 -DL- 缬氨酸（N-acetyl-DL-valine）（10.83）＞肌肽（carnosine）（9.77）＞ 2,6- 二氨基 -7- 羟基 - 壬二酸（2,6-diamino-7-hydroxy-azelaic acid）（9.19）；发酵中期物质组的编码对数模型为：$y = -1.66\ln x + 7.2807$（$R^2 = 0.3493$）（图 4-158、表 4-121、表 4-122）。

　　第 3 组发酵后期，包括了发酵 8d、10d、12d、14d、16d 发酵阶段，物质组主成分得分总和为 100.84，影响发酵前期的主要物质有 N- 乙酰 -DL- 缬氨酸（N-acetyl-DL-valine）（7.97）＞姜辣素（gingerol）（6.92）＞ N- 乙酰亮氨酸（N-acetylleucine）（5.40）；发酵后期物质组的编码对数模型为：$y = -0.968\ln x + 5.1518$（$R^2 = 0.2866$）（图 4-158、表 4-121、表 4-122）。

5. 发酵阶段物质组生境生态位特性

　　添加链霉菌剂构建了发酵阶段物质组生境，不同的发酵时间微生物结构不同，产生的物质组生境存在显著差异。引入物质组聚类的结果，将高含量、中含量、低含量组的前 10 个物质，组成矩阵，统计生态位宽度和生态位重叠，分析不同含量物质组构建的生态位特征的异质性。

　　（1）高含量物质组生境生态位　从表 4-120 中第 1 组高含量物质组取前 10 个物质见表 4-123，以 Levins 测度统计不同发酵阶段物质组生境生态位宽度见表 4-124，以 Pianka 测度统计不同发酵阶段物质组生境生态位重叠见表 4-125。

表4-123　添加链霉菌剂第1组高含量组前10个物质的相对含量

发酵阶段	tetra-decyl sulfate	gingerol	carnosi-ne	N-acetyl-DL-valine	(22E)-3α-hydroxychola-5, 16, 22-trien-24-oic acid	dime-thister-one	chlort-hiophos	glycida-ldehyde	(2'S)-deoxy myxol 2'-α-L-fucoside	N-acety-lleucine
发酵2d	16693957	15549899	8.86	561788.9	5314158	4912271	4209576	4156359	3611910	1283567
发酵4d	16693957	14176294	12622420	694749.6	6237525	5550816	4209576	4156359	3611910	668606.4
发酵6d	16693957	14875955	12622420	724220.9	7237269	6351632	4209576	4156359	3611910	512255.2

发酵阶段	tetra-decyl sulfate	gingerol	carnosi-ne	N-acetyl-DL-valine	(22E)-3α-hydroxychola-5,16,22-trien-24-oic acid	dime-thister-one	chlort-hiophos	glycida-ldehyde	(2'S)-deoxy myxol 2'-α-L-fucoside	N-acetyl-lleucine
发酵8d	16693957	15773185	12622420	1638892	6635000	5508138	4209576	4156359	3611910	1453546
发酵10d	16693957	14315382	12622420	1	7429791	5122999	4209576	4156359	3611910	1
发酵12d	16693957	15292365	12622420	664480.6	980344.5	6014677	4209576	4156359	3611910	626290.1
发酵14d	16693957	16188365	12622420	40215588	10116336	7061835	4209576	4156359	3611910	23387538
发酵16d	16693957	1	12622420	1	1	1	4209576	4156359	3611910	1

分析结果表明，从生态位宽度看（表 4-124），高含量物质组所构建的生境生态位宽度在发酵过程变化不大，2~14 d 变化范围为 5.09~6.42；发酵 2d 生态位宽度范围在 5.09，发酵 2d 时常见物质组资源为 S1=29.66%（十四烷基硫酸盐）、S2=27.62%（姜辣素）；在发酵 14 d 生态位宽度为 6.24，发酵 14 d 时常见物质组资源为 S1=12.07%（十四烷基硫酸盐）、S2=11.71%（姜辣素）、S4=29.09%（N- 乙酰 -DL- 缬氨酸）、S10=16.92%（N- 乙酰亮氨酸）。添加链霉菌剂物质组生境生态位宽度变化不大，表明微生物组稳定性较高，由微生物代谢的物质组多。

表4-124　高含量物质组不同发酵阶段生境生态位宽度

发酵阶段	Levins	频数	截断比例	常用资源种类			
发酵2d	5.09	2	0.12	S1=29.66%	S2=27.62%		
发酵4d	6.22	3	0.12	S1=24.33%	S2=20.66%	S3=18.39%	
发酵6d	6.29	3	0.12	S1=23.51%	S2=20.95%	S3=17.78%	
发酵8d	6.42	3	0.12	S1=23.09%	S2=21.82%	S3=17.46%	
发酵10d	6.01	3	0.12	S1=24.49%	S2=21.00%	S3=18.52%	
发酵12d	5.55	3	0.12	S1=25.73%	S2=23.57%	S3=19.46%	
发酵14d	6.24	4	0.12	S1=12.07%	S2=11.71%	S4=29.09%	S10=16.92%
发酵16d	3.51	2	0.12	S1=40.43%	S3=30.57%		

从生态位重叠看（表 4-125），高含量物质组所构建的生境生态位重叠存在显著差异，大部分发酵阶段间的生态位重叠值较高，如发酵 2d 与发酵 4d 的生境生态位重叠值较高为 0.8863，属于高重叠生态位，两者物质组的种类和含量较为相近，反映了微生物组的相似性；而发酵 2d 与发酵 14 d 生境生态位重叠值较小为 0.5208，两者物质组的种类和含量差异较大，微生物组的相似性较低；同样，物质组生境生态位高度重叠的发酵阶段有发酵 4d 与发酵 6 d、发酵 6 d 与发酵 8 d、发酵 10 d 与发酵 12 d 等，也有许多生境生态位重叠值＜ 0.4，如发酵 14 d 与发酵 16 d，生态位重叠值较小，反映了物质组和微生物组生境差异性。

表4-125　不同发酵阶段物质组生境生态位重叠

发酵阶段	发酵2d	发酵4d	发酵6d	发酵8d	发酵10d	发酵12d	发酵14d	发酵16d
发酵2d	1							
发酵4d	0.8863	1						

发酵阶段	发酵2d	发酵4d	发酵6d	发酵8d	发酵10d	发酵12d	发酵14d	发酵16d
发酵6d	0.8903	0.9990	1					
发酵8d	0.8947	0.9980	0.9978	1				
发酵10d	0.8852	0.9984	0.9985	0.9955	1			
发酵12d	0.8739	0.9808	0.9751	0.9789	0.9712	1		
发酵14d	0.5208	0.5653	0.5656	0.5998	0.5389	0.5429	1	
发酵16d	0.5938	0.8009	0.7790	0.7727	0.7933	0.8008	0.3983	1

（2）中含量物质组生境生态位　从表4-120中第2组中含量物质组取前10个物质见表4-126，以Levins测度统计不同发酵阶段物质组生境生态位宽度见表4-127，以Pianka测度统计不同发酵阶段物质组生境生态位重叠见表4-128。

表4-126　添加链霉菌剂第2组中含量组前10个物质的相对含量

发酵阶段	2,6-diamino-7-hydroxy-azelaic acid	ophiobo-lin A	10-hydroxy-hexade-can-1,16-dioic acid	3-methyl-quinolin-2-ol	nonate	12-oxo-14,18-dihyd-roxy-9Z,13E,15Z-oc-tadecatrie-noic acid	F-honau-cin A	KB2115	seneciphy-lline	sesartem-in
发酵2d	1	1035581.7	594373.9	3135634.8	1.4	1	1380762.4	1049632.9	920863.5	798202.75
发酵4d	1	1396757.9	1709513.5	5301225.5	1.48	1	1380762.4	1049632.9	920863.5	798202.75
发酵6d	1	1757766.1	1336845.1	1	1.18	1	1380762.4	1049632.9	920863.5	798202.75
发酵8d	1	2017601.9	1839303.4	1	1.36	1	15.48	1049632.9	920863.5	798202.75
发酵10d	1	1957795.8	2254729.2	3019501.5	2692252	1	1380762.4	1049632.9	920863.5	798202.75
发酵12d	1	2273746.8	2340662.2	1	2692252	1	1380762.4	1049632.9	920863.5	798202.75
发酵14d	1	2519945.8	2677082.2	1	2692252	1	1380762.4	1049632.9	920863.5	798202.75
发酵16d	15482573	1	1	1	2692252	10453122	1380762.4	1049632.9	920863.5	798202.75

分析结果表明，从生态位宽度看（表4-127），中含量物质组所构建的生境生态位宽度在发酵过程变化较小，发酵2d生态位宽度5.0458，发酵2d时常见物质组资源为S4=35.17%（3-甲基喹啉-2-醇）、S7=15.49%（F-honaucin A）、S8=11.77%（KB2115）；在发酵8d生态位宽度4.3721，常见物质组资源为S2=30.45%（蛇孢假壳素A）、S3=27.76%（10-羟基-十六碳酰氯-1,16-二元酸）、S8=15.84%（KB2115）、S9=13.90%（千里光菲灵碱）、S10=12.05%（蒿脂麻木质体）。物质组生境生态位宽度大的表明微生物含量高，由微生物代谢的物质组多；反之，微生物含量低，代谢的物质组含量低。

表4-127　中含量物质组不同发酵阶段生境生态位宽度

发酵时间	Levins	频数	截断比例	常用资源种类				
发酵2d	5.0458	3	0.12	S4=35.17%	S7=15.49%	S8=11.77%		
发酵4d	4.2081	2	0.12	S3=13.61%	S4=42.22%			
发酵6d	5.6003	5	0.12	S2=24.26%	S3=18.45%	S7=19.06%	S8=14.49%	S9=12.71%
发酵8d	4.3721	5	0.12	S2=30.45%	S3=27.76%	S8=15.84%	S9=13.90%	S10=12.05%

续表

发酵时间	Levins	频数	截断比例	常用资源种类			
发酵10d	6.6521	4	0.12	S2=13.91%	S3=16.02%	S4=21.45%	S5=19.13%
发酵12d	5.8616	4	0.12	S2=19.85%	S3=20.43%	S5=23.50%	S7=12.05%
发酵14d	5.7379	3	0.12	S2=20.93%	S3=22.24%	S5=22.36%	
发酵16d	2.9784	2	0.12	S1=47.24%	S6=31.89%		

从生态位重叠看（表 4-128），中含量物质组所构建的生境生态位重叠存在显著差异，如发酵 2d 与发酵 4d、10 d 生态位属于高度重叠，重叠值大于 0.80；发酵 2d 与 6 d、8 d、12 d、14 d 的生境生态位属于中度重叠，重叠值在 0.40~0.60 之间；发酵 2 d 与发酵 16 d 生态位属于低度重叠，重叠值为 0.0596，两者物质组的种类和含量差异显著，反映了微生物组相似性的异质性。同样，物质组生境生态位高度重叠的发酵阶段有发酵 4d 与发酵 10 d、发酵 10 d 与发酵 14 d、发酵 6 d 与发酵 8 d 等，生态位重叠值都＞0.80；也有中度重叠（0.4~0.6）和低度重叠（0.0~0.3），中含量物质组形成的发酵阶段之间生境生态位重叠度的变化，反映了物质组和微生物组的生境差异性。

表4-128　中含量物质组不同发酵阶段生境生态位重叠

发酵阶段	发酵2d	发酵4d	发酵6d	发酵8d	发酵10d	发酵12d	发酵14d	发酵16d
发酵2d	1							
发酵4d	0.9706	1						
发酵6d	0.5851	0.4928	1					
发酵8d	0.4588	0.4408	0.8858	1				
发酵10d	0.8002	0.811	0.6555	0.6179	1			
发酵12d	0.4387	0.4029	0.8022	0.7656	0.8315	1		
发酵14d	0.4359	0.4092	0.8126	0.7909	0.8281	0.9982	1	
发酵16d	0.0596	0.0386	0.0773	0.043	0.1133	0.1307	0.123	1

（3）低含量物质组生境生态位　从表 4-120 中第 3 组低含量物质组取前 10 个物质见表 4-129，以 Levins 测度统计不同发酵阶段物质组生境生态位宽度见表 4-130，以 Pianka 测度统计不同发酵阶段物质组生境生态位重叠见表 4-131。

表4-129　添加链霉菌剂第3组低含量组前10个物质的相对含量

发酵阶段	DL-3-hydroxy caproic acid	4, 8, 12-trime-thyltridecan-oic acid	p-hydrox-yfelbama-te	3-dehydro-L-threonate	taurine	idazoxan	L-anser-ine	9-oxo-2E-dece-noic acid	citramal-ic acid	His Ser Lys
发酵2d	16.44	1	313901.94	310909.22	1.35	654969.3	1.47	1.62	258307.02	1
发酵4d	3.39	1	2.01	3.04	2.35	1.27	2.87	1.59	258307.02	239352.02
发酵6d	1.31	416246.88	313901.94	310909.22	2.21	1.59	311398.3	1.64	258307.02	184727
发酵8d	1.09	390121.12	313901.94	310909.22	3.22	1.28	311398.3	1.6	3.5	269755.03
发酵10d	805791.25	455776.2	313901.94	310909.22	525392.6	654969.3	311398.3	460548.03	258307.02	346207.06
发酵12d	805791.25	432445.97	313901.94	310909.22	525392.6	2.17	311398.3	460548.03	258307.02	376496.25

发酵阶段	DL-3-hydroxy caproic acid	4,8,12-trime-thyltridecan-oic acid	p-hydrox-yfelbama-te	3-dehydro-L-threonate	taurine	idazoxan	L-anser-ine	9-oxo-2E-dece-noic acid	citramal-ic acid	His Ser Lys
发酵14d	805791.25	531809.44	313901.94	310909.22	525392.6	1.73	311398.3	460548.03	258307.02	362273.72
发酵16d	805791.25	1	313901.94	310909.22	525392.6	654969.3	311398.3	460548.03	258307.02	1

分析结果表明，从生态位宽度看（表4-130），低含量物质组所构建的生境生态位宽度在发酵过程差异很大，生态位宽度值范围为1.99~8.77；发酵4d生态位宽度1.9972（宽度较窄），常见物质组资源为S9=51.90%（citramalic acid）、S10=48.09%（His Ser Lys）；发酵6d生态位宽度5.693（宽度中等），常见物质组资源为S2=23.18%（4,8,12-trimethyltridecanoic acid）、S3=17.48%（p-hydroxyfelbamate）、S4=17.32%（3-dehydro-L-threonate）、S7=17.34%（L-anserine）、S9=14.39%（citramalic acid）；发酵10d生态位宽度8.7629（宽度较宽），常见物质组资源为S1=18.14%（DL-3-hydroxy caproic acid）、S5=11.82%（taurine）、S6=14.74%（idazoxan）。物质组生境生态位宽度大的表明微生物含量高，由微生物代谢的物质组多；反之，微生物含量低，代谢的物质组含量低。低含量物质组发酵阶段的生境生态位宽度与中含量和高含量物质组形成生态位的互补。

表4-130　低含量物质组不同发酵阶段生境生态位宽度

发酵阶段	Levins	频数	截断比例	常用资源种类				
发酵2d	3.4242	4	0.12	S3=20.41%	S4=20.21%	S6=42.58%	S9=16.79%	
发酵4d	1.9972	2	0.12	S9=51.90%	S10=48.09%			
发酵6d	5.693	5	0.12	S2=23.18%	S3=17.48%	S4=17.32%	S7=17.34%	S9=14.39%
发酵8d	4.9263	5	0.12	S2=24.44%	S3=19.67%	S4=19.48%	S7=19.51%	S10=16.90%
发酵10d	8.7629	3	0.12	S1=18.14%	S5=11.82%	S6=14.74%		
发酵12d	7.8919	3	0.12	S1=21.23%	S5=13.84%	S8=12.14%		
发酵14d	7.8816	4	0.12	S1=20.77%	S2=13.71%	S5=13.54%	S8=11.87%	
发酵16d	6.8864	4	0.12	S1=22.13%	S5=14.43%	S6=17.99%	S8=12.65%	

从生态位重叠看（表4-131），低含量物质组所构建的生境生态位重叠存在显著差异，如发酵2d与发酵4d的生境生态位重叠值为0.2280，生态位重叠度较低，两者物质组的种类和含量差异显著，反映了微生物组相似性的异质性；而发酵2d与发酵16d生境生态位重叠值0.5991，生境重叠较大，两者物质组的种类和含量异质性较低，微生物组的相似性较高。同样，物质组生境生态位高度重叠的发酵阶段有发酵10d与发酵12d、发酵10d与发酵14d、发酵12d与发酵14d等，生态位重叠值都＞0.80，属于高重叠的生态位，其物质组和微生物组相似性较高；在发酵8d以前，低含量物质组形成的生境生态位大部分发酵阶段之间重叠值为0.2~0.6，生态位属于低度到中度重叠；在发酵10d以后，低含量物质组形成的生境生态位大部分发酵阶段之间重叠值为0.7~0.9，生态位属于高度重叠；生态位重叠值的变化反映了物质组和微生物组的生境差异性。

表4-131 低含量物质组不同发酵阶段生境生态位重叠

发酵阶段	发酵2d	发酵4d	发酵6d	发酵8d	发酵10d	发酵12d	发酵14d	发酵16d
发酵2d	1							
发酵4d	0.2280	1						
发酵6d	0.4187	0.4186	1					
发酵8d	0.3266	0.2550	0.9321	1				
发酵10d	0.5538	0.2830	0.5423	0.5219	1			
发酵12d	0.2333	0.3297	0.5985	0.5789	0.8994	1		
发酵14d	0.2280	0.3152	0.6222	0.6010	0.8986	0.9976	1	
发酵16d	0.5991	0.1366	0.3437	0.2928	0.9244	0.7982	0.7802	1

六、添加整合菌剂发酵过程物质组特性分析

1．发酵阶段物质组相对含量测定

添加整合菌剂的肉汤实验，共测定到 1212 个物质，其中能鉴定到名称的物质有 433 个，物质相对含量用未发酵时（0 d）的物质组含量，除每 2d 取一次样的物质组含量，数值表明发酵组与未发酵组比较，相应的物质增长倍数作为含量的相对值，即发酵 2d 物质相对含量 = 发酵 2d 物质组含量 / 发酵 0d 物质组含量，发酵 4d 物质相对含量 = 发酵 4d 物质组含量 / 发酵 0d 物质组含量，依此类推，统计结果见表 4-132 和图 4-159。

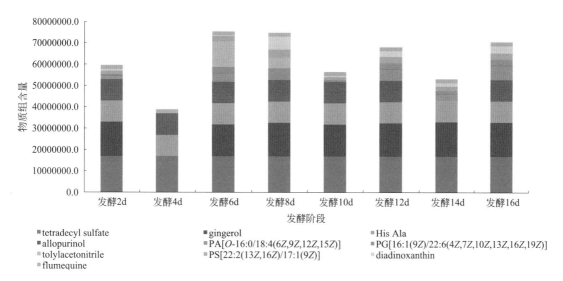

图4-159 添加整合菌剂发酵过程前10个高含量物质的分布

发酵过程前 10 个高含量物质排序为：十四烷基硫酸盐（tetradecyl sulfate，相对含量 135874384.0）＞姜辣素（gingerol，相对含量 109039911.0）＞组氨酸 - 丙氨酸二肽（His Ala，相对含量 79326136.0）＞别嘌呤醇（allopurinol，相对含量 70782795.3）＞ PA[*O*-

16:0/18:4(6Z,9Z,12Z,15Z)，相对含量20599711.5] ＞ PG[16:1(9Z)/22:6(4Z,7Z,10Z,13Z,16Z,19Z)]（相对含量17934560.2）＞甲基苯乙腈（tolylacetonitrile，相对含量17063511.0）＞PS[22:2(13Z,16Z)/17:1(9Z)]（相对含量16595060.6）＞硅甲藻黄素（diadinoxanthin，相对含量15155599.6）＞氟甲喹（flumequine，相对含量14884000.8）。

表4-132　添加整合菌剂肉汤实验发酵阶段物质组相对含量

物质组	发酵2d	发酵4d	发酵6d	发酵8d	发酵10d	发酵12d	发酵14d	发酵16d
tetradecyl sulfate	16984298.0	16984298.0	16984298.0	16984298.0	16984298.0	16984298.0	16984298.0	16984298.0
gingerol	16060162.0	1.0	14839458.0	15703357.0	14903101.0	15530340.0	16087023.0	15916469.0
His Ala	9915767.0	9915767.0	9915767.0	9915767.0	9915767.0	9915767.0	9915767.0	9915767.0
allopurinol	10111817.0	10111817.0	10111817.0	10111817.0	10111817.0	10111817.0	76.3	10111817.0
PA[O-16:0/18:4(6Z,9Z,12Z,15Z)]	1482559.5	1.0	4036014.5	1.0	1.0	5238237.5	3171473.0	6671424.0
PG[16:1(9Z)/22:6(4Z,7Z,10Z,13Z,16Z,19Z)]	1019748.3	1.0	2985988.2	5601890.5	911887.4	2957136.8	1580362.0	2877546.0
tolylacetonitrile	192528.0	1.0	11920921.0	4950057.0	1.0	1.0	1.0	1.0
PS[22:2(13Z,16Z)/17:1(9Z)]	1200388.8	1.0	2469246.8	3705330.5	1326668.5	2905886.0	2045672.5	2941866.5
diadinoxanthin	774030.4	1.0	260593.2	6015201.5	554219.9	2637155.5	1598551.2	3315846.8
flumequine	1860500.1	1860500.1	1860500.1	1860500.1	1860500.1	1860500.1	1860500.1	1860500.1
SQDG[16:0/16:1(13Z)]	1821071.6	1821071.6	1821071.6	1821071.6	1821071.6	1821071.6	1821071.6	1821071.6
enmein	1809360.4	1809360.4	1809360.4	1809360.4	1809360.4	1809360.4	1809360.4	1809360.4
methyl 8-[2-(2-formyl-vinyl)-3-hydroxy-5-oxo-cyclopentyl]-octanoate	2097673.2	1.0	2156055.2	1877085.8	1710521.9	1837798.9	1977325.8	1981143.5
thyrotropin releasing hormone	1677794.9	1.0	1701045.6	1991777.2	1853934.5	1987113.9	1964609.8	1897867.0
vanillin	1226382.0	1.0	8096419.0	903169.6	351849.9	1.0	1.0	1.0
phosdiphen	1.0	1.0	1.0	2245409.2	1.0	2398775.5	2370772.2	2439353.0
(22E)-3α-hydroxychola-5,16,22-trien-24-oic acid	1.3	7939161.0	1.0	1.0	1.1	1.1	1.2	1.3
idazoxan	5256698.5	1.0	1359164.4	1.0	1.0	1.0	646045.9	1.0
quinoline	1.0	1.0	5071734.5	2185358.8	1.0	1.0	1.0	1.0
seneciphylline	887338.3	887338.3	887338.3	887338.3	887338.3	887338.3	887338.3	887338.3
Ile Ala	852145.8	852145.8	852145.8	852145.8	852145.8	852145.8	852145.8	852145.8
methoxybrassinin	1.0	1.0	6809501.0	1.0	1.0	1.0	1.0	1.0
dimethisterone	1.2	6767418.0	1.0	1.2	1.2	1.2	1.0	1.1
DL-3-hydroxy caproic acid	1.7	1352403.4	1352403.4	2.0	1.7	1352403.4	1352403.4	1352403.4
His His Ser	1148313.0	1.0	956838.6	1004397.3	964610.6	959889.6	1068714.4	1.0
2,3-dinor fluprostenol	2.2	785371.4	785371.4	785371.4	785371.4	785371.4	785371.4	785371.4
erythroxanthin sulfate	1.0	5433848.0	1.0	1.0	1.0	1.0	1.0	1.0
taurine	891061.4	891061.4	891061.4	3.2	3.1	891061.4	891061.4	891061.4
acetylaminodantrolene	1.0	1.0	3931136.8	1312532.0	1.0	1.0	1.0	1.0
citalopram-N-oxide	1.0	5223894.0	1.0	1.0	1.0	1.0	1.0	1.0
2-amino-5-phosphopentanoic acid	1.0	1.0	2105773.0	3101689.5	1.0	1.0	1.0	1.0

物质组	发酵2d	发酵4d	发酵6d	发酵8d	发酵10d	发酵12d	发酵14d	发酵16d
2,3-dinor-6,15-diketo-13,14-dihydro-20-carboxyl-PGF1a	1.0	5138946.5	1.0	1.0	1.0	1.0	1.0	1.0
lycaconitine	1.0	5081433.0	1.0	1.0	1.0	1.0	1.0	1.0
mercaptoacetyl-Phe-Leu	596400.0	596400.0	596400.0	596400.0	596400.0	596400.0	596400.0	596400.0
4-(1-piperazinyl)-1H-indole	583557.9	583557.9	583557.9	583557.9	583557.9	583557.9	583557.9	583557.9
25-hydroxyvitamin D2-25-glucuronide	1.0	1.0	848147.9	805313.1	708542.1	725788.0	749976.2	754260.8
dihydrojasmonic acid, methyl ester	1139859.2	1.0	1186135.5	827751.6	936500.2	144866.0	157426.0	172049.9
PG[22:2(13Z,16Z)/0:0]	849904.6	1.0	1.0	794128.2	701591.1	733116.3	743492.0	739939.3
N-methylundec-10-enamide	1.0	1.0	683951.0	763535.4	756207.9	749121.9	769280.5	785105.6
Val Val	559881.8	559881.8	559881.8	559881.8	559881.8	559881.8	559881.8	559881.8
N5-ethyl-L-glutamine	548578.3	548578.3	548578.3	548578.3	548578.3	548578.3	548578.3	548578.3
3-hydroxy-2-methyl-[R-(R,S)]-butanoic acid	991372.3	1.0	937141.8	517875.7	1857504.1	1.0	1.0	1.0
17-hydroxy stearic acid	531321.0	531321.0	531321.0	531321.0	531321.0	531321.0	531321.0	531321.0
4-O-demethyl-13-dihydroadriamycinone	656858.9	1.0	624793.3	598462.3	596448.9	616477.4	576685.2	579009.9
5-hydroxymethylsulfamethox-azole	516784.1	516784.1	516784.1	516784.1	516784.1	516784.1	516784.1	516784.1
triphenylsilanol	510292.9	510292.9	510292.9	510292.9	510292.9	510292.9	510292.9	510292.9
tryptophan	509234.8	509234.8	509234.8	509234.8	509234.8	509234.8	509234.8	509234.8
Lys Cys Gly	466793.3	1.0	553967.2	583250.9	559531.1	595440.4	626686.1	606939.4
14-oxo-octadecanoic acid	3.7	545307.1	545307.1	545307.1	545307.1	545307.1	545307.1	545307.1
pantothenic acid	3743332.5	1.0	1.0	1.0	1.0	1.0	1.0	1.0
tris-(1-aziridinyl)phosphine oxide	1.0	3662224.8	1.0	1.0	1.0	1.0	1.0	1.0
D-ribitol 5-phosphate	439829.2	1.0	461965.3	526379.9	516091.8	558007.1	561393.1	547707.3
quercetin 3,7,3',4'-tetra-O-sulfate	1.0	1.0	1.0	1734464.6	1.0	1858629.2	1.0	1.0
phosphine-biotin	1.0	3540528.2	1.0	1.0	1.0	1.0	1.0	1.0
neostearic acid	418159.2	1.0	520632.0	478459.8	520376.0	510994.4	562526.9	503081.2
3-(4-hydroxyphenyl)propionic acid	1148555.9	1148555.9	1148555.9	1.2	1.6	1.3	1.3	1.2
Asp-Tyr-OH	1.0	1.0	801870.9	740913.3	563834.3	499711.7	780459.9	1.0
O-acetylserine	4.6	563534.0	563534.0	563534.0	563534.0	563534.0	6.2	563534.0
swietenine	1.0	3281750.8	1.0	1.0	1.0	1.0	1.0	1.0
1,1,1-trichloro-2-(o-chlorophenyl)-2-(p-chlorophenyl)ethane	1.0	1.0	1994248.8	245009.0	1.0	595434.1	417374.9	1.0
Met Val	395668.1	395668.1	395668.1	395668.1	395668.1	395668.1	395668.1	395668.1
isobutylmethylxanthine	290650.1	1.0	1074966.4	429064.9	1055534.6	1.0	273894.9	1.0
6,8-dihydroxypurine	1020718.1	1020718.1	3.7	1.4	1.6	2.5	1.5	1020718.1
1H-indole-3-acetic acid, 5-{[(methylamino)sulfonyl]methyl}- glucuronide	378095.9	378095.9	378095.9	378095.9	378095.9	378095.9	378095.9	378095.9

续表

物质组	发酵2d	发酵4d	发酵6d	发酵8d	发酵10d	发酵12d	发酵14d	发酵16d
isoleucine	2.1	1003657.9	1.4	2.1	1.8	1003657.9	1.4	1003657.9
pyrifenox	1.0	2939149.0	1.0	1.0	1.0	1.0	1.0	1.0
2-hydroxy-6-oxo-(2'-aminophenyl)-hexa-2,4-dienoate	355655.0	355655.0	355655.0	355655.0	355655.0	355655.0	355655.0	355655.0
5-(3-pyridyl)-2-hydroxytetrahydrofuran	5.2	1401852.8	1.1	2.1	1.1	5.2	1.2	1401852.8
DL-3-phenyllactic acid	1948316.9	1.0	827464.9	1.0	1.0	1.0	1.0	1.0
N-acetylleucine	387235.8	1.0	934659.7	466865.5	420758.9	283946.0	1.0	273385.9
granisetron metabolite 3	1.1	385488.9	385488.9	385488.9	385488.9	385488.9	385488.9	385488.9
Ser Pro	1.0	1.0	1164806.6	496544.7	1030656.4	1.0	1.0	1.0
4,14-dihydroxy-octadecanoic acid	1.9	381537.1	381537.1	381537.1	381537.1	381537.1	381537.1	381537.1
CAY10574	332823.2	332823.2	332823.2	332823.2	332823.2	332823.2	332823.2	332823.2
9-dodecynoic acid	324492.0	324492.0	324492.0	324492.0	324492.0	324492.0	324492.0	324492.0
purine mononucleotide	318661.2	318661.2	318661.2	318661.2	318661.2	318661.2	318661.2	318661.2
CGS 7181	136706.0	1.0	1864183.5	546055.2	1.0	1.0	1.0	1.0
salicylaldehyde	1.0	1.0	831666.5	279002.8	1.0	534085.3	259700.0	617605.6
cer[d18:0/18:1(9Z)]	1.0	1.0	1.0	1.0	1.0	852569.6	1139523.2	489564.1
2-nitrophenol	1.1	351766.2	351766.2	351766.2	351766.2	351766.2	351766.2	351766.2
Thr Val	306428.9	306428.9	306428.9	306428.9	306428.9	306428.9	306428.9	306428.9
tuliposide B	304788.2	304788.2	304788.2	304788.2	304788.2	304788.2	304788.2	304788.2
cnicin	296702.9	296702.9	296702.9	296702.9	296702.9	296702.9	296702.9	296702.9
cyhexatin	344349.6	1.0	331076.1	339551.8	380836.1	359750.8	291923.3	297811.1
L-histidine	292286.3	292286.3	292286.3	292286.3	292286.3	292286.3	292286.3	292286.3
α-terpinyl acetate	269979.1	1.0	277955.0	358006.2	343222.0	368288.0	346083.0	358452.8
citramalic acid	1.5	319160.0	319160.0	319160.0	319160.0	319160.0	319160.0	319160.0
4-hydroxyquinoline	1.0	1.0	788099.6	930817.2	486183.0	1.0	1.0	1.0
Fenfluramine	272676.3	272676.3	272676.3	272676.3	272676.3	272676.3	272676.3	272676.3
methyl (+)-7-isojasmonate	507804.2	1.0	511451.9	516392.8	566134.2	1.0	1.0	1.0
4'-hydroxyacetophenone	1079062.9	1.0	740963.3	265451.9	1.0	1.0	1.0	1.0
Ser Val	260349.0	260349.0	260349.0	260349.0	260349.0	260349.0	260349.0	260349.0
α-cyano-3-hydroxycinnamic acid	1.0	916775.9	530379.8	606398.9	1.0	1.0	1.0	1.0
1-imidazolelactic acid	1744341.4	1.0	1.0	304635.9	1.0	1.0	1.0	1.0
phensuximide	1.0	1.0	1847550.8	178808.0	1.0	1.0	1.0	1.0
TG[17:1(9Z)/20:5(5Z,8Z,11Z,14Z,17Z)/20:5(5Z,8Z,11Z,14Z,17Z)][iso3]	1.0	2006867.5	1.0	1.0	1.0	1.0	1.0	1.0
alpha-L-rhamnopyranosyl-(1→2)-beta-D-galactopyranosyl-(1→2)-beta-D-glucuronopyranoside	1951405.1	1.0	1.0	1.0	1.0	1.0	1.0	1.0
5-hydroxyferulate	1.2	1937687.2	1.2	1.3	1.2	1.3	1.3	1.3

物质组	发酵2d	发酵4d	发酵6d	发酵8d	发酵10d	发酵12d	发酵14d	发酵16d
4-heptyloxyphenol	1.2	1891682.1	1.2	1.7	1.8	1.9	1.8	1.9
2-(6'-methylthio)hexylmalic acid	1.0	1882222.2	1.0	1.0	1.0	1.0	1.0	1.0
N-acetyl-L-lysine	1.2	266806.9	266806.9	266806.9	266806.9	266806.9	266806.9	266806.9
1-O-alpha-D-glucopyranosyl-1,2-eicosandiol	346028.2	1.0	354927.4	248696.8	219482.1	1.0	339178.9	340471.9
Ile Glu	227762.8	227762.8	227762.8	227762.8	227762.8	227762.8	227762.8	227762.8
1-nitro-5,6-dihydroxy-dihydronaphthalene	1.0	1.0	1.0	983733.1	795392.2	1.0	1.0	1.0
etretinate	1.1	1760785.1	1.0	1.0	1.0	1.1	1.2	1.1
Asp Thr	214385.0	214385.0	214385.0	214385.0	214385.0	214385.0	214385.0	214385.0
NS 1619	213811.0	213811.0	213811.0	213811.0	213811.0	213811.0	213811.0	213811.0
3-buten-1-amine	1709048.0	1.0	1.0	1.0	1.0	1.0	1.0	1.0
4-oxoproline	240155.9	240155.9	1.9	240155.9	240155.9	240155.9	240155.9	240155.9
monodehydroascorbate	304612.9	1.0	836451.1	520698.8	1.0	1.0	1.0	1.0
isobutylglycine	1392524.5	1.0	264520.1	1.0	1.0	1.0	1.0	1.0
kinamycin D	185520.0	1.0	1456014.0	1.0	1.0	1.0	1.0	1.0
N-acetyl-DL-valine	1.0	1.0	525493.4	1031591.6	1.0	1.0	1.0	1.0
ophiobolin A	1.4	1542812.0	1.3	1.3	1.3	1.3	1.5	1.5
nonate	1.0	1.0	1.0	657827.9	861041.4	1.0	1.0	1.0
bicalutamide	1.0	1248014.8	1.0	253509.0	1.0	1.0	1.0	1.0
glymidine	187271.1	187271.1	187271.1	187271.1	187271.1	187271.1	187271.1	187271.1
His His Gly	296967.0	1.0	226013.1	218249.2	171983.0	166183.0	188559.0	192343.0
isatin	1.0	1.0	1.0	820651.4	635552.1	1.0	1.0	1.0
DL-o-tyrosine	1.2	719533.9	1.7	1.0	6.1	6.7	1.4	719533.9
DHAP(8:0)	178127.0	178127.0	178127.0	178127.0	178127.0	178127.0	178127.0	178127.0
2-hydroxy-6-oxo-6-(2-hydroxy-phenoxy)-hexa-2,4-dienoate	178091.9	178091.9	178091.9	178091.9	178091.9	178091.9	178091.9	178091.9
chloroxylenol	1.0	1411152.0	1.0	1.0	1.0	1.0	1.0	1.0
Gly Tyr Asn	1409026.8	1.0	1.0	1.0	1.0	1.0	1.0	1.0
N-acetyl-beta-D-glucosaminylamine	172932.0	172932.0	172932.0	172932.0	172932.0	172932.0	172932.0	172932.0
DAF-2	1.0	1371556.4	1.0	1.0	1.0	1.0	1.0	1.0
o-Cresol	170693.9	1.0	1020210.8	178665.9	1.0	1.0	1.0	1.0
compound Ⅲ(S)	1.0	1.0	1.0	1.0	1.0	1.0	1.0	1359665.9
2-hydroxymethylclavam	1.0	1.0	1.0	1.0	1.0	1355473.1	1.0	1.0
2(3H)-furanone, dihydro-3,4-dihydroxy	14.8	450101.8	1.3	2.9	1.2	450101.8	2.2	450101.8
N-acetylcilastatin	1.0	1336748.0	1.0	1.0	1.0	1.0	1.0	1.0
7-oxo-11-dodecenoic acid	151386.0	1.0	161226.9	206718.0	166083.0	196872.1	215756.1	187065.0
2-hydroxy-4- (methylthio) butyric acid	758564.9	1.0	521757.2	1.0	1.0	1.0	1.0	1.0
enkephalin L	1.0	1277632.8	1.0	1.0	1.0	1.0	1.0	1.0

物质组	发酵2d	发酵4d	发酵6d	发酵8d	发酵10d	发酵12d	发酵14d	发酵16d
diiodothyronine	1.0	1.0	1.0	1.0	1.0	1.0	1262607.5	1.0
N-monodesmethyldiltiazem	368333.3	1.0	228534.1	140757.1	194236.1	157586.0	172073.1	1.0
Abu-Asp-OH	968476.1	1.0	1.0	284539.0	1.0	1.0	1.0	1.0
3-methyl-quinolin-2-ol	1243457.6	1.0	1.0	1.0	1.0	1.0	1.0	1.0
MID42519:1α-hydroxy-18-(4-hydroxy-4-methyl-2-pentynyloxy)-23,24,25,26,27-pentanorvitamin D3 / 1α-hyd	1.0	1.0	1.0	551132.8	1.0	316743.0	1.0	363637.9
L-2-Amino-6-oxoheptanedioate	1.0	1.0	1224484.8	1.0	1.0	1.0	1.0	1.0
Gly Trp Ala	1.0	1.0	934678.3	1.0	274076.8	1.0	1.0	1.0
TG(18:0/22:0/22:0)[iso3]	1.0	1.0	1.0	138284.0	304216.1	406082.3	345742.3	1.0
salvarsan	1.0	1.0	1.0	1.0	315661.9	871564.4	1.0	1.0
diglykokoll	148126.1	148126.1	148126.1	148126.1	148126.1	148126.1	148126.1	148126.1
purine	2.8	1181679.4	1.1	1.1	1.1	1.1	1.4	1.6
2H-indol-2-one, 4-[2-(dipropylamino)ethyl]-1,3-dihydro-7-hydroxy- glucuronide	143344.9	143344.9	143344.9	143344.9	143344.9	143344.9	143344.9	143344.9
1,2,3,4-tetrahydro-2-[(isopropylamino)methyl]-7-nitro-6-quinolinecarboxylic acid	1.0	1.0	1138708.5	1.0	1.0	1.0	1.0	1.0
methyl arachidonyl fluorophosphonate	1.0	1.0	1.0	422217.2	700676.2	1.0	1.0	1.0
dimethyl malonate	1.0	1.0	274424.1	825942.4	1.0	1.0	1.0	1.0
3'-oxopentobarbitone	137480.1	137480.1	137480.1	137480.1	137480.1	137480.1	137480.1	137480.1
1,4-methylimidazoleacetic acid	787215.5	1.0	142162.0	94841.9	73604.0	1.0	1.0	1.0
alhpa-tocopheronic acid	134776.1	1.0	159108.1	166063.9	163335.0	163343.0	146976.9	158459.9
uric acid	154691.9	154691.9	154691.9	154691.9	1.1	154691.9	154691.9	154691.9
3β,5α-tetrahydronorethindrone glucuronide	1.0	1.0	175360.9	170943.9	188612.8	176111.1	183277.9	180631.1
5-ribosylparomamine	1.0	1072653.8	1.0	1.0	1.0	1.0	1.0	1.0
3-guanidinopropanoate	2.7	177922.0	177922.0	2.5	177922.0	177922.0	177922.0	177922.0
botrydial	144835.0	1.0	163059.0	1.0	1.0	229171.8	234769.1	269019.2
Ser His His	1.0	1.0	1.0	1.0	1.0	1.0	1.0	1021329.6
6-hydroxyluteolin 6,4'-dimethyl ether 7-glucoside	176215.9	1.0	155701.0	1.0	163521.0	177011.9	171262.0	175838.0
mono-N-depropylprobenecid	1.0	1.0	1015117.1	1.0	1.0	1.0	1.0	1.0
9Z-hexadecenyl acetate	333457.0	333457.0	1.1	2.1	1.2	1.7	1.1	333457.0
Val Gly Ala	124284.0	124284.0	124284.0	124284.0	124284.0	124284.0	124284.0	124284.0
panasenoside	1.0	1.0	736946.1	255155.2	1.0	1.0	1.0	1.0
dehydrojuvabione	1.0	1.0	154546.0	165035.0	144894.9	157750.0	178164.0	188246.1
2-amino-3-oxo-hexanedioic acid	761241.3	1.0	221706.2	1.0	1.0	1.0	1.0	1.0
1-methylinosine	1.0	975729.7	1.0	1.0	1.0	1.0	1.0	1.0
olsalazine	1.0	1.0	638711.7	332148.9	1.0	1.0	1.0	1.0
propionylglycine	1.0	1.0	1.0	564327.3	393124.1	1.0	1.0	1.0

续表

物质组	发酵2d	发酵4d	发酵6d	发酵8d	发酵10d	发酵12d	发酵14d	发酵16d
kaempferol 3-[2''',3''',4'''-triacetyl-alpha-L-arabinopyranosyl-(1→6)-glucoside]	1.0	1.0	704227.5	236986.1	1.0	1.0	1.0	1.0
12:0 cholesteryl ester	1.0	1.0	1.0	1.0	1.0	1.0	1.0	937270.6
bromodiphenhydramine	1.0	931787.4	1.0	1.0	1.0	1.0	1.0	1.0
carboxyprimaquine	1.0	1.0	725904.1	1.0	176566.9	1.0	1.0	1.0
PD 146176	1.0	901797.5	1.0	1.0	1.0	1.0	1.0	1.0
inucrithmin	111751.0	111751.0	111751.0	111751.0	111751.0	111751.0	111751.0	111751.0
7α-(thiomethyl)spironolactone	1.0	1.0	1.0	1.0	152712.9	278741.0	194692.1	262886.0
3S-hydroxy-dodecanoic acid	441144.2	1.0	116947.0	1.0	1.0	127528.9	198172.0	1.0
9-bromo-decanoic acid	865273.9	1.0	1.0	1.0	1.0	1.0	1.0	1.0
6R-hydroxy-tetradecanoic acid	1.0	1.0	241467.9	106659.0	162123.1	153734.9	195651.0	1.0
4,5-dihydroxyhexanoic acid lactone	1.0	1.0	1.0	1.0	1.0	1.0	422904.9	417892.8
DuP-697	1.0	1.0	1.0	401625.1	1.0	1.0	438271.3	1.0
16:4(6Z,9Z,12Z,15Z)	1.0	1.0	200143.1	129746.0	129339.1	1.0	187533.0	188321.1
9Z-dodecen-7-ynyl acetate	1.1	822075.0	1.1	1.1	1.1	1.1	1.1	1.1
Ala Phe Arg	173874.9	1.0	205842.1	1.0	202626.0	1.0	228847.0	1.0
metobromuron	1.0	806565.1	1.0	1.0	1.0	1.0	1.0	1.0
imidazole-4-acetaldehyde	1.0	1.0	802500.8	1.0	1.0	1.0	1.0	1.0
cysteinyldopa	99625.1	99625.1	99625.1	99625.1	99625.1	99625.1	99625.1	99625.1
Cys Gly	1.0	1.0	602046.1	193612.0	1.0	1.0	1.0	1.0
genipin 1-beta-gentiobioside	1.0	791582.1	1.0	1.0	1.0	1.0	1.0	1.0
13,14-dihydro-16,16-difluoro PGJ2	1.0	1.0	1.0	140633.0	171134.1	179467.1	296491.9	1.0
mecarbinzid	1.0	783064.5	1.0	1.0	1.0	1.0	1.0	1.0
estradiol dipropionate	1.5	780278.4	1.0	1.2	1.2	1.3	1.4	1.3
6,6'-dibromoindigotin	1.0	1.0	1.0	1.0	1.0	1.0	776320.9	1.0
phenyllactic acid	775240.9	1.0	1.0	1.0	1.0	1.0	1.0	1.0
levetiracetam	1.0	1.0	750723.1	1.0	1.0	1.0	1.0	1.0
2S-amino-pentanoic acid	186532.0	186532.0	1.4	1.1	1.3	186532.0	1.1	186532.0
thymine	157370.9	1.0	570204.8	1.0	1.0	1.0	1.0	1.0
HR1917	1.0	727061.5	1.0	1.0	1.0	1.0	1.0	1.0
diethylstilbestrol monosulfate monoglucuronide	727026.9	1.0	1.0	1.0	1.0	1.0	1.0	1.0
endothion	722874.9	1.0	1.0	1.0	1.0	1.0	1.0	1.0
L-tyrosine methyl ester	1.0	1.0	1.0	136669.1	130202.9	133963.0	151137.8	167455.1
6-methylmercaptopurine	1.0	717742.1	1.0	1.0	1.0	1.0	1.0	1.0
lumichrome	1.0	1.0	1.0	1.0	216075.8	284627.1	216287.0	1.0
N-acetyl-DL-tryptophan	1.0	1.0	716600.5	1.0	1.0	1.0	1.0	1.0
slaframine	715881.8	1.0	1.0	1.0	1.0	1.0	1.0	1.0

续表

物质组	发酵2d	发酵4d	发酵6d	发酵8d	发酵10d	发酵12d	发酵14d	发酵16d
3'-methyl-2',4',6'-trihydroxydihydrochalcone	1.0	713018.8	1.0	1.0	1.0	1.0	1.0	1.0
4-hexyloxyphenol	1.1	710650.1	1.0	1.2	1.1	1.1	1.2	1.2
eremophilenolide	2.1	701610.6	1.0	1.1	1.2	1.2	1.2	1.3
L-2-aminoadipate 6-semialdehyde	1.0	1.0	313324.0	386704.8	1.0	1.0	1.0	1.0
phytuberin	1.0	1.0	1.0	1.0	1.0	227128.0	149446.0	323302.8
ethosuximide M5	1.0	1.0	137924.1	100800.1	147369.0	109365.1	188532.1	1.0
gonyautoxin 1	1.0	1.0	394452.7	275649.9	1.0	1.0	1.0	1.0
swietenidin B	1.0	1.0	668025.0	1.0	1.0	1.0	1.0	1.0
2,4-dihydroxypteridine	1.0	1.0	1.0	152220.1	157921.1	158900.0	198903.0	1.0
lauryl hydrogen sulfate	1.4	647023.8	1.5	1.3	1.5	1.7	2.7	1.2
18-hydroxy-9S,10R-epoxy-stearic acid	202772.9	1.0	441304.0	1.0	1.0	1.0	1.0	1.0
N-methylformamide	1.0	1.0	1.0	368249.0	275461.9	1.0	1.0	1.0
4,8,12-trimethyltridecanoic acid	1.3	321752.0	321752.0	1.3	1.5	1.6	2.1	1.1
leflunomide	1.0	1.0	1.0	257087.0	208230.0	170586.1	1.0	1.0
Tyr Ala Gly	1.0	1.0	626238.8	1.0	1.0	1.0	1.0	1.0
13-methyl-pentadecanoic acid	1.0	1.0	625457.8	1.0	1.0	1.0	1.0	1.0
furmecyclox	4.1	609714.1	1.5	1.7	1.3	1.1	1.1	1.1
3-methyl-tridecanoic acid	1.0	1.0	1.0	1.0	218536.8	222434.0	166327.2	1.0
N-a-acetylcitrulline	1.0	1.0	607072.7	1.0	1.0	1.0	1.0	1.0
CMP-2-aminoethylphosphonate	1.0	1.0	574783.8	1.0	1.0	1.0	1.0	1.0
22:1(9Z)	272567.8	1.0	1.0	293329.1	1.0	1.0	1.0	1.0
2-formyloxymethylclavam	1.0	1.0	1.0	1.0	565799.0	1.0	1.0	1.0
THTC	1.0	565286.8	1.0	1.0	1.0	1.0	1.0	1.0
uplandicine	128878.1	1.0	126626.0	1.0	1.0	1.0	147119.0	156908.9
N-acetyl-DL-methionine	550054.1	1.0	1.0	1.0	1.0	1.0	1.0	1.0
PI[P-20:0/17:2(9Z,12Z)]	1.0	1.0	1.0	543564.4	1.0	1.0	1.0	1.0
methyl allyl disulfide	1.0	1.0	1.0	1.0	299890.9	1.0	239921.0	1.0
1,6-naphthalenedisulfonic acid	1.0	523158.0	1.0	1.0	1.0	1.0	1.0	1.0
Asp Asn His	1.0	520189.6	1.0	1.0	1.0	1.0	1.0	1.0
goitrin	1.0	511430.3	1.0	1.0	1.0	1.0	1.0	1.0
phenylbutyrylglutamine	1.0	1.0	509874.8	1.0	1.0	1.0	1.0	1.0
lophophorine	203501.0	1.0	304404.0	1.0	1.0	1.0	1.0	1.0
Asp Gly Ser	507790.8	1.0	1.0	1.0	1.0	1.0	1.0	1.0
4-hydroxycinnamyl aldehyde	501357.5	1.0	1.0	1.0	1.0	1.0	1.0	1.0
bis(4-fluorophenyl)-methanone	243085.1	1.0	256704.9	1.0	1.0	1.0	1.0	1.0
spaglumic acid	498164.9	1.0	1.0	1.0	1.0	1.0	1.0	1.0
N-(6-aminohexyl)-1-chloro-naphthalene-5-sulfonamide	61562.0	61562.0	61562.0	61562.0	61562.0	61562.0	61562.0	61562.0

物质组	发酵2d	发酵4d	发酵6d	发酵8d	发酵10d	发酵12d	发酵14d	发酵16d
isoprothiolane sulfoxide	1.0	487891.9	1.0	1.0	1.0	1.0	1.0	1.0
6-paradol	1.0	1.0	1.0	117649.9	1.0	107111.1	126808.0	131417.0
5-acetylamino-6-formylamino-3-methyluracil	1.0	1.0	468052.0	1.0	1.0	1.0	1.0	1.0
trichlormethine	464202.9	1.0	1.0	1.0	1.0	1.0	1.0	1.0
2-(*o*-carboxybenzamido)glutaramic acid	452617.7	1.0	1.0	1.0	1.0	1.0	1.0	1.0
Asp Cys Pro	1.0	1.0	447420.8	1.0	1.0	1.0	1.0	1.0
12*S*-acetoxy-punaglandin 1	1.0	440455.9	1.0	1.0	1.0	1.0	1.0	1.0
naltrindole	1.0	1.0	1.0	189022.0	1.0	1.0	247417.1	1.0
CAY10561	1.0	1.0	434341.4	1.0	1.0	1.0	1.0	1.0
9-hydroxy-10-oxo-12*Z*-octadecenoic acid	431670.3	1.0	1.0	1.0	1.0	1.0	1.0	1.0
2-(4'-chlorophenyl)-3,3-dichloropropenoate	1.0	430891.4	1.0	1.0	1.0	1.0	1.0	1.0
17-phenyl trinor postaglandin A2	1.1	427601.1	1.1	1.1	1.0	1.1	1.1	1.1
KAPA	238627.8	1.0	179215.0	1.0	1.0	1.0	1.0	1.0
Cys Tyr	146999.1	266690.9	1.0	1.0	1.0	1.0	1.0	1.0
corey PG-lactone Diol	1.0	412936.8	1.0	1.0	1.0	1.0	1.0	1.0
Ser Ser Ser	1.0	1.0	1.0	200005.0	1.0	211652.2	1.0	1.0
IPSP	1.0	409957.0	1.0	1.0	1.0	1.0	1.0	1.0
phthalate	1.0	1.0	1.0	1.0	1.0	1.0	1.0	409748.9
ki16425	1.0	1.0	409083.1	1.0	1.0	1.0	1.0	1.0
Glu Glu	406777.0	1.0	1.0	1.0	1.0	1.0	1.0	1.0
isobutrin	1.0	1.0	1.0	1.0	199041.9	200828.0	1.0	1.0
homocysteinesulfinic acid	1.0	1.0	125007.9	126624.0	147878.2	1.0	1.0	1.0
Leu Glu	391942.9	1.0	1.0	1.0	1.0	1.0	1.0	1.0
nitrobenzene	195793.1	1.0	101543.0	1.0	1.0	93172.0	1.0	1.0
S-[2-(*N*7-guanyl)ethyl]-*N*-acetyl-L-cysteine	1.0	1.0	155575.1	232895.1	1.0	1.0	1.0	1.0
cinnamodial	1.0	1.0	121635.9	132736.0	127731.0	1.0	1.0	1.0
3-dehydro-L-threonate	380926.3	1.0	1.0	1.0	1.0	1.0	1.0	1.0
deisopropyldeethylatrazine	1.0	376690.9	1.0	1.0	1.0	1.0	1.0	1.0
cardamonin	1.0	370265.7	1.0	1.0	1.0	1.0	1.0	1.0
erysolin	1.0	1.0	1.0	1.0	1.0	365801.0	1.0	1.0
N-histidyl-2-aminonaphthalene	1.0	361328.1	1.0	1.0	1.0	1.0	1.0	1.0
5-*O*-feruloylquinic acid	1.0	346777.8	1.0	1.0	1.0	1.0	1.0	1.0
nocardicin B	1.0	346062.9	1.0	1.0	1.0	1.0	1.0	1.0
6-hydroxyl-1,6-dihydropurine ribonucleoside	345005.8	1.0	1.0	1.0	1.0	1.0	1.0	1.0
pterine	1.0	1.0	1.0	1.0	1.0	164071.9	178091.0	1.0
psoromic acid	1.1	334229.8	1.1	1.7	1.1	1.1	1.2	1.2

物质组	发酵2d	发酵4d	发酵6d	发酵8d	发酵10d	发酵12d	发酵14d	发酵16d
1,2-dihydroxydibenzothiophene	1.0	1.0	334046.1	1.0	1.0	1.0	1.0	1.0
N-didesethylquinagolide sulfate	176546.1	1.0	156341.9	1.0	1.0	1.0	1.0	1.0
PG[18:4(6Z,9Z,12Z,15Z)/22:6(4Z,7Z,10Z,13Z,16Z,19Z)]	1.0	1.0	1.0	331091.0	1.0	1.0	1.0	1.0
desmethylnaproxen-6-O-sulfate	1.0	1.0	324707.8	1.0	1.0	1.0	1.0	1.0
5alpha,17alpha-pregn-2-en-20-yn-17-ol acetate	1.0	1.0	1.0	324350.0	1.0	1.0	1.0	1.0
11beta,17beta-dihydroxy-9alpha-fluoro-17alpha-methyl-5alpha-androstan-3-one	1.0	319363.0	1.0	1.0	1.0	1.0	1.0	1.0
3,5-dinitrosalicylic acid	1.0	1.0	319093.8	1.0	1.0	1.0	1.0	1.0
3-oxo-tetradecanoic acid	312140.7	1.0	1.0	1.0	1.0	1.0	1.0	1.0
Ala Ala Ala	1.0	1.0	312080.0	1.0	1.0	1.0	1.0	1.0
N2-acetyl-L-aminoadipate	1.0	310891.9	1.0	1.0	1.0	1.0	1.0	1.0
4-ketocyclophosphamide	307211.0	1.0	1.0	1.0	1.0	1.0	1.0	1.0
demethylsuberosin	1.0	306198.1	1.0	1.0	1.0	1.0	1.0	1.0
Ala Gly Leu	135271.1	1.0	167910.0	1.0	1.0	1.0	1.0	1.0
1-aminocyclohexanecarboxylic acid	302275.3	1.0	1.0	1.0	1.0	1.0	1.0	1.0
Met Arg His	1.0	301641.7	1.0	1.0	1.0	1.0	1.0	1.0
capnine	1.0	1.0	1.0	158795.0	142531.0	1.0	1.0	1.0
alpha-naphthylacetamide	1.0	296185.2	1.0	1.0	1.0	1.0	1.0	1.0
methohexital	1.0	1.0	286628.8	1.0	1.0	1.0	1.0	1.0
mefluidide	1.0	1.0	283176.8	1.0	1.0	1.0	1.0	1.0
moclobemide	1.0	282508.2	1.0	1.0	1.0	1.0	1.0	1.0
phenylacetonitrile	1.0	1.0	1.0	1.0	281986.1	1.0	1.0	1.0
(methylthio)acetic acid	1.0	1.0	1.0	1.0	1.0	1.0	1.0	280838.0
quinolin-2,8-diol	1.0	1.0	1.0	1.0	279567.0	1.0	1.0	1.0
quercetin 3,7,4'-tri-O-sulfate	1.0	1.0	1.0	279312.1	1.0	1.0	1.0	1.0
cefotiam	1.0	1.0	279012.0	1.0	1.0	1.0	1.0	1.0
12-trans-hydroxy juvenile hormone III	1.0	1.0	278710.8	1.0	1.0	1.0	1.0	1.0
1-(1-oxopropyl)-1H-imidazole	145865.0	1.0	1.0	132699.0	1.0	1.0	1.0	1.0
pimpinellin	1.0	276110.2	1.0	1.0	1.0	1.0	1.0	1.0
Asp Asn	1.0	275271.8	1.0	1.0	1.0	1.0	1.0	1.0
His His	1.0	1.0	124427.0	1.0	148139.0	1.0	1.0	1.0
nicorandil-N-oxide	272046.1	1.0	1.0	1.0	1.0	1.0	1.0	1.0
propanoyl phosphate	1.0	271687.8	1.0	1.0	1.0	1.0	1.0	1.0
dibenzthion	269900.9	1.0	1.0	1.0	1.0	1.0	1.0	1.0
prenyletin	1.0	269390.1	1.0	1.0	1.0	1.0	1.0	1.0
Thr Pro	1.0	1.0	265660.8	1.0	1.0	1.0	1.0	1.0
Asp-His-OH	1.0	263768.9	1.0	1.0	1.0	1.0	1.0	1.0

物质组	发酵2d	发酵4d	发酵6d	发酵8d	发酵10d	发酵12d	发酵14d	发酵16d
secogalioside	260294.0	1.0	1.0	1.0	1.0	1.0	1.0	1.0
(3S)-3,6-diaminohexanoate	176705.1	1.0	82595.0	1.0	1.0	1.0	1.0	1.0
1H-imidazole-4-carboxamide, 5-[3-(hydroxymethyl)-3-methyl-1-trıazenyl]	1.0	1.0	1.0	1.0	258699.0	1.0	1.0	1.0
His Asp His	1.0	255664.1	1.0	1.0	1.0	1.0	1.0	1.0
4-nitrotoluene	1.0	1.0	1.0	253410.1	1.0	1.0	1.0	1.0
2,2',3-trihydroxy-3'-methoxy-5,5'-dicarboxybiphenyl	1.0	252788.1	1.0	1.0	1.0	1.0	1.0	1.0
(6S)-vitamin D2 6,19-sulfur dioxide adduct / (6S)-ergocalciferol 6,19-sulfur dioxide adduct	1.0	1.0	1.0	1.0	1.0	1.0	1.0	252312.0
Gly Arg Cys	1.0	251162.7	1.0	1.0	1.0	1.0	1.0	1.0
VER-50589	1.0	1.0	250089.8	1.0	1.0	1.0	1.0	1.0
ethyl 3-(N-butylacetamido)propionate	1.0	1.0	247779.2	1.0	1.0	1.0	1.0	1.0
3'-bromo-6'-hydroxy-2',4,4'-trimethoxychalcone	244703.1	1.0	1.0	1.0	1.0	1.0	1.0	1.0
PA[O-16:0/22:6(4Z,7Z,10Z,13Z,16Z,19Z)]	1.0	1.0	1.0	243986.9	1.0	1.0	1.0	1.0
etoxazole	1.0	1.0	1.0	1.0	242798.9	1.0	1.0	1.0
quisqualic acid	1.0	240914.9	1.0	1.0	1.0	1.0	1.0	1.0
5-L-glutamyl-L-alanine	154491.0	1.0	1.0	1.0	84142.0	1.0	1.0	1.0
N-(3-indolylacetyl)-L-isoleucine	1.0	1.0	237869.0	1.0	1.0	1.0	1.0	1.0
zuclopenthixol	1.0	1.0	237461.8	1.0	1.0	1.0	1.0	1.0
dimethoxane	1.0	1.0	1.0	1.0	235194.1	1.0	1.0	1.0
6E-nonen-1-ol	235094.0	1.0	1.0	1.0	1.0	1.0	1.0	1.0
3,3-dimethylglutaric acid	1.0	1.0	1.0	1.0	232566.2	1.0	1.0	1.0
dibromobisphenol A	1.0	1.0	1.0	1.0	1.0	1.0	230367.2	1.0
Tyr Thr Arg	1.0	227580.1	1.0	1.0	1.0	1.0	1.0	1.0
2'-norberbamunine	1.0	226240.0	1.0	1.0	1.0	1.0	1.0	1.0
arabinonic acid	219609.0	1.0	1.0	1.0	1.0	1.0	1.0	1.0
deoxyribonolactone	218581.0	1.0	1.0	1.0	1.0	1.0	1.0	1.0
rhexifoline	1.0	1.0	216812.1	1.0	1.0	1.0	1.0	1.0
S-methyl-L-thiocitrulline	1.0	215495.0	1.0	1.0	1.0	1.0	1.0	1.0
D and C Red No. 9	1.0	212766.0	1.0	1.0	1.0	1.0	1.0	1.0
4,4'-methylenebis(2,6-di-tert-butylphenol)	1.0	1.0	1.0	1.0	211502.0	1.0	1.0	1.0
4-n-pentylphenol	1.0	1.0	1.0	1.0	1.0	1.0	104507.1	105762.0
8-hydroxyprochlorperazine glucuronide	1.0	205204.9	1.0	1.0	1.0	1.0	1.0	1.0
7-keto palmitic acid	205195.9	1.0	1.0	1.0	1.0	1.0	1.0	1.0
baptifoline	1.0	1.0	205040.0	1.0	1.0	1.0	1.0	1.0
dimethamine	1.0	1.0	1.0	1.0	1.0	1.0	203033.1	1.0

续表

物质组	发酵2d	发酵4d	发酵6d	发酵8d	发酵10d	发酵12d	发酵14d	发酵16d
pydanon	202923.1	1.0	1.0	1.0	1.0	1.0	1.0	1.0
aminofurantoin	94306.0	1.0	1.0	106224.0	1.0	1.0	1.0	1.0
1,2-*O*-diacetylzephyranthine	1.0	198557.0	1.0	1.0	1.0	1.0	1.0	1.0
1,2-dihexanoyl-sn-glycerol	1.0	1.0	1.0	198469.8	1.0	1.0	1.0	1.0
capryloylglycine	1.0	1.0	198451.0	1.0	1.0	1.0	1.0	1.0
callichiline	1.0	1.0	1.0	196601.0	1.0	1.0	1.0	1.0
5-fluorodeoxyuridine monophosphate	1.0	195534.1	1.0	1.0	1.0	1.0	1.0	1.0
spenolimycin	194817.0	1.0	1.0	1.0	1.0	1.0	1.0	1.0
N-acetylnorfloxacin	1.0	1.0	194704.0	1.0	1.0	1.0	1.0	1.0
cyanthoate	1.0	193438.0	1.0	1.0	1.0	1.0	1.0	1.0
2-mercaptoethanesulfonic acid	1.0	191371.0	1.0	1.0	1.0	1.0	1.0	1.0
cystine	1.0	191308.0	1.0	1.0	1.0	1.0	1.0	1.0
1,4-benzenediol, 2,6-bis (1-methylethyl)-, 4-(hydrogen sulfate)	139038.0	1.0	48439.0	1.0	1.0	1.0	1.0	1.0
glibornuride M5	1.0	1.0	1.0	1.0	1.0	186152.9	1.0	1.0
captopril	1.0	185237.1	1.0	1.0	1.0	1.0	1.0	1.0
glutathione amide	1.0	184333.0	1.0	1.0	1.0	1.0	1.0	1.0
L-serine-phosphoethanolamine	1.0	1.0	183139.8	1.0	1.0	1.0	1.0	1.0
L-anserine	181735.1	1.0	1.0	1.0	1.0	1.0	1.0	1.0
aplysiatoxin	1.0	181695.0	1.0	1.0	1.0	1.0	1.0	1.0
4-methyloctyl acetate	178504.0	1.0	1.0	1.0	1.0	1.0	1.0	1.0
5α-cyprinolsulfate	1.0	1.0	1.0	1.0	1.0	178445.0	1.0	1.0
9-oxo-2*E*-decenoic acid	1.0	1.0	177740.1	1.0	1.0	1.0	1.0	1.0
HoPhe-Trp-OH	1.0	175082.9	1.0	1.0	1.0	1.0	1.0	1.0
metaxalone	172881.0	1.0	1.0	1.0	1.0	1.0	1.0	1.0
medermycin	1.0	171315.0	1.0	1.0	1.0	1.0	1.0	1.0
sebacic acid	1.0	1.0	1.0	1.0	170804.1	1.0	1.0	1.0
diphenylmethylphosphine oxide	169938.0	1.0	1.0	1.0	1.0	1.0	1.0	1.0
triphenyl phosphate	168975.1	1.0	1.0	1.0	1.0	1.0	1.0	1.0
Thr Gln Ser	166921.1	1.0	1.0	1.0	1.0	1.0	1.0	1.0
3-oxo-dodecanoic acid	161135.9	1.0	1.0	1.0	1.0	1.0	1.0	1.0
dihydrolevobunolol	1.0	1.0	1.0	1.0	1.0	160378.0	1.0	1.0
L-homocitrulline	1.0	1.0	1.0	1.0	158526.1	1.0	1.0	1.0
isoglutamate	1.0	1.0	155563.0	1.0	1.0	1.0	1.0	1.0
n-valeryl acetic acid	155434.1	1.0	1.0	1.0	1.0	1.0	1.0	1.0
myricetin 3-O-(4"-*O*-acetyl-2"-*O*-galloyl)-alpha-L-rhamnopyranoside	1.0	1.0	1.0	1.0	1.0	154378.1	1.0	1.0
cis-ACCP	1.0	153158.0	1.0	1.0	1.0	1.0	1.0	1.0

物质组	发酵2d	发酵4d	发酵6d	发酵8d	发酵10d	发酵12d	发酵14d	发酵16d
2-propyl-3-hydroxyethylenepyran-4-one	1.0	1.0	1.0	152112.9	1.0	1.0	1.0	1.0
omega-3-arachidonic acid	1.0	1.0	151255.0	1.0	1.0	1.0	1.0	1.0
okanin 3,4-dimethyl ehter 4'-glucoside	1.0	149875.9	1.0	1.0	1.0	1.0	1.0	1.0
methyl 2-(4-isopropyl-4-methyl-5-oxo-2-imidazolin-2-yl)-p-toluate	1.0	149078.9	1.0	1.0	1.0	1.0		1.0
5,2',5'-trihydroxy-7,8-dimethoxyflavanone	1.0	148816.0	1.0	1.0	1.0	1.0	1.0	1.0
2-ethylhexyl acrylate	1.0	1.0	147073.1	1.0	1.0	1.0	1.0	1.0
Tyr-Nap-OH	1.0	1.0	1.0	1.0	1.0	146925.0	1.0	1.0
acacetin 7-glucuronosyl-(1→2)-glucuronide	1.0	1.0	1.0	1.0	1.0	144969.1	1.0	1.0
prodiamine	1.0	1.0	1.0	1.0	143399.9	1.0	1.0	1.0
pyocyanine	1.0	140428.1	1.0	1.0	1.0	1.0	1.0	1.0
alamarine	1.0	1.0	140319.0	1.0	1.0	1.0	1.0	1.0
amygdalin	1.0	138815.0	1.0	1.0	1.0	1.0	1.0	1.0
estrone 3-sulfate	1.0	1.0	137563.9	1.0	1.0	1.0	1.0	1.0
acetyl tyrosine ethyl ester	1.0	1.0	136775.9	1.0	1.0	1.0	1.0	1.0
3-hydroxypromazine glucuronide	1.0	1.0	136120.0	1.0	1.0	1.0	1.0	1.0
flucytosine	1.0	135107.0	1.0	1.0	1.0	1.0	1.0	1.0
Val-Met-OH	1.0	134621.0	1.0	1.0	1.0	1.0	1.0	1.0
2,3-dihydroxycyclopentaneundecanoic acid	133512.0	1.0	1.0	1.0	1.0	1.0	1.0	1.0
C18:2n-6,11	1.0	1.0	1.0	1.0	1.0	1.0	132916.0	1.0
gefitinib	1.0	1.0	1.0	1.0	1.0	1.0	1.0	130083.0
Met Met Arg	1.0	1.0	1.0	1.0	129285.9	1.0	1.0	1.0
Gln Gln Gln	1.0	1.0	1.0	1.0	128697.9	1.0	1.0	1.0
trifloxystrobin	1.0	128364.0	1.0	1.0	1.0	1.0	1.0	1.0
PDM 11	1.0	126725.0	1.0	1.0	1.0	1.0	1.0	1.0
safflomin C	1.0	122024.0	1.0	1.0	1.0	1.0	1.0	1.0
methionine	1.0	1.0	1.0	1.0	1.0	1.0	119556.9	1.0
Gly Val	1.0	1.0	116026.0	1.0	1.0	1.0	1.0	1.0
L-gamma-glutamyl-L-valine	111075.9	1.0	1.0	1.0	1.0	1.0	1.0	1.0
2-heptyl-4-hydroxyquinoline-N-oxide	1.0	1.0	109732.9	1.0	1.0	1.0	1.0	1.0
hexaconazole	1.0	1.0	107646.0	1.0	1.0	1.0	1.0	1.0
glucobrassicin	1.0	105893.0	1.0	1.0	1.0	1.0	1.0	1.0
PS-5	103245.9	1.0	1.0	1.0	1.0	1.0	1.0	1.0
sarin	1.0	96428.0	1.0	1.0	1.0	1.0	1.0	1.0
phospho-L-serine	93231.0	1.0	1.0	1.0	1.0	1.0	1.0	1.0

物质组	发酵2d	发酵4d	发酵6d	发酵8d	发酵10d	发酵12d	发酵14d	发酵16d
3-(*N*-nitrosomethylamino) propionitrile	1.0	1.0	92460.0	1.0	1.0	1.0	1.0	1.0
fluorofelbamate	1.0	1.0	92369.0	1.0	1.0	1.0	1.0	1.0
orotidine	1.0	90598.0	1.0	1.0	1.0	1.0	1.0	1.0
coronene	1.0	1.0	1.0	87536.0	1.0	1.0	1.0	1.0
fagomine	1.0	1.0	1.0	84358.0	1.0	1.0	1.0	1.0
icilin	1.0	83923.9	1.0	1.0	1.0	1.0	1.0	1.0
L-ribulose	83397.0	1.0	1.0	1.0	1.0	1.0	1.0	1.0
(3*S*,5*S*)-3,5-diaminohexanoate	1.0	1.0	1.0	1.0	1.0	1.0	71565.9	1.0
5'-phosphoribosylglycinamide (GAR)	71302.0	1.0	1.0	1.0	1.0	1.0	1.0	1.0
luteolin 7-glucoside-4'-(*Z*-2-methyl-2-butenoate)	1.0	1.0	70713.0	1.0	1.0	1.0	1.0	1.0
2-pyridylthioamide	1.0	64843.0	1.0	1.0	1.0	1.0	1.0	1.0
levofuraltadone	62523.0	1.0	1.0	1.0	1.0	1.0	1.0	1.0
*N*2-succinyl-L-ornithine	1.0	1.0	1.0	1.0	1.0	1.0	59871.0	1.0
carnosine	41711.0	1.0	1.0	1.0	1.0	1.0	1.0	1.0
Lys Pro His	1.0	36050.0	1.0	1.0	1.0	1.0	1.0	1.0
ancymidol	1.0	29586.0	1.0	1.0	1.0	1.0	1.0	1.0

添加整合菌剂肉汤实验发酵阶段物质组理化特性见表 4-133。发酵过程物质组相对含量总和前 24 个物质排序为：十四烷基硫酸盐（tetradecyl sulfate，相对含量 135874384.0）＞姜辣素（gingerol，相对含量 109039911.0）＞组氨酸 - 丙氨酸二肽（His Ala，相对含量 79326136.0）＞别嘌呤醇（allopurinol，相对含量 70782795.3）＞ PA[*O*-16:0/18:4 (6*Z*,9*Z*,12*Z*,15*Z*)]（相对含量 20599711.5）＞ PG[16:1(9*Z*)/22:6(4*Z*,7*Z*,10*Z*,13*Z*,16*Z*,19*Z*)]（相对含量 17934560.2）＞甲苯基乙腈（tolylacetonitrile，相对含量 17063511.0）＞ PS[22:2(13*Z*,16*Z*)/17:1(9*Z*)]（相对含量 16595060.6）＞硅甲藻黄素（diadinoxanthin，相对含量 15155599.6）＞氟甲喹（flumequine，相对含量 14884000.8）＞硫酸喹诺糖二酰甘油酯 {quinolose diacylglyceride sulfate；SQDG[16:0/16:1(13*Z*)]，相对含量 14568572.8}＞延命草素（enmein，相对含量 14474883.2）＞甲基 8-[2-(2- 甲酰 - 乙烯基)-3- 羟基 -5- 氧代 - 环戊基]- 辛酸 {methyl 8-[2-(2-formyl-vinyl)- 3-hydroxy-5- oxo-cyclopentyl]- octanoate，相对含量 13637605.3}＞促甲状腺素释放激素（thyrotropin releasing hormone，相对含量 13074143.9）＞香草醛（vanillin，相对含量 10577824.5）＞氯瘟磷（phosdiphen，相对含量 9454313.9）＞ (22*E*)-3*α*-hydroxychola-5,16,22-trien-24-oic acid（相对含量 7939169.0）＞咪唑克生（idazoxan，相对含量 7261913.8）＞喹啉（quinoline，相对含量 7257099.3）＞千里光菲灵碱（seneciphylline，相对含量 7098706.4）＞异亮氨酸 - 丙氨酸二肽（Ile Ala，相对含量 6817166.4）＞甲氧蔓菁素（methoxybrassinin，相对含量 6809508.0）＞二甲炔酮（dimethisterone，相对含量 6767426.0）＞ DL-3- 羟基己酸（DL-3-hydroxycaproic acid，相对含量 6762022.4）。

表4-133　添加整合菌剂肉汤实验发酵阶段物质组理化特性

物质	分子量	保留时间/min	CAS 号	总和
[1] tetradecyl sulfate	294.2	36.3	139-88-8	135874384.0
[2] gingerol	294.2	36.3	58253-27-3	109039911.0
[3] His Ala	226.1	1.2		79326136.0
[4] allopurinol	136.0	2.7	315-30-0	70782795.3
[5] PA[O-16:0/18:4(6Z,9Z,12Z,15Z)]	654.5	30.1		20599711.5
[6] PG[16:1(9Z)/22:6(4Z,7Z,10Z,13Z,16Z,19Z)]	792.5	30.1		17934560.2
[7] tolylacetonitrile	131.1	26.3	22364-68-7	17063511.0
[8] PS[22:2(13Z,16Z)/17:1(9Z)]	827.6	31.2		16595060.6
[9] diadinoxanthin	582.4	28.7	18457-54-0	15155599.6
[10] flumequine	261.1	2.0	42835-25-6	14884000.8
[11] SQDG[16:0/16:1(13Z)]	792.5	31.1		14568572.8
[12] enmein	362.2	36.3	3776-39-4	14474883.2
[13] methyl 8-[2-(2-formyl-vinyl)-3-hydroxy-5- oxo-cyclopentyl]-octanoate	310.2	37.1		13637605.3
[14] thyrotropin releasing hormone	362.2	36.3	24305-27-9	13074143.9
[15] vanillin	152.0	19.9	121-33-5	10577824.5
[16] phosdiphen	413.9	43.0	36519-00-3	9454313.9
[17] (22E)-3α-hydroxychola-5,16,22-trien-24-oic acid	370.3	41.5		7939169.0
[18] idazoxan	204.1	14.5	79944-58-4	7261913.8
[19] quinoline	129.1	26.3	91-22-5	7257099.3
[20] seneciphylline	333.2	36.3	480-81-9	7098706.4
[21] Ile Ala	202.1	6.7		6817166.4
[22] methoxybrassinin	266.1	19.0	105748-60-5	6809508.0
[23] dimethisterone	340.2	42.5	79-64-1	6767426.0
[24] DL-3-hydroxycaproic acid	132.1	21.1		6762022.4
[25] His His Ser	379.2	36.3		6102765.5
[26] 2,3-dinor fluprostenol	430.2	25.3		5497602.0
[27] erythroxanthin sulfate	678.4	30.1		5433855.0
[28] taurine	125.0	1.3	107-35-7	5346374.7
[29] acetylaminodantrolene	326.1	26.3	41515-09-7	5243674.8
[30] citalopram-N-oxide	340.2	42.6	63284-72-0	5223901.0
[31] 2-amino-5-phosphopentanoic acid	197.0	26.3	76326-31-3	5207468.5
[32] 2,3-dinor-6,15-diketo-13,14-dihydro-20-carboxyl-PGF1a	370.2	41.5		5138953.5
[33] lycaconitine	668.3	30.1	25867-19-0	5081440.0
[34] mercaptoacetyl-Phe-Leu	352.1	36.3		4771200.0
[35] 4-(1-piperazinyl)-1H-indole	200.1	2.0	255714-24-0	4668463.2
[36] 25-hydroxyvitamin D2-25-glucuronide	588.4	36.3		4592030.1
[37] dihydrojasmonic acid, methyl ester	226.2	34.1	24851-98-7	4564589.4
[38] PG[22:2(13Z,16Z)/0:0]	564.3	36.3		4562173.5
[39] N-methylundec-10-enamide	197.2	35.0		4507204.3

续表

物质	分子量	保留时间/min	CAS 号	总和
[40] Val Val	216.1	4.4		4479054.4
[41] N5-ethyl-L-glutamine	174.1	2.0	3081-61-6	4388626.4
[42] 3-hydroxy-2-methyl-[R-(R,S)]-butanoic acid	118.1	6.8	71526-30-2	4303897.8
[43] 17-hydroxy stearic acid	300.3	41.9		4250568.0
[44] 4-O-demethyl-13-dihydroadriamycinone	402.1	34.3	69549-52-6	4248736.9
[45] 5-hydroxymethylsulfamethoxazole	269.0	2.0	34245-10-8	4134273.0
[46] triphenylsilanol	276.1	1.5	791-31-1	4082343.5
[47] tryptophan	204.1	14.6	54-12-6	4073878.7
[48] Lys Cys Gly	306.1	36.3		3992609.3
[49] 14-oxo-octadecanoic acid	298.3	41.5		3817153.2
[50] pantothenic acid	219.1	12.1	137-08-6	3743339.5
[51] tris-(1-aziridinyl)phosphine oxide	173.1	11.9	545-55-1	3662231.8
[52] D-ribitol 5-phosphate	232.0	25.1		3611374.6
[53] quercetin 3,7,3',4'-tetra-O-sulfate	621.9	43.4		3593099.8
[54] phosphine-biotin	792.3	30.1		3540535.2
[55] neostearic acid	284.3	46.5		3514230.4
[56] 3-(4-hydroxyphenyl)propionic acid	166.1	24.6		3445674.2
[57] Asp-Tyr-OH	404.1	24.6		3386793.2
[58] O-acetylserine	147.1	1.3	5147-00-2	3381214.8
[59] swietenine	568.3	28.6		3281757.8
[60] 1,1,1-trichloro-2-(o-chlorophenyl)-2-(p-chlorophenyl)ethane	351.9	42.3	789-02-6	3252070.8
[61] Met Val	248.1	15.5		3165344.8
[62] isobutylmethylxanthine	222.1	1.8	28822-58-4	3124113.9
[63] 6,8-dihydroxypurine	152.0	3.1	13231-00-0	3062164.8
[64] 1H-indole-3-acetic acid, 5-{[(methylamino)sulfonyl]methyl}-glucuronide	458.1	1.4	151751-50-7	3024767.5
[65] isoleucine	131.1	2.9	443-79-8	3010982.7
[66] pyrifenox	294.0	25.5	88283-41-4	2939156.0
[67] 2-hydroxy-6-oxo-(2'-aminophenyl)-hexa-2,4-dienoate	233.1	6.2		2845239.8
[68] 5-(3-pyridyl)-2-hydroxytetrahydrofuran	165.1	6.1	53798-73-5	2803721.5
[69] DL-3-phenyllactic acid	166.1	24.3	828-01-3	2775787.8
[70] N-acetylleucine	173.1	19.6	1188-21-2	2766853.8
[71] granisetron metabolite 3	328.2	33.6		2698423.3
[72] Ser Pro	202.1	3.5		2692012.7
[73] 4,14-dihydroxy-octadecanoic acid	316.3	38.7		2670761.6
[74] CAY10574	218.1	1.4	140651-18-9	2662585.8
[75] 9-dodecynoic acid	196.1	36.0		2595935.8
[76] purine mononucleotide	332.1	1.2		2549289.8
[77] CGS 7181	406.1	25.6		2546949.7
[78] salicylaldehyde	122.0	22.5	90-02-8	2522063.1

续表

物质	分子量	保留时间/min	CAS 号	总和
[79] Cer[*d*18:0/18:1(9*Z*)]	565.5	47.8		2481661.9
[80] 2-nitrophenol	139.0	5.0	88-75-5	2462364.5
[81] Thr Val	218.1	5.9		2451431.5
[82] tuliposide B	294.1	1.2	19870-33-8	2438305.3
[83] cnicin	378.2	37.0	24394-09-0	2373623.0
[84] cyhexatin	378.2	37.1	13121-70-5	2345299.7
[85] L-histidine	155.1	1.2	71-00-1	2338290.0
[86] *α*-terpinyl acetate	196.1	36.0		2321987.1
[87] citramalic acid	148.0	2.6	597-44-4	2234121.5
[88] 4-hydroxyquinoline	145.1	17.6	611-36-9	2205104.8
[89] fenfluramine	231.1	1.5	458-24-2	2181410.0
[90] methyl (+)-7-isojasmonate	224.1	33.0		2101787.1
[91] 4'-hydroxyacetophenone	136.1	22.5	99-93-4	2085483.1
[92] Ser Val	204.1	1.6		2082792.2
[93] *α*-cyano-3-hydroxycinnamic acid	189.0	23.9	54673-07-3	2053559.6
[94] 1-imidazolelactic acid	156.1	1.4		2048983.3
[95] phensuximide	189.1	29.1		2026364.8
[96] TG[17:1(9*Z*)/20:5(5*Z*,8*Z*,11*Z*,14*Z*,17*Z*)/20:5(5*Z*,8*Z*,11*Z*,14*Z*,17*Z*)] [iso3]	910.7	50.1		2006874.5
[97] alpha-L-rhamnopyranosyl-(1→2)-beta-D-galactopyranosyl-(1→2)-beta-D-glucuronopyranoside	502.2	8.1		1951412.1
[98] 5-hydroxyferulate	210.1	25.1		1937696.0
[99] 4-heptyloxyphenol	208.1	35.6	13037-86-0	1891693.5
[100] 2-(6'-methylthio)hexylmalic acid	264.1	37.1		1882229.2
[101] *N*-acetyl-L-lysine	188.1	3.1	1946-82-3	1867649.5
[102] 1-*O*-alpha-D-glucopyranosyl-1,2-eicosandiol	476.4	47.2		1848787.3
[103] Ile Glu	260.1	3.5		1822102.4
[104] 1-nitro-5,6-dihydroxy-dihydronaphthalene	207.1	10.3		1779131.3
[105] etretinate	354.2	41.4	54350-48-0	1760792.7
[106] Asp Thr	234.1	1.3		1715080.2
[107] NS 1619	362.0	1.2	153587-01-0	1710487.8
[108] 3-buten-1-amine	71.1	1.7		1709055.0
[109] 4-oxoproline	129.0	2.3		1681092.9
[110] monodehydroascorbate	175.0	25.6		1661767.7
[111] isobutylglycine	268.1	1.8		1657050.6
[112] kinamycin D	454.1	19.0	35303-14-1	1641540.0
[113] *N*-acetyl-DL-valine	159.1	9.6	3067-19-4	1557091.0
[114] ophiobolin A	400.3	40.5		1542821.6
[115] nonate	188.1	29.3		1518875.3
[116] bicalutamide	430.1	30.9	90357-06-5	1501529.8
[117] glymidine	309.1	1.3	339-44-6	1498168.6

续表

物质	分子量	保留时间/min	CAS 号	总和
[118] His His Gly	349.2	37.1		1460298.3
[119] isatin	147.0	10.3	91-56-5	1456209.5
[120] DL-*o*-tyrosine	181.1	2.9	2370-61-8	1439086.0
[121] DHAP(8:0)	296.1	2.7		1425016.2
[122] 2-hydroxy-6-oxo-6-(2-hydroxyphenoxy)-hexa-2,4-dienoate	250.0	1.2		1424735.5
[123] chloroxylenol	156.0	1.4	88-04-0	1411159.0
[124] Gly Tyr Asn	352.1	6.0		1409033.8
[125] *N*-acetyl-beta-D-glucosaminylamine	220.1	1.4		1383455.8
[126] DAF-2	362.1	36.3	205391-01-1	1371563.4
[127] *o*-cresol	108.1	19.6	95-48-7	1369575.6
[128] compound III(*S*)	370.2	42.4		1359672.9
[129] 2-hydroxymethylclavam	143.1	3.2	66036-39-3	1355480.1
[130] 2(3*H*)-furanone, dihydro-3,4-dihydroxy	118.0	2.6	15667-21-7	1350327.8
[131] *N*-acetylCilastatin	400.2	40.5	94388-32-6	1336755.0
[132] 7-oxo-11-dodecenoic acid	212.1	35.9	54921-60-7	1285108.1
[133] 2-hydroxy-4- (methylthio) butyric acid	150.0	10.6	4857-44-7	1280328.2
[134] enkephalin L	555.3	28.6	14-18-6	1277639.8
[135] diiodothyronine	524.9	42.7		1262614.5
[136] *N*-monodesmethyldiltiazem	400.1	37.1	86408-45-9	1261521.5
[137] Abu-Asp-OH	326.1	20.0		1253021.1
[138] 3-methyl-quinolin-2-ol	159.1	24.6		1243464.6
[139] MID42519:1α-hydroxy-18-(4-hydroxy-4-methyl-2-pentynyloxy)-23,24,25,26,27-pentanorvitamin D3 / 1α-hyd	442.3	26.5		1231518.7
[140] L-2-amino-6-oxoheptanedioate	189.1	2.0		1224491.8
[141] Gly Trp Ala	332.1	22.6		1208761.0
[142] TG(18:0/22:0/22:0)[iso3]	1003.0	1.8		1194328.7
[143] salvarsan	365.9	42.3	139-93-5	1187232.3
[144] diglykokoll	133.0	1.3	142-73-4	1185008.5
[145] purine	120.0	34.9	120-73-0	1181689.7
[146] 2*H*-indol-2-one, 4-[2-(dipropylamino)ethyl]-1,3-dihydro-7-hydroxy-glucuronide	452.2	1.2	106916-15-8	1146759.4
[147] 1,2,3,4-tetrahydro-2-[(isopropylamino)methyl]-7-nitro-6-quinolinecarboxylic acid	293.1	21.3	36596-24-4	1138715.5
[148] methyl arachidonyl fluorophosphonate	370.2	42.4		1122899.4
[149] dimethyl malonate	132.0	4.5	108-59-8	1100372.5
[150] 3'-oxopentobarbitone	240.1	2.0	31555-99-4	1099840.5
[151] 1,4-methylimidazoleacetic acid	140.1	1.5	2625-49-2	1097827.4
[152] alhpa-tocopheronic acid	296.2	37.0		1092063.8
[153] uric acid	168.0	2.3	69-93-2	1082844.7
[154] 3β,5α-tetrahydronorethindrone glucuronide	478.3	38.8		1074939.7
[155] 5-ribosylparomamine	455.2	26.5	55781-25-4	1072660.8

物质	分子量	保留时间/min	CAS 号	总和
[156] 3-guanidinopropanoate	131.1	1.4	353-09-3	1067537.3
[157] botrydial	310.2	36.0		1040857.2
[158] Ser His His	379.2	36.3		1021336.6
[159] 6-hydroxyluteolin 6,4'-dimethyl ether 7-glucoside	492.1	34.0		1019551.8
[160] mono-N-depropylprobenecid	243.1	19.0	10252-65-0	1015124.1
[161] 9Z-hexadecenyl acetate	282.3	44.8		1000378.2
[162] Val Gly Ala	245.1	1.7		994271.8
[163] panasenoside	610.2	25.6		992107.3
[164] dehydrojuvabione	264.2	37.0	16060-78-9	988638.1
[165] 2-amino-3-oxo-hexanedioic acid	175.0	2.0		982953.5
[166] 1-methylinosine	282.1	1.8	2140-73-0	975736.7
[167] olsalazine	302.1	25.6	15722-48-2	970866.6
[168] propionylglycine	131.1	2.2	21709-90-0	957457.4
[169] kaempferol 3-[2''',3''',4'''-triacetyl-alpha-L-arabinopyranosyl-(1→6)-glucoside]	706.2	26.3		941219.6
[170] 12:0 cholesteryl ester	568.5	47.5		937277.6
[171] bromodiphenhydramine	333.1	36.3		931794.4
[172] carboxyprimaquine	274.1	30.5	77229-68-6	902477.0
[173] PD 146176	237.1	36.3	4079-26-9	901804.5
[174] inucrithmin	346.1	1.2		894007.9
[175] 7α-(thiomethyl)spironolactone	388.2	42.4	38753-77-4	889036.1
[176] 3S-hydroxy-dodecanoic acid	216.2	38.3		883796.1
[177] 9-bromo-decanoic acid	250.1	6.1		865280.9
[178] 6R-hydroxy-tetradecanoic acid	244.2	40.9		859638.9
[179] 4,5-dihydroxyhexanoic acid lactone	130.1	19.0	27610-27-1	840803.7
[180] DuP-697	409.9	42.2	88149-94-4	839902.4
[181] 16:4(6Z,9Z,12Z,15Z)	248.2	39.7		835085.2
[182] 9Z-dodecen-7-ynyl acetate	222.2	36.3		822082.5
[183] Ala Phe Arg	392.2	44.4		811194.0
[184] metobromuron	258.0	2.9	3060-89-7	806572.1
[185] imidazole-4-acetaldehyde	110.0	1.4	645-14-7	802507.8
[186] cysteinyldopa	316.1	1.2	19641-92-0	797000.6
[187] Cys Gly	178.0	25.6		795664.1
[188] genipin 1-beta-gentiobioside	550.2	36.3	29307-60-6	791589.1
[189] 13,14-dihydro-16,16-difluoro PGJ2	372.2	42.4		787730.1
[190] mecarbinzid	308.1	42.2	27386-64-7	783071.5
[191] estradiol dipropionate	384.2	40.2		780287.2
[192] 6,6'-dibromoindigotin	417.9	43.0	19201-53-7	776327.9
[193] phenyllactic acid	166.1	25.1	828-01-3	775247.9
[194] levetiracetam	170.1	6.0	102767-28-2	750730.1

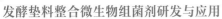
续表

物质	分子量	保留时间/min	CAS 号	总和
[195] 2S-amino-pentanoic acid	117.1	1.6		746133.0
[196] thymine	126.0	4.0	65-71-4	727581.6
[197] HR1917	497.2	25.4	5318-78-5	727068.5
[198] diethylstilbestrol monosulfate monoglucuronide	524.1	8.1	34210-89-4	727033.9
[199] endothion	280.0	3.0	320777.0	722881.9
[200] L-tyrosine methyl ester	195.1	36.9	1080-06-4	719430.9
[201] 6-methylmercaptopurine	166.0	25.1	50-66-8	717749.1
[202] lumichrome	242.1	23.8	1086-80-2	716994.9
[203] N-acetyl-DL-tryptophan	246.1	25.3	87-32-1	716607.5
[204] slaframine	198.1	16.7	20084-93-9	715888.8
[205] 3'-methyl-2',4',6'-trihydroxydihydrochalcone	272.1	34.3		713025.8
[206] 4-hexyloxyphenol	194.1	36.0	18979-55-0	710657.9
[207] eremophilenolide	234.2	38.8	4871-90-3	701619.8
[208] L-2-aminoadipate 6-semialdehyde	145.1	4.2		700034.8
[209] phytuberin	294.2	37.5	37209-50-0	699881.8
[210] ethosuximide M5	155.1	1.6		683993.3
[211] gonyautoxin 1	411.1	26.3	60748-39-2	670108.6
[212] swietenidin B	205.1	24.6	2721-56-4	668032.0
[213] 2,4-dihydroxypteridine	164.0	4.0	487-21-8	667948.2
[214] lauryl hydrogen sulfate	266.2	43.5	151-21-3	647035.0
[215] 18-hydroxy-9S,10R-epoxy-stearic acid	314.2	39.7		644082.9
[216] N-methylformamide	135.1	10.3	123-39-7	643716.9
[217] 4,8,12-trimethyltridecanoic acid	256.2	44.4		643512.9
[218] leflunomide	270.1	1.4	75706-12-6	635908.0
[219] Tyr Ala Gly	309.1	16.0		626245.8
[220] 13-methyl-pentadecanoic acid	256.2	44.4		625464.8
[221] furmecyclox	251.2	40.1	60568-05-0	609726.0
[222] 3-methyl-tridecanoic acid	228.2	42.9		607302.9
[223] N-a-acetylcitrulline	217.1	2.5	33965-42-3	607079.7
[224] CMP-2-aminoethylphosphonate	430.1	25.6		574790.8
[225] 22:1(9Z)	338.3	49.5		565902.9
[226] 2-formyloxymethylclavam	171.1	2.6		565806.0
[227] THTC	132.0	5.2		565293.8
[228] uplandicine	357.2	36.3	74202-10-1	559535.9
[229] N-acetyl-DL-methionine	191.1	15.8	1115-47-5	550061.1
[230] PI[P-20:0/17:2(9Z,12Z)]	860.6	31.2		543571.4
[231] methyl allyl disulfide	120.0	3.7	2179-58-0	539818.0
[232] 1,6-naphthalenedisulfonic acid	288.0	19.0	525-37-1	523165.0
[233] Asp Asn His	384.1	40.2		520196.6
[234] goitrin	129.0	26.2	500-12-9	511437.3

物质	分子量	保留时间/min	CAS 号	总和
[235] phenylbutyrylglutamine	292.1	23.6		509881.8
[236] lophophorine	235.1	30.0	17627-78-0	507910.9
[237] Asp Gly Ser	277.1	6.1		507797.8
[238] 4-hydroxycinnamyl aldehyde	148.1	6.0	2538 87 6	501364.5
[239] bis(4-fluorophenyl)-methanone	218.1	19.2	345-92-6	499796.0
[240] spaglumic Acid	304.1	3.2	4910-46-7	498171.9
[241] N-(6-aminohexyl)-1-chloro-naphthalene-5-sulfonamide	340.1	1.2	9051-97-2	492495.8
[242] isoprothiolane sulfoxide	306.1	36.3	52303-69-2	487898.9
[243] 6-paradol	278.2	38.6	27113-22-0	482989.9
[244] 5-acetylamino-6-formylamino-3-methyluracil	226.1	14.5		468059.0
[245] trichlormethine	203.0	3.0	555-77-1	464209.9
[246] 2-(o-carboxybenzamido)glutaramic acid	294.1	25.6	2393-39-7	452624.7
[247] Asp Cys Pro	333.1	26.2		447427.8
[248] 12S-acetoxy-punaglandin 1	598.2	27.0		440462.9
[249] naltrindole	414.2	44.4	111555-53-4	436445.1
[250] CAY10561	456.1	19.0	933786-58-4	434348.4
[251] 9-hydroxy-10-oxo-12Z-octadecenoic acid	312.2	38.6		431677.3
[252] 2-(4'-chlorophenyl)-3,3-dichloropropenoate	249.9	2.1		430898.4
[253] 17-phenyl trinor prostaglandin A2	368.2	39.4	38315-51-4	427608.7
[254] KAPA	187.1	22.2	4707-58-8	417848.9
[255] Cys Tyr	284.1	18.8		413695.9
[256] Corey PG-Lactone Diol	268.2	39.7		412943.8
[257] Ser Ser Ser	279.1	36.0		411663.1
[258] IPSP	304.0	11.9	1434432.0	409964.0
[259] phthalate	166.0	19.9	88-99-3	409755.9
[260] ki16425	474.1	25.6	355025-24-0	409090.1
[261] Glu Glu	276.1	1.5		406784.0
[262] isobutrin	596.2	44.4		399875.9
[263] homocysteinesulfinic acid	167.0	1.7	31523-80-5	399515.1
[264] Leu Glu	260.1	3.9		391949.9
[265] nitrobenzene	123.0	2.3	4165-60-0	390513.0
[266] S-[2-(N7-guanyl)ethyl]-N-acetyl-L-cysteine	340.1	2.4		388476.2
[267] cinnamodial	308.2	37.1	23599-45-3	382107.9
[268] 3-dehydro-L-threonate	134.0	1.6		380933.3
[269] deisopropyldeethylatrazine	145.0	24.5	3397-62-4	376697.9
[270] cardamonin	270.1	32.9		370272.7
[271] erysolin	193.0	19.1	504-84-7	365808.0
[272] N-histidyl-2-aminonaphthalene	280.1	45.3	7424-15-9	361335.1
[273] 5-O-feruloylquinic acid	368.1	39.4		346784.8
[274] nocardicin B	500.2	23.6	60134-71-6	346069.9

续表

物质	分子量	保留时间/min	CAS 号	总和
[275] 6-hydroxyl-1,6-dihydropurine ribonucleoside	270.1	14.4	136315-04-3	345012.8
[276] pterine	163.0	3.7	2236-60-4	342168.9
[277] psoromic acid	358.1	34.7	1972258.0	334238.5
[278] 1,2-dihydroxydibenzothiophene	216.0	13.4		334053.1
[279] N-didesethylquinagolide sulfate	419.1	3.0		332894.0
[280] PG[18:4(6Z,9Z,12Z,15Z)/22:6(4Z,7Z,10Z,13Z,16Z,19Z)]	814.5	30.1		331098.0
[281] desmethylnaproxen-6-O-sulfate	296.0	25.6	69391-09-9	324714.8
[282] 5alpha,17alpha-pregn-2-en-20-yn-17-ol acetate	340.2	45.3	124-85-6	324357.0
[283] 11beta,17beta-dihydroxy-9alpha-fluoro-17alpha-methyl-5alpha-androstan-3-one	338.2	49.4		319370.0
[284] 3,5-dinitrosalicylic acid	228.0	19.0	609-99-4	319100.8
[285] 3-oxo-tetradecanoic acid	242.2	38.2		312147.7
[286] Ala Ala Ala	231.1	4.6		312087.0
[287] N2-acetyl-L-aminoadipate	203.1	32.2		310898.9
[288] 4-ketocyclophosphamide	274.0	3.0	27046-19-1	307218.0
[289] demethylsuberosin	230.1	6.2	21422-04-8	306205.1
[290] Ala Gly Leu	259.2	10.3		303187.1
[291] 1-aminocyclohexanecarboxylic acid	143.1	7.0	2756-85-6	302282.3
[292] Met Arg His	442.2	26.5		301648.7
[293] capnine	351.2	40.9		301332.0
[294] alpha-naphthylacetamide	185.1	4.7	86-86-2	296192.2
[295] methohexital	262.1	18.6		286635.8
[296] mefluidide	310.1	25.6	53780-34-0	283183.8
[297] moclobemide	268.1	33.6	71320-77-9	282515.2
[298] phenylacetonitrile	117.1	25.3	140-29-4	281993.1
[299] (methylthio)acetic acid	106.0	3.1	2444-37-3	280845.0
[300] quinolin-2,8-diol	161.0	25.3		279574.0
[301] quercetin 3,7,4'-tri-O-sulfate	541.9	42.6		279319.1
[302] cefotiam	525.1	26.3		279019.0
[303] 12-trans-hydroxy juvenile hormone III	282.2	33.7		278717.8
[304] 1-(1-oxopropyl)-1H-imidazole	124.1	1.5	4122-52-5	278569.9
[305] pimpinellin	246.1	25.3	131-12-4	276117.2
[306] Asp Asn	247.1	21.3		275278.8
[307] His His	292.1	33.0		272572.0
[308] nicorandil-N-oxide	227.1	24.6	107833-98-7	272053.1
[309] propanoyl phosphate	154.0	5.2		271694.8
[310] dibenzthion	314.1	1.4	350-12-9	269907.9
[311] prenyletin	246.1	1.5	15870-91-4	269397.1
[312] Thr Pro	216.1	4.5		265667.8
[313] Asp-His-OH	378.1	37.1		263775.9

物质	分子量	保留时间/min	CAS 号	总和
[314] secogalioside	420.1	6.1	61774-57-0	260301.0
[315] (3S)-3,6-diaminohexanoate	146.1	1.1	4299-56-3	259306.2
[316] 1H-imidazole-4-carboxamide, 5-[3-(hydroxymethyl)-3-methyl-1-triazenyl]- （9CI）	198.1	5.7	75513-70-1	258706.0
[317] His Asp His	407.2	23.2		255671.1
[318] 4-nitrotoluene	137.0	18.4	99-99-0	253417.1
[319] 2,2',3-trihydroxy-3'-methoxy-5,5'-dicarboxybiphenyl	320.1	1.4		252795.1
[320] (6S)-vitamin D2 6,19-sulfur dioxide adduct / (6S)-ergocalciferol 6,19-sulfur dioxide adduct	460.3	44.0		252319.0
[321] Gly Arg Cys	334.1	42.4		251169.7
[322] VER-50589	388.1	26.3	747413-08-7	250096.8
[323] ethyl 3-(N-butylacetamido)propionate	215.2	31.6	52304-36-6	247786.2
[324] 3'-bromo-6'-hydroxy-2',4,4'-trimethoxychalcone	392.0	3.0		244710.1
[325] PA[O-16:0/22:6(4Z,7Z,10Z,13Z,16Z,19Z)]	706.5	30.1		243993.9
[326] etoxazole	359.2	3.6	153233-91-1	242805.9
[327] quisqualic acid	189.0	2.8	52809-07-1	240921.9
[328] 5-L-glutamyl-L-alanine	218.1	1.5	5875-41-2	238639.0
[329] N-(3-indolylacetyl)-L-isoleucine	288.1	32.5	57105-45-0	237876.0
[330] zuclopenthixol	400.1	29.1	53772-83-1	237468.8
[331] dimethoxane	174.1	25.8	828-00-2	235201.1
[332] 6E-nonen-1-ol	142.1	36.8		235101.0
[333] 3,3-dimethylglutaric acid	160.1	21.0	4839-46-7	232573.2
[334] dibromobisphenol A	383.9	42.6	29426-78-6	230374.2
[335] Tyr Thr Arg	438.2	26.5		227587.1
[336] 2'-norberbamunine	582.3	20.2		226247.0
[337] arabinonic acid	166.0	1.3		219616.0
[338] deoxyribonolactone	132.0	7.9		218588.0
[339] rhexifoline	207.1	24.7	93915-32-3	216819.1
[340] S-methyl-L-thiocitrulline	205.1	40.1	209589-59-3	215502.0
[341] D and C Red No. 9	376.0	36.0	1190723.0	212773.0
[342] 4,4'-methylenebis(2,6-di-tert-butylphenol)	424.3	44.5	118-82-1	211509.0
[343] 4-n-pentylphenol	164.1	42.6	14938-35-3	210275.1
[344] 8-hydroxyprochlorperazine glucuronide	565.2	25.4		205211.9
[345] 7-keto palmitic acid	270.2	40.4		205202.9
[346] baptifoline	260.2	25.4	732-50-3	205047.0
[347] dimethamine	408.3	43.7	37551-60-3	203040.1
[348] pydanon	188.0	23.5	22571-07-9	202930.1
[349] aminofurantoin	208.1	2.3	21997-21-7	200536.1
[350] 1,2-O-diacetylzephyranthine	373.2	23.2		198564.0
[351] 1,2-dihexanoyl-sn-glycerol	288.2	35.5	30403-47-5	198476.8
[352] capryloylglycine	201.1	28.4	14246-53-8	198458.0

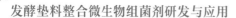
续表

物质	分子量	保留时间/min	CAS 号	总和
[353] callichiline	688.4	25.6	31230-09-8	196608.0
[354] 5-fluorodeoxyuridine monophosphate	326.0	26.2		195541.1
[355] spenolimycin	346.2	36.3	95041-97-7	194824.0
[356] N-acetylnorfloxacin	361.1	32.3	74011-56-6	194711.0
[357] cyanthoate	294.1	34.3	3734-95-0	193445.0
[358] 2-mercaptoethanesulfonic acid	142.0	13.6	3375-50-6	191378.0
[359] cystine	240.0	1.4	923-32-0	191315.0
[360] 1,4-benzenediol, 2,6-bis(1-methylethyl)-, 4-(hydrogen sulfate)	274.1	1.4	114991-27-4	187482.9
[361] glibornuride M5	398.2	37.7		186159.9
[362] captopril	217.1	2.6	62571-86-2	185244.1
[363] glutathione amide	306.1	25.4	82147-51-1	184340.0
[364] L-serine-phosphoethanolamine	228.1	29.1		183146.8
[365] L-anserine	240.1	1.3		181742.1
[366] aplysiatoxin	670.2	20.9	52659-57-1	181702.0
[367] 4-methyloctyl acetate	186.2	36.1		178511.0
[368] 5α-cyprinolsulfate	532.3	26.6		178452.0
[369] 9-oxo-2E-decenoic acid	184.1	30.1		177747.1
[370] HoPhe-Trp-OH	473.2	25.8		175089.9
[371] metaxalone	221.1	27.4	1665-48-1	172888.0
[372] medermycin	457.2	18.9	60227-09-0	171322.0
[373] sebacic acid	202.1	31.9	111-20-6	170811.1
[374] diphenylmethylphosphine oxide	216.1	2.7	2129-89-7	169945.0
[375] triphenyl phosphate	326.1	3.2	115-86-6	168982.1
[376] Thr Gln Ser	334.1	2.8		166928.1
[377] 3-oxo-dodecanoic acid	214.2	37.6		161142.9
[378] dihydrolevobunolol	293.2	35.1		160385.0
[379] L-homocitrulline	189.1	1.5	1190-49-4	158533.1
[380] isoglutamate	147.1	1.3		155570.0
[381] n-valeryl acetic acid	144.1	17.5		155441.1
[382] myricetin 3-O-(4"-O-acetyl-2"-O-galloyl)-alpha-L-rhamnopyranoside	658.1	42.9		154385.1
[383] cis-ACCP	222.1	1.8	777075-44-2	153165.0
[384] 2-propyl-3-hydroxyethylenepyran-4-one	180.1	26.3		152119.9
[385] omega-3-arachidonic acid	304.2	43.5		151262.0
[386] okanin 3,4-dimethyl ehter 4'-glucoside	478.1	38.7		149882.9
[387] methyl 2-(4-isopropyl-4-methyl-5-oxo-2-imidazolin-2-yl)-p-toluate	288.1	42.4		149085.9
[388] 5,2',5'-trihydroxy-7,8-dimethoxyflavanone	332.1	22.6		148823.0
[389] 2-ethylhexyl acrylate	184.1	39.2	103-11-7	147080.1
[390] Tyr-Nap-OH	500.2	42.9		146932.0
[391] acacetin 7-glucuronosyl-(1→2)-glucuronide	636.1	42.9		144976.1

物质	分子量	保留时间/min	CAS 号	总和
[392] prodiamine	350.1	1.9	29091-21-2	143406.9
[393] pyocyanine	212.1	35.8	85-66-5	140435.1
[394] alamarine	338.1	29.6	77156-18-4	140326.0
[395] amygdalin	457.2	23.2	29883-15-6	138822.0
[396] estrone 3-sulfate	350.1	1.8	481-97-0	137570.9
[397] acetyl tyrosine ethyl ester	251.1	24.7	840-97-1	136782.9
[398] 3-hydroxypromazine glucuronide	476.2	1.8	101608-67-7	136127.0
[399] flucytosine	129.0	26.2	2022-85-7	135114.0
[400] Val-Met-OH	356.1	36.0		134628.0
[401] 2,3-dihydroxycyclopentaneundecanoic acid	286.2	38.5		133519.0
[402] C18:2n-6,11	280.2	43.7		132923.0
[403] gefitinib	446.2	37.1	184475-35-2	130090.0
[404] Met Met Arg	436.2	42.2		129292.9
[405] Gln Gln Gln	402.2	35.5		128704.9
[406] trifloxystrobin	408.1	1.3	141517-21-7	128371.0
[407] PDM 11	274.1	30.5		126732.0
[408] safflomin C	614.2	23.9		122031.0
[409] methionine	149.1	2.0	59-51-8	119563.9
[410] Gly Val	174.1	1.4		116033.0
[411] L-gamma-glutamyl-L-valine	246.1	2.8		111082.9
[412] 2-heptyl-4-hydroxyquinoline-N-oxide	259.2	38.5	341-88-8	109739.9
[413] hexaconazole	313.1	1.9	79983-71-4	107653.0
[414] glucobrassicin	448.1	29.6	4356-52-9	105900.0
[415] PS-5	298.1	1.4		103252.9
[416] sarin	140.0	1.7	107-44-8	96435.0
[417] phospho-L-serine	185.0	1.3	407-41-0	93238.0
[418] 3-(N-nitrosomethylamino)propionitrile	113.1	1.4	60153-49-3	92467.0
[419] fluorofelbamate	256.1	1.4	726-99-8	92376.0
[420] orotidine	288.1	1.4	314-50-1	90605.0
[421] coronene	300.1	1.9	191-07-1	87543.0
[422] fagomine	147.1	1.4	53185-12-9	84365.0
[423] icilin	311.1	1.4	36945-98-9	83930.9
[424] L-ribulose	150.1	1.5	2042-27-5	83404.0
[425] (3S,5S)-3,5-diaminohexanoate	146.1	1.3	17027-83-7	71572.9
[426] 5'-phosphoribosylglycinamide (GAR)	286.1	1.3	10074-18-7	71309.0
[427] luteolin 7-glucoside-4'-(Z-2-methyl-2-butenoate)	530.1	26.2		70720.0
[428] 2-pyridylthioamide	138.0	1.4	5346-28-3	64850.0
[429] levofuraltadone	324.1	2.8	3795-88-8	62530.0
[430] N2-succinyl-L-ornithine	232.1	1.6		59878.0
[431] carnosine	226.1	1.3	305-84-0	41718.0

物质	分子量	保留时间/min	CAS 号	总和
[432] Lys Pro His	380.2	1.3		36057.0
[433] ancymidol	256.1	1.4	12771-68-5	29593.0

2. 物质组发酵阶段相关性分析

基于 433 个物质组矩阵（表 4-133），分析不同发酵阶段的相关性（表 4-134）。相关系数临界值 $a=0.05$ 时，$r=0.0943$；$a=0.01$ 时，$r=0.1237$。结果表明不同发酵阶段间存在着显著的相关性，不同发酵阶段相关程度有所不同，如发酵 2 d 与发酵 4 d 的物质生境相关系数为 0.5782，小于与发酵 10 d 的相关系数 0.9447；两者之间显著相关，说明了添加整合菌剂发酵阶段间的物质组生成形成一定的依赖性；上一个发酵阶段的物质组决定了下一个阶段的物质组的形成。

表4-134　添加整合菌剂发酵过程物质组相关性

发酵阶段	平均值	标准差	发酵2d	发酵4d	发酵6d	发酵8d	发酵10d	发酵12d	发酵14d	发酵16d
发酵2d	316134.2641	1373454.7550	1.0000	0.5782	0.8018	0.8873	0.9447	0.9240	0.8757	0.9164
发酵4d	381982.3761	1328457.1506	0.5782	1.0000	0.4957	0.5598	0.6257	0.5969	0.5093	0.5892
发酵6d	426603.1794	1548281.3098	0.8018	0.4957	1.0000	0.8648	0.8169	0.8152	0.7598	0.8088
发酵8d	323471.5669	1412679.8007	0.8873	0.5598	0.8648	1.0000	0.9316	0.9374	0.8703	0.9248
发酵10d	243721.9829	1298397.7392	0.9447	0.6257	0.8169	0.9316	1.0000	0.9574	0.9016	0.9439
发酵12d	271741.7324	1358733.0335	0.9240	0.5969	0.8152	0.9374	0.9574	1.0000	0.9204	0.9883
发酵14d	231990.3569	1259917.3017	0.8757	0.5093	0.7598	0.8703	0.9016	0.9204	1.0000	0.9151
发酵16d	275136.8464	1385711.6095	0.9164	0.5892	0.8088	0.9248	0.9439	0.9883	0.9151	1.0000

注：相关系数临界值，$a=0.05$ 时，$r=0.0943$；$a=0.01$ 时，$r=0.1237$。

3. 发酵过程物质组主成分分析

（1）发酵过程物质组特征值分析　基于 433 个物质组矩阵（表 4-133），分析发酵过程物质组的特征值，分析结果见表 4-135。前 3 个主成分特征值贡献率分别为 84.2840%、7.7522%、3.6048%，累计贡献率达到 95.6410%，说明前 3 个主成分能够代表检测的所有物质组的大部分的信息，其中第一主成分特征值贡献率达 84.2840%，集中物质组主要的信息。

表4-135　添加整合菌剂发酵过程物质组的特征值

序号	特征值	贡献率/%	累计贡献率/%	Chi-Square	df	P值
1	6.7427	84.2840	84.2840	6271.6856	35.0000	0.0000
2	0.6202	7.7522	92.0362	1939.4453	27.0000	0.0000
3	0.2884	3.6048	95.6410	1119.0637	20.0000	0.0000
4	0.1233	1.5411	97.1821	646.5895	14.0000	0.0000
5	0.1066	1.3319	98.5141	525.4308	9.0000	0.0000
6	0.0698	0.8723	99.3864	345.5380	5.0000	0.0000
7	0.0388	0.4855	99.8719	177.5724	2.0000	0.0000
8	0.0102	0.1281	100.0000	0.0000	0.0000	1.0000

（2）发酵阶段物质组主成分得分　基于 8 个发酵时期的 433 个物质分析主成分得分，列出主成分得分总和＞1.00 的 39 个物质见表 4-136。选出的 39 个高含量物质，1~8 个发酵阶段各主成分得分的总和排序为 $Y(i,1)$142.12 ＞ $Y(i,2)$31.9 ＞ $Y(i,3)$21.51 ＞ $Y(i,7)$7.12 ＞ $Y(i,4)$5.73 ＞ $Y(i,6)$1.79 ＞ $Y(i,5)$0.5 ＞ $Y(i,8)$–0.07，表明第一主成分 $[Y(i,1)]$ 作用最大，即发酵 2 d 时物质组最丰富；第 8 主成分 $[Y(i,8)]$ 作用最小，即发酵 16 d 物质组丰富度最低。每个发酵时期构成的主成分得分代表了贡献率的大小，前 3 个主成分累计贡献率达 95.6410%，可以包括物质组的主要信息。不同的物质在各主成分中的得分不同，表现出物质组在阶段发酵过程的重要性，如物质十四烷基硫酸盐（tetradecyl sulfate）在 1~8 个发酵阶段主成分得分分别为 34.32、3.86、–0.67、1.05、1.27、0.63、–0.13、–0.02，表明该物质在第 1 发酵阶段（2 d）贡献最大（得分 34.32），第 3 发酵阶段（6 d）贡献最小（得分 –0.67），同时这个阶段该物质对物质组起到抑制作用。添加不同菌剂发酵阶段前 3 个高含量物质种类和含量不同，添加整合菌剂主成分得分总和分别为十四烷基硫酸盐（tetradecyl sulfate）（40.32）、组氨酸 - 丙氨酸二肽（His Ala）（23.16）、姜辣素（gingerol）（19.78）。十四烷基硫酸盐（tetradecyl sulfate）的贡献主要在第 1 发酵阶段（2 d）发挥，组氨酸 - 丙氨酸二肽（His Ala）的贡献主要在第 1 发酵阶段（2 d）发挥，姜辣素（gingerol）的贡献主要在第 1 发酵阶段（2 d）发挥；不同的物质在发酵系统中的贡献通过表 4-136 可查得。

表4-136　添加整合菌剂发酵过程物质组主成分得分

物质组	$Y(i,1)$	$Y(i,2)$	$Y(i,3)$	$Y(i,4)$	$Y(i,5)$	$Y(i,6)$	$Y(i,7)$	$Y(i,8)$	总和
[1] tetradecyl sulfate	34.32	3.86	–0.67	1.05	1.27	0.63	–0.13	–0.02	40.32
[2] His Ala	19.78	2.20	–0.43	0.61	0.73	0.37	–0.09	–0.01	23.16
[3] gingerol	28.50	–7.73	–1.82	–0.11	0.69	0.32	–0.17	0.12	19.78
[4] allopurinol	17.31	3.67	2.41	–4.27	–3.52	–1.50	–0.66	–0.10	13.35
[5] tolylacetonitrile	3.31	–1.74	7.09	1.01	0.04	0.68	0.59	0.09	11.07
[6] (22E)-3α-hydroxychola-5,16,22-trien-24-oic acid	0.89	5.59	0.23	0.60	0.29	0.12	0.34	0.00	8.06
[7] dimethisterone	0.66	4.75	0.18	0.51	0.24	0.10	0.29	0.00	6.74
[8] vanillin	1.80	–1.07	4.35	–0.04	1.30	–0.56	–0.12	–0.02	5.65
[9] erythroxanthin sulfate	0.41	3.79	0.13	0.41	0.19	0.08	0.22	0.00	5.23
[10] citalopram-N-oxide	0.37	3.64	0.12	0.39	0.18	0.08	0.21	0.00	4.99
[11] 2,3-dinor-6,15-diketo-13,14-dihydro-20-carboxyl-PGF1a	0.36	3.58	0.11	0.39	0.18	0.08	0.21	0.00	4.90
[12] lycaconitine	0.34	3.53	0.11	0.38	0.18	0.08	0.20	0.00	4.83
[13] quinoline	1.05	–0.82	2.98	0.47	–0.05	0.33	0.23	0.04	4.23
[14] methoxybrassinin	0.86	–0.81	3.68	0.54	1.08	–0.86	–0.42	–0.06	4.03
[15] PG[16:1(9Z)/22:6(4Z,7Z,10Z,13Z,16Z,19Z)]	4.08	–1.48	0.79	0.82	–2.04	0.60	1.11	–0.10	3.77
[16] flumequine	3.21	0.31	–0.16	0.11	0.12	0.07	–0.05	0.00	3.61
[17] SQDG[16:0/16:1(13Z)]	3.13	0.30	–0.16	0.11	0.11	0.07	–0.05	0.00	3.51
[18] enmein	3.10	0.30	–0.16	0.11	0.11	0.07	–0.05	0.00	3.48
[19] tris-(1-aziridinyl)phosphine oxide	0.08	2.51	0.05	0.28	0.12	0.06	0.14	0.00	3.23
[20] phosphine-biotin	0.05	2.42	0.05	0.27	0.11	0.05	0.13	0.00	3.09

物质组	$Y(i,1)$	$Y(i,2)$	$Y(i,3)$	$Y(i,4)$	$Y(i,5)$	$Y(i,6)$	$Y(i,7)$	$Y(i,8)$	总和
[21] acetylaminodantrolene	0.58	−0.63	2.24	0.35	0.10	0.08	0.07	0.02	2.82
[22] swietenine	0.00	2.24	0.04	0.25	0.10	0.05	0.12	0.00	2.80
[23] 2-amino-5-phosphopentanoic acid	0.65	−0.60	1.44	0.27	−0.90	1.10	0.62	0.10	2.69
[24] PS[22:2(13Z,16Z)/17:1(9Z)]	3.77	−1.35	0.09	0.76	−1.15	−0.01	0.48	−0.07	2.52
[25] diadinoxanthin	3.46	−1.24	−0.64	0.84	−2.73	0.96	1.55	0.29	2.50
[26] pyrifenox	−0.06	1.99	0.02	0.22	0.09	0.04	0.10	0.10	2.41
[27] methyl 8-[2-(2-formyl-vinyl)- 3-hydroxy-5-oxo-cyclopentyl]-octanoate	3.00	−1.09	−0.13	−0.03	0.19	−0.04	0.03	0.05	1.98
[28] DL-3-hydroxy caproic acid	1.06	0.38	−0.04	1.03	0.23	−0.81	0.08	−0.15	1.76
[29] idazoxan	1.26	−0.60	−0.03	−2.31	2.04	−0.08	1.49	−0.07	1.70
[30] thyrotropin releasing hormone	2.88	−1.04	−0.34	0.12	−0.08	0.09	−0.14	−0.05	1.43
[31] 3-(4-hydroxyphenyl)propionic acid	0.15	0.53	0.48	−0.42	0.55	−0.13	0.30	−0.02	1.43
[32] TG[17:1(9Z)/20:5(5Z,8Z,11Z,14Z,17Z)/20:5(5Z,8Z,11Z,14Z,17Z)][iso3]	−0.24	1.32	−0.01	0.15	0.05	0.03	0.06	0.00	1.36
[33] 5-hydroxyferulate	−0.25	1.27	−0.02	0.14	0.05	0.03	0.06	0.00	1.28
[34] seneciphylline	1.21	0.08	−0.13	0.05	0.04	0.03	−0.04	0.00	1.24
[35] 4-heptyloxyphenol	−0.26	1.24	−0.02	0.14	0.05	0.03	0.05	0.00	1.23
[36] 2-(6'-methylthio)hexylmalic acid	−0.26	1.23	−0.02	0.14	0.05	0.03	0.05	0.00	1.22
[37] Ile Ala	1.13	0.07	−0.13	0.05	0.04	0.03	−0.04	0.00	1.16
[38] etretinate	−0.29	1.14	−0.02	0.13	0.04	0.03	0.05	0.00	1.08
[39] taurine	0.72	0.16	−0.15	0.21	0.41	−0.54	0.30	−0.11	1.01
总和	142.12	31.9	21.51	5.73	0.5	1.79	7.12	−0.07	

（3）发酵阶段物质组主成分分析　基于 8 个发酵时期的 433 个物质分析主成分分析，将第一和第二主成分作图 4-160。433 个物质中 425 个物质聚集在一起，其他 8 个物质分散在聚团的周围（图 4-160），成为肉汤实验整合菌剂组的特殊物质，不同的物质在不同的发酵阶段发挥作用，十四烷基硫酸盐（tetradecyl sulfate）在第 1 发酵阶段贡献最大（2 d）、组氨酸 - 丙氨酸二肽（His Ala）在第 1 发酵阶段贡献最大（2 d）、姜辣素（gingerol）在第 1 发酵阶段贡献最大（2 d）、别嘌呤醇（allopurinol）在第 1 发酵阶段贡献最大（2d）、(22E)-3α-hydroxychola-5,16,22-trien-24-oic acid 在第 2 发酵阶段贡献最大（4d）、二甲炔酮（dimethisterone）在第 2 发酵阶段贡献最大（4d）、牛扁碱（lycaconitine）在第 2 发酵阶段贡献最大（4d）、磷烷生物素（phosphine-biotin）在第 2 发酵阶段贡献最大（4d）（表 4-137）。

表4-137　添加整合菌剂发酵过程特殊物质组主成分得分

物质组	$Y(i,1)$	$Y(i,2)$	$Y(i,3)$	$Y(i,4)$	$Y(i,5)$	$Y(i,6)$	$Y(i,7)$	$Y(i,8)$	总和
tetradecyl sulfate	34.32	3.86	−0.67	1.05	1.27	0.63	−0.13	−0.02	40.32
His Ala	19.78	2.20	−0.43	0.61	0.73	0.37	−0.09	−0.01	23.16
gingerol	28.50	−7.73	−1.82	−0.11	0.69	0.32	−0.17	0.12	19.78
allopurinol	17.31	3.67	2.41	−4.27	−3.52	−1.50	−0.66	−0.10	13.35
(22E)-3α-hydroxychola-5,16,22-trien-24-oic acid	0.89	5.59	0.23	0.60	0.29	0.12	0.34	0.00	8.06

物质组	$Y(i, 1)$	$Y(i, 2)$	$Y(i, 3)$	$Y(i, 4)$	$Y(i, 5)$	$Y(i, 6)$	$Y(i, 7)$	$Y(i, 8)$	总和
dimethisterone	0.66	4.75	0.18	0.51	0.24	0.10	0.29	0.00	6.74
lycaconitine	0.34	3.53	0.11	0.38	0.18	0.08	0.20	0.00	4.83
phosphine-biotin	0.05	2.42	0.05	0.27	0.11	0.05	0.13	0.00	3.09

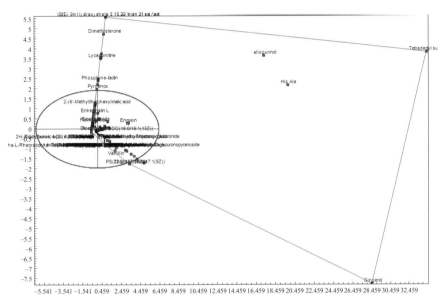

图4-160 添加整合菌剂发酵过程物质组主成分分析

4. 发酵阶段物质组聚类分析

（1）物质组聚类分析 选择433个鉴定的物质，构成分析矩阵（表4-133），以物质组为样本，发酵阶段为指标，马氏距离为尺度，用可变类平均法进行系统聚类，分析结果见表4-138和图4-161。结果表明可将主要物质组分为3组。

表4-138 添加整合菌剂发酵过程主要物质组聚类分析

组别	物质组	发酵2d	发酵4d	发酵6d	发酵8d	发酵10d	发酵12d	发酵14d	发酵16d
第1组	tetradecyl sulfate	16984298.00	16984298.00	16984298.00	16984298.00	16984298.00	16984298.00	16984298.00	16984298.00
	gingerol	16060162.00	1.00	14839458.00	15703357.00	14903101.00	15530340.00	16087023.00	15916469.00
	His Ala	9915767.00	9915767.00	9915767.00	9915767.00	9915767.00	9915767.00	9915767.00	9915767.00
	allopurinol	10111817.00	10111817.00	10111817.00	10111817.00	10111817.00	10111817.00	76.29	10111817.00
	PA[O-16:0/18:4 (6Z,9Z,12Z,15Z)]	1482559.50	1.00	4036014.50	1.00	1.00	5238237.50	3171473.00	6671424.00
	PG[16:1(9Z)/22:6 (4Z,7Z,10Z,13Z, 16Z,19Z)]	1019748.30	1.00	2985988.20	5601890.50	911887.44	2957136.80	1580362.00	2877546.00
	tolylacetonitrile	192527.97	1.00	11920921.00	4950057.00	1.00	1.00	1.00	1.00
	PS[22:2(13Z, 16Z)/17:1(9Z)]	1200388.80	1.00	2469246.80	3705330.50	1326668.50	2905886.00	2045672.50	2941866.50

组别	物质组	发酵2d	发酵4d	发酵6d	发酵8d	发酵10d	发酵12d	发酵14d	发酵16d
第1组	diadinoxanthin	774030.44	1.00	260593.19	6015201.50	554219.94	2637155.50	1598551.20	3315846.80
	flumequine	1860500.10	1860500.10	1860500.10	1860500.10	1860500.10	1860500.10	1860500.10	1860500.10
	SQDG[16:0/16:1(13Z)]	1821071.60	1821071.60	1821071.60	1821071.60	1821071.60	1821071.60	1821071.60	1821071.60
	enmein	1809360.40	1809360.40	1809360.40	1809360.40	1809360.40	1809360.40	1809360.40	1809360.40
	methyl 8-[2-(2-formyl-vinyl)-3-hydroxy-5-oxo-cyclopent-yl]-octanoate	2097673.20	1.00	2156055.20	1877085.80	1710521.90	1837798.90	1977325.80	1981143.50
	thyrotropin releasing hormone	1677794.90	1.00	1701045.60	1991777.20	1853934.50	1987113.90	1964609.80	1897867.00
	vanillin	1226382.00	1.00	8096419.00	903169.60	351849.90	1.00	1.00	1.00
	phosdiphen	1.00	1.00	1.00	2245409.20	1.00	2398775.50	2370772.20	2439353.00
	(22E)-3α-hydro-xychola-5,16,22-trien-24-oic acid	1.34	7939161.00	1.02	1.02	1.06	1.08	1.25	1.26
	quinoline	1.00	1.00	5071734.50	2185358.80	1.00	1.00	1.00	1.00
	seneciphylline	887338.30	887338.30	887338.30	887338.30	887338.30	887338.30	887338.30	887338.30
	Ile Ala	852145.80	852145.80	852145.80	852145.80	852145.80	852145.80	852145.80	852145.80
	methoxybrassinin	1.00	1.00	6809501.00	1.00	1.00	1.00	1.00	1.00
	dimethisterone	1.24	6767418.00	1.03	1.23	1.24	1.18	1.01	1.05
	DL-3-hydroxy caproic acid	1.73	1352403.40	1352403.40	2.00	1.71	1352403.40	1352403.40	1352403.40
	2,3-dinor fluprostenol	2.22	785371.40	785371.40	785371.40	785371.40	785371.40	785371.40	785371.40
	erythroxanthin sulfate	1.00	5433848.00	1.00	1.00		1.00	1.00	1.00
	taurine	891061.40	891061.40	891061.40	3.18	3.14	891061.40	891061.40	891061.40
	acetylaminodant-rolene	1.00	1.00	3931136.80	1312532.00	1.00	1.00	1.00	1.00
	citalopram-N-oxide	1.00	5223894.00	1.00	1.00	1.00	1.00	1.00	1.00
	2-amino-5-phos-phopentanoic acid	1.00	1.00	2105773.00	3101689.50	1.00	1.00	1.00	1.00
	2,3-dinor-6,15-diketo-13,14-dihydro-20-carboxyl-PGF1a	1.00	5138946.50	1.00	1.00	1.00	1.00	1.00	1.00
	lycaconitine	1.00	5081433.00	1.00	1.00	1.00	1.00	1.00	1.00
	mercaptoacetyl-Phe-Leu	596400.00	596400.00	596400.00	596400.00	596400.00	596400.00	596400.00	596400.00
	4-(1-piperazinyl)-1H-Indole	583557.90	583557.90	583557.90	583557.90	583557.90	583557.90	583557.90	583557.90
	25-hydroxyvita-min D2-25-glucuronide	1.00	1.00	848147.94	805313.06	708542.06	725788.00	749976.20	754260.80

组别	物质组	发酵2d	发酵4d	发酵6d	发酵8d	发酵10d	发酵12d	发酵14d	发酵16d
第1组	PG[22:2(13Z, 16Z)/0:0]	849904.60	1.00	1.00	794128.20	701591.10	733116.30	743492.00	739939.30
	Val Val	559881.80	559881.80	559881.80	559881.80	559881.80	559881.80	559881.80	559881.80
	$N5$-ethyl-L-glutamine	548578.30	548578.30	548578.30	548578.30	548578.30	548578.30	548578.30	548578.30
	3-hydroxy-2-methyl-[R-(R,S)]-butanoic acid	991372.25	1.00	937141.75	517875.72	1857504.10	1.00	1.00	1.00
	4-O-demethyl-13-dihydroadriamy-cinone	656858.90	1.00	624793.25	598462.30	596448.90	616477.40	576685.20	579009.94
	Lys Cys Gly	466793.25	1.00	553967.20	583250.90	559531.06	595440.40	626686.06	606939.44
	pantothenic acid	3743332.50	1.00	1.00	1.00	1.00	1.00	1.00	1.00
	tris-(1-aziridinyl) phosphine oxide	1.00	3662224.80	1.00	1.00	1.00	1.00	1.00	1.00
	quercetin 3,7,3',4'-tetra-O-sulfate	1.00	1.00	1.00	1734464.60	1.00	1858629.20	1.00	1.00
	phosphine-biotin	1.00	3540528.20	1.00	1.00	1.00	1.00	1.00	1.00
	swietenine	1.00	3281750.80	1.00	1.00	1.00	1.00	1.00	1.00
	1,1,1-trichloro-2-(o-chlorophenyl)-2-(p-chlorophenyl)ethane	1.00	1.00	1994248.80	245009.02	1.00	595434.10	417374.88	1.00
	1h-indole-3-acetic acid, 5-{[(methylamino)sulfonyl]methyl}-glucuronide	378095.94	378095.94	378095.94	378095.94	378095.94	378095.94	378095.94	378095.94
	isoleucine	2.14	1003657.94	1.43	2.10	1.82	1003657.94	1.40	1003657.94
	2-hydroxy-6-oxo-(2'-aminophenyl)-hexa-2,4-dienoate	355654.97	355654.97	355654.97	355654.97	355654.97	355654.97	355654.97	355654.97
	5-(3-pyridyl)-2-hydroxytetrahydrofuran	5.21	1401852.80	1.15	2.12	1.07	5.18	1.21	1401852.80
	CGS 7181	136705.97	1.00	1864183.50	546055.20	1.00	1.00	1.00	1.00
	salicylaldehyde	1.00	1.00	831666.50	279002.78	1.00	534085.25	259699.98	617605.56
	Cer[d18:0/18:1(9Z)]	1.00	1.00	1.00	1.00	1.00	852569.56	1139523.20	489564.12
	1-imidazolelactic acid	1744341.40	1.00	1.00	304635.88	1.00	1.00	1.00	1.00
	2-hydroxymethyl-clavam	1.00	1.00	1.00	1.00	1.00	1355473.10	1.00	1.00
第1组55个样本平均值		1499566.12	1795782.64	2260570.14	1891834.88	1347012.20	1721026.24	1372560.25	1718684.93
第2组	idazoxan	5256698.50	1.00	1359164.40	1.00	1.00	1.00	646045.94	1.00
	His His Ser	1148313.00	1.00	956838.60	1004397.30	964610.60	959889.60	1068714.40	1.00
	dihydrojasmonic acid, methyl ester	1139859.20	1.00	1186135.50	827751.56	936500.20	144866.02	157426.03	172049.89

组别	物质组	发酵2d	发酵4d	发酵6d	发酵8d	发酵10d	发酵12d	发酵14d	发酵16d
	17-hydroxy stearic acid	531321.00	531321.00	531321.00	531321.00	531321.00	531321.00	531321.00	531321.00
	5-hydroxyme-thylsulfametho-xazole	516784.12	516784.12	516784.12	516784.12	516784.12	516784.12	516784.12	516784.12
	triphenylsilanol	510292.94	510292.94	510292.94	510292.94	510292.94	510292.94	510292.94	510292.94
	tryptophan	509234.84	509234.84	509234.84	509234.84	509234.84	509234.84	509234.84	509234.84
	14-oxo-octadecanoic acid	3.74	545307.06	545307.06	545307.06	545307.06	545307.06	545307.06	545307.06
	3-(4-hydroxyphe-nyl)propionic acid	1148555.90	1148555.90	1148555.90	1.16	1.55	1.28	1.30	1.24
	Asp-Tyr-OH	1.00	1.00	801870.90	740913.30	563834.30	499711.72	780459.94	1.00
	O-acetylserine	4.56	563534.00	563534.00	563534.00	563534.00	563534.00	6.25	563534.00
	Met Val	395668.10	395668.10	395668.10	395668.10	395668.10	395668.10	395668.10	395668.10
	isobutylmethy-lxanthine	290650.10	1.00	1074966.40	429064.90	1055534.60	1.00	273894.90	1.00
	6,8-dihydroxypu-rine	1020718.06	1020718.06	3.65	1.41	1.59	2.49	1.47	1020718.06
	pyrifenox	1.00	2939149.00	1.00	1.00	1.00	1.00	1.00	1.00
	DL-3-phenyllactic acid	1948316.90	1.00	827464.90	1.00	1.00	1.00	1.00	1.00
第2组	N-acetylleucine	387235.80	1.00	934659.70	466865.47	420758.94	283946.03	1.00	273385.90
	granisetron metabolite 3	1.11	385488.88	385488.88	385488.88	385488.88	385488.88	385488.88	385488.88
	Ser Pro	1.00	1.00	1164806.60	496544.72	1030656.40	1.00	1.00	1.00
	4,14-dihydroxy-octadecanoic acid	1.93	381537.10	381537.10	381537.10	381537.10	381537.10	381537.10	381537.10
	CAY10574	332823.22	332823.22	332823.22	332823.22	332823.22	332823.22	332823.22	332823.22
	9-dodecynoic acid	324491.97	324491.97	324491.97	324491.97	324491.97	324491.97	324491.97	324491.97
	purine mononucleotide	318661.22	318661.22	318661.22	318661.22	318661.22	318661.22	318661.22	318661.22
	2-nitrophenol	1.14	351766.20	351766.20	351766.20	351766.20	351766.20	351766.20	351766.20
	Thr Val	306428.94	306428.94	306428.94	306428.94	306428.94	306428.94	306428.94	306428.94
	tuliposide B	304788.16	304788.16	304788.16	304788.16	304788.16	304788.16	304788.16	304788.16
	cnicin	296702.88	296702.88	296702.88	296702.88	296702.88	296702.88	296702.88	296702.88
	L-histidine	292286.25	292286.25	292286.25	292286.25	292286.25	292286.25	292286.25	292286.25
	α-terpinyl acetate	269979.10	1.00	277955.00	358006.20	343222.00	368287.97	346083.03	358452.80
	fenfluramine	272676.25	272676.25	272676.25	272676.25	272676.25	272676.25	272676.25	272676.25
	methyl (+)-7-iso-jasmonate	507804.20	1.00	511451.94	516392.80	566134.20	1.00	1.00	1.00
	4'-hydroxyaceto-phenone	1079062.90	1.00	740963.25	265451.94	1.00	1.00	1.00	1.00
	Ser Val	260349.03	260349.03	260349.03	260349.03	260349.03	260349.03	260349.03	260349.03

组别	物质组	发酵2d	发酵4d	发酵6d	发酵8d	发酵10d	发酵12d	发酵14d	发酵16d
第2组	α-cyano-3-hydroxycinnamic acid	1.00	916775.90	530379.80	606398.90	1.00	1.00	1.00	1.00
	phensuximide	1.00	1.00	1847550.80	178807.97	1.00	1.00	1.00	1.00
	TG[17:1(9Z)/20:5(5Z,8Z,11Z,14Z,17Z)/20:5(5Z,8Z,11Z,14Z,17Z)][iso3]	1.00	2006867.50	1.00	1.00	1.00	1.00	1.00	1.00
	alpha-L-rhamnop-yranosyl- (1→2)-beta-D-gala-ctop-yranosyl- (1→2)-beta-D-glucuron-opyranoside	1951405.10	1.00	1.00	1.00	1.00	1.00	1.00	1.00
	5-hydroxyferulate	1.18	1937687.20	1.17	1.33	1.16	1.29	1.31	1.33
	4-heptyloxyphenol	1.23	1891682.10	1.21	1.67	1.79	1.87	1.78	1.88
	2-(6'-methylthio)hexylmalic acid	1.00	1882222.20	1.00	1.00	1.00	1.00	1.00	1.00
	N-acetyl-L-lysine	1.18	266806.90	266806.90	266806.90	266806.90	266806.90	266806.90	266806.90
	1-nitro-5,6-dih-ydroxy-dihydron-aphthalene	1.00	1.00	1.00	983733.10	795392.20	1.00	1.00	1.00
	etretinate	1.12	1760785.10	1.00	1.03	1.04	1.06	1.18	1.15
	3-buten-1-amine	1709048.00	1.00	1.00	1.00	1.00	1.00	1.00	1.00
	monodehydroa-scorbate	304612.90	1.00	836451.06	520698.75	1.00	1.00	1.00	1.00
	kinamycin D	185519.97	1.00	1456014.00	1.00	1.00	1.00	1.00	1.00
	N-acetyl-DL-valine	1.00	1.00	525493.40	1031591.56	1.00	1.00	1.00	1.00
	ophiobolin A	1.36	1542812.00	1.27	1.28	1.31	1.33	1.53	1.54
	nonate	1.00	1.00	1.00	657827.90	861041.40	1.00	1.00	1.00
	bicalutamide	1.00	1248014.80	1.00	253508.98	1.00	1.00	1.00	1.00
	isatin	1.00	1.00	1.00	820651.40	635552.06	1.00	1.00	1.00
	DL-o-tyrosine	1.16	719533.94	1.74	1.00	6.10	6.73	1.36	719533.94
	chloroxylenol	1.00	1411152.00	1.00	1.00	1.00	1.00	1.00	1.00
	Gly Tyr Asn	1409026.80	1.00	1.00	1.00	1.00	1.00	1.00	1.00
	DAF-2	1.00	1371556.40	1.00	1.00	1.00	1.00	1.00	1.00
	o-cresol	170693.90	1.00	1020210.80	178665.94	1.00	1.00	1.00	1.00
	2(3H)-furanone, dihydro-3,4-dihydroxy	14.77	450101.84	1.31	2.87	1.20	450101.84	2.18	450101.84
	N-acetylcilastatin	1.00	1336748.00	1.00	1.00	1.00	1.00	1.00	1.00
	2-hydroxy-4-(methylthio)butyric acid	758564.94	1.00	521757.22	1.00	1.00	1.00	1.00	1.00

组别	物质组	发酵2d	发酵4d	发酵6d	发酵8d	发酵10d	发酵12d	发酵14d	发酵16d
	enkephalin L	1.00	1277632.80	1.00	1.00	1.00	1.00	1.00	1.00
	3-methyl-quinolin-2-ol	1243457.60	1.00	1.00	1.00	1.00	1.00	1.00	1.00
	MID42519:1α-hydroxy-18-(4-hydroxy-4-methyl-2-pentynyloxy)-23,24,25,26,27-pentanorvitamin D3 / 1α-hyd	1.00	1.00	1.00	551132.80	1.00	316742.97	1.00	363637.94
	L-2-amino-6-oxoheptanedioate	1.00	1.00	1224484.80	1.00	1.00	1.00	1.00	1.00
	TG(18:0/22:0/22:0)[iso3]	1.00	1.00	1.00	138283.97	304216.10	406082.28	345742.34	1.00
	salvarsan	1.00	1.00	1.00	1.00	315661.90	871564.44	1.00	1.00
	purine	2.83	1181679.40	1.09	1.10	1.10	1.12	1.45	1.61
	1,2,3,4-tetrahydro-2-[(isopropylamino)methyl]-7-nitro-6-quinoline-carboxylic acid	1.00	1.00	1138708.50	1.00	1.00	1.00	1.00	1.00
	methyl arachidonyl fluorophosphonate	1.00	1.00	1.00	422217.22	700676.20	1.00	1.00	1.00
第2组	dimethyl malonate	1.00	1.00	274424.10	825942.40	1.00	1.00	1.00	1.00
	uric acid	154691.94	154691.94	154691.94	154691.94	1.10	154691.94	154691.94	154691.94
	5-ribosylparomamine	1.00	1072653.80	1.00	1.00	1.00	1.00	1.00	1.00
	botrydial	144834.98	1.00	163059.03	1.00	1.00	229171.84	234769.14	269019.22
	mono-N-depropyl-probenecid	1.00	1.00	1015117.06	1.00	1.00	1.00	1.00	1.00
	9Z-hexadecenyl acetate	333457.00	333457.00	1.08	2.07	1.20	1.73	1.11	333457.00
	panasenoside	1.00	1.00	736946.06	255155.23	1.00	1.00	1.00	1.00
	2-amino-3-oxo-hexanedioic acid	761241.30	1.00	221706.16	1.00	1.00	1.00	1.00	1.00
	1-methylinosine	1.00	975729.70	1.00	1.00	1.00	1.00	1.00	1.00
	olsalazine	1.00	1.00	638711.70	332148.94	1.00	1.00	1.00	1.00
	propionylglycine	1.00	1.00	1.00	564327.25	393124.10	1.00	1.00	1.00
	kaempferol 3-[2''',3''',4'''-triacetyl-alpha-L-arabinopyranosyl-(1→6)-glucoside]	1.00	1.00	704227.50	236986.05	1.00	1.00	1.00	1.00
	12:0 cholesteryl ester	1.00	1.00	1.00	1.00	1.00	1.00	1.00	937270.60
	bromodiphenhydramine	1.00	931787.44	1.00	1.00	1.00	1.00	1.00	1.00
	PD 146176	1.00	901797.50	1.00	1.00	1.00	1.00	1.00	1.00

组别	物质组	发酵2d	发酵4d	发酵6d	发酵8d	发酵10d	发酵12d	发酵14d	发酵16d
	3S-hydroxy-dodecanoic acid	441144.20	1.00	116946.98	1.00	1.00	127528.88	198172.00	1.00
	DuP-697	1.00	1.00	1.00	401625.12	1.00	1.00	438271.28	1.00
	9Z-dodecen-7-ynyl acetate	1.05	822075.00	1.05	1.06	1.05	1.10	1.06	1.13
	Ala Phe Arg	173874.89	1.00	205842.08	1.00	202626.02	1.00	228846.98	1.00
	metobromuron	1.00	806565.06	1.00	1.00	1.00	1.00	1.00	1.00
	imidazole-4-acetaldehyde	1.00	1.00	802500.80	1.00	1.00	1.00	1.00	1.00
	Cys Gly	1.00	1.00	602046.06	193612.02	1.00	1.00	1.00	1.00
	genipin 1-beta-gentiobioside	1.00	791582.06	1.00	1.00	1.00	1.00	1.00	1.00
	mecarbinzid	1.00	783064.50	1.00	1.00	1.00	1.00	1.00	1.00
	estradiol dipropionate	1.49	780278.40	1.01	1.17	1.18	1.26	1.36	1.32
	levetiracetam	1.00	1.00	750723.10	1.00	1.00	1.00	1.00	1.00
	2S-amino-pentanoic acid	186532.02	186532.02	1.35	1.12	1.30	186532.02	1.10	186532.02
	thymine	157370.89	1.00	570204.75	1.00	1.00	1.00	1.00	1.00
	HR1917	1.00	727061.50	1.00	1.00	1.00	1.00	1.00	1.00
第2组	6-methylmercapt-opurine	1.00	717742.06	1.00	1.00	1.00	1.00	1.00	1.00
	lumichrome	1.00	1.00	1.00	1.00	216075.81	284627.06	216287.03	1.00
	N-acetyl-DL-tryptophan	1.00	1.00	716600.50	1.00	1.00	1.00	1.00	1.00
	3'-methyl-2',4',6'-trihydroxy-dihydochalcone	1.00	713018.80	1.00	1.00	1.00	1.00	1.00	1.00
	4-hexyloxyphenol	1.05	710650.06	1.04	1.22	1.06	1.10	1.15	1.17
	eremophilenolide	2.06	701610.56	1.02	1.15	1.19	1.24	1.24	1.31
	L-2-aminoadipate 6-semialdehyde	1.00	1.00	313323.97	386704.78	1.00	1.00	1.00	1.00
	gonyautoxin 1	1.00	1.00	394452.70	275649.88	1.00	1.00	1.00	1.00
	swietenidin B	1.00	1.00	668025.00	1.00	1.00	1.00	1.00	1.00
	lauryl hydrogen sulfate	1.39	647023.75	1.53	1.30	1.51	1.69	2.70	1.16
	18-hydroxy-9S,10R-epoxy-stearic acid	202772.88	1.00	441304.00	1.00	1.00	1.00	1.00	1.00
	N-methylformam-ide	1.00	1.00	1.00	368249.00	275461.88	1.00	1.00	1.00
	4,8,12-trimethylt ridecanoic acid	1.26	321751.97	321751.97	1.32	1.52	1.61	2.12	1.13
	Tyr Ala Gly	1.00	1.00	626238.80	1.00	1.00	1.00	1.00	1.00
	13-methyl-penta-decanoic acid	1.00	1.00	625457.75	1.00	1.00	1.00	1.00	1.00

组别	物质组	发酵2d	发酵4d	发酵6d	发酵8d	发酵10d	发酵12d	发酵14d	发酵16d
	furmecyclox	4.11	609714.10	1.52	1.66	1.33	1.12	1.09	1.05
	3-methyl-tridecanoic acid	1.00	1.00	1.00	1.00	218536.75	222433.98	166327.16	1.00
	N-a-acetylcitrulline	1.00	1.00	607072.70	1.00	1.00	1.00	1.00	1.00
	CMP-2-aminoeth-ylphosphonate	1.00	1.00	574783.80	1.00	1.00	1.00	1.00	1.00
	22:1(9Z)	272567.75	1.00	1.00	293329.12	1.00	1.00	1.00	1.00
	2-formyloxyme-thylclavam	1.00	1.00	1.00	1.00	565799.00	1.00	1.00	1.00
	THTC	1.00	565286.80	1.00	1.00	1.00	1.00	1.00	1.00
	PI[P-20:0/17:2(9Z,12Z)]	1.00	1.00	1.00	543564.44	1.00	1.00	1.00	1.00
	methyl allyl disulfide	1.00	1.00	1.00	1.00	299890.94	1.00	239921.02	1.00
	1,6-naphthalenedi-sulfonic acid	1.00	523158.00	1.00	1.00	1.00	1.00	1.00	1.00
	Asp Asn His	1.00	520189.60	1.00	1.00	1.00	1.00	1.00	1.00
	goitrin	1.00	511430.28	1.00	1.00	1.00	1.00	1.00	1.00
	lophophorine	203500.95	1.00	304403.97	1.00	1.00	1.00	1.00	1.00
	isoprothiolane sulfoxide	1.00	487891.94	1.00	1.00	1.00	1.00	1.00	1.00
第2组	5-acetylamino-6-formylamino-3-methyluracil	1.00	1.00	468052.03	1.00	1.00	1.00	1.00	1.00
	Asp Cys Pro	1.00	1.00	447420.75	1.00	1.00	1.00	1.00	1.00
	12S-acetoxy-punaglandin 1	1.00	440455.94	1.00	1.00	1.00	1.00	1.00	1.00
	CAY10561	1.00	1.00	434341.38	1.00	1.00	1.00	1.00	1.00
	2-(4'-chlorophen-yl)-3,3-dichlorop-ropenoate	1.00	430891.38	1.00	1.00	1.00	1.00	1.00	1.00
	17-phenyl trinor prostaglandin A2	1.11	427601.06	1.12	1.09	1.04	1.08	1.12	1.13
	corey PG-Lactone diol	1.00	412936.78	1.00	1.00	1.00	1.00	1.00	1.00
	Ser Ser Ser	1.00	1.00	1.00	200004.97	1.00	211652.16	1.00	1.00
	IPSP	1.00	409956.97	1.00	1.00	1.00	1.00	1.00	1.00
	isobutrin	1.00	1.00	1.00	1.00	199041.90	200827.95	1.00	1.00
	homocysteinesul finic acid	1.00	1.00	125007.90	126624.02	147878.16	1.00	1.00	1.00
	S-[2-(N7-guanyl)ethyl]-N-acetyl-L-cysteine	1.00	1.00	155575.08	232895.12	1.00	1.00	1.00	1.00
	PG[18:4(6Z,9Z,12Z,15Z)/22:6(4Z,7Z,10Z,13Z,16Z,19Z)]	1.00	1.00	1.00	331091.00	1.00	1.00	1.00	1.00

组别	物质组	发酵2d	发酵4d	发酵6d	发酵8d	发酵10d	发酵12d	发酵14d	发酵16d
第2组	5alpha,17alpha-pregn-2-en-20-yn-17-ol acetate	1.00	1.00	1.00	324350.00	1.00	1.00	1.00	1.00
	capnine	1.00	1.00	1.00	158794.98	142531.02	1.00	1.00	1.00
	phenylacetonitrile	1.00	1.00	1.00	1.00	281986.12	1.00	1.00	1.00
	quinolin-2,8-diol	1.00	1.00	1.00	1.00	279567.00	1.00	1.00	1.00
	His His	1.00	1.00	124427.01	1.00	148138.98	1.00	1.00	1.00
	1H-imidazole-4-carboxamide, 5-[3-(hydroxym-ethyl)-3-met-hyl-1-triazenyl]	1.00	1.00	1.00	1.00	258699.02	1.00	1.00	1.00
	etoxazole	1.00	1.00	1.00	1.00	242798.90	1.00	1.00	1.00
	5-L-glutamyl-L-alanine	154491.03	1.00	1.00	1.00	84142.00	1.00	1.00	1.00
	dimethoxane	1.00	1.00	1.00	1.00	235194.12	1.00	1.00	1.00
	3,3-dimethylglu-taric acid	1.00	1.00	1.00	1.00	232566.20	1.00	1.00	1.00
	4,4'-methylenebis(2,6-di-tert-butylphenol)	1.00	1.00	1.00	1.00	211501.95	1.00	1.00	1.00
	sebacic acid	1.00	1.00	1.00	1.00	170804.06	1.00	1.00	1.00
	L-homocitrulline	1.00	1.00	1.00	1.00	158526.08	1.00	1.00	1.00
	prodiamine	1.00	1.00	1.00	1.00	143399.89	1.00	1.00	1.00
	Met Met Arg	1.00	1.00	1.00	1.00	129285.91	1.00	1.00	1.00
	Gln Gln Gln	1.00	1.00	1.00	1.00	128697.90	1.00	1.00	1.00
第2组155个样本平均值		195410.65	336318.04	271343.92	163365.83	145336.27	87649.92	81285.18	83264.05
第3组	N-methylundec-10-enamide	1.00	1.00	683951.00	763535.40	756207.90	749121.94	769280.50	785105.56
	D-ribitol 5-phosphate	439829.22	1.00	461965.25	526379.94	516091.80	558007.06	561393.10	547707.25
	neostearic acid	418159.20	1.00	520631.97	478459.78	520376.00	510994.38	562526.90	503081.16
	cyhexatin	344349.62	1.00	331076.12	339551.75	380836.10	359750.78	291923.25	297811.12
	citramalic acid	1.51	319160.00	319160.00	319160.00	319160.00	319160.00	319160.00	319160.00
	4-hydroxyquin-oline	1.00	1.00	788099.56	930817.20	486183.03	1.00	1.00	1.00
	1-O-alpha-D-glucopyranosyl-1,2-eicosandiol	346028.16	1.00	354927.38	248696.80	219482.12	1.00	339178.90	340471.90
	Ile Glu	227762.80	227762.80	227762.80	227762.80	227762.80	227762.80	227762.80	227762.80
	Asp Thr	214385.02	214385.02	214385.02	214385.02	214385.02	214385.02	214385.02	214385.02
	NS 1619	213810.98	213810.98	213810.98	213810.98	213810.98	213810.98	213810.98	213810.98
	4-oxoproline	240155.86	240155.86	1.86	240155.86	240155.86	240155.86	240155.86	240155.86
	isobutylglycine	1392524.50	1.00	264520.06	1.00	1.00	1.00	1.00	1.00
	glymidine	187271.08	187271.08	187271.08	187271.08	187271.08	187271.08	187271.08	187271.08
	His His Gly	296967.00	1.00	226013.12	218249.17	171983.03	166182.97	188558.97	192343.00

组别	物质组	发酵2d	发酵4d	发酵6d	发酵8d	发酵10d	发酵12d	发酵14d	发酵16d
	DHAP(8:0)	178127.02	178127.02	178127.02	178127.02	178127.02	178127.02	178127.02	178127.02
	2-hydroxy-6-oxo-6-(2-hydroxyphenoxy)-hexa-2,4-dienoate	178091.94	178091.94	178091.94	178091.94	178091.94	178091.94	178091.94	178091.94
	N-acetyl-beta-D-glucosaminylamine	172931.97	172931.97	172931.97	172931.97	172931.97	172931.97	172931.97	172931.97
	compound III(S)	1.00	1.00	1.00	1.00	1.00	1.00	1.00	1359665.90
	7-oxo-11-dodecenoic acid	151386.02	1.00	161226.88	206718.03	166083.03	196872.05	215756.10	187064.95
	diiodothyronine	1.00	1.00	1.00	1.00	1.00	1.00	1262607.50	1.00
	N-monodes-methyldiltiazem	368333.25	1.00	228534.05	140757.10	194236.05	157585.97	172073.10	1.00
	Abu-Asp-OH	968476.06	1.00	1.00	284539.03	1.00	1.00	1.00	1.00
	Gly Trp Ala	1.00	1.00	934678.25	1.00	274076.75	1.00	1.00	1.00
	diglykokoll	148126.06	148126.06	148126.06	148126.06	148126.06	148126.06	148126.06	148126.06
	2H-indol-2-one, 4-[2-(dipropylamino)ethyl]-1,3-dihydro-7-hydroxy-glucuronide	143344.92	143344.92	143344.92	143344.92	143344.92	143344.92	143344.92	143344.92
第3组	3'-oxopentobarbitone	137480.06	137480.06	137480.06	137480.06	137480.06	137480.06	137480.06	137480.06
	1,4-methylimidazoleacetic acid	787215.50	1.00	142161.97	94841.94	73603.96	1.00	1.00	1.00
	alhpa-tocopheronic acid	134776.08	1.00	159108.11	166063.92	163334.98	163342.98	146976.89	158459.86
	3β,5α-tetrahydronorethindrone glucuronide	1.00	1.00	175360.90	170943.90	188612.83	176111.12	183277.88	180631.06
	3-guanidinopropanoate	2.71	177922.02	177922.02	2.51	177922.02	177922.02	177922.02	177922.02
	Ser His His	1.00	1.00	1.00	1.00	1.00	1.00	1.00	1021329.56
	6-hydroxyluteolin 6,4'-dimethyl ether 7-glucoside	176215.92	1.00	155701.02	1.00	163521.02	177011.90	171261.95	175837.98
	Val Gly Ala	124283.97	124283.97	124283.97	124283.97	124283.97	124283.97	124283.97	124283.97
	dehydrojuvabione	1.00	1.00	154545.98	165035.03	144894.94	157750.02	178164.00	188246.12
	carboxyprimaquine	1.00	1.00	725904.10	1.00	176566.89	1.00	1.00	1.00
	inucrithmin	111750.98	111750.98	111750.98	111750.98	111750.98	111750.98	111750.98	111750.98
	7α-(thiomethyl) spironolactone	1.00	1.00	1.00	1.00	152712.94	278741.03	194692.14	262886.03
	9-bromo-decanoic acid	865273.94	1.00	1.00	1.00	1.00	1.00	1.00	1.00
	6R-hydroxy-tetradecanoic acid	1.00	1.00	241467.86	106659.01	162123.11	153734.92	195650.98	1.00

续表

组别	物质组	发酵2d	发酵4d	发酵6d	发酵8d	发酵10d	发酵12d	发酵14d	发酵16d
	4,5-dihydroxyhex-anoic acid lactone	1.00	1.00	1.00	1.00	1.00	1.00	422904.94	417892.78
	16:4(6Z,9Z, 12Z,15Z)	1.00	1.00	200143.05	129746.01	129339.08	1.00	187532.97	188321.05
	cysteinyldopa	99625.08	99625.08	99625.08	99625.08	99625.08	99625.08	99625.08	99625.08
	13,14-dihydro-16, 16-difluoro PGJ2	1.00	1.00	1.00	140633.02	171134.08	179467.06	296491.94	1.00
	6,6'-dibromoin-digotin	1.00	1.00	1.00	1.00	1.00	1.00	776320.94	1.00
	phenyllactic acid	775240.94	1.00	1.00	1.00	1.00	1.00	1.00	1.00
	diethylstilbestrol monosulfate monoglucuronide	727026.90	1.00	1.00	1.00	1.00	1.00	1.00	1.00
	endothion	722874.94	1.00	1.00	1.00	1.00	1.00	1.00	1.00
	L-tyrosine methyl ester	1.00	1.00	1.00	136669.10	130202.91	133963.00	151137.84	167455.08
	slaframine	715881.75	1.00	1.00	1.00	1.00	1.00	1.00	1.00
	phytuberin	1.00	1.00	1.00	1.00	1.00	227128.02	149445.95	323302.80
	ethosuximide M5	1.00	1.00	137924.10	100800.10	147368.95	109365.06	188532.05	1.00
	2,4-dihydroxypt-eridine	1.00	1.00	1.00	152220.10	157921.12	158900.00	198903.00	1.00
	leflunomide	1.00	1.00	1.00	257087.00	208229.95	170586.06	1.00	1.00
第3组	uplandicine	128878.05	1.00	126626.02	1.00	1.00	1.00	147119.00	156908.86
	N-acetyl-DL-methionine	550054.06	1.00	1.00	1.00	1.00	1.00	1.00	1.00
	phenylbutyrylglu-tamine	1.00	1.00	509874.80	1.00	1.00	1.00	1.00	1.00
	Asp Gly Ser	507790.75	1.00	1.00	1.00	1.00	1.00	1.00	1.00
	4-hydroxycinna-myl aldehyde	501357.47	1.00	1.00	1.00	1.00	1.00	1.00	1.00
	bis-(4-fluorophe-nyl)-methanone	243085.08	1.00	256704.90	1.00	1.00	1.00	1.00	1.00
	spaglumic acid	498164.88	1.00	1.00	1.00	1.00	1.00	1.00	1.00
	N-(6-aminohexyl)-1-chloro-naphthalene-5-sulfonamide	61561.98	61561.98	61561.98	61561.98	61561.98	61561.98	61561.98	61561.98
	6-paradol	1.00	1.00	1.00	117649.94	1.00	107111.06	126807.96	131416.95
	trichlormethine	464202.94	1.00	1.00	1.00	1.00	1.00	1.00	1.00
	2-(o-carboxybenz-amido)glutaramic acid	452617.66	1.00	1.00	1.00	1.00	1.00	1.00	1.00
	naltrindole	1.00	1.00	1.00	189021.97	1.00	1.00	247417.14	1.00
	9-hydroxy-10-oxo-12Z-octadecenoic acid	431670.25	1.00	1.00	1.00	1.00	1.00	1.00	1.00
	KAPA	238627.83	1.00	179215.03	1.00	1.00	1.00	1.00	1.00
	Cys Tyr	146999.05	266690.88	1.00	1.00	1.00	1.00	1.00	1.00

续表

组别	物质组	发酵2d	发酵4d	发酵6d	发酵8d	发酵10d	发酵12d	发酵14d	发酵16d
	phthalate	1.00	1.00	1.00	1.00	1.00	1.00	1.00	409748.90
	ki16425	1.00	1.00	409083.12	1.00	1.00	1.00	1.00	1.00
	Glu Glu	406777.03	1.00	1.00	1.00	1.00	1.00	1.00	1.00
	Leu Glu	391942.94	1.00	1.00	1.00	1.00	1.00	1.00	1.00
	nitrobenzene	195793.05	1.00	101542.98	1.00	1.00	93171.97	1.00	1.00
	cinnamodial	1.00	1.00	121635.94	132735.97	127731.02	1.00	1.00	1.00
	3-dehydro-L-threonate	380926.25	1.00	1.00	1.00	1.00	1.00	1.00	1.00
	deisopropyldeeth ylatrazine	1.00	376690.90	1.00	1.00	1.00	1.00	1.00	1.00
	cardamonin	1.00	370265.70	1.00	1.00	1.00	1.00	1.00	1.00
	erysolin	1.00	1.00	1.00	1.00	1.00	365801.00	1.00	1.00
	N-histidyl-2-aminonaphthalene	1.00	361328.06	1.00	1.00	1.00	1.00	1.00	1.00
	5-*O*-feruloylquinic acid	1.00	346777.84	1.00	1.00	1.00	1.00	1.00	1.00
	nocardicin B	1.00	346062.90	1.00	1.00	1.00	1.00	1.00	1.00
	6-hydroxyl-1, 6-dihydropurine ribonucleoside	345005.84	1.00	1.00	1.00	1.00	1.00	1.00	1.00
	pterine	1.00	1.00	1.00	1.00	1.00	164071.92	178090.98	1.00
第3组	psoromic acid	1.07	334229.84	1.10	1.75	1.12	1.10	1.25	1.22
	1,2-dihydroxydi-benzothiophene	1.00	1.00	334046.06	1.00	1.00	1.00	1.00	1.00
	N-didesethylquin-agolide sulfate	176546.12	1.00	156341.90	1.00	1.00	1.00	1.00	1.00
	desmethylnaprox-en-6-*O*-sulfate	1.00	1.00	324707.80	1.00	1.00	1.00	1.00	1.00
	11beta,17beta-dihydroxy-9alpha-fluoro-17alpha-methyl-5alpha-androstan-3-one	1.00	319363.00	1.00	1.00	1.00	1.00	1.00	1.00
	3,5-dinitrosalic-ylic acid	1.00	1.00	319093.75	1.00	1.00	1.00	1.00	1.00
	3-oxo-tetradecanoic acid	312140.66	1.00	1.00	1.00	1.00	1.00	1.00	1.00
	Ala Ala Ala	1.00	1.00	312080.00	1.00	1.00	1.00	1.00	1.00
	*N*2-acetyl-L-aminoadipate	1.00	310891.94	1.00	1.00	1.00	1.00	1.00	1.00
	4-ketocyclophos-phamide	307211.00	1.00	1.00	1.00	1.00	1.00	1.00	1.00
	demethylsuberosin	1.00	306198.10	1.00	1.00	1.00	1.00	1.00	1.00
	Ala Gly Leu	135271.10	1.00	167909.97	1.00	1.00	1.00	1.00	1.00
	1-aminocyclohex-anecarboxylic acid	302275.28	1.00	1.00	1.00	1.00	1.00	1.00	1.00

组别	物质组	发酵2d	发酵4d	发酵6d	发酵8d	发酵10d	发酵12d	发酵14d	发酵16d
	Met Arg His	1.00	301641.72	1.00	1.00	1.00	1.00	1.00	1.00
	alpha-naphthylacetamide	1.00	296185.16	1.00	1.00	1.00	1.00	1.00	1.00
	methohexital	1.00	1.00	286628.84	1.00	1.00	1.00	1.00	1.00
	mefluidide	1.00	1.00	283176.78	1.00	1.00	1.00	1.00	1.00
	moclobemide	1.00	282508.16	1.00	1.00	1.00	1.00	1.00	1.00
	(methylthio)acetic acid	1.00	1.00	1.00	1.00	1.00	1.00	1.00	280838.00
	quercetin 3,7,4'-tri-O-sulfate	1.00	1.00	1.00	279312.06	1.00	1.00	1.00	1.00
	cefotiam	1.00	1.00	279012.03	1.00	1.00	1.00	1.00	1.00
	12-trans-hydroxy juvenile hormone III	1.00	1.00	278710.80	1.00				1.00
	1-(1-oxopropyl)-1H-imidazole	145864.97	1.00	1.00	132698.95	1.00	1.00	1.00	1.00
	pimpinellin	1.00	276110.16	1.00	1.00	1.00	1.00	1.00	1.00
	Asp Asn	1.00	275271.84	1.00	1.00	1.00	1.00	1.00	1.00
第3组	nicorandil-N-oxide	272046.10	1.00	1.00	1.00	1.00	1.00	1.00	1.00
	propanoyl phosphate	1.00	271687.75	1.00	1.00	1.00	1.00	1.00	1.00
	dibenzthion	269900.94	1.00	1.00	1.00	1.00	1.00	1.00	1.00
	prenyletin	1.00	269390.06	1.00	1.00	1.00	1.00	1.00	1.00
	Thr Pro	1.00	1.00	265660.84	1.00	1.00	1.00	1.00	1.00
	Asp-His-OH	1.00	263768.90	1.00	1.00	1.00	1.00	1.00	1.00
	secogalioside	260293.97	1.00	1.00	1.00	1.00	1.00	1.00	1.00
	(3S)-3,6-diaminohexanoate	176705.14	1.00	82595.01	1.00	1.00	1.00	1.00	1.00
	His Asp His	1.00	255664.10	1.00	1.00	1.00	1.00	1.00	1.00
	4-nitrotoluene	1.00	1.00	1.00	253410.12	1.00	1.00	1.00	1.00
	2,2',3-trihydroxy-3'-methoxy-5,5'-dicarboxybiphenyl	1.00	252788.08	1.00	1.00	1.00	1.00	1.00	1.00
	(6S)-vitamin D2 6,19-sulfur dioxide adduct / (6S)-ergocalciferol 6,19-sulfur dioxide adduct	1.00	1.00	1.00	1.00	1.00	1.00	1.00	252311.95
	Gly Arg Cys	1.00	251162.73	1.00	1.00	1.00	1.00	1.00	1.00
	VER-50589	1.00	1.00	250089.84	1.00	1.00	1.00	1.00	1.00
	ethyl 3-(N-butylacetamido)propionate	1.00	1.00	247779.19	1.00	1.00	1.00	1.00	1.00

组别	物质组	发酵2d	发酵4d	发酵6d	发酵8d	发酵10d	发酵12d	发酵14d	发酵16d
	3'-bromo-6'-hy-droxy-2',4,4'-tri-methoxychalcone	244703.11	1.00	1.00	1.00	1.00	1.00	1.00	1.00
	PA[O-16:0/22:6 (4Z,7Z,10Z, 13Z,16Z,19Z)]	1.00	1.00	1.00	243986.92	1.00	1.00	1.00	1.00
	quisqualic acid	1.00	240914.94	1.00	1.00	1.00	1.00	1.00	1.00
	N-(3-indolylac etyl)-L-isoleucine	1.00	1.00	237869.03	1.00	1.00	1.00	1.00	1.00
	zuclopenthixol	1.00	1.00	237461.81	1.00	1.00	1.00	1.00	1.00
	6E-nonen-1-ol	235094.03	1.00	1.00	1.00	1.00	1.00	1.00	1.00
	dibromobisphenol A	1.00	1.00	1.00	1.00	1.00	1.00	230367.19	1.00
	Tyr Thr Arg	1.00	227580.08	1.00	1.00	1.00	1.00	1.00	1.00
	2'-norberbamunine	1.00	226240.03	1.00	1.00	1.00	1.00	1.00	1.00
	arabinonic acid	219608.97	1.00	1.00	1.00	1.00	1.00	1.00	1.00
	deoxyribonolac-tone	218580.97	1.00	1.00	1.00	1.00	1.00	1.00	1.00
	rhexifoline	1.00	1.00	216812.10	1.00	1.00	1.00	1.00	1.00
	S-methyl-L-thiocitrulline	1.00	215494.97	1.00	1.00	1.00	1.00	1.00	1.00
第3组	D and C Red No. 9	1.00	212765.97	1.00	1.00	1.00	1.00	1.00	1.00
	4-n-pentylphenol	1.00	1.00	1.00	1.00	1.00	1.00	104507.05	105762.02
	8-hydroxyproc-hlorperazine glucuronide	1.00	205204.89	1.00	1.00	1.00	1.00	1.00	1.00
	7-keto palmitic acid	205195.94	1.00	1.00	1.00	1.00	1.00	1.00	1.00
	baptifoline	1.00	1.00	205040.02	1.00	1.00	1.00	1.00	1.00
	dimethamine	1.00	1.00	1.00	1.00	1.00	1.00	203033.08	1.00
	pydanon	202923.06	1.00	1.00	1.00	1.00	1.00	1.00	1.00
	aminofurantoin	94306.04	1.00	1.00	106224.03	1.00	1.00	1.00	1.00
	1,2-O-diacetylz-ephyranthine	1.00	198556.98	1.00	1.00	1.00	1.00	1.00	1.00
	1,2-dihexanoyl-sn-glycerol	1.00	1.00	1.00	198469.84	1.00	1.00	1.00	1.00
	capryloylglycine	1.00	1.00	198450.95	1.00	1.00	1.00	1.00	1.00
	callichiline	1.00	1.00	1.00	196601.03	1.00	1.00	1.00	1.00
	5-fluorodeoxy-uridine monophosphate	1.00	195534.10	1.00	1.00	1.00	1.00	1.00	1.00
	spenolimycin	194817.02	1.00	1.00	1.00	1.00	1.00	1.00	1.00
	N-acetylnorflo-xacin	1.00	1.00	194703.98	1.00	1.00	1.00	1.00	1.00
	cyanthoate	1.00	193438.03	1.00	1.00	1.00	1.00	1.00	1.00

组别	物质组	发酵2d	发酵4d	发酵6d	发酵8d	发酵10d	发酵12d	发酵14d	发酵16d
	2-mercaptoeth-anesulfonic acid	1.00	191371.03	1.00	1.00	1.00	1.00	1.00	1.00
	cystine	1.00	191308.03	1.00	1.00	1.00	1.00	1.00	1.00
	1,4-benzenediol, 2,6-bis(1-methyle-thyl)-, 4-(hydro-gen sulfate)	139037.95	1.00	48438.98	1.00	1.00	1.00	1.00	1.00
	glibornuride M5	1.00	1.00	1.00	1.00	1.00	186152.86	1.00	1.00
	captopril	1.00	185237.14	1.00	1.00	1.00	1.00	1.00	1.00
	glutathione amide	1.00	184333.00	1.00	1.00	1.00	1.00	1.00	1.00
	L-serine-phos-phoethanolamine	1.00	1.00	183139.81	1.00	1.00	1.00	1.00	1.00
	L-anserine	181735.10	1.00	1.00	1.00	1.00	1.00	1.00	1.00
	aplysiatoxin	1.00	181694.97	1.00	1.00	1.00	1.00	1.00	1.00
	4-methyloctyl acetate	178503.98	1.00	1.00	1.00	1.00	1.00	1.00	1.00
	5α-cyprinolsulfate	1.00	1.00	1.00	1.00	1.00	178444.98	1.00	1.00
	9-oxo-2E-decenoic acid	1.00	1.00	177740.05	1.00	1.00	1.00	1.00	1.00
	HoPhe-Trp-OH	1.00	175082.92	1.00	1.00	1.00	1.00	1.00	1.00
第3组	metaxalone	172881.00	1.00	1.00	1.00	1.00	1.00	1.00	1.00
	medermycin	1.00	171314.95	1.00	1.00	1.00	1.00	1.00	1.00
	diphenylmethylp-hosphine oxide	169938.02	1.00	1.00	1.00	1.00	1.00	1.00	1.00
	triphenyl phosphate	168975.11	1.00	1.00	1.00	1.00	1.00	1.00	1.00
	Thr Gln Ser	166921.05	1.00	1.00	1.00	1.00	1.00	1.00	1.00
	3-oxo-dodecanoic acid	161135.89	1.00	1.00	1.00	1.00	1.00	1.00	1.00
	dihydrolevobun-olol	1.00	1.00	1.00	1.00	1.00	160378.00	1.00	1.00
	isoglutamate	1.00	1.00	155562.95	1.00	1.00	1.00	1.00	1.00
	n-valeryl acetic acid	155434.05	1.00	1.00	1.00	1.00	1.00	1.00	1.00
	myricetin 3-O-(4"-O-acetyl-2"-O-galloyl)-alpha-L-rhamnopyranoside	1.00	1.00	1.00	1.00	1.00	154378.12	1.00	1.00
	cis-ACCP	1.00	153157.97	1.00	1.00	1.00	1.00	1.00	1.00
	2-propyl-3-hy-droxyethylenepy-ran-4-one	1.00	1.00	1.00	152112.88	1.00	1.00	1.00	1.00
	omega-3-arachidonic acid	1.00	1.00	151254.97	1.00	1.00	1.00	1.00	1.00
	okanin 3,4-dimethyl ehter 4'-glucoside	1.00	149875.90	1.00	1.00	1.00	1.00	1.00	1.00

续表

组别	物质组	发酵2d	发酵4d	发酵6d	发酵8d	发酵10d	发酵12d	发酵14d	发酵16d
	methyl 2-(4-isopropyl-4-methyl-5-oxo-2-imidazolin-2-yl)-p-toluate	1.00	149078.90	1.00	1.00	1.00	1.00	1.00	1.00
	5,2',5'-trihydroxy-7,8-dimethoxyflavanone	1.00	148816.02	1.00	1.00	1.00	1.00	1.00	1.00
	2-ethylhexyl acrylate	1.00	1.00	147073.11	1.00	1.00	1.00	1.00	1.00
	Tyr-Nap-OH	1.00	1.00	1.00	1.00	1.00	146925.02	1.00	1.00
	acacetin 7-glucuronosyl-(1→2)-glucuronide	1.00	1.00	1.00	1.00	1.00	144969.08	1.00	1.00
	pyocyanine	1.00	140428.10	1.00	1.00	1.00	1.00	1.00	1.00
	alamarine	1.00	1.00	140318.97	1.00	1.00	1.00	1.00	1.00
	amygdalin	1.00	138814.98	1.00	1.00	1.00	1.00	1.00	1.00
	estrone 3-sulfate	1.00	1.00	137563.88	1.00	1.00	1.00	1.00	1.00
	acetyl tyrosine ethyl ester	1.00	1.00	136775.92	1.00	1.00	1.00	1.00	1.00
	3-hydroxypromazine glucuronide	1.00	1.00	136120.02	1.00	1.00	1.00	1.00	1.00
	flucytosine	1.00	135107.02	1.00	1.00	1.00	1.00	1.00	1.00
第3组	Val-Met-OH	1.00	134620.97	1.00	1.00	1.00	1.00	1.00	1.00
	2,3-dihydroxycyclopentaneundecanoic acid	133511.95	1.00	1.00	1.00	1.00	1.00	1.00	1.00
	C18:2n-6,11	1.00	1.00	1.00	1.00	1.00	1.00	132915.97	1.00
	gefitinib	1.00	1.00	1.00	1.00	1.00	1.00	1.00	130082.99
	trifloxystrobin	1.00	128363.99	1.00	1.00	1.00	1.00	1.00	1.00
	PDM 11	1.00	126725.00	1.00	1.00	1.00	1.00	1.00	1.00
	safflomin C	1.00	122023.95	1.00	1.00	1.00	1.00	1.00	1.00
	methionine	1.00	1.00	1.00	1.00	1.00	1.00	119556.93	1.00
	Gly Val	1.00	1.00	116026.04	1.00	1.00	1.00	1.00	1.00
	L-gamma-glutamyl-L-valine	111075.92	1.00	1.00	1.00	1.00	1.00	1.00	1.00
	2-heptyl-4-hydroxyquinoline-N-oxide	1.00	1.00	109732.94	1.00	1.00	1.00	1.00	1.00
	hexaconazole	1.00	1.00	107645.97	1.00	1.00	1.00	1.00	1.00
	glucobrassicin	1.00	105892.98	1.00	1.00	1.00	1.00	1.00	1.00
	PS-5	103245.94	1.00	1.00	1.00	1.00	1.00	1.00	1.00
	sarin	1.00	96428.04	1.00	1.00	1.00	1.00	1.00	1.00
	phospho-L-serine	93230.99	1.00	1.00	1.00	1.00	1.00	1.00	1.00
	3-(N-nitrosomethylamino)propionitrile	1.00	1.00	92460.02	1.00	1.00	1.00	1.00	1.00

组别	物质组	发酵2d	发酵4d	发酵6d	发酵8d	发酵10d	发酵12d	发酵14d	发酵16d
第3组	fluorofelbamate	1.00	1.00	92368.99	1.00	1.00	1.00	1.00	1.00
	orotidine	1.00	90598.01	1.00	1.00	1.00	1.00	1.00	1.00
	coronene	1.00	1.00	1.00	87536.02	1.00	1.00	1.00	1.00
	fagomine	1.00	1.00	1.00	84357.98	1.00	1.00	1.00	1.00
	icilin	1.00	83923.91	1.00	1.00	1.00	1.00	1.00	1.00
	L-ribulose	83396.99	1.00	1.00	1.00	1.00	1.00	1.00	1.00
	(3S,5S)-3,5-diaminohexanoate	1.00	1.00	1.00	1.00	1.00	1.00	71565.95	1.00
	5'-phosphoribo-sylglycinamide (GAR)	71301.98	1.00	1.00	1.00	1.00	1.00	1.00	1.00
	luteolin 7-gluco-side-4'-(Z-2-methyl-2-butenoate)	1.00	1.00	70713.00	1.00	1.00	1.00	1.00	1.00
	2-pyridylthio-amide	1.00	64842.99	1.00	1.00	1.00	1.00	1.00	1.00
	levofuraltadone	62523.04	1.00	1.00	1.00	1.00	1.00	1.00	1.00
	N2-succinyl-L-ornithine	1.00	1.00	1.00	1.00	1.00	1.00	59871.00	1.00
	carnosine	41711.01	1.00	1.00	1.00	1.00	1.00	1.00	1.00
	Lys Pro His	1.00	36050.02	1.00	1.00	1.00	1.00	1.00	1.00
	ancymidol	1.00	29586.00	1.00	1.00	1.00	1.00	1.00	1.00
第3组223个样本平均值		108167.48	65027.03	82195.12	47939.76	39994.74	42251.07	55434.12	52469.31

第1组高含量组，包含了55个物质，第1组前10个高含量物质为十四烷基硫酸盐（tetradecyl sulfate）、姜辣素（gingerol）、组氨酸-丙氨酸二肽（His Ala）、别嘌呤醇（allopurinol）、PA[O-16:0/18:4 (6Z,9Z,12Z,15Z)]、PG[16:1(9Z)/22:6 (4Z,7Z,10Z,13Z,16Z,19Z)]、甲基苯乙腈（tolylacetonitrile）、PS[22:2 (13Z,16Z)/17:1(9Z)]、硅甲藻黄素（diadinoxanthin）、氟甲喹（flumequine）。

第2组中含量组，包含了155个物质，第2组前10个高含量物质为咪唑克生（idazoxan）、组氨酸-组氨酸-丙氨酸三肽（His His Ser）、二羟基茉莉酸甲酯（dihydrojasmonic acid, methyl ester）、17-羟基硬脂酸（17-hydroxy stearic acid）、5-羟甲基磺胺甲噁唑（5-hydroxymethylsulfamethoxazole）、三苯基硅醇（triphenylsilanol）、色氨酸（tryptophan）、14-氧代-十八烷酸（14-oxo-octadecanoic acid）、3-(4-羟苯基)丙酸 [3-(4-hydroxyphenyl)propionic acid]、天冬氨酸-酪氨酸二肽（Asp-Tyr-OH）。

第3组低含量组，包含了223个物质，第3组前10个高含量物质为N-甲基十一碳-10-烯醇（N-methylundec-10-enamide）、5-磷酸D-核糖醇（D-ribitol 5-phosphate）、叔硬脂酸（neostearic acid）、三环锡（cyhexatin）、柠苹酸（citramalic acid）、4-羟基喹啉（4-hydroxyquinoline）、1-O-α-D-吡喃葡萄糖基-1,2-二十一烷醇（1-O-alpha-D-glucopyranosyl-1,2-eicosandiol）、异亮氨酸-谷氨酸二肽（Ile Glu）、天冬氨酸-苏氨酸二肽（Asp Thr）、NS 1619。

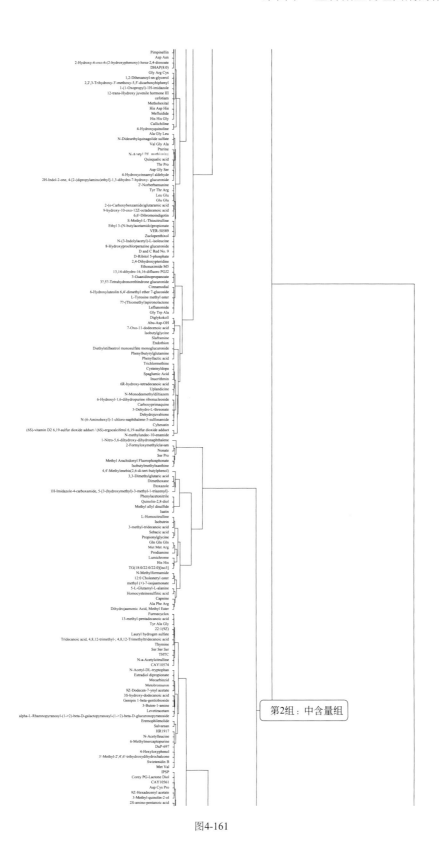

图4-161

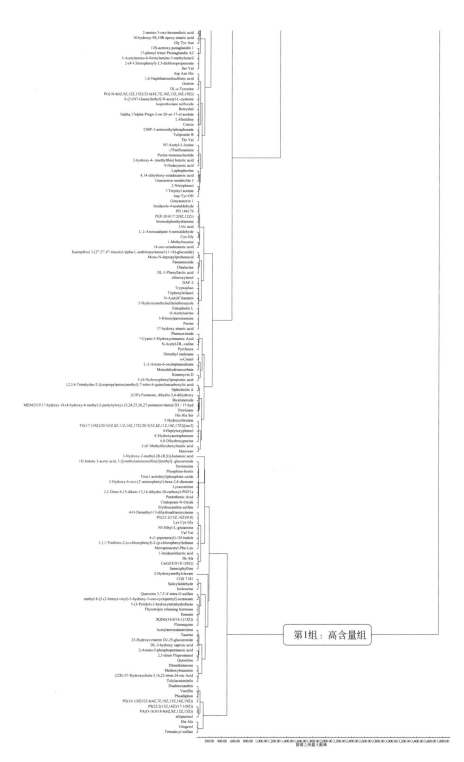

图4-161　添加整合菌剂发酵过程物质组聚类分析

（2）发酵阶段聚类分析　从433个物质主成分得分中选择总和大于1的39个物质构成分析矩阵（表4-136），以物质组为指标、主成分（发酵阶段）为样本、马氏距离为尺度，用可变类平均法进行系统聚类，分析结果见表4-139、表4-140、图4-162、图4-163。结果表明，可将添加整合菌剂组发酵阶段分为3组（图4-162）。

表4-139　添加整合菌剂基于主要物质组主成分得分的发酵阶段聚类分析

物质组	第1组1个样本		第2组4个样本					第3组3个样本			
	发酵2d	平均值	发酵4d	发酵6d	发酵8d	发酵10d	平均值	发酵12d	发酵14d	发酵16d	平均值
tetradecyl sulfate	34.32	34.32	3.86	−0.67	1.05	1.27	1.38	0.63	−0.13	−0.02	0.16
His Ala	19.78	19.78	2.20	−0.43	0.61	0.73	0.78	0.37	−0.09	−0.01	0.09
gingerol	28.50	28.50	−7.73	−1.82	−0.11	0.69	−2.25	0.32	−0.17	0.12	0.09
allopurinol	17.31	17.31	3.67	2.41	−4.27	−3.52	−0.43	−1.50	−0.66	−0.10	−0.75
tolylacetonitrile	3.31	3.31	−1.74	7.09	1.01	0.04	1.60	0.68	0.59	0.09	0.45
(22E)-3α-hydroxychola-5,16,22-trien-24-oic acid	0.89	0.89	5.59	0.23	0.60	0.29	1.68	0.12	0.34	0.00	0.15
dimethisterone	0.66	0.66	4.75	0.18	0.51	0.24	1.42	0.10	0.29	0.00	0.13
vanillin	1.80	1.80	−1.07	4.35	−0.04	1.30	1.14	−0.56	−0.12	−0.02	−0.23
erythroxanthin sulfate	0.41	0.41	3.79	0.13	0.41	0.19	1.13	0.08	0.22	0.00	0.10
citalopram-N-oxide	0.37	0.37	3.64	0.12	0.39	0.18	1.08	0.08	0.21	0.00	0.10
2,3-dinor-6,15-diketo-13,14-dihydro-20-carboxyl-PGF1a	0.36	0.36	3.58	0.11	0.39	0.18	1.06	0.08	0.21	0.00	0.10
lycaconitine	0.34	0.34	3.53	0.11	0.38	0.18	1.05	0.08	0.20	0.00	0.09
quinoline	1.05	1.05	−0.82	2.98	0.47	−0.05	0.65	0.33	0.23	0.04	0.20
methoxybrassinin	0.86	0.86	−0.81	3.68	0.54	1.08	1.13	−0.86	−0.42	−0.06	−0.44
PG[16:1(9Z)/22:6(4Z,7Z,10Z,13Z,16Z,19Z)]	4.08	4.08	−1.48	0.79	0.82	−2.04	−0.48	0.60	1.11	−0.10	0.54
flumequine	3.21	3.21	0.31	−0.16	0.11	0.12	0.09	0.07	−0.05	0.00	0.01
SQDG[16:0/16:1(13Z)]	3.13	3.13	0.30	−0.16	0.11	0.11	0.09	0.07	−0.05	0.00	0.01
enmein	3.10	3.10	0.30	−0.16	0.11	0.11	0.09	0.07	−0.05	0.00	0.01
tris-(1-aziridinyl)phosphine oxide	0.08	0.08	2.51	0.05	0.28	0.12	0.74	0.06	0.14	0.00	0.07
phosphine-biotin	0.05	0.05	2.42	0.05	0.27	0.11	0.71	0.05	0.13	0.00	0.06
acetylaminodantrolene	0.58	0.58	−0.63	2.24	0.35	0.10	0.52	0.08	0.07	0.02	0.06
swietenine	0.00	0.00	2.24	0.04	0.25	0.10	0.66	0.05	0.12	0.00	0.06
2-amino-5-phosphopentanoic acid	0.65	0.65	−0.60	1.44	0.27	−0.90	0.05	1.10	0.62	0.10	0.61
PS[22:2(13Z,16Z)/17:1(9Z)]	3.77	3.77	−1.35	0.09	0.76	−1.15	−0.41	−0.01	0.48	−0.07	0.13
diadinoxanthin	3.46	3.46	−1.24	−0.64	0.84	−2.73	−0.94	0.96	1.55	0.29	0.94
pyrifenox	−0.06	−0.06	1.99	0.02	0.22	0.09	0.58	0.04	0.10	0.00	0.05
methyl 8-[2-(2-formyl-vinyl)-3-hydroxy-5-oxo-cyclopentyl]-octanoate	3.00	3.00	−1.09	−0.13	−0.03	0.19	−0.27	−0.04	0.03	0.05	0.01
DL-3-hydroxy caproic acid	1.06	1.06	0.38	−0.04	1.03	0.23	0.40	−0.81	0.08	−0.15	−0.30
idazoxan	1.26	1.26	−0.60	−0.03	−2.31	2.04	−0.23	−0.08	1.49	−0.07	0.45
thyrotropin releasing hormone	2.88	2.88	−1.04	−0.34	0.12	−0.08	−0.34	0.09	−0.14	−0.05	−0.03

物质组	第1组1个样本		第2组4个样本					第3组3个样本			
	发酵2d	平均值	发酵4d	发酵6d	发酵8d	发酵10d	平均值	发酵12d	发酵14d	发酵16d	平均值
3-(4-hydroxyphenyl)propionic acid	0.15	0.15	0.53	0.48	−0.42	0.55	0.28	−0.13	0.30	−0.02	0.05
TG[17:1(9Z)/20:5(5Z,8Z,11Z,14Z,17Z)/20:5(5Z,8Z,11Z,14Z,17Z)][iso3]	−0.24	−0.24	1.32	−0.01	0.15	0.05	0.38	0.03	0.06	0.00	0.03
5-hydroxyferulate	−0.25	−0.25	1.27	−0.02	0.14	0.05	0.36	0.03	0.06	0.00	0.03
seneciphylline	1.21	1.21	0.08	−0.13	0.05	0.04	0.01	0.03	−0.04	0.00	0.00
4-heptyloxyphenol	−0.26	−0.26	1.24	−0.02	0.14	0.05	0.35	0.03	0.05	0.00	0.03
2-(6'-methylthio)hexylmalic acid	−0.26	−0.26	1.23	−0.02	0.14	0.05	0.35	0.03	0.05	0.00	0.03
Ile Ala	1.13	1.13	0.07	−0.13	0.05	0.04	0.01	0.03	−0.04	0.00	0.00
etretinate	−0.29	−0.29	1.14	−0.02	0.13	0.04	0.32	0.03	0.05	0.00	0.03
taurine	0.72	0.72	0.16	−0.15	0.21	0.41	0.16	−0.54	0.30	−0.11	−0.12

表4-140　添加整合菌剂基于主要物质组主成分得分分组平均值

物质组	第1组1个样本	第2组4个样本	第3组3个样本
tetradecyl sulfate	34.32	1.38	0.16
gingerol	28.50	−2.25	0.09
His Ala	19.78	0.78	0.09
allopurinol	17.31	−0.43	−0.75
PG[16:1(9Z)/22:6(4Z,7Z,10Z,13Z,16Z,19Z)]	4.08	−0.48	0.54
PS[22:2(13Z,16Z)/17:1(9Z)]	3.77	−0.41	0.13
diadinoxanthin	3.46	−0.94	0.94
tolylacetonitrile	3.31	1.60	0.45
flumequine	3.21	0.09	0.01
SQDG[16:0/16:1(13Z)]	3.13	0.09	0.01
enmein	3.10	0.09	0.01
methyl 8-[2-(2-formyl-vinyl)-3-hydroxy-5-oxo-cyclopentyl]-octanoate	3.00	−0.27	0.01
thyrotropin releasing hormone	2.88	−0.34	−0.03
vanillin	1.80	1.14	−0.23
idazoxan	1.26	−0.23	0.45
seneciphylline	1.21	0.01	0.00
Ile Ala	1.13	0.01	0.00
DL-3-hydroxy caproic acid	1.06	0.40	−0.30
quinoline	1.05	0.65	0.20
(22E)-3α-hydroxychola-5,16,22-trien-24-oic acid	0.89	1.68	0.15
methoxybrassinin	0.86	1.13	−0.44
taurine	0.72	0.16	−0.12
dimethisterone	0.66	1.42	0.13
2-amino-5-phosphopentanoic acid	0.65	0.05	0.61

续表

物质组	第1组1个样本	第2组4个样本	第3组3个样本
acetylaminodantrolene	0.58	0.52	0.06
erythroxanthin sulfate	0.41	1.13	0.10
citalopram-*N*-oxide	0.37	1.08	0.10
2,3-dinor-6,15-diketo-13,14-dihydro-20-carboxyl-PGF1a	0.36	1.06	0.10
lycaconitine	0.34	1.05	0.09
3-(4-hydroxyphenyl)propionic acid	0.15	0.28	0.05
tris-(1-aziridinyl)phosphine oxide	0.08	0.74	0.07
phosphine-biotin	0.05	0.71	0.06
swietenine	0.00	0.66	0.06
pyrifenox	−0.06	0.58	0.05
TG[17:1(9Z)/20:5(5Z,8Z,11Z,14Z,17Z)/20:5(5Z,8Z,11Z,14Z,17Z)][iso3]	−0.24	0.38	0.03
5-hydroxyferulate	−0.25	0.36	0.03
4-heptyloxyphenol	−0.26	0.35	0.03
2-(6'-methylthio)hexylmalic acid	−0.26	0.35	0.03
etretinate	−0.29	0.32	0.03
总和	142.12	14.9	3.0

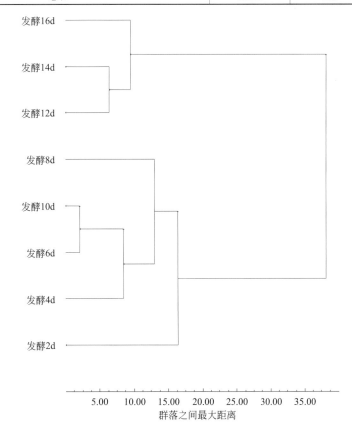

图4-162 添加整合菌剂基于主要物质组的发酵阶段聚类分析（马氏距离）

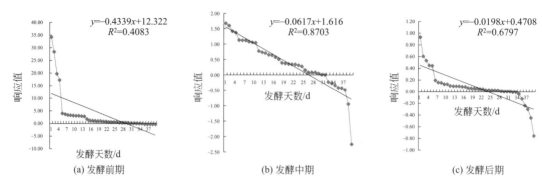

$y = -0.4339x + 12.322$
$R^2 = 0.4083$

$y = -0.0617x + 1.616$
$R^2 = 0.8703$

$y = -0.0198x + 0.4708$
$R^2 = 0.6797$

(a) 发酵前期　　　　　　　　　(b) 发酵中期　　　　　　　　　(c) 发酵后期

图4-163　添加整合菌剂发酵阶段主要物质含量变化模型

第1组发酵前期，包括了发酵2d发酵阶段，物质组主成分得分总和为142.12，影响发酵前期的主要物质有十四烷基硫酸盐（tetradecyl sulfate，主成分得分34.32）、姜辣素（gingerol，主成分得分28.50)、组氨酸-丙氨酸二肽（His Ala，主成分得分19.78 ）、别嘌呤醇（allopurinol，主成分得分17.31 ）；发酵前期物质组的编码模型为：$y = -0.4339x + 12.322$（$R^2 = 0.4083$）（图4-163、表4-139、表4-140）。

第2组发酵中期，包括了发酵4d、6d、8d、10d发酵阶段，物质组主成分得分总和为14.9，影响发酵前期的主要物质有(22E)-3α-hydroxychola-5,16,22 -trien- 24-oic acid （主成分得分1.68)、甲基苯乙腈（tolylacetonitrile，主成分得分1.60)、二甲炔酮（dimethisterone，主成分得分1.42)；发酵中期物质组的编码模型为：$y = -0.0617x + 1.616$（$R^2 = 0.8703$)（图4-163、表4-139、表4-140）。

第3组发酵后期，包括了发酵12d、14d、16d发酵阶段，物质组主成分得分总和为3.0，影响发酵前期的主要物质有硅甲藻黄素（diadinoxanthin，主成分得分0.94）、2-氨基 -5- 磷酸戊酸（2-amino-5-phosphorpentanoic acid，主成分得分0.61）、PG[16:1(9Z)/22:6(4Z,7Z,10Z,13Z,16Z,19Z)，主成分得分0.54] ；发酵后期物质组的编码模型为：$y = -0.0198x + 0.4708$（$R^2 = 0.6797$)（图4-163、表4-139、表4-140）。

5. 发酵阶段物质组生境生态位特性

添加整合菌剂构建了发酵阶段物质组生境，不同的发酵时间微生物结构不同，产生的物质组生境存在显著差异。引入物质组聚类的结果，取出高含量、中含量、低含量组的前10个物质，组成矩阵，统计生态位宽度和生态位重叠，分析不同含量物质组构建的生态位特征的异质性。

（1）高含量物质组生境生态位　从表4-138中第1组高含量物质组取前10个物质见表4-141，以 Levins 测度统计不同发酵阶段物质组生境生态位宽度见表4-142，以 Pianka 测度统计不同发酵阶段物质组生境生态位重叠见表4-143。

表4-141　添加整合菌剂第1组高含量组前10个物质的相对含量

发酵阶段	tetradecyl sulfate	gingerol	His Ala	allopu- rinol	PA[O-16:0/ 18:4(6Z, 9Z, 12Z, 15Z)]	PG[16:1(9Z)/22: 6(4Z, 7Z, 10Z, 13 Z,16Z, 19Z)]	tolyla- cetoni- trile	PS[22:2 (13Z, 16Z) /17:1(9Z)]	diadinox- anthin	flumequi- ne
发酵2d	16984298	16060162	9915767	10111817	1482560	1019748	192528	1200389	774030	1860500

续表

发酵阶段	tetradecyl sulfate	gingerol	His Ala	allopurinol	PA[O-16:0/18:4(6Z,9Z,12Z,15Z)]	PG[16:1(9Z)/22:6(4Z,7Z,10Z,13Z,16Z,19Z)]	tolylacetonitrile	PS[22:2(13Z,16Z)/17:1(9Z)]	diadinoxanthin	flumequine
发酵4d	16984298	1	9915767	10111817	1	1	1	1	1	1860500
发酵6d	16984298	14839458	9915767	10111817	4036015	2985988	11920921	2469247	260593	1860500
发酵8d	16984298	15703357	9915767	10111817	1	5601891	4950057	3705331	6015202	1860500
发酵10d	16984298	14903101	9915767	10111817	1	911887	1	1326669	554220	1860500
发酵12d	16984298	15530340	9915767	10111817	5238238	2957137	1	2905886	2637156	1860500
发酵14d	16984298	16087023	9915767	76	3171473	1580362	1	2045673	1598551	1860500
发酵16d	16984298	15916469	9915767	10111817	6671424	2877546	1	2941867	3315847	1860500

表4-142 高含量物质组不同发酵阶段生境生态位宽度

发酵阶段	Levins	频数	截断比例	常用资源种类				
发酵2d	4.7005	4	0.12	S1=28.50%	S2=26.95%	S3=16.64%	S4=16.97%	
发酵4d	3.0682	3	0.12	S1=43.69%	S3=25.51%	S4=26.01%		
发酵6d	6.4127	5	0.12	S1=22.53%	S2=19.68%	S3=13.15%	S4=13.41%	S7=15.81%
发酵8d	6.6307	4	0.12	S1=22.69%	S2=20.98%	S3=13.25%	S4=13.51%	
发酵10d	4.4599	4	0.12	S1=30.02%	S2=26.35%	S3=17.53%	S4=17.88%	
发酵12d	5.9129	4	0.12	S1=24.93%	S2=22.79%	S3=14.55%	S4=14.84%	
发酵14d	4.2417	3	0.12	S1=31.90%	S2=30.21%	S3=18.62%		
发酵16d	6.0906	4	0.12	S1=24.06%	S2=22.55%	S3=14.05%	S4=14.32%	

表4-143 不同发酵阶段物质组生境生态位重叠

发酵阶段	发酵2d	发酵4d	发酵6d	发酵8d	发酵10d	发酵12d	发酵14d	发酵16d
发酵2d	1	0.8073	0.9107	0.9517	0.9979	0.9842	0.9267	0.9754
发酵4d	0.8073	1	0.7455	0.7635	0.8285	0.7919	0.6802	0.7758
发酵6d	0.9107	0.7455	1	0.9384	0.9027	0.912	0.8471	0.907
发酵8d	0.9517	0.7635	0.9384	1	0.9503	0.9571	0.8902	0.9494
发酵10d	0.9979	0.8285	0.9027	0.9503	1	0.9751	0.917	0.9632
发酵12d	0.9842	0.7919	0.912	0.9571	0.9751	1	0.927	0.9985
发酵14d	0.9267	0.6802	0.8471	0.8902	0.917	0.927	1	0.924
发酵16d	0.9754	0.7758	0.907	0.9494	0.9632	0.9985	0.924	1

分析结果表明（表4-142），从生态位宽度看，高含量物质组所构建的生境生态位宽度在发酵前期较窄，发酵时间2~4d生态位宽度范围在3.06~4.71，发酵2d时常见物质组资源为S1=28.56%（tetradecyl sulfate）、S2=26.95%（gingerol）、S3=16.64%（His Ala）、S4=16.97%(allopurinol)；在发酵后期生态位宽度较宽，发酵时间14~16 d生态位宽度范围在4.24~6.10，发酵16d时常见物质组资源为S1=24.06%(tetradecyl sulfate)、S2=22.55%(gingerol)、S3=14.05% (His Ala)、S4=14.32% (allopurinol)。物质组生境生态位宽度大的表明微生物含量高，由微生物代谢的物质组多；反之，微生物含量低，代谢的物质组含量低。

从生态位重叠看（表 4-143），高含量物质组所构建的生境生态位重叠存在显著差异，如发酵 2d 与发酵 4d 的生境生态位重叠值较高为 0.8073，属于高重叠生态位，两者物质组的种类和含量较为相近，反映了微生物组的相似性；发酵 2d 与发酵 8d 生境生态位重叠值较高为 0.9517，两者物质组的种类和含量相似性较高，微生物组的相似性较高。

（2）中含量物质组生境生态位　从表 4-138 中第 2 组中含量物质组取前 10 个物质见表 4-144，以 Levins 测度统计不同发酵阶段物质组生境生态位宽度见表 4-145，以 Pianka 测度统计不同发酵阶段物质组生境生态位重叠见表 4-146。

表4-144　添加整合菌剂第2组中含量组前10个物质的相对含量

发酵阶段	idazoxan	His His Ser	dihydr-ojasmonic acid, methyl ester	17-hy-droxy stearic acid	5-hydroxy-methylsul-famethoxa-zole	triphenylsi-lanol	trypto-phan	14-oxo-oc-tadecanoic acid	3-(4-hy-droxyphenyl) propionic acid	Asp-Tyr-OH
发酵2d	5256699	1148313	1139859	531321	516784	510293	509235	4	1148556	1
发酵4d	1	1	1	531321	516784	510293	509235	545307	1148556	1
发酵6d	1359164	956839	1186136	531321	516784	510293	509235	545307	1148556	801871
发酵8d	1	1004397	827752	531321	516784	510293	509235	545307	1	740913
发酵10d	1	964611	936500	531321	516784	510293	509235	545307	2	563834
发酵12d	1	959890	144866	531321	516784	510293	509235	545307	1	499712
发酵14d	646046	1068714	157426	531321	516784	510293	509235	545307	1	780460
发酵16d	1	1	172050	531321	516784	510293	509235	545307	1	1

表4-145　中含量物质组不同发酵阶段生境生态位宽度

发酵阶段	Levins	频数	截断比例	常用资源种类					
发酵2d	3.5479	1	0.12	S1=48.85%					
发酵4d	5.2684	6	0.12	S4=14.13%	S5=13.74%	S6=13.57%	S7=13.54%	S8=14.50%	S9=30.53%
发酵6d	8.6755	4	0.12	S1=16.85%	S2=11.86%	S3=14.71%	S9=14.24%		
发酵8d	7.4513	3	0.12	S2=19.37%	S3=15.96%	S10=14.29%			
发酵10d	7.3843	2	0.12	S2=19.00%	S3=18.44%				
发酵12d	6.9519	7	0.12	S2=22.76%	S4=12.60%	S5=12.25%	S6=12.10%	S7=12.07%	S8=12.93% S10=11.85%
发酵14d	7.7886	3	0.12	S1=12.27%	S2=20.30%	S10=14.82%			
发酵16d	5.5558	5	0.12	S4=19.08%	S5=18.56%	S6=18.32%	S7=18.28%	S8=19.58%	

表4-146　中含量物质组不同发酵阶段生境生态位重叠

发酵阶段	发酵2d	发酵4d	发酵6d	发酵8d	发酵10d	发酵12d	发酵14d	发酵16d
发酵2d	1	0.2551	0.766	0.2917	0.3039	0.2557	0.5447	0.1874
发酵4d	0.2551	1	0.5985	0.4389	0.4462	0.5213	0.4419	0.7057
发酵6d	0.766	0.5985	1	0.7503	0.7529	0.6524	0.7896	0.4854
发酵8d	0.2917	0.4389	0.7503	1	0.9938	0.9282	0.8783	0.6722
发酵10d	0.3039	0.4462	0.7529	0.9938	1	0.9066	0.8466	0.6919
发酵12d	0.2557	0.5213	0.6524	0.9282	0.9066	1	0.9295	0.7362
发酵14d	0.5447	0.4419	0.7896	0.8783	0.8466	0.9295	1	0.6251
发酵16d	0.1874	0.7057	0.4854	0.6722	0.6919	0.7362	0.6251	1

分析结果表明（表4-145），从生态位宽度看，中含量物质组所构建的生境生态位宽度在发酵前期较窄，发酵时间2~4d生态位宽度范围为3.54~5.27，发酵2d时常见物质组资源为S1=48.85%（idazoxan）；在发酵后期生态位宽度较宽，发酵时间14~16d生态位宽度范围为5.55~7.79，发酵14d时常见物质组资源为S1=12.27%（idazoxan）、S2=20.30%（His His Ser）、S10=14.82%（Asp-Tyr-OH）。物质组生境生态位宽度大的表明微生物含量高，由微生物代谢的物质组多，反之，微生物含量低，代谢的物质组含量低。

从生态位重叠看（表4-146），中含量物质组所构建的生境生态位重叠存在显著差异，如发酵2d与发酵4d、6d、8d、10d、12d、14d、16d的生境生态位重叠值分别为0.2551、0.7660、0.2917、0.3039、0.2557、0.5447、0.1874，生态位重叠的概率较低，两者物质组的种类和含量差异显著，反映了微生物组相似性的异质性；而发酵8d与发酵10d、发酵12d、发酵14d的生境生态位重叠值分别为0.9938、0.9282、0.8783，生态位重叠概率较高，两者之间物质组的种类和含量相似性较大，微生物组的相似性较高。中含量物质组形成的发酵阶段生境生态位之间重叠值差异性，反映了物质组和微生物组的生境差异性。

（3）低含量物质组生境生态位　从表4-138中第3组低含量物质组取前10个物质见表4-147，以Levins测度统计不同发酵阶段物质组生境生态位宽度见表4-148，以Pianka测度统计不同发酵阶段物质组生境生态位重叠见表4-149。

表4-147　添加整合菌剂第3组低含量组前10个物质的相对含量

发酵阶段	N-methyl-undec-10-enamide	D-ribitol 5-phosphate	neostearic acid	cyhexatin	citramalic acid	4-hydroxyquinoline	1-O-alpha-D-glucopyranosyl-1,2-eicosandiol	Ile Glu	Asp Thr	NS 1619
发酵2d	1	439829	418159	344350	2	1	346028	227763	214385	213811
发酵4d	1	1	1	1	319160	1	1	227763	214385	213811
发酵6d	683951	461965	520632	331076	319160	788100	354927	227763	214385	213811
发酵8d	763535	526380	478460	339552	319160	930817	248697	227763	214385	213811
发酵10d	756208	516092	520376	380836	319160	486183	219482	227763	214385	213811
发酵12d	749122	558007	510994	359751	319160	1	1	227763	214385	213811
发酵14d	769281	561393	562527	291923	319160	339179	227763	214385	213811
发酵16d	785106	547707	503081	297811	319160	1	340472	227763	214385	213811

表4-148　低含量物质组不同发酵阶段生境生态位宽度

发酵阶段	Levins	频数	截断比例	常用资源种类			
发酵2d	6.4773	4	0.12	S2=19.95%	S3=18.97%	S4=15.62%	S7=15.70%
发酵4d	3.8745	4	0.12	S5=32.73%	S8=23.36%	S9=21.99%	S10=21.93%
发酵6d	8.2457	3	0.12	S1=16.62%	S3=12.65%	S6=19.15%	
发酵8d	7.6407	3	0.12	S1=17.91%	S2=12.35%	S6=21.84%	
发酵10d	8.3272	4	0.12	S1=19.62%	S2=13.39%	S3=13.50%	S6=12.61%
发酵12d	6.5902	3	0.12	S1=23.76%	S2=17.70%	S3=16.21%	
发酵14d	7.3370	3	0.12	S1=21.98%	S2=16.04%	S3=16.07%	
发酵16d	7.3465	3	0.12	S1=22.76%	S2=15.88%	S3=14.59%	

表4-149　低含量物质组不同发酵阶段生境生态位重叠

发酵阶段	发酵2d	发酵4d	发酵6d	发酵8d	发酵10d	发酵12d	发酵14d	发酵16d
发酵2d	1	0.3346	0.6454	0.5826	0.6874	0.683	0.7539	0.7396
发酵4d	0.3346	1	0.3456	0.3213	0.3709	0.4033	0.3835	0.3893
发酵6d	0.6454	0.3456	1	0.9927	0.9711	0.7957	0.8321	0.8316
发酵8d	0.5826	0.3213	0.9927	1	0.9613	0.7802	0.7935	0.7948
发酵10d	0.6874	0.3709	0.9711	0.9613	1	0.9161	0.9245	0.9247
发酵12d	0.683	0.4033	0.7957	0.7802	0.9161	1	0.9626	0.9619
发酵14d	0.7539	0.3835	0.8321	0.7935	0.9245	0.9626	1	0.9989
发酵16d	0.7396	0.3893	0.8316	0.7948	0.9247	0.9619	0.9989	1

分析结果表明（表4-148），从生态位宽度看，低含量物质组所构建的生境生态位宽度在发酵中后期较宽，发酵时间8~16 d生态位宽度范围在6.59~8.33，发酵10d时常见物质组资源为S1=19.62% (N-methylundec-10-enamide)、S2=13.39% (D-ribitol 5-phosphate)、S3=13.50%(neostearic acid)、S6=12.61% (4-hydroxyquinoline)；在发酵前期生态位宽度较窄，如发酵时间4d生态位宽度为3.8745、发酵4d时常见物质组资源为S5=32.73% (citramalicacid)、S8=23.36% (Ile Glu)、S9=21.99% (Asp Thr)、S10=21.93% (NS 1619)。物质组生境生态位宽度大的表明微生物含量高，由微生物代谢的物质组多；反之，微生物含量低，代谢的物质组含量低。低含量物质组发酵阶段的生境生态位宽度与中含量和高含量物质组形成了生态位上的互补。

从生态位重叠看 (表4-149)，低含量物质组所构建的生境生态位重叠存在显著差异，种群间生态位重叠因种类变化而变化，如发酵2d与发酵4d的生境生态位重叠值为0.3346，生态位重叠度较低，两者的物质组的种类和含量差异较大，反映了微生物组相似性的异质性较大；而发酵2d与发酵6d生境生态位重叠值为0.6454，生境生态位重叠较大，两者物质组的种类和含量异质性较低，微生物组的相似性较高。不同发酵阶段低含量物质组形成的生境生态位重叠不同，发酵前期(2~4d)发酵阶段之间重叠值在0.3~0.6，生态位重叠值属于中等程度，反映了物质组和微生物组的生境差异性；发酵后期(14~16d)发酵阶段之间重叠值在0.70～0.99，生态位重叠值属于高度重叠，反映了物质组和微生物组的生境一致性。

七、空白对照发酵过程物质组特性分析

1. 发酵阶段物质组相对含量测定

空白对照的肉汤实验，共测定到1273个物质，其中能鉴定到名称的物质有452个，物质相对含量用未发酵时的物质组含量，除每2d取一次样的物质组含量，表明发酵组与未发酵组比较，相应的物质增长倍数作为含量的相对值，即发酵2d物质相对含量 = 发酵2d物质组含量 / 发酵0d物质组含量，发酵4d物质相对含量 = 发酵4d物质组含量 / 发酵0d物质组含量，依此类推，统计结果见表4-150。

表4-150 空白对照肉汤实验发酵阶段物质组相对含量

物质组	发酵时间							
	发酵2d	发酵4d	发酵6d	发酵8d	发酵10d	发酵12d	发酵14d	发酵16d
carnosine	13390863	13390863	13390863	13390863	13390863	13390863	13390863	13390863
allopurinol	10411951	47	10411951	10411951	10411951	10411951	10411951	10411951
N-acetylleucine	363811	2873687	1	12241901	5511132	7936622	3703235	22755570
(22E)-3α-hydroxychola-5,16,22-trien-24-oic acid	5660496	6627855	1	7802227	7582010	8105930	8880190	9922560
3-(4-hydroxyphenyl)propionic acid	14833594	15016904	1	13778739	777090	836434	1	2381869
dimethisterone	4658771	5969214	1	6775162	5284341	5950933	5437470	6092951
N-acetyl-DL-valine	1	3288791	1	10395294	1817932	3921243	3444653	7209479
p-hydroxypropiophenone	13965990	10584622	1	1	1	1	1	1
capryloylglycine	1	309657	1	1131665	2052847	1083394	18241920	1660852
N-(2'-(4-benzenesulfonamide)-ethyl)arachidonoyl amine	2616181	2616181	2616181	2616181	2616181	2616181	2616181	2616181
pantothenic acid	2561987	2600707	1	3589958	3216316	3474281	1	3665887
PA[O-16:0/18:4(6Z,9Z,12Z,15Z)]	1	3364870	1	8451414	522285	1	2659058	3811000
F-honaucin A	2063284	2063284	2063284	2063284	2063284	2063284	2063284	2063284
gingerol	1	1	14887740	1	1	1	1	1
PS[22:2(13Z,16Z)/17:1(9Z)]	1	1908687	1	3621104	2449294	2509443	1855676	2296741
ophiobolin A	1249284	1356674	1	2047239	2106338	2070197	2071612	2321945
tuliposide B	1	1	13109486	1	1	1	1	1
etretinate	1551097	1536100	1	1757971	1752490	1876495	2059284	2074754
4'-hydroxyacetophenone	8101463	4300718	1	1	1	1	183339	1
9-hydroxy-10-oxo-12Z-octadecenoic acid	1514773	1514773	1514773	1514773	1514773	1514773	1514773	1514773
isobutylglycine	4239024	3446284	1	852035	1	1	1	2658365
Leu-Asp-OH	5835363	1	1	4922875	1	1	1	1
KAPA	1	460479	1	2454889	1835810	969548	1101746	3374703
ethyl 3-(N-butylacetamido)propionate	1	524271	1	1649886	1061746	1388866	537341	3042278
9R,10S,18-trihydroxy-stearic acid	1023951	1023951	1023951	1023951	1023951	1023951	1023951	1023951
hydroxymalonate	1	1	7979379	1	1	1	1	1
3-(hydrohydroxyphosphoryl)pyruvate	1	1	7956604	1	1	1	1	1
2-heptyl-4-hydroxyquinoline-N-oxide	1	1145830	1	1177103	3222262	1	868803	1149047
tolylacetonitrile	679321	1360916	1	4974455	1	1	1	1
phenylacetonitrile	1	1	1	2000893	463561	1	605134	3687230
3-hydroxy-2-methyl-[R-(R,S)]-butanoic acid	6624631	1	1	1	1	1	1	1
dehydrocycloxanthohumol hydrate	1	1	5897923	1	1	1	1	1
Asp-Ile-OH	1	5386156	1	1	1	1	1	486799
4-oxoproline	2341576	364411	1	1	2014651	180460	716380	135622
estradiol dipropionate	592026	597096	1	839634	853679	889639	910242	1035100
idazoxan	692895	3161468	1	844485	1	1	1	931787

物质组	发酵时间							
	发酵2d	发酵4d	发酵6d	发酵8d	发酵10d	发酵12d	发酵14d	发酵16d
binapacryl	2971217	2320987	1	1	1	1	1	1
methyl allyl disulfide	1	1	571445	321524	900805	1161835	1166641	1165501
N-methyl hexanamide	1	320043	1	1149508	545657	831409	318759	2116835
vanillin	450736	2002140	1	669528	239364	687760	1	1033262
3-methyl-quinolin-2-ol	4885929	1	1	1	1	1	1	1
2(3H)-furanone, dihydro-3,4-dihydroxy	8	4	949994	949994	949994	949994	949994	7
N-methylundec-10-enamide	1	749586	1	800519	708578	779508	751701	786439
2-amino-5-phosphopentanoic acid	614175	915816	1	3008718	1	1	1	1
4-O-demethyl-13-dihydroadriamycinone	652956	663821	1	581359	604902	614347	591001	612726
deoxyuridine monophosphate (dUMP)	516514	516514	516514	516514	516514	516514	516514	516514
L-ornithine	447866	2880054	1	607614	1	1	1	1
chlorophyllide b	1	1	3930072	1	1	1	1	1
DL-3-phenyllactic acid	653693	1	653693	653693	653693	653693	1	653693
1,1,1-trichloro-2-(o-chlorophenyl)-2-(p-chlorophenyl)ethane	1	1221289	1	1	2066445	516462	1	1
lauryl hydrogen sulfate	661845	490511	1	418292	439167	492470	595941	689755
taurine	2	3	751350	3	751350	751350	751350	751350
ribose-1-arsenate	458164	458164	458164	458164	458164	458164	458164	458164
citramalic acid	512217	5	512217	512217	512217	512217	512217	512217
DL-o-tyrosine	144456	724664	1	1280338	253706	1	1	1147274
neostearic acid	404746	445548	1	488929	488398	484900	528827	620836
D-ribitol 5-phosphate	406848	445513	1	516674	495227	552301	530226	479435
4,5-dihydroxyhexanoic acid lactone	1	1138948	1	1	1	248880	1993179	1
6,8-dihydroxypurine	2	1	1611020	1611020	5	12	5	5
quinoline	342480	635384	1	2147771	1	1	1	1
2-(2-chloro-phenyl)-5-(5-methylthiophen-2-yl)-[1,3,4]oxadiazole	1	1	3100538	1	1	1	1	1
leflunomide	5	5	1012135	1012135	5	5	1012135	4
nonate	1	650122	1	1	808318	517237	1014847	1
4-heptyloxyphenol	2	2	2977824	1	1	1	1	1
bis(4-fluorophenyl)-methanone	1593683	1272367	1	1	1	1	1	1
L-histidine	354263	354263	354263	354263	354263	354263	354263	354263
17-phenyl trinor prostaglandin A2	1	419466	1	506639	453006	436182	490863	508490
5-(3-pyridyl)-2-hydroxytetrahydrofuran	1	3	928029	1	2	928029	928029	2
psoromic acid	397861	403543	1	338042	449714	404154	342749	386198
L-2-aminoadipate 6-semialdehyde	1	274583	1	1560679	174548	1	331842	368893
N-acetylanthranilate	1	596331	1	551360	464903	1	388322	692980
chlorbicyclen	1	1	2691822	1	1	1	1	1

物质组	发酵时间							
	发酵2d	发酵4d	发酵6d	发酵8d	发酵10d	发酵12d	发酵14d	发酵16d
(1R,2R)-3-[(1,2-dihydro-2-hydroxy-1-naphthalenyl)thio]-2-oxopropanoic acid	333083	333083	333083	333083	333083	333083	333083	333083
2-hydroxy enanthoic acid	2385688	206878	1	1	1	1	1	1
9Z-hexadecenyl acetate	455567	301587	1	219014	212068	213875	326765	830608
Isobutylmethylxanthine	795273	655677	1	266443	287832	254401	1	241355
oxaloglutarate	1	1	1	1	831021	371814	950336	295128
N-acetyl-D-mannosamine	1	1	1	608210	211640	507675	145681	962422
thymine	1	1	1	1	445475	603533	603790	716037
2-(o-carboxybenzamido)glutaramic acid	1	2367712	1	1	1	1	1	1
25-hydroxyvitamin D2-25-glucuronide	783962	783962	783962	1	1	1	1	1
α-terpinyl acetate	346372	344889	1	284109	330546	339023	339267	359617
glucosiduronic acid, 4-[4-(2-carboxyethyl)-2,6-diiodophenoxy]-2,6-diiodophenyl	1	1	2327717	1	1	1	1	1
caffeic aldehyde	557304	705724	1	850995	1	1	1	209758
DL-3-hydroxy caproic acid	7	2	768083	2	3	768083	768083	2
granisetron metabolite 3	284967	284967	284967	284967	284967	284967	284967	284967
phosdiphen	1	1	1	2276222	1	1	1	1
4,14-dihydroxy-octadecanoic acid	283532	283532	283532	283532	283532	283532	283532	283532
13-methyl-pentadecanoic acid	392868	1	1	1	512266	1	570779	760805
6R-hydroxy-tetradecanoic acid	1	1	1	227286	387412	327877	351707	922712
castillene A	271423	271423	271423	271423	271423	271423	271423	271423
L-anserine	269281	269281	269281	269281	269281	269281	269281	269281
3S-hydroxy-decanoic acid	317371	591123	1	334497	159984	154355	1	590518
benzo[b]naphtho[2,1-d]thiophene	643328	639045	1	844814	1	1	1	1
Arg Gly His	1	1	1	521054	1	1	1	1565522
3-guanidinopropanoate	347504	2	347504	347504	1	347504	347504	347504
1,6-dimethoxypyrene	1	1	1	560388	714432	475323	1	291327
captopril disulfide	251791	251791	251791	251791	251791	251791	251791	251791
2-propylmalate	1	473347	1	406968	1	390856	1	742600
5-hydroxyferulate	1	1	2008152	1	1	1	1	1
cyhexatin	374847	342013	1	349037	316085	305709	1	317811
4-methylthiobutylthiohydroximate	1	1	1964272	1	1	1	1	1
Abu-Asp-OH	206368	1298392	1	1	1	129538	1	308053
phenyllactic acid	677239	1	1	1	684659	1	580061	1
2S-amino-pentanoic acid	1	607001	1	344456	344587	1	175630	447611
epinorlycoramine	1	1	1	1	455689	1	629966	805412
3S-hydroxy-dodecanoic acid	1	1	1	183798	359192	358058	284346	701789
citrulline	1	1555033	1	324615	1	1	1	1

续表

物质组	发酵时间							
	发酵2d	发酵4d	发酵6d	发酵8d	发酵10d	发酵12d	发酵14d	发酵16d
1-*O*-alpha-D-glucopyranosyl-1,2-eicosandiol	250978	419777	1	370756	262350	217551	1	344615
6-deoxyjacareubin	1	1	1785408	1	1	1	1	1
sulindac sulfide	222287	222287	222287	222287	222287	222287	222287	222287
O-acetylserine	12	8	283280	283280	283280	283280	283280	283280
deethylatrazine	1	1	1696011	1	1	1	1	1
methyl 8-[2-(2-formyl-vinyl)-3-hydroxy-5-oxo-cyclopentyl]-octanoate	1	1	1669908	1	1	1	1	1
arabinonic acid	1	2	331582	6	331582	331582	331582	331582
quercetin 3,7,3',4'-tetra-*O*-sulfate	1	1	1	1	1	575476	1	1057174
N-monodesmethyldiltiazem	244412	343125	1	278926	227877	171909	186711	163692
TyrMe-TyrMe-OH	903828	712713	1	1	1	1	1	1
montelukast sulfoxide	1	1	1608358	1	1	1	1	1
6-(2-chloroallylthio)purine	1	1	1	1	538483	282129	532447	254927
mefluidide	571200	511000	1	481388	1	1	1	1
spaglumic acid	1	1	1	1	399680	447495	358773	355611
5-sulfosalicylic acid	1	1	1552956	1	1	1	1	1
maleic hydrazide	1	1	1	145320	377583	403659	343027	279169
1,4'-bipiperidine-1'-carboxylic acid	1	1	1	1	1	1	896179	611129
acetylaminodantrolene	1	165056	1	1316540	1	1	1	1
His His Gly	182271	262140	1	243846	187137	178882	196581	213229
1-imidazolelactic acid	737429	430093	1	125838	103599	1	1	1
p-hydroxymethylphenidate	1	323579	1	645576	1	1	1	419669
2-hydroxy-6-oxo-6-(2-hydroxyphenoxy)-hexa-2,4-dienoate	172704	172704	172704	172704	172704	172704	172704	172704
4,8,12-trimethyltridecanoic acid	1	458105	1	466017	1	454796	1	1
salicylaldehyde	1	1	1	216117	283616	305263	1	572897
monodehydroascorbate	719692	634514	1	1	1	1	1	1
chlorfenethol	167100	167100	167100	167100	167100	167100	167100	167100
N-acetyl-L-lysine	272331	328772	1	132092	69774	93854	271162	164668
trichlormethine	704970	613825	1	1	1	1	1	1
RG-108	1	1	1298536	1	1	1	1	1
quinacetol	518961	516984	1	256194	1	1	1	1
thyrotropin releasing hormone	1	1	1281422	1	2	2	2	1
2-ethylhexyl acrylate	1	1	1	365022	123849	226708	1	541056
7*α*-(Thiomethyl)spironolactone	1	1	1	1	220352	153728	512926	368044
PG[16:1(9*Z*)/22:6(4*Z*,7*Z*,10*Z*,13*Z*,16*Z*,19*Z*)]	2	3	1244565	4	2	2	1	2
7-oxo-11-dodecenoic acid	152467	144694	1	188144	158723	216552	172966	184146
mometasone furoate	1	1	1213451	1	1	1	1	1

续表

物质组	发酵时间							
	发酵2d	发酵4d	发酵6d	发酵8d	发酵10d	发酵12d	发酵14d	发酵16d
2-amino-8-oxo-9,10-epoxy-decanoic acid	1	1	1	1	1	1	1187490	1
7-(acetyloxy)-3-(3-pyridinyl)-2H-1-benzopyran-2-one	1	1	1	1	1	1	1	1184780
Gly-Gly-OH	666655	501822	1	1	1	1	1	1
5-acetylamino-6-formylamino-3-methyluracil	1	1153769	1	1	1	1	1	1
3,5-dinitrosalicylic acid	1	399144	1	290205	1	1	1	448079
D-glycero-D-manno-heptose 1,7-bisphosphate	1	1	1091347	1	1	1	1	1
3-methyl-tridecanoic acid	1	1	1	298354	1	1	419964	358510
12-*trans*-hydroxy juvenile hormone III	389145	356744	1	296871	1	1	1	1
caracurine V	1	1	1	608611	243290	1	1	188270
3β,5α-tetrahydronorethindrone glucuronide	163709	162387	1	182475	1	175482	176515	179262
Ser His	1	1	1	1	1	596370	438942	1
α-cyano-3-hydroxycinnamic Acid	1	572476	1	1	1	1	1	452408
TG(18:0/22:0/22:0)[iso3]	1	1	1	1	354025	393366	274765	1
6-hydroxyluteolin 6,4'-dimethyl ether 7-glucoside	163136	169493	1	159223	167426	164571	1	183384
propionylglycine	1	133104	1	1	1	376319	1	492870
diadinoxanthin	2	3	499928	499928	5	3	2	3
diiodothyronine	1	1	1	266544	717542	1	1	1
1*H*-imidazole-4-carboxamide, 5-[3-(hydroxymethyl)-3-methyl-1-triazenyl]-（9CI）	972649	1	1	1	1	1	1	1
GalNAcβ1-3[Fucα1-2]Galβ1-3GlcNAcβ-Sp	1	339260	1	629082	1	1	1	1
D-2,3-diketo 4-deoxy-epi-inositol	1	1	1	1	382154	1	437505	135518
alhpa-tocopheronic acid	154306	164908	1	166186	152244	148514	1	167527
ethidimuron	1	240862	1	220166	201553	1	1	288063
endothion	1	948931	1	1	1	1	1	1
4-hydroxyquinoline	1	923683	1	1	1	1	1	1
Ile Ala	201566	364337	1	1	1	1	1	345960
slaframine	1	1	1	1	1	1	1	910145
4-hydroxycinnamyl aldehyde	663038	229830	1	1	1	1	1	1
methyl arachidonyl fluorophosphonate	1	216047	1	1	1	676267	1	1
N-demethylpromethazine sulfoxide	1	1	1	1	1	1	886827	1
3,5-pyridinedicarboxylic acid, 1,4-dihydro-2,6-dimethyl-4-(3-nitrophenyl)-, carboxymethyl methyl est	467815	415966	1	1	1	1	1	1
6,6'-dibromoindigotin	1	1	1	1	1	675968	1	189779
Lys Cys Gly	1	2	855839	2	2	2	1	1
aramite	1	1	1	1	193463	654530	1	1

物质组	发酵时间							
	发酵2d	发酵4d	发酵6d	发酵8d	发酵10d	发酵12d	发酵14d	发酵16d
D-pipecolic acid	1	1	1	846734	1	1	1	1
7,4'-dihydroxy-3,5,6,8-tetramethoxyfla-vone 4'-glucosyl-(1→3)-galactoside	308823	285088	1	248102	1	1	1	1
MID42519:1α-hydroxy-18-(4-hydroxy-4-methyl-2-pentynyloxy)-23,24,25,26,27-pentanorvitamin D3 / 1α-hyd	310739	1	1	531087	1	1	1	1
CGS 7181	1	828654	1	1	1	1	1	1
indole-3-acetaldoxime N-oxide	1	1	1	174164	1	176863	189948	287577
dehydrojuvabione	1	1	1	175889	150429	150913	158689	180891
methyl orsellinate	816231	1	1	1	1	1	1	1
uric acid	1	462064	1	1	229774	1	122786	1
3R-hydroxypalmitic acid	624797	1	1	188766	1	1	1	1
botrydial	1	151252	1	188009	218755	1	1	251612
9Z-dodecen-7-ynyl acetate	1	1	805901	1	1	1	1	1
dinitramine	1	1	793406	1	1	1	1	1
methionine	91630	326424	1	92795	93241	1	1	188449
3-aminoquinoline	1	1	1	1	1	1	1	791595
cinnamyl alcohol	790134	1	1	1	1	1	1	1
18-hydroxy-9S,10R-epoxy-stearic acid	1	374974	1	414394	1	1	1	1
2,3-dihydroxy-3-methylvaleric acid	1	1	1	1	1	1	1	786353
His His Ser	1	2	785149	1	1	1	1	1
salicylic acid	1	206370	1	241727	1	1	1	323085
isoleucine	1	3	385150	5	5	385150	1	4
ozagrel	1	1	1	1	1	1	257599	509691
Leu His Arg	1	1	1	1	1	1	759868	1
3-dehydro-L-threonate	188924	506998	1	1	1	1	1	62574
kojibiose	1	494404	1	1	252601	1	1	1
3E-hexenyl acetate	1	1	1	734620	1	1	1	1
phensuximide	494996	230857	1	1	1	1	1	1
indeloxazine	1	208578	1	268991	238354	1	1	1
6-(pentylthio)purine	1	1	709931	1	1	1	1	1
N-acetyltranexamic acid	246517	454091	1	1	1	1	1	1
Val Pro Arg	1	1	1	1	696003	1	1	1
PG[22:2(13Z,16Z)/0:0]	1	1	687006	1	1	1	1	1
purine	1	1	658444	2	2	2	2	3
firocoxib	227932	1	428770	1	1	1	1	1
anisomycin	1	1	1	1	239805	1	204753	209512
santiaguine	1	1	1	1	301767	1	1	343592
14-oxo-octadecanoic acid	460197	184754	1	1	1	1	1	1

续表

物质组	发酵时间							
	发酵2d	发酵4d	发酵6d	发酵8d	发酵10d	发酵12d	发酵14d	发酵16d
PA[*P*-16:0/22:4(7*Z*,10*Z*,13*Z*,16*Z*)]	241122	1	1	398785	1	1	1	1
4-hexyloxyphenol	1	1	626531	1	1	1	1	1
2-(m-chlorophenyl)-2-(*p*-chlorophenyl)-1,1-dichloroethane	1	1	1	1	1	1	617397	1
Ser Ser Ser	223411	1	1	1	193437	1	200264	1
quercetin 5,7,3',4'-tetramethyl ether 3-rutinoside	340186	269222	1	1	1	1	1	1
phospho-L-serine	397454	210360	1	1	1	1	1	1
Lucanthone	1	1	1	605596	1	1	1	1
PS[17:1(9*Z*)/22:2(13*Z*,16*Z*)]	602618	1	1	1	1	1	1	1
(1*R*,6*R*)-6-hydroxy-2-succinylcyclohexa-2,4-diene-1-carboxylate	1	1	601517	1	1	1	1	1
C18:2*n*-6,11	1	1	1	1	1	123864	168719	301908
2,4-dichlorophenoxybutyric acid, methyl ester	1	1	589806	1	1	1	1	1
1,8-diazacyclotetradecane-2,9-dione	1	1	1	1	359847	1	1	221794
22:1(9*Z*)	1	325011	1	1	1	1	251242	1
Leu-His-OH	1	1	1	574274	1	1	1	1
Asp Pro Pro	1	155897	1	148708	269232	1	1	1
2,6-diiodohydroquinone	1	1	570212	1	1	1	1	1
L-tyrosine methyl ester	1	1	1	1	119475	128801	149565	159552
2-methoxyestrone 3-sulfate	1	1	552425	1	1	1	1	1
12-amino-octadecanoic acid	545623	1	1	1	1	1	1	1
nicolsamide	1	1	542126	1	1	1	1	1
dimethyl malonate	1	541827	1	1	1	1	1	1
PI[*P*-20:0/17:2(9*Z*,12*Z*)]	1	1	1	537976	1	1	1	1
flecainide meta-*O*-dealkylated	1	1	1	1	1	324672	1	212995
metobromuron	1	1	535047	1	1	1	1	1
2-nitrophenol	531677	1	1	1	1	1	1	1
N-acetyl-DL-tryptophan	165647	361233	1	1	1	1	1	1
deoxyribonolactone	1	518320	1	1	1	1	1	1
ramentaceone	1	1	511095	1	1	1	1	1
1-*O*-desmethyltetrabenazine	1	1	1	1	1	1	250461	255748
p-hydroxyfelbamate	1	1	1	1	184238	1	118377	201132
furmecyclox	2	2	490601	1	1	1	1	1
RG-14620	487526	1	1	1	1	1	1	1
triamiphos	1	1	482231	1	1	1	1	1
*trans*fluthrin	1	1	1	1	189534	69906	221611	1
Trp Leu	1	1	1	1	1	1	1	477039
diglykokoll	1	267508	1	1	1	1	1	202400

物质组	发酵时间							
	发酵2d	发酵4d	发酵6d	发酵8d	发酵10d	发酵12d	发酵14d	发酵16d
Val-Asp-OH	468917	1	1	1	1	1	1	1
Ile-Abu-OH	1	1	461039	1	1	1	1	1
cyclo(L-Phe-L-Pro)	1	1	1	1	1	1	1	460241
grandiflorone	1	1	456654	1	1	1	1	1
swietenidin B	1	453628	1	1	1	1	1	1
4'-cinnamoylmussatioside	1	1	451692	1	1	1	1	1
strobane	1	1	447158	1	1	1	1	1
gamma-glutamyl-Se-methylselenocysteine	1	1	442532	1	1	1	1	1
Tos-Ph-CH$_2$Cl	1	1	438586	1	1	1	1	1
4,4'-dimethylangelicin	1	1	1	1	1	1	1	431657
quinolin-2,8-diol	1	1	1	219371	1	1	1	211373
(3S)-3,6-diaminohexanoate	1	259078	1	1	168099	1	1	1
quercetol B	426485	1	1	1	1	1	1	1
1-naphthylamine	207358	211569	1	1	1	1	1	1
lophophorine	1	171773	1	245968	1	1	1	1
2-hydroxy-4- (methylthio) butyric acid	417565	1	1	1	1	1	1	1
5-hydroxy caproaldehyde	201358	213157	1	1	1	1	1	1
propachlor	1	1	1	414068	1	1	1	1
13,14-dihydro-16,16-difluoro PGJ2	1	1	1	1	249003	162113	1	1
4-nitrotoluene	1	408500	1	1	1	1	1	1
conhydrine	1	1	1	175751	1	1	1	231354
3-oxo-dodecanoic acid	1	1	1	222821	1	1	1	181063
pacifenol	1	1	402915	1	1	1	1	1
5,8,11-dodecatriynoic acid	1	1	402221	1	1	1	1	1
eremophilenolide	1	1	391614	2	2	2	2	2
o-cresol	1	192762	1	1	1	1	1	196449
naltrindole	1	1	1	190195	1	197573	1	1
Asp Asp	387459	1	1	1	1	1	1	1
myricetin 3-O-(4"-O-acetyl-2"-O-galloyl)-alpha-L-rhamnopyranoside	1	1	1	1	1	1	203250	180139
Ser Asp Ala	1	1	1	1	1	1	381856	1
piretanide glucuronide	1	1	378720	1	1	1	1	1
glutethimide	1	1	1	199675	178540	1	1	1
Ala Phe Arg	1	1	1	167288	205110	1	1	1
gallocatechin-4beta-ol	1	1	372018	1	1	1	1	1
olsalazine	1	369973	1	1	1	1	1	1
10-undecenal	1	1	1	155424	1	1	1	213947
Tyr-Nap-OH	1	1	1	1	1	1	198209	170402

物质组	发酵时间							
	发酵2d	发酵4d	发酵6d	发酵8d	发酵10d	发酵12d	发酵14d	发酵16d
9-*O*Ac-NeuAcalpha2-8NeuAcalpha2-8NeuAcalpha2-3Galbeta1-4Glcbeta-Cer[*d*18:1/26:1(17*Z*)]	1	1	367731	1	1	1	1	1
CGP 52608	360916	1	1	1	1	1	1	1
pseudaminic acid	1	1	359496	1	1	1	1	1
Fuc*α*1-2Gal*β*1-4[Fuc*α*1-3]GlcNAc*β*-Sp	1	1	1	200323	1	1	1	156981
dimethamine	1	1	1	1	1	1	356110	1
2-amino-3-oxo-hexanedioic acid	1	355495	1	1	1	1	1	1
5-L-glutamyl-L-alanine	155261	198494	1	1	1	1	1	1
9-bromo-decanoic acid	1	346627	1	1	1	1	1	1
Lactosylceramide (*d*18:1/25:0)	1	1	1	1	1	1	1	345998
17-hydroxy stearic acid	343277	1	1	1	1	1	1	1
panasenoside	1	339042	1	1	1	1	1	1
3-methyluric acid	1	334295	1	1	1	1	1	1
altretamine	1	1	330081	1	1	1	1	1
flonicamid	1	329021	1	1	1	1	1	1
daminozide	1	1	1	1	1	1	1	327938
2*E*,4*E*,8*E*,10*E*-dodecatetraenedioic acid	326809	1	1	1	1	1	1	1
di-*trans*,poly-*cis*-octaprenyl diphosphate	1	1	1	326719	1	1	1	1
5-(3-methyltriazen-1-yl)imidazole-4-carboxamide	323434	1	1	1	1	1	1	1
levoamine (chloramphenicol D base)	1	1	1	1	1	1	1	323312
nitrofurazone	1	1	322216	1	1	1	1	1
1-nitro-5,6-dihydroxy-dihydronaphthalene	1	1	1	321733	1	1	1	1
5alpha,17alpha-pregn-2-en-20-yn-17-ol acetate	1	1	1	1	1	1	320990	1
decarbamoylsaxitoxin	1	141456	1	1	1	1	1	170917
Gly Tyr Asn	1	310795	1	1	1	1	1	1
spirodiclofen	1	163538	1	1	147083	1	1	1
Ser Pro	1	1	1	1	1	1	306664	1
Asp Glu	304607	1	1	1	1	1	1	1
6-paradol	182750	1	1	114138	1	1	1	1
2,4-dihydroxypteridine	1	153340	1	143106	1	1	1	1
3-hydroxy-dodecanedioic acid	1	1	1	1	1	1	1	295656
mesquitol-4beta-ol	1	1	292047	1	1	1	1	1
spectinomycin	1	1	1	1	1	1	288166	1
rhexifoline	1	286895	1	1	1	1	1	1
L-2-amino-6-oxoheptanedioate	1	285897	1	1	1	1	1	1
3'-bromo-6'-hydroxy-2',4,4'-trimethoxychalcone	284690	1	1	1	1	1	1	1

续表

物质组	发酵时间							
	发酵2d	发酵4d	发酵6d	发酵8d	发酵10d	发酵12d	发酵14d	发酵16d
7-keto palmitic acid	282723	1	1	1	1	1	1	1
Arg His Gly	1	1	1	1	1	282500	1	1
alhpa-tocopheronolactone	161177	1	1	1	120232	1	1	1
1-(1-oxopropyl)-1H-imidazole	137073	1	1	143786	1	1	1	1
L-gamma-glutamyl-L-valine	1	278837	1	1	1	1	1	1
C17:1n-15	1	1	1	1	1	1	1	277820
4-(o-carboxybenzamido)glutaramic acid	276595	1	1	1	1	1	1	1
9-bromo-nonanoic acid	1	1	276398	1	1	1	1	1
Gly Gly Gly	1	1	1	1	1	1	275421	1
carbenicillin	1	274013	1	1	1	1	1	1
sulfabenzamide	1	1	1	1	1	1	1	273279
6-(2-hydroxyethyl)-5,6-dihydrosanguinarine	1	269156	1	1	1	1	1	1
3,4-dihydro-7-methoxy-2-methylene-3-oxo-2H-1,4-benzoxazine-5-carboxylic acid	1	1	268797	1	1	1	1	1
aniracetam	1	264715	1	1	1	1	1	1
anacyclin	1	1	1	1	1	1	1	262386
mugineic acid	1	1	1	116653	1	1	1	145242
Galβ1-3GlcNAcβ-Sp	1	1	258897	1	1	1	1	1
5-hydroxydantrolene	1	1	258434	1	1	1	1	1
Cys His	1	1	1	1	1	1	1	256674
luteolin 3',4'-diglucuronide	1	1	1	1	1	1	253852	1
TRIM	1	1	1	1	1	1	1	252016
ethyl-2-(2-pyridyl)-4-(bromomethyl)-thiazole-5-carboxylate	1	1	250933	1	1	1	1	1
gonyautoxin 1	1	1	1	249700	1	1	1	1
nitroprusside	1	1	247624	1	1	1	1	1
5-oxo-pentanoic acid	1	1	1	1	121928	1	125230	1
propetamphos	1	1	1	1	1	1	245790	1
chlorflavonin	1	1	243049	1	1	1	1	1
kaempferol 3-[2''',3''',4'''-triacetyl-alpha-L-arabinopyranosyl-(1→6)-glucoside]	1	1	1	241022	1	1	1	1
Leu Phe	1	1	1	1	1	236055	1	1
IAA-94	1	1	235582	1	1	1	1	1
triphenyl phosphate	1	1	1	1	1	132157	102402	1
Gly-Ala-OH	1	1	1	1	70602	1	1	162198
3-ethylcatechol	232118	1	1	1	1	1	1	1
2-benzothiazolesulfonamide	1	231478	1	1	1	1	1	1
benzyl acetate	1	1	1	231281	1	1	1	1

续表

物质组	发酵时间							
	发酵2d	发酵4d	发酵6d	发酵8d	发酵10d	发酵12d	发酵14d	发酵16d
2-methylquinoline-3,4-diol	1	1	1	228308	1	1	1	1
2-formylglutarate	1	1	1	1	1	225925	1	1
3,3-dimethylglutaric acid	1	1	1	1	1	1	225202	1
2,5-furandicarboxylic acid	1	1	223260	1	1	1	1	1
N2-succinyl-L-ornithine	1	166311	1	1	56876	1	1	1
5'-phosphoribosylglycinamide (GAR)	222680	1	1	1	1	1	1	1
propaphos	221446	1	1	1	1	1	1	1
Asp Gly Ser	1	220009	1	1	1	1	1	1
Leu Glu	214279	1	1	1	1	1	1	1
ornithine	1	1	1	1	104928	1	1	106291
4-methylene-L-glutamate	1	1	1	1	1	1	211067	1
apigenin 7-(6"-malonylneohesperidoside)	1	1	1	1	1	209278	1	1
isobutrin	1	1	1	1	208425	1	1	1
(S)-1-pyrroline-5-carboxylate	1	1	1	1	1	87546	1	120170
MC-6063	1	1	205766	1	1	1	1	1
N-methyl-4-pyridone-3-carboxamide	1	1	1	1	1	1	1	199404
cefdinir	1	1	195806	1	1	1	1	1
leucopterin	1	1	1	1	1	1	1	194184
3-hydroxypromazine	1	1	1	1	1	1	1	193689
4-methyloctyl acetate	1	1	1	1	192093	1	1	1
1,4-beta-D-glucan	1	1	1	1	1	1	1	189681
2',3'-cyclic UMP	1	1	188419	1	1	1	1	1
pseudoargiopinin III	1	1	1	1	1	1	1	187148
3-indolebutyric acid	1	1	1	1	184398	1	1	1
Cys Tyr	1	1	184246	1	1	1	1	1
spenolimycin	1	183889	1	1	1	1	1	1
N-hydroxypentobarbital	1	1	1	1	181564	1	1	1
pergolide sulfone	179473	1	1	1	1	1	1	1
7Z-undecenyl acetate	1	1	1	1	1	1	1	179371
16-phenoxy tetranor PGF2α isopropyl ester	1	1	1	1	178943	1	1	1
omega-3-arachidonic acid	1	1	1	1	1	1	1	175893
4,4'-methylenebis(2,6-di-tert-butylphenol)	1	1	1	1	1	1	174373	1
S-[2-(N7-guanyl)ethyl]-N-acetyl-L-cysteine	174191	1	1	1	1	1	1	1
2-naphthylamine	1	1	1	169376	1	1	1	1
thiobencarb	169009	1	1	1	1	1	1	1
Asp Ala	1	168960	1	1	1	1	1	1

续表

物质组	发酵时间							
	发酵2d	发酵4d	发酵6d	发酵8d	发酵10d	发酵12d	发酵14d	发酵16d
tetradecyl sulfate	1	1	1	1	1	1	1	167714
DPPP	166298	1	1	1	1	1	1	1
3,3'-dimethoxybenzidine	1	1	1	1	1	1	1	164863
N-3-oxo-tetradecanoyl-L-homoserine lactone	162498	1	1	1	1	1	1	1
Abu-Thr-OH	162255	1	1	1	1	1	1	1
hexaconazole	1	1	1	1	1	1	160595	1
dihydroxycarteolol M2	160367	1	1	1	1	1	1	1
Gly Asn Tyr	1	1	1	1	1	1	1	158801
paraoxon	1	1	1	1	1	1	1	156581
dihydrojasmonic acid methyl ester	1	1	1	1	1	1	1	155935
Glu Ala Trp	1	155714	1	1	1	1	1	1
methoxybrassinin	1	1	1	154485	1	1	1	1
MID58090:O-b-D-Gal-(1→3)-O-[O-b-D-Gal-(1→4)-2-(acetylamino)-2-de-oxy-b-D-Glc-(1→6)]-2-(acetylamino)	1	1	1	1	1	1	1	151937
5-hydroxyindol-2-carboxylic acid	1	1	1	1	1	1	1	151423
N-benzylphthalimide	1	1	1	1	1	1	1	151294
deacetyldiltiazem	1	1	1	1	1	1	151148	1
2,4,6-octatrienal	150503	1	1	1	1	1	1	1
oxonitine	1	148587	1	1	1	1	1	1
prinomide	1	1	1	147011	1	1	1	1
AG-183	1	1	1	1	1	1	1	141224
nalpha-Methylhistidine	1	138980	1	1	1	1	1	1
phloionolic acid	137340	1	1	1	1	1	1	1
bruceantinol	1	136298	1	1	1	1	1	1
Glu Arg Ser	1	1	1	131629	1	1	1	1
phytuberin	1	1	1	131037	1	1	1	1
thiocysteine	1	1	1	1	1	1	130913	1
dihydrolevobunolol	1	1	1	1	1	130847	1	1
desmetryn	1	1	129057	1	1	1	1	1
cinnamodial	1	1	1	128666	1	1	1	1
16:4(6Z,9Z,12Z,15Z)	1	127457	1	1	1	1	1	1
secnidazole	1	1	1	1	1	1	1	124538
sebacic acid	1	1	1	123096	1	1	1	1
D-aspartic acid	1	1	1	1	121857	1	1	1
GW 9662	1	121539	1	1	1	1	1	1
3,5,8,4'-tetrahydroxy-7,3'-dimethoxy-6-(3-methylbut-2"-enyl)flavone	1	1	1	1	1	1	1	121040
Arg Met Met	1	1	1	1	1	120452	1	1

续表

物质组	发酵时间							
	发酵2d	发酵4d	发酵6d	发酵8d	发酵10d	发酵12d	发酵14d	发酵16d
L-histidinol	1	1	1	1	1	1	1	119688
(3S,5S)-3,5-diaminohexanoate	1	1	1	119419	1	1	1	1
flutrimazole	116064	1	1	1	1	1	1	1
methyl5-(but-3-en-1-yl)amino-1,3,4-oxadiazole-2-carboxylate	114091	1	1	1	1	1	1	1
1,3-dihydroxyacetone	1	112062	1	1	1	1	1	1
(2R)-5,4'-dihydroxy-7-methoxy-6-methylflavanone	1	111817	1	1	1	1	1	1
N1-amidinostreptamine 6-phosphate	1	109922	1	1	1	1	1	1
S-(phenylacetothiohydroximoyl)-L-cysteine	109716	1	1	1	1	1	1	1
His Val Ser	1	1	1	105971	1	1	1	1
thiadiazin	1	1	1	1	1	1	1	103745
sulisobenzone	102873	1	1	1	1	1	1	1
Glu Glu	1	1	1	1	1	90281	1	1
fluorofelbamate	1	88279	1	1	1	1	1	1
PS-5	84427	1	1	1	1	1	1	1
Asp Gln Lys	1	83851	1	1	1	1	1	1
N-acetylaspartate	1	1	1	1	1	1	1	77591
1,4-benzenediol, 2,6-bis(1-methylethyl)-, 4-(hydrogen sulfate)	76470	1	1	1	1	1	1	1
(S)-3-(Imidazol-5-yl)lactate	1	1	1	1	1	1	1	73963
1-methyl-5-imidazoleacetic acid	1	73840	1	1	1	1	1	1
4,4-bis(p-fluorophenyl)butyric acid	72732	1	1	1	1	1	1	1
3-(N-nitrosomethylamino)propionitrile	58493	1	1	1	1	1	1	1
gluconic acid	1	1	1	57493	1	1	1	1
DIMBOA	1	1	1	1	1	1	1	55658
diphenylmethylphosphine	55155	1	1	1	1	1	1	1

空白对照肉汤实验发酵阶段物质组理化特性列表 4-151。发酵过程物质组相对含量总和 > 10000000 的有 23 个物质，即 carnosine（107126904.00）、allopurinol（72883704.41）、N-acetylleucine（55385957.73）、(22E)-3α- hydroxychola-5,16,22-trien-24-oic acid（54581267.50）、3-(4- hydroxyphenyl) propionic acid（47624632.30）、dimethisterone（40168841.50）、N-acetyl-DL-valine（30077394.60）、p-hydroxypropiophenone（24550618.00）、capryloylglycine（24480337.22）、N-[2'- (4- benzenesulfonamide)-ethyl] arachidonoyl amine（20929446.40）、pantothenic acid（19109137.60）、PA[O-16:0/18:4(6Z,9Z,12Z,15Z)]（18808629.70）、F-honaucin A（16506272.00）、gingerol（14887747.40）、PS[22:2 (13Z,16Z)/17:1(9Z)]（14640946.40）、ophiobolin A（13223290.70）、tuliposide B（13109493.00）、etretinate（12608189.90）、4'-hydroxyacetophenone（12585524.44）、9-hydroxy-10-oxo-12Z-octadecenoic acid（12118184.00）、isobutylglycine（11195711.94）、Leu-Asp-OH（10758243.00）、KAPA（10197176.42）。

表4-151　空白对照肉汤实验发酵阶段物质组理化特性

物质组	分子量	保留时间/min	CAS 号	总和
[1] carnosine	226.1061	1.2340	305-84-0	107126904.00
[2] allopurinol	136.0385	2.6360	315-30-0	72883704.41
[3] N-acetylleucine	173.1049	17.2976	1188-21-2	55385957.73
[4] (22E)-3α-hydroxychola-5,16,22-trien-24-oic acid	370.2509	41.5471		54581267.50
[5] 3-(4-hydroxyphenyl)propionic acid	166.0628	23.5067		47624632.30
[6] dimethisterone	340.2403	42.5491	79-64-1	40168841.50
[7] N-acetyl-DL-valine	159.0893	9.7463	3067-19-4	30077394.60
[8] p-hydroxypropiophenone	150.0679	29.6475	70-70-2	24550618.00
[9] capryloylglycine	201.1362	23.8498	14246-53-8	24480337.22
[10] N-[2'-(4-benzenesulfonamide)-ethyl] arachidonoyl amine	486.2899	48.8640		20929446.40
[11] pantothenic acid	219.1104	11.8935	137-08-6	19109137.60
[12] PA[O-16:0/18:4(6Z,9Z,12Z,15Z)]	654.4573	30.3018		18808629.70
[13] F-honaucin A	188.0491	2.0030		16506272.00
[14] gingerol	294.1833	36.3345	58253-27-3	14887747.40
[15] PS[22:2(13Z,16Z)/17:1(9Z)]	827.5622	31.2245		14640946.40
[16] ophiobolin A	400.2612	40.5104		13223290.70
[17] tuliposide B	294.0940	36.3110	19870-33-8	13109493.00
[18] etretinate	354.2194	41.4044	54350-48-0	12608189.90
[19] 4'-hydroxyacetophenone	136.0522	17.0477	99-93-4	12585524.44
[20] 9-hydroxy-10-oxo-12Z-octadecenoic acid	312.2298	38.7410		12118184.00
[21] isobutylglycine	268.1171	1.7525		11195711.94
[22] Leu-Asp-OH	354.1077	22.6990		10758243.00
[23] KAPA	187.1205	20.0355	4707-58-8	10197176.42
[24] ethyl 3-(N-butylacetamido)propionate	215.1520	28.5142	52304-36-6	8204388.32
[25] 9R,10S,18-trihydroxy-stearic acid	332.2562	37.7110		8191608.80
[26] hydroxymalonate	120.0061	22.6490	80-69-3	7979386.00
[27] 3-(hydrohydroxyphosphoryl)pyruvate	151.9872	3.0280	144705-32-8	7956610.50
[28] 2-heptyl-4-hydroxyquinoline-N-oxide	259.1568	38.4624	341-88-8	7563048.00
[29] tolylacetonitrile	131.0733	26.2907	22364-68-7	7014696.60
[30] phenylacetonitrile	117.0579	22.7195	140-29-4	6756821.74
[31] 3-hydroxy-2-methyl-[R-(R,S)]-butanoic acid	118.0630	9.8590	71526-30-2	6624637.50
[32] dehydrocycloxanthohumol hydrate	370.1410	41.5660		5897930.00
[33] Asp-Ile-OH	354.1079	22.6920		5872961.20
[34] 4-oxoproline	129.0425	2.0713		5753101.44
[35] estradiol dipropionate	384.2301	40.2019		5717417.54
[36] idazoxan	204.0895	14.5330	79944-58-4	5630638.84
[37] binapacryl	322.1178	29.6505	485-31-4	5292210.00
[38] methyl allyl disulfide	120.0069	8.0520	2179-58-0	5287752.77
[39] n-methyl hexanamide	129.1152	16.4320		5282213.52
[40] vanillin	152.0470	19.9517	121-33-5	5082792.26

续表

物质组	分子量	保留时间/min	CAS 号	总和
[41] 3-methyl-quinolin-2-ol	159.0681	24.5780		4885936.00
[42] 2(3H)-furanone, dihydro-3,4-dihydroxy	118.0266	2.9290	15667-21-7	4749990.04
[43] N-methylundec-10-enamide	197.1777	34.9845		4576333.58
[44] 2-amino-5-phosphopentanoic acid	197.0452	26.2977	76326-31-3	4538714.74
[45] 4-O-demethyl-13-dihydroadriamycinone	402.0947	34.3137	69549-52-6	4321110.86
[46] deoxyuridine monophosphate (dUMP)	308.0425	2.0540	964-26-1	4132109.28
[47] L-ornithine	132.0898	1.2970	3184-13-2	3935538.70
[48] chlorophyllide b	628.2157	28.5670		3930078.50
[49] DL-3-phenyllactic acid	166.0624	25.1363	828-01-3	3922162.30
[50] 1,1,1-trichloro-2-(o-chlorophenyl)-2-(p-chlorophenyl)ethane	351.9159	41.9663	789-02-6	3804200.45
[51] lauryl hydrogen sulfate	266.1551	43.5546	151-21-3	3787982.49
[52] taurine	125.0147	1.2660	107-35-7	3756756.31
[53] ribose-1-arsenate	273.9645	1.1040		3665315.04
[54] citramalic acid	148.0369	2.0000	597-44-4	3585520.80
[55] DL-o-tyrosine	181.0735	2.8494	2370-61-8	3550441.09
[56] neostearic acid	284.2715	46.4663		3462184.32
[57] D-ribitol 5-phosphate	232.0346	25.1241		3426225.83
[58] 4,5-dihydroxyhexanoic acid lactone	130.0628	19.1070	27610-27-1	3381011.50
[59] 6,8-dihydroxypurine	152.0332	3.0023	13231-00-0	3222070.15
[60] quinoline	129.0573	26.2910	91-22-5	3125639.86
[61] 2-(2-chloro-phenyl)-5-(5-methylthiophen-2-yl)-[1,3,4]oxadiazole	276.0121	29.6360		3100544.50
[62] leflunomide	270.0615	7.7933	75706-12-6	3036429.95
[63] nonate	188.1046	29.2790		2990528.25
[64] 4-heptyloxyphenol	208.1462	35.6568	13037-86-0	2977832.78
[65] bis(4-fluorophenyl)-methanone	218.0551	29.6570	345-92-6	2866056.00
[66] L-histidine	155.0690	1.2280	71-00-1	2834104.80
[67] 17-phenyl trinor prostaglandin A2	368.1990	39.4128	38315-51-4	2814648.70
[68] 5-(3-pyridyl)-2-hydroxytetrahydrofuran	165.0786	6.1632	53798-73-5	2784097.25
[69] psoromic acid	358.0687	34.6940		2722262.02
[70] L-2-aminoadipate 6-semialdehyde	145.0737	8.8050		2710547.34
[71] N-acetylanthranilate	179.0577	27.3870	89-52-1	2693899.42
[72] chlorbicyclen	393.8035	41.8930	2550-75-6	2691828.50
[73] (1R,2R)-3-[(1,2-dihydro-2-hydroxy-1-naphthalenyl)thio]-2-oxopropanoic acid	264.0470	2.6410		2664663.52
[74] 2-hydroxy enanthoic acid	146.0939	27.6800		2592572.18
[75] 9Z-hexadecenyl acetate	282.2558	44.7436		2559485.22
[76] isobutylmethylxanthine	222.1115	1.9122	28822-58-4	2500983.13
[77] oxaloglutarate	204.0269	2.3813		2448302.88
[78] N-acetyl-D-mannosamine	221.0898	1.7212	3615-17-6	2435631.44
[79] thymine	126.0429	4.0203	65-71-4	2368838.95

续表

物质组	分子量	保留时间/min	CAS 号	总和
[80] 2-(o-carboxybenzamido)glutaramic acid	294.0865	25.5710	2393-39-7	2367719.00
[81] 25-hydroxyvitamin D2-25-glucuronide	588.3662	36.3223		2351890.11
[82] α-Terpinyl acetate	196.1460	36.0123		2343824.30
[83] glucosiduronic acid, 4-[4-(2-carboxyethyl)-2,6-diiodophenoxy]-2,6-diiodophenyl	937.7092	50.2350	100405-41-2	2327723.80
[84] caffeic aldehyde	164.0469	22.1418		2323785.99
[85] DL-3-hydroxy caproic acid	132.0785	20.5977		2304264.21
[86] granisetron metabolite 3	328.1885	33.7330		2279733.60
[87] phosdiphen	413.9133	42.8800	36519-00-3	2276229.00
[88] 4,14-dihydroxy-octadecanoic acid	316.2610	38.8870		2268255.20
[89] 13-methyl-pentadecanoic acid	256.2399	44.3875		2236721.37
[90] 6R-hydroxy-tetradecanoic acid	244.2036	40.8688		2216997.52
[91] castillene A	294.0892	1.1630		2171382.24
[92] L-anserine	240.1219	1.2360		2154246.00
[93] 3S-hydroxy-decanoic acid	188.1408	35.7158		2147850.15
[94] benzo[b]naphtho[2,1-d]thiophene	234.0503	23.1053	239-35-0	2127192.30
[95] Arg Gly His	368.1923	16.4205		2086582.50
[96] 3-guanidinopropanoate	131.0694	1.4013	353-09-3	2085026.73
[97] 1,6-dimethoxypyrene	262.0983	16.7018		2041474.26
[98] captopril disulfide	430.1490	1.2360		2014328.88
[99] 2-propylmalate	176.0681	18.1625		2013775.46
[100] 5-hydroxyferulate	210.0525	25.1309		2008160.18
[101] cyhexatin	378.1649	37.0777	13121-70-5	2005503.43
[102] 4-methylthiobutylthiohydroximate	165.0284	6.0790		1964279.10
[103] Abu-Asp-OH	326.0763	19.9530		1942354.60
[104] phenyllactic acid	166.0623	24.0237	828-01-3	1941963.16
[105] 2S-amino-pentanoic acid	117.0789	9.0842		1919287.62
[106] epinorlycoramine	275.1519	37.2750		1891071.46
[107] 3S-hydroxy-dodecanoic acid	216.1722	38.7888		1887185.38
[108] citrulline	175.0955	1.3395	372-75-8	1879654.20
[109] 1-O-alpha-D-glucopyranosyl-1,2-eicosandiol	476.3696	47.1642		1866029.60
[110] 6-deoxyjacareubin	310.0842	37.0770	16265-56-8	1785414.90
[111] sulindac sulfide	340.0926	1.2180	49627-27-2	1778295.84
[112] O-acetylserine	147.0530	1.3080	5147-00-2	1699698.58
[113] deethylatrazine	187.0623	19.9950	6190-65-4	1696018.00
[114] methyl 8-[2-(2-formyl-vinyl)-3-hydroxy-5-oxo-cyclopentyl]-octanoate	310.1778	37.0940		1669916.43
[115] arabinonic acid	166.0474	1.2658		1657918.65
[116] quercetin 3,7,3',4'-tetra-O-sulfate	621.8689	43.3100		1632655.95
[117] N-monodesmethyldiltiazem	400.1468	37.0813	86408-45-9	1616653.95
[118] TyrMe-TyrMe-OH	494.1672	29.6545		1616547.24

物质组	分子量	保留时间/min	CAS 号	总和
[119] montelukast Sulfoxide	601.2046	28.5650		1608364.90
[120] 6-(2-chloroallylthio)purine	226.0090	2.3820		1607989.89
[121] mefluidide	310.0607	22.6967	53780-34-0	1563592.69
[122] spaglumic acid	304.0904	2.4777	4910-46-7	1561562.38
[123] 5-sulfosalicylic acid	217.9878	29.6460		1552963.00
[124] maleic hydrazide	112.0273	2.0440	123-33-1	1548761.21
[125] 1,4'-bipiperidine-1'-carboxylic acid	212.1523	21.5735	1026078-50-1	1507314.20
[126] acetylaminodantrolene	326.1029	26.2915	41515-09-7	1481601.57
[127] His His Gly	349.1502	37.0803		1464086.62
[128] 1-imidazolelactic acid	156.0533	1.4233		1396963.28
[129] p-hydroxymethylphenidate	249.1362	28.5320	54593-35-0	1388829.27
[130] 2-hydroxy-6-oxo-6-(2-hydroxyphenoxy)-hexa-2,4-dienoate	250.0474	1.1790		1381631.60
[131] 4,8,12-trimethyltridecanoic acid	256.2400	44.3777		1378922.56
[132] salicylaldehyde	122.0367	21.0288	90-02-8	1377897.03
[133] monodehydroascorbate	175.0240	29.6680		1354212.30
[134] chlorfenethol	266.0258	2.6390	80-06-8	1336800.96
[135] N-acetyl-L-lysine	188.1154	1.6366	1946-82-3	1332654.21
[136] trichlormethine	203.0035	2.9620	555-77-1	1318801.19
[137] RG-108	334.0965	35.4580	48208-26-0	1298543.00
[138] quinacetol	187.0629	29.3623	57130-91-3	1292144.05
[139] thyrotropin releasing hormone	362.1705	36.3333	24305-27-9	1281431.90
[140] 2-ethylhexyl acrylate	184.1460	39.1758	103-11-7	1256638.53
[141] 7α-(thiomethyl)spironolactone	388.2071	42.3910	38753-77-4	1255054.25
[142] PG[16:1(9Z)/22:6(4Z,7Z,10Z,13Z,16Z,19Z)]	792.4968	30.2711		1244580.45
[143] 7-oxo-11-dodecenoic acid	212.1407	35.8553	54921-60-7	1217693.45
[144] mometasone furoate	520.1424	26.4540		1213457.50
[145] 2-amino-8-oxo-9,10-epoxy-decanoic acid	215.1154	22.6430		1187496.60
[146] 7-(acetyloxy)-3-(3-pyridinyl)-2H-1-benzopyran-2-one	281.0688	31.7380		1184786.80
[147] Gly-Gly-OH	240.0371	29.6555		1168482.60
[148] 5-acetylamino-6-formylamino-3-methyluracil	226.0715	14.4270		1153775.50
[149] 3,5-dinitrosalicylic acid	228.0011	14.8810	609-99-4	1137432.82
[150] D-glycero-D-manno-heptose 1,7-bisphosphate	370.0047	36.3200		1091353.90
[151] 3-methyl-tridecanoic acid	228.2085	42.8713		1076833.58
[152] 12-$trans$-hydroxy juvenile hormone III	282.1829	33.6437		1042765.41
[153] caracurine V	584.3164	22.8120	630-87-5	1040175.71
[154] $3\beta,5\alpha$-tetrahydronorethindrone glucuronide	478.2566	38.7688		1039831.91
[155] Ser His	242.1013	1.4800		1035318.26
[156] α-cyano-3-hydroxycinnamic Acid	189.0418	21.8655	54673-07-3	1024890.34
[157] TG(18:0/22:0/22:0)[iso3]	1002.9554	1.8380		1022160.59

物质组	分子量	保留时间/min	CAS 号	总和
[158] 6-hydroxyluteolin 6,4'-dimethyl ether 7-glucoside	492.1264	34.0267		1007234.67
[159] propionylglycine	131.0585	2.1770	21709-90-0	1002297.75
[160] diadinoxanthin	582.4096	28.5786	18457-54-0	999875.66
[161] diiodothyronine	524.8936	42.5225		984091.78
[162] 1*H*-imidazole-4-carboxamide, 5-[3-(hydroxymethyl)-3-methyl-1-triazenyl]-（9CI）	198.0865	9.8600	75513-70-1	972655.90
[163] GalNAc*β*1-3[Fuc*α*1-2]Gal*β*1-3GlcNAc*β*-Sp	801.3130	19.0200		968347.85
[164] D-2,3-diketo 4-deoxy-epi-inositol	160.0371	2.4003		955181.90
[165] alhpa-tocopheronic acid	296.1630	36.9697		953687.00
[166] ethidimuron	264.0359	27.3945	30043-49-3	950648.00
[167] endothion	280.0160	2.9790		948938.00
[168] 4-hydroxyquinoline	145.0525	21.2160	611-36-9	923689.56
[169] Ile Ala	202.1311	2.1517		911867.99
[170] slaframine	198.1366	17.5260	20084-93-9	910151.60
[171] 4-hydroxycinnamyl aldehyde	148.0520	14.7805	2538-87-6	892873.87
[172] methyl arachidonyl fluorophosphonate	370.2441	42.3800		892319.91
[173] *N*-demethylpromethazine sulfoxide	286.1138	24.2840	37707-24-7	886834.00
[174] 3,5-pyridinedicarboxylic acid, 1,4-dihydro-2,6-dimethyl-4-(3-nitrophenyl)-, carboxymethyl methyl est	390.1045	29.6595	104305-95-5	883787.40
[175] 6,6'-dibromoindigotin	417.8968	42.9750	19201-53-7	865752.69
[176] Lys Cys Gly	306.1361	36.3331		855850.19
[177] aramite	334.1023	12.6515	140-57-8	847999.55
[178] D-pipecolic acid	129.0787	1.7000	1723-00-8	846741.00
[179] 7,4'-dihydroxy-3,5,6,8-tetramethoxyflavone 4'-glucosyl-(1→3)-galactoside	684.1897	22.6987		842018.29
[180] MID42519:1*α*-hydroxy-18-(4-hydroxy-4-methyl-2-pentynyloxy)-23,24,25,26,27-pentanorvitamin D3 / 1*α*-hyd	442.3046	27.1030		841832.20
[181] CGS 7181	406.1151	25.5740		828660.75
[182] Indole-3-acetaldoxime *N*-oxide	190.0739	2.9995		828556.10
[183] dehydrojuvabione	264.1724	37.0218	16060-78-9	816813.97
[184] methyl orsellinate	182.0576	21.4980	3187-58-4	816238.25
[185] uric acid	168.0281	2.3413	69-93-2	814629.26
[186] 3*R*-hydroxypalmitic acid	272.2349	40.5675		813569.40
[187] botrydial	310.1774	36.0320		809631.82
[188] 9*Z*-Dodecen-7-ynyl acetate	222.1614	36.3176		805908.52
[189] dinitramine	322.0896	42.1730	29091-05-2	793413.20
[190] methionine	149.0509	1.9370	59-51-8	792541.99
[191] 3-aminoquinoline	144.0682	3.1070	580-17-6	791601.60
[192] cinnamyl alcohol	134.0726	28.1020	104-54-1	790140.94
[193] 18-hydroxy-9*S*,10*R*-epoxy-stearic acid	314.2461	39.6735		789373.92
[194] 2,3-dihydroxy-3-methylvaleric acid	148.0732	4.5870	562-43-6	786360.20

物质组	分子量	保留时间/min	CAS 号	总和
[195] His His Ser	379.1605	36.3298		785158.48
[196] salicylic acid	138.0314	27.2183	69-72-7	771186.65
[197] isoleucine	131.0943	2.9453	443-79-8	770320.23
[198] ozagrel	228.0897	30.0870	82571-53-7	767295.83
[199] Leu His Arg	424.2545	24.2720		759874.80
[200] 3-dehydro-L-threonate	134.0216	1.5487		758500.89
[201] kojibiose	342.1178	1.4880	2140-29-6	747010.98
[202] 3E-hexenyl acetate	142.0984	29.2940		734627.20
[203] phensuximide	189.0785	29.0515		725859.04
[204] indeloxazine	231.1255	35.2483	60929-23-9	715928.11
[205] 6-(pentylthio)purine	222.0947	36.3040	5443-89-0	709937.75
[206] N-acetyltranexamic acid	199.1203	25.0105	20704-66-9	700613.85
[207] Val Pro Arg	370.2314	42.3810		696009.70
[208] PG[22:2(13Z,16Z)/0:0]	564.3423	36.3156		687013.95
[209] purine	120.0436	40.9269	120-73-0	658455.55
[210] firocoxib	336.1018	22.3290	189954-96-9	656708.11
[211] anisomycin	265.1311	23.0957	22862-76-6	654074.89
[212] santiaguine	592.3779	36.3355	528-31-4	645365.00
[213] 14-oxo-octadecanoic acid	298.2503	41.7915		644956.95
[214] PA[P-16:0/22:4(7Z,10Z,13Z,16Z)]	708.5060	30.6470		639912.95
[215] 4-hexyloxyphenol	194.1304	36.0245	18979-55-0	626539.47
[216] 2-(m-chlorophenyl)-2-(p-chlorophenyl)-1,1-dichloroethane	317.9552	43.6880		617403.56
[217] Ser Ser Ser	279.1082	36.0070		617117.01
[218] quercetin 5,7,3',4'-tetramethyl ether 3-rutinoside	666.2170	29.6560		609413.78
[219] phospho-L-serine	185.0084	1.2845	407-41-0	607819.78
[220] lucanthone	340.1606	9.6640	479-50-5	605603.06
[221] PS[17:1(9Z)/22:2(13Z,16Z)]	827.5619	31.2390		602624.80
[222] (1R,6R)-6-hydroxy-2-succinylcyclohexa-2,4-diene-1-carboxylate	240.0634	36.0090		601524.00
[223] C18:2n-6,11	280.2402	43.7000		594496.37
[224] 2,4-dichlorophenoxybutyric acid, methyl ester	262.0159	16.6630		589813.40
[225] 1,8-diazacyclotetradecane-2,9-dione	226.1679	25.3290		581646.99
[226] 22:1(9Z)	338.3179	49.5220		576258.81
[227] Leu-His-OH	376.1380	23.8520		574281.10
[228] Asp Pro Pro	327.1444	38.4580		573841.95
[229] 2,6-diiodohydroquinone	361.8288	41.6800	1955-21-1	570218.50
[230] L-tyrosine methyl ester	195.0894	36.9248	1080-06-4	557397.02
[231] 2-methoxyestrone 3-sulfate	380.1277	42.3900		552431.75
[232] 12-amino-octadecanoic acid	299.2820	37.1140		545629.94
[233] nicolsamide	325.9851	26.2450	50-65-7	542133.25

续表

物质组	分子量	保留时间/min	CAS 号	总和
[234] dimethyl malonate	132.0420	5.1110	108-59-8	541833.70
[235] PI[*P*-20:0/17:2(9*Z*,12*Z*)]	860.5787	31.2400		537982.80
[236] flecainide meta-*O*-dealkylated	332.1351	26.0685	83526-33-4	537673.26
[237] metobromuron	258.0012	16.3960	3060-89-7	535054.10
[238] 2-nitrophenol	139.0266	4.8110	88-75-5	531683.56
[239] *N*-acetyl-DL-tryptophan	246.1005	25.2890	87-32-1	526886.08
[240] deoxyribonolactone	132.0418	7.3820		518327.25
[241] ramentaceone	188.0460	29.2630	14787-38-3	511102.03
[242] 1-*O*-desmethyltetrabenazine	303.1833	39.7255	149183-89-1	506215.04
[243] *p*-hydroxyfelbamate	254.0889	1.4060	109482-28-2	503751.89
[244] furmecyclox	251.1518	40.1361	60568-05-0	490611.24
[245] RG-14620	274.0055	2.9300	136831-49-7	487533.34
[246] triamiphos	294.1356	45.2930	1031-47-6	482238.34
[247] *trans*fluthrin	370.0151	2.3467	118712-89-3	481055.96
[248] Trp Leu	317.1734	20.2180		477046.28
[249] diglykokoll	133.0379	1.2260	142-73-4	469914.05
[250] Val-Asp-OH	340.0918	16.1570		468923.70
[251] Ile-Abu-OH	324.1295	42.2260		461046.06
[252] cyclo(L-Phe-L-Pro)	244.1212	27.0820	3705-26-8	460248.25
[253] grandiflorone	314.1512	39.6900		456660.75
[254] swietenidin B	205.0735	24.5870	2721-56-4	453635.28
[255] 4'-cinnamoylmussatioside	708.2633	30.1270	110219-94-8	451698.70
[256] strobane	409.8285	41.8040	8001-50-1	447164.60
[257] gamma-glutamyl-Se-methylselenocysteine	306.0292	36.3120		442539.10
[258] Tos-Ph-CH$_2$Cl	280.0328	9.6100		438593.03
[259] 4,4'-dimethylangelicin	214.0629	28.0180	22975-76-4	431664.12
[260] quinolin-2,8-diol	161.0473	25.2895		430749.82
[261] (3*S*)-3,6-diaminohexanoate	146.1053	1.2050	4299-56-3	427182.90
[262] quercetol B	368.1986	39.3890		426491.88
[263] 1-naphthylamine	143.0732	29.3545	134-32-7	418933.06
[264] Lophophorine	235.1204	26.8075	17627-78-0	417747.14
[265] 2-hydroxy-4- (methylthio) butyric acid	150.0347	10.7280	4857-44-7	417572.30
[266] 5-hydroxy caproaldehyde	116.0835	29.6265		414521.11
[267] propachlor	211.0772	9.6700	1918-16-7	414074.88
[268] 13,14-dihydro-16,16-difluoro PGJ2	372.2103	42.3835		411122.15
[269] 4-nitrotoluene	137.0475	18.4690	99-99-0	408507.00
[270] conhydrine	143.1307	20.0295	495-20-5	407110.78
[271] 3-oxo-dodecanoic acid	214.1567	37.6690		403890.13
[272] pacifenol	397.9269	29.6440		402921.80
[273] 5,8,11-dodecatriynoic acid	188.0842	35.7100		402227.78

物质组	分子量	保留时间/min	CAS 号	总和
[274] eremophilenolide	234.1618	38.7820	4871-90-3	391626.90
[275] o-Cresol	108.0575	19.9575	95-48-7	389217.06
[276] naltrindole	414.1960	44.4000	111555-53-4	387774.33
[277] Asp Asp	248.0654	16.1680		387465.56
[278] myricetin 3-O-(4"-O-acetyl-2"-O-galloyl)-alpha-L-rhamnopyranoside	658.1140	42.8975		383394.89
[279] Ser Asp Ala	291.1053	24.2860		381863.03
[280] piretanide glucuronide	538.1258	22.7720	102623-20-1	378726.78
[281] glutethimide	217.1098	32.3670	77-21-4	378221.08
[282] Ala Phe Arg	392.2157	44.3925		372403.97
[283] gallocatechin-4beta-ol	322.0692	16.3880		372024.90
[284] olsalazine	302.0530	25.5850	15722-48-2	369980.10
[285] 10-undecenal	168.1512	34.8055		369376.98
[286] Tyr-Nap-OH	500.1583	42.8875		368617.10
[287] 9-OAc-NeuAcalpha2-8NeuAcalpha2-8NeuAcalpha2-3Galbeta1-4Glcbeta-Cer[d18:1/26:1(17Z)]	1915.0431	36.5570		367738.38
[288] CGP 52608	244.0458	24.5790	87958-67-6	360923.03
[289] pseudaminic acid	334.1357	42.3880		359502.94
[290] Fucα1-2Galβ1-4[Fucα1-3]GlcNAcβ-Sp	744.2914	18.8580		357309.92
[291] dimethamine	408.2540	43.6750	37551-60-3	356116.94
[292] 2-amino-3-oxo-hexanedioic acid	175.0478	1.7960		355501.66
[293] 5-L-glutamyl-L-alanine	218.0896	1.4685	5875-41-2	353760.90
[294] 9-bromo-decanoic acid	250.0558	6.0950		346634.03
[295] lactosylceramide (d18:1/25:0)	987.7571	43.3510	4682-48-8	346004.94
[296] 17-hydroxy stearic acid	300.2659	41.9150		343283.90
[297] panasenoside	610.1545	25.5790		339048.72
[298] 3-methyluric acid	182.0441	2.7230	605-99-2	334301.80
[299] altretamine	210.1602	44.3930	645-05-6	330087.97
[300] flonicamid	229.0458	14.4280	158062-67-0	329027.94
[301] daminozide	160.0844	1.3820	1596-84-5	327944.84
[302] 2E,4E,8E,10E-dodecatetraenedioic acid	222.0889	33.3190		326816.06
[303] di-trans,poly-cis-octaprenyl diphosphate	722.4462	30.1490		326725.78
[304] 5-(3-methyltriazen-1-yl)imidazole-4-carboxamide	168.0759	27.6810	3413-72-7	323441.06
[305] levoamine (chloramphenicol D base)	212.0793	5.3800	716-61-0	323318.78
[306] nitrofurazone	198.0384	15.6980	59-87-0	322222.97
[307] 1-nitro-5,6-dihydroxy-dihydronaphthalene	207.0528	10.4530		321740.25
[308] 5alpha,17alpha-pregn-2-en-20-yn-17-ol acetate	340.2397	45.3110	124-85-6	320996.75
[309] decarbamoylsaxitoxin	256.1289	35.7155	58911-04-9	312378.94
[310] Gly Tyr Asn	352.1395	6.0820		310801.97
[311] spirodiclofen	410.1046	1.4990	148477-71-8	310627.13
[312] Ser Pro	202.0952	16.5910		306671.00

续表

物质组	分子量	保留时间/min	CAS 号	总和
[313] Asp Glu	262.0812	29.6820		304613.88
[314] 6-paradol	278.1874	39.4125	27113-22-0	296893.86
[315] 2,4-dihydroxypteridine	164.0332	4.0295	487-21-8	296451.87
[316] 3-hydroxy-dodecanedioic acid	246.1467	31.0120		295662.80
[317] mesquitol-4beta-ol	306.0727	30.9860		292054.16
[318] spectinomycin	332.1593	37.0850	1695-77-8	288173.16
[319] rhexifoline	207.0892	24.6960	93915-32-3	286901.97
[320] L-2-amino-6-oxoheptanedioate	189.0634	2.1160		285903.90
[321] 3'-bromo-6'-hydroxy-2',4,4'-trimethoxychalcone	392.0262	2.9320		284696.94
[322] 7-keto palmitic acid	270.2188	40.2240		282730.00
[323] Arg His Gly	368.1923	16.4080		282506.94
[324] alhpa-tocopheronolactone	278.1522	39.1270		281415.04
[325] 1-(1-oxopropyl)-1H-imidazole	124.0632	1.4580	4122-52-5	280865.01
[326] L-gamma-glutamyl-L-valine	246.1209	2.6310		278843.84
[327] C17:1n-15	268.2400	44.1320		277827.16
[328] 4-(o-carboxybenzamido)glutaramic acid	294.0861	25.5740	2820-44-2	276601.97
[329] 9-bromo-nonanoic acid	236.0408	1.8060		276404.94
[330] Gly Gly Gly	189.0739	3.2640		275428.10
[331] carbenicillin	378.0885	26.9480	4697-36-3	274020.00
[332] sulfabenzamide	276.0563	27.0750	127-71-9	273285.94
[333] 6-(2-hydroxyethyl)-5,6-dihydrosanguinarine	377.1249	19.4500		269162.80
[334] 3,4-dihydro-7-methoxy-2-methylene-3-oxo-2H-1,4-benzoxazine-5-carboxylic acid	235.0474	26.7760	105897-30-1	268804.03
[335] aniracetam	219.0889	25.5650	72432-10-1	264721.94
[336] anacyclin	271.1944	40.4790	94413-18-0	262393.03
[337] mugineic acid	320.1216	39.1805	69199-37-7	261901.04
[338] Galβ1-3GlcNAcβ-Sp	452.1767	26.4740	639459-69-1	258904.12
[339] 5-hydroxydantrolene	330.0575	36.3060	52130-25-3	258441.10
[340] Cys His	258.0799	34.6430		256681.03
[341] luteolin 3',4'-diglucuronide	636.1323	42.8900		253859.08
[342] TRIM	212.0554	14.5840	25371-96-4	252023.25
[343] ethyl-2-(2-pyridyl)-4-(bromomethyl)-Thiazole-5-carboxylate	325.9731	20.7940		250940.06
[344] gonyautoxin 1	411.0804	26.3060	60748-39-2	249707.00
[345] nitroprusside	213.9539	26.2550	15078-28-1	247630.95
[346] 5-oxo-pentanoic acid	116.0472	2.3585		247164.05
[347] propetamphos	281.0861	2.6600	31218-83-4	245796.94
[348] chlorflavonin	378.0503	37.0750		243056.10
[349] kaempferol 3-[2''',3''',4'''-triacetyl-alpha-L-arabinopyranosyl-(1→6)-glucoside]	706.1765	26.3010		241028.97
[350] Leu Phe	278.1628	26.0730		236062.14
[351] IAA-94	356.0570	35.4580	54197-31-8	235588.88

物质组	分子量	保留时间/min	CAS 号	总和
[352] triphenyl phosphate	326.0730	2.4230	115-86-6	234565.10
[353] Gly-Ala-OH	254.0536	1.7910		232806.18
[354] 3-ethylcatechol	138.0677	21.4930	933-99-3	232125.05
[355] 2-benzothiazolesulfonamide	213.9862	2.4230	433-17-0	231485.17
[356] benzyl acetate	150.0676	29.6680	140-11-4	231288.17
[357] 2-methylquinoline-3,4-diol	175.0626	23.5430		228314.86
[358] 2-formylglutarate	160.0372	2.3270		225931.98
[359] 3,3-dimethylglutaric acid	160.0732	21.0770	4839-46-7	225208.83
[360] 2,5-furandicarboxylic acid	156.0064	1.4340	3238-40-2	223267.10
[361] N2-succinyl-L-ornithine	232.1055	1.5620		223193.09
[362] 5'-phosphoribosylglycinamide (GAR)	286.0565	1.3200	10074-18-7	222686.95
[363] propaphos	304.0903	2.5750	7292-16-2	221453.03
[364] Asp Gly Ser	277.0915	6.1050		220016.12
[365] Leu Glu	260.1369	3.4270		214286.05
[366] ornithine	132.0890	1.3440	70-26-8	211224.81
[367] 4-methylene-L-glutamate	159.0529	1.7760		211074.03
[368] apigenin 7-(6"-malonylneohesperidoside)	664.1633	44.4260		209285.16
[369] isobutrin	596.1759	44.4140		208431.95
[370] (S)-1-pyrroline-5-carboxylate	113.0477	1.8120		207722.02
[371] MC-6063	325.0151	36.0100		205773.16
[372] N-methyl-4-pyridone-3-carboxamide	152.0585	6.2170	769-49-3	199410.80
[373] cefdinir	395.0359	37.0790	91832-40-5	195812.98
[374] leucopterin	195.0394	2.6230	492-11-5	194190.92
[375] 3-hydroxypromazine	300.1297	28.5180	316-85-8	193696.08
[376] 4-methyloctyl acetate	186.1593	36.0840		192099.94
[377] 1,4-beta-D-glucan	536.1556	44.4280		189688.11
[378] 2',3'-cyclic UMP	306.0237	6.0750	606-02-0	188425.92
[379] pseudoargiopinin III	373.2106	42.3870	117233-46-2	187155.08
[380] 3-indolebutyric acid	203.0942	30.3830	133-32-4	184405.08
[381] Cys Tyr	284.0828	2.9000		184253.02
[382] spenolimycin	346.1735	36.2990	95041-97-7	183896.02
[383] N-hydroxypentobarbital	242.1264	22.6370	62298-51-5	181571.11
[384] pergolide sulfone	346.1722	36.2930	72822-03-8	179480.00
[385] 7Z-undecenyl acetate	212.1773	41.2760		179378.00
[386] 16-phenoxy tetranor PGF2α isopropyl ester	432.2512	38.7680	130209-78-8	178950.00
[387] omega-3-arachidonic acid	304.2399	43.5440		175899.86
[388] 4,4'-methylenebis(2,6-di-tert-butylphenol)	424.3336	44.4830	118-82-1	174379.81
[389] S-[2-(N7-guanyl)ethyl]-N-acetyl-L-cysteine	340.0963	2.3560		174198.02
[390] 2-naphthylamine	143.0735	29.0720	91-59-8	169382.92
[391] thiobencarb	257.0654	24.5820	28249-77-6	169016.08

续表

物质组	分子量	保留时间/min	CAS 号	总和
[392] Asp Ala	204.0737	1.3960		168966.92
[393] tetradecyl sulfate	294.1859	39.7040	139-88-8	167720.84
[394] DPPP	386.1243	24.5780	110231-30-6	166305.12
[395] 3,3'-dimethoxybenzidine	244.1210	28.4770	119-90-4	164869.97
[396] N-3-oxo-tetradecanoyl-L-homoserine lactone	325.2233	42.1120	177158-19-9	162505.00
[397] Abu-Thr-OH	312.0953	18.7160		162261.98
[398] hexaconazole	313.0766	1.8780	79983-71-4	160602.05
[399] dihydroxycarteolol M2	324.1681	30.5900		160373.97
[400] Gly Asn Tyr	352.1397	6.1590		158808.08
[401] paraoxon	275.0562	29.3740	311-45-5	156588.02
[402] dihydrojasmonic acid methyl ester	226.1565	33.7730	24851-98-7	155942.03
[403] Glu Ala Trp	404.1689	18.3640		155720.98
[404] methoxybrassinin	266.0551	20.8550	105748-60-5	154491.90
[405] MID58090:O-b-D-Gal-(1→3)-O-[O-b-D-Gal-(1→4)-2-(acetylamino)-2-deoxy-b-D-Glc-(1→6)]-2-(acetylamino	748.2745	19.3830	90393-60-5	151944.00
[406] 5-hydroxyindol-2-carboxylic acid	177.0423	22.4190	21598-06-1	151430.05
[407] N-benzylphthalimide	237.0790	29.3690	2142-01-0	151300.97
[408] deacetyldiltiazem	372.1495	42.8810	42399-40-6	151155.03
[409] 2,4,6-octatrienal	122.0726	22.7050		150509.97
[410] oxonitine	645.2770	23.2350	545-57-3	148593.98
[411] prinomide	267.1001	23.1800	77639-66-8	147018.10
[412] AG-183	268.0598	25.9920	122520-90-5	141231.02
[413] nalpha-methylhistidine	169.0850	1.2840	24886-03-1	138986.88
[414] phloionolic acid	332.2559	37.5610		137347.00
[415] bruceantinol	606.2297	19.2600	53729-52-5	136305.11
[416] Glu Arg Ser	390.1871	42.1610		131635.90
[417] phytuberin	294.1828	37.2560	37209-50-0	131044.00
[418] thiocysteine	152.9914	2.3850	5652-32-4	130920.02
[419] dihydrolevobunolol	293.1991	35.1270		130853.92
[420] desmetryn	213.1039	3.1490	1014-69-3	129063.91
[421] cinnamodial	308.1621	37.0970	23599-45-3	128673.09
[422] 16:4(6Z,9Z,12Z,15Z)	248.1782	39.6680		127463.91
[423] secnidazole	185.0795	1.7880	3366-95-8	124545.09
[424] sebacic acid	202.1199	31.9620	111-20-6	123103.12
[425] D-aspartic acid	133.0380	1.2310	1783-96-6	121864.09
[426] GW 9662	276.0306	1.5470	22978-25-2	121546.01
[427] 3,5,8,4'-tetrahydroxy-7,3'-dimethoxy-6-(3-methylbut-2"-enyl) flavone	414.1333	4.2620		121046.98
[428] Arg Met Met	436.1922	42.1780		120459.06
[429] L-histidinol	141.0900	1.7890		119694.88
[430] (3S,5S)-3,5-diaminohexanoate	146.1049	1.2690	17027-83-7	119426.02

物质组	分子量	保留时间/min	CAS 号	总和
[431] flutrimazole	346.1275	20.7570	119006-77-8	116070.93
[432] methyl5-(but-3-en-1-yl)amino-1,3,4-oxadiazole-2-carboxylate	197.0797	1.4930		114098.02
[433] 1,3-dihydroxyacetone	180.0630	1.4180	62147-49-3	112068.97
[434] (2R)-5,4'-dihydroxy-7-methoxy-6-methylflavanone	300.0964	1.3970		111823.89
[435] N1-amidinostreptamine 6-phosphate	300.0836	1.3240		109928.98
[436] S-(phenylacetothiohydroximoyl)-L-cysteine	254.0723	1.3990		109723.11
[437] His Val Ser	341.1712	2.4390		105977.98
[438] thiadiazin	350.0721	1.8160	3773-49-7	103751.95
[439] sulisobenzone	308.0353	1.3180		102880.02
[440] Glu Glu	276.0959	2.2260		90288.03
[441] fluorofelbamate	256.0870	1.3860	726-99-8	88286.02
[442] PS-5	298.0982	1.4530		84433.93
[443] Asp Gln Lys	389.1904	2.4330		83858.05
[444] N-acetylaspartate	175.0473	1.9360	997-55-7	77597.95
[445] 1,4-benzenediol, 2,6-bis(1-methylethyl)-, 4-(hydrogen sulfate)	274.0870	1.4170	114991-27-4	76477.02
[446] (S)-3-(imidazol-5-yl)lactate	156.0528	1.4410		73969.93
[447] 1-methyl-5-imidazoleacetic acid	140.0581	1.5000	4200-48-0	73847.02
[448] 4,4-bis(p-fluorophenyl)butyric acid	276.0947	1.4600	20662-52-6	72739.02
[449] 3-(N-nitrosomethylamino)propionitrile	113.0589	1.3740	60153-49-3	58500.01
[450] gluconic acid	196.0583	1.2310	526-95-4	57499.98
[451] DIMBOA	211.0481	1.6180	15893-52-4	55665.00
[452] diphenylmethylphosphine	200.0761	1.1340	1486-28-8	55162.02

2．物质组发酵阶段相关性分析

从分析的 1273 个物质中，取能鉴定到名称的物质 452 个，构建物质组含量数据矩阵（表4-151），以物质组为样本、发酵阶段为指标，分析不同发酵阶段的相关性（表4-152）。相关系数临界值 $a=0.05$ 时，$r=0.0922$，$a=0.01$ 时，$r=0.1210$；结果表明不同发酵阶段间存在着显著的相关性，不同发酵阶段相关程度有所不同，但都大于 0.1210，表明发酵阶段之间的物质组相关性极显著；如发酵 2 d 与发酵 4 d 的物质生境相关系数为 0.79，大于与发酵 6 d 的相关系数 0.27；两者之间显著相关，说明了空白对照发酵阶段间的物质组生成形成一定的依赖性；上一个发酵阶段的物质组决定了下一个阶段的物质组的形成。

表4-152　空白对照发酵过程物质组相关性

发酵阶段	平均值	标准差	空白对照发酵过程物质组相关系数							
			发酵2d	发酵4d	发酵6d	发酵8d	发酵10d	发酵12d	发酵14d	发酵16d
发酵2d	348605.88	1455382.00	1.00	0.79	0.27	0.60	0.56	0.54	0.40	0.40
发酵4d	352511.28	1269836.20	0.79	1.00	0.18	0.68	0.53	0.53	0.40	0.48
发酵6d	329598.11	1416420.04	0.27	0.18	1.00	0.26	0.42	0.40	0.32	0.25
发酵8d	388562.29	1493699.47	0.60	0.68	0.26	1.00	0.74	0.78	0.58	0.81
发酵10d	237940.00	1013296.12	0.56	0.53	0.42	0.74	1.00	0.96	0.77	0.81
发酵12d	230773.15	1058691.47	0.54	0.53	0.40	0.78	0.96	1.00	0.74	0.87

发酵阶段	平均值	标准差	空白对照发酵过程物质组相关系数							
			发酵2d	发酵4d	发酵6d	发酵8d	发酵10d	发酵12d	发酵14d	发酵16d
发酵14d	271781.49	1317742.67	0.40	0.40	0.32	0.58	0.77	0.74	1.00	0.61
发酵16d	367321.33	1545113.90	0.40	0.48	0.25	0.81	0.81	0.87	0.61	1.00

注：相关系数临界值 $a=0.05$ 时，$r=0.0922$；$a=0.01$ 时，$r=0.1210$。

3. 发酵过程物质组主成分分析

（1）发酵过程物质组特征值分析　基于表4-151物质组矩阵，分析发酵过程物质组的特征值，分析结果见表4-153；前3个主成分特征值贡献率分别为63.67%、13.19%和10.64%，累计贡献率达到87.50%，说明前3个主成分能够代表检测的所有物质组的大部分的信息，其中第一主成分特征值贡献率达63.67%，集中物质组主要的信息。

表4-153　空白对照发酵过程物质组的特征值

编号	特征值	贡献率/%	累计贡献率/%	Chi-Square	df	P值
1	5.09	63.67	63.67	3671.06	35.00	0.00
2	1.06	13.19	76.86	1646.10	27.00	0.00
3	0.85	10.64	87.50	1266.40	20.00	0.00
4	0.45	5.68	93.18	750.55	14.00	0.00
5	0.24	3.02	96.20	432.35	9.00	0.00
6	0.16	2.04	98.25	288.88	5.00	0.00
7	0.11	1.38	99.62	175.04	2.00	0.00
8	0.03	0.38	100.00	0.00	0.00	1.00

（2）发酵阶段物质组主成分得分　基于8个发酵时期的452个物质分析主成分得分，列出主成分得分总和＞1.00的38个物质见表4-154。1~8个发酵阶段主成分得分的总和为 $Y(i,1)=159.32$、$Y(i,2)=20.6$、$Y(i,3)=30.44$、$Y(i,4)=0.95$、$Y(i,5)=12.77$、$Y(i,6)=6.16$、$Y(i,7)=7.76$、$Y(i,8)=0.73$。每个发酵时期构成的主成分得分代表了贡献率的大小，前3个主成分累计贡献率达87.50%，可以包括物质组的主要信息。不同的物质在各主成分中的得分不同，表现出物质组在发酵阶段过程的重要性，如物质肌肽（carnosine）在1~8个发酵阶段主成分得分分别为28.48、–0.99、4.37、1.40、–0.62、–2.28、–0.97、–0.06，表明该物质在第1发酵阶段（2 d）贡献率最大（得分28.48），第6发酵阶段（12 d）贡献率最小（得分–2.28）。发酵阶段前3个高含量物质主成分得分总和分别为 carnosine（得分29.33）、3-(4-hydroxyphenyl)propionic acid（得分28.06）、p-hydroxypropiophenone（得分20.88），肌肽（carnosine）的贡献主要在第1发酵阶段（2 d）发挥，3-(4-hydroxyphenyl)propionic acid的贡献主要在第2发酵阶段（4 d）发挥，p-hydroxypropiophenone的贡献主要在第2发酵阶段（4 d）发挥；不同的物质在发酵系统中的贡献率通过表4-154可查得。

表4-154　空白对照发酵过程物质组主成分得分

物质组	$Y(i,1)$	$Y(i,2)$	$Y(i,3)$	$Y(i,4)$	$Y(i,5)$	$Y(i,6)$	$Y(i,7)$	$Y(i,8)$	总和
[1] carnosine	28.48	–0.99	4.37	1.40	–0.62	–2.28	–0.97	–0.06	29.33

物质组	$Y(i, 1)$	$Y(i, 2)$	$Y(i, 3)$	$Y(i, 4)$	$Y(i, 5)$	$Y(i, 6)$	$Y(i, 7)$	$Y(i, 8)$	总和
[2] 3-(4-hydroxyphenyl)propionic acid	11.18	13.05	1.91	−1.93	3.04	1.58	−0.92	0.15	28.06
[3] p-hydroxypropiophenone	5.03	10.12	3.56	2.10	−1.36	−0.86	2.32	−0.03	20.88
[4] capryloylglycine	6.14	−4.57	−2.23	9.83	5.08	1.16	1.88	0.21	17.50
[5] allopurinol	19.37	−5.63	2.50	1.13	−3.30	3.53	−0.73	0.00	16.87
[6] (22E)-3α-hydroxychola-5,16,22-trien-24-oic acid	15.33	−0.38	−3.33	1.70	−0.67	−1.30	−0.16	−0.24	10.94
[7] 4'-hydroxyacetophenone	2.22	4.95	1.85	1.34	−1.25	0.46	1.37	−0.02	10.92
[8] dimethisterone	11.05	0.93	−2.05	0.74	−0.26	−0.98	−0.92	−0.47	8.03
[9] Leu-Asp-OH	1.89	2.54	0.49	−0.36	−0.32	3.61	−0.46	0.02	7.41
[10] PA[O-16:0/18:4(6Z,9Z,12Z,15Z)]	4.25	1.09	−1.85	−1.64	3.95	1.24	−0.59	0.69	7.14
[11] 3-hydroxy-2-methyl-[R-(R,S)]-butanoic acid	0.77	2.43	1.21	1.03	−2.03	2.15	1.10	0.00	6.67
[12] isobutylglycine	2.00	2.91	0.36	−0.30	−0.19	−0.16	1.66	0.29	6.57
[13] gingerol	1.38	−3.97	8.94	−2.26	1.66	−0.18	0.70	0.10	6.36
[14] tuliposide B	1.13	−3.50	7.86	−1.99	1.45	−0.15	0.61	0.08	5.50
[15] N-[2'-(4-benzenesulfonamide)-ethyl] arachidonoyl amine	5.03	−0.23	0.76	0.30	−0.16	−0.44	−0.21	−0.03	5.02
[16] 3-methyl-quinolin-2-ol	0.40	1.78	0.86	0.77	−1.51	1.59	0.81	−0.01	4.69
[17] binapacryl	0.57	2.15	0.67	0.47	−0.31	−0.21	0.47	−0.02	3.78
[18] F-honaucin A	3.83	−0.19	0.57	0.24	−0.14	−0.34	−0.17	−0.03	3.77
[19] N-acetyl-DL-valine	7.85	−0.37	−3.31	−2.64	2.86	0.99	−0.73	−0.95	3.71
[20] hydroxymalonate	0.43	−2.15	4.74	−1.20	0.86	−0.09	0.36	0.04	3.00
[21] 3-(hydrohydroxyphosphoryl)pyruvate	0.43	−2.14	4.72	−1.20	0.86	−0.09	0.36	0.04	2.99
[22] 9-hydroxy-10-oxo-12Z-octadecenoic acid	2.64	−0.15	0.39	0.18	−0.12	−0.25	−0.13	−0.02	2.53
[23] tolylacetonitrile	1.13	1.25	−0.44	−1.15	1.59	1.27	−1.36	−0.01	2.29
[24] 4-oxoproline	1.05	0.39	0.17	0.97	−1.28	0.19	−0.34	1.09	2.24
[25] Asp-Ile-OH	0.82	2.41	0.22	−0.13	1.39	−2.75	0.18	0.01	2.16
[26] etretinate	3.03	−0.01	−0.76	0.53	−0.27	−0.22	−0.10	−0.10	2.08
[27] idazoxan	0.74	1.65	−0.01	−0.35	0.82	−1.11	0.26	0.08	2.08
[28] dehydrocycloxanthohumol hydrate	0.15	−1.60	3.47	−0.88	0.62	−0.06	0.26	0.03	1.98
[29] 2-hydroxy enanthoic acid	−0.09	0.94	0.38	0.39	−0.71	0.68	0.38	−0.01	1.95
[30] bis(4-fluorophenyl)-methanone	0.01	1.14	0.30	0.26	−0.19	−0.12	0.24	−0.02	1.63
[31] 4,5-dihydroxyhexanoic acid lactone	0.24	0.01	−0.21	1.15	0.82	−0.44	0.20	−0.25	1.52
[32] ophiobolin A	3.28	−0.32	−0.96	0.38	−0.35	−0.24	−0.31	0.01	1.48
[33] N-acetylleucine	15.29	−3.67	−7.38	−6.94	0.14	0.05	3.71	0.24	1.43
[34] 9R,10S,18-trihydroxy-stearic acid	1.57	−0.12	0.22	0.13	−0.10	−0.16	−0.10	−0.02	1.42
[35] L-ornithine	0.32	1.52	0.14	−0.07	0.77	−1.10	−0.14	−0.03	1.41
[36] 2-amino-5-phosphopentanoic acid	0.49	0.86	−0.26	−0.66	0.91	0.79	−0.80	−0.01	1.32
[37] chlorophyllide b	−0.12	−1.08	2.27	−0.58	0.40	−0.04	0.16	0.01	1.03
[38] leflunomide	0.01	−0.45	0.30	0.19	0.69	0.44	−0.13	−0.03	1.01
总和	159.32	20.6	30.44	0.95	12.77	6.16	7.76	0.73	

（3）发酵阶段物质组主成分分析　基于 8 个发酵时期的 452 个物质分析主成分分析，将第一和第二主成分作图 4-164。452 个物质中 440 个物质聚集在一起，其他 12 个物质分散在

聚团的周围（图4-164），成为肉汤实验空白对照组的特殊物质；发酵过程 carnosine 主成分得分最大值为 28.48，在第 2 天发酵阶段贡献最大；3-(4-hydroxyphenyl)propionic acid 主成分得分最大值为 13.05，在第 4 天发酵阶段贡献最大；p-hydroxypropiophenone 主成分得分最大值为 10.12，在第 4 天发酵阶段贡献最大；capryloylglycine 主成分得分最大值为 9.83，在第 8 天发酵阶段贡献最大；allopurinol 主成分得分最大值为 19.37，在第 2 天发酵阶段贡献最大；(22E)-3α-hydroxychola-5,16, 22-trien- 24-oic acid 主成分得分最大值为 15.33，在第 2 天发酵阶段贡献最大；4'- hydroxyacetophenone 主成分得分最大值为 4.95，在第 4 天发酵阶段贡献最大；dimethisterone 主成分得分最大值为 11.05，在第 2 天发酵阶段贡献最大；isobutylglycine 主成分得分最大值为 2.91，在第 4 天发酵阶段贡献最大；gingerol 主成分得分最大值为 8.94，在第 6 天发酵阶段贡献最大；tuliposide B 主成分得分最大值为 7.86，在第 6 天发酵阶段贡献最大；N-acetyl-DL-valine 主成分得分最大值为 7.85，在第 2 天发酵阶段贡献最大（表4-155）。

表4-155　空白对照发酵过程特殊物质组主成分得分

物质组	$Y(i, 1)$	$Y(i, 2)$	$Y(i, 3)$	$Y(i, 4)$	$Y(i, 5)$	$Y(i, 6)$	$Y(i, 7)$	$Y(i, 8)$	总和
[1] carnosine	28.48	-0.99	4.37	1.40	-0.62	-2.28	-0.97	-0.06	29.33
[2] 3-(4-hydroxyphenyl)propionic acid	11.18	13.05	1.91	-1.93	3.04	1.58	-0.92	0.15	28.06
[3] p-hydroxypropiophenone	5.03	10.12	3.56	2.10	-1.36	-0.86	2.32	-0.03	20.88
[4] capryloylglycine	6.14	-4.57	-2.23	9.83	5.08	1.16	1.88	0.21	17.50
[5] allopurinol	19.37	-5.63	2.50	1.13	-3.30	3.53	-0.73	0.00	16.87
[6] (22E)-3α-hydroxychola-5,16,22-trien-24-oic acid	15.33	-0.38	-3.33	1.70	-0.67	-1.30	-0.16	-0.24	10.94
[7] 4'-hydroxyacetophenone	2.22	4.95	1.85	1.34	-1.25	0.46	1.37	-0.02	10.92
[8] dimethisterone	11.05	0.93	-2.05	0.74	-0.26	-0.98	-0.92	-0.47	8.03
[9] isobutylglycine	2.00	2.91	0.36	-0.30	-0.19	-0.16	1.66	0.29	6.57
[10] gingerol	1.38	-3.97	8.94	-2.26	1.66	-0.18	0.70	0.10	6.36
[11] tuliposide B	1.13	-3.50	7.86	-1.99	1.45	-0.15	0.61	0.08	5.50
[12] N-acetyl-DL-valine	7.85	-0.37	-3.31	-2.64	2.86	0.99	-0.73	-0.95	3.71

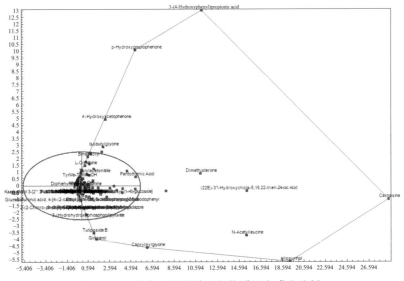

图4-164　空白对照发酵过程物质组主成分分析

4．发酵阶段物质组聚类分析

（1）物质组聚类分析　选择 452 个鉴定的物质，构成分析矩阵（表 4-150），以物质组为样本，发酵阶段为指标，马氏距离为尺度，用可变类平均法进行系统聚类，分析结果见表 4-156 和图 4-165。结果表明，可将主要物质组分为 3 组，第 1 组高含量组，包含了 33 个物质，即 carnosine、allopurinol、N-acetylleucine、(22E)-3α-hydroxychola-5,16,22-trien-24-oic acid、3-(4- hydroxyphenyl)propionic acid、dimethisterone、N-acetyl-DL-valine、p- hydroxypropiophenone、capryloylglycine、N-[2'-(4-benzenesulfonamide)-ethyl] arachidonoyl amine、pantothenic acid、PA[O-16:0/18:4(6Z,9Z,12Z,15Z)]、F-honaucin A、gingerol、PS[22:2(13Z,16Z)/17:1(9Z)]、ophiobolin A、tuliposide B、etretinate、4'- hydroxyacetophenone、9-hydroxy-10- oxo-12Z- octadecenoic acid、isobutylglycine、Leu- Asp- OH、KAPA、ethyl 3-(N- butylacetamido)propionate、9R,10S,18-trihydroxy-stearic acid、hydroxymalonate、3-(hydrohydroxyphosphoryl)pyruvate、2-heptyl-4-hydroxyquinoline- N-oxide、tolylacetonitrile、phenylacetonitrile、3-hydroxy-2-methyl-[R-(R,S)]-butanoic acid、dehydrocycloxanthohumol hydrate、3-methyl-quinolin-2-ol。

第 2 组中含量组，包含了 184 个物质，即 Asp-Ile-OH、4-oxoproline、estradiol dipropionate、idazoxan、binapacryl、methyl allyl disulfide、N-methyl hexanamide、vanillin、2(3H)-furanone, dihydro-3,4-dihydroxy、N-methylundec-10-enamide、2-amino-5- phosphopentanoic acid、4-O-demethyl-13-dihydroadriamycinone、deoxyuridine monophosphate (dUMP)、L-ornithine、chlorophyllide b、DL-3-phenyllactic acid、1,1,1-trichloro-2- (o-chlorophenyl)-2-(p-chlorophenyl)ethane、lauryl hydrogen sulfate、taurine、ribose-1-arsenate、citramalic acid、DL-o-tyrosine、neostearic acid、D-ribitol 5-phosphate、4,5-dihydroxyhexanoic acid lactone、6,8-dihydroxypurine、quinoline、2-(2-chloro-phenyl)- 5-(5-methylthiophen-2-yl)-[1,3,4] oxadiazole、leflunomide、nonate、4-heptyloxyphenol、bis(4-fluorophenyl)-methanone、L-histidine、17-phenyl trinor prostaglandin A2、psoromic acid、L-2-aminoadipate 6-semialdehyde、N-acetylanthranilate、chlorbicyclen、(1R,2R)-3- [(1,2-dihydro-2-hydroxy-1-naphthalenyl)thio]-2-oxopropanoic acid、2-hydroxy enanthoic acid、9Z-hexadecenyl acetate、isobutylmethylxanthine、oxaloglutarate、thymine、2-(o-carboxybenzamido)glutaramic acid、25-hydroxyvitamin D2-25-glucuronide、α-terpinyl acetate、glucosiduronic acid, 4-[4-(2-carboxyethyl)-2,6-diiodophenoxy]-2,6-diiodophenyl、caffeic aldehyde、granisetron metabolite 3、phosdiphen、4,14-dihydroxy-octadecanoic acid、13-methyl-pentadecanoic acid、6R-hydroxy-tetradecanoic acid、castillene A、L-anserine、3S-hydroxy-decanoic acid、benzo[b]naphtho[2,1-d]thiophene、Arg Gly His、captopril disulfide、5-hydroxyferulate、cyhexatin、4-methylthiobutylthiohydroximate、Abu-Asp-OH、phenyllactic acid、2S-amino-pentanoic acid、epinorlycoramine、3S-hydroxy-dodecanoic acid、citrulline、1-O-alpha-D-glucopyranosyl-1,2-eicosandiol、6-deoxyjacareubin、sulindac sulfide、O-acetylserine、deethylatrazine、methyl 8-[2-(2-formyl-vinyl)-3-hydroxy-5-oxo-cyclopentyl]-octanoate、N-monodesmethyldiltiazem、TyrMe-TyrMe-OH、montelukast sulfoxide、6-(2-chloroallylthio)purine、mefluidide、5-sulfosalicylic acid、1,4'-bipiperidine-1'-carboxylic acid、acetylaminodantrolene、His His Gly、1-imidazolelactic acid、p-hydroxymethylphenidate、2-hydroxy-6-oxo-6-(2-hydroxyphenoxy)-hexa-2,4-dienoate、monodehydroascorbate、chlorfenethol、

N-acetyl-L-lysine、trichlormethine、RG-108、quinacetol、thyrotropin releasing hormone、7*α*-(thiomethyl)spironolactone、PG[16:1(9*Z*)/22:6 (4*Z*,7*Z*,10*Z*,13*Z*, 16*Z*,19*Z*)]、mometasone furoate、2-amino-8-oxo-9,10-epoxy-decanoic acid、7-(acetyloxy)-3-(3-pyridinyl)-2*H*-1-benzopyran-2-one、Gly-Gly-OH、5-acetylamino-6-formylamino- 3- methyluracil、3,5-dinitrosalicylic acid、D-glycero-D-manno-heptose 1,7-bisphosphate、3-methyl-tridecanoic acid、12-*trans*-hydroxy juvenile hormone Ⅲ、caracurine V、α -cyano-3-hydroxycinnamic acid、diadinoxanthin、diiodothyronine、GalNAc*β*1-3 [Fuc*α*1-2] Gal*β*1-3GlcNAc*α*-Sp、D-2,3-diketo 4-deoxy-epi-inositol、ethidimuron、endothion、4-hydroxyquinoline、Ile Ala、slaframine、4-hydroxycinnamyl aldehyde、*N*-demethylpromethazine sulfoxide、3,5-pyridinedicarboxylic acid, 1,4-dihydro-2,6- dimethyl-4-(3-nitrophenyl)-, carboxymethyl methyl est、Lys Cys Gly、D-pipecolic acid、7,4'-dihydroxy-3,5,6,8-tetramethoxyflavone 4'-glucosyl-(1 → 3)-galactoside、MID42519:1*α*- hydroxy-18-(4-hydroxy-4-methyl-2-pentynyloxy)-23,24,25,26,27-pentanorvitamin D3 / 1*α*-hyd、CGS 7181、uric acid、3*R*-hydroxypalmitic acid、botrydial、9*Z*-dodecen-7-ynyl acetate、dinitramine、methionine、3-aminoquinoline、18-hydroxy-9*S*,10*R*-epoxy-stearic acid、2,3- dihydroxy-3- methylvaleric acid、His His Ser、salicylic acid、ozagrel、Leu His Arg、3-dehydro-L-threonate、kojibiose、3*E*-hexenyl acetate、indeloxazine、6-(pentylthio)purine、*N*-acetyltranexamic acid、Val Pro Arg、PG[22:2(13*Z*,16*Z*)/0:0]、purine、firocoxib、anisomycin、santiaguine、4-hexyloxyphenol、Ser Ser Ser、lucanthone、(1*R*,6*R*)-6-hydroxy-2- succinylcyclohexa-2,4-diene-1-carboxylate、2,4-dichlorophenoxybutyric acid, methyl ester、1,8-diazacyclotetradecane-2,9-dione、22:1(9*Z*)、Leu-His-OH、Asp Pro Pro、2,6-diiodohydroquinone、2-methoxyestrone 3-sulfate、nicolsamide、dimethyl malonate、metobromuron、deoxyribonolactone、ramentaceone、1-*O*-desmethyltetrabenazine、*p*-hydroxyfelbamate、furmecyclox、triamiphos、Trp Leu、diglykokoll、Ile-Abu-OH、cyclo(L-Phe-L-Pro)、grandiflorone、swietenidin B、4'-cinnamoylmussatioside、strobane、gamma-glutamyl- Se-methylselenocysteine、Tos-Ph-CH₂Cl、4,4'-dimethylangelicin、(3*S*)-3,6-diaminohexanoate、glutethimide、Ala Phe Arg、spirodiclofen。

第3组低含量组，包含了235个物质，即5-(3-pyridyl)-2-hydroxytetrahydrofuran、*N*-acetyl-D-mannosamine、DL-3-hydroxy caproic acid、3-guanidinopropanoate、1,6-dimethoxypyrene、2-propylmalate、arabinonic acid、quercetin 3,7,3',4'-tetra-*O*-sulfate、spaglumic acid、maleic hydrazide、4,8,12- trimethyltridecanoic acid、salicylaldehyde、2-ethylhexyl acrylate、7-oxo-11-dodecenoic acid、3*β*,5*α*- tetrahydronorethindrone glucuronide、Ser His、TG(18:0/22:0/22:0) [iso3]、6-hydroxyluteolin 6,4'-dimethyl ether 7-glucoside、propionylglycine、1*H*-imidazole-4-carboxamide, 5-[3-(hydroxymethyl)-3-methyl-1-triazenyl]-、alhpa-tocopheronic acid、methyl arachidonyl fluorophosphonate、6,6'-dibromoindigotin、aramite、indole-3-acetaldoxime N-oxide、dehydrojuvabione、methyl orsellinate、cinnamyl alcohol、isoleucine、phensuximide、14-oxo-octadecanoic acid、PA[P-16:0/22:4(7*Z*,10*Z*,13*Z*,16*Z*)]、2-(m-chlorophenyl)-2- (*p*-chlorophenyl)-1,1-dichloroethane、quercetin 5,7,3',4'-tetramethyl ether 3-rutinoside、phospho-L-serine、PS[17:1(9*Z*)/22:2(13*Z*,16*Z*)]、C18:2*n*-6,11、L-tyrosine methyl ester、12-amino-octadecanoic acid、PI[P-20:0/17:2(9*Z*,12*Z*)]、flecainide meta-*O*-dealkylated、2-nitrophenol、*N*-acetyl-DL-tryptophan、RG-14620、*trans*fluthrin、Val-Asp-OH、quinolin- 2,8-diol、quercetol B、1-naphthylamine、lophophorine、2-hydroxy-4- (methylthio) butyric acid、5-hydroxy caproaldehyde、propachlor、

13,14-dihydro-16,16-difluoro PGJ2、4-nitrotoluene、conhydrine、3-oxo-dodecanoic acid、pacifenol、5,8,11-dodecatriynoic acid、eremophilenolide、o-cresol、naltrindole、Asp Asp、myricetin 3-O-(4''-O-acetyl- 2''-O-galloyl) -alpha-L- rhamnopyranoside、Ser Asp Ala、piretanide glucuronide、gallocatechin-4beta-ol、olsalazine、10-undecenal、Tyr-Nap-OH、9-OAc-NeuAcalpha2-8NeuAcalpha2- 8NeuAcalpha2-3Galbeta1- 4Glcbeta-Cer[d18:1/26:1(17Z)]、CGP 52608、pseudaminic acid、Fucα1-2Galβ1-4[Fucα1-3] GlcNAcβ-Sp、dimethamine、2-amino-3-oxo-hexanedioic acid、5-L-glutamyl-L-alanine、9-bromo-decanoic acid、lactosylceramide (d18:1/25:0)、17-hydroxy stearic acid、panasenoside、3-methyluric acid、altretamine、flonicamid、daminozide、2E,4E,8E,10E-dodecatetraenedioic acid、di-trans,poly-cis-octaprenyl diphosphate、5-(3-methyltriazen-1-yl) imidazole-4- carboxamide、levoamine (chloramphenicol D base)、nitrofurazone、1-nitro-5,6-dihydroxy- dihydronaphthalene、5alpha,17alpha-pregn-2-en-20-yn-17-ol acetate、decarbamoylsaxitoxin、Gly Tyr Asn、Ser Pro、Asp Glu、6-paradol、2,4-dihydroxpteridine、3-hydroxy-dodecanedioic acid、mesquitol-4beta-ol、spectinomycin、rhexifoline、L-2-amino-6-oxoheptanedioate、3'-bromo-6'-hydroxy-2',4,4'-trimethoxychalcone、7-keto palmitic acid、Arg His Gly、alhpa-tocopheronolactone、1-(1-oxopropyl)-1H-imidazole、L-gamma-glutamyl-L-valine、C17:1n-15、4-(o-carboxybenzamido)glutaramic acid、9-bromo-nonanoic acid、Gly Gly Gly、carbenicillin、sulfabenzamide、6-(2-hydroxyethyl)-5,6-dihydrosanguinarine、3,4-dihydro-7- methoxy-2-methylene-3-oxo-2H-1,4-benzoxazine-5-carboxylic acid、aniracetam、anacyclin、mugineic acid、Galβ1-3GlcNAcβ-Sp、5-hydroxydantrolene、Cys His、luteolin 3',4'- diglucuronide、TRIM、ethyl-2-(2-pyridyl)-4-(bromomethyl)-thiazole-5-carboxylate、gonyautoxin 1、nitroprusside、5-oxo-pentanoic acid、propetamphos、chlorflavonin、kaempferol 3-[2''',3''',4'''-triacetyl-alpha-L-arabinopyranosyl-(1 → 6)-glucoside]、Leu Phe、IAA-94、triphenyl phosphate、Gly-Ala-OH、3-ethylcatechol、2-benzothiazolesulfonamide、benzyl acetate、2-methylquinoline-3,4-diol、2-formylglutarate、3,3-dimethylglutaric acid、2,5-furandicarboxylic acid、N2-succinyl-L-ornithine、5'-phosphoribosylglycinamide (GAR)、propaphos、Asp Gly Ser、Leu Glu、ornithine、4-methylene-L-glutamate、apigenin 7-(6''- malonylneohesperidoside)、isobutrin、(S)-1-pyrroline-5-carboxylate、MC-6063、N-methyl-4- pyridone-3-carboxamide、cefdinir、leucopterin、3-hydroxypromazine、4-methyloctyl acetate、1,4-beta-D-Glucan、2',3'-cyclic UMP、pseudoargiopinin Ⅲ、3-indolebutyric acid、Cys Tyr、spenolimycin、N-hydroxypentobarbital、pergolide sulfone、7Z-undecenyl acetate、16-phenoxy tetranor PGF2αisopropyl ester、omega-3-arachidonic acid、4,4'-methylenebis (2,6-di-tert-butylphenol)、S-[2-(N7-guanyl)ethyl]-N-acetyl-L-cysteine、2-naphthylamine、thiobencarb、Asp Ala、tetradecyl sulfate、DPPP、3,3'-dimethoxybenzidine、N-3-oxo- tetradecanoyl-L-homoserine lactone、Abu-Thr-OH、hexaconazole、dihydroxycarteolol M2、Gly Asn Tyr、paraoxon、dihydrojasmonic acid, methyl ester、Glu Ala Trp、methoxybrassinin、MID58090:O-b-D-Gal-(1 → 3)-O-[O-b-D-Gal-(1 → 4)-2-(acetylamino)-2-deoxy-b-D-Glc-(1 → 6)]-2-(acetylamino）、5-hydroxyindol-2-carboxylic acid、N-benzylphthalimide、deacetyldiltiazem、2,4,6-octatrienal、oxonitine、prinomide、AG-183、nalpha-methylhistidine、phloionolic acid、bruceantinol、Glu Arg Ser、phytuberin、thiocysteine、dihydrolevobunolol、desmetryn、cinnamodial、16:4(6Z,9Z,12Z,15Z)、secnidazole、sebacic acid、D-aspartic acid、GW 9662、3,5,8,4'-tetrahydroxy-7,3'-dimethoxy-6-(3-methylbut-2''-enyl)flavone、

Arg Met Met、L-histidinol、(3*S*,5*S*)-3,5-diaminohexanoate、flutrimazole、methyl5-(but-3-en-1-yl) amino-1,3,4-oxadiazole-2-carboxylate、1,3-dihydroxyacetone、(2*R*)-5,4'-dihydroxy-7- methoxy-6-methylflavanone、*N*1-amidinostreptamine 6-phosphate、*S*- (phenylacetothiohydroximoyl)-L-cysteine、His Val Ser、thiadiazin、sulisobenzone、Glu Glu、fluorofelbamate、PS-5、Asp Gln Lys、*N*-acetylaspartate、1,4-benzenediol, 2,6-bis(1-methylethyl)-, 4-(hydrogen sulfate)、(*S*)-3-(imidazol-5-yl)lactate、1-methyl-5-imidazoleacetic acid、4,4-bis(p-fluorophenyl)butyric acid、3-(*N*-nitrosomethylamino)propionitrile、gluconic acid、diMBOA、diphenyl- methylphosphine。

表4-156　空白对照发酵过程主要物质组聚类分析

组别	样本号	发酵2d	发酵4d	发酵6d	发酵8d	发酵10d	发酵12d	发酵14d	发酵16d
	carnosine	13390863.00	13390863.00	13390863.00	13390863.00	13390863.00	13390863.00	13390863.00	13390863.00
	allopurinol	10411951.00	47.41	10411951.00	10411951.00	10411951.00	10411951.00	10411951.00	10411951.00
	N-acetylleucine	363811.03	2873687.20	1.00	12241901.00	5511131.50	7936621.50	3703234.50	22755570.00
	(22*E*)-3α-hydroxychola-5,16,22-trien-24-oic acid	5660496.00	6627854.50	1.00	7802226.50	7582009.50	8105930.00	8880190.00	9922560.00
	3-(4-hydroxyphenyl)propionic acid	14833594.00	15016904.00	1.00	13778739.00	777090.06	836434.44	1.00	2381868.80
	dimethisterone	4658770.50	5969214.00	1.00	6775162.00	5284340.50	5950933.00	5437470.00	6092950.50
	N-acetyl-DL-valine	1.00	3288791.20	1.00	10395294.00	1817932.40	3921243.20	3444652.80	7209479.00
	p-hydroxypropiophenone	13965990.00	10584622.00	1.00	1.00	1.00	1.00	1.00	1.00
	capryloylglycine	1.00	309657.22	1.00	1131665.20	2052846.60	1083394.10	18241920.00	1660852.10
	N-[2'-(4-benzenesulfonamide)-ethyl] arachidonoyl amine	2616180.80	2616180.80	2616180.80	2616180.80	2616180.80	2616180.80	2616180.80	2616180.80
	pantothenic acid	2561987.00	2600707.00	1.00	3589958.00	3216316.00	3474280.80	1.00	3665886.80
第1组	PA[*O*-16:0/18:4(6*Z*,9*Z*,12*Z*,15*Z*)]	1.00	3364870.00	1.00	8451414.00	522285.20	1.00	2659057.50	3811000.00
	F-honaucin A	2063284.00	2063284.00	2063284.00	2063284.00	2063284.00	2063284.00	2063284.00	2063284.00
	gingerol	1.13	1.05	14887740.00	1.06	1.01	1.04	1.04	1.07
	PS[22:2(13*Z*,16*Z*)/17:1(9*Z*)]	1.00	1908687.00	1.00	3621104.00	2449293.50	2509443.20	1855675.50	2296741.20
	ophiobolin A	1249284.20	1356674.40	1.00	2047239.00	2106338.20	2070197.00	2071612.40	2321944.50
	tuliposide B	1.00	1.00	13109486.00	1.00	1.00	1.00	1.00	1.00
	etretinate	1551097.00	1536099.60	1.00	1757970.60	1752489.60	1876495.10	2059283.50	2074753.50
	4'-hydroxyacetophenone	8101462.50	4300718.00	1.00	1.00	1.00	1.00	183338.94	1.00
	9-hydroxy-10-oxo-12*Z*-octadecenoic acid	1514773.00	1514773.00	1514773.00	1514773.00	1514773.00	1514773.00	1514773.00	1514773.00
	isobutylglycine	4239024.00	3446283.50	1.00	852035.44	1.00	1.00	1.00	2658365.00
	Leu-Asp-OH	5835362.50	1.00	1.00	4922874.50	1.00	1.00	1.00	1.00
	KAPA	1.00	460479.22	1.00	2454888.80	1835810.00	969548.40	1101745.50	3374702.50
	ethyl 3-(*N*-butylacetamido) propionate	1.00	524270.66	1.00	1649885.50	1061746.00	1388865.60	537341.06	3042277.50
	9*R*,10*S*,18-trihydroxy-stearic acid	1023951.10	1023951.10	1023951.10	1023951.10	1023951.10	1023951.10	1023951.10	1023951.10

续表

组别	样本号	发酵2d	发酵4d	发酵6d	发酵8d	发酵10d	发酵12d	发酵14d	发酵16d
第1组	hydroxymalonate	1.00	1.00	7979379.00	1.00	1.00	1.00	1.00	1.00
	3-(hydrohydroxyphosphoryl) pyruvate	1.00	1.00	7956603.50	1.00	1.00	1.00	1.00	1.00
	2-heptyl-4-hydroxyquinoline-*N* oxide	1.00	1145830.40	1.00	1177103.00	3222261.80	1.00	868803.30	1149046.50
	tolylacetonitrile	679320.80	1360915.80	1.00	4974455.00	1.00	1.00	1.00	1.00
	phenylacetonitrile	1.00	1.00	1.00	2000893.40	463560.84	1.00	605133.50	3687230.00
	3-hydroxy-2-methyl-[*R*-(*R,S*)]-butanoic acid	6624630.50	1.00	1.00	1.00	1.00	1.00	1.00	1.00
	dehydrocycloxanthohumol hydrate	1.00	1.00	5897923.00	1.00	1.00	1.00	1.00	1.00
	3-methyl-quinolin-2-ol	4885929.00	1.00	1.00	1.00	1.00	1.00	1.00	1.00
	第1组33个样本平均值	3219144.70	2645011.34	2450065.35	3655933.97	2141711.11	2155891.04	2505165.89	3306855.81
第2组	Asp-Ile-OH	1.00	5386156.00	1.00	1.00	1.00	1.00	1.00	486799.20
	4-oxoproline	2341575.50	364410.84	1.00	1.00	2014651.10	180460.17	716379.75	135622.08
	estradiol dipropionate	592025.80	597095.80	1.00	839634.20	853679.40	889639.44	910242.10	1035099.80
	idazoxan	692894.90	3161467.80	1.00	844484.70	1.00	1.00	1.00	931787.44
	binapacryl	2971217.00	2320987.00	1.00	1.00	1.00	1.00	1.00	1.00
	methyl allyl disulfide	1.00	1.00	571444.60	321524.03	900804.94	1161835.20	1166640.60	1165501.40
	N-methyl hexanamide	1.00	320043.10	1.00	1149508.40	545656.80	831409.25	318758.97	2116835.00
	vanillin	450736.03	2002139.60	1.00	669528.10	239364.03	687760.25	1.00	1033262.25
	2(3*H*)-furanone, dihydro-3,4-dihydroxy	7.98	4.14	949994.20	949994.20	949994.20	949994.20	949994.20	6.92
	N-methylundec-10-enamide	1.00	749585.60	1.00	800519.30	708577.70	779508.10	751701.44	786439.44
	2-amino-5-phosphopentanoic acid	614175.10	915816.44	1.00	3008718.20	1.00	1.00	1.00	1.00
	4-*O*-demethyl-13-dihydroadriamycinone	652955.70	663821.10	1.00	581358.60	604901.56	614346.50	591000.60	612725.80
	deoxyuridine monophosphate (dUMP)	516513.66	516513.66	516513.66	516513.66	516513.66	516513.66	516513.66	516513.66
	L-ornithine	447865.80	2880054.00	1.00	607613.90	1.00	1.00	1.00	1.00
	chlorophyllide b	1.00	1.00	3930071.50	1.00	1.00	1.00	1.00	1.00
	DL-3-phenyllactic acid	653693.30	1.29	653693.30	653693.30	653693.30	653693.30	1.21	653693.30
	1,1,1-trichloro-2-(*o*-chlorophenyl)-2-(*p*-chlorophenyl)ethane	1.00	1221288.50	1.00	1.00	2066445.20	516461.75	1.00	1.00
	lauryl hydrogen sulfate	661845.06	490510.66	1.00	418291.88	439166.84	492470.40	595941.25	689755.40
	taurine	2.21	2.73	751349.70	2.87	751349.70	751349.70	751349.70	751349.70
	ribose-1-arsenate	458164.38	458164.38	458164.38	458164.38	458164.38	458164.38	458164.38	458164.38
	citramalic acid	512216.60	4.60	512216.60	512216.60	512216.60	512216.60	512216.60	512216.60
	DL-*o*-tyrosine	144455.97	724664.30	1.00	1280338.20	253706.12	1.00	1.00	1147273.50
	neostearic acid	404746.06	445547.78	1.00	488928.94	488397.90	484899.80	528826.90	620835.94
	D-ribitol 5-phosphate	406848.03	445513.03	1.00	516674.16	495226.97	552301.40	530226.30	479434.94
	4,5-dihydroxyhexanoic acid lactone	1.00	1138947.90	1.00	1.00	1.00	248880.00	1993178.60	1.00

组别	样本号	发酵2d	发酵4d	发酵6d	发酵8d	发酵10d	发酵12d	发酵14d	发酵16d
	6,8-dihydroxypurine	1.81	1.09	1611020.10	1611020.10	5.22	11.60	4.83	5.40
	quinoline	342480.00	635384.06	1.00	2147770.80	1.00	1.00	1.00	1.00
	2-(2-chloro-phenyl)-5-(5-methylthiophen-2-yl)-[1,3,4]oxadiazole	1.00	1.00	3100537.50	1.00	1.00	1.00	1.00	1.00
	leflunomide	5.41	4.71	1012135.40	1012135.40	5.16	4.82	1012135.40	3.65
	nonate	1.00	650121.75	1.00	1.00	808317.90	517237.30	1014847.30	1.00
	4-heptyloxyphenol	1.65	1.69	2977823.80	1.16	1.01	1.13	1.21	1.13
	bis(4-fluorophenyl)-methanone	1593683.10	1272366.90	1.00	1.00	1.00	1.00	1.00	1.00
	L-histidine	354263.10	354263.10	354263.10	354263.10	354263.10	354263.10	354263.10	354263.10
	17-phenyl trinor prostaglandin A2	1.00	419465.90	1.00	506639.38	453006.20	436182.22	490862.90	508490.10
	psoromic acid	397861.25	403542.78	1.00	338041.84	449714.03	404154.12	342749.06	386197.94
	L-2-aminoadipate 6-semialdehyde	1.00	274583.06	1.00	1560678.50	174547.88	1.00	331841.70	368893.20
	N-acetylanthranilate	1.00	596331.40	1.00	551360.20	464903.10	1.00	388321.66	692980.06
	chlorbicyclen	1.00	1.00	2691821.50	1.00	1.00	1.00	1.00	1.00
第2组	(1R,2R)-3-[(1,2-dihydro-2-hydroxy-1-naphthalenyl)thio]-2-oxopropanoic acid	333082.94	333082.94	333082.94	333082.94	333082.94	333082.94	333082.94	333082.94
	2-hydroxy enanthoic acid	2385688.20	206877.98	1.00	1.00	1.00	1.00	1.00	1.00
	9Z-hexadecenyl acetate	455567.12	301587.10	1.00	219014.00	212067.81	213874.89	326765.00	830608.30
	isobutylmethylxanthine	795273.40	655677.20	1.00	266442.75	287831.84	254401.06	1.00	241354.88
	oxaloglutarate	1.00	1.00	1.00	1.00	831021.30	371813.84	950335.90	295127.84
	thymine	1.00	1.00	1.00	1.00	445474.75	603533.10	603790.10	716037.00
	2-(o-carboxybenzamido)glutaramic acid	1.00	2367712.00	1.00	1.00	1.00	1.00	1.00	1.00
	25-hydroxyvitamin D2-25-glucuronide	783961.56	783961.56	783961.56	1.20	1.01	1.09	1.10	1.04
	α-terpinyl acetate	346372.34	344888.62	1.00	284109.00	330546.03	339022.90	339267.25	359617.16
	glucosiduronic acid, 4-[4-(2-carboxyethyl)-2,6-diiodophenoxy]-2,6-diiodophenyl	1.00	1.00	2327716.80	1.00	1.00	1.00	1.00	1.00
	caffeic aldehyde	557304.44	705724.40	1.00	850995.25	1.00	1.00	1.00	209757.90
	granisetron metabolite 3	284966.70	284966.70	284966.70	284966.70	284966.70	284966.70	284966.70	284966.70
	phosdiphen	1.00	1.00	1.00	2276222.00	1.00	1.00	1.00	1.00
	4,14-dihydroxy-octadecanoic acid	283531.90	283531.90	283531.90	283531.90	283531.90	283531.90	283531.90	283531.90
	13-methyl-pentadecanoic acid	392867.94	1.00	1.00	1.00	512266.03	1.00	570778.70	760804.70
	6R-hydroxy-tetradecanoic acid	1.00	1.00	1.00	227286.02	387411.97	327877.16	351707.12	922712.25
	castillene A	271422.78	271422.78	271422.78	271422.78	271422.78	271422.78	271422.78	271422.78
	L-anserine	269280.75	269280.75	269280.75	269280.75	269280.75	269280.75	269280.75	269280.75
	3S-hydroxy-decanoic acid	317370.88	591123.30	1.00	334497.28	159983.89	154354.86	1.00	590517.94

组别	样本号	发酵2d	发酵4d	发酵6d	发酵8d	发酵10d	发酵12d	发酵14d	发酵16d
	benzo[b]naphtho[2,1-*d*]thiophene	643327.90	639045.30	1.00	844814.10	1.00	1.00	1.00	1.00
	Arg Gly His	1.00	1.00	1.00	521054.10	1.00	1.00	1.00	1565522.40
	captopril disulfide	251791.11	251791.11	251791.11	251791.11	251791.11	251791.11	251791.11	251791.11
	5-hydroxyferulate	1.09	1.16	2008152.00	1.18	1.12	1.20	1.16	1.26
	cyhexatin	374846.80	342013.03	1.00	349036.70	316084.94	305709.06	1.00	317810.90
	4-methylthiobutylthiohydroximate	1.00	1.00	1964272.10	1.00	1.00	1.00	1.00	1.00
	Abu-Asp-OH	206367.97	1298391.80	1.00	1.00	1.00	129537.93	1.00	308052.90
	phenyllactic acid	677238.56	1.00	1.00	1.00	684658.50	1.00	580061.10	1.00
	2*S*-amino-pentanoic acid	1.00	607001.25	1.00	344455.72	344586.90	1.00	175630.05	447610.70
	epinorlycoramine	1.00	1.00	1.00	455688.80	1.00	629965.60	805412.06
	3*S*-hydroxy-dodecanoic acid	1.00	1.00	1.00	183797.88	359191.90	358057.78	284346.12	701788.70
	citrulline	1.00	1555033.10	1.00	324615.10	1.00	1.00	1.00	1.00
	1-*O*-alpha-D-glucopyranosyl-1,2-eicosandiol	250978.19	419777.12	1.00	370756.03	262349.94	217551.16	1.00	344615.16
	6-deoxyjacareubin	1.00	1.00	1785407.90	1.00	1.00	1.00	1.00	1.00
	sulindac sulfide	222286.98	222286.98	222286.98	222286.98	222286.98	222286.98	222286.98	222286.98
	O-acetylserine	12.16	7.92	283279.75	283279.75	283279.75	283279.75	283279.75	283279.75
	deethylatrazine	1.00	1.00	1696011.00	1.00	1.00	1.00	1.00	1.00
第2组	methyl 8-[2-(2-formyl-vinyl)-3-hydroxy-5-oxo-cyclopentyl]-octanoate	1.25	1.32	1669907.90	1.28	1.18	1.15	1.17	1.18
	N-monodesmethyldiltiazem	244412.12	343125.38	1.00	278926.10	227876.94	171909.16	186711.14	163692.11
	TyrMe-TyrMe-OH	903827.80	712713.44	1.00	1.00	1.00	1.00	1.00	1.00
	montelukast sulfoxide	1.00	1.00	1608357.90	1.00	1.00	1.00	1.00	1.00
	6-(2-chloroallylthio)purine	1.00	1.00	1.00	1.00	538483.20	282128.94	532446.80	254926.95
	mefluidide	571199.94	510999.78	1.00	481387.97	1.00	1.00	1.00	1.00
	5-sulfosalicylic acid	1.00	1.00	1552956.00	1.00	1.00	1.00	1.00	1.00
	1,4'-bipiperidine-1'-carboxylic acid	1.00	1.00	1.00	1.00	1.00	1.00	896179.40	611128.80
	acetylaminodantrolene	1.00	165055.97	1.00	1316539.60	1.00	1.00	1.00	1.00
	His His Gly	182270.95	262139.84	1.00	243846.00	187136.94	178881.97	196581.02	213228.90
	1-imidazolelactic acid	737429.44	430092.88	1.00	125837.98	103598.98	1.00	1.00	1.00
	p-hydroxymethylphenidate	1.00	323579.03	1.00	645576.30	1.00	1.00	1.00	419668.94
	2-hydroxy-6-oxo-6-(2-hydroxyphenoxy)-hexa-2,4-dienoate	172703.95	172703.95	172703.95	172703.95	172703.95	172703.95	172703.95	172703.95
	monodehydroascorbate	719691.90	634514.40	1.00	1.00	1.00	1.00	1.00	1.00
	chlorfenethol	167100.12	167100.12	167100.12	167100.12	167100.12	167100.12	167100.12	167100.12
	N-acetyl-L-lysine	272331.10	328772.22	1.00	132091.92	69774.03	93853.91	271162.03	164668.00
	trichlormethine	704969.94	613825.25	1.00	1.00	1.00	1.00	1.00	1.00
	RG-108	1.00	1.00	1298536.00	1.00	1.00	1.00	1.00	1.00

组别	样本号	发酵2d	发酵4d	发酵6d	发酵8d	发酵10d	发酵12d	发酵14d	发酵16d
	quinacetol	518960.70	516984.38	1.00	256193.97	1.00	1.00	1.00	1.00
	thyrotropin releasing hormone	1.40	1.10	1281422.00	1.43	1.55	1.54	1.51	1.36
	7 α -(thiomethyl) spironolactone	1.00	1.00	1.00	1.00	220352.03	153728.02	512926.10	368044.10
	PG[16:1(9Z)/22:6(4Z,7Z,10Z, 13Z,16Z,19Z)]	2.26	2.86	1244564.50	3.74	2.29	1.80	1.32	1.68
	mometasone furoate	1.00	1.00	1213450.50	1.00	1.00	1.00	1.00	1.00
	2-amino-8-oxo-9,10-epoxy-decanoic acid	1.00	1.00	1.00	1.00	1.00	1.00	1187489.60	1.00
	7-(acetyloxy)-3-(3-pyridinyl)-2H-1-benzopyran-2-one	1.00	1.00	1.00	1.00	1.00	1.00	1.00	1184779.80
	Gly-Gly-OH	666654.90	501821.70	1.00	1.00	1.00	1.00	1.00	1.00
	5-acetylamino-6-formylamino-3-methyluracil	1.00	1153768.50	1.00	1.00	1.00	1.00	1.00	1.00
	3,5-dinitrosalicylic acid	1.00	399144.12	1.00	290204.70	1.00	1.00	1.00	448079.00
	D-glycero-D-manno-heptose 1,7-bisphosphate	1.00	1.00	1091346.90	1.00	1.00	1.00	1.00	1.00
	3-methyl-tridecanoic acid	1.00	1.00	1.00	298354.20	1.00	1.00	419964.22	358510.16
	12-trans-hydroxy juvenile hormone III	389144.97	356744.22	1.00	296871.22	1.00	1.00	1.00	1.00
第2组	caracurine V	1.00	1.00	1.00	608610.80	243289.89	1.00	1.00	188270.02
	α-cyano-3-hydroxycinnamic acid	1.00	572476.06	1.00	1.00	1.00	1.00	1.00	452408.28
	diadinoxanthin	1.62	3.16	499928.47	499928.47	5.33	2.80	2.42	3.38
	diiodothyronine	1.00	1.00	1.00	266543.88	717541.90	1.00	1.00	1.00
	GalNAcβ1-3[Fucα1-2]Galβ1-3GlcNAcβ-Sp	1.00	339260.10	1.00	629081.75	1.00	1.00	1.00	1.00
	D-2,3-diketo 4-deoxy-epi-inositol	1.00	1.00	1.00	1.00	382154.00	1.00	437504.78	135518.12
	ethidimuron	1.00	240862.06	1.00	220165.95	201553.05	1.00	1.00	288062.94
	endothion	1.00	948931.00	1.00	1.00	1.00	1.00	1.00	1.00
	4-hydroxyquinoline	1.00	923682.56	1.00	1.00	1.00	1.00	1.00	1.00
	Ile Ala	201565.83	364337.16	1.00	1.00	1.00	1.00	1.00	345960.00
	slaframine	1.00	1.00	1.00	1.00	1.00	1.00	1.00	910144.60
	4-hydroxycinnamyl aldehyde	663037.90	229829.97	1.00	1.00	1.00	1.00	1.00	1.00
	N-demethylpromethazine sulfoxide	1.00	1.00	1.00	1.00	1.00	1.00	886827.00	1.00
	3,5-pyridinedicarboxylic acid, 1,4-dihydro-2,6-dimethyl-4-(3-nitrophenyl)-, carboxymethyl methyl est	467815.10	415966.30	1.00	1.00	1.00	1.00	1.00	1.00
	Lys Cys Gly	1.48	2.34	855838.94	1.58	1.51	1.52	1.46	1.37
	D-pipecolic acid	1.00	1.00	1.00	846734.00	1.00	1.00	1.00	1.00
	7,4'-dihydroxy-3,5,6,8-te-tramethoxyflavone 4'-gluco-syl-(1→3)-galactoside	308823.20	285088.03	1.00	248102.06	1.00	1.00	1.00	1.00

续表

组别	样本号	发酵2d	发酵4d	发酵6d	发酵8d	发酵10d	发酵12d	发酵14d	发酵16d
	MID42519:1α-hydroxy-18-(4-hydroxy-4-methyl-2-pentynyloxy)-23,24,25,26,27-pentanorvitamin D3 / 1α-hyd	310739.10	1.00	1.00	531087.10	1.00	1.00	1.00	1.00
	CGS 7181	1.00	828653.75	1.00	1.00	1.00	1.00	1.00	1.00
	uric acid	1.00	462064.20	1.00	1.00	229774.06	1.00	122786.00	1.00
	3R-hydroxypalmitic acid	624797.40	1.00	1.00	188766.00	1.00	1.00	1.00	1.00
	botrydial	1.00	151251.97	1.00	188009.10	218755.00	1.00	1.00	251611.75
	9Z-dodecen-7-ynyl acetate	1.03	1.08	805901.00	1.13	1.03	1.06	1.07	1.11
	dinitramine	1.00	1.00	793406.20	1.00	1.00	1.00	1.00	1.00
	methionine	91629.97	326423.90	1.00	92795.06	93240.98	1.00	1.00	188449.08
	3-aminoquinoline	1.00	1.00	1.00	1.00	1.00	1.00	1.00	791594.60
	18-hydroxy-9S,10R-epoxy-stearic acid	1.00	374974.20	1.00	414393.72	1.00	1.00	1.00	1.00
	2,3-dihydroxy-3-methylvaleric acid	1.00	1.00	1.00	1.00	1.00	1.00	1.00	786353.20
	His His Ser	1.20	1.51	785149.20	1.39	1.32	1.26	1.27	1.33
	salicylic acid	1.00	206369.88	1.00	241726.89	1.00	1.00	1.00	323084.88
	ozagrel	1.00	1.00	1.00	1.00	1.00	1.00	257599.03	509690.80
	Leu His Arg	1.00	1.00	1.00	1.00	1.00	1.00	759867.80	1.00
第2组	3-dehydro-L-threonate	188924.03	506997.84	1.00	1.00	1.00	1.00	1.00	62574.02
	kojibiose	1.00	494404.00	1.00	1.00	252600.98	1.00	1.00	1.00
	3E-hexenyl acetate	1.00	1.00	1.00	734620.20	1.00	1.00	1.00	1.00
	indeloxazine	1.00	208578.22	1.00	268990.75	238354.14	1.00	1.00	1.00
	6-(pentylthio)purine	1.00	1.00	709930.75	1.00	1.00	1.00	1.00	1.00
	N-acetyltranexamic acid	246516.95	454090.90	1.00	1.00	1.00	1.00	1.00	1.00
	Val Pro Arg	1.00	1.00	1.00	1.00	696002.70	1.00	1.00	1.00
	PG[22:2(13Z,16Z)/0:0]	1.25	1.16	687006.00	1.27	1.08	1.04	1.06	1.09
	purine	1.20	1.11	658443.94	1.62	1.56	1.63	1.96	2.54
	firocoxib	227932.08	1.00	428770.03	1.00	1.00	1.00	1.00	1.00
	anisomycin	1.00	1.00	1.00	1.00	239804.95	1.00	204753.14	209511.80
	santiaguine	1.00	1.00	1.00	1.00	301766.97	1.00	1.00	343592.03
	4-hexyloxyphenol	1.20	1.14	626531.10	1.19	1.10	1.26	1.20	1.29
	Ser Ser Ser	223410.97	1.00	1.00	1.00	193437.02	1.00	200264.02	1.00
	lucanthone	1.00	1.00	1.00	605596.06	1.00	1.00	1.00	1.00
	(1R,6R)-6-hydroxy-2-succinylcyclohexa-2,4-diene-1-carboxylate	1.00	1.00	601517.00	1.00	1.00	1.00	1.00	1.00
	2,4-dichlorophenoxybutyric acid methyl ester	1.00	1.00	589806.40	1.00	1.00	1.00	1.00	1.00
	1,8-diazacyclotetradecane-2,9-dione	1.00	1.00	1.00	1.00	359846.88	1.00	1.00	221794.11
	22:1(9Z)	1.00	325011.03	1.00	1.00	1.00	1.00	251241.78	1.00

续表

组别	样本号	发酵2d	发酵4d	发酵6d	发酵8d	发酵10d	发酵12d	发酵14d	发酵16d
	Leu-His-OH	1.00	1.00	1.00	574274.10	1.00	1.00	1.00	1.00
	Asp Pro Pro	1.00	155897.11	1.00	148707.84	269232.00	1.00	1.00	1.00
	2,6-diiodohydroquinone	1.00	1.00	570211.50	1.00	1.00	1.00	1.00	1.00
	2-methoxyestrone 3-sulfate	1.00	1.00	552424.75	1.00	1.00	1.00	1.00	1.00
	nicolsamide	1.00	1.00	542126.25	1.00	1.00	1.00	1.00	1.00
	dimethyl malonate	1.00	541826.70	1.00	1.00	1.00	1.00	1.00	1.00
	metobromuron	1.00	1.00	535047.10	1.00	1.00	1.00	1.00	1.00
	deoxyribonolactone	1.00	518320.25	1.00	1.00	1.00	1.00	1.00	1.00
	ramentaceone	1.00	1.00	511095.03	1.00	1.00	1.00	1.00	1.00
	1-O-desmethyltetrabenazine	1.00	1.00	1.00	1.00	1.00	1.00	250461.10	255747.94
	p-hydroxyfelbamate	1.00	1.00	1.00	1.00	184237.97	1.00	118377.00	201131.92
	furmecyclox	1.83	2.37	490601.44	1.25	1.10	1.03	1.03	1.20
	triamiphos	1.00	1.00	482231.34	1.00	1.00	1.00	1.00	1.00
第2组	Trp Leu	1.00	1.00	1.00	1.00	1.00	1.00	1.00	477039.28
	diglykokoll	1.00	267508.00	1.00	1.00	1.00	1.00	1.00	202400.05
	Ile-Abu-OH	1.00	1.00	461039.06	1.00	1.00	1.00	1.00	1.00
	cyclo(L-Phe-L-Pro)	1.00	1.00	1.00	1.00	1.00	1.00	1.00	460241.25
	grandiflorone	1.00	1.00	456653.75	1.00	1.00	1.00	1.00	1.00
	swietenidin B	1.00	453628.28	1.00	1.00	1.00	1.00	1.00	1.00
	4'-cinnamoylmussatioside	1.00	1.00	451691.70	1.00	1.00	1.00	1.00	1.00
	strobane	1.00	1.00	447157.60	1.00	1.00	1.00	1.00	1.00
	gamma-glutamyl-Se-methylselenocysteine	1.00	1.00	442532.10	1.00	1.00	1.00	1.00	1.00
	Tos-Ph-CH$_2$Cl	1.00	1.00	438586.03	1.00	1.00	1.00	1.00	1.00
	4,4'-dimethylangelicin	1.00	1.00	1.00	1.00	1.00	1.00	1.00	431657.12
	(3S)-3,6-diaminohexanoate	1.00	259077.90	1.00	1.00	168099.00	1.00	1.00	1.00
	glutethimide	1.00	1.00	1.00	199674.98	178540.10	1.00	1.00	1.00
	Ala Phe Arg	1.00	1.00	1.00	167288.00	205109.97	1.00	1.00	1.00
	spirodiclofen	1.00	163538.11	1.00	1.00	147083.02	1.00	1.00	1.00
第2组184个样本平均值		190868.40	330196.84	318371.23	242810.84	169313.30	107008.58	164519.16	220785.98
第3组	5-(3-pyridyl)-2-hydroxytetrahydrofuran	1.42	3.14	928029.10	1.33	1.69	928029.10	928029.10	2.37
	N-acetyl-D-mannosamine	1.00	1.00	1.00	608210.20	211639.84	507675.28	145680.92	962422.20
	DL-3-hydroxy caproic acid	6.53	1.96	768083.30	1.58	2.71	768083.30	768083.30	1.52
	3-guanidinopropanoate	347503.90	2.18	347503.90	347503.90	1.15	347503.90	347503.90	347503.90
	1,6-dimethoxypyrene	1.00	1.00	1.00	560387.60	714432.30	475323.16	1.00	291327.20
	2-propylmalate	1.00	473347.12	1.00	406968.00	1.00	390856.28	1.00	742600.06
	arabinonic acid	1.15	1.66	331582.06	5.54	331582.06	331582.06	331582.06	331582.06
	quercetin 3,7,3',4'-tetra-O-sulfate	1.00	1.00	1.00	1.00	1.00	575475.75	1.00	1057174.20

续表

组别	样本号	发酵2d	发酵4d	发酵6d	发酵8d	发酵10d	发酵12d	发酵14d	发酵16d
	spaglumic acid	1.00	1.00	1.00	1.00	399680.10	447494.70	358772.80	355610.78
	maleic hydrazide	1.00	1.00	1.00	145320.05	377582.90	403659.12	343026.94	279169.20
	4,8,12-trimethyltridecanoic acid	1.00	458105.00	1.00	466016.90	1.00	454795.66	1.00	1.00
	salicylaldehyde	1.00	1.00	1.00	216116.95	283615.88	305263.20	1.00	572897.00
	2-ethylhexyl acrylate	1.00	1.00	1.00	365021.78	123848.98	226708.02	1.00	541055.75
	7-oxo-11-dodecenoic acid	152467.03	144694.12	1.00	188144.11	158723.00	216551.97	172966.05	184146.17
	$3\beta,5\alpha$-tetrahydronoret-hindrone glucuronide	163709.00	162386.97	1.00	182474.94	1.00	175481.97	176515.08	179261.95
	Ser His	1.00	1.00	1.00	1.00	1.00	596370.06	438942.20	1.00
	TG(18:0/22:0/22:0)[iso3]	1.00	1.00	1.00	1.00	354024.75	393365.84	274765.00	1.00
	6-hydroxyluteolin 6,4'-dimethyl ether 7-glucoside	163136.02	169492.84	1.00	159223.00	167425.84	164570.94	1.00	183384.03
	propionylglycine	1.00	133103.95	1.00	1.00	1.00	376319.10	1.00	492869.70
	1H-imidazole-4-carboxamide, 5-[3-(hydroxymethyl)-3-methyl-1-triazenyl]-（9CI）	972648.90	1.00		1.00	1.00	1.00	1.00	1.00
第3组	alhpa-tocopheronic acid	154305.89	164907.88	1.00	166186.03	152244.05	148514.12	1.00	167527.03
	methyl arachidonyl fluorophosphonate	1.00	216046.97	1.00	1.00	1.00	676266.94	1.00	1.00
	6,6'-dibromoindigotin	1.00	1.00	1.00	1.00	1.00	675967.50	1.00	189779.19
	aramite	1.00	1.00	1.00	1.00	193463.11	654530.44	1.00	1.00
	indole-3-acetaldoxime N-oxide	1.00	1.00	1.00	174164.08	1.00	176862.90	189948.12	287577.00
	dehydrojuvabione	1.00	1.00	1.00	175888.90	150428.97	150913.02	158689.00	180891.08
	methyl orsellinate	816231.25	1.00	1.00	1.00	1.00	1.00	1.00	1.00
	cinnamyl alcohol	790133.94	1.00	1.00	1.00	1.00	1.00	1.00	1.00
	isoleucine	1.13	3.42	385150.12	5.00	5.24	385150.12	1.36	3.83
	phensuximide	494995.90	230857.14	1.00	1.00	1.00	1.00	1.00	1.00
	14-oxo-octadecanoic acid	460196.84	184754.11	1.00	1.00	1.00	1.00	1.00	1.00
	PA[P-16:0/22:4(7Z,10Z,13Z,16Z)]	241122.05	1.00	1.00	398784.90	1.00	1.00	1.00	1.00
	2-(m-chlorophenyl)-2-(p-chlorophenyl)-1,1-dichloroethane	1.00	1.00	1.00	1.00	1.00	1.00	617396.56	1.00
	quercetin 5,7,3',4'-tetramethyl ether 3-rutinoside	340185.75	269222.03	1.00	1.00	1.00	1.00	1.00	1.00
	phospho-L-serine	397453.78	210360.00	1.00	1.00	1.00	1.00	1.00	1.00
	PS[17:1(9Z)/22:2(13Z,16Z)]	602617.80	1.00	1.00	1.00	1.00	1.00	1.00	1.00
	C18:2n-6,11	1.00	1.00	1.00	1.00	1.00	123864.04	168719.08	301908.25

组别	样本号	发酵2d	发酵4d	发酵6d	发酵8d	发酵10d	发酵12d	发酵14d	发酵16d
	L-tyrosine methyl ester	1.00	1.00	1.00	1.00	119475.08	128801.06	149564.94	159551.94
	12-amino-octadecanoic acid	545622.94	1.00	1.00	1.00	1.00	1.00	1.00	1.00
	PI[*P*-20:0/17:2(9*Z*,12*Z*)]	1.00	1.00	1.00	537975.80	1.00	1.00	1.00	1.00
	flecainide meta-*O*-dealkylated	1.00	1.00	1.00	1.00	1.00	324672.20	1.00	212995.06
	2-nitrophenol	531676.56	1.00	1.00	1.00	1.00	1.00	1.00	1.00
	N-acetyl-DL-tryptophan	165647.08	361233.00	1.00	1.00	1.00	1.00	1.00	1.00
	RG-14620	487526.34	1.00	1.00	1.00	1.00	1.00	1.00	1.00
	*trans*fluthrin	1.00	1.00	1.00	1.00	189533.97	69906.07	221610.92	1.00
	Val-Asp-OH	468916.70	1.00	1.00	1.00	1.00	1.00	1.00	1.00
	quinolin-2,8-diol	1.00	1.00	1.00	219371.02	1.00	1.00	1.00	211372.80
	quercetol B	426484.88	1.00	1.00	1.00	1.00	1.00	1.00	1.00
	1-naphthylamine	207358.00	211569.06	1.00	1.00	1.00	1.00	1.00	1.00
	lophophorine	1.00	171773.06	1.00	245968.08	1.00	1.00	1.00	1.00
	2-hydroxy-4- (methylthio) butyric acid	417565.30	1.00	1.00	1.00	1.00	1.00	1.00	1.00
	5-hydroxy caproaldehyde	201358.08	213157.03	1.00	1.00	1.00	1.00	1.00	1.00
	propachlor	1.00	1.00	1.00	414067.88	1.00	1.00	1.00	1.00
	13,14-dihydro-16,16-difluoro PGJ2	1.00	1.00	1.00	1.00	249003.10	162113.05	1.00	1.00
第3组	4-nitrotoluene	1.00	408500.00	1.00	1.00	1.00	1.00	1.00	1.00
	conhydrine	1.00	1.00	1.00	175750.83	1.00	1.00	1.00	231353.95
	3-oxo-dodecanoic acid	1.00	1.00	1.00	222821.02	1.00	1.00	1.00	181063.11
	pacifenol	1.00	1.00	402914.80	1.00	1.00	1.00	1.00	1.00
	5,8,11-dodecatriynoic acid	1.00	1.00	402220.78	1.00	1.00	1.00	1.00	1.00
	eremophilenolide	1.37	1.09	391614.03	1.82	2.12	2.15	2.25	2.08
	o-cresol	1.00	192762.03	1.00	1.00	1.00	1.00	1.00	196449.03
	naltrindole	1.00	1.00	1.00	190195.14	1.00	197573.19	1.00	1.00
	Asp Asp	387458.56	1.00	1.00	1.00	1.00	1.00	1.00	1.00
	myricetin 3-*O*-(4"-*O*-acetyl-2"-*O*-galloyl)-alpha-L-rhamnopyranoside	1.00	1.00	1.00	1.00	1.00	1.00	203249.81	180139.08
	Ser Asp Ala	1.00	1.00	1.00	1.00	1.00	1.00	381856.03	1.00
	piretanide glucuronide	1.00	1.00	378719.78	1.00	1.00	1.00	1.00	1.00
	gallocatechin-4beta-ol	1.00	1.00	372017.90	1.00	1.00	1.00	1.00	1.00
	olsalazine	1.00	369973.10	1.00	1.00	1.00	1.00	1.00	1.00
	10-undecenal	1.00	1.00	1.00	155423.98	1.00	1.00	1.00	213947.00
	Tyr-Nap-OH	1.00	1.00	1.00	1.00	1.00	1.00	198209.20	170401.90
	9-*O*Ac-NeuAcalpha2-8NeuAcalpha2-8NeuAcalpha2-3Galbeta1-4Glcbeta-Cer[d18:1/26:1(17*Z*)]	1.00	1.00	367731.38	1.00	1.00	1.00	1.00	1.00

续表

组别	样本号	发酵2d	发酵4d	发酵6d	发酵8d	发酵10d	发酵12d	发酵14d	发酵16d
	CGP 52608	360916.03	1.00	1.00	1.00	1.00	1.00	1.00	1.00
	pseudaminic acid	1.00	1.00	359495.94	1.00	1.00	1.00	1.00	1.00
	Fucα1-2Galβ1-4[Fucα1-3]GlcNAcβ-Sp	1.00	1.00	1.00	200323.06	1.00	1.00	1.00	156980.86
	dimethamine	1.00	1.00	1.00	1.00	1.00	1.00	356109.94	1.00
	2-amino-3-oxo-hexanedioic acid	1.00	355494.66	1.00	1.00	1.00	1.00	1.00	1.00
	5-L-glutamyl-L-alanine	155260.92	198493.98	1.00	1.00	1.00	1.00	1.00	1.00
	9-bromo-decanoic acid	1.00	346627.03	1.00	1.00	1.00	1.00	1.00	1.00
	lactosylceramide (d18:1/25:0)	1.00	1.00	1.00	1.00	1.00	1.00	1.00	345997.94
	17-hydroxy stearic acid	343276.90	1.00	1.00	1.00	1.00	1.00	1.00	1.00
	panasenoside	1.00	339041.72	1.00	1.00	1.00	1.00	1.00	1.00
	3-methyluric acid	1.00	334294.80	1.00	1.00	1.00	1.00	1.00	1.00
	altretamine	1.00	1.00	330080.97	1.00	1.00	1.00	1.00	1.00
	flonicamid	1.00	329020.94	1.00	1.00	1.00	1.00	1.00	1.00
	daminozide	1.00	1.00	1.00	1.00	1.00	1.00	1.00	327937.84
第3组	2E,4E,8E,10E-dodecatetraenedioic acid	326809.06	1.00	1.00	1.00	1.00	1.00	1.00	1.00
	di-trans,poly-cis-octaprenyl diphosphate	1.00	1.00	1.00	326718.78	1.00	1.00	1.00	1.00
	5-(3-methyltriazen-1-yl)imidazole-4-carboxamide	323434.06	1.00	1.00	1.00	1.00	1.00	1.00	1.00
	levoamine (chloramphenicol D base)	1.00	1.00	1.00	1.00	1.00	1.00	1.00	323311.78
	nitrofurazone	1.00	1.00	322215.97	1.00	1.00	1.00	1.00	1.00
	1-nitro-5,6-dihydroxy-dihydronaphthalene	1.00	1.00	1.00	321733.25	1.00	1.00	1.00	1.00
	5alpha,17alpha-Pregn-2-en-20-yn-17-ol acetate	1.00	1.00	1.00	1.00	1.00	1.00	320989.75	1.00
	decarbamoylsaxitoxin	1.00	141455.92	1.00	1.00	1.00	1.00	1.00	170917.02
	Gly Tyr Asn	1.00	310794.97	1.00	1.00	1.00	1.00	1.00	1.00
	Ser Pro	1.00	1.00	1.00	1.00	1.00	1.00	306664.00	1.00
	Asp Glu	304606.88	1.00	1.00	1.00	1.00	1.00	1.00	1.00
	6-paradol	182749.92	1.00	1.00	114137.94	1.00	1.00	1.00	1.00
	2,4-dihydroxypteridine	1.00	153339.90	1.00	143105.97	1.00	1.00	1.00	1.00
	3-hydroxy-dodecanedioic acid	1.00	1.00	1.00	1.00	1.00	1.00	1.00	295655.80
	mesquitol-4beta-ol	1.00	1.00	292047.16	1.00	1.00	1.00	1.00	1.00
	spectinomycin	1.00	1.00	1.00	1.00	1.00	1.00	288166.16	1.00
	rhexifoline	1.00	286894.97	1.00	1.00	1.00	1.00	1.00	1.00
	L-2-amino-6-oxoheptanedioate	1.00	285896.90	1.00	1.00	1.00	1.00	1.00	1.00
	3'-bromo-6'-hydroxy-2',4,4'-trimethoxychalcone	284689.94	1.00	1.00	1.00	1.00	1.00	1.00	1.00

组别	样本号	发酵2d	发酵4d	发酵6d	发酵8d	发酵10d	发酵12d	发酵14d	发酵16d
	7-keto palmitic acid	282723.00	1.00	1.00	1.00	1.00	1.00	1.00	1.00
	Arg His Gly	1.00	1.00	1.00	1.00	1.00	282499.94	1.00	1.00
	alhpa-tocopheronolactone	161177.02	1.00	1.00	1.00	120232.02	1.00	1.00	1.00
	1-(1-oxopropyl)-1H-imidazole	137072.98	1.00	1.00	143786.03	1.00	1.00	1.00	1.00
	L-gamma-glutamyl-L-valine	1.00	278836.84	1.00	1.00	1.00	1.00	1.00	1.00
	C17:1n-15	1.00	1.00	1.00	1.00	1.00	1.00	1.00	277820.16
	4-(o-carboxybenzamido)glutaramic acid	276594.97	1.00	1.00	1.00	1.00	1.00	1.00	1.00
	9-bromo-nonanoic acid	1.00	1.00	276397.94	1.00	1.00	1.00	1.00	1.00
	Gly Gly Gly	1.00	1.00	1.00	1.00	1.00	275421.10	1.00	1.00
	carbenicillin	1.00	274013.00	1.00	1.00	1.00	1.00	1.00	1.00
	sulfabenzamide	1.00	1.00	1.00	1.00	1.00	1.00	1.00	273278.94
	6-(2-hydroxyethyl)-5,6-dihydrosanguinarine	1.00	269155.80	1.00	1.00	1.00	1.00	1.00	1.00
	3,4-dihydro-7-methoxy-2-methylene-3-oxo-2H-1,4-benzoxazine-5-carboxylic acid	1.00	1.00	268797.03	1.00	1.00	1.00	1.00	1.00
第3组	aniracetam	1.00	264714.94	1.00	1.00	1.00	1.00	1.00	1.00
	anacyclin	1.00	1.00	1.00	1.00	1.00	1.00	1.00	262386.03
	mugineic acid	1.00	1.00	1.00	116652.96	1.00	1.00	1.00	145242.08
	Galβ1-3GlcNAcβ-Sp	1.00	1.00	258897.12	1.00	1.00	1.00	1.00	1.00
	5-hydroxydantrolene	1.00	1.00	258434.10	1.00	1.00	1.00	1.00	1.00
	Cys His	1.00	1.00	1.00	1.00	1.00	1.00	1.00	256674.03
	luteolin 3',4'-diglucuronide	1.00	1.00	1.00	1.00	1.00	1.00	253852.08	1.00
	TRIM	1.00	1.00	1.00	1.00	1.00	1.00	252016.25	1.00
	ethyl-2-(2-pyridyl)-4-(bromomethyl)-thiazole-5-carboxylate	1.00	1.00	250933.06	1.00	1.00	1.00	1.00	1.00
	gonyautoxin 1	1.00	1.00	1.00	249700.00	1.00	1.00	1.00	1.00
	nitroprusside	1.00	1.00	247623.95	1.00	1.00	1.00	1.00	1.00
	5-oxo-pentanoic acid	1.00	1.00	1.00	1.00	121928.00	1.00	125230.05	1.00
	propetamphos	1.00	1.00	1.00	1.00	1.00	1.00	245789.94	1.00
	chlorflavonin	1.00	1.00	243049.10	1.00	1.00	1.00	1.00	1.00
	kaempferol 3-[2''',3''',4'''-triacetyl-alpha-L-arabinopyranosyl-(1→6)-glucoside]	1.00	1.00	1.00	241021.97	1.00	1.00	1.00	1.00
	Leu Phe	1.00	1.00	1.00	1.00	1.00	236055.14	1.00	1.00
	IAA-94	1.00	1.00	235581.88	1.00	1.00	1.00	1.00	1.00
	triphenyl phosphate	1.00	1.00	1.00	1.00	1.00	132157.08	102402.02	1.00
	Gly-Ala-OH	1.00	1.00	1.00	1.00	70602.02	1.00	1.00	162198.16

续表

组别	样本号	发酵2d	发酵4d	发酵6d	发酵8d	发酵10d	发酵12d	发酵14d	发酵16d
	3-ethylcatechol	232118.05	1.00	1.00	1.00	1.00	1.00	1.00	1.00
	2-benzothiazolesulfonamide	1.00	231478.17	1.00	1.00	1.00	1.00	1.00	1.00
	benzyl acetate	1.00	1.00	1.00	231281.17	1.00	1.00	1.00	1.00
	2-methylquinoline-3,4-diol	1.00	1.00	1.00	228307.86	1.00	1.00	1.00	1.00
	2-formylglutarate	1.00	1.00	1.00	1.00	1.00	225924.98	1.00	1.00
	3,3-dimethylglutaric acid	1.00	1.00	1.00	1.00	1.00	1.00	225201.83	1.00
	2,5-furandicarboxylic acid	1.00	1.00	223260.10	1.00	1.00	1.00	1.00	1.00
	$N2$-succinyl-L-ornithine	1.00	166311.10	1.00	1.00	56875.99	1.00	1.00	1.00
	5'-phosphoribosylglycinamide (GAR)	222679.95	1.00	1.00	1.00	1.00	1.00	1.00	1.00
	propaphos	221446.03	1.00	1.00	1.00	1.00	1.00	1.00	1.00
	Asp Gly Ser	1.00	220009.12	1.00	1.00	1.00	1.00	1.00	1.00
	Leu Glu	214279.05	1.00	1.00	1.00	1.00	1.00	1.00	1.00
	ornithine	1.00	1.00	1.00	1.00	104927.91	1.00	1.00	106290.90
	4-methylene-L-glutamate	1.00	1.00	1.00	1.00	1.00	1.00	211067.03	1.00
	apigenin 7-(6''-malon-ylneohesperidoside)	1.00	1.00	1.00	1.00	1.00	209278.16	1.00	1.00
	isobutrin	1.00	1.00	1.00	1.00	208424.95	1.00	1.00	1.00
第3组	(S)-1-pyrroline-5-carboxylate	1.00	1.00	1.00	1.00	1.00	87545.98	1.00	120170.04
	MC-6063	1.00	1.00	205766.16	1.00	1.00	1.00	1.00	1.00
	N-methyl-4-pyridone-3-carboxamide	1.00	1.00	1.00	1.00	1.00	1.00	1.00	199403.80
	cefdinir	1.00	1.00	195805.98	1.00	1.00	1.00	1.00	1.00
	leucopterin	1.00	1.00	1.00	1.00	1.00	1.00	1.00	194183.92
	3-hydroxypromazine	1.00	1.00	1.00	1.00	1.00	1.00	1.00	193689.08
	4-methyloctyl acetate	1.00	1.00	1.00	1.00	192092.94	1.00	1.00	1.00
	1,4-beta-D-glucan	1.00	1.00	1.00	1.00	1.00	1.00	1.00	189681.11
	2',3'-cyclic UMP	1.00	1.00	188418.92	1.00	1.00	1.00	1.00	1.00
	pseudoargiopinin III	1.00	1.00	1.00	1.00	1.00	1.00	1.00	187148.08
	3-indolebutyric acid	1.00	1.00	1.00	1.00	184398.08	1.00	1.00	1.00
	Cys Tyr	1.00	1.00	184246.02	1.00	1.00	1.00	1.00	1.00
	spenolimycin	1.00	183889.02	1.00	1.00	1.00	1.00	1.00	1.00
	N-hydroxypentobarbital	1.00	1.00	1.00	1.00	181564.11	1.00	1.00	1.00
	pergolide sulfone	179473.00	1.00	1.00	1.00	1.00	1.00	1.00	1.00
	7Z-undecenyl acetate	1.00	1.00	1.00	1.00	1.00	1.00	1.00	179371.00
	16-phenoxy tetranor PGF2α isopropyl ester	1.00	1.00	1.00	1.00	178943.00	1.00	1.00	1.00
	omega-3-arachidonic acid	1.00	1.00	1.00	1.00	1.00	1.00	1.00	175892.86
	4,4'-methylenebis(2,6-di-tert-butylphenol)	1.00	1.00	1.00	1.00	1.00	1.00	174372.81	1.00

组别	样本号	发酵2d	发酵4d	发酵6d	发酵8d	发酵10d	发酵12d	发酵14d	发酵16d
	S-[2-(*N*7-guanyl)ethyl]-*N*-acetyl-L-cysteine	174191.02	1.00	1.00	1.00	1.00	1.00	1.00	1.00
	2-naphthylamine	1.00	1.00	1.00	169375.92	1.00	1.00	1.00	1.00
	thiobencarb	169009.08	1.00	1.00	1.00	1.00	1.00	1.00	1.00
	Asp Ala	1.00	168959.92	1.00	1.00	1.00	1.00	1.00	1.00
	tetradecyl sulfate	1.00	1.00	1.00	1.00	1.00	1.00	1.00	167713.84
	DPPP	166298.12	1.00	1.00	1.00	1.00	1.00	1.00	1.00
	3,3'-dimethoxybenzidine	1.00	1.00	1.00	1.00	1.00	1.00	1.00	164862.97
	N-3-oxo-tetradecanoyl-L-homoserine lactone	162498.00	1.00	1.00					1.00
	Abu-Thr-OH	162254.98	1.00	1.00	1.00	1.00	1.00	1.00	1.00
	hexaconazole	1.00	1.00	1.00	1.00	1.00	160595.05	1.00	
	dihydroxycarteolol M2	160366.97	1.00	1.00	1.00	1.00	1.00	1.00	1.00
	Gly Asn Tyr	1.00	1.00	1.00	1.00	1.00	1.00	158801.08	
	paraoxon	1.00	1.00	1.00	1.00	1.00	1.00	156581.02	
	dihydrojasmonic acid, methyl ester	1.00	1.00	1.00	1.00	1.00	1.00	155935.03	
	Glu Ala Trp	1.00	155713.98	1.00	1.00	1.00	1.00	1.00	1.00
	methoxybrassinin	1.00	1.00	1.00	154484.90	1.00	1.00	1.00	1.00
第3组	MID58090:*O*-b-D-Gal-(1→3)-*O*-[b-D-Gal-(1→4)-2-(acetylamino)-2-deoxy-b-D-Glc-(1→6)]-2-(acetylamino)	1.00	1.00	1.00	1.00	1.00	1.00	1.00	151937.00
	5-hydroxyindol-2-carboxylic acid	1.00	1.00	1.00	1.00	1.00	1.00	1.00	151423.05
	N-benzylphthalimide	1.00	1.00	1.00	1.00	1.00	1.00	1.00	151293.97
	deacetyldiltiazem	1.00	1.00	1.00	1.00	1.00	1.00	151148.03	1.00
	2,4,6-octatrienal	150502.97	1.00	1.00	1.00	1.00	1.00	1.00	1.00
	oxonitine	1.00	148586.98	1.00	1.00	1.00	1.00	1.00	1.00
	prinomide	1.00	1.00	1.00	147011.10	1.00	1.00	1.00	1.00
	AG-183	1.00	1.00	1.00	1.00	1.00	1.00	1.00	141224.02
	nalpha-methylhistidine	1.00	138979.88	1.00	1.00	1.00	1.00	1.00	1.00
	phloionolic acid	137340.00	1.00	1.00	1.00	1.00	1.00	1.00	1.00
	bruceantinol	1.00	136298.11	1.00	1.00	1.00	1.00	1.00	1.00
	Glu Arg Ser	1.00	1.00	1.00	131628.90	1.00	1.00	1.00	1.00
	phytuberin	1.00	1.00	1.00	131037.00	1.00	1.00	1.00	1.00
	thiocysteine	1.00	1.00	1.00	1.00	1.00	1.00	130913.02	1.00
	dihydrolevobunolol	1.00	1.00	1.00	1.00	1.00	130846.92	1.00	1.00
	desmetryn	1.00	1.00	129056.91	1.00	1.00	1.00	1.00	1.00
	cinnamodial	1.00	1.00	1.00	128666.09	1.00	1.00	1.00	1.00
	16:4(6*Z*,9*Z*,12*Z*,15*Z*)	1.00	127456.91	1.00	1.00	1.00	1.00	1.00	1.00
	secnidazole	1.00	1.00	1.00	1.00	1.00	1.00	1.00	124538.09

续表

组别	样本号	发酵2d	发酵4d	发酵6d	发酵8d	发酵10d	发酵12d	发酵14d	发酵16d
第3组	sebacic acid	1.00	1.00	1.00	123096.12	1.00	1.00	1.00	1.00
	D-aspartic acid	1.00	1.00	1.00	1.00	121857.09	1.00	1.00	1.00
	GW 9662	1.00	121539.01	1.00	1.00	1.00	1.00	1.00	1.00
	3,5,8,4'-tetrahydroxy-7,3'-dimethoxy-6-(3-methylbut-2"-enyl)flavone	1.00	1.00	1.00	1.00	1.00	1.00	1.00	121039.98
	Arg Met Met	1.00	1.00	1.00	1.00	1.00	120452.06	1.00	1.00
	L-histidinol	1.00	1.00	1.00	1.00	1.00	1.00	1.00	119687.88
	(3S,5S)-3,5-diaminohexanoate	1.00	1.00	1.00	119419.02	1.00	1.00	1.00	1.00
	flutrimazole	116063.93	1.00	1.00	1.00	1.00	1.00	1.00	1.00
	methyl5-(but-3-en-1-yl)amino-1,3,4-oxadiazole-2-carboxylate	114091.02	1.00	1.00	1.00	1.00	1.00	1.00	1.00
	1,3-dihydroxyacetone	1.00	112061.97	1.00	1.00	1.00	1.00	1.00	1.00
	(2R)-5,4'-dihydroxy-7-methoxy-6-methylflavanone	1.00	111816.89	1.00	1.00	1.00	1.00	1.00	1.00
	N1-amidinostreptamine 6-phosphate	1.00	109921.98	1.00	1.00	1.00	1.00	1.00	1.00
	S-(phenylacetothiohydroximoyl)-L-cysteine	109716.11	1.00	1.00	1.00	1.00	1.00	1.00	1.00
	His Val Ser	1.00	1.00	1.00	105970.98	1.00	1.00	1.00	1.00
	thiadiazin	1.00	1.00	1.00	1.00	1.00	1.00	1.00	103744.95
	sulisobenzone	102873.02	1.00	1.00	1.00	1.00	1.00	1.00	1.00
	Glu Glu	1.00	1.00	1.00	1.00	1.00	90281.03	1.00	1.00
	fluorofelbamate	1.00	88279.02	1.00	1.00	1.00	1.00	1.00	1.00
	PS-5	84426.93	1.00	1.00	1.00	1.00	1.00	1.00	1.00
	Asp Gln Lys	1.00	83851.05	1.00	1.00	1.00	1.00	1.00	1.00
	N-acetylaspartate	1.00	1.00	1.00	1.00	1.00	1.00	1.00	77590.95
	1,4-benzenediol, 2,6-bis(1-methylethyl)-, 4-(hydrogen sulfate)	76470.02	1.00	1.00	1.00	1.00	1.00	1.00	1.00
	(S)-3-(imidazol-5-yl)lactate	1.00	1.00	1.00	1.00	1.00	1.00	1.00	73962.93
	1-methyl-5-imidazoleacetic acid	1.00	73840.02	1.00	1.00	1.00	1.00	1.00	1.00
	4,4-bis(p-fluorophenyl) butyric acid	72732.02	1.00	1.00	1.00	1.00	1.00	1.00	1.00
	3-(N-nitrosomethylamino) propionitrile	58493.01	1.00	1.00	1.00	1.00	1.00	1.00	1.00
	gluconic acid	1.00	1.00	1.00	57492.98	1.00	1.00	1.00	1.00
	diMBOA	1.00	1.00	1.00	1.00	1.00	1.00	1.00	55658.00
	diphenylmethylphosphine	55155.02	1.00	1.00	1.00	1.00	1.00	1.00	1.00
第3组235个样本平均值		69014.03	48057.47	40620.77	43860.16	24335.17	57342.47	42141.43	69269.69

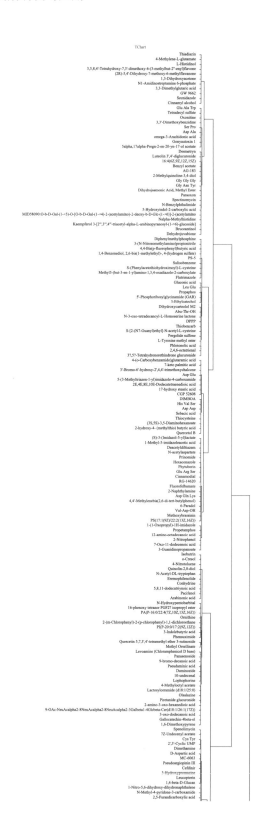

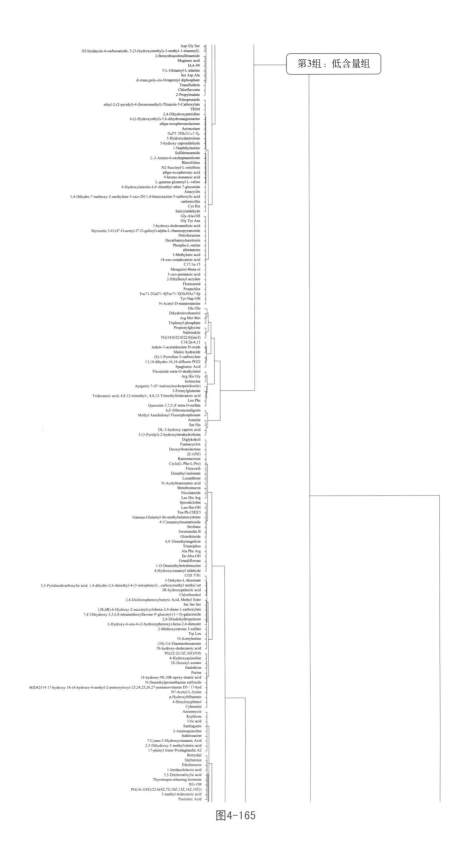

图4-165

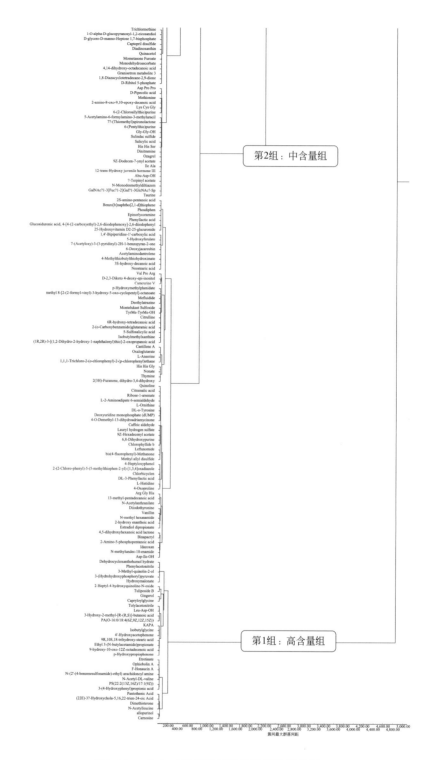

图4-165　空白对照发酵过程物质组聚类分析

（2）发酵阶段聚类分析　从 452 个物质中选择主成分得分总和大于 1 的物质构成分析矩阵，计算主成分，以物质组主成分为指标、发酵阶段为样本、卡方距离为尺度，用可变类平均法进行系统聚类，分析结果见表 4-157、表 4-158、图 4-166、图 4-167。结果表明，可将空白对照组发酵阶段分为 3 组（图 4-166），第 1 组发酵前期，包括了发酵 2d 时期，物质组主成分得分总和为 264.36，影响发酵前期的前 5 个主要物质有 carnosine（主成分得分平均值 −31.76）、allopurinol（26.00）、N-acetylleucine（23.67）、(22E)-3α-hydroxychola-5,16,22-trien-24-oic acid（19.66）、3-(4-hydroxyphenyl)propionic acid（14.11）；发酵前期物质组的编码对数模型为：$y = -8.126\ln x + 28.976$（$R^2 = 0.937$）（图 4-167、表 4-157、表 4-158）。

第 2 组发酵中期，包括了发酵 4d、发酵 6d，物质组主成分得分总和为 130.62，影响发酵中期的前 5 个主要物质有 3-(4-hydroxyphenyl)propionic acid（主成分得分平均值 =10.41）、p-hydroxypropiophenone（9.20）、gingerol（7.46）、tuliposide B（6.68）、4'-hydroxyacetophenone（5.65）；发酵中期物质组的编码对数模型为：$y = -2.462\ln x + 10.109$（$R^2 = 0.982$）（图 4-167、表 4-157、表 4-158）。

第 3 组发酵后期，包括了发酵 8d、10d、12d、14d、16d 发酵阶段，物质组主成分得分总和为 110.73，影响发酵后期的前 5 个主要物质有 capryloylglycine（主成分得分平均值 =9.20）、N-acetylleucine（7.81）、allopurinol（6.76）、gingerol（4.97）、tuliposide B（4.50）；发酵后期物质组的编码对数模型为：$y = -2.037\ln x + 8.4333$（$R^2 = 0.967$）（图 4-167、表 4-157、表 4-158）。

表4-157　空白对照基于主要物质组主成分得分的发酵阶段聚类分析

物质组	第1组1个样本		第2组2个样本			第3组5个样本					
	发酵2d	平均值	发酵4d	发酵6d	平均值	发酵8d	发酵10d	发酵12d	发酵14d	发酵16d	平均值
carnosine	31.76	31.76	2.29	7.65	4.97	4.67	2.66	1.00	2.31	3.21	2.77
3-(4-hydroxyphenyl)propionic acid	14.11	14.11	15.98	4.84	10.41	1.00	5.98	4.51	2.01	3.09	3.32
p-hydroxypropiophenone	7.39	7.39	12.48	5.92	9.20	4.45	1.00	1.49	4.68	2.32	2.79
capryloylglycine	11.71	11.71	1.00	3.33	2.17	15.39	10.65	6.72	7.45	5.77	9.20
allopurinol	26.00	26.00	1.00	9.14	5.07	7.76	3.33	10.17	5.90	6.63	6.76
(22E)-3α-hydroxychola-5,16,22-trien-24-oic acid	19.66	19.66	3.95	1.00	2.48	6.03	3.66	3.03	4.17	4.09	4.20
4'-hydroxyacetophenone	4.47	4.47	7.20	4.10	5.65	3.59	1.00	2.70	3.61	2.22	2.62
dimethisterone	14.10	14.10	3.98	1.00	2.49	3.79	2.79	2.07	2.13	2.59	2.67
Leu-Asp-OH	3.35	3.35	4.00	1.95	2.98	1.11	1.14	5.07	1.00	1.48	1.96
PA[O-16:0/18:4(6Z,9Z,12Z,15Z)]	7.09	7.09	3.94	1.00	2.47	1.21	6.79	4.08	2.25	3.54	3.57
3-hydroxy-2-methyl-[R-(R,S)]-butanoic acid	3.80	3.80	5.46	4.24	4.85	4.05	1.00	5.18	4.13	3.02	3.48
isobutylglycine	3.30	3.30	4.21	1.66	2.93	1.00	1.11	1.14	2.95	1.58	1.56
gingerol	6.35	6.35	1.00	13.91	7.46	2.71	6.63	4.79	5.67	5.07	4.97
tuliposide B	5.63	5.63	1.00	12.36	6.68	2.51	5.96	4.35	5.11	4.58	4.50
N-[2'-(4-benzenesulfonamide)-ethyl]arachidonoyl amine	6.47	6.47	1.21	2.19	1.70	1.73	1.27	1.00	1.22	1.41	1.33

物质组	第1组1个样本		第2组2个样本			第3组5个样本					
	发酵2d	平均值	发酵4d	发酵6d	平均值	发酵8d	发酵10d	发酵12d	发酵14d	发酵16d	平均值
3-methyl-quinolin-2-ol	2.90	2.90	4.29	3.37	3.83	3.27	1.00	4.10	3.31	2.50	2.84
binapacryl	1.88	1.88	3.46	1.98	2.72	1.78	1.00	1.10	1.78	1.29	1.39
F-honaucin A	5.17	5.17	1.15	1.91	1.53	1.58	1.20	1.00	1.17	1.31	1.25
N-acetyl-DL-valine	12.16	12.16	3.94	1.00	2.47	1.67	7.17	5.30	3.58	3.36	4.22
hydroxymalonate	3.58	3.58	1.00	7.89	4.44	1.95	4.01	3.06	3.51	3.19	3.15
3-(hydrohydroxyphosphoryl) pyruvate	3.57	3.57	1.00	7.87	4.43	1.95	4.00	3.05	3.50	3.19	3.14
9-hydroxy-10-oxo-12Z-octadecenoic acid	3.88	3.88	1.10	1.63	1.36	1.43	1.13	1.00	1.11	1.22	1.18
tolylacetonitrile	3.49	3.49	3.61	1.92	2.77	1.21	3.95	3.63	1.00	2.35	2.43
4-oxoproline	3.33	3.33	2.67	2.45	2.56	3.25	1.00	2.47	1.94	3.37	2.41
Asp-Ile-OH	4.57	4.57	6.16	3.97	5.06	3.62	5.13	1.00	3.93	3.76	3.49
etretinate	4.79	4.79	1.75	1.00	1.38	2.29	1.49	1.54	1.66	1.67	1.73
idazoxan	2.85	2.85	3.76	2.10	2.93	1.76	2.93	1.00	2.37	2.19	2.05
dehydrocycloxanthohumol hydrate	2.75	2.75	1.00	6.07	3.54	1.72	3.22	2.54	2.86	2.63	2.59
2-hydroxy enanthoic acid	1.62	1.62	2.65	2.08	2.37	2.10	1.00	2.39	2.09	1.69	1.85
bis(4-fluorophenyl)-methanone	1.19	1.19	2.33	1.49	1.91	1.45	1.00	1.06	1.43	1.16	1.22
4,5-dihydroxyhexanoic acid lactone	1.68	1.68	1.45	1.23	1.34	2.58	2.26	1.00	1.64	1.18	1.73
ophiobolin A	5.24	5.24	1.64	1.00	1.32	2.34	1.61	1.72	1.66	1.97	1.86
N-acetylleucine	23.67	23.67	4.70	1.00	2.85	1.44	8.51	8.42	12.08	8.61	7.81
9R,10S,18-trihydroxy-stearic acid	2.73	2.73	1.05	1.39	1.22	1.30	1.07	1.00	1.06	1.14	1.11
L-ornithine	2.42	2.42	3.61	2.24	2.93	2.03	2.87	1.00	1.96	2.07	1.99
2-amino-5-phosphopentanoic acid	2.29	2.29	2.66	1.53	2.10	1.14	2.70	2.59	1.00	1.79	1.84
chlorophyllide b	1.96	1.96	1.00	4.35	2.68	1.51	2.48	2.04	2.25	2.09	2.07
leflunomide	1.45	1.45	1.00	1.75	1.37	1.63	2.14	1.89	1.32	1.41	1.68

表4-158　空白对照基于主要物质组主成分得分的分组平均值

物质组	第1组1个样本	第2组2个样本	第3组5个样本
carnosine	31.76	4.97	2.77
3-(4-hydroxyphenyl)propionic acid	14.11	10.41	3.32
p-hydroxypropiophenone	7.39	9.20	2.79
capryloylglycine	11.71	2.17	9.20
allopurinol	26.00	5.07	6.76

物质组	第1组1个样本	第2组2个样本	第3组5个样本
(22E)-3α-hydroxychola-5,16,22-trien-24-oic acid	19.66	2.48	4.20
4'-hydroxyacetophenone	4.47	5.65	2.62
dimethisterone	14.10	2.49	2.67
Leu-Asp-OH	3.35	2.98	1.96
PA[O-16:0/18:4(6Z,9Z,12Z,15Z)]	7.09	2.47	3.57
3-hydroxy-2-methyl-[R-(R,S)]-butanoic acid	3.80	4.85	3.48
isobutylglycine	3.30	2.93	1.56
gingerol	6.35	7.46	4.97
tuliposide B	5.63	6.68	4.50
N-(2'-(4-benzenesulfonamide)-ethyl) arachidonoyl amine	6.47	1.70	1.33
3-methyl-quinolin-2-ol	2.90	3.83	2.84
binapacryl	1.88	2.72	1.39
F-honaucin A	5.17	1.53	1.25
N-acetyl-DL-valine	12.16	2.47	4.22
hydroxymalonate	3.58	4.44	3.15
3-(hydrohydroxyphosphoryl)pyruvate	3.57	4.43	3.14
9-hydroxy-10-oxo-12Z-octadecenoic acid	3.88	1.36	1.18
tolylacetonitrile	3.49	2.77	2.43
4-oxoproline	3.33	2.56	2.41
Asp-Ile-OH	4.57	5.06	3.49
etretinate	4.79	1.38	1.73
idazoxan	2.85	2.93	2.05
dehydrocycloxanthohumol hydrate	2.75	3.54	2.59
2-hydroxy enanthoic acid	1.62	2.37	1.85
bis(4-fluorophenyl)-Methanone	1.19	1.91	1.22
4,5-dihydroxyhexanoic acid lactone	1.68	1.34	1.73
ophiobolin A	5.24	1.32	1.86
N-acetylleucine	23.67	2.85	7.81
9R,10S,18-trihydroxy-stearic acid	2.73	1.22	1.11
L-ornithine	2.42	2.93	1.99
2-amino-5-phosphopentanoic acid	2.29	2.10	1.84
chlorophyllide b	1.96	2.68	2.07
leflunomide	1.45	1.37	1.68
总和	264.36	130.62	110.73

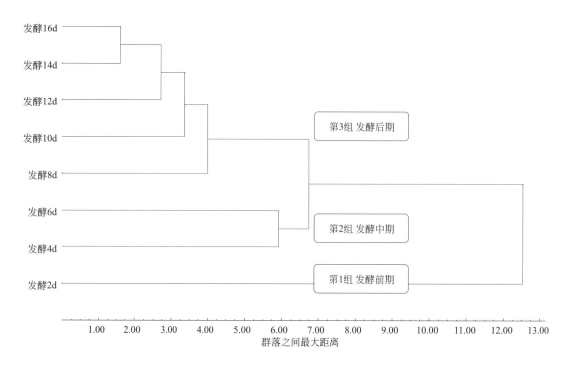

图4-166　空白对照基于主要物质组的发酵阶段聚类分析（卡方距离）

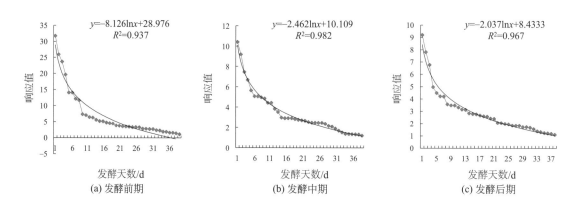

图4-167　空白对照发酵阶段主要物质主成分得分变化模型

5. 发酵阶段物质组生境生态位特性

空白对照构建了发酵阶段物质组生境，不同的发酵时间微生物结构不同，产生的物质组生境存在显著差异。引入物质组聚类的结果，取出高含量、中含量、低含量组的前10个物质，组成矩阵，统计生态位宽度和生态位重叠，分析不同含量物质组构建的生态位特征的异质性。

（1）高含量物质组生境生态位　从表4-156中第1组高含量物质组取前10个物质见表4-159，以Levins测度统计不同发酵阶段物质组生境生态位重叠见表4-160，以Pianka测度统计不同发酵阶段物质组生境生态位重叠见表4-161。

表4-159 空白对照第1组高含量组前10个物质的相对含量

发酵阶段	carnosine	allopuri-nol	N-acety-lleucine	(22E)-3α-hydroxychola-5,16,22-trien-24-oic acid	3-(4-hydroxyphenyl)propionic acid	dimeth-isterone	N-acetyl-DL-valine	p-hydroxy-ypropio-phenone	capry-loylglyc-ine	N-(2'-(4-benzenesulfo-namide)-ethyl)arachi-donoyl amine
发酵2d	13390863	10411951	363811.03	5660496	14833594	4658770.5	1	13965990	1	2616180.8
发酵4d	13390863	17.41	2873687.2	6627854.5	15016904	5969214	3288791.2	10584622	309657.22	2616180.8
发酵6d	13390863	10411951	1	1	1	1	1	1	1	2616180.8
发酵8d	13390863	10411951	12241901	7802226.5	13778739	6775162	10395294	1	1131665.2	2616180.8
发酵10d	13390863	10411951	5511131.5	7582009.5	777090.06	5284340.5	1817932.4	1	2052846.6	2616180.8
发酵12d	13390863	10411951	7936621.5	8105930	836434.44	5950933	3921243.2	1	1083394.1	2616180.8
发酵14d	13390863	10411951	3703234.5	8880190	1	5437470	3444652.8	1	18241920	2616180.8
发酵16d	13390863	10411951	22755570	9922560	2381868.8	6092950.5	7209479	1	1660852.1	2616180.8

表4-160 高含量物质组不同发酵阶段生境生态位宽度

发酵阶段	Levins	频数	截断比例	常用资源种类				
发酵8d	7.2544	5	0.12	S1=17.05%	S2=13.26%	S3=15.59%	S5=17.54%	S7=13.23%
发酵12d	6.1847	4	0.12	S1=24.68%	S2=19.19%	S3=14.63%	S4=14.94%	
发酵4d	5.9152	3	0.12	S1=22.07%	S5=24.75%	S8=17.44%		
发酵10d	5.8420	3	0.12	S1=27.08%	S2=21.06%	S4=15.33%		
发酵16d	5.7949	4	0.12	S1=17.52%	S2=13.62%	S3=29.77%	S4=12.98%	
发酵14d	5.7434	4	0.12	S1=20.25%	S2=15.75%	S4=13.43%	S9=27.59%	
发酵2d	5.6881	4	0.12	S1=20.32%	S2=15.80%	S5=22.51%	S8=21.19%	
发酵6d	2.3694	2	0.12	S1=50.69%	S2=39.41%			

表4-161 高含量物质组不同发酵阶段生境生态位重叠

发酵阶段	发酵2d	发酵4d	发酵6d	发酵8d	发酵10d	发酵12d	发酵14d	发酵16d
发酵2d	1							
发酵4d	0.9039	1						
发酵6d	0.6211	0.4348	1					
发酵8d	0.7187	0.7628	0.5885	1				
发酵10d	0.6645	0.5919	0.8390	0.8196	1			
发酵12d	0.6361	0.5953	0.7867	0.8626	0.9887	1		
发酵14d	0.4873	0.4432	0.6220	0.6245	0.8057	0.7668	1	
发酵16d	0.4818	0.5222	0.5405	0.8655	0.8402	0.9006	0.6337	1

分析结果表明（表4-160），从生态位宽度看，高含量物质组所构建的生境生态位宽度在发酵过程差异显著；发酵8d生态位宽度最大，为7.2544，常见物质组资源为S1=17.05%（carnosine）、S2=13.26%（allopurinol）、S3=15.59%（N-acetylleucine）、S5=17.54%[3-(4-hydroxyphenyl)propionic acid]、S7=13.23%（N-acetyl-DL-valine）。发酵6d生态位宽度最小，为2.3694，常见物质组资源为S1=50.69%（carnosine）、S2=39.41%（allopurinol）。物质组生境生态位宽度越大表明允许微生物生存的生境越宽，微生物含量高，由微生物代谢的物质

组多；反之，微生物含量低，代谢的物质组含量低。

从生态位重叠看（表4-161），高含量物质组所构建的生境生态位重叠存在显著差异，发酵阶段之间的生态位重叠范围为0.4348~0.9887，表明发酵阶段间的生态位重叠较低者，其构建的生境中的微生物组和物质组差异显著，生态位重叠较高者其构建的生境中的微生物组和物质组一致性较高。一个发酵阶段如发酵2d与另一个发酵阶段如发酵4d的生境生态位重叠值可以较高（0.9039），而与其他的发酵阶段如发酵16d生态位重叠可以较低（0.4818），表明了微生物发酵过程物质组的趋同和趋异现象出现；发酵阶段生态位的重叠有助于了解微生物发酵生境的变化。

（2）中含量物质组生境生态位 从表4-156中第2组中含量物质组取前10个物质见表4-162，以Levins测度统计不同发酵阶段物质组生境生态位宽度见表4-163，以Pianka测度统计不同发酵阶段物质组生境生态位重叠见表4-164。

表4-162 空白对照第2组中含量组前10个物质的相对含量

发酵阶段	Asp-Ile-OH	4-oxopr-oline	estradiol dipropio-nate	idazoxan	binapacr-yl	methyl allyl disulfide	N-methyl hexana-mide	vanillin	2(3H)-furanone, dihydro-3, 4-dihydroxy	N-methylun-dec-10-enamide
发酵2d	1	2341576	592026	692895	2971217	1	1	450736	8	1
发酵4d	5386156	364411	597096	3161468	2320987	1	320043	2002140	4	749586
发酵6d	1	1	1	1	1	571445	1	1	949994	1
发酵8d	1	1	839634	844485	1	321524	1149508	669528	949994	800519
发酵10d	1	2014651	853679	1	1	900805	545657	239364	949994	708578
发酵12d	1	180460	889639	1	1	1161835	831409	687760	949994	779508
发酵14d	1	716380	910242	1	1	1166641	318759	1	949994	751701
发酵16d	486799	135622	1035100	931787	1	1165501	2116835	1033262	7	786439

表4-163 中含量物质组不同发酵阶段生境生态位宽度

发酵阶段	Levins	频数	截断比例	常用资源种类					
发酵8d	6.4294	6	0.12	S3=15.06%	S4=15.15%	S7=20.62%	S8=12.01%	S9=17.04%	S10=14.36%
发酵12d	6.1954	6	0.12	S3=16.23%	S6=21.20%	S7=15.17%	S8=12.55%	S9=17.33%	S10=14.22%
发酵16d	6.0858	5	0.12	S3=13.46%	S4=12.11%	S6=15.15%	S7=27.52%	S8=13.43%	
发酵14d	5.4242	5	0.12	S2=14.88%	S3=18.91%	S6=24.24%	S9=19.74%	S10=15.62%	
发酵10d	5.2453	4	0.12	S2=32.43%	S3=13.74%	S6=14.50%	S9=15.29%		
发酵4d	4.4812	4	0.12	S1=36.14%	S4=21.22%	S5=15.58%	S8=13.44%		
发酵2d	3.2376	2	0.12	S2=33.22%	S5=42.15%				
发酵6d	1.8834	2	0.12	S6=37.56%	S9=62.44%				

表4-164 中含量物质组不同发酵阶段生境生态位重叠

发酵阶段	发酵2d	发酵4d	发酵6d	发酵8d	发酵10d	发酵12d	发酵14d	发酵16d
发酵2d	1							
发酵4d	0.406	1						
发酵6d	0	0	1					

发酵阶段	发酵2d	发酵4d	发酵6d	发酵8d	发酵10d	发酵12d	发酵14d	发酵16d
发酵8d	0.1607	0.354	0.4456	1				
发酵10d	0.5017	0.1272	0.4713	0.5472	1			
发酵12d	0.1460	0.1822	0.6417	0.8393	0.7103	1		
发酵14d	0.2737	0.101	0.6848	0.6623	0.8704	0.8895	1	
发酵16d	0.1672	0.4361	0.1927	0.8439	0.4926	0.7841	0.5687	1

分析结果表明（表4-163），从生态位宽度看，中含量物质组所构建的生境生态位宽度在发酵过程差异显著；发酵 8d 生态位宽度最大，为 6.4294，常见物质组资源为 S3=15.06%（estradiol dipropionate）、S4=15.15%（idazoxan）、S7=20.62%（N-methyl hexanamide）、S8=12.01%（vanillin）、S9=17.04%[2(3H)-furanone, dihydro-3,4-dihydroxy]、S10=14.36%（N-methylundec-10-enamide）。发酵 6d 生态位宽度最小，为 1.8834，常见物质组资源为 S6=37.56%（methyl allyl disulfide）、S9=62.44%[2(3H)-Furanone, dihydro-3,4-dihydroxy]。物质组生境生态位宽度越大表明允许微生物生存的生境越宽，微生物含量高，由微生物代谢的物质组多；反之，微生物含量低，代谢的物质组含量低。

从生态位重叠看（表4-164），中含量物质组所构建的生境生态位重叠存在显著差异，发酵阶段之间的生态位重叠范围为 0.0000~0.8895，表明发酵阶段间的生态位重叠较低者，其构建的生境中的微生物组和物质组差异显著，生态位重叠较高者其构建的生境中的微生物组和物质组一致性较高。一个发酵阶段如发酵 2 d 与另一个发酵阶段如发酵 10 d 的生境生态位重叠值可以是中等水平（0.5017），而与其他的发酵阶段如发酵 6 d 生态位可以是不重叠（0.0000），表明了微生物发酵过程物质组的趋同和趋异现象出现；中含量物质组所构建的生境生态位总体上重叠值较低，这与物质组含量较低相关，发酵阶段生态位的重叠有助于了解微生物发酵生境的变化。

（3）低含量物质组生境生态位　从表 4-156 中第 3 组低含量物质组取前 10 个物质见表 4-165，以 Levins 测度统计不同发酵阶段物质组生境生态位宽度见表 4-166，以 Pianka 测度统计不同发酵阶段物质组生境生态位重叠见表 4-167。

表4-165　空白对照第3组低含量组前10个物质的相对含量

发酵阶段	5-(3-pyridyl)-2-hydroxytet-rahydrofuran	N-acetyl-D-man-nosamine	DL-3-hydroxy caproic acid	3-guani-dinopro-panoate	1,6-di-methoxy-pyrene	2-propy-lmalate	arabinon-ic acid	quercet-in 3,7,3',4'-tet-ra-O-su-lfate	spaglumic acid	maleic hydrazide
发酵2d	1	1	7	347504	1	1	1	1	1	1
发酵4d	3	1	2	2	1	473347	2	1	1	1
发酵6d	928029	1	768083	347504	1	1	331582	1	1	1
发酵8d	1	608210	2	347504	560388	406968	6	1	1	145320
发酵10d	2	211640	3	1	714432	1	331582	1	399680	377583
发酵12d	928029	507675	768083	347504	475323	390856	331582	575476	447495	403659
发酵14d	928029	145681	768083	347504	1	1	331582	1	358773	343027
发酵16d	2	962422	2	347504	291327	742600	331582	1057174	355611	279169

表4-166 低含量物质组不同发酵阶段生境生态位宽度

发酵阶段	Levins	频数	截断比例	常用资源种类			
发酵12d	8.8916	2	0.12	S1=17.93%	S3=14.84%		
发酵16d	6.1227	3	0.12	S2=22.04%	S6=17.00%	S8=24.21%	
发酵14d	5.3273	2	0.12	S1=28.80%	S3=23.83%		
发酵8d	4.3152	4	0.12	S2=29.40%	S4=16.80%	S5=27.09%	S6=19.68%
发酵10d	4.2802	4	0.12	S5=35.11%	S7=16.29%	S9=19.64%	S10=18.56%
发酵6d	3.3543	4	0.12	S1=39.07%	S3=32.34%	S4=14.63%	S7=13.96%
发酵2d	1.0001	1	0.12	S4=100.00%			
发酵4d	1.0001	1	0.12	S6=100.00%			

表4-167 低含量物质组不同发酵阶段生境生态位重叠

发酵阶段	发酵2d	发酵4d	发酵6d	发酵8d	发酵10d	发酵12d	发酵14d	发酵16d
发酵2d	1							
发酵4d	0	1						
发酵6d	0.268	0	1					
发酵8d	0.349	0.4087	0.0935	1				
发酵10d	0	0	0.0862	0.5962	1			
发酵12d	0.2002	0.2252	0.7472	0.5286	0.5203	1		
发酵14d	0.2489	0	0.9288	0.1865	0.3012	0.8479	1	
发酵16d	0.1969	0.4207	0.1008	0.6897	0.4431	0.662	0.2411	1

分析结果表明（表4-166），从生态位宽度看，低含量物质组所构建的生境生态位宽度在发酵过程差异显著；发酵12d生态位宽度最大，为8.8916，常见物质组资源为S1=17.93%[5-(3-pyridyl)-2-hydroxytetrahydrofuran]、S3=14.84%（DL-3-hydroxy caproic acid）；发酵2d和4d生态位宽度最小，为1.0001，发酵2d常见物质组资源为S4=100.00%（3-guanidinopropanoate）。物质组生境生态位宽度越大表明允许微生物生存的生境越宽，微生物含量高，由微生物代谢的物质组多，反之，微生物含量低，代谢的物质组含量低。

从生态位重叠看（表4-167），低含量物质组所构建的生境生态位重叠存在显著差异，发酵阶段之间的生态位重叠范围0.0000~0.9288，表明发酵阶段间的生态位重叠较低者，其构建的生境中的微生物组和物质组差异显著，生态位重叠较高者其构建的生境中的微生物组和物质组一致性较高。一个发酵阶段如发酵6 d与另一个发酵阶段如发酵14 d的生境生态位重叠值可以是较高水平（0.9288），而与其他的发酵阶段如发酵4d生态位重叠可以是不重叠（0.0000），表明了微生物发酵过程物质组的趋同和趋异现象出现；低含量物质组所构建的生境生态位总体上重叠值较低，这与物质组含量较低相关，发酵阶段生态位的重叠有助于了解微生物发酵生境的变化。

第五章
整合微生物组菌剂功能群与同工菌

第一节
概述

一、物种功能群

1. 功能群的定义

功能群也称为适应性症候群，是指具有相似的结构或功能的物种的集合，即将一个生态系统内一些具有相似特征，或行为上表现出相似特征的物种（微生物、动物、植物）尽可能地归类。功能群（functional group）是用以描述在群落中功能相似的所有物种的集合，它是基于生理、形态、生活史或其他与某一生态系统过程相关以及与物种行为相联系的一些生物学特性来划分的，其生物学特性的选择应该基于野外调查。利用这种方法有助于在群落生态学研究中简化群落内部物种间的关系，而不是纯粹地以物种分类标准为基础，使得生态系统的复杂性在研究中减小。功能群概念的引入，使人们对生态系统的理解在一定程度上变得更加容易，也使人们能更好地认识生物多样性与生态系统的结构和功能的关系。生物成分按其在生态系统中的作用可划分为生产者、消费者和分解者三大类群，由于生物的划分与分类类群无关，所以这三大类群又被称为生态系统的三大功能群。

2. 功能群的特点

把群落划分成具有共同功能特征的功能群是生态学研究中简化群落结构和功能的较好的分析方法，这些功能类群对环境变化的反应是各生物类群反应的综合表征。在反映生态系统变化的生物指标体系中，功能群能够提供群落对干扰反应的广泛和预测性的理解。这些类群对环境变化的反应比个体及种群的反应更为重要、综合性更强，因此功能群反应可以作为推测生态系统健康受损时种群压力指标的基础。由于功能群的划分是以生态功能为基础，因此生态系统的任何变化，尤其是功能的损害，都会明显地反映在功能群的类型及组成上。在决定生态过程方面，功能群组成及其多样性常常表现出更明显的作用。

功能群组成以及功能群间的相互作用对群落生产力及其稳定性具有更重要的影响。功能群的划分在实际的研究中是很必要的。因为，尽管每个物种对生态系统过程都具有作用，但这种作用的性质和大小有着相当大的差别，人们通常不能很准确地知道每个物种对生态系统过程的相对贡献。因此，在生态系统结构与功能的研究中这种非系统发育（进化）的功能分类法被许多生态学家采用。

在底栖动物的研究中，功能群是指具有相同生态功能的一组底栖动物物种。但当前底栖动物功能群的划分标准还不是很清晰，有的按照底栖动物在生态系统中的功能，把它们分为次级生产者、粉碎者、分解促进者、生物扰动者等功能群来进行研究；有的以食性为基础进行功能群的划分。食性功能群方法的发展，为生态系统生物多样性动态研究中生物指标的遴选提供了可能，功能群数量及功能群内物种数的变化与其所栖息的生境质量紧密相关。

3．功能群的类型

根据生态系统中的生物组成成分，功能群可划分为目标功能群、维持功能群和从属功能群这三类功能群，详细介绍如下。

1）目标功能群（target functional group，TFG）。是指那些种群动态能够被用于监视保护区管理的物种群。在管理过程中目标功能群的动态需要更多的研究和监视。

2）维持功能群（supporting functional group，SFG）。是指那些提供和维持整个生态系统基本资源和生境的物种群。

3）从属功能群（subordinate functional group，SOFG）。是指那些在保护目标功能群的过程中能够被从属保护的物种群。

在三类功能群的划分中，植物作为生产者和基础营养级，可以被看作维持功能群。高级营养级的物种，在陆地生态系统中为鸟类、哺乳类和大型的爬行类；在水生生态系统中为鱼类、腕足类和水生哺乳类，能够被作为目标功能群。作为中间营养级的小型动物和作为分解者的微生物，一般被考虑作为从属功能群。此外，如果有地方种和珍稀濒危种存在，不管它属于植物、动物还是微生物都应被看作目标功能群。

对于维持功能群的细分，植被群丛通常被作为维持功能群的最小单位，因为它是研究野生动物生境的基本单位。维持功能群的分类步骤如下：a. 水生植被和陆地植被都应当被考虑；b. 对于陆地植被，不同的生境类型应当被区分，如地形和土壤理化因素；c. 陆地植被都应根据植被的外貌分为林地、灌丛和草地；d. 在林地、灌丛或草地中，植被的群丛被归类。

植物功能群的划分标准一般有质量特征、空间和时间上的变化 3 个。质量特征主要包括生活型、形态结构、干物质在不同器官中的分配比例、生理特点（如 C3、C4 和 CAM 等光合途径）和外貌特点（生理和形态特征相结合的途径）等；空间变化包括物种或其器官，如叶片和根系等的水平和垂直分布格局；时间变化主要指物种的生长发育节律，即物候学特征。植物功能群的划分对于认识生物多样性的生态系统功能具有重要意义。

对于从属功能群的细分，分类的参考标准仅依据物种的分类学基础即可，例如浮游动物、腔肠动物、环节动物、软体动物、腕足动物、甲壳动物、棘皮动物、昆虫、鱼类、爬行动物和两栖类。总之，除了大型的真菌，大部分的微生物可能被忽略，这是由于它们微小的个体和在保护区中的地位。

底栖动物绝大多数是消费者，为异养型生物，按食性将其划分为 5 类：①浮游生物食性类群，依靠各种过滤器官滤取水体中的微小浮游生物，如许多双壳类、甲壳类等；②植食性类群，主要以维管束植物和海藻为饵料，如某些腹足纲、双壳纲和蟹类等；③肉食性类群，捕食小型动物和动物幼体，如某些环节动物、十足类动物等；④杂食性类群，依靠皮肤或鳃的表皮，直接吸收溶解在水中的有机物，也可取食植物腐叶和小型双壳类、甲壳类，如某些腹足纲、双壳纲和蟹类等；⑤碎屑食性类群，它们能摄食底表的有机碎屑，吞食沉积物，在消化道内摄取其中的有机物质，如某些线虫、双壳类等。

二、微生物群落

1．微生物群落定义

生态学中对于群落的定义为"特定时空条件下，生活于具有明显表观特征的生境下、相互关联的不同类群生物的有序集合体"。其基本特征包括外貌、种类组成与结构（如捕食关系等）、群落环境、分布范围和边界特征等。虽然这一定义中实际上包含了一定范围内的所有动物、植物和微生物，但事实上不同生态学家说到群落的时候，往往指的只是自己研究的对象，即动物群落或者植物群落。

这种说法上的差异在动物和植物研究中基本不存在问题，但是对于土壤微生物，以下问题需要注意。

① 样本的代表性决定了群落。微生物绝大多数是肉眼不可见的，因此对于土壤微生物群落来说，外在形貌、边界特征、分布范围这些都是比较模糊的概念。实际的研究中是以极少量土壤样本（0.25 克到几克）中的群落代表目标范围内的微生物群落。例如不同土壤类型之间微生物群落差异是很大的，但同一类型的土壤在养分梯度或者不同土层上也存在差异。因此，土壤微生物群落的界定是以研究目的为导向，而样本的代表性决定了土壤微生物群落之间的差异。

② 对微生物群落的表征取决于研究的问题。对微生物群落的表征可以面向包括真核生物和原核生物的所有微生物，也可以只针对执行特定功能的某些类群，即群落可以分为发生型和功能型两类。

③ 对于群落内部的不同微生物之间的作用关系（即群落结构）尚不能给出非常明确而全面的证据，因此只能先验性地认为微生物群落内各类群之间存在联系，而后在此基础上进行验证。微生物之间的作用关系，可以通过分析代谢途径反映或者通过生物统计方法（例如网络分析等）计算不同分类单元在数量上的变化规律从而揭示两者可能存在的联系。

2．微生物群落测度

对微生物群落的物种组成进行测度的基础在于对微生物"种"的界定。由于微生物不具备明显的生殖隔离等特征，因此分子生物学中以序列的相似度定义微生物物种。最经典的判定方法为 DNA 序列杂交率 70% 以上则为同一物种，但该方法在现在的研究中并未得到广泛应用。实际操作中，通常以基于 rRNA 基因或者编码特定酶的功能基因的可操作分类单元（operational taxonomic unit，OTU）表征物种水平的分类单元。一般认为相似度大于 97% 的 rRNA 基因序列属于同一物种（即同一 OTU）；对于功能基因，这一数据会视具体对象而有所变化，例如当前一般认为氨单加氧酶 amoA 基因的为 85%，而固氮酶 nifH 基因的则为 90%。同样，微生物之间的亲缘关系也是以基因序列的相似度来度量。当然，这种基于人为设定 DNA 序列相似度的界定方式在一定程度上并不能反映真实的物种差异。相比之下对土壤宏基因组 DNA 进行全基因组测序并拼接的方法能更准确地揭示物种组成，但由于土壤微生物种类庞大，全基因组拼接的准确度和难度都很高，因此并不常用。总体来说，基于 OTU 的物种分类方法虽然不是最好的但却是当前最有效的微生物物种测度指标。

在确立微生物物种的基础上，可进一步对多样性和多度指标进行考量，例如测度群落内部的 α 多样性（丰富度以单个样本中的 OTU 数量表征，均匀度以辛普森指数或 Gini 系数表征，多样性以 Shannon 指数或者基于亲缘关系的 Faith 指数等表征），反映群落之间差异的 β 多样性（又称周转率，包括 Sørensen 距离和 Jaccard 距离、Bray-Curtis 距离以及基于微生物亲缘关系的 UniFrac 距离等），以及 γ 多样性（即洲际尺度上的 α 多样性）。多度有两种表征方法：一种是通过对特定基因进行定量 PCR 分析后以折算为每克土壤中该基因的拷贝数表征；另一种则是通过测序方法，以不同分类水平上 的序列条数占总序列条数的百分比表征（即多度格局）。

3. 微生物群落理论

理论的完善是学科发展的充要条件。微生物生态学理论的发展包含了两方面的内容：一方面是在现有的生态学研究体系下发展适用于微生物的理论框架；另一方面则是微生物领域的进展对原有生态学理论的补充和反馈。群落的构建机制是宏观生态学体系的核心议题，同时群落也是微生物生态学研究的基本对象，因此土壤微生物时空演变机制实质上也是在不同空间和时间尺度下微生物的群落构建及演变机制。微生物群落构建理论基础主要有生态位理论 / 中性理论、过程理论和多样性 - 稳定性理论三种。

4. 微生物群落尺度效应

尽管在群落构建理论中没有明确限定范围，但自然界的所有格局与规律都具有尺度依赖性，我们观察到的土壤微生物时空分布规律都是建立于特定的时间和空间尺度乃至分类尺度上的。因此，尺度效应是地理学与生态学等研究中必须考虑的关键问题。在不同的研究尺度上，驱动微生物群落构建机制的差异导致了群落演变规律的变化。

5. 微生物群落空间尺度

空间尺度可以简单分为大尺度、中尺度和小尺度，也可以根据具体的研究范围分为微小尺度、局域尺度、生态系统尺度、区域尺度、洲际尺度、全球尺度等。微生物在不同空间尺度上的分布特征是土壤微生物地理研究的主要方面。由于土壤微生物的大小在微米级以下，因此其空间分布可以涵盖不同的研究尺度：在厘米以下的微小尺度范围内，土壤孔隙（团聚体）结构、微生物间的相互作用、根际效应等就可以导致微生物分布格局的差异；在米到千米的范围内，土壤的异质性、植被的差异、地形等因素对微生物的分布产生影响；在几百乃至上千千米的更大尺度上，土壤发育条件、气候，乃至地理隔离等条件都影响到了微生物的空间分布。

不同空间尺度下土壤微生物的分布特征可能不同。最典型的例子是局域尺度（几百米到几千米）上海拔分布格局和区域尺度上（几百千米到几千千米）纬度分布格局的差异。海拔梯度和纬度梯度具有相似的环境条件，即随着海拔 / 纬度的升高，温度呈现线性降低并伴随降水、植被、土壤等环境条件的变化。海拔梯度上的植物多样性存在着降低或者单峰格局，而土壤微生物随海拔梯度的单峰或者降低格局也被证实。在大的区域尺度上，生物多样性的纬度格局是生态学中一个重要的问题。物种丰富度由热带到寒带逐渐降低这一基本格局对于大型动植物是确定的，但是对无脊椎的动物，包括蚯蚓、甲虫等则缺乏适用性。现有的证据表明，生物多样性的纬度格局似乎存在一种尺度效应，即体积小的生物在中纬度地区的多样性最高。由于缺乏在完整的纬度梯度上的详实数据，土壤微生物的全球地理分布格局尚不确定。但根据现有的部分结果推测，土壤微生物的纬度多样性格局很可能与大型动植物不一致。

从群落构建理论角度看，造成不同尺度下土壤微生物群落空间分布格局差异的原因在于群落构建机制的差异。这一解释以生态位/中性理论的应用最为广泛：当前生态学家趋向于认为生态位理论和中性理论都对群落构建产生影响，但这种影响具有明显的尺度依赖性，即小尺度下生态位理论的作用大于中性理论，而大尺度下中性理论的作用大于生态位理论。在认可微生物扩散限制的前提下，根据过程理论的体系，扩散过程在小尺度比在大尺度更容易实现。

6. 微生物群落时间尺度

土壤微生物群落随着时间的演变同样具有明显的尺度效应。时间尺度上的研究跨度可以从小时、天、月到季节、年乃至更久。在小的时间尺度上，微生物群落动态的驱动因子是间歇性脉冲式的，从而引发微生物的快速响应。例如，在经历了长期的干旱之后，降水导致的土壤含水量的增加会发生在几分钟到几个小时或者几天的时间里，这使得某些亲缘关系密切的特定的微生物突然复苏并持续增多，这种快速响应与氮矿化和土壤二氧化碳释放等的变化密切相关。而在稍长的时间内，土壤微生物群落对环境条件的响应具有明显的季节性差异：春季和秋季对土壤养分的响应最为积极，而夏季与植被之间关系密切。

7. 根际土壤微生物群落

根际（rhizopshere），又称根圈，是指组成根-土界面（interface）的特殊环境，是受到植物根系活动直接影响的土壤，包括与土壤功能相联系的所有生物学、化学和物理学过程。这些相互作用可能发生在根际内（endorhizosphere）、根外（exorhizosphere 或 non-rhizosphere）和根表（rhizoplane）。甚至还提出了"菌根圈"（mycorrhizosphere）的概念，以表示根系的菌根菌拓展的根际。根际是土壤生态系统的重要组成部分，是功能多样性的一个重要的源（source）和汇（sink），而菌根圈可能拓展了根际的范围，对于根系较少的林木生长具有十分重要的作用。

根际一般由以下4部分相互联系的结构和功能组成：a.土壤有机质和根凋落物(rootlitter)，能为土壤微生物群落的生长繁衍提供能量和养分元素；b.活的根系，作为大型生物促进了土壤微生物的生长繁衍，提高了土壤微生物活性；c.以异养细菌为优势群落的自由微生物；d.包括固氮菌、菌根菌和放线真菌等在内的共生微生物类群。

植物根系（尤其是细根）能分泌蛋白质、氨基酸、糖类、有机酸、生长素、维生素和酶类等，从而使根际土壤环境的养分有效性、酶活性、微生物群落的组成、结构和活性等表现出不同于根外土壤的特点，这就是根际效应（rhizosphere effects）。此外，根系凋落和死亡归还到根际土壤，为地下生物（subterranean）的生长繁衍提供了基质和能源，产生了另外一个所谓的次生根际效应（secondary rhizosphere effects）。例如，由于根际效应，根际土壤的微生物数量和微生物活性普遍高于根外土壤；由于根际土壤普遍具有较低的碳氮比值，因而更有利于土壤细菌的生长繁衍，从而非菌根植物的根际土壤普遍具有较高比例的细菌数量。

深入研究根际土壤微生物群落的区系组成、结构和活性及其与林木营养之间的关系对于森林经营和管理具有十分重要的意义。例如，根际土壤是非共生固氮微生物活动的重要场所，通过在根际土壤接种非共生固氮微生物菌剂，可以改善贫瘠土壤上生长的林木营养，促进林木生长发育。根际土壤普遍具有较高的解磷细菌数量和磷酸酶活性，因此，使用根际土壤解磷细菌数量较高、磷酸酶活性较强的树种，对于在磷素有效性较低的土壤上的植被恢复与重建是相当重要的。

此外，诸如氨化作用、硝化作用、甲烷产生及硫的还原等根际异养细菌活性与生物地球化学循环和许多环境问题密切相关。深入研究根际土壤微生物群落在生物元素循环中的作用和地位，对于通过森林生态系统的经营和管理来消除或缓解环境变化是有利的。

8．土壤微生物生物量周转

土壤微生物生物量周转（soil microbial biomass turnover）是基于微生物生物量的产量等于输入土壤有机物质的 50% 的假说，通过平均微生物生物量与植物碳输入之间的比较来估算的。当前有关土壤微生物生物量周转时间的估计仅局限于少数土壤。Jenkinson 和 Ladd（1981）使用数学模型计算出英国和澳大利亚土壤的微生物生物量周转时间分别为 912d 和 456d。但是，受水热条件胁迫的土壤，特别是砂质土壤的微生物生物量周转时间可能显著高于水热条件良好的土壤。例如，加拿大 Saskatoon 的土壤微生物生物量周转时间为 1600d，而英国 Rothamsted 的土壤为 570d、巴西的土壤为 460d（Lavelle 和 Spain，2001）。

当前有关土壤微生物生物量周转时间的估计值是最优实验培养条件下分离获得的微生物菌落周转时间的 1000 ～ 10000 倍（Lavelle 和 Spain，2001）。这意味着，土壤微生物仅在很短的时间内以及有限的微生境中具有活性，其他时间几乎都处于休眠状态。因此，微生物群落似乎是一类"具有大量的物种丰富度以及在逆境条件下生存能力巨大的休眠种群"（Jenkinson 和 Ladd，1981）。物种丰富度被认为是土壤微生物群落对土壤异质性（soil heterogeneity）的响应，而土壤微生物种群在大量时间处于休眠状态的特征被认为是其不具备主动获取食物（养料）能力的一种适应机制。

三、微生物功能群和同工菌

1．微生物生态

微生物生态是在一定时间和空间范围内由微生物的个体、种群、群落与它们所在的环境（土壤）通过能量流动和物质循环所组成的一个自然体。土壤养分和团粒结构提供了微生物的生存条件，吸引着极为丰富、种类繁多的微生物群落栖息，这使土壤具有强烈的吸附、过滤和生物降解作用。

2．土壤天然培养基

土壤是自然界微生物生存活动的主要场所，是微生物最好的天然培养基，具有微生物所必需的营养和微生物生长繁殖及生命活动所需的各种条件。土壤具有团粒结构，构成发达的孔隙结构，为土壤创造良好的通风透气条件，其中所含的氧虽然少于空气，但仍远高于水体中的含量。同时，土壤团粒结构间的小空隙具有较强的毛细作用，有良好的保水性，为微生物提供良好的溶剂环境。在自然条件下，微生物的生存选择依赖于营养和生理条件（如温度、pH 值、盐度等），也即生存环境选择了微生物群落。

① 土壤的生态条件营养：土壤中有大量动物和植物残体、植物根系的分泌物，还有人和动物的排泄物；有丰富的无机元素，如磷、硫、钾、铁、镁、钙等，且含量相当高，在 1.1 ～ 2.5g/L 之间；微量元素有硼、钼、锌、锰、铜等，能满足微生物生长发育的需要。

② pH 值：土壤 pH 值范围在 3.5 ～ 8.5 之间，多数在 5.5 ～ 8.5 之间，甚至不少土壤的 pH 接近中性，适合大多数微生物的生长需要。

③ 渗透压：土壤的渗透压通常在 0.3 ～ 0.6MPa 之间，革兰氏阴性杆菌体内的渗透压为 0.5 ～ 0.6MPa，革兰氏阳性球菌体内渗透压为 2.0 ～ 2.5MPa。所以，土壤中的渗透压对微生物是等渗或低渗环境，仍有利于微生物摄取营养。

④ 氧气和水：土壤具有团粒结构，有无数小孔隙为土壤创造通气条件，土壤中氧的含量比大气少，为土壤空气容积的 7% ～ 8%。通气良好的土壤，氧的含量高些，有利于好氧微生物生长。土壤的团粒结构中的小孔隙还起毛细管的作用，具有持水性，为微生物提供了水分。例如在孔隙为 30% ～ 50%、排水通畅的土壤中，各组分的体积分数分别是土粒50%、空气 10%、水 40%。

⑤ 温度：土壤的保温性也较强，一年四季温度变化不大，即使冬季地面冻结，一定深度土壤中仍保持着一定的温度，供微生物生长需要。

⑥ 保护层：几毫米厚的表层土是保护层，使土壤中的微生物免遭太阳光中紫外线辐射的直接照射致死。

3. 土壤微生物分布

土壤中微生物的垂直分布与紫外线辐射、营养、水、温度等因素有关。在受紫外线辐射、缺水的表面层，微生物容易死亡而数量减少；而在表面之下的几厘米至 20cm，土壤能为微生物提供的最优水、气、营养条件基本集中于此，其所含的微生物数量最多，达每克上百万个，在某些有机质含量丰富的肥沃土壤中甚至每克可有数亿个微生物。在耕作层 20cm 之下，由于养分及空气的缺乏，微生物的数量随土层深度的增加而急剧减少，距表层 1m 以下的每克土壤仅含约数万个微生物。

土壤中的微生物以细菌为主，一般可占土壤微生物总数的 70% ～ 90%，放线菌、真菌次之，藻类及原生动物较少；按数量级可分为细菌 10CFU/g、放线菌 10CFU/g、真菌 10CFU/g、藻类 10cfu/g、原生动物 10 个 /g。由于土壤 pH 值有高低变化，而不同微生物对 pH 值有不同的适应性，如中性及偏碱性环境有利于细菌及放线菌生长，而酸性环境有利于酵母菌及霉菌的生长。因此，在我国东北及西北地区的黑垆土中细菌较多而真菌偏少，而长江以南的大部分区域霉菌、酵母菌偏多，细菌偏少。

4．微生物功能群

微生物功能群是指完成特定生态功能的一群微生物的集合，这一微生物集合没有分类学上的关联，可以是细菌、真菌、放线菌等不同类型的微生物。如依据土壤中微生物的生化功能，可将其区分为碳转化微生物（主要包括芽胞杆菌、节杆菌、酵母菌、霉菌）、氮转化细菌（包含固氮菌、氨化细菌、硝化细菌、反硝化细菌）、硫转化细菌、磷细菌、铁细菌及钾细菌等。其中节杆菌属与诺卡氏菌属微生物由于不受土壤中动植物残体多少的影响而相对稳定地存在于土壤中而被称为"土著"微生物菌群，而假单胞菌、芽胞杆菌及部分放线菌则随土壤动植物残体含量的变化而变化，被称为"发酵性"菌。

功能群的分类等级并没有任何特殊的含义，而是完全根据研究的需要确定划分的原则分为不同的功能群，因而具有随意性。生态学家之所以提出功能群的概念，主要是因为分类学家们提出的系统分类没有完全反映出植物明显的生态学功能。事实上，任何一级组织水平，只要组成成分具有一系列共有的结构或过程特征，都可以作为一个功能群来处理。因而在理论上，这些功能群可以是无限的，物种数目没有明确的限制。对于一个复杂的生态系统，最简单、最形象的分类是分成三个功能群，即初级生产者（植物和某些微生物）、消费者（动物和某些微生物）和分解者。它们分别在全球生态系统和生物圈的功能和维护中起重要作用。

以往的研究方法主要侧重于群落生物多样性、生物量、生活型及生态位的定量分析，很少有涉及群落功能结构的划分和研究。功能群组成及功能群间的相互作用对群落生产力及其稳定性具有很重要的作用，功能群的研究能更好地认识生物多样性与生物群落结构和功能的关系。将生物群落中的物种分成不同的功能群来进行研究的优点在于：a. 使复杂的生物群落简化，有利于认识系统的结构和功能；b. 弱化了物种的个别作用，从而强调了物种功能群的集体作用。

功能群的划分使得研究群落内部能量物质流动能简单化，因此功能群划分在研究生态系统物质能量流动方面应用广泛，特别是在植物群落生态领域。但是动物群落生态学中应用功能群手段相对植物生态学的研究报道较少，由于无脊椎动物群落相对比较复杂，特别是在昆虫、海洋无脊椎动物群落领域的研究中，功能群的研究具有很好的可操作性。应用功能群方法的基础在于对底栖动物生物学知识的深入了解，并与功能生物多样性联系起来。为了达到对生物群落及其多样性的深入认识，需要了解结构（如物种组成）和功能之间的联系。

5．微生物同工菌

微生物同工菌是以微生物种类为基础的完成同一功能的不同种的微生物群。微生物同工菌的存在是微生物适应生态进化的一种方式，完成同一种功能的不同微生物种类由于生物学特性的差异，如有的种类适应高温，有的种类适应低温，有的好氧生长，有的厌氧生长等，在不同生存条件下形成互补，由特定的微生物种完成特定的功能。如高温条件下，同功能的高温菌起作用；低温条件下，同功能的低温菌起作用。微生物同工菌的提出，补充了微生物功能群研究细化过程，提升了从种水平上对微生物功能作用的替代、互补、环境适应的认识，为研究微生物生态功能提供了新的思路。

第二节 ——————————————————————————
研究方法

一、肉汤实验

肉汤实验用猪肉打浆，接入不同的菌剂，在恒温箱培养，2d取样1次，分析发酵液微生物组和部分酶活性的变化，分析微生物组的功能群和同工菌。肉汤培养基的制作：称取10g猪瘦肉组织捣碎后，加入水搅拌均匀定容至98mL，30℃，180r/min震荡培养，分别加入2g（2%）的芽胞菌剂（g1）、链霉菌剂（g2）、整合菌剂（g3）处理，水做空白对照；从0～16d每隔2d取样1次，发酵过程共取样9次，4组处理共获得36个样本，放置–80℃冻存，供微生物组分析和酶活性测定。

二、微生物组和酶活性分析

1. 微生物组测序

采集样本送样分析细菌微生物组，细菌微生物组通过高通量测序，由上海美吉公司分析。

2. 酶活性测定

酶活性分析用AU480全自动生化分析仪，分析蛋白酶、纤维素酶、脂肪酶、乳酸脱氢酶、谷丙转氨酶、淀粉酶；样本处理上样前10000g离心5min，取上清进样，样本编号见表5-1，进样样本信息位置见图5-1（样本编号1～36），为了验证实验数据的稳定性，取无处理空白对照组（g4）2d后的上清，2倍稀释4个浓度梯度进样（样本编号37～40）；取链霉菌剂组（g2）菌剂1000g，溶解于3L的水中，配置成浓度为333g/L的原液，2倍稀释4个浓度梯度进样（样本编号40～45）；在三大菌剂对肉汤实验过程中，随着发酵时间的增加，发酵液的颜色呈变深的趋势，其中整合菌剂的背景颜色最深，通过仪器的调整，背景颜色对结果的干扰较小，适合验证实验数据的稳定性。

表5-1 不同处理肉汤实验酶活性检测样本信息

样本编号	样本信息	样本编号	样本信息	样本编号	样本信息	样本编号	样本信息
1	处理1-0 d	8	无处理-2 d	15	处理 3-6 d	22	处理2-10 d
2	处理2-0 d	9	处理1-4 d	16	无处理 -6 d	23	处理3-10 d
3	处理3-0 d	10	处理2-4 d	17	处理 1-8 d	24	无处理 -10 d
4	无处理-0 d	11	处理3-4 d	18	处理 2-8 d	25	处理 1-12 d
5	处理1-2 d	12	无处理-4 d	19	处理 3-8 d	26	处理 2-12 d
6	处理2-2 d	13	处理 1-6 d	20	无处理 -8 d	27	处理 3-12 d
7	处理3-2 d	14	处理 2-6 d	21	处理 1-10 d	28	无处理 -12 d

续表

样本编号	样本信息	样本编号	样本信息	样本编号	样本信息	样本编号	样本信息
29	处理 1-14 d	34	处理 2-16 d	39	8 号稀释 8 倍	44	原液稀释 8 倍
30	处理 2-14 d	35	处理 3-16 d	40	8 号稀释 16 倍	45	原液稀释 16 倍
31	处理 3-14 d	36	无处理 -16 d	41	那西肽原液		
32	无处理 -14 d	37	8 号稀释 2 倍	42	原液稀释 2 倍		
33	处理 1-16 d	38	8 号稀释 4 倍	43	原液稀释 4 倍		

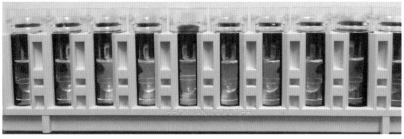

(a) 样本编号 1～10(从左至右)

(b) 样本编号 11～20(从左至右)

(c) 样本编号 21～30(从左至右)

(d) 样本编号 31～40(从左至右)

图5-1

(e) 样本编号41~45(从左至右)

图5-1　不同处理肉汤实验酶活性检测AU480全自动生化分析仪样本位置信息

第三节
肉汤实验微生物组功能群的分析

一、引言

　　微生物广泛分布在所有生态系统中，是地球物质循环的主要参与者。然而传统的微生物研究方法（如分离培养等方法）仅能获得自然界中 1% ～ 10% 的微生物，严重制约了微生物的研究和应用。第二代测序技术和生物信息学以环境中微生物的基因组、转录组或蛋白质组的总和为研究对象，不仅克服了传统研究方法的缺点，还可以结合生物信息学揭示微生物之间、微生物与环境之间相互作用的规律，显著促进了环境微生物群落更系统、全面和深入的研究，并衍生出两个新概念：微生物组和功能菌群。微生物组 (microbiome) 主要有两个层面的含义：生活在特定环境中的微生物及这些微生物的宏组学数据。近年来，微生物组研究已取得巨大进展，并且在一些领域已经产生了显著的经济效益，被列为"能重塑未来的十大新兴技术"之一。功能菌群是相同或不同形态执行着同一种功能的微生物，可以根据微生物的生理特性将微生物分为不同的功能类群，如蛋白质降解菌、脂肪降解菌、纤维素降解菌等。人为地将两个或多个物种在已知的培养条件下共培养而人工创建的微生物群体称为合成功能菌群 (synthetic microbial community)，其创建主要包括两个部分：从自然环境中分离培养或通过基因改造得到微生物，并在理想的条件下以确定的比例混合构成合成群落。功能菌群可以便捷、高效地利用微生物组，因此其应用也引起了人们的广泛重视。微生物组研究为功能菌群的应用提供理论基础，功能菌群将微生物组的结果应用到医学、农业、工业和生态等领域中，两者的关系密不可分。微生物组和功能菌群研究可推动基础研究向实际应用的转化，具有巨大的应用潜力，并且已经获得一系列创新性的进展。例如：在医学上采用益生菌群治疗肥胖、心脏疾病或自身免疫性疾病，提高免疫力并减少病毒或过敏原的传播；在农业上通过研究植物与土壤系统、相关微生物组间的关系来提高作物产量，研发不含抗生素的促生长饲料等；在工业上通过研发生物燃料高效转化反应器，将废弃物转变为新型能源或新型化合物；在生态上监测甲烷排放细菌的数量、追踪入侵物种、

发酵垫料整合微生物组菌剂研发与应用

816

预测环境压力下生态系统的变化等。微生物组研究显著促进了当前生物科学应用格局的革新（刘炜伟 等，2016）。

笔者通过肉汤实验进行微生物功能群的分析，4 个处理（芽胞菌剂、链霉菌剂、整合菌剂、空白对照）每 2d 取样一次，每个处理取样 9 次，4 组处理共 36 个样本；分别检测 6 种酶活性，即蛋白酶、纤维素酶、脂肪酶、乳酸脱氢酶、谷丙转氨酶、淀粉酶活性（U/g）；肉汤实验高通量测序细菌属水平微生物组，检测 36 个样本共分析到 188 个细菌属，选择肉汤实验细菌属含量总和（read）> 10000 的优势细菌属 26 个，即摩尔根氏菌属（read=268032）、不动杆菌属（read=266144）、漫游球菌属（read=231106）、肠杆菌属（read=111816）、香味菌属（read=86747）、产碱菌属（read=60696）、芽胞杆菌属（read=52834）、棒杆菌属 1（read=52012）、丙酸杆菌科的 1 属（read=50319）、乳球菌属（read=49229）、柠檬酸杆菌属（read=46466）、消化链球菌属（read=39142）、假单胞菌属（read=26790）、丹毒丝菌属（read=26246）、蒂西耶氏菌属（read=26000）、短波单胞菌属（read=25025）、普罗威登斯菌属（read=24069）、考考菌属（read=17368）、类产碱菌属（read=16516）、威克斯氏菌属（read=16219）、嗜碱菌属（read=15914）、放线菌属（read=15217）、金黄杆菌属（read=13965）、克雷伯氏菌属（read=11475）、大洋芽胞杆菌属（read=11084）、污蝇单胞菌属（read=11078），作为微生物组功能群分析菌群。以添加菌剂处理组为单元、优势细菌属和酶活性为样本、发酵天数为指标、马氏距离为尺度，采用可变类平均法进行系统聚类，分析处理组细菌功能群。肉汤发酵过程与酶活性归为同一大类的细菌属菌群称为微生物组的功能群。结果分析如下。

二、芽胞菌剂组功能群分析

肉汤实验芽胞菌剂组发酵过程优势细菌属菌群含量及其酶活性分析结果见表 5-2。结果表明芽胞菌剂组发酵过程优势细菌属含量和酶活性的变化差异显著。发酵过程不同的酶活性水平差异悬殊，发酵过程酶活性的总和排序为：乳酸脱氢酶（41523.00U/g）>谷丙转氨酶（684.70U/g）>淀粉酶（416.00U/g）>脂肪酶（11.14U/g）>蛋白酶（9.59U/g）>纤维素酶（5.18U/g）。乳酸脱氢酶活性最高，纤维素酶活性最低。不同的细菌属发酵过程含量峰值出现的时间不同，如摩尔根氏菌属峰值出现在发酵后期（14d，read=30440）、芽胞杆菌属峰值出现在发酵的前期（0d，read=32729）、漫游球菌属峰值出现在发酵的中期（8d，read=42345）等。同样，发酵过程酶活性的峰值出现的时间不同，如乳酸脱氢酶活性峰值出现在发酵的前期（0d，38969.00U/g）、脂肪酶活性峰值出现在发酵的后期（14d，1.79U/g）、淀粉酶活性峰值出现在发酵的中期（4d，108.00U/g）等。

表5-2　芽胞菌剂组发酵过程优势细菌属菌群含量（read）及其酶活性

细菌属和酶名称	发酵过程优势细菌属菌群含量（read）及其酶活性								
	0	2d	4d	6d	8d	10d	12d	14d	16d
摩尔根氏菌属（Morganella）	8	18041	1076	367	3494	13367	12296	30440	5497
不动杆菌属（Acinetobacter）	320	12205	103	38	193	67	821	44	5
漫游球菌属（Vagococcus）	20	15792	35936	37418	42345	16501	24848	4827	12622
肠杆菌属（Enterobacter）	5	1471	228	33	80	52	14	6	7

细菌属和酶名称	发酵过程优势细菌属菌群含量（read）及其酶活性								
	0	2d	4d	6d	8d	10d	12d	14d	16d
香味菌属(*Myroides*)	0	0	27	15	804	17	24	91	7
产碱菌属(*Alcaligenes*)	1	0	114	5	613	15	6778	4	109
芽胞杆菌属(*Bacillus*)	32729	933	1996	731	703	723	935	480	568
棒杆菌属1 (*Corynebacterium_1*)	106	0	3	61	396	15287	985	7325	25481
丙酸杆菌科的1属 (f__Propionibacteriaceae)	0	3	0	5	3	0	1	2	0
乳球菌属(*Lactococcus*)	9309	2038	1422	1906	5030	1387	1152	1487	611
柠檬酸杆菌属(*Citrobacter*)	3	536	5	4	15	18	4	2	0
消化链球菌属(*Peptostreptococcus*)	0	0	591	80	29	1	11	0	4
假单胞菌属(*Pseudomonas*)	4616	3	12	1	0	0	1	0	0
丹毒丝菌属(*Erysipelothrix*)	0	390	1053	711	1867	675	685	408	532
蒂西耶氏菌属(*Tissierella*)	0	0	1008	2873	265	417	216	154	157
短波单胞菌属(*Brevundimonas*)	0	0	0	0	0	0	0	0	0
普罗威登斯菌属(*Providencia*)	3	2655	6677	1276	1139	2247	1099	1243	64
考考菌属(*Koukoulia*)	0	0	3	0	8	0	0	0	2
类产碱菌属(*Paenalcaligenes*)	0	0	18	1	2	40	0	0	0
威克斯氏菌属(*Weeksella*)	1	0	3	0	1	737	0	872	826
嗜碱菌属(*Alkaliphilus*)	0	0	0	0	0	0	0	0	4
放线菌属(*Actinomyces*)	0	3	0	0	0	0	0	2	1
金黄杆菌属(*Chryseobacterium*)	75	15	1	0	1	0	0	0	0
克雷伯氏菌属(*Klebsiella*)	0	343	48	9	27	30	4	2	0
大洋芽胞杆菌属(*Oceanobacillus*)	0	1	0	0	0	0	0	45	90
污蝇单胞菌属(*Wohlfahrtiimonas*)	0	0	0	0	7	0	0	0	1
蛋白酶/(U/g)	0.51	1.68	1.55	1.40	1.40	0.77	0.92	0.48	0.88
纤维素酶/(U/g)	0.51	0.56	0.73	0.78	0.59	0.50	0.56	0.47	0.48
脂肪酶/(U/g)	1.13	1.08	0.59	1.29	1.07	1.66	1.74	1.79	0.79
乳酸脱氢酶/(U/g)	38969.00	1857.00	178.00	98.00	84.00	86.00	86.00	77.00	88.00
谷丙转氨酶/(U/g)	308.60	147.20	83.20	51.10	12.40	7.70	13.60	3.50	57.40
淀粉酶/(U/g)	31.00	94.00	108.00	76.00	49.00	21.00	31.00	4.00	2.00

以优势细菌属和酶活性为样本、发酵天数为指标、马氏距离为尺度，采用可变类平均法进行系统聚类，分析结果见表5-3和图5-2。可将细菌属分为3组：第1组为与被测酶活性关联度低的组（无关联组功能群），包含3个细菌属，即摩尔根氏菌属、不动杆菌属、漫游球菌属；第2组为谷丙转氨酶功能群，包含11个细菌属，即肠杆菌属、香味菌属、产碱菌属、芽胞杆菌属、棒杆菌属1、乳球菌属、消化链球菌属、丹毒丝菌属、蒂西耶氏菌属、普罗威登斯菌属、大洋芽胞杆菌属，它们与谷丙转氨酶同聚为一组，发酵过程菌群含量的动态变化与谷丙转氨酶活性相关；第3组为多种酶系功能群（蛋白酶、纤维素酶、脂肪酶、乳酸脱氢酶、淀粉酶）包含12个细菌属，即丙酸杆菌科的1属、柠檬酸杆菌属、假单胞菌属、短波单胞菌属、考考菌属、类产碱菌属、威克斯氏菌属、嗜碱菌属、放线菌属、金黄杆菌属、克雷伯氏菌属、

污蝇单胞菌属，它们与蛋白酶、纤维素酶、脂肪酶、乳酸脱氢酶、淀粉酶同聚为一组，发酵过程菌群含量的动态变化与蛋白酶、纤维素酶、脂肪酶、乳酸脱氢酶、淀粉酶相关。

表5-3　芽胞菌剂组发酵过程细菌属功能群聚类分析

组别	细菌属和酶名称	发酵过程优势细菌属菌群含量（read）及其酶活性								
		0	2d	4d	6d	8d	10d	12d	14d	16d
第1组	摩尔根氏菌属	8.0	18041.0	1076.0	367.0	3494.0	13367.0	12296.0	30440.0	5497.0
	不动杆菌属	320.0	12205.0	103.0	38.0	193.0	67.0	821.0	44.0	5.0
	漫游球菌属	20.0	15792.0	35936.0	37418.0	42345.0	16501.0	24848.0	4827.0	12622.0
	第1组3个样本平均值	116.0	15346.0	12371.7	12607.7	15344.0	9978.3	12655.0	11770.3	6041.3
第2组	肠杆菌属	5.0	1471.0	228.0	33.0	80.0	52.0	14.0	6.0	7.0
	香味菌属	0.0	0.0	27.0	15.0	804.0	17.0	24.0	91.0	7.0
	产碱菌属	1.0	0.0	114.0	5.0	613.0	15.0	6778.0	4.0	109.0
	芽胞杆菌属	32729.0	933.0	1996.0	731.0	703.0	723.0	935.0	480.0	568.0
	棒杆菌属1	106.0	0.0	3.0	61.0	396.0	15287.0	985.0	7325.0	25481.0
	乳球菌属	9309.0	2038.0	1422.0	1906.0	5030.0	1387.0	1152.0	1487.0	611.0
	消化链球菌属	0.0	0.0	591.0	80.0	29.0	11.0	11.0	0.0	4.0
	丹毒丝菌属	0.0	390.0	1053.0	711.0	1867.0	675.0	685.0	408.0	532.0
	蒂西耶氏菌属	0.0	0.0	1008.0	2873.0	265.0	417.0	216.0	154.0	157.0
	普罗威登斯菌属	3.0	2655.0	6677.0	1276.0	1139.0	2247.0	1099.0	1243.0	64.0
	大洋芽胞杆菌属	0.0	1.0	0.0	0.0	0.0	0.0	0.0	45.0	90.0
	谷丙转氨酶/(U/g)	308.6	147.2	83.2	51.1	12.4	7.7	13.6	3.5	57.4
	第2组12个样本平均值	3538.5	636.3	1100.2	645.2	911.5	1735.7	992.7	937.2	2307.3
第3组	丙酸杆菌科的1属	0.0	3.0	0.0	5.0	3.0	0.0	1.0	2.0	0.0
	柠檬酸杆菌属	3.0	536.0	5.0	4.0	15.0	18.0	4.0	2.0	0.0
	假单胞菌属	4616.0	3.0	12.0	1.0	0.0	0.0	1.0	0.0	0.0
	短波单胞菌属	0.0	0.0	0.0	0.0	0.0	0.0	0.0	0.0	0.0
	考考菌属	0.0	0.0	3.0	0.0	8.0	0.0	1.0	0.0	2.0
	类产碱菌属	0.0	0.0	18.0	1.0	2.0	40.0	0.0	0.0	0.0
	威克斯氏菌属	1.0	0.0	3.0	0.0	1.0	737.0	0.0	872.0	826.0
	嗜碱菌属	0.0	0.0	5.0	0.0	1.0	0.0	0.0	0.0	4.0
	放线菌属	0.0	3.0	0.0	0.0	0.0	0.0	0.0	2.0	1.0
	金黄杆菌属	75.0	15.0	1.0	0.0	1.0	0.0	0.0	0.0	0.0
	克雷伯氏菌属	0.0	343.0	48.0	9.0	27.0	30.0	4.0	2.0	0.0
	污蝇单胞菌属	0.0	0.0	0.0	0.0	7.0	0.0	0.0	0.0	1.0
	蛋白酶/(U/g)	0.5	1.7	1.6	1.4	1.4	0.8	0.9	0.5	0.9
	纤维素酶/(U/g)	0.5	0.6	0.7	0.8	0.6	0.5	0.6	0.5	0.9
	脂肪酶/(U/g)	1.1	1.1	0.6	1.3	1.1	1.7	1.7	1.8	0.8
	乳酸脱氢酶/(U/g)	38969.0	1857.0	178.0	98.0	84.0	86.0	86.0	77.0	88.0
	淀粉酶/(U/g)	31.0	94.0	108.0	76.0	49.0	21.0	31.0	4.0	2.0
	第3组17个样本平均值	2570.4	168.1	22.6	11.6	11.8	55.0	7.7	56.7	54.5

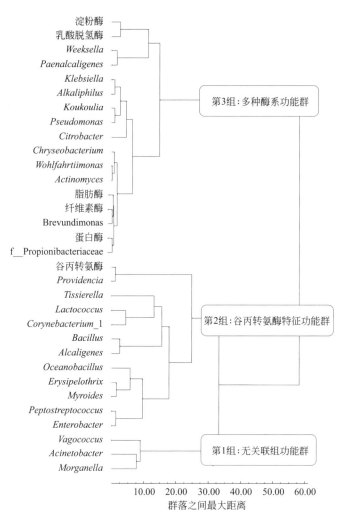

图5-2　芽胞菌剂组发酵过程细菌属功能群聚类分析

三、链霉菌剂组功能群分析

　　肉汤实验链霉菌剂组发酵过程优势细菌属菌群含量及其酶活性分析结果见表 5-4。结果表明发酵过程不同的酶活性水平差异悬殊，发酵过程酶活性的总和排序为：乳酸脱氢酶 (108054U/g) ＞谷丙转氨酶（2075.4U/g）＞淀粉酶（65U/g）＞脂肪酶（10.33U/g）＞蛋白酶（8.86U/g）＞纤维素酶（6.37U/g）；乳酸脱氢酶活性最高，纤维素酶活性最低。链霉菌剂组发酵过程优势细菌属含量和酶活性的变化差异显著，不同的细菌属发酵过程含量峰值出现的时间不同，如摩尔根氏菌属峰值出现在发酵中期（8d，菌群含量为9737），与芽胞菌剂组相比，峰值提前，含量下降；芽胞杆菌属峰值出现在发酵的后期（14d，read=994），与芽胞菌剂组相比，峰值推后，含量大幅度下降；漫游球菌属峰值出现在发酵的前期（4d，read=726），与芽胞菌剂组相比，峰值提前，含量下降等。同样，发酵过程酶活性的峰值出现的时间不同，如乳酸脱氢酶活性峰值出现在发酵的前期（2d，

51463.00U/g）、脂肪酶活性峰值出现在发酵的后期（14d，1.68U/g）、淀粉酶活性峰值出现在发酵的中期（4d，20.00U/g）等。添加链霉菌剂改变了微生物组结构和酶活性变化。

表5-4　链霉菌剂组发酵过程优势细菌属菌群含量（read）及其酶活性

细菌属和酶名称	发酵过程优势细菌属菌群含量（read）及其酶活性								
	0	2d	4d	6d	8d	10d	12d	14d	16d
摩尔根氏菌属	5	3206	3503	4170	9737	8066	7812	9106	6139
不动杆菌属	25341	17712	10001	7708	6214	3687	4484	11746	5147
漫游球菌属	2	501	726	338	150	100	16	14	31
肠杆菌属	10320	9009	5820	6290	2160	231	519	433	218
香味菌属	2	130	889	515	400	3657	3235	4223	3907
产碱菌属	3	0	557	2109	1656	12516	10809	6770	4439
芽胞杆菌属	89	124	44	11	2	432	170	994	933
棒杆菌属1	15	13	3	0	0	51	2	2	89
丙酸杆菌科的1属	6	251	111	90	32	61	27	71	32
乳球菌属	6	375	114	231	41	122	35	13	29
柠檬酸杆菌属	1436	6098	3025	4706	2300	145	419	479	132
消化链球菌属	0	611	53	65	1	183	13	11	0
假单胞菌属	3500	95	278	96	16	0	1	3	20
丹毒丝菌属	0	375	5557	4517	2819	2381	616	591	743
蒂西耶氏菌属	1	1	1157	1475	3429	1310	3148	1462	597
短波单胞菌属	0	0	0	0	0	0	1047	2350	21614
普罗威登斯菌属	1	131	558	73	56	766	211	417	195
考考菌属	0	0	1546	1175	4245	3284	434	1127	377
类产碱菌属	1	0	0	3	4479	1665	485	1086	1080
威克斯氏菌属	0	0	0	0	0	146	1	116	1901
嗜碱菌属	0	0	2220	3319	4272	599	1008	1972	504
放线菌属	0	0	0	0	0	3	0	1	12
金黄杆菌属	3	16	19	0	0	0	1	0	3
克雷伯氏菌属	57	981	890	855	193	9	70	65	19
大洋芽胞杆菌属	0	0	0	0	0	1	0	0	3
污蝇单胞菌属	0	0	192	607	2415	243	1850	154	751
蛋白酶/(U/g)	0.359	1.147	1.334	1.326	1.442	1.118	0.778	0.586	0.766
纤维素酶/(U/g)	0.52	0.52	0.65	0.8	0.74	0.68	0.72	0.65	1.09
脂肪酶/(U/g)	1.17	0.39	0.86	1.31	0.79	1.53	1.55	1.68	1.06
谷丙转氨酶/(U/g)	318.6	540.2	438.1	328.3	62.4	251.6	20.2	89.7	26.3
乳酸脱氢酶/(U/g)	45034	51463	11096	89	73	75	74	77	73
淀粉酶/(U/g)	1	15	20	10	5	8	2	3	1

以优势细菌属和酶活性为样本、发酵天数为指标、马氏距离为尺度，采用可变类平均法进行系统聚类，分析结果见表 5-5 和图 5-3。可将细菌属分为 3 组：第 1 组为与被测酶活关联度低的组（无关联组功能群），包含 3 个细菌属，即摩尔根氏菌属、不动杆菌属、产碱菌属；第 2 组为谷丙转氨酶和乳酸脱氢酶功能群，包括 20 个细菌属，即漫游球菌属、肠杆菌属、香味菌属、芽胞杆菌属、棒杆菌属 1、丙酸杆菌科的 1 属、乳球菌属、柠檬酸杆菌属、消化链球

菌属、假单胞菌属、丹毒丝菌属、蒂西耶氏菌属、短波单胞菌属、普罗威登斯菌属、考考菌属、类产碱菌属、威克斯氏菌属、嗜碱菌属、克雷伯氏菌属、污蝇单胞菌属，它们与谷丙转氨酶和乳酸脱氢酶同聚为一组，发酵过程菌群含量的动态变化与谷丙转氨酶和乳酸脱氢酶的活性相关；第 3 组为多种酶系功能群（蛋白酶、纤维素酶、脂肪酶、淀粉酶），包括 3 个细菌属，即放线菌属、金黄杆菌属、大洋芽胞杆菌属，它们与蛋白酶、纤维素酶、脂肪酶、淀粉酶同聚为一组，发酵过程菌群含量的动态变化与蛋白酶、纤维素酶、脂肪酶、淀粉酶相关。

表5-5　链霉菌剂组发酵过程细菌属功能群聚类分析

组别	细菌属和酶名称	发酵过程优势细菌属菌群含量（read）及其酶活性								
		0	2d	4d	6d	8d	10d	12d	14d	16d
第1组	摩尔根氏菌属	5.0	3206.0	3503.0	4170.0	9737.0	8066.0	7812.0	9106.0	6139.0
	不动杆菌属	25341.0	17712.0	10001.0	7708.0	6214.0	3687.0	4484.0	11746.0	5147.0
	产碱菌属	3.0	0.0	557.0	2109.0	1656.0	12516.0	10809.0	6770.0	4439.0
第1组3个样本平均值		8449.7	6972.7	4687.0	4662.3	5869.0	8089.7	7701.7	9207.3	5241.7
第2组	漫游球菌属	2.0	501.0	726.0	338.0	150.0	100.0	16.0	14.0	31.0
	肠杆菌属	10320.0	9009.0	5820.0	6290.0	2160.0	231.0	519.0	433.0	218.0
	香味菌属	2.0	130.0	889.0	515.0	400.0	3657.0	3235.0	4223.0	3907.0
	芽胞杆菌属	89.0	124.0	44.0	11.0	2.0	432.0	170.0	994.0	933.0
	棒杆菌属1	15.0	13.0	3.0	0.0	0.0	51.0	2.0	2.0	89.0
	丙酸杆菌科的1属	6.0	251.0	111.0	90.0	32.0	61.0	27.0	71.0	32.0
	乳球菌属	6.0	375.0	114.0	231.0	41.0	122.0	35.0	13.0	29.0
	柠檬酸杆菌属	1436.0	6098.0	3025.0	4706.0	2300.0	145.0	419.0	479.0	132.0
	消化链球菌属	0.0	611.0	53.0	65.0	1.0	183.0	13.0	11.0	0.0
	假单胞菌属	3500.0	95.0	278.0	96.0	16.0	0.0	1.0	3.0	20.0
	丹毒丝菌属	0.0	375.0	5557.0	4517.0	2819.0	2381.0	616.0	591.0	743.0
	蒂西耶氏菌属	1.0	1.0	1157.0	1475.0	3429.0	1310.0	3148.0	1462.0	597.0
	短波单胞菌属	0.0	0.0	0.0	0.0	0.0	0.0	1047.0	2350.0	21614.0
	普罗威登斯菌属	1.0	131.0	558.0	73.0	56.0	766.0	211.0	417.0	195.0
	考考菌属	0.0	0.0	1546.0	1175.0	4245.0	3284.0	434.0	1127.0	377.0
	类产碱菌属	1.0	0.0	0.0	3.0	4479.0	1665.0	485.0	1086.0	1080.0
	威克斯氏菌属	0.0	0.0	0.0	0.0	0.0	146.0	1.0	116.0	1901.0
	嗜碱菌属	0.0	0.0	2220.0	3319.0	4272.0	599.0	1008.0	1972.0	504.0
	克雷伯氏菌属	57.0	981.0	890.0	855.0	193.0	9.0	70.0	65.0	19.0
	污蝇单胞菌属	0.0	0.0	192.0	607.0	2415.0	243.0	1850.0	154.0	751.0
	谷丙转氨酶/(U/g)	318.6	540.2	438.1	328.3	62.4	251.6	20.2	89.7	26.3
	乳酸脱氢酶/(U/g)	45034.0	51463.0	11096.0	89.0	73.0	75.0	74.0	77.0	73.0
第2组22个样本平均值		2763.1	3213.6	1578.0	1126.5	1233.9	714.2	609.1	715.9	1512.3
第3组	放线菌属	0.0	0.0	0.0	0.0	0.0	3.0	0.0	1.0	12.0
	金黄杆菌属	3.0	16.0	19.0	0.0	0.0	0.0	1.0	0.0	3.0
	大洋芽胞杆菌属	0.0	0.0	0.0	0.0	0.0	1.0	0.0	0.0	3.0
	蛋白酶/(U/g)	0.4	1.1	1.3	1.3	1.4	1.1	0.8	0.6	0.8
	纤维素酶/(U/g)	0.5	0.5	0.7	0.8	0.7	0.7	0.7	0.7	1.1
	脂肪酶/(U/g)	1.2	0.4	0.9	1.3	0.8	1.5	1.5	1.7	1.1
	淀粉酶/(U/g)	1.0	15.0	20.0	10.0	5.0	8.0	2.0	3.0	1.0
第3组7个样本平均值		0.9	4.7	6.0	1.9	1.1	2.2	0.9	1.0	3.1

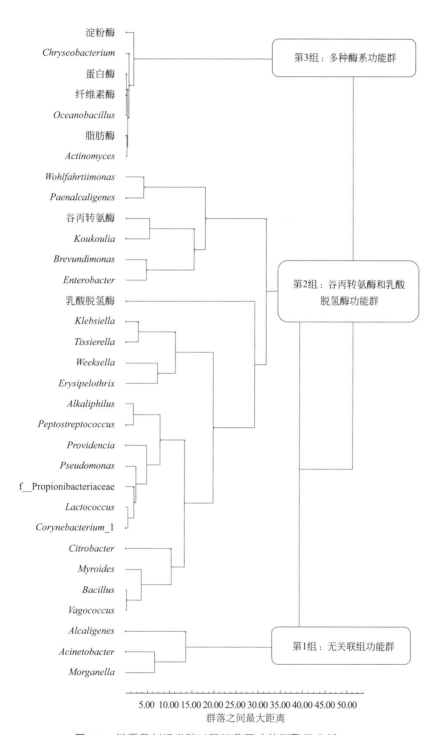

淀粉酶
Chryseobacterium
蛋白酶
纤维素酶
Oceanobacillus
脂肪酶
Actinomyces

第3组：多种酶系功能群

Wohlfahrtiimonas
Paenalcaligenes
谷丙转氨酶
Koukoulia
Brevundimonas
Enterobacter
乳酸脱氢酶
Klebsiella
Tissierella
Weeksella
Erysipelothrix
Alkaliphilus
Peptostreptococcus
Providencia
Pseudomonas
f__*Propionibacteriaceae*
Lactococcus
*Corynebacterium*_1
Citrobacter
Myroides
Bacillus
Vagococcus

第2组：谷丙转氨酶和乳酸
脱氢酶功能群

Alcaligenes
Acinetobacter
Morganella

第1组：无关联组功能群

5.00 10.00 15.00 20.00 25.00 30.00 35.00 40.00 45.00 50.00
群落之间最大距离

图5-3 链霉菌剂组发酵过程细菌属功能群聚类分析

四、整合菌剂组功能群分析

肉汤实验整合菌剂组发酵过程优势细菌属菌群含量及其酶活性分析结果见表5-6。结果表明发酵过程不同的酶活性水平差异悬殊，发酵过程酶活性的总和排序为：乳酸脱氢酶(115803U/g) ＞谷丙转氨酶（4046.7U/g）＞淀粉酶（56U/g）＞脂肪酶（9.924U/g）＞纤维素酶（8.08U/g）＞蛋白酶（6.742U/g）；与芽胞菌剂组和链霉菌剂组不同，整合菌剂组纤维素酶活性最高，淀粉酶活性最低。整合菌剂组发酵过程优势细菌属含量和酶活性的变化差异显著，不同的细菌属发酵过程含量峰值出现的时间不同，如摩尔根氏菌属峰值出现在发酵后期（12d，read=16001），与芽胞菌剂组相比，峰值后移，含量下降；芽胞杆菌属峰值出现在发酵的后期（16d，read=842），与芽胞菌剂组相比，峰值推后，含量大幅度下降；漫游球菌属峰值出现在发酵的中期（6d，read=3282），与芽胞菌剂组相比，峰值提前，含量下降等。同样，发酵过程酶活性的峰值出现的时间不同，如乳酸脱氢酶活性峰值出现在发酵的前期（2d，44229U/g）、脂肪酶活性峰值出现在发酵的中期（6d，1.568U/g）、淀粉酶活性峰值出现在发酵的前期（0d，20U/g）等。添加整合菌剂改变了微生物组结构和酶活性变化。

表5-6　整合菌剂组发酵过程优势细菌属菌群含量（read）及其酶活性

细菌属和酶名称	发酵过程优势细菌属菌群含量（read）及其酶活性								
	0	2d	4d	6d	8d	10d	12d	14d	16d
摩尔根氏菌属	0	26	490	9306	10353	12860	16001	14023	11874
不动杆菌属	5541	15454	12219	9716	9817	9803	2573	5325	3948
漫游球菌属	37	2995	1360	3282	1387	318	637	233	491
肠杆菌属	493	17453	17261	8366	4290	4612	2346	819	2725
香味菌属	0	0	0	0	0	5	24	6	60
产碱菌属	0	0	0	0	2563	6	31	13	1662
芽胞杆菌属	2	3	0	6	49	322	566	557	842
棒杆菌属1	17	0	0	0	6	98	371	1198	458
丙酸杆菌科的1属	1	2114	12238	11548	2914	5931	2874	6455	5467
乳球菌属	3556	3554	1309	1549	914	626	521	931	858
柠檬酸杆菌属	162	4913	4621	2087	1574	1412	1016	455	1003
消化链球菌属	0	0	0	0	20	0	42	13	14
假单胞菌属	17931	0	8	10	0	0	1	0	1
丹毒丝菌属	0	65	88	163	98	232	53	61	63
蒂西耶氏菌属	0	0	7	1416	975	1283	1612	902	2011
短波单胞菌属	0	0	1	0	0	0	1	0	0
普罗威登斯菌属	0	0	0	0	229	224	11	57	179
考考菌属	0	0	1	0	0	1	8	1	0

续表

细菌属和酶名称	发酵过程优势细菌属菌群含量（read）及其酶活性								
	0	2d	4d	6d	8d	10d	12d	14d	16d
类产碱菌属	0	0	0	0	0	3	4	0	2
威克斯氏菌属	0	0	0	0	1	5	3	416	5481
嗜碱菌属	0	0	194	529	107	129	204	353	94
放线菌属	0	0	13	679	2736	3885	799	1709	5086
金黄杆菌属	993	2671	1845	331	244	391	464	186	194
克雷伯氏菌属	8	1198	1139	1752	649	720	385	114	383
大洋芽胞杆菌属	0	2	0	0	65	4688	2960	2	3223
污蝇单胞菌属	0	0	0	0	0	0	2	0	0
蛋白酶/(U/g)	0.219	0.669	1.067	1.419	1.308	0.803	0.455	0.319	0.483
纤维素酶/(U/g)	0.43	0.36	0.57	0.7	0.86	1.15	1.03	1.25	1.73
脂肪酶/(U/g)	0.646	0.77	0.675	1.568	0.96	1.502	1.274	1.445	1.084
乳酸脱氢酶/(U/g)	31435	44229	39591	99	93	96	105	76	79
谷丙转氨酶/(U/g)	508.8	146.6	252.2	834.1	1063	1049.1	16.3	172.9	3.7
淀粉酶/(U/g)	20	12	11	4	2	3	2	1	1

以优势细菌属和酶活性为样本，发酵天数为指标，马氏距离为尺度，采用可变类平均法进行系统聚类，分析结果见表5-7和图5-4。可将细菌属分为3组：第1组为谷丙转氨酶功能群，包括15个细菌属，即摩尔根氏菌属、不动杆菌属、漫游球菌属、肠杆菌属、产碱菌属、丙酸杆菌科的1属、乳球菌属、柠檬酸杆菌属、假单胞菌属、蒂西耶氏菌属、威克斯氏菌属、嗜碱菌属、放线菌属、金黄杆菌属、克雷伯氏菌属；第2组为多酶系（蛋白酶、纤维素酶、脂肪酶、淀粉酶）功能群，包括10个细菌属，即香味菌属、芽胞杆菌属、棒杆菌属1、消化链球菌属、丹毒丝菌属、短波单胞菌属、普罗威登斯菌属、考考菌属、类产碱菌属、污蝇单胞菌属，它们与多酶系（蛋白酶、纤维素酶、脂肪酶、淀粉酶）同聚为一组，发酵过程菌群含量的动态变化与蛋白酶、纤维素酶、脂肪酶、淀粉酶的活性相关；第3组为乳酸脱氢酶功能群，包括1个细菌属，即大洋芽胞杆菌属，它与乳酸脱氢酶同聚为一组，发酵过程菌群含量的动态变化与乳酸脱氢酶相关。

表5-7　整合菌剂组发酵过程细菌属功能群聚类分析

组别	细菌属和酶名称	发酵过程优势细菌属菌群含量（read）及其酶活性								
		0	2d	4d	6d	8d	10d	12d	14d	16d
第1组	摩尔根氏菌属	0.0	26.0	490.0	9306.0	10353.0	12860.0	16001.0	14023.0	11874.0
	不动杆菌属	5541.0	15454.0	12219.0	9716.0	9817.0	9803.0	2573.0	5325.0	3948.0
	漫游球菌属	37.0	2995.0	1360.0	3282.0	1387.0	318.0	637.0	233.0	491.0
	肠杆菌属	493.0	17453.0	17261.0	8366.0	4290.0	4612.0	2346.0	819.0	2725.0

续表

组别	细菌属和酶名称	发酵过程优势细菌属菌群含量（read）及其酶活性								
		0	2d	4d	6d	8d	10d	12d	14d	16d
第1组	产碱菌属	0.0	0.0	0.0	0.0	2563.0	6.0	31.0	13.0	1662.0
	丙酸杆菌科的1属	1.0	2114.0	12238.0	11548.0	2914.0	5931.0	2874.0	6455.0	5467.0
	乳球菌属	3556.0	3554.0	1309.0	1549.0	914.0	626.0	521.0	931.0	858.0
	柠檬酸杆菌属	162.0	4913.0	4621.0	2087.0	1574.0	1412.0	1016.0	455.0	1003.0
	假单胞菌属	17931.0	0.0	8.0	10.0	0.0	0.0	1.0	0.0	1.0
	蒂西耶氏菌属	0.0	0.0	7.0	1416.0	975.0	1283.0	1612.0	902.0	2011.0
	威克斯氏菌属	0.0	0.0	0.0	0.0	1.0	5.0	3.0	416.0	5481.0
	嗜碱菌属	0.0	0.0	194.0	529.0	107.0	129.0	204.0	353.0	94.0
	放线菌属	0.0	0.0	13.0	679.0	2736.0	3885.0	799.0	1709.0	5086.0
	金黄杆菌属	993.0	2671.0	1845.0	331.0	244.0	391.0	464.0	186.0	194.0
	克雷伯氏菌属	8.0	1198.0	1139.0	1752.0	649.0	720.0	385.0	114.0	383.0
	谷丙转氨酶/(U/g)	508.8	146.6	252.2	834.1	1063.0	1049.1	16.3	172.9	3.7
第1组16个样本平均值		1826.9	3157.8	3309.8	3212.8	2474.2	2689.4	1842.7	2006.7	2580.1
第2组	香味菌属	0.0	0.0	0.0	0.0	0.0	5.0	24.0	6.0	60.0
	芽胞杆菌属	2.0	3.0	0.0	6.0	49.0	322.0	566.0	557.0	842.0
	棒杆菌属1	17.0	0.0	0.0	0.0	6.0	98.0	371.0	1198.0	458.0
	消化链球菌属	0.0	0.0	0.0	0.0	20.0	0.0	42.0	13.0	14.0
	丹毒丝菌属	0.0	65.0	88.0	163.0	98.0	232.0	53.0	61.0	63.0
	短波单胞菌属	0.0	0.0	1.0	0.0	0.0	0.0	1.0	0.0	0.0
	普罗威登斯菌属	0.0	0.0	0.0	0.0	229.0	224.0	11.0	57.0	179.0
	考考菌属	0.0	0.0	1.0	0.0	0.0	1.0	8.0	1.0	0.0
	类产碱菌属	0.0	0.0	0.0	0.0	0.0	3.0	4.0	0.0	2.0
	污蝇单胞菌属	0.0	0.0	0.0	0.0	0.0	0.0	2.0	0.0	0.0
	蛋白酶/(U/g)	0.2	0.7	1.1	1.4	1.3	1.2	0.5	0.3	0.5
	纤维素酶/(U/g)	0.4	0.4	0.6	0.7	0.9	1.2	1.0	1.3	1.7
	脂肪酶/(U/g)	0.6	0.8	0.7	1.6	1.0	1.5	1.3	1.4	1.1
	淀粉酶/(U/g)	20.0	12.0	11.0	4.0	2.0	3.0	2.0	1.0	1.0
第2组14个样本平均值		2.9	5.8	7.4	12.6	29.1	63.7	77.6	135.5	115.9
第3组	大洋芽胞杆菌属	0.0	2.0	0.0	0.0	65.0	4688.0	2960.0	2.0	3223.0
	乳酸脱氢酶/(U/g)	31435.0	44229.0	39591.0	99.0	93.0	96.0	105.0	76.0	79.0
第3组2个样本平均值		15717.5	22115.5	19795.5	49.5	79.0	2392.0	1532.5	39.0	1651.0

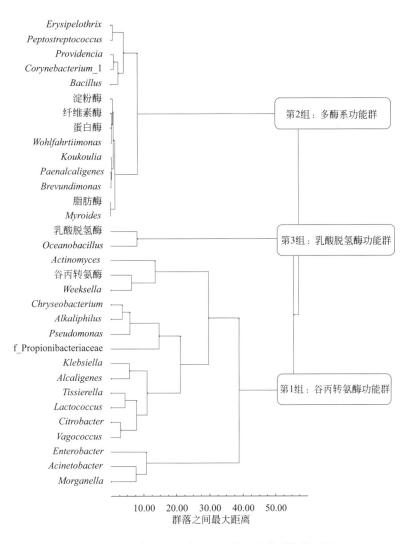

图5-4 整合菌剂组发酵过程细菌属功能群聚类分析

五、空白对照组功能群分析

肉汤实验空白对照组发酵过程优势细菌属菌群含量及其酶活性分析结果见表5-8。结果表明发酵过程不同的酶活性水平差异悬殊，发酵过程酶活性的总和排序为：乳酸脱氢酶（90017U/g）＞谷丙转氨酶（1623.0U/g）＞淀粉酶（114U/g）＞蛋白酶（9.285U/g）＞脂肪酶（8.907U/g）＞纤维素酶（4.98U/g）。与整合菌剂组不同，空白对照组乳酸脱氢酶活性最高，纤维素酶活性最低。空白对照组发酵过程优势细菌属含量和酶活性的变化差异显著，不同的细菌属发酵过程含量峰值出现的时间不同，如摩尔根氏菌属峰值出现在发酵后期（16d，read=10485），与芽胞菌剂组相比，峰值后移，含量下降；芽胞杆菌属峰值出现在发酵的前期（4d，read=1724），与芽胞菌剂组相比，峰值前移，含量大幅度下降；漫游球菌属峰值出现在发酵的前期（2d，read=9837），与芽胞菌剂组相比，峰值提前，含量下降等。同样，发酵过程酶活性的峰值出现的时间不同，如乳酸脱氢酶活性峰值出现在发酵的前期（0d，48514U/g）、脂肪酶活性峰值出现在发酵的中期（14d，1.95U/g）、淀粉酶活性峰值出现在发酵的前期（2d，53.00U/g）等。空白对照组不添加菌剂形成与添加菌剂组不同的微生物组结构和酶活性变化特征。

表5-8 空白对照组发酵过程优势细菌属菌群含量及其酶活性

细菌属和酶名称	发酵过程优势细菌属菌群含量（read）及其酶活性								
	0	2d	4d	6d	8d	10d	12d	14d	16d
摩尔根氏菌属	0	4722	3468	8069	4870	8614	7620	8921	10485
不动杆菌属	5541	3858	19776	20046	11310	6055	15353	4221	5293
漫游球菌属	37	9837	5947	4598	2424	1398	944	1044	1987
肠杆菌属	493	4316	2908	2237	1238	1622	826	1231	2177
香味菌属	0	182	90	840	10928	15616	13686	14445	12922
产碱菌属	0	0	4	335	2310	2279	1615	1961	1419
芽胞杆菌属	2	58	1724	689	686	1311	1002	1029	1391
棒杆菌属1	17	0	0	0	0	2	0	1	42
丙酸杆菌科的1属	1	10	17	9	6	10	4	14	12
乳球菌属	3556	2831	1025	1446	994	759	765	911	1372
柠檬酸杆菌属	162	2231	1636	1552	758	992	507	907	1313
消化链球菌属	0	7621	5413	5260	4699	2531	4090	4243	3543
假单胞菌属	17931	13	174	9	0	1	0	0	0
丹毒丝菌属	0	77	155	195	340	396	91	89	160
蒂西耶氏菌属	0	0	0	2	42	0	47	26	7
短波单胞菌属	0	0	0	0	0	1	0	11	0
普罗威登斯菌属	0	252	214	1218	332	608	431	792	711
考考菌属	0	0	163	1037	819	752	1242	656	486
类产碱菌属	0	0	0	113	1319	1225	1282	1068	2640
威克斯氏菌属	0	0	0	24	2766	411	392	545	1571
嗜碱菌属	0	0	0	4	1	107	30	85	173
放线菌属	0	0	6	7	1	42	64	98	70
金黄杆菌属	993	5001	1238	93	46	14	16	20	84
克雷伯氏菌属	8	468	315	186	115	114	58	107	162
大洋芽胞杆菌属	0	0	0	0	0	0	0	0	4
污蝇单胞菌属	0	0	13	699	13	1340	454	887	1450
蛋白酶/(U/g)	0.138	1.329	1.685	1.447	1.473	1.134	0.415	0.742	0.922
纤维素酶/(U/g)	0.44	0.33	0.63	0.58	0.74	0.69	0.57	0.53	0.47
脂肪酶/(U/g)	0.295	0.371	0.751	0.181	1.54	1.036	1.264	1.958	1.511
乳酸脱氢酶/(U/g)	48514	40466	253	94	88	190	188	133	91
谷丙转氨酶/(U/g)	361.4	461.2	292.8	142.4	149.1	108.1	21.6	27.9	58.5
淀粉酶/(U/g)	22	53	23	4	4	3	2	1	2

以优势细菌属和酶活性为样本，发酵天数为指标，马氏距离为尺度，采用可变类平均法

进行系统聚类，分析结果见表5-9和图5-5。可将细菌属分为3组：第1组为与被测酶活关联度低的组，属无关联组功能群，包括15个细菌属，即摩尔根氏菌属、不动杆菌属、漫游球菌属、肠杆菌属、香味菌属、产碱菌属、芽胞杆菌属、柠檬酸杆菌属、丹毒丝菌属；第2组为多酶系（蛋白酶、纤维素酶、脂肪酶、谷丙转氨酶、淀粉酶）功能群，包括11个细菌属，即棒杆菌属1、丙酸杆菌科的1属、乳球菌属、蒂西耶氏菌属、短波单胞菌属、普罗威登斯菌属、嗜碱菌属、放线菌属、金黄杆菌属、克雷伯氏菌属、大洋芽胞杆菌属，它们与多酶系（蛋白酶、纤维素酶、脂肪酶、谷丙转氨酶、淀粉酶）同聚为一组，发酵过程菌群含量的动态变化与蛋白酶、纤维素酶、脂肪酶、谷丙转氨酶、淀粉酶的活性相关；第3组为乳酸脱氢酶功能群，包括6个细菌属，即消化链球菌属、假单胞菌属、考考菌属、类产碱菌属、威克斯氏菌属、污蝇单胞菌属，它们与乳酸脱氢酶同聚为一组，发酵过程菌群含量的动态变化与乳酸脱氢酶相关。

表5-9 空白对照组发酵过程细菌属功能群聚类分析

组别	细菌属和酶名称	发酵过程优势细菌属菌群含量（read）及其酶活性								
		0	2d	4d	6d	8d	10d	12d	14d	16d
第1组	摩尔根氏菌属	0	4722	3468	8069	4870	8614	7620	8921	10485
	不动杆菌属	5541	3858	19776	20046	11310	6055	15353	4221	5293
	漫游球菌属	37	9837	5947	4598	2424	1398	944	1044	1987
	肠杆菌属	493	4316	2908	2237	1238	1622	826	1231	2177
	香味菌属	0	182	90	840	10928	15616	13686	14445	12922
	产碱菌属	0	0	4	335	2310	2279	1615	1961	1419
	芽胞杆菌属	2	58	1724	689	686	1311	1002	1029	1391
	柠檬酸杆菌属	162	2231	1636	1552	758	992	507	907	1313
	丹毒丝菌属	0	77	155	195	340	396	91	89	160
第1组9个样本平均值		692.78	2809.00	3967.56	4284.56	3873.78	4253.67	4627.11	3760.89	4127.44
第2组	棒杆菌属1	17	0	0	0	0	2	0	1	42
	丙酸杆菌科的1属	1	10	17	9	6	10	4	14	12
	乳球菌属	3556	2831	1025	1446	994	759	765	911	1372
	蒂西耶氏菌属	0	0	0	2	42	0	47	26	7
	短波单胞菌属	0	0	0	0	0	1	0	11	0
	普罗威登斯菌属	0	252	214	1218	332	608	431	792	711
	嗜碱菌属	0	0	0	4	1	107	30	85	173
	放线菌属	0	0	6	7	1	42	64	98	70
	金黄杆菌属	993	5001	1238	93	46	14	16	20	84
	克雷伯氏菌属	8	468	315	186	115	114	58	107	162
	大洋芽胞杆菌属	0	0	0	0	0	0	0	0	4
	蛋白酶/(U/g)	0.138	1.329	1.685	1.447	1.473	1.134	0.415	0.742	0.922
	纤维素酶/(U/g)	0.44	0.33	0.63	0.58	0.74	0.69	0.57	0.53	0.47
	脂肪酶/(U/g)	0.295	0.371	0.751	0.181	1.54	1.036	1.264	1.958	1.511
	谷丙转氨酶/(U/g)	361.4	461.2	292.8	142.4	149.1	108.1	21.6	27.9	58.5
	淀粉酶/(U/g)	22	53	23	4	4	3	2	1	2

续表

组别	细菌属和酶名称	发酵过程优势细菌属菌群含量（read）及其酶活性								
		0	2d	4d	6d	8d	10d	12d	14d	16d
	第2组16个样本平均值	309.95	567.39	195.87	194.60	105.87	110.68	90.05	131.07	168.78
第3组	消化链球菌属	0	7621	5413	5260	4699	2531	4090	4243	3543
	假单胞菌属	17931	13	174	9	0	1	0	0	0
	考考菌属	0	0	163	1037	819	752	1242	656	486
	产碱菌属	0	0	0	113	1319	1225	1282	1068	2640
	威克斯氏菌属	0	0	0	24	2766	411	392	545	1571
	污蝇单胞菌属	0	0	13	699	13	1340	454	887	1450
	乳酸脱氢酶/(U/g)	48514	40466	253	94	88	190	188	133	91
	第3组7个样本平均值	9492	6871	859	1034	1386	921	1093	1076	1397

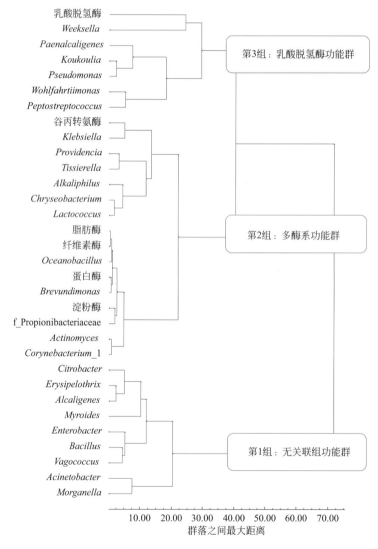

图5-5　空白对照组发酵过程细菌属功能群聚类分析

六、讨论

在农业生产中，通过人工接种对植物和土壤有益的微生物来改善根际环境系统，从而提高作物产量的做法由来已久。例如，将植物有益微生物 (如固氮菌、磷降解菌、木霉菌和丛枝菌根真菌等) 人工接种到植物根际可以有效防治植物病害。但是由于受到多种环境因素的影响，在土壤中使用单一菌株常常被土壤抑菌作用抑制，这种人工接种的方法在农田条件下的防治效果并不稳定。已有研究报道，在土壤环境中进行生物防治的有效微生物并不是单独发挥作用的，而是受到多种微生物的影响。因此，农业微生物生物防治的研究重点由单一微生物菌株转向了微生物组的群体水平。抑制性土壤 (suppressive soil) 是自然界生物防治的典范，可不同程度地影响病原物存活、侵染或繁殖。抑制性土壤又称抑菌土或衰退土，如果土壤中存在植物病原菌，且有较适宜的气候条件和寄主植物，但是病害不发生或者发病率很低，这样的土壤被称为抑病性土壤。目前的研究已经实现肠道环境人工培养核心微生物组的精确转移，然而这种技术尚未在根际环境中实现。由于肠道微生物组和根际微生物组之间具有极高的相似性，实现根际环境中核心微生物组的人工转移可行性很高。这些研究不仅印证了微生物群体的重要性，且核心微生物组的提出和应用也为将来功能菌群的研究奠定了基础（刘炜伟 等，2016）。

肉汤实验功能群分析结果表明，相同的培养基，接入不同的菌剂，影响到肉汤实验发酵液微生物功能群的划分。如芽胞菌剂组多种酶系功能群（蛋白酶、纤维素酶、脂肪酶、乳酸脱氢酶、淀粉酶）包含 12 个细菌属，即丙酸杆菌科的 1 属、柠檬酸杆菌属、假单胞菌属、短波单胞菌属、考考菌属、类产碱菌属、威克斯氏菌属、嗜碱菌属、放线菌属、金黄杆菌属、克雷伯氏菌属、污蝇单胞菌属，它们与蛋白酶、纤维素酶、脂肪酶、乳酸脱氢酶、淀粉酶同聚为一组，发酵过程菌群含量的动态变化与蛋白酶、纤维素酶、脂肪酶、乳酸脱氢酶、淀粉酶相关。整合菌剂组多酶系（蛋白酶、纤维素酶、脂肪酶、淀粉酶）相关特征的功能群包括 10 个细菌属，即香味菌属、芽胞杆菌属、棒杆菌属 1、消化链球菌属、丹毒丝菌属、短波单胞菌属、普罗威登斯菌属、考考菌属、类产碱菌属、污蝇单胞菌属，它们与多酶系（蛋白酶、纤维素酶、脂肪酶、淀粉酶）同聚为一组，发酵过程菌群含量的动态变化与蛋白酶、纤维素酶、脂肪酶、淀粉酶的活性相关。

第四节
肉汤实验芽胞杆菌同工菌的分析

一、引言

肉汤实验不同处理组发酵过程产生的酶和芽胞杆菌差异显著。一种芽胞杆菌可以产生多种酶，一种酶也可以在多个芽胞杆菌中产生。利用微生物产酶种类和数量，建立与芽胞杆菌种类和数量的关联，分析特定产酶功能的芽胞杆菌同工菌。测定不同处理组发酵过程产蛋白酶、纤维素酶、脂肪酶、乳酸脱氢酶、谷丙转氨酶、淀粉酶量，同时分析相关样本中芽胞杆菌种类的含量，利用聚类分析将那些与特定酶聚为一组的芽胞杆菌定义为芽胞杆菌同工菌；分析不同处理组芽胞杆菌同工菌分布特征。肉汤实验不同处理发酵过程共分离到 36 种芽胞杆菌，含量最高的为芽胞杆菌属的 1 种 *Bacillus* sp. OTU40（read=39731），含量最低为黄热无氧芽胞杆菌 *Anoxybacillus flavithermus* OTU27（read=4）（图 5-6）。现将结果小结如下。

图5-6　肉汤实验不同处理组发酵过程芽胞杆菌种类分布

二、芽胞菌剂组芽胞杆菌同工菌分析

肉汤实验芽胞菌剂组发酵过程芽胞杆菌含量及其酶活性分析结果见表 5-10。结果表明，芽胞菌剂组发酵过程芽胞杆菌含量和酶活性的变化差异显著。发酵过程不同的酶活性水平差异悬殊，发酵过程酶活的总和排序为：乳酸脱氢酶（41523U/g）＞谷丙转氨酶（684.7U/g）＞淀粉酶（416U/g）＞脂肪酶（11.14U/g）＞蛋白酶（9.59U/g）＞纤维素酶（5.18U/g）。乳酸脱氢酶活性最高，纤维素酶活性最低。不同的芽胞杆菌发酵过程含量峰值出现的时间不同，如芽胞杆菌属的 1 种 *Bacillus* sp. OTU40 峰值出现在发酵前期（0d，read=32729），大洋芽胞杆菌属的 1 种 *Oceanobacillus* sp. OTU376 峰值出现在发酵的后期（16d，read=90），假纤细芽胞杆菌属的 1 种 *Pseudogracilibacillus* sp. OTU341 峰值出现在发酵的后期（16d，read=631）等。同样，发酵过程酶活性的峰值出现的时间不同，如乳酸脱氢酶活性峰值出现在发酵的前期（0d，38969U/g），脂肪酶活性峰值出现在发酵的后期（14d，1.787U/g），淀粉酶活性峰值出现在发酵的中期（4d，108U/g）等。

表5-10 芽胞菌剂组发酵过程芽胞杆菌（种水平）含量及其酶活性

物种名称	发酵过程芽胞杆菌含量（read）及其酶活性								
	0	2d	4d	6d	8d	10d	12d	14d	16d
芽胞杆菌属的1种 *Bacillus* sp. OTU40	32729	933	1996	730	697	720	935	469	465
大洋芽胞杆菌属的1种*Oceanobacillus* sp. OTU376	0	1	0	0	0	0	0	45	90
芽胞杆菌属的1种 *Bacillus* sp. OTU104	0	0	0	1	6	3	0	0	0
假纤细芽胞杆菌属的1种 *Pseudogracilibacillus* sp. OTU341	0	0	2	0	0	0	0	98	631
赖氨酸芽胞杆菌属的1种 *Lysinibacillus* sp. OTU377	0	0	0	0	0	0	0	0	0
芽胞杆菌属的1种 *Bacillus* sp. OTU330	0	0	0	0	0	0	0	0	1
枝芽胞杆菌属的1种 *Virgibacillus*_sp. OTU314	0	0	0	0	0	0	0	0	523
假纤细芽胞杆菌属 *Pseudogracilibacillus* sp. OTU317	0	0	0	0	0	0	0	0	4
假纤细芽胞杆菌属 *Pseudogracilibacillus* sp. OTU322	0	0	0	0	0	0	0	0	0
芽胞杆菌属的1种 *Bacillus* sp. OTU102	0	0	0	0	0	0	0	0	1
芽胞杆菌属的1种 *Bacillus* sp. OTU292	0	0	0	0	0	0	0	0	6
芽胞杆菌属的1种 *Bacillus* sp. OTU368	0	0	0	0	0	0	0	0	20
福氏芽胞杆菌 *Bacillus fordii* OTU309	0	0	0	0	0	0	0	2	13
类芽胞杆菌属的1种 *Paenibacillus* sp. OTU270	0	0	0	0	0	0	0	0	0
蜜梳胞类芽胞杆菌 *Paenibacillus favisporus* OTU169	0	0	0	0	0	0	0	0	0
假纤细芽胞杆菌属的1种 *Pseudogracilibacillus* sp. OTU295	0	0	0	0	0	0	0	0	0

续表

物种名称	发酵过程芽胞杆菌含量（read）及其酶活性								
	0	2d	4d	6d	8d	10d	12d	14d	16d
芽胞杆菌属的1种 *Bacillus* sp. OTU308	0	0	0	0	0	0	0	0	0
盐芽胞杆菌属的1种 *Halobacillus_*sp. OTU121	0	0	0	0	0	0	0	1	197
假纤细芽胞杆菌属的1种 *Pseudogracilibacillus* sp. OTU324	0	0	0	0	0	0	0	0	0
芽胞杆菌属的1种 *Bacillus* sp. OTU114	0	0	0	0	0	0	0	9	62
类芽胞杆菌属的1种 *Paenibacillus* sp. OTU338	0	0	0	0	0	0	0	0	0
芽胞杆菌属的1种 *Bacillus* sp. OTU325	0	0	0	0	0	0	0	0	0
短芽胞杆菌属 *Brevibacillus* sp. OTU304	0	0	0	0	0	0	0	0	2
凝结芽胞杆菌 *Bacilluscoagulans* OTU173	0	0	0	0	0	0	0	0	0
兼性芽胞杆菌属的1种 *Amphibacillus* sp. OTU73	0	0	0	0	0	5	62	0	0
假纤细芽胞杆菌属的1种 *Pseudogracilibacillus* sp. OTU337	0	0	0	0	0	0	0	0	0
河岸类芽胞杆菌 *Paenibacillus ripae* OTU315	0	0	0	0	0	0	0	0	0
类芽胞杆菌属的1种 *Paenibacillus* sp. OTU297	0	0	0	0	0	0	0	0	0
类芽胞杆菌属的1种 *Paenibacillus_*sp. OTU289	0	0	0	0	0	0	0	0	0
约氏乳杆菌 *Lactobacillus johnsonii* OTU353	1	1	0	0	0	0	1	0	0
乳杆菌属的1种 *Lactobacillus* sp. OTU175	0	0	0	0	0	0	0	0	0
乳杆菌属的1种 *Lactobacillus* sp. OTU171	0	0	0	0	0	0	0	0	0
假纤细芽胞杆菌属的1种 *Pseudogracilibacillus* sp. TU296	0	0	0	0	0	0	0	0	0
猪乳杆菌 *Lactobacillus saerimneri* OTU253	0	0	0	0	0	0	0	0	0
类芽胞杆菌属的1种 *Paenibacillus* sp. OTU307	0	0	0	0	0	0	0	0	0
黄热无氧芽胞杆菌 *Anoxybacillus flavithermus* OTU27	0	0	0	0	2	0	0	0	0
蛋白酶/(U/g)	0.512	1.675	1.55	1.399	1.398	0.766	0.923	0.476	0.878
纤维素酶/(U/g)	0.51	0.56	0.73	0.78	0.59	0.5	0.56	0.47	0.48
脂肪酶/(U/g)	1.131	1.084	0.589	1.293	1.074	1.663	1.74	1.787	0.789
乳酸脱氢酶/(U/g)	38969	1857	178	98	84	86	86	77	88
谷丙转氨酶/(U/g)	308.6	147.2	83.2	51.1	12.4	7.7	13.6	3.5	57.4
淀粉酶/(U/g)	31	94	108	76	49	21	31	4	2

以芽胞杆菌和酶活性为样本，发酵天数为指标，马氏距离为尺度，采用可变类平均

法进行系统聚类，分析结果见表 5-11 和图 5-7。可将细菌属分为 4 组：第 1 组为乳酸脱氢酶同工菌组，包含 1 个芽胞杆菌，即 *Bacillus* sp. OTU40。第 2 组为谷丙转氨酶和淀粉酶同工菌组，包含 6 个芽胞杆菌，即 *Oceanobacillus* sp. OTU376、*Pseudogracilibacillus* sp. OTU341、*Virgibacillus*_sp. OTU314、*Halobacillus*_sp. OTU121、*Bacillus* sp. OTU114 和 *Amphibacillus* sp. OTU73，这些芽胞杆菌含量变化与谷丙转氨酶和淀粉酶相关，互为同工菌；第 3 组为多酶系（蛋白酶、纤维素酶、脂肪酶）同工菌组，包含 10 个芽胞杆菌，即 *Bacillus* sp. OTU104、*Bacillus* sp. OTU330、*Pseudogracilibacillus* sp. OTU317、*Bacillus* sp. OTU102、*Bacillus* sp. OTU292、*Bacillus* sp. OTU368、*Bacillusfordii* OTU309、*Brevibacillus* sp. OTU304、*Lactobacillus johnsonii* OTU353 和 *Anoxybacillus flavithermus* OTU27，它们与蛋白酶、纤维素酶、脂肪酶同聚为一组，互为同工菌。第 4 组为无关联同工菌组，包含 19 个芽胞杆菌，即 *Lysinibacillus* sp. OTU377、*Pseudogracilibacillus* sp. OTU322、*Paenibacillus* sp. OTU270、*Paenibacillus favisporus* OTU169、*Pseudogracilibacillus* sp. OTU295、*Bacillus* sp. OTU308、*Pseudogracilibacillus* sp. OTU324、*Paenibacillus* sp. OTU338、*Bacillus* sp. OTU325、*Bacilluscoagulans* OTU173、*Pseudogracilibacillus* sp. OTU337、*Paenibacillus ripae* OTU315、*Paenibacillus* sp. OTU297、*Paenibacillus*_sp. OTU289、*Lactobacillus* sp. OTU175、*Lactobacillus* sp. OTU171、*Pseudogracilibacillus* sp. TU296、*Lactobacillus saerimneri* OTU253 和 *Paenibacillus* sp. OTU307，这组的芽胞杆菌分泌的酶系与检测的 6 个酶无关联，也即分泌被测的 6 个酶能力较低的芽胞杆菌集合成一类同工菌。

表5-11　芽胞菌剂组发酵过程芽胞杆菌同工菌聚类分析

组别	物种和酶名称	发酵过程芽胞杆菌含量（read）及其酶活性								
		0	2d	4d	6d	8d	10d	12d	14d	16d
第1组	*Bacillus* sp. OTU40	32730.00	934.00	1997.00	731.00	698.00	721.00	936.00	470.00	466.00
	乳酸脱氢酶/(U/g)	38970.00	1858.00	179.00	99.00	85.00	87.00	87.00	78.00	89.00
第1组2个样本平均值		35850.00	1396.00	1088.00	415.00	391.50	404.00	511.50	274.00	277.50
第2组	*Oceanobacillus* sp. OTU376	1.00	2.00	1.00	1.00	1.00	1.00	1.00	46.00	91.00
	Pseudogracilibacillus sp. OTU341	1.00	1.00	3.00	1.00	1.00	1.00	1.00	99.00	632.00
	*Virgibacillus*_sp. OTU314	1.00	1.00	1.00	1.00	1.00	1.00	1.00	1.00	524.00
	*Halobacillus*_sp. OTU121	1.00	1.00	1.00	1.00	1.00	1.00	1.00	2.00	198.00
	Bacillus sp. OTU114	1.00	1.00	1.00	1.00	1.00	1.00	1.00	10.00	63.00
	Amphibacillus sp. OTU73	1.00	1.00	1.00	1.00	1.00	6.00	63.00	1.00	1.00
	谷丙转氨酶/(U/g)	309.60	148.20	84.20	52.10	13.40	8.70	14.60	4.50	58.40
	淀粉酶/(U/g)	32.00	95.00	109.00	77.00	50.00	22.00	32.00	5.00	3.00
第2组8个样本平均值		43.45	31.27	25.15	16.89	8.67	5.21	14.32	21.06	196.30
第3组	*Bacillus* sp. OTU104	1.00	1.00	1.00	2.00	7.00	4.00	1.00	1.00	1.00
	Bacillus sp. OTU330	1.00	1.00	1.00	1.00	1.00	1.00	1.00	1.00	2.00
	Pseudogracilibacillus sp. OTU317	1.00	1.00	1.00	1.00	1.00	1.00	1.00	1.00	5.00

组别	物种和酶名称	发酵过程芽胞杆菌含量（read）及其酶活性								
		0	2d	4d	6d	8d	10d	12d	14d	16d
第3组	*Bacillus* sp. OTU102	1.00	1.00	1.00	1.00	1.00	1.00	1.00	1.00	2.00
	Bacillus sp. OTU292	1.00	1.00	1.00	1.00	1.00	1.00	1.00	1.00	7.00
	Bacillus sp. OTU368	1.00	1.00	1.00	1.00	1.00	1.00	1.00	1.00	21.00
	Bacillusfordii OTU309	1.00	1.00	1.00	1.00	1.00	1.00	1.00	3.00	14.00
	Brevibacillus sp. OTU304	1.00	1.00	1.00	1.00	1.00	1.00	1.00	1.00	3.00
	Lactobacillus johnsonii OTU353	2.00	2.00	1.00	1.00	1.00	1.00	2.00	1.00	1.00
	Anoxybacillus flavithermus OTU27	1.00	1.00	1.00	1.00	3.00	1.00	1.00	1.00	1.00
	蛋白酶/(U/g)	1.51	2.68	2.55	2.40	2.40	1.77	1.92	1.48	1.88
	纤维素酶/(U/g)	1.51	1.56	1.73	1.78	1.59	1.50	1.56	1.47	1.48
	脂肪酶/(U/g)	2.13	2.08	1.59	2.29	2.07	2.66	2.74	2.79	1.79
第3组13个样本平均值		1.24	1.33	1.22	1.34	1.85	1.46	1.32	1.36	4.78
第4组	*Lysinibacillus* sp. OTU377	1.00	1.00	1.00	1.00	1.00	1.00	1.00	1.00	1.00
	Pseudogracilibacillus sp. OTU322	1.00	1.00	1.00	1.00	1.00	1.00	1.00	1.00	1.00
	Paenibacillus sp. OTU270	1.00	1.00	1.00	1.00	1.00	1.00	1.00	1.00	1.00
	Paenibacillus favisporus OTU169	1.00	1.00	1.00	1.00	1.00	1.00	1.00	1.00	1.00
	Pseudogracilibacillus sp. OTU295	1.00	1.00	1.00	1.00	1.00	1.00	1.00	1.00	1.00
	Bacillus sp. OTU308	1.00	1.00	1.00	1.00	1.00	1.00	1.00	1.00	1.00
	Pseudogracilibacillus sp. OTU324	1.00	1.00	1.00	1.00	1.00	1.00	1.00	1.00	1.00
	Paenibacillus sp. OTU338	1.00	1.00	1.00	1.00	1.00	1.00	1.00	1.00	1.00
	Bacillus sp. OTU325	1.00	1.00	1.00	1.00	1.00	1.00	1.00	1.00	1.00
	Bacillus coagulans OTU173	1.00	1.00	1.00	1.00	1.00	1.00	1.00	1.00	1.00
	Pseudogracilibacillus sp. OTU337	1.00	1.00	1.00	1.00	1.00	1.00	1.00	1.00	1.00
	Paenibacillus ripae OTU315	1.00	1.00	1.00	1.00	1.00	1.00	1.00	1.00	1.00
	Paenibacillus sp. OTU297	1.00	1.00	1.00	1.00	1.00	1.00	1.00	1.00	1.00
	*Paenibacillus_*sp. OTU289	1.00	1.00	1.00	1.00	1.00	1.00	1.00	1.00	1.00
	Lactobacillus sp. OTU175	1.00	1.00	1.00	1.00	1.00	1.00	1.00	1.00	1.00
	Lactobacillus sp. OTU171	1.00	1.00	1.00	1.00	1.00	1.00	1.00	1.00	1.00
	Pseudogracilibacillus sp. TU296	1.00	1.00	1.00	1.00	1.00	1.00	1.00	1.00	1.00
	Lactobacillus saerimneri OTU253	1.00	1.00	1.00	1.00	1.00	1.00	1.00	1.00	1.00
	Paenibacillus sp. OTU307	1.00	1.00	1.00	1.00	1.00	1.00	1.00	1.00	1.00
第4组19个样本平均值		1.00	1.00	1.00	1.00	1.00	1.00	1.00	1.00	1.00

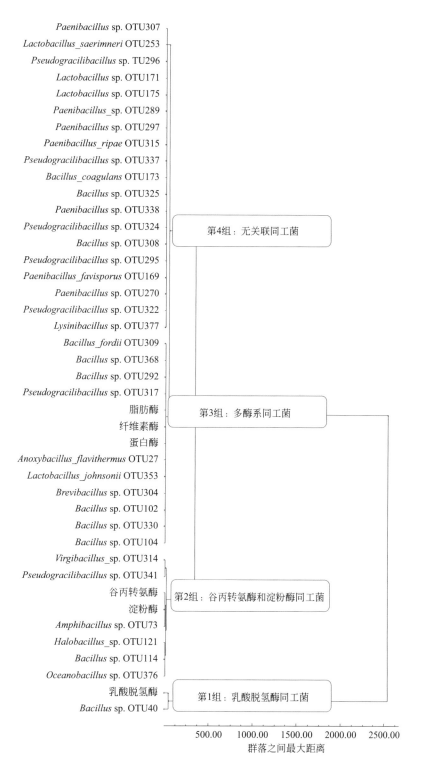

图5-7 芽胞菌剂组发酵过程芽胞杆菌同工菌聚类分析

三、链霉菌剂组芽胞杆菌同工菌分析

肉汤实验链霉菌剂组发酵过程芽胞杆菌含量及其酶活性分析结果见表5-12。结果表明链霉菌剂组发酵过程芽胞杆菌含量和酶活性的变化差异显著。发酵过程不同的酶活性水平差异悬殊，发酵过程酶活性的总和排序为：乳酸脱氢酶（108054U/g）＞谷丙转氨酶（2075.4U/g）＞淀粉酶（65U/g）＞脂肪酶（10.333U/g）＞蛋白酶（8.856U/g）＞纤维素酶（6.37U/g）。乳酸脱氢酶活性最高，纤维素酶活性最低。不同的芽胞杆菌发酵过程含量峰值出现的时间不同，如 *Bacillus* sp. OTU40 峰值出现在发酵前期（0d，read=6）、*Oceanobacillus* sp. OTU376 峰值出现在发酵的后期（16d，read=3）、*Pseudogracilibacillus* sp. OTU341 峰值出现在发酵的后期（14d，read=1903）等。同样，发酵过程酶活性的峰值出现的时间不同，如乳酸脱氢酶活性峰值出现在发酵前期（2d，51463U/g）、脂肪酶活性峰值出现在发酵后期（14d，1.683U/g）、淀粉酶活性峰值出现在发酵中期（4d，20U/g）等。

表5-12　链霉菌剂组发酵过程芽胞杆菌含量（read）及其酶活性

物种和酶名称	发酵过程芽胞杆菌含量（read）及其酶活性								
	0	2d	4d	6d	8d	10d	12d	14d	16d
Bacillus sp. OTU40	6	1	3	2	0	1	0	0	1
Oceanobacillus sp. OTU376	0	0	0	0	0	1	0	0	3
Bacillus sp. OTU104	1	121	29	1	0	2	0	12	2
Pseudogracilibacillus sp. OTU341	0	0	0	0	0	24	793	1903	1518
Lysinibacillus sp. OTU377	6	411	41	31	16	12	22	31	34
Bacillus sp. OTU330	0	0	0	0	0	0	140	957	711
*Virgibacillus*_sp. OTU314	0	0	0	0	0	101	244	281	
Pseudogracilibacillus sp. OTU317	0	0	0	0	0	0	0	0	1
Pseudogracilibacillus sp. OTU322	0	0	0	0	0	0	0	0	0
Bacillus sp. OTU102	0	0	0	0	0	0	1	2	1
Bacillus sp. OTU292	0	0	0	0	0	0	0	0	0
Bacillus sp. OTU368	15	2	8	8	2	428	7	19	185
Bacillus fordii OTU309	0	0	0	0	0	0	22	2	32
Paenibacillus sp. OTU270	0	2	49	42	64	34	111	154	128
Paenibacillus favisporus OTU169	192	32	32	3	5	2	8	19	16
Pseudogracilibacillus sp. OTU295	0	0	0	0	0	0	0	0	0
Bacillus sp. OTU308	0	0	0	0	0	0	0	0	1
*Halobacillus*_sp. OTU121	0	0	0	0	0	0	0	0	0
Pseudogracilibacillus sp. OTU324	0	0	0	0	0	0	0	0	1
Bacillus sp. OTU114	0	0	0	0	0	0	0	1	0
Paenibacillus sp. OTU338	0	0	0	0	0	0	0	0	0
Bacillus sp. OTU325	0	0	0	0	0	0	0	0	0
Brevibacillus sp. OTU304	0	0	0	0	0	0	3	43	15
Bacillus coagulans OTU173	67	0	4	0	0	1	0	1	0
Amphibacillus sp. OTU73	0	0	0	0	0	0	0	0	0
Pseudogracilibacillus sp. OTU337	0	0	0	0	0	0	0	0	0
Paenibacillus ripae OTU315	0	0	0	0	0	0	0	0	0
Paenibacillus sp. OTU297	0	0	0	0	0	0	0	0	1

续表

物种和酶名称	发酵过程芽胞杆菌含量（read）及其酶活性								
	0	2d	4d	6d	8d	10d	12d	14d	16d
*Paenibacillus*_sp. OTU289	0	0	0	0	0	0	1	0	0
Lactobacillus johnsonii OTU353	1	1	1	9	0	0	0	0	0
Lactobacillus sp. OTU175	16	0	0	0	0	0	1	1	1
Lactobacillus sp. OTU171	12	0	2	0	0	0	0	0	0
Pseudogracilibacillus sp. TU296	0	0	0	0	0	0	0	0	0
Lactobacillus saerimneri OTU253	8	0	1	0	0	0	0	0	0
Paenibacillus sp. OTU307	0	0	0	0	0	0	0	0	4
Anoxybacillus flavithermus OTU27	0	0	0	0	0	0	0	0	0
蛋白酶/(U/g)	0.359	1.147	1.334	1.326	1.442	1.118	0.778	0.586	0.766
纤维素酶/(U/g)	0.52	0.52	0.65	0.8	0.74	0.68	0.72	0.65	1.09
脂肪酶/(U/g)	1.169	0.39	0.856	1.312	0.789	1.53	1.549	1.683	1.055
谷丙转氨酶/(U/g)	318.6	540.2	438.1	328.3	62.4	251.6	20.2	89.7	26.3
乳酸脱氢酶/(U/g)	45034	51463	11096	89	73	75	74	77	73
淀粉酶/(U/g)	1	15	20	10	5	8	2	3	1

以芽胞杆菌和酶活性为样本，发酵天数为指标，马氏距离为尺度，采用可变类平均法进行系统聚类，分析结果见表5-13和图5-8。可将细菌属分为3组：第1组为蛋白酶和纤维素酶同工菌组，包含21个芽胞杆菌，即 *Bacillus* sp. OTU40、*Oceanobacillus* sp. OTU376、*Pseudogracilibacillus* sp. OTU317、*Pseudogracilibacillus* sp. OTU322、*Bacillus* sp. OTU102、*Bacillus* sp. OTU292、*Bacillus fordii* OTU309、*Pseudogracilibacillus* sp. OTU295、*Bacillus* sp. OTU308、*Halobacillus*_sp. OTU121、*Pseudogracilibacillus* sp. OTU324、*Bacillus* sp. OTU114、*Paenibacillus* sp. OTU338、*Bacillus* sp. OTU325、*Amphibacillus* sp. OTU73、*Pseudogracilibacillus* sp. OTU337、*Paenibacillus ripae* OTU315、*Paenibacillus* sp. OTU297、*Paenibacillus*_sp. OTU289、*Pseudogracilibacillus* sp. TU296 和 *Anoxybacillus flavithermus* OTU27。第2组为脂肪酶和淀粉酶同工菌组，包含7个芽胞杆菌，*Brevibacillus* sp. OTU304、*Bacillus coagulans* OTU173、*Lactobacillus johnsonii* OTU353、*Lactobacillus* sp. OTU175、*Lactobacillus* sp. OTU171、*Lactobacillus saerimneri* OTU253 和 *Paenibacillus* sp. OTU307，这些芽胞杆菌含量变化与脂肪酶和淀粉酶相关，互为同工菌。第3组为谷丙转氨酶和乳酸脱氢酶同工菌组，包含8个芽胞杆菌，即 *Bacillus* sp. OTU104、*Pseudogracilibacillus* sp. OTU341、*Lysinibacillus* sp. OTU377、*Bacillus* sp. OTU330、*Virgibacillus*_sp. OTU314、*Bacillus* sp. OTU368、*Paenibacillus* sp. OTU270 和 *Paenibacillus favisporus* OTU169，这些芽胞杆菌含量变化与谷丙转氨酶和乳酸脱氢酶相关，互为同工菌。

表5-13　链霉菌剂组发酵过程芽胞杆菌同工菌聚类分析

组别	物种和酶名称	发酵过程芽胞杆菌含量（read）及其酶活性								
		0	2d	4d	6d	8d	10d	12d	14d	16d
第1组	*Bacillus* sp. OTU40	6.0	1.0	3.0	2.0	0.0	1.0	0.0	0.0	1.0
	Oceanobacillus sp. OTU376	0.0	0.0	0.0	0.0	0.0	1.0	0.0	0.0	3.0
	Pseudogracilibacillus sp. OTU317	0.0	0.0	0.0	0.0	0.0	0.0	0.0	0.0	1.0
	Pseudogracilibacillus sp. OTU322	0.0	0.0	0.0	0.0	0.0	0.0	0.0	0.0	0.0
	Bacillus sp. OTU102	0.0	0.0	0.0	0.0	0.0	0.0	0.0	2.0	1.0

组别	物种和酶名称	发酵过程芽胞杆菌含量（read）及其酶活性								
		0	2d	4d	6d	8d	10d	12d	14d	16d
第1组	*Bacillus* sp. OTU292	0.0	0.0	0.0	0.0	0.0	0.0	0.0	0.0	0.0
	Bacillus fordii OTU309	0.0	0.0	0.0	0.0	0.0	0.0	22.0	2.0	32.0
	Pseudogracilibacillus sp. OTU295	0.0	0.0	0.0	0.0	0.0	0.0	0.0	0.0	0.0
	Bacillus sp. OTU308	0.0	0.0	0.0	0.0	0.0	0.0	0.0	0.0	1.0
	*Halobacillus_*sp. OTU121	0.0	0.0	0.0	0.0	0.0	0.0	0.0	0.0	0.0
	Pseudogracilibacillus sp. OTU324	0.0	0.0	0.0	0.0	0.0	0.0	0.0	0.0	1.0
	Bacillus sp. OTU114	0.0	0.0	0.0	0.0	0.0	0.0	0.0	1.0	0.0
	Paenibacillus sp. OTU338	0.0	0.0	0.0	0.0	0.0	0.0	0.0	0.0	0.0
	Bacillus sp. OTU325	0.0	0.0	0.0	0.0	0.0	0.0	0.0	0.0	0.0
	Amphibacillus sp. OTU73	0.0	0.0	0.0	0.0	0.0	0.0	0.0	0.0	0.0
	Pseudogracilibacillus sp. OTU337	0.0	0.0	0.0	0.0	0.0	0.0	0.0	0.0	0.0
	Paenibacillus ripae OTU315	0.0	0.0	0.0	0.0	0.0	0.0	0.0	0.0	0.0
	Paenibacillus sp. OTU297	0.0	0.0	0.0	0.0	0.0	0.0	0.0	0.0	1.0
	*Paenibacillus_*sp. OTU289	0.0	0.0	0.0	0.0	0.0	0.0	1.0	0.0	0.0
	Pseudogracilibacillus sp. TU296	0.0	0.0	0.0	0.0	0.0	0.0	0.0	0.0	0.0
	Anoxybacillus flavithermus OTU27	0.0	0.0	0.0	0.0	0.0	0.0	0.0	0.0	0.0
	蛋白酶/(U/g)	0.4	1.1	1.3	1.3	1.4	1.1	0.8	0.6	0.8
	纤维素酶/(U/g)	0.5	0.5	0.7	0.8	0.7	0.7	0.7	0.7	1.1
	第1组23个样本平均值	0.3	0.1	0.2	0.2	0.1	0.2	1.1	0.3	1.9
第2组	*Brevibacillus* sp. OTU304	0.0	0.0	0.0	0.0	0.0	0.0	3.0	43.0	15.0
	Bacillus coagulans OTU173	67.0	0.0	4.0	0.0	0.0	1.0	0.0	1.0	0.0
	Lactobacillus johnsonii OTU353	1.0	1.0	1.0	9.0	0.0	0.0	0.0	0.0	0.0
	Lactobacillus sp. OTU175	16.0	0.0	0.0	0.0	0.0	0.0	1.0	1.0	1.0
	Lactobacillus sp. OTU171	12.0	0.0	2.0	0.0	0.0	0.0	0.0	0.0	0.0
	Lactobacillus saerimneri OTU253	8.0	0.0	1.0	0.0	0.0	0.0	0.0	0.0	0.0
	Paenibacillus sp. OTU307	0.0	0.0	0.0	0.0	0.0	0.0	0.0	0.0	4.0
	脂肪酶/(U/g)	1.2	0.4	0.9	1.3	0.8	1.5	1.5	1.7	1.1
	淀粉酶/(U/g)	1.0	15.0	20.0	10.0	5.0	8.0	2.0	3.0	1.0
	第2组9个样本平均值	11.8	1.8	3.2	2.3	0.6	1.2	0.8	5.5	2.5
第3组	*Bacillus* sp. OTU104	1.0	121.0	29.0	1.0	0.0	2.0	0.0	12.0	2.0
	Pseudogracilibacillus sp. OTU341	0.0	0.0	0.0	0.0	0.0	24.0	793.0	1903.0	1518.0
	Lysinibacillus sp. OTU377	6.0	411.0	41.0	31.0	16.0	12.0	22.0	31.0	34.0
	Bacillus sp. OTU330	0.0	0.0	0.0	0.0	0.0	0.0	140.0	957.0	711.0
	*Virgibacillus_*sp. OTU314	0.0	0.0	0.0	0.0	0.0	0.0	101.0	244.0	281.0
	Bacillus sp. OTU368	15.0	2.0	8.0	8.0	2.0	428.0	7.0	19.0	185.0
	Paenibacillus sp. OTU270	0.0	2.0	49.0	42.0	64.0	34.0	111.0	154.0	128.0
	Paenibacillus favisporus OTU169	192.0	32.0	32.0	3.0	5.0	2.0	8.0	19.0	16.0
	谷丙转氨酶/(U/g)	318.6	540.2	438.1	328.3	62.4	251.6	20.2	89.7	26.3
	乳酸脱氢酶/(U/g)	45034.0	51463.0	11096.0	89.0	73.0	75.0	74.0	77.0	73.0
	第3组10个样本平均值	4556.7	5257.1	1169.3	50.2	22.2	82.9	127.6	350.6	297.4

乳酸脱氢酶
谷丙转氨酶
Paenibacillus sp. OTU270
Paenibacillus_favisporus OTU169
Bacillus sp. OTU368
Virgibacillus sp. OTU314
Bacillus sp. OTU330
Lysinibacillus sp. OTU377
Pseudogracilibacillus sp. OTU341
Bacillus sp. OTU104
淀粉酶
Paenibacillus sp. OTU307
脂肪酶
Lactobacillus_saerimneri OTU253
Lactobacillus sp. OTU171
Bacillus_coagulans OTU173
Lactobacillus_johnsonii OTU353
Lactobacillus sp. OTU175
Brevibacillus sp. OTU304
Anoxybacillus_flavithermus OTU27
Pseudogracilibacillus sp. TU296
Paenibacillus_ripae OTU315
Pseudogracilibacillus sp. OTU337
Amphibacillus sp. OTU73
Bacillus sp. OTU325
Paenibacillus sp. OTU338
Halobacillus sp. OTU121
Pseudogracilibacillus sp. OTU295
Bacillus sp. OTU292
Pseudogracilibacillus sp. OTU322
纤维素酶
Paenibacillus sp. OTU289
Bacillus sp. OTU114
Bacillus sp. OTU102
蛋白酶
Paenibacillus sp. OTU297
Pseudogracilibacillus sp. OTU324
Bacillus sp. OTU308
Pseudogracilibacillus sp. OTU317
Bacillus_fordii OTU309
Oceanobacillus sp. OTU376
Bacillus sp. OTU40

第3组：谷丙转氨酶和乳酸脱氢酶同工菌

第2组：脂肪酶和淀粉酶同工菌

第1组：蛋白酶和纤维素酶同工菌

20.00 40.00 60.00 80.00 100.00 120.00 140.00
群落之间最大距离

图5-8 链霉菌剂组发酵过程芽胞杆菌同工菌聚类分析

四、整合菌剂组芽胞杆菌同工菌分析

肉汤实验整合菌剂组发酵过程芽胞杆菌含量及其酶活性分析结果见表5-14。结果表明整合菌剂组发酵过程芽胞杆菌含量和酶活性的变化差异显著。发酵过程不同的酶活性水平差异悬殊，发酵过程酶活性的总和排序为：乳酸脱氢酶（115803U/g）＞谷丙转氨酶（4046.7U/g）＞淀粉酶（56U/g）＞脂肪酶（9.924U/g）＞纤维素酶（8.08U/g）＞蛋白酶（6.742U/g），乳酸脱氢酶活性最高，纤维素酶活性最低。不同的芽胞杆菌发酵过程含量峰值出现的时间不同，如 *Bacillus* sp. OTU40 峰值出现在发酵后期（16d，read=9）、*Oceanobacillus* sp. OTU376 峰值出现在发酵的中期（10d，read=4688）、*Pseudogracilibacillus* sp. OTU341 峰值出现在发酵的后期（16d，read=869）等。同样，发酵过程酶活性的峰值出现的时间不同，如乳酸脱氢酶活性峰值出现在发酵前期（2d，44229U/g）、脂肪酶活性峰值出现在发酵中期（6d，1.568U/g）、淀粉酶活性峰值出现在发酵前期（0d，20U/g）等。

表5-14　整合菌剂组发酵过程芽胞杆菌含量（read）及其酶活性

物种和酶名称	发酵过程芽胞杆菌含量（read）及其酶活性								
	0	2d	4d	6d	8d	10d	12d	14d	16d
Bacillus sp. OTU40	2	3	0	2	3	3	3	2	9
Oceanobacillus sp. OTU376	0	2	0	0	65	4688	2960	2	3223
Bacillus sp. OTU104	0	0	0	0	5	2	0	0	3
Pseudogracilibacillus sp. OTU341	0	0	0	0	1	84	265	297	869
Lysinibacillus sp. OTU377	0	3	0	6	1844	1210	2065	19	633
Bacillus sp. OTU330	0	0	0	0	0	0	1	2	308
Virgibacillus sp. OTU314	0	0	0	0	0	0	172	49	154
Pseudogracilibacillus sp. OTU317	0	0	0	0	47	0	303	655	19
Pseudogracilibacillus sp. OTU322	0	0	0	0	0	0	200	672	61
Bacillus sp. OTU102	0	0	0	0	0	8	5	2	6
Bacillus sp. OTU292	0	0	0	0	0	154	247	192	275
Bacillus sp. OTU368	0	0	0	4	25	17	54	41	25
Bacillus fordii OTU309	0	0	0	0	1	116	164	157	186
Paenibacillus sp. OTU270	0	0	0	0	0	0	1	0	0
Paenibacillus favisporus OTU169	0	0	0	0	0	0	0	0	0
Pseudogracilibacillus sp. OTU295	0	0	0	0	1	0	143	71	83
Bacillus sp. OTU308	0	0	0	0	0	7	60	134	15
Halobacillus sp. OTU121	0	0	0	0	0	0	0	20	0
Pseudogracilibacillus sp. OTU324	0	0	0	0	0	0	2	58	39
Bacillus sp. OTU114	0	0	0	0	0	0	7	8	3
Paenibacillus sp. OTU338	0	0	0	0	0	20	3	4	62
Bacillus sp. OTU325	0	0	0	0	15	15	25	19	12
Brevibacillus sp. OTU304	0	0	0	0	0	1	1	4	8
Bacillus coagulans OTU173	0	0	0	0	0	0	0	0	0
Amphibacillus sp. OTU73	0	0	0	0	0	0	0	0	0
Pseudogracilibacillus sp. OTU337	0	0	0	0	0	0	3	31	17
Paenibacillus ripae OTU315	0	0	0	0	0	8	21	19	0
Paenibacillus sp. OTU297	0	0	0	0	0	0	33	12	1

续表

物种和酶名称	发酵过程芽胞杆菌含量（read）及其酶活性								
	0	2d	4d	6d	8d	10d	12d	14d	16d
Paenibacillus sp. OTU289	0	0	0	0	0	23	0	1	1
Lactobacillus johnsonii OTU353	0	1	3	1	0	0	0	0	0
Lactobacillus sp. OTU175	0	0	0	0	0	0	0	0	0
Lactobacillus sp. OTU171	0	0	0	0	0	0	0	0	0
Pseudogracilibacillus sp. TU296	0	0	0	0	0	0	1	11	0
Lactobacillus saerimneri OTU253	0	0	0	0	0	0	0	0	0
Paenibacillus sp. OTU307	0	0	0	0	0	0	3	0	0
Anoxybacillus flavithermus OTU27	2	0	0	0	0	0	0	0	0
蛋白酶/(U/g)	0.219	0.669	1.067	1.419	1.308	0.803	0.455	0.319	0.483
纤维素酶/(U/g)	0.43	0.36	0.57	0.7	0.86	1.15	1.03	1.25	1.73
脂肪酶/(U/g)	0.646	0.77	0.675	1.568	0.96	1.502	1.274	1.445	1.084
乳酸脱氢酶/(U/g)	31435	44229	39591	99	93	96	105	76	79
谷丙转氨酶/(U/g)	508.8	146.6	252.2	834.1	1063	1049.1	16.3	172.9	3.7
淀粉酶/(U/g)	20	12	11	4	2	3	2	1	1

以芽胞杆菌和酶活性为样本、发酵天数为指标、马氏距离为尺度，采用可变类平均法进行系统聚类，分析结果见表 5-15 和图 5-9。可将细菌种分为 2 组：第 1 组为乳酸脱氢酶、谷丙转氨酶、淀粉酶同工菌组，包含 16 个芽胞杆菌，即 *Bacillus* sp. OTU40、*Oceanobacillus* sp. OTU376、*Bacillus* sp. OTU104、*Pseudogracilibacillus* sp. OTU341、*Lysinibacillus* sp. OTU377、*Bacillus* sp. OTU330、*Virgibacillus* sp. OTU314、*Pseudogracilibacillus* sp. OTU317、*Pseudogracilibacillus* sp. OTU322、*Bacillus* sp. OTU102、*Bacillus* sp. OTU292、*Bacillus* sp. OTU368、*Bacillus fordii* OTU309、*Pseudogracilibacillus* sp. OTU295、*Bacillus* sp. OTU308 和 *Lactobacillus johnsonii* OTU353，这些芽胞杆菌含量变化与乳酸脱氢酶、谷丙转氨酶、淀粉酶性相关，互为同工菌。

第 2 组为蛋白酶、纤维素酶、脂肪酶同工菌组，包含 20 个芽胞杆菌，即 *Paenibacillus* sp. OTU270、*Paenibacillus favisporus* OTU169、*Halobacillus*_sp. OTU121、*Pseudogracilibacillus* sp. OTU324、*Bacillus* sp. OTU114、*Paenibacillus* sp. OTU338、*Bacillus* sp. OTU325、*Brevibacillus* sp. OTU304、*Bacillus coagulans* OTU173、*Amphibacillus* sp. OTU73、*Pseudogracilibacillus* sp. OTU337、*Paenibacillus ripae* OTU315、*Paenibacillus* sp. OTU297、*Paenibacillus* sp. OTU289、*Lactobacillus* sp. OTU175、*Lactobacillus* sp. OTU171、*Pseudogracilibacillus* sp. TU296、*Lactobacillus saerimneri* OTU253、*Paenibacillus* sp. OTU307 和 *Anoxybacillus flavithermus* OTU27，这些芽胞杆菌含量变化与蛋白酶、纤维素酶、脂肪酶活性相关，互为同工菌。

表5-15　整合菌剂组发酵过程芽胞杆菌同工菌聚类分析

组别	物种和酶名称	发酵过程芽胞杆菌含量（read）及其酶活性								
		0	2d	4d	6d	8d	10d	12d	14d	16d
第1组	*Bacillus* sp. OTU40	2.0	3.0	0.0	2.0	3.0	3.0	3.0	2.0	9.0
	Oceanobacillus sp. OTU376	0.0	2.0	0.0	0.0	65.0	4688.0	2960.0	2.0	3223.0
	Bacillus sp. OTU104	0.0	0.0	0.0	0.0	5.0	2.0	0.0	0.0	3.0
	Pseudogracilibacillus sp. OTU341	0.0	0.0	0.0	0.0	1.0	84.0	265.0	297.0	869.0

续表

组别	物种和酶名称	发酵过程芽胞杆菌含量（read）及其酶活性								
		0	2d	4d	6d	8d	10d	12d	14d	16d
第1组	*Lysinibacillus* sp. OTU377	0.0	3.0	0.0	6.0	1844.0	1210.0	2065.0	19.0	633.0
	Bacillus sp. OTU330	0.0	0.0	0.0	0.0	0.0	0.0	1.0	2.0	308.0
	*Virgibacillus_*sp. OTU314	0.0	0.0	0.0	0.0	0.0	0.0	172.0	49.0	154.0
	Pseudogracilibacillus sp. OTU317	0.0	0.0	0.0	0.0	47.0	0.0	303.0	655.0	19.0
	Pseudogracilibacillus sp. OTU322	0.0	0.0	0.0	0.0	0.0	0.0	200.0	672.0	61.0
	Bacillus sp. OTU102	0.0	0.0	0.0	0.0	0.0	8.0	5.0	2.0	6.0
	Bacillus sp. OTU292	0.0	0.0	0.0	0.0	0.0	154.0	247.0	192.0	275.0
	Bacillus sp. OTU368	0.0	0.0	0.0	4.0	25.0	17.0	54.0	41.0	25.0
	Bacillus fordii OTU309	0.0	0.0	0.0	0.0	1.0	116.0	164.0	157.0	186.0
	Pseudogracilibacillus sp. OTU295	0.0	0.0	0.0	0.0	1.0	143.0	71.0	83.0	
	Bacillus sp. OTU308	0.0	0.0	0.0	0.0	0.0	7.0	60.0	134.0	15.0
	Lactobacillus johnsonii OTU353	0.0	1.0	3.0	1.0	0.0	0.0	0.0	0.0	0.0
	乳酸脱氢酶/(U/g)	31435.0	44229.0	39591.0	99.0	93.0	96.0	105.0	76.0	79.0
	谷丙转氨酶/(U/g)	508.8	146.6	252.2	834.1	1063.0	1049.1	16.3	172.9	3.7
	淀粉酶/(U/g)	20.0	12.0	11.0	4.0	2.0	3.0	2.0	1.0	1.0
第1组19个样本平均值		1682.4	2336.7	2097.7	50.0	165.8	391.4	356.1	133.9	313.3
第2组	*Paenibacillus* sp. OTU270	0.0	0.0	0.0	0.0	0.0	0.0	1.0	0.0	0.0
	Paenibacillus favisporus OTU169	0.0	0.0	0.0	0.0	0.0	0.0	0.0	0.0	0.0
	Halobacillus sp. OTU121	0.0	0.0	0.0	0.0	0.0	0.0	0.0	20.0	0.0
	Pseudogracilibacillus sp. OTU324	0.0	0.0	0.0	0.0	0.0	0.0	2.0	58.0	39.0
	Bacillus sp. OTU114	0.0	0.0	0.0	0.0	0.0	0.0	7.0	8.0	3.0
	Paenibacillus sp. OTU338	0.0	0.0	0.0	0.0	0.0	20.0	3.0	4.0	62.0
	Bacillus sp. OTU325	0.0	0.0	0.0	0.0	15.0	15.0	25.0	19.0	12.0
	Brevibacillus sp. OTU304	0.0	0.0	0.0	0.0	0.0	1.0	1.0	4.0	8.0
	Bacillus coagulans OTU173	0.0	0.0	0.0	0.0	0.0	0.0	0.0	0.0	0.0
	Amphibacillus sp. OTU73	0.0	0.0	0.0	0.0	0.0	0.0	0.0	0.0	0.0
	Pseudogracilibacillus sp. OTU337	0.0	0.0	0.0	0.0	0.0	0.0	3.0	31.0	17.0
	Paenibacillus ripae OTU315	0.0	0.0	0.0	0.0	0.0	8.0	21.0	19.0	0.0
	Paenibacillus sp. OTU297	0.0	0.0	0.0	0.0	0.0	0.0	33.0	12.0	1.0
	Paenibacillus sp. OTU289	0.0	0.0	0.0	0.0	0.0	23.0	0.0	1.0	1.0
	Lactobacillus sp. OTU175	0.0	0.0	0.0	0.0	0.0	0.0	0.0	0.0	0.0
	Lactobacillus sp. OTU171	0.0	0.0	0.0	0.0	0.0	0.0	0.0	0.0	0.0
	Pseudogracilibacillus sp. TU296	0.0	0.0	0.0	0.0	0.0	0.0	1.0	11.0	0.0
	Lactobacillus saerimneri OTU253	0.0	0.0	0.0	0.0	0.0	0.0	0.0	0.0	0.0
	Paenibacillus sp. OTU307	0.0	0.0	0.0	0.0	0.0	0.0	3.0	0.0	0.0
	Anoxybacillus flavithermus OTU27	2.0	0.0	0.0	0.0	0.0	0.0	0.0	0.0	0.0
	蛋白酶/(U/g)	0.2	0.7	1.1	1.4	1.3	0.8	0.5	0.3	0.5
	纤维素酶/(U/g)	0.4	0.4	0.6	0.7	0.9	1.2	1.0	1.3	1.7
	脂肪酶/(U/g)	0.6	0.8	0.7	1.6	1.0	1.5	1.3	1.4	1.1
第2组23个样本平均值		0.1	0.1	0.1	0.2	0.8	3.1	4.5	8.3	6.4

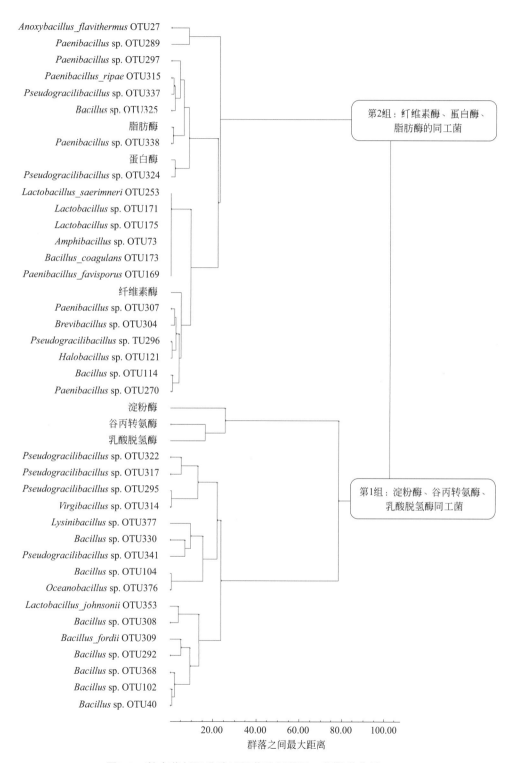

图5-9　整合菌剂组发酵过程芽胞杆菌同工菌聚类分析

五、空白对照组芽胞杆菌同工菌分析

肉汤实验空白对照组发酵过程芽胞杆菌含量及其酶活性分析结果见表5-16。结果表明空白对照组发酵过程芽胞杆菌含量和酶活性的变化差异显著。发酵过程不同的酶活性水平差异悬殊，发酵过程酶活性的总和排序为：乳酸脱氢酶（90017U/g）＞谷丙转氨酶（1623U/g）＞淀粉酶（114U/g）＞蛋白酶（9.285U/g）＞脂肪酶（8.907U/g）＞纤维素酶（4.98U/g）；乳酸脱氢酶活性最高，纤维素酶活性最低。不同的芽胞杆菌发酵过程含量峰值出现的时间不同，如 *Bacillus* sp. OTU40 峰值出现在发酵中期（8d，read=10）、*Oceanobacillus* sp. OTU376 峰值出现在发酵的中期（8d，read=4）、*Pseudogracilibacillus* sp. OTU341 峰值出现在发酵的中期（8d，read=119）等。同样，发酵过程酶活性的峰值出现的时间不同，如乳酸脱氢酶活性峰值出现在发酵前期（0d，48514U/g）、脂肪酶活性峰值出现在发酵后期（14d，1.958U/g）、淀粉酶活性峰值出现在发酵前期（2d，53U/g）等。

表5-16　空白对照组发酵过程芽胞杆菌含量及其酶活性

物种和酶名称	发酵过程芽胞杆菌含量（read）及其酶活性								
	0	2d	4d	6d	8d	10d	12d	14d	16d
Bacillus sp. OTU40	2	0	1	2	10	1	0	0	2
Oceanobacillus sp. OTU376	0	0	0	0	4	0	0	0	0
Bacillus sp. OTU104	0	1311	992	1019	497	57	1724	689	684
Pseudogracilibacillus sp. OTU341	0	0	11	65	119	0	0	0	0
Lysinibacillus sp. OTU377	0	0	0	0	0	0	0	0	0
Bacillus sp. OTU330	0	0	0	0	0	0	0	0	0
Virgibacillus sp. OTU314	0	0	0	0	0	0	0	0	0
Pseudogracilibacillus sp. OTU317	0	0	0	0	0	0	0	0	0
Pseudogracilibacillus sp. OTU322	0	0	0	0	0	0	0	0	0
Bacillus sp. OTU102	0	0	0	7	865	0	0	0	0
Bacillus sp. OTU292	0	0	7	0	0	0	0	0	0
Bacillus sp. OTU368	0	0	0	0	3	0	0	0	0
Bacillus fordii OTU309	0	0	0	1	13	0	0	0	0
Paenibacillus sp. OTU270	0	0	0	0	0	0	0	0	0
Paenibacillus favisporus OTU169	0	0	0	0	0	0	0	0	0
Pseudogracilibacillus sp. OTU295	0	0	0	0	0	0	0	0	0
Bacillus sp. OTU308	0	0	2	0	0	0	0	0	0
Halobacillus sp. OTU121	0	0	0	0	0	0	0	0	0
Pseudogracilibacillus sp. OTU324	0	0	0	0	0	0	0	0	0
Bacillus sp. OTU114	0	0	0	0	3	0	0	0	0
Paenibacillus sp. OTU338	0	0	0	0	0	0	0	0	0
Bacillus sp. OTU325	0	0	0	0	0	0	0	0	0
Brevibacillus sp. OTU304	0	0	0	0	0	0	0	0	0
Bacilluscoagulans OTU173	0	0	0	0	0	0	0	0	0

续表

物种和酶名称	发酵过程芽胞杆菌含量（read）及其酶活性								
	0	2d	4d	6d	8d	10d	12d	14d	16d
Amphibacillus sp. OTU73	0	0	0	0	0	0	0	0	0
Pseudogracilibacillus sp. OTU337	0	0	0	0	0	0	0	0	0
Paenibacillus ripae OTU315	0	0	0	0	0	0	0	0	0
Paenibacillus sp. OTU297	0	0	0	0	0	0	0	0	0
Paenibacillus_sp. OTU289	0	0	0	4	0	0	0	0	0
Lactobacillus johnsonii OTU353	0	0	0	1	0	0	0	1	0
Lactobacillus sp. OTU175	0	0	0	0	0	0	0	0	0
Lactobacillus sp. OTU171	0	0	0	0	0	0	0	0	0
Pseudogracilibacillus sp. TU296	0	0	0	0	0	0	0	0	0
Lactobacillus saerimneri OTU253	0	0	0	0	0	0	0	0	0
Paenibacillus sp. OTU307	0	0	0	0	0	0	0	0	0
Anoxybacillus flavithermus OTU27	2	0	0	0	0	0	0	0	0
蛋白酶/(U/g)	0.138	1.329	1.685	1.447	1.473	1.134	0.415	0.742	0.922
纤维素酶/(U/g)	0.44	0.33	0.63	0.58	0.74	0.69	0.57	0.53	0.47
脂肪酶/(U/g)	0.295	0.371	0.751	0.181	1.54	1.036	1.264	1.958	1.511
乳酸脱氢酶/(U/g)	48514	40466	253	94	88	190	188	133	91
谷丙转氨酶/(U/g)	361.4	461.2	292.8	142.4	149.1	108.1	21.6	27.9	58.5
淀粉酶/(U/g)	22	53	23	4	4	3	2	1	2

以芽胞杆菌和酶活性为样本、发酵天数为指标、马氏距离为尺度，采用可变类平均法进行系统聚类，分析结果见表 5-17 和图 5-10。可将细菌属分为 2 组：第 1 组为多酶系（蛋白酶、纤维素酶、脂肪酶、乳酸脱氢酶、谷丙转氨酶、淀粉酶）同工菌组，包含 13 个芽胞杆菌，即 *Bacillus* sp. OTU40、*Oceanobacillus* sp. OTU376、*Bacillus* sp. OTU104、*Pseudogracilibacillus* sp. OTU341、*Bacillus* sp. OTU102、*Bacillus* sp. OTU292、*Bacillus* sp. OTU368、*Bacillusfordii* OTU309、*Bacillus* sp. OTU308、*Bacillus* sp. OTU114、*Paenibacillus_sp.* OTU289、*Lactobacillus johnsonii* OTU353 和 *Anoxybacillus flavithermus* OTU27；第 2 组为无关联同工菌组，包含 23 个芽胞杆菌，即 *Lysinibacillus* sp. OTU377、*Bacillus* sp. OTU330、*Virgibacillus_sp.* OTU314、*Pseudogracilibacillus* sp. OTU317、*Pseudogracilibacillus* sp. OTU322、*Paenibacillus* sp. OTU270、*Paenibacillus favisporus* OTU169、*Pseudogracilibacillus* sp. OTU295、*Halobacillus_* sp. OTU121、*Pseudogracilibacillus* sp. OTU324、*Paenibacillus* sp. OTU338、*Bacillus* sp. OTU325、*Brevibacillus* sp. OTU304、*Bacillus coagulans* OTU173、*Amphibacillus* sp. OTU73、*Pseudogracilibacillus* sp. OTU337、*Paenibacillus ripae* OTU315、*Paenibacillus* sp. OTU297、*Lactobacillus* sp. OTU175、*Lactobacillus* sp. OTU171、*Pseudogracilibacillus* sp. TU296、*Lactobacillus saerimneri* OTU253 和 *Paenibacillus* sp. OTU307，这组的芽胞杆菌在该环境下生长能力低，分泌的酶系与检测的 6 个酶无关联，也即分泌被测 6 个酶能力较低的芽胞杆菌集合成一类同工菌。

图5-10　空白对照组发酵过程芽胞杆菌同工菌聚类分析

表5-17　空白对照组发酵过程芽胞杆菌同工菌聚类分析

组别	物种和酶名称	发酵过程芽胞杆菌含量（read）及其酶活性								
		0	2d	4d	6d	8d	10d	12d	14d	16d
第1组	*Bacillus* sp. OTU40	2.00	0.00	1.00	2.00	10.00	1.00	0.00	0.00	2.00
	Oceanobacillus sp. OTU376	0.00	0.00	0.00	0.00	4.00	0.00	0.00	0.00	0.00
	Bacillus sp. OTU104	0.00	1311.00	992.00	1019.00	497.00	57.00	1724.00	689.00	684.00
	Pseudogracilibacillus sp. OTU341	0.00	0.00	11.00	65.00	119.00	0.00	0.00	0.00	0.00
	Bacillus sp. OTU102	0.00	0.00	0.00	7.00	865.00	0.00	0.00	0.00	0.00
	Bacillus sp. OTU292	0.00	0.00	7.00	0.00	0.00	0.00	0.00	0.00	0.00
	Bacillus sp. OTU368	0.00	0.00	0.00	0.00	3.00	0.00	0.00	0.00	0.00
	Bacillus fordii OTU309	0.00	0.00	0.00	1.00	13.00	0.00	0.00	0.00	0.00
	Bacillus sp. OTU308	0.00	0.00	2.00	0.00	0.00	0.00	0.00	0.00	0.00
	Bacillus sp. OTU114	0.00	0.00	0.00	0.00	3.00	0.00	0.00	0.00	0.00
	Paenibacillus sp. OTU289	0.00	0.00	0.00	4.00	0.00	0.00	0.00	0.00	0.00
	Lactobacillus johnsonii OTU353	0.00	0.00	0.00	1.00	0.00	0.00	0.00	1.00	0.00
	Anoxybacillus flavithermus OTU27	2.00	0.00	0.00	0.00	0.00	0.00	0.00	0.00	0.00
	蛋白酶/(U/g)	0.14	1.33	1.69	1.45	1.47	1.13	0.42	0.74	0.92
	纤维素酶/(U/g)	0.44	0.33	0.63	0.58	0.74	0.69	0.57	0.53	0.47
	脂肪酶/(U/g)	0.30	0.37	0.75	0.18	1.54	1.04	1.26	1.96	1.51
	乳酸脱氢酶/(U/g)	48514.00	40466.00	253.00	94.00	88.00	190.00	188.00	133.00	91.00
	谷丙转氨酶/(U/g)	361.40	461.20	292.80	142.40	149.10	108.10	21.60	27.90	58.50
	淀粉酶/(U/g)	22.00	53.00	23.00	4.00	4.00	3.00	2.00	1.00	2.00
	第1组19个样本平均值	2573.80	2225.96	83.41	70.61	92.57	19.05	101.99	45.01	44.23
第2组	*Lysinibacillus* sp. OTU377	0.00	0.00	0.00	0.00	0.00	0.00	0.00	0.00	0.00
	Bacillus sp. OTU330	0.00	0.00	0.00	0.00	0.00	0.00	0.00	0.00	0.00
	Virgibacillus sp. OTU314	0.00	0.00	0.00	0.00	0.00	0.00	0.00	0.00	0.00
	Pseudogracilibacillus sp. OTU317	0.00	0.00	0.00	0.00	0.00	0.00	0.00	0.00	0.00
	Pseudogracilibacillus sp. OTU322	0.00	0.00	0.00	0.00	0.00	0.00	0.00	0.00	0.00
	Paenibacillus sp. OTU270	0.00	0.00	0.00	0.00	0.00	0.00	0.00	0.00	0.00
	Paenibacillus favisporus OTU169	0.00	0.00	0.00	0.00	0.00	0.00	0.00	0.00	0.00
	Pseudogracilibacillus sp. OTU295	0.00	0.00	0.00	0.00	0.00	0.00	0.00	0.00	0.00
	*Halobacillus_*sp. OTU121	0.00	0.00	0.00	0.00	0.00	0.00	0.00	0.00	0.00
	Pseudogracilibacillus sp. OTU324	0.00	0.00	0.00	0.00	0.00	0.00	0.00	0.00	0.00
	Paenibacillus sp. OTU338	0.00	0.00	0.00	0.00	0.00	0.00	0.00	0.00	0.00
	Bacillus sp. OTU325	0.00	0.00	0.00	0.00	0.00	0.00	0.00	0.00	0.00
	Brevibacillus sp. OTU304	0.00	0.00	0.00	0.00	0.00	0.00	0.00	0.00	0.00

组别	物种和酶名称	发酵过程芽胞杆菌含量（read）及其酶活性								
		0	2d	4d	6d	8d	10d	12d	14d	16d
第2组	*Bacilluscoagulans* OTU173	0.00	0.00	0.00	0.00	0.00	0.00	0.00	0.00	0.00
	Amphibacillus sp. OTU73	0.00	0.00	0.00	0.00	0.00	0.00	0.00	0.00	0.00
	Pseudogracilibacillus sp. OTU337	0.00	0.00	0.00	0.00	0.00	0.00	0.00	0.00	0.00
	Paenibacillus ripae OTU315	0.00	0.00	0.00	0.00	0.00	0.00	0.00	0.00	0.00
	Paenibacillus sp. OTU297	0.00	0.00	0.00	0.00	0.00	0.00	0.00	0.00	0.00
	Lactobacillus sp. OTU175	0.00	0.00	0.00	0.00	0.00	0.00	0.00	0.00	0.00
	Lactobacillus sp. OTU171	0.00	0.00	0.00	0.00	0.00	0.00	0.00	0.00	0.00
	Pseudogracilibacillus sp. TU296	0.00	0.00	0.00	0.00	0.00	0.00	0.00	0.00	0.00
	Lactobacillus saerimneri OTU253	0.00	0.00	0.00	0.00	0.00	0.00	0.00	0.00	0.00
	Paenibacillus sp. OTU307	0.00	0.00	0.00	0.00	0.00	0.00	0.00	0.00	0.00
第2组23个样本平均值		0.00	0.00	0.00	0.00	0.00	0.00	0.00	0.00	0.00

六、讨论

在同一个微生物的功能群中，存在着多个具有相同功能而分类地位不同的微生物互为同工菌，即具有相同功能的一类菌。相同功能，如降解蛋白质功能的菌群，它们的微生物学的差异提供了同工菌适应环境变化能力；同样具有降解蛋白质能力的菌群，有的菌株适应酸性环境，有的适应碱性环境，在酸性环境下由适应酸性的菌群工作，在碱性环境下则由适应碱性的菌群工作。如整合菌剂组蛋白酶和纤维素酶特征同工菌包含 21 个芽胞杆菌，即 *Bacillus* sp. OTU40、*Oceanobacillus* sp. OTU376、*Pseudogracilibacillus* sp. OTU317、*Pseudogracilibacillus* sp. OTU322、*Bacillus* sp. OTU102、*Bacillus* sp. OTU292、*Bacillus fordii* OTU309、*Pseudogracilibacillus* sp. OTU295、*Bacillus* sp. OTU308、*Halobacillus* sp. OTU121、*Pseudogracilibacillus* sp. OTU324、*Bacillus* sp. OTU114、*Paenibacillus* sp. OTU338、*Bacillus* sp. OTU325、*Amphibacillus* sp. OTU73、*Pseudogracilibacillus* sp. OTU337、*Paenibacillus ripae* OTU315、*Paenibacillus* sp. OTU297、*Paenibacillus* sp. OTU289、*Pseudogracilibacillus* sp. TU296 和 *Anoxybacillus flavithermus* OTU27。芽胞菌剂组谷丙转氨酶和淀粉酶同工菌包含 6 个芽胞杆菌，即 *Oceanobacillus* sp. OTU376、*Pseudogracilibacillus* sp. OTU341、*Virgibacillus* sp. OTU314、*Halobacillus_*sp. OTU121、*Bacillus* sp. OTU114 和 *Amphibacillus* sp. OTU73，这些芽胞杆菌含量变化与谷丙转氨酶和淀粉酶相关，互为同工菌。

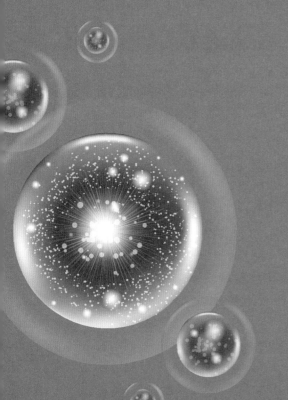

第六章

整合微生物组菌剂的
应用

整合微生物组菌剂用于生防菌肥二次发酵

一、用于细菌生防菌肥二次发酵

1. 概述

作物枯萎病是由尖孢镰刀菌（*Fusarium oxysporum*）侵染引起的一种毁灭性土传病害，可造成严重损失（郝晓娟 等，2005；王政逸和李德葆，2011），目前对该病害的防治仍困难重重。生物防治作为该病害的防治方法之一，近年来相关研究越来越多，特别是芽胞杆菌因其易培养、存活能力强，防治效果好，已有较广泛的研究与应用，如枯草芽胞杆菌（陈弟 等，2008）、短短芽胞杆菌（黄素芳 等，2010）、解淀粉芽胞杆菌（吴洪生 等，2013）等在防治枯萎病上都有一定的应用。本试验采用的是从枯萎病发病田的土壤中分离到的一株生防菌FJAT-4，经鉴定为地衣芽胞杆菌，具有耐热、酶系丰富、产酶量高和安全等诸多优良特性（张菊 等，2012），试验证明该菌对尖孢镰刀菌具有较强的抑制作用，具备开发成生防菌剂的潜能。对地衣芽胞杆菌在香蕉（周俊辉和游春平，2011）、棉花（宁幸连和张慧杰，2013）和西瓜（葛慈斌 等，2004；郑雪芳 等，2006）等作物枯萎病防治方面的成功应用有过报道。

芽胞杆菌生产发酵常采用液体发酵或液固双向发酵。地衣芽胞杆菌的液体发酵已有很多研究和报道（朱天辉 等，2013），但有关该菌的固态发酵报道甚少。在发酵设备和工艺方面，虽深层液体发酵工艺都较为成熟，但用于农用微生物制剂的生产，存在成本高、代谢物不能充分利用、有废液排放等弊端。而固态发酵具有湿度低、能耗低、培养基来源广泛等优越性，特别适宜发展中国家生物农药的有效生产（Yang，2007）。

为提高枯萎病生防菌地衣芽胞杆菌 FJAT-4 固态发酵水平，优化其发酵培养基与发酵条件是关键。近年随着微生物发酵床养猪技术的兴起，产生了大量的农业副产物微生物发酵床养猪垫料（以下简称垫料），它是通过微生物将谷壳、锯末、猪粪、尿等混合经原位分解发酵而成，富含养分（蓝江林 等，2012）。因此，本试验以垫料作为固态发酵培养基成分之一，既可为菌株发酵提供所需养分，降低生产成本，又可降低农副产品废弃物对环境的污染。辅以其他常用农业副产物如麸皮、麦粒、玉米芯等原料，以活菌量为指标，通过单因素法优化菌株的培养基成分和培养条件，获得最佳的培养条件，为地衣芽胞杆菌的工业化生产提供理论指导。

2. 研究方法

（1）供试材料　细菌生防菌种采用地衣芽胞杆菌 FJAT-4，为福建省农业科学院农业生物资源研究所微生物保存中心分离保存。LB培养基: 胰蛋白胨1%、酵母浸粉0.5%、NaCl 0.5%、pH7.0～7.2。发酵垫料（整合微生物组菌剂）、稻壳、麸皮、黄豆饼粉、麦粒、青草粉、熟菜籽粉、鱼骨粉、玉米芯采购于农贸市场，$(NH_4)_2SO_4$、$MgSO_4$、$MnSO_4$ 购于中国国药公司。

（2）发酵培养基筛选　以产菌量为指标，采用单因子法筛选适宜菌株固态发酵的载体，确定最适配方。具体试验设计如下。

1）固态发酵载体筛选。分别选取稻壳、麸皮、黄豆饼粉、麦粒、青草粉、熟菜籽粉、鱼骨粉、玉米芯与垫料按质量比 1 : 1 配制成培养基，按 K_2HPO_4 0.05%、$MgSO_4$ 0.025% 添加无机盐，湿度 50%，通气量 75%，分装于 500mL 组培瓶中，接种量 3% 灭菌后接入 FJAT-4 菌液，30℃恒温发酵 48h。取 5.00g 固态发酵物于 45.00mL 无菌水中，搅拌均匀，稀释至适当倍数，吸取 100μL，均匀涂布于 LB 平板上，30℃恒温培养 48h，记录平板上长出的菌数。菌数（CFU/g）= 同一稀释度平均菌数 ×10× 稀释倍数 /5。初步筛选出与垫料混合进行发酵适宜的载体。每处理重复 3 次。

2）固态发酵培养基配方筛选。选取筛出的较为适宜的载体 2 种，分别与垫料按一定比例配制培养基，每处理重复 3 次，优化培养基最佳配方，如表 6-1 所列。

表6-1　固态发酵培养基不同配比处理

原料	处理组	配比（质量比）
垫料：玉米芯	处理组1	10 : 0
	处理组2	7 : 3
	处理组3	5 : 5
	处理组4	3 : 7
	处理组5	0 : 10
垫料：麸皮	处理组6	10 : 0
	处理组7	7 : 3
	处理组8	5 : 5
	处理组9	3 : 7
	处理组10	0 : 10

（3）发酵培养条件筛选　按上述筛出的最佳配方，采用单因子法筛选菌株固态发酵的温度、湿度、通气量和发酵周期，确定最适因子。具体试验设计如下。

1）温度。采用上述筛选出的最佳培养配方，在初始培养条件的基础上固定其他因子，改变温度为 25℃、30℃、35℃、40℃、45℃恒温发酵，筛出最佳发酵温度。

2）湿度。初始培养条件的基础上固定其他因子，改变湿度为 40%、45%、50%、55%、60%，筛出最适湿度。

3）通气量。在初始培养条件的基础上固定其他因子，改变通气量为 55%、65%、75%、85%、95%，筛出最适通气量。

4）发酵周期。采用上述筛选出的最佳培养基配方及培养条件，改变发酵周期为 16 h、40 h、52 h、64 h、76 h、88 h 时取样测其发酵产物的菌量，并将发酵物进行烘干算其湿度，折算发酵物干重含菌量。结合发酵物湿重和干重含菌量综合筛选最佳发酵周期。

（4）数据处理及验证实验　数据分析采用 Excel 处理，统计学分析采用 DPS 软件处理，检测不同处理对菌株的产菌量差异性，筛出最佳发酵培养基配方和发酵条件。

3. 发酵培养基配方的优化

（1）固态发酵原料的筛选　比较了 8 种载体对地衣芽胞杆菌 FJAT-4 的发酵情况，结果表明（图6-1），8种载体对该菌固态发酵影响显著，其中麸皮、麦粒和玉米芯发酵效果显著高于其他5种载体，发酵48h后固态发酵物含菌量为（4.09～5.05）×10^8CFU/g；其次是黄豆饼粉、熟菜籽粉、青草粉、鱼骨粉，发酵物含菌量为（1.02～2.81）×10^8CFU/g；而稻谷不适宜该菌株的发酵，发酵物含菌量仅为7.6×10^7CFU/g。综合生产成本考虑，麦粒较贵且与麸皮和玉米芯相比发酵效果差异不显著，故初选麸皮和玉米芯作为发酵载体进一步筛选其与垫料组合的最佳配比。

（2）固态发酵培养基配方的筛选　比较了麸皮、玉米芯分别按一定质量比与垫料组合对地衣芽胞杆菌FJAT-4的发酵情况，结果（图6-2）表明，不同配比质量对该菌的固态发酵影响显著，其中麸皮与垫料的组合总体显著高于玉米芯与垫料的组合。垫料：麸皮分别为0：10（处理组10）和7：3（处理组7）的组合发酵效果最好，发酵48h后固态发酵物含菌量为（8.87～9.56）×10^8CFU/g；其次是垫料：麸皮为3：7（处理组9）和5：5（处理组

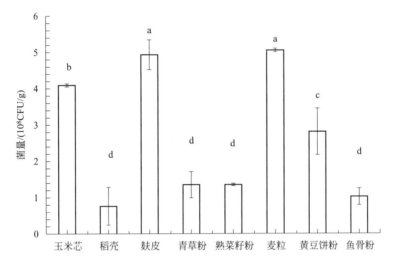

图6-1　不同载体对地衣芽胞杆菌固体发酵产菌量的影响

图中的小写字母表示样品间差异显著（$P<0.05$），全书同

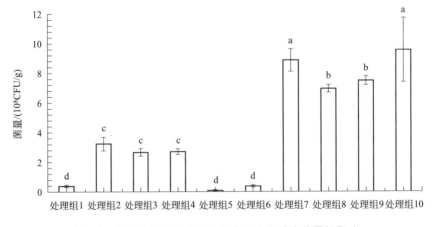

图6-2　不同处理对地衣芽胞杆菌固体发酵产菌量的影响

8），发酵物含菌量在（6.95～7.49）×10^8 CFU/g；再次是垫料：玉米芯为 7∶3（处理组 2）、5∶5（处理组 3）和 3∶7（处理组 4），发酵物含菌量在（2.66～3.24）×10^8CFU/g；而纯玉米芯和纯垫料不适宜该菌的固态发酵，发酵物含菌量仅为 8.0×10^6CFU/g 和 3.8×10^7CFU/g。综合生产成本考虑，选择垫料∶麸皮＝7∶3 为最佳的培养基配方。

4. 发酵培养条件的优化

（1）温度对地衣芽胞杆菌 FJAT-4 固体发酵的影响 比较了 5 个不同温度对地衣芽胞杆菌 FJAT-4 的发酵情况，结果表明温度对该菌的固态发酵影响显著（图 6-3），其中 35℃条件发酵效果显著高于其他温度，发酵 48h 后固态发酵物含菌量为 7.75×10^8CFU/g；其次为 30℃、40℃和 45℃，发酵 48h 后固态发酵物含菌量在（3.69～5.89）×10^8CFU/g；而 25℃条件下发酵的效果最差，菌含量为 1.28×10^8CFU/g。故选 35℃作为该菌固态发酵的最佳温度。

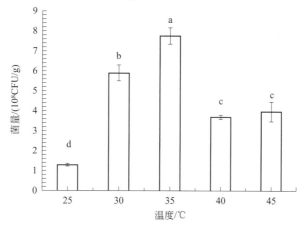

图6-3 不同温度对地衣芽胞杆菌固体发酵产菌量的影响

（2）湿度对地衣芽胞杆菌 FJAT-4 固体发酵的影响 比较了 5 种湿度对地衣芽胞杆菌 FJAT-4 的发酵情况，结果表明湿度对该菌的固态发酵影响显著（图 6-4），其中湿度为 45% 和 40% 的发酵效果显著高于其他比例，发酵 48h 后固态发酵物含菌量分别为 1.17×10^9CFU/g 和 9.63×10^8CFU/g；其次是湿度为 50%、55%、60%，发酵 48h 后固态发酵物含菌量在（5.93～7.09）×10^8 CFU/g。综合考虑作为该菌固态发酵最佳的湿度为 45%。

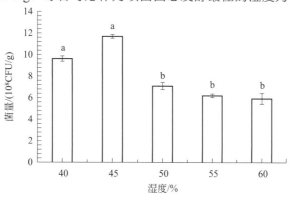

图6-4 不同湿度对地衣芽胞杆菌固体发酵产菌量的影响

（3）通气量对地衣芽胞杆菌 FJAT-4 固体发酵的影响　比较了 5 个不同通气量对地衣芽胞杆菌 FJAT-4 的发酵情况，结果表明通气量对该菌的固态发酵影响显著（图 6-5），其中 95%、85%、75% 的通气量发酵效果显著高于 65%、55% 的通气量，且发酵效果随通气量的递增而递增。95% 通气量高达 $1.02×10^9$ CFU/g，其次是 85% 和 75%，分别为 $8.68×10^8$CFU/g 和 $8.23×10^8$CFU/g，三者差异不显著；而 65% 和 55% 的效果则较差，分别为 $6.25×10^8$CFU/g 和 $5.08×10^8$CFU/g。综合工业生产空间和成本考虑，本试验最终选定 75% 作为该菌固态发酵的最适宜通气量。

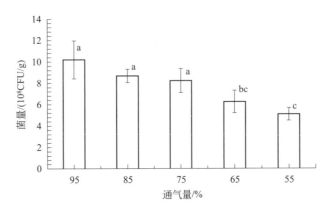

图6-5　不同通气量对地衣芽胞杆菌固体发酵产菌量的影响

（4）发酵周期对地衣芽胞杆菌 FJAT-4 固体发酵的影响　设定了 6 个时间观察地衣芽胞杆菌 FJAT-4 的发酵情况，结果表明发酵时间对该菌的固态发酵影响显著（图 6-6），发酵周期在 52h 内的发酵效果显著高于 52h 以上的效果。发酵 40h 菌含量最高，固态发酵物湿重菌含量达 $6.88×10^8$CFU/g，干重则高达 $2.63×10^9$CFU/g；其次为 16h、52h、88h，湿重菌含量分布在 $(5.41～5.92)×10^8$CFU/g，干重则在 $(2.38～2.64)×10^8$CFU/g；而发酵 64h 和 76h 发酵效果显著差于其他周期，湿重菌含量分别为 $3.93×10^8$CFU/g 和 $4.08×10^8$CFU/g，干重则分别为 $1.73×10^8$CFU/g 和 $1.74×10^8$CFU/g。故选 40h 为该菌发酵的最佳周期。

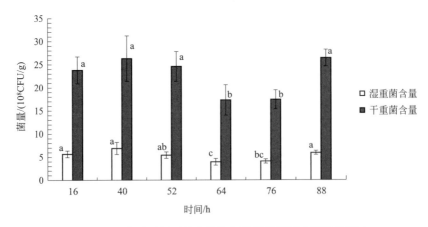

图6-6　不同发酵时间对地衣芽胞杆菌固体发酵产菌量的影响

5．讨论

目前，微生物农药大多是以活菌剂为主，发酵工艺不稳定和活菌数不高是研究和生产中常见问题，因此生防菌的发酵生产工艺是决定其能否被开发成生物农药的关键。固态发酵受培养基营养成分和培养条件的影响很大（Mamo and Alemu，2012）。本试验对生防菌地衣芽胞杆菌 FJAT-4 固态发酵的生产工艺进行优化得到最适发酵配方为垫料：麸皮（质量比）=7：3、K_2HPO_4 0.05%、$MgSO_4$ 0.025%；最佳发酵条件为发酵温度 35℃，湿度 45%、通气量 75%，按 3% 接种量发酵到 40h，固态发酵物干重菌含量可达 $2.63×10^9CFU/g$。

本试验中优化配方主要成分为垫料废弃物。垫料目前已在栽培食用菌（应正河 等，2014）、肥料使用方面（吴寿华，2014）有相关报道。在生防菌固态菌剂研究方面，曾庆才等（2014）对哈茨木霉 FJAT-9040 固态发酵的研究也验证了垫料作为固态发酵载体的可行性。胡海燕等（2013）研究表明垫料富含养分，达到了有机肥的标准，它不但能提供菌株生产所需养分，降低生产成本，且可增加发酵过程的通气度，解决目前生产上常用麸皮、米糠、黄豆粉饼、花生粉饼等作为发酵原料存在的价格高、高温灭菌后黏度增加、疏松度不够、空隙小、后续接种困难等问题。垫料的直接利用存在一些有害致病菌超标问题，施用前必须对其进行无害化处理（王潇娣 等，2012）。杜珍辉（2005）研究表明地衣芽胞杆菌既能利用猪粪液中的营养物质大量繁殖，又能抑制病原菌生长。且本试验中垫料在利用前经灭菌处理，解决了病菌问题，试验表明生防菌地衣芽胞杆菌 FJAT-4 能很好地利用垫料及麸皮进行繁殖，所产生的固态菌剂具有抗枯萎病和有机肥的双重功效，既解决了垫料废弃物资源再利用问题，亦研发了一种新肥药产品，故利用垫料废弃物作为地衣芽胞杆菌的原料进行固态发酵菌剂具有广泛的应用前景。

地衣芽胞杆菌是单细胞型生物，对温度变化特别敏感。葛慈斌等（2013）对 FJAT-4 菌株平板培养和液体发酵生长特性的研究表明，菌株最佳生长温度为 35 ~ 40℃。本试验结果表明，在固态发酵条件下 35℃发酵效果最好，与葛慈斌等的研究结果一致。培养基中湿度过低，不利于菌株对营养基质的利用，过高则不利于芽胞和晶体的游离，会延长发酵周期（姚伟芳 等，2006）。史经略等（2012）用含有地衣芽胞杆菌的复合菌进行固态发酵生物饲料，研究优化得出的最佳湿度为 43%。本试验对培养基湿度进行优化，认为 45% 最优，与史经略等研究相似。装料量是固态发酵中通气量的决定因素之一（徐福建 等，2002）。本试验采用装料量控制通气量，综合空间和成本考虑优化出最佳通气量为 75%。大规模生产为了节约成本，可通过通风、搅拌和翻动等手段来提高发酵通气量（黄达明 等，2003）。谷春涛等（2004）优化了地衣芽胞杆菌 TS-01 固态发酵培养基，发酵时间为 2d。史经略等（2012）研究表明，含有地衣芽胞杆菌的复合菌进行饲料固态发酵，获得生物饲料中菌体数量最高的发酵时间为 48h。本试验表明，当发酵 40h 时发酵菌体数量达最高，与谷春涛等、史经略等的研究接近。

本试验只在实验室用小体积法对地衣芽胞杆菌 FJAT-4 固态发酵培养基的组成及其培养条件进行了优化。优化后的配方成本较低，为下一步中试生产提供技术支撑。优化后的发酵培养基配方和发酵条件是否符合工业化大规模生产还需要进行实际验证。接下来还将对固态发酵菌剂的田间应用做进一步的研究。

二、用于真菌生防菌肥二次发酵

1．概述

（1）作物枯萎病的危害与防治

1）枯萎病的发生及危害。作物枯萎病是由致病性尖孢镰刀菌引起的一种真菌性土传病害，该病害严重影响了作物的生长及产量（Saravanan et al.，2003）。病原菌从根部侵染作物后，进入木质部，菌丝体在木质部生长，穿透木质部进入导管，进而蔓延到植株的茎和顶部。病原菌生长在植株维管组织中，通过堵塞植株水分和营养运输，进而导致植株维管束病害，最终引起植株死亡（刘波 等，2004）。

枯萎病尖孢镰刀菌寄主范围很广，如棉花、亚麻等经济作物；大豆、豇豆、鹰嘴豆等豆科作物；柑橘、梨树等林果作物；番茄、茄子等茄科作物；苦瓜、黄瓜、西瓜等瓜类作物；仙人掌、百合等花卉作物及其他作物（刘波 等，2004）。该菌在土壤中存留时间较长，且该菌在植株的整个生长发育期均可以侵染植株使植株发病，给作物的生产带来严重影响（Hangavel et al.，2004）。作物枯萎病的发病迅速，有作物"癌症"之称，其几年时间内就可由零星点发展至大面积，严重制约了作物的生产（殷晓敏 等，2008）。以西瓜枯萎病为例，在我国该病害的发病面积占总种植面积的42%（钱伟 等，1995），病田产量一般下降15%～85%，严重的甚至绝收，同时西瓜品质大大下降，经济损失重大（管怀骥 等，2001）。

2）枯萎病的防治

① 农业防治：主要涉及耕作方式的变化，通过改变耕作方式来改变作物病原菌的生长环境，达到防治作物虫害和疾病的目的，促进作物生长的同时还可以提高产量。据Ajilogba 和 Babalola（2013）报道，马铃薯的农业防治包括以下几个方面：a.不同农作物间的轮作，这是防治枯萎病简单易行的方法；b.季节性的休耕制，在高温或少雨的季节进行土地休耕闲置，高温暴晒后的土壤中病原菌的数量将大大减少；c.适当增加植株间距；选择作物最佳种植时间和最佳收成时间；d.相克作物之间的间作；e.嫁接和抗性品种的选育等。

不论是轮作、休耕，还是嫁接或抗性品种对枯萎病的防治都能起到一定效果，但由于轮作所需时间较长，一般需要4～5年时间；休耕可能会错过一些作物的最佳种植时间，导致土地利用率降低，不利于实际运用；而嫁接工作量较大，并且有些嫁接苗还会出现生育期推迟、果实质量下降等一系列问题，限制了农业防治措施在田间的实际运用（张志忠 等，2005）。

② 物理防治：主要是采取物理方法进行土壤消毒或灭菌，如利用太阳能或蒸汽等提高土壤的温度，进而达到土壤灭菌的效果。太阳能包括塑料薄膜覆盖法、太阳能高温闷棚法等，这两种方法在我国蔬菜种植上都取得较好的防治效果，特别是在夏季高温且紫外线强时采用此方法防治效果更佳（何美仙和罗军，2013）。Martyn 和 Hartz（1986）研究报道，太阳能可以大大减少土壤10cm表层内的枯萎病菌数量，进而达到延缓或防治枯萎病的目的。蒸汽灭菌法是采用热水蒸气进行土壤消毒，此方法在我国蔬菜生产中同样实用。另外，在大田翻耕前，通过部分有机物，如含几丁质的壳质、有机堆肥、石灰等来改变土壤肥力及酸碱性，使土壤中有机质及有益微生物含量增加，同样能达到防治枯萎病的效果（郝永娟

等，2000）。

③ 化学防治：是一种运用化学药剂防治作物病虫害的方法。唐琳和赵辉（2013）报道了噁霉灵对甜瓜枯萎病菌的抑制效果最好。焦鹏等（2012）在对兰花枯萎病菌的防治中发现，运用的 6 种化学杀菌剂均对其生长和孢子萌发有抑制作用，其中新型杀菌剂啶菌噁唑的效果最佳。Khan 和 Khan（2002）报道采用灌根法进行番茄枯萎病的防治，结果表明化学杀菌剂多菌灵能增产 24%。

④ 生物防治：是运用自然的抗性微生物去抑制作物病虫害的生长，进而达到防治作物病虫害的效果（Lugtenberg and Kamilova, 2009）。该类微生物可以是细菌、真菌、放线菌等。

目前报道的生防细菌主要是假单胞杆菌属和芽胞杆菌属。如假单胞杆菌属的荧光假单胞菌、恶臭假单胞菌、铜绿假单胞菌等，芽胞杆菌属的蜡样芽胞杆菌、短短芽胞杆菌、枯草芽胞杆菌等。余超（2010）从香蕉植株内分离出 1 株铜绿假单胞菌 FJAT-346，对其进行香蕉枯萎病防治试验，结果表明其盆栽防效为 83.67%，田间防效为 82.00%。Sailia 等（2011）从温泉中获得一株短短芽胞杆菌 BPM3，试验表明该菌对尖孢镰刀菌、半裸镰刀菌等作物致病菌和金黄色葡萄球菌等革兰氏阳性菌有较强的抑制作用，其中对水稻枯萎病菌的防治效果为 30%～67%。Saikia 等（2009）研究表明荧光假单胞菌（Pf4-92）在 Zn 和 Cu 的条件下对鹰嘴豆枯萎病菌的抑制作用有增强的效果。

生防真菌主要有无致病力尖孢镰刀菌、丛枝菌根真菌、木霉属真菌等。Alizadeh 等（2013）将从黄瓜根系土壤中分离出来的哈茨木霉 Tr6 和荧光假单胞菌 Ps14 进行混合培养，可增强对黄瓜专化型枯萎病的抑制作用。Fuchs 等（1999）报道，在温室里，接种无致病性尖孢镰刀菌 Fo47 不仅推迟了番茄枯萎病的发病时间，还增加了番茄的产量，并且还可以促进第二年番茄的生长。韩亚楠等（2013）报道丛枝菌根真菌对西瓜枯萎病有一定的防治效果，且连作时间越短，其防治效果越明显。

（2）木霉菌在生物防治中的应用　木霉菌广泛分布于土壤中，它的生命力强，具有广泛的适应性。在动物粪便、作物残体及其根围、叶围等中均可生存，是土壤中重要的微生物群落，其属于半知菌亚门，丝孢纲，丝孢目（Howell, 2003）。常见具有生防作用的木霉属真菌主要有哈茨木霉、绿色木霉、钩状木霉、康宁木霉等（彭可为和李婵，2010）。早在 1932 年，Weindling 就发现木霉菌能够拮抗许多植物病原菌，并由此提出了防治植物病原菌的方法——增加土壤拮抗、寄生菌的含量（Weindling, 1932）。此后，木霉菌在植物中的生防作用得到了世界各国专家的普遍关注。李良等（1983）在对茉莉白绢病的防治中发现，哈茨木霉对其防治效果显著，可达 90% 以上。李琼芳等（2007）将哈茨木霉 T23、T158 的孢子菌剂用于麦冬等根腐病的防治，防治效果较好，且优于化学农药多菌灵粉。其他研究表明木霉菌对黄瓜枯萎病、小麦纹枯病、番茄灰霉病等病原真菌也有抑制作用（刘爱荣 等，2010）。美国的哈茨木霉 T-22（Topshield）和以色列的哈茨木霉 T-39（Trichodex）等均已进入商品化（李杰 等，2011）。

木霉菌的生防作用机理如下。

① 竞争作用：木霉菌具有适应性强、生长速度快等特点，能快速充分地利用现有的营养成分进行生长，抢占空间，从而达到抑制作物病原真菌生长的效果（惠有为 等，2003）。田连生等（2002）报道对峙培养时木霉 T1 与立枯丝核菌的菌落半径相差很大，木霉 T1 快速生长，占领了空间，从而抑制其生长。闫敏等（2009）报道经对峙培养 3d 后，木霉 T88 对地黄枯萎病菌的抑制作用最强，抑菌率为 76.1%，木霉 T19 的抑菌率为 60.6%，

木霉 T12 的抑菌率最低，仅为 58.4%。康萍芝等（2008）报道了木霉菌的生长速度是灰葡萄孢菌（*Botrytis cinerea*）的 1.1 ~ 3.0 倍，表现出了较强的竞争作用。

② 重寄生作用：是指两个相接触的真菌通过渗透、感染，并损坏寄主的过程。木霉菌与寄主真菌接触后，通过溶解寄主细胞壁后，进入寄主体内，通过寄主为其生长提供营养物质，从而达到抑制寄主生长的目的（Babalola，2010）。张海军和李泽方（2011）通过光学显微镜观察到绿色木霉 GY20 与棉花黄萎病菌两菌交界处，棉花黄萎病菌株 V3 菌丝有大量泡状体，细胞壁、细胞质均发生了变化，进而菌丝断裂及其细胞原生质体变皱缩，最后出现溶菌现象。姚彬等（2009）同样通过光学显微镜观察到哈茨木霉菌丝与病原菌菌丝的重寄生现象。

③ 诱导植物抗性：国内研究中，王献慧等（2012）报道了将花生用哈茨木霉 T$_{2-16}$ 进行拌种或浸种，可以对花生起到防病的作用，同时还可以促进花生的生长，拌种后多项产量指标有所提高，同时叶斑病及烂果数有所减少，防效分别为 64.63% 和 60.6%。杨春林等（2008）对黄瓜、番茄和芹菜的试验过程中发现，哈茨木霉 T-h-30 处理可以增加黄瓜的叶片数和藤蔓长度；可以增加番茄的株高、地茎和鲜重；可以提高芹菜的产量；同时对黄瓜枯萎病菌、黄瓜白粉病菌、芹菜病毒病有一定的防治效果。国外研究中，Nawrocka 和 Małolepsza（2013）报道了在植物与哈茨木霉互作之间的反应系统，主要有系统获得性反应（SAR）和诱导性系统反应（ISR）。Howell 等（2000）研究表明，生防菌绿色木霉的使用，可以提高棉花根系表皮及外表皮的过氧化物酶酶活组织和萜类化合物；与对照组相比，该处理能够更好地预防棉花受立枯丝核菌的侵害，说明绿色木霉诱导了棉花抗病。Yedidia 等（1999）同样证实了在黄瓜根系土壤中接种生防菌哈茨木霉 T-203 后，黄瓜根系上皮和表皮产生了诱导抗性，使其上皮和表皮细胞明显增厚，为黄瓜防御系统增加了新的屏障，增加了病原菌侵入的难度，与对照组相比，接种生防菌哈茨木霉 T-203 的，48 ~ 72h 内黄瓜根系的过氧化物酶和几丁质酶快速增加，同时黄瓜叶片中这两种酶的酶活性也相应升高，进一步研究发现，经生防菌哈茨木霉 T-203 处理后的黄瓜长得比较大，为证明生防菌哈茨木霉可以诱导植株产生抗性并促进生长提供了有力证据。Ciliento 等（2004）将黑曲霉的葡萄糖氧化酸基因（*GOX*）转入深绿木霉中，并用含有 *GOX* 启动子的深绿木霉转化子作为菜豆种子包衣，虽在展叶期对该处理接种了叶部病原菌，但是由土壤病原菌所引起的病害却减少了，说明该启动子激活了菜豆诱导性系统反应（ISR）。

（3）木霉菌在生产中应用情况　　木霉菌作为一种重要的生防因子在农业上的应用前景广泛，对农作物、园林园艺植物以及中药材等植物病害的生物防治都有很好的效果。田连生等（2000）研究表明，木霉菌 T5 对草莓灰霉病的防治，具有多菌灵一样的效果。梁巧兰等（2011）对百合疫霉病的研究发现，深绿木霉 T2 与百合疫霉菌丝病生长速率相差较大，深绿木霉能较快地抢占空间及营养物质，从而达到对百合疫霉菌丝的强抑制效果。周淑香等（2010）在对人参锈腐病的防治研究中选用了 6 株木霉菌株，结果表明 6 株木霉菌株中哈茨木霉在室内拮抗试验和田间防效试验都有较好的效果，其中哈茨木霉 T1 对人参锈腐病菌菌落抑制率达到 73.02%，在田间防治效果可达 44.08%。虽然木霉菌在实验室条件下，能较好地抑制多种病原菌的生长，但实际田间运用效果并不理想。主要是田间土壤环境不一样，导致木霉菌在田间的接种效果不理想，使田间接种的活菌量难以达到实验室要求，进而影响了木霉制剂在田间的运用（彭可为和李婵，2010）。

除此之外，木霉菌生产应用上还有其他问题。第一，北方气温低，会影响木霉菌的孢子萌发，进而影响木霉菌丝的生长，导致木霉制剂在大棚和果库存储的使用上效果不是很理想；第二，目前还不能确定木霉菌在使用过程中所产生的代谢产物，是否会对人及动物的生活及生长带来副作用；第三，现阶段我国生物农药处于发展阶段，因此在应用上还不够广泛。因此，我们应该使用对环境有更强适应性的生物农药，这样才能充分发挥其对植物病虫害的防治作用。随着现代生物技术的发展，利用生物转化技术处理一些农业副产物生产蛋白质饲料、微生物制剂及生物有机肥等正在崛起。以木霉生物有机肥为例，在应用中生物有机质为木霉孢长萌发及菌丝生长提供了优良环境，增强了对环境的适应性，为作物提供营养成分的同时还能起到防治作物病虫害的作用，改善了土壤结构，同时调节了土壤微生物群落。胡民强等（2006）将茶渣与木霉菌代谢物按一定比例混合，制成茶渣生物肥，对茶叶和辣椒、番茄等几种蔬菜有明显的增产效果，同时还可以降低连作障碍。马田田等（2013）利用哈茨木霉SQR-T307 和解淀粉芽胞杆菌 QL-18 两株菌与腐熟有机肥进行二次发酵制得的山药专用生物有机肥 (BOF) 进行山药根茎腐病的防治，防治效果显著，增加了山药产量，同时对土壤微生物群落及结构均有改善作用。为此，以木霉为主要成分的生物有机肥受到越来越多关注。

（4）固体发酵技术在木霉菌生物菌肥制备中的应用　在防治和生产中，木霉菌防治效果与其发酵生产关系紧密。发酵过程可以分为液体发酵和固体发酵两种。液体发酵是用含有营养物质的液体培养基来发酵培养微生物的过程；而固体发酵是在无水或几乎无水状态下，微生物在含有一定湿度固态基质上生长并产生代谢产物的过程（Pandey，2003）。前人的研究表明，固体发酵较液体发酵有更多的优点：a. 在产量、产能以及产物的特性上都优于液体发酵；b. 利用低成本的农业或工农业副产物作为培养基质，在资金和操作成本上较液体发酵低；c. 固体发酵是在低水状态下进行的，所需设备简单，同时减少了液体发酵的下游工程带来的成本（Hölker and Lenz，2005；Raghavarao et al.，2003）。

1）生物菌肥制备的固体发酵原料。固体发酵原料为微生物的生长提供碳氮等营养物质的同时还为微生物细胞生长及代谢提供载体物质，但不同材料对发酵过程中微生物的生长和代谢、传质和传热都有影响（陈洪章和徐建，2004）。

目前固体发酵原料主要以廉价的农业或工农业的副产品或其废弃物为主，常见的固体发酵原料包括麦麸、米糠、甘蔗渣、麦粒、花生粉饼、秸秆等。张继等（2007）利用高山娃娃菜废弃物作为主要固体发酵基质，在高山娃娃菜废弃物∶麸皮＝85∶15 的固体发酵培养基中，辅助添加一些碳氮源和无机盐等物质，接入 10% 绿色木霉、白地霉和产朊假丝酵母三者混合菌株，在 27℃下发酵 96h，产物蛋白质含量达到 15.97%，提高了 75%。Zhang 等（2013）对哈茨木霉 T-E5 固体发酵培养基进行响应面优化，结果表明在 3.2% 的猪粪有机肥料、7.3%的藻泥、9.9% 的菜籽粉、9.5% 的羽毛粉的组合下，28.2℃发酵 12d，菌株的产孢量最高。Devi 等（2005）以麦麸为主要原料进行苏云金芽胞杆菌生产方式的研究，发现以麦麸为主、添加糖蜜和酵母浸膏作为辅助碳氮源是一种便宜有效的生产方式。张怡等（2000）对苏云金芽胞杆菌固体发酵进行研究，发现废次烟草亦是一种很好的原料。

除此之外，近年来新兴的微生物发酵床养猪技术带来的农业副产物——整合微生物组菌剂（微生物发酵床养猪垫料）亦可以作为固体发酵原料。微生物发酵床养猪技术是一种零污染、零排放的技术，该技术是以发酵床为载体，将从土壤中分离出来的功能性微生物菌种、锯末、泥土、木屑、谷壳等按比例混合，作为猪舍垫料，铺设于猪舍中，通过微生物的作用，将猪粪垫料中的有机物进行充分分解、转化、发酵，最终除去异味，并达到无害化，是一种无污染微生物发酵床的新型环保技术（刘波和朱昌雄，2009）。微生物发酵床用于养猪时，垫料作为降解猪粪的培养基；微生物发酵床用于整合微生物组菌剂生产时，系统成为菌剂发酵床，猪在此作为生物反应器，通过氮素营养，促进微生物组的发酵，形成整合微生物组菌剂。发酵后的垫料（整合微生物组菌剂）中含有丰富的养料，将其作为固体发酵原料，能为菌株提供营养物质；同时该垫料还是很好的有机肥料，对其进行充分利用，符合可持续发展战略，实现资源的最大化利用。

2）固体发酵条件对木霉生物菌肥制备的影响

① 培养基含水量对木霉菌固体发酵的影响。固体发酵中，水分的含量与菌体的产量、代谢产物的产率、酶活性、胞外代谢及气体的传递有密切相关。固体发酵最大的特点就是水分活度低，没有或几乎没有游离水，因此培养基中水分的含量严重影响着微生物的生长及代谢产物的生成（徐福建 等，2002）。一般认为，含水量高，培养基容易结团，影响气体的交换，进而可能引起杂菌的污染；含水量低，培养基保持膨松状态，不能为微生物的生长提供很好的基地，且培养基中的水分和营养成分不能被微生物所利用，从而抑制了微生物的生长。因此，适宜的含水量可以为微生物的生长和代谢产物的生成提供一个很好的条件，且培养基的营养物质也能得到充分利用。同时，适宜的含水量对培养基中气体的交换起到了一定作用，为微生物的生长提供了足够的氧（吴其飞 等，2003）。

在固体发酵过程中，培养基的起始含水量受固体发酵原料及微生物的影响，一般控制在30%～75%之间（Laukevics et al.，1984）。张广志等（2013）报道绿色木霉LTR-2在含水量为60%～70%的玉米秸秆培养基中产孢量最大，而含水量低于或高于这一范围产孢量均下降。王永东等（2006）研究表明，哈茨木霉H-13在含水量为40%的麸皮玉米粉混合培养基中产孢量最高。当然含水量的多少还与固体发酵原料有关。

② 温度对木霉菌固体发酵的影响。温度高低直接影响着发酵的成败。不同微生物的最适生长温度不同，真菌的生长温度一般为20～30℃，细菌的会略高些；同时，因固体发酵原料的传热效率和含水量低，使得在发酵过程中产生的热量不易散去（Saucedo-Castañeda et al.，1990），因此监测和控制温度对于生产来说是相当重要的。

易征璇等（2013）发现当温度为20～32℃时，康氏木霉在麸皮培养基上的生长较好，其中最适产孢温度为28℃。王永东等（2006）对哈茨木霉H-13固体发酵最佳温度研究发现，进行变温发酵时最利于其产孢，前期高温对孢子的萌发有利，中期降温是因为菌株快速生长，会产出大量热，后期菌株生长缓慢，适当提高温度有利于缩短生产周期。若发酵过程中产生的热量过多地堆积在培养基中，会影响菌株的生长繁殖，并且对菌株代谢产物的生成速率也有影响。因此，必须通过通风、翻曲、及时和适当地喷淋无菌水和其他手段来驱散热量，使发酵顺利进行。

③ 通气对木霉菌固体发酵的影响。通气是需氧微生物的重要影响因素。在固体发酵过程中通入空气，一方面可以促进微生物的生长，同时促进代谢产物的生成；另一方面可以带走发酵过程中产生的反应热，降低培养基的温度，同时带走培养基中的二氧化碳，增加培养基的氧含量（徐福建 等，2002）。

对于固体发酵而言，微生物首先生长在固体基质表面，微生物的生长使固体基质结团，这样便形成了一种屏障，阻碍了固体基质内外空气的传递，影响了固体基质内部微生物的生长（黄达明 等，2003）。为了防止缺氧现象，通常由通风、搅拌、翻动和其他手段来增加氧的传递速率，促进微生物的生长，并且防止固体基质结团。张广志等（2013）研究发现在绿色木霉LTR-2固体发酵过程中进行搅拌更不利于分生孢子的产生，而易征璇等（2013）对康氏木霉固体发酵装料量的研究发现，通过控制装料量可以解决固体发酵过程中通气的问题。

除此之外，还可以通过在基质中增加纤维状和颗粒状物质、减少基质厚度、采用多孔性浅盘培养，或通过转鼓反应器等多种手段来提高基质中氧浓度，保持微生物的生长需求，减少损失。

④ pH 值对木霉菌固体发酵的影响。与温度相类似，微生物生长亦存在最适的 pH 值。多数真菌的最适 pH 值一般为 3～9，而细菌或放线菌的最适 pH 值为 5～8。Zhou 等（2013）对里氏木霉（*T. reesei*）固体发酵研究发现，当起始 pH 值为 5.5 时，最有利于产孢，而易征璇等（2013）研究发现康氏木霉固体发酵在起始 pH 值为 6.0 和 7.0 的时候产孢量相近，故选择起始 pH 值为 7.0 进行后续研究。

由于固体发酵缺乏自由水的存在，目前仍没有合适的 pH 电极可以记录固体发酵过程中 pH 值的变化（Dunand et al.，1997）。然而，由于固体发酵培养基质中的某些物料具有 pH 值缓冲能力，因此，pH 值的检测和控制在固体发酵过程中较少进行。当然，也有物质会改变基质中的 pH 值，如铵盐易使基质酸化。因此，发酵过程中可用其他同类物来代替铵盐，如有机氮源或尿素均是较好的物质。

（5）利用整合微生物组菌剂生产哈茨木霉生防菌的意义　近年来新兴的微生物发酵床养猪技术带来了新的农业副产物——微生物发酵床养猪垫料（整合微生物组菌剂），其含有丰富的养料，作为微生物培养基可以为微生物提供丰富的营养物质。利用微生物发酵床养猪垫料作为培养基，培养土传病害生防菌哈茨木霉，可获得既有肥效又有生防作用的生物菌肥。而哈茨木霉培养基的配比以及该菌肥对作物枯萎病的防治效果尚不明确。本试验以生防菌哈茨木霉为菌株，以微生物发酵床养猪垫料为主要培养基质，筛选生防菌哈茨木霉固体发酵菌体生长的最佳发酵条件，进行扩大生产，获得哈茨木霉生物菌肥，并研究该菌肥对作物枯萎病盆栽的防治效果，为生防菌哈茨木霉生物菌肥工业上的生产应用奠定基础。

2. 哈茨木霉生境固体发酵培养基优化

（1）概述　木霉菌作为一种生防菌，因对多种植物病原真菌有拮抗作用而具有重要的价值。木霉菌的生防作用及制剂的加工与木霉菌的分生和厚垣孢子、菌丝体等有关。而固体发酵具有培养基来源丰富、价格低廉、操作简单、孢子质量好等一系列优势，被公认是获得真菌孢子的最好方法之一（敖新宇 等，2012）。

固体发酵的培养基多数以稻草、麸皮、秸秆、谷壳等农业副产物为主，亦可以城市垃圾、禽类粪便和腐败的咖啡果皮等作为固体基质进行发酵（Singh et al.，2007；Thangavelu et al.，2004）。近年来兴起的微生物发酵床养猪技术带来了新的农业副产物——微生物发酵床养猪垫料，其通过微生物将谷壳、锯末等发酵床原料及猪粪、尿等混合物中的有机物质进行分解发酵而成（蓝江林 等，2012）。若将其作为固体发酵的培养基，能为菌株提供丰富的营养物质，不但可以获得大量的生防因子，还可以处理一些农业副产物，提高资源的利用价值，实现可持续发展。

本试验以微生物发酵床养猪垫料作为哈茨木霉 FJAT-9040 固体发酵的主要培养基原料，通过单因素试验与响应面法优化该菌株固体发酵培养基配方，筛选出菌体生长的最适培养基配方，旨在进一步提高菌体生长量和农业副产物的利用率，为哈茨木霉生物菌肥和制剂的工业化生产提供理论指导。

（2）研究方法

1）研究材料。哈茨木霉 FJAT-9040。含链霉素的 PDA 培养基：马铃薯 200g，葡萄糖 20g，琼脂 17 ~ 20g，蒸馏水定容至 1L，pH 自然。倒平板前，加无菌过滤的链霉素 0.3g。

PDB 培养基：马铃薯 200g，葡萄糖 20g，蒸馏水定容至 1L，pH 自然。

固体发酵培养基：微生物发酵床养猪副产物——发酵一年微生物发酵床养猪垫料（主要成分为谷壳、锯末），麸皮，麦粒，碳源，氮源，自来水等按适合比例混合。微生物发酵床养猪垫料来源于厦门某部队后勤猪场；硝酸钠来源于国药集团化学试剂有限公司；葡萄糖来源于国药集团化学试剂有限公司；蔗糖、乳糖、硫酸铵来源于天津市福晨化学试剂厂；硝酸铵来源于上海品杰化学试剂有限公司。

2）营养因子单因素优化设计。以菌体生长量（平均菌落数）为指标，采用单因子法筛选菌株 FJAT-9040 固体发酵培养基主要成分的最佳配比、麦粒含量、碳源和氮源及其最适浓度，确定最适因子。具体试验设计如下。

① 培养基主要成分微生物发酵床养猪垫料与麸皮配比的筛选：主要成分微生物发酵床养猪垫料与麸皮按体积比为 10∶0、9∶1、8∶2、7∶3、6∶4、5∶5、0∶10 配制 7 种培养基，每个处理重复 3 次。每 200 mL 培养瓶中装入 50mL 培养基，初始含水量40%，灭菌后，接入 $1×10^7$ CFU/mL 哈茨木霉 FJAT-9040 孢子悬浮液，按 5% 接种量接种（培养基中初始含菌量 10^5 CFU/g），混匀后，于 28℃恒温发酵 5d。发酵结束后，充分拌匀，取 5g 固体发酵物于 45mL 无菌水中，梯度稀释后，吸取 100μL 或 200μL，均匀涂布于含链霉素的 PDA 平板上，28℃恒温培养 72h，记录平板上的菌落数。筛选出最佳的主要成分配方比例。

② 培养基中麦粒含量对菌株 FJAT-9040 菌体生长的影响：往①中筛选出的培养基中添加浸泡过夜的麦粒，按体积比为 10%、20%、30%、40%、50% 进行添加，每个处理重复 3 次。以下处理方法同①。筛选出最佳麦粒含量。

③ 培养基中无机碳源对菌株 FJAT-9040 菌体生长的影响：往①中筛选出的培养基中分别添加葡萄糖、蔗糖、乳糖，每个处理重复 3 次。以下处理方法同①。筛选出最佳的无机碳源及最适浓度。

④ 培养基中无机氮源对菌株 FJAT-9040 菌体生长的影响：往①中筛选出的培养基中分别添加硫酸铵、硝酸铵、硝酸钠，每个处理重复 3 次。以下处理方法同①。筛选出最佳的无机氮源及最适浓度。

3）响应面优化设计。根据单因素试验和 Box-Behnken 设计原理，采用软件 Design-expert 8.0 进行三因素三水平的响应面分析试验，以菌体生长量为响应量，确定各因素对菌株菌体生长影响的显著性和各组分的最佳组合。以响应因子 Y 为菌体生长量，麦粒（x_1）、蔗糖（x_2）和硫酸铵（x_3）为三因素，因素三水平分别为 –1、0 和 1。试验设计具体见表 6-2。

表6-2　培养基Box-Behnken因素水平表

变量	代码		编码水平		
	未编码	编码	−1	0	1
麦粒	x_1	A	30.00%	40.00%	50.00%
蔗糖	x_2	B	2.00%	3.00%	4.00%
硫酸铵	x_3	C	1.00%	2.00%	3.00%

4）数据处理及验证实验。相关数据的分析通过 Excel 和 DPS 软件处理，响应面分析通

过 Design-expert 8.0 软件运用 Box-Behnken 设计方法，对培养基成分进行三因素三水平优化。根据响应面预测的最佳培养基配方，进行实验，测定菌株的菌体生长量，以验证响应面预测的准确性。

（3）培养基的单因子优化

1）培养基主要成分微生物发酵床养猪垫料与麸皮配比的筛选。不同配比的微生物发酵床养猪垫料与麸皮对菌株 FJAT-9040 生长的影响见图 6-7。结果表明，菌株接种到不同比例的垫料与麸皮中，其菌体生长量差异很大，在全垫料培养基中的菌体生长量为 1.80×10^6CFU/g；而在全麸皮培养基中的菌体生长量仅为 3.00×10^5CFU/g，数量最少。当垫料:麸皮 = 9:1时，菌体生长量最大，达到 4.60×10^6CFU/g；当垫料:麸皮 = 8:2时，菌体生长量次之，达 4.20×10^6CFU/g。当垫料:麸皮 = 9:1 或 8:2 时，发酵效果最好，且 9:1 时菌体生长量最高。因此，选择该比例为菌株固体发酵培养基主要成分的最佳配比。

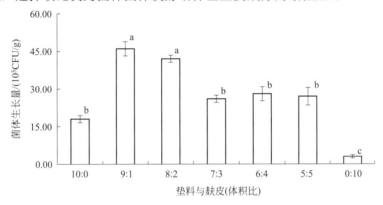

图6-7 垫料与麸皮比例（体积比）对菌株FJAT-9040菌体生长的影响

2）培养基中麦粒含量对菌株 FJAT-9040 菌体生长的影响。菌株 FJAT-9040 在不同麦粒含量的培养基中菌体生长量见图 6-8。由图可见，在一定体积范围内，随着麦粒含量的增加，菌体生长量也升高。当麦粒添加量在 10% ～ 30%（体积分数）时，菌株 FJAT-9040 菌体生长量均在 1.00×10^6CFU/g 以上；当添加 40% 体积的麦粒时，菌体生长量最大，达到 2.33×10^7CFU/g，远高于对照组的菌体生长量，3.33×10^6CFU/g；当添加 50% 体积的麦粒时

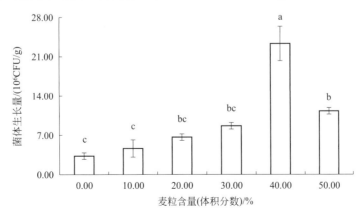

图6-8 麦粒含量（体积分数）对菌株FJAT-9040菌体生长的影响

菌体生长量有所减少，为 1.13×10^7CFU/g。

　　3）培养基中无机碳源对菌株 FJAT-9040 菌体生长的影响。菌株 FJAT-9040 在不同碳源下的菌体生长量见图 6-9。不同种类的无机碳源对菌体生长量有一定的影响。当添加无机碳源为蔗糖时，菌体生长量最大，达到 6.67×10^7CFU/g，其后依次为乳糖、葡萄糖。随着蔗糖含量的增加，菌株 FJAT-9040 的菌体生长量先增加后减少（图 6-10）。当添加浓度为 3% 时菌体生长量最大，达到 3.37×10^8CFU/g。

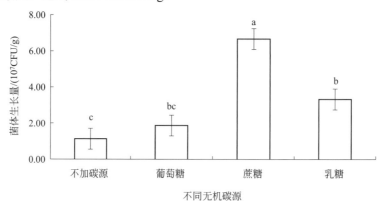

图6-9　不同无机碳源对菌株FJAT-9040菌体生长的影响

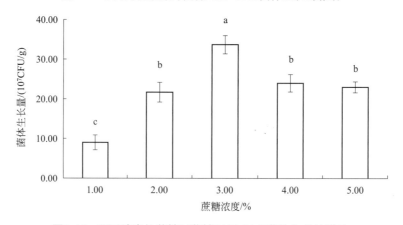

图6-10　不同浓度的蔗糖对菌株FJAT-9040菌体生长的影响

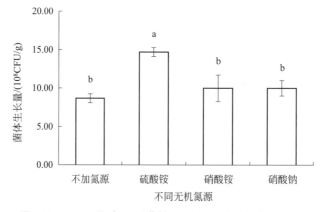

图6-11　不同无机氮源对菌株FJAT-9040菌体生长的影响

4）培养基中无机氮源对菌株 FJAT-9040 菌体生长的影响。菌株 FJAT-9040 在不同氮源下的菌体生长量如图 6-11 所示。当添加无机氮源为硫酸铵时，菌体生长量最大，达到 1.47×10^9CFU/g。而硝酸铵和硝酸钠对菌株的菌体生长并无明显差异，其菌体生长量一致，均为 1.00×10^9CFU/g。在添加硫酸铵范围内，随着添加量的增加，菌株 FJAT-9040 菌体生长量先增加后下降（图 6-12）。当添加 2% 时，发酵效果较好，且菌体生长量最高。

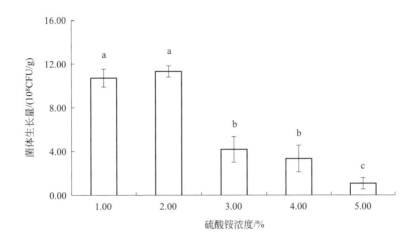

图6-12　不同浓度的硫酸铵对菌株FJAT-9040菌体生长量的影响

（4）固体培养基重要营养成分含量响应面优化

1）响应面法优化试验。选择麦粒含量为 30%～50%（体积分数）、蔗糖浓度为 2%～4%、硫酸铵浓度为 1%～3% 等因素，通过 Design-expert 8.0 软件，获得三因素的 17 个不同组合。通过实际试验，获得不同培养配方下菌体生长量的不同实际值，并通过 Design-expert 8.0 软件获得一一对应的预测值（表 6-3），用于二次多项回归拟合分析。

表6-3　Box-Behnken响应面优化试验结果

标号	麦粒含量（体积分数）/%	蔗糖/%	硫酸铵/%	菌体生长量/(10^9CFU/g)	
				实际值	预测值
1	40.00	4.00	1.00	2.13	2.25
2	30.00	2.00	2.00	2.00	2.15
3	40.00	4.00	3.00	1.00	1.11
4	30.00	3.00	1.00	2.50	2.47
5	50.00	3.00	3.00	1.40	1.43
6	40.00	3.00	2.00	3.23	2.91
7	40.00	2.00	1.00	1.70	1.59
8	30.00	4.00	2.00	2.20	2.11
9	50.00	3.00	1.00	2.13	2.16
10	40.00	3.00	2.00	3.17	2.91
11	40.00	3.00	2.00	3.27	2.91
12	40.00	2.00	3.00	1.67	1.55

标号	麦粒含量(体积分数)/%	蔗糖/%	硫酸铵/%	菌体生长量/(10⁹CFU/g)	
				实际值	预测值
13	50.00	4.00	2.00	1.97	1.82
14	50.00	2.00	2.00	1.47	1.55
15	40.00	3.00	2.00	2.43	2.91
16	40.00	3.00	2.00	2.43	2.91
17	30.00	3.00	3.00	2.03	2.01

2）二次响应面回归模型的建立及方差分析。利用 Design-expert 8.0 软件对表 6-3 实验数据进行二次多项回归拟合，获得了菌株 FJAT-9040 菌体生长量 Y 对麦粒含量 A（x_1）、蔗糖浓度 B（x_2）、硫酸铵浓度 C（x_3）的多元回归方程：

$$Y = -1.05 \times 10^{10} + 2.11 \times 10^{8} x_1 + 4.48 \times 10^{9} x_2 + 3.14 \times 10^{9} x_3 + 7.5 \times 10^{6} x_1 x_2 - 6.67 \times 10^{6} x_1 x_3 - 2.75 \times 10^{8} x_2 x_3 - 3.03 \times 10^{6} x_1^2 - 6.95 \times 10^{8} x_2^2 - 5.87 \times 10^{8} x_3^2$$

相关系数 $R^2 = 0.8684$，校正决定系数 $R^2 = 0.6992$。

回归方程方差分析见表 6-4，由方程的显著性分析得 $F = 5.1338$，相应的概率值 $P = 0.0212 < 0.05$，由此说明，该方程模型是显著的。失拟性检验分析得 $F = 0.2053$，相应的概率值 $P = 0.8879 > 0.1$，失拟不显著，因此模型选择正确且是稳定的，表明方程对实验拟合情况较好，实验误差小。同时，方程的二次项除 A^2 外对响应值均有极显著影响，一次项及交互项对响应值较为显著。

表6-4　回归方程的方差分析表

方差来源	方差	自由度	均差	F值	Prob>F	显著性
模型	5.72×10^{18}	9	6.36×10^{17}	5.1338	0.0212	显著
A	3.90×10^{17}	1	3.9×10^{17}	3.1468	0.1193	
B	2.72×10^{16}	1	2.72×10^{16}	0.2195	0.6536	
C	7.00×10^{17}	1	7×10^{11}	5.6473	0.0491	
AB	2.25×10^{16}	1	2.25×10^{16}	0.1814	0.6829	
AC	1.77×10^{16}	1	1.78×10^{16}	0.1433	0.7162	
BC	3.02×10^{17}	1	3.03×10^{17}	2.4399	0.1622	
A^2	3.87×10^{17}	1	3.87×10^{17}	3.1249	0.1204	
B^2	2.03×10^{18}	1	2.03×10^{18}	16.4046	0.0049	
C^2	1.44×10^{18}	1	1.45×10^{18}	11.6891	0.0112	
残差	8.67×10^{17}	7	1.24×10^{17}			
失拟性检验	1.15×10^{17}	3	3.86×10^{16}	0.2053	0.8879	不显著
纯误差	7.52×10^{17}	4	1.88×10^{17}			
校正总和	6.59×10^{18}	16				

3）响应面及其等高线分析。当硫酸铵处于最佳值（2%）时，麦粒与蔗糖对菌株 FJAT-9040 菌体生长情况见图 6-13，可看出麦粒和蔗糖的相互作用较为显著。在设定的蔗糖浓度范围内，随着蔗糖的增加，菌体生长量先增加后减少；在设定的麦粒含量范围内，随着麦粒的增加，菌体生长量先增加后减少。表明提高麦粒含量和适当添加蔗糖有利于菌株生长，

当麦粒体积含量为 36.74%，蔗糖质量浓度为 3.07% 时最利于菌株生长。

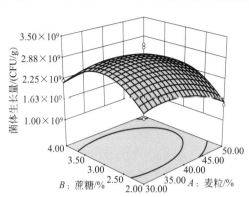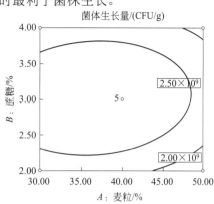

图6-13　麦粒与蔗糖对菌株FJAT-9040菌体生长影响的响应面图和等高线图

当蔗糖处于最佳值（3%）时，麦粒和硫酸铵对菌株 FJAT-9040 菌体生长影响的响应面和等高线见图 6-14。麦粒和硫酸铵的相互作用较显著。在设定的麦粒范围内，随着麦粒的增加，菌体生长量先增加后减少；在设定的硫酸铵范围内，随着硫酸铵的增加，菌体生长量先增加后减少。表明提高麦粒含量和适当添加硫酸铵有利于菌株生长，当麦粒体积含量为 36.74%，硫酸铵质量浓度为 1.75% 时最有利于菌株生长。

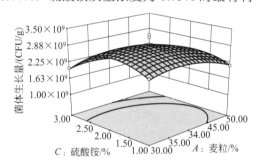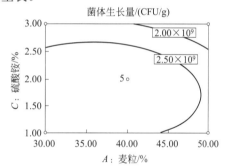

图6-14　麦粒与硫酸铵对菌株FJAT-9040菌体生长影响的响应面图和等高线图

当疏松值（麦粒）为最佳值（40%）时，蔗糖和硫酸铵两因素对菌株 FJAT-9040 菌体生长影响的响应面图和等高线图见图 6-15。从等高线图和响应面图均可以看出蔗糖和硫酸铵之间较为显著的相互作用。在设定的蔗糖范围内，随着蔗糖的增加，菌体生长量先增加后减少；在设定的硫酸铵范围内，随着硫酸铵的增加，菌体生长量先增加后减少。表明提高蔗糖浓度和适当添加硫酸铵有利于菌株生长，当蔗糖质量浓度为 3.07%，硫酸铵质量浓度为 1.75% 时最有利于菌株生长。

4）最优组合的确定及验证试验。为了获得菌株 FJAT-9040 菌体生长的最佳发酵培养基，对二次项回归方程求偏导可得三元一次方程：

$$2.11 \times 10^8 + 7.5 \times 10^6 x_2 - 6.67 \times 10^6 x_3 - 6.06 \times 10^6 x_1 = 0$$
$$4.48 \times 10^9 + 7.5 \times 10^6 x_1 - 2.75 \times 10^8 x_3 - 1.39 \times 10^9 x_2 = 0$$
$$3.14 \times 10^9 - 6.67 \times 10^6 x_1 - 2.75 \times 10^8 x_2 - 1.174 \times 10^9 x_3 = 0$$

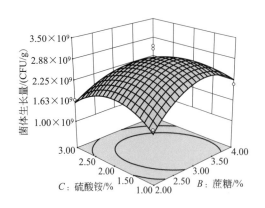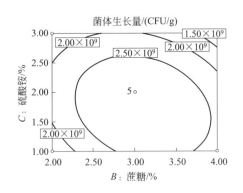

图6-15　蔗糖与硫酸铵对菌株FJAT-9040菌体生长影响的响应面图和等高线图

求解方程组可得 x_1=36.74，x_2=3.07，x_3=1.75，即麦粒含量为36.74%、蔗糖浓度为3.07%、硫酸铵浓度为 1.75%，求得菌株 FJAT-9040 菌体生长量最大预测值为 2.98×10^9CFU/g。为了验证响应面法优化的最佳培养基的可靠性，进行验证实验，在此培养基配方下，测得菌体生长量为 2.80×10^9CFU/g，实验值与模拟值相差 6.10%。说明该模型与实际值能较好地拟合，具有可行性和实际应用价值。

（5）讨论　目前，木霉固体发酵培养基多数选择麸皮、玉米芯、秸秆、稻壳等农业副产物。孙斐等（2010）用麸皮和玉米芯作为主要培养材料，进行假康氏木霉发酵，产孢量可达 1.34×10^9CFU/g。夏斯琴和王伟（2008）以麸皮为主要基质，对绿色木霉 T4 进行研究，每克干培养物中最大产孢量可达 4.47×10^{10}CFU/g。刘时轮等（2008）用麦麸、玉米粉、稻壳等优化培养了绿色木霉 Tv04-2，产孢量可达 4×10^9CFU/g。赵永强（2010）用麦麸与草泥土培养了木霉菌 T115D，每克培养物中分生孢子含量达到 4.293×10^{10}CFU/g。由于采用的菌种与培养基质不一样，因此，所获得的最佳配方及产孢量存在差异。本试验获得菌株 FJAT-9040 在微生物发酵床养猪垫料：麸皮 =9：1，最佳麦粒含量为 40% 时，所得菌体生长量为 2.33×10^7CFU/g。

麸皮等农业副产物作为培养基质，已具备了一定的碳氮源成分，但主要以有机形式存在，属于迟效碳氮源，不少学者在此基础上进行了添加无机碳氮源等速效营养物质的研究。茹水江（2010）研究获得对木霉孢子的产量影响最大的是蔗糖。王永东等（2006）研究得到蔗糖亦为哈茨木霉 H-13 发酵的最适碳源。茹水江（2010）比较了以尿素、硝酸铵、硫酸铵、硝酸钠、蛋白胨为氮源时木霉菌 T-6 的产孢情况，结果得到硝酸铵为最佳氮源。夏斯琴和王伟（2008）比较了以各种有机和无机氮为氮源绿色木霉 T4 的产孢量，结果表明硫酸铵最有利于产孢。本试验通过单因子实验得到菌株 FJAT-9040 的最佳无机碳源为蔗糖，与茹水江（2010）、王永东等（2006）研究结果相近，在添加3% 蔗糖时，菌体生长量为 3.37×10^8CFU/g；最佳无机氮源为硫酸铵，结果与茹水江、夏斯琴等研究结果相近，在添加硫酸铵 2% 时，菌体生长量为 1.13×10^9CFU/g。

培养基成分是提高哈茨木霉产孢量的关键，其成分一般通过优化获得。响应面分析法试验次数少、周期短、结果准确度高，其建立的连续曲面模型能够快速有效地评价各因子之间的相互作用及其确定各因子的最佳条件（Trupkin et al.，2003）。作者通过 Box-Behnken 响应面设计得到以麦粒（x_1）、蔗糖（x_2）、硫酸铵（x_3）为自变量，菌体生长量 Y 为响应值的回归方程$Y= -1.05×10^{10}+2.11×10^8x_1+4.48×10^9x_2+3.14×10^9x_3+7.5×10^6x_1x_2-6.67×10^6x_1x_3-2.75×10^8x_2x_3-3.03×10^6x_1^2-6.95×10^8x_2^2-5.87×10^8x_3^2$，经优化后培养基组成为麦粒含量36.74%、蔗糖含量3.07%、硫酸铵含量1.75%，在发酵温度28℃、接种量5%、含水量40%的条件下发酵5d，菌体生长量可达$2.80×10^9$CFU/g。陈欣等（2004）通过中心组合实验设计得到盾壳霉（*Coniothyrium minitans*）产孢的最优培养基组合，且在此组合下每克麸皮产孢量可达$1.04×10^{10}$CFU/g。木试验组合以微生物发酵床养猪垫料为主，为微生物发酵床养猪垫料的运用提供了一条新出路，避免了随意丢弃造成的环境污染及资源浪费，实现资源的循环利用，同时该组合实验效果与孙斐（2010）、刘时轮（2008）、王永东等（2006）的研究结果相近，说明该组合具有为含哈茨木霉的生物肥料和生物制剂生产提供理论的指导潜力。

3．哈茨木霉固体发酵条件优化

（1）概述　固体发酵的培养基多数以稻草、麸皮、秸秆、谷壳等农业副产物为主，亦可以城市垃圾、禽类粪便和腐败的咖啡果皮等作为固体基质进行发酵（Singh et al.，2007；Thangavelu et al.，2004）。不同固体基质所需的水分及 pH 值、不同菌株的培养温度等条件参数都会影响孢子萌发菌株生长，进而影响发酵过程（徐福建 等，2002）。

因此，有必要优化这些参数，以便获得最佳的发酵条件，缩短发酵周期，提高发酵效率。本试验在单因素实验基础上应用响应面方法对哈茨木霉固体发酵条件进行进一步的优化，以期获得该菌最佳发酵条件，提高发酵水平，为哈茨木霉生物菌肥和制剂的工业化生产奠定基础。

（2）研究方法

1）试验材料。哈茨木霉 FJAT-9040。含链霉素的 PDA 培养基：马铃薯200g，葡萄糖20g，琼脂17～20g，蒸馏水定容至1L，pH 自然。倒平板前，加无菌过滤的链霉素0.3g。PDB 培养基：马铃薯200g，葡萄糖20g，蒸馏水定容至1L，pH 自然。固体发酵培养基：微生物发酵床养猪垫料与麸皮的体积比为9∶1，麦粒体积分数36.74%，蔗糖质量分数3.07%，硫酸铵质量含量1.75%，含水量50%。

2）固体发酵培养条件单因素优化设计。以菌体生长量（平均菌落数）为指标，采用单因子法筛选菌株 FJAT-9040 固体发酵培养条件，确定最适因子。具体实验设计如下。

初始含水量对菌株 FJAT-9040 菌体生长的影响：配制 5 种不同初始含水量的培养基，分别为30%、40%、50%、60%、70%进行试验，每个处理重复 3 次。每个 200mL 培养瓶中装入 50mL 培养基，灭菌后接入 $1.00×10^7$CFU/mL 哈茨木霉 FJAT-9040 孢子悬浮液，接种量为 5.00%（培养基中初始含菌量10^5CFU/g），混匀后，于 28℃恒温发酵 5d。发酵结束后，充分拌匀，取 5.00g 固体发酵物于 45.00mL 无菌水中，梯度稀释后，吸取 100μL 或 200μL 稀释液于含链霉素的 PDA 平板上涂布均匀，28℃恒温培养 72h，记录平板上的菌落数，筛选出最佳的初始含水量。

初始接种量对菌株 FJAT-9040 菌体生长的影响：初始含水量为 40%，设置 5 个初始接种量梯度，分别为1%、3%、5%、7%、9%进行试验，28℃，恒温发酵 5d，每个处理重复 3 次。以下处理方法同含水量实验方法，筛选出最佳的初始接种量。

培养温度对菌株 FJAT-9040 菌体生长的影响：初始含水量为 40%，初始接种量为 5%。设置 5 个温度梯度，分别为 22℃、25℃、28℃、31℃、34℃进行试验，恒温发酵 5d，每个处理重复 3 次。以下处理方法同含水量实验方法，筛选出最佳培养温度。

3）生长因素响应面优化设计。根据单因素实验和 Box-Behnken 设计原理，采用软件 Design-expert 8.0 进行三因素三水平的响应面分析实验，以菌体生长量为响应量，确定各因素对哈茨木霉菌体生长影响的显著性和各组分的最佳组合。以响应因子 Y 为菌体生长量，初始含水量（x_1）、初始接种量（x_2）和温度（x_3）为三因素，三因素水平分别为 –1、0 和 1。试验设计具体见表 6-5。

表6-5　发酵条件Box-Behnken因素水平表

变量	代码		编码水平		
	未编码	编码	−1	0	1
初始含水量	x_1	A	40.00%	50.00%	60.00%
初始接种量	x_2	B	3.00%	5.00%	7.00%
温度	x_3	C	25℃	28℃	31℃

4）数据处理及验证实验。相关数据的分析通过 Excel 和 DPS 软件处理，响应面分析通过 Design-expert 8.0 软件运用 Box-Behnken 设计方法，对培养条件进行三因素三水平优化。根据响应面预测的最佳培养条件，进行实验，测定菌株的菌体生长量，以验证响应面预测的准确性。

（3）培养条件的单因子优化

1）初始含水量对菌株 FJAT-9040 菌体生长的影响。由图 6-16 可见，当初始含水量处于 30% 和 40% 时，菌株 FJAT-9040 菌体生长量较低，低于 $1.85×10^9$CFU/g。当初始含水量增加至 50% 时，菌体生长量最大，为 $3.67×10^9$CFU/g。初始含水量继续增加至 60% 和 70% 时，菌体生长量开始下降，低于 $1.90×10^9$CFU/g。

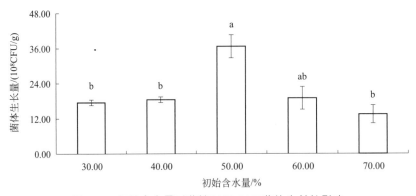

图6-16　初始含水量对菌株FJAT-9040菌体生长的影响

2）初始接种量对菌株 FJAT-9040 菌体生长的影响。由图 6-17 可见，当初始接种量处于 1% 和 3% 时，菌株 FJAT-9040 菌体生长量也较少，分别为 $8.33×10^8$CFU/g 和 $9.00×10^8$CFU/g。

当初始接种量增加至5%和7%时，菌体生长量最大，达到2.80×10⁹CFU/g。初始接种量继续增加至9%时，菌体生长量有所下降，为2.47×10⁹CFU/g。

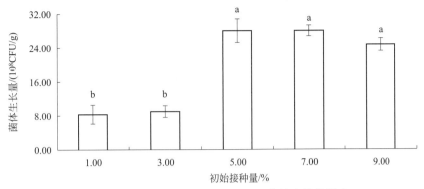

图6-17　初始接种量对菌株FJAT-9040菌体生长的影响

3）培养温度对菌株 FJAT-9040 菌体生长的影响。由图 6-18 可见，当培养温度较低时，即22℃和25℃，菌株 FJAT-9040 菌体生长量也较低，分别为 9.00×10⁸CFU/g 和 1.00×10⁹CFU/g。当培养温度升高至 28℃时，菌体生长量最大，达到了 3.67×10⁹CFU/g。培养温度继续升高至 31℃和 34℃时，菌体生长量出现了下降，菌体生长量低于 2.67×10⁹CFU/g。

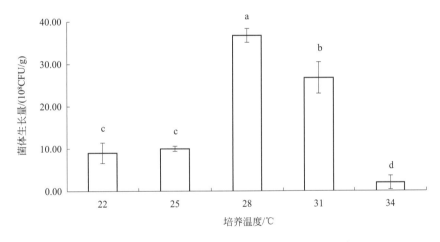

图6-18　培养温度对菌株FJAT-9040菌体生长的影响

（4）培养条件响应面优化设计

1）培养条件响应面法优化试验。选择初始含水量（体积分数）为40%～60%、初始接种量（体积分数）为3%～7%和培养温度为28～31℃等因素，通过 Design-expert 8.0 软件，获得三因素的 17 个不同组合。通过实际培养条件接种检测，获得不同培养条件下菌体生长量的不同实际值，并通过 Design-expert 8.0 软件获得一一对应的预测值（表6-6），用于二次多项回归拟合分析。

表6-6 培养条件Box-Behnken响应面优化试验结果

标号	初始含水量（体积分数）/%	初始接种量（体积分数）/%	培养温度/℃	菌体生长量/（10^8CFU/g）	
				实际值	预测值
1	50.00	5.00	28	20.00	24.00
2	50.00	5.00	28	20.70	24.00
3	60.00	5.00	31	13.00	16.60
4	40.00	3.00	28	25.00	22.70
5	60.00	3.00	28	20.70	19.00
6	50.00	5.00	28	19.30	24.00
7	50.00	3.00	31	11.30	9.33
8	40.00	5.00	31	10.00	14.30
9	40.00	7.00	28	32.00	33.60
10	40.00	5.00	25	12.00	8.38
11	50.00	5.00	28	27.30	24.00
12	60.00	7.00	28	32.70	35.00
13	50.00	7.00	25	11.30	13.30
14	50.00	7.00	31	44.00	38.10
15	50.00	3.00	25	9.33	15.30
16	60.00	5.00	25	8.00	3.71
17	50.00	5.00	28	32.7	24.00

2）二次响应面回归模型的建立及方差分析。利用 Design-expert 8.0 软件对表 6-6 实验数据进行二次多项回归拟合，获得菌株 FAJT-9040 菌体生长量 Y 对初始含水量 A（x_1）、初始接种量 B（x_2）、温度 C（x_3）的多元回归方程。回归方程为：

$$Y=-7.3\times10^{10}+3.29\times10^7x_1-5.03\times10^9x_2+6.02\times10^9x_3+6.25\times10^6x_1x_2+5.83\times10^6x_1x_3+1.28\times10^8x_2x_3-2.33\times10^6x_1^2+1.48\times10^8x_2^2-1.21\times10^8x_3^2$$

相关系数 $R^2=0.8318$，校正决定系数 $R^2=0.6156$。

回归方程方差分析见表 6-7，由方程的显著性分析得 $F=3.8481$，相应的概率值 $P=0.0447<0.05$，由此说明，该方程模型是显著的。失拟性检验分析得 $F=1.5485$，相应的概率值 $P=0.3328>0.1$，失拟不显著，因此模型选择正确且是稳定的，表明方程对实验拟合情况较好，实验误差小。同时，方程的一次项 C 的 P 值 <0.05，表明其对哈茨木霉菌体生长的影响是显著的，二次项及交互项对响应值较为显著。

表6-7 回归方程的方差分析表

方差来源	方差	自由度	均差	F值	Prob $>F$	显著性
模型	1.44×10^{19}	9	1.61×10^{18}	3.8481	0.0447	显著
A	2.72×10^{16}	1	2.72×10^{16}	0.0653	0.8057	
B	3.6×10^{18}	1	3.6×10^{18}	8.6297	0.0218	

续表

方差来源	方差	自由度	均差	F值	Prob > F	显著性
C	1.77×10^{18}	1	1.77×10^{18}	4.2511	0.0782	
AB	6.25×10^{16}	1	6.25×10^{16}	0.1498	0.7102	
AC	1.23×10^{17}	1	1.23×10^{17}	0.2936	0.6047	
BC	2.35×10^{18}	1	2.35×10^{18}	5.6357	0.0493	
A^2	2.29×10^{17}	1	2.29×10^{17}	0.5495	0.4826	
B^2	1.47×10^{18}	1	1.47×10^{18}	3.5332	0.1022	
C^2	5.02×10^{18}	1	5.02×10^{18}	12.0279	0.0104	
残差	2.92×10^{18}	7	4.17×10^{17}			
失拟性检验	1.57×10^{18}	3	5.23×10^{17}	1.5485	0.3328	不显著
纯误差	1.35×10^{18}	4	3.38×10^{17}			
校正总和	1.74×10^{19}	16				

3）响应面及其等高线分析。初始含水量和初始接种量对菌株 FJAT-9040 菌体生长影响的响应面图和等高线图见图 6-19。可以看出，这两个因素对菌株 FJAT-9040 菌体生长量的显著性较差。从响应面图上获得当初始含水量为 53.68%，初始接种量为 7% 时最有利于菌株生长。

初始含水量与温度对菌株 FJAT-9040 菌体生长量的影响见图 6-20，从图中可以看出温度和初始含水量的相互作用较为显著。在设定的温度浓度范围内，随着温度的变化，菌体生长量先增加后减少；在设定的初始含水量范围内，随着含水量的改变，菌体生长量先增加后减少。表明适当改变温度和初始含水量有利于菌株生长，当温度为 29.79℃、初始含水量为 53.68% 时最利于菌株生长。

初始接种量和温度两个因素对菌株 FJAT-9040 菌体生长的响应面图和等高线图见图 6-21。可以看出，这两个因素的相互作用对菌体生长量的显著较差，从响应曲面上获得当温度为 29.79℃、初始接种量为 7% 时最有利于菌株生长。

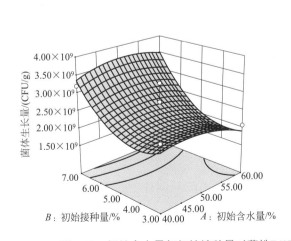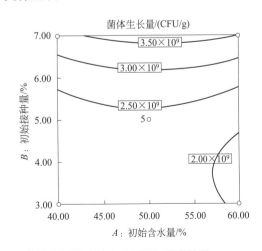

图6-19　初始含水量与初始接种量对菌株FJAT-9040菌体生长影响的响应面图和等高线图

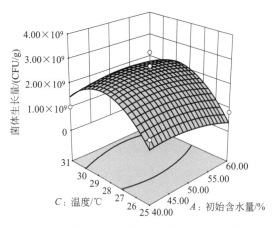
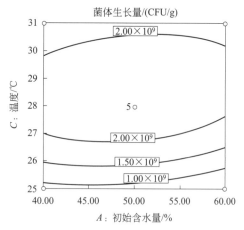

图6-20　初始含水量与温度对菌株FJAT-9040菌体生长影响的响应面图和等高线图

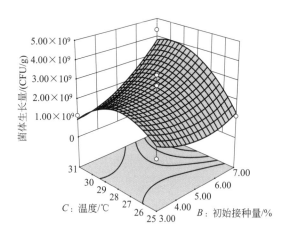
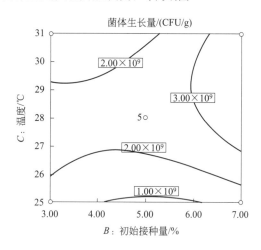

图6-21　初始接种量与温度对菌株FJAT-9040菌体生长影响的响应面图和等高线图

4）最优组合的确定及验证试验。为了获得菌株FJAT-9040菌体生长的最佳发酵培养条件，对二次项回归方程求偏导可得三元一次方程：

$$3.29×10^7+6.25×10^6x_2+5.83×10^6x_3−4.66×10^6x_1=0$$
$$−5.03×10^9+6.25×10^6x_1+1.28×10^8x_3+2.96×10^8x_2=0$$
$$6.02×10^9+5.83×10^6x_1+1.28×10^8x_2−2.42×10^8x_3=0$$

求解方程组可得 $x_1=53.68$，$x_2=7.00$，$x_3=29.79$，即初始含水量为53.68%、初始接种量为7%、培养温度29.79℃，此时菌株FJAT-9040菌体生长量最大，预测值达到 $4.04×10^9$CFU/g。为了验证响应面法优化的最佳培养基的可靠性，进行验证实验，在此条件下测得菌体生长量为 $2.86×10^9$CFU/g，与预测值有较好的拟合性，符合要求。

（5）讨论　固体发酵培养基中，含水量的多少直接影响着菌体的生长、代谢产物的合成与分泌、气体物质的传递等。含水量过低时，培养基仍保持较干燥状态，不利于菌株孢子萌发及菌丝的生长；含水量过高时，自由水太多，培养基湿漉，同样不利于菌株孢子萌发及菌丝的生长。据王永东等（2006）报道，生防菌哈茨木霉H-13在以麸皮和玉米粉为主的培养基中，最适含水量是 40%，菌体生长量高于 $6.00 \times 10^8 CFU/g$。孙斐等（2010）研究表明拟康氏木霉在麸皮和玉米芯的固体培养基中，最适含水量是 $55\% \sim 60\%$。本试验通过单因素实验获得当初始含水量为 50.00% 时，菌体生长量最大，为 $3.67 \times 10^9 CFU/g$。

菌株的生长与接种量的关系密切。接种量过低时，菌体量少，生长缓慢，导致菌株菌体生长量低；接种量过高，菌株大量生长，营养成分不足，影响菌株生长及产孢。茹水江（2010）在碎米固体培养基上研究获得木霉的最佳接种量是 4%。刘时轮等（2008）研究表明，绿色木霉菌株 Tv04-2 在麦麸和玉米粉为主要培养基中，最佳接种量为每 20g 固体基质添加 4mL 孢子悬液，孢子量接近 $4.0 \times 10^9 CFU/g$。本试验通过单因素实验获得初始接种量为 5% 时，菌体生长量最大，为 $2.80 \times 10^9 CFU/g$。

发酵的成功与否不仅与含水量、接种量有关，还与培养温度息息相关。夏斯琴等（2008）以麸皮为主发酵绿色木霉 T4 的最适温度为 28℃，此时每克干培养物的孢子量为 $3.30 \times 10^{10} CFU/g$。杨力凡（2010）在玉米渣、稻壳、稻草粉、麦麸上发酵深绿木霉的最适温度为 28℃，此时产孢量为 $1.56 \times 10^8 CFU/g$。本试验通过单因素实验获得培养温度为 28℃ 时，菌体生长量最大，为 $3.67 \times 10^9 CFU/g$。

哈茨木霉过程的培养条件制约着孢子的萌发、菌丝的生长及后期菌丝的产孢。作者在单因素实验的基础上，利用 Box-Behnken 响应面设计对培养条件进行响应面的优化，得到以初始含水量（x_1）、初始接种量（x_2）、温度（x_3）为自变量，菌体生长量 Y 为响应值的回归方程：

$Y = -7.3 \times 10^{10} + 3.29 \times 10^7 x_1 - 5.03 \times 10^9 x_2 + 6.02 \times 10^9 x_3 + 6.25 \times 10^6 x_1 x_2 + 5.83 \times 10^6 x_1 x_3 + 1.28 \times 10^8 x_2 x_3 - 2.33 \times 10^6 x_1^2 + 1.48 \times 10^8 x_2^2 - 1.21 \times 10^8 x_3^2$。经优化后培养条件为初始含水量为 53.68%、初始接种量为 7.00%、温度为 29.79℃。在此条件下，菌株 FJAT-9040 菌体生长量达 $2.86 \times 10^9 CFU/g$。该组合实验效果与王永东等（2006）、刘时轮等（2008）、孙斐等（2010）等的研究结果相近。

4. 不同培养方式对哈茨木霉固体发酵菌体生长的影响

（1）概述　目前，有关真菌固体发酵的报道很多，一般真菌在实验室阶段多数采用三角瓶进行，这对真菌生长所需的营养成分和氧气等都是有限的。当然，随着工业的发展，浅盘培养法及发酵罐培养越来越受到青睐，给真菌发酵培养方式带来了很大的便利。食用菌的栽培方式通常采用食用菌袋进行扩大生产。

通过浅盘培养和发酵罐来获得菌体，代谢产物和酶等报道很多，Dhillon 等（2011）采用固体浅盘培养研究黑曲霉和绿色木霉的产酶情况，发现以稻草:麦麸＝ 3:2 为培养基时，每克干培养基物中滤纸纤维素酶、β- 葡萄糖苷酶、内切葡聚糖酶、木聚糖酶酶活性分别为 35.81 IU、33.71 IU、131.34 IU、3106.34 IU。徐国良等（2013）运用固体发酵罐，在多菌株混合培养的条件下，将芹菜等农副产物发酵生产为饲料。刘汉文等（2010）通过浅盘培养黑曲霉和啤酒酵母，将玉米芯发酵生产蛋白质饲料，获得的产品中粗蛋白含量为 26.1%，蛋白质含量净加了 12.9%。庄义庆等（2008）研究表明，采用绿豆汤液体培养基对蕉斑镰刀菌 32-6 进行摇瓶发酵，产孢量可达到 $1.40 \times 10^6 CFU/mL$，而在麦麸和米糠中对其进行固体浅盘发酵时，产孢量可达到 $1.41 \times 10^8 CFU/g$。

本试验采用浅盘培养法和食用菌棒培养法进行哈茨木霉固体发酵方式的研究，并对其菌体生长量与发酵时间的关系进行跟踪，为哈茨木霉生物菌肥在工业上的开发和生产奠定基础。

（2）研究方法

1）试验材料。哈茨木霉 FJAT-9040。含链霉素的 PDA 培养基：马铃薯 200g，葡萄糖 20g，琼脂 17～20g，蒸馏水定容至 1L，pH 自然。倒平板前，加无菌过滤的链霉素 0.3g。PDB 培养基：马铃薯 200g，葡萄糖 20g，蒸馏水定容至 1L，pH 自然。固体发酵培养基：微生物发酵床养猪垫料（整合微生物组菌剂）与麸皮的体积比例为 9：1，麦粒体积含量 36.74%，蔗糖质量含量 3.07%，硫酸铵质量含量 1.75%，含水量 50%。

2）浅盘培养法对菌株 FJAT-9040 菌体生长的影响。浅盘培养法装料量对菌株 FJAT-9040 菌体生长的影响：设置 5 个装料量梯度，分别为浅盘体积的 5%、10%、15%、20%、25%，浅盘大小为 20cm×13cm×15cm。浅盘使用前用 75% 乙醇喷雾后，于紫外灯照射 2h 消毒灭菌。培养基灭菌冷却后，倒于浅盘中，按培养基量比例接入 1×10⁶CFU/mL 的哈茨木霉 FJAT-9040 孢子悬浮液，接种量为 7%（培养基中初始含菌量为 10⁴CFU/g），拌匀后，用保鲜膜封好，置于 28℃恒温培养 10d。发酵结束后，充分拌匀，取 5g 固体发酵物于 45mL 无菌水中，梯度稀释后，吸取 100μL 或 200μL，于含链霉素的 PDA 平板上涂布均匀，28℃恒温培养 72h，记录平板上的菌落数。观察浅盘培养不同装料量对菌株 FJAT-9040 菌体生长的影响。

浅盘培养法通气方式对菌株 FJAT-9040 菌体生长的影响：根据上述的试验结果，设置 5 个装料量梯度，分别为浅盘体积的 6%、8%、10%、12%、14%，浅盘大小为 20cm×13cm×15cm。浅盘使用前用 75% 乙醇喷雾后，于紫外灯照射 2h 消毒灭菌。培养基灭菌冷却后，倒于浅盘中，按培养基比例接入 1×10⁶CFU/mL 的哈茨木霉 FJAT-9040 孢子悬浮液，接种量为 7%（培养基中初始含菌量为 10⁴CFU/g），拌匀后用保鲜膜封好。发酵过程进行三种不同通气方式处理：处理 1 为置于 28℃恒温静置培养 10d；处理组 2 为发酵至第 5 天时更换保鲜膜，继续发酵 5d；处理组 3 为发酵至第 5 天时进行搅拌并更换保鲜膜，继续发酵 5d。观察浅盘培养不同通气方式对菌株 FJAT-9040 菌体生长的影响。

3）食用菌棒培养法对菌株 FJAT-9040 菌体生长的影响。设置 5 个装料量梯度，分别为食用菌袋体积的 30%、40%、50%、60%、70%，食用菌袋规格为 9.5cm×33.5cm。为了观察不同接种方式对菌株 FJAT-9040 菌体生长的影响，采用两种方式处理：处理组 1 为拌菌后装袋培养，即培养基质灭菌冷却后，倒于浅盘中，按培养基量比例接入 1.00×10⁶CFU/mL 的哈茨木霉 FJAT-9040 孢子悬浮液，接种量为 7%（培养基中初始含菌量为 10⁴CFU/g），拌匀后，装于灭菌的食用菌袋中，培养基中心插入钻有孔的 50mL 离心管，28℃恒温培养 20d；处理组 2 为装袋后直接接菌，即培养基质直接装于食用菌袋中，培养基中心插入钻有孔的 50mL 离心管，灭菌后，在培养基表面直接接种，按培养基量比例接入 1.00×10⁶CFU/mL 的哈茨木霉 FJAT-9040 孢子悬浮液，接种量为 7.00%（培养基中初始含菌量为 10⁴CFU/g），28℃恒温培养 20d。观察食用菌棒培养法不同接种方式对菌株 FJAT-9040 菌体生长的影响。

4）优化条件下食用菌棒培养法菌株 FJAT-9040 菌体生长量与时间的关系。选择优化条件下的装料量及其接种方式，在发酵过程中从第 6 天开始，每隔 4d 进行取样，观察菌体生长量与时间的关系，以便获得最佳发酵时间。

（3）浅盘培养法对菌株 FJAT-9040 菌体生长的影响

1）浅盘培养法装料量对菌株 FJAT-9040 菌体生长的影响。浅盘培养法装料量对菌株 FJAT-9040 菌体生长的影响见表 6-8、图 6-22。不同装料量对菌株 FJAT-9040 菌体生长有较明显的影响。随着装料量的变化，菌株 FJAT-9040 菌体生长量也随着变化。当装料量为 10% 时，菌株 FJAT-9040 生长最好，菌体生长量最大，达到 6.50×10⁷CFU/g；其次为装料量 15% 时，菌株 FJAT-9040

菌体生长量为 4.50×10^7CFU/g；当装料量达到 25% 时，菌株 FJAT-9040 菌体生长量最少，仅为 8.50×10^6CFU/g。

表6-8 浅盘培养法不同装料量对菌株FJAT-9040菌体生长的影响

浅盘装料量/%	菌体生长量/（10^6CFU/g）
5	11.00 ± 0.65c
10	65.00 ± 6.29a
15	45.00 ± 2.50b
20	12.00 ± 1.29c
25	8.50 ± 1.11c

注：同行不同小写字母表示经 Duncan 氏新复极差测验在 $P < 0.05$ 水平上差异显著，全书同。

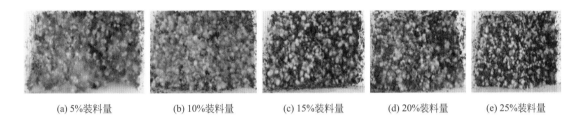

(a) 5%装料量　　(b) 10%料量　　(c) 15%装料量　　(d) 20%装料量　　(e) 25%装料量

图6-22 浅盘培养法不同装料量菌株FJAT-9040菌体生长情况

2）浅盘培养法通气方式对菌株 FJAT-9040 菌体生长的影响。浅盘培养法通气方式对菌株 FJAT-9040 菌体生长情况见表 6-9、表 6-10 和图 6-23。不论装料量多少，静置培养（处理组 1）的菌体生长量高于发酵至第 5 天更换保鲜膜（处理组 2）和发酵至第 5 天进行搅拌并更换保鲜膜（处理组 3）。当装料量为 12% 时，三种处理方式的菌体生长量均达到最高，分别为 4.00×10^7CFU/g、2.50×10^7CFU/g 和 1.00×10^7CFU/g。

从同一处理方式来看，不同装料量对菌株 FJAT-9040 的菌体生长也有影响。处理组 1 装料量为 8% ～ 12% 时，菌株 FJAT-9040 生长较好，菌体生长量分别为 3.00×10^7CFU/g、2.00×10^7CFU/g 和 4.00×10^7CFU/g；处理组 2 中，装料量为 12% ～ 14% 时，菌株 FJAT-9040 生长较好，其中装料量为 12% 时，菌体生长量最高，达到 2.50×10^7CFU/g；处理 3 中，装料量为 8% ～ 12% 时，菌株 FJAT-9040 生长较好，菌体生长量分别为 7.00×10^6CFU/g、9.50×10^6CFU/g 和 1.00×10^7CFU/g。不同通气方式处理下菌株 FJAT-9040 生长情况不同。处理组 1 培养基表面可见菌丝变绿；处理组 2 培养基表面大部分菌丝仍是白色，少量菌丝呈绿色；处理组 3 在搅拌前培养基表面均是白色菌丝，搅拌后仅有少量白色菌丝。

表6-9 浅盘培养法不同处理方式对菌株FJAT-9040菌体生长的影响

浅盘装料量/%	菌体生长量/（10^6CFU/g）		
	静置培养（处理组1）	更换保鲜膜（处理组2）	搅拌并更换保鲜膜（处理组3）
6	1.25 ± 0.06a	0.65 ± 0.04b	0.55 ± 0.02b
8	300.0 ± 14.72a	10.5 ± 0.49b	70.0 ± 9.58b
10	200.0 ± 7.07a	105.0 ± 2.50b	95.0 ± 7.50b

续表

浅盘装料量/%	菌体生长量/（10⁵CFU/g）		
	静置培养（处理组1）	更换保鲜膜（处理组2）	搅拌并更换保鲜膜（处理组3）
12	400.0±10.81a	250.0±9.57b	100.0±5.77b
14	160.0±14.14b	235.0±6.29a	30.0±2.89c

表6-10　浅盘培养法不同处理方式下菌株FJAT-9040在培养基物表面生长情况的观察

浅盘装料量/%	静置培养10d（处理组1）	更换保鲜膜后5d（处理组2）	搅拌后5d（处理组3）
6.00	仅少量白色菌丝	白色菌丝	仅少量白色菌丝
8.00	白色菌丝	白色菌丝	仅少量白色菌丝
10.00	菌丝变绿	白色菌丝	仅少量白色菌丝
12.00	菌丝变绿	白色菌丝	仅少量白色菌丝
14.00	菌丝变绿	白色菌丝	仅少量白色菌丝

(a) 处理组1静置培养

(b) 处理组2更换保鲜膜

(c) 处理组3搅拌并更换保鲜膜搅拌前

(d) 处理组3搅拌并更换保鲜膜搅拌后

图6-23　浅盘培养法不同处理方式菌株FJAT-9040菌体生长情况

从左至右装料量依次为6.00%、8.00%、10.00%、12.00%、14.00%

（4）食用菌棒培养法对菌株 FJAT-9040 菌体生长的影响　食用菌棒培养法对菌株 FJAT-9040 菌体生长的影响见表 6-11 和图 6-24。拌菌方式（处理 1）的菌体生长量明显高于直接接菌方式（处理 2）。同一处理中，不同装料量间也有差异。处理 1 中随着装料量的增加，菌体生长量也提高，装料量为 30% 时，菌体生长量为 6.00×10^7CFU/g，当装料量达到 60% 和 70% 时，菌体生长量相当，均为 4.50×10^8CFU/g；处理 2 中，当装料量为 60% 时，菌体生长量达到 9.00×10^7CFU/g，当装料量为 70% 时，菌体生长量最低，为 1.05×10^7CFU/g。

表6-11　食用菌棒培养法不同处理方式对菌株FJAT-9040菌体生长的影响

菌棒装料量	菌体生长量/（10⁷CFU/g）	
	拌菌（处理组1）	直接接菌（处理组2）
30%	6.00±1.08 a	5.50±0.75 a
40%	9.00±0.64 a	7.50±0.47 a
50%	35.0±4.79 a	8.00±0.41 b
60%	45.0±4.79 a	9.00±0.29 b
70%	45.0±6.29 a	1.05±0.17 b

(a) 处理1：拌菌方式　　　　　　　　　　　　(b) 处理2：直接接菌方式

图6-24　食用菌棒培养法不同处理菌株FJAT-9040菌体生长情况

　　同一接种方式的不同装料量对菌株 FJAT-9040 生长影响相对较小，各装料量的菌株生长相似；而不同接种方式对菌株 FJAT-9040 生长有一定的影响。处理组 1 菌棒中生长的菌丝均变绿，菌株 FJAT-9040 生长较好；处理组 2 菌棒中生长的菌丝有些未变绿，菌株 FJAT-9040 生长较差。

　　（5）优化条件下食用菌棒培养法菌株 FJAT-9040 菌体生长量与时间的关系　食用菌棒培养法菌株 FJAT-9040 菌体生长量与时间的关系见图 6-25。随着培养时间延长，菌体生长量先增加后减小。第 6 天时，菌体生长量为 $1.75×10^7$CFU/g；随后氧气及养料充足，菌丝快速生长，菌体生长量也明显增加，第 18 天时，菌体生长量为 $1.15×10^8$CFU/g；第 18 天后，随着培养基养料的消耗及底部培养基过湿、氧气不足等原因，菌丝生长较慢，同时发酵散热会使部分菌丝腐烂，菌体生长量开始下降。当培养至第 22 天时，菌体生长量为 $4.00×10^7$CFU/g；当培养至第 30 天时，菌体生长量为 $1.40×10^7$CFU/g。因此，选择第 18 天左右作为发酵最佳时间。

　　（6）讨论　采用浅盘培养法时，不同装料量对菌株 FJAT-9040 生长量有一定的影响。易征旋等（2013）对假康氏木霉固体发酵装料量的研究表明，在 500mL 的塑料瓶中装 50g 固体培养基时产孢量最高，装料量过多或过少均会不同程度地影响菌株产孢。本试验结果表明，当装料量为浅盘体积的 10% 和 15% 时，菌株 FJAT-9040 生长最好，菌体生长量分别为 $6.50×10^7$CFU/g 和 $4.50×10^7$CFU/g。

　　菌株 FJAT-9040 的生长也受不同通气方式的影响。张广志等（2013）发现在绿色木霉 LTR-2 发酵过程中搅拌对其产孢影响较大，并且建议接种后进行静置发酵。本试验结果表明，

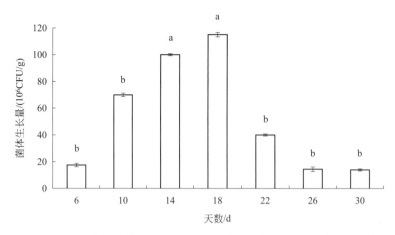

图6-25　食用菌棒培养法菌株FJAT-9040菌体生长量与发酵时间的关系

静置培养（处理组1）的菌体生长量均高于发酵第5天更换保鲜膜（处理组2）和发酵第5天搅拌并更换保鲜膜（处理组3），当装料量为12%时，菌体生长量均达到最高，三个处理的菌体生长量分别为 4.00×10^7 CFU/g、2.50×10^7 CFU/g 和 1.00×10^7 CFU/g。处理组3的菌体生长量最低，且在搅拌后5d，培养基上仅可见少量白色菌丝，原因可能是在搅拌过程中菌丝断裂，同时搅拌后培养基中水分和养料等均降低，使断裂的菌丝和分生孢子不能再次生长和萌发，最终导致菌体生长量降低。

采用食用菌棒培养法时，不同接种方式对菌株 FJAT-9040 的生长也有影响。在菌体生长量方面，拌菌后装袋培养（处理组1）的菌体生长量高于装袋后直接接菌（处理组2），当装料量为60%时，菌株 FJAT-9040 菌体生长量均达到最高，两种接种方式的菌体生长量分别为 4.50×10^8 CFU/g 和 9.00×10^7 CFU/g。在生长方面，由于处理组1采用拌菌方式，因此培养基水分均匀，菌株生长较好，而处理组2未进行拌菌，底部培养基中积累了较多水，导致菌株生长较弱于处理1。虽然直接接菌方式菌株 FJAT-9040 生长弱于拌菌方式，但由于拌菌所需设备及其操作烦琐，因此仍选择直接接菌方式作为后续的发酵的研究。

从食用菌棒培养法菌株 FJAT-9040 菌体生长量与发酵时间来看，发酵第18天菌体生长量达到最大，为 1.15×10^8 CFU/g，第22天菌体生长量为 4.00×10^7 CFU/g，因此，选择第18天左右作为发酵最佳时间。

5．哈茨木霉固体发酵代谢产物对枯萎病病原菌的抑菌分析

（1）概述　据报道，许多木霉菌可以产生抗菌类物质，这类物质中有挥发性的，也有不挥发性的。目前有很多物质已被鉴别，如挥发性抗菌物质乙醛和不挥发性的绿啶、木霉菌素等（李淼 等，2009）。Cutler 等（1986）的研究表明，哈茨木霉对立枯丝核菌的防治与哈茨木霉产生的六戊烷基吡喃的抗菌代谢产物有关，经鉴定这是一种挥发性的抗生素。据 Harman（2000）报道，通过添加几丁质，促使木霉菌几丁质酶活性增强，从而提高哈茨木霉对腐霉菌和丝核菌的防治效果。Ordentlich 等（1992）对哈茨木霉代谢产物进行分析，从中获得了一种可能是抗生素的物质，经研究发现其多种植物病原真菌都可表现出抑制作用。由于木霉菌代谢产物的种类众多，结构差异大，加之其代谢产物可能与病害的防治有关，而备受关注。代谢产物的提取溶剂很多，如冷甲醇、热甲醇、高氯酸、乙腈、碱等（Maharjan and Ferenci，2003），这些溶剂可以对细胞内或细胞外代谢物进行提取。本试验主要利用不同的溶剂提取哈茨木霉固体发酵的代谢产物，并对其抑菌情况进行观察，进一步探究哈茨木霉对病害的防治机制。

（2）研究方法

1）试验材料。哈茨木霉 FJAT-9040，苦瓜枯萎病原菌 FJAT-3015，甜瓜枯萎病原菌 FJAT-9230，西瓜枯萎病原菌 FJAT-30286，番茄枯萎病原菌 FJAT-30512，茄子枯萎病原菌 FJAT-30545。甲醇，广东光华科技有限公司；乙腈，天津市大茂化学试剂，色谱纯；纯水，成都超纯科技有限公司，优普 UPH-IV-20T 生产；红霉素，Bio Basic 公司，稀释至终浓度 10mg/mL。PDA 培养基：马铃薯 200g，葡萄糖 20g，琼脂 17～20g，蒸馏水定容至 1L，pH 自然。PDB 培养基：马铃薯 200g，葡萄糖 20g，蒸馏水定容至 1L，pH 自然。PDA 半固体培养基：马铃薯 200g，葡萄糖 20g，琼脂 7～10g，蒸馏水定容至 1L，pH 自然。

2）发酵代谢产物的提取。哈茨木霉 FJAT-9040 固体发酵代谢产物的提取参照 Tokuoka 等（2010），略作修改。

① 冷甲醇法（50% 甲醇，-20℃）：称取 1g 固体发酵产物在液氮条件下研钵磨碎，迅速转入灭好菌的离心管中，加入 10mL -20℃的 50% 甲醇溶液，在冰上放置 30min 后，进行 4℃、10000r/min 离心 5min，将上清液转入灭菌的离心管中，此上清液即为用冷甲醇法提取的代谢产物。

② 乙腈法（50% 乙腈，4℃）：称取 1g 固体发酵产物在液氮条件下研钵磨碎，迅速转入灭好菌的离心管中，加入 10mL 4℃的 50% 乙腈溶液，立刻进行 70℃水浴 5min，水浴后进行离心（4℃、10000r/min）5min，将上清液转入灭菌的离心管中，此上清液即为用乙腈法提取的代谢产物。

③ 纯水法（4℃）：称取 1g 固体发酵产物在液氮条件下研钵磨碎，迅速转入灭好菌的离心管中，加入 10mL 4℃的纯水，在冰上放置 30min 后，进行 4℃、10000r/min 离心 5min，将上清液转入灭菌的离心管中，此上清液即为用纯水法提取的代谢产物。

3）发酵代谢提取物对枯萎病病原菌的抑制效果。本方法参照张衡宇（2011），略做修改。分别刮取预先活化好的菌株 FJAT-3015、FJAT-9230、FJAT-30286、FJAT-30512、FJAT-30545 的菌丝，置于 100mL PDB 培养基中，28℃、170r/min 振荡培养 5d，无菌纱布过滤除去菌丝，获得孢子悬浮液，用血细胞计数板计算孢子悬液浓度，稀释至 1.00×10^6CFU/mL，备用。分别吸取菌株 FJAT-3015、FJAT-9230、FJAT-30286、FJAT-30512、FJAT-30545 的孢子悬浮液 1mL 加入 100mL 冷却至 40～50℃的 PDA 半固体培养基中，混匀作为上层培养基，倒于预先冷却的 PDA 培养基（下层培养基）上，待培养基冷却后打取 5 个直径 6mm 的小孔，分别加入 100μL 的有机试剂、红霉素、哈茨木霉 FJAT-9040 菌液，代谢提取物，未接菌的固体发酵培养基提取物，28℃培养 72h，测量抑菌圈直径，每个处理 3 次重复。以红霉素作为阳性对照，有机试剂及未接菌的固体发酵培养基提取物作为阴性对照，哈茨木霉 FJAT-9040 菌液是将固体发酵产物直接放于无菌水制成的含有哈茨木霉 FJAT-9040 孢子的菌液。

（3）冷甲醇法代谢提取物对枯萎病病原菌的抑制效果　实验结果见图 6-26、表 6-12。哈茨木霉 FJAT-9040 菌液和红霉素对枯萎病原菌有明显抑制作用，而冷甲醇法代谢提取物、甲醇、未接菌固体发酵培养基提取物对枯萎病原菌没有抑制作用。其中哈茨木霉 FJAT-9040 菌液对病原菌 FJAT-3015 的抑制作用最强，抑菌直径为 17.61mm，其余病原菌的抑菌直径介于 9.86 ～ 13.49mm 之间。红霉素对病原菌 FJAT-9230、FJAT-3015 和 FJAT-30545 的抑制作用较强，抑菌直径分别为 13.57mm、13.47mm 和 12.71mm；对病原菌 FJAT-30512 的抑制作用最弱，抑菌直径仅为 8.97mm。

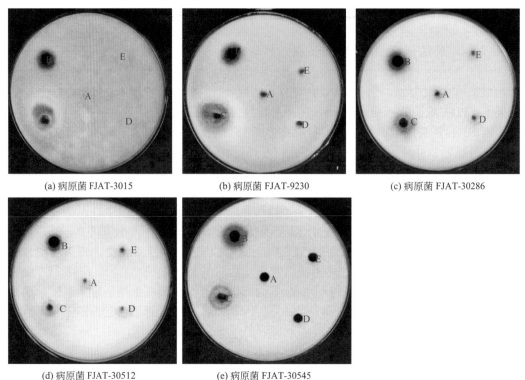

|(a) 病原菌 FJAT-3015|(b) 病原菌 FJAT-9230|(c) 病原菌 FJAT-30286|

(d) 病原菌 FJAT-30512　　　　(e) 病原菌 FJAT-30545

图6-26　冷甲醇法代谢提取物对病原菌的抑制效果

A—甲醇；B—红霉素；C—哈茨木霉FJAT-9040菌液；D—冷甲醇法代谢提取物；E—未接菌固体发酵培养基提取物

表6-12　冷甲醇法代谢提取物对病原菌的抑制效果

菌种编号	甲醇/mm	红霉素/mm	哈茨木霉FJAT-9040菌液/mm	冷甲醇法代谢提取物/mm	未接菌固体发酵培养基提取物/mm
FJAT-3015	—	13.47±0.39 a	17.61±1.05 a	—	—
FJAT-9230	—	13.57±0.50 a	13.29±1.55 b	—	—
FJAT-30286	—	10.67±0.30 b	13.49±0.28 b	—	—
FJAT-30512	—	8.97±0.27 c	9.86±0.30 c	—	—
FJAT-30545	—	12.71±0.01 a	12.32±0.02 bc	—	—

注："—"表示没有抑菌效果，下同。

（4）乙腈法代谢提取物对枯萎病病原菌的抑制效果　实验结果见图 6-27 和表 6-13。哈茨木霉 FJAT-9040 菌液和红霉素对枯萎病原菌有明显抑制作用，而乙腈法代谢提取物、乙腈、未接菌固体发酵培养基提取物对枯萎病原菌没有抑制作用。哈茨木霉 FJAT-9040 菌液对病原菌 FJAT-3015 的抑制作用最强，抑菌直径为 14.56mm，红霉素对病原菌 FJAT-9230 的抑制作用最强，抑菌直径为 15.15mm，对其余病原菌的抑菌直径介于

11.61 ～ 13.55mm。

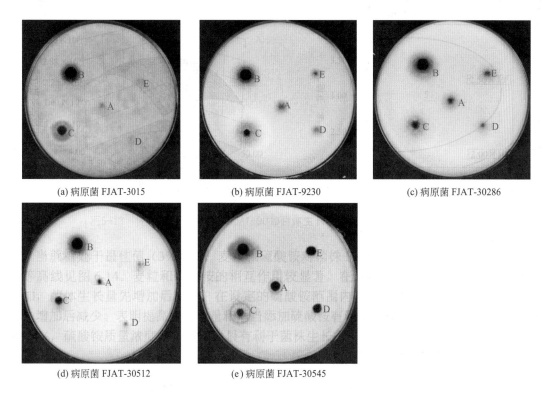

(a) 病原菌 FJAT-3015　　　(b) 病原菌 FJAT-9230　　　(c) 病原菌 FJAT-30286

(d) 病原菌 FJAT-30512　　　(e) 病原菌 FJAT-30545

图6-27　乙腈法代谢提取物对病原菌的抑制效果

A—乙腈；B—红霉素；C—哈茨木霉FJAT-9040菌液；D—乙腈法代谢提取物；E—未接菌固体发酵培养基提取物

表6-13　乙腈法代谢提取物对病原菌的抑制效果

菌种编号	乙腈/mm	红霉素/mm	哈茨木霉FJAT-9040菌液/mm	乙腈法代谢提取物/mm	未接菌固体发酵培养基提取物/mm
FJAT-3015	—	12.24±0.53 bc	14.56±0.48 a	—	—
FJAT-9230	—	15.15±0.03 a	13.16±0.74 ab	—	—
FJAT-30286	—	11.61±0.22 c	11.85±0.18 bc	—	—
FJAT-30512	—	12.38±0.91 bc	11.35±0.47 c	—	—
FJAT-30545	—	13.55±0.34 ab	13.29±0.16 ab	—	—

（5）纯水法代谢提取物对枯萎病病原菌的抑制效果　实验结果见图6-28和表6-14。哈茨木霉 FJAT-9040 菌液和红霉素对枯萎病原菌有明显抑制作用，而纯水法代谢提取物、纯水、未接菌固体发酵培养基提取物对枯萎病原菌没有抑制作用。哈茨木霉 FJAT-9040 菌液对病原菌 FJAT-3015 的抑制作用最强，抑菌直径为 16.37mm，其余病原菌的抑菌直径介于 11.38 ～ 13.53mm。红霉素对病原菌 FJAT-3015、FJAT-9230 和 FJAT-30286 的抑制作用较强，抑菌直径分别为 14.39mm、13.54mm 和 13.35mm；对病原菌 FJAT-30545 的抑制作用最弱，抑菌直径仅为 10.10mm。

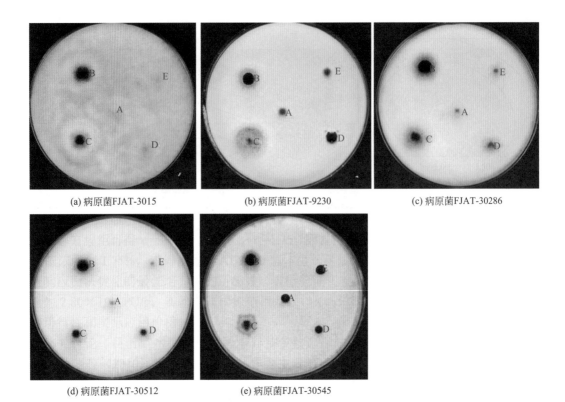

(a) 病原菌FJAT-3015	(b) 病原菌FJAT-9230	(c) 病原菌FJAT-30286

(d) 病原菌FJAT-30512	(e) 病原菌FJAT-30545

图6-28　纯水法代谢提取物对病原菌的抑制效果

A—纯水；B—红霉素；C—哈茨木霉FJAT-9040菌液；D— 纯水法代谢提取物；E— 未接菌固体发酵培养基提取物

表6-14　纯水法代谢提取物对枯萎病病原菌的抑制效果

菌种编号	纯水/mm	红霉素/mm	哈茨木霉FJAT-9040菌液/mm	纯水法代谢提取物/mm	未接菌固体发酵培养基提取物/mm
FJAT-3015	—	14.39±0.43 a	16.37±0.27 a	—	—
FJAT-9230	—	13.54±0.06 a	13.53±0.76 b	—	—
FJAT-30286	—	13.35±0.09 a	12.59±0.33 b	—	—
FJAT-30512	—	10.91±0.78 b	11.38±0.58 b	—	—
FJAT-30545	—	10.10±0.01 b	12.75±1.00 b	—	—

（6）讨论　有关木霉菌代谢产物的研究已有很多报道，邓勋等（2012）研究表明有机试剂乙酸乙酯提取木霉菌株 T-43 的非挥发性代谢产物对病原菌的抑制作用可达 90.58%。蔚慧等（2009）进行绿色木霉代谢产物对黑曲霉和荔枝炭疽的抑菌研究，发现绿色木霉代谢产物能使黑曲霉的细胞器等变形或消化，如线粒体；同时荔枝炭疽菌丝的线粒体、叶绿体等细胞器也同样发生变形。魏林等（2004）对豇豆枯萎病原菌的研究表明，哈茨木霉 T_{2-16} 的发酵滤液对其抑制率达 71.06%。

本试验结果表明，3 种有机试剂提取的哈茨木霉 FJAT-9040 固体发酵的代谢产物对枯萎病病原菌均未见明显抑菌圈，而哈茨木霉菌液和红霉素表现出对枯萎病病原菌的明显抑制作用。其中哈茨木霉菌液对苦瓜枯萎病原菌 FJAT-3015 的抑制作用最强，抑菌直径介于 14.56 ～ 17.61mm 之间，对番茄枯萎病原菌 FJAT-30512 的抑制作用最弱，抑菌直径介于 9.86 ～ 11.38mm 之间。本试验中所用 3 种溶剂提取的菌株 FJAT-9040 的代谢产物对枯萎病原菌没有抑菌圈，可能具有抑菌效果的代谢物质还未被提取出来。而菌株 FJAT-9040 具体产生几种代谢产物、这些代谢产物中是否具有抗菌活性等一系列问题，尚待进一步研究。

6．哈茨木霉生物菌肥对几种作物枯萎病的防治效果

（1）概述　生物菌肥由微生物以及能为微生物生长提供载体和营养成分的物质构成。它能解决长时间施用化学肥料和化学农药带来的土壤板结、土壤微生物群落结构的变化、病虫的抗药性、环境污染以及农药残留等问题，同时还能促进植物生长，防治植物病害。唐伟杰等（2013）进行了生物菌肥对辣椒品质影响的研究，发现施用生物菌肥可以增加辣椒的辣椒素、可溶性糖、维生素 C、可溶性蛋白质等，同时辣椒的产量也有明显增加。徐锡虎和杨松林（2004）报道运用生物菌肥能增强大棚茄子的抗病性，降低茄子灰霉病的发病率，同时茄子植株长势稳健，果实好。研究通过盆栽试验测试含哈茨木霉的生物菌肥对不同作物的生长及其枯萎病的防治效果，为生物菌肥的开发奠定基础。

（2）研究方法

1）试验材料。哈茨木霉生物菌肥，即哈茨木霉 FJAT-9040 固体发酵产物，含菌量为 10^7CFU/g；基质土，苦瓜幼苗若干，茄子幼苗若干，购于福建省厦门市；苦瓜枯萎病病原菌 FJAT-3015；茄子枯萎病病原菌 FJAT-30545。

2）哈茨木霉生物菌肥对茄子盆栽苗枯萎病防效的测定

① 哈茨木霉生物菌肥对茄子盆栽苗的肥效实验：采用食用菌棒培养法生产出的哈茨木霉生物菌肥，与基质土分别按一定体积比进行混合后，用于种植茄子苗，设以下 7 个处理组：处理组 1，基质土中含 10% 哈茨木霉生物菌肥；处理组 2，基质土中含 20% 哈茨木霉生物菌肥；处理组 3，基质土中含 30% 哈茨木霉生物菌肥；处理组 4，基质土中含 40% 哈茨木霉生物菌肥；处理组 5，基质土中含 50% 哈茨木霉生物菌肥；处理组 6，使用 100% 哈茨木霉生物菌肥；处理组 7，纯基质土。以上每组处理 30 株茄子幼苗，定期观察茄子植株的生长情况，筛选出最适茄子生长的哈茨木霉生物菌肥含量。

② 哈茨木霉生物菌肥对茄子盆栽苗枯萎病的防治效果：茄子枯萎病原菌 FJAT-30545 采用摇瓶发酵，并将发酵液稀释成 10^6CFU/mL，备用。实验设以下 5 个处理组：处理组 1，茄子苗采用含 10% 哈茨木霉生物菌肥基质土种植，同时浇灌接种枯萎病原菌；处理组 2，茄子苗采用含 10% 哈茨木霉生物菌肥基质土种植，于 7d 后伤根浇灌接种枯萎病原菌；处理组 3，茄子苗采用含 10% 哈茨木霉生物菌肥基质土种植，于 7d 后伤根浇灌清水；处理组 4，茄子苗采用纯基质土种植，于 7d 后伤根浇灌接种枯萎病原菌，作为阳性对照；处理组 5，茄子苗采用纯基质土种植，于 7d 后伤根浇灌清水，作为阴性对照。以上每组处理 30 株茄子幼苗，各处理的其他栽培管理方式均一致，接菌后观察茄子植株的生长和发病情况，第 40 天时调查其发病率，计算防治效果：

$$防治效果（\%）= \frac{阳性对照组发病率－处理组发病率}{阳性对照组发病率} \times 100\%$$

3）哈茨木霉生物菌肥对苦瓜盆栽苗枯萎病防效的测定

① 哈茨木霉生物菌肥对苦瓜盆栽苗的肥效实验：采用食用菌棒培养法生产出的哈茨木霉生物菌肥，与基质土分别按一定体积比进行混合后，用于种植苦瓜苗，设以下 7 个处理组：处理组 1，基质土中含 5% 哈茨木霉生物菌肥；处理组 2，基质土中含 10% 哈茨木霉生物菌肥；处理组 3，基质土中含 15% 哈茨木霉生物菌肥；处理组 4，基质土中含 20% 哈茨木霉生物菌肥；处理组 5，基质土中含 25% 哈茨木霉生物菌肥；处理组 6，使用 100% 哈茨木霉生物菌肥；处理组 7，纯基质土。以上每组处理 30 株苦瓜幼苗，定期观察苦瓜植株的生长情况，筛选出最适苦瓜生长的哈茨木霉生物菌肥含量。

② 哈茨木霉生物菌肥对苦瓜盆栽苗枯萎病的防治效果：苦瓜枯萎病原菌 FJAT-3015 采用摇瓶发酵，并将发酵液稀释成 10^6CFU/mL，备用。实验设以下 5 个处理组：处理组 1，苦瓜苗采用含 5% 哈茨木霉生物菌肥基质土种植，同时浇灌接种枯萎病原菌；处理组 2，苦瓜苗采用含 5% 哈茨木霉生物菌肥基质土种植，于 7d 后伤根浇灌接种枯萎病原菌；处理组 3，苦瓜苗采用含 5% 哈茨木霉生物菌肥基质土种植，于 7d 后伤根浇灌清水；处理组 4，苦瓜苗采用纯基质土种植，于 7d 后伤根浇灌接种枯萎病原菌，作为阳性对照；处理组 5，苦瓜苗采用纯基质土种植，于 7d 后伤根浇灌清水，作为阴性对照。以上每组处理 30 株苦瓜幼苗，各处理的其他栽培管理方式均一致，接菌后观察苦瓜植株的生长和发病情况，第 40 天时调查其发病率，计算防治效果：

$$防治效果（\%）= \frac{阳性对照组发病率 - 处理组发病率}{阳性对照组发病率} \times 100\%$$

（3）哈茨木霉生物菌肥对茄子盆栽苗枯萎病防效的测定

1）哈茨木霉生物菌肥对茄子盆栽苗的肥效实验。茄子苗栽培 40d 后，不同处理间的植株生长情况见表 6-15、图 6-29。不同含量的哈茨木霉生物菌肥对茄子盆栽苗的株高、叶长、叶宽均有不同程度的影响。株高方面，含 10% 哈茨木霉生物菌肥（处理组 1）的株高为 8.87 cm，其他处理组株高介于 5.00～6.12cm 之间；叶长方面，处理组 1 叶长为 16.56cm，其他处理组叶长介于 8.31～13.62cm 之间；叶宽方面，处理组 1 叶宽为 9.81cm，其他处理组叶宽介于 4.31～7.62cm 之间。株高、叶长和叶宽综合来看，处理组 1 与其他处理组间均存在显著差异（$P < 0.05$），说明含 10% 哈茨木霉生物菌肥对茄子盆栽苗生长促进最大。

图6-29 不同处理茄子盆栽苗的生长情况

表6-15　不同处理茄子盆栽苗的生长指标

编号	不同含量的哈茨木霉生物菌肥处理	株高/cm	叶长/cm	叶宽/cm
处理组1	10%哈茨木霉生物菌肥	8.87±0.12 a	16.56±0.74 a	9.81±0.45 a
处理组2	20%哈茨木霉生物菌肥	5.50±0.54 b	10.93±0.45 c	6.06±0.35 c
处理组3	30%哈茨木霉生物菌肥	5.37±0.37 b	13.62±0.95 b	7.62±0.32 b
处理组4	40%哈茨木霉生物菌肥	5.12±0.31 b	7.62±0.80 e	5.06±0.45 cde
处理组5	50%哈茨木霉生物菌肥	5.12±0.42 b	8.62±0.61 de	4.31±0.46 e
处理组6	100%哈茨木霉生物菌肥	5.00±0.40 b	8.31±0.62 e	4.81±0.26 de
处理组7	纯基质土	6.12±0.31 b	10.62±0.92 cd	5.56±0.25 cd

2）哈茨木霉生物菌肥对茄子盆栽苗枯萎病的防治效果。茄子苗栽培40d后，不同处理间防效见图6-30、图6-31。处理组2的防效最好，防效达到88.89%；处理组1的防效次之，为66.67%；处理组3仅采用含10%哈茨木霉生物菌肥基质土种植，没有接种病原菌，未出现发病植株。说明哈茨木霉生物菌肥提前使用更能有效地防治茄子枯萎病。

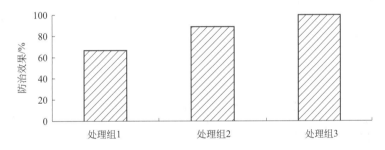

图6-30　不同处理的茄子盆栽苗防效情况

图6-31　不同处理的茄子盆栽苗防效生长情况

（4）哈茨木霉生物菌肥对苦瓜盆栽苗枯萎病防效的测定

1）哈茨木霉生物菌肥对苦瓜盆栽苗的肥效实验。苦瓜苗栽培40d后，不同处理间苦瓜生长情况见表6-16，图6-32。不同含量的哈茨木霉生物菌肥对苦瓜盆栽苗的生长有一定影响。

从根长来看，处理组 1 的根长为 9.27cm，仅次于处理组 7 的根长 10.05cm，其他各处理组的根长介于 5.61～8.83cm 之间；从藤蔓长来看，处理组 1 藤蔓长为 69.88cm，其他处理组藤蔓长介于 46.22～60.33 之间；从叶片数来看，各处理组间的叶片数相差不多，处理组 1 平均叶片数为 14.44 片，其余各处理组叶片数介于 10.44～13.11 片之间。从根长、藤蔓长和叶片数综合来看，处理组 1 与其余各处理组均存在显著差异（$P < 0.05$），说明含 5% 哈茨木霉生物菌肥对苦瓜盆栽苗的促进作用最明显。

表6-16　不同处理间苦瓜的生长指标

编号	不同含量的哈茨木霉生物菌肥处理	根长/cm	藤蔓长/cm	叶片数/片
处理组1	5%哈茨木霉生物菌肥	9.27±1.01 a	69.88±3.99 a	14.44±0.62 a
处理组2	10%哈茨木霉生物菌肥	7.77±1.21 ab	60.33±2.99 b	13.11±0.51 ab
处理组3	15%哈茨木霉生物菌肥	8.83±0.84 a	46.33±3.58 c	10.44±0.68 c
处理组4	20%哈茨木霉生物菌肥	5.61±0.61 b	50.55±3.92 c	11.88±0.67 bc
处理组5	25%哈茨木霉生物菌肥	6.22±0.95 b	46.22±3.74 c	10.66±0.76 c
处理组6	100%哈茨木霉生物菌肥	0.00±0.00 c	0.00±0.00 d	0.00±0.00 d
处理组7	纯基质土	10.05±0.56 a	50.22±3.45 c	11.77±0.64 bc

图6-32　不同处理间苦瓜生长情况

2）哈茨木霉生物菌肥对苦瓜盆栽苗枯萎病的防治效果。苦瓜栽培 40d 后，不同处理间防效见图 6-33、图 6-34。处理组 2 的防效最好，防效达 83.33%；处理组 1 的防效次之，为 33.33%；处理组 3 仅采用含 5% 哈茨木霉生物菌肥基质土种植，没有接种病原菌，未出现发病植株。说明哈茨木霉生物菌肥提前使用更能有效地防治苦瓜枯萎病。

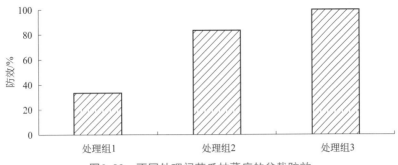

图6-33　不同处理间苦瓜枯萎病的盆栽防效

图6-34　不同处理间苦瓜枯萎病的盆栽防效的生长情况

（5）讨论　常梅（2013）研究了四种不同肥料对"津春3号"黄瓜生长的影响，结果表明生物菌肥较螯合肥、尿素和硫酸钾三种肥料对黄瓜的促进作用更明显，株高、茎粗、叶片数和产量分别较对照组增加了17.9%、10.2%、21.2%和24.8%。据谢晓彬（2011）报道，在番茄种植中施用生物菌肥能降低番茄灰霉病、晚疫病及早疫病的发病率，同时还能增加番茄的产量。

本试验通过盆栽试验研究了哈茨木霉生物菌肥对茄子和苦瓜生长及枯萎病的防治效果。通过配制不同含量的哈茨木霉生物菌肥来栽培不同作物，适量的哈茨木霉生物菌肥对茄子和苦瓜有明显促进作用。其中基质土中含10%哈茨木霉FJAT-9040生物菌肥时，对茄子的促进作用最明显，其株高、叶长和叶宽较对照组分别提高了44.93%、55.93%、76.44%；基质土中含 5% 哈茨木霉 FJAT-9040 生物菌肥时，对苦瓜促进作用最明显，其藤蔓长和叶片数较对照组分别提高了 39.15%、22.69%。然而，过量的哈茨木霉生物菌肥不但没有促进作物生长，反而会抑制某些作物生长，甚至出现烧苗现象。由于纯哈茨木霉生物菌肥养料丰富，哈茨木霉孢子含量高，且纯菌肥在作物生长过程中仍在继续进行发酵，并散发大量热量，使作物根部腐烂，作物无法正常生长，如苦瓜盆栽苗；而茄子可以在纯菌肥上生长，但是植株矮小，生长缓慢。

通过对 2 种作物枯萎病防效的测定，得到哈茨木霉生物菌肥提前使用更能有效地防治茄子和苦瓜的枯萎病。其中以含哈茨木霉生物菌肥的基质土种植作物，7d 后伤根浇灌接种枯萎病原菌的处理方式的防治效果较好，茄子和苦瓜的枯萎病防效均能达到 80% 以上。但由于本试验为盆栽试验，温室内各种条件均可控，而实际的田间使用还受土壤微生物群落、土壤酸碱度、气候环境、温度等各种因素的制约。因此，仍需要对其不同环境因素进行研究，以便找出最适防治条件，达到最佳防治效果。

研究以生防菌哈茨木霉 FJAT-9040 为出发菌株，以微生物发酵床养猪垫料为主要基质，优化了该菌株固体发酵菌体生长的最佳条件；比较了不同培养方式对该菌株固体发酵菌体生长的影响；分析了该菌株固体发酵代谢产物对不同寄主的枯萎病病原菌的抑菌效果及其对茄子、苦瓜作物枯萎病盆栽的防治效果，结果如下。

① 通过培养条件的单因素分析和响应面优化分析，以菌体生长量（平均菌落数）为指标，确定菌株 FJAT-9040 固体发酵的最适条件：培养基主成分微生物发酵床养猪垫料与麸皮的体积比为 9：1；麦粒体积含量为 36.74%；蔗糖质量含量为 3.07%；硫酸铵质量含量为 1.75%；初始含水量为 53.68%；初始接种量为 7%（培养基中初始含菌量为 10^5CFU/g）；培养温度 29.79℃。此条件下发酵培养 5d，菌体生长量可达 2.86×10^9CFU/g。

② 比较了浅盘培养法和食用菌棒培养法对菌株 FJAT-9040 固体发酵菌体生长的影响。结果表明：当培养基中初始含菌量为 10^4CFU/g 时，进行浅盘静置培养，装料量为浅盘体积 10% 时，恒温发酵 10d，菌体生长量达到 6.50×10^7CFU/g。当培养基中初始含菌量为 10^4CFU/g 时，进行食用菌棒培养，装料量为菌袋体积 60.00% 时，恒温发酵 20d，拌菌方式和直接接菌方式菌体生长量分别为 4.50×10^8CFU/g 和 9.00×10^7CFU/g。该菌株在食用菌棒培养中，采用直接接菌方式，发酵至第 18 天时菌体生长量最高，为 1.15×10^8CFU/g，确定发酵时间为 18d 左右。

③ 利用甲醇、乙腈和纯水提取菌株 FJAT-9040 固体发酵代谢产物，并对其抑菌活性进行测定，结果得到发酵代谢产物对 5 株枯萎病原菌 FJAT-3015、FJAT-9230、FJAT-30286、FJAT-30512、FJAT-30545 均无抑制作用，而菌株 FJAT-9040 固体发酵产物的菌液对 5 株枯萎病原菌有明显抑制作用。

④ 菌株 FJAT-9040 固体发酵产物可促进茄子和苦瓜植株的生长，且对这 2 种作物枯萎病具有较好的盆栽防效。基质土中含 10% 哈茨木霉 FJAT-9040 生物菌肥时，对茄子植株促长最明显，此时株高、叶长和叶宽分别较对照组提高了 44.93%、55.93% 和 76.44%；基质土中含 5% 哈茨木霉 FJAT-9040 生物菌肥时，对苦瓜植株促长最明显，其藤蔓长和叶片数分别较对照组提高 39.15% 和 22.69%。通过对其防效测定，得到用含哈茨木霉生物菌肥的基质土种植作物，7d 后再伤根浇灌接种病原菌的处理方式优于种植作物的同时接种病原菌处理方式，对茄子和苦瓜盆栽苗的枯萎病防治效果均能达到 80% 以上。

运用生防菌木霉防治枯萎病的报道很多，研究利用微生物发酵床养猪垫料农业副产物为原料培养生防木霉菌株，并进行作物枯萎病的防治。这一方法不但可以为农业副产物的应用提供新途径，同时为作物枯萎病生物防治奠定基础，而且获得的发酵产物既可以作为肥料使用又具有生防作用，很好地将肥料与生防菌结合在一起。但在实际生产应用中，要考虑到不同菌株所需的营养条件不一样，因此需对不同农业副产物应用进行适当筛选，提高农业副产物的资源利用率，同时在田间应用中要考虑到对土壤营养结构、微生物群落等会带来什么影响。

第二节
整合微生物组菌剂用于植物疫苗二次发酵

一、用于细菌植物疫苗二次发酵

1．概述

作物细菌性青枯病是由青枯雷尔氏菌（*Ralstonia solanacearum*）引起的一种世界范围的毁灭性土传病害，其寄主广泛，可侵染 50 多个科的 200 多种植物（李伟杰和姜瑞波，2007）。青枯雷尔氏菌的无致病力菌株因能入侵植株体内并存活、定殖，对寄主不致病，利用生态位竞争和营养竞争阻止或延迟致病菌的侵入，从而防止或延迟植株发病（Balabel，2005；刘波 等，2004），已在防治植物青枯病上取得许多成功例子（陈达，2014；肖田 等，2015）。

笔者前期通过多种方法已获得多株对植物青枯病具良好防效的无致病力青枯雷尔氏菌，其中筛选获得的无致病力青枯雷尔氏菌 FJAT-1458 防效很好（张文州，2011；郑雪芳 等，2017），通过优化发酵条件后研制获得的该菌胶悬菌剂对番茄青枯病田间防效达 77.45%（郑雪芳 等，2013；郑雪芳 等，2016b；郑雪芳 等，2017b）。研究室通过 ^{60}Co 辐射诱变获得的菌株 FJAT-15022，盆栽试验对番茄青枯病防效达 91.7%，但定殖数量比 FJAT-1458 稍低（周游 等，2012）。同时本试验筛选的青枯雷尔氏菌无致病力菌株 FJAT-T8，盆栽试验对番茄青枯病防效为 75% 以上（程本亮 等，2011；郑雪芳 等，2013），在番茄育苗期和移栽田间两阶段实验，对番茄青枯病的田间防效可高达 92%，优于所筛选的同类菌株。为了扩大该菌田间应用研究，实现菌剂生产，在农业生产应用推广，对该菌活菌制剂的发酵工艺亟待研究。

青枯病植物疫苗生产菌 FJAT-T8 发酵采用液体发酵与固体发酵。

① 液体发酵效率高、条件易控制，成为菌剂常用的工艺技术；郑雪芳等（2016b）对无致病力青枯雷尔氏菌 FJAT-1458 的液体发酵培养条件进行优化，发现最适培养温度为 30℃，250mL 三角瓶最适装液量为 35mL；冉淦侨等（2012）对青枯病工程菌 Hrp- 发酵培养基成分及发酵条件进行优化，优化后的发酵液菌量提高到 4.42×10^{10}CFU/mL，增幅 329.9%；陈燕萍等（2012）对生产菌 FAJT-T8 进行发酵适合度研究，发现 48h 为发酵最佳时间。

② 固体发酵培养基有稻草、麸皮、秸秆等农业副产物，近几年兴起的微生物发酵床养猪技术带来了新的农业副产物——微生物发酵床养猪垫料（以下简称垫料），它是通过微生物将谷壳、锯末、猪粪、尿等混合经原位分解发酵而成，富含养分（蓝江林 等，2012）。若以垫料为固体发酵培养基原料，即可为该菌发酵提供所需养分，降低生产成本，又降低农副产品废弃物对环境的污染。关于青枯病植物疫苗工程菌 FJAT-T8 发酵工艺优化的相关研究未见报道。

本试验对青枯病植物疫苗工程菌 FJAT-T8 液体发酵和固体发酵工艺进行实验，对碳源、氮源等培养基成分和发酵条件等进行筛选，通过单因素试验筛选与正交试验优化，旨在为青枯病植物疫苗工程菌 FJAT-T8 菌剂生产发酵（液体和固体）工艺提供科学基础，为青枯病植物疫苗菌剂的工业化生产提供理论指导。

2. 研究方法

（1）试验材料　无致病力青枯雷尔氏菌 FJAT-T8，由福建省农业科学院农业生物资源研究所提供。TTC 培养基：葡萄糖 5g、蛋白胨 10g、水解酪蛋白 1g、琼脂 17g、H_2O 1L，混合灭菌后冷却至 60℃左右，加入 TTC，使其终浓度为 0.005%。SPA 培养基：蔗糖 20.0g、蛋白胨 5.0g、K_2HPO_4 0.5g、$MgSO_4$ 0.25g、H_2O 1L、pH7.0。优化培养基原料：玉米粉、可溶性淀粉、马铃薯、麸皮、地瓜粉、花生饼粉、黄豆饼粉、鱼骨粉、菜籽饼粉均购自农贸市场；蔗糖、蛋白胨、K_2HPO_4、$MgSO_4$ 均为国药化学纯试剂；垫料来源于福州市琅岐岛某猪场，使用年限为 1 年。

（2）液体发酵工艺优化　将供试的保存菌株在 TTC 平板上 30℃划线活化，培养 48h 的菌株 FJAT-T8 挑取单菌落接种于装有 SPA 液体培养基的 250mL 三角瓶中（装液 35mL）（郑雪芳 等，2016b），在 30℃、200r/min 培养 48h（陈燕萍 等，2012），调节菌浓度为 10^{-6}CFU/mL，备用。

1）碳源的筛选。分别以 2% 的玉米粉、可溶性淀粉、马铃薯、麸皮、地瓜替代 SPA 培养基中的碳源蔗糖，其他成分不变。以 1%（陈燕萍 等，2012）的接种量将种子液分别接种到液体培养基中（250mL 三角瓶，装液 35mL），在 30℃、200r/min 条件下培养 48h 后，活菌计数采用平板菌落计数法。取菌液 1mL，系列稀释至 10^{-1}、10^{-2}、…、10^{-7} 浓度，最后取 10^{-6}、10^{-7} 稀释液 100μL 均匀涂布在 TTC 平板上（刘波 等，2004），30℃培养至清晰单菌落长出（约 48h），计数活菌数量。每处理 3 次重复。

2）氮源的筛选。分别以 0.5% 的花生饼粉、麸皮、黄豆饼粉、鱼骨粉、菜籽饼粉替代 SPA 培养基中的碳源蛋白胨，其他成分不变。其他处理参照 1），测定发酵液中活菌量。

3）液体发酵培养基成分优化正交试验。根据筛选的最佳碳源、氮源结果，以玉米粉、蔗糖为碳源，鱼骨粉、蛋白胨为氮源，采用 $L9（3^4）$ 正交表进行四因素三水平正交试验（刘春红 等，2016）（此外培养基中还含有 K_2HPO_4 0.05%、$MgSO_4$ 0.025%），试验因素水平设置见表 6-17。培养条件及活菌检测方法同 1）。

表6-17　液体发酵培养基优化正交试验设计因素水平

水平	因子			
	玉米粉A/%	鱼骨粉B/%	蔗糖C/%	蛋白胨D/%
1	1.5	0.3	0.1	0.05
2	2	0.5	0.3	0.1
3	2.5	0.7	0.5	0.15

（3）固体发酵工艺优化 以1%接种量将SPA培养基培养的种子液接种到已优化获得最佳液体培养基中（250mL三角瓶装液35mL），30℃、200r/min振荡培养48h，作为固体发酵的接种液备用。

1）固体发酵基础培养基筛选。将玉米粉、麦粒、棉籽壳、麸皮、黄豆饼粉分别与垫料按3∶7（质量比）两两组合，每组K_2HPO_4 0.05%、$MgSO_4$ 0.025%，含水量按45%配制，固料与水搅拌均匀后，$1×10^5Pa$灭菌30min备用。将容积为12L的穴盘容器用清水洗净晾干，酒精擦洗消毒后再紫外线灭菌30min。在无菌操作台上将已灭菌的培养基分装于已灭菌的穴盘容器中，每盘装样3L，以5%接种量接种前述制备的发酵液，30℃静置培养，每隔24h通过抖动穴盘进行翻动一次，培养72h后，准确称取固体发酵物5g于50mL无菌水中，系列稀释至10^{-1}、10^{-2}、…、10^{-7}浓度，最后取10^{-6}、10^{-7}稀释液100μL均匀涂布于TTC平板，30℃培养至清晰单菌落长出（约48h），计数活菌数量。每个处理3次重复。

2）固体发酵培养基成分的正交试验优化。根据筛选的主基质结果，以垫料、麸皮、黄豆饼粉为因子，采用$L9（3^4）$正交表进行三因素三水平正交试验（此外培养基中还含有K_2HPO_4 0.05%、$MgSO_4$ 0.025%，含水量控制在45%），试验因素水平设置见表6-18，培养条件及活菌检测方法同上。

表6-18 固体发酵培养基优化正交试验设计因素水平

水平	因子		
	垫料A/%	麸皮B/%	黄豆饼粉C/%
1	100	0	0
2	70	30	30
3	50	50	50

3）固体发酵培养条件的正交试验优化。根据上述筛选的最佳固体培养基成分，以发酵温度、含水量、接种量、通气量为因子，根据前人经验，每因子分别设三水平，按正交表$L9（3^4）$（表6-19）组合的条件分别进行FJAT-T8菌的固体发酵，其他处理方法同1），每组试验重复3次。通过正交试验计算K值和极差值R，分析筛选固体发酵最佳培养条件组合。

表6-19 固体发酵培养条件正交试验设计因素水平

水平	因子			
	温度A/℃	含水量B/%	接种量C/%	通气量D/%
1	25	45	5	85
2	30	55	10	70
3	35	65	15	50

4）固体发酵周期筛选。按优化的固体培养基成分及培养条件，进行该菌的固体穴盘培养，分别在发酵第16小时、第40小时、第64小时、第88小时、第112小时、第136小时取样

测固体发酵产物含菌量，筛选该菌固体发酵最佳周期，每组试验重复 3 次。

3．青枯病植物疫苗工程菌液体发酵工艺优化

（1）培养基碳源筛选　选取的 6 种碳源对 FJAT-T8 菌液体发酵影响显著（图 6-35），其中玉米粉发酵效果显著高于其他碳源（$P < 0.05$），发酵 48h 后菌量分别为 6.50×10^8CFU/mL，比蔗糖提高 6.44 倍；其次是可溶性淀粉，发酵 48h 后菌量为 3.80×10^8CFU/mL；其他碳源菌量在（$2.40 \sim 12.75$）$\times 10^7$CFU/mL 范围，显著低于玉米粉和可溶性淀粉（$P < 0.05$）。故选玉米粉为该菌液体发酵的最佳有机碳源。

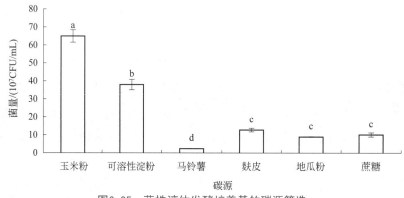

图6-35　菌株液体发酵培养基的碳源筛选

（2）培养基氮源筛选　选取的 6 种氮源对 FJAT-T8 菌液体发酵影响显著（图 6-36），其中鱼骨粉发酵效果显著高于其他氮源（$P < 0.05$），发酵 48h 后菌量为 9.10×10^8CFU/mL，比蛋白胨提高 7.40 倍；其他各氮源发酵 48h 后菌含量在（$1.70 \sim 14.2$）$\times 10^7$CFU/mL 范围，彼此间无显著差异（$P > 0.05$）。故选鱼骨粉为该菌液体发酵的最佳有机氮源。

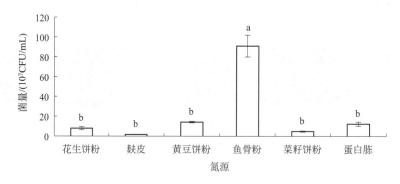

图6-36　菌株液体发酵培养基的氮源筛选

（3）培养基优化正交试验　在单因素筛选的基础上，选取 4 种培养基主成分蛋白胨、玉米粉、鱼骨粉、蔗糖，采用 $L9（3^4）$ 正交表进行四因素三水平正交试验，试验结果显示（表 6-20），玉米粉的极差 R 最大，即玉米粉对产菌量影响最大，由极差大小可知，不同因素对 FJAT-T8 液体发酵产菌量影响由大到小依次是：玉米粉＞蛋白胨＞鱼骨粉＞蔗糖。K

值分析结果显示，理论上产菌量最大的组合为 $A_3B_2C_1D_3$，与试验中产菌量最大的组合一致，产菌量达到 $3.87×10^9$CFU/mL，比优化前（$1.01×10^8$CFU/mL）提高 38.3 倍。故选优化后的 FJAT-T8 菌液体发酵培养基配方为玉米粉 2.5%、鱼骨粉 0.5%、蔗糖 0.1%、蛋白胨 0.15%、$K_2HPO_4$0.05%、$MgSO_4$ 0.025%。

表6-20　液体发酵培养基正交试验优化结果

编号	玉米粉A	鱼骨粉B	蔗糖C	蛋白胨D	菌浓度/（CFU/mL）
1	1.5%	0.3%	0.1%	0.05%	$(2.00±0)×10^7$
2	1.5%	0.5%	0.3%	0.1%	$(2.90±1.32)×10^8$
3	1.5%	0.7%	0.5%	0.15%	$(8.67±1.23)×10^7$
4	2%	0.3%	0.3%	0.15%	$(1.87±0.10)×10^9$
5	2%	0.5%	0.5%	0.05%	$(9.83±1.12)×10^8$
6	2%	0.7%	0.1%	0.1%	$(1.73±0.75)×10^8$
7	2.5%	0.3%	0.5%	0.1%	$(8.62±1.91)×10^8$
8	2.5%	0.5%	0.1%	0.15%	$(3.87±0.27)×10^9$
9	2.5%	0.7%	0.3%	0.05%	$(1.58±0.52)×10^9$
K_1	$3.97×10^8$	$27.52×10^8$	$40.63×10^8$	$25.83×10^8$	
K_2	$30.26×10^8$	$51.43×10^8$	$37.40×10^8$	$13.25×10^8$	
K_3	$63.12×10^8$	$18.40×10^8$	$19.32×10^8$	$58.27×10^8$	
k_1	$1.32×10^8$	$9.17×10^8$	$13.54×10^8$	$8.61×10^8$	
k_2	$10.09×10^8$	$17.14×10^8$	$12.47×10^8$	$4.42×10^8$	
k_3	$21.04×10^8$	$6.13×10^8$	$6.44×10^8$	$19.42×10^8$	
R	$19.72×10^8$	$11.01×10^8$	$7.10×10^8$	$15.00×10^8$	

注：K_i 为各因素第 i 水平组在试验组对应试验结果指标总和；k_i 为 K_i 的平均值。极差 R 为 k_i 最大值和最小值的差。

4. 青枯病植物疫苗工程菌固体发酵工艺优化

（1）固体培养基成分筛选　不同培养基成分对 FJAT-T8 菌的固体发酵影响显著（图6-37），其中垫料∶黄豆饼粉为 7∶3（处理组5）显著高于其他处理组（$P < 0.05$），72h 后固体发酵物含菌量为 $1.87×10^7$CFU/g；其次是垫料∶麸皮 =7∶3（处理组4），发酵 72h 后固体发酵物含菌量为 $5.67×10^6$CFU/g；其他处理组固体发酵物菌含量在（$2.13 \sim 7.50$）$×10^5$CFU/g，且处理间无显著差异（$P > 0.05$）。故选黄豆饼粉和麸皮作为与垫料混合配制培养基的最佳培养基主成分。

（2）固体培养基成分优化正交试验　在单因素筛选的基础上，选取黄豆饼粉和麸皮与垫料为培养基主要成分，采用 L9（3^4）正交表进行四因素三水平正交试验，试验结果显示（表 6-21），黄豆饼极差 R 最大，即黄豆饼粉对固体发酵产菌量影响最大，由极差大小可知，不同因素对 FJAT-T8 固体发酵产菌量影响由大到小依次是：黄豆饼粉＞垫料＞麸皮。K 值分析结果显示，理论上产菌量最大的组合为 $A_2B_1C_2$，与试验中产菌量最大的组合一致，固体发酵产菌量为 $1.68×10^8$CFU/g，故选优化后的 FJAT-T8 菌固体发酵培养基配方为垫料：

黄豆饼粉 =7 ： 3（质量比），K_2HPO_4 0.05%、$MgSO_4$ 0.025%。

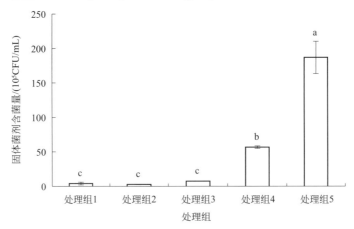

图6-37　菌株固体发酵培养基碳源、氮源载体筛选

表6-21　菌株固体发酵培养基配方正交实验结果

编号	垫料比例A	麸皮比例B	黄豆饼粉比例C	空闲因子	菌浓度/(CFU/g)
1	10	0	0	1	$(3.67\pm0.83)\times10^6$
2	10	3	3	2	$(3.63\pm0.66)\times10^7$
3	10	5	5	3	$(9.33\pm2.20)\times10^6$
4	7	0	3	3	$(1.68\pm0.47)\times10^8$
5	7	3	5	1	$(1.81\pm1.21)\times10^7$
6	7	5	0	2	$(4.88\pm2.21)\times10^7$
7	5	0	5	2	$(1.94\pm0.65)\times10^7$
8	5	3	0	3	$(2.22\pm0.54)\times10^7$
9	5	5	3	1	$(1.21\pm0.15)\times10^8$
K_1	49.30×10^6	191.07×10^6	74.67×10^6		
K_2	234.90×10^6	76.60×10^6	325.30×10^6		
K_3	162.60×10^6	179.13×10^6	46.83×10^6		
k_1	16.43×10^6	63.69×10^6	24.89×10^6		
k_2	78.30×10^6	25.53×10^6	108.43×10^6		
k_3	54.20×10^6	59.71×10^6	15.61×10^6		
R	61.87×10^6	38.16×10^6	92.82×10^6		

注：K_i 为各因素第 i 水平组在试验组对应试验结果指标总和；k_i 为 K_i 的平均值。极差 R 为 k_i 最大值和最小值的差。

（3）固体发酵条件优化正交试验　在优化后的固体培养基基础上，以发酵温度、含水量、接种量、通气量为因子，根据前人经验，每因子分别设三水平，按正交表 $L9(3^4)$（表 6-22）组合的条件分别进行 FJAT-T8 菌的固体发酵，试验结果显示，接菌量的极差 R 最大，即菌剂的接种量对该菌的固体发酵产菌量影响最大，由极差大小可知，不同因素对 FJAT-T8 固体发酵产菌量影响由大到小依次是：接菌量＞通气量＞温度＞含水量。K 值分析结果显示，理论上产菌量最大的组合为 $A_3B_1C_3D_2$，与试验中产菌量最大的组合一致，固体发酵产菌量为

2.97×10^8CFU/g，故选最佳发酵条件为温度35℃、含水量45%、接菌量15%、通气量70%。

表6-22　菌株固体发酵培养条件正交试验结果

编号	温度A	含水量B	接菌量C	通气量D	菌浓度/(CFU/g)
1	25℃	45%	5%	85%	$(5.55\pm4.35)\times10^7$
2	25℃	55%	10%	70%	$(3.47\pm1.20)\times10^6$
3	25℃	65%	15%	50%	$(2.73\pm0.31)\times10^6$
4	30℃	45%	10%	50%	$(1.82\pm0.85)\times10^7$
5	30℃	55%	15%	85%	$(2.40\pm0.43)\times10^8$
6	30℃	65%	5%	70%	$(1.00\pm0.11)\times10^8$
7	35℃	45%	15%	70%	$(2.97\pm0.16)\times10^8$
8	35℃	55%	5%	50%	$(3.63\pm0.83)\times10^7$
9	35℃	65%	10%	85%	$(3.47\pm0.92)\times10^7$
K_1	61.70×10^6	370.70×10^6	191.80×10^6	330.20×10^6	
K_2	358.20×10^6	279.77×10^6	56.37×10^6	400.47×10^6	
K_3	368.00×10^6	137.43×10^6	539.73×10^6	57.23×10^6	
k_1	20.57×10^6	123.57×10^6	63.93×10^6	110.07×10^6	
k_2	119.40×10^6	93.26×10^6	18.79×10^6	133.49×10^6	
k_3	122.67×10^6	45.81×10^6	179.91×10^6	19.07×10^6	
R	102.11×10^6	77.76×10^6	161.12×10^6	114.41×10^6	

注：K_i为各因素第i水平组在试验组对应试验结果指标总和；k_i为K_i的平均值。极差R为k_i最大值和最小值的差。

（4）固体发酵菌体生长曲线　利用优化后的培养基和培养条件，对菌株FJAT-T8固体发酵产菌量进行实验，实验结果见图6-38。随着培养时间的延长，产菌量逐渐增加，培养至40h时产菌量最高，为4.68×10^8CFU/g；其次是64h时产菌量为4.33×10^8CFU/g；两者差异不显著（$P>0.05$），但显著高于其他发酵周期（$P<0.05$）。其他发酵周期固体菌剂含量为$(1.69\sim14.07)\times10^7$CFU/g。综合考虑选培养40h为该菌固体发酵的最佳培养时间。

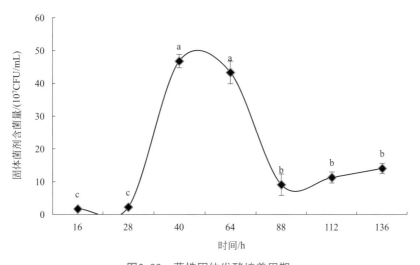

图6-38　菌株固体发酵培养周期

5．讨论

在发酵设备和工艺方面，深层液体发酵工艺都较为成熟，但用于农用微生物制剂的生产，存在成本高、代谢物不能充分利用、有废液排放等弊端；而固态发酵具湿度低、能耗低、培养基来源广泛等优越性（Yang，2007）。故本试验为提高植物疫苗菌 FJAT-T8 发酵活菌数量，降低生产成本，采用液固双向发酵工艺，先进行液体发酵工艺优化，后以垫料为培养基主成分进行固体发酵工艺的优化。

液体发酵工艺的优化试验，通过单因素试验及正交试验设计对 FJAT-T8 产菌量进行碳源、氮源筛选及优化，最后确定该菌液体发酵的培养基最佳配方为玉米粉 2.5%、鱼骨粉 0.5%、蔗糖 0.1%、蛋白胨 0.15%，K_2HPO_4 0.05%、$MgSO_4$ 0.025%；最适培养基在 250mL 摇瓶（装液量 35mL）培养 48h 后发酵液菌含量可达 3.87×10^9 CFU/mL。其中液体发酵周期选 48h 是以笔者前期研究的 FJAT-T8 菌到 48h 后发酵趋于稳定的生长趋势为参照（陈燕萍 等，2012）。筛选最佳碳源为玉米粉与冉淦侨等（2012）对无致病力青枯雷尔氏 Hrp-发酵培养基优化筛选的碳源结果一致。李今煜等（2003）研究选用鱼骨粉为苏云金芽胞杆菌发酵培养基氮源，刘美等（2015）对球形芽胞杆菌 BS-10 培养基筛选鱼骨粉为氮源，说明鱼骨粉是种优势的氮源，与本试验中选用鱼骨粉发酵的菌浓度为 9.10×10^8 CFU/mL 显著高于黄豆饼粉的 1.42×10^8 CFU/mL 结果相吻合。

以发酵床养猪垫料为主要培养基成分进行该菌固体发酵，筛选获得固体发酵最佳培养基配方为垫料：黄豆饼粉 =7：3（质量比），最佳发酵条件为温度 35℃、含水量 45%、接菌量 15%、通气量 70%，发酵周期 40h，菌株产菌量高达 4.68×10^8 CFU/g。本试验采用垫料作为固体发酵培养基主成分，与冉淦侨等（2014）采用草炭为载体研制无致病力青枯雷尔氏 Hrp- 固体菌剂相比，兼顾了活菌体及代谢产物全利用，无废弃物排放的效果，又使得垫料废弃物得以资源化再利用，降低成本，保护环境。垫料前期在堆肥、育苗基质及菌菇栽培上应用较多 (欧阳江华，2010；葛慈斌，2013b；陈燕萍，2015；郑永德 等，2015)，近几年用于生防菌固体发酵培养基的报道也越来越多，如曾庆才等（2014）用于生防菌哈茨木霉 FJAT-9040 固体发酵，陈燕萍等（2017）用于菌株地衣芽胞杆菌 FJAT-4 固体发酵。研究中固体发酵最佳温度为 35℃，与程本亮等（2011）前期对该菌研究的最佳生长温度为 30～35℃相一致。冉淦侨等（2014）制备的无致病力青枯雷尔氏 Hrp-菌株的固体剂型含水量为 35%，而本试验物料初含水量为 45%，但菌株发酵过程经水分蒸发损失，发酵终产物菌剂含水量估计接近 35%。研究中筛选获得最佳接种量为 15%，与郝林华等（2006）研究在一定范围内接种量与发酵活菌数量成正比结果相符，故采用固液两相法，先进行大批量液体发酵后用于固体发酵接种。研究中采用装料量控制通气量，综合空间和成本考虑优化出最佳通气量为 70%。大规模生产为了节约成本，可通过通风、搅拌和翻动等手段来提高发酵通气量（黄达明 等，2003）。

本试验只在实验室用小体积法对植物疫苗菌 FJAT-T8 培养基的组成及其培养条件进行了优化。优化后的配方成本较低，可为下一步中试生产提供技术支撑。优化后的发酵培养基配方和发酵条件是否符合工业化大规模生产还需要进行大体积发酵罐实际验证。接下来还将进一步对固态发酵菌剂的田间应用做进一步的研究。

二、用于真菌植物疫苗二次发酵

1．概述

非致病性尖孢镰刀菌（non-pathogenic *Fusarium oxysporum*）因能够在植株中定殖、不造成植物病害且对致病性尖孢镰刀菌有良好的拮抗作用，被作为天然的植物疫苗菌株，已应用于番茄（Shishido et al.，2005，肖荣凤 等，2015a）、辣椒（Veloso and Diaz，2012)、黄瓜（Abeysinghe，2006）和豌豆(Vieira et al.，2010）等作物枯萎病的防治，并且取得一定的效果。植物疫苗菌株——非致病性尖孢镰刀菌 FJAT-9290 的前期研究表明，其具有良好的定殖能力与生防效果，对番茄枯萎病的田间小区防效为 69.56%，与化学农药 50% 多菌灵可湿性粉剂处理（68.64%）效果的相当（肖荣凤 等，2015a）。非致病尖孢镰刀菌作为活菌疫苗菌株，首先必须能够在特定的土壤及植物生态环境中存活并达到足够的数量级，因此提高菌株的发酵水平至关重要。

真菌生防菌的发酵培养多数采取液固双相发酵。固体发酵环节的原料主要是利用部分农业副产物如麦麸、米糠、甘蔗渣和秸秆等（Zhang et al.，2013；Jahromi et al.，2013）。在镰刀菌的固体发酵研究中，主要是通过优化固体发酵配方和条件，提高源自于镰刀菌菌株中的酶类物质的产量（Arabi et al.，2011；Suresh et al.，2014），对具有生防作用的非致病性尖孢镰刀菌的固体发酵研究还未见报道。詹洪等（2013）已对菌株 FJAT-9290 的碳源、氮源进行了单因素的筛选，明确了最佳碳源、氮源分别为蔗糖和硝酸钠。曾庆才（2014）和肖荣凤等（2015b）及其他研究表明，微生物发酵床养猪垫料和麸皮作为基础培养基配方，通过添加碳源、氮源和微量元素能有效地发酵生防真菌哈茨木霉菌株 FJAT-9040。在培养基的优化中，响应面法（RSM）通过建立连续变量曲面模型对影响生物产量的因子水平及其交互作用进行优化与评价，可快速有效地确定菌株发酵过程的最佳条件，该方法已在发酵培养基优化中得到广泛应用 (Kalil et al.，2000；胡桂萍 等，2012）。

因此，本试验拟利用农业副产物——微生物发酵床养猪垫料和麸皮为基础培养基配方，添加麦粒、蔗糖和硝酸钠等成分，通过响应面法优化非致病性尖孢镰刀菌菌株 FJAT-9290 的固体发酵培养基，以期缩短了菌剂发酵周期，提高发酵水平，节约生产成本。

2．研究方法

（1）供试材料　供试菌株：非致病性尖孢镰刀菌 FJAT-9290。培养基原料：含 300μg/mL 链霉素的 PDA，使用一年微生物发酵床养猪垫料（以下简称垫料）、麸皮、麦粒（浸泡 12h 使用）、蔗糖和硝酸钠（NaNO₃）。

（2）以垫料和麸皮为原料的基础培养基筛选　麸皮按质量比为 5%、10%、15%、20%、25% 和 30% 六种比例添加到垫料中混均、含水量调至 40%，分装于 500mL 培养瓶中，每瓶装 200g。灭菌后按 7% 的接种量，接种浓度为 5.00×10^5 CFU/mL 的菌株 FJAT-9290 菌悬液，培养基中的接种终浓度为 3.50×10^4 CFU/g，28℃恒温发酵 7d。发酵结束后，培养物风干 24 h，取 3 个处理的等量样品混合，充分拌匀后取 5g 固体发酵物于 45mL 无菌水中充分混匀，用无菌纱布过滤除去培养基和菌丝，即得孢子悬液，梯度稀释后，吸取 100μL 或 200μL 稀释液于含 300μg/mL 链霉素的 PDA 平板上均匀涂布，重复 3 次，28℃恒温培养 72h，统计平板上的菌株 FJAT-9290 菌落数，计算每克干培养物中的产孢量。筛选出产孢量最高组合作为基础培养基配方进行后续筛选。

（3）基础培养基中麦粒、蔗糖和硝酸钠含量单因素优化　前述筛选出的以垫料与麸皮（质量比 17：3）为原料的基础培养基中，a. 分别添加质量分数为 10%、20%、30%、40% 和 50% 麦粒（浸泡 12h 使用），增加养分与疏松度，筛选出最佳的麦粒添加量；b. 分别添加质量分数为 1%、2%、3%、4% 和 5% 的蔗糖，以补充碳源；c. 分别添加质量分数为 0.1%、0.2%、0.3%、0.4% 和 0.5% 的硝酸钠，以补充氮源。分装方法、含水量、接种量、培养方法及样品分析方法均同上。

（4）基础培养基中麦粒、蔗糖和硝酸钠各成分的响应面优化设计　在单因素筛选实验的基础上，根据 Box-Behnken 设计原理，采用软件 Design-expert 8.0 进行三因素三水平的响应面的分析实验，以产孢量为响应量，确定各因素对菌株 FJAT-9290 产孢量影响的显著性和各组分的最佳组合。以响应因子 Y 为产孢量，麦粒（x_1）、蔗糖（x_2）和硝酸钠（x_3）为三因素，因素三水平分别为 –1、0 和 1。试验设计具体见表 6-23。

表6-23　基础培养基中各因素的Box-Behnken设计因素水平表

因素	编码	变量	编码水平		
			-1	0	1
麦粒	A	x_1	30.00%	40.00%	50.00%
蔗糖	B	x_2	2.00%	3.00%	4.00%
硝酸钠	C	x_3	0.20%	0.30%	0.40%

数据分析通过 Excel 处理，统计学分析通过 DPS 软件处理，响应面分析法利用 Design-expert 8.0 软件采用 Box-Behnken 设计方法，对培养基成分进行三因素三水平优化。根据响应面预测的最佳培养基配方，测定菌株的产孢量，以验证响应面预测的准确性。

3．以垫料和麸皮为原料的基础培养基筛选

添加不同比例的麸皮，菌株 FJAT-9290 产孢量差异显著（图 6-39）。麸皮含量为 5% 的产孢量最少，为 $3.05 \times 10^6 CFU/g$；麸皮含量为 10%～15% 时产孢量最多，为 $(3.72～3.95) \times 10^6 CFU/g$；随着其含量的增加，产孢量略呈下降趋势，当麸皮含量为 30% 时产孢量为 $3.12 \times 10^6 CFU/g$。在垫料中添加 15% 的麸皮时，产孢量最高，即选择垫料和麸皮质量比 17：3 的组合作为基础培养基。

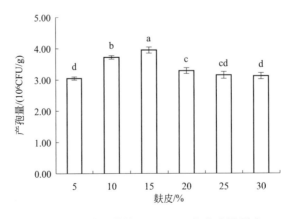

图6-39　麸皮对菌株FJAT-9290的产孢量影响

4．基础培养基中麦粒、蔗糖和硝酸钠的含量单因素筛选

（1）基础培养基中麦粒含量的筛选　添加不同比例的麦粒，菌株 FJAT-9290 产孢量差异显著（图 6-40）。麦粒含量为 10% 的产孢量最少，为 2.05×10^7CFU/g；麦粒含量为 30% ~ 40% 时，产孢量最多，为（6.62 ~ 6.45）$\times 10^7$CFU/g，当含量为 50% 时产孢量为 4.72×10^7CFU/g。

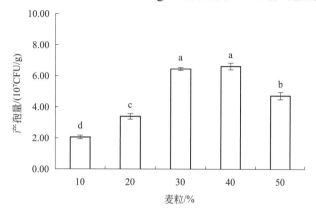

图6-40　麦粒对菌株FJAT-9290的产孢量影响

（2）基础培养基中蔗糖（碳源）含量的筛选　添加不同比例的蔗糖，菌株 FJAT-9290 产孢量差异显著（图 6-41）。蔗糖含量为 1% 时产孢量最少，为 5.92×10^6CFU/g；蔗糖含量为 3% ~ 4% 时产孢量最多，为（1.20 ~ 1.75）$\times 10^7$CFU/g；当蔗糖含量为 5% 时，产孢量为 8.36×10^6CFU/g。

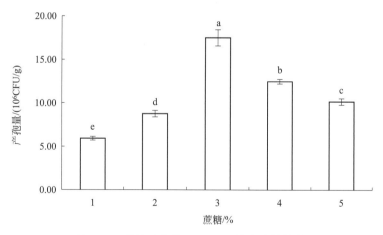

图6-41　蔗糖对菌株FJAT-9290的产孢量影响

（3）基础培养基中硝酸钠（氮源）含量的筛选　添加不同比例的硝酸钠，菌株 FJAT-9290 产孢量差异显著（图 6-42）。硝酸钠含量为 0.1% 时产孢量最少，为 4.95×10^6 CFU/g；当硝酸钠含量为 0.2% ~ 0.3% 时产孢量最多，为（7.83 ~ 8.98）$\times 10^6$CFU/g；当硝酸钠含量为 0.5%，产孢量为 5.66×10^6CFU/g。

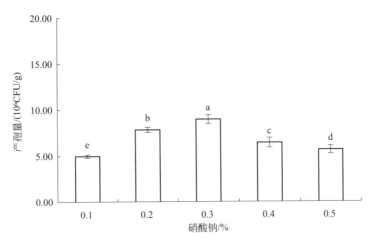

图6-42　硝酸钠对菌株FJAT-9290的产孢量影响

5．基础培养基中麦粒、蔗糖和硝酸钠各成分的响应面优化分析

（1）响应面优化设计组合与分析结果　在垫料和麸皮质量比17：3的基础培养基上，根据单因素分析获得不同因素的较优条件含量分别为麦粒30%～50%、蔗糖3%～5%、硝酸钠0.2%～0.4%。培养基响应面优化获得的17个组合的菌体产孢量在（9.09～25.65）×10^7CFU/g之间（表6-24）。

表6-24　Box-Behnken响应面优化试验结果

编号	麦粒/%	蔗糖/%	硝酸钠/%	产孢量/（10^7CFU/g）	
				实际值	预测值
1	50.00	2.00	0.30	9.09	9.23
2	40.00	3.00	0.30	25.65	24.26
3	30.00	4.00	0.30	12.77	12.15
4	40.00	3.00	0.30	22.84	24.26
5	50.00	3.00	0.40	10.69	10.00
6	40.00	2.00	0.20	16.50	15.07
7	40.00	2.00	0.40	15.77	15.07
8	40.00	3.00	0.30	24.38	24.26
9	30.00	3.00	0.40	12.32	12.92
10	30.00	3.00	0.20	13.40	12.92
11	40.00	4.00	0.40	12.85	15.07
12	50.00	4.00	0.30	9.24	9.23
13	40.00	3.00	0.30	23.96	24.26
14	30.00	2.00	0.30	11.66	12.15

续表

编号	麦粒/%	蔗糖/%	硝酸钠/%	产孢量/（10⁷CFU/g）	
				实际值	预测值
15	50.00	3.00	0.20	9.44	10.00
16	40.00	4.00	0.20	15.17	15.07
17	40.00	3.00	0.30	24.46	24.26

（2）响应面回归模型的建立与显著性分析　利用 Design-expert 8.0 软件对表 6-24 中的响应值进行多元二次回归拟合分析，建立了以产孢量（Y）为预测值，获得菌株 FJAT-9290 的产孢量对自变量麦粒 A（x_1）、蔗糖 B（x_2）、硝酸钠 C（x_3）的多元二次线性回归方程：

$Y=-1.87\times10^9+6.62\times10^7x_1+3.17\times10^8x_2+2.37\times10^9x_3-2.40\times10^5x_1x_2+5.83\times10^6x_1x_3-3.98\times10^7x_2x_3-8.59\times10^5x_1^2-4.98\times10^7x_2^2-4.21\times10^9x_3^2$，相关系数 $R^2=0.8450$，校正决定系数 $R^2=0.9630$。对模型回归方程各项进行方差分析结果见表 6-25，整体模型达到极显著水平（$P<0.0001$），失拟项中 $P>0.05$，影响不显著，表明所选模型适合，可以用该模型来拟合试验。一次项 A 对产孢量的影响是极显著的，一次项 B 和 C 影响显著，而交互项 AB、AC 和 BC 均为极显著。在所取的各因素水范围内，各因素对产孢量的影响结果排序为麦粒＞蔗糖＞硝酸钠。

表6-25　响应面分析试验方差分析结果

来源	平方和	自由度 df	均方和	F值	P值	显著性
模型	5.61×10^{16}	9	6.23×10^{15}	47.33	＜0.0001	**
A	1.71×10^{15}	1	1.71×10^{15}	12.97	0.0087	**
B	1.12×10^{14}	1	1.12×10^{14}	0.85	0.3876	**
C	1.04×10^{14}	1	1.04×10^{14}	0.79	0.4043	**
A^2	2.30×10^{13}	1	2.30×10^{13}	0.17	0.6882	*
B^2	1.36×10^{14}	1	1.36×10^{14}	1.03	0.3438	
C^2	6.32×10^{13}	1	6.32×10^{13}	0.48	0.5107	*
AB	3.11×10^{16}	1	3.11×10^{16}	235.92	＜0.0001	**
AC	1.04×10^{16}	1	1.04×10^{16}	79.28	＜0.0001	**
BC	7.45×10^{15}	1	7.45×10^{15}	56.59	0.0001	**
残差	9.22×10^{14}	7	1.32×10^{14}			
失拟性	5.12×10^{14}	3	1.71×10^{14}	1.67	0.3094	*
纯误差	4.09×10^{14}	4	1.02×10^{14}			
总差	5.7×10^{16}	16				

注：* 表示不显著，$P>0.05$；** 表示显著，$P<0.05$。

（3）两因子间交互作用分析　对表 6-25 数据进行多元二次回归拟合，得到二次回归方程的响应面图和等高线图。响应面坡度陡峭程度和等高线椭圆形状可反映出交互效应强弱趋

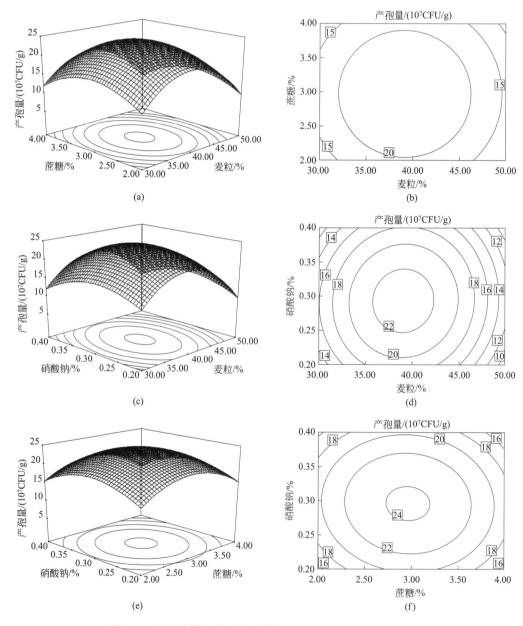

势。图 6-43 是由响应值和各试验因素构成三维空间的曲面图和二维空间的等高线图，显示了麦粒、蔗糖和硝酸钠含量中任意一个变量取零水平时，其余两个变量对菌株产孢量的影响。在考察的变量水平范围内，由图 6-43（a）、图 6-43（c）和图 6-43（e）三因素两两组合的响应面图开口均朝下，说明菌株 FJAT-9290 的产孢量在一定范围内随麦粒、蔗糖和硝酸钠的添加量的增大而增大；当其添加量越过一定值后，产孢量随之降低。由图 6-43（b）、图 6-43（d）和图 6-43（f）可直观看出三因素两两组合的等高线图均呈不同形状的椭圆形，说明彼此交互作用较显著，其中以蔗糖和硝酸钠的两因素的交互作用最大。

图6-43 不同变量因素对产孢量影响的响应面图和等高线图

（4）优化组合与验证　根据 Design-expert 8.0 软件建立的数学模型进行参数的最优化分析得到极值，得出菌株 FJAT-9290 在以垫料和麸皮（质量比 17∶3）为基础成分的培养基上，其他成分的最佳添加量（质量分数）分别为麦粒 39.14%、蔗糖 2.97% 和硝酸钠 0.30%，在此条件下，菌株在 28℃恒温发酵 7d 的产孢量论上可达到 24.34×10^7CFU/g。为验证响应面的可靠性，采用上述优化发酵条件进行验证试验，按照优化条件做 3 组平行试验，测得菌株的平均产孢量为（24.82 ± 1.02）$\times 10^7$CFU/g，试验结果与模型预测有良好的拟合性，说明模型具有有效性，此优化结果有效，得到的优化组合可作为菌株固体发酵的最优培养基。

6．讨论

生防菌的固体生产发酵效率与培养基的组分有密切的关系（Chen et al.，2011）。相关研究表明，通过培养基的优化，能提高尖孢镰刀菌中角质酶和镰刀菌酸的产量（Pio and Macedo，2007；Parmar et al.，2010）。本试验针对非致病尖孢镰刀菌菌株 FJAT-9290 的培养基成分优化，以微生物发酵床养猪垫料和麸皮作为基础培养基，通过 Box-Behnken 响应面设计得到以麦粒（x_1）、蔗糖（x_2）、硝酸钠（x_3）为自变量，以产孢量（Y）为预测值的回归方程。根据 Design-expert 8.0 软件得出菌株 FJAT-9290 在以垫料和麸皮（质量比 17∶3）的基础培养基上，其他成分的最佳添加量（质量分数）分别为麦粒 39.14%、蔗糖 2.97% 和硝酸钠 0.30%，其产孢量论上可达到 24.34×10^7CFU/g，各因素对产孢量的影响结果排序为麦粒＞蔗糖＞硝酸钠，其中蔗糖和硝酸钠的两因素的交互作用显著。采用优化组合实际测得菌株的平均产孢量（24.82 ± 1.02）$\times 10^7$CFU/g，与模型预测有良好的拟合性，说明模型具有有效性，具有一定的应用价值。相关的研究均证明，响应面优化实验能提高实验效率，提高产孢量，降低生产成本等（曹可可 等，2015；吴丽云，2015；刘京兰 等，2016）。

培养基成分中的麸皮、麦粒、蔗糖和硝酸钠是菌株发酵过程中常用添加物，给菌株生长提供了充足及必需的营养成分（曾庆才 等，2014；夏斯琴 等，2008；王永东 等，2006）。但本试验所使用的微生物发酵床养猪垫料是农业副产物再利用后得到的人工腐殖质，即将微生物菌种和谷壳、锯末等发酵床原料以及猪粪、尿等混合物，经 70℃左右高温分解发酵一年，形成的腐殖质，无异味、无害且含有丰富的养分（刘波 等，2008）。该垫料作为培养物的研究利用较少，但是相关研究表明，因其疏松且有机质含量丰富，适量添加可作为培养物之一供菌体及植株生长，可应用于菌株发酵和种苗繁育（曾庆才 等，2014；陈燕萍 等，2015）。对垫料的利用，一方面可提高农业副产物资源化转化效率，减少环境污染；另一方面，其本身所含的有机质也可供菌体及植株生长。

相关研究也表明发酵条件及方法对菌株生长有很大影响，如温度、湿度、通气量、培养时间等（李尊华 等，2008；王丹琪 等，2013；张宗耀 等，2016）。本试验仅进行了培养基的优化，后续研究将以此优化组合的培养基配方为基础，通过优化发酵条件，改进发酵工艺进一步提高非致病性尖孢镰刀菌的发酵效率，为植物疫苗制剂的工业生产提供技术理论指导。

第三节
整合微生物组菌剂用于配制育苗基质

一、概述

常用于蔬菜生产育苗基质的原料主要有草炭、蛭石、珍珠岩、岩棉等，但随着我国蔬菜无土栽培面积的不断扩大，草炭不可再生、珍珠岩成本高、岩棉不可降解等问题日益凸显，因此利用来源广、价格低廉的农业副产物，开发蔬菜新育苗基质已成为当前设施园艺研究的热点（丁朝华 等，1994；孙向丽和启翔，2008）。近年来，研究人员以工业或农业副产物如芦苇末（李谦盛 等，2003）、菇渣（张润花和段增强，2011）、椰壳粉（陈贵林和高秀瑞，2000）等为主要成分来开发育苗基质，均取得良好效果。Meerow（1994）报道，与草炭相比，椰壳粉具优良的持水性，适宜的 pH 值和电导率，且使用后理化性状改变较小，已作为栽培基质应用于凤梨（李伟 等，2012）、香蕉（王必尊 等，2013）、黄瓜（相宗国 等，2012）等果蔬作物的育苗。

随着我国生猪养殖规模的迅速发展和扩大，微生物发酵床养猪技术得到了广泛应用，由此也产生了大量的垫料废弃物，该废弃物的再利用问题亟待解决。微生物发酵床养猪形成的垫料，经 70℃左右高温分解发酵，是不可多得的人工腐殖质和有机肥（蓝江林 等，2012）。目前对于垫料的资源化转化利用主要是经过高温堆肥处理，制成有机肥料（常志州和掌子凯，2009）及栽培鸡腿菇（郑社会，2011）。而利用垫料研制育苗基质鲜有报道。农业废弃物作为栽培基质在使用时可能存在对植物产生潜在毒害的问题，如某些化感物质对种子萌发的影响与浓度密切相关，正确使用可促进植物生长，但使用不当会对植物造成毒害（邵庆勤 等，2007；魏云霞 等，2013）。

本试验拟利用垫料替代草炭，生产新型的蔬菜育苗基质。因不同猪场管理模式不同，垫料会存在成分差异（盛清凯 等，2010），而采用传统方法——穴盘育苗进行基质配方的筛选，周期长且工作量大，不利于工厂化生产。故借鉴浸提液对植物的化感效应及有机肥检测方法（顾卫兵 等，2008；黄国锋 等，2002），研究通过垫料浸提液快速筛选基质配方的方法意义重大，既可解决因垫料来源和成分差异所带来的问题，且可为采用农业废弃物应用于育苗基质生产提供技术参考。

二、研究方法

1. 试验材料

供试种子：夏欣三尺黄瓜、红辉 199 辣椒、农科 180 番茄、大丰一号白菜、美球甘蓝均购自福建农科农业良种开发有限公司；新盛玉甜瓜，购自中国香港日升种苗有限公司。供试基质材料：使用年限分别为 1 年和 0.5 年的微生物发酵床养猪垫料（以下简称垫料），垫料成分由椰壳粉与猪粪、尿等混合发酵而成；粉碎好的椰壳粉、市场购买的基质。

2．试验设计

用蒸馏水慢慢浇灌垫料，以垫料吸水达饱和为标准，24h 后用纱布包裹，通过挤压将垫料中吸收的水分压出，获得浸提液；用蒸馏水分别稀释成 100%、70%、50%、30% 浓度，4℃ 保存备用。选饱满、无病虫害的甜瓜、黄瓜、辣椒、番茄、白菜、甘蓝种子，55℃温开水漂洗，捞出沥干，用稀释后浸提液浸种 8h，设清水对照。浸种结束后转移至铺有两层滤纸的培养皿上，每培养皿 30 粒，3 个重复，9 个处理，同时每天以对应浓度的浸提液为营养液进行补水。当种子露白边时，开始每天记录种子发芽数，直到无新增发芽数，检测并统计发芽率和发芽指数。

同时将不同垫料与椰壳粉按一定比例（表 6-26）配制成不同的基质，进行以上 6 种种子的穴盘育苗，设市场采购基质为对照，每处理 50 株，3 个重复，9 个处理。种子露土时，开始每天观察出苗数，直到无新增出苗数，统计出苗率，继续观察，直到种苗生长稳定时，统计成苗率。

表6-26　微生物发酵床垫料蔬菜育苗基质配方

育苗基质编号	垫料使用年限	垫料：椰壳粉（体积比）	垫料含量（体积分数）/%
A1		3：7	30
A2	0.5年	5：5	50
A3		7：3	70
A4		10：0	100
B1		3：7	30
B2	1年	5：5	50
B3		7：3	70
B4		10：0	100

3．基质配方的理化性质

基质容重、孔隙度的测定（李谦盛，2004）：用一定的容器（容器质量记为 W_0），加满装上自然风干基质，称重记为 W_1；浸泡水中达到饱和状态时称重记为 W_2；水分自然沥干后，称重记为 W_3；按下列公式计算：容重 =（W_1-W_0）/V；总孔隙度（TP）=[（W_2-W_1）/V]× 100%；通气孔隙度（AP）=[（W_2-W_3）/V]×100%；持水孔隙度（WHP）= 总孔隙度 – 通气孔隙度。基质 pH 值测定（谢嘉霖等，2006）：称取风干基质 10g，固：液（去离子水）=1：5（质量：体积），混合振荡 40min 后提取浸提液，用 HANNA Hi8134 型 pH 计测定 pH 值。

4．种子发芽指标

每天观察种子发芽情况，当无新增发芽数时，每个处理随机挑 6 株发芽种子，进行胚芽根长检测，计算种子发芽率、发芽指数和活力指数（余叔文，1998）。

$$发芽率(\%)=\frac{指定天数的发芽种子数}{供试种子数}\times 100\%$$

$$发芽指数(GI)=\Sigma\,(G_t/D_t)$$
$$活力指数(VI)=发芽指数\times 胚根长(cm)$$

式中，G_t 为第 t 天的发芽种子数；D_t 为相应发芽天数。

5．基质育苗指标

播种当日开始算苗龄，当无新增出苗数时，观察各处理的出苗株数，计算出苗率；当种苗生长稳定时，观察各处理的育苗成活株数，计算成苗率。

$$出苗率=\frac{出苗株数}{播种株数}\times 100\%$$

$$成苗率=\frac{成活苗株数}{播种株数}\times 100\%$$

6．数据分析

以种子发芽率、发芽指数、活力指数、出苗率和成苗率为指标，各处理为样本，采用 SPSS 软件，进行相关性分析，各处理间数据差异显著性测验采用新复极差法（Duncan）。检测垫料浸提液对种子发芽的影响与基质中垫料含量对种苗生长的影响之间的相关性。

三、不同配方的基质理化性质分析

使用半年的垫料与椰壳粉按不同比例配制成基质，其理化性质测定结果表明（表6-27）：各处理容重为 $0.2\sim 0.27g/cm^3$，通气孔隙度为 23.4%～38.7%，pH 值为 6.27～6.64，孔隙度为 75.6%～79.6%，持水孔隙度为 36.9%～56.2%，容重、通气孔隙度、pH 值三者随垫料含量的增多而逐渐增高，孔隙度、持水孔隙度两者随垫料含量的增多反逐渐降低。

表6-27　使用半年的垫料不同配方基质的物理特性

基质	垫料：椰壳粉(体积比)	容重/（g/cm³）	孔隙度/%	通气孔隙度/%	持水孔隙度/%	pH值
A1	3：7	0.20±0.006 a	79.60±2.20 a	23.40±2.60 a	56.20±4.80 a	6.27±0.015 a
A2	5：5	0.21±0.007 a	77.10±0.30 ab	24.10±3.50 a	53.00±3.20 ab	6.39±0.010 b
A3	7：3	0.24±0.010 c	77.00±1.00 ab	32.20±5.80 b	44.80±6.80 bc	6.53±0.006 c
A4	10：0	0.27±0.010 c	75.60±1.40 b	38.70±2.90 b	36.90±1.50 c	6.64±0.020 d

使用一年的垫料与椰壳粉按不同比例配制成基质，其理化性质测定结果表明（表6-28）：各处理容重为 $0.2\sim 0.41g/cm^3$，通气孔隙度为 7.5%～23.2%，pH 值为 6.55～7.05，孔隙度为 54.7%～73.1%，持水孔隙度为 45.2%～63.4%。容重、通气孔隙度、pH 值三者随垫

料含量的增多而逐渐增高，孔隙度、持水孔隙度两者随垫料含量的增多反逐渐降低。

表6-28　使用一年的垫料不同基质配方的物理特性

基质编号	垫料：椰壳粉(体积比)	容重/（g/cm³）	孔隙度/%	通气孔隙度/%	持水孔隙度/%	pH值
B1	3：7	0.20±0.006 a	73.10±0.50 a	7.50±1.50 a	63.40±2.00 a	6.55±0.015 a
B2	5：5	0.24±0.020 b	68.20±0.40 b	9.70±1.30 b	56.30±1.70 a	6.68±0.045 b
B3	7：3	0.26±0.006 b	67.00±1.20 b	10.70±2.70 b	47.90±1.50 a	6.90±0.01 ec
B4	10：0	0.41±0.006 c	54.70±0.30 c	23.20±11.80 b	45.20±11.50 b	7.05±0.025 d

四、不同垫料浸提液对种子发芽的影响及不同基质对蔬菜生长的影响

不同浓度的垫料浸提液对以上 6 类种子的发芽指数、活力指数、发芽率均有显著影响（$P < 0.05$），呈现高浓度抑制、低浓度促进现象（表 6-29～表 6-32、图 6-44、图 6-45）；基质中垫料含量不同对各种子的出苗率和成苗率也均有显著影响（$P < 0.05$），亦呈现高含量抑制、低含量促进现象。且适宜种子发芽的最佳垫料浸提液浓度与穴盘育苗最佳基质配方中垫料含量比例一致，呈正相关。

使用年限为半年的垫料：浸提液对 6 类种子的发芽指数、发芽率、活力指数影响分析 (表 6-29、表 6-30、图 6-44），适宜种子发芽的最佳浓度依次为 30% > 50% > 70% > 100%，其中甜瓜、黄瓜、白菜、甘蓝的浸提液浓度为 30% 处理略优于清水对照，发芽率可达 100%。基质对 6 类种子的出苗率和成苗率的影响分析，适宜种子育苗的最佳基质配方中垫料含量依次为 30% > 50% > 70% > 100%，其中甜瓜、黄瓜、番茄、辣椒的基质中垫料含量为 30% 时，出苗率、成苗率略高于市场基质对照，均达 85% 以上。

表6-29　发酵半年垫料对蔬菜种子发芽特性的影响

蔬菜品种	种子发芽特性		
	垫料浸提液浓度/%	发芽率/%	发芽指数	活力指数
---	---	---	---	---
甜瓜	CK	97.78±3.85 a	23.69±0.17 a	146.28±24.82 a
	30	100.00±0.00 a	23.06±0.58 a	121.45±29.17 a
	50	80.00±13.33 ab	15.14±0.79 b	30.84±15.54 b
	70	63.33±34.81 b	13.91±0.13 c	24.98±16.24 b
	100	2.22±3.85 c	0.22±0.13 c	1.02±0.47 b
黄瓜	CK	100±0 a	38.89±0 a	309.18±146.82 a
	30	100.00±0.00 a	27.60±6.61 a	190.43±53.66 ab
	50	95.56±7.70 a	23.84±1.08 a	88.21±37.10 bc
	70	95.56±7.70 a	21.62±3.27 a	46.45±37.77 c
	100	44.44±3.85 b	7.25±1.17 b	4.96±1.62 c
白菜	CK	100±0 a	37.56±2.31 a	170.14±35.63 a

蔬菜品种	种子发芽特性			
	垫料浸提液浓度/%	发芽率/%	发芽指数	活力指数
白菜	30	100.00±0.00 a	22.73±2.02 a	43.56±5.99 a
	50	97.78±3.85 a	20.14±1.94 a	35.21±3.54 ab
	70	88.89±10.18 a	14.08±2.10 b	7.27±0.93 bc
	100	44.44±39.06 b	4.08±0.62 c	0.47±0.24 c
甘蓝	CK	100±0 a	33.92±0.58 a	138.39±13.83 a
	30	100.00±0.00 a	29.92±3.51 a	61.83±9.68 a
	50	100.00±0.00 a	28.58±3.21 a	56.13±39.77 ab
	70	95.56±7.70 a	19.87±2.91 b	22.21±13.31 bc
	100	93.33±2.89 a	10.69±6.12 c	4.20±1.65 c
番茄	CK	93.33±6.67 a	24.36±0.82 a	67.48±19.56 a
	30	42.22±31.50 a	2.83±1.42 a	4.10±1.59 a
	50	20.00±2.00 ab	1.62±1.25 b	1.93±0.40 a
	70	0.00±0.00 b	0.00±0.00 b	0.00±0.00 a
	100	0.00±0.00 b	0.00±0.00 b	0.00±0.00 a
辣椒	CK	100±0 a	10.39±0.98 a	9.35±4.20 a
	30	60.00±23.09 a	6.15±2.43 a	2.77±0.70 a
	50	20.00±5.77 b	2.35±0.25 b	1.21±0.49 a
	70	0.00±0.00 b	0.00±0.00 c	0.00±0.00 a
	100	0.00±0.00 b	0.00±0.00 c	0.00±0.00 a

注：CK 指清水对照，后同。

表6-30　发酵半年垫料对蔬菜种苗生长特性的影响

蔬菜品种	种苗生长特性		
	基质中垫料含量(体积分数)/%	出苗率/%	成苗率/%
甜瓜	CK	100.00±0.00 a	98.00±2.00 a
	30	100.00±0.00 a	96.00±4.58 a
	50	80.00±7.21 b	64.00±11.3 b
	70	56.67±7.03 c	33.33±07.58 c
	100	43.33±7.57 c	20.00±6.25 c
黄瓜	CK	100.00±0.00 a	97.92±2.08 a
	30	100.00±0.00 a	95.83±3.97 a
	50	83.33±5.03 b	68.00±14.99 b
	70	56.67±7.03 c	20.00±8.17 c
	100	10.00±5.00 d	3.45±1.04 c
白菜	CK	81.67±8.33 a	17.31±1.03 a
	30	80.00±10.44 a	50.00±10.00 b
	50	80.00±7.21 a	34.62±4.14 c
	70	53.33±3.05 b	7.41±1.23 cd
	100	13.33±2.88 c	0.03±0.02 d

续表

蔬菜品种	种苗生长特性		
	基质中垫料含量（体积分数）/%	出苗率/%	成苗率/%
甘蓝	CK	68.33±1.67 a	37.49±1.78 a
	30	80.00±5.00 b	23.08±5.12 b
	50	63.33±5.69 b	7.41±2.54 c
	70	40.00±5.00 c	3.70±2.06 c
	100	3.33±1.48 d	0.00±0.00 c
番茄	CK	88.33±5.00 a	86.54±5.77 a
	30	100.00±0.00 a	96.15±2.48 ab
	50	96.67±15.36 b	92.31±3.83 b
	70	13.33±1.53 c	7.14±0.77 c
	100	6.67±0.84 d	3.45±0.79 c
辣椒	CK	93.33±6.66 a	84.62±15.38 a
	30	93.33±6.67 a	88.46±11.33 ab
	50	66.67±5.22 b	60.00±4.66 b
	70	43.33±9.17 c	34.62±4.87 c
	100	16.67±2.09 d	10.00±4.73 c

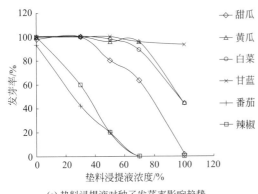

(a) 垫料浸提液对种子发芽率影响趋势

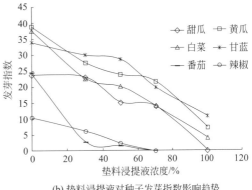

(b) 垫料浸提液对种子发芽指数影响趋势

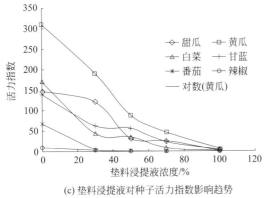

(c) 垫料浸提液对种子活力指数影响趋势

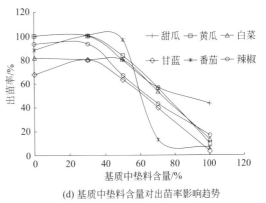

(d) 基质中垫料含量对出苗率影响趋势

图6-44

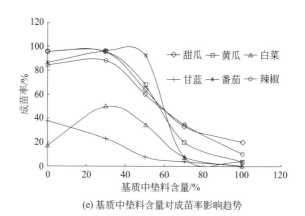

(e) 基质中垫料含量对成苗率影响趋势

图6-44　发酵半年的垫料对蔬菜种子发芽和种苗生长的影响

使用一年的垫料：浸提液对甜瓜的发芽指数、发芽率、活力指数综合分析（表6-31、表6-32、图6-45），适宜发芽的最佳浓度依次为70% ＞ 50% ＞ 30% ＞ 100%，浓度为70%的处理，发芽率达100%；基质中垫料含量对甜瓜出苗率和成苗率分析，适宜甜瓜育苗的最佳含量依次为70% ＞ 50% ＞ 30% ＞ 100%，基质中垫料含量为70%的处理，其出苗率和成苗率分别为100%和96%。

浸提液对黄瓜、白菜、甘蓝、番茄、辣椒种子发芽率、活力指数、发芽指数的分析，适宜各种子发芽的最佳浓度依次为30% ＞ 50% ＞ 70% ＞ 100%，浓度为30%的处理，番茄、辣椒、甘蓝、黄瓜发芽率略比清水对照好，均达97%以上；基质中垫料含量对各种子出苗率和成苗率的分析，适宜育苗的最佳含量依次为30% ＞ 50% ＞ 70% ＞ 100%，基质中垫料含量为30%的处理，其黄瓜、番茄和辣椒育苗出苗率和成苗率均达95%以上，且在番茄、辣椒、甘蓝、黄瓜上略比市场基质对照好。

表6-31　发酵一年垫料垫料对蔬菜种子发芽特性的影响

蔬菜品种	种子发芽特性			
	垫料浸提液浓度/%	发芽率/%	发芽指数	活力指数
甜瓜	CK	97.78±3.85 a	23.69±0.17 a	146.28±24.82 a
	30	95.56±7.70 a	22.50±2.41 a	92.27±50.69 a
	50	97.78±3.85 a	23.47±0.42 a	116.50±48.80 a
	70	100.00±0.00 a	23.45±0.42 a	122.90±22.90 a
	100	95.56±7.69 a	22.51±2.40 a	80.51±22.06 a
黄瓜	CK	100±0 a	38.89±0 a	309.18±146.82 a
	30	100.00±0.00 a	38.89±0.00 a	330.59±19.45 a
	50	100.00±0.00 a	38.89±0.00 a	267.95±42.08 ab
	70	100.00±0.00 a	38.23±0.58 a	266.31±87..41 ab
	100	100.00±0.00 a	36.89±1.00 b	163.56±37.10 b
白菜	CK	100±0 a	37.56±2.31 a	170.14±35.63 a
	30	100.00±0.00 a	23.89±0.00 a	61.64±22.96 a
	50	97.78±3.85 a	23.73±0.29 a	52.206±18.63 a

蔬菜品种	种子发芽特性			
	垫料浸提液浓度/%	发芽率/%	发芽指数	活力指数
白菜	70	95.55±4.20 ab	23.73±0.29 a	33.22±7.89 a
	100	91.11±1.84 b	22.57±1.44 a	26.89±9.19 a
甘蓝	CK	100±0 a	33.92±0.58a	138.39±13.83 a
	30	100.00±0.00 a	34.25±0.00 a	113.71±23.96 a
	50	100.00±0.00 a	33.58±1.15 a	80.59±24.49 ab
	70	97.78±3.85 a	32.58±1.15 a	59.74±25.22 bc
	100	97.78±3.85 a	30.75±1.32 b	39.97±13.29 c
番茄	CK	93.33±6.67 a	24.36±0.82 a	67.48±19.56 a
	30	97.78±3.85 a	20.43±1.27 a	59.93±10.37 a
	50	93.33±6.67 a	18.04±1.20 a	60.74±19.60 a
	70	71.11±16.78 b	9.83±1.88 b	25.07±13.86 b
	100	33.33±2.52 c	4.23±3.10c	2.11±1.40 b
辣椒	CK	100±0 a	10.39±0.98 a	9.35±4.20 a
	30	100.00±0.00 a	17.70±2.26 a	61.36±12.29 a
	50	95.56±3.85 ab	15.14±5.33 ab	52.53±8.12 a
	70	82.22±20.37 ab	7.25±0.72 cd	6.74±1.05 b
	100	73.33±20 b	4.40±2.24 d	2.28±1.05 b

表6-32 发酵一年垫料垫料对蔬菜种苗生长特性的影响

蔬菜品种	种苗生长特性		
	育苗基质中垫料含量/%	出苗率/%	成苗率/%
甜瓜	CK	100.00±0.00 a	98.00±2.00 a
	30	96.67±5.70 a	96.00±1.00 a
	50	100.00±5.00 a	96.00±5.29 a
	70	100.00±0.00 a	96.00±4.00 a
	100	96.67±5.04 a	88.00±2.65 b
黄瓜	CK	100.00±0.00 a	97.92±2.08 a
	30	100.00±0.00 a	100.00±0.00 a
	50	100.00±0.00 a	100.00±0.00 a
	70	100.00±0.00 a	100.00±0.00 a
	100	93.33±2.31 b	84.00±6.55 b
白菜	CK	81.67±8.33 a	17.31±1.93 a
	30	76.67±7.64 ab	44.00±5.29 b
	50	63.33±5.77 bc	28.00±7.21 b
	70	60.00±5.00 bc	29.17±5.75 b
	100	50.00±5.00 c	4.00±2.00 c
甘蓝	CK	68.33±1.67 a	37.49±1.78 a
	30	93.33±6.11 a	69.23±6.31 b

续表

蔬菜品种	种苗生长特性		
	育苗基质中垫料含量/%	出苗率/%	成苗率/%
甘蓝	50	93.33±2.52 a	50.00±3.50 bc
	70	86.67±8.01 ab	40.74±4.93 bc
	100	83.33±8.51 b	30.77±5.88 c
番茄	CK	88.33±5.00 a	86.54±5.77 a
	30	100.00±0.00 ab	95.83±2.02 a
	50	93.33±2.52 b	96.15±2.82 a
	70	73.33±4.72 c	65.38±1.47 b
	100	66.67±4.94 c	62.96±5.36 b
辣椒	CK	93.33±6.66 a	84.62±15.38 a
	30	100.00±0.00 a	100.00±0.00 a
	50	100.00±0.00 a	100.00±0.00 a
	70	96.67±3.06 a	96.15±2.82 a
	100	93.33±4.00 a	96.15±2.82 a

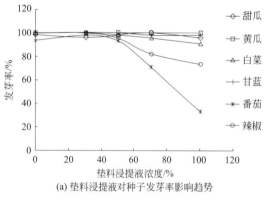

(a) 垫料浸提液对种子发芽率影响趋势

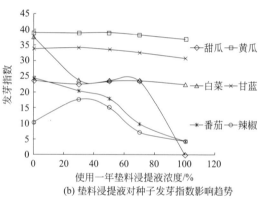

(b) 垫料浸提液对种子发芽指数影响趋势

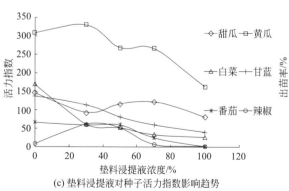

(c) 垫料浸提液对种子活力指数影响趋势

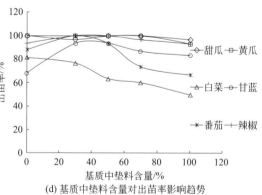

(d) 基质中垫料含量对出苗率影响趋势

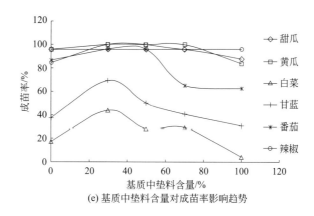

（e）基质中垫料含量对成苗率影响趋势

图6-45　发酵一年的垫料对蔬菜种子发芽和种苗生长的影响

五、基于垫料的基质配方蔬菜育苗生长特性的相关性分析

垫料浸提液对种子发芽的影响与基质中垫料含量对种苗生长的影响两者间的相关性分析结果表明（表6-33、表6-34）：垫料浸提液对种子发芽的发芽率、发芽指数、活力指数与基质对种苗的出苗率和成苗率两者间均具有显著正相关性（$r=0.901 \sim 1.000$），且部分达到极显著正相关。相关系数均在0.5以上，最高相关系数达1.0。其中出苗率与种子发芽率、发芽指数、活力指数显著正相关最为突出，相关系数最大达到1.000，最小为0.901。

表6-33　使用半年的垫料基质配方蔬菜育苗生长特性的相关性分析

品种	指标	出苗率	成苗率	发芽指数	发芽率
甜瓜	成苗率	0.997**			
	发芽指数	0.913*	0.892		
	发芽率	0.912*	0.881	0.988**	
	活力指数	0.903*	0.926*	0.853	0.785
黄瓜	成苗率	0.938*			
	发芽指数	0.980*	0.857		
	发芽率	0.917*	0.722	0.972*	
	活力指数	0.901*	0.957*	0.850	0.706
白菜	成苗率	0.883			
	发芽指数	0.992**	0.919*		
	发芽率	0.974*	0.782	0.964*	
	活力指数	0.905*	0.994**	0.928*	0.798
甘蓝	成苗率	0.773			
	发芽指数	0.989**	0.672		
	发芽率	0.959*	0.612	0.986**	
	活力指数	0.972*	0.698	0.982**	0.992**

品种	指标	出苗率	成苗率	发芽指数	发芽率
番茄	成苗率	1.000**			
	发芽指数	0.941*	0.943*		
	发芽率	0.903*	0.906*	0.995**	
	活力指数	0.902*	0.904*	0.995**	1.000**
辣椒	成苗率	0.999**			
	发芽指数	0.924*	0.937*		
	发芽率	0.913*	0.926*	0.999**	
	活力指数	0.933*	0.946*	0.998**	0.994**

注：** 表示 P 值在 0.01 水平（单侧）上显著相关；* 表示 P 值在 0.05 水平（单侧）上显著相关。

表6-34　使用一年的垫料基质配方蔬菜育苗生长特性的相关性分析

品种	指标	出苗率	成苗率	发芽指数	发芽率
甜瓜	成苗率	0.577			
	发芽指数	1.000**	0.571		
	发芽率	0.905*	0.522	0.898	
	活力指数	0.962*	0.751	0.958*	0.926*
黄瓜	成苗率	1.000**			
	发芽指数	0.944*	0.944*		
	发芽率	1.000**	1.000**	0.944*	
	活力指数	0.902*	0.902*	0.925*	0.902*
白菜	成苗率	0.958*			
	发芽指数	0.945*	0.843		
	发芽率	0.960*	0.963*	0.817	
	活力指数	0.927*	0.839	0.832	0.943*
甘蓝	成苗率	0.877			
	发芽指数	0.954*	0.926*		
	发芽率	0.962*	0.842	0.853	
	活力指数	0.904*	0.998**	0.942*	0.867
番茄	成苗率	0.977*			
	发芽指数	0.990**	0.957*		
	发芽率	0.904*	0.877	0.953*	
	活力指数	0.971*	0.961*	0.990**	0.975*
辣椒	成苗率	0.904*			
	发芽指数	0.955*	0.969*		
	发芽率	0.980*	0.943*	0.993**	
	活力指数	0.922*	0.991**	0.991**	0.970*

注：** 表示 P 值在 0.01 水平（单侧）上显著相关；* 表示 P 值在 0.05 水平（单侧）上显著相关。

六、讨论

基质是幼苗生长的介质，其物理结构决定了基质水分、养分吸附性能和空气的含量，从而影响水分、养分的供应、吸收甚至运输（张世超 等，2006）。据报道，适宜混合基质的标准容重在 0.2 ～ 0.8g/cm³，孔隙度在 54% 以上、通气孔隙度不低于 15%，持水孔隙度不低于 50%（刘伟 等，2006），pH 值以 6.0 ～ 7.0 为宜（郭世荣 等，2002）。本试验用两种垫料所配制的 8 种基质，其容重、孔隙度、pH 值均在理想范围内，但垫料含量在 50% 以上的基质持水孔隙度偏小，主要原因是垫料持水性不够大，陈贵林和高秀瑞（2000）曾报道过椰壳粉能提高基质的持水性，与本试验的采用椰子壳粉进行调配相吻合。本试验结果也显示，使用半年的垫料比一年的垫料通气孔隙度大，主要原因是垫料在发酵过程中粗纤维被慢慢降解了（应三成 等，2010）。总体而言，微生物发酵床养猪垫料具备制备育苗基质的理化可行性，且垫料含量在 50% 以下的基质配方更符合理想的基质。

作物的种子萌发与种苗生长受根系土壤或栽培介质中某些物质影响，因所含物质浓度不同，而表现为促进或抑制作用。贾黎明等（1995）研究表明，油松和辽东栎混交林下的枯落叶和表层土壤水浸液对油松及其他植物种子的发芽和幼苗胚根有显著的影响，高浓度下表现为强烈抑制作用，在低浓度下抑制作用不显著或起促进作用。魏云霞等（2013）研究表明，秸秆及绿肥各浸提液处理对莴苣幼苗表现为低浓度促进生长、高浓度抑制生长的作用。Perez（1990）研究表明，小麦残株腐烂产生的异丁酸、戊酸、异戊酸的浓度低于 15mol/L 时，可促使燕麦长根，但在浓度高于 15mol/L 时，对燕麦长根、野燕麦种子的萌发长根表现为强烈的抑制作用。本试验表明，垫料浸提液在低浓度下具促进发芽作用，高浓度下抑制发芽；同时基质中垫料含量在低含量下具促进种苗生长作用，相反高含量抑制生长。

垫料在发酵过程中高温期可达到 70℃，可促使有机物的转化，并杀死病原菌。葛慈斌等（2013b）初步研究利用养殖垫料、蘑菇渣土可制备育苗基质。本试验得出，使用一年的垫料比半年的垫料更适宜以上 6 类蔬菜种子的育苗，使用一年的垫料经过长期发酵无害化后毒性减轻了；且发现垫料对白菜和甘蓝的影响比甜瓜、黄瓜、番茄、辣椒更敏感。该结果与王定美等（2011）发现新鲜猪粪经堆肥处理对种子的植物毒性减轻，大白菜种子对猪粪及其堆肥的植物毒性较黄瓜种子与樱桃萝卜种子敏感的研究相吻合。

目前关于各类浸提液进行种子萌发的研究很多，但垫料浸提液进行蔬菜种子萌发的研究鲜有报道，而通过检测不同浓度的垫料浸提液对作物种子的发芽影响，筛选最适种子生长的浓度，依据该浓度推导出即为最佳基质配方中垫料含量的研究暂无报道。如筛出最适种子生长的垫料浸提液浓度为 30%，则适宜该种子育苗的最佳基质配方中垫料含量为 30%。该方法的建立，为将垫料替代草炭应用于新型育苗基质垫料奠定了基础，后续将进一步开展利用该方法进行一系列蔬菜种子专用育苗基质配方筛选的研究。

整合微生物组菌剂用于防治番茄青枯病

一、概述

番茄青枯病是由致病性青枯雷尔氏菌引起一种毁灭性土传病害（Hayward，1991）。病菌从植株根部侵入后，进入木质部导管，随后通过维管束系统扩展至整个植株，通过细菌分泌大量的胞外多糖堵塞植株的水分和养料传输通道，使叶片枯萎、死亡（刘臻真，2012）。该病害堪称"植物癌症"，一旦发病就难以控制，造成植株大面积枯萎死亡和番茄产量的严重下降，轻病田块减产 10% ～ 30%，重病田块减产 50% 以上甚至绝收，严重制约着番茄产业的发展和经济效益的提高（Vanitha et al.，2009）。

青枯雷尔氏菌在自然界中存在致病力分化现象（Cellier and Prior，2010；Norman et al.，2009；Suga et al.，2013)，其无致病力突变株可以侵染植株，不引起寄主植物产生病害。无致病力青枯雷尔氏菌可在导管及相邻组织内广泛分布，利用生态位点竞争和营养竞争阻止或延迟强致病力的病原菌侵入，或者激发植物免疫系统产生抗病反应，从而防止或延迟植株发病（Balabel et al.，2005)。利用无致病力青枯雷尔氏菌防治作物青枯病已有许多成功的例子。任欣正等（1993）发现经青枯菌无致病力菌株 MA-7 和 nOE-104 浸根处理的番茄植株可延迟发病 8 ～ 10d，防治效果可达 69% ～ 70.14%。肖田等（2008）从番茄、茄子、烟草等茄科作物青枯病发病植株中分离到 21 株能明显抑制青枯雷尔氏菌的生长无致病力菌株。Frey 等（1994）、杨宇红等（2008）、程本亮等（2011）和 Hanemian 等（2013）用无致病力的青枯雷尔氏菌 Hrp- 突变体防治番茄青枯病，均取得良好的防治效果。刘波等（2007）提出利用青枯雷尔氏菌无致病力菌株作为植物疫苗，在作物苗期预先接种，可对青枯病的防治起到良好的作用。

二、研究方法

1．试验材料

青枯病植物疫苗和生防菌剂均为福建省农业科学院农业生物资源研究所研制的中试产品，植物疫苗的有效成分为青枯雷尔氏菌无致病力菌株（avirulent *Ralstonia solanacearum*）FJAT-1458 的发酵液，含活菌量 5.0×10^9 CFU/mL，发酵条件参见文献（郑雪芳 等，2017b），生防菌剂的有效成分为短短芽胞杆菌（*Brevibacillus brevis*）FJAT-0809-GLX 的发酵液，发酵条件为：50L 发酵罐、转速 180r/min、温度 30℃、通气 4.8L/min，发酵 72h，活菌量为 2.78×10^9 CFU/mL。抑菌试验证明该菌株对青枯雷尔氏菌具有明显的拮抗作用（Che et al.，2015）；化学农药为可杀得（水分散粒剂），其有效成分为 46% 的氢氧化铜，购自上海生农生化制品有限公司。实验选用的番茄品种为蓓盈（*Lycopersicum esculentum.*

cv.L.Beiying），购自福建农科农业良种开发有限公司。栽培基质（主要成分为泥炭和椰纤维），购自厦门江平生物基质有限公司。

2．试验选址及番茄种植

田间试验选址及番茄种植：田间试验选址在福建省福鼎市蕉宕村绿禾盛农业有限公司番茄种植大棚，常年发生青枯病。蕉宕村（北纬 26°55'，东经 119°57'，海拔 119m）属亚热带季风气候，年平均温度 18 ～ 19℃，平均降雨量达 1661.6mm，8、9 月为雨季高峰期。2015 年 8 月 25 日播种，采用 32 孔穴盘育苗，1 个月后移载大棚种植，36000 株 /hm²，总种植面积 33.33hm²。

3．菌剂处理方法

苗床处理：取植物疫苗 50 倍稀释液（活菌浓度为 1.0×10⁸CFU/mL）与栽培基质混合拌匀（每立方米基质土约混合 200mL 本产品）。基质搅拌湿度以"手捏成团，手指缝不滴水"为准。将番茄种子直播在基质 32 孔穴盘中，每穴 1 粒，深度为 1cm 左右。播种后覆盖 1cm 厚的蛭石，喷透底水。将已播种的穴盘放于温室催芽，温度控制在白天 25 ～ 30℃、夜间 20 ～ 22℃，湿度＞ 85%，以子叶不萎蔫为标准。1 个月后，统计出苗率和测定其生物学性状，并将育好的番茄苗移载大棚种植。

田间试验分 6 个不同处理。

处理 1：疫苗袋装，即植物疫苗稀释 50 倍拌基质土，将基质土装至无纺布可降解袋（12.5cm×25cm）中，将番茄种植大棚田块的畦中间挖出一条深 30cm、宽度 20cm 的沟，将装有栽培基质的无纺布可降解袋排置于上述沟内，每袋间隔 15cm，挑选长势一致的番茄苗移入可降解袋中，此后，每个月用植物疫苗 50 倍稀释液灌根处理（200mL/ 株）直至采收。

处理 2：疫苗沟施，即将番茄种植大棚田块的畦挖出两条深 20cm、宽度 15cm 的沟，沟内填充拌有植物疫苗 50 倍稀释液的基质土，此后，每个月用植物疫苗 50 倍稀释液灌根处理（200mL/ 株）直至采收。

处理 3：疫苗浇灌，即番茄常规畦上种植，移栽时用植物疫苗 50 倍稀释液灌根处理，200mL/ 株，此后，每个月用植物疫苗 50 倍稀释液灌根处理（200mL/ 株）直至采收。

处理 4：生防菌剂，即番茄常规畦上种植，移栽时用生防菌剂的 50 倍稀释液灌根处理，此后，每个月用生防菌剂的 50 倍稀释液灌根处理直至采收，200mL/ 株。

处理 5：化学农药，即番茄常规畦上种植，移栽时用可杀得 600 倍稀释液浇灌处理，200mL/ 株，此后，每个月用可杀得 600 倍稀释液灌根处理直至采收，200mL/ 株。

处理 6：清水对照，即番茄常规畦上种植，移栽时用清水代替生防菌剂或化学农药作为对照处理组。

以上每种处理各 400 株，设在 3 个不同大棚进行，为 3 个重复。

4．土壤样本采集及养分含量测定

采集番茄采收期不同处理土壤样本，随机选取 5 株番茄，采集植株根系土壤为小样，再将处理组小样混合、拌匀、去砂砾和植物残体，过 2mm 筛后于 4℃冰箱保存。土壤养分含量测定：将样本送至福建省农业科学院土壤肥料研究所进行理化性状测定，主要测定项目为 pH 值，有机质、氮、磷、钾和交换性钙的含量。检测依据：pH 值按 NY/T 1377—2007 方法；有机质按 NY/T 1121.6—2006 方法；全氮按 NY/T 53—1987 方法；全磷按 NY/T 88—1988 方法；全钾按 NY/T 87—1988 方法；交换性钙按 NY/T 1121.13—2006 方法测定。

5．番茄植株生长测定及田间病害调查

① 番茄种苗成活调查：随机抽取 5 个穴盘的番茄种苗进行株高和根系长度进行测定，观察叶片形状和叶色，统计种苗的成活率。

② 番茄植株生长测定：分别在番茄苗期、开花期和结果期，每种处理各随机选取 15 株进行植株生物学性状测定，包括株高（苗期）、花数（开花期）、挂果数（结果期）。在番茄采收期，对不同处理单独收获测产，比较不同处理对番茄产量的影响。

③ 番茄田间病害调查：调查番茄在苗期、花期、结果期和采收期的青枯病发病率，计算各种不同处理对番茄青枯病害的防治效果。

6．数据处理

试验数据采用 Excel 2007、DPS 7.05 软件进行系统处理和统计分析。

三、不同处理番茄根系的土壤养分含量分析

不同处理番茄根系土壤的有机质、全氮、全磷、全钾及交换性钙含量不同（表 6-35）。疫苗袋装和疫苗沟施处理由于使用基质种植，其有机质、全氮、全磷、全钾及交换性钙含量明显高于其他处理的土壤相应养分含量，其中有机质、全氮、全磷和交换性钙含量的差异达显著水平（$P < 0.05$）。常规土壤种植的样品中，疫苗浇灌和生防菌剂处理的土壤中有机质、全氮和全磷含量高于化学农药和对照处理，其中全磷含量分别为 0.15% 和 0.16%，显著高于化学农药（0.11%）和对照处理（0.10%）；而这两种处理的全钾含量低于化学农药和对照处理，差异不显著；疫苗浇灌和生防菌剂处理土壤的交换性钙含量（分别为 5.12 cmol/kg 和 5.10cmol/kg）显著低于清水对照处理（6.68cmol/kg）。

表6-35　不同处理番茄根系土壤养分含量

处理	测定项目				
	有机质(均值±标准差)/(g/kg)	全氮(均值±标准差)/%	全磷(均值±标准差)/%	全钾(均值±标准差)/%	交换性钙(均值±标准差)/(cmol/kg)
疫苗袋装	31.23±1.09 a	1.27±0.09 a	0.28±0.03 a	1.76±0.04 a	13.24±1.07 a
疫苗沟施	28.42±1.97 b	1.02±0.10 b	0.20±0.04 b	1.72±0.09 a	10.71±1.39 b
疫苗浇灌	23.80±1.98 c	0.25±0.03 c	0.15±0.01 c	1.21±0.03 c	5.12±0.08 d
化学农药	23.20±0.84 c	0.17±0.02 c	0.11±0.01 d	1.28±0.02 bc	5.83±0.29 cd
生防菌剂	23.54±1.96 c	0.20±0.15 c	0.16±0.02 bc	1.24±0.01 bc	5.10±0.10 d
清水对照	23.42±1.06 c	0.18±0.02 c	0.10±0.01 d	1.31±0.01 b	6.68±0.15 c

四、青枯病植物疫苗对番茄育苗健康的作用

与对照相比，番茄育苗时，在栽培基质中添加青枯病植物疫苗的50倍稀释液，能增加植株的株高，增加量为13.71%，显著增加植株的根系长度（$P < 0.05$），增加量68.20%；植物疫苗处理的基质育成的番茄种苗叶片较对照直挺、厚实，叶色浓绿，出苗率可达97.71%，比对照（62.37%）提升了56.66%（表6-36，图6-46）。

表6-36 青枯病植物疫苗对番茄育苗的影响

处理	株高 （均值±标准差）/cm	根系长度 （均值±标准差）/cm	叶片形状	叶色	出苗率 （均值±标准差）/%
植物疫苗	17.17±0.38 a	7.30±0.17 b	直挺、较厚实	浓绿	97.71±2.20 a
对照	15.10±1.29 a	4.34±0.83 a	叶片较稀蔬、薄	绿	62.37±3.21 b

(a) 基质土育苗   (b) 常规育苗

图6-46 植物疫苗50倍液处理的基质土育苗与常规育苗

五、青枯病植物疫苗及其应用方式对番茄田间生长特性的影响

不同应用方式的青枯病植物疫苗和生防菌处理对番茄植株均有促长作用，株高均比对照高，但差异未达显著水平，化学农药处理会抑制番茄植株的生长，其处理的番茄苗期株高为73.67cm，比对照降低了7.91%，且差异达到显著水平。青枯病植物疫苗和生防菌处理番茄花数均比对照和化学农药处理高，其中疫苗沟施处理番茄花数最多为20.37朵，疫苗袋装次之，为19.70朵，二者均显著高于对照（12.41朵）。不同处理对番茄挂果数的影响不明显，差异未达显著水平。青枯病植物疫苗、生防菌和化学农药处理对番茄产量的影响较大，与对照相比，产量均显著高于对照处理（表6-37）。

表6-37 青枯病植物疫苗及其应用方式对番茄田间生长特性的影响

处理	苗期的株高（均值±标准差）/cm	开花期的花数（均值±标准差）/朵	结果期的挂果数（均值±标准差）/个	采收期的产量（均值±标准差）/（t/hm²）
疫苗袋装	86.67±4.62 a	19.70±1.80 ab	13.45±2.06 a	99.55±3.73 a
疫苗沟施	85.33±2.52 a	20.37±4.00 a	8.47±6.48 a	97.40±5.88 a
疫苗浇灌	86.67±5.51 a	17.50±3.84 abc	9.43±0.15 a	94.60±6.82 a

处理	苗期的株高(均值±标准差)/cm	开花期的花数(均值±标准差)/朵	结果期的挂果数(均值±标准差)/个	采收期的产量(均值±标准差)/(t/hm²)
化学农药	73.67±10.26 b	13.33±3.10 bc	9.53±1.30 a	92.15±3.84 a
生防菌剂	84.67±2.08 ab	15.26±3.97 abc	9.77±1.55 a	93.10±3.77 a
清水对照	80.00±7.93 ab	12.41±5.70 c	9.50±1.25 a	83.00±3.92 b

六、青枯病植物疫苗及其应用方式对番茄青枯病田间防效的影响

调查不同处理的番茄在不同生育期的青枯病发病率，结果如表6-38所列，在番茄苗期，疫苗3种不同处理和化学农药处理的番茄青枯病发病率较低，与对照和生防菌处理相比均达显著水平，疫苗3种不同处理防效最好，均显著高于化学农药和生防菌剂的防效，其中疫苗袋装防效最好，为98.38%，其次是疫苗浇灌97.99%，生防菌剂处理防效最差，为71.81%。在番茄开花期，疫苗袋装的番茄发病率最低，为0.42%，其防效最高，为96.62%，其次是疫苗浇灌，番茄发病率为1.43%，防效为88.83%，生防菌剂的防效最低，为62.68%。在番茄结果期，疫苗3种不同处理青枯发病率最低，分别为疫苗袋装2.01%、疫苗沟施3.27%和疫苗浇灌3.60%，均显著低于化学农药、生防菌剂和清水对照，这个时期防效最好为疫苗袋装，为90.72%，疫苗沟施次之，为85.16%，化学农药与生防菌剂的防效相当，分别为47.74%和46.93%。在番茄采收期，疫苗袋装番茄青枯病发病率最低为6.30%，防效最好，为88.18%，显著高于其他处理，疫苗沟施次之，防效为77.77%，化学农药防效（49.69%）和生防菌剂（49.78%）相当，差异不显著（$P > 0.05$）。

表6-38 不同处理对不同生育期番茄青枯病发病率及防效的影响

处理	苗期（时间）		开花期（时间）	
	青枯发病率/%	防效/%	青枯发病率/%	防效/%
疫苗袋装	0.13±0.02 c	98.38±1.18 a	0.42±0.27 d	96.62±2.46 a
疫苗沟施	0.20±0.10 c	96.18±2.37 a	2.38±1.10 cd	81.23±11.25 b
疫苗浇灌	0.11±0.02 c	97.99±0.10 a	1.43±0.50 cd	88.83±5.55 ab
化学农药	0.50±0.30 c	91.59±409 b	3.16±0.66 bc	75.75±8.53 bc
生防菌剂	1.59±0.16 b	71.81±1.53 c	5.11±1.52 b	62.68±6.35 c
清水对照	5.67±0.85 a	—	13.47±1.96 a	—

处理	结果期（时间）		采收期（时间）	
	青枯发病率/%	防效/%	青枯发病率/%	防效/%
疫苗沟施	3.27±0.67 c	85.16±5.49 a	12.38±1.84 d	77.77±2.03 b
疫苗浇灌	3.60±0.87 c	82.52±6.70 a	17.20±2.00 c	68.92±1.60 c
化学农药	10.76±2.50 b	47.74±19.50 b	27.80±2.51 b	49.69±2.71 d
生防菌剂	11.25±0.93 b	46.93±3.35 b	27.67±1.53 b	49.78±4.23 d
清水对照	21.33±3.02 a	—	55.50±7.38 a	—

七、讨论

近年来，随着设施番茄的连茬种植使得青枯病原菌在土壤中的数量不断积累，导致青枯病的大面积爆发（Yadessa et al.，2010）。番茄青枯病防治长期依靠化学农药防治（Lee et al.，2011）、抗性品种（Huet，2014）、轮作（Adebayo et al.，2009）、土壤修复剂（Yuliar et al.，2015）等，取得一定效果，但由于各种条件限制未能达到预期效果。研究表明，一些有益微生物可作为植物疫苗，通过改善土壤生态环境，增强作物免疫力，有效抑制土传病虫害和重茬障碍的发生（张震 等，2004）。Raza 等（2016）报道荧光假单胞菌菌株 WR-1 通过产挥发性有机化合物来有效控制番茄青枯病。Zhou 等（2012）研究表明油菜假单胞菌菌株 J12 能够抑制番茄根系土壤中青枯雷尔氏菌的生长，对番茄青枯病具有良好的防治效果。本试验发现，利用无致病力青枯雷尔氏菌研发青枯病植物疫苗"鄂鲁冷特"，对番茄青枯病具有很好的抗病和促长作用。青枯病植物疫苗的 3 种处理方式即疫苗袋装、疫苗沟施、疫苗浇灌对番茄青枯病害防效均高于化学农药和生防菌剂，其中疫苗袋装（疫苗配合栽培基质）处理效果最好，四个不同生育期的平均防效达 93.48%，推测其原因可能是因为利用栽培基质袋装种植，将番茄生长的根围环境与存在青枯病菌的土壤进行了隔离，为预防青枯病的第一道屏障；此外，在植株生长期配合浇灌植物疫苗增强植株免疫抗病力，为预防青枯病的第二道屏障。因此，在今后青枯病植物疫苗的推广应用中可以考虑与栽培基质配合使用，以期达到更好的应用效果。

对番茄移栽后不同生育期番茄生物学特性调查显示，青枯病植物疫苗袋装、沟施和浇灌处理及生防菌（短短芽胞杆菌）均能提高植株的株高、花数和产量，其中青枯病植物疫苗袋装处理效果最好，其株高、花数、挂果数和产量分别比对照提高 7.70%、58.74%、41.58% 和 19.94%。车建美等（2015）研究表明在盆栽条件下，短短芽胞杆菌 FJAT-0809-GLX 对番茄植株具有明显的促长作用，本试验表明，短短芽胞杆菌 FJAT-0809-GLX 在田间应用时同样对番茄植株具有促长作用。罗杰等（2008）研究表明新型烷基脒类内吸性杀菌剂"恩泽霉"可促进番茄植株生长，增加番茄植株的粗壮和产量，本试验发现化学农药"可杀得"（有效成分为氢氧化铜）处理会抑制番茄植株的生长，但也会促进番茄产量的提高。

培育健康种苗是实现番茄高产高效的关键环节之一。许多报道证实有些微生物如枯草芽胞杆菌（Tahir et al.，2017）、沙雷菌属（Zaheer et al.，2016）、乳酸菌（Takei et al.，2008）、酵母菌（Fu et al.，2016）、短短芽胞杆菌（车建美 等，2015）等具有促进植物生长，提高植物抗逆性的功能，其作用机制可能是通过调节植物内源激素或产生外源激素（黄晓东 等，2002），从而改善植物代谢、减少病害（岳大军 等，2003）。本试验结果表明，在番茄育苗时，在育基质中添加植物疫苗可促进番茄种苗生长，培育壮苗，显著提高种苗的出苗率。对于青枯病植物疫苗在番茄种苗培育中的促长防病机理有待进一步的探究。

本试验重点关注青枯病植物疫苗的应用方式、大田防效、对番茄植株地上部生物量和产量的影响，而关于植物疫苗如何发挥作用及其在显著提高番茄产量的同时是否能改善果实品质有待于进一步研究。

整合微生物组菌剂用于修复番茄连作障碍

一、概述

我国设施番茄面积达到 100 万公顷（葛晓颖 等，2016）。连作是目前我国设施番茄的主要栽培方式，长期连作导致土壤有害微生物的富集，土传病害发生严重，如番茄的连茬种植使得青枯病原菌在土壤中的数量不断积累，导致青枯病的大面积爆发（Yadessaet al.，2010）。已有研究表明，连作障碍的发生与土壤微生物群落变化密切相关，同一种作物长期连续种植导致土壤某些特定微生物富集，病原菌数量增加，而有益细菌种类和数量减少（Tan et al.，2017；王敬国 等，2011）。Xiong 等（2015）报道，长期连作的土壤微生物特性主要表现为多样性下降，细菌数量下降、真菌数量上升，病原微生物数量上升、有益微生物数量下降等。

番茄连茬种植使得土壤生态环境恶化，品质和产量下降，引发严重的连作障碍，影响农业的可持续发展和食品安全。连作障碍的防控技术主要包括，轮作换茬、合理施肥、土壤改良等（Cheng et al.，2016；Ding et al.，2016）。Cheng 等（2016）研究表明，低浓度的大蒜分泌物质有利于番茄植株生长，可以减轻连作障碍。将有益微生物以一定方式施入土壤中，可以降低土壤中病原菌的密度，减轻病害发生，从而克服连作障碍（高亚娟，2013）。李保会（2007）研究表明，复合微生物制剂对连作障碍有一定的防治作用。张艳杰等（2014）利用生防菌玫瑰黄链霉菌对设施番茄连作土壤进行修复，表明其能增加土壤细菌和放线菌数量，促进植株生长和产量提高。添加一部分养分含量丰富的新土壤或深翻改进土壤理化性状等土壤改良方法，在克服连作障碍上是行之有效的方法之一（殷振江等，2015）。

近年来，福建省农业科学院与厦门江平生物基质有限公司合作，将养猪微生物发酵床形成健康微生物菌群作为整合微生物组，将其与栽培基质进行科学配伍堆制、发酵、加工形成土壤微生态修复剂，本试验利用土壤微生态修复剂对连作障碍土壤进行修复，重建健康的土壤微生态环境，同时通过在番茄苗期施用青枯病植物疫苗（无致病力青枯雷尔氏菌）来预防青枯病害。分析处理后土壤营养和酶活性变化、植株生物学性状及青枯病害发生性情况的变化，探究土壤微生态修复剂和青枯病植物疫苗对设施番茄连茬种植的土壤修复效果，为番茄连作障碍治理和青枯病防控提供技术支撑。

二、研究方法

1．试验地点

田间试验选址及番茄种植：田间试验选址在浙江省瑞安市马屿镇外三甲村（北纬

27°77'，东经 120°45'，海拔 111.2m）属亚热带海洋型季风气候，年平均温度 17.9℃，平均降雨量达 1110 ～ 2200mm，3 ～ 4 月春雨期，5 ～ 6 月梅雨期，8 ～ 9 月热带暴风雨期。选择连作 7 年的番茄种植大棚为试验田，试验面积 2 亩（1 亩 =666.7m²）。

2．试验材料

青枯病植物疫苗和土壤修复剂均为福建省农业科学院农业生物资源研究所研制的中试产品，植物疫苗的有效成分为青枯雷尔氏菌无致病力菌株 FJAT-1458 的发酵液，含活菌量 $5.0×10^9$CFU/mL，发酵条件参见文献（郑雪芳 等，2017b）。土壤微生态修复剂（经宏基组测序表明，其优势菌群为鞘脂杆菌、食几丁质菌、根瘤菌等；基质载体主要成分为泥炭和椰纤维）是福建省农业科学院与厦门江平生物基质有限公司合作研发的中试产品。实验选用的番茄品种为红宝石，购自广州南蔬农业科技有限公司。

3．处理方法

2016 年 9 月 20 日进行番茄播种，采用 32 孔穴盘育苗，1 个月后移载大棚种植，1800 株 / 亩。2016 年 10 月 18 日，利用土壤微生态修复剂进行土壤修复，翻耕。处理 1，添加土壤微生态修复剂量为 300m³/hm²；处理 2，添加土壤微生态修复剂为 150m³/hm²；将土壤微生态修复剂混入土壤修整后，浇水至土壤充分湿润，第 2 天进行番茄苗移栽和植物疫苗 100 倍稀释液灌根处理，300mL/ 株，之后每个月用植物疫苗 100 倍稀释液灌根处理一次；CK，以不施用土壤微生态修复剂和植物疫苗处理为对照，每处理 3 个重复，田间管理按常规方法进行。

4．土壤样本采集及养分含量和酶活性测定

采集采收期番茄土壤样本，随机选取 5 株番茄，采集植株根系土壤为小样，再将处理组小样混合、拌匀，去砂砾和植物残体，过 2mm 筛选后，于 4℃冰箱保存。

① 土壤理化性状测定：将样本送至福建省农业科学院土壤肥料研究所进行理化性状测定，主要测定项目为 pH 值，有机质含量，氮、磷和钾的含量，交换性钙含量。

② 土壤酶活性测定参照关松荫（1986）方法进行：过氧化氢酶采用 $KMnO_4$ 滴定法测定，以 1h 内 1g 土消耗 0.1mol/L $KMnO_4$ 的体积（mL）表示；脲酶采用苯酚钠比色法，以 1g 土在 37℃培养 24h 释放出 NH_3-N 的体积（mL）表示；蔗糖酶用滴定法，以 1g 土在 37℃培养 24h 所消耗的 0.1mol/L $Na_2S_2O_3$ 的体积（mL）表示；酸性磷酸酶采用磷酸苯二钠比色法，以 1g 土壤的酚体积（mL）表示磷酸酶活性。

5．番茄植株生物学特性测定及病害调查

分别在番茄苗期、开花期和结果期，每种处理各随机选取 15 株进行植株生物学性状测定，包括株高（苗期）、花数（开花期）、挂果数（结果期）。在番茄采收期，对不同处理进行测产，每处理随机选取 10 株，每株各采集 5 个果实，采用天平称取果实质量，取平均值作为每株单果重，比较不同处理对番茄产量的影响。

调查番茄在苗期、花期、结果期和采收期的青枯病发病率，计算各种不同处理对番茄青

枯病害的防治效果。

$$发病率（\%）=\frac{发病株数}{调查总株数}\times100\%$$

$$防治效果（\%）=\frac{对照发病率－处理发病率}{对照发病率}\times100\%$$

6．数据处理

试验数据采用 Excel 2007、DPS 7.05 软件进行系统处理和统计分析。

三、不同处理对土壤养分含量的影响

利用生物基质结合连作障碍修复剂和植物疫苗可以调节土壤 pH 值，由酸性（4.9）上调为中性（处理 1 的 pH 值为 7.27，处理 2 的 pH 值为 7.07），处理 1 和处理 2 的番茄根系土壤，有机质、全氮、全磷和交换性钙含量均显著高于对照（$P < 0.05$），全钾含量显著低于对照（$P < 0.05$）；处理 1 的有机质含量（55.60g/kg）显著高于处理 2 和对照，处理 2 的交换性钙含量（16.18cmol/kg）显著高于处理 1 和对照（表 6-39）。

表6-39　不同处理番茄根系土壤养分含量

处理	测定项目					
	pH值	有机质/（g/kg）	全氮/%	全磷/%	全钾/%	交换性钙/（cmol/kg）
处理1	7.27±0.15 a	55.60±1.43 a	0.25±0.03 a	0.17±0.01 a	2.19±0.04 b	14.70±0.18 b
处理2	7.07±0.06 b	51.30±1.16 b	0.24±0.01 a	0.18±0.02 a	2.09±0.05 b	16.18±0.36 a
CK	4.50±0.20 b	16.39±0.56 c	0.12±0.01 b	0.15±0.01 b	2.84±0.01 a	5.03±0.12 c

四、不同处理对土壤酶活性的影响

研究表明（图 6-47），利用土壤微生态修复剂和植物疫苗处理，能够促进番茄根系土壤过氧化氢酶、脲酶、蔗糖酶和酸性磷酸酶活性。添加量 150m³/hm² 处理组过氧化氢酶 [1.03mL/(g·h)]、脲酶 [5.34mg/(g·24h)]、蔗糖酶 [70.55mg/(g·24h)] 最高，分别比对照增加了 390.48%、307.63% 和 23.48%，差异均达极显著水平（$P < 0.01$），添加量 300m³/hm² 处理组的酸性磷酸酶含量最高，为 60.56 mg/(g·24h)，显著高于对照组 [29.07mg/(g·24h)]，与添加量为 150m³/hm² 处理组 [53.89mg/(g·24h)] 差异不显著。

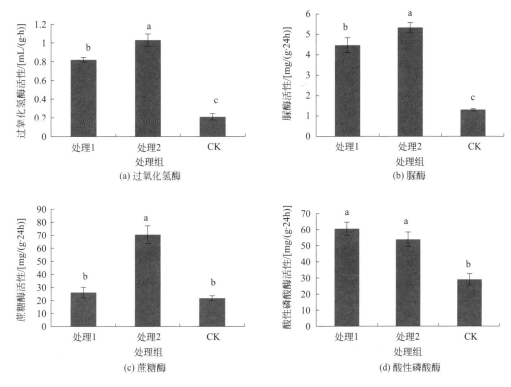

图6-47 不同处理对土壤酶活性的影响

五、不同处理对番茄田间植株生长特性的影响

对不同处理和不同生育期的番茄植株进行生物学性状测定，结果如表 6-40 所列，土壤微生态修复剂（两种剂量）结合植物疫苗处理植株的株高和花数均比对照组高且差异达显著水平（$P < 0.05$），挂果数添加 300 m³/hm² 土壤微生态修复剂处理组最高，为 1.93 个 / 株，但与对照比差异不显著。添加 300 m³/hm² 土壤微生态修复剂处理的单果质量与对照相当，而添加 150 m³/hm² 的土壤微生态修复剂处理的单果质量为 113.82 g，显著高于添加 300 m³/hm² 土壤微生态修复剂和对照处理。

表6-40 不同处理对番茄田间生长特性的影响

处理	株高/cm	花数/（朵/株）	挂果数/（个/株）	单果重/g
处理1	82.33±1.77 a	11.93±0.69 a	1.93±0.36 a	104.07±6.38 a
处理2	74.33±1.89 b	11.47±0.61 a	0.7333±0.30 a	113.82±8.83 b
CK	61.80±2.81 c	8.93±0.84 b	1.20±0.39 a	104.99±3.94 a

六、不同处理对番茄青枯病害防效的影响

调查不同处理的番茄在不同生育期的青枯病发病率，结果如表 6-41 所列，在苗期、开

花期和结果期田间青枯病发病率较轻，采收期发病重，对照处理发病率达 18.40%，添加 300m³/hm² 土壤微生态修复剂的处理组发病率也达 6.14%，添加 150m³/hm² 土壤微生态修复剂处理组发病率最低为 3.22%，防效可达 82.50%（图 6-48）。

表6-41　不同处理对不同生育期番茄青枯病发病率及防效的影响

处理	苗期（时间）		开花期（时间）		结果期（时间）		采收期（时间）	
	青枯病发病率/%	防效/%	青枯病发病率/%	防效/%	青枯病发病率/%	防效/%	青枯病发病率/%	防效/%
处理1	0.34±0.01	80.46±2.44	0.60±0.02	74.14±1.42	2.78±0.08	33.33±3.37	6.14±1.38	66.63±3.12
处理2	0	100	0.35±0.01	84.91±3.84	1.39±0.03	66.67±4.32	3.22±0.08	82.50±2.73
CK	1.74±0.01	—	2.32±0.03	—	4.17±0.02	—	18.40±1.86	—

(a) 处理1　　　　　　(b) 处理2　　　　　　(c) CK

图6-48　采周期不同处理番茄青枯病发病情况

七、讨论

随着番茄产业的发展和集约化经营，番茄连作已十分普遍，特别是设施番茄。番茄连作一定年限后可造成土壤养分、土壤酶活性和土壤微生物群失调等一系列问题，致使土壤生物和非生物环境显著恶化，并在很大程度上减弱了番茄的防御反应及抗逆能力，影响番茄植株的生长发育，从而造成番茄的连作障碍（Murphy and Lemerle，2006）。Gou 等（2010）指出长期连作设施蔬菜生产中，大量施用氮肥及氮肥利用率低导致土壤酸化。本试验中连作 7 年的设施番茄土壤 pH 值为 4.9，严重酸化，利用土壤微生态修复剂改良后，土壤 pH 值明显提高（两种不同基质添加量处理 pH 值分别为 7.37 和 6.47），由酸性转为中性。葛晓颖等（2016）研究表明番茄最适宜生长 pH 值为 7.0，本试验结果与其相吻合，与对照（酸性土壤）相比，利用土壤微生态修复剂改良后的中性土壤明显促进番茄植株生长。此外，对不同处理番茄土壤营养分测定结果显示，对照组土壤有机质、氮、磷、交换性钙等营养成分含量低下，土壤贫瘠，利用生物基质改良土壤后，有机质、氮、磷、交换性钙等营养成分含量显著提高，这与前人研究结果一致（李鹏，2015；朱虹 等，2010），李鹏（2015）利用园林废弃物加工处理后形成的植物基质对土壤进行生态改良，表明其对增强地表土壤的含水量，土壤微生物含量，氮、磷、钾含量都有显著提高。朱虹等（2010）利用改良基质（树皮土基质）对盐碱土进行改良，能够增加有机质含量，促进植株生长，使植物受盐碱胁迫程度降低，取得良好效果。

土壤酶活性反映了土壤的生物活性和土壤养分转化能力（刘素慧 等，2010；Yao et al.，

2006）。土壤酶活性的下降在一定程度上表明土壤状况的恶化（Lagomarsin et al.，2010）。脲酶是土壤中主要的水解酶类之一，对尿素在土壤中的水解及作物对尿素氮的利用有重大的影响（Albiach et al.，2000；郭永盛 等，2011）。过氧化氢酶催化过氧化氢分解，减轻过氧化氢过量累积对植物的危害（Kábana and Truelove，1982）。蔗糖酶对增加土壤中易溶性营养物质起着重要的作用，一般情况下土壤肥力越高，蔗糖酶活性越强（Antonious，2003；Gu et al.，2009）。酸性磷酸酶活性是评价土壤磷素生物转化方向的强度和指标，研究证明磷酸酶与土壤碳、氮含量成正相关，与有效磷含量和土壤 pH 值也有关。张晓鹏和刘雅亭（2015）的研究表明，土壤处理剂能提高黄瓜连作土壤中脲酶、蔗糖酶和磷酸酶活性。万年鑫等（2016）研究发现，玉米和马铃薯轮作能增加土壤脲酶、过氧化氢酶和蔗糖酶活性。本试验中联合土壤微生态修复剂和青枯病植物疫苗修复的番茄连作土壤，测定的过氧化氢酶、脲酶、蔗糖酶和酸性磷酸酶均得到显著提高，原因可能是生物基质含有大量的有机质等营养成分，提高土壤的肥力，从而增加土壤酶活性。Piotrowska-Dlugosz 和 Charzynski（2015）研究结果同样表明，肥力高的土壤其酶活性也较强。

设施番茄连作会引发严重的土传病害如青枯病（Li et al.，2014b；伍朝荣 等，2015）。目前对番茄青枯病的防治方法主要有化学农药防治、抗病育种、轮作等，均取得一定效果，但由于各种条件限制未能达到预期效果。研究表明，一些有益微生物可作为植物疫苗，通过改善土壤生态环境，增强作物免疫力，有效抑制土传病虫害和重茬障碍的发生（张震 等，2004）。Raza 等（2016）报道荧光假单胞菌菌株 WR-1 通过产挥发性有机化合物来有效控制番茄青枯病。Zhou 等（2012）研究表明油菜假单胞菌菌株 J12 能够抑制番茄根系土壤中青枯雷尔氏菌的生长，对番茄青枯病具有良好的防治效果。本试验发现，利用土壤微生态修复剂，配合施用无致病力青枯雷尔氏菌研发青枯病植物疫苗"鄂鲁冷特"对番茄具有很好的抗病和促长作用。其中土壤微生态修复剂用量 150m³/hm² 比 300m³/hm² 的效果更好，以采收期防效和单果重为例，土壤微生态修复剂用量 150m³/hm² 的处理组对番茄青枯病防效为 82.50%，比土壤微生态修复剂用量 300m³/hm² 处理组的防效（66.63%）提升 24.04%，单果重提升 9.37%，这可能是因为土壤微生态修复剂用量过高，营养过剩，反而令植株生长过旺，抗病性减弱，如土壤微生态修复剂添加量 300m³/hm² 番茄植株株高（82.33cm）显著高于添加量为 150m³/hm² 处理的番茄（74.33cm）。

发展设施农业，需要打破地域和季节的自然限制才能提供速生、高产、优质的农产品。在提高设施农业发展水平的同时，而要探索经济有效的轻简化病虫害防治技术，降低蔬菜中的化学农药残留量，才能保障农业生态环境安全。本试验探索了土壤微生态修复剂与生防菌剂相结合来改良土壤、降低土传病害的新途径，对于减少化肥农药用量、提高作物产量和品质、促进有机农业的发展等具有重要意义。

参考文献

安强, 赵彬, 何义亮. 2012. 异养硝化菌 *Alcaligenes faecalis* strain NR 的硝化性能及其酶活性 [J]. 上海交通大学学报, 46(05):774-779.

敖新宇, 程立君, 陈玉惠. 2012. 生防木霉 SS003 菌株 (*Trichoderma atroviride*) 的固体发酵工艺研究 [J]. 江西农业大学学报, 34(6): 1256-1261.

柏建玲, 莫树平, 郑婉玲, 贺鹰抟. 2003. 地衣芽胞杆菌与其他微生物产酶能力的比较 [J]. 饲料研究, (07):4-6.

毕泗伟, 吴祖芳, 虞耀土. 2013. 16S rDNA 基因文库技术分析发酵床细菌群落的多样性 [J]. 宁波大学学报, 26(1): 18-22.

毕小艳. 2011. 猪用发酵床垫料中微生物动态变化及对猪免疫力的影响 [D]. 长沙: 湖南农业大学.

曹可可, 刘宁, 马双新, 曹志艳, 梁东旭, 柴江婷, 董金皋. 2015. 大斑刚毛座腔菌高产漆酶条件的响应面优化及酶学特性 [J]. 中国农业科学, (11):2165-2175.

曹怡, 王超群, 徐风, 贾秀虹, 刘广学, 杨生超, 龙光强, 陈中坚, 魏富刚, 杨绍周, 福田浩三, 王璇, 蔡少青. 2016. 中药三七质量评价半微量方法及在三七连作障碍样品分析中的应用 [J]. 中国中药杂志, 41(20):3773-3781.

常梅. 2013. 保护地黄瓜施用生物菌肥肥力效应研究 [J]. 北方园艺, (04): 177-178.

车建美, 刘波, 郭慧慧, 刘国红, 葛慈斌, 刘丹莹. 2015. 短短芽胞杆菌 FJAT-0809-GLX 对番茄促长作用的研究 [J]. 福建农业学报, 30(5): 498-503.

陈达. 2014. 拮抗菌和青枯菌无致病力突变株防控茄科作物青枯病的效应和机理研究 [D]. 南京: 南京农业大学.

陈弟, 殷晓敏, 张荣意. 2008. 内生枯草芽胞杆菌 B215 对香蕉炭疽菌抑制作用初探 [J]. 广西热带农业, (1): 1-2.

陈贵林, 高秀瑞. 2000. 椰壳粉与蛭石不同配比对黄瓜幼苗生长的影响 [J]. 中国蔬菜, (2):15-18.

陈洪章, 徐建. 2004. 现代固态发酵原理及应用 [M]. 北京: 化学工业出版社.

陈可, 孙吉庆, 刘润进, 李敏. 2013. 丛枝菌根真菌对西瓜嫁接苗生长和根系防御性酶活性的影响 [J]. 应用生态学报, 24(01):135-141.

陈路清, 李青青, 马鎏镠, 何国庆. 2010. 体外筛选降胆固醇双歧杆菌实验 [J]. 食品工业科技, 31(07):333-335, 338.

陈明, 徐海燕, 于洁, 孟和毕力格, 张和平. 2013. 基于 16S rRNA 基因与相关基因序列分析格氏乳球菌亲缘关系 [J]. 中国乳品工业, 41(05):15-18, 60.

陈奇辉. 2011. 小溪自然保护区非盐环境土壤嗜盐和耐盐菌多样性研究 [D]. 吉首: 吉首大学.

陈谦, 张新雄, 赵海, 官家发. 2010. 生物有机肥中几种功能微生物的研究及应用概况 [J]. 应用与环境生物学报, 16(02): 294-300.

陈倩倩, 刘波, 王阶平, 刘国红, 车建美, 陈峥, 唐建阳. 2017. 微生物发酵床猪舍不同发酵等级垫料中大肠杆菌的分离鉴定 [J]. 中国畜牧兽医, 44(01): 268-274.

陈巧玲, 胡江, 汪汉成, 王茂胜, 刘艳霞, 石俊雄, 杨兴明, 沈其荣. 2012. 生物有机肥对盆栽烟草根际青枯病原菌和短短芽胞杆菌数量的影响 [J]. 南京农业大学学报, 35(01): 75-79.

陈青云, 江林峰, 陈建奇, 赵稳, 毛涛, 李利, 余知和. 2015. 高效异养硝化细菌 *Alcaligenes faecalis* Ni3-1 的分离及其脱氨特性研究 [J]. 环境工程, 33(05):48-53.

陈世昌, 常介田, 张变莉. 2011. 菌糠复合基质在番茄育苗上的效果 [J]. 中国土壤与肥料, (01): 73-75, 79.

陈相达，戴慧慧，刘燕，李圆圆，翁丛丛，茹波，曾爱兵.2011.一株高产淀粉酶枯草芽胞杆菌的筛选、鉴定及产酶条件的优化 [J].温州医学院学报,41(01):40-43，47.

陈晓明，张良，张建国，周莉薇.2008.枯草芽胞杆菌淀粉酶高产菌株的辐射诱变研究 [J].辐射研究与辐射工艺学报,(03):177-182.

陈欣，李寅，堵国成，陈坚.2004.应用响应面方法优化 Coniothyrium minitans 固态发酵生产生物农药 [J].工业微生物,34(1):26-29.

陈星言，邵镜颐，吕建洲.2016.龙血竭制剂对绿豆种子萌发和幼苗生长的影响 [J].园艺与种苗,(07):86-88.

陈燕萍，刘波，葛慈斌，朱育菁，肖荣凤，史怀.2012.作物青枯病植物疫苗工程菌 FJAT-T8 发酵过程生长适合度研究 [J].福建农业学报,27(3):287-293.

陈燕萍，肖荣凤，刘波，史怀，唐建阳，朱育菁.2017.基于发酵床养猪垫料的地衣芽胞杆菌 FJAT-4 固态发酵培养条件的优化 [J].中国生物防治学报,33(1):128-133.

陈燕萍，肖荣凤，刘波，唐建阳，蓝江林，史怀.2015.利用微生物发酵床养猪垫料制备蔬菜育苗基质的研究 [J].福建农业学报,(8):802-809.

陈永亮，高晓华，李怡，郭珺，魏保岭，杨先乐.2015.鳖源摩氏摩根氏菌分离鉴定及药敏特性分析 [J].南方农业学报,46(11):2046-2052.

陈智毅，赵晓丽，刘学铭.2012.金针菇菌糠堆肥生产有机肥研究 [J].中国食用菌,31(04):30-31.

成丽丽.2014.洋葱发酵过程中微生物菌群和风味物质的研究 [D].广州：华南理工大学.

程本亮，车建美，刘波.2011.青枯雷尔氏菌 Tn5 转座子无致病力突变株构建及其生物学特性 [J].农业生物技术学报,19(1):26-35.

程新，张彦新，周桂凤，蒋云生.2009.产肌酐水解酶基因工程菌的构建 [J].生物医学工程研究,28(04):299-302.

程中秋，张克斌，常进，刘建，王黎黎.2010.宁夏盐池不同封育措施下的植物生态位研究 [J].生态环境学报,19(7):1537-1542.

崔国林，钟世勋，杨世发，左雪梅，朱瑞良.2013.山羊奇异变形菌分离鉴定及其 16S-23S rRNA ISR 序列 RFLP 分析 [J].畜牧兽医学报,44(06):919-924.

崔青青，凌小健，宁彩宏.2011.鸡粪堆肥发酵生产技术 [J].北京农业,(30)：23-24.

崔有宏，罗侃，郑强，曾志南，支东学.2005.肌酐测定工具酶产生菌——烟草节杆菌 02181 的筛选及其产酶条件 [J].甘肃科学学报,(02):49-53.

邓开英，凌宁，张鹏，高雪莲，沈其荣，黄启 .2013.专用生物有机肥对营养钵西瓜苗生长和根际微生物区系的影响 [J].南京农业大学学报,36(02)：103-109.

邓贤兰，曹裕松，梁琴，龙婉婉.2016.井冈山山顶矮林乔木层优势种的生态位研究 [J].植物资源与环境学报,25(1):88-93.

邓勋，宋瑞清，宋小双，尹大川.2012.高效木霉菌株对樟子松枯梢病的抑菌机理 [J].中南林业科技大学学报,32(11)：21-27.

丁朝华，康宁，武显维，尚廷兰.1994.无土地毯式草皮的研究 [J].武汉植物学研究,12(3):28-30.

董晨，曹娟，张迹，沈标.2008.耐高温 α- 淀粉酶基因在枯草芽胞杆菌中的高效表达 [J].应用与环境生物学报,(04):534-538.

董艳，陈永福，张和平.2015.番茄早疫病害微生物防治研究进展 [J].中国农学通报,31(17):111-115.

杜宣，周国勤，茆健强.2006.3 种微生态制剂的氨基酸组成及对鲤鱼消化酶活性的影响 [J].云南农业大学学报,(03):351-354,359.

杜珍辉.2005.地衣芽胞杆菌 10182 对猪粪液的无害化处理与利用的初步研究 [J].渝西学院学报 (自然科学

版), 4(2): 50-53.

范丹，熊冰剑，庞翠萍，朱向东 .2014. 胆固醇转化菌株的筛选及发酵条件优化 [J]. 微生物学报 ,54(10):1161-
　　1170.

范瑞娟，郭书海，李凤梅 . 2017. 石油降解菌群的构建及其对混合烃的降解特性 [J]. 农业环境科学学报，
　　36(3):522-530.

方海洋，王智，李建华，王育来 . 2015. 异养硝化 - 好氧反硝化菌粪产碱菌的脱氮特性 [J]. 环境工程学报，
　　9(02):983-988.

方宣钧，林敏，尤崇杓 . 1954. 固氮粪产碱菌（Alcaligenes faecalis）表面基团与水稻根系粘质的相互作用 [J].
　　农业生物技术学报 , (01):72-77.

房海，陈翠珍，张晓君，靳晓敏，王秀云，葛慕湘 . 2007. 格氏乳球菌分离株的血清同源性及血清学检验 [J].
　　海洋水产研究 , (02):51-55.

房海，陈翠珍，张晓君 . 2006. 牙鲆格氏乳球菌感染症及其病原 [J]. 中国水产科学 , (03):403-409.

封棣，孟青青，王玉海，杨慧敏，杨建国，王风寰 .2014.α- 淀粉酶的基因改造与菌种选育研究进展 [J]. 食品工
　　业科技 ,35(15):381-385.

冯雪，吴志新，祝东梅，王艳，庞素凤，于艳梅，梅小华，陈孝煊 .2008. 草鱼和银鲫肠道产消化酶细菌的研究 [J].
　　淡水渔业 ,(03):51-57.

付娜娜，来琳琳，张天园，李晓晨，项雪松，杨健，张怡轩 . 2014. 格氏乳球菌促进小鼠生长的研究 [J]. 微生物
　　学杂志 , 34(05):87-89.

付天玺，许国焕，吴月嫦，龚全，江永明 .2008. 凝结芽胞杆菌对奥尼罗非鱼消化酶活性、消化率及生长性能
　　的影响 [J]. 淡水渔业 ,(04):30-35.

付小猛，毛加梅，沈正松，刘红明，龙春瑞，王跃全，岳建强 . 2017. 中国生物有机肥的发展现状与趋势 [J].
　　湖北农业科学，56(03)：401-404.

付晓芬，江均平，张杰，龚霄 .2009. 微生物利用木糖发酵 L- 乳酸代谢途径的研究 [J]. 食品工业科
　　技 ,30(08):359-362.

高海波 . 2011. 玉米幼苗中谷氨酰胺转氨酶的分离纯化及其性质研究 [D]. 哈尔滨：哈尔滨工业大学 .

高强 . 2011. 金龟子绿僵菌甘油吸收和甘油三酯合成途径对寄主致病能力的影响 [A]. 中国菌物学会 . 中国菌
　　物学会第五届会员代表大会暨 2011 年学术年会论文摘要集 [C]. 中国菌物学会 :2.

高小迪，孙利鑫，王引权 . 2014. 黄芪药渣好氧堆肥化进程研究 [J]. 中兽医医药杂志，33(03)：54-57.

高亚娟 . 2013. 草莓连作障碍土壤改良技术研究 [D]. 扬州：扬州大学 .

高燕，谢建军，林庆胜，陈永，钟国华 . 2008. 微生物表面活性物质研究进展 [J]. 农药学学报，10(2):
　　186-195.

高雨飞 . 2016. 高精料日粮条件下烟酸对牛瘤胃微生物区系的影响 [D]. 南昌：江西农业大学 .

高玉荣，刘立君，李本领，李大鹏 .2016. 发酵食品中降胆固醇益生菌的筛选及鉴定 [J]. 农产品加工 ,(08):37-39.

高之蕾，李茜，郭荣君，李世东，李世访，王红清 . 2015. 2 株桃树根际细菌 Alcaligenes faecalis 对根癌病的抑
　　制作用 [J]. 果树学报，32(02):267-273，172.

葛慈斌，刘波，肖荣凤，朱育菁，唐建阳 . 2013a. 枯萎病生防菌 FJAT-4 的生长与抑菌作用的温度效应 [J]. 福
　　建农业学报，28(7): 697-704.

葛慈斌，黄素芳，刘波，朱育菁，蓝江林，余山红 . 2013b. 利用养殖垫料、蘑菇渣土制备育苗基质的研究 [J].
　　武夷科学，29:211-215.

葛慈斌，刘波，车建美，陈梅春，刘国红，魏江春 . 2015. 武夷山地衣表生和内生芽胞杆菌种群的多样性 [J].
　　微生物学报，55(5): 551-563.

葛慈斌，刘波，朱育菁，肖荣凤，车建美，谢关林 . 2004. 生防菌 NH-BS-2000 对西瓜枯萎病原菌抑制作用的研究 [J]. 厦门大学学报 (自然科学版), 43(z1): 87-90.

葛晓颖，孙志刚，李涛，欧阳竹 . 2016. 设施番茄连作障碍与土壤芽胞杆菌和假单胞菌及微生物群落的关系分析 [J]. 农业环境科学学报 , 35(2): 514-523.

耿中雷，杨亚云，蔡春尔，何培民 .2017.4 种海藻多糖对鲫鱼生长免疫影响的探究 [J]. 水产科学 ,36(06):753-757.

宫磊 . 2014. 搅拌桨组合数值模拟优化及在柠檬酸和谷氨酰胺转氨酶发酵中的应用 [D]. 无锡：江南大学 .

龚俊勇，廖新俤，杨平，吴银宝 . 2012. 水帘降温系统下猪用发酵床垫料的特性与功能的空间变化 [J]. 家畜生态学报 , 33(6):36-43.

谷春涛，萨仁娜，佟建明 . 2004. 地衣芽胞杆菌 TS-01 固态发酵培养基的优化 [J]. 微生物学通报 , 31(4): 53-56.

顾卫兵，乔启成，杨春和，白晓龙 . 2008. 有机固体废弃物堆肥腐熟度的简易评价方法 [J]. 江苏农业科学 , (6):258-259.

关松荫 . 1986. 土壤酶及其研究法 [M]. 北京：农业出版社 .

怀骥，陈莉，丁克坚 . 2001. 几种药剂防治西瓜枯萎病的初步研究 [J]. 安徽农学通报 , 7(6): 43-45.

管越强，周环，张磊，张耀红 .2010. 枯草芽胞杆菌对中华鳖生长性能、消化酶活性和血液生化指标的影响 [J]. 动物营养学报 ,22(01):235-240.

郭春锋，张兰威 .2010. 益生菌降胆固醇功能研究进展 [J]. 微生物学报 ,50(12):1590-1599.

郭世荣，李式军，程斐，马娜娜 . 2002. 有机基质在蔬菜无土栽培上的应用研究 [J]. 沈阳农业大学学报 , 31(1):89-92.

郭永，李党生 .2010. 超级黏合剂 - 微生物谷氨酰胺转氨酶的研究进展 [J]. 中国酿造 ,(09):18-21.

郭永盛，李鲁华，危常州，褚贵新，董鹏，李俊华 . 2011. 施氮肥对新疆荒漠草原生物量和土壤酶海活性的影响 [J]. 农业工程学报 , S1:249-256.

韩亚楠，毕美光，刘润进，李敏 . 2013. AM 真菌对连作西瓜生长及其枯萎病的影响 [J]. 北方园艺 , (13): 150-153.

郝林华，孙丕喜，姜振波，陈靠山，牛德庆 . 2006. 枯草芽胞杆菌 (Bacillus subtilis) 液体发酵条件 [J]. 上海交通大学学报（农业科学版）, 24(4):380-385.

郝晓娟，刘波，谢关林 . 2005. 植物枯萎病生物防治研究进展 [J], 中国农学通报 , 21(7): 319-322, 337.

郝永娟，王万立，刘耕春，王勇 . 2000. 土壤添加物防治作物土传病害研究概述 [J]. 天津农业科学 , 6(2): 52-54.

何美仙，罗军 . 2013. 苦瓜枯萎病非化学药剂防治技术研究进展 [J]. 安徽农学通报 , 19(11): 49-51.

贺纪正，李晶，郑袁明 . 2013. 土壤生态系统微生物多样性 - 稳定性关系的思考 [J]. 生物多样性 , 21(4): 411-420.

洪春来，朱凤香，陈晓旸，薛智勇，王卫平，吴传珍 . 2011. 不同菇渣复合基质对番茄育苗效果的影响 [J]. 现代农业科技 , (01): 123-124，126.

侯赣生，林影，梁书利 .2017. 恶臭假单胞菌肌酐酶在大肠杆菌中的表达及其酶学特性分析 [J]. 现代食品科技 ,33(09):77-82.

胡桂萍，刘波，朱育菁，史怀，黄素芳，刘丹莹 . 2012. 少动鞘脂单胞菌产结冷胶发酵培养基的响应面法优化 [J]. 生物数学学报 , 27(3):507-517.

胡海燕，于勇，张玉静，徐晶，孙建光 . 2013. 发酵床养猪废弃垫料的资源化利用评价 [J]. 植物营养与肥料学报 , 19(1): 252-258.

胡民强，王岳飞，徐侠钟，杨贤强 . 2006. 茶渣生物洁净有机肥肥效试验研究 [J]. 茶叶 , 32(3): 145-147.

宦海琳，冯国兴，李健，闫俊书，潘孝青，徐小明，顾洪如 . 2013. 发酵床猪舍内气载需氧菌的分布状况 [J].

江苏农业学报 , 29(6):1411-1414.

黄达明，吴其飞，管国强，陆建明 . 2003a. 固态发酵蛋白饲料工艺生产线的研究 [J]. 饲料工业 , 24(10): 58-61.

黄达明，吴其飞，陆建明，管国强 . 2003b. 固态发酵技术及其设备的研究进展 [J]. 食品与发酵工业 , 29(6): 87-91.

黄国锋，吴启堂，孟庆强，黄焕忠 . 2002. 猪粪堆肥化处理的物质变化及腐熟度评价 [J]. 华南农业大学学报 (自然科学版), 23(3):1-4.

黄素芳，肖荣凤，杨述省，朱育菁，刘波 . 2010. 短短芽胞杆菌 JK-2（Brecibacillus brevis）胞外物质抗香蕉枯萎病菌的稳定性 [J]. 中国农学通报 , 26(18): 284-288.

黄旺洲，张生伟，滚双宝，姚拓，朱建勋 . 2016. 高效纤维素分解菌群及锯末对动物粪便降解纤维素酶活与除臭效果的影响 [J]. 农业环境科学学报 , 35(1):186-194.

黄晓东，季尚宁，Benard G, Bruce G. 2002. 植物促生菌及其促生机理 [J]. 现代化农业 , 7: 13-15.

黄晓飞，李伟光，李建政，张多英，秦雯，郑泽嘉 .2017. 人工感染异养硝化菌对小鼠肝脏酶活性影响 [J]. 哈尔滨商业大学学报 (自然科学版),2017,33(03):272-276.

黄璇 . 2014. 水貂奇异变形菌分离鉴定及其 OMPA 基因克隆与原核表达 [D]. 泰安：山东农业大学 .

黄艳娜，刘振民，游春苹 .2016a. 乳酸菌合成乳酸的研究现状 [J]. 乳业科学与技术 ,39(01):19-23.

黄艳娜，许光涛，游春苹 .2016b. 乳酸菌中乳酸脱氢酶的研究进展 [J]. 食品工业科技 ,37(08):369-373.

黄源生 . 2017. Alcaligenes faecalis NR 脱氮功能基因及其在好氧生物转盘反应器中的应用 [D]. 重庆：重庆大学 .

惠有为，孙勇，潘亚妮，赵亚玲 . 2003. 木霉在植物真菌病害防治上的作用 [J]. 西北农业学报 , 12(3): 96-99

冀旭，边六交 .2013.Ca^{2+} 诱导的淀粉液化芽胞杆菌 α- 淀粉酶分子的生物活性和结构变化 [J]. 高等学校化学学报 ,34(11):2517-2523.

贾乐，金铭，代梦桃，杨小奕，王漫 . 2017. 生物有机肥作用的研究进展 [J]. 农村经济与科技，28(13): 42-43.

贾黎明，翟明普，尹伟伦 . 1995. 辽东栎混交林中生化他感作用的研究 [J]. 林业科学 , 31(6):491-498.

姜旭，王丽敏，张桂敏，于波，曾庆韬 .2013. 基因工程菌发酵生产 L- 乳酸研究进展 [J]. 生物工程学报 ,29(10):1398-1410.

姜旭 . 2018. 利用微生物防治植物病害研究进展 [J]. 园艺与种苗 , (06):57-58,62.

蒋佳璇，王淑京，任志鸿，杜华茂 .2016. 猪源益生芽胞杆菌的分离鉴定与生物学特性分析 [J]. 动物营养学报 ,28(11):3542-3548.

蒋若天，宋航，陈松，蒲宗耀，刘成君，卢涛 .2007. 一株产 α- 高温淀粉酶的地衣芽胞杆菌的分离和筛选 [J]. 工业微生物 ,(03):37-41.

蒋晓晓 . 2014. 阿克苏枣树主要害虫的发生规律与生态位研究 [D]. 乌鲁木齐：新疆农业大学 .

焦鹏，贾变桃，孙颖，杨素梅 . 2012. 6 种杀菌剂对兰花枯萎病菌抑制作用比较 [J]. 山西农业大学学报（自然科学版）, 32(2): 154-157.

金红春，兰时乐，胡毅，毛小伟，肖调义 .2011. 棉粕发酵前后营养成分变化研究 [J]. 饲料工业 ,32(13):19-23.

金明飞 . 2015. 谷氨酰胺转氨酶菌种筛选 [A]. 中国微生物学会酶工程专业委员会（Enzyme Engineering Committee of Chinese Society for Microbiology）、中国生物工程学会糖生物工程专业委员会、镇江东方生物工程有限公司 .2015 中国酶工程与糖生物工程学术研讨会论文摘要集 [C]. 中国微生物学会酶工程专业委员会（Enzyme Engineering Committee of Chinese Society for Microbiology）、中国生物工程学会糖生物工程专业委员会、镇江东方生物工程有限公司 ,1.

康萍芝，张丽荣，沈瑞清 . 2008. 木霉菌对灰葡萄孢菌的拮抗作用 [J]. 内蒙古农业科技 , (6): 49-51.

孔蕾，朱凝瑜，贝亦江，丁雪燕，陈健舜．2013. 中华鳖 (*Pelodiscus sinensis*) 摩氏摩根氏菌 (*Morganella morganii*) 的鉴定及致病性研究 [J]. 海洋与湖沼，44(03):722-727.

库米拉·马青提，王伟，张晓燕，李静，闫婷婷，刘洋，武运．2012. 响应面法优化枯草芽胞杆菌发酵产低温淀粉酶的工艺条件 [J]. 新疆农业大学学报，35(06):478-483.

匡石滋，田世尧，刘传和，李春雨，凡超，刘岩．2011. 香蕉废弃茎秆与鸡粪堆肥化利用技术规程 [J]. 广东农业科学，38(13)：54-56.

赖雷雷．2012. 果蔬复合肉糜重组发酵特性研究 [D]. 长春：吉林大学．

蓝江林，栗丰，刘波，史怀，黄素芳．2016. 养猪发酵床垫料微生物类群结构特性分析 [J]. 福建农业学报，31(6):649-656.

蓝江林，刘波，刘波，宋泽琼，史怀，黄素芳．2012. 微生物发酵床养猪技术研究进展 [J]. 生物技术展，2(6)：411-416.

蓝江林，宋泽琼，刘波，史怀，黄素芳，林娟．2013. 微生物发酵床不同腐熟程度垫料主要理化特性 [J]. 福建农业学报，28 (11): 1132-1136.

黎小正，韦信贤，童桂香，吴祥庆，庞燕飞．2010. 黄喉拟水龟摩氏摩根氏菌的分离鉴定及系统发育分析 [J]. 上海海洋大学学报，19(03):358-363.

李保会．2007. 复合微生物菌肥对连作草莓矿质养分吸收及产量的影响 [J]. 河北农业大学学报，30(3):44-47.

李丹红，徐荣，张坤迪，朱崇梅，李福利，杨红．2017. 象白蚁肠道中一个纤维素降解菌群的分离和特性研究 [J]. 生物资源，39(4):52-59.

李德翠，高文瑞，徐刚．2015. 以木薯渣为主的番茄育苗基质配方研究 [J]. 西南农业学报，28(02)：733-737.

李冠楠，夏雪娟，Sendegeya Parfait，何石宝，郭东东，朱勇．蚕用益生芽胞杆菌 SWL-19 的筛选鉴定及其对肠道菌群多样性的影响 [J]. 中国农业科学，2015,48(09):1845-1853.

李桂英，孙艳，宋晓玲，黄健，谢国驷．饲料中添加潜在益生菌对凡纳滨对虾肠道消化酶活性和菌群组成的影响 [J]. 渔业科学进展，2013,34(04):84-90.

李洪波，张兰威，崔艳华，张莉丽．微生物源谷氨酰胺转氨酶基因工程菌株的研究进展 [J]. 食品工业科技，2013,34(17):389-394.

李洪波．黏玉米谷氨酰胺转氨酶微生物异源表达及其酶学性质研究 [D]. 哈尔滨：哈尔滨工业大学，2014.

李辉，魏淑珍，李书珍．2012. 根际微生物对几种粮食作物种子发芽的影响 [J]. 现代农村科技，(11)：55.

李杰，王景胜，肖连冬，程爽．2011. 绿色木霉 -M1 固态发酵产纤维素酶条件研究 [J]. 现代农业科技，12：49-51.

李今煜，陈聪，关雄．2003. 苏云金芽胞杆菌发酵培养基的筛选 [J]. 福建农林大学学报 (自然科学版)，32(4):490-492.

李静，李荣，沈其荣，俞萍，余光辉．2017. 添加动物源氨基酸水解液研制生物有机肥 [J]. 环境科学研究，30(6)：967-973.

李力，刘冬梅，罗淑萍，吴晖，余以刚．高淀粉酶蛋白酶活力枯草芽胞杆菌菌株的筛选及鉴定 [J]. 渔业现代化，2008(02):15-18.

李良，申功进，邵志和．1983. 哈茨木霉对茉莉白绢病的生物防治的研究 [J]. 浙江农业大学学报，9(3): 221-225.

李猛，陈利飞，杨建楼，马春玲．产 β- 淀粉酶菌株的筛选及 β- 淀粉酶基因在大肠杆菌中的克隆与表达 [J]. 生物技术通报，2014(12):161-167.

李淼，产祝龙，檀根甲，等．2009. 木霉菌防治植物真菌病害研究进展 [J], 生物技术通讯，2009, 20(2): 286-290.

李妮，左强，邹国元，张琳，刘东升.2015.三种生物质炭复合基质对番茄育苗效果的影响 [J].北方园艺,(02): 150-153.

李鹏.2015.植物基质对土壤生态改良的效果研究 [J].中国园艺文摘,31(12):20-21.

李谦盛，卜崇兴，叶军，郭世荣，李式军.2003.芦苇末基质应用于番茄穴盘育苗的配比优化 [J].上海农业学报,19(4): 3-7.

李谦盛.2004.芦苇末基质的应用基础研究及园艺基质质量标准的探讨 [D].南京：南京农业大学.

李庆康，吴雷，刘海琴，蒋永忠，潘玉梅.2000.我国集约化畜禽养殖场粪便处理利用现状及展望 [J].农业环境保护,19(4): 251-254.

李琼芳，曾华兰，叶鹏盛，何炼，谭永久.2007.哈茨木霉 (Trichoderma harzianum)T23 生防菌筛选及防治中药材根腐病的研究 [J].西南大学学报：自然科学版,29(11): 119-122.

李瑞伟，曾令兵，张辉，范玉顶，周勇，杨星.2014.患病大鲵摩氏摩根氏菌的分离与鉴定 [J].畜牧与兽医, 46(01):28-32.

李珊珊，郭晓军，张爱民，贾慧，朱宝成.2012.发酵床除臭微生物的筛选与 Z-22 菌株的鉴定 [J].河北农业大学学报,35(04):65-69.

李顺，顾永忠，杨英，陈小举，郑志，吴学凤，孙婷，姜绍通，李兴江.2016.八公山腐乳酿制过程中毛霉和根霉的前期发酵比较研究 [J].食品科学,37(17):163-168.

李彤阳，杨革.2014.利用芽胞杆菌混合菌群发酵生产生物有机肥的研究 [J].曲阜师范大学学报 (自然科学版),40(3): 76-80.

李伟，郁书君，崔元强.2012.椰糠替代泥炭作观赏凤梨基质的研究 [J].热带作物学报,33(12): 2180-2184.

李伟杰，姜瑞波.2007.番茄青枯病拮抗菌的筛选 [J].微生物学杂志,27(1):5-8.

李潇，孙海彦，阮孟斌，王霜虹，彭明.2015.地衣芽胞杆菌耐高温 α- 淀粉酶基因的克隆、烟草瞬时表达及转化拟南芥的研究 [J].植物学报,50(03):354-362.

李晓静，徐俊彩，刘杰才.2016.发酵有机物应用于番茄育苗的研究 [J].内蒙古农业大学学报 (自然科学版), 37(03): 7-11.

李鑫，赵燕，李建科.2013.微生物谷氨酰胺转氨酶对小麦粉品质的影响 [J].食品科学,34(01):135-139.

李鑫，赵燕，李建科.2011.微生物谷氨酰胺转氨酶改良面粉品质的研究进展 [J].中国食品添加剂,(02):162-166.

李鑫.2012.微生物谷氨酰胺转氨酶对小麦粉及馒头品质的影响研究 [D].南昌：南昌大学.

李旭媛，王刚，费卓群，陈光.2012.紫外 - 亚硝基胍复合诱变筛选高产淀粉酶菌株 [J].中国生物制品学杂志,25(11):1543-1546，1549.

李雪峰，王利.2015.鲈鱼摩氏摩根氏菌的鉴定及药敏试验 [J].动物医学进展,36(02):65-68.

李雅迪.2017.益生菌降胆固醇机制初探 [D].昆明：昆明理工大学.

李雅丽，秦艳，周绪霞，李卫芬.2011.6 株芽胞杆菌的生物学特性比较研究 [J].中国畜牧兽医,38(04):62-66.

李轶，范大明，黄建联，张文海，李广，赵建新.2015.微生物谷氨酰胺转氨酶的优势结构及构效特征研究进展 [J].中国食品学报,15(07):180-185.

李忠佩，吴晓晨，陈碧云.2007.不同利用方式下土壤有机碳转化及微生物群落功能多样性变化 [J].中国农业科学,40(8):1712-1721.

李尊华，林健文，马金成，吴迪，张永军.2008.变温干燥固体发酵产物对球孢白僵菌分生孢子性能的影响 [J].微生物学报,48(7):887-892.

梁巧兰，王芳，魏列新，徐秉良.2011.深绿木霉 T2 菌株对百合疫霉病菌拮抗作用及机制 [J].植物保护, 37(6): 164-167.

梁新红，李英，孙俊良，马汉军.2014.β- 淀粉酶解甘薯淀粉条件分析 [J].食品工业科技,35(07):178-181.

廖威，梁和钦，梁立坚，潘瑞坚，李富山，黄玲甫，钟梅清，黄庶识 . 2017. 木薯酒糟渣高温好氧堆肥制备生物有机肥试验初报 [J]. 轻工科技, 33(09)：92-93.

廖雪义，郭丽琼，邱灵燕，古丰伟，林俊芳 . 2016. 芒果源高降胆固醇乳酸菌的特性及其作用机制 [J]. 中国食品学报, 16(05):10-18.

林剑，郑舒文，孙利芹 . 2003. 温度和 pH 值对耐高温 α- 淀粉酶活力的影响 [J]. 中国食品添加剂,(05):65-67，53.

林莉莉，姜雪，冯聪，范亮，王际辉，张彧 . 2010. 发酵床养猪猪舍环境与猪体表微生物分布状况的研究 [J]. 安徽农业科学, 34:19530-19532.

林敏，尤崇杓 . 1994. 粪产碱菌（Alcaligenes faecalis）对稻根氧化还原特性及水稻多元酚和内根际激素水平的影响 [J]. 植物生理学报, (03):227-234.

刘波，朱昌雄 . 2009. 微生物发酵床零污染养猪技术研究与应用 [M]. 北京：中国农业科学技术出版社 .

刘爱荣，陈双臣，陈凯，林晓民，王凤华 . 2010. 哈茨木霉对黄瓜尖孢镰刀菌的抑制作用和抗性相关基因表达 [J]. 植物保护学报, 37(3): 249-254.

刘冰花，杨林，罗亚雄，蒲小龙，李俊霖 . 2015. 甲基紫精降解菌 XT12 的筛选鉴定及降解特性 [J]. 基因组学与应用生物学, 34(4): 781-786.

刘波，蓝江林，朱育菁，林营志，张秋芳 . 2007. 植物免疫系统的研究与应用 [J]. 中国农学通报, 23:163-172.

刘波，刘国红，林乃铨 . 2014. 基于脂肪酸生物标记芽胞杆菌属种类的系统发育 [J]. 微生物学报, 54(2): 139-138.

刘波，朱育菁，周涵韬，张赛群，谢关林，张绍升 . 2004. 农作物枯萎病的研究进展 [J]. 厦门大学学报 (自然科学版), 43(z1): 47-58.

刘波，刘文斌，王恬 . 地衣芽胞杆菌对异育银鲫消化机能和生长的影响 [J]. 南京农业大学学报,2005(04):80-84.

刘波，陶天申，王阶平，刘国红，肖荣凤，陈梅春 . 2016a. 芽胞杆菌，第二卷，芽胞杆菌分类学 [M]. 北京：科学出版社：141-146.

刘波，王阶平，陈倩倩，刘国红，车建美，陈德局 . 2016b. 养猪发酵床微生物宏基因组基本分析方法 [J]. 福建农业学报, 31 (6):630-648.

刘波，文笑，朱育菁，张海峰，郑雪芳，陈倩倩，王阶平，阮传清，陈燕萍，夏江平 . 2019 . 整合微生物组菌剂的提出，研发与应用 [J]. 中国农业科学, 52(14):2450-2467.

刘波，郑雪芳，林营志，蓝江林，林营志，林斌，叶耀辉 . 2008. 脂肪酸生物标记法研究零排放猪舍基质垫层微生物群落多样性 [J]. 生态学报, 11(28):5488-5498.

刘超杰，王吉庆，王芳 . 2005. 不同氮源发酵的玉米秸基质对番茄育苗效果的影响 [J]. 农业工程学报, (S2): 162-164.

刘冬梅，罗彤晖，李昕睿，吴晖，李理，肖性龙，袁琨，赖富饶 . 2015. 潜在的水体修复菌 Bacillus subtilis H001 的筛选及其高密度培养 [J]. 现代食品科技,31(03):151-157.

刘国红，刘波，王阶平，朱育菁，车建美，陈倩倩，陈峥 . 2017. 养猪微生物发酵床芽胞杆菌空间分布多样性 [J]. 生态学报, (20):1-19.

刘汉文，姜官鑫，封功能，王爱民 . 2010. 玉米芯固态发酵生产蛋白饲料的工艺研究 [J]. 粮食与饲料工业, (5): 32-35.

刘建国，柯纪元，王晋芳，黎高翔 . 2001. 假单胞菌株 K9510 产肌酐酰氨基水解酶的条件 [J]. 微生物学通报,(02):7-11.

刘京兰，蔡勋超，薛雅蓉，刘常宏，余向阳 . 2016. 生防解淀粉芽胞杆菌 CC09 合成 iturin A 条件的响应面优化 [J]. 中国生物防治学报, 32(2):235-243.

刘克锋，刘悦秋，雷增谱，刘彩苓，石爱平 . 2003. 不同微生物处理对猪粪堆肥质量的影响 [J]. 农业环境科学学报，22(3)，311-314.

刘美，王刘庆，廖美德，陆亮 . 2015. 球形芽胞杆菌 BS-10 高产培养基的优化 [J]. 西北农林科技大学学报 (自然科学版)，43(11):214-220.

刘宁 . 2007. 降血脂益生菌选育及其特性研究 [D]. 合肥：合肥工业大学 .

刘清凤 . 微生物谷氨酰胺转氨酶在皮革生产中的应用 [D]. 无锡：江南大学 ,2011.

刘让，陈少平，张鲁安，苏贵成，李岩 . 2010. 生态养猪发酵益生菌的分离鉴定及体外抑菌试验研究 [J]. 国外畜牧学：猪与禽，30(2): 62-64.

刘姗，高玉荣 . 2013. 格氏乳球菌素 LG34 生物稳定性的研究 [J]. 黑龙江八一农垦大学学报，25(03):67-70,96.

刘时轮，李勇，傅俊范，丁万隆，方焕民 . 2008. 绿色木霉菌株 Tv04-2 固体发酵条件研究 [J]. 华北农学报，23: 244-247.

刘素慧，刘世琦，张自坤，尉辉，齐建建，段吉锋 . 2010. 大蒜连作对其根际土壤微生物和酶活性的影响 [J]. 中国农业科学，43(5): 1000-1006.

刘伟，余宏军，蒋卫杰 . 2006. 我国蔬菜无土栽培基质研究与应用进展 [J]. 中国生态农业学报，14(3):4-7.

刘献东，牛青 . 2009. 利用农作物秸秆堆制生物有机肥工艺技术简介 [J]. 农业机械，(10)：86-87.

刘小刚，周洪琪，华雪铭，邱小琮，曹丹，张登沥 . 2002. 微生态制剂对异育银鲫消化酶活性的影响 [J]. 水产学报，(05):448-452.

刘小龙，乔家运，范寰，孟凡瑞，马强，王文杰 . 2017. 抗菌肽、合生素对 AA 肉鸡血清生化指标和肠道菌群的影响 [J]. 黑龙江畜牧兽医，(05):111-114.

刘秀春，王炳华 . 2010. 生物有机肥发酵参数优化研究 [J]. 安徽农业科学，38(33)：18835-18837.

刘秀花 . 2005. 芽胞杆菌的应用研究及进展 [J]. 商丘师范学院学报，(05):141-143.

刘艳霞，李想，蔡刘体，石俊雄 . 2017. 生物有机肥育苗防控烟草青枯病 [J]. 植物营养与肥料学报，23(05): 1303-1313.

刘燕云 . 2016. 奇异变形菌与 A 亚群禽白血病病毒在 SPF 鸡中共感染的研究 [D]. 泰安：山东农业大学 .

刘宇 . 2011. 齐齐哈尔周边地区仔猪肠道乳酸杆菌的分离与鉴定 [J]. 猪业科学，28(7):94-95.

刘臻真 . 2012. 烟草青枯菌生理多态性研究及流式细胞术应用初探 [D]. 合肥 : 中国科技大学 .

柳芳，田伟，李凌之，杨兴明，沈标，沈其荣 . 2013. 生防枯草芽胞杆菌 SQR9 固体发酵生产生物有机肥的工艺优化 [J]. 应用与环境生物学报，19(01)：90-95.

柳辉，杨江科，闫云君 . 2007. 产 α- 淀粉酶菌株的分离、鉴定及酶学性质研究 [J]. 生物技术，(02):34-37.

龙紫新，仇序佳，刘炬，梁永坚，潘爱琼，李辛，张运玉，石佩莲 . 1983. 苏芸金杆菌以色列变种对脊椎动物的安全试验 [J]. 昆虫天敌，(02):68-73.

娄菲 . 2017. 裂殖壶菌关键脂肪酶基因的转录和表达研究 [D]. 无锡：江南大学 .

卢舒娴 . 2011. 养猪发酵床垫料微生物群落动态及其对猪细菌病原生防作用的研究 [D]. 福州：福建农林大学 .

卢燕 . 2006. *Morganella morganii* J-8 中羰基不对称还原酶的分离纯化及性质研究 [D]. 无锡：江南大学 .

鲁艳英，金亮，王谨，李文丹 . 2009. EM 菌组成鉴定及其消除垃圾渗滤液恶臭研究 [J]. 环境科学与技术，32(8):62-63.

罗辉，周剑，叶华 . 2006. 微生态制剂对鱼类肠道结构和消化酶活性的影响 [J]. 水产科学，(02):105-108.

罗建，林标声，何玉琴，杨小燕 . 2012. 微生物发酵饲料中乳酸含量的测定方法比较分析 [J]. 饲料博览，(05): 37-39.

罗杰，冯俊涛，马志卿，陈安良，张兴 . 2008. 丙烷脒对番茄植株生长、叶片光合作用和前期产量的影响 [J]. 农药学学报，10(1): 80-86.

吕嘉枥，王霄鹏，闫亚梅，李文娟，杜冰冰 .2016. 十株益生菌发酵液降脂能力研究 [J]. 陕西科技大学学报 (自然科学版),34(02):123-127，133.

吕清浩 . 2015. 异养硝化菌 *Alcaligenes faecalis strain* NR 氮代谢途径的研究 [D]. 重庆：重庆大学 .

马成涛，胡青，杨德奎 .2007. 土壤有益微生物防治植物病害的研究进展 [J]. 山东科学，(06):61-67.

马成涛 .2009. 地黄病原性连作障碍有益微生物防治技术研究 [D]. 济南：山东师范大学 .

马鸣超，姜昕，曹凤明，李力，关大伟，杨小红，李俊 .2017. 我国生物有机肥质量安全风险分析及其对策建议 [J]. 农产品质量与安全，(05): 44-48.

马田田，蔡枫，丁传雨，杨兴明，沈其荣，陈巍 .2013. 山药专用生物有机肥的生物效应研究 [J]. 南京农业大学学报，36(4): 83-90.

马婷婷，韦显凯，闭璟珊，易驰喆，苏姣秀，巫介棚，梁晟，张步娴，郑敏，罗廷荣 .2017. 猪源奇异变形菌的分离鉴定及其毒力的测定 [J]. 中国兽医科学，47(10):1234-1239.

马晓梅，赵辉 .2015. 淀粉酶产生菌 MSP13 筛选及其产酶条件初步优化 [J]. 食品科学,36(11):177-181.

毛成陆，徐淼 .2017. 急性野生菌中毒患者应用多烯磷脂酰胆碱治疗的实际效果分析 [J]. 世界最新医学信息文摘,17(10):117-118.

孟品品，刘星，邱慧珍，张文明，张春红，王蒂，张俊莲，沈其荣 .2012. 连作马铃薯根际土壤真菌种群结构及其生物效应 [J]. 应用生态学报，23(11):3079-3086.

苗莉云，程国霞 .2008. 运城盐湖主要植物种的生态位研究 [J]. 农业与技术，28(6):77-79.

苗圃 .2014. 枯草芽胞杆菌固态发酵米糠及其降甘油三酯功能的研究 [D]. 南京：南京农业大学 .

宁幸连，张慧杰 .2013. 奥瑞根对棉花主要病害的防治效果 [J]. 农业技术与装备，(18): 37-38.

牛丹丹，徐敏，马骏双，王正祥 .2006. 地衣芽胞杆菌 α- 淀粉酶基因的克隆和及其启动子功能鉴定 [J]. 微生物学报，(04):576-580.

欧阳江华 .2010. 利用微生物发酵床养猪垫料研制生物肥药的研究 [D]. 福州：福建农林大学 .

欧阳雪庆，罗霆，杨丽涛，李杨瑞 .2010. 甘蔗内生固氮菌液浸种对甘蔗生长前期氮代谢相关酶活性的影响 [J]. 广西农业科学,41(05):416-418.

潘好芹，张天宇，黄悦华，夏海波，于金凤 .2009. 太白山土壤淡色丝孢真菌群落多样性及生态位 [J]. 应用生态学报，20(2):363-369.

彭可为，李婵 .2010. 木霉菌的生物防治研究进展 [J]. 安徽农业科学，38(2): 780-782.

钱伟，余杭，孙耘子，蒋有条 .1995. 西瓜砧木抗逆性研究 [J]. 中国西瓜甜瓜，(4): 8-10.

曲艺，吴志新，杨丽，彭小云，袁娟，毕鹏，刘红，陈孝煊 .2012. 饲料中添加芽胞杆菌对草鱼表观消化率及消化酶活性的影响 [J]. 华中农业大学学报,31(01):106-111.

冉淦侨，田云龙，戴佳锟，张丽，郭萍，朱昌雄 .2014. 防治青枯病工程菌 Hrp- 菌株的固体剂型研究 [J]. 中国生物防治学报，30(3):385-392.

冉淦侨，田云龙，郭萍，刘雪，叶婧，张丽，朱昌雄 .2012. 响应面法优化青枯病生防菌 Hrp- 菌株的发酵条件 [J]. 生物加工过程，10(4):1-6.

任欣正，申道林，谢贻格 .1993. 番茄青枯病的生物防治 [J]. 南京农业大学学报，16(1): 45-49.

茹瑞红，李烜桢，黄晓书，高峰，王建明，李本银，张重义 .2014. 食用菌菌渣缓解地黄连作障碍的研究 [J]. 中国中药杂志，39(16):3036-3041.

茹水江 .2010. 木霉颗粒剂 ST-6 的研制及其应用研究 [D]. 杭州：浙江大学 .

邵璐，姜华 .2016. 辽宁碱蓬根际土壤真菌多样性的季节变化及其耐盐性 [J]. 生态学报，36(4):1050-1057.

邵庆勤，何克勤，张伟 .2007. 小麦秸秆浸提物的化感作用研究 [J]. 种子，26(4):11-13.

邵天蔚，李勇 .2016. 利用生防微生物防治人参根部病害的研究进展 [J]. 中国现代中药，18(3):383-386.

沈涛,邓斌,陈南南,傅罗琴,郑佳佳,李卫芬.饲料中添加复合芽胞杆菌对草鱼消化道酶活性及肠道菌群的影响[J].淡水渔业,2012,42(01):41-45.

盛清凯,武英,赵红波,刘华阳,王星凌.2010.发酵床养殖垫料组分的变化规律[J].西南农业学报,23(5):1703-1705.

石方方,焦国宝,丁长河,屈建航,屈凌波,刘仲敏.耐酸耐高温α-淀粉酶的研究进展[J].中国食品添加剂,2014(04):171-176.

石晓路.2016.致腹泻奇异变形菌毒力因子研究及应用[D].广州:南方医科大学.

史经略,张安宁,薛祥明.2012.混菌固态发酵生物饲料的研究[J].安徽农业科学,40(3):1493-1496,1500.

宋奔奔,傅松哲,刘志培,石芳永,刘鹰.水体中添加两种菌剂对凡纳滨对虾存活、生长及消化酶活力的影响[J].海洋科学,2009,33(04):1-5.

宋志刚,余宏军,蒋卫杰,张晔,杨学勇.2013.稻草复合基质对番茄育苗效果的影响[J].中国蔬菜,(14):72-77.

苏小玫.2015.微生物谷氨酰胺转氨酶生产菌株的筛选和诱变[D].福州:福建师范大学.

隋秀奇,李洪妍,张代胜,杨增生,汪景彦.2011.微生物肥的特点与使用实例[J].烟台果树,(04):29-30.

孙碧玉,邵继海,秦普丰,汤浩,黄红丽.2014.养猪发酵床中净水芽胞杆菌的分离及其固体发酵研究[J].环境工程,32(11):60-63.

孙常雁.2007.自然发酵黄豆酱中主要微生物酶系的形成及作用[D].哈尔滨:东北农业大学.

孙斐,陈靠山,张鹏英.2010.固态发酵麸皮和玉米芯生产拟康氏木霉孢子的研究[J].中国农学通报,26(6):236-239.

孙静,路福平,刘逸寒,刘曦,肖静.2009.枯草芽胞杆菌工程菌产中温α-淀粉酶发酵条件优化[J].中国酿造,(05):65-68.

孙为正,吴燕涛,赵强忠,赵谋明,吴娜,钱毅玲.2009.接种葡萄球菌和巨球菌降低广式腊肠亚硝酸盐残留量及对色泽形成的影响[J].食品与发酵工业,35(10):147-151.

孙向丽,启翔.2008.基质在一品红无土栽培中的应用[J].园艺学报,35(12):1831-1836.

唐丽江,王振华,王迪.高产淀粉酶芽胞杆菌菌株的筛选[J].安徽农业科学,2009,37(12):5362-5363,5371.

唐琳,赵辉.2013.5种杀菌剂对甜瓜枯萎病菌的拮抗效果[J].江苏农业科学,41(9):123-124.

唐启义.2017.DPS数据处理系统(第3卷:专业统计及其他)[M].北京:科学出版社:1246-1250.

唐伟杰,张文斌,李文德,杨勇,朱秀红.2013.生物菌肥对土壤性状及辣椒品质的影响[J].甘肃农业科技,(3):24-26.

唐雅茹,于上富,国立东,王娜娜,霍贵成.2016.一株降胆固醇乳杆菌的筛选及其益生作用的研究[J].食品工业科技,37(01):142-144,152.

田连生,王伟华,石万龙,李书生,史延茂,崔慧霄.2000.利用木霉防治大棚草莓灰霉病[J].植物保护,26(2):47-48.

田连生,张根伟,黄亚丽.2002.木霉对蔬菜立枯丝核菌病害的生防效果研究[J].河北省科学院学报,19(4):254-256.

田旸,柳丽芬,张兴文,杨凤林,谭伟杰.2003.秸秆与污泥混合堆肥研究[J].大连理工大学学报,43(6):753-758.

童建松.2002.桑树主要害虫的种群生态、群落生态及生物学特性的研究[D].重庆:西南大学.

万年鑫,郑顺林,周少猛,张琴,彭彬,袁继超.2016.薯玉轮作对马铃薯根区土壤养分及酶活效应分析[J].浙江大学学报,42(1):74-80.

汪桐,潘群皖,刘潮.1994.白蚁菌圃药用价值的初步研究[J].皖南医学院学报,(02):95-97.

王必尊，何应对，唐粉玲，刘永霞，马蔚红，臧小平，周兆禧，韩丽娜 .2013. 基于椰糠配比基质对香蕉组培苗生长的影响 [J]. 江苏农业科学 ,41(2):146-149.

王丹琪，叶素丹，陈春 .2013. 新型旋风分离器高效分离多株生防真菌分生孢子 [J]. 中国生物防治学报 , 29(1):61-67.

王迪 .2012. 猪用生物发酵床垫料中微生物群落多样性变化及芽胞杆菌分离与鉴定 [D]. 武汉：华中农业大学 .

王定美，武丹，李季，张陇利 .2011. 猪粪及其堆肥不同水浸提比对种子发芽特性指标的影响 [J]. 中国环境科学学报 , 30(3):579-584.

王滚 .2015. 降解肌酐为肌氨酸基因工程菌的构建 [D]. 衡阳：南华大学 .

王海燕，刘铭，王化军，曹竹安 .2006. 乳酸生产中的微生物代谢工程 [J]. 过程工程学报 ,(03):512-516.

王鸿荫，佟雅谦，曾丽生，王建平，申夷 .1982. 红茶菌亚慢性毒性实验研究 [J]. 食品科学 ,(02):1-4.

王慧 .2011. 鸡奇异变形菌致病性相关毒素检测及 PCR 检测方法的建立 [D]. 泰安：山东农业大学 .

王慧 .2016. 芽胞杆菌遗传操作体系初建及工程菌株分子改良 [D]. 中国农业科学院 .

王慧超，陈今朝，韩宗先 .2010.α- 淀粉酶的研究与应用 [J]. 重庆工商大学学报 (自然科学版),27(04):368-372.

王吉庆，赵月平，刘超杰 .2011. 水浸泡玉米秸基质对番茄育苗效果的影响 [J]. 农业工程学报 , 27(03): 276-281.

王锦祥，章刚，黄克和 .2009. 四株益生菌耐脂及降脂性能的体外研究 [J]. 食品工业科技 ,30(10):305-307, 311.

王敬国，陈清，林杉 .2011. 设施菜田退化土壤修复与资源高效利用 [M]. 北京：中国农业大学出版社 .

王俊国，武文博，包秋华 .2011. 益生菌降胆固醇作用的研究现状 [J]. 内蒙古农业大学学报 (自然科学版),32(04):346-353.

王齐，宋小平，王雅洁，蔡晶晶，李光伟 .2013. 微生物发酵生产谷氨酰胺转氨酶的研究进展 [J]. 齐齐哈尔医学院学报 ,34(05):732-733.

王琼，霍影，汪静，葛方兰，张清燕，任尧，李维 .2013. 一株胆固醇氧化酶高产菌的分类鉴定及酶学特性的研究 [J]. 四川师范大学学报 (自然科学版),36(06):930-935.

王曙，王梦芝，卢占军，董淑红，张鑫，王洪荣 .2011. 不同植物油脂对体外培养条件下培养液酶活及微生物活力的影响 [J]. 动物营养学报 ,23(08):1309-1316.

王顺峰，戚士初，潘超，朱斌 .2008. 谷氨酰胺转胺酶及其在肉品加工中的应用 [J]. 肉类研究 ,(07):42-45.

王文超 .2017. 微生物谷氨酰胺转氨酶作用于酸奶蛋白凝胶特性及抗氧化机理研究 [D]. 杭州：浙江科技学院 .

王献慧，梁志怀，魏林，陈玉荣，张屹 .2012. 哈茨木霉 T2-16 菌剂不同使用方法对花生防病促生长效果的研究 [J]. 花生学报 , 41(2): 24-27.

王潇娣，廖春燕，朱摇玲 .2012. 发酵床养猪模式中垫料的主要菌群分析 [J]. 养猪 , (3): 69-72.

王霄鹏 .益生菌的降脂作用及其功能性乳的研究 [D]. 西安：陕西科技大学 ,2016.

王小慧，张国漪，李蕊，卢颖林，冉炜，沈其荣 .2013. 拮抗菌强化的生物有机肥对西瓜枯萎病的防治作用 [J]. 植物营养与肥料学报 , 19(01)：223-231.

王小英，刘国红，刘波，阮传清，陈峥 .2017. 青海可可西里嗜碱芽胞杆菌资源调查 [J]. 微生物学通报 , 44(8):1847-1857.

王璇，周志成，肖启明，唐前君 .2014. 土壤微生物防治植物病害的研究进展 [J]. 北京农业 , (09):16.

王永东，蒋立科，岳永德，花日茂，江丽 .2006. 生防菌株哈茨木霉 H-13 固体发酵条件的研究 [J]. 浙江大学学报 (农业与生命科学版), 32(6): 645- 650.

王璋 .2004."神舟"5 号飞船搭载生产微生物谷氨酰胺转氨酶的优良菌株选育分析 [A]. 中国土木工程学会 . 科技、工程与经济社会协调发展——中国科协第五届青年学术年会论文集 [C]. 中国土木工程学会 :2.

王震，许丽娟，刘标，杜东霞，尹红梅，贺月林 . 2015. 发酵床垫料中高效纤维素降解菌的分离与筛选 [J]. 农业资源与环境学报，32(04):383-387.

王政逸，李德葆 . 2011. 尖胞镰刀菌致病菌营养体亲和群研究 [J]. 浙江农业学报，13(1): 72-77.

王子迎，吴芳芳，檀根甲 . 2000. 生态位理论及其在植物病害研究中的应用前景 (综述)[J]. 安徽农业大学学报，27(3):250-253.

蔚慧，杨林华，李志民 . 2009. 绿色木霉代谢产物对黑曲霉和荔枝炭疽抑菌机理的研究 [J]. 安徽农业科学，37(31): 15144-15145, 15242.

魏林，梁志怀，曾粮斌，罗赫荣，罗敏 . 2004. 哈茨木霉 T_{2-16} 代谢产物诱导豇豆幼苗抗枯萎病研究 [J]. 湖南农业大学学报 (自然科学版), 30(5): 443-445.

魏云霞，鲁剑巍，李小坤，薛欣欣，王素萍 . 2013. 秸秆及绿肥浸提液对莴苣种子的化感作用 [J]. 中国蔬菜，(4):60-64.

温海祥，陈玉如 . 2005. 生物有机肥优势发酵菌株的筛选 [J]. 佛山科学技术学院学报 (自然科学版)，23(1): 66-68.

吴凤芝，李敏，曹鹏，马亚飞，王丽丽 . 2014. 小麦根系分泌物对黄瓜生长及土壤真菌群落结构的影响 [J]. 应用生态学报，25(10):2861-2867.

吴洪生，周晓冬，李鹤，刘正柱，闫霜，刘小雪，王增辉，孔祥云 . 2013. 黄瓜、西瓜枯萎病拮抗细菌的初步分离与鉴定 [J]. 西南农业学报 [J]. (3): 1019-1024.

吴敬，段绪果 . 淀粉加工用酶研究进展 [J]. 中国食品学报 ,2015,15(06):14-25.

吴丽云 . 2015. 以啤酒废弃物为原料发酵 Bt 培养基的响应面优化 [J]. 福建农林大学学报 : 自然科学版，44(3):313-319.

吴其飞，黄达明，陆建明，管国强 . 2003. 固体发酵新技术与反应器的研究进展 [J], 饲料工业，24(8): 43-47.

吴寿华 . 2014. 养猪场发酵床垫料与氮肥配施对茶树光合特性与茶叶产量的影响 [J]. 农学学报，4(9): 42-46.

吴晓青，周方园，张新建 . 2017. 微生物组学对植物病害微生物防治研究的启示 [J]. 微生物学报，57(06):867-875.

吴燕涛，孙为正，崔春，吴娜，赵谋明，曹宝森 . 2008. 分离自广式腊肠的 *Staphylococcus condimenti* 和 *Macrococcus caseolyticus* 对腊肠中蛋白质水解程度的影响 [J]. 食品科学，(10):384-387.

吴燕涛，赵谋明，孙为正，曹宝森 . 2011. 内源性发酵剂 *Macrococcus caseolyticus* 发酵广式腊肠的风味物质成分分析 [J]. 食品工业科技，32(07):207-209,213.

伍朝荣，黄飞，高阳，毛一航，蔡昆争 . 2017. 土壤生物消毒对土壤改良、青枯菌抑菌及番茄生长的影响 [J]. 中国生态农业学报，25(8): 1173-1180.

武英，赵德云，盛清凯，王诚，张印 . 2009. 发酵床养猪模式是改善环境、提高猪群健康和产品安全的有效途径 [J]. 中国动物保健，11(05):89-92.

夏斯琴，王伟 . 2008. 绿色木霉 T4 的固体发酵工艺及其制剂稳定性的研究 [J]. 化学与生物工程，25(12): 52-56.

相宗国，赵瑞，陈俊琴 . 2012. 不同粉碎度的椰糠基质对黄瓜穴盘苗生长发育及其质量的影响 [J]. 中国蔬菜，(14) :65-69.

肖春萍，杨利民，马锋敏 . 2014. 栽培年限对人参根际土壤微生物活性及微生物量的影响 [J]. 中国中药杂志，39(24):4740-4747.

肖亮 . 2015. 精氨酸、*N*- 氨甲酰谷氨酸、谷氨酰胺对大鼠营养代谢与抗氧化能力的影响 [D]. 雅安：四川农业大学 .

肖荣凤，刘波，朱育菁，陈燕萍，苏明星，杨莹莹 . 2015a. 非致病性尖孢镰刀菌 FJAT-9290 的定殖特性及对番茄枯萎病的防治效果 [J]. 植物保护学报, 42(2):169-175.

肖荣凤, 刘波, 唐建阳, 史怀, 陈燕萍. 2015b. 哈茨木霉 FJAT-9040 生防菌剂固体发酵及其对苦瓜枯萎病的防治效果 [J]. 中国生物防治学报, 31(4): 508-515.

肖荣凤, 王阶平, 刘波, 陈峥, 陈燕萍, 陈倩倩. 2016. 大栏养猪微生物发酵床垫料中青霉菌的分离与鉴定 [J]. 福建农业学报, 31(2):189-193.

肖荣凤, 朱育菁, 刘波, 潘志针, 刘国红, 刘芸. 2017. 微生物发酵床大栏养猪垫料中曲霉菌的分离与鉴定 [J]. 福建农林大学学报 (自然科学版), 46(3):336-342.

肖田, 肖崇刚, 邹阳, 袁希雷. 2008. 青枯菌无致病力菌株对烟草青枯病的控病作用初步研究 [J]. 植物保护, 34(2):79-82.

肖田, 姚廷山, 于庆涛. 2015. 青枯无致病力菌株对烟草青枯病的诱导抗性与控病作用 [J]. 西南农业学报, 28(01):207-211.

谢凤行, 赵玉洁, 周可, 张峰峰, 李亚玲. 产胞外淀粉酶枯草芽胞杆菌的分离筛选及其紫外诱变育种 [J]. 华北农学报, 2009,24(03):78-82.

谢光蓉, 乔代蓉, 曹毅. 2012. 重组枯草芽胞杆菌 α- 淀粉酶基因工程菌构建与表达 [J]. 食品与发酵科技, 48(03):13-17.

谢嘉霖, 刘荣华, 叶启芳, 曹维凑, 徐秋华. 2006. 无土栽培基质电导率和 pH 值测定条件的研究 [J]. 安徽农业科学, 34(3):415-416.

谢建华, 师永生, 杜丽琴, 黄日波, 韦宇拓. 2011. 一株产酸性 α- 淀粉酶菌株的筛选、纯化及酶学性质 [J]. 应用与环境生物学报, 17(01):95-99.

谢晚彬. 2011. 生物菌肥在番茄种植中的应用研究 [J]. 湖北农业科学, 50(11): 2198-2199.

邢亚亮, 成月娇. 2013. 青霉素对绿豆发芽及幼苗生长的影响 [J]. 农业技术与装备, (07): 66-68.

徐福建, 陈洪章, 李佐虎. 2002. 固态发酵工程研究进展 [J]. 微生物工程进展, 22(1): 44-47.

徐国良, 涂招秀, 曾国屏, 袁菊茹. 2013. 利用芹菜等农副产品生产发酵饲料 [J]. 江西化工, (1): 55-57.

徐庆贤, 官雪芳, 林碧芬, 钱蕾, 林斌. 2013. 几株猪粪堆肥发酵菌对堆肥发酵的促进作用 [J]. 生态与农村环境学报, 29(2):253-259.

徐锡虎, 杨松林. 2004. 生物菌肥克灰防治大棚茄子灰霉病初探 [J]. 上海农业科技, (5): 101.

徐小明, 白建勇, 宦海琳, 闫俊书, 周维仁. 2015. 地衣芽胞杆菌对发酵床饲养仔猪生长性能、消化酶活性及肠道主要菌群数量的影响 [J]. 中国畜牧兽医, 42(04):923-928.

许玉洁, 单洪伟, 马甡. 2015. 芽胞杆菌和溶藻弧菌对凡纳滨对虾消化酶、免疫酶活力及抗病力的影响 [J]. 中国海洋大学学报 (自然科学版),2015,45(05):46-53.

许赞焕, 罗琳, 姜娜, 李铁梁, 袁丁, 刘康, 马志宏. 2012. 鼋摩氏摩根氏菌的鉴定及致病性 [J]. 四川农业大学学报, 30(01):87-91.

薛超, 黄启为, 凌宁, 高雪莲, 曹云, 赵青云, 何欣, 沈其荣. 2011. 连作土壤微生物区系分析、调控及高通量研究方法 [J]. 土壤学报, 48(3): 612-618.

闫敏, 李磊, 霍晓兰, 卢朝东. 2009. 利用木霉防治地黄枯萎病的研究 [J]. 山西农业科学, 37(4): 70-72.

闫实, 郭宁, 于跃跃, 梁金凤, 贾小红, 张远. 2016. 生物有机肥在设施番茄上的施用量研究 [J]. 中国农技推广, 32(07): 50-53.

杨波, 蒋芬, 朱艳, 杨成, 向铁勇, 段绍斌, 蒋云生. 肌酐水解酶基因工程菌的构建及功能研究 [J]. 中南医学科学杂志, 2016,44(05):494-498.

杨春林, 席亚东, 刘波微, 张敏, 彭化贤. 2008. 哈茨木霉 T-h-30 对几种蔬菜的促生作用及病害防治初探 [J]. 西南农业学报, 21(6): 1603-1607.

杨力凡 . 2010. 深绿木霉 Trichoderma atroviride 生物菌肥的研制及对油菜菌核病、根肿病的生物防治 [D]. 成都：四川农业大学 .

杨巧丽，姚拓，王得武，滚双宝 . 2015. 木质纤维分解菌群筛选及其对秸秆分解与畜禽粪便除臭能力评价 [J]. 草业学报，24(1):196-203.

杨文腰，修雪亮，王瀛，张建，戴泽文，王琦，周荔葆 . 2016. 奇异变形菌 - 金黄葡萄球菌 - 铜绿假单胞菌吸附联合疫苗的制备及其对小鼠的保护效果 [J]. 中国生物制品学杂志，29(09):903-906.

杨移斌，宋怿，杨秋红，刘永涛，杨先乐，艾晓辉 . 2018. 乌鳢 (Channa argus) 源摩氏摩根氏菌 (Morganella morganii) 的分离、鉴定及药敏特性 [J]. 浙江农业学报，30(02):194-202.

杨宇红，刘俊平，杨翠荣，冯东昕，谢丙炎 . 2008. 无致病力 hrp- 突变体防治茄科蔬菜青枯病 [J]. 植物保护学报，35(5): 433-437.

杨韵霏，李由然，张梁，李赢，顾正华，丁重阳，石贵阳 . 细菌麦芽糖淀粉酶在枯草芽胞杆菌中的诱导型异源表达 [J]. 微生物学通报，2017,44(02):263-273.

姚彬，王傲雪，李景富 . 2009. 哈茨木霉对 4 种番茄病原真菌抑制作用的研究 [J]. 东北农业大学学报，40(5): 26-31.

姚莉丽 . 2008. 乳酸脱氢酶的制备及其固定化研究 [D]. 长沙：中南大学 .

姚伟芳，弓爱君，邱丽娜，孙翠霞 . 2006. 苏云金芽胞杆菌固态发酵条件的优化 [J]. 化学与生物工程，23(11): 42-44.

叶程，邵坤彦，王亚南，覃桂，代风娇，何冬兰 . 2013. 重叠延伸 PCR 法定点突变微生物产谷氨酰胺转氨酶基因 [J]. 中国生物制品学杂志，26(05):670-674.

叶君 . 2014. Alcaligenes faecalis strain NR 异养脱氮性能及其代谢途径初探 [D]. 重庆：重庆大学 .

叶明，刘宁，沈君子，陈爱中 . 降解甘油三酯益生菌选育及其发酵条件优化 [J]. 食品科学，2008 (10): 369- 371.

叶少文，车建美，刘波，王阶平，陈倩倩，刘国红，陈峥，唐建阳 . 2016. 微生物发酵床垫料酶活性变化研究 [J]. 福建农业学报，2016, 31(1): 52-56.

易征璇，王征，谭著名 . 2013. 康氏木霉固体发酵产孢子粉工艺研究 [J]. 现代农业科技，(08): 194-196.

殷博，何鑫，曹亚彬 . 2011. 黑龙江省微生物肥料现状与问题 [J]. 中国环境管理干部学院学报，21(01): 49-51,68.

殷晓敏，陈弟，郑服丛 . 2008. 尖镰孢枯萎病生物防治研究进展 [J]. 广西农业科学，39(2)：172-178.

殷振江，周勇，张宇，高潮，刘疆 . 2015. 浅析温室番茄连作障碍防控技术 [J]. 陕西农业科学，61(7):109-111.

银福军，瞿显友，曾纬，舒抒 . 2009. 黄连不同部位水浸液自毒作用研究 [J]. 中药材，32(03):329-330.

尹红梅，吴迎奔，张德元，王震，陈薇，贺月林 . 2012. 发酵床中耐高温地衣芽胞的分离鉴定及产酶分析 [J]. 家畜生态学报，33(06):97-102.

尹文佳，杜家方，李娟，张重义 . 2009. 连作对地黄生长的障碍效应及机制研究 [J]. 中国中药杂志，34(01):18-21.

尹伊，屈建航，李海峰，焦国宝，丁长河，屈凌波，刘仲敏 . 耐酸耐高温 α- 淀粉酶及其菌种选育研究进展 [J]. 粮油食品科技，2015,23(05):101-105.

应三成，吕学斌，何志平，龚建军，陈晓晖 . 2010. 不同使用时间和类型生猪发酵床垫料成份比较研究 [J]. 西南农业学报，23(4):1279-1281.

应正河，林衍铨，江晓凌，黄秀声，罗旭辉，翁伯琦 . 2014. 利用微生物发酵床养猪垫料废料栽培毛木耳 [J]. 食用菌学报，21(3): 23-27.

余超 . 2010. 生防菌 FJAT-346 对香蕉枯萎病防治效果的研究 [D]. 福州：福建农林大学 .

余叔文 . 1998. 植物生理与分子生物学 .[M]. 2 版 . 北京 : 科学出版社 .

俞家楠，刘照斌，吕建洲 . 2015. 肌苷对绿豆种子萌发和幼苗生长的影响 [J]. 中国农学通报，31(17)：53-57.

郁书怀 . 2013. 片球菌属乳酸菌乳酸脱氢酶生物合成苯乳酸的研究 [D]. 无锡：江南大学 .

岳大军，刘觉民，谭周进 . 2003. 多利多生物活性肥在蔬菜上的施用效果 [J]. 湖南农业科学，1: 30-31.

曾庆才，肖荣凤，刘波，陈燕萍，史怀 . 2015. 生防菌哈茨木霉 FJAT-9040 固体发酵条件的响应面优化 [J]. 福建农业学报，30(2)：192-197.

曾庆才，肖荣凤，刘波，胡桂萍，陈燕萍 . 2014. 以微生物发酵床养猪垫料为主要基质的哈茨木霉 FJAT-9040 固态发酵培养基优化 [J]. 热带作物学报，35(4): 771-778.

查佳雪，宗绪和，陈星言，吕建洲 . 2016. 苦参碱对绿豆种子萌发和幼苗生长的影响 [J]. 园艺与种苗，(07)：84-85，91.

扎史品楚，农传江，王宇蕴，徐智 . 2015. 生物有机肥的发酵工艺及应用效果研究 [J]. 环境工程，33(S1)：1011-1014，1020.

詹洪，肖荣凤，刘波 . 2013. 枯萎病植物疫苗工程菌 FJAT-9290 生物学特性研究 [J]. 福建农业学报，28(7):690-696.

张安盛 . 2002. 桃园昆虫群落数量特征、生态位研究及其天敌保护利用初探 [D]. 泰安：山东农业大学 .

张波，黄勇，陈跃军，向春蓉，刘捷 . 2017. 以牛粪为主原料的生物有机肥生产工艺研究 [J]. 现代农业科技，(01)：189.

张宸，陈韶华，吴文倩，周建芹 . 微生物谷氨酰胺转氨酶催化细胞色素 c 赖氨酸残基的定点修饰 [J]. 中国生物工程杂志,2017,37(09):82-88.

张迪，惠希武，曹卫荣，盖文丽，李银贵 .2018.ELISA 法测定微生物谷氨酰胺转氨酶残留量 [J]. 药物分析杂志 ,38(01):124-129.

张发宝，徐培智，唐拴虎，陈建生，谢开治，黄旭 . 2008. 畜禽粪好氧堆肥产品的理化性质及生物效应 [J]. 广东农业科学，(05)：54-57.

张福特，黄惠琴，崔莹，孙前光，朱军，刘敏，鲍时翔 . 2014. 佳西热带雨林土壤芽胞杆菌分离与多样性分析 [J]. 微生物学杂志，(4):42-46.

张光曙，单毓兰，李其明，李学志，赵汇川，李清俊 .1983. 吡哌酸、TMP 短程治疗急性细菌性痢疾 238 例 [J]. 人民军医 ,(05):38-40.

张广志，李纪顺，扈进冬，张新建，杨合同，李红梅 . 2013. 利用玉米秸秆培养木霉菌分生孢子的研究 [J]. 中国农学通报，29(15): 169-172.

张海军，李泽方 . 2011. 绿色木霉 GY20 对棉花黄萎病菌的抑制机理及温室防效 [J]. 江西农业学报，23(7): 127-128.

张衡宇 . 2011. 植病生防菌哈茨木霉 (Trichoderma harzianum) 的研究 [D]. 福州：福建农林大学 .

张辉，王二云，张杰 . 2014. 畜禽常见粪便的营养成分及堆肥技术和影响因素 [J]. 畜牧与饲料科学，35(03)：70-71.

张继，武光朋，高义霞，冯涛，高超 . 2007. 蔬菜废弃物固体发酵生产饲料蛋白 [J]. 西北师范大学学报 (自然科学版), 43(4): 85-89.

张金龙 . 2009. 猪发酵床养殖中芽胞杆菌菌株的筛选、鉴定及产蛋白酶条件的优化 [D]. 成都：四川农业大学 .

张菊，李金敏，张志焱，李伟，谷巍 . 2012. 地衣芽胞杆菌的研究进展 [J]. 中国饲料，(17): 9-11.

张俊忠，陈秀蓉，杨成德，薛莉 . 2010. 东祁连山高寒草地土壤可培养真菌多样性分析 [J]. 草业学报，19(2):124-132.

张玲，霍惠芝，沈微，杨海麟，邬敏辰，王武 .2008. 甾短杆菌胆固醇氧化酶基因在大肠杆菌中的表达 [J]. 生物加工过程 ,(01):21-26.

张鹏华，张梁，卢燕，石贵阳 . 2007. *Morganella morganii* J-8 羰基不对称还原酶的分离纯化及性质研究 [J]. 生物工程学报 , (02):268-272.

张庆宁，胡明，朱荣生，任相全，武英，王怀忠，刘玉庆，王述柏 . 2009. 生态养猪模式中发酵床优势细菌的微生物学性质及其应用研究 [J]. 山东农业科学 , (04):99-105.

张润花，段增强 . 2011. 不同配比菇渣和牛粪基质的性状及其对幼苗生长的影响 [J]. 安徽农业科学 , 39(25):15297-15300.

张世超，陈少雄，彭彦 . 2006. 无土栽培基质研究概况 [J]. 桉树科技 , 23(1): 49-54.

张淑香，高子勤 . 2000. 连作障碍与根际微生态研究 Ⅱ . 根系分泌物与酚酸物质 [J]. 应用生态学报 , 11(1):153-157.

张涛，白岚，李蕾，朱世伟 . 不同添加量的益生菌组合对仿刺参消化和免疫指标的影响 [J]. 大连水产学院学报 ,2009,24(S1):64-68.

张涛 .2017. 裂殖壶菌发酵过程中脂肪酸迁移规律的研究 [D]. 无锡：江南大学 .

张文州 . 2012. 番茄青枯病植物疫苗工程菌的筛选及其免疫抗病机理研究 [D]. 福州：福州师范大学 .

张霞，杨杰，李健，潘孝青，秦枫，顾洪如 . 2013. 猪发酵床不同原料垫料重金属元素累积特性研究 [J]. 农业环境科学学报 , 32(1):166-171.

张晓鹏，刘雅亭 . 2015. 土壤处理剂对黄瓜连作土壤中土壤酶活性及黄瓜品质影响的试验 [J]. 农业技术与装备 , 10: 4-6.

张新慧，张恩和，王惠珍，郎多勇 . 2010. 连作对当归生长的障碍效应及机制研究 [J]. 中国中药杂志 , 35(10):1231-1234.

张学峰，周贤文，陈群，魏炳栋，姜海龙 . 2013. 不同深度垫料对养猪土著微生物发酵床稳定期微生物菌群的影响 [J]. 中国兽医学报 , 9:1458-1462.

张艳杰，杨淑，陈英化，沈凤英，乔丹娜，李亚宁，刘大群 . 2014. 玫瑰黄链霉菌防治番茄连作障碍及对土壤微生物区系的影响 [J]. 西北农业学报 , 23(8): 122-127.

张艳群，来航线，韦小敏，王旭东 . 2013. 生物肥料多功能芽胞杆菌的筛选及其作用机理研究 [J]. 植物营养与肥料学报 , 19(02): 489-497.

张业辉 . 2013. 有益微生物防治水稻纹枯病的研究进展 [J]. 安徽农业科学 , 41(36):13900-13901.

张一漪 . 2017. 生物有机肥对减轻植物盐害影响的研究进展 [J]. 农村经济与科技 , 28(11): 76-77.

张怡，杨天雪，秦旌，房诗宏 . 2000. 废次烟草作为载体在固态发酵体系中的综合利用 [J]. 烟草科技 , (7): 5-7.

张毅民，万先凯 . 2003. 微生物菌群在生物有机肥制备中研究进展 [J]. 化学工业与工程 , (06)： 522-526.

张毅民，张新雄，赵海，官家发 . 2010. 生物有机肥中几种功能微生物的研究及应用概况 [J]. 应用与环境生物学报 , 16(02)： 294-300.

张迎颖，张志勇，闻学政，宋伟，严少华，秦红杰，王岩，刘海琴 . 2017. 生物有机肥农田施用技术分析 [J]. 现代农业科技 , (23): 161-162，164.

张震，张炳欣，喻景权 . 2004. 黄瓜土传病害拮抗菌分离鉴定及生物活性测定 [J]. 浙江农业学报 , 16(3): 151-155.

张志红，李华兴，冯宏，赵兰凤，李敏清，胡伟 . 2010. 堆肥作为微生物菌剂载体的研究 [J]. 农业环境科学学报 , 29(07): 1382-1387.

张志忠，吕柳新，黄碧琦，林义章 . 2005. 西瓜枯萎病防治技术研究进展 [J]. 中国蔬菜 , 7: 38-40.

张重义，李改玲，牛苗苗，范华敏，李娟，林文雄 . 2011. 连作地黄的生理生态响应与品质评价 [J]. 中国中药杂志 , 36(09):1133-1136.

张宗耀，梁关海，梁蕾，吕延华，李文佳，谢俊杰 . 2016. 培养基及培养条件对冬虫夏草菌固体发酵产分生孢

子的影响 [J]. 菌物学报 , 35(4):440-449.

赵国华 , 方雅恒 , 陈贵 . 2015. 生物发酵床养猪垫料中营养成分和微生物群落研究 [J]. 安徽农业科学 , 43(8):98-99,101.

赵佳锐 , 杨虹 . 益生菌降解胆固醇的作用及机理研究进展 [J]. 微生物学报 ,2005(02):312-316.

赵娟 , 薛泉宏 , 杜军志 , 陈姣姣 . 2013. 两株镰孢菌的鉴定及其粗毒素对甜瓜幼苗的化感作用 [J]. 应用生态学报 , 24(01):142-148.

赵秀娟 . 2007. 土壤拮抗微生物防治草莓重茬病的研究 [D]. 保定 : 河北农业大学 .

赵永强 . 2010. 木霉菌对大豆根腐病菌的生防机制及其制剂的初步研究 [D]. 佳木斯 : 黑龙江八一农垦大学 .

赵耘 , 李伟杰 , 杜昕波 , 陈敏 , 康凯 , 陈永林 . 2010. 袋鼠摩根氏菌生物特性鉴定及系统发育分析 [J]. 中国畜牧兽医 , 37(03):48-51.

郑会娟 , 边六交 , 董发昕 , 郑晓晖 .2009. 盐酸胍诱导的淀粉液化芽胞杆菌 α- 淀粉酶去折叠过程的研究 [J]. 化学学报 ,67(08):786-794.

郑社会 . 2011. 千岛湖利用生态猪场发酵床垫料废渣栽培鸡腿菇 [J]. 浙江食用菌 , 5:46.

郑雪芳 , 葛慈斌 , 林营志 , 刘建 , 刘波 . 2006. 瓜类作物枯萎病生防菌 BS-2000 和 JK-2 的分子鉴定 [J]. 福建农业学报 , 21(2): 154-157.

郑雪芳 , 刘波 , 林乃铨 , 朱育菁 , 车建美 . 2013. 青枯雷尔氏菌无致病力突变菌株的构建及其防效评价模型分析 [J]. 植物病理学报 , 43(5):518-531.

郑雪芳 , 刘波 , 林营志 , 蓝江林 , 刘丹莹 . 2009. 利用磷脂脂肪酸生物标记分析猪舍基质垫层微生物亚群落的分化 [J]. 环境科学学报 , 29(11): 2306-2317.

郑雪芳 , 刘波 , 朱育菁 , 卢舒娴 , 蓝江林 . 2016a. 养猪发酵床垫料微生物及其猪细菌性病原群落动态的研究 [J]. 农业资源与环境学报 , 33(5), 425-432.

郑雪芳 , 刘波 , 朱育菁 . 2017a. 青枯病植物疫苗对番茄根系土壤微生物群落结构的影响 [J]. 中国生物防治学报 , 33(3):385-393.

郑雪芳 , 朱育菁 , 刘波 , 葛慈斌 . 2016b. 番茄青枯病植物疫苗菌株 FJAT-1458 的培养条件优化及发酵过程状态参数研究 [J]. 福建农业学报 , 31(8):858-862.

郑雪芳 , 朱育菁 , 刘波 , 葛慈斌 . 2017b. 番茄青枯病植物疫苗胶悬菌剂的制备及其对病害的防治效果 [J]. 植物保护 , 43(2):208-211.

郑雪芳 , 刘波 , 蓝江林 , 苏明星 , 卢舒娴 , 朱昌雄 . 2011. 微生物发酵床对猪舍大肠杆菌病原生物防治作用的研究 [J]. 中国农业科学 , (22):4728-4739.

郑永德 , 卢翠香 , 邱春锦 , 张祖堂 , 林志敏 , 李碧琼 , 林俊扬 , 陈政明 . 2015. 猪场废弃垫料栽培秀珍菇的适宜添加比例试验 [J]. 食药用菌 , (3):199-200.

钟姝霞 , 邓杰 , 汪文鹏 , 李永博 , 卫春会 , 黄治国 .2017. 酱香型酒醅产香芽胞杆菌的分离鉴定及其代谢产物分析 [J]. 现代食品科技 ,33(04):89-95, 88.

周俊辉 , 游春平 . 2011. 香蕉枯萎病菌 4 号小种拮抗细菌的筛选与鉴定 [J]. 果树学报 , 28(2): 278-283.

周淑香 , 李小宇 , 张连学 , 李玉 . 2010.6 株木霉菌对人参锈腐病的防治效果 [J]. 中国生物防治 , 26(增刊):69-72.

周学利 , 吴锐锐 , 李小金 , 方国跃 . 2014. 发酵床养猪模式中猪肠道与垫料间的菌群相关性分析 [J]. 家畜生态学报 , 35(2):70-74.

周游 , 郑雪芳 , 刘波 , 黄建忠 , 车建美 . 2012. 青枯雷尔氏植物疫苗菌 60Co 诱变菌株的生物学特性 [J]. 福建农业学报 , 27(12):1360-1368.

朱碧春 , 顾丽 , 李正 , 伍辉军 , 顾沁 , 吴黎明 , 高学文 . 2017. 南极土壤芽胞杆菌的分离鉴定及其防治玉米细菌性褐腐病的研究 [J]. 南京农业大学学报 , 40(4):641-648.

朱虹，王文杰，祖元刚，贺海升，关宇，许慧男，于兴洋 . 2010. 树皮土基质和降盐碱剂对盐碱土的改良效应 [J]. 林业科学 , 46(7):42-48.

朱明华 . 2010. 鸡奇异变形菌的分离鉴定及生物学特性的研究 [D]. 泰安：山东农业大学 .

朱奇奇，蒲博，王周，张驰翔，焦士蓉 .2016. 一株降胆固醇乳酸菌的筛选、鉴定及在发酵泡菜中的应用 [J]. 中国调味品 ,41(05):16-22，29.

朱天辉，李姝江，向潇潇，谯天敏 . 2013. 地衣芽胞杆菌 YB15 发酵培养优化的研究 [J]. 四川林业科技 , 34(1): 1-4.

朱晓艳 . 2009. 摩氏摩根氏菌噬菌体 MmP1 内溶素基因预测、克隆、表达及生物学活性的初步研究 [D]. 重庆：第三军医大学 .

庄义庆，乔广行，王源超，何东兵，郑小波 . 2008. 蕉斑镰刀菌 32-6 菌株产孢条件研究 [J]. 南京农业大学学报 , 31(4): 77-81.

邹春娇，齐明芳，马建，武春成，李天来 . 2016. Biolog-ECO 解析黄瓜连作营养基质中微生物群落结构多样性特征 [J]. 中国农业科学 , 49(5):942-951.

邹艳玲，徐美娟，饶志明 .2013. 耐热 β- 淀粉酶高产菌株的筛选及其产酶条件优化 [J]. 应用与环境生物学报 ,19(05):845-850.

Abeysinghe S. 2006. Biological control of *Fusarium oxysporum* f. sp. *radicis-cucumerinum*, the casual agent of root and stem rot of *Cucumis sativus* by non-pathogenic *Fusarium oxysporum* [J]. Ruhuna J Sci, 1: 24-31.

Adebayo OS, Kintomo AA, Fadamiro HY. 2009. Control of bacterial wilt disease of tomato through integrated crop management strategies [J]. Int J Vegetable Sci, 15(2): 96-105.

Ajilogba CF, Babalola OO. 2013. Integrated management strategies for tomato fusarium wilt [J]. Biocontrol Sci, 18(3): 117-127.

Albiach R, Canet R, Pomares F, Ingelmo F. 2000. Microbial biomass content and enzymatic activities after the application of organic amendments to a horticultural soil [J]. Bioresour Technol, 75(1): 43-48.

Alizadeh H, Behboudi K, Ahmadzadeh M, Javan-Nikkhah M, Zamioudis C, Pieterse, Corné MJ, Bakker, Peter AHM. 2013. Induced systemic resistance in cucumber and Arabidopsis thaliana by the combination of *Trichoderma harzianum* Tr6 and *Pseudomonas* sp. Ps14 [J]. Biol Control, 65(1): 14-23.

Amby BD, Son BT, Thuy TTT, Kosawang BD, Jorgensen C. 2015. First report of *Fusarium lichenicola* as a causal agent of fruit rot in pomelo (*Citrus maxima*) [J]. Plant Dis, 99(9):1278.

Antonious GF. 2003. Impact of soil management and two botanical insecticides on urease and invertase acitivity [J]. J Environ Sci Health B, 38: 479-488.

Antony R, Krishnan K P, Laluraj C M, Thamban M, Dhakephalkar P K, Engineer A S, Shivaji S. 2012. Diversity and physiology of culturable bacteria associated with a coastal Antarctic ice core [J]. Microbiol Res, 167(6): 372-380.

Arabi MI, Bakri Y, Jawhar M. 2011. Extracellular xylanase production by *Fusarium* species in solid state fermentation [J]. Pol J Microbiol, 60(3):209-212.

Babalola OO. 2010. Improved mycoherbicidal activity of *Fusarium arthrosporioides* [J]. J Microbiol Res, 4(15): 1659-1662.

Balabel NM, Eweda WE, Mostafa ML, Farag NS. 2005. Some epidemiological aspects of *Ralstonia solanacearum* [J]. Egypt J Agric Res, 83(4):1547-1564.

Barbosa J, Caetano T, Mendo S. 2015. Class I and class II lanthipeptides produced by *Bacillus* spp. [J]. J Nat Prod, 78(11):2850-2866.

Blackburn JK, Matakarimov S, Kozhokeeva S, Tagaeva Z, Bell LK, Kracalik IT, Zhunushov A. 2017. Modeling the Ecological Niche of *Bacillus anthracis* to Map Anthrax Risk in Kyrgyzstan [J]. Am J Trop Med Hyg, 96(3):550-556.

Carrasco IJ, Márquez MC, Ventosa A. 2009. *Virgibacillus salinus* sp. nov., a moderately halophilic bacterium from sediment of a saline lake [J]. Int J Syst Evol Microbiol, 59(Pt 12):3068-3073.

Cellier G, Prior P. 2010. Deciphering phenotypic diversity of *Ralstonia solanacearum* strains pathogenic to potato [J]. Phytopathology, 100:1250-1261.

Chalasani AG, Dhanarajan G, Nema S, Sen R, Roy U. 2015. An antimicrobial metabolite from *Bacillus* sp.: significant activity against pathogenic bacteria including multidrug-resistant clinical strains [J]. Front Microbiol, 6:1335.

Che JM, Liu B, Chen Z, Shi H, Liu GH, Ge CB. 2015. Identification of ethylparaben as the antimicrobial substance produced by *Brevibacillus brevis* FJAT-0809-GLX [J]. Microbiol Res, 172: 48-56.

Chellemi DO, Rosskopf EN, Kokalis-Burelle N. 2013. The effect of transitional organic production practices on soilborne pests of tomato in a simulated microplot study [J]. Phytopathology, 103(8):792-801.

Chen LH, Yang XM, Raza W, Luo J, Zhang FG, Shen QR. 2011. Solid-state fermentation of agro-industrial wastes to produce bioorganic fertilizer for the biocontrol of *Fusarium* wilt of cucumber in continuously cropped soil [J]. Bioresour Technol, 102(4):3900-3910.

Chen YG, Gu FL, Li JH, Xu F, He SZ, Fang YM. 2015. *Bacillus vanillea* sp. nov., isolated from the cured vanilla bean [J]. Curr Microbiol, 70(2):235-239.

Chen ZJ, Zheng Y, Ding CY, Ren XM, Yuan J, Sun F, Li YY. 2017. Integrated metagenomics and molecular ecological network analysis of bacterial community composition during the phytoremediation of cadmium-contaminated soils by bioenergy crops [J]. Ecotoxicol Environ Saf, 145:111-118.

Cheng F, Cheng ZH, Meng HW. 2016. Transcriptomic insights into the allelopathic effects of the garlic allelochemical diallyl disulfide on tomato roots [J]. Sci Rep, 6:38902.

Chi Z, Rong YJ, Li Y, Tang MJ, Chi ZM. 2015. Biosurfactins production by *Bacillus amyloliquefaciens* R3 and their antibacterial activity against multi-drug resistant pathogenic E. *coli* [J]. Bioprocess Biosyst Eng, 38(5):853-861.

Chikerema SM, Murwira A, Matope G, Pfukenyi DM. 2013. Spatial modelling of *Bacillus anthracis* ecological niche in Zimbabwe [J]. Prev Vet Med, 111(1-2):25-30.

Ciliento R, Woo S L, Di Benedeto P, Ruocco M, Scala F, Soriente I, Ferraioli S, Brunner K, Zeilinger S, Mach RL, Lorito M. 2004. Genetic improvement of *Trichoderma* ability to induce systemic resistance [J]. Journal of Zhejiang University (Agriculture &Life Sciences), 30(4): 423.

Coorevits A, Dinsdale AE, Heyrman J, Schumann P, Van Landschoot A, Logan NA, De Vos P. 2012. *Lysinibacillus macroides* sp. nov., nom. rev [J]. Int J Syst Evol Microbiol, 62(Pt 5):1121-1127.

Cutler HG, Cox RH, Crumley FG, Cole PD. 1986. 6-Pentyl-a-pyrone from *Trichoderma harzianum*: its plant growth inhibitory and antimicrobial properties [J]. Agr Biol Chem, 50(11): 2943-2945.

Devi PS, Ravinder T, Jaidev C. 2005. Cost-effective production of *Bacillus thuringiensis* by solid-state fermentation [J]. J Invertebr Pathol, 88(2): 163-168.

Dhillon GS, Oberoi HS, Kaur S. 2011. Value-addition of agricultural wastes for augmented cellulase and xylanase production through solid-state tray fermentation employing mixed-culture of fungi [J]. Ind Crops Prod,34(1): 1160-1167.

Díez-Méndez A, Rivas R, Mateos PF, Martínez-Molina E, Santín PJ, Sánchez-Rodríguez JA, Velázquez E. 2017.

Bacillus terrae sp. nov. isolated from Cistus ladanifer rhizosphere soil [J]. Int J Syst Evol Microbiol, 67(5):1478-1481.

Ding H, Cheng Z, Liu M, Hayat S, Feng H. 2016. Garlic exerts allelopathic effects on pepper physiology in a hydroponic co-culture system [J]. Biol Open, 5: 1-7.

Dunand A, Renaud R, Maratray J, Almanza S. 1997. INRA-Dijon reactors for solid state fermentation: designs and applications [J]. J Sci Ind Res India, 55(3): 317-332.

Dunlap CA, Bowman MJ, Zeigler DR. 2020. Promotion of *Bacillus subtilis* subsp. *inaquosorum*, *Bacillus subtilis* subsp. *spizizenii* and *Bacillus subtilis* subsp. *stercoris* to species status [J]. Antonie Van Leeuwenhoek, 113(1):1-12.

Elhady A, Giné A, Topalovic O, Jacquiod S, Sørensen SJ, Sorribas FJ, Heuer H. 2017. Microbiomes associated with infective stages of root-knot and lesion nematodes in soil [J]. PLoS One, 12(5):e0177145.

Ezzouhri L, Castro E, Moya M, Espinola F, Lairini K. 2009. Heavy metal tolerance of filamentous fungi isolated from polluted sites in Tangier, Morocco [J]. Afri J Microbiol Res, 3(2):35-48.

Fazion F, Perchat S, Buisson C, Gislayne Vilas-Bôas, Didier Lereclus. 2017. A plasmid-borne Rap-Phr system regulates sporulation of *Bacillus thuringiensis* in insect larvae [J]. Environ Microbiol,20(1):145-155.

Fierer N. 2017. Embracing the unknown: disentangling the complexities of the soil microbiome[J].Nat Rev Microbiol, 15(10):579-590.

Frey P, Prior P, Marie C. 1994. Hrp-mutants of *Pseudomonas Solanacearum* as potentiall biocontrol agents of tomato bacterial wilt [J]. Appl Environ Microbiol, 60(9): 3175-3181.

Fu SF, Sun PF, Lu HY, Wei JY, Xiao HS, Fang WT, Cheng BY, Chou JY. 2016. Plant growth-promoting traits of yeasts isolated from the phyllosphere and rhizosphere of *Drosera spatulata* Lab [J]. Fungal Biol, 120(3): 433-448.

Fuchs JG, Moenne-Loccoz Y, Defago G. 1999. Ability of *Nonpathogenic Fusarium xysporum* Fo47 to protect tomato against Fusarium wilt [J]. Biol Control, 14(2): 105-110.

Grinnell J. 1917. The nice relationships of the California thrasher [J]. The Auk, 34(4):364-382.

2Gu Y, Wang P, Kong C. 2009. Urease, invertase, dehydrogenase and polyphenoloxidase activities in paddy soil influenced by allelopathic rice variety [J]. Eur J Soil Biol, 45: 436-441.

Guo JH, Liu XJ, Zhang Y, Shen JL，Han WX，Zhang WF，Christie P，Goulding KWT，Vitousek PM，Zhang FS. 2010. Significant acidification in major Chinese croplands [J]. Science, 327(5968): 1008-1010.

Guo Y, Zhang J, Deng C, Zhu N. 2013. Spatial heterogeneity of bacteria: evidence from hot composts by culture-independent analysis [J]. Bioresour Technol, 136:664-671.

Guo Y, Zhang J, Yan Y, Wu J, Zhu N, Deng C. 2015. Molecular phylogenetic diversity and spatial distribution of bacterial communities in cooling stage during swine manure composting [J]. Asian-Australas J Anim Sci. 28(6):888-895.

Gupta RS, Patel S, Saini N, Chen S. 2020. Robust demarcation of 17 distinct *Bacillus* species clades, proposed as novel Bacillaceae genera, by phylogenomics and comparative genomic analyses: description of *Robertmurraya kyonggiensis* sp. nov. and proposal for an emended genus *Bacillus* limiting it only to the members of the Subtilis and Cereus clades of species [J].Int J Syst Evol Microbiol, 70(Pt 11):5753-5798.

Gutarowska B, Matusiak K, Borowski S, Rajkowska A, Brycki B. 2014. Removal of odorous compounds from poultry manure by microorganisms on perlite-bentonite carrier [J]. J Environ Manage, 141:70-76.

Hanajima D, Haruta S, Hori T, Ishii M, Haga K, Igarashi Y. 2009. Bacterial community dynamics during reduction of odorous compounds in aerated pig manure slurry [J]. J Appl Microbiol, 106(1):118-129.

Hanemian M, Zhou B, Deslandes L, Marco Y, Trémousaygue D. 2013. Hrp mutant bacteria as biocontrol agents: toward a sustainable approach in the fight against plant pathogenic bacteria [J]. Plant Signal Behav, 8(10): e25678.

Hangavel R, Palaniswani A, Velazhahan R. 2004. Mass production of *Trichoderm harzianum* for managing Fusarium wilt of banana [J]. Agr, Ecosyst Environ, 103(1): 259-263.

Harman GE. 2000. Myths and dogemas of biocontrol-changes in perceptions derived from research on *Trichoderma harzianum* T-22 [J]. Plant Dis, 84(4): 377-393.

Hatayama K, Shoun H, Ueda Y, Nakamura A. 2006. *Tuberibacillus calidus* gen. nov. sp. nov. isolated from a compost pile and reclassification of *Bacillus naganoensis* Tomimura et al. 1990 as *Pullulanibacillus naganoensis* gen. nov. comb. nov. and *Bacillus laevolacticus* Andersch et al. 1994 as *Sporolactobacillus laevolacticus* comb. nov [J]. Int J Syst Evol Microbiol, 56(Pt 11):2545-2551.

Hayward AC. 1991. Biology and epidemiology of bacterial wilt caused by *Pseudomonas solanacearum* [J]. Ann Rev Phytopathol, 29:65-87.

He Y, Xie K, Xu P, Huang X, Gu W, Zhang F, Tang S. 2013. Evolution of microbial community diversity and enzymatic activity during composting [J]. Res Microbiol, 164(2):189-198.

Hölker U, Lenz J. 2005. Solid-state fermentation are there any biotechnological advantages? [J]. Curr Opin Microbiol, 8(3): 301-306.

Holmes B, Steigerwalt AG, Weaver RE, Brenner DJ. 1986. *Weeksella virosa* gen. nov., sp. nov. (formerly group IIF) found in human clinical specimens [J]. Syst Appl Microbiol, 8:185-190.

Hong JK, Cho JC. 2015. Environmental variables shaping the ecological niche of Thaumarchaeota in soil: direct and indirect causal effects [J]. PLoS One, 10(8):e0133763.

Hong SW, Park JM, Kim SJ, Chung KS. 2012. *Bacillus eiseniae* sp. nov., a swarming, moderately halotolerant bacterium isolated from the intestinal tract of an earthworm (*Eisenia fetida* L.) [J]. Int J Syst Evol Microbiol, 62(Pt 9):2077-2083.

Howell CR, Hanson LE, Stipanovic RD, Puckhaber LS. 2000. Induction of terpenoid synthesis in cotton roots and control of *Rhizoctonia solani* by seed treatment with *Trichoderma* [J]. Phytopathology, 90(3):248-252.

Howell CR. 2003. Mechanisms employed by *Trichoderma* species in the biological control of plant diseases: the history and evolution of current concepts [J]. Plant Dis, 87: 4-10.

Huet G. 2014. Breeding for resistances to *Ralstonia solanacearum* [J]. Front Plant Sci, 5: 715.

Islas-Espinoza M, Reid BJ, Wexler M, Bond PL. 2012. Soil bacterial consortia and previous exposure enhance the biodegradation of sulfonamides from pig manure [J]. Microb Ecol, 64(1):140-151.

Islas-Espinoza M, Reid BJ, Wexler M, Bond PL. 2013. Soil bacterial consortia and previous exposure enhance the biodegradation of sulfonamides from pig manure [J]. Waste Manag, 33(7):1595-1601.

Jahromi MF, Liang JB, Wan HY, Mohamad R. 2013. Production of lovastatin from rice straw using *Aspergillus terreus* in solid state fermentation [J]. Afr J Pharm Pharmacol, 7(29): 2106-2111.

Jenkinson DS, Ladd, JN. 1981. Microbial Biomass in Soil: Measurement and Turnover[M]. Soil Biochemistry, New York: Marcel Dekker, 5：415-471.

Kábana R R, Truelove B. 1982. Effects of crop rotation and fertilization on catalase activity in a soil of the southeastern United States [J]. Plant Soil, 69: 97-104.

Kalil SJ, Maugeri F, Rodrigues MI. 2000. Response surface analysis and simulation as a tool for bioprocess design and optimization [J]. Proc Biochem, 35(6):539-550.

Kalivas A, Ganopoulos I, Psomopoulos F, Grigoriadis I, Xanthopoulou A, Hatzigiannakis E, Osathanunkul M,

Tsaftaris A, Madesis P. 2017. Comparative metagenomics reveals alterations in the soil bacterial community driven by *N*-fertilizer and Amino 16® application in lettuce [J]. Genom Data, 14:14-17.

Kazuyo F，Hong SY，Yeon YJ，Joo JC，Yoo YJ . 2014. Enhancing the activity of *Bacillus circulans* xylanase by modulating the flexibility of the hinge region [J]. J Ind Microbiol Biotechnol, 41(8): 1181-1190.

Khan MR, Khan SM. 2002. Effects of root-dip treatment with certain phosphate solubilizing microorganisms on the fusarial wilt of tomato [J]. Bioresour Technol, 85(2): 213-215.

Kim O S, Cho Y J, Lee K, Yoon S H, Kim M, Na H, Park S C, Jeon Y S, Lee J H, Yi H, Won S, Chun J. 2012. Introducing EzTaxon-e: a prokaryotic 16S rRNA Gene sequence database with phylotypes that represent uncultured species [J]. Int J Syst Evol Microbiol, 62(Pt 3):716-721.

Kuroda K, Waki M, Yasuda T, Fukumoto Y, Tanaka A, Nakasaki K. 2015. Utilization of *Bacillus* sp. strain TAT105 as a biological additive to reduce ammonia emissions during composting of swine feces [J]. Biosci Biotechnol Biochem, 79(10):1702-1711.

Lagomarsin A, Benedetti A, Marinari S, Pompili L, Moscatelli MC. 2011. Soil organic C variability and microbial functions in a Mediterranean agro-forest ecosystem[J]. Biol Fertil Soils, 47: 283-291.

Landeweert R, Leeflang P, Kuyper T W, Hoffland E, Rosling A, Wernars K, Smit E. 2003. Molecular identification of ectomycorrhizal mycelium in soil horizons [J]. Appl Environ Microbiol, 69(1):327-333.

Laukevics JJ, Apsite AF, Viesturs UE, Tengerdy RP. 1984. Solid substrate fermentation of wheat straw to fungal protein [J]. Biotechnol Bioeng, 26(12):1465-1474.

Lavelle P, Spain AV. 2001. Soil Ecology [M]. New York: Springer.

Lee S, Ka J O, Song H G. 2012. Growth promotion of *Xanthium italicum* by application of rhizobacterial isolates of *Bacillus aryabhattai* in microcosm soil [J]. J Microbiol, 50(1): 45-49.

Lee YH, Choi CW, Kim SH, Hong JK. 2011. Chemical pesticides and plant essential oils for disease control of tomato bacterial wilt [J]. J Plant Pathol, 28: 32.

Li R, Li L, Huang R, Sun Y, Mei X, Shen B, Shen Q. 2014a. Variations of culturable thermophilic microbe numbers and bacterial communities during the thermophilic phase of composting [J]. World J Microbiol Biotechnol, 30(6):1737-1746.

Li L, Feng X, Tang M, Hao W, Han Y, Zhang G, Wan S. 2014b. Antibacterial activity of Lansiumamide B to tobacco bacterial wilt (*Ralstonia solanacearum*)[J]. Microbiol Res, 169(8):522-526.

Li T, Liu T, Zheng C, Kang C, Yang Z, Yao X, Song F, Zhang R, Wang X, Xu N, Zhang C, Li W, Li S. 2017. Changes in soil bacterial community structure as a result of incorporation of *Brassica* plants compared with continuous planting eggplant and chemical disinfection in greenhouses [J]. PLoS One, 12(3):e0173923.

Liu B, Liu GH, Hu GP, Chen MC. 2014. *Bacillus mesonae* sp. nov., isolated from the root of *Mesona chinensis*. Int J Syst Evol Microbiol, 64: 3346-3352.

Loiseau C, Schlusselhuber M, Bigot R, Bertaux J, Berjeaud JM, Verdon J. 2015. Surfactin from *Bacillus subtilis* displays an unexpected anti-*Legionella* activity [J]. Appl Microbiol Biotechnol, 99(12):5083-5093.

Lopetuso LR, Scaldaferri F, Franceschi F, Gasbarrini A. 2016. *Bacillus clausii* and gut homeostasis: state of the art and future perspectives [J]. Expert Rev Gastroenterol Hepatol, 10(8):943-948.

Lori M, Symnaczik S, Mäder P, De Deyn G, Gattinger A. 2017. Organic farming enhances soil microbial abundance and activity: A meta-analysis and meta-regression [J]. PLoS One, 12(7):e0180442.

Luan FG, Zhang LL, Lou YY, Wang L, Liu YN, Zhang HY. 2015. Analysis of microbial diversity and niche in rhizosphere soil of healthy and diseased cotton at the flowering stage in southern Xinjiang [J]. Genet Mol Res,

14(1):1602-1611.

Lugtenberg B, Kamilova F. 2009. Plant growth-promoting *rhizobacteria* [J]. Annu Rev Microbiol, 63: 541-556.

Madhaiyan M, Poonguzhali S, Lee JS, Lee KC, Hari K. 2011. *Bacillus rhizosphaerae* sp. nov., an novel diazotrophic bacterium isolated from sugarcane rhizosphere soil [J]. Antonie Van Leeuwenhoek, 100(3):437-44.

Madhuri A, Nagaraju B, Harikrishna N, Reddy G. 2012. Production of alkaline protease by *Bacillus altitudinis* GVC11 using castor husk in solid-state fermentation [J]. Appl Biochem Biotechnol, 167(5): 1199-1207.

Maeda K, Hanajima D, Toyoda S, Yoshida N, Morioka R, Osada T. 2011. Microbiology of nitrogen cycle in animal manure compost [J]. Microb Biotechnol, 4(6):700-709.

Maharjan RP, Ferenci T. 2003. Global metabolite analysis: the influence of extraction methodology on metabolome profiles of *Escherichia coli* [J]. Anal Biochem, 313(1): 145-154.

Mamo Z, Alemu T. 2012. Evaluation and optimization of agro-industrial wastes for conidial production of *Trichoderma* isolates under solid state fermentation [J]. J Appl Biosci, 54: 3880-3891.

Manhar AK, Bashir Y, Saikia D, Nath D, Gupta K, Konwar BK, Kumar R, Namsa ND, Mandal M. 2016. Cellulolytic potential of probiotic *Bacillus subtilis* AMS6 isolated from traditional fermented soybean (Churpi): An in-vitro study with regards to application as an animal feed additive [J]. Microbiol Res, 186-187:62-70.

Martyn R D, Hartz TK. 1986. Use of soil solarization to control Fusarium wilt of watermelon [J]. Plant Dis, 70(8):762-766.

Maughan H, Van der Auwera G. 2011. *Bacillus* taxonomy in the genomic era finds phenotypes to be essential though often misleading [J]. Infect Genet Evol, 11(5):789-797.

McCarthy G, Lawlor PG, Coffey L, Nolan T, Gutierrez M, Gardiner GE. 2011. An assessment of pathogen removal during composting of the separated solid fraction of pig manure [J]. Bioresour Technol, 102(19):9059-9067.

Medeiros PM, Fernandes MF, Dick RP, Simoneit BR. 2006. Seasonal variations in sugar contents and microbial community in a ryegrass soil [J]. Chemosphere, 65(5): 832-839.

Meerow AW. 1994. Crowth of two subtropical ornamentals using coir (coconut mesocarp pith) as a peat substitute [J]. Hort Sci, 29(12):1484-1486.

Moon JY, Lim JM, Ahn JH, Weon HY, Kwon SW, Kim SJ. 2014. *Paenalcaligenes suwonensis* sp. nov., isolated from spent mushroom compost [J].Int J Syst Evol Microbiol, 64(Pt 3):882-886.

Morales-Barrera L, Contreras-Juarez CM, Sanchez-Pardo ME, Sanchez-Garcia D, Pineda-Camacho G, Cristiani-Urbina E. 2008. Isolation, identification and characterization of a *Fusarium lichenicola* strain with high Cr(VI) reduction potential [J]. Biochem Engin J, 40(2):284-292.

Morton JT, Sanders J, Quinn RA, McDonald D, Gonzalez A, Vázquez-Baeza Y, Navas-Molina JA, Song SJ, Metcalf JL, Hyde ER, Lladser M, Dorrestein PC, Knight R. 2017. Balance Trees Reveal Microbial Niche Differentiation [J]. mSystems, 2(1): e00162-16.

Mowlick S, Takehara T, Kaku N, Ueki K, Ueki A. 2013. Proliferation of diversified clostridial species during biological soil disinfestation incorporated with plant biomass under various conditions [J]. Appl Microbiol Biotechnol, 97(18):8365-8379.

Mukherjee S, Das P, Sivapathasekaran C, Sen R. 2009. Antimicrobial biosurfactants from marine *Bacillus circulans*: extracellular synthesis and purification [J].Lett Appl Microbiol, 48(3): 281-288.

Murphy CE, Lemerle D. 2006. Continuous cropping systems and weed selection [J]. Euphtica, 148:61-73.

Nam JH, Bae W, Lee DH. 2008. *Oceanobacillus caeni* sp. nov., isolated from a *Bacillus*-dominated wastewater treatment system in Korea [J]. Int J Syst Evol Microbiol, 58(Pt 5):1109-1113.

Nawrocka J, Malolepsza U. 2013. Diversity in plant systemic resistance induced by *Trichoderma* [J]. Biol Control, 67(2) :149-156.

Neilson JW, Califf K, Cardona C, Copeland A, van Treuren W, Josephson KL, Knight R, Gilbert JA, Quade J, Caporaso JG, Maier RM. 2017. Significant impacts of increasing aridity on the arid soil microbiome [J]. mSystems, 2(3):e00195-16.

Norman DJ, Zapata M, Gabriel DW, Duan YP, Yuen JM, Mangravita-Nova A, Donahoo RS. 2009. Genetic diversity and host range variation of *Ralstonia solancearum* strains entering North America [J]. Phytopathology, 99:1070-1077.

Novello G, Gamalero E, Bona E, Boatti L, Mignone F, Massa N, Cesaro P, Lingua G, Berta G. 2017. The rhizosphere bacterial microbiota of *Vitis vinifera* cv. Pinot Noir in an integrated pest management vineyard [J]. Front Microbiol, 8:1528.

O'Donnell K, Sutton DA, Rinaldi MG, Sarver BAJ, Balajee SA, Schroers HJ, Summerbell RC, Robert VARG, Crous PW, Zhang N, Aoki T, Jung KY, Park JS, Lee YH, Kang SC, Park BS, Geiser DM. 2010. Internet-accessible DNA sequence database for identifying fusaria from human and animal infections [J]. J Clin Microbiol, 48(10):3708-3718.

Ordentlicb A, Wiesman Z, Gottliebhe. 1992. Inbibitoyr furanone produced by the biocontrol agent *Trichoderma harzianum* [J]. Phytochemistry, 31(2): 485-486.

Pandey A. 2003. Solid-state fermentation [J]. Biochem Engin J, 13: 81-84.

Parmar P, Oza V P, Subramanian R B. 2010. Optimization of fusaric acid production by *Fusarium oxysporum* f. sp. *lycopersici* using response surface methodology [J]. Indian J Sci Technol, 3(4):411-416.

Patel S, Gupta RS. 2020. A phylogenomic and comparative genomic framework for resolving the polyphyly of the genus *Bacillus*: Proposal for six new genera of *Bacillus* species, *Peribacillus* gen. nov., *Cytobacillus* gen. nov., *Mesobacillus* gen. nov., *Neobacillus* gen. nov., *Metabacillus* gen. nov. and *Alkalihalobacillus* gen. nov. [J].Int J Syst Evol Microbiol, 70(Pt 1):406-438.

Perez FJ. 1990. Allelopathic effect of hydroxamic acids from cereals on *Avena sativa* and *Avena fatua* [J]. Phytochemistry, 29(3):773-776.

Pfeiffer S, Mitter B, Oswald A, Schloter-Hai B, Schloter M, Declerck S, Sessitsch A. 2017. Rhizosphere microbiomes of potato cultivated in the High Andes show stable and dynamic core microbiomes with different responses to plant development [J]. FEMS Microbiol Ecol, 93(2):fiw242.

Piché-Choquette S, Tremblay J, Tringe SG, Constant P. 2016. H_2-saturation of high affinity H_2-oxidizing bacteria alters the ecological niche of soil microorganisms unevenly among taxonomic groups [J]. PeerJ, 4:e1782.

Pio TF, Macedo GA. 2007. Optimizing the production of cutinase by *Fusarium oxysporum*, using response surface methodology [J]. Enzyme Microb Tech, 41(5):613-619.

Piotrowska-Dlugosz A, Charzynski P. 2015. The impact of the soil sealing degree on microbial biomass, enzymatic activity, and physicochemical properties in the Ekranic Technosols of Toruń (Poland) [J]. J Soils Sediments, 15(1): 47-59.

Prakasham RS, Hymavathi M, Subba Rao C, Arepalli SK, Venkateswara Rao J, Kennady PK, Nasaruddin K, Vijayakumar JB, Sarma PN. 2010. Evaluation of antineoplastic activity of extracellular asparaginase produced by isolated *Bacillus circulans* [J]. Appl Biochem Biotechnol, 160(1): 72-80.

Puglisi E, Nicelli M, Capri E, Trevisan M, Del Re AA. 2005. A soil alteration index based on phospholipid fatty acids [J]. Chemosphere, 61(11): 1548-1557.

Qin S, Yeboah S, Cao L, Zhang J, Shi S, Liu Y. 2017. Breaking continuous potato cropping with legumes improves soil microbial communities, enzyme activities and tuber yield [J]. PLoS One, 12(5)：e0175934.

Raghavarao KSMS, Ranganathan TV, Karanth NG. 2003. Some engineering aspects of solid-state fermentation [J]. Biochem Engin J, 13(2-3): 127-135.

Raza W, Ling N, Liu D, Wei Z, Huang Q, Shen Q. 2016. Volatile organic compounds produced by *Pseudomonas fluorescens* WR-1 restrict the growth and virulence traits of *Ralstonia solanacearum* [J]. Microbiol Res, 192: 103-113.

Roy S, Yasmin S, Ghosh S, Bhattacharya S, Banerjee D. 2016. Anti-infective metabolites of a newly isolated *Bacillus thuringiensis* KL1 associated with kalmegh (*Andrographis paniculata* Nees.), a traditional medicinal herb [J]. Microbiol Insights, 9:1-7.

Saikia R, Gogoi DK, Mazumder S, Yadav A, Sarma RK, Bora TC, Gogoi BK. 2011. *Brevibacillus laterosporus* strain BPM3, a potential biocontrol agent isolated from a natural hot water spring of Assam, India [J]. Microbiol Res, 166(3): 216-225.

Saikia R, Varghese S, Singh BP, Arora DK. 2009. Influence of mineral amendment on disease suppressive activity of *Pseudomonas fluorescens* to *Fusarium* wilt of chickpea [J]. Microbiol Res, 164(4): 365-373.

Saravanan T, Muthusamy M, Marimuthu T. 2003. Development of integrated approach to manage the fusarial wilt of banana [J]. Crop Prot, 22(9): 1117-1123.

Saucedo-Castañeda G, Gutiérrez-Rojas M, Bacquet G, Raimbault M, Viniegra-González G. 1990. Heat transfer simulation in solid substrate fermentation [J]. Biotechnol Bioeng, 35(8): 802-808.

Segata N, Waldron L, Ballarini A, Narasimhan V, Jousson O, Huttenhower C. 2012. Metagenomic microbial community profiling using unique clade-specific marker genes [J].Nat Methods, 9(8):811-814.

Seiler H, Schmidt V, Wenning M, Scherer S. 2012. *Bacillus kochii* sp. nov., isolated from foods and a pharmaceuticals manufacturing site [J]. Int J Syst Evol Microbiol, 62(Pt 5):1092-1097.

Shin NR, Kim MS, Jung MJ, Roh SW, Nam YD, Park EJ, Bae JW. 2011. *Leucobacter celer* sp. nov., isolated from Korean fermented seafood [J].Int J Syst Evol Microbiol, 61(Pt 10):2353-2357.

Shin NR, Whon TW, Kim MS, Roh SW, Jung MJ, Kim YO, Bae JW. 2012. *Ornithinibacillus scapharcae* sp. nov., isolated from a dead ark clam [J]. Antonie Van Leeuwenhoek, 101(1):147-154.

Shishido M, Miwa C, Usami T, Amemiya Y, Johnson KB. 2005. Biological control efficiency of *Fusarium* wilt of tomato by nonpathogenic *Fusarium oxysporum* Fo-B2 in different environments [J]. Phytopathology, 95(9): 1072-1080.

Shivaji S, Chaturvedi P, Suresh K, Reddy GS, Dutt CB, Wainwright M, NarLikar JV, Bhargava PM. 2006. *Bacillus aerius* sp. nov., *Bacillus aerophilus* sp. nov., *Bacillus stratosphericus* sp. nov. and *Bacillus altitudinis* sp. nov., isolated from cryogenic tubes used for collecting air samples from high altitudes [J]. Int J Syst Evol Microbiol, 56(Pt 7):1465-1473.

Shobharani P, Prakash M, Halami PM. 2015. Probiotic *Bacillus* spp. in soy-curd: nutritional, rheological, sensory, and antioxidant properties [J]. J Food Sci, 80(10):2247-2256.

Silva D S, de Castro CC, Silva FS, Sant'anna V, Vargas GDA, de Lima M, Fischer G, Brandelli A, da Motta AS, Hübner SO. 2014. Antiviral activity of a *Bacillus* sp. P34 peptide against pathogenic viruses of domestic animals [J]. Braz J Microbiol, 45(3):1089-1094.

Singh A, Srivastava S, Singh HB. 2007. Effect of substrates on growth and shelf life of *Trichoderma harzianum* and its use in biocontrol of diseases [J]. Bioresour Techn, 98(2): 470-473.

Siokwu S,Anyanwu CU. 2012. Tolerance for heavy metals by filamentous fungi isolated from a sewage oxidation pond [J].Afri J Microbiol Res, 6(9):2038-2043.

Sonalkar VV, Mawlankar R, Venkata Ramana V, Joseph N, Shouche YS, Dastager SG. 2015. *Bacillus filamentosus* sp. nov., isolated from sediment sample [J]. Antonie Van Leeuwenhoek, 107(2):433-441.

Subba Rao Ch, Madhavendra SS, Sreenivas Rao R, Hobbs PJ, Prakasham RS. 2008. Studies on improving the immobilized bead reusability and alkaline protease production by isolated immobilized *Bacillus circulans* (MTCC 6811) using overall evaluation criteria [J]. Appl Biochem Biotechnol, 150(1): 65-83.

Suga Y, Horita M, Umekita M, Furuya N, Tsuchiya K. 2013. Pathogenic characters of Japanese potato strains of *Ralstonia solanacearum* [J]. J Gen Plant Pathol, 79:110-114.

Sung MH, Kim H, Bae JW, Rhee SK, Jeon CO, Kim K, Kim JJ, Hong SP, Lee SG, Yoon JH, Park YH, Baek DH. 2002. *Geobacillus toebii* sp. nov. a novel thermophilic bacterium isolated from hay compost [J]. Int J Syst Evol Microbiol, 52(Pt 6):2251-2255.

Suresh PV, Sakhare PZ, Sachindra NM,Halami PM. 2014. Extracellular chitin deacetylase production in solid state fermentation by native soil isolates of *Penicillium monoverticillium*, and *Fusarium oxysporum* [J]. J Food Sci Technol, 51(8):1594-1599.

Syakti AD, Mazzella N, Torre F, Acquaviva M, Gilewicz M, Guiliano M, Bertrand JC, Doumenq P. 2006. Influence of growth phase on the phospholipidic fatty acid composition of two marine bacterial strains in pure and mixed cultures [J]. Res Microbiol, 157(5): 479-486.

Tahir HA, Gu Q, Wu H, Raza W, Hanif A, Wu L, Colman MV, Gao X. 2017. Plant growth promotion by volatile organic compounds produced by *Bacillus subtilis* SYST2 [J]. Front Microbiol 8:171.

Takei T, Yoshida M, Hatate Y, Shiomori K, Kiyoyama S. 2008. Lactic acid bacteria-enclosing poly (epsilon-caprolactone) microcapsules as soil bioamendment [J]. J Biosci Bioeng, 106: 268-272.

Tan Y, Cui Y, Li H, Kuang A, Li X, Wei Y, Ji X. 2017. Rhizospheric soil and root endogenous fungal diversity and composition in response to continuous Panaxnoto ginseng cropping practices[J]. Microbiol Res, 194: 10-19.

Thangavelu R, Palaniswami A, Velazhahan R. 2004. Mass production of *Trichoderma harzianum* for managing fusarium wilt of banana [J]. Agr Ecosyst Environ, 103(1) :259-263.

Tindall BJ, Rosselló -Móra R, Busse HJ, Ludwig W, Kämpfer P. 2010. Notes on the characterization of prokaryote strains for taxonomic purposes [J]. Int J Syst Evol Microbiol, 60(Pt 1): 249-266.

Tokuoka M, Sawamura N, Kobayashi K, Mizuno A. 2010. Simple metabolite extraction method for metabolic profiling of the solid-statefermentation of *Aspergillus oryzae* [J]. J Biosci Bioeng, 110(6): 665-669.

Tomita M, Kikuchi A, Kobayashi M, Yamaguchi M, Ifuku S, Yamashoji S, Ando A, Saito A. 2013. Characterization of antifungal activity of the GH-46 subclass III chitosanase from *Bacillus circulans* MH-K1 [J]. Antonie Van Leeuwenhoek, 104(5): 737-748.

Trupkin S, Levin L, Forchiassin F,Viale A. 2003. Optimization of a culture medium for ligninolytic enzyme production and synthetic dye decolorization using response surface methodology [J]. J Ind Microbiol Biotechnol, 30(12): 682-690.

Vanitha SC, Niranjana SR, Umesha S. 2009. Role of phenylalanine ammonia lyase and polyphenol oxidase in host resistance to bacterial wilt of tomato [J]. J Phytopathol, 157:552-557.

Veloso J, Díaz J. 2012. *Fusarium oxysporum* Fo47 confers protection to pepper plants against *Verticillium dahliae* and *Phytophthora capsici* , and induces the expression of defence genes [J]. Plant Pathol, 61(2): 281-288.

Venugopal M, Saramma AV. 2007. An alkaline protease from *Bacillus circulans* BM15, newly isolated from a mangrove station: characterization and application in laundry detergent formulations [J]. Indian J Microbiol, 47(4): 298-303.

Vieira FA, Carvalho AO, Vitoria A, Retamal P. 2010. Differential expression of defence-related proteins in *Vigna unguiculata* (L. Walp.) seedlings after infection with *Fusarium oxysporum* [J]. Crop Prot, 29(5): 440-447.

Vijay Kumar E, Srijana M, Kiran Kumar K, Harikrishna N, Reddy G. 2011. A novel serine alkaline protease from *Bacillus altitudinis* GVC11 and its application as a dehairing agent [J]. Bioprocess Biosyst Eng, 34(4): 403-409.

Wang Y, Xu J, Shen JH, Luo YM. 2010. Tillage, residue burning and crop rotation alter soil fungal community and water-stable aggregation in arable fields[J]. Soil Till Res, 107(2): 71-79.

Wauters G, Avesani V, Laffineur K, Charlier J, Janssens M, Van Bosterhaut B, Delmee M. 2003. *Brevibacterium lutescens* sp. nov., from human and environmental samples [J]. Int J Syst Evol Microbiol, 53:1321-1325.

Weider LJ. 1993. Niche breadth and life history variation in a hybrid daphnia complex [J]. Ecology, 74(3):935-943.

Weindling R. 1932. Studies on lethal principle effective in the parasitic action of *Trichoderma hamatum* on *Rhizoctonia solani* and other soil fungi [J]. Phytopathology, 22: 837-845.

White DC, Davis WM, Nickels JS, King JD, Bobbie RJ. 1979. Determination of the sedimentary microbial biomass by extractible lipid phosphate [J].Oecologia, 40(1):51-62.

Wirth SE, Ayala-Del-Río HL, Cole JA, Kohlerschmidt DJ, Musser KA, Sepúlveda-Torres LDC, Thompson LM, Wolfgang WJ. 2012. *Psychrobacter sanguinis* sp. nov., recovered from four clinical specimens over a 4-year period [J].Int J Syst Evol Microbiol, 62(Pt 1):49-54.

Wu CY, Zhuang L, Zhou SG, Li FB, He J. 2011. *Corynebacterium humireducens* sp. nov., an alkaliphilic, humic acid-reducing bacterium isolated from a microbial fuel cell [J]. Int J Syst Evol Microbiol, 61(Pt 4):882-887.

Wullschleger S, Jans C, Seifert C, Baumgartner S, Lacroix C, Bonfoh B, Stevens MJA, Meile L. 2018.*Vagococcus teuberi* sp. nov., isolated from the Malian artisanal sour milk fene [J].Syst Appl Microbiol, 41(2):65-72.

Xiong W, Zhao QY, Zhao J. 2015. Different continuous cropping spans significantly affect microbial community membership and structure in a vanilla-grown soil as revealed by deep pyrosequencing [J]. Microbial Ecol, 70(1): 209-218.

Yadessa G B, Bruggen A, Ocho FL. 2010. Effects of different soil amendments on bacterial wilt caused by *Ralstonia solanacearum* and on the yield of tomato [J]. J Plant Pathol, 92:439-450.

Yang H, Li J, Xiao Y, Gu Y, Liu H, Liang Y, Liu X, Hu J, Meng D, Yin H. 2017. An integrated insight into the relationship between soil microbial community and tobacco bacterial wilt disease [J]. Front Microbiol, 8:2179.

Yang ST. 2007. Bioprocessing for value-added products from renewable resources[M]. Amsterdam: Elsevier , 465-489.

Yao XH, Min H, Lu ZH, Yuan HP. 2006. Influence of acetamiprid on soil enzymatic activities and respiration[J]. Eur J Soil Biol, 42: 120-126.

Yedidia I, Benhamou N, Chet I. 1999. Induction of defense responses in cucumber plants (*Cucumis sativus* L.) by the biocontrol agent *Trichoderma harzianum* [J]. Appl Environ Microbiol, 65(3): 1061-1070.

Yi J, Wu HY, Wu J, Deng CY, Zheng R, Chao Z. 2012. Molecular phylogenetic diversity of *Bacillus* community and its temporal-spatial distribution during the swine manure of composting [J]. Appl Microbiol Biotechnol, 93(1):411-421.

Yin X, Yang Y, Wang S, Zhang G. 2015. *Virgibacillus oceani* sp. nov. isolated from ocean sediment [J]. Int J Syst Evol Microbiol, 65(Pt 1):159-164.

Yuliar, Nion YA, Toyota K. 2015. Recent trends in control methods for bacterial wilt diseases caused by *Ralstonia solanacearum* [J]. Microbes Environ, 30(1):1-11.

Zafra G, Taylor TD, Absalón AE, Cortés-Espinosa DV. 2016. Comparative metagenomics analysis of PAH degradation in soil by a mixed microbial consortium [J]. J Hazard Mater, 318:702-710.

Zaheer A, Mirza BS, Mclean JE, Yasmin S, Shah TM, Malik KA, Mirza MS. 2016. Association of plant growth-promoting Serratia spp. with the root nodules of chickpea [J]. Res Microbiol,167: 510-520.

Zhang F, Zhu Z, Wang B, Wang P, Yu G, Wu M, Chen W, Ran W, Shen Q. 2013. Optimization of *Trichoderma harzianum* T-E5 biomass and determining the degradation sequence of biopolymers by FTIR in solid-state fermentation [J]. Ind Crop Prod, 49: 619-627.

Zhang LL, Zhang HQ, Wang ZH, Chen GJ, Wang LS. 2016. Dynamic changes of the dominant functioning microbial community in the compost of a 90m^3 aerobic solid state fermentor revealed by integrated meta omics [J]. Bioresour Technol, 203:1-10.

Zhang X, Li X, Zhang C, Li X, Zhang H. 2011. Ecological risk of long-term chlorimuron-ethyl application to soil microbial community: an in situ investigation in a continuously cropped soybean field in Northeast China [J]. Environ Sci Pollut Res Int, 18(3):407-415.

Zhang YY, Chen JC, Feng CY, Zhan L, Zhang JY, Li Y, Yang Y, Chen HH, Zhang Z, Zhang YJ, Mei LL, Li HF. 2017. Quantitative prevalence, phenotypic and genotypic characteristics of *Bacillus cereus* isolated from retail infant foods in China [J]. Foodborne Pathog Dis, 14(10):564-572.

Zhou T, Chen D, Li C, Sun Q, Li L, Liu F, Shen Q, Shen B. 2012. Isolation and characterization of *Pseudomonas brassicacearum* J12 as an antagonist against *Ralstonia solanacearum* and identification of its antimicrobial components [J]. Microbiol Res, 167: 384-394.

Zhou Y, Li YH, Feng L. 2013. Study on sporulation condition of *Trichoderma reesei* by solid fermentation [J]. Agr Sci Techn, 14(5): 727-731.